PRÉ-CÁLCULO

Operações, equações, funções e trigonometria

Dados Internacionais de Catalogação na Publicação (CIP)

G633p Gomes, Francisco Magalhães.
   Pré-cálculo: operações, equações, funções e trigonometria/ Francisco Magalhães Gomes. – São Paulo, SP: Cengage Learning, 2023.
   560 p.: il.; 28 cm.

   5. reimp. da 1. ed. de 2019

   ISBN 978-85-221-2789-4

   1. Cálculo. 2. Funções. 3. Trigonometria. 4. Equações. I. Título.

CDU 517.2/.9   CDD 515

Índice para catálogo sistemático:
1. Cálculo   517.2/.9

(Bibliotecária responsável: Sabrina Leal Araujo – CRB 8/10213)

PRÉ-CÁLCULO

Operações, equações, funções e trigonometria

Francisco Magalhães Gomes

IMECC – UNICAMP

✦ Cengage

Austrália • Brasil • Canadá • México • Cingapura • Reino Unido • Estados Unidos

Pré-cálculo — Operações, equações, funções e trigonometria
1ª edição
Francisco Magalhães Gomes

Gerente editorial: Noelma Brocanelli

Editora de desenvolvimento: Salete Del Guerra

Supervisora de produção gráfica: Fabiana Alencar Albuquerque

Produção gráfica: Soraia Scarpa

Revisões: Beatriz Alves Teixeira, Joana Figueiredo e Isabel Ribeiro

Diagramação: Triall Editorial Ltda

Capa: Renata Buono/Buono Disegno

© 2019 Cengage Learning Edições Ltda.

Todos os direitos reservados. Nenhuma parte deste livro poderá ser reproduzida, sejam quais forem os meios empregados, sem a permissão, por escrito, das editoras. Aos infratores aplicam-se as sanções previstas nos artigos 102, 104, 106 e 107 da Lei nº 9.610, de 19 de fevereiro de 1998.

Esta editora empenhou-se em contatar os responsáveis pelos direitos autorais de todas as imagens e de outros materiais utilizados neste livro. Se porventura for constatada a omissão involuntária na identificação de algum deles, dispomo-nos a efetuar, futuramente, os possíveis acertos.

A editora não se responsabiliza pelo funcionamento dos *links* contidos neste livro que possam estar suspensos.

Para informações sobre nossos produtos, entre em contato pelo telefone **+55 (11) 3665-9900**.

Para permissão de uso de material desta obra, envie seu pedido para **direitosautorais@cengage.com**.

ISBN 13: 978-85-221-2789-4
ISBN 10: 85-221-2789-1

Cengage
WeWorK
Cero Corrá, 2175 - Alto da Lapa
São Paulo - SP - CEP 05061-450
Tel.: (11) 3665-9900

Para suas soluções de curso e aprendizado, visite
www.cengage.com.br.

Impresso no Brasil
Printed in Brazil
5ª reimpressão – 2023

Sumário

Prefácio vii

Capítulo 1 Números reais 1
1.1   Conjuntos de números 1
1.2   Soma, subtração e multiplicação de números reais 4
1.3   Divisão e frações 12
1.4   Simplificação de frações 25
1.5   A reta real 41
1.6   Razões e taxas 43
1.7   Porcentagem 50
1.8   Potências 58
1.9   Raízes 71

Capítulo 2 Equações e inequações 83
2.1   Equações 83
2.2   Proporções e a regra de três 90
2.3   Regra de três composta 103
2.4   Equações lineares 108
2.5   Sistemas de equações lineares 116
2.6   Conjuntos 124
2.7   Intervalos 136
2.8   Inequações 140
2.9   Polinômios e expressões algébricas 150
2.10 Equações quadráticas 161
2.11 Inequações quadráticas 171
2.12 Equações racionais e irracionais 180
2.13 Inequações racionais e irracionais 193
2.14 Valor absoluto 204

Capítulo 3 Funções 219
3.1   Coordenadas no plano 219
3.2   Equações no plano 227
3.3   Solução gráfica de equações e inequações em uma variável 232
3.4   Retas no plano 240
3.5   Funções 253
3.6   Obtenção de informações a partir do gráfico 264
3.7   Funções usuais 277
3.8   Transformação de funções 290
3.9   Combinação e composição de funções 298

Capítulo 4 Funções polinomiais 313
4.1   Funções quadráticas 313
4.2   Divisão de polinômios 328
4.3   Zeros reais de funções polinomiais 338
4.4   Gráficos de funções polinomiais 355
4.5   Números complexos 364
4.6   Zeros complexos de funções polinomiais 375

Capítulo 5 Funções exponenciais e logarítmicas **381**
5.1   Função inversa 381
5.2   Função exponencial 392
5.3   Função logarítmica 403
5.4   Equações exponenciais e logarítmicas 416
5.5   Inequações exponenciais e logarítmicas 429
5.6   Problemas com funções exponenciais e logarítmicas 437

Capítulo 6 Trigonometria **449**
6.1   Trigonometria do triângulo retângulo 449
6.2   Medidas de ângulos e a circunferência unitária 460
6.3   Funções trigonométricas de qualquer ângulo 465
6.4   Gráficos do seno e do cosseno 478
6.5   Gráficos das demais funções trigonométricas 488
6.6   Funções trigonométricas inversas 495
6.7   A lei dos senos e a lei dos cossenos 503
6.8   Identidades trigonométricas 518
6.9   Equações trigonométricas 525
6.10 Transformações trigonométricas 537

Prefácio

Os cursos de engenharia e de ciências exatas das universidades brasileiras incluem, em seus primeiros semestres, disciplinas de cálculo, equações diferenciais, geometria analítica e álgebra linear. Além disso, os currículos de muitos cursos superiores de ciências humanas e biológicas têm alguma disciplina básica de matemática, com tópicos selecionados de cálculo e álgebra.

Ao contrário do que acontece em outras áreas do conhecimento, para obter um bom desempenho nas disciplinas iniciais de matemática dos cursos universitários, os estudantes precisam ter uma base sólida em tópicos que vão das operações aritméticas básicas às funções, particularmente as polinomiais, exponenciais, logarítmicas e trigonométricas. Este livro é fruto de cinco anos de esforço para criar um texto adequado a essa preparação.

Além dos jovens que ingressam em cursos universitários, o público-alvo do livro inclui pessoas que queiram empregar a matemática para analisar os dados, tabelas e gráficos com os quais somos bombardeados todos os dias, ou que desejem criar seus próprios modelos matemáticos. A intenção foi criar um texto com um caráter prático, combinando aplicações com um grande número de exemplos de fixação das técnicas de manipulação de expressões, equações e funções matemáticas.

O livro é composto por seis capítulos, que tratam de operações, equações, funções e trigonometria. Cada capítulo é composto de seções numeradas, as quais incluem um bom número de exercícios, quase todos com resposta. Os capítulos estão encadeados, de modo que o conteúdo do primeiro é essencial para a compreensão de todos os demais. Portanto, recomenda-se que o leitor só deixe de ler uma seção se tiver certeza de que domina seu conteúdo.

O material de apoio on-line[1] inclui um capítulo extra sobre sequências, progressões e aplicações financeiras, além de apêndices que explicam como trabalhar com diferentes unidades de medida e como empregar planilhas eletrônicas para encontrar funções que aproximam dados obtidos empiricamente. As respostas aos exercícios também estão disponíveis no material de apoio on-line e slides em PPT com aulas baseadas no livro estão disponíveis para os professores.

Em geral, os assuntos são abordados à medida que são necessários. Assim, por exemplo, as funções inversas são introduzidas no capítulo sobre funções exponenciais e logarítmicas, em vez de fazerem parte do capítulo sobre funções em geral. Além disso, embora as demonstrações formais tenham sido evitadas para que o livro fosse acessível a um público mais amplo, os principais resultados matemáticos apresentados são acompanhados de breves explicações e exemplos, com o propósito de permitir que o leitor compreenda como foram obtidos.

---

1 O material de apoio on-line está disponível no site da Cengage (www.cengage.com.br.) Procure o livro pelo mecanismo de busca do site e lá você encontrará o acesso para os materiais de apoio para alunos e professores. Acesse por meio do seu cadastro.

Repare que, nesse problema, escrevemos a expressão como o produto de três fatores.	Para auxiliar a leitura, foram incluídos comentários, explicações, referências, curiosidades e figuras à margem do texto.
Observe que, quando $a = 0$, a equação torna-se linear, não sendo necessário resolvê-la como equação quadrática.	Observações e explicações breves são apresentadas em vinho.
Dica Você não precisa decorar as condições ao lado, podendo deduzi-las quando necessário. Para tanto, basta lembrar que a expressão dentro de uma raiz quadrada deve ser não negativa, e que a raiz quadrada sempre fornece um valor não negativo.	Comentários e dicas mais relevantes aparecem em caixas cinza.
Atenção Repare que há um sinal negativo dentro da raiz, de modo que, dentre os coeficientes a e c, um (e apenas um) deve ser negativo.	Já as advertências são mostradas em caixas na cor rosa.
Solução de uma equação modular Dadas as expressões algébricas A e B, as soluções da equação $|A| = B$ devem satisfazer $(B \geq 0)$ e $(A = B$ ou $-A = B)$.	Os quadros que aparecem ao longo do texto dão destaque a definições, propriedades e roteiros de resolução de problemas, que servem de referência e podem sem consultados com frequência pelo leitor.

Como mensagem final ao leitor, lembro que o nosso progresso pessoal e profissional se baseia no conhecimento, um ingrediente fundamental para que nos tornemos independentes de verdade. Isso é particularmente relevante quando se trata de matemática, pois é nela que se fundamenta grande parte da ciência e das decisões que nos afetam no cotidiano. Entretanto, "conhecer" não é sinônimo de "decorar". Em vez de decorar a maneira de resolver um problema específico, deve-se tentar compreender completamente seu enunciado e a lógica envolvida em sua resolução. E não basta acompanhar a resolução impressa no livro. Para dominar um tópico, é preciso pôr em prática o que se lê, pois é com a experiência que se aprende a lidar com as sutilezas dos problemas e que se adquire intuição matemática. E se um caminho não der frutos, deve-se tentar outros, uma vez que não há satisfação maior do que aquela decorrente da percepção de que se é capaz de superar as dificuldades, não importando se pequenas ou grandes.

Boa leitura!

Francisco A. M. Gomes

■ Números reais

1

Antes de ler o capítulo
Sugerimos que você revise:
- as quatro operações aritméticas elementares: soma, subtração, multiplicação e divisão;
- os números negativos;
- a representação decimal dos números.

Neste capítulo, revisamos alguns conceitos fundamentais de aritmética e álgebra, com o propósito de preparar o leitor para os capítulos que virão na sequência. Os tópicos aqui abordados são aqueles indispensáveis para se compreender a Matemática cotidiana, ou seja, aquela que usamos quando vamos ao supermercado ou ao banco, ou quando lemos um jornal, por exemplo.

Aritmética elementar é o ramo da Matemática que trata dos números e de suas operações. Por ser a base sobre a qual são erguidos os demais ramos, seu conhecimento é imprescindível para a compreensão da maioria dos tópicos da Matemática. Já na álgebra elementar, uma parte dos números é representada por outros símbolos, geralmente letras do alfabeto romano ou grego.

É provável que você já domine grande parte dos conceitos aritméticos e algébricos aqui apresentados. Ainda que seja esse o caso, não deixe de fazer uma leitura rápida das seções para refrescar sua memória. Ao final da revisão, você deve estar preparado para trabalhar com números reais, frações, potências e raízes.

1.1 Conjuntos de números

Deixamos para o próximo capítulo a apresentação dos principais conceitos associados a conjuntos. Por hora, é suficiente conhecer os principais conjuntos numéricos.

Os números usados rotineiramente em nossas vidas são chamados **números reais**. Esses números são divididos em diversos conjuntos, cada qual com uma origem e um emprego específicos.

Ao *homo sapiens* de épocas remotas, por exemplo, os números serviam apenas para contar aquilo que era caçado ou coletado como alimento. Assim, para esse homem rudimentar bastavam os **números naturais**:

$$1;\ 2;\ 3;\ 4;\ 5;\ \ldots$$

Os números naturais também estão associados ao conceito de número ordinal, que é aquele que denota ordem ou posição (primeiro, segundo, terceiro, quarto, ...).

Você sabia?
Em algumas culturas antigas, só os números 1, 2 e 3 possuíam nomes específicos. Qualquer quantidade acima de três era tratada genericamente como "muitos". Por outro lado, os egípcios, há milhares de anos, já possuíam hieroglifos particulares para representar números entre 1 e 9.999.999 na forma decimal.

O conjunto dos números naturais é representado pelo símbolo $\mathbb{N}$.

Um membro de um conjunto de números é chamado **elemento** do conjunto. Dizemos, portanto, que o número 27 é um elemento do conjunto de números naturais, ou simplesmente $27 \in \mathbb{N}$. A Tabela 1.1 fornece a notação usada para indicar a relação de pertinência entre um número a qualquer e um conjunto numérico S.

Alguns autores consideram o zero um número natural, enquanto outros preferem não incluí-lo nesse conjunto. Este livro segue a segunda vertente, considerando que o zero não é natural, ou seja, que $0 \notin \mathbb{N}$.

Quando aplicadas a números naturais, algumas operações geram outros números naturais. Assim, por exemplo, quando somamos ou multiplicamos dois números naturais, sempre obtemos um número natural. Entretanto, o mesmo não ocorre

TABELA 1.1 Notação de pertinência a conjunto.

Notação	Significado	Exemplos
$a \in S$	a é um elemento de S. a pertence a S.	$132 \in \mathbb{N}$ $9756431210874 \in \mathbb{N}$
$a \notin S$	a não é um elemento de S. a não pertence a S.	$12,5 \notin \mathbb{N}$ $-1 \notin \mathbb{N}$

quando calculamos $50 - 100$. Ou seja, para que a subtração sempre possa ser feita, precisamos dos números negativos e do zero.

Na prática, o zero costuma ser usado como um valor de referência e os números negativos representam valores inferiores a ela. Quando usamos, por exemplo, a escala Celsius para indicar a temperatura, o zero representa a temperatura de congelamento da água, e os números negativos correspondem a temperaturas ainda mais frias.

Considerando todos os números que podem ser gerados pela subtração de números naturais, obtemos o conjunto dos **números inteiros**:

$$\ldots;\ -5;\ -4;\ -3;\ -2;\ -1;\ 0;\ 1;\ 2;\ 3;\ 4;\ 5;\ \ldots$$

> O conjunto dos números inteiros é representado pelo símbolo $\mathbb{Z}$.

Note que todo número natural é também um número inteiro, mas o contrário não é verdade.

Apesar de serem suficientes para que efetuemos a subtração de números naturais, os números inteiros ainda não permitem que definamos outras operações, como a divisão. Para que essa operação seja feita com quaisquer números inteiros, definimos outro conjunto, composto de **números racionais**.

O termo "racional" deriva da palavra "razão" que, em Matemática, denota o quociente entre dois números. Assim, todo número racional pode ser representado pela divisão de dois números inteiros, ou seja, por uma fração na qual o numerador e o denominador são inteiros. Alguns números racionais são dados a seguir:

$$\frac{1}{5} = 0,2 \qquad -\frac{3}{10} = -0,3 \qquad \frac{6}{1} = 6$$

$$\frac{4}{3} = 1,333\ldots \qquad -\frac{3}{8} = -0,375 \qquad \frac{1}{7} = 0,142857142857\ldots$$

> Observe que todo número inteiro é também racional, pois pode ser escrito como uma fração na qual o denominador é igual a 1. Se você não está familiarizado com a manipulação de frações, não se preocupe, pois retornaremos ao assunto ainda neste capítulo.

Os exemplos dados ilustram outra característica dos números racionais: a possibilidade de representá-los na forma decimal, que pode ser finita – como observamos para $\frac{1}{5}$, $-\frac{3}{10}$, $\frac{6}{1}$ e $-\frac{3}{8}$ – ou periódica – como exibido para $\frac{4}{3}$ e $\frac{1}{7}$. O termo "periódico" indica que, apesar de haver um número infinito de algarismos depois da vírgula, estes aparecem em grupos que se repetem, como o 3 em $1,333\ldots$, ou 142857 em $0,142857142857\ldots$

> O conjunto dos números racionais é representado pelo símbolo $\mathbb{Q}$.

Infelizmente, os números racionais ainda não são suficientes para representar alguns números com os quais trabalhamos com frequência, como $\sqrt{2}$ ou π. Números como esses são chamados **irracionais**, pois não podem ser escritos como a razão de dois números inteiros.

A forma decimal dos irracionais é infinita e não é periódica, ou seja, ela inclui um número infinito de algarismos, mas estes não formam grupos que se repetem. Assim, não é possível representar exatamente um número irracional na forma decimal, embora seja possível apresentar valores aproximados, que são indicados neste livro pelo símbolo "$\approx$". Dessa forma, são válidas as expressões:

$$\pi \approx 3,1416 \qquad \text{e} \qquad \pi \approx 3,1415926536.$$

> **Atenção**
>
> Lembre-se de que a divisão de um número por zero não está definida, de modo que não podemos escrever $\frac{5}{0}$, por exemplo.

Trataremos com mais detalhe as raízes – como $\sqrt{2}$ e $\sqrt{3}$ – na Seção 1.9.

A seguir são apresentados os números irracionais populares, acompanhados de algumas de suas aproximações decimais:

$$\sqrt{2} \approx 1{,}4142136 \qquad \sqrt{3} \approx 1{,}7320508$$
$$\log_2(3) \approx 1{,}5849625 \qquad e \approx 2{,}7182818$$

Exemplo 1. O número π

Quando dividimos o comprimento de uma circunferência pela medida de seu diâmetro, obtemos um número constante (ou seja, um valor que não depende da circunferência em questão), representado pela letra grega π (lê-se "pi").

> **No computador**
> O Wolfram Alpha (www.wolframalpha.com) é um mecanismo gratuito que facilita a resolução de problemas matemáticos.
> Usando o Alpha, podemos determinar uma aproximação para π com qualquer precisão (finita). Por exemplo, a aproximação com 100 algarismos é 3,1415926535897932384626433 8327950288419716939937510 58209749445923078164062862089 9862803482534211 7068.

$$\pi = \frac{\text{comprimento da circunferência}}{\text{diâmetro da circunferência}}$$

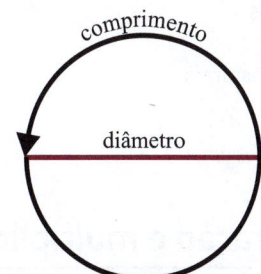

FIGURA 1.1 Uma circunferência e seu diâmetro.

Exemplo 2. Diagonal de um quadrado de lado inteiro

Suponha que um quadrado tenha lados com 1 m de comprimento. Nesse caso, sua diagonal mede $\sqrt{2}$ m, um número irracional. Todo quadrado com lado inteiro tem diagonal de medida irracional (a medida da diagonal será sempre o produto do lado por $\sqrt{2}$).

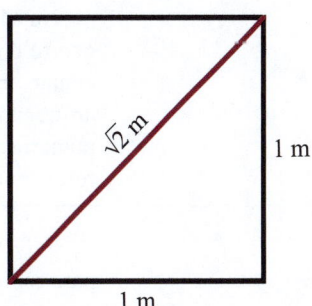

FIGURA 1.2 Um quadrado cujos lados medem 1 m.

Unindo o conjunto dos números racionais ao conjunto dos números irracionais, obtemos o conjunto dos números reais.

> O conjunto dos números reais é representado pelo símbolo $\mathbb{R}$.

A Figura 1.3 mostra os números reais e os conjuntos que o formam (que são chamados **subconjuntos** de $\mathbb{R}$).

É possível realizar qualquer operação de adição, subtração e multiplicação entre números reais. Também é possível realizar a divisão de qualquer número real por outro número diferente de zero. A seguir, revisaremos as propriedades dessas operações.

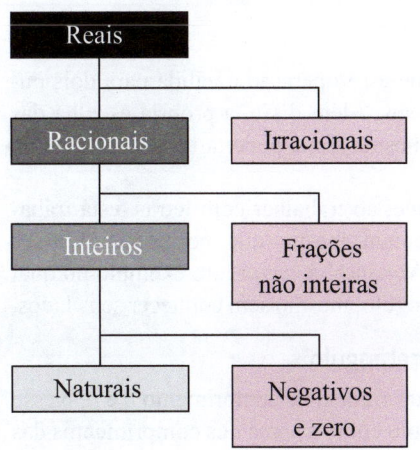

FIGURA 1.3 O conjunto dos números reais e seus subconjuntos.

Exercícios 1.1

1. Indique quais frases a seguir são verdadeiras.
   a) Todo número real é racional.
   b) Todo número natural é real.
   c) Todo número inteiro é natural.
   d) Todo número racional pode ser escrito como uma fração na qual o numerador e o denominador são naturais.
   e) Todo número irracional é real.
   f) Todo número natural é racional.

2. Forneça dois exemplos de números:
   a) naturais;
   b) inteiros;
   c) racionais negativos;
   d) irracionais;
   e) reais que não são naturais.

3. Dentre os números reais a seguir:

   $5,3 \quad -2 \quad 10000000 \quad \sqrt{5} \quad \dfrac{632}{75}$

   $0 \quad \dfrac{\sqrt{2}}{3} \quad -8,75 \quad \sqrt{4} \quad 125,666...$

   indique quais são
   a) naturais;   c) racionais
   b) inteiros;   d) irracionais.

4. Usando uma calculadora, reescreva os números racionais a seguir na forma decimal:
   a) $\dfrac{7}{2}$ c) $-\dfrac{13}{6}$ e) $-\dfrac{42}{5}$ g) $-\dfrac{19}{8}$ i) $\dfrac{32}{99}$
   b) $\dfrac{1}{16}$ d) $\dfrac{4}{3}$ f) $\dfrac{5}{11}$ h) $\dfrac{2}{9}$ j) $\dfrac{432}{999}$

1.2 Soma, subtração e multiplicação de números reais

Uma das características mais importantes dos seres humanos é a capacidade de abstração. Exercitamos essa capacidade o tempo inteiro, sem nos darmos conta disso. Quando alguém diz "flor", imediatamente reconhecemos do que se trata. Compreendemos o significado desse termo porque já vimos muitas flores, e somos capazes de associar palavras aos objetos que conhecemos, sem dar importância, por exemplo, à espécie da flor. Se não empregássemos essa generalização, escolhendo uma única palavra para representar a estrutura reprodutora de várias plantas, seríamos incapazes de dizer frases como "Darei flores no dia das mães".

Na Matemática, e, consequentemente, na linguagem matemática, a abstração ocorre em vários níveis e em várias situações. O uso de números naturais para contar objetos diferentes é a forma mais simples e antiga de abstração. Outra abstração corriqueira consiste no uso de letras, como a, b, x e y, para representar números. Nesse caso, a letra serve apenas para indicar que aquilo a que ela se refere pode ser qualquer número. Assim, ao escrevermos

$$a + b$$

para representar uma soma, indicamos que essa operação é válida para dois números a e b quaisquer, que suporemos reais. Além disso, a própria escolha das letras a e b é arbitrária, de modo que a mesma soma poderia ter sido escrita na forma $w + v$.

O leitor deve ter sempre em mente que, ao trabalhar com letras, está trabalhando com os números que elas representam, mesmo que, no momento, esses números não tenham sido especificados. Vejamos, a seguir, um exemplo no qual definimos a área e o perímetro de um retângulo, mesmo sem conhecer seus lados.

Exemplo 1. Perímetro e área de um retângulo

Suponha que um retângulo tenha arestas (lados) de comprimento b e h. Nesse caso, definimos o *perímetro* (P) do retângulo como a soma dos comprimentos das arestas, ou seja:

$$P = b + b + h + h = 2b + 2h.$$

Observe que usamos o sinal = para definir o termo P que aparece à sua esquerda.

Definimos também a *área* (A) do retângulo como o produto

$$A = b \cdot h.$$

Dadas essas fórmulas para o perímetro e a área, podemos usá-las para qualquer retângulo, quer ele represente um terreno cercado, como o da Figura 1.4, quer um quadro pendurado na parede. No caso do terreno, o perímetro corresponde ao comprimento da cerca, enquanto o perímetro do quadro fornece o comprimento da moldura.

Embora não tenhamos dito explicitamente, fica subentendido que as medidas b e h devem ser números reais maiores que zero.

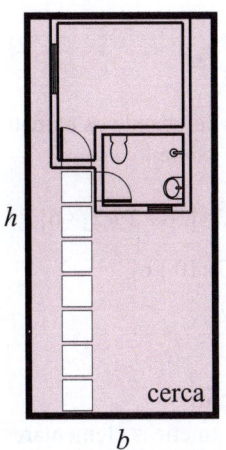

FIGURA 1.4 Um terreno retangular.

■ A precedência das operações e o uso de parênteses

Para calcular uma expressão aritmética envolvendo as quatro operações elementares, é preciso seguir algumas regras básicas. Em primeiro lugar, deve-se efetuar as multiplicações e divisões da esquerda para a direita. Em seguida, são efetuadas as somas e subtrações, também da esquerda para a direita.

Como exemplo, vamos calcular a expressão $25 - 8 \times 2 + 15 \div 3$:

$$\begin{array}{ccccccc}
25 & - & \underbrace{8 \times 2} & + & 15 & \div & 3 \\
25 & - & 16 & + & \underbrace{15 \div 3} & & \\
\underbrace{25 - 16} & & & + & 5 & & \\
\underbrace{9 \quad\quad + \quad\quad 5} & & & & & & \\
14 & & & & & & \\
\end{array}$$

Quando desejamos efetuar as operações em outra ordem, somos obrigados a usar parênteses. Nesse caso, a expressão que está entre parênteses é calculada em primeiro lugar, como mostra o exemplo a seguir:

$$5 \times \underbrace{(10 - 3)}_{7} = 5 \times 7 = 35.$$

Se não tivéssemos usado os parênteses nesse exemplo, teríamos que efetuar a multiplicação antes da soma, de modo que o resultado seria bastante diferente:

$$\underbrace{5 \times 10}_{50} - 3 = 50 - 3 = 47.$$

Um exemplo mais capcioso é dado a seguir. Como se vê, na expressão da esquerda, os parênteses indicam que a multiplicação deve ser efetuada antes da divisão. Já na expressão da direita, que não contém parênteses, a divisão é calculada em primeiro lugar.

$$\begin{array}{cc}
100 \div \underbrace{(2 \times 5)} & \underbrace{100 \div 2} \times 5 \\
\underbrace{100 \div 10} & \underbrace{50 \times 5} \\
10 & 250
\end{array}$$

Por outro lado, é permitido usar parênteses em situações nas quais eles não seriam necessários. Como exemplo, a expressão

$$100 - (75 \div 5) + (12 \times 6)$$

> **Atenção**
> Não se esqueça de incluir um par de parênteses (podem ser colchetes ou chaves, também) quando quiser indicar que uma operação deve ser efetuada antes de outra que, normalmente, a precederia.

Na calculadora

As calculadoras científicas modernas permitem o uso de parênteses. Efetue a conta ao lado em sua calculadora, substituindo as chaves e os colchetes por parênteses, e verifique se você obtém o mesmo resultado.

é equivalente a

$$100 - 75 \div 5 + 12 \times 6.$$

Podemos escrever expressões mais complicadas colocando os parênteses dentro de colchetes, e estes dentro de chaves, como no exemplo a seguir:

$$5 \times \{3 \times [(20-4) \div (9-7) + 2] + 6\} = 5 \times \{3 \times [16 \div 2 + 2] + 6\}$$
$$= 5 \times \{3 \times 10 + 6\}$$
$$= 5 \times 36$$
$$= 180.$$

■ Propriedades da soma e da multiplicação

Foge ao objetivo deste livro definir as operações aritméticas elementares que supomos conhecidas pelo leitor. Entretanto, nos deteremos nas propriedades dessas operações, nem sempre bem exploradas no Ensino Fundamental.

Comecemos, então, analisando as propriedades mais importantes da soma e da multiplicação.

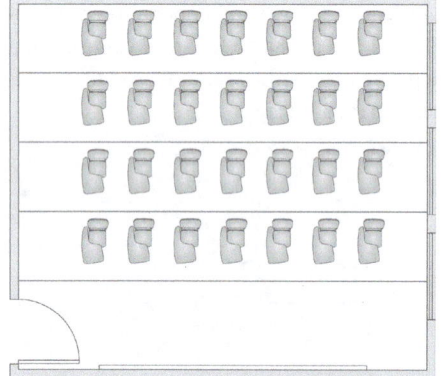

FIGURA 1.5 28 carteiras organizadas em 4 fileiras de 7 carteiras.

Propriedades da soma e da multiplicação

Suponha que a, b e c sejam números reais.

Propriedades	Exemplos
1. Comutatividade da soma $a + b = b + a$	$2 + 3 = 3 + 2$
2. Associatividade da soma $(a + b) + c = a + (b + c)$	$(2 + 3) + 5 = 2 + (3 + 5)$
3. Comutatividade da multiplicação $a \times b = b \times a$	$15 \times 9 = 9 \times 15$
4. Associatividade da multiplicação $(a \times b) \times c = a \times (b \times c)$	$(4 \times 3) \times 6 = 4 \times (3 \times 6)$
5. Distributividade $a \times (b + c) = a \times b + a \times c$	$5(12 + 8) = 5 \times 12 + 5 \times 8$

A Propriedade comutativa da multiplicação pode ser facilmente compreendida se considerarmos, por exemplo, duas possibilidades de dispor as carteiras de uma sala de aula. Como ilustrado nas figuras 1.5 e 1.6, não importa se formamos 4 fileiras com 7 carteiras ou 7 fileiras de 4 carteiras, pois o número total de carteiras será sempre 28, ou seja,

$$4 \times 7 = 7 \times 4 = 28.$$

A Propriedade 5, formalmente conhecida como *propriedade distributiva*, é popularmente chamada de "regra do chuveirinho", pois costuma ser apresentada da seguinte forma:

$$a \times (b + c) = a \times b + a \times c.$$

O problema a seguir, que também envolve assentos, mostra uma aplicação dessa propriedade.

Problema 1.   Contagem das poltronas de um auditório

Um pequeno auditório é formado por dois conjuntos de poltronas separados por um corredor, como mostra a Figura 1.7. Determine o número de poltronas da sala.

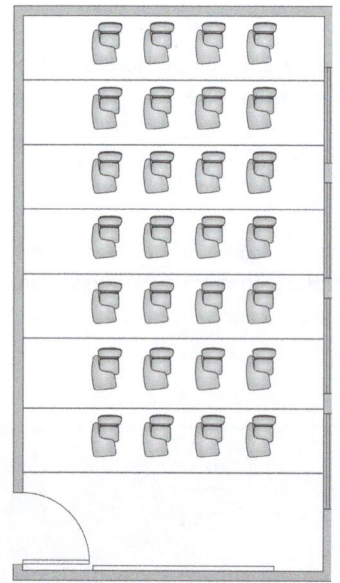

FIGURA 1.6 28 carteiras organizadas em 7 fileiras de 4 carteiras.

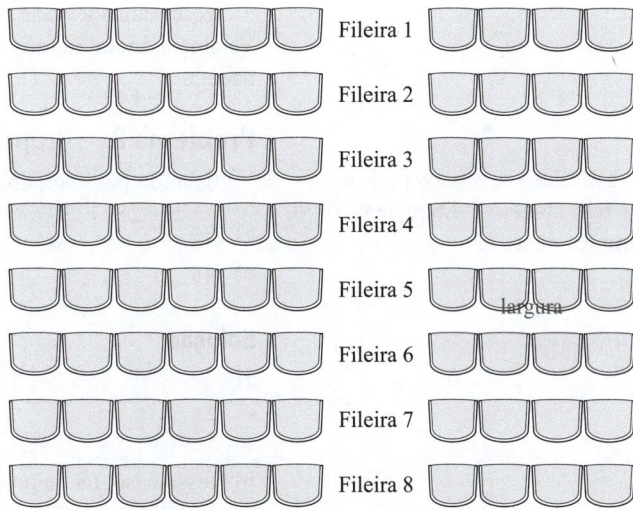

FIGURA 1.7 Poltronas de um auditório.

Solução

Podemos contar as poltronas de duas formas diferentes. A primeira consiste em contar as poltronas de cada grupo e depois somá-las. Nesse caso, temos:

$$\underbrace{8 \times 6}_{\text{esquerda}} + \underbrace{8 \times 4}_{\text{direita}} = 48 + 32 = 80.$$

A segunda maneira consiste em multiplicar o número de fileiras pelo número de poltronas de cada fileira, ou seja,

$$8 \times (6 + 4) = 8 \times 10 = 80.$$

Como o número de poltronas é o mesmo, não importando o método usado para contá-las, concluímos que

$$8 \times (6 + 4) = 8 \times 6 + 8 \times 4,$$

que é exatamente aquilo que diz a propriedade distributiva.

Apesar de simples, a propriedade distributiva costuma gerar algumas dúvidas, particularmente pela má interpretação do significado dos parênteses. Alguns erros comuns são apresentados na Tabela 1.2.

TABELA 1.2 Aplicações incorretas da propriedade distributiva.

Expressão	Errado	Correto
$2 \cdot (5 \cdot x)$	$2 \cdot 5 + 2 \cdot x = 10 + 2x$	$2 \cdot 5 \cdot x = 10x$
$4 + (15 + 5)$	$4 + 15 + 4 + 5 = 28$	$4 + 15 + 5 = 24$
$9 + (10 \cdot 8)$	$9 \cdot 10 + 9 \cdot 8 = 162$	$9 + 80 = 89$
$5 \cdot (3 + 2 \cdot x)$	$5 \cdot 3 + 5 \cdot 2 \cdot 5 \cdot x = 15 + 50x$	$5 \cdot 3 + 5 \cdot 2x = 15 + 10x$
$3 \cdot 4 + 6$	$3 \cdot 4 + 3 \cdot 6 = 30$	$12 + 6 = 18$

Observe que, no primeiro exemplo da Tabela 1.2, há um sinal de multiplicação dentro dos parênteses, de modo que a propriedade distributiva não pode ser aplicada. De forma análoga, não podemos aplicar a propriedade distributiva no segundo e no terceiro exemplos, pois há um sinal de soma fora dos parênteses. No quarto, deve-se perceber que o produto de 5 por $2 \cdot x$ fornece, simplesmente, $5 \cdot 2 \cdot x = 10x$. Finalmente, a expressão do último exemplo não contém parênteses, de modo que a multiplicação deve ser efetuada antes da soma, como vimos na página 5, não cabendo o uso da propriedade distributiva.

Voltaremos a essas dificuldades quando tratarmos das expressões algébricas. Vejamos, agora, alguns problemas um pouco mais complicados sobre a Propriedade 5.

Problema 2. Propriedade distributiva

Quando possível, aplique a propriedade distributiva às expressões a seguir:

Note que o produto de *a* por *b* pode ser expresso de três maneiras diferentes: $a \times b$, $a \cdot b$ e simplesmente ab.

a) $2(x+8)$ c) $7+(11+x)$ e) $5[4+2(x+3)]$.

b) $4(9 \cdot x)$ d) $6(3+5x-8y)$

Solução

a)
$$2(x+8) = 2 \cdot x + 2 \cdot 8$$
$$= 2x + 16.$$

b) Nesse caso, não é possível aplicar a propriedade distributiva, já que há apenas um produto dentro dos parênteses. De fato, os parênteses podem ser suprimidos, de modo que:

$$4(9 \cdot x) = 4 \cdot 9 \cdot x = 36x.$$

c) Nesse problema, também não é possível aplicar a propriedade distributiva, já que há uma soma fora dos parênteses. Mais uma vez, os parênteses podem ser suprimidos, ou seja,

$$7+(11+x) = 7+11+x = 18+x.$$

No problema (d) há uma soma de três termos dentro dos parênteses. Nesse caso, o valor 6 é multiplicado por todos os termos.

d)
$$6(3+5x+8y) = 6 \cdot 3 + 6 \cdot 5x + 6 \cdot 8y$$
$$= 18 + 30x + 48y.$$

Já no problema (e), a propriedade distributiva é aplicada duas vezes: uma considerando os termos entre colchetes, e outra incluindo os termos entre parênteses.

e)
$$5[4+2(x+3)] = 5 \cdot 4 + 5 \cdot 2(x+3)$$
$$= 20 + 10(x+3)$$
$$= 20 + 10x + 30$$
$$= 50 + 10x.$$

A propriedade distributiva também é muito usada na direção contrária àquela apresentada nos Problemas 1 e 2, ou seja,

| Se a, b, e c forem números reais, podemos substituir $ab + ac$ por $a(b+c)$.

Quando essa substituição é feita, dizemos que o termo a é **posto em evidência**. Esquematicamente, temos:

Voltaremos a pôr termos em evidência ao tratarmos da fatoração de expressões algébricas, na Seção 2.9.

$$a \cdot c + a \cdot b = a \cdot (b+c).$$

Exemplo 2. Pondo números em evidência

Não se esqueça de que, nesse exemplo, as letras x, y, z, s e t representam números reais.

a) $10x + 10y = 10(x+y)$

b) $3x + 3 = 3(x+1)$

c) $5x + xy = x(5+y)$

Observe que $15 = 5 \times 3$ e $25 = 5 \times 5$.

d) $15x + 25 = 5(3x+5)$

Observe que $8 = 2 \times 4$.

e) $8s - 2t = 2(4s - t)$

f) $7xy - 7yz = 7y(x - z)$

Agora, tente o Exercício 4.

O número **0** (zero) é chamado **elemento neutro da soma**, pois, se a é um número real, então:

$a + 0 = a.$ Exemplo: $37 + 0 = 37$.

Em uma soma, podemos eliminar as parcelas iguais a 0.

De forma análoga, o número **1** (um) é chamado **elemento neutro da multiplicação**, pois, se a é um número real, então:

$a \cdot 1 = a.$ Exemplo: $128 \cdot 1 = 128$.

Em um produto, podemos eliminar os fatores iguais a 1, **mas não aqueles iguais a 0**.

Pode parecer inútil definir esses elementos neutros, mas, como veremos ao longo deste e dos próximos capítulos, eles são muito empregados na simplificação de expressões e equações.

■ Números negativos

Todo número real a possui um número oposto ou simétrico $(-a)$, tal que $a + (-a) = 0$. Assim, por exemplo,

o número -3 é o simétrico de 3, pois $3 + (-3) = 0$;

o número 3 é o simétrico de -3, pois $(-3) + 3 = 0$.

Observe que a operação de subtração equivale à soma de um número pelo simétrico do outro, ou seja,

$a - b = a + (-b).$

Usando essa equivalência, pode-se mostrar que a propriedade distributiva se aplica à subtração:

$$a(b - c) = ab - ac.$$

As principais propriedades dos números negativos estão resumidas no quadro a seguir.

Propriedades que envolvem o sinal negativo

Suponha que a e b sejam números reais.

Propriedades	Exemplos
1. $(-1)a = -a$	$(-1)32 = -32$
2. $-(-a) = a$	$-(-27) = 27$
3. $(-a)b = a(-b) = -(ab)$	$(-3)4 = 3(-4) = -(3 \times 4) = -12$
4. $(-a)(-b) = ab$	$(-5)(-14) = 5 \times 14 = 70$
5. $-(a + b) = -a - b$	$-(7 + 9) = -7 - 9 = -16$
6. $-(a - b) = -a + b = b - a$	$-(10 - 3) = -10 + 3 = 3 - 10 = -7$

A primeira propriedade nos diz que, para obter o simétrico de um número, basta trocar o seu sinal, o que corresponde a multiplicá-lo por –1. A segunda propriedade indica que o simétrico do simétrico de um número a é o próprio a. Usando essas duas propriedades, bem como as propriedades da soma e da multiplicação apresentadas na subseção anterior, podemos provar facilmente as demais.

Para provar a primeira parte da Propriedade 3, escrevemos:

$$\begin{aligned}(-a)b &= [(-1) \cdot a] \cdot b & \text{Propriedade 1.}\\ &= [a \cdot (-1)] \cdot b & \text{Propriedade comutativa da multiplicação.}\\ &= a \cdot [(-1) \cdot b] & \text{Propriedade associativa da multiplicação.}\\ &= a \cdot (-b) & \text{Propriedade 1.}\end{aligned}$$

Já a Propriedade 6 pode ser deduzida por meio do seguinte raciocínio:

$$\begin{aligned}-(a-b) &= (-1) \cdot (a-b) & \text{Propriedade 1.}\\ &= (-1)a - (-1)b & \text{Propriedade distributiva da multiplicação.}\\ &= (-a) - (-b) & \text{Propriedade 1.}\\ &= -a + b & \text{Propriedade 2.}\\ &= b + (-a) & \text{Propriedade comutativa da soma.}\\ &= b - a & \text{Subtração como a soma do simétrico.}\end{aligned}$$

Exemplo 3.   Trabalhando com números negativos

a) $(-1)12 + 30 = -12 + 30 = 30 - 12 = 18$

b) $52 - (-10,5) = 52 + 10,5 = 62,5$

c) $70 + (-5)6 = 70 - 30 = 40$

d) $70 - (-5)6 = 70 - (-30) = 70 + 30 = 100$

e) $70 + (-5)(-6) = 70 + 30 = 100$

f) $70 - (-5)(-6) = 70 - 30 = 40$

g) $25 + (-2,75)x = 25 - 2,75x$

h) $56 - (-3)y = 56 + 3y$

i) $144,2 - (-4,2)(-w) = 144,2 - 4,2w$

j) $(-x)(-8)(-11) = -88x$

k) $(-3)(-2y)(7) = 42y$

l) $(-5z)(3x)(4y) = -60xyz$

m) $-(18 + x) = -18 - x$

n) $x - (18 - 3x) = x - 18 + 3x = 4x - 18$

Agora, tente o Exercício 2.

Observe que, frequentemente, é necessário usar parênteses e colchetes em expressões que envolvem números negativos. A Tabela 1.3 mostra expressões nas quais, por preguiça de incluir os parênteses, um operador (+, – ou ×) foi erroneamente sucedido pelo sinal negativo, o que não é adequado na notação matemática.

TABELA 1.3   Expressões incorretas com números negativos.

Errado	Correto
3 + –2	3 + (–2)
10 – –4	10 – (–4)
6 · –5	6 · (–5)

Problema 3.   A escola de Atenas

Sócrates, que morreu em 399 a.C., foi retratado por Rafael Sanzio em seu famoso afresco *A escola de Atenas*, concluído em 1510 d.C. Quanto tempo após a morte de Sócrates a pintura foi concluída?

Solução

O ano 399 a.C., quando ocorreu a morte de Sócrates, é equivalente ao ano –398 da era comum (pois o ano 1 a.C. foi sucedido pelo ano 1 d.C., sem que tenha

FIGURA 1.8 *A escola de Atenas*, afresco do Museu do Vaticano, pintado por Rafael Sanzio, 1510 d.C.

havido o ano 0 d.C.). Como o afresco foi concluído em 1510, os visitantes do Vaticano puderam ver essa magnífica obra decorridos

$$1510 - (-398) = 1510 + 398 = 1.908 \text{ anos}$$

da morte do famoso filósofo ateniense.

Agora, tente o Exercício 8.

Problema 4. Propriedade distributiva com números negativos

Aplique a propriedade distributiva às expressões a seguir:

a) $7(6-5w-2t)$
b) $-3[(4-2x)-2(3x-1)]$

Solução

a)
$$\begin{aligned}7(6-5w-2t) &= 7\cdot 6 - 7\cdot 5w - 7\cdot 2t \\ &= 42 - 35w - 14t.\end{aligned}$$

b)
$$\begin{aligned}-3[(4-2x)-2(3x-1)] &= -3\cdot(4-2x)+(-3)\cdot(-2)(3x-1) \\ &= -3(4-2x)+6(3x-1) \\ &= -3\cdot 4+(-3)\cdot(-2x)+6\cdot 3x - 6\cdot 1 \\ &= -12+6x+18x-6 \\ &= 24x-18.\end{aligned}$$

Agora, tente o Exercício 3.

Exercícios 1.2

1. Calcule os pares de expressões a seguir, observando o papel dos parênteses:

   a) $10+5-12+3-7+23-6$ e $10+5-(12+3)-(7+23)-6$
   b) $10+6\times 12-8\div 2$ e $(10+6)\times(12-8)\div 2$
   c) $38-6\times 4-28\div 2$ e $[(38-6)\times 4-28]\div 2$
   d) $2+10\times 2+10\times 2+10\times 2+10$ e
   $2+10\times\{2+10\times[2+10\times(2+10)]\}$

2. Calcule as expressões a seguir:
   a) $-(-3,5)$
   b) $-(+4)$
   c) $2+(-5,4)$
   d) $2-(-5,4)$
   e) $(-32,5)+(-9,5)$
   f) $-32,5-9,5$
   g) $(-15,2)+(+5,6)$
   h) $(-15,2)+5,6$
   i) $4\cdot(-25)\cdot 13$
   j) $13\cdot(-25)\cdot 4$
   k) $-10\cdot(-18)\cdot(-5)$
   l) $(-7x)\cdot(-4y)\cdot(3)$
   m) $(-12)\cdot(-6)$
   n) $-(12\cdot 6)$
   o) $-[12\cdot(-6)]$
   p) $-15\cdot(-6)+15\cdot(-6)$
   q) $-15\cdot(-6)-(-10)\cdot(-3)$
   r) $3-(5+x)$
   s) $24-(8-2y)$
   t) $2x-(6+x)$
   u) $y-(8-2y)$

3. Aplique a propriedade distributiva e simplifique as expressões sempre que possível:
   a) $5\cdot(6+x)$
   b) $7\cdot(5-x)$
   c) $-3(x+8)$
   d) $-4(10-2x)$
   e) $(3x-4)\cdot 2$
   f) $-2(3x-4)$
   g) $15(2+5x-6y)$
   h) $-6(x-2y+7z-9)$
   i) $3(x-6)+2(4x-1)$
   j) $4(6-5x)-2(2x-12)$
   k) $(3-5x)\cdot(2-4y)$
   l) $2[x-2-4(5-2x)]$
   m) $-5[4-2(2-3x)]$
   n) $-4[(2-3x)+3(x+1)]$

4. Aplicando a propriedade distributiva, ponha algum termo em evidência:
   a) $5x+5w$
   b) $12x+12$
   c) $3x-3y+3z$
   d) $xy-yz$
   e) $2xw-2xv$
   f) $xy+2sx-5xv$
   g) $2+2x$
   h) $30+5x$
   i) $35-7x$
   j) $-10-2x$

5. Calcule as expressões a seguir:
   a) $2+(x+3)$
   b) $6-(5+x)$
   c) $3\cdot(8\cdot y)$
   d) $7\cdot(-2\cdot x)$
   e) $4+(3\cdot x)$
   f) $8-(y\cdot 5)$
   g) $9\cdot x\cdot(3\cdot y)$
   h) $(3x)\cdot(-6y)$
   i) $(-2x)\cdot(8y)$
   j) $(-5x)\cdot(-2y)$

6. Você possui R$ 300,00 em sua conta bancária, que dispõe do sistema de cheque especial. Se der um cheque no valor de R$ 460,00, qual será seu saldo bancário?

7. Um termômetro marca 8 °C. Se a temperatura baixar 12 °C, quanto o termômetro irá marcar?

8. A câmara funerária de Tutancâmon foi aberta em 1923 d.C. Sabendo que o famoso rei egípcio morreu em 1324 a.C., quanto tempo sua múmia permaneceu preservada?

9. Após decolar de uma cidade na qual a temperatura era de 20,5 °C, um avião passou a viajar a 20.000 pés de altura, a uma temperatura de –32,2 °C. Qual foi a variação de temperatura nesse caso? Forneça um número positivo, se tiver havido aumento, ou um número negativo se tiver havido redução da temperatura.

10. Antes da sua última partida, na qual perdeu por 7 a 0, o Chopotó Futebol Clube tinha um saldo de 2 gols no campeonato da terceira divisão. Qual é o saldo atual do glorioso time?

1.3 Divisão e frações

Divisão é a operação aritmética inversa da multiplicação. Ela representa a repartição de certa quantidade em porções iguais.

Exemplo 1. Times de basquete

Em uma aula de Educação Física, o professor precisar dividir uma turma que tem 30 alunos em times de basquete, cada qual com 5 alunos. O número de equipes a serem formadas será igual a

$$30 \div 5 = 6.$$

Observe que, multiplicando o número de jogadores em cada time pelo número de equipes, obtemos $5 \times 6 = 30$, que é o número de alunos da turma.

Exemplo 2. Água para todos

Durante um período de seca, o prefeito de uma pequena cidade contratou um caminhão-pipa para distribuir água potável aos 1.250 munícipes. Se o caminhão-pipa comporta 16.000 litros e todos os habitantes receberão o mesmo volume, caberá a cada habitante

$$16000 \div 1250 = 12,8 \text{ litros.}$$

Na fração $\frac{a}{b}$, o termo a, que está acima do traço, é chamado **numerador**, enquanto o termo b, abaixo do traço, é chamado **denominador**.

Supondo que a e b sejam números inteiros, com $b \neq 0$, podemos representar a divisão de a em b partes iguais por meio da **fração** $\frac{a}{b}$, que também pode ser escrita como a/b. São exemplos de frações:

$$\frac{2}{3}, \ \frac{15}{7}, \ \frac{1}{1000}, \ -\frac{2}{4}, \ \frac{36}{36}.$$

Para efetuar divisões ou trabalhar com frações que envolvem números negativos, usamos propriedades similares àquelas apresentadas para a multiplicação.

Divisão envolvendo números negativos

Suponha que a e b sejam números reais, e que $b \neq 0$.

Propriedades	Exemplos
1. $\dfrac{(-a)}{b} = \dfrac{a}{(-b)} = -\dfrac{a}{b}$	$\dfrac{(-7)}{2} = \dfrac{7}{(-2)} = -\dfrac{7}{2}$
2. $\dfrac{(-a)}{(-b)} = \dfrac{a}{b}$	$\dfrac{(-3)}{(-16)} = \dfrac{3}{16}$

■ A divisão como um produto

Se dividirmos o número 1 em n parcelas iguais, cada parcela valerá $1/n$ do total, de modo que:

$$1 = \underbrace{\frac{1}{n} + \frac{1}{n} + \frac{1}{n} + \frac{1}{n} + \cdots + \frac{1}{n} + \frac{1}{n}}_{n \text{ parcelas}}.$$

Você se lembra de que, ao dividirmos um número por ele mesmo, obtemos sempre o valor 1?

Dessa forma,

$$1 = n \cdot \left(\frac{1}{n}\right) = \frac{n}{n}.$$

Embora a soma dada sugira que n deva ser um número natural, esse resultado vale para qualquer n real, desde que $n \neq 0$. O número $1/n$ é chamado **inverso** de n.

Se dividirmos o número 1 em n parcelas iguais e pegarmos a dessas parcelas, teremos a fração a/n, ou seja,

Observe que, ao efetuarmos o produto de a por $1/n$, apenas o numerador da fração é multiplicado por a.

$$\underbrace{\frac{1}{n} + \frac{1}{n} + \frac{1}{n} + \cdots + \frac{1}{n}}_{a \text{ parcelas}} = a \cdot \left(\frac{1}{n}\right) = \frac{a}{n}.$$

Assim, a divisão de um número a por outro n corresponde à multiplicação de a pelo inverso de n. Novamente, a e n podem ser quaisquer números reais, desde que $n \neq 0$.

Exemplo 3. Partes de um terreno

Um terreno retangular muito comprido foi dividido em 6 partes iguais, como mostra a Figura 1.9. Tomando cinco dessas partes, obtemos:

$$\frac{1}{6} + \frac{1}{6} + \frac{1}{6} + \frac{1}{6} + \frac{1}{6} = 5 \cdot \left(\frac{1}{6}\right) = \frac{5}{6}.$$

1/6	1/6	1/6	1/6	1/6	1/6

FIGURA 1.9 Cinco sextos de um terreno.

Soma e subtração de frações com denominadores iguais

Um relógio de ponteiros marca exatamente meio-dia, como mostra a Figura 1.10a. A cada hora transcorrida, o ponteiro das horas gira exatamente 1/12 de volta, de modo que, após 12 horas (ou seja, à meia-noite), o ponteiro das horas volta a apontar o número 12.

Entre o meio-dia e as 4 horas da tarde, o ponteiro das horas do relógio gira 4/12 de volta, como mostra a Figura 1.10b. Transcorridas mais 5 horas, o ponteiro das horas do relógio percorre mais 5/12 de volta, atingindo a marca de 9 horas, que corresponde a 9/12 da volta completa, como mostra a Figura 1.10c:

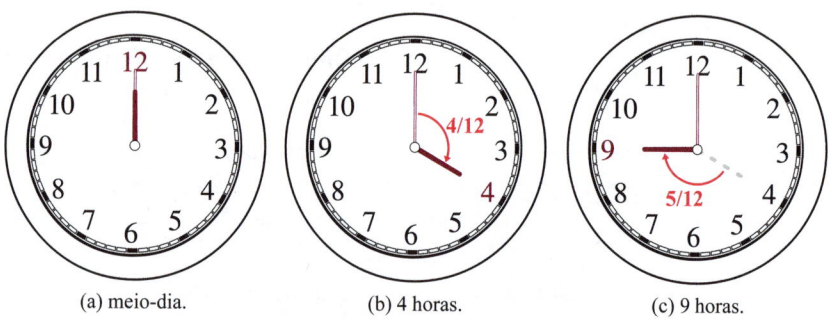

(a) meio-dia. (b) 4 horas. (c) 9 horas.

FIGURA 1.10 Um relógio marcando várias horas de um dia.

Observe que:

$$\frac{4}{12} + \frac{5}{12} = \frac{4+5}{12} = \frac{9}{12}.$$

Ou seja, para somar duas frações com denominador 12, mantemos o denominador e somamos os numeradores. Vamos mostrar, agora, que esse resultado vale para quaisquer frações com o mesmo denominador.

Somando a/n com b/n, obtemos;

$$\frac{a}{n} + \frac{b}{n} = \underbrace{\frac{1}{n} + \frac{1}{n} + \frac{1}{n} + \cdots + \frac{1}{n}}_{a \text{ parcelas}} + \underbrace{\frac{1}{n} + \frac{1}{n} + \frac{1}{n} + \cdots + \frac{1}{n}}_{b \text{ parcelas}} = (a+b)\left(\frac{1}{n}\right) = \frac{a+b}{n}.$$

Também é possível usar a propriedade distributiva da multiplicação para mostrar que $a/n + b/n = (a+b)/n$. Observe:

$$\frac{a}{n} + \frac{b}{n} = a \cdot \left(\frac{1}{n}\right) + b \cdot \left(\frac{1}{n}\right)$$
$$= (a+b)\left(\frac{1}{n}\right) = \frac{a+b}{n}.$$

O problema a seguir ilustra o que acontece quando precisamos calcular a diferença entre duas frações com um mesmo denominador.

Problema 1. Frações de um bolo

Uma confeitaria dividiu um bolo de chocolate em 8 fatias iguais. Em um determinado momento do dia, restavam 5/8 do bolo (ou seja, 5 fatias), como mostra a Figura 1.11a. Até o final do dia, foram servidos mais 3/8 do bolo (ou seja, outras três fatias), como ilustrado na Figura 1.11b. Que fração do bolo sobrou ao final do dia?

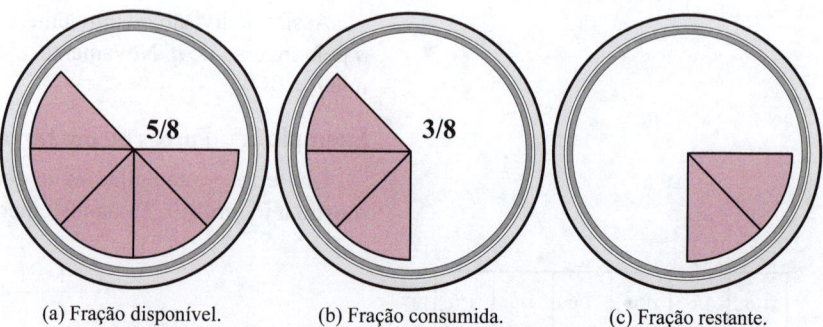

(a) Fração disponível. (b) Fração consumida. (c) Fração restante.

FIGURA 1.11 Frações de um bolo dividido em 8 pedaços iguais.

Solução

Para obtermos a fração restante, devemos efetuar a subtração seguinte:

$$\frac{5}{8} - \frac{3}{8} = 5 \cdot \left(\frac{1}{8}\right) - 3 \cdot \left(\frac{1}{8}\right)$$

$$= (5-3) \cdot \left(\frac{1}{8}\right)$$

$$= \frac{2}{8}.$$

Assim, sobraram 2/8 do bolo, como representado na Figura 1.11c.

Como observamos, a estratégia usada para o cálculo da diferença entre duas frações é similar àquela empregada na soma.

Soma e diferença de frações com o mesmo denominador

Sejam a, b e n números reais, tais que $n \neq 0$. Neste caso,

$$\frac{a}{n} + \frac{b}{n} = \frac{a+b}{n} \quad \text{e} \quad \frac{a}{n} - \frac{b}{n} = \frac{a-b}{n}.$$

Exemplo 4. Soma e subtração de frações com denominadores comuns

a) $\dfrac{1}{7} + \dfrac{3}{7} = \dfrac{4}{7}$

b) $\dfrac{5}{9} + \dfrac{13}{9} = \dfrac{18}{9} = 2$

c) $\dfrac{3}{5} + \dfrac{4}{5} = \dfrac{7}{5}$

d) $\dfrac{2}{15} + \dfrac{4}{15} + \dfrac{8}{15} = \dfrac{14}{15}$

e) $\dfrac{3}{7} - \dfrac{1}{7} = \dfrac{2}{7}$

f) $\dfrac{4}{9} - \dfrac{5}{9} = -\dfrac{1}{9}$

g) $\dfrac{2}{5} - \dfrac{2}{5} = \dfrac{0}{5} = 0$

h) $\dfrac{12}{17} - \dfrac{46}{17} = -\dfrac{34}{17} = -2$

■ **Multiplicação de frações**

Passemos, agora, ao cálculo de produtos que envolvem frações. Vamos começar com um problema simples.

Problema 2. Cobras peçonhentas

Em um grupo de 108 cobras, $\frac{3}{4}$ são peçonhentas. Quantas cobras venenosas há no grupo?

Solução

O número de cobras peçonhentas é dado pelo produto

$$108 \times \frac{3}{4},$$

que pode ser calculado em duas etapas. Inicialmente, dividimos 108 em 4 grupos, cada qual contendo $\frac{108}{4} = 27$ cobras. Em seguida, tomamos 3 desses grupos, o que corresponde a $27 \cdot 3 = 81$. Assim, há 81 cobras venenosas.

Também podemos efetuar as operações em ordem inversa, calculando primeiramente o produto $108 \cdot 3 = 324$, e, depois, a divisão $324/4 = 81$.

Agora, tente o Exercício 2.

Agora, vamos usar a definição de produto para multiplicar a fração 3/26 por 5.

$$5 \cdot \left(\frac{3}{26}\right) = \frac{3}{26} + \frac{3}{26} + \frac{3}{26} + \frac{3}{26} + \frac{3}{26} = \frac{3+3+3+3+3}{26} = \frac{3 \cdot 5}{26} = \frac{15}{26}.$$

Essa ideia pode ser generalizada para qualquer fração a/b e qualquer número c natural:

$$c \cdot \left(\frac{a}{b}\right) = \underbrace{\frac{a}{b} + \frac{a}{b} + \frac{a}{b} + \cdots + \frac{a}{b} + \frac{a}{b}}_{c \text{ parcelas}} = \frac{\overbrace{a+a+a+\cdots+a+a}^{c \text{ parcelas}}}{b} = \frac{c \cdot a}{b}.$$

> **Lembrete**
> Não se esqueça de que se c é um número natural, então:
> $$c \cdot d = \underbrace{d + d + d + \cdots + d + d}_{c \text{ parcelas}}.$$

De fato, a regra dada pode ser aplicada mesmo quando c é um número real, de modo que, para calcular o produto de a/b por c, usamos a seguinte fórmula:

$$c \cdot \left(\frac{a}{b}\right) = \frac{c \cdot a}{b}.$$

Problema 3. Exploradores e exploradoras

Um grupo de pesquisadores partiu em uma excursão exploratória. Sabe-se que os pesquisadores homens, que são 27, formam 3/7 do grupo. Quantos exploradores partiram na excursão e qual é a fração do grupo composta de mulheres?

Solução

A Figura 1.12a ilustra os 27 homens que formam o grupo de pesquisadores. Como sabemos que os homens correspondem a 3/7 do grupo, podemos dividi-los em 3 grupos, cada qual com

$$27 / 3 = 9 \text{ pessoas.}$$

Assim, cada grupo de 9 pessoas corresponde a 1/7 do número total de exploradores, como mostrado na Figura 1.12b. Portanto, o grupo como um todo possui

$$9 \times 7 = 63 \text{ pessoas.}$$

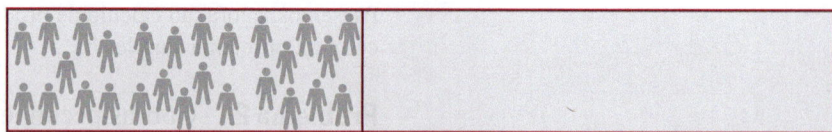

(a) Os 27 homens.

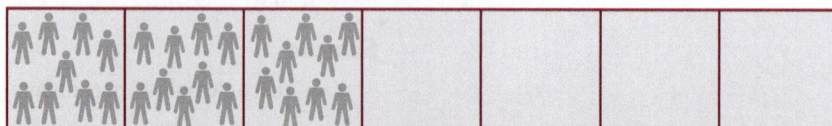

(b) Divisão do grupo em 7 parcelas, cada qual com 9 pessoas.

(c) O grupo de 63 exploradores, dos quais 3/7 são homens e 4/7 são mulheres.

FIGURA 1.12 Figuras do Problema 3.

Para descobrir a que fração do grupo as mulheres correspondem, devemos nos lembrar de que o grupo completo equivale a 1, ou à fração 7/7, de modo que as mulheres são

$$1 - \frac{3}{7} = \frac{7-3}{7} = \frac{4}{7} \text{ dos pesquisadores.}$$

Agora, tente o Exercício 5.

Vamos investigar, agora, como calcular o produto de duas frações com numerador igual a 1.

Problema 4. Bolinhas de gude

Minha coleção de bolinhas de gude é composta de 120 bolinhas, das quais 1/3 é vinho. Se 1/5 das bolinhas vinho tem cor clara, quantas bolinhas rosas eu possuo? Que fração da minha coleção é rosa?

Solução

O número de bolinhas vinho da minha coleção é dado por:

$$120 \cdot \left(\frac{1}{3}\right) = \frac{120}{3} = 40.$$

Das 40 bolinhas vinho, as claras correspondem a:

$$40 \cdot \left(\frac{1}{5}\right) = \frac{40 \cdot 1}{5} = \frac{40}{5} = 8 \text{ bolinhas.}$$

Observe que obtivemos o valor 8 calculando a seguinte expressão:

$$\underbrace{\underbrace{120 \cdot \left(\frac{1}{3}\right)}_{\text{bolinhas vinho}} \cdot \left(\frac{1}{5}\right)}_{\text{bolinhas rosas}}$$

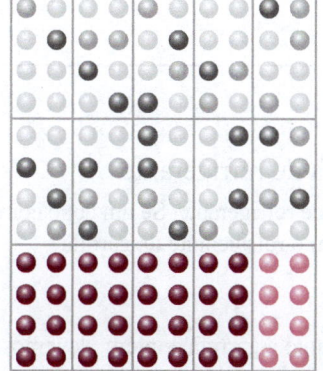

FIGURA 1.13 1/3 das bolinhas é vinho.

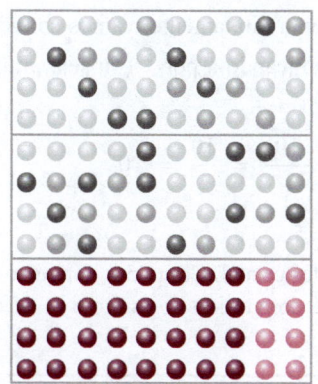

FIGURA 1.14 1/5 das bolinhas vinho é vinho-clara.

Assim, do total de bolinhas, $(1/3) \cdot (1/5)$ são rosas. Para descobrir quanto vale esse produto, vamos analisar as figuras 1.13 e 1.14.

Na Figura 1.13, dividimos o conjunto de bolinhas em três partes, das quais uma era composta apenas de bolinhas vinho. Já na Figura 1.14, cada terça parte do conjunto foi dividida em 5 grupos. Como se observa, o conjunto total das bolinhas foi dividido em 15 grupos, dos quais apenas um corresponde às bolinhas rosas. Logo, as 8 bolinhas correspondem a 1/15 do total.

No problema dado, para obter a fração correspondente às bolinhas vinho-claras, dividimos a coleção por $3 \cdot 5$, ou seja,

$$\frac{1}{15} = \left(\frac{1}{3}\right) \times \left(\frac{1}{5}\right) = \frac{1}{3 \cdot 5}.$$

De forma geral, podemos dizer que, se $a \neq 0$ e $b \neq 0$, então:

$$\frac{1}{a} \times \frac{1}{b} = \frac{1}{a \cdot b}.$$

A partir desse resultado, é fácil estabelecer uma regra para o cálculo do produto de duas frações:

Produto de frações
Dadas as frações a/b e c/d, em que $b \neq 0$ e $d \neq 0$,

$$\frac{a}{b} \cdot \frac{c}{d} = \frac{ac}{bd}.$$

A demonstração desse resultado é trivial:

$$\frac{a}{b} \cdot \frac{c}{d} = a \cdot \left(\frac{1}{b}\right) \cdot c \cdot \left(\frac{1}{d}\right) \qquad \text{Frações na forma de produto.}$$

$$= (a \cdot c) \cdot \left(\frac{1}{b} \cdot \frac{1}{d}\right) \qquad \text{Propriedade comutativa da multiplicação.}$$

$$= (a \cdot c) \cdot \left(\frac{1}{b \cdot d}\right) \qquad \text{Produto de frações com numerador 1.}$$

$$= \frac{a \cdot c}{b \cdot d}. \qquad \text{Volta à forma fracionária.}$$

Exemplo 5. Produto de frações

a) $\dfrac{2}{9} \cdot \dfrac{5}{7} = \dfrac{2 \cdot 5}{9 \cdot 7} = \dfrac{10}{63}$

b) $\dfrac{3}{4} \cdot \dfrac{5}{4} = \dfrac{3 \cdot 5}{4 \cdot 4} = \dfrac{15}{16}$

c) $\dfrac{11}{(-8)} \cdot \dfrac{21}{5} = \dfrac{11 \cdot 21}{(-8) \cdot 5} = \dfrac{231}{-40} = -\dfrac{231}{40}$

d) $\dfrac{(-2x)}{7} \cdot \dfrac{4}{(-3)} = \dfrac{(-2x) \cdot 4}{7 \cdot (-3)} = \dfrac{-8x}{-21} = \dfrac{8x}{21}$

Agora, tente o Exercício 12.

■ Divisão de frações

Problema 5.   Divisão de uma garrafa de refrigerante

Determinada garrafa PET contém 2 litros de refrigerante. Se um copo comporta $\frac{1}{5}$ de litro, quantos copos podemos encher com o refrigerante da garrafa?

Solução

Para descobrir quantos copos de refrigerante a garrafa contém, devemos dividir o conteúdo da garrafa pelo conteúdo do copo, ou seja, calcular

$$\frac{2}{\frac{1}{5}}$$

Como não sabemos como efetuar essa conta diretamente, vamos converter a expressão em uma fração equivalente, multiplicando-a por $\frac{5}{5}$ (ou seja, multiplicando-a por 1):

$$\frac{2}{\frac{1}{5}} = \frac{2}{\frac{1}{5}} \times \frac{5}{5} = \frac{2 \times 5}{\frac{1}{5} \times 5} = \frac{10}{\frac{5}{5}} = \frac{10}{1} = 10.$$

Assim, a garrafa de 2 litros rende 10 copos.

Observe que a escolha do número 5 não foi casual. Como 5 é o inverso de $\frac{1}{5}$, ao multiplicarmos $\frac{1}{5}$ por 5, o denominador é convertido no número 1, de modo que podemos desprezá-lo.

Resolvendo o problema de outra forma, podemos considerar que, como cada copo comporta $\frac{1}{5}$ litros, cada litro corresponde a 5 copos. Portanto, 2 litros correspondem a $2 \cdot 5 = 10$ copos.

Problema 6.   Divisão das ações de uma companhia

Um dos sócios de uma indústria possuía $\frac{2}{3}$ das ações da companhia. Após sua morte, as ações foram distribuídas igualmente entre seus 4 filhos. Que fração das ações da empresa coube a cada filho?

Solução

A fração herdada por cada um dos filhos do empresário é dada por

$$\frac{\frac{2}{3}}{4}.$$

Para efetuar a divisão, eliminamos o denominador multiplicando a fração por $\frac{1/4}{1/4}$:

$$\frac{\frac{2}{3}}{4} = \frac{\frac{2}{3}}{4} \times \frac{\frac{1}{4}}{\frac{1}{4}} = \frac{\frac{2 \times 1}{3 \times 4}}{\frac{4 \times 1}{4}} = \frac{\frac{2}{12}}{1} = \frac{2}{12}.$$

Logo, cada filho recebeu $\frac{2}{12}$ das ações. Observe que, mais uma vez, a eliminação do denominador foi obtida multiplicando-o pelo seu inverso.

Problema 7.   Divisão de frações

Na cidade de Quiproquó dos Guaianases, $\frac{8}{9}$ da população adulta está empregada. Além disso, $\frac{2}{5}$ de toda a população adulta trabalha na indústria. Que fração da população empregada trabalha na indústria?

Solução

Para resolver o problema, devemos dividir a população que trabalha na indústria pela população total empregada, ou seja, devemos calcular

$$\frac{\frac{2}{5}}{\frac{8}{9}}.$$

Também nesse problema eliminamos o termo $\frac{8}{9}$ multiplicando o numerador e o denominador pelo inverso dessa fração.

Mais uma vez, para efetuar a divisão, devemos eliminar o denominador. Para tanto, multiplicamos a fração por $\frac{9/8}{9/8}$:

$$\frac{\frac{2}{5}}{\frac{8}{9}} = \frac{\frac{2}{5}}{\frac{8}{9}} \times \frac{\frac{9}{8}}{\frac{9}{8}} = \frac{\frac{2 \times 9}{5 \times 8}}{\frac{8 \times 9}{9 \times 8}} = \frac{\frac{18}{40}}{1} = \frac{18}{40}.$$

Logo, $\frac{18}{40}$ da população adulta empregada trabalha na indústria.

Dos problemas resolvidos nesta subseção, podemos concluir que a melhor forma de dividir frações consiste em multiplicar o numerador e o denominador pelo inverso do denominador, como mostrado a seguir:

$$\frac{\frac{a}{b}}{\frac{c}{d}} = \frac{\frac{a}{b}}{\frac{c}{d}} \times \frac{\frac{d}{c}}{\frac{d}{c}} = \frac{\frac{a \times d}{b \times c}}{\frac{c \times d}{d \times c}} = \frac{\frac{ad}{bc}}{1} = \frac{ad}{bc}.$$

Em outras palavras, o quociente de uma fração por outra fração é igual ao produto da fração do numerador pelo inverso da fração do denominador.

> **Divisão de frações**
>
> Se a, b, c e d são números inteiros, com $b \neq 0$, $c \neq 0$ e $d \neq 0$, então,
>
> $$\frac{\frac{a}{b}}{\frac{c}{d}} = \frac{a}{b} \times \frac{d}{c} = \frac{ad}{bc}.$$

Exemplo 6.   Quocientes com frações

a) $\dfrac{3}{\frac{5}{7}} = 3 \times \dfrac{7}{5} = \dfrac{3 \times 7}{5} = \dfrac{21}{5}.$

b) $-\dfrac{6}{\frac{11}{5}} = -6 \times \dfrac{5}{11} = -\dfrac{6 \times 5}{11} = -\dfrac{30}{11}.$

Note que $4 = \frac{4}{1}$, de modo que seu inverso é $\frac{1}{4}$.

Note que o inverso de 5 (ou $\frac{5}{1}$) é $\frac{1}{5}$.

c) $\dfrac{\frac{7}{9}}{4} = \dfrac{7}{9} \times \dfrac{1}{4} = \dfrac{7}{9 \times 4} = \dfrac{7}{36}$.

d) $-\dfrac{\frac{4}{3}}{5} = -\dfrac{4}{3} \times \dfrac{1}{5} = -\dfrac{4}{3 \times 5} = -\dfrac{4}{15}$.

e) $\dfrac{\frac{1}{2}}{\frac{1}{3}} = \dfrac{1}{2} \times \dfrac{3}{1} = \dfrac{1 \times 3}{2 \times 1} = \dfrac{3}{2}$.

f) $\dfrac{\frac{5}{2}}{\frac{11}{7}} = \dfrac{5}{2} \times \dfrac{7}{11} = \dfrac{5 \times 7}{2 \times 11} = \dfrac{35}{22}$.

g) $-\dfrac{\frac{10}{7}}{\frac{16}{3}} = -\dfrac{10}{7} \times \dfrac{3}{16} = -\dfrac{10 \times 3}{7 \times 16} = -\dfrac{30}{112}$.

Agora, tente o Exercício 14.

■ Frações equivalentes

Duas frações são ditas **equivalentes** se representam o mesmo número real. As frações 2/5 e 4/10, por exemplo, representam o mesmo número, que é escrito 0,4 na forma decimal. Para entender por que essas frações são equivalentes, basta lembrar que o número 1 é o elemento neutro da multiplicação, de modo que $n \cdot 1 = n$. Observe:

$$\dfrac{2}{5} = \dfrac{2}{5} \cdot 1 = \dfrac{2}{5} \cdot \dfrac{2}{2} = \dfrac{2 \cdot 2}{5 \cdot 2} = \dfrac{4}{10}.$$

Multiplicando o numerador e o denominador de uma fração por um mesmo número obtemos uma fração equivalente, como mostram os exemplos abaixo:

Note que $\dfrac{2}{5} = \dfrac{2}{5} \cdot \dfrac{2 \cdot 2 \cdot 100}{2 \cdot 2 \cdot 100} = \dfrac{800}{2000}$.

$$\dfrac{2}{5} \xrightarrow{\times 2} \dfrac{4}{10} \xrightarrow{\times 2} \dfrac{8}{20} \xrightarrow{\times 100} \dfrac{800}{2000}$$

$$-\dfrac{3}{5} \xrightarrow{\times 3} -\dfrac{9}{15} \xrightarrow{\times 2} -\dfrac{18}{30} \xrightarrow{\times 25} -\dfrac{450}{750}$$

Exemplo 7. Divisão de uma pizza

Se você tiver dividido uma pizza em dois pedaços e comido um deles, ou se a tiver dividido em quatro partes iguais e comido duas dessas partes, ou, ainda, se a tiver repartido em seis fatias iguais e comido três, não importa: você terá comido meia pizza, como mostra a Figura 1.15. Assim, temos a seguinte equivalência entre frações:

$$\dfrac{1}{2} = \dfrac{2}{4} = \dfrac{3}{6}.$$

Agora, tente o Exercício 8.

CAPÍTULO 1 – Números reais ■ 21

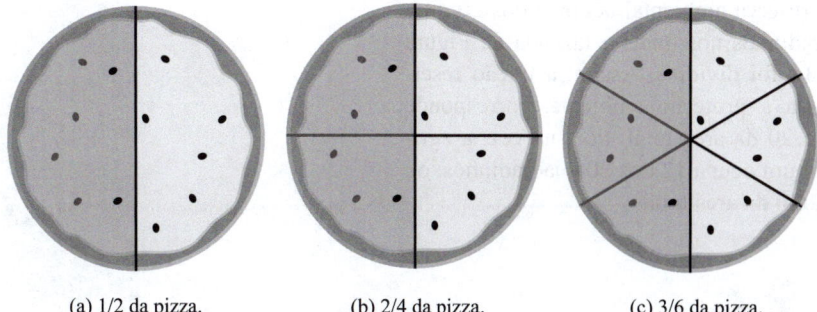

(a) 1/2 da pizza. (b) 2/4 da pizza. (c) 3/6 da pizza.

FIGURA 1.15 Frações equivalentes de uma pizza.

■ Soma e subtração de frações com denominadores diferentes

Suponha que uma fazenda retangular tenha parte de sua área usada na agricultura e que outra parte seja reservada à preservação ambiental, como mostra a Figura 1.16. Qual será a fração da área total destinada a essas duas finalidades? E qual será a fração não ocupada da fazenda?

Para responder a essas perguntas, precisamos, em primeiro lugar, determinar as frações do terreno destinadas a cada tipo de uso.

Dividindo a fazenda em 4 partes iguais, observamos que a reserva ambiental ocupa 1/4 da área total. Por outro lado, dividindo a fazenda em 5 retângulos de mesmas dimensões, percebemos que a agricultura ocupa 3/5 da área. A Figura 1.17 ilustra essas frações do terreno.

FIGURA 1.16 Divisão de uma fazenda retangular.

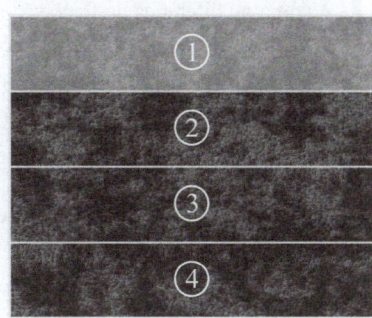
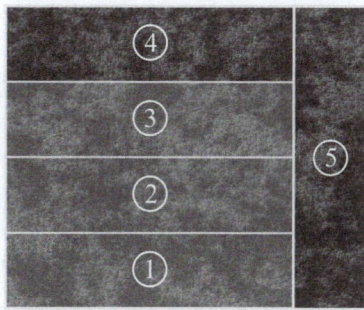

(a) Fração destinada à preservação ambiental. (b) Fração destinada à agricultura.

FIGURA 1.17 Frações da fazenda e sua destinação.

Assim, para determinar a fração ocupada da área da fazenda, precisamos calcular a soma

$$\frac{1}{4} + \frac{3}{5},$$

que envolve frações com denominadores diferentes.

A dificuldade em efetuar essa soma está relacionada ao fato de trabalharmos com porções diferentes de terra: a fazenda foi dividida em 4 pedaços quando definimos a região destinada à preservação ambiental, enquanto a área cultivada foi obtida dividindo-se a terra em 5 partes.

O cálculo da fração ocupada do terreno seria enormemente facilitado se as duas regiões de interesse fossem divididas em módulos que possuíssem a mesma área, pois, nesse caso, as regiões seriam descritas por frações que têm o mesmo denominador.

Observando a Figura 1.18, notamos que isso pode ser obtido dividindo-se cada parcela correspondente a 1/4 do terreno em 5 partes iguais, ou, de forma equivalente, dividindo-se cada fração correspondente a 1/5 do terreno em 4 partes de mesma área.

Nesse caso, a fazenda é dividida em 4 × 5 = 20 partes iguais, das quais 5 correspondem à reserva ambiental, e 12 são usadas para cultivo. Repare que o valor obtido, 20, é o produto dos denominadores das frações que queremos somar.

A reserva ambiental ocupa 5 dos 20 quadradinhos nos quais a fazenda da Figura 1.18 foi dividida. Assim, a fração reservada à proteção ambiental corresponde a 5/20 da área total. Por sua vez, a agricultura ocupa 12 dos 20 quadradinhos, ou 12/20 da área total.

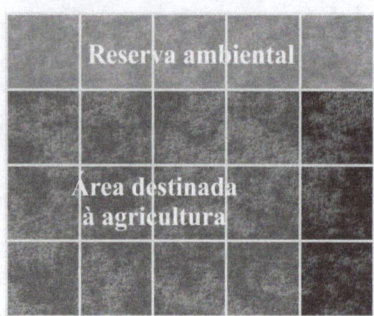

FIGURA 1.18 A fazenda dividida em porções correspondentes a 1/20 da área total.

Agora que sabemos que a reserva ambiental corresponde a 5/20 e a área cultivável a 12/20 da área total da fazenda, podemos efetuar a soma

$$\frac{5}{20} + \frac{12}{20} = \frac{5+12}{20} = \frac{17}{20}.$$

Desse modo, a porção ocupada da fazenda corresponde a 17/20 da área total. De forma semelhante, calculamos a porção não ocupada subtraindo de 20/20 (que corresponde à área total da fazenda) a fração já ocupada:

$$\frac{20}{20} - \frac{17}{20} = \frac{20-17}{20} = \frac{3}{20}.$$

Ou seja, apenas 3/20 da fazenda não foram ocupados. Esse exemplo ilustra a seguinte ideia:

> A soma ou diferença de frações com denominadores diferentes a e b pode ser efetuada convertendo-as em frações equivalentes com o denominador comum $a \cdot b$.

E como converter, na prática, 3/5 em uma fração equivalente na qual o denominador é 20? Nada mais simples! Lembrando que 20 é o produto do denominador 5 pelo número 4, podemos fazer

$\frac{3}{5} = \frac{3}{5} \times 1$ O número 1 é o elemento neutro da multiplicação. Logo, $a \cdot 1 = a$.

$= \frac{3}{5} \times \frac{4}{4}$ Como o denominador da outra fração é 4, substituímos 1 por 4/4.

$= \frac{3 \times 4}{5 \times 4}$ Cálculo do produto das frações.

$= \frac{12}{20}$ Fração equivalente, com denominador igual a 20.

Um procedimento análogo pode ser usado para converter 1/4 em uma fração cujo denominador é 20:

$$\frac{1}{4} = \frac{1}{4} \times 1 = \frac{1}{4} \times \frac{5}{5} = \frac{1 \times 5}{4 \times 5} = \frac{5}{20}.$$

Assim, resumimos a estratégia usada na obtenção da área ocupada da fazenda escrevendo

$$\frac{1}{4} + \frac{3}{5} = \frac{1}{4} \times \frac{5}{5} + \frac{3}{5} \times \frac{4}{4} = \frac{5}{20} + \frac{12}{20} = \frac{17}{20}.$$

Não é difícil perceber que essa ideia pode ser estendida para a soma de quaisquer frações, pois

$$\frac{a}{b} + \frac{c}{d} = \frac{a}{b} \times \frac{d}{d} + \frac{c}{d} \times \frac{b}{b}$$

$$= \frac{ad}{bd} + \frac{cb}{bd}$$

$$= \frac{ad + cb}{bd}.$$

O quadro a seguir fornece um roteiro para a soma e a subtração de frações.

Soma e diferença de frações com denominadores diferentes
Sejam a, b, c e d números tais que $b \neq 0$ e $d \neq 0$. Neste caso,

$$\frac{a}{b} + \frac{c}{d} = \frac{ad+cb}{bd} \quad \text{e} \quad \frac{a}{b} - \frac{c}{d} = \frac{ad-cb}{bd}.$$

Exemplo 8. **Soma e subtração de frações com denominadores diferentes**

a) $\dfrac{4}{5} + \dfrac{3}{7} = \dfrac{4 \times 7 + 3 \times 5}{5 \times 7} = \dfrac{43}{35}$.

b) $\dfrac{3}{2} + \dfrac{5}{9} = \dfrac{3 \times 9 + 5 \times 2}{2 \times 9} = \dfrac{37}{18}$.

c) $\dfrac{4}{5} - \dfrac{3}{7} = \dfrac{4 \times 7 - 3 \times 5}{5 \times 7} = \dfrac{13}{35}$.

d) $\dfrac{3}{2} - \dfrac{5}{9} = \dfrac{3 \times 9 - 5 \times 2}{2 \times 9} = \dfrac{17}{18}$.

Agora, tente o Exercício 11.

■ Resumo

O quadro a seguir resume as principais propriedades das frações.

Propriedades das frações
Suponha que a, b, c e d sejam números reais, com $b \neq 0$ e $d \neq 0$.

Propriedades	Exemplos
1. $\dfrac{a}{b} + \dfrac{c}{b} = \dfrac{a+c}{b}$	$\dfrac{2}{3} + \dfrac{5}{3} = \dfrac{7}{3}$
2. $\dfrac{a}{b} - \dfrac{c}{b} = \dfrac{a-c}{b}$	$\dfrac{7}{5} - \dfrac{4}{5} = \dfrac{3}{5}$
3. $\dfrac{a}{b} + \dfrac{c}{d} = \dfrac{ad+cb}{bd}$	$\dfrac{2}{3} + \dfrac{5}{7} = \dfrac{2 \times 7 + 5 \times 3}{3 \times 7} = \dfrac{29}{21}$
4. $\dfrac{a}{b} - \dfrac{c}{d} = \dfrac{ad-cb}{bd}$	$\dfrac{5}{4} - \dfrac{3}{8} = \dfrac{5 \times 8 - 3 \times 4}{4 \times 8} = \dfrac{28}{32}$
5. $\dfrac{ad}{bd} = \dfrac{a}{b}$	$\dfrac{7 \times 4}{8 \times 4} = \dfrac{7}{8}$
6. $\dfrac{a}{b} \times \dfrac{c}{d} = \dfrac{ac}{bd}$	$\dfrac{2}{3} \times \dfrac{4}{5} = \dfrac{8}{15}$
7. $\dfrac{a}{b} \div \dfrac{c}{d} = \dfrac{a}{b} \times \dfrac{d}{c} = \dfrac{ad}{bc}$ $(c \neq 0)$	$\dfrac{3}{5} \div \dfrac{8}{11} = \dfrac{3}{5} \times \dfrac{11}{8} = \dfrac{33}{40}$

Exercícios 1.3

1. Escreva por extenso as frações abaixo.

   a) $\dfrac{1}{5}$ c) $\dfrac{7}{20}$ e) $\dfrac{5}{100}$ g) $\dfrac{1000}{1001}$

   b) $\dfrac{3}{8}$ d) $\dfrac{9}{13}$ f) $\dfrac{125}{1000}$

2. Calcule

   a) $\dfrac{1}{8}$ de 92.   b) $\dfrac{4}{5}$ de 65.   c) $\dfrac{9}{7}$ de 63.

3. Um colecionador possui 320 selos, dos quais 4/5 são brasileiros. Quantos selos brasileiros há em sua coleção?

4. Um aquário possui 12 peixes, dos quais 8 são amarelos e 4 azuis. Indique que fração do total o número de peixes azuis representa. Faça o mesmo com o grupo de peixes amarelos.

5. Dos alunos de um curso, 104 são destros. Se 1/9 dos alunos é canhoto, quantos estudantes tem o curso?

6. Se 5/6 de um número equivalem a 350, a que valor correspondem 4/7 desse número?

7. Converta os números a seguir em frações.
   a) $3 \text{ e } \frac{4}{7}$ b) $5 \text{ e } \frac{3}{4}$ c) $2 \text{ e } \frac{9}{12}$

8. Escreva duas frações equivalentes a cada fração a seguir.
   a) 1/3   b) 2/5   c) −5/4

9. Escreva os números do Exercício 8 na forma decimal.

10. Complete as tabelas a seguir, escrevendo $1/x$ na forma decimal. Em cada caso, diga o que acontece com $1/x$ à medida que x cresce.

x	1	2	100	1.000
$1/x$				

x	1	0,5	0,1	0,01
$1/x$				

11. Calcule as expressões a seguir.
   a) $\frac{1}{2} + \frac{3}{2}$ e) $\frac{7}{3} - \frac{5}{7}$ i) $-\frac{1}{6} + \frac{3}{5}$
   b) $\frac{6}{5} - \frac{2}{5}$ f) $\frac{4}{5} + \frac{5}{4}$ j) $-\frac{5}{7} - \frac{5}{2}$
   c) $\frac{3}{4} + 1$ g) $\frac{2}{3} - \frac{1}{2}$ k) $\frac{1}{2} + \frac{1}{3} + \frac{1}{5}$
   d) $2 - \frac{2}{3}$ h) $\frac{2}{5} - \frac{3}{4}$ l) $\frac{2}{3} - \frac{1}{4} - \frac{1}{5}$

12. Efetue os seguintes produtos.
   a) $\frac{1}{2} \times \frac{1}{5}$ d) $4 \times \frac{7}{19}$ g) $\left(-\frac{3}{2}\right) \times \frac{9}{5}$
   b) $\frac{7}{4} \times \frac{5}{6}$ e) $\frac{8}{7} \times 5$ h) $\left(-\frac{1}{6}\right) \times \left(-\frac{7}{3}\right)$
   c) $\frac{2}{3} \times \frac{1}{3}$ f) $\frac{11}{2} \times \left(-\frac{5}{3}\right)$ i) $\frac{1}{6} \times \frac{2}{3} \times \frac{4}{5}$

13. Calcule as expressões. *Dica*: não use a propriedade distributiva.
   a) $\frac{1}{3} \times \left(\frac{3}{5} + \frac{1}{2}\right)$ c) $\left(3 + \frac{1}{4}\right)\left(1 - \frac{4}{5}\right)$
   b) $\frac{5}{2} \times \left(\frac{4}{3} - \frac{3}{4}\right)$ d) $\left(\frac{1}{2} - \frac{1}{3}\right)\left(\frac{1}{2} + \frac{1}{3}\right)$

14. Calcule as expressões a seguir.
   a) $\frac{\frac{2}{3}}{5}$ e) $\frac{\frac{2}{5}}{\frac{5}{6}}$ h) $\frac{\left(-\frac{5}{9}\right)}{\frac{11}{2}}$ k) $\frac{\frac{1}{12}}{\frac{1}{8} - \frac{1}{9}}$
   b) $\frac{\frac{9}{4}}{4}$ f) $\frac{\frac{1}{4}}{\frac{1}{5}}$ i) $\frac{\left(-\frac{2}{5}\right)}{\left(-\frac{1}{6}\right)}$ l) $\frac{\frac{2}{3} - \frac{2}{3}}{2}$
   c) $\frac{\frac{3}{2}}{7}$ g) $\frac{\frac{7}{8}}{\left(-\frac{2}{3}\right)}$ j) $-\frac{\frac{3}{7}}{\frac{5}{8}}$ m) $\frac{1 - \frac{1}{3}}{2 - \frac{1}{3}}$
   d) $\frac{\frac{8}{3}}{4}$

15. Aplique a propriedade distributiva às expressões.
   a) $\frac{3}{4}\left(x + \frac{5}{2}\right)$ d) $\left(\frac{8x}{3} - \frac{1}{2}\right) \cdot \frac{5}{2}$
   b) $-\frac{2}{5}\left(\frac{3}{4} - \frac{x}{3}\right)$ e) $\frac{x}{3}\left(2y + \frac{1}{6}\right)$
   c) $\frac{1}{7}\left(\frac{2}{3} - 2x\right)$ f) $\frac{4}{5}\left(3x + y + \frac{2}{3}\right)$

16. Reescreva as expressões a seguir colocando algum termo em evidência.
   a) $\frac{x}{3} + \frac{2}{3}$ b) $\frac{3x}{2} - 3$ c) $\frac{8}{5} - \frac{2x}{5}$

17. Você fez 3/4 dos exercícios de uma disciplina em 42 minutos. Mantendo esse ritmo, quanto tempo gastará para fazer os exercícios que faltam? Ao terminar o trabalho, quanto tempo você terá consumido para fazer toda a lista?

18. Dos eleitores de Piraporinha, 1/3 deve votar em João Valente para prefeito e 3/5 devem votar em Luís Cardoso. Que fração dos eleitores não votará em um desses dois candidatos?

19. O ginásio esportivo de Curimbatá comporta 4.500 pessoas, o que corresponde a 3/52 da população da cidade. Quantos habitantes tem Curimbatá?

20. Roberto e Marina juntaram dinheiro para comprar um *videogame*. Roberto pagou por 5/8 do preço e Marina contribuiu com R$ 45,00. Quanto custou o *videogame*?

21. Um cidadão precavido foi fazer uma retirada de dinheiro em um banco. Para tanto, levou sua mala executiva, cujo interior tem 39 cm de comprimento, 56 cm de largura e 10 cm de altura. O cidadão só pretende carregar notas de R$ 50,00. Cada nota tem 14 cm de comprimento, 6,5 cm de largura e 0,02 cm de espessura. Qual é a quantia máxima, em reais, que o cidadão poderá colocar na mala?

22. Em uma roleta com 36 casas foram dispostos todos os números inteiros de 0 a 35. O número 0 foi atribuído a uma casa qualquer, como mostra a figura. Em seguida, o número 1 foi designado à 19ª casa seguinte àquela que continha o número 0, percorrendo-se as casas no sentido horário. Por sua vez, o número 2 foi atribuído à 19ª casa seguinte à do número 1, adotando-se novamente o sentido horário. Os demais números foram preenchidos de forma análoga, percorrendo-se 19/36 de volta, no sentido horário. A que casa após o zero foi atribuído o número 23?

23. Para trocar os pneus de um carro, é preciso ficar atento ao código de três números que eles têm gravado na lateral. O primeiro desses números fornece a largura (L) do pneu, em milímetros. O segundo corresponde à razão entre a altura (H) e a largura (L) do pneu, multiplicada por 100. Já o terceiro indica o diâmetro interno (A) do pneu, em polegadas. A figura ao lado mostra um corte vertical de uma roda, para que seja possível a identificação de suas dimensões principais.

Suponha que os pneus de um carro tenham o código 195/60R15. Sabendo que uma polegada corresponde a 25,4 mm, determine o diâmetro externo (D) desses pneus.

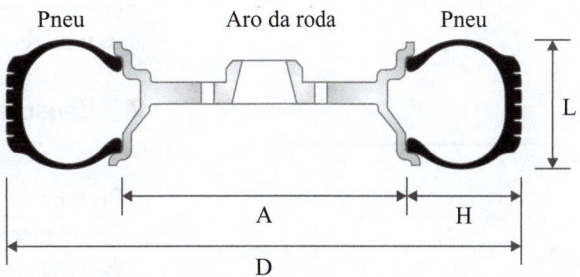

1.4 Simplificação de frações

Suponha que a fração a/b tenha numerador a e denominador b naturais. O processo de divisão de a e b por um número natural para a obtenção de uma fração equivalente, mas com um denominador menor, é chamado **simplificação** da fração.

Exemplo 1. **Simplificação de uma fração por divisões sucessivas**

A fração $\frac{63}{42}$ pode ser simplificada dividindo seus dois termos por 3:

$$\frac{63}{42} = \frac{63/3}{42/3} = \frac{21}{14}.$$

Para entender por que essas frações são equivalentes, vamos usar mais uma vez o fato de o número 1 ser o elemento neutro da multiplicação:

$$\frac{63}{42} = \frac{63}{42} \times 1 = \frac{63}{42} \times \frac{1/3}{1/3} = \frac{63/3}{42/3} = \frac{21}{14}.$$

Observando, agora, que $21 = 7 \times 3$ e $14 = 7 \times 2$, podemos obter uma fração ainda mais simples dividindo o numerador e o denominador por 7:

$$\frac{21}{14} = \frac{21/7}{14/7} = \frac{3}{2}.$$

Como não é possível obter uma nova fração dividindo 3 e 2 por um mesmo número natural diferente de 1, a representação mais simples de $\frac{63}{42}$ é $\frac{3}{2}$.

Agora, tente os Exercícios 2 e 3.

Geralmente, simplificamos uma fração dividindo o numerador e o denominador, recursivamente, por números pequenos. Para simplificar, por exemplo, a fração $\frac{840}{1.560}$, podemos dividir o numerador e o denominador, sucessivamente, por 10, 2, 2 e 3, como mostrado a seguir.

$$\frac{840}{1.560} = \frac{84}{156} \quad \text{Dividindo por 10.}$$

$$= \frac{42}{78} \quad \text{Dividindo por 2.}$$

$$= \frac{21}{39} \quad \text{Dividindo por 2.}$$

$$= \frac{7}{13}. \quad \text{Dividindo por 3.}$$

Embora essa estratégia seja bastante prática, também é possível simplificar uma fração em um único passo. Entretanto, isso exige o cálculo do máximo divisor comum entre o numerador e o denominador, como mostraremos a seguir, logo após uma revisão sobre divisores, múltiplos e números primos.

■ Divisores, múltiplos e números primos

> **Divisor**
> Um número natural c é **divisor** de um número natural a se o resto da divisão de a por c for zero (ou seja, se a for divisível por c).

Assim, por exemplo:

Experimente dividir 12 por 1, 2, 3, 4, 6 e 12, para constatar que a divisão realmente fornece 0 como resto.

- os divisores de 12 são 1, 2, 3, 4, 6 e 12;
- os divisores de 70 são 1, 2, 5, 7, 10, 14, 35 e 70.

Imagine que alguém lhe diga que "Lúcia é filha de Joana". Essa afirmação simples torna implícita uma segunda informação: "Joana é mãe de Lúcia". De forma análoga, o fato de 14 ser um divisor de 70, implica 70 ser um múltiplo de 14, conforme a definição a seguir.

> **Múltiplo**
> Um número natural c é **múltiplo** de outro número natural a se existe um número natural b, tal que
> $$c = a \times b.$$

Dito de outra forma, um número natural c é múltiplo de outro número natural a se a é divisor de c. Assim, 15 é múltiplo de 5, pois $5 \times 3 = 15$ ou, de forma equivalente, $15/5 = 3$.

Para encontrar os múltiplos naturais de um número, basta multiplicá-lo pelos números naturais 1, 2, 3, 4, 5, 6, ... Logo,

Lembrete
Um número natural divisível por 2 é chamado **par**. Os números pares são aqueles terminados em 0, 2, 4, 6 e 8. Existem regras simples para determinar se um número é múltiplo de 3 ou de 5. Essas regras são dadas nos Exercícios 4 e 5.

- os múltiplos de 2 são 2, 4, 6, 8, 10, 12, 14, 16, 18, 20, 22, ...
- os múltiplos de 5 são 5, 10, 15, 20, 25, 30, 35, 40, 45, 50, 55, ...
- os múltiplos de 14 são 14, 28, 42, 56, 70, 84, 98, 112, 126, 140, 154, ...

Números naturais com apenas dois divisores são particularmente importantes na Matemática, motivo pelo qual recebem denominação específica: *números primos*.

Observe que o número 1 não é considerado primo.

> **Número primo**
> Um número natural maior que 1 é dito **primo** se só tem como divisores naturais ele mesmo e o número 1.

Exemplo 2. Números primos menores que 10

Para descobrir se um número natural a é primo, basta calcular o resto da divisão de a pelos números primos menores que ele. Se alguma dessas divisões tiver resto zero, a não é primo. Caso contrário, o número é primo.

Usando esse raciocínio, apresentamos na Tabela 1.4 uma análise dos números menores que 10. Com base nela, concluímos que os números primos menores que 10 são: 2, 3, 5 e 7.

TABELA 1.4 Determinação dos números primos menores que 10.

Número	É primo?	Justificativa
2	Sim	Não há número primo menor que 2
3	Sim	Não é divisível por 2
4	Não	É divisível por 2
5	Sim	Não é divisível por 2 ou 3
6	Não	É divisível por 2
7	Sim	Não é divisível por 2, 3 ou 5
8	Não	É divisível por 2
9	Não	É divisível por 3

Exemplo 3. O crivo de Eratóstenes

Em seu trabalho *Introdução à Aritmética*, Nicômaco atribui a Eratóstenes (276 a.C.-195 a.C.) a elaboração de um algoritmo muito eficiente para a determinação de todos os números primos menores ou iguais a um número n predeterminado. Este método, conhecido como o "crivo de Eratóstenes", é apresentado a seguir.

1. Crie uma lista com todos os números naturais menores ou iguais a n.
2. Como 2 é o primeiro número primo, defina $p = 2$.
3. Começando em $p \cdot p$, percorra a lista de p em p números, riscando os números encontrados. Isso corresponde a eliminar da lista os múltiplos de p.
4. Atribua a p o próximo número não riscado na lista. Se nenhum número satisfizer essa condição, pare. Caso contrário, volte ao passo 3.

Você pode tornar esse método ainda mais eficiente trabalhando somente com números ímpares e usando $2p$ como incremento ao percorrer a lista. Esta é, inclusive, a forma pela qual Nicômaco apresenta o algoritmo.

Agora, vamos usar o crivo de Eratóstenes para determinar os números primos menores ou iguais a 100.

- A Figura 1.19a mostra a lista de números de 2 a 100.
- Inicialmente, definimos $p = 2$.
- Começando em $p \cdot p = 2 \cdot 2 = 4$, percorremos os números da lista de 2 em 2, destacando todos os números encontrados (4, 6, 8, 10, 12, 14, ...), como mostra a Figura 1.19b.
- Como o próximo número desmarcado da lista é o 3, definimos $p = 3$.
- Começando em $p \cdot p = 3 \cdot 3 = 9$, percorremos os números da lista de 3 em 3, destacando todos os números encontrados (9, 12, 15, 18, 21, 24, ...), como mostra a Figura 1.19c, na qual os números marcados anteriormente aparecem sobre um fundo rosa-claro e os múltiplos de 3 que ainda não haviam sido eliminados aparecem com um fundo rosa (9, 15, 21, 27, ...).
- O próximo número desmarcado é o 5. Logo, tomamos $p = 5$.
- Começando em $p \cdot p = 5 \cdot 5 = 25$, percorremos os números da lista de 5 em 5, marcando os números 25, 30, 35, 40, 45, 50, ... A Figura 1.19d mostra os números destacados nesse passo.
- O próximo número desmarcado é o 7, de modo que escolhemos $p = 7$.

- Começando em $p \cdot p = 7 \cdot 7 = 49$, percorremos os números da lista de 7 em 7, destacando os números 49, 56, 63, 70, 77, 84, ... A Figura 1.19e mostra os três números novos marcados nesse passo (49, 77 e 91).
- O próximo número desmarcado é o 11, então temos, agora, $p = 11$. Entretanto, como $p \cdot p = 121$, que é maior que 100, paramos o algoritmo.

A Figura 1.19f mostra os 25 números primos menores ou iguais a 100, que são 2, 3, 5, 7, 11, 13, 17, 19, 23, 29, 31, 37, 41, 43, 47, 53, 59, 61, 67, 71, 73, 79, 83, 89 e 97.

	2	3	4	5	6	7	8	9	10
11	12	13	14	15	16	17	18	19	20
21	22	23	24	25	26	27	28	29	30
31	32	33	34	35	36	37	38	39	40
41	42	43	44	45	46	47	48	49	50
51	52	53	54	55	56	57	58	59	60
61	62	63	64	65	66	67	68	69	70
71	72	73	74	75	76	77	78	79	80
81	82	83	84	85	86	87	88	89	90
91	92	93	94	95	96	97	98	99	100

(a) Lista original.

	2	3	4	5	6	7	8	9	10
11	12	13	14	15	16	17	18	19	20
21	22	23	24	25	26	27	28	29	30
31	32	33	34	35	36	37	38	39	40
41	42	43	44	45	46	47	48	49	50
51	52	53	54	55	56	57	58	59	60
61	62	63	64	65	66	67	68	69	70
71	72	73	74	75	76	77	78	79	80
81	82	83	84	85	86	87	88	89	90
91	92	93	94	95	96	97	98	99	100

(b) Destacando os múltiplos de 2.

	2	3	4	5	6	7	8	9	10
11	12	13	14	15	16	17	18	19	20
21	22	23	24	25	26	27	28	29	30
31	32	33	34	35	36	37	38	39	40
41	42	43	44	45	46	47	48	49	50
51	52	53	54	55	56	57	58	59	60
61	62	63	64	65	66	67	68	69	70
71	72	73	74	75	76	77	78	79	80
81	82	83	84	85	86	87	88	89	90
91	92	93	94	95	96	97	98	99	100

(c) Destacando os múltiplos de 3.

	2	3	4	5	6	7	8	9	10
11	12	13	14	15	16	17	18	19	20
21	22	23	24	25	26	27	28	29	30
31	32	33	34	35	36	37	38	39	40
41	42	43	44	45	46	47	48	49	50
51	52	53	54	55	56	57	58	59	60
61	62	63	64	65	66	67	68	69	70
71	72	73	74	75	76	77	78	79	80
81	82	83	84	85	86	87	88	89	90
91	92	93	94	95	96	97	98	99	100

(d) Destacando os múltiplos de 5.

	2	3	4	5	6	7	8	9	10
11	12	13	14	15	16	17	18	19	20
21	22	23	24	25	26	27	28	29	30
31	32	33	34	35	36	37	38	39	40
41	42	43	44	45	46	47	48	49	50
51	52	53	54	55	56	57	58	59	60
61	62	63	64	65	66	67	68	69	70
71	72	73	74	75	76	77	78	79	80
81	82	83	84	85	86	87	88	89	90
91	92	93	94	95	96	97	98	99	100

(e) Destacando os múltiplos de 7.

	2	3	4	5	6	7	8	9	10
11	12	13	14	15	16	17	18	19	20
21	22	23	24	25	26	27	28	29	30
31	32	33	34	35	36	37	38	39	40
41	42	43	44	45	46	47	48	49	50
51	52	53	54	55	56	57	58	59	60
61	62	63	64	65	66	67	68	69	70
71	72	73	74	75	76	77	78	79	80
81	82	83	84	85	86	87	88	89	90
91	92	93	94	95	96	97	98	99	100

(f) Lista final de primos.

FIGURA 1.19 Encontrando primos menores ou iguais a 100 com o crivo de Eratóstenes.

■ Máximo divisor comum

Os números 25 e 60 são divisíveis por 5. Nesse caso, dizemos que 5 é um divisor comum a 25 e 60. Dentre os divisores comuns a dois números, o de maior valor tem grande aplicação na Matemática, recebendo um nome particular.

mdc

O **máximo divisor comum (mdc)** entre dois números naturais a e b é o maior número natural c que é divisor tanto de a quanto de b.

Quando o mdc entre dois números naturais é 1, dizemos que esses números são **primos entre si**.

Para encontrar o máximo divisor comum entre a e b, deve-se fatorar esses números.

A **fatoração** de um número natural é a **decomposição** desse número no produto de números primos, chamados **fatores**.

Você sabia?
O Teorema Fundamental da Aritmética garante que todo número natural maior que 1 ou é primo ou pode ser decomposto em um produto de fatores primos. Esse produto é único, a menos que haja uma possível troca da ordem dos fatores.

A fatoração de 12 fornece $2 \cdot 2 \cdot 3$, pois esse produto é igual a 12 e os números 2 e 3 são primos. As formas fatoradas de outros números naturais são dadas a seguir.

$$30 = 2 \times 3 \times 5 \qquad\qquad 441 = 3 \times 3 \times 7 \times 7$$
$$5.083 = 13 \times 17 \times 23 \qquad\qquad 128 = 2 \times 2 \times 2 \times 2 \times 2 \times 2 \times 2$$

Para fatorar um número natural a, devemos dividi-lo, sucessivamente, pelos seus menores divisores primos. Se essa frase lhe pareceu complicada, acompanhe os exemplos a seguir.

Exemplo 4. Fatoração de 90

Vamos escrever o número 90 na forma fatorada:

90	2	2 é o menor divisor primo de 90.	$90/2 = 45$.
45	3	3 é o menor divisor primo de 45.	$45/3 = 15$.
15	3	3 é o menor divisor primo de 15.	$15/3 = 5$.
5	5	5 é o menor divisor primo de 5.	$5/5 = 1$.
1		Chegamos a 1. Não há como prosseguir.	

Como vimos,

$$90 = 2 \times 45 = 2 \times \underbrace{3 \times 15}_{45} = 2 \times 3 \times \underbrace{3 \times 5}_{15} = 2 \times 3 \times 3 \times \underbrace{5 \times 1}_{5}.$$

Assim, desprezando o número 1 (elemento neutro da multiplicação), obtemos a forma fatorada de 90, que é $2 \cdot 3 \cdot 3 \cdot 5$.

Exemplo 5. Fatoração de 980

Vamos escrever o número 980 na forma fatorada:

980	2	2 é o menor divisor primo de 980.	$980/2 = 490$.
490	2	2 é o menor divisor primo de 490.	$490/2 = 245$.
245	5	5 é o menor divisor primo de 245.	$245/5 = 49$.
49	7	7 é o menor divisor primo de 49.	$49/7 = 7$.
7	7	7 é o menor divisor primo de 7.	$7/7 = 1$.
1		Chegamos a 1. Não há como prosseguir.	

Logo, $980 = 2 \cdot 2 \cdot 5 \cdot 7 \cdot 7$.

Agora que já vimos como fatorar um número natural, podemos definir o máximo divisor comum de uma forma prática.

Definição prática do mdc
O **máximo divisor comum (mdc)** entre dois números naturais a e b é o produto dos fatores comuns de a e b.

Exemplo 6. mdc entre 12 e 30

Vamos achar o máximo divisor comum entre 12 e 30:

12	2		30	2
6	2		15	3
3	3		5	5
1			1	

Logo, $12 = \mathbf{2} \times 2 \times \mathbf{3}$ e $30 = \mathbf{2} \times \mathbf{3} \times 5$. O máximo divisor comum entre 12 e 30 é o produto dos fatores primos que são comuns a 12 e a 30 (que deixamos em negrito). Desta forma:

$$mdc(12,30) = 2 \cdot 3 = 6.$$

Observe que $12/6 = 2$ e $30/6 = 5$. Como 2 e 5 são primos entre si, não há um divisor comum maior que 6 para os números 12 e 30.

Exemplo 7. mdc entre 945 e 693

Vamos encontrar o máximo divisor comum entre 945 e 693.

945	3		693	3
315	3		231	3
105	3		77	7
35	5		11	11
7	7		1	
1				

Assim, $945 = \mathbf{3} \times \mathbf{3} \times 3 \times 5 \times \mathbf{7}$ e $693 = \mathbf{3} \times \mathbf{3} \times \mathbf{7} \times 11$, de modo que

$$mdc(945,693) = 3 \cdot 3 \cdot 7 = 63.$$

Nesse caso, temos $945/63 = 15$ e $693/63 = 11$. Como 15 e 11 são primos entre si, o maior divisor comum entre 945 e 693 é, de fato, 63.

Agora, tente o Exercício 9.

Também podemos determinar o mdc entre dois ou mais números decompondo-os simultaneamente. Nesse caso, a cada passo do processo de decomposição,

1. determinamos o menor número primo a que é divisor **de todos os** números;
2. dividimos os números por a.

O processo termina quando não existirem divisores comuns. O mdc é o produto dos fatores encontrados, como mostra o exemplo a seguir.

Exemplo 8. Cálculo prático do mdc

Vamos usar o método prático para calcular o mdc entre 945 e 693.

945,	693	3	3 é o menor número primo que divide, ao mesmo tempo, 945 e 693.
315,	231	3	3 é o menor divisor de 315 e 231.
105,	77	7	7 é o menor divisor de 105 e 77.
15,	11		15 e 11 são primos entre si. Não há como prosseguir.

O mdc entre 945 e 693 é igual a $3 \cdot 3 \cdot 7 = 63$.

Agora, tente o Exercício 10.

■ Simplificação de frações usando o mdc

Vimos no Exemplo 1 que as frações $\frac{63}{42}$ e $\frac{3}{2}$ são equivalentes. Dessas duas formas, a segunda é mais simples, pois o numerador e o denominador são menores que os da primeira. De fato, a forma $\frac{3}{2}$ é a maneira mais simples de escrever o número 1,5 como uma fração, pois 2 e 3 são números primos entre si.

CAPÍTULO 1 – Números reais   31

> Quando o numerador e o denominador de uma fração são primos entre si, dizemos que a fração está na forma **irredutível**, que é a forma mais simples de representar o valor desejado como uma razão entre números inteiros.

Podemos encontrar a forma irredutível de uma fração dividindo o numerador e o denominador pelo mdc dos dois números, como mostra o seguinte exemplo.

Exemplo 9. Forma irredutível de uma fração

Vamos determinar a forma irredutível da fração $\frac{63}{42}$ calculando o mdc entre o numerador e o denominador:

$$\begin{array}{cc|c} 63, & 42 & 3 \\ 21, & 14 & 7 \\ 3, & 2 & \end{array}$$

Como o mdc entre 63 e 42 é igual a $3 \cdot 7 = 21$, temos:

$$\frac{63}{42} = \frac{63/21}{42/21} = \frac{3}{2}.$$

Agora, tente o Exercício 6.

Exemplo 10. Forma irredutível de uma fração

Uma vez que o mdc entre 945 e 693 é 63 (veja o Exemplo 7), podemos simplificar a fração $\frac{945}{693}$:

$$\frac{945}{693} = \frac{945/63}{693/63} = \frac{15}{11}.$$

■ Simplificação de frações durante o cálculo do produto

Para obter a forma simplificada do produto de frações, podemos efetuar o produto e, em seguida, simplificar o resultado, como mostrado no exemplo a seguir.

Exemplo 11. Produto de frações

mdc(24,60) = 12

a) $\dfrac{3}{4} \cdot \dfrac{8}{15} = \dfrac{3 \cdot 8}{4 \cdot 15} = \dfrac{24}{60} = \dfrac{24/12}{60/12} = \dfrac{2}{5}$

mdc(231,88) = 11

b) $\dfrac{11}{(-8)} \cdot \dfrac{21}{11} = \dfrac{11 \cdot 21}{(-8) \cdot 11} = \dfrac{231}{-88} = \dfrac{231/11}{-88/11} = -\dfrac{21}{8}$

mdc(12,14) = 2

c) $\dfrac{(-4x)}{7} \cdot \dfrac{3}{(-2)} = \dfrac{(-4x) \cdot 3}{7 \cdot (-2)} = \dfrac{-12x}{-14} = \dfrac{-12x/2}{-14/2} = \dfrac{6x}{7}$

Observando o Exemplo 11(b), ficamos com a nítida impressão de que tivemos trabalho dobrado ao calcular dois produtos por 11 (um no numerador e outro no denominador) para, em seguida, efetuar duas divisões pelo mesmo número. Para reduzir as contas, poderíamos ter antecipado a simplificação, efetuando-a antes do cálculo dos produtos dos termos do numerador e do denominador, como mostrado a seguir.

$$\left(\frac{11}{-8}\right) \times \left(\frac{21}{11}\right) = \frac{11 \times 21}{(-8) \times 11} \quad \text{Aplicando a regra do produto de frações.}$$

$$= \frac{11}{11} \times \frac{21}{(-8)} \quad \text{Isolando o termo } \tfrac{11}{11} = 1.$$

$$= -\frac{21}{8}. \quad \text{Eliminando o termo que vale 1.}$$

Neste exemplo, isolamos o termo $\frac{11}{11}$ em lugar de efetuar diretamente os produtos $11 \cdot 21$ e $(-8) \cdot 11$. Em seguida, usamos o fato de o número 1 ser o elemento neutro da multiplicação para simplificar a fração.

Vejamos, a seguir, como aplicar a simplificação precoce dos termos de uma fração em um outro exemplo simples.

Exemplo 12. Simplificação do produto de frações

$$\left(\frac{8}{3}\right) \times \left(\frac{5}{2}\right) = \frac{8 \times 5}{3 \times 2} \quad \text{Aplicando a regra do produto.}$$

$$= \frac{2 \times 4 \times 5}{3 \times 2} \quad \text{Decompondo } 8 = 2 \cdot 4.$$

$$= \frac{2}{2} \times \frac{4 \times 5}{3} \quad \text{Isolando o termo } \tfrac{2}{2}.$$

$$= \frac{20}{3}. \quad \text{Eliminando o termo que vale 1.}$$

Tente aplicar essa ideia ao Exemplo 11(c).

Você deve ter reparado que, nesse caso, usamos o fato de 8 ser um múltiplo de 2 para simplificar a fração antes que os produtos $8 \cdot 5$ e $3 \cdot 2$ fossem efetuados.

Para frações mais complicadas, a simplificação pode ser feita por meio de divisões sucessivas (vide o Exemplo 1), aplicadas ao longo da multiplicação. Esse procedimento pode ser resumido no seguinte roteiro:

1. Identifique um termo a, no numerador, e outro b, no denominador, que sejam divisíveis por um terceiro número c.
2. Substitua a por a/c e b por b/c.
3. Repita os passos 1 e 2 até que não seja possível simplificar a fração.

Vejamos, a seguir, como aplicar essa regra em um exemplo prático.

Exemplo 13. Mais uma simplificação do produto de frações

$$\left(\frac{6}{5}\right) \times \left(\frac{20}{9}\right) = \frac{6 \cdot 20}{5 \cdot 9} \quad \text{6 (do numerador) e 9 (do denominador) são divisíveis por 3.}$$

$$= \frac{(6/3) \times 20}{5 \times (9/3)} \quad \text{6 é substituído por } 6/3 = 2 \text{ e 9 é substituído por } 9/3 = 3.$$

$$= \frac{2 \times 20}{5 \times 3} \quad \text{20 (do numerador) e 5 (do denominador) são divisíveis por 5.}$$

$$= \frac{2 \times (20/5)}{(5/5) \times 3} \quad \text{20 é substituído por } 20/5 = 4 \text{ e 5 é substituído por } 5/5 = 1.$$

Como exercício, aplique a mesma estratégia ao Exemplo 11(a).

Apesar de não ser elegante, há quem faça a simplificação cortando diretamente os termos, como mostrado a seguir:

$$\frac{\cancel{6}^2}{\cancel{5}_1} \cdot \frac{\cancel{20}_4}{\cancel{6}^3} = \frac{2 \times 4}{1 \times 3} = \frac{8}{3}.$$

Observe que os múltiplos de 3 foram riscados e substituídos pelos valores que aparecem acima dos números originais. Já os múltiplos de 5 foram riscados em outra direção e substituídos pelos valores que aparecem abaixo dos números originais.

$$= \frac{2 \times 4}{1 \times 3} \quad \text{Não há mais como simplificar.}$$

$$= \frac{8}{3} \quad \text{Fração final.}$$

Agora, tente o Exercício 16.

Depois de adquirir alguma experiência, você conseguirá fazer várias simplificações em um único passo. Vejamos, agora, como efetuar simplificações durante o cálculo do quociente de frações.

Exemplo 14. Quocientes com frações

a) $\dfrac{8}{\frac{4}{7}} = 8 \times \dfrac{7}{4} = \dfrac{8 \times 7}{4} = \dfrac{8/4 \times 7}{4/4} = 2 \times 7 = 14.$

b) $-\dfrac{2}{\frac{2}{5}} = -2 \times \dfrac{5}{2} = -\dfrac{2 \times 5}{2} = -5.$

c) $\dfrac{3}{\frac{7}{3}} = 3 \times \dfrac{3}{7} = \dfrac{3 \times 3}{7} = \dfrac{9}{7}.$ (Observe que, nesse caso, não há simplificação.)

d) $-\dfrac{\frac{3}{11}}{3} = -\dfrac{3}{11} \times \dfrac{1}{3} = -\dfrac{3}{11 \times 3} = -\dfrac{1}{11}.$

e) $\dfrac{\frac{13}{6}}{6} = \dfrac{13}{6} \times \dfrac{1}{6} = \dfrac{13}{6 \times 6} = \dfrac{13}{36}.$ (Nesse exemplo, também não há simplificação.)

f) $\dfrac{\frac{1}{2}}{\frac{1}{6}} = \dfrac{1}{2} \times \dfrac{6}{1} = \dfrac{1 \times 6}{2 \times 1} = \dfrac{6}{2} = 3.$

g) $\dfrac{\frac{5}{8}}{\frac{11}{8}} = \dfrac{5}{8} \times \dfrac{8}{11} = \dfrac{5 \times 8}{8 \times 11} = \dfrac{5}{11}.$

h) $\dfrac{\frac{12}{5}}{\frac{3}{25}} = \dfrac{12}{5} \times \dfrac{25}{3} = \dfrac{12 \times 25}{5 \times 3} = \dfrac{12 \times 25/5}{5/5 \times 3} = \dfrac{12 \times 5}{3} = \dfrac{12/3 \times 5}{3/3} = 4 \times 5 = 20.$

Agora, tente o Exercício 18.

Um erro que ocorre com frequência na simplificação de frações é o cancelamento dos termos quando há uma soma ou subtração, em lugar da multiplicação, como mostrado na Tabela 1.5.

TABELA 1.5 Erros relacionados à simplificação de frações.

Expressão	Errado	Correto
$\dfrac{2x-6}{2}$	$\dfrac{2x-6}{\cancel{2}} = x-6$	$\dfrac{2(x-3)}{2} = x-3$
$3x - \dfrac{x}{3}$	$3x - \dfrac{x}{\cancel{3}} = x - x = 0$	$\dfrac{9x-x}{3} = \dfrac{8x}{3}$
$\dfrac{5x+12}{10y-6}$	$\dfrac{\cancel{5}^1 x + \cancel{12}_2}{\cancel{10}^2 y - \cancel{6}_1} = \dfrac{x+2}{2y-1}$	$\dfrac{5x+12}{10y-6}$

Como foi dito no Exemplo 12, para simplificar frações, decompomos o numerador e o denominador de forma a identificar e eliminar um termo na forma $\frac{a}{a}$. Para simplificar uma fração na qual o numerador ou o denominador contém uma soma, é preciso, em primeiro lugar, encontrar um fator comum aos termos que serão somados, colocando-o em evidência.

Observe que, no primeiro exemplo da Tabela 1.5, a tentativa incorreta de simplificação envolveu a divisão por 2 de apenas uma parcela do numerador, o que não é permitido. A estratégia correta é mostrada em detalhes, a seguir.

$$\frac{2x-6}{2} = \frac{2 \cdot x + 2 \cdot 3}{2} \quad \text{Decompondo } 2x \text{ e } 6 \text{ para identificar o fator 2.}$$

$$= \frac{2 \cdot (x-3)}{2} \quad \text{Pondo o número 2 em evidência no numerador.}$$

$$= \frac{2}{2} \cdot \frac{x-3}{1} \quad \text{Isolando o termo } \tfrac{2}{2}.$$

$$= x - 3. \quad \text{Eliminando o termo que vale 1.}$$

Também é possível identificar o erro quebrando a fração em duas antes de efetuar a simplificação. Veja como isso é feito:

$$\frac{2x-6}{2} = \frac{2x}{2} - \frac{6}{2} \quad \text{Quebrando a fração em duas, pois } \frac{a-b}{c} = \frac{a}{c} - \frac{b}{c}.$$

$$= \frac{2x}{2} - \frac{2 \cdot 3}{2} \quad \text{Decompondo o número 6 como } 2 \cdot 3.$$

$$= \frac{2}{2} \cdot \frac{x}{1} - \frac{2}{2} \cdot \frac{3}{1} \quad \text{Isolando o termo } \tfrac{2}{2} \text{ nas duas frações.}$$

$$= x - 3. \quad \text{Eliminando os termos que valem 1.}$$

No segundo exemplo da Tabela 1.5, a tentativa de simplificação mostrada em vinho envolve a divisão por 3 do numerador de um termo e do denominador de outro termo, o que não é correto. Nesse caso, notamos que não há como simplificar a expressão, embora possamos efetuar facilmente a subtração.

Finalmente, o erro mostrado no terceiro exemplo da Tabela 1.5 é ainda mais grave, pois inclui duas tentativas de simplificação parcial, uma das quais envolvendo os termos $5x$ e $10y$, e a outra 12 e 6. Nesse exemplo, não há como simplificar a fração.

Problema 1. Simplificação de expressões

Simplifique as expressões a seguir:

a) $\dfrac{10x+35}{15}$

b) $\dfrac{12x+16y+32}{8}$

Solução

a) Como vimos, para simplificar uma expressão na qual o numerador (ou o denominador) inclui uma soma, é preciso, em primeiro lugar, separar um mesmo fator no numerador e no denominador. Adotando essa estratégia, obtemos:

Observe que mdc(10, 35, 15) = 5.

$$\frac{10x+35}{15} = \frac{5 \cdot 2x + 5 \cdot 7}{5 \cdot 3} \quad \text{Separando o fator 5 no denominador e em todos os termos do numerador.}$$

$$= \frac{5 \cdot (2x+7)}{5 \cdot 3} \quad \text{Pondo o fator 5 em evidência no numerador.}$$

Se você prefere cortar números, divida todos os termos do numerador e do denominador pelo mesmo fator. No problema (a), por exemplo, todos os termos podem ser divididos por 5:

$$\frac{\cancel{10}^{2}x + \cancel{35}^{7}}{\cancel{15}^{3}} = \frac{2x+7}{3}.$$

Observe que mdc(12, 16, 32, 8) = 4.

Quem gosta de cortar números pode, nesse caso, dividir todos os termos do numerador e do denominador por 4:

$$\frac{\cancel{12}^{3}x + \cancel{16}^{4}y + \cancel{32}^{8}}{\cancel{8}^{2}} = \frac{3x+4y+8}{2}.$$

$$= \frac{5}{5} \cdot \frac{2x+7}{3} \qquad \text{Isolando o termo } \tfrac{5}{5}.$$

$$= \frac{2x+7}{3}. \qquad \text{Eliminando o termo que vale 1.}$$

b) Se o numerador (ou o denominador) envolver muitos termos, é preciso fatorar todos eles antes de simplificar, como mostrado a seguir:

$$\frac{12x + 16y + 32}{8} = \frac{4 \cdot 3x + 4 \cdot 4y + 4 \cdot 8}{4 \cdot 2} \qquad \text{Separando o fator 4 no denominador e em todos os termos do numerador.}$$

$$= \frac{4 \cdot (3x + 4y + 8)}{4 \cdot 2} \qquad \text{Pondo o fator 4 em evidência no numerador.}$$

$$= \frac{4}{4} \cdot \frac{3x + 4y + 8}{2} \qquad \text{Isolando o termo } \tfrac{4}{4}.$$

$$= \frac{3x + 4y + 8}{2}. \qquad \text{Eliminando o termo que vale 1.}$$

Agora, tente o Exercício 20.

■ Mínimo múltiplo comum

Em muitos casos, é possível simplificar o resultado da soma de frações com denominadores diferentes, como mostra o exemplo a seguir:

Exemplo 15. **Soma e subtração de frações com denominadores diferentes**

a) $\dfrac{4}{5} + \dfrac{3}{10} = \dfrac{4 \times 10 + 3 \times 5}{5 \cdot 10} = \dfrac{55}{50} = \dfrac{11}{10}.$

c) $\dfrac{4}{5} - \dfrac{3}{10} = \dfrac{4 \times 10 - 3 \times 5}{5 \times 10} = \dfrac{25}{50} = \dfrac{1}{2}.$

b) $\dfrac{3}{2} + \dfrac{5}{6} = \dfrac{3 \times 6 + 5 \times 2}{2 \times 6} = \dfrac{28}{12} = \dfrac{7}{3}.$

d) $\dfrac{3}{2} - \dfrac{5}{6} = \dfrac{3 \times 6 - 5 \times 2}{2 \cdot 6} = \dfrac{8}{12} = \dfrac{2}{3}.$

No Exemplo 15, efetuamos as somas e as subtrações e, em seguida, simplificamos as frações obtidas. Entretanto, teria sido possível obter diretamente as frações simplificadas se tivéssemos usado o mínimo múltiplo comum, que definimos a seguir.

Exemplo 16. Múltiplos comuns a 6 e 8

Dizemos que um número c é **múltiplo comum** de a e b se c é múltiplo, ao mesmo tempo, de a e de b.

Vamos determinar os múltiplos comuns de 6 e de 8 enumerando, em separado, os múltiplos de cada número:

Como um número natural tem infinitos múltiplos, apresentamos apenas listas parciais, seguidas de reticências.

- Múltiplos de 6: 6, 12, 18, 24, 30, 36, 42, 48, 54, 60, 66, 72, ...
- Múltiplos de 8: 8, 16, 24, 32, 40, 48, 56, 64, 72, 80, 88, 96, ...

Os múltiplos comuns a 6 e 8 são aqueles que aparecem nas duas listas (indicados em vinho). Note que todos os números destacados são múltiplos de 24. Assim, se quiséssemos expandir a lista de múltiplos comuns, bastaria incluir nela outros múltiplos de 24: 24, 48, 72, 96, 120, 144, ...

Agora, tente o Exercício 12.

Observando o Exemplo 16, notamos que 24 é o menor número natural que é, ao mesmo tempo, múltiplo de 6 e de 8. Nesse caso, dizemos que 24 é o mínimo múltiplo comum de 6 e 8.

---

mmc

O **mínimo múltiplo comum** entre dois números naturais a e b é o menor número natural c que é múltiplo tanto de a quanto de b.

O processo de enumeração dos múltiplos, ilustrado no Exemplo 16 para os números 6 e 8, não é a forma mais simples de se obter o mmc. Vejamos como efetuar o cálculo do mínimo múltiplo comum de um modo mais prático.

Problema 2.   Cálculo do mmc usando o mdc

Determinar o mmc de 42 e 105.

Solução

A fatoração de 42 e de 105 fornece:

$$42 = 2 \times \mathbf{3} \times \mathbf{7}$$

$$105 = \mathbf{3} \times 5 \times \mathbf{7}$$

O mdc entre esses dois números é $3 \times 7 = 21$. Calculando o produto entre 42 e 105, obtemos:

$$42 \times 105 = 2 \times 3 \times 7 \times 3 \times 5 \times 7 = 4410.$$

Naturalmente, 4410 é um múltiplo de 42 e de 105. Entretanto, esse não é o menor múltiplo possível, pois os fatores 3 e 7 aparecem duas vezes no produto dado. Se excluíssemos uma cópia de cada fator duplicado, obteríamos:

$$2 \times 3 \times 7 \times 5 = 210,$$

que ainda é múltiplo de 42 e de 105, já que $210/42 = 5$ e $210/105 = 2$.

Como o produto dos fatores repetidos corresponde exatamente ao mdc, que vale 21, podemos escrever:

$$mmc(42,105) = \frac{42 \times 105}{21} = \frac{4410}{21} = 210.$$

De forma geral, dados dois números naturais a e b, dizemos que:

$$mmc(a,b) = \frac{a \cdot b}{mdc(a,b)}.$$

Observando o Problema 2, constatamos que o mmc entre dois números naturais pode ser definido como o produto dos fatores comuns e dos fatores não comuns de cada número. Vamos usar essa ideia para calcular diretamente o mmc.

Problema 3.   Cálculo do mmc usando fatoração

Determinar o mmc de 120 e 700.

Solução

Antes de mais nada, vamos fatorar os dois números.

120	2		700	2
60	2		350	2
30	2		175	5
15	3		35	5
5	5		7	7
1			1	

Logo, $120 = \mathbf{2} \cdot \mathbf{2} \cdot 2 \cdot 3 \cdot \mathbf{5}$ e $700 = \mathbf{2} \cdot \mathbf{2} \cdot \mathbf{5} \cdot 5 \cdot 7$. Observe que o produto $2 \cdot 2 \cdot 5$ (isto é, o produto dos termos em negrito) fornece o mdc entre 120 e 700, ou seja, aparece na fatoração dos dois números. Por outro lado, o produto (sem negrito) $2 \cdot 3$ só aparece na fatoração de 120 e o produto (sem negrito) $5 \cdot 7$ só aparece na fatoração de 700.

Calculemos, agora, o produto dos fatores comuns e dos fatores não comuns de cada número:

$$\underbrace{2 \times 2 \times 5}_{\text{fatores comuns}} \times \underbrace{2 \times 3}_{\text{fatores de 120}} \times \underbrace{5 \times 7}_{\text{fatores de 700}} = 4200$$

> Note que 4200 é, de fato, múltiplo de 120 e 700, pois $4200 = 120 \times 35$, bem como $4200 = 700 \times 6$.

Assim, o mmc entre 120 e 700 é 4200.

Já estudamos duas maneiras de determinar o mmc. Vejamos agora como obtê-lo de forma análoga ao cálculo prático do mdc, ou seja, decompondo simultaneamente os números envolvidos.

Para calcular o mmc entre dois ou mais números, a cada passo do processo de decomposição desses números, devemos:

1. determinar o menor número primo a que é divisor de **ao menos um** dos números;
2. dividir por a os números que forem múltiplos desse valor.

Esse processo é encerrado quando todos os números forem reduzidos a 1. O mmc será igual ao produto dos fatores encontrados.

Exemplo 17. Cálculo prático do mmc

Vamos usar o método prático para calcular o mmc entre 120 e 700, bem como o mmc entre 330 e 315.

120,	700	2	120 e 700 são divisíveis por 2.
60,	350	2	60 e 350 são divisíveis por 2.
30,	175	2	30 ainda é divisível por 2. O valor 175 permanece inalterado.
15,	175	3	15 é divisível por 3. O valor 175 permanece inalterado.
5,	175	5	5 e 175 são divisíveis por 5.
1,	35	5	35 ainda é divisível por 5.
1,	7	7	7 é divisível por 7.
1,	1		Os números restantes são iguais a 1. Não há como prosseguir.

O mmc entre 120 e 700 é igual a $2 \cdot 2 \cdot 2 \cdot 3 \cdot 5 \cdot 5 \cdot 7 = 4200$.

330,	315	2	330 é divisível por 2. O valor 315 permanece inalterado.
165,	315	3	165 e 315 são divisíveis por 3.
55,	105	3	105 é divisível por 3. O valor 55 permanece inalterado.
55,	35	5	55 e 35 são divisíveis por 5.
11,	7	7	7 é divisível por 7. O valor 11 permanece inalterado.
11,	1	11	11 é divisível por 11.
1,	1		Os números restantes são iguais a 1. Não há como prosseguir.

O mmc entre 330 e 315 é igual a $2 \cdot 3 \cdot 3 \cdot 5 \cdot 7 \cdot 11 = 6930$.

Agora, tente o Exercício 13.

O uso do mmc na soma e subtração de frações

A fórmula apresentada anteriormente para a soma e a subtração de frações com denominadores diferentes não produz frações irredutíveis, exigindo, às vezes, que simplifiquemos a fração encontrada.

Para obter diretamente o resultado da soma ou subtração na forma mais simples possível, é preciso usar o mmc para converter as frações. Mostramos a seguir alguns exemplos que ilustram como isso é feito.

Problema 4. Soma e subtração de frações usando o mmc

Efetue as operações a seguir, fornecendo frações irredutíveis.

a) $\dfrac{5}{6}+\dfrac{3}{8}$.

b) $\dfrac{23}{30}-\dfrac{11}{84}$.

Solução

a) Para converter $\dfrac{5}{6}$ e $\dfrac{3}{8}$ em frações equivalentes com o menor denominador possível, devemos encontrar o menor número que seja múltiplo de 6 e de 8 ao mesmo tempo para usá-lo como denominador das novas frações.

Fatorando 6 e 8, obtemos $6 = 2 \cdot 3$ e $8 = 2 \cdot 2 \cdot 2$. Assim, temos um fator 2 que é comum aos dois denominadores, o número 3 que só é fator de 6, e o produto $2 \cdot 2 = 4$ que só aparece na decomposição de 8. Desse modo,

$$\text{mmc}(6,8) = 2 \times 3 \times 4 = 24.$$

Logo, o denominador das frações equivalentes será 24.

Para converter a fração $\dfrac{5}{6}$ em outra com o novo denominador, devemos multiplicar o numerador e o denominador por 4, que é o produto dos fatores que só aparecem na decomposição de 8:

$$\dfrac{5}{6} = \dfrac{5 \times 4}{6 \times 4} = \dfrac{20}{24}.$$

Analogamente, para converter a fração $\dfrac{3}{8}$, devemos multiplicar o numerador e o denominador por 3, que é o número que só aparece na fatoração de 6:

$$\dfrac{3}{8} = \dfrac{3 \times 3}{8 \times 3} = \dfrac{9}{24}.$$

Agora que as frações têm o mesmo denominador, podemos somá-las:

$$\dfrac{20}{24} + \dfrac{9}{24} = \dfrac{29}{24}.$$

b) O cálculo da diferença entre duas frações segue o mesmo raciocínio adotado para a soma. Neste caso, fatorando 30 e 84, obtemos:

$$30 = 2 \cdot 3 \cdot 5 \quad \text{e} \quad 84 = 2 \cdot 2 \cdot 3 \cdot 7.$$

Logo, o mmc$(30,84) = 2 \cdot 3 \cdot 5 \cdot 2 \cdot 7 = 420$.

Para converter a fração $\dfrac{23}{30}$, multiplicamos o numerador e o denominador por $2 \cdot 7 = 14$, que é o produto dos fatores que só aparecem na decomposição de 84:

$$\dfrac{23}{30} = \dfrac{23 \times 14}{30 \times 14} = \dfrac{322}{420}.$$

Por sua vez, a conversão de $\dfrac{11}{84}$ envolve a multiplicação do numerador e do denominador por 5, que é o único termo exclusivo da fatoração de 30:

$$\dfrac{11}{84} = \dfrac{11 \times 5}{84 \times 5} = \dfrac{55}{420}.$$

Finalmente, efetuamos a subtração:

$$\frac{322}{420} - \frac{55}{420} = \frac{267}{420}.$$

Agora, tente o Exercício 15.

O quadro a seguir resume o que foi feito na resolução do Problema 4.

> Se b e d são números naturais, então:
>
> $$\frac{a}{b} + \frac{c}{d} = \frac{a \times (\text{fatores exclusivos de } d) + c \times (\text{fatores exclusivos de } b)}{mmc\,(b,d)}$$
>
> $$\frac{a}{b} - \frac{c}{d} = \frac{a \times (\text{fatores exclusivos de } d) - c \times (\text{fatores exclusivos de } b)}{mmc\,(b,d)}.$$

Para terminar a seção, vamos resolver um exercício um pouco mais desafiador.

Problema 5. Simplificação envolvendo um número desconhecido

Supondo que $x \neq 0$, simplifique a expressão $\dfrac{3 - \frac{4}{5}}{\frac{1}{4x} + \frac{2}{3x}}$.

Solução

Efetuando a subtração que aparece no numerador, obtemos:

$$3 - \frac{4}{5} = 3 \times \frac{5}{5} - \frac{4}{5} = \frac{15-4}{5} = \frac{11}{5}.$$

Trabalhando com o denominador, temos:

$$\frac{1}{4x} + \frac{2}{3x} = \frac{1}{4x} \times \frac{3}{3} + \frac{2}{3x} \cdot \frac{4}{4} = \frac{3}{12x} + \frac{8}{12x} = \frac{3+8}{12x} = \frac{11}{12x}.$$

Note que o mmc entre $4x$ e $3x$ é $12x$.

Juntando, finalmente, os dois termos, encontramos:

$$\frac{\frac{11}{5}}{\frac{11}{12x}} = \frac{11}{5} \times \frac{12x}{11} = \frac{11}{11} \times \frac{12x}{5} = \frac{12x}{5}$$

Logo, a expressão é equivalente a $12x/5$.

Agora, tente o Exercício 25.

Exercícios 1.4

1. Simplifique a fração 16/64 dividindo o numerador e o denominador por duas vezes sucessivas.
2. Simplifique 36/54 dividindo o numerador e o denominador por duas ou três vezes sucessivas.
3. Usando o método das divisões sucessivas, simplifique:
   a) $\frac{18}{42}$ b) $\frac{24}{32}$ c) $\frac{4}{20}$
4. Para saber se um número é divisível por 3, basta verificar se a soma de seus algarismos é divisível por 3. Dessa forma, 81 é divisível por 3, pois $8 + 1 = 9$ e 9 é divisível por 3.
   Para números grandes, podemos aplicar essa regra mais de uma vez. Assim, para saber se 587.343.687 é divisível por 3, calculamos $5+8+7+3+4+3+6+8+7 = 51$ e, em seguida, somamos novamente $5 + 1 = 6$. Como 6 é divisível por 3, o número 587.343.687 também é.
   Verifique se os números a seguir são divisíveis por 3.
   a) 342 b) 8.304 c) 49.318 d) 967.908

5. Os números naturais divisíveis por 5 são aqueles terminados em 0 e 5. Verifique se os números a seguir são divisíveis por 5.
   a) 145
   b) 5.329
   c) 10.340
   d) 555.553

6. Simplifique ao máximo as frações a seguir.
   a) $\frac{6}{12}$
   b) $\frac{15}{25}$
   c) $\frac{4}{24}$
   d) $\frac{35}{14}$
   e) $\frac{45}{63}$
   f) $\frac{75}{30}$
   g) $\frac{42}{105}$
   h) $\frac{0}{1.250}$
   i) $\frac{(-15)}{5}$
   j) $\frac{15}{(-5)}$
   k) $\frac{(-45)}{(-3)}$
   l) $\frac{(-3)}{(-45)}$
   m) $\frac{(-14)}{21}$
   n) $\frac{512}{(-64)}$
   o) $\frac{(-36)}{(-15)}$
   p) $\frac{(-40)}{(-24)}$

7. Dentre os números 23, 31, 51, 53, 63, 67, 71, 77, 91 e 95, quais são primos?

8. Calcule todos os divisores de 24 e de 36. Determine os divisores comuns entre esses dois números.

9. Depois de fatorar os números, calcule o máximo divisor comum entre:
   a) 45 e 63.
   b) 30 e 75.
   c) 42 e 105.

10. Calcule o máximo divisor comum entre:
    a) 32 e 128.
    b) 18, 30 e 54.
    c) 24, 32 e 60.

11. Usando o mdc, simplifique as frações 42/105 e 36/90 e verifique se são equivalentes.

12. Enumere os múltiplos dos números a seguir e determine o mmc em cada caso.
    a) 2 e 3.
    b) 3 e 6.
    c) 4 e 6
    d) 2, 3 e 5.

13. Determine o mínimo múltiplo comum entre:
    a) 50 e 225.
    b) 30 e 56.
    c) 21, 30 e 70.

14. Reescreva as frações abaixo, deixando-as com o mesmo denominador.
    a) 3/2 e 2/3.
    b) 1/3 e 4/6.
    c) 3/4 e 5/6.
    d) 1/2, 1/3 e 1/5.

15. Calcule as expressões a seguir, simplificando-as quando possível.
    a) $\frac{3}{5} + \frac{7}{5}$
    b) $\frac{4}{6} - \frac{1}{6}$
    c) $\frac{7}{6} + \frac{4}{15}$
    d) $\frac{5}{6} - \frac{9}{10}$
    e) $-\frac{1}{4} + \frac{3}{8}$
    f) $-\frac{5}{12} - \frac{5}{8}$
    g) $\frac{3}{10} + \frac{4}{15}$
    h) $\frac{5}{2} + \frac{1}{3} + \frac{1}{6}$
    i) $\frac{1}{2} - \frac{1}{3} - \frac{1}{6}$

16. Efetue os produtos, simplificando as frações quando possível.
    a) $\frac{3}{5} \times \frac{5}{3}$
    b) $3 \times \frac{4}{3}$
    c) $\frac{2}{3} \times \frac{15}{4}$
    d) $\frac{11}{2} \times \left(-\frac{4}{3}\right)$
    e) $\frac{12}{5} \times \frac{10}{3}$
    f) $\left(-\frac{3}{7}\right) \times \frac{14}{9}$
    g) $\left(-\frac{1}{6}\right) \times \left(-\frac{16}{11}\right)$
    h) $\frac{1}{6} \times \frac{2}{7} \times \frac{3}{5}$

17. Calcule as expressões dadas. Dica: não use a propriedade distributiva.
    a) $\frac{3}{4}\left(\frac{5}{6} + \frac{5}{2}\right)$
    b) $2\left(\frac{4}{5} - \frac{1}{10}\right)$
    c) $\left(\frac{5}{4} - \frac{1}{2}\right)\left(\frac{1}{3} + \frac{2}{5}\right)$
    d) $\left(\frac{3}{5} + \frac{1}{3}\right)\left(2 - \frac{1}{8}\right)$

18. Calcule as expressões a seguir e simplifique o resultado quando possível.
    a) $\frac{\frac{6}{5}}{3}$
    b) $\frac{\frac{7}{4}}{2}$
    c) $\frac{2}{\frac{1}{8}}$
    d) $\frac{\frac{5}{3}}{\frac{5}{3}}$
    e) $\frac{\frac{5}{3}}{\frac{3}{4}}$
    f) $\frac{\frac{12}{7}}{\frac{3}{14}}$
    g) $\frac{\frac{6}{8}}{\frac{3}{8}}$
    h) $\frac{\frac{22}{3}}{\frac{4}{15}}$
    i) $\frac{\left(-\frac{2}{15}\right)}{\left(-\frac{1}{6}\right)}$
    j) $-\frac{\frac{9}{7}}{\frac{9}{2}}$
    k) $\frac{5/3 - 1/6}{2 - (1/2)}$
    l) $\frac{\frac{1}{4} + \frac{1}{2}}{\frac{3}{2} + 3}$
    m) $\frac{\frac{1}{2} - \frac{1}{6}}{\frac{1}{3} - \frac{1}{4}}$
    n) $\frac{\frac{3}{40}}{\frac{1}{4} - \frac{1}{5}}$
    o) $\frac{\frac{3}{5} - \frac{1}{6}}{\frac{9}{15} - \frac{7}{12}}$

19. Aplique a propriedade distributiva e simplifique as expressões sempre que possível.
    a) $\frac{2}{3}\left(\frac{3}{4} - x\right)$
    b) $\frac{5}{2}(2x - 4y)$
    c) $-\frac{3}{2}\left(2 - \frac{5x}{6}\right)$
    d) $\left(\frac{2x}{7} - \frac{15}{2}\right) \cdot \frac{7}{10}$
    e) $-\frac{8x}{3}\left(6y + \frac{1}{6}\right)$
    f) $\frac{4}{9}\left(3x + y + \frac{15}{4}\right)$

20. Simplifique as expressões dadas.
    a) $\frac{9x+6}{3}$
    b) $\frac{12x+28}{8}$
    c) $\frac{9-24y}{15}$
    d) $\frac{3x+18y+27}{3}$
    e) $\frac{15x-40y-75}{10}$
    f) $\frac{4-6x+8y}{16}$

21. Dois ônibus chegaram a um ponto no mesmo horário. Se o primeiro passa a cada 18 minutos, e o segundo a cada 30 minutos, depois de quanto tempo eles voltarão a chegar ao ponto no mesmo instante?

22. O mdc entre dois números naturais a e b pode ser facilmente calculado por meio do **algoritmo de Euclides**. Faça uma pesquisa e descubra como funciona esse algoritmo.

23. Três quartos dos moradores de Chopotó da Serra bebem café regularmente. Desses, dois quintos preferem o café Serrano. Que fração dos moradores da cidade prefere o café Serrano? Que fração dos moradores bebe regularmente café de alguma outra marca?

24. João gastou 1/3 do dinheiro que possuía com um ingresso de cinema. Do dinheiro que restou, João gastou 1/4 comprando pipoca. Que fração do dinheiro total que João possuía foi gasta com a pipoca? Que fração do dinheiro sobrou depois desses gastos?

25. Supondo que os denominadores sejam diferentes de zero, simplifique as expressões dadas.
    a) $\frac{\frac{2}{x} - \frac{1}{3}}{\frac{12-2x}{3}}$
    b) $\frac{2 + \frac{3}{4}}{\frac{3}{2y} - \frac{2}{5y}}$
    c) $\left(\frac{4}{x} - \frac{5}{3x}\right)\frac{6xy}{\sqrt{3}}$

1.5 A reta real

Os números naturais obedecem a nossa concepção intuitiva de ordem, ou seja, o número 1 é sucedido pelo número 2, que, por sua vez, é sucedido pelo 3, e assim por diante. Usando esse princípio, quando pegamos a senha de número 25 em um banco, sabemos que só seremos atendidos depois dos clientes com senhas de 1 a 24.

Os números reais também são ordenados, o que nos permite compará-los, como fazemos com os números naturais. Assim, se a concentração de glicose (glicemia) no sangue de Joaquim é igual a 125 mg/dL, e a concentração no sangue de Mariana equivale a 97 mg/dL, dizemos que a glicemia de Joaquim *é maior* que a de Mariana.

De forma geral, dados os números $a, b \in \mathbb{R}$, dizemos que:

- a é **maior** que b, ou simplesmente $a > b$, se $(a-b)$ é um número positivo.
- a é **maior ou igual** a b, ou simplesmente $a \geq b$, se $(a-b)$ é positivo ou zero.
- a é **menor** que b, ou simplesmente $a < b$, se $(a-b)$ é um número negativo.
- a é **menor ou igual** a b, ou simplesmente $a \leq b$, se $(a-b)$ é negativo ou zero.

Naturalmente, é equivalente afirmar que $a < b$ ou que $b > a$, de modo que qualquer uma dessas duas desigualdades pode ser lida como "a é menor que b", ou "b é maior que a".

O conceito de ordem dos números reais nos permite representá-los como pontos sobre uma reta orientada, chamada **reta real**. Nessa reta, o número 0 (zero) serve como referência, sendo denominado **origem**. Muitas vezes, a origem é indicada pela letra O.

Os números positivos são apresentados à direita da origem. Uma vez escolhida uma unidade de medida, como centímetros, o número 1 é mostrado a exatamente uma unidade da origem, o número 2 a duas unidades, e assim sucessivamente. Nesse caso, a distância entre a origem e o ponto que representa um número positivo x é exatamente igual a x unidades. Observe a Figura 1.20.

Os números negativos aparecem à esquerda da origem. O número -1 está uma unidade à esquerda da origem, o número -2 está a duas unidades à esquerda, e assim por diante.

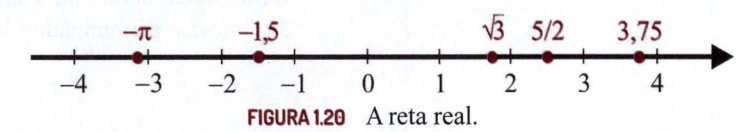

Escrevendo de maneira mais formal, dizemos que o conjunto dos reais é totalmente ordenado sob $\leq$ porque, dados $x, y, z \in \mathbb{R}$, temos:
- se $x \leq y$ e $y \leq x$, então $x = y$;
- se $x \leq y$ e $y \leq z$, então $x \leq z$;
- $x \leq y$ ou $y \leq x$.

FIGURA 1.20 A reta real.

Uma expressão que contenha um dos símbolos $<, \leq, \geq$ ou $>$ é chamada **desigualdade**. Apresentamos a seguir algumas desigualdades válidas:

$3 > 2;\qquad 1 < 3;\qquad 5 \geq 5;\qquad 10{,}73 \leq 12{,}1;\qquad 23{,}7 > 0;$
$-8 < -5;\qquad 1 > -1;\qquad -7 \leq -7;\qquad -6{,}2 \geq -7;\qquad -312{,}5 \leq 0.$

Na notação matemática, é permitido juntar duas inequações, como nos exemplos a seguir:

a) $8{,}2 > 7 > 6{,}5$ \qquad\qquad b) $-3{,}2 \leq a < 1{,}5 \quad (a \in \mathbb{R})$

É importante notar que cada uma dessas expressões contém três afirmações:

- No item (a), afirmamos que $8{,}2 > 7$, que $7 > 6{,}5$ e que $8{,}2 > 6{,}5$.
- Do item (b), concluímos que a é um número real que satisfaz, ao mesmo tempo, as desigualdades $a \geq -3{,}2$ e $a < 1{,}5$. Além disso, a expressão também indica que $-3{,}2 < 1{,}5$.

Dica
Se $a > b$, então a está à direita de b na reta real. De forma análoga, se $a < b$, então a está à esquerda de b na mesma reta.

Atenção
Não se pode escrever $2 \geq 1 < 6$, pois isso implicaria que $2 \geq 6$, o que não é correto. Da mesma forma, não é permitido escrever $-5 \geq a \geq 3$, pois não é verdade que $-5 \geq 3$. Assim, não agrupe duas inequações se uma contiver $<$ (ou $\leq$) e outra $>$ (ou $\geq$).

A distância de um ponto x (sobre a reta real) à origem é denominada **valor absoluto** – ou **módulo** – do número x, e é representada por $|x|$. Assim, dizemos que

- o valor absoluto de –3 é 3, ou seja, $|-3| = 3$.
- o valor absoluto de 3 é 3, ou seja, $|3| = 3$.

Como vimos, $|-3| = 3$, o que indica que esses valores estão à mesma distância da origem. Generalizando esse conceito, dizemos que $|-a| = |a|$ para todo número $a \in \mathbb{R}$. Outros exemplos de valor absoluto são apresentados a seguir:

$$|-10| = 10, \quad |5,4| = 5,4, \quad |-\pi| = \pi, \quad |0| = 0.$$

Problema 1. Comparação entre números

Substitua o símbolo $\square$ por um dos símbolos < ou >, para que as desigualdades sejam válidas.

a) 3.213,6 $\square$ 288,4.

b) –127,1 $\square$ 13,87.

c) –27 $\square$ –35.

d) –16,2 $\square$ –16,1.

e) 42,01 $\square$ 42,001.

f) $\frac{3}{11}$ $\square$ $\frac{4}{11}$.

g) $-\frac{7}{15}$ $\square$ $-\frac{8}{15}$.

h) 2 $\square$ $\frac{4}{3}$.

i) $\frac{2}{3}$ $\square$ 0,5.

j) -1 $\square$ $-\frac{3}{4}$.

k) $\frac{1}{6}$ $\square$ $\frac{1}{5}$.

l) $-\frac{1}{6}$ $\square$ $-\frac{1}{5}$.

Solução

a) Como 3.213,6 – 288,4 é positivo, podemos escrever 3.213,6 > 288,4.

b) Todo número negativo é menor que um número positivo. Assim, –127,1 < 13,87.

c) Como –27 – (–35) = 8, que é um número positivo, temos –27 > –35.

d) Como –16,2 – (–16,1) = –0,1, que é negativo, temos –16,2 < –16,1.

e) 42,01 – 42,001 = 0,09 > 0. Assim, 42,01 > 42,001.

f) Como $\frac{3}{11} - \frac{4}{11} = -\frac{1}{11}$, que é negativo, concluímos que $\frac{3}{11} < \frac{4}{11}$.

g) Como $-\frac{7}{15} - \left(-\frac{8}{15}\right) = \frac{1}{15} > 0$, podemos afirmar que $-\frac{7}{15} > -\frac{8}{15}$.

h) Antes de comparar um número inteiro com uma fração, devemos convertê-lo à forma fracionária. Para converter o número 2 a uma fração com denominador 3 (o mesmo denominador da fração $\frac{4}{3}$), escrevemos

$$2 = 2 \cdot 1 = 2 \cdot \frac{3}{3} = \frac{2 \cdot 3}{3} = \frac{6}{3}.$$

Agora que temos duas frações com o mesmo denominador, podemos calcular $\frac{6}{3} - \frac{4}{3} = \frac{2}{3}$. Como esse valor é positivo, concluímos que $2 > \frac{4}{3}$.

i) Convertendo $\frac{2}{3}$ para a forma decimal, obtemos 0,666... Como 0,666... – 0,5 > 0, deduzimos que $\frac{2}{3} > 0,5$.

j) Observamos que $-1 = -\frac{4}{4}$. Como $\left(-\frac{4}{4}\right) - \left(-\frac{3}{4}\right) = -\frac{1}{4}$, que é um número negativo, concluímos que $-1 < -\frac{3}{4}$.

k) Para comparar duas frações com denominadores diferentes, devemos reduzi-las ao mesmo denominador. Usando o mmc entre 5 e 6, que vale 30, escrevemos:

$$\frac{1}{6} = \frac{1 \times 5}{6 \times 5} = \frac{5}{30} \quad \text{e} \quad \frac{1}{5} = \frac{1 \times 6}{5 \times 6} = \frac{6}{30}.$$

Uma vez que $\frac{5}{30} - \frac{6}{30} < 0$, concluímos que $\frac{1}{6} < \frac{1}{5}$.

Para saber mais sobre o mmc, consulte a página 35.

Em todos esses exemplos é possível trocar < por ≤, bem como substituir > por ≥.

1. Usando a mesma estratégia do exemplo anterior, obtemos $\frac{-1}{6} = -\frac{5}{30}$ e $\frac{-1}{5} = -\frac{6}{30}$. Assim, como $-\frac{5}{30} - \left(-\frac{6}{30}\right) = \frac{1}{30}$, que é um número positivo, escrevemos $-\frac{1}{6} > -\frac{1}{5}$.

Agora, tente o Exercício 6.

Exercícios 1.5

1. Escreva os números -2; 5; $-2,5$; 8; $-1,5$; π; 0; $\frac{4}{5}$ e $-\frac{3}{4}$ em ordem crescente.
2. Coloque as frações $\frac{3}{5}, \frac{3}{4}, \frac{1}{2}, \frac{4}{5}$ e $\frac{4}{10}$ em ordem crescente.
3. Quantos são os números inteiros negativos
   a) maiores que -3 b) menores que -3
4. Sejam a, b e c números reais tais que $a > 0$, $b < 0$ e $c < 0$. Encontre o sinal de cada expressão dada.
   a) $a - b$ b) $c - a$ c) $a + bc$ d) $ab + ac$
5. Verifique se as desigualdades a seguir são verdadeiras.
   a) $\frac{10}{11} < \frac{12}{13}$ c) $-\frac{1}{4} < -\frac{1}{3}$
   b) $\frac{1}{5} > \frac{1}{4}$ d) $-\frac{5}{3} < -\frac{4}{3}$

6. Em cada expressão dada, substitua o símbolo ▢ por um dos sinais <, = ou >, para que as desigualdades sejam válidas.
   a) -2 ▢ -3 e) $\frac{2}{3}$ ▢ $\frac{3}{4}$ i) $\frac{8}{9}$ ▢ $\frac{7}{8}$
   b) $\frac{5}{7}$ ▢ $\frac{4}{7}$ f) $\frac{3}{2}$ ▢ $\frac{4}{3}$ j) $\frac{15}{4}$ ▢ 4
   c) $\frac{1}{3}$ ▢ $\frac{1}{4}$ g) $\frac{2}{5}$ ▢ $\frac{3}{7}$ k) $\frac{2}{3}$ ▢ $0,67$
   d) $\frac{3}{2}$ ▢ $\frac{4}{6}$ h) $\frac{9}{8}$ ▢ $\frac{8}{7}$ l) $-3,27$ ▢ $-\frac{13}{4}$

1.6 Razões e taxas

Como vimos, o fato de os números reais serem ordenados nos permite usá-los em comparações. Assim, se tenho R$ 5.000,00 em uma caderneta de poupança e minha irmã tem apenas R$ 2.500,00 aplicados, é fácil perceber que tenho mais dinheiro guardado que ela, pois $5000 > 2500$.

Entretanto, em muitas situações, não queremos apenas constatar que um valor é maior que outro, mas avaliar **quão** maior ele é em termos relativos. Considerando, por exemplo, os investimentos na poupança, se divido o valor que possuo pelo que a minha irmã tem aplicado, obtenho

$$\frac{\text{R\$ } 5000}{\text{R\$ } 2500} = 2,$$

o que indica que tenho o dobro do dinheiro investido por ela.

■ Razão

Na Seção 1.1, definimos **razão** como o quociente entre dois números. Agora, veremos como usar esse quociente para comparar valores.

Em nossa comparação, a primeira coisa que exigiremos é que as as grandezas tenham a mesma unidade de medida, de modo que a divisão de um valor pelo outro produza um quociente adimensional, ou seja, sem unidade.

Na comparação das aplicações na caderneta de poupança, por exemplo, os dois valores são expressos em reais, de modo que a razão 2 não tem unidade. Observe que a mesma razão teria sido obtida se os dois valores fossem expressos em centavos, dólares, pesos ou ienes. Em outras palavras, meu investimento na poupança corresponderá sempre ao dobro do que minha irmã possui, não importando a moeda usada na comparação.

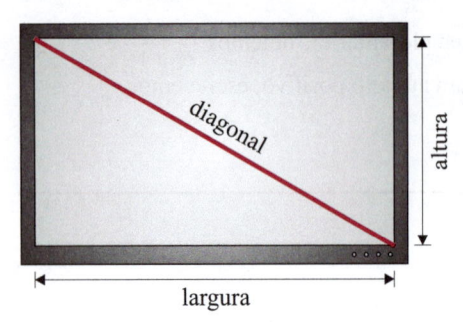

FIGURA 1.21 Dimensões de uma televisão.

largura

Exemplo 1. TV de tela plana

Nas televisões modernas, a relação entre altura e largura da tela segue sempre a razão 9:16 (ou $\frac{9}{16}$). É por esse motivo que os fabricantes e os comerciantes costumam anunciar apenas o comprimento da diagonal da tela, em polegadas. A Tabela 1.6 fornece as dimensões aproximadas de alguns modelos de TV, de acordo com o comprimento da diagonal.

TABELA 1.6 Dimensões das televisões.

Diagonal (polegadas)	Altura (centímetros)	Largura (centímetros)
32	39,8	70,8
40	49,8	88,6
46	57,3	101,8
55	68,5	121,8

Cabe ressaltar que, devido ao arredondamento dos números, algumas dimensões apresentadas na Tabela 1.6 têm razão levemente diferente de 9:16. Poderíamos ter obtido valores mais próximos do esperado usando mais casas decimais.

Observe que também é possível expressar as dimensões de uma TV de 55" em metros (aproximadamente 0,685 m de altura por 1,218 m de largura), ou, ainda, em polegadas (aproximadamente 27,0" de altura por 47,9" de largura). Em todos os casos, a razão entre altura e largura é igual a 9 : 16 (que é um valor adimensional).

Uma das informações mais importantes de um mapa é a escala usada. A escala nada mais é que uma razão que relaciona a distância entre dois pontos A e B do mapa à distância real entre os pontos que A e B representam. O problema a seguir ilustra como usar a escala para determinar distâncias reais.

Problema 1. Escala de um mapa

A Figura 1.22 mostra um mapa do Acre, na escala 1:5.300.000. Nesse mapa, a capital do estado, Rio Branco, dista aproximadamente 6,5 cm de Feijó, e 111,7 mm de Cruzeiro do Sul. Calcule a distância real aproximada entre Rio Branco e essas duas cidades.

Solução

A escala é a razão entre uma distância no mapa e a distância real correspondente. Como a escala é igual a 1:5.300.00, temos:

$$\frac{\text{distância no mapa}}{\text{distância real}} = \frac{1}{5.300.000}.$$

Se os pontos do mapa que representam Rio Branco e Feijó estão a 6,5 cm de distância, então podemos escrever uma fração equivalente àquela usada na escala, fazendo:

$$\frac{1}{5300000} = \frac{1}{5300000} \times \frac{6,5 \text{ cm}}{6,5 \text{ cm}} = \frac{6,5 \text{ cm}}{34445000 \text{ cm}}.$$

Observe que usamos a mesma escala, não importando a unidade empregada para medir a distância no mapa. Naturalmente, quando convertemos uma distância em centímetros, o resultado também será dado em centímetros.

Assim, 6,5 cm no mapa correspondem a 34.445.000 cm na vida real, de modo que as cidades distam 344,45 km.

Por sua vez, a distância entre Rio Branco e Cruzeiro do Sul é de 111,7 mm no mapa, o que equivale a

$$5300000 \times 111,7 = 592010000 \text{ mm}.$$

na vida real. Convertendo esse valor para quilômetros, descobrimos que as cidades estão a cerca de 592 km de distância.

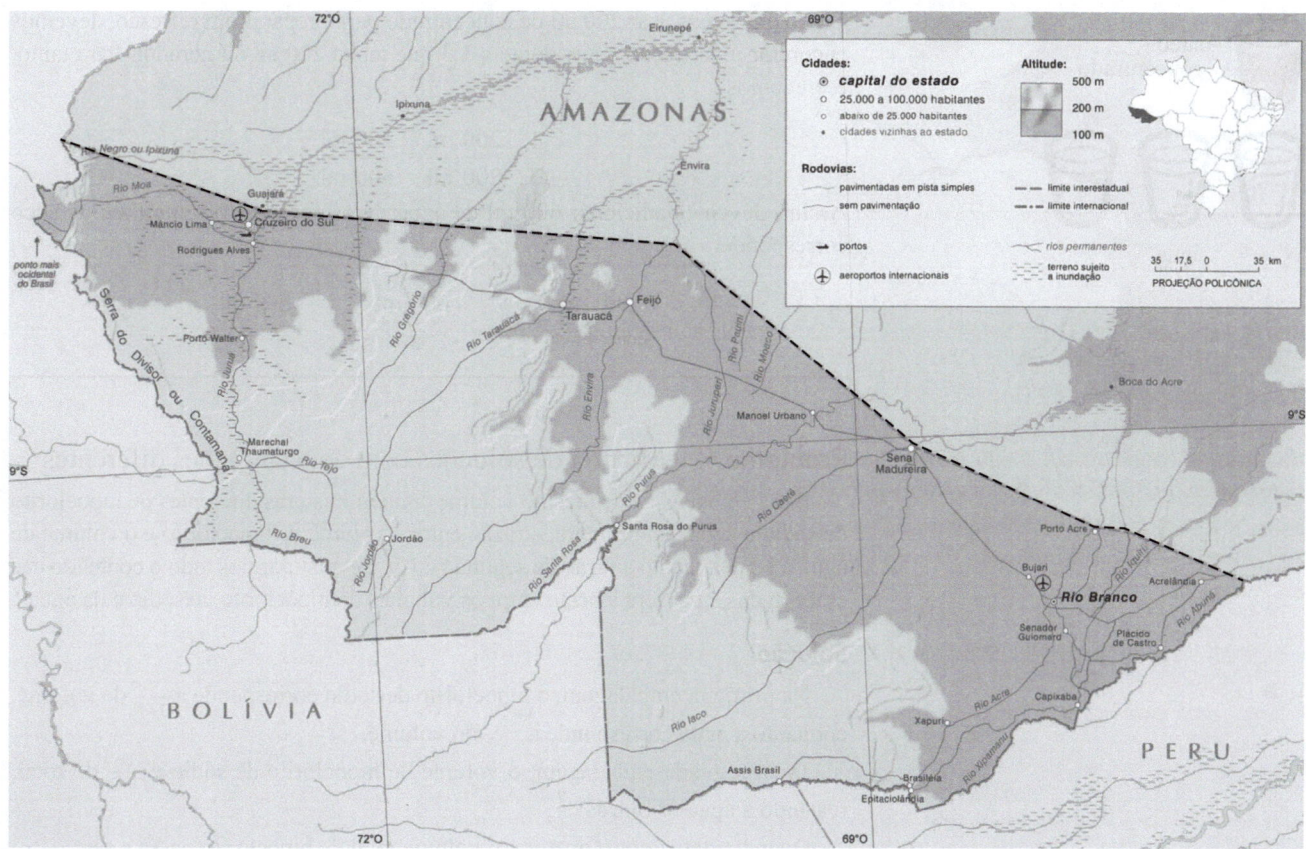

FIGURA 1.22 Mapa do Acre.
Fonte: IBGE.

Problema 2. Gasolina ou álcool?

Segundo as revistas especializadas, só é vantajoso abastecer com álcool o tanque de um carro quando a razão entre o preço do álcool e o preço da gasolina é menor que 0,7. Se um posto cobra R$ 2,659 por litro de gasolina e R$ 1,899 por litro de álcool, com que combustível devo encher o tanque do meu carro?

Solução

A razão entre os preços é

$$\frac{\text{preço do litro do álcool}}{\text{preço do litro da gasolina}} = \frac{\text{R\$ } 1{,}899}{\text{R\$ } 2{,}659} \approx 0{,}714.$$

Como esse valor é maior que 0,7, é vantajoso abastecer o tanque com gasolina.

Problema 3. Como preparar um refresco

Uma garrafa de suco de abacaxi concentrado contém 500 ml de líquido. Segundo o fabricante, para preparar um refresco de abacaxi, é preciso misturar o concentrado com água na razão 1:3. Nesse caso, quantos mililitros de água devemos adicionar a 200 ml do suco concentrado? Qual será o volume total de refresco produzido com essa quantidade de concentrado?

Observe que 1 ÷ 3, 1/3 e 1 : 3 são formas diferentes de expressar a mesma razão.

Solução

A razão adequada entre suco concentrado e água é 1:3. Logo,

$$\frac{\text{partes de suco}}{\text{partes de água}} = \frac{1}{3}.$$

Como queremos usar 200 ml de concentrado para preparar um refresco, devemos encontrar uma fração equivalente a 1:3 que tenha 200 no numerador. Para tanto, escrevemos

$$\frac{1}{3} \times \frac{200 \text{ ml}}{200 \text{ ml}} = \frac{200 \text{ ml}}{600 \text{ ml}}$$

Assim, devemos adicionar 600 ml de água. Nesse caso, o volume total de suco corresponderá a:

$$\underbrace{200 \text{ ml}}_{\text{concentrado}} + \underbrace{600 \text{ ml}}_{\text{água}} = 800 \text{ ml}.$$

Problema 4. Mistura de soluções com concentrações diferentes

Duas embalagens de mesmo volume contêm misturas diferentes de hipoclorito de sódio e água. Na primeira, a razão entre o volume de hipoclorito e o volume de água é 1:5, enquanto a razão da segunda é 1:9. Se misturarmos todo o conteúdo das embalagens, qual será a razão entre os volumes do hipoclorito de sódio e da água?

Solução

Na primeira embalagem, o hipoclorito de sódio corresponde a $\frac{1}{1+5}$ do volume, enquanto a água corresponde a $\frac{5}{1+5}$ do volume.

Já na segunda embalagem, o volume de hipoclorito de sódio é $\frac{1}{1+9}$ do total, restando à água os outros $\frac{9}{1+9}$.

Quando efetuamos a mistura, o volume total de hipoclorito passa a ser

$$\frac{1}{6} + \frac{1}{10} = \frac{16}{60} = \frac{4}{15},$$

cabendo à água um volume de

$$\frac{5}{6} + \frac{9}{10} = \frac{104}{60} = \frac{26}{15}.$$

Observe que a soma dessas frações é 2, indicando que o volume total é o dobro do volume de uma única embalagem.

Finalmente, para calcular a razão resultante da mistura, basta fazer

$$\frac{4/15}{26/15} = \frac{4}{26} = \frac{2}{13}.$$

Assim, a nova mistura conterá 2 partes de hipoclorito de sódio para 13 partes de água.

■ Taxa

Assim como ocorre com a razão, o termo **taxa** também está relacionado a um quociente. O que distingue uma palavra da outra é o uso. Normalmente, empregamos o termo *razão* para indicar uma comparação entre grandezas que têm a mesma unidade, enquanto a palavra *taxa* é mais empregada para expressar um quociente entre medidas fornecidas em unidades diferentes.

Entretanto, essa distinção nem sempre é seguida. Os economistas, por exemplo, costumam usar o termo *taxa de juros* para representar uma relação entre valores na mesma moeda. Por outro lado, em várias seções deste livro, você encontrará o termo *razão* para representar o quociente entre dois números reais, ainda que com unidades diferentes.

Não se preocupe em decorar em que situação cada termo deve ser empregado. O importante é compreender como usar quocientes para expressar relações entre medidas.

Apresentamos, a seguir, alguns exemplos envolvendo taxas.

Exemplo 2. Densidade demográfica

Dá-se o nome de *densidade demográfica* à taxa de habitantes por unidade de área. Dentre os municípios brasileiros, São João de Meriti, no estado do Rio de Janeiro, é um dos que tem maior densidade demográfica. Nesse município com apenas 35,2 km² de área, viviam, em 2010, 458.673 habitantes, o que correspondia a uma densidade demográfica de

$$\frac{458 \times 673 \text{ hab.}}{35,2 \text{ km}^2} \approx 13 \times 030 \text{ hab./km}^2.$$

Já o município de Japurá, no Amazonas, tinha 7.326 habitantes em 2010, distribuídos por 55.791,9 km². Nesse caso, a densidade demográfica era de apenas

$$\frac{7 \times 326 \text{ hab.}}{55 \times 791,9 \text{ km}^2} \approx 0,13 \text{ hab./km}^2.$$

Exemplo 3. Taxa de câmbio

Segundo o Banco Central europeu, no dia 1º de março de 2013, um euro correspondia a 1,3 dólares americanos. Assim, nesse dia, a taxa de conversão entre moedas era dada por

$$\frac{\text{US\$ } 1,30}{\text{€ } 1,00} = 1,3 \text{ US\$/€}.$$

Exemplo 4. Velocidade média

A velocidade de um veículo é um tipo de taxa. Trata-se, mais especificamente, da taxa de variação da distância em relação ao tempo.

Se, em uma viagem, um carro percorreu 500 km em 6,5 horas, sua velocidade média foi de

$$\frac{500 \text{ km}}{6,5 \text{ h}} \approx 76,9 \text{ km/h}.$$

Exemplo 5. Taxa de *download*

Quando contratamos um plano de acesso à internet, um dos itens aos quais devemos prestar mais atenção é a taxa de *download*, que indica a rapidez com a qual conseguimos transferir arquivos para o nosso computador.

Se "baixei" um arquivo de 250 megabits em 30 segundos, então a taxa efetiva de *download* desse arquivo foi de

$$\frac{250 \text{ Mb}}{30 \text{ s}} \approx 8,33 \text{ Mb/s}.$$

Exemplo 6. Vazão em um cano

A taxa de fluxo de um líquido em um cano é chamada *vazão*. Essa taxa fornece o volume de fluido que atravessa determinada seção do cano por unidade de tempo. No sistema internacional de unidades, a vazão é geralmente expressa em metros cúbicos por segundo (m^3/s).

Suponha que, quando seu registro é aberto, uma caixa-d'água de 2 m^3 seja enchida em 50 minutos. Nesse caso, a vazão no cano que liga o registro à caixa é igual a

$$\frac{2\,m^3}{50 \cdot 60\,s} \approx 0{,}000667\ m^3/s.$$

Lembre-se de que cada minuto corresponde a 60 segundos, de modo que 50 min equivalem a 50 · 60 s.

Problema 5. Consumo de combustível

O rendimento médio de um carro costuma ser definido como o número médio de quilômetros percorridos com um litro de combustível. Esse rendimento varia com o tipo de combustível e com o trânsito que o carro enfrenta. Em uma cidade movimentada e cheia de semáforos, por exemplo, o rendimento é bem menor do que em uma estrada, na qual o veículo trafega a uma velocidade alta e constante.

Considere que, quando abastecido com 50 litros de gasolina, determinado carro percorre 520 km na cidade e 660 km na estrada. Determine o rendimento médio do carro em cada tipo de tráfego.

Solução:

O rendimento na cidade é igual a

$$\frac{520\,km}{50\,\ell} = 10{,}4\ km/\ell.$$

Já na estrada, o rendimento equivale a

$$\frac{660\,km}{50\,\ell} = 13{,}2\ km/\ell.$$

Problema 6. Embalagem econômica

Quando vamos ao supermercado, é prudente comparar os preços dos produtos sem dar muita atenção ao que dizem os cartazes das promoções.

Suponha que, em certo supermercado, uma garrafa de 1,5 litro de um refrigerante custe R$ 2,50, enquanto uma garrafa de 2 litros – em promoção – seja vendida por R$ 3,40. Qual dessas duas embalagens é a mais econômica?

Solução

Para a garrafa menor, o refrigerante custa

$$\frac{R\$\ 2{,}50}{1{,}5\,\ell} \approx R\$\ 1{,}67\ \text{por litro}.$$

Por sua vez, o refrigerante na garrafa grande é vendido a

$$\frac{R\$\ 3{,}40}{2\,\ell} = R\$\ 1{,}70\ \text{por litro}.$$

Assim, apesar da promoção, a garrafa de 1,5 litro é mais econômica.

Exercícios 1.6

1. Pesquisas científicas mostram que a razão entre o comprimento do fêmur e a altura de uma pessoa adulta é de aproximadamente 0,2674. Qual é o comprimento do fêmur de uma pessoa com 1,8 m de altura?

2. A cada 10.000 parafusos produzidos em uma indústria metalúrgica, 1 contém algum defeito. Em um lote de 1.000.000 de parafusos, quantos devem ser defeituosos?

3. Um grupo de 19 pessoas ganhou um prêmio de R$ 1.000.000,00 de uma loteria. Quanto dinheiro coube a cada pessoa?

4. No dia 7 de junho de 2013, um dólar americano estava cotado a R$ 2,13 para compra, no câmbio livre. Nessa data, quanto gastaria, em reais, uma pessoa que quisesse comprar US$ 500?

5. Um avião consumiu 98,2 toneladas de combustível em um voo de 13h30. Qual foi o consumo médio de combustível nesse voo em kg/h?

6. Dirigindo em uma estrada, um motorista percorreu 130 km em 1,5 hora. Será que ele violou o limite de velocidade da estrada, que era de 80 km/h?

7. Usando um telefone celular com tecnologia 3G, José enviou um arquivo de 20 Mb em 15 segundos. Já quando usou um telefone 4G, José conseguiu mandar o mesmo arquivo em apenas 2 segundos.
   a) Qual foi a taxa de *upload* de cada modelo de telefone?
   b) Qual é a razão entre as taxas de *upload* dos modelos 4G e 3G?

8. Segundo o site www.brasileconomico.ig.com.br, o Brasil possuía, em janeiro de 2013, cerca de 245,2 milhões de linhas de telefone celular, para uma população de 193,4 milhões de habitantes (no dia 1º de julho de 2012, segundo estimativa do IBGE). Qual a taxa de celulares por habitante no país em janeiro de 2013?

9. Um supermercado vende a embalagem de 5 kg de um sabão em pó por R$ 23,00. Já a embalagem de 3 kg custa R$ 13,50. Qual é a embalagem mais econômica?

10. Uma lâmpada fluorescente compacta de 12 W é capaz de produzir um fluxo luminoso de 726 lúmens, ou 726 lm. Já uma lâmpada LED de 8 W produz um fluxo luminoso de 650 lm.
    a) Determine a eficiência luminosa, em lm/W, de cada lâmpada.
    b) Indique qual lâmpada é mais econômica, ou seja, qual tem a maior eficiência luminosa.

11. Com uma pilha da marca Ultracell, que custa R$ 5,60, um brinquedo funciona por 70 horas. Já uma pilha da marca Supercell mantém o mesmo brinquedo em funcionamento por 80 horas e custa R$ 6,60. Qual pilha devo comprar?

12. Considere três modelos de televisores de tela plana, cujas dimensões aproximadas são fornecidas na tabela a seguir, acompanhadas dos respectivos preços.

Modelo	Largura (cm)	Altura (cm)	Preço (R$)
23"	50	30	750,00
32"	70	40	1.400,00
40"	90	50	2.250,00

Com base na tabela, pode-se afirmar que o preço por unidade de área da tela
a) aumenta à medida que as dimensões dos aparelhos aumentam;
b) permanece constante;
c) permanece constante do primeiro para o segundo modelo, e aumenta do segundo para o terceiro;
d) aumenta do primeiro para o segundo modelo, e permanece constante do segundo para o terceiro.

13. Uma empresa imprime cerca de 12.000 páginas de relatórios por mês usando uma impressora jato de tinta colorida. Excluindo a amortização do valor da impressora, o custo de impressão depende do preço do papel e dos cartuchos de tinta. A resma de papel (500 folhas) custa R$ 10,00. Já o preço e o rendimento aproximado dos cartuchos de tinta da impressora são dados na tabela a seguir. Qual cartucho preto e qual cartucho colorido a empresa deveria usar para o custo por página ser o menor possível?

Cartucho (cor/modelo)	Preço (R$)	Rendimento (páginas)
Preto BR	90,00	810
Colorido BR	120,00	600
Preto AR	150,00	2.400
Colorido AR	270,00	1.200

14. Uma empresa de transporte estuda a compra de barcos para a travessia de um trecho marítimo. Dois modelos estão em análise. O modelo *Turbo* transporta 27 pessoas e faz a travessia em 15 minutos. Já o modelo *Jumbo* comporta 34 pessoas, mas gasta 18 minutos no percurso. Considerando que os gastos com manutenção e combustível são equivalentes, qual modelo é mais eficiente?

15. No país Ideal, existem cartões magnéticos recarregáveis (com memória) que permitem a um usuário de transportes coletivos urbanos tomar quantas conduções necessitar, em um período de duas horas (a partir do momento em que ele entra no primeiro veículo), pagando apenas o valor de uma passagem. Cada cartão carregado custa Id$ 10,10, sendo Id$ 1,10 correspondente ao custo da recarga e o restante equivalente ao custo de 5 passagens comuns. Nesse caso,

a) qual é o custo por viagem para uma pessoa que comprou tal cartão se ela tomar apenas 1 condução a cada período de duas horas?
b) Se, no período de duas horas, um usuário tomasse 3 conduções, que economia (em Id$) ele faria usando esse sistema de cartões?

16. Uma empresa produz dois molhos de pimenta, o Ardidinho e o Pega-fogo, que são obtidos misturando quantidades diferentes dos extratos de pimenta malagueta e jalapeño. No molho Ardidinho, a razão entre malagueta e jalapeño é 1:3, enquanto no Pega-fogo essa razão é de 3:2. A empresa estuda lançar um novo molho, o Queima-Língua, que é uma mistura de quantidades iguais dos molhos Ardidinho e Pega-fogo. Nesse caso, qual será a razão entre as quantidades de extrato de malagueta e de jalapeño do novo molho?

17. Uma rua tem um cruzamento a cada 200 m, e em cada cruzamento há um semáforo. A figura a seguir mostra os primeiros quatro dos muitos cruzamentos da rua. Os semáforos estão sincronizados, de modo que cada um deles abre exatamente 14,4 segundos depois do anterior.

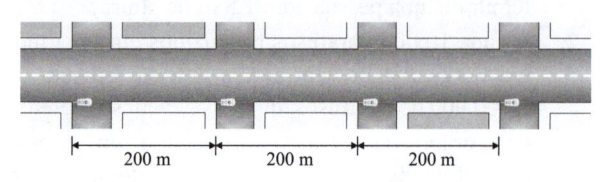

A que velocidade constante um carro deve trafegar para não ser obrigado a parar em um cruzamento da rua, sem depender do número de semáforos ou do instante no qual ele passa pelo primeiro semáforo?

1.7 Porcentagem

A comparação entre frações que têm denominadores diferentes nem sempre é imediata. Para descobrir, por exemplo, qual é o maior valor entre as frações $\frac{13}{18}$ e $\frac{20}{27}$ é preciso, em primeiro lugar, reescrevê-las como frações equivalentes que têm o mesmo denominador.

Outra alternativa para a comparação de números é a sua conversão para a forma decimal. Assim, tomando como exemplo as mesmas frações citadas e calculando

$$\frac{13}{18} = 0{,}7222222 \quad e \quad \frac{20}{27} = 0{,}7407407\ldots,$$

constatamos que $\frac{13}{18} < \frac{20}{27}$.

Não há nada de errado em usar a forma decimal. Entretanto, a maioria das pessoas acha inconveniente manipular números menores que 1, o que ocorre toda vez que se trabalha com partes de um conjunto, como no exemplo a seguir.

Na calculadora
Quando se converte um número racional para a forma decimal, é costume usar um número limitado de casas decimais. Assim, o número $\frac{13}{18}$ pode ser aproximado por 0,7222, por exemplo. Faça essa conversão em sua calculadora e veja que número ela fornece.

Exemplo 1. Mulheres brasileiras

Segundo o IBGE, em 2010, a população brasileira era composta de 190.755.799 pessoas, das quais 97.348.809 eram mulheres. Logo, a fração da população correspondente às mulheres era de

$$\frac{97.348.809}{190.755.799}.$$

Como o numerador e o denominador dessa fração são primos entre si, não há como simplificá-la. Entretanto, podemos aproximá-la por um número decimal, tal como

$$0{,}5103321079.$$

Assim, as mulheres correspondiam a cerca de 0,51 da população brasileira em 2010. Naturalmente, os 0,49 restantes eram homens, já que $1 - 0{,}51 = 0{,}49$.

Para evitar o uso de 0,51 e 0,49, que são números menores que 1, convertemos esses valores para centésimos, escrevendo

$$0{,}51 = 0{,}51 \times \frac{100}{100} = \frac{51}{100} \quad e \quad 0{,}49 = 0{,}49 \times \frac{100}{100} = \frac{49}{100}.$$

Dizemos, então, que cerca de 51 centésimos da população brasileira são mulheres. Razões desse tipo, chamadas *razões centesimais*, são tão frequentes que até temos um termo próprio para isso: porcentagem.

CAPÍTULO 1 – Números reais ■ 51

> **Porcentagem**
> Dá-se o nome de **porcentagem** a uma razão na forma $a/100$, em que a é um número real. Essa razão é comumente escrita na forma $a\%$. O símbolo "%" significa *por cento*.

A Tabela 1.7 fornece formas equivalentes de se representar alguns números reais. Observe que, para converter um número decimal à forma percentual, basta deslocar a vírgula duas casas para a direita e adicionar o símbolo %.

TABELA 1.7 Formas equivalentes de apresentação de números reais.

Fração	Número decimal	Razão centesimal	Porcentagem
$\frac{1}{4}$	0,25	$\frac{25}{100}$	25%
$\frac{1}{2}$	0,5	$\frac{50}{100}$	50%
$\frac{5}{8}$	0,625	$\frac{62,5}{100}$	62,5%
$\frac{713}{1.000}$	0,713	$\frac{71,3}{100}$	71,3%
1	1,0	$\frac{100}{100}$	100%
$\frac{3}{2}$	1,5	$\frac{150}{100}$	150%

Problema 1. Conversão para a forma percentual

Converta as frações a seguir à forma percentual.

a) 1/20   b) 4/7   c) 1/500   d) 6/5

Solução

Depois que um número foi escrito na forma decimal, a conversão à forma percentual pode ser feita mudando-se a vírgula de lugar (e incluindo-se alguns zeros à direita, se necessário):

$\frac{4}{7} \approx 0{,}5714 = 57{,}14\%$

$\frac{6}{5} = 1{,}20 = 120\%$

a) $\frac{1}{20} = 0{,}05 = 0{,}05 \times \frac{100}{100} = \frac{5}{100} = 5\%$.

b) $\frac{4}{7} \approx 0{,}5714 = \frac{57{,}14}{100} = 57{,}14\%$.

c) $\frac{1}{500} = 0{,}002 = \frac{0{,}2}{100} = 0{,}2\%$.

d) $\frac{6}{5} = 1{,}2 = 1{,}2 \times \frac{100}{100} = \frac{120}{100} = 120\%$.

Agora, tente o Exercício 1.

A porcentagem é usualmente empregada para definir uma fração de uma grandeza, caso em que é suficiente multiplicar o percentual pelo valor medido. Vejamos como calcular percentuais desse tipo.

Problema 2. Domicílios com máquina de lavar

Segundo o IBGE, em 2009, dos 58,578 milhões de domicílios brasileiros, 44,33% tinham máquina de lavar roupas. Calcule aproximadamente em quantos domicílios havia e em quantos não havia máquina de lavar naquele ano.

Solução

Para calcular o número de domicílios com máquina de lavar roupas, basta multiplicar o percentual pelo número total de domicílios:

$$\frac{44,33}{100} \times 58,578 \text{ milhões} = 0,4433 \times 58,578 \text{ milhões} \approx 25,968 \text{ milhões}.$$

Por sua vez, o número de domicílios sem máquina pode ser obtido de duas maneiras. A mais simples delas consiste em calcular a diferença entre o número total de domicílios e o número de domicílios com máquina:

$$58,578 - 25,968 = 32,610 \text{ milhões}.$$

Opcionalmente, poderíamos determinar o percentual de domicílios sem máquina, que é $100 - 44,33 = 55,67\%$, e multiplicá-lo pelo número total de domicílios:

$$\frac{55,67}{100} \times 58,578 \text{ milhões} = 0,5567 \times 58,578 \text{ milhões} \approx 32,610 \text{ milhões}.$$

Problema 3. Nova matriz energética

A Figura 1.23 mostra a previsão da estrutura da oferta de energia no Brasil em 2030, segundo o Plano Nacional de Energia. Segundo esse plano, a oferta total de energia do país irá atingir 557 milhões de tep (toneladas equivalentes de petróleo) em 2030. Qual será a oferta de energia (em milhões de tep) oriunda de fontes renováveis em 2030?

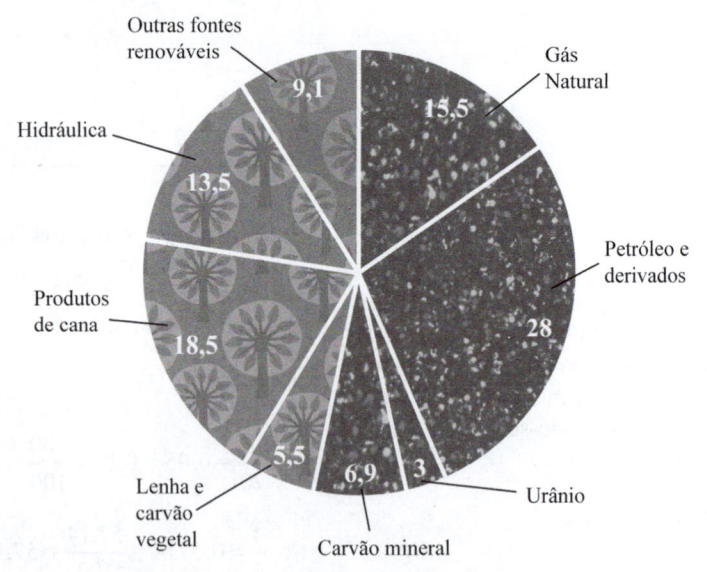

FIGURA 1.23 Matriz energética brasileira em 2030.

Solução

Em 2030, as fontes renováveis corresponderão a

$$5,5 + 18,5 + 13,5 + 9,1 = 46,6\%$$

do total da energia produzida. Assim, a oferta de energia renovável será igual a

$$\frac{46,6}{100} \times 557 \approx 259,6 \text{ milhões de tep}.$$

Exemplo 2. Rendimento de aplicação financeira

Uma aplicação financeira promete um rendimento de 8% ao ano. Nesse caso, quem depositar R$ 500,00 nessa aplicação, receberá, após um ano,

$$\frac{8}{100} \times 500 = 0,08 \times 500 = R\$\,40,00.$$

Vejamos, agora, alguns exemplos nos quais conhecemos a fração de uma grandeza e queremos determinar a que percentual do valor total ela corresponde.

Problema 4. Alunos do ProFIS

A Tabela 1.8 fornece a cor declarada pelos alunos matriculados na primeira turma do ProFIS. Determine o percentual de alunos daquela turma que se consideram preto ou pardo.

TABELA 1.8 Alunos e cor.

Cor	Alunos
Branca	71
Preta	13
Parda	35
Amarela	1
Total	120

Solução

Os alunos pretos e pardos da turma somam 13 + 35 = 48 pessoas. Assim, a razão entre o número de pretos e pardos e o número total de alunos é igual a

$$\frac{48}{120} = 0,4 = 40\%.$$

Portanto, pretos e pardos correspondiam a 40% daquela turma.

Problema 5. Nota em Matemática

Godofredo ministrou um curso de Matemática para uma turma de 120 alunos, dos quais 87 foram aprovados. Qual foi o percentual de reprovação da turma?

Solução

Se 87 alunos foram aprovados, então 120 − 87 = 33 alunos foram reprovados. Esse número corresponde a

$$\frac{33}{120} \approx 0,275 = 27,5\%\text{ da turma}.$$

■ Crescimento e decrescimento percentual

A imprensa, os economistas, os institutos de pesquisa e os órgãos governamentais costumam fornecer taxas de crescimento ou decrescimento na forma percentual. Os problemas a seguir mostram como a porcentagem pode ser usada para representar variações.

Problema 6. Salário-mínimo

Entre 2012 e 2013, o salário-mínimo brasileiro passou de R$ 622,00 para R$ 678,00. Qual foi o aumento percentual do salário nesse período?

Solução

A variação do salário foi de R$ 678,00 − R$ 622,00 = R$ 56,00. O aumento percentual corresponde à razão

$$\frac{\text{variação do salário}}{\text{salário antes da variação}},$$

escrita na forma de porcentagem. Assim, o aumento foi de

$$\frac{R\$ \ 56,00}{R\$ \ 622,00} = 0,090 = 9\%.$$

A variação percentual também pode ser obtida a partir da divisão do salário-mínimo novo pelo antigo:

$$\frac{R\$ \ 678,00}{R\$ \ 622,00} = 1,090 = 109\%.$$

Esse resultado indica que o novo salário corresponde a 109% do antigo, de modo que a variação percentual equivale a

$$\underbrace{109\%}_{\substack{\text{salário}\\\text{novo}}} - \underbrace{100\%}_{\substack{\text{salário}\\\text{antigo}}} = \underbrace{9\%}_{\text{variação}}.$$

Problema 7. Índice de Gini

O índice (ou coeficiente) de Gini é uma medida de desigualdade criada em 1912 pelo matemático Corrado Gini. Quando aplicado à distribuição de renda, esse índice vale 0 se há igualdade perfeita (ou seja, todas as pessoas investigadas têm a mesma renda) e atinge o valor máximo, 1, quando a concentração de renda é total (isto é, uma pessoa detém toda a renda).

É sabido que a distribuição de renda no Brasil é uma das piores do mundo. Por outro lado, nosso índice de Gini vem sendo reduzido ao longo dos anos, tendo baixado de 0,559, em 2004, para 0,508, em 2011, segundo o IBGE. Calcule a variação percentual do índice nesse período de sete anos.

Solução

A variação absoluta do índice de Gini entre 2004 e 2011 foi de $0,508 - 0,559 = -0,051$. Dividindo esse valor pelo índice de 2004, obtemos:

$$\frac{-0,051}{0,559} \approx -0,091 = -9,1\%.$$

Logo, entre 2004 e 2011, o índice de Gini do Brasil foi reduzido em cerca de 9,1%.

Assim como no Problema 6, há um caminho alternativo para a obtenção da variação percentual do índice de Gini, que começa com a divisão do coeficiente de 2011 pelo de 2004:

$$\frac{0,508}{0,559} \approx 0,909 = 90,9\%.$$

Como se observa, o índice de 2011 equivalia a 90,9% do índice de 2004. Para encontrar a variação percentual a partir desse valor, basta subtrair 100%:

$$90,9 - 100 = -9,1\%.$$

> Neste problema, o sinal negativo indica que o índice de Gini diminuiu. Se você preferir, pode calcular $0,559 - 0,508$ e trabalhar com números positivos, desde que se lembre de responder que o índice foi reduzido.

Problema 8. Redução do peso das embalagens

A redução do peso das embalagens é um truque muito usado pelas empresas para camuflar o aumento de preço de seus produtos. Em sua última visita ao supermercado, Marinalva observou que o pacote do seu biscoito favorito teve o peso reduzido de 200 g para 180 g, enquanto o preço baixou de R$ 2,00 para R$ 1,90 por pacote. Determine a variação percentual do preço do quilo desse biscoito.

Solução

O preço do biscoito, que era de

$$\frac{R\$\ 2,00}{0,2\ kg} = R\$\ 10,00/kg,$$

passou para

$$\frac{R\$\ 1,90}{0,18\ kg} \approx R\$\ 10,56/kg.$$

Assim, apesar da aparente redução, o preço subiu R$ 0,56 por quilo, o que corresponde a um aumento de

$$\frac{R\$\ 0,56}{R\$\ 10,00} = 0,056 = 5,6\%.$$

Exemplo 3. Televisão com desconto

Uma loja dá um desconto de 15% para quem compra à vista uma televisão que custa, originalmente, R$ 900,00. Nesse caso, o desconto corresponde a

$$900,00 \times \frac{15}{100} = 900,00 \times 0,15 = R\$\ 135,00.$$

Assim, com desconto, a televisão custa R$ 900,00 − R$ 135,00 = R$ 765,00.
Para obter o mesmo resultado de forma mais direta, bastaria calcular

$$900,00 \times (1 - 0,15) = 900,00 \times 0,85 = R\$\ 765,00.$$

Exemplo 4. Aumento do preço da passagem

A prefeitura de Jurupiranga anunciou que as passagens dos ônibus municipais, que atualmente custam R$ 3,00, subirão 6,67% no próximo mês. Nesse caso, o aumento será de

$$3,00 \times \frac{6,67}{100} = 3,00 \times 0,0667 \approx R\$\ 0,20.$$

Logo, a passagem passará a custar R$ 3,00 + R$ 0,20 = R$ 3,20.
Poderíamos ter chegado de forma mais rápida a esse valor se tivéssemos calculado, simplesmente,

$$3,00 \times (1 + 0,0667) = 3,00 \times 1,0667 \approx R\$\ 3,20.$$

Exercícios 1.7

1. Represente as frações a seguir na forma percentual.
   a) $\frac{7}{10}$ c) $\frac{3}{20}$ e) $\frac{1}{8}$ g) $\frac{2}{3}$
   b) $\frac{1}{5}$ d) $\frac{3}{4}$ f) $\frac{6}{5}$ h) $\frac{5}{4}$

2. Calcule:
   a) 30% de 1500   c) 27% de 900   e) 98% de 450
   b) 12% de 120   d) 55% de 300   f) 150% de 500

3. Em uma turma de 40 alunos, 45% são meninos. Quantos meninos e meninas tem a turma?

4. Uma televisão que custava R$ 900,00 teve um aumento de R$ 50,00. Qual foi o percentual de aumento?

5. Um terreno que custava R$ 50.000,00 há dois anos teve uma valorização de 16,5% nos últimos 24 meses. Qual o valor atual do terreno?

6. Uma loja de eletrodomésticos dá 10% de desconto para pagamentos à vista. Por quanto sairia, então, uma geladeira paga à vista, cujo preço original é R$ 1.200,00?

7. Uma aplicação financeira rende 8,5% ao ano. Investindo R$ 700,00 nessa aplicação, que montante uma pessoa terá após um ano?

8. De uma semana para outra, o preço da berinjela subiu 4% no mercado próximo à minha casa. Se o quilo do produto custava R$ 2,50, quanto pagarei agora?

9. Ao comprar, pela internet, um produto de US$ 125,00, usando seu cartão de crédito, Fernanda pagou 6,38% de IOF e 60% de imposto de importação (sobre o valor com o IOF). Se o dólar estava cotado a R$ 2,15, quanto Fernanda pagou pelo produto em reais?

10. Uma passagem de ônibus de Campinas a São Paulo custa R$ 17,50. O preço da passagem é composto de R$ 12,57 de tarifa, R$ 0,94 de pedágio, R$ 3,30 de taxa de embarque e R$ 0,69 de seguro. Se a taxa de embarque aumentar 33,33% e esse aumento for integralmente repassado ao preço da passagem, qual será o aumento percentual total do preço da passagem?

11. Determinado cidadão recebe um salário bruto de R$ 2.500,00 por mês, e gasta cerca de R$ 1.800,00 por mês com escola, supermercado, plano de saúde etc. Uma pesquisa recente mostrou que uma pessoa com esse perfil tem seu salário bruto tributado em 13,3% e paga 31,5% de tributos sobre o valor dos produtos e serviços que consome. Qual o percentual total do salário mensal gasto com tributos?

12. Laura e Fernanda queriam participar da prova de salto em distância das olimpíadas da sua escola. Entretanto, só poderiam se inscrever na prova se conseguissem saltar, ao menos, 5 m. Ao começarem o treinamento, dois meses antes das olimpíadas, tanto Laura como Fernanda saltavam apenas 2,6 m. Após um mês, Laura melhorou seu salto em 40%, enquanto Fernanda obteve uma melhora de 70%. Ao final dos dois meses de treinamento, Laura ainda conseguiu dar um salto 40% mais longo do que aquele que dera ao final do primeiro mês. Já Fernanda melhorou o salto do primeiro mês em 10%. Será que as duas meninas conseguiram participar da prova?

13. A cidade de Campinas tem 1 milhão de habitantes e estima-se que 4% de sua população viva em domicílios inadequados. Supondo-se que, em média, cada domicílio tenha quatro moradores, pergunta-se:
   a) Quantos domicílios com condições adequadas tem a cidade de Campinas?
   b) Se a população da cidade crescer 10% nos próximos dez anos, quantos domicílios deverão ser construídos por ano para que todos os habitantes tenham uma moradia adequada ao final desse período? Suponha que o número de moradores por domicílio permanecerá inalterado no período.

14. A área total ocupada com transgênicos em todo o globo era de 11 milhões de hectares em 1997, tendo subido para 27,94 milhões de hectares em 1998. Determine o crescimento, em porcentagem, da área total ocupada com transgênicos entre esses dois anos.

15. O gráfico a seguir mostra o total de acidentes de trânsito na cidade de Campinas e o total de acidentes sem vítimas, por 10.000 veículos, entre 1997 e 2003.

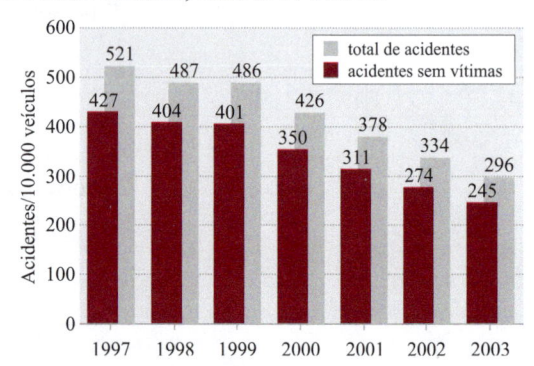

Sabe-se que a frota da cidade de Campinas foi composta de 500.000 veículos em 2003 e que era 4% menor em 2002.
   a) Calcule o número de acidentes de trânsito ocorridos em Campinas em 2003.
   b) Calcule o número de acidentes com vítimas ocorridos em Campinas em 2002.

16. O gráfico a seguir fornece a concentração de CO_2 na atmosfera, em "partes por milhão" (ppm), ao longo dos anos. Qual foi o percentual de crescimento da concentração de CO_2 no período de 1930 a 1990?

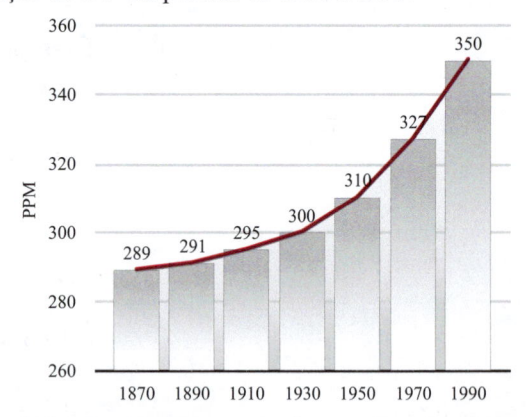

17. A tabela a seguir mostra os valores estimados da população brasileira entre 2005 e 2050 divididos por faixas etárias. Com base nessa tabela, responda às perguntas, desprezando a migração internacional.
   a) Da população que, em 2005, tinha idade entre 0 e 14 anos, qual percentual falecerá antes de 2050?
   b) Quantas pessoas nascidas após 2005 permanecerão vivas em 2050?
   c) Sabendo que os indivíduos do sexo masculino corresponderão a 44% da população acima de 60 anos em 2050, qual será a diferença, em habitantes, entre o número de mulheres e o número de homens nessa faixa etária em 2050?

Faixa etária (em anos)	População (em milhões)	
	2005	2050
de 0 a 14	51,4	46,3
de 15 a 29	50,9	49,5
de 30 a 44	44,3	51,7
de 45 a 59	25,3	48,2
60 ou mais	16,3	64,1
Total	184,2	259,8

18. Em uma loja, uma lava-louças sai por R$ 1.500,00 à vista e R$ 1.800,00 em 12 parcelas. Qual é o percentual de aumento do preço para o pagamento em 12 prestações?

19. Luís gastava R$ 60,00 por mês com seu remédio para colesterol e R$ 30,00 com o remédio para pressão. Sabendo que o preço do primeiro subiu 5% e o preço do segundo subiu 2%:
    a) quanto Luís passou a pagar?
    b) qual foi o percentual de aumento do gasto total de Luís com esses remédios?

20. Há um ano, uma televisão custava R$ 1.200,00 e um reprodutor de *blu-ray* saía por R$ 500,00. Sabendo que o preço da televisão subiu 6% e o preço do aparelho de *blu-ray* baixou 4%,
    a) determine o custo atual do conjunto formado pela televisão e pelo reprodutor de *blu-ray*;
    b) determine a variação percentual total do conjunto formado pelos dois aparelhos.

21. Dos 20.000 domicílios da cidade de Paçoquinha, 85% estão ligados à rede de esgoto. A prefeitura estima que daqui a dez anos o número de domicílios será 10% superior ao valor atual. Quantos domicílios terão que ser ligados à rede nos próximos dez anos para que, ao final desse período, toda a população seja servida por coleta de esgoto?

22. Às sextas-feiras, uma companhia aérea opera 87 decolagens a partir de determinado aeroporto. A frota da empresa é composta de aeronaves que possuem, em média, 110 lugares, e que têm uma ocupação média de 80% dos assentos por voo. Sabendo que a taxa de embarque nesse aeroporto corresponde a R$ 16,23 por passageiro, determine o valor total arrecadado de taxa de embarque com os voos da companhia que decolam às sextas-feiras do referido aeroporto.

23. Uma organização não governamental realizou uma pesquisa com 1.400 pessoas com o objetivo de analisar as alterações em seus hábitos alimentares nos últimos dois anos. A partir dos resultados obtidos, observou-se que:
    • 23% dos entrevistados não mudaram seu cardápio;
    • 364 pessoas alteraram os hábitos alimentares por causa do preço;
    • 322 entrevistados alteraram o cardápio por questões de saúde;
    • os demais alteraram a dieta por outros motivos.

Com base nesses dados, podemos concluir que:
a) 222 pessoas não mudaram o cardápio;
b) 28% dos entrevistados mudaram o cardápio por motivos não relacionados ao preço ou à saúde;
c) 87% das pessoas mudaram o cardápio;
d) 24% das pessoas mudaram o cardápio por causa do preço.

24. Para transportar uma carga, um caminhoneiro faz uma viagem de ida e volta partindo de Campinas. O trajeto percorrido em cada mão de direção contém 8 praças de pedágio, sendo necessário pagar, em cada uma delas, R$ 4,50 por eixo útil do caminhão. No trajeto de ida, o caminhão vai carregado, de modo que é preciso usar seus três eixos. Já na volta, só dois eixos são usados, para economizar pneus e o gasto com o pedágio. Se o caminhoneiro recebe R$ 3.000,00 por viagem de ida e volta, que percentual desse valor ele gasta com pedágio?

25. O gráfico a seguir apresenta os percentuais da renda anual de uma família brasileira com gastos em atividades de lazer nos anos de 2008 e 2009.

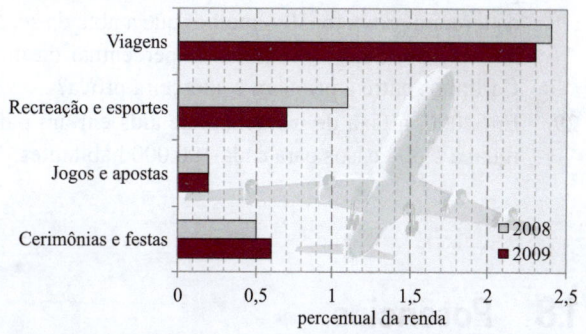

Sabendo que a renda anual dessa família foi de R$ 18.000,00 em 2008 e de R$ 21.000,00 em 2009, calcule a variação (em reais) de seu gasto anual com atividades de lazer entre esses dois anos.

26. O sangue humano costuma ser classificado em diversos grupos, sendo os sistemas ABO e Rh os métodos mais comuns de classificação. A primeira tabela a seguir fornece o percentual da população brasileira com cada combinação de tipo sanguíneo e fator Rh. Já a segunda indica o tipo de aglutinina e de aglutinogênio presente em cada grupo sanguíneo.

Tipo	Fator Rh	
	+	−
A	34,0%	8,0%
B	8,0%	2,0%
AB	2,5%	0,5%
O	36,0%	9,0%

Tipo	Aglutinogênios	Aglutininas
A	A	Anti-B
B	B	Anti-A
AB	A e B	Nenhuma
O	Nenhum	Anti-A e Anti-B

Qual o percentual de brasileiros com aglutinogênio A em seu sangue? Desses brasileiros com aglutinogênio A, que percentual tem sangue A+?

27. A tabela a seguir fornece a divisão percentual dos domicílios brasileiros segundo a faixa de renda em salários-mínimos (s.m.). Os dados foram extraídos do censo demográfico de 2010, do IBGE, que determinou que o país possuía, naquele ano, cerca de 57,3 milhões de domicílios. Com base nesses dados, determine o número de domicílios com renda superior a 5 salários-mínimos em 2010.

Faixa de renda	%
Até 1 s.m.	22,6
Mais de 1 a 3 s.m.	38,6
Mais de 3 a 5 s.m.	17,4
Mais de 5 a 10 s.m.	13,6
Mais de 10 s.m.	7,6

28. Carlinhos fez três provas de Matemática. A nota da segunda prova foi 30% melhor que a da primeira, e a nota da terceira prova foi 30% melhor que a nota da segunda. Nesse caso, qual foi o aumento percentual da nota de Carlinhos entre a primeira e a terceira prova?

29. Em 2000, a taxa de incidência de aids em um país era igual a 2.500 casos para cada 100.000 habitantes.

a) Calcule o percentual da população acometida por aids em 2000.
b) Entre 2000 e 2010, a taxa de incidência de aids nesse país baixou para 2.250 casos por 100.000 habitantes. Calcule a variação percentual da taxa de incidência nesse período.
c) Sabendo que o país tinha 2.000.000 habitantes em 2000 e que a população cresceu 20% entre 2000 e 2010, calcule o número de portadores de aids em 2010.

30. Há um ano, um pacote de viagem custava R$ 1.800,00, dos quais R$ 600,00 correspondiam às passagens e R$ 1.200,00 à hospedagem. Sabendo que, de lá para cá, o preço da passagem subiu 6% e a hospedagem 9%,
a) calcule o preço atual do pacote turístico;
b) determine o aumento percentual do preço do pacote no período de um ano.

31. Em 01/09/2013, o dólar comercial estava cotado a R$ 2,385. Um ano depois, a moeda americana estava 5,87% mais barata. Por outro lado, entre 01/09/2014 e 01/09/2015, o valor do dólar teve um aumento de 64,28%.
a) Calcule o valor do dólar em 01/09/2014 e em 01/09/2015.
b) Determine a variação percentual da moeda entre 01/09/2013 e 01/09/2015.

1.8 Potências

Em nossa vida prática, é muito comum termos que calcular o produto de termos repetidos. Apenas para citar um exemplo geométrico muito simples, a área A de um quadrado de lado (ou aresta) ℓ é representada por

$$A = \ell \cdot \ell.$$

Há casos, entretanto, em que o número de termos repetidos é muito maior, como mostram os problemas a seguir.

Problema 1. Torneio de tênis

Em um torneio de tênis, a cada rodada os jogadores são agrupados em pares, e o vencedor de cada partida passa para a rodada seguinte. Determine o número de jogadores que podem participar de um torneio com cinco rodadas.

Solução

A análise deste problema fica mais simples se começamos pela última rodada. No jogo final do torneio, dois tenistas se enfrentam para decidir quem será o campeão. Já na rodada anterior, a quarta, são realizados os dois jogos semifinais, nos quais quatro tenistas disputam as vagas na final. Repetindo esse raciocínio, reparamos que, a cada rodada que recuamos, o número de jogos (e de jogadores) é multiplicado por dois. A Figura 1.24 mostra os jogos de cada etapa do torneio.

Lembrando que cada jogo envolve dois tenistas, podemos concluir que a primeira rodada tem

$$2 \times 2 \times 2 \times 2 \times 2 \text{ tenistas.}$$

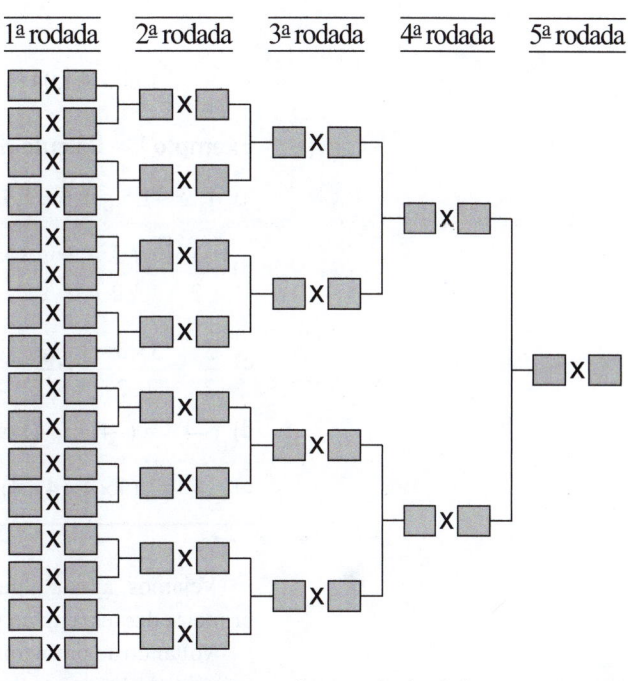

FIGURA 1.24 Jogos do torneio de tênis.

Problema 2. Empréstimo bancário

Há seis meses, João teve algumas dificuldades financeiras que o fizeram recorrer a um empréstimo bancário de R$ 1.000,00. Ao firmar contrato com João, o banco estipulou uma taxa de juros de 4% ao mês. Supondo que, de lá para cá, João não teve condições de abater sequer uma pequena parcela de sua dívida, calcule o montante a ser pago ao banco.

Solução

Como a taxa de juros correspondia a 4%, a dívida de João foi multiplicada por 1,04 a cada mês. Assim, após seis meses, ela atingiu

$$1000 \times 1,04 \times 1,04 \times 1,04 \times 1,04 \times 1,04 \times 1,04 \text{ reais.}$$

> Não se preocupe se você não entendeu como a dívida de João é atualizada mensalmente. Voltaremos a esse assunto no Capítulo 5.

Os problemas anteriores envolveram o produto de termos repetidos. Como observamos, é cansativo escrever esse produto por extenso. Imagine, então, o que aconteceria se a dívida de João ficasse acumulada por 24 meses.

A forma mais prática de representar esse tipo de produto envolve o uso de **potências**. A definição formal de potência com expoente natural é dada a seguir.

> **Potência com expoente positivo**
> Se a é um número real e n é um número natural, definimos a n-ésima potência de a como
> $$a^n = \underbrace{a \times a \times \ldots \cdot a}_{n \text{ termos}},$$
> em que a é a **base** e n o **expoente** da potência. Em geral, lemos "a^n" como "a elevado à n-ésima potência", ou simplesmente "a elevado a n."

> **Você sabia?**
> Algumas potências recebem um nome especial. Por exemplo, a potência a^2 é denominada "a **ao quadrado**", enquanto a^3 é dita "a **ao cubo**".

Usando essa notação, podemos escrever

$$\ell \times \ell = \ell^2$$

$$2 \times 2 \times 2 \times 2 \times 2 = 2^5$$
$$1.000 \times 1{,}04 \times 1{,}04 \times 1{,}04 \times 1{,}04 \times 1{,}04 \times 1{,}04 = 1.000 \times 1{,}04^6$$

Exemplo 1. Cálculo de potências

a) $1{,}5^5 = 1{,}5 \times 1{,}5 \times 1{,}5 \times 1{,}5 \times 1{,}5 = 7{,}59375$

b) $\left(\dfrac{3}{2}\right)^3 = \left(\dfrac{3}{2}\right)\left(\dfrac{3}{2}\right)\left(\dfrac{3}{2}\right) = \dfrac{3^3}{2^3} = \dfrac{27}{8}$

c) $\dfrac{3^3}{2} = \dfrac{3 \times 3 \times 3}{2} = \dfrac{27}{2}$

d) $(-4)^4 = (-4) \times (-4) \times (-4) \times (-4) = 256$

e) $-4^4 = -(4 \times 4 \times 4 \times 4) = -256$

Vejamos, agora, algumas propriedades úteis na manipulação de potências. A primeira diz respeito ao produto de potências com a mesma base.

Voltando ao problema do empréstimo bancário, sabemos que, após seis meses, a dívida de João, que era igual a R$ 1.000,00, foi multiplicada por $1{,}04^6$. Agora, vamos supor que João tenha deixado de quitar sua dívida por outros três meses. Nesse caso, para determinar o novo valor a pagar, teremos que multiplicar a dívida não somente por $1{,}04^6$, mas também por $1{,}04^3$, como mostrado a seguir.

$$\underbrace{1{,}04 \times 1{,}04 \times 1{,}04 \times 1{,}04 \times 1{,}04 \times 1{,}04}_{\text{Primeiros 6 meses}} \times \underbrace{1{,}04 \times 1{,}04 \times 1{,}04}_{\text{Novos 3 meses}} = 1{,}04^6 \times 1{,}04^3 = 1{,}04^9 = 1{,}04^{6+3}.$$

De uma forma geral, se a representa um número real e m e n são dois inteiros positivos, podemos escrever

$$a^m a^n = \underbrace{a \times a \times \ldots \times a}_{m \text{ termos}} \times \underbrace{a \times a \times \ldots \times a}_{n \text{ termos}} = \underbrace{a \times a \times \ldots \times a}_{m+n \text{ termos}} = a^{m+n}.$$

Esta e outras propriedades importantes das potências são apresentadas no quadro a seguir.

Propriedades das potências

Suponha que a e b sejam números reais, e que os denominadores sejam sempre diferentes de zero.

Propriedade	Exemplo
1. $a^m a^n = a^{m+n}$	$2^3 2^7 = 2^{3+7} = 2^{10}$
2. $\dfrac{a^m}{a^n} = a^{m-n}$	$\dfrac{3^6}{3^2} = 3^{6-2} = 3^4$
3. $(a^m)^n = a^{mn}$	$(2^4)^3 = 2^{4 \cdot 3} = 2^{12}$
4. $(ab)^n = a^n b^n$	$(2 \cdot 3)^4 = 2^4 \cdot 3^4$
5. $\left(\dfrac{a}{b}\right)^n = \dfrac{a^n}{b^n}$	$\left(\dfrac{2}{3}\right)^4 = \dfrac{2^4}{3^4}$

Demonstrar que as Propriedades 2 a 5 são válidas é tarefa simples que o próprio leitor pode fazer. Para tanto, basta escrever por extenso o significado de cada expressão.

O uso correto dessas propriedades é essencial para a resolução de problemas que envolvam expressões e equações algébricas. De fato, boa parte dos erros cometidos por alunos de cursos de Matemática provém do emprego de regras que não constituem propriedades das operações aritméticas.

Assim, se você ainda não conhece uma expressão equivalente a $(x - 4)^2$, não ceda à tentação de escrever $x^2 - 4^2$, pois isso não está correto. Alguns erros frequentes de manipulação de potências são apresentados na Tabela 1.9.

Veremos como calcular $(3 + x)^2$ na Seção 5 do Capítulo 2.

TABELA 1.9 Erros comuns na manipulação de potências.

Falsa propriedade	Exemplo com erro	Propriedade correta	Exemplo correto
$(a+b)^n = a^n + b^n$	$(3+x)^2 = 3^2 + x^2$	$(ab)^n = a^n b^n$	$(3x)^2 = 3^2 x^2$
$a^{m+n} = a^m + a^n$	$4^{2+x} = 4^2 + 4^x$	$a^{m+n} = a^m a^n$	$4^{2+x} = 4^2 4^x$
$a \cdot b^n = (a \times b)^n$	$2 \times 10^3 = 20^3$	$(ab)^n = a^n b^n$	$20^3 = 2^3 10^3$
$a^{mn} = a^m a^n$	$3^{2x} = 3^2 3^x$	$a^{mn} = (a^m)^n$	$3^{2x} = (3^2)^x = 9^x$

■ Expoentes negativos

Em todos os exemplos de potências que apresentamos até o momento, os expoentes eram números positivos. Entretanto, é fácil notar que, se $m < n$, o termo a^{m-n}, apresentado na Propriedade 2 dada, terá um expoente negativo. Será que isso é possível?

Para responder a essa pergunta, vamos recorrer a um exemplo numérico. Suponhamos, então, que $a = 5$, $m = 4$ e $n = 7$, de modo que, pela Propriedade 2,

$$\frac{5^4}{5^7} = 5^{4-7} = 5^{-3}.$$

Calculemos, agora, o valor de $\frac{5^4}{5^7}$ usando a definição de potência.

$$\frac{5^4}{5^7} = \frac{5 \times 5 \times 5 \times 5}{5 \times 5 \times 5 \times 5 \times 5 \times 5 \times 5} = \frac{1}{5 \times 5 \times 5} = \frac{1}{5^3}.$$

Assim, nesse caso, a Propriedade 2 será válida se adotarmos a convenção

$$5^{-3} = \frac{1}{5^3}.$$

Seguindo o mesmo raciocínio, a Propriedade 2 nos diz que

$$\frac{4^3}{4^3} = 4^{3-3} = 4^0.$$

Por outro lado, segundo a definição de potência,

$$\frac{4^3}{4^3} = \frac{4 \times 4 \times 4}{4 \times 4 \times 4} = 1.$$

Nesse caso, a Propriedade 2 permanecerá válida se adotarmos $4^0 = 1$.

Generalizando essas ideias para todo número real a, exceto o zero, chegamos às definições resumidas no quadro a seguir.

> **Expoente zero e expoente negativo**
>
> Se a é um número real diferente de zero, então definimos
>
> $$a^0 = 1 \quad \text{e} \quad a^{-n} = \frac{1}{a^n}.$$

Observe que, se $m < n$, então $a^n = a^m a^{n-m}$, com $n - m > 0$.

Usando essa notação, é fácil mostrar que todas as propriedades apresentadas são válidas mesmo que os expoentes sejam negativos. Para provar a Propriedade 2, por exemplo, basta escrever

$$\frac{a^m}{a^n} = \underbrace{\frac{a \times a \times \ldots \times a}{a \times a \times \ldots \times a}}_{\substack{m \text{ termos} \\ n-m \text{ termos}}} \cdot \underbrace{\frac{1}{a \times a \cdot \ldots \times a}}_{n-m \text{ termos}} = \frac{1}{\underbrace{a \times a \times \ldots \cdot a}_{n-m \text{ termos}}} = \frac{1}{a^{n-m}} = a^{-(n-m)} = a^{m-n}.$$

Exemplo 2. Propriedades das potências com expoentes negativos

a) $2^{-4} = \dfrac{1}{2^4} = \dfrac{1}{16}$

b) $(-2)^{-4} = \dfrac{1}{(-2)^4} = \dfrac{1}{16}$

c) $-2^{-4} = -\dfrac{1}{2^4} = -\dfrac{1}{16}$

d) $0{,}5^{-4} = \dfrac{1}{0{,}5^4} = \dfrac{1}{0{,}0625} = 16$

e) $\dfrac{10^{-3}}{6} = \dfrac{1}{6 \times 10^3} = \dfrac{1}{6000}$

f) $\dfrac{1}{4^{-3}} = \dfrac{1}{\frac{1}{4^3}} = 1 \times \dfrac{4^3}{1} = 4^3 = 64$

g) $\dfrac{2^{-3}}{6^{-2}} = \dfrac{\frac{1}{2^3}}{\frac{1}{6^2}} = \dfrac{1}{2^3} \times \dfrac{6^2}{1} = \dfrac{6^2}{2^3} = \dfrac{36}{8} = \dfrac{9}{2}$

h) $\left(\dfrac{5}{3}\right)^{-2} = \dfrac{5^{-2}}{3^{-2}} = \dfrac{\frac{1}{5^2}}{\frac{1}{3^2}} = \dfrac{1}{5^2} \times \dfrac{3^2}{1} = \dfrac{3^2}{5^2} = \dfrac{9}{25}$

Atenção
Observe a importância do uso dos parênteses, comparando os exemplos (b) e (c).

Agora, tente os Exercícios 11 e 12.

Os exemplos (f), (g) e (h) ilustram algumas propriedades importantes dos expoentes negativos, as quais reproduzimos no quadro a seguir. De fato, essas propriedades decorrem da simples combinação das propriedades das potências com a definição de expoente negativo.

Propriedades dos expoentes negativos
Suponha que a e b sejam números reais diferentes de zero.

Propriedade	Exemplo
6. $\dfrac{1}{b^{-n}} = b^n$	$\dfrac{1}{3^{-7}} = 3^7$
7. $\dfrac{a^{-m}}{b^{-n}} = \dfrac{b^n}{a^m}$	$\dfrac{5^{-3}}{4^{-2}} = \dfrac{4^2}{5^3}$
8. $\left(\dfrac{a}{b}\right)^{-n} = \dfrac{b^n}{a^n}$	$\left(\dfrac{4}{3}\right)^{-5} = \dfrac{3^5}{4^5}$

■ Simplificação de expressões com potências

Em muitas situações práticas, trabalhamos com expressões que envolvem potências de termos literais. O problema a seguir mostra como simplificar essas expressões com o emprego das propriedades das potências.

Problema 3. Simplificação de expressões com potências

Simplifique as expressões, supondo que os denominadores são diferentes de zero.

a) $z^2 z^5$

b) $(2x^6)^4$

c) $\dfrac{w^7}{w^3}$

d) $(5x^4 y^2)(x^2 y z)^3$

e) $\left(\dfrac{3}{t^6}\right)^2$

f) $\dfrac{3x^2y^6z^3}{12y^2zx^4}$ i) $\dfrac{15}{(5y)^{-2}}$ l) $\left(\dfrac{xy}{z^2}\right)^{-3}$

g) $y^3 \cdot y^{-4}$ j) $\dfrac{v^2 w^{-2}}{w^3 v^{-1}}$ m) $\left(\dfrac{x^{-5}}{z^4}\right)^{-2}$

h) $\left(\dfrac{2x^5 y}{z}\right)^2 \left(\dfrac{z^2}{x^4 y}\right)$ k) $(5u^3 v^{-2})(uvt^{-1})^{-3}$ n) $\dfrac{2w^3}{y^2} - \dfrac{w^6 y^3}{2y^5 w^3}$

Solução

a) $\quad z^2 z^5 = z^{2+5}\quad$ Propriedade 1.

$\quad\quad\quad\quad = z^7 \quad$ Simplificação do resultado.

b) $\quad (2x^6)^4 = 2^4 (x^6)^4 \quad$ Propriedade 4.

$\quad\quad\quad\quad\quad = 2^4 x^{6 \times 4} \quad$ Propriedade 3.

$\quad\quad\quad\quad\quad = 16 x^{24} \quad$ Simplificação do resultado.

c) $\quad \dfrac{w^7}{w^3} = w^{7-3} \quad$ Propriedade 2.

$\quad\quad\quad\quad = w^4 \quad$ Simplificação do resultado.

d) $\quad (5x^4 y^2)(x^2 yz)^3 = (5x^4 y^2)[(x^2)^3 y^3 z^3] \quad$ Propriedade 4.

$\quad\quad\quad\quad\quad\quad\quad\quad\quad = (5x^4 y^2)[x^{2 \cdot 3} y^3 z^3] \quad$ Propriedade 3.

$\quad\quad\quad\quad\quad\quad\quad\quad\quad = 5 x^{4+6} y^{2+3} z^3 \quad$ Propriedade 1.

$\quad\quad\quad\quad\quad\quad\quad\quad\quad = 5 x^{10} y^5 z^3 \quad$ Simplificação do resultado.

e) $\quad \left(\dfrac{3}{t^6}\right)^2 = \dfrac{3^2}{(t^6)^2} \quad$ Propriedade 5.

$\quad\quad\quad\quad\quad = \dfrac{3^2}{t^{6 \times 2}} \quad$ Propriedade 3.

$\quad\quad\quad\quad\quad = \dfrac{9}{t^{12}} \quad$ Simplificação do resultado.

f) $\quad \dfrac{3x^2 y^6 z^3}{12 y^2 z x^4} = \dfrac{3}{12} \cdot \dfrac{x^2}{x^4} \cdot \dfrac{y^6}{y^2} \cdot \dfrac{z^3}{z} \quad$ Reagrupamento dos termos.

$\quad\quad\quad\quad\quad\quad = \dfrac{3}{12} x^{2-4} y^{6-2} z^{3-1} \quad$ Propriedade 2.

$\quad\quad\quad\quad\quad\quad = \dfrac{x^{-2} y^4 z^2}{4} \quad$ Simplificação da expressão.

$\quad\quad\quad\quad\quad\quad = \dfrac{y^4 z^2}{4 x^2} \quad$ Eliminação do expoente negativo.

g)
$$y^3 \cdot y^{-4} = y^{3+(-4)}$$ Propriedade 1.
$$= y^{-1}$$ Simplificação da expressão.
$$= \frac{1}{y}$$ Eliminação do expoente negativo.

h)
$$\left(\frac{2x^5 y}{z}\right)^2 \left(\frac{z^2}{x^4 y}\right) = \left(\frac{2^2 (x^5)^2 y^2}{z^2}\right)\left(\frac{z^2}{x^4 y}\right)$$ Propriedade 4.
$$= \left(\frac{2^2 x^{5 \cdot 2} y^2}{z^2}\right)\left(\frac{z^2}{x^4 y}\right)$$ Propriedade 3.
$$= 2^2 \cdot \frac{x^{10}}{x^4} \times \frac{y^2}{y} \cdot \frac{z^2}{z^2}$$ Reagrupamento dos termos.
$$= 2^2 x^{10-4} y^{2-1} z^{2-2}$$ Propriedade 2.
$$= 4x^6 y$$ Simplificação do resultado.

i)
$$\frac{15}{(5y)^{-2}} = 15(5y)^2$$ Propriedade 6.
$$= 15 \cdot 5^2 y^2$$ Propriedade 4.
$$= 375 y^2$$ Simplificação do resultado.

j)
$$\frac{v^2 w^{-2}}{w^3 v^{-1}} = \frac{v^2 v}{w^3 w^2}$$ Propriedade 7.
$$= \frac{v^{2+1}}{w^{3+2}}$$ Propriedade 1.
$$= \frac{v^3}{w^5}$$ Simplificação do resultado.

k)
$$(5u^3 v^{-2})(uvt^{-1})^{-3} = (5u^3 v^{-2})[u^{-3} v^{-3}(t^{-1})^{-3}]$$ Propriedade 4.
$$= (5u^3 v^{-2})[u^{-3} v^{-3} t^{(-1)\cdot(-3)}]$$ Propriedade 3.
$$= (5u^3 v^{-2})[u^{-3} v^{-3} t^3]$$ Simplificação da expressão.
$$= 5 u^{3+(-3)} v^{-2+(-3)} t^3$$ Propriedade 1.
$$= 5 v^{-5} t^3$$ Simplificação da expressão.
$$= \frac{5t^3}{v^5}$$ Eliminação do expoente negativo.

l)
$$\left(\frac{xy}{z^2}\right)^{-3} = \frac{(z^2)^3}{(xy)^3}$$ Propriedade 8.
$$= \frac{z^{2 \cdot 3}}{(xy)^3}$$ Propriedade 3.
$$= \frac{z^{2 \cdot 3}}{x^3 y^3}$$ Propriedade 4.
$$= \frac{z^6}{x^3 y^3}$$ Simplificação do resultado.

m)
$$\left(\frac{x^{-5}}{z^4}\right)^{-2} = \frac{(z^4)^2}{(x^{-5})^2} \quad \text{Propriedade 8.}$$
$$= \frac{z^{4 \times 2}}{x^{(-5) \cdot 2}} \quad \text{Propriedade 3.}$$
$$= \frac{z^8}{x^{-10}} \quad \text{Simplificação da expressão.}$$
$$= z^8 x^{10} \quad \text{Propriedade 6.}$$

n)
$$\frac{2w^3}{y^2} - \frac{w^6 y^3}{2y^5 w^3} = \frac{2w^3}{y^2} - \frac{1}{2} \cdot \frac{w^6}{w^3} \cdot \frac{y^3}{y^5} \quad \text{Reagrupamento dos termos.}$$
$$= \frac{2w^3}{y^2} - \frac{w^{6-3} y^{3-5}}{2} \quad \text{Propriedade 2.}$$
$$= \frac{2w^3}{y^2} - \frac{w^3 y^{-2}}{2} \quad \text{Simplificação da expressão.}$$
$$= \frac{2w^3}{y^2} - \frac{w^3}{2y^2} \quad \text{Eliminação do expoente negativo.}$$
$$= \left(2 - \frac{1}{2}\right) \frac{w^3}{y^2} \quad \text{Propriedade distributiva.}$$
$$= \frac{3w^3}{2y^2} \quad \text{Subtração da fração.}$$

Agora, tente os Exercícios 13 e 15.

■ Notação científica

Observe as frases a seguir e descubra o que elas têm em comum:

"No início de 2012, a população mundial era estimada em 7.068.000.000 habitantes."

"O rinovírus (causador do resfriado) tem cerca de 0,000003 cm de diâmetro."

"O número de moléculas de água em um litro do líquido é de aproximadamente 33.400.000.000.000.000.000.000."

"Um átomo de Carbono-12 tem massa atômica equivalente a cerca de 0,0000000000000000000000199 gramas."

Se você disse que essas frases envolvem números que dão muito trabalho para escrever, acertou. Números muito grandes ou muito próximos de zero são um tormento para quem trabalha com a notação decimal.

Em alguns casos, é possível contornar esse problema mudando a unidade de medida. Assim, se usarmos o *nanômetro* (nm) como medida de comprimento, o tamanho do rinovírus pode ser escrito como 30 nm. Da mesma forma, se a nossa unidade de massa atômica for o *dalton* (u), a massa atômica do Carbono-12 poderá será representada simplesmente por 12 u.

Entretanto, a mudança de unidade nem sempre é uma solução, já que, muitas vezes, precisamos efetuar operações aritméticas ou comparar números grandes com outros muito próximos de zero. Nesses casos, o melhor é escrever esses números usando o que chamamos de **notação científica**.

1 nm = 0,000000001 m.

Usando uma calculadora, descubra a quantos gramas corresponde 1 dalton.

> **Na calculadora**
> A maioria das calculadoras admite a representação de números na notação científica. Entretanto, em muitas delas o expoente aparece depois da letra E, que também pode aparecer na forma minúscula: e.
> Assim, o número 5,7201 × 10⁻⁴, por exemplo, pode aparecer no visor da calculadora na forma `5.7201E-04` ou `5.7201e-04`.

Um número real está em notação científica se é escrito na forma

$$\pm m \times 10^n,$$

em que o **coeficiente** m é um número real maior ou igual a 1 e menor que 10, e o **expoente** n é um número inteiro.

Para trabalhar com números na notação científica, é preciso saber lidar com potências de 10. A Tabela 1.10 mostra como algumas dessas potências podem ser representadas.

TABELA 1.10 Representações de potências de 10.

Forma decimal	Forma de produto	Forma de potência
0,0001	$\frac{1}{10} \times \frac{1}{10} \times \frac{1}{10} \times \frac{1}{10}$	10^{-4}
0,001	$\frac{1}{10} \times \frac{1}{10} \times \frac{1}{10}$	10^{-3}
0,01	$\frac{1}{10} \times \frac{1}{10}$	10^{-2}
0,1	$\frac{1}{10}$	10^{-1}
1	1	10^{0}
10	10	10^{1}
100	10×10	10^{2}
1.000	$10 \times 10 \times 10$	10^{3}
1.0000	$10 \times 10 \times 10 \times 10$	10^{4}

Observando a tabela, constatamos que há uma relação entre o expoente da potência e o número de zeros antes e depois da vírgula decimal. Cada vez que movimentamos a vírgula um algarismo para a direita, aumentamos o expoente de 10 em uma unidade. Por outro lado, ao movermos a vírgula de um algarismo para a esquerda, o expoente de 10 é reduzido em uma unidade. Essa relação é mais bem explorada no Problema 4.

Problema 4. Conversão para a notação científica

Converta os números a seguir para a notação científica.

> Observe que os números usados neste problema são aqueles apresentados no início da seção.

a) 50.000
b) 7.068.000.000
c) 0,000003
d) 33.400.000.000.000.000.000.000.000
e) 0,000000000000000000000000199

Solução

a) Embora o número 50.000 seja inteiro e, portanto, não apresente a vírgula que separa a parte inteira da parte fracionária, podemos escrevê-lo na forma equivalente 50.000,0. Como o coeficiente m de um número expresso na notação científica deve ser maior ou igual a 1 e menor que 10, precisamos deslocar a vírgula quatro algarismos para a esquerda, aumentando o expoente de 10 em uma unidade a cada passo, como se observa a seguir:

$$\begin{aligned} 50.000,0 &= 50000,0 \times 10^{0} \\ &= 5000,00 \times 10^{1} \\ &= 500,000 \times 10^{2} \\ &= 50,0000 \times 10^{3} \\ &= 5,00000 \times 10^{4} \end{aligned}$$

Assim, em notação científica, o número 50.000 é escrito como 5×10^4.

b) Repetindo o que foi feito anteriormente, obtemos:

$$7.068.000.000,0 = 7068000000,0 \times 10^0$$
$$= 706800000,00 \times 10^1$$
$$= 70680000,000 \times 10^2$$
$$= 7068000,0000 \times 10^3$$
$$= 706800,00000 \times 10^4$$
$$= 70680,000000 \times 10^5$$
$$= 7068,0000000 \times 10^6$$
$$= 706,80000000 \times 10^7$$
$$= 70,680000000 \times 10^8$$
$$= 7,0680000000 \times 10^9$$

Logo, 7.068.000.000 é dado por $7,068 \times 10^9$ em notação científica.

c) Para escrever o número 0,000003 na notação científica, devemos mover a vírgula para a direita, como mostrado a seguir.

$$0,000003 = 0,000003 \times 10^0$$
$$= 0,00003 \times 10^{-1}$$
$$= 0,0003 \times 10^{-2}$$
$$= 0,003 \times 10^{-3}$$
$$= 0,03 \times 10^{-4}$$
$$= 0,3 \times 10^{-5}$$
$$= 3,0 \times 10^{-6}$$

Logo, 0,000003 pode ser escrito como 3×10^{-6}.

d) Como o número 33.400.000.000.000.000.000.000.000,0 tem 25 algarismos após o primeiro e antes da vírgula decimal (os algarismos indicados em vinho), deve-se mover a vírgula para a esquerda 25 vezes. Com isso, o número assume a forma $3,34 \times 10^{25}$.

e) Para que a vírgula do número 0,0000000000000000000000000199 apareça logo após o algarismo 1, é preciso movê-la 26 algarismos para a direita (os algarismos em vinho). Assim, em notação científica, esse número é escrito como $1,99 \times 10^{-26}$.

Agora, tente o Exercício 18.

Na conversão da notação científica para a forma decimal usual, movemos a vírgula no sentido contrário, como mostra o problema a seguir.

Problema 5. Conversão para a notação decimal

Converta os números a seguir para a notação decimal.

a) 7×10^4

b) $-2,178 \times 10^7$

c) 2×10^{-5}

d) $8,031 \times 10^{-9}$

Solução

a) Nesse problema, o expoente é positivo, de modo que:

$$7,0 \times 10^4 = 70,0 \times 10^3$$
$$= 700,0 \times 10^2$$
$$= 7000,0 \times 10^1$$
$$= 70000,0 \times 10^0$$

Logo, $7 \times 10^4 = 70.000$.

b) Para converter $-2,178 \times 10^7$ à forma decimal usual, basta mover a vírgula 7 algarismos para a direita. Portanto, $-2,178 \times 10^7 = -21.780.000$.

c) Como, nesse exemplo, o expoente de 10 é negativo, fazemos:

$$2,0 \times 10^{-5} = 0,2 \times 10^{-4}$$
$$= 0,02 \times 10^{-3}$$
$$= 0,002 \times 10^{-2}$$
$$= 0,0002 \times 10^{-1}$$
$$= 0,00002 \times 10^0$$

Assim, $2,0 \times 10^{-5} = 0,00002$.

d) Nesse problema, o expoente de 10 é -9, de modo que devemos mover a vírgula 9 algarismos para a esquerda. Com isso, obtemos 0,000000008031.

Agora, tente o Exercício 19.

■ Operações com números em notação científica

Para quem domina as propriedades das potências, é fácil efetuar operações com números em notação científica. Observe como isso é feito a seguir.

Problema 6. Cálculos em notação científica

Efetue os cálculos a seguir.

a) $1,2 \times 10^4 + 7,4 \times 10^4$

b) $3,5 \times 10^3 + 6,91 \times 10^5$

c) $9,81 \times 10^{-2} + 4,2 \times 10^{-3}$

d) $2,83 \times 10^9 - 1,4 \times 10^7$

e) $5,2 \times 10^5 - 1,9 \times 10^6$

f) $(2 \times 10^6) \times (4 \times 10^3)$

g) $(-6,1 \times 10^5) \times (3 \times 10^{-2})$

h) $\dfrac{1,2 \times 10^7}{4 \times 10^5}$

i) $\dfrac{8 \times 10^{-2}}{2 \times 10^{-4}}$

Solução

a) Para efetuar a soma de dois números que, em notação científica, possuem o mesmo expoente, basta pôr a potência de 10 em evidência e somar os coeficientes. Logo,

$$1,2 \times 10^4 + 7,4 \times 10^4 = (1,2 + 7,4) \times 10^4 = 8,6 \times 10^4.$$

De fato, para somar dois números em notação científica, basta igualar os expoentes das potências de 10. Embora qualquer expoente seja permitido, optamos por converter somente o que tem a menor potência para simplificar os cálculos.

b) Quando precisamos somar dois números que, em notação científica, possuem expoentes diferentes, devemos converter o número com a menor potência de 10, deixando-o com o mesmo expoente do outro.

Nesse problema, devemos escrever $3{,}5 \times 10^3$ como o produto de algum coeficiente por 10^5. Para tanto, basta mover a vírgula dois algarismos para a esquerda:

$$3{,}5 \times 10^3 = 0{,}035 \times 10^5.$$

Agora que os dois números possuem a mesma potência de 10, podemos somá-los:

$$0{,}035 \times 10^5 + 6{,}91 \times 10^5 = (0{,}035 + 6{,}91) \times 10^5 = 6{,}945 \times 10^5.$$

c) Nesse problema, o termo com a menor potência de 10 é $4{,}2 \times 10^{-3}$. Convertendo-o, obtemos:

$$4{,}2 \times 10^{-3} = 0{,}42 \times 10^{-2}.$$

Assim, a soma pode ser escrita como:

$$9{,}81 \times 10^{-2} + 0{,}42 \times 10^{-2} = (9{,}81 + 0{,}42) \times 10^{-2} = 10{,}22 \times 10^{-2}.$$

Finalmente, para que o coeficiente desse número seja menor que 10, deslocamos a vírgula para a esquerda:

$$10{,}22 \times 10^{-2} = 1{,}022 \times 10^{-1}.$$

Logo, o resultado da soma é $1{,}022 \times 10^{-1}$.

d) Para efetuar uma subtração, usamos as mesmas regras empregadas na soma. Assim, convertendo o termo $1{,}4 \times 10^7$, encontramos:

$$1{,}4 \times 10^7 = 0{,}014 \times 10^9.$$

Agora, subtraindo esse número de $2{,}83 \times 10^9$, obtemos:

$$2{,}83 \times 10^9 - 0{,}014 \times 10^9 = (2{,}83 - 0{,}014) \times 10^9 = 2{,}816 \times 10^9.$$

e) A conversão adequada a esse problema é:

$$5{,}2 \times 10^5 = 0{,}52 \times 10^6.$$

Com ela, escrevemos:

$$0{,}52 \times 10^6 - 1{,}9 \times 10^6 = (0{,}52 - 1{,}9) \times 10^6 = -1{,}38 \times 10^6.$$

f) O cálculo do produto de dois números em notação científica pode ser efetuado por meio de um simples reordenamento dos termos, sem a prévia conversão para uma mesma potência de 10. Assim, nesse caso, fazemos:

$$(2 \times 10^6) \times (4 \times 10^3) = 2 \times 4 \times 10^6 \times 10^3 = (2 \times 4) \times 10^{6+3} = 8 \times 10^9.$$

g) Reagrupando os termos do produto desse problema, obtemos:

$$(-6{,}1 \times 10^5) \times (3 \times 10^{-2}) = -6{,}1 \times 3 \times 10^5 \times 10^{-2} = [-6{,}1 \times 3] \times 10^{5+(-2)} = -18{,}3 \times 10^3.$$

Finalmente, a conversão da solução para a notação científica fornece $-1{,}83 \times 10^4$.

h) Para dividir números na notação científica, seguimos as regras usuais das frações:

$$\frac{1{,}2 \times 10^7}{4 \times 10^5} = \left(\frac{1{,}2}{4}\right) \times \left(\frac{10^7}{10^5}\right) = 0{,}3 \times 10^{7-5} = 0{,}3 \times 10^2.$$

Convertendo o resultado para a notação científica, obtemos 3×10^1.

i) Neste caso, o resultado da divisão é calculado por meio dos seguintes passos:

$$\frac{8\times 10^{-2}}{2\times 10^{-4}} = \left(\frac{8}{2}\right)\times\left(\frac{10^{-2}}{10^{-4}}\right) = 4\times 10^{(-2)-(-4)} = 4\times 10^2.$$

Agora, tente os Exercícios 16 e 17.

Problema 7. PIB *per capita*

Em 2010, o produto interno bruto (PIB) brasileiro correspondeu a cerca de R$ 3,675 trilhões. Se o Brasil tinha cerca de 190,7 milhões de habitantes, qual foi o PIB *per capita* do país em 2010?

Solução

Observe que 1 milhão equivale a $1.000.000 = 10^6$, e 1 trilhão equivale a $1.000.000.000.000 = 10^{12}$.

Em notação científica, o PIB brasileiro em 2010 era equivalente a R$ $3,675\times 10^{12}$, para uma população de

$$190,7\times 10^6 = 1,907\times 10^8 \text{ habitantes}.$$

Como o PIB *per capita* é fornecido pela divisão do PIB pelo número de habitantes, temos:

$$\text{PIB per capita} = \frac{3,675\times 10^{12}}{1,907\times 10^8} = \frac{3,675}{1,907}\times 10^{12-8} \approx 1,9271\times 10^4$$

Na notação usual, dizemos que o PIB *per capita* correspondeu a R$ 19.271 em 2010.

Exercícios 1.8

1. Calcule as potências a seguir, nos casos em que c vale $-3, -2, -1, 0, 1, 2$ e 3.
   a) 2^c
   b) $(-2)^c$
   c) -2^c
   d) 2^{-c}
   e) $(-2)^{-c}$
   f) -2^{-c}

2. Quanto valem 2^0, 5^0 e $(-5)^0$?

3. Quanto valem 1^0, 1^2 e 1^5?

4. Quanto valem 0^1, 0^2 e 0^5?

5. Dentre as potências 0^{-1}, 0^0 e $\left(\frac{1}{5}\right)^0$, quais podemos calcular?

6. Dentre os números 3^{2^5} e $(3^2)^5$, qual é maior?

7. Mostre com um exemplo numérico que $(a+b)^2 \neq a^2 + b^2$.

8. Um *bit* é a menor informação armazenada em um computador. Cada *bit* pode assumir apenas dois valores, que representamos por 0 e 1 na notação binária. Um conjunto de n bits é suficiente para armazenar um número inteiro entre 0 e $2^n - 1$. Assim, um *byte*, que corresponde a 8 *bits*, é suficiente para armazenar os números inteiros de 0 a 255. Indique o maior número inteiro (não negativo) que pode ser armazenado usando-se:
   a) 16 *bits*.
   b) 32 *bits*.
   c) 64 *bits*.

9. Um *quilobyte* (kB) corresponde a 2^{10} *bytes*. Por sua vez, um *megabyte* (MB) corresponde a 2^{10} *quilobytes*. Determine o número de *bytes* contidos em 1 kB e 1 MB.

10. No Exercício 9, o prefixo *quilo-* foi usado com um sentido diferente daquele empregado, por exemplo, nos termos *quilograma* e *quilômetro*. Explique essa diferença.

11. Simplifique as expressões dadas eliminando expoentes negativos, caso existam.
    a) $2^4 \times 2^3$
    b) $-2^4 \times 2^3$
    c) $(-2)^4 \times 2^3$
    d) $2^4 \times (-2)^3$
    e) $(-2)^4 \times (-2)^3$
    f) $2^4 \times 2^{-3}$
    g) $2^{-4} \times 2^3$
    h) $(-2)^4 \times 2^{-3}$
    i) $2^4 \times (-2)^{-3}$

12. Simplifique as expressões a seguir, eliminando expoentes negativos, caso existam.
    a) $\frac{5^4}{5^6}$
    b) $\frac{5^4}{5^{-2}}$
    c) $\frac{5^{-3}}{5^{-7}}$
    d) $\left(\frac{2}{6}\right)^3$
    e) $\left(\frac{1}{8}\right)^{-2}$
    f) $\left(-\frac{1}{5}\right)^2$
    g) $\left(-\frac{1}{4}\right)^3$
    h) $\frac{3^2}{11^0}$
    i) $\frac{3^0}{11^2}$
    j) $\frac{3^{-3}}{4^{-2}}$
    k) $\frac{3^{-3}}{4^2}$
    l) $\frac{3^3}{4^{-2}}$
    m) $\left(\frac{2}{5}\right)^0 5^{-2}$
    n) $\left(\frac{5}{3}\right)^3 \left(\frac{2}{3}\right)^2$
    o) $\left(\frac{2}{5}\right)^3 (-5)^4$
    p) $\left(\frac{5}{3}\right)^3 \left(\frac{2}{3}\right)^{-2}$
    q) $\left(\frac{3}{4}\right)^2 \left(\frac{3}{2}\right)^{-3}$
    r) $2^{-1} + 4^{-1}$
    s) $4^{51} + 4^{50}$
    t) $3^{101} - 2\cdot 3^{100}$

13. Simplifique as expressões a seguir, eliminando expoentes negativos, caso existam. Sempre que necessário, suponha que o denominador é não nulo.

a) $x^2 x^5$
b) $x^2 x^{-5}$
c) $x^{-2} x^{-5}$
d) $y^3 y^{-7} y^6$
e) $v^5 v^{-2} v^{-4}$
f) $2^x 2^{-y}$
g) $2^x 2^{-x}$
h) $\frac{x^5}{x^2}$
i) $\frac{x^5}{x^{-2}}$
j) $\frac{x^{-5}}{x^2}$
k) $\frac{x^{-5}}{x^{-2}}$
l) $\frac{y^6}{y}$
m) $\frac{y^3}{y^7}$
n) $\frac{w^4 w^6}{w^{10}}$
o) $\frac{w^5 w^{-3}}{w^7}$
p) $\frac{z^3 z^0}{z^2}$
q) $\frac{x^6 x^2}{x^3 x^7}$
r) $\frac{x^6 x^{-2}}{x^{-3} x^7}$
s) $\frac{x^2 - x^3}{x}$
t) $\frac{x^2 + x^4}{3x^3}$

14. Simplifique as expressões dadas, eliminando expoentes negativos, caso existam. Sempre que necessário, suponha que o denominador é não nulo.

a) $(3^2)^5$
b) $(3^{-2})^5$
c) $(3^2)^{-5}$
d) $(-3^2)^5$
e) $(-3^2)^{-5}$
f) $[(-3)^2]^5$
g) $(x^3)^4$
h) $(x^6)^{-2}$
i) $\frac{9^2}{3^4}$
j) $\frac{(2x)^2}{x^4}$
k) $\left(\frac{1}{5^2}\right)^3$
l) $\left(\frac{1}{5^2}\right)^{-3}$
m) $\left(\frac{2x}{4}\right)^3$
n) $\left(\frac{3}{9x}\right)^2$
o) $\left(\frac{x^3}{5}\right)^2$

15. Simplifique as expressões dadas, eliminando expoentes negativos, caso existam. Sempre que necessário, suponha que o denominador é não nulo.

a) $(x^2 y^6)(6yx^3)$
b) $(x^4 y^7)(y^{-3} x^{-2})$
c) $(x^6 y^{-2} z^3)(y^4 z^3 x^{-4})$
d) $\frac{3x^3 y^5}{x^6 y^4}$
e) $\frac{4x^2 y^{-4}}{2x^{-5} y}$
f) $\left(\frac{x^2}{y}\right)\left(\frac{1}{2x^5}\right)$
g) $\frac{2x^2 y^5}{x^4 y^3} - \frac{y^2}{x^2}$
h) $\frac{3u^3 v^3}{v^5 u^2} + \frac{u^2}{v^2}$
i) $\left(\frac{2xyz^2}{3x^2 y^3 z}\right)^4$
j) $\left(\frac{y^{-3}}{4}\right)^{-2}$
k) $\left(\frac{y}{3x^{-2}}\right)^{-3}$
l) $(2xy^2)^3 (5x^{-4} yz^3)$
m) $(5x^2 y^3)^{-2} (10x^3 y^5)$
n) $\left(\frac{w^3 v^2}{3x^2}\right)^3 \left(\frac{x^3 v}{w^6}\right)$
o) $\left(\frac{4st^3}{u^5}\right)^2 \left(\frac{s^4 t}{u^{-2}}\right)^{-1}$
p) $\frac{x^2 y}{3}\left(\frac{3}{y} - \frac{9y^{-1}}{2x}\right)$
q) $\frac{3x^2 y^{-2}}{x^4} - \frac{y^5 x^{-7}}{y^7}$
r) $\left(\frac{x^3 y^2}{2w^{-4}}\right)^2 \left(\frac{8x^{-2} v^4}{w^3 y^{-3}}\right)$
s) $\left(\frac{2x^4 y^{-2}}{3z}\right)^2 \left(\frac{9z^3 x^{-6}}{8y^{-4}}\right)$
t) $\frac{2x^5 y^{-3}}{4x^3} - \frac{3yx^6}{4x^4 y^4}$
u) $\left(\frac{xy}{x^{-1} y^3}\right)^2 \left(\frac{y}{x^3} - \frac{y^2}{x^4}\right)$
v) $\frac{yx^2}{x^3 y^{-1}}\left(\frac{x}{y^2} - \frac{y}{x^2}\right)$

16. Efetue as operações a seguir:

a) $2{,}34 \times 10^5 - 1{,}87 \times 10^5$
b) $7{,}61 \times 10^8 + 5{,}2 \times 10^7$
c) $4{,}325 \times 10^{12} - 2{,}5 \times 10^{10}$
d) $9{,}67 \times 10^{-5} + 8{,}3 \times 10^{-6}$
e) $1{,}8 \times 10^{12} - 6{,}8 \times 10^{14}$
f) $(6{,}4 \times 10^{10}) \times (5{,}3 \times 10^6)$
g) $(-3{,}7 \times 10^{16}) \times (7{,}4 \times 10^{-9})$

17. Efetue as operações a seguir:

a) $\dfrac{-4{,}6 \times 10^{22}}{2{,}3 \times 10^{18}}$
b) $\dfrac{5{,}1 \times 10^{-8}}{3 \times 10^6}$
c) $-\dfrac{2{,}25 \times 10^{-11}}{5 \times 10^{-14}}$

18. Um fio do cabelo de Verônica tem 46,4 μm de espessura. Sabendo que 1 μm corresponde a 10^{-6} m, forneça a espessura do fio em metros, usando a notação científica.

19. A concentração de íons de hidrogênio do sangue humano é aproximadamente igual a $3{,}5 \times 10^{-8}$ mol/L. Forneça essa concentração na notação decimal.

20. A distância média da Terra ao Sol é de cerca de 149.600.000 quilômetros. Converta esse valor para a notação científica.

21. A velocidade da luz corresponde a 300.000 km/s. Após converter esse valor para a notação científica, determine o tempo que a luz do Sol gasta para atingir a Terra. *Dica*: use o resultado do Exercício 20.

22. O volume de uma esfera é dado pela fórmula $\frac{4}{3}\pi r^3$, em que r é o raio da esfera. Quantos litros de aço são necessários para produzir 1.000.000 esferas de rolamento, cada qual com 3 mm de raio? (Lembre-se de que 1 mm = 0,1 cm e que 1 litro = 1000 cm³.)

23. Apesar de a Terra não ser perfeitamente esférica, podemos aproximá-la de uma esfera cujo raio mede, aproximadamente, 6.370 km. Usando a fórmula do Exercício 22, determine o volume aproximado do nosso planeta em notação científica.

24. Leia o conto sobre a origem do jogo de xadrez, que o escritor Malba Tahan incluiu no livro *O homem que calculava*.

1.9 Raízes

A operação oposta à potenciação é chamada **radiciação**. Como o nome sugere, radiciação é a operação por meio da qual extraímos **raízes** de números. Para entender o que significa "extrair uma raiz", vamos recorrer a um problema simples que envolve a área de um quadrado.

Problema 1. Dimensões de um pasto

Seu Jacinto pretende cercar 16 hectares (ha) da sua fazenda para servir de pasto. Supondo que a região a ser cercada tenha a forma de um quadrado, qual deverá ser o comprimento dos lados dessa região?

Solução

Cada hectare corresponde a 10.000 m², de modo que o pasto terá área igual a 16 × 10.000 = 160.000 m². A Figura 1.25 ilustra a região a ser transformada em pasto, supondo que seu lado tenha comprimento ℓ.

Sabemos que a área de um quadrado de lado ℓ é dada pela fórmula $A = \ell^2$. Assim, para determinar o comprimento do lado da região, devemos encontrar um valor positivo de ℓ tal que

$$\ell^2 = 160.000.$$

Esse valor de ℓ é chamado **raiz quadrada** de 160.000 e é representado por $\sqrt{160.000}$. Usando uma calculadora, descobrimos que

$$\sqrt{160.000} = 400,$$

de modo que o lado da região que servirá de pasto terá 400 m de comprimento.

Agora, tente o Exercício 1.

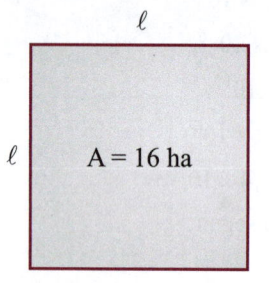

FIGURA 1.25 Um pasto quadrado com lados de comprimento ℓ.

O símbolo $\sqrt{}$ é chamado **radical**.

Raiz quadrada

A **raiz quadrada** de um número não negativo a – representada por $\sqrt{a}$ – é o número não negativo b tal que $b^2 = a$.

Em notação matemática, escrevemos

$$\sqrt{a} = b \quad \text{se} \quad b^2 = a.$$

Exemplo 1. Raízes quadradas

Atenção
Muito embora seja verdade que $(-7)^2 = 49$, não se deve escrever $\sqrt{49} = \pm 7$, pois nunca se obtém um número negativo ao extrair a raiz quadrada.

a) $\sqrt{49} = 7$, já que $7 \geq 0$ (7 é um número não negativo) e $7^2 = 49$.

b) $\sqrt{121} = 11$, já que $11 \geq 0$ e $11^2 = 121$.

c) $\sqrt{2,25} = 1,5$, pois $1,5 \geq 0$ e $1,5^2 = 2,25$.

d) $\sqrt{0,01} = 0,1$, pois $0,1 \geq 0$ e $0,1^2 = 0,01$.

e) $\sqrt{0} = 0$, pois 0 é não negativo e $0^2 = 0$.

■ Quadrados perfeitos

Dizemos que um número inteiro a é um **quadrado perfeito** quando sua raiz quadrada também é um número inteiro. A Figura 1.26 mostra alguns quadrados perfeitos bastante conhecidos.

CAPÍTULO 1 – Números reais ■ 73

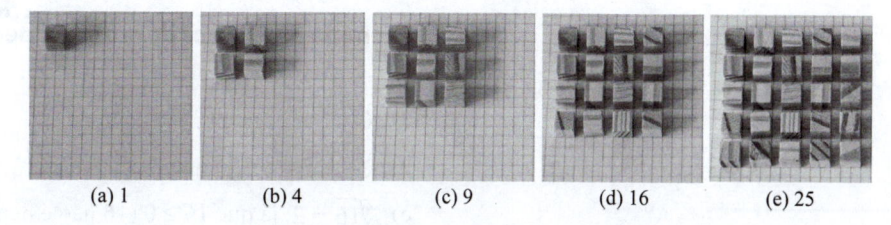

(a) 1   (b) 4   (c) 9   (d) 16   (e) 25

FIGURA 1.26 Alguns quadrados perfeitos.

Se um número é um quadrado perfeito, então é possível extrair sua raiz quadrada decompondo-o em fatores primos. Veja um exemplo:

Exemplo 2. Raiz quadrada de 3.600

Vamos tentar extrair a raiz quadrada de 3.600. Para tanto, comecemos fatorando esse número:

3.600	2
1.800	2
900	2
450	2
225	3
75	3
25	5
5	5
1	

Agora, vamos tentar agrupar os fatores iguais em pares:

$3600 = 2 \times 2 \times 2 \times 2 \times 3 \times 3 \times 5 \times 5$ Fatoração de 3.600.

$ = 2^2 \, 2^2 \, 3^2 \, 5^2$ Agrupamento dos fatores iguais em pares.

$ = (2 \times 2 \times 3 \times 5)^2$ Aplicação da propriedade 4 das potências.

$ = 60^2$ Cálculo do produto entre parênteses.

Assim, concluímos que $3.600 = 60^2$, de modo que a raiz quadrada de 3.600 é 60.

Uma estratégia para se obter a raiz quadrada de números que não são quadrados perfeitos é apresentada no Exercício 17. Entretanto, não é indispensável aprender como extrair raízes de números reais quaisquer, já que uma calculadora simples é capaz de efetuar essa operação.

■ Raiz enésima

Podemos generalizar a ideia da raiz quadrada para uma raiz de ordem n de um número real a. Essa raiz é dita $n^{\text{ésima}}$ (ou, simplesmente, enésima).

Você sabia?
A raiz de ordem 3 é chamada **raiz cúbica**. Para exponentes maiores, usamos raiz quarta, quinta, sexta etc.

Raiz enésima
Dado um número natural n, a **raiz enésima** de um número a – representada por $\sqrt[n]{a}$ – é o número b tal que $b^n = a$.

Em notação matemática, escrevemos:

$$\sqrt[n]{a} = b \quad \text{se} \quad b^n = a.$$

Se n for par, a e b devem ser não negativos.

Exemplo 3. Raízes de ordem superior

a) $\sqrt[3]{125} = 5$, já que $5^3 = 125$.

b) $\sqrt[3]{-125} = -5$, já que $(-5)^3 = 125$.

c) $\sqrt[4]{16} = 2$, já que $16 \geq 0$ (16 não é negativo) e $2^4 = 16$.

d) $\sqrt[1.000]{1} = 1$, pois $1^n = 1$ para todo n.

e) $\sqrt[4]{-16}$ não está definida, pois $-16 < 0$. Observe que não há número real a tal que a^4 seja negativo. De fato, como $a^4 = (a^2)^2$ e $a^2 \geq 0$, a^4 não pode ser negativo.

Usando o raciocínio do item (e), mostre que $\sqrt[n]{a}$ não está definida quando n é par e a é negativo.

Exemplo 4. Cubos perfeitos

Um número inteiro a é um **cubo perfeito** se sua raiz cúbica, $\sqrt[3]{a}$, também é um número inteiro. Nesse caso, também podemos usar a fatoração para encontrar essa raiz cúbica. Como exemplo, vamos tentar calcular

$$\sqrt[3]{3.375}.$$

Fatorando 3.375, obtemos:

3.375	3
1.125	3
375	3
125	5
25	5
5	5
1	

Logo,

$$3375 = 3 \times 3 \times 3 \times 5 \times 5 \times 5 = 3^3 5^3 = (3 \times 5)^3 = 15^3,$$

de modo que

$$\sqrt[3]{3375} = 15.$$

Um cubo formado por 3.375 blocos, dispostos em 15 camadas, cada qual com 15×15 blocos, é mostrado na Figura 1.27.

Agora, tente o Exercício 5.

Ainda que os quadrados e os cubos perfeitos sejam raros, a fatoração de números inteiros é muito útil para a simplificação de expressões que envolvem raízes, como veremos a seguir.

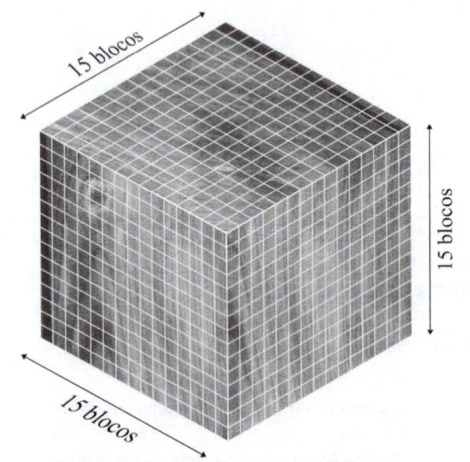

FIGURA 1.27 Um cubo formado por 3.375 blocos.

■ Propriedades das raízes

Sendo a radiciação a operação inversa da potenciação, as raízes possuem propriedades similares àquelas apresentadas para as potências, como mostra o quadro a seguir. A relação entre essas propriedades ficará clara na próxima subseção.

> **Propriedades das raízes**
> Suponha que a e b sejam números reais e que os denominadores sejam sempre diferentes de zero.

CAPÍTULO 1 – Números reais ■ **75**

Se você não se recorda do significado de $|a|$, consulte a página 42.

Propriedades das raízes (cont.)

Propriedade	Exemplo
1. $\sqrt[n]{ab} = \sqrt[n]{a}\sqrt[n]{b}$	$\sqrt[3]{8x} = \sqrt[3]{8}\sqrt[3]{x} = 2\sqrt[3]{x}$
2. $\sqrt[n]{\dfrac{a}{b}} = \dfrac{\sqrt[n]{a}}{\sqrt[n]{b}}$	$\sqrt{\dfrac{4}{9}} = \dfrac{\sqrt{4}}{\sqrt{9}} = \dfrac{2}{3}$
3. $\sqrt[n]{\sqrt[m]{a}} = \sqrt[nm]{a}$	$\sqrt[3]{\sqrt[5]{4000}} = \sqrt[3 \cdot 5]{4000} = \sqrt[15]{4000}$
4. $\sqrt[n]{a^n} = \begin{cases} a, & \text{se } n \text{ é ímpar;} \\ |a|, & \text{se } n \text{ é par} \end{cases}$	$\sqrt[5]{11^5} = 11$ $\sqrt[4]{(-5)^4} = |-5| = 5$

Em alguns casos, a aplicação dessas propriedades é facilitada quando se fatora os números dos quais se pretende extrair a raiz, como mostra o Exemplo 5.

Exemplo 5. Emprego das propriedades das raízes

a)

441	3
147	3
49	7
7	7
1	

$\sqrt{441} = \sqrt{3^2 \times 7^2}$ Fatoração de 441.

$\phantom{\sqrt{441}} = \sqrt{3^2} \sqrt{7^2}$ Propriedade 1.

$\phantom{\sqrt{441}} = 3 \times 7$ Propriedade 4.

$\phantom{\sqrt{441}} = 21$ Simplificação do resultado.

b)

8	2		125	5
4	2		25	5
2	2		5	5
1			1	

$\sqrt[3]{\dfrac{-8}{125}} = \dfrac{\sqrt[3]{-8}}{\sqrt[3]{125}}$ Propriedade 2.

$\phantom{\sqrt[3]{\dfrac{-8}{125}}} = \dfrac{\sqrt[3]{-2^3}}{\sqrt[3]{5^3}}$ Fatoração de 8 e 125.

$\phantom{\sqrt[3]{\dfrac{-8}{125}}} = -\dfrac{2}{5}$ Propriedade 4.

c)

27	3
9	3
3	3
1	

$\sqrt{27} = \sqrt{3^3}$ Fatoração de 27.

$\phantom{\sqrt{27}} = \sqrt{3^2 \cdot 3}$ Separação de um termo 3^2.

$\phantom{\sqrt{27}} = \sqrt{3^2}\sqrt{3}$ Propriedade 1.

$\phantom{\sqrt{27}} = 3\sqrt{3}$ Propriedade 4.

d)

75	3		12	2
25	5		6	2
5	5		3	3
1			1	

$\sqrt{75}\sqrt{12} = \sqrt{75 \times 12}$ Propriedade 1.

$\phantom{\sqrt{75}\sqrt{12}} = \sqrt{(5^2 \cdot 3) \times (2^2 \cdot 3)}$ Fatoração de 75 e 12.

$\phantom{\sqrt{75}\sqrt{12}} = \sqrt{5^2 \cdot 3^2 \cdot 2^2}$ Agrupamento das potências.

$\phantom{\sqrt{75}\sqrt{12}} = \sqrt{5^2}\sqrt{3^2}\sqrt{2^2}$ Propriedade 1.

$\phantom{\sqrt{75}\sqrt{12}} = 5 \times 3 \times 2$ Propriedade 4.

$\phantom{\sqrt{75}\sqrt{12}} = 30$ Simplificação do resultado.

e)

216	2
108	2
54	2
27	3
9	3
3	3
1	

$\sqrt[3]{216} = \sqrt[3]{2^3 \times 3^3}$ Fatoração de 216.

$= \sqrt[3]{2^3}\sqrt[3]{3^3}$ Propriedade 1.

$= 2 \times 3$ Propriedade 4.

$= 6$ Simplificação do resultado.

f)

$\dfrac{\sqrt{20}}{\sqrt{5}} = \sqrt{\dfrac{20}{5}}$ Propriedade 2.

$= \sqrt{4}$ Simplificação da expressão.

$= 2$ Cálculo da raiz.

g)

64	2
32	2
16	2
8	2
4	2
2	2
1	

$\sqrt{\sqrt[3]{64}} = \sqrt[2 \cdot 3]{64}$ Propriedade 3.

$= \sqrt[6]{2^6}$ Fatoração de 64.

$= 2$ Propriedade 4.

h)

256	2
128	2
64	2^6
1	

$\sqrt{5\sqrt[4]{256}} = \sqrt{5} \times \sqrt{\sqrt[4]{256}}$ Propriedade 1.

$= \sqrt{5}\sqrt[8]{256}$ Propriedade 3.

$= \sqrt{5}\sqrt[8]{2^8}$ Fatoração de 256.

$= \sqrt{5} \times 2$ Propriedade 4.

$= 2\sqrt{5}$ Reordenamento da expressão.

i)

$\sqrt[3]{(-7)^3} = -7$ Propriedade 4.

j)

$\sqrt[6]{(-23)^6} = |-23|$ Propriedade 4.

$= 23$ Simplificação do resultado.

k)

$\sqrt[5]{2^{-10}} = \sqrt[5]{\dfrac{1}{2^{10}}}$ Propriedade das potências.

$= \dfrac{\sqrt[5]{1}}{\sqrt[5]{2^{10}}}$ Propriedade 2.

$= \dfrac{1}{\sqrt[5]{2^{10}}}$ $\sqrt[n]{1} = 1$ sempre.

$= \dfrac{1}{\sqrt[5]{(2^2)^5}}$ Propriedade das potências.

$= \dfrac{1}{2^2}$ Propriedade 4.

$= \dfrac{1}{4}$ Simplificação do resultado.

Agora, tente os Exercícios 6 e 7.

As propriedades das raízes também são muito úteis para a simplificação de expressões algébricas, como ilustrado a seguir.

Exemplo 6. **Simplificação de expressões com raízes**

a)
$$\sqrt{w^3} = \sqrt{w^2 w} \quad \text{Separação de potência com expoente 2.}$$
$$= \sqrt{w^2}\sqrt{w} \quad \text{Propriedade 1.}$$
$$= w\sqrt{w} \quad \text{Propriedade 4.}$$

b)
$$\sqrt[3]{y^{12}} = \sqrt[3]{(y^4)^3} \quad \text{Propriedade das potências.}$$
$$= y^4 \quad \text{Propriedade 4.}$$

c)
$$\sqrt{\frac{\sqrt[3]{x^6}}{4}} = \frac{\sqrt{\sqrt[3]{x^6}}}{\sqrt{4}} \quad \text{Propriedade 2.}$$
$$= \frac{\sqrt[2\times 3]{x^6}}{\sqrt{4}} \quad \text{Propriedade 3.}$$
$$= \frac{\sqrt[6]{x^6}}{2} \quad \text{Cálculo da raiz de 4.}$$
$$= \frac{x}{2} \quad \text{Propriedade 4.}$$

d)
$$\sqrt[3]{x^5 y^6} = \sqrt[3]{x^3 x^2 (y^2)^3} \quad \text{Separação de termos com expoente 3.}$$
$$= \sqrt[3]{x^3}\sqrt[3]{x^2}\sqrt[3]{(y^2)^3} \quad \text{Propriedade 1.}$$
$$= x\sqrt[3]{x^2} y^2 \quad \text{Propriedade 4.}$$

Agora, tente o Exercício 8.

Assim como ocorre com as potências, é comum o uso incorreto das propriedades das raízes. O engano mais comum é a tentativa de separar a raiz de uma soma fazendo $\sqrt[n]{a+b} = \sqrt[n]{a} + \sqrt[n]{b}$, o que não é possível, como comprova o exemplo a seguir.

> **Atenção**
> Também é preciso tomar o cuidado de não extrair uma raiz par de um número negativo, ou seja
> $$\sqrt{-4} \neq -2.$$
> De fato, $\sqrt{-4}$ não está definida.

Errado	$\sqrt{5^2 + 4^2} = \sqrt{5^2} + \sqrt{4^2} = 5 + 4 = 9$
Correto	$\sqrt{25 + 16} = \sqrt{41}$ ($\approx 6{,}403$)

Exemplo 7. **Expressões com soma de raízes**

Observe que não se pode escrever
$\sqrt{4} + \sqrt{9} = \sqrt{13}$. ☠ Errado!

a) $\sqrt{4} + \sqrt{9} = 2 + 3 = 5.$

b) $3\sqrt{2} + 4\sqrt{2} = (3+4)\sqrt{2} = 7\sqrt{2}.$

c) $5\sqrt{7} - 2\sqrt{7} = (5-2)\sqrt{7} = 3\sqrt{7}.$

d) $\sqrt{12} - \sqrt{3} = \sqrt{4\times 3} - \sqrt{3} = \sqrt{4}\times\sqrt{3} - \sqrt{3} = 2\sqrt{3} - \sqrt{3} = (2-1)\sqrt{3} = \sqrt{3}.$

Agora, tente o Exercício 10.

Raízes como potências

Já vimos como definir potências com expoentes inteiros (positivos e negativos). Agora, vamos expandir a notação de potência para expoentes racionais. Para tanto, considere que desejamos elevar um número real $b \geq 0$ a um expoente $\frac{1}{2}$, ou seja, que queiramos calcular

$$b^{\frac{1}{2}}.$$

Para que essa expressão seja válida, ela deve satisfazer as regras das potências citadas na página 60. Assim, se tomamos $b = a^2$, com $a \geq 0$, a Propriedade 3 apresentada naquela página nos diz que

$$\left(a^2\right)^{\frac{1}{2}} = a^{2 \times \frac{1}{2}} = a^{\frac{2}{2}} = a^1 = a.$$

Observe que, nesse caso, ao elevarmos (a^2) a $\frac{1}{2}$, obtivemos o próprio número a, ou seja, o expoente $\frac{1}{2}$ *anulou* o expoente 2, exatamente como ocorre com a raiz quadrada. De fato, da Propriedade 4 das raízes, sabemos que $\sqrt{a^2} = a$. Isso sugere que, dado um número real $a \geq 0$,

$$a^{\frac{1}{2}} = \sqrt{a}.$$

Não é difícil estender esse conceito à raiz enésima, já que podemos escrever

$$(a^n)^{\frac{1}{n}} = a^{n \times \frac{1}{n}} = a^{\frac{n}{n}} = a^1 = a.$$

Desse modo, podemos definir

$$a^{\frac{1}{n}} = \sqrt[n]{a},$$

supondo que $a \geq 0$ quando n é par.

Com essa definição de expoente racional, há uma relação direta entre as demais propriedades das raízes e algumas propriedades das potências, como mostrado no quadro a seguir.

> **Atenção**
> Lembre-se de que $a^{1/n} \neq \frac{1}{a^n}$. De fato, já vimos que $\frac{1}{a^n} = a^{-n}$.

Propriedades de potências e raízes

Suponha que $a, b \in \mathbb{R}$, que os denominadores sejam sempre diferentes de zero e que os termos dentro dos radicais sejam não negativos se n for par.

Raízes

1. $\sqrt[n]{ab} = \sqrt[n]{a}\sqrt[n]{b}$
2. $\sqrt[n]{\dfrac{a}{b}} = \dfrac{\sqrt[n]{a}}{\sqrt[n]{b}}$
3. $\sqrt[n]{\sqrt[m]{a}} = \sqrt[nm]{a}$

Potências

$(ab)^{\frac{1}{n}} = a^{\frac{1}{n}} b^{\frac{1}{n}}$

$\left(\dfrac{a}{b}\right)^{\frac{1}{n}} = \dfrac{a^{\frac{1}{n}}}{b^{\frac{1}{n}}}$

$\left(a^{\frac{1}{m}}\right)^{\frac{1}{n}} = a^{\frac{1}{m} \cdot \frac{1}{n}} = a^{\frac{1}{mn}}$

Combinando a potência a^m com a raiz enésima, é possível generalizar o conceito de potência para um expoente racional qualquer.

> **Atenção**
> Note que $a^{n/m} \neq \frac{a^n}{a^m}$. Como dito na página 60, $\frac{a^n}{a^m} = a^{n-m}$.

Potência com expoente racional

$$a^{\frac{m}{n}} = \sqrt[n]{a^m} = \left(\sqrt[n]{a}\right)^m,$$

supondo que $a \geq 0$ quando n é par.

De fato, se $a \geq 0$, a potência a^n está definida (e suas propriedades são válidas) para qualquer n real, mesmo que irracional. Voltaremos a esse assunto no Capítulo 5, que trata de funções exponenciais.

Exemplo 8. Potências com expoentes racionais

a) $9^{1/2} = \sqrt{9} = 3$.

b) $0{,}25^{0,5} = 0{,}25^{1/2} = \sqrt{0{,}25} = \sqrt{\dfrac{1}{4}} = \dfrac{1}{\sqrt{4}} = \dfrac{1}{2}$.

c) $\sqrt[3]{10^6} = 10^{6/3} = 10^2 = 100$.

d) $8^{2/3} = \sqrt[3]{8^2} = \sqrt[3]{(2^3)^2} = \sqrt[3]{(2^2)^3} = 2^2 = 4$.

e) $16^{-1/2} = \dfrac{1}{16^{1/2}} = \dfrac{1}{\sqrt{16}} = \dfrac{1}{4}$.

f) $4^{3,5} = 4^{7/2} = (\sqrt{4})^7 = 2^7 = 128$.

g) $81^{1,25} = 81^{5/4} = (3^4)^{5/4} = 3^{4 \cdot \frac{5}{4}} = 3^5 = 243$.

h) $\dfrac{\sqrt[4]{9}}{\sqrt{3}} = \dfrac{\sqrt[4]{3^2}}{\sqrt{3}} = 3^{\frac{2}{4} - \frac{1}{2}} = 3^0 = 1$.

Agora, tente os Exercícios 11 e 12.

Exemplo 9. Simplificação de potências com expoentes racionais

Nos exemplos a seguir, reescrevemos algumas expressões envolvendo raízes e potências com expoentes fracionários, supondo que $x \geq 0$, $y \geq 0$ e $z \geq 0$ quando necessário, e que os denominadores são diferentes de zero.

a) $\sqrt[6]{x^4} = x^{4/6} = x^{2/3} = \sqrt[3]{x^2}$.

b) $\sqrt{\sqrt{x}} = (x^{1/2})^{1/2} = x^{\frac{1}{2} \cdot \frac{1}{2}} = x^{1/4} = \sqrt[4]{x}$.

c) $\sqrt{x} \sqrt[3]{x} = x^{1/2} \cdot x^{1/3} = x^{\frac{1}{2} + \frac{1}{3}} = x^{\frac{3+2}{6}} = x^{5/6} = \sqrt[6]{x^5}$.

d) $x^{6/5} \cdot x^{4/5} = x^{\frac{6}{5} + \frac{4}{5}} = x^{10/5} = x^2$.

e) $\dfrac{x^{1/3} \cdot x^{4/3}}{x^{2/3}} = x^{\frac{1}{3} + \frac{4}{3} - \frac{2}{3}} = x^{3/3} = x$.

f) $\left(\dfrac{4x^{2/5}}{y^{1/2}}\right) \cdot \left(\dfrac{y^2}{2x^{3/5}}\right) = \dfrac{4}{2} \cdot \dfrac{x^{2/5}}{x^{3/5}} \cdot \dfrac{y^2}{y^{1/2}} = 2 \cdot x^{\frac{2}{5} - \frac{3}{5}} \cdot y^{2 - \frac{1}{2}} =$

$= 2x^{-1/5} y^{3/2} = \dfrac{2y^{3/2}}{x^{1/5}} = \dfrac{2\sqrt{y^3}}{\sqrt[5]{x}}$.

g) $\left(\dfrac{3^{1/2}}{x^{3/2}}\right)\sqrt{\dfrac{16x}{27}} = \left(\dfrac{3^{1/2}}{x^{3/2}}\right)\sqrt{\dfrac{4^2 x}{3^3}} = \left(\dfrac{3^{1/2}}{x^{3/2}}\right)\left(\dfrac{4^{2/2} x^{1/2}}{3^{3/2}}\right)$

$= \dfrac{3^{1/2}}{3^{3/2}} \cdot 4 \cdot \dfrac{x^{1/2}}{x^{3/2}} = 3^{1/2 - 3/2} 4 x^{1/2 - 3/2} = 3^{-1} 4 x^{-1} = \dfrac{4}{3x}$.

h) $\left(\dfrac{x^{1/6}}{y^{1/3}z}\right)^2 \cdot \left(\dfrac{z^{3/2}}{x^{-5/3}}\right) = \dfrac{(x^{1/6})^2}{x^{-5/3}} \cdot \dfrac{1}{(y^{1/3})^2} \cdot \dfrac{z^{3/2}}{z^2} = x^{\frac{2}{6} - (-\frac{5}{3})} \cdot y^{-\frac{2}{3}} \cdot z^{\frac{3}{2} - 2}$

$= x^{12/6} y^{-2/3} z^{-1/2} = \dfrac{x^2}{y^{2/3} z^{1/2}} = \dfrac{x^2}{\sqrt[3]{y^2}\sqrt{z}}$.

Agora, tente os Exercícios 14 e 16.

■ Racionalização de denominadores

Terminado o cálculo de uma expressão matemática, é possível que o denominador contenha uma raiz. Nesse caso, é comum eliminar essa raiz através de um processo chamado **racionalização do denominador**.

A racionalização de uma expressão na forma $1/\sqrt{x}$ é feita multiplicando-se o numerador e o denominador pela raiz, como indicado a seguir.

Nesse exemplo, supomos que $x > 0$.

$$\frac{1}{\sqrt{x}} = \frac{1}{\sqrt{x}} \cdot 1 \qquad \text{O número 1 é o elemento neutro da multiplicação.}$$

$$= \frac{1}{\sqrt{x}} \cdot \frac{\sqrt{x}}{\sqrt{x}} \qquad \text{Conversão de 1 em uma fração conveniente.}$$

$$= \frac{\sqrt{x}}{(\sqrt{x})^2} \qquad \text{Propriedade do produto de frações.}$$

$$= \frac{\sqrt{x}}{x^{2/2}} \qquad \text{Propriedade das potências.}$$

$$= \frac{\sqrt{x}}{x} \qquad \text{Simplificação do resultado.}$$

Como a raiz quadrada de qualquer número inteiro que não seja um quadrado perfeito é irracional, o processo acima transformou a expressão $1/\sqrt{x}$ em outra equivalente, na qual o denominador certamente não contém um número irracional. Observe que esse procedimento não é indispensável, tendo um propósito puramente estético.

Problema 2. Racionalização com raiz quadrada

Racionalize

a) $\dfrac{1}{\sqrt{3}}$

b) $\dfrac{6x}{\sqrt{2x}}$

Solução

a) $\dfrac{1}{\sqrt{3}} = \dfrac{1}{\sqrt{3}} \cdot \dfrac{\sqrt{3}}{\sqrt{3}} = \dfrac{\sqrt{3}}{3}$.

Mais uma vez, supomos que $x > 0$.

b) $\dfrac{6x}{\sqrt{2x}} = \dfrac{6x}{\sqrt{2x}} \cdot \dfrac{\sqrt{2x}}{\sqrt{2x}} = \dfrac{6x\sqrt{2x}}{2x} = 3\sqrt{2x}$.

Quando o denominador contém um termo $\sqrt[n]{x^m}$, com $m < n$, e $x > 0$ se n é par, a racionalização é feita multiplicando-se o numerador e o denominador por $\sqrt[n]{x^{n-m}}$:

$$\frac{1}{\sqrt[n]{x^m}} = \frac{1}{\sqrt[n]{x^m}} \cdot 1 = \frac{1}{\sqrt[n]{x^m}} \cdot \frac{\sqrt[n]{x^{n-m}}}{\sqrt[n]{x^{n-m}}} = \frac{\sqrt[n]{x^{n-m}}}{\sqrt[n]{x^n}} = \frac{\sqrt[n]{x^{n-m}}}{x}.$$

Exemplo 10. Racionalização com raiz enésima

Racionalize

a) $\dfrac{1}{\sqrt[3]{10}}$

b) $\dfrac{5}{\sqrt[4]{x^6}}$

c) $\dfrac{1}{2\sqrt[8]{x^5}}$

CAPÍTULO 1 – Números reais   **81**

Solução

a) $\dfrac{1}{\sqrt[3]{10}} = \dfrac{1}{\sqrt[3]{10}} \times \dfrac{\sqrt[3]{10^2}}{\sqrt[3]{10^2}} = \dfrac{\sqrt[3]{10^2}}{\sqrt[3]{10^3}} = \dfrac{\sqrt[3]{10^2}}{10}.$

b) $\dfrac{5}{\sqrt[4]{x^6}} = \dfrac{5}{\sqrt[4]{x^4}\cdot\sqrt[4]{x^2}} = \dfrac{5}{x\sqrt[4]{x^2}} = \dfrac{5}{x\sqrt[4]{x^2}}\cdot\dfrac{\sqrt[4]{x^2}}{\sqrt[4]{x^2}} = \dfrac{5\sqrt[4]{x^2}}{x\sqrt[4]{x^4}} = \dfrac{5\sqrt[4]{x^2}}{x^2}.$

Aqui, também supomos que $x > 0$.

c) $\dfrac{1}{2\sqrt[8]{x^5}} = \dfrac{1}{2\sqrt[8]{x^5}}\cdot\dfrac{\sqrt[8]{x^3}}{\sqrt[8]{x^3}} = \dfrac{\sqrt[8]{x^3}}{2\sqrt[8]{x^8}} = \dfrac{\sqrt[8]{x^3}}{2x}.$

Agora, tente o Exercício 15.

Exercícios 1.9

1. João deseja destinar uma parte da sua fazenda para a criação de um pomar de maçãs. Sabendo que cada macieira exige 25 m² de terreno, que o pomar será quadrado e que serão plantadas 36 mudas de árvores, determine o comprimento do lado do pomar.

2. Quais são os dois números reais cujo quadrado vale 25? Qual deles é a raiz quadrada de 25?

3. A distância d, em quilômetros, entre uma pessoa e o horizonte é dada aproximadamente pela fórmula $d = 112{,}88\sqrt{h}$, em que h, também em quilômetros, é a altura do observador em relação ao solo. Usando uma calculadora, determine a distância do horizonte para alguém que visita o último andar do edifício Burj Khalifa, nos Emirados Árabes, que está a 621,3 m do chão.

4. Ponha em ordem crescente os números $1-\sqrt{2}$, $\sqrt{3}-2$, $\sqrt{2}-1$ e $2-\sqrt{3}$.

5. Calcule as raízes dadas sem usar calculadora. *Dica*: se necessário, fatore algum número.

   a) $\sqrt{1024}$ d) $\sqrt{\tfrac{1}{36}}$ g) $\sqrt[3]{\tfrac{1}{27}}$ j) $\sqrt[4]{81}$
   b) $\sqrt{1764}$ e) $\sqrt[3]{1000}$ h) $\sqrt[3]{-\tfrac{1}{27}}$ k) $\sqrt[5]{-1}$
   c) $\sqrt{2025}$ f) $\sqrt[3]{9261}$ i) $\sqrt[4]{0}$ l) $\sqrt[5]{-\tfrac{1}{32}}$

6. Simplifique as expressões a seguir.

   a) $\sqrt{20}$ g) $\sqrt{36^2}$ n) $\sqrt[3]{\tfrac{2^7}{2^4}}$
   b) $\sqrt{4/49}$ h) $\sqrt{(-5)^2}$ o) $\sqrt{3^4 6^{-2}}$
   c) $\sqrt{2/25}$ i) $\sqrt{5^{-2}}$ p) $\sqrt{\sqrt{2^8}}$
   j) $\sqrt[3]{9^6}$
   d) $\sqrt[3]{8/27}$ k) $\sqrt[4]{16^2}$ q) $\sqrt{\sqrt[3]{729}}$
   e) $\sqrt[3]{-216}$ l) $\sqrt[5]{3^5 2^{10}}$ r) $\sqrt{\sqrt{\sqrt{256}}}$
   f) $\sqrt[3]{-64/27}$ m) $\sqrt[5]{2^6 4^2}$

7. Simplifique as expressões a seguir.

   a) $\sqrt{2}\sqrt{18}$ h) $\dfrac{\sqrt{63}}{\sqrt{7}}$ m) $\dfrac{6\sqrt{5}\sqrt{10}}{\sqrt{2}}$
   b) $\sqrt{6}\sqrt{150}$ i) $\dfrac{\sqrt{14}}{\sqrt{2}}$ n) $\dfrac{\sqrt{6}}{\sqrt{2^3}\sqrt{3}}$
   c) $\sqrt{15}\sqrt{5}$
   d) $\sqrt{45}\sqrt{10}$ j) $\dfrac{\sqrt{18}}{\sqrt{8}}$
   e) $\sqrt[3]{4}\sqrt[3]{16}$ k) $\dfrac{\sqrt{6}}{5\sqrt{8}}$ o) $\dfrac{\sqrt{56}}{\sqrt{2}\sqrt{7}}$
   f) $\sqrt[3]{5}\sqrt[3]{100}$
   g) $\sqrt[3]{15}\sqrt[3]{9}$ l) $\dfrac{\sqrt{6}\sqrt{12}}{\sqrt{72}}$ p) $\dfrac{\sqrt[3]{16}}{\sqrt[3]{54}}$

8. Simplifique as expressões dadas. Sempre que necessário, suponha que as variáveis são positivas e que os denominadores são não nulos.

   a) $\sqrt{4x^2}$ e) $\sqrt[3]{x^3 y^6}$ h) $\dfrac{\sqrt{w^5 v^3}}{\sqrt{v^5 w^4}}$
   b) $\sqrt{4x}$
   c) $\sqrt[3]{8x^3}$ f) $\sqrt{xy^3}\sqrt{x^5 y}$ i) $\sqrt{x\sqrt[3]{y^{12}}}$
   d) $\sqrt{8/x^2}$ g) $\sqrt[4]{y^8/z^4}$ j) $\sqrt{\dfrac{\sqrt{u}}{y^8}}$

9. Mostre com um exemplo numérico em que $\sqrt{a^2+b^2} \ne a+b$.

10. Calcule as expressões a seguir.

    a) $\sqrt{3}+\sqrt{3}+\sqrt{3}$ e) $\sqrt{8}+\sqrt[3]{8}$ h) $\dfrac{3\sqrt{2}}{\sqrt{3}}-\dfrac{2\sqrt{3}}{\sqrt{2}}$
    b) $\sqrt{9}-\sqrt{5}$
    c) $5\sqrt{8}-3\sqrt{8}$ f) $\sqrt{5}(1+\sqrt{5})$ i) $\dfrac{5\sqrt{3}}{\sqrt{5}}+\dfrac{3\sqrt{5}}{\sqrt{3}}$
    d) $5\sqrt{8}-3\sqrt{2}$ g) $\dfrac{\sqrt{2}}{\sqrt{3}}+\dfrac{2\sqrt{8}}{\sqrt{3}}$ j) $\dfrac{8}{\sqrt{3}}+3\sqrt{\dfrac{16}{27}}$

11. Reescreva as expressões dadas na notação de potência simplificando-as sempre que possível.

    a) $\sqrt{3}$ c) $\sqrt[3]{2}$ e) $1/\sqrt{2^3}$
    b) $1/\sqrt{3}$ d) $\sqrt[4]{5^2}$ f) $\sqrt[3]{-2}$

12. Escreva as expressões a seguir na notação de raízes.

    a) $3^{2/5}$ d) $3^{-5/2}$ g) $4^{2/3}$
    b) $5^{2,5}$ e) $2^{-1/2}$ h) $-3^{1/2}$
    c) $(-3)^{5/3}$ f) $4^{-2/3}$ i) $2^{-1,5}$

13. Usando uma calculadora, determine o valor de cada expressão a seguir.

    a) $0{,}36^{1/2}$ b) $0{,}008^{1/3}$ c) $0{,}0081^{1/4}$

14. Simplifique as expressões dadas. Sempre que necessário, suponha que as variáveis são positivas.

a) $16^{3/2}$
b) $27^{2/3}$
c) $25^{-1/2}$
d) $16^{-5/4}$
e) $\left(\frac{125}{64}\right)^{2/3}$
f) $\left(\frac{8}{27}\right)^{-4/3}$
g) $(3^2)^{1/2}$
h) $(7^5)^{1/5}$
i) $(4x)^{1/2}$
j) $(x/4)^{1/2}$
k) $(5^{1/2})^{-3}$
l) $x^{-3}/4^{1/2}$
m) $x^{-3}/4^{-1/2}$

k) $\sqrt{x\sqrt{x}}$
l) $\frac{(w^2)^{1/3}}{\sqrt{w^3}}$
m) $\frac{5^{-1/2}(5x^{5/2})}{(5x)^{3/2}}$
n) $\left(\frac{2\sqrt{u^5 v^2}}{v\sqrt{u}}\right)\left(\frac{v^2}{2\sqrt{u}}\right)^2$
o) $\frac{3^{1/2}}{(2y^3)^2}\sqrt{\frac{64y^4}{27}}$
p) $\left(\frac{x^{7/2}}{2^{5/2}}\right)\sqrt{\frac{49x^3}{8}}$
q) $\frac{y^{1/2}\cdot(yx^{3/2})}{(yx)^{5/2}}$
r) $(2x)^{1/2}\sqrt{\frac{32}{x^7}}$
s) $\left(\frac{81x}{2}\right)^{1/2}\sqrt{\frac{8x^3}{9}}$
t) $\frac{2^{3/2}}{(3x)^{1/2}}\sqrt{\frac{27x}{32}}$

15. Racionalize os denominadores das frações. Sempre que necessário, suponha que as variáveis são positivas e os denominadores são não nulos.

a) $1/\sqrt{11}$
b) $5/\sqrt{5}$
c) $x^2/\sqrt{x}$
d) $4/\sqrt{2^3}$
e) $1/\sqrt[5]{3}$
f) $5/\sqrt[3]{5^4}$

16. Simplifique as expressões convertendo as raízes em potências. Elimine expoentes negativos, caso existam, e racionalize os denominadores. Se necessário, suponha que as variáveis são números positivos e que os denominadores são não nulos.

a) $(5^2)^3 \frac{\sqrt{5}}{5^{3/2}}$
b) $\frac{\sqrt{3^3}}{\sqrt[3]{3^4}}$
c) $\left(\frac{3}{2}\right)^{-3}\sqrt{\frac{9}{16}}$
d) $\left(\frac{5}{\sqrt{2}}\right)^{-3}\sqrt{\frac{25}{8}}$
e) $\sqrt[4]{81x^2y^8}$
f) $\sqrt[4]{16x^6y^2}$
g) $\frac{\sqrt{x^7}}{\sqrt{x^3}}$
h) $\frac{\sqrt{y^3}}{\sqrt{y^5}}$
i) $\frac{(x^3)^2}{\sqrt{x^5x^3}}$
j) $(x^{-5}y^{1/3})^{-3/5}$

17. Se sua calculadora não dispõe de uma tecla específica para a determinação de raízes quadradas, não se desespere. Existe um algoritmo muito simples (denominado *método de Newton*) para a obtenção aproximada da raiz de um número real positivo a. O algoritmo é composto dos seguintes passos:

1. defina uma estimativa inicial, x_0, para a raiz. Qualquer número maior que zero serve, de modo que você pode usar $x_0 = 1$, por exemplo.
2. de posse de uma estimativa x_k (você já tem x_0), calcule outro valor aproximado x_{k+1} usando a fórmula

$$x_{k+1} = \frac{x_k^2 + a}{2x_k}.$$

3. repita o passo 2 até que duas estimativas sucessivas, x_k e x_{k+1}, sejam muito parecidas.
Aplique esse método para calcular $\sqrt{2}$ e verifique quantas vezes você teve que repetir o passo 2.

■ Equações e inequações

2

Antes de ler o capítulo
O texto a seguir supõe que o leitor domine o conteúdo do Capítulo 1. Também exige habilidade para trabalhar com várias unidades de comprimento, massa e volume.

O propósito deste capítulo é discutir sobre como descrever um problema prático em linguagem matemática e resolvê-lo usando equações, inequações e a regra de três. Trataremos aqui dos tipos básicos de equações e inequações – lineares, quadráticas, racionais, irracionais e modulares –, deixando os casos mais complexos para os próximos capítulos.

Apesar de, em muitas seções, os métodos de resolução de equações e inequações serem apresentados detalhadamente, você deve ter claro que o processo de conversão de um texto escrito em um modelo matemático, também conhecido como **modelagem**, é o ponto mais importante do livro. Uma vez que tenha aprendido a usá-lo, você verá os problemas cotidianos com outros olhos e conseguirá enfrentá-los com maior facilidade.

2.1 Equações

Equação é uma declaração de que duas expressões são iguais. Essa **igualdade** é representada pelo símbolo de igualdade (=). Assim, se sabemos que a expressão A é igual à B, escrevemos

$$A = B.$$

São exemplos de equações:

a) $\dfrac{12y}{18} = \dfrac{2y}{3}$;   b) $|x| = \sqrt{x^2}$;   c) $3x - 2 = 10$;   d) $x^2 + 2x - 15 = 0$.

A primeira dessas equações afirma que as frações $\frac{12y}{18}$ e $\frac{2y}{3}$ são equivalentes. Já a equação (b) fornece a definição de módulo a partir da raiz quadrada. Em ambos os casos, temos equações que são sempre válidas, não dependendo do valor das variáveis que nelas aparecem. Quando isso acontece, a equação recebe o nome **identidade**.

Nesta seção, abordaremos as equações que não são identidades, ou seja, nos dedicaremos às equações que só são válidas para alguns valores reais (ou mesmo para nenhum valor), como os exemplos (c) e (d). Em equações desse tipo, o termo cujo valor é desconhecido é chamado **incógnita**, ou simplesmente **variável**. Nos exemplos (c) e (d), acima, a incógnita é representada pela letra x.

Quando escrevemos equações com incógnitas, nosso objetivo é **resolver** a equação, o que significa que queremos encontrar os valores da variável que fazem que a equação seja válida. Tais valores são chamados **raízes** ou **soluções** da equação.

Uma solução da equação do item (c) é $x = 4$. De fato, essa é a única solução do problema, já que 4 é o único valor de x para o qual a equação é válida.

Por sua vez, a equação do item (d) possui duas soluções, $x = -5$ e $x = 3$. Para comprovar, por exemplo, que -5 é uma raiz de $x^2 + 2x - 15 = 0$, devemos substituir esse valor na equação:

$x^2 + 2x - 15 = 0$ Equação original.
$(-5)^2 + 2 \cdot (-5) - 15 = 0$ Substituição de x por -5 na equação.

$$25 - 10 - 15 = 0 \quad \text{Cálculo da expressão.}$$
$$0 = 0 \quad \text{Ok! A equação foi satisfeita.}$$

■ Solução de equações

Duas equações que possuem exatamente as mesmas soluções são chamadas **equivalentes**. Assim, as equações

$$4x + 6 = 26 \quad \text{e} \quad 3x - 4 = 11$$

são equivalentes, pois $x = 5$ é a única solução para ambas.

A forma mais comumente usada para resolver uma equação consiste em escrever uma sequência de equações equivalentes até que a variável fique **isolada**, ou seja, apareça sozinha em um dos lados da igualdade. No caso do exemplo (c) apresentado, podemos escrever as seguintes equações equivalentes:

$$3x - 2 = 10 \quad \Rightarrow \quad 3x = 12 \quad \Rightarrow \quad x = \frac{12}{3} \quad \Rightarrow \quad x = 4.$$

A obtenção de equações equivalentes, como nesse exemplo, é feita com base em certas propriedades, as quais apresentamos a seguir.

Propriedades das equações

Sejam dadas as expressões A, B e C.

Propriedade	Exemplo
1. Se $A = B$, então $A + C = B + C$	Se $x - 2 = 5$, então $x - 2 + 2 = 5 + 2$
2. Se $A = B$ e $C \neq 0$, então $CA = CB$	Se $3x = 12$, então $\frac{1}{3} \cdot 3x = \frac{1}{3} \cdot 12$.
3. Se $A = B$, então $B = A$	Se $21 - 7x$, então $7x = 21$.

> O item 3 decorre diretamente da definição de igualdade, não constituindo, de fato, uma propriedade das equações. Esse item foi incluído na tabela por ser usado na resolução de problemas.

Vimos no Capítulo 1 que a subtração $A - C$ é equivalente à soma $A + (-C)$. Sendo assim, a Propriedade 1 implica que,

$$\text{se } A = B, \text{ então } A - C = B - C.$$

De forma análoga, dividir uma expressão por C corresponde a multiplicá-la por $\frac{1}{C}$. Logo, a Propriedade 2 também implica que,

> Observe que no exemplo da Propriedade 2 poderíamos ter escrito simplesmente $\frac{3x}{3} = \frac{12}{3}$.

$$\text{se } A = B \text{ e } C \neq 0, \text{ então } \frac{A}{C} = \frac{B}{C}.$$

Exemplo 1. Resolução de uma equação

Vamos resolver a equação

$$12x - 26 = 34.$$

aplicando as propriedades apresentadas até conseguirmos isolar a variável x.

Naturalmente, não há uma forma única de se obter uma equação equivalente a outra. Assim, devemos usar certa dose de bom senso para que a aplicação das propriedades gere, a cada passo, uma equação mais simples que a anterior.

> Como ficará claro no Problema 1 a seguir, em geral é conveniente transferir para o mesmo lado todos os termos que envolvem x e mover para o outro lado todos os termos que não contêm essa variável.

a) Vamos começar eliminando o termo (-26) que aparece do lado esquerdo da equação. Para tanto, aplicaremos a Propriedade 1, somando 26 aos dois lados da igualdade:

$$12x - 26 + 26 = 34 + 26$$
$$12x = 60$$

b) Agora que obtivemos uma equação mais simples, vamos aplicar a Propriedade 2, multiplicando os dois lados da igualdade por $\frac{1}{12}$ para isolar x.

$$\frac{1}{12} \cdot 12x = \frac{1}{12} \cdot 60$$

$$\frac{12}{12}x = \frac{60}{12}$$

$$x = 5$$

Aí está. Aplicando as propriedades com uma escolha conveniente de valores chegamos à solução $x = 5$.

A seguir são apresentados alguns exemplos de resolução de equações com o auxílio das propriedades enunciadas. Acompanhando com atenção esses exemplos, é possível ter uma boa ideia de como resolver equações lineares, assunto ao qual voltaremos na Seção 2.4.

Problema 1. Equações

Resolva as equações a seguir.

a) $3 - 7x = 21$

b) $42 = 9x + 36$

c) $8x - 25 = 5 + 2x$

d) $3(x + 2) = 5x - 12$

e) $\dfrac{x}{4} + 11 = \dfrac{3x}{2} + 15$

f) $\dfrac{4x - 2}{3} + \dfrac{2x - 3}{4} = \dfrac{5 - x}{6} - 2$

Solução

a)

$3 - 7x = 21$	Equação original.
$3 - 3 - 7x = 21 - 3$	Propriedade 1.
$-7x = 18$	Termo com x = termo sem x.
$\dfrac{-7x}{-7} = \dfrac{18}{-7}$	Propriedade 2.
$x = -\dfrac{18}{7}$	Solução da equação.

b)

$42 = 9x + 36$	Equação original.
$42 - 36 = 9x + 36 - 36$	Propriedade 1.
$6 = 9x$	Termo sem x = termo com x.
$\dfrac{6}{9} = \dfrac{9x}{9}$	Propriedade 2.
$\dfrac{2}{3} = x$	Equação simplificada.
$x = \dfrac{2}{3}$	Propriedade 3.

c)
$$8x - 25 = 5 + 2x \quad \text{Equação original.}$$
$$8x - 2x - 25 = 5 + 2x - 2x \quad \text{Propriedade 1.}$$
$$6x - 25 = 5 \quad \text{Variável } x \text{ só do lado esquerdo.}$$
$$6x - 25 + 25 = 5 + 25 \quad \text{Propriedade 1.}$$
$$6x = 30 \quad \text{Termo com } x = \text{termo sem } x.$$
$$\frac{6x}{6} = \frac{30}{6} \quad \text{Propriedade 2.}$$
$$x = 5 \quad \text{Solução da equação.}$$

d)
$$3(x + 2) = 5x - 12 \quad \text{Equação original.}$$
$$3x + 6 = 5x - 12 \quad \text{Propriedade distributiva.}$$
$$3x - 3x + 6 = 5x - 3x - 12 \quad \text{Propriedade 1.}$$
$$6 = 2x - 12 \quad \text{Variável } x \text{ só do lado direito.}$$
$$6 + 12 = 2x - 12 + 12 \quad \text{Propriedade 1.}$$
$$18 = 2x \quad \text{Termo sem } x = \text{termo com } x.$$
$$\frac{18}{2} = \frac{2x}{2} \quad \text{Propriedade 2.}$$
$$9 = x \quad \text{Equação simplificada.}$$
$$x = 9 \quad \text{Propriedade 3.}$$

e)
$$\frac{x}{4} + 11 = \frac{3x}{2} + 15 \quad \text{Equação original.}$$
$$\frac{x}{4} - \frac{3x}{2} + 11 = \frac{3x}{2} - \frac{3x}{2} + 15 \quad \text{Propriedade 1.}$$
$$\frac{x}{4} - \frac{3x}{2} + 11 = 15 \quad \text{Variável } x \text{ só do lado esquerdo.}$$
$$\frac{x - 6x}{4} + 11 = 15 \quad \text{Subtração de frações.}$$
$$-\frac{5x}{4} + 11 = 15 \quad \text{Equação simplificada.}$$
$$-\frac{5x}{4} + 11 - 11 = 15 - 11 \quad \text{Propriedade 1.}$$
$$-\frac{5x}{4} = 4 \quad \text{Termo com } x = \text{termo sem } x.$$
$$\left(-\frac{4}{5}\right) \cdot \left(-\frac{5x}{4}\right) = \left(-\frac{4}{5}\right) \cdot 4 \quad \text{Propriedade 2.}$$
$$x = -\frac{16}{5} \quad \text{Solução da equação.}$$

As estratégias usadas para resolver essas equações não são as únicas possíveis. Assim, o leitor não deve se preocupar se seguir outros caminhos, desde que aplique corretamente as propriedades apresentadas.

f)

$$\frac{4x-2}{3} + \frac{2x-3}{4} = \frac{5-x}{6} - 2 \quad \text{Equação original.}$$

$$12 \cdot \frac{4x-2}{3} + 12 \cdot \frac{2x-3}{4} = 12 \cdot \frac{5-x}{6} - 12 \cdot 2 \quad \text{Propriedade 2, usando o mmc dos denominadores.}$$

$$4(4x-2) + 3(2x-3) = 2(5-x) - 24 \quad \text{Equação simplificada.}$$

$$16x - 8 + 6x - 9 = 10 - 2x - 24 \quad \text{Propriedade distributiva.}$$

$$22x - 17 = -14 - 2x \quad \text{Equação simplificada.}$$

$$22x + 2x - 17 = -14 - 2x + 2x \quad \text{Propriedade 1.}$$

$$24x - 17 = -14 \quad \text{Variável } x \text{ só do lado esquerdo.}$$

$$24x - 17 + 17 = -14 + 17 \quad \text{Propriedade 1.}$$

$$24x = 3 \quad \text{Termo com } x = \text{termo sem } x.$$

$$\frac{24x}{24} = \frac{3}{24} \quad \text{Propriedade 2.}$$

$$x = \frac{1}{8} \quad \text{Solução da equação.}$$

Agora, tente o Exercício 7.

Ao terminar de resolver uma equação, é conveniente conferir se o valor encontrado é realmente uma solução, ou seja, se não ocorreu um erro de conta. Para o problema (d), por exemplo, calculamos:

$$3(x+2) = 5x - 12 \implies 3(9+2) = 5 \cdot 9 - 12 \implies 33 = 33 \quad \text{Verdadeiro!}$$

Apesar de não adotarmos essa prática no livro, recomendamos enfaticamente que você confira sempre seus resultados.

■ Formas abreviadas de aplicação das propriedades das equações

Frequentemente, os professores dos Ensinos Fundamental e Médio apresentam de forma simplificada as propriedades dadas, com o objetivo de facilitar o trabalho do aluno. Apesar de tais simplificações serem bem-vindas, é preciso aplicá-las com cuidado, tendo sempre em mente a que propriedade se referem, para evitar erros na resolução de equações. Vamos revisar então essas formas abreviadas de obtenção de equações equivalentes.

1. Passagem de um termo que está sendo somado.
   Quando é preciso eliminar um termo que aparece somado ou subtraído de um dos lados de uma equação, é comum "passar o termo para o outro lado com o sinal trocado", como a seguir:

$$3x + 20 = 65$$

$$3x = 65 - 20$$

$$3x = 45$$

Essa regra corresponde à primeira propriedade, segundo a qual podemos somar ou subtrair o mesmo valor dos dois lados da equação:

$$3x + 20 = 65$$
$$3x + 20 - 20 = 65 - 20$$
$$3x = 45$$

Nesse caso, os cuidados a serem tomados incluem, por exemplo, não passar um termo envolvido em um produto, como nos exemplos a seguir:

Errado

$$5x = 15$$
$$x = 15 - 5$$
$$x = 10$$

Certo

$$5x = 15$$
$$\frac{5x}{5} = \frac{15}{5}$$
$$x = 3$$

Errado

$$2(x - 4) = 6$$
$$2x = 6 + 4$$
$$2x = 10$$
$$x = \frac{10}{2}$$

Certo

$$2(x - 4) = 6$$
$$2x - 8 = 6$$
$$2x = 6 + 8$$
$$x = \frac{14}{2}$$

2. Passagem de um termo que está sendo multiplicado.

   Quando é preciso eliminar um termo que aparece em um produto, costuma-se "passar o termo para o outro lado, no denominador". Da mesma forma, quando se quer eliminar um termo do denominador, é costume "passá-lo para o outro lado, no numerador". Veja os exemplos a seguir:

$$8x = 32$$
$$x = 32/8$$
$$x = 4$$

$$x/10 = 9$$
$$x = 9 \cdot 10$$
$$x = 90$$

Essas regras correspondem à segunda propriedade, segundo a qual podemos multiplicar ou dividir os dois lados da equação pelo mesmo valor:

$$8x = 32$$
$$\frac{8x}{8} = \frac{32}{8}$$
$$x = 4$$

$$\frac{x}{10} = 9$$
$$10 \cdot \frac{x}{10} = 10 \cdot 9$$
$$x = 90$$

Um dos erros mais comuns na aplicação dessa regra é a passagem de um termo que está multiplicando apenas uma parte da expressão:

	Errado				Certo				
$2x + 14 = 36$				$2x + 14 = 36$					
$x + 14 = 36/2$				$2x + 14 - 14 = 36 - 14$					
$x + 14 = 18$				$2x = 22$					
$x = 18 - 14$				$\dfrac{2x}{2} = \dfrac{22}{2}$					
$x = 4$				$x = 11$					

Outro erro frequente é a passagem de um termo com o sinal trocado:

Errado

$7x = -42$
$x = -42/(-7)$
$x = 6$

Certo

$7x = -42$
$\dfrac{7x}{7} = \dfrac{-42}{7}$
$x = -6$

Exercícios 2.1

1. Verifique se $\dfrac{3}{5}$ é uma raiz da equação $\dfrac{5x}{2} + \dfrac{5x}{6} = 2$.

2. Verifique se 5 é uma solução de $4x - 11 = 2(x-3) + 5$.

3. Verifique se 4 é uma solução de $3(x-2) + 5(2x+1) = 7(3-x)$.

4. Verifique se 3 e 2 são soluções da equação $x^2 - 7x + 12 = 0$.

5. Verifique se -4 e $\dfrac{2}{3}$ são raízes da equação $3x^2 + 10x - 8 = 0$.

6. Resolva as equações a seguir.
   a) $x - 35 = 155$
   b) $y + 22 = 42$
   c) $y + 42 = 22$
   d) $2x - 3 = 25$
   e) $-3x + 2 = -7$
   f) $\dfrac{3x}{5} = -\dfrac{4}{9}$
   g) $x - \dfrac{2}{3} = \dfrac{1}{6}$
   h) $\dfrac{a}{2} - 5 = 2$
   i) $\dfrac{a-5}{2} = 2$
   j) $3(x-4) + 8 = 5$
   k) $11 = 36 - 5(1-x)$
   l) $-23 = 7 - 6(x-10)$

7. Resolva as equações a seguir.
   a) $x + 12 = 2x - 5$
   b) $3y + 4 = -9y + 14$
   c) $2(x-3) = 4(2x+1)$
   d) $x - x/6 = -3$
   e) $3,5x + 2 = 2,9x - 1$
   f) $2(x-5) + 5x = 2 + 3(4-3x)$
   g) $3 - 3(x-2) = 2x - (x-4)$
   h) $5(z+1) - 2(3z+1) = 4(5-z)$
   i) $2(y-4) = 2 - 3(y-5) + 10(1-3y)$
   j) $\dfrac{4a-2}{3} = \dfrac{5(a+3)}{2}$
   k) $\dfrac{3x}{2} + 2 = 3x - 2$
   l) $\dfrac{8x}{3} - 5 = \dfrac{5x}{2} - 7$
   m) $\dfrac{2x-3}{4} + \dfrac{x-1}{2} = \dfrac{5-x}{2}$
   n) $\dfrac{x+2}{3} - \dfrac{4-5x}{2} = \dfrac{3x-5}{4} + \dfrac{1}{3}$
   o) $\dfrac{4x-5}{3} - \dfrac{7-3x}{2} = \dfrac{5-x}{6} + 3$

8. Transforme os problemas em equações e as resolva.
   a) Qual é o número que, somado a $\dfrac{3}{4}$, resulta em $\dfrac{1}{2}$?
   b) Por quanto devemos multiplicar $\dfrac{2}{3}$ para obter $\dfrac{5}{4}$?
   c) Dividindo um número por 2 e somando o resultado a 5, obtemos 8. Que número é esse?
   d) Somando o dobro de um número ao seu triplo, obtemos 125. Que número é esse?
   e) Qual é o número que somado à sua quarta parte fornece 15?
   f) Somando a metade de um número à terça parte desse mesmo número, obtemos 30. Qual é esse número?

2.2 Proporções e a regra de três

Pretendendo comprar 2 kg de contrafilé, Lídice entrou no açougue Boi Bom e descobriu que 1 kg da peça custava R$ 13,50. Nesse caso, quanto Lídice pagou pelos 2 kg?

A resposta para essa pergunta é simples: se 1 kg custava R$ 13,50, então 2 kg custaram o dobro, isto é, $2 \times 13,50 = R\$ 27,00$. Efetuamos cálculos desse tipo tão corriqueiramente que nem nos damos conta de que eles envolvem um conceito matemático muito importante e útil: a **proporcionalidade**.

Observando a Tabela 2.1, é possível perceber que a razão entre o preço e o peso do contrafilé é constante, ou seja,

$$\frac{R\$\ 13,50}{1\ kg} = \frac{R\$\ 27,00}{2\ kg} = \frac{R\$\ 40,50}{3\ kg} = \frac{R\$\ 54,00}{4\ kg} = \frac{R\$\ 67,50}{5\ kg}.$$

Quando duas razões, escritas de forma diferente, são iguais, ou seja, correspondem ao mesmo número real, dizemos que são **proporcionais**. Assim, as razões $\frac{27}{2}$ e $\frac{67,5}{5}$ são proporcionais.

TABELA 2.1 Preço do contrafilé.

Peso (kg)	Preço (R$)
1	13,50
2	27,00
3	40,50
4	54,00
5	67,50

> **Proporção**
>
> Definimos **proporção** como a igualdade entre duas razões. Em notação matemática, essa igualdade é representada pela equação
>
> $$\frac{a}{b} = \frac{a'}{b'}.$$
>
> Nesse caso, dizemos que *a está para b, assim como a' está para b'*. A razão constante $k = \frac{a}{b}$ é chamada **constante de proporcionalidade**.

Note que, seguindo estritamente a nomenclatura sugerida na Seção 1.6, deveríamos dizer que, nesse exemplo, a constante de proporcionalidade é uma *taxa*, e não uma *razão*.

No exemplo do açougue, podemos dizer, por exemplo, que *R$ 27,00 estão para 2 kg, assim como R$ 67,50 estão para 5 kg de contrafilé*. A constante de proporcionalidade, nesse caso, corresponde ao custo por quilo de contrafilé, ou seja, $k = R\$\ 13,5/kg$.

■ Grandezas diretamente proporcionais

Analisando o valor que o açougue Boi Bom cobra pelo contrafilé, constatamos que:

a) ao aumentarmos o peso, o preço também aumenta;

b) a razão $\frac{\text{preço}}{\text{peso}}$ é constante e igual a 13,5.

Nesse caso, dizemos que o preço cobrado pelo contrafilé é diretamente proporcional ao peso vendido. O quadro a seguir generaliza essa ideia.

> **Grandezas diretamente proporcionais**
>
> Dizemos que duas grandezas são **diretamente proporcionais** quando:
>
> a) ao aumentarmos uma, a outra também aumenta;
>
> b) a razão entre as duas é constante, ou seja, dadas as medidas $a, a', a'', a''', \ldots$ da primeira grandeza e as medidas $b, b', b'', b''', \ldots$ da segunda grandeza, temos:
>
> $$\frac{a}{b} = \frac{a'}{b'} = \frac{a''}{b''} = \frac{a'''}{b'''} = \ldots$$

Vejamos outros exemplos de grandezas diretamente proporcionais.

Exemplo 1. Viagem a uma velocidade constante

Se um carro viaja à velocidade constante de 90 km/h, então a distância que ele percorre é diretamente proporcional ao tempo gasto, como mostrado na Tabela 2.2. Observe que:

a) a distância aumenta à medida que o tempo de viagem aumenta;

b) a razão $\dfrac{\text{distância}}{\text{tempo}}$ é constante, isto é,

$$\frac{90 \text{ km}}{1 \text{ h}} = \frac{135 \text{ km}}{1,5 \text{ h}} = \frac{180 \text{ km}}{2 \text{ h}} = \frac{225 \text{ km}}{2,5 \text{ h}} = \frac{270 \text{ km}}{3 \text{ h}}.$$

Nesse caso, a constante de proporcionalidade é a própria velocidade do carro, ou seja, $k = 90$ km/h.

TABELA 2.2 Tempo e distância em uma viagem a 90 km/h.

Tempo (h)	Distância (km)
1,0	90
1,5	135
2,0	180
2,5	225
3,0	270

Exemplo 2. Densidade do óleo de soja

A Tabela 2.3 fornece a massa aproximada (em quilogramas) de diversos volumes de óleo de soja (em litros), à temperatura de 25 °C.

Calculando a razão $\dfrac{\text{massa}}{\text{volume}}$ para cada um dos volumes apresentados na tabela, obtemos:

$$\frac{0,184 \text{ kg}}{0,2 \; \ell} = \frac{0,328 \text{ kg}}{0,4 \; \ell} = \frac{0,552 \text{ kg}}{0,6 \; \ell} = \frac{0,736 \text{ kg}}{0,8 \; \ell} = \frac{0,920 \text{ kg}}{1,0 \; \ell} = 0,920 \text{ kg}/\ell.$$

Como essa razão é constante e o peso aumenta com o volume, podemos dizer que as duas grandezas são diretamente proporcionais. De fato, a razão entre massa e volume é tão usada em diversas áreas da Ciência, que damos a ela o nome especial de **densidade**. Assim, a densidade do óleo de soja é igual a 0,920 kg/ℓ.

TABELA 2.3 Volume e massa do óleo de soja.

Volume (ℓ)	Massa (kg)
0,2	0,184
0,4	0,328
0,6	0,552
0,8	0,736
1,0	0,920

■ Grandezas inversamente proporcionais

Em vários problemas práticos, apesar de haver relação entre duas grandezas, o aumento de uma provoca a redução da outra. Nesse caso, dizemos que as grandezas são **inversamente proporcionais**, como ocorre no exemplo a seguir.

Exemplo 3. Construção de uma cerca

O tempo gasto para cercar o pasto da fazenda de Geraldo depende do número de pessoas envolvidas na construção da cerca. A Tabela 2.4 fornece a relação entre o número de trabalhadores e o tempo gasto, segundo o levantamento feito por Geraldo.

Nesse caso, constatamos que:

a) o tempo necessário à construção da cerca diminui à medida que o número de trabalhadores aumenta;

b) dividindo o tempo gasto pelo inverso do número de trabalhadores, obtemos um valor constante:

$$\frac{36}{\frac{1}{1}} = \frac{18}{\frac{1}{2}} = \frac{12}{\frac{1}{3}} = \frac{9}{\frac{1}{4}} = \frac{6}{\frac{1}{6}} = 36.$$

TABELA 2.4 Tempo de construção em relação ao número de trabalhadores.

Pessoas	Tempo (dias)
1	36
2	18
3	12
4	9
6	6

O quadro a seguir resume a ideia.

Lembre-se de que, conforme vimos na Seção 1.3,
$$\frac{a}{\frac{1}{b}} = a \cdot \frac{b}{1} = a \cdot b.$$

> **Grandezas inversamente proporcionais**
>
> Dizemos que duas grandezas são **inversamente proporcionais** quando:
>
> a) ao aumentarmos uma, a outra diminui;
>
> b) a razão entre uma e o inverso da outra é constante, ou seja, dadas as medidas $a, a', a'', a''', \ldots$ da primeira grandeza e as medidas $b, b', b'', b''', \ldots$ da segunda grandeza, temos:
>
> $$\frac{a}{\frac{1}{b}} = \frac{a'}{\frac{1}{b'}} = \frac{a''}{\frac{1}{b''}} = \frac{a'''}{\frac{1}{b'''}} = \cdots.$$
>
> A condição (b) pode ser reescrita de forma bem mais simples, como:
>
> $$a \cdot b = a' \cdot b' = a'' \cdot b'' = a''' \cdot b'''.$$

Aplicando o último comentário do quadro dado ao exemplo da cerca de Geraldo, podemos dizer que o produto entre o tempo e o número de trabalhadores é constante, ou seja,

$$36 \cdot 1 = 18 \cdot 2 = 12 \cdot 3 = 9 \cdot 4 = 6 \cdot 6 = 36.$$

Para grandezas inversamente proporcionais, a constante de proporcionalidade é dada por $k = \frac{a}{\frac{1}{b}} = a \cdot b$. Logo, no caso de Geraldo, temos: $k = 36$ dias · pessoa.

TABELA 2.5 Volume e pressão de um gás à temperatura constante.

Volume (ℓ)	Pressão (atm)
2	3,0
3	2,0
4	1,5
5	1,2

Exemplo 4. Lei de Boyle

Vários balões de volumes diferentes foram preenchidos com a mesma massa de certo gás, mantido à temperatura constante. A Tabela 2.5 fornece a relação entre a pressão e o volume do gás.

Nesse exemplo, está claro que:

a) a pressão diminui à medida que o volume aumenta;

b) o produto do volume pela pressão é constante:

$$2 \cdot 3 = 3 \cdot 2 = 4 \cdot 1,5 = 5 \cdot 1,2 = 6.$$

Logo, a uma temperatura constante, a pressão do gás é inversamente proporcional ao volume que ele ocupa. Essa propriedade dos gases é conhecida como *lei de Boyle*, em homenagem ao cientista inglês Robert Boyle, que a observou no século XVII.

Para a massa de gás desse exemplo, a constante de proporcionalidade é $k = 6$ atm · ℓ.

■ Regra de três para grandezas diretamente proporcionais

Em muitas situações práticas, sabemos que há proporcionalidade entre as grandezas envolvidas, mas uma dessas grandezas é desconhecida. Nesse caso, para resolver o problema, recorremos a um método denominado **regra de três**.

Para ilustrar o emprego da regra de três, vamos retomar a ideia do Exemplo 1 e considerar um problema no qual um trem viaja a uma velocidade constante.

Problema 1. Tempo de viagem

Suponha que um trem, viajando a uma velocidade constante, percorra 300 km em 4 horas. Quanto tempo ele gastará em uma viagem de 720 km?

Solução

O valor a ser determinado é o tempo a ser gasto em uma viagem de 720 km. A esse valor desconhecido associamos a variável x. Além disso, analisando o enunciado, descobrimos que:

a) a velocidade do trem é constante, ou seja, o tempo gasto é diretamente proporcional à distância percorrida.

b) gastam-se 4 horas para percorrer 300 km.

Com base nesses dados, podemos montar a Tabela 2.6, que relaciona as informações fornecidas à incógnita do problema.

As setas ao lado da tabela indicam a direção na qual os valores crescem. As duas setas apontam na mesma direção (para baixo), corroborando a tese de que as grandezas (distância e tempo) são diretamente proporcionais. Assim, podemos escrever:

$$\frac{300 \text{ km}}{4 \text{ h}} = \frac{720 \text{ km}}{x \text{ h}}.$$

TABELA 2.6 Distância × tempo.

Distância (km)	Tempo (h)
300	4
720	x

Nesse exemplo, a constante de proporcionalidade é 300/4, ou 720/x, supondo que $x \neq 0$.

Para simplificar essa equação, vamos começar eliminando o termo x do denominador. Para tanto, multiplicamos os dois lados por x, obtendo:

$$x \cdot \frac{300}{4} = \frac{720}{x} \cdot x \quad \Rightarrow \quad \frac{300x}{4} = 720.$$

Em seguida, eliminamos o denominador do lado esquerdo multiplicando os dois lados da equação por 4:

$$4 \cdot \frac{300x}{4} = 720 \cdot 4 \quad \Rightarrow \quad 300x = 2.280.$$

Finalmente, para isolar x, dividimos toda a equação por 300:

$$\frac{300x}{300} = \frac{2.280}{300} \quad \Rightarrow \quad x = \frac{2.280}{300}.$$

Logo, $x = 9,6$ h, de modo que a viagem de 720 km durará 9 h + 0,6 · 60 min, ou 9h36 min.

Note que os dois primeiros passos da resolução do problema dado correspondem à multiplicação dos dois lados da equação pelos denominadores x e 4. Como esse procedimento é usado em todo problema que envolve regra de três, vale a pena investigá-lo de forma pormenorizada.

Vamos supor, então, que queiramos eliminar os denominadores de uma equação na forma

$$\frac{a}{b} = \frac{c}{d},$$

em que a, b, c e d são números reais, um dos quais a incógnita do problema. Nesse caso, se multiplicarmos os dois lados da equação por bd, obtemos:

$$bd \cdot \frac{a}{b} = \frac{c}{d} \cdot bd \quad \Rightarrow \quad \frac{b}{b} \cdot da = \frac{d}{d} \cdot cb,$$

o que nos leva à equação equivalente

$$ad = cb.$$

Essa equação pode ser obtida diretamente, multiplicando-se o numerador de cada fração pelo denominador da outra, e igualando-se os resultados. Essa técnica, conhecida como *produto cruzado*, é ilustrada a seguir.

$$\frac{a}{b} \times \frac{c}{d} \quad \Rightarrow \quad ad = cb.$$

O produto cruzado é um processo prático de simplificação de equações nas quais cada lado da igualdade é escrito como uma única fração. Doravante, usaremos essa estratégia para resolver problemas que envolvem a regra de três.

Problema 2. Alimentação de peixes

João possui vários tanques de criação de peixes. O tanque de tilápias adultas, por exemplo, tinha, no mês passado, 250 peixes, que consumiam 70 kg de ração por dia. Sabendo que, neste mês, o mesmo tanque tem 350 peixes, determine o consumo diário atual de ração para tilápias.

Solução

A incógnita desse problema, x, corresponde à quantidade de ração (em kg) gasta por dia para alimentar as tilápias adultas.

Supondo que as tilápias tenham peso parecido e, portanto, consumam quantidades semelhantes de ração, podemos considerar que a quantidade de ração gasta é diretamente proporcional ao número de peixes no tanque. Os dados do problema estão resumidos na Tabela 2.7. Com base nos dados da tabela, montamos a equação

$$\frac{250 \text{ peixes}}{70 \text{ kg}} = \frac{350 \text{ peixes}}{x \text{ kg}}.$$

TABELA 2.7 Peixes × ração.

Número de peixes	Ração (kg)
250	70
350	x

Aplicando, agora, o produto cruzado, obtemos:

$$250x = 350 \cdot 70 \quad \Rightarrow \quad 250x = 24500,$$

donde

$$x = \frac{24500}{250} = 98.$$

Logo, o consumo de ração de tilápias subiu para 98 kg por dia.

Problema 3. Compra de fio por metro

Uma loja de material elétrico vende fios por metro. Em uma visita recente à loja, Manoel pagou R$ 62,00 por 40 m de fio com 4 mm de diâmetro. Agora, ele precisa de mais 18 m do mesmo fio para efetuar outra instalação. Quanto Manoel irá desembolsar dessa vez?

Solução

Nesse problema, x representa o preço de 18 m de fio. A Tabela 2.8 reúne as informações disponíveis. Da tabela, concluímos que

$$\frac{62 \text{ reais}}{40 \text{ m}} = \frac{x \text{ reais}}{18 \text{ m}}.$$

TABELA 2.8 Comprimento × preço.

Comprimento (m)	Preço (R$)
40	62
18	x

O produto cruzado fornece

$$62 \cdot 18 = 40x.$$

Desse modo, 18 m de fio saem por

$$x = \frac{62 \cdot 18}{40} = \text{R\$ } 27{,}90.$$

CAPÍTULO 2 – Equações e inequações ■ 95

Se analisarmos o problema dado tomando especial cuidado com as unidades, veremos que

$$x = \frac{R\$ \ 62 \cdot 18 \text{ m}}{40 \text{ m}}.$$

Essa equação também pode ser escrita na seguinte forma:

$$x = \underbrace{\frac{R\$ \ 62}{40 \text{ m}}}_{\text{custo por metro}} \cdot \underbrace{18 \text{ m.}}_{\text{comprimento do fio}}$$

Logo, o custo de 18 metros de fio pode ser obtido em duas etapas:

a) Calculamos o custo por metro de fio:

$$\frac{R\$ \ 62}{40 \text{ m}} = R\$ \ 1,55/\text{m}.$$

Note que, nesse caso, também operamos com as unidades, ou seja, fazemos

$$\frac{R\$}{m} \cdot m = R\$.$$

b) Calculamos o custo de 18 metros de fio:

$$R\$ \ 1,55/\text{m} \cdot 18\text{m} = R\$ \ 27,90.$$

Esse procedimento pode ser aplicado a qualquer problema envolvendo a regra de três, como mostrado no problema a seguir.

Problema 4. Pagamento parcial de uma conta

Passei a receber o sinal de TV a cabo em minha casa no dia 19 do mês passado. Se a empresa que fornece o sinal cobra R$ 80,00 de mensalidade, começando a contagem no dia 1 de cada mês, qual deve ser o valor do meu primeiro pagamento?

Solução

Vamos supor, como é comum em situações que envolvem pagamento mensal, que um mês tenha 30 dias. Nesse caso, x é o valor a ser pago por 12 dias serviço.

Observe que o período que vai do dia 19 ao dia 30 de um mês compreende $30 - 18 = 12$ dias.

Para resolver esse problema, usaremos o método apresentado, que consiste nos seguintes passos:

1. Cálculo do custo por dia: se o sinal da televisão custa R$ 80,00 por mês, então o custo diário é igual a

$$\frac{R\$ \ 80}{30 \text{ dias}} \approx R\$ \ 2,667/\text{dia}.$$

Mais uma vez, operamos com as unidades, fazendo

$$\frac{R\$}{\text{dia}} \cdot \text{dia} = R\$.$$

2. Cálculo do custo por 12 dias:

$$x = R\$ \ 2,667/\text{dia} \cdot 12 \text{ dias} \approx R\$ \ 32,00.$$

Agora, tente resolver esse problema usando a regra de três tradicional, para comprovar que o resultado é o mesmo.

Problema 5. Embalagens de bombons

Em um supermercado, os bombons *Leukas* são vendidos em duas embalagens: um pacote com 5 e uma caixa com 12 unidades. A embalagem de 5 unidades custa R$ 12,50, enquanto a de 12 unidades é vendida por R$ 28,80. Em qual das embalagens o custo por bombom é menor?

Cada unidade do pacote com 5 bombons custa $\frac{12,50}{5}$ = R$ 2,50. Por outro lado, um bombom da caixa com 12 unidades sai por $\frac{28,80}{12}$ = R$ 2,40. Logo, a caixa é mais econômica.

Solução

Pode-se descobrir qual embalagem é a mais econômica comparando-se o custo por unidade, como foi feito em um problema semelhante, apresentado na Seção 1.6, que trata de razões e taxas.

Entretanto, vamos adotar uma estratégia alternativa para analisar o problema, recorrendo à regra de três. Assim, partindo do preço do pacote com 5 bombons, vamos calcular quanto a caixa com 12 unidades custaria se o preço fosse diretamente proporcional ao número de bombons.

Usando a regra de três tradicional

A Tabela 2.9 contém os dados relevantes à nossa análise, supondo que x seja o custo de 12 unidades.

Aplicando a regra de três, obtemos:

$$\frac{5}{12,5} = \frac{12}{x} \quad \Rightarrow \quad 5x = 12,5 \cdot 12.$$

TABELA 2.9 Bombons × custo.

Bombons (unidades)	Custo (R$)
5	12,50
12	x

Logo, se o custo por bombom fosse o mesmo do pacote com 5 unidades, a caixa com 12 bombons deveria custar

$$x = \frac{12,5 \cdot 12}{5} = R\$ \, 30,00.$$

Como custa apenas R$ 28,80, a caixa é mais econômica do que o pacote com 5 unidades.

Usando a regra de três para o cálculo do custo unitário

Agora, vamos seguir o roteiro adotado no Problema 4 e recalcular a solução a partir do custo de cada bombom. De fato, por meio dessa estratégia é fácil resolver até mesmo mentalmente o problema, bastando calcular:

a) o custo de cada bombom da embalagem de 5 unidades:

$$\frac{R\$ \, 12,50}{5} = R\$ \, 2,50;$$

Dica

Para dividir mentalmente um número por 5, você pode multiplicá-lo por 2 e dividir o resultado por 10. Assim,

$$\frac{12,5}{5} = 12,5 \cdot \frac{2}{10} = \frac{25}{10} = 2,5.$$

b) o custo de 12 bombons:

$$R\$ \, 2,50 \cdot 12 = R\$ \, 30,00.$$

Como 30 > 28,80, a embalagem com 12 bombons é proporcionalmente mais barata do que a com 5 unidades.

■ Regra de três para grandezas inversamente proporcionais

A regra de três também pode ser aplicada a problemas nos quais as grandezas são inversamente proporcionais. Nesse caso, contudo, é preciso levar em conta que a constante de proporcionalidade é definida por um produto, e não por uma razão, como veremos nos exemplos a seguir.

Problema 6. Administração da produção

Para atender às encomendas de Natal que recebeu, uma indústria com 48 operários gastaria 42 dias. Entretanto, o prazo de entrega das encomendas se encerra em 28 dias.

Se a empresa puder contratar trabalhadores avulsos, quantos devem ser chamados para que seja possível terminar essa empreitada dentro do prazo?

Solução

O tempo gasto para atender às encomendas da indústria é inversamente proporcional ao número de trabalhadores, o que significa que, quanto maior for o número de trabalhadores, menor será o tempo gasto na produção.

TABELA 2.10 Trabalhadores × tempo.

Trabalhadores	Tempo (d)
48	42
x	28

Na Tabela 2.10, essa relação inversa é indicada pelas setas que apontam em direções opostas. A variável x representa o número total de trabalhadores que participarão da produção, incluindo os avulsos.

Para determinar o número de trabalhadores avulsos que a empresa deve contratar, vamos supor que a produtividade dos novos trabalhadores seja igual à dos atuais da empresa.

Como as grandezas são inversamente proporcionais, o número de trabalhadores é proporcional ao inverso do tempo gasto na produção, de modo que a equação associada ao problema é

$$\frac{48}{\frac{1}{42}} = \frac{x}{\frac{1}{28}}$$

Lembre-se de que, quando as grandezas são inversamente proporcionais, a constante de proporcionalidade k é dada pelo produto. Assim, nesse exemplo, temos

$k = 48$ trabalhadores $\cdot$ 42 dias.

Como vimos anteriormente, essa equação também pode ser escrita na forma de produto como

$$48 \cdot 42 = 28x,$$

donde

$$x = \frac{2016}{28} = 72.$$

Assim, a empresa deve contratar $72 - 48 = 24$ trabalhadores temporários.

Problema 7. Assentamento de azulejos

Uma equipe de dois pedreiros assenta todos os azulejos de uma cozinha em 7,5h. Se a equipe contasse com cinco pessoas, quanto tempo seria gasto para assentar o mesmo número de azulejos?

Solução

Para resolver esse problema, vamos supor que todos os pedreiros sejam igualmente eficientes no assentamento de azulejos. Nesse caso, chamando de x o tempo gasto pela equipe de cinco pessoas, podemos montar a Tabela 2.11.

TABELA 2.11 Pedreiros × tempo.

Pedreiros	Tempo (h)
2	7,5
5	x

Observando que o número de pedreiros é inversamente proporcional ao tempo gasto, vamos escrever a regra de três usando o produto:

$$2 \cdot 7,5 = 5x.$$

Logo,

$$x = \frac{15}{5} = 3 \text{ horas.}$$

Será que, mesmo quando lidamos com grandezas inversamente proporcionais, é possível reescrever a regra de três usando o custo unitário? É claro que sim. Para ver como isso é feito, vamos revisitar o Problema 7, prestando muita atenção nas unidades envolvidas.

Incluindo as unidades na equação da regra de três, obtemos:

$$2 \text{ pedreiros} \cdot 7,5 \text{ horas} = 5 \text{ pedreiros} \cdot x \text{ horas.}$$

Isolando x nessa equação, descobrimos que o número de horas de trabalho, quando temos cinco pedreiros, é igual a

$$x = \frac{\overbrace{2 \text{ pedreiros} \times 7{,}5 \text{ horas}}^{\text{tempo gasto por 1 pedreiro}}}{\underbrace{5 \text{ pedreiros}}_{\text{Número de pedreiros}}}.$$

Ou seja, para descobrirmos quanto tempo cada pedreiro irá trabalhar, devemos efetuar duas etapas:

a) Calcular o tempo gasto por um pedreiro, caso estivesse trabalhando sozinho: Se dois pedreiros gastam 7,5 h cada um, então um pedreiro, sozinho, teria que fazer o trabalho de dois, gastando

$$2 \times 7{,}5 = 15 \text{ h}.$$

b) Dividir o valor encontrado pelo número de pedreiros disponíveis: se um pedreiro gastaria 15 h para efetuar o serviço, cinco pedreiros gastarão

$$\frac{15}{5} = 3 \text{ h}.$$

O passo (a) corresponde ao cálculo do "custo unitário", ou seja, da constante de proporcionalidade do problema. Nesse exemplo, essa constante corresponde a 15 h · pedreiro.

Tentemos resolver mais um problema prático usando essa ideia.

Problema 8. Água na piscina

Quando três registros iguais são abertos, uma piscina é enchida em 21 horas. Se apenas dois registros forem abertos, quanto tempo será gasto para encher a piscina?

Solução

Como os registros são iguais, podemos supor que a vazão através deles é a mesma, ou seja, que a quantidade de água que passa a cada segundo pelos registros é a mesma. Nesse caso, o tempo necessário para o enchimento da piscina é inversamente proporcional ao número de registros abertos, como indica a Tabela 2.12.

TABELA 2.12 Registros × tempo.

Registros	Tempo (horas)
3	21
2	x

Usando a regra de três tradicional

A partir da tabela, podemos escrever

$$3 \cdot 21 = 2x.$$

Desse modo,

$$x = \frac{63}{2} = 31{,}5 \text{ horas}.$$

Usando a regra de três com o cálculo do "custo unitário"

Tentemos, agora, obter a mesma solução usando a estratégia em duas etapas apresentada:

a) Tempo gasto se há um único registro aberto:
Quando três registros são abertos, a piscina é enchida em 21 h. Por outro lado, se apenas um registro estiver aberto, ele terá que fazer o trabalho dos três, gastando

$$3 \times 21 = 63 \text{ h}.$$

b) Tempo gasto quando dois registros são abertos:
Se, quando um único registro é aberto, gasta-se 63 h, então, com dois registros, a piscina pode ser enchida em

$$\frac{63}{2} = 31{,}5 \text{ h}.$$

■ Problemas complexos

Em alguns problemas práticos, é preciso fazer algumas manipulações até que a regra de três possa ser aplicada. Vejamos um exemplo cuja resolução não é imediata.

Problema 9. Empresa em sociedade

Fernando, Pedro e Celso abriram uma empresa de investimento imobiliário. O capital inicial da empresa contou com R$ 300.000,00 de Fernando, R$ 700.000,00 de Celso e R$ 900.000,00 de Pedro. Após um ano, a empresa rendeu R$ 180.500,00. Como distribuir esse lucro pelos três sócios de forma que cada um receba um valor proporcional ao que investiu?

Solução

Juntos, os três sócios investiram 300.000 + 700.000 + 900.000 = R$ 1.900.000,00 na empresa. Assim, com base nos dados do problema, podemos montar a Tabela 2.13.

TABELA 2.13 Investimento e lucro por sócio.

Sócio	Investimento (R$ mil)	Lucro (R$ mil)
Fernando	300	x
Celso	700	y
Pedro	900	z
Total	1.900	180,5

Vamos resolver o problema calculando o "lucro unitário", ou seja, o lucro (em reais) obtido para cada real investido, que vale

$$\frac{R\$\ 180,5\ mil}{R\$\ 1900\ mil} = 0,095.$$

Logo, há um lucro de 9,5 centavos para cada real aplicado na empresa, o que corresponde a um rendimento de 9,5%. Agora, podemos calcular a parcela do lucro que cabe a cada sócio, multiplicando o lucro unitário pelo valor investido:

Fernando: $0,095 \cdot 300 = R\$\ 28,5$ mil.

Celso: $0,095 \cdot 700 = R\$\ 66,5$ mil.

Pedro: $0,095 \cdot 900 = R\$\ 85,5$ mil.

Só para aumentar a nossa confiança no resultado obtido, vamos conferir se os lucros dos sócios somam R$ 180.500,00:

28,5 mil + 66,5 mil + 85,5 mil = 180,5 mil.   Ok! A resposta parece correta.

Como o lucro de cada sócio é diretamente proporcional ao valor investido, também poderíamos determinar x, y e z aplicando três vezes a regra de três, usando os valores totais do investimento e do lucro como referência.

Exercícios 2.2

1. Em uma loja de materiais de construção, o preço da pia de granito é diretamente proporcional ao comprimento da peça. Se uma pia com 1,5 m de comprimento custa R$ 330,00, quanto custará uma pia com 1,8 m?
2. Com 500 litros de leite se produz 23 kg de manteiga. Quantos quilos de manteiga será capaz de produzir uma cooperativa que possui 2.700 litros de leite?
3. As 36 mulheres de uma empresa correspondem a 45% dos funcionários. Quantos empregados possui a empresa?

4. Um copo de leite integral contém 248 mg de cálcio, o que representa 31% do valor diário de cálcio recomendado. Qual é esse valor recomendado?

5. Se um litro de água do mar contém 35 g de sal, quantos litros de água do mar são necessários para a obtenção de 1 kg de sal?

6. Se uma torneira libera 78 litros de água em 5 minutos, quanto tempo será necessário para encher uma piscina plástica de 2.300 litros?

7. Uma senhora consome duas caixas de Reumatix a cada 45 dias. Quantas caixas ela consome por ano? Em quanto tempo ela consome 12 caixas?

8. No açougue do Zé, uma peça de 1,6 kg de lagarto custa R$ 19,20. Quanto Zé cobra por uma peça de 2,1 kg da mesma carne?

9. João gastou 8min30 s para imprimir um texto de 180 páginas em sua possante impressora. Quanto tempo ele gastaria para imprimir um texto de 342 páginas?

10. Um carro percorre os 500 km que separam Campinas e Rio de Janeiro em 6h15 m. Mantendo a mesma velocidade, quanto tempo ele gastaria para ir de Campinas a Vitória, distantes 950 km uma da outra?

11. O reservatório de Cachoeirinha está enfrentando um período de estiagem. Se a população mantiver o consumo atual de 150 litros por pessoa por dia, o reservatório estará seco em 160 dias. Qual deve ser o consumo (em litros por pessoa por dia) para que a água do reservatório dure até o início do próximo período chuvoso, que começa em 200 dias?

12. Coloquei 50 litros de combustível no tanque do meu carro, gastando R$ 120,00. Quanto gastaria se colocasse apenas 35 litros do mesmo combustível?

13. Quinze operários constroem uma casa em 6 meses. Em quanto tempo 20 operários seriam capazes de construir a mesma casa?

14. Rodando a 60 km/h, um ônibus faz um percurso em 45 minutos. Em quanto tempo o ônibus faria o mesmo percurso trafegando a 80 km/h?

15. Uma embalagem de 900 g de um sabão em pó custa R$ 5,40. Quanto deve custar uma embalagem de 1,2 kg do mesmo sabão para que seja vantajoso comprá-la?

16. Um grupo de 12 marceneiros fabrica um lote de cadeiras em 10 dias. Se for preciso produzir o mesmo lote em 8 dias, quantos marceneiros deverão ser contratados (supondo que todos trabalhem no mesmo ritmo)?

17. Um operário assentou 12 m² de piso em 8 h. Mantendo esse ritmo, quanto tempo ele ainda gastará para terminar de assentar os 96 m² de piso da residência?

18. Usando um cano com vazão de 0,2 ℓ/s (litros por segundo), enchemos uma caixa-d'água em 6 h. Se a vazão fosse aumentada para 0,5 ℓ/s, quanto tempo seria gasto para encher a caixa-d'água?

19. Em um restaurante por quilo, um prato de 420 g custa R$ 5,25. Quanto custa um prato de 640 g nesse mesmo restaurante?

20. Navegando a 10 nós, uma barca atravessa uma baía em 20 minutos. Determine quanto tempo uma barca que navega a 16 nós gasta para fazer a mesma travessia.

21. Um professor corrige 50 provas em 70 minutos. Quanto tempo ele gasta para corrigir todas as 125 provas de seus alunos?

22. Em uma fazenda, 40 pessoas fazem a colheita de frutas em 8 dias. Se o número de pessoas aumentasse para 64, quanto tempo seria gasto na colheita das frutas?

23. Um fazendeiro pode transportar sua safra de grãos usando dois tipos de caminhões: um com capacidade para 16 e outro para 24 toneladas de carga. Usando os caminhões para 16 toneladas, é preciso fazer 33 viagens. Quantas viagens são necessárias quando se usa caminhões para 24 toneladas de capacidade?

24. Para produzir 120 blocos de cimento, uma fábrica consome 420 kg de material. Quantos quilogramas seriam consumidos para produzir 1.000 blocos?

25. Quando faz um churrasco em família, Abel compra 1,6 kg de carne. Hoje, Abel receberá 3 convidados, de modo que terá que fazer churrasco para 8 pessoas. Quantos quilogramas de carne ele deverá comprar?

26. Lendo 20 páginas por dia, Carla terminará um livro em 15 dias. Em quantos dias ela o terminaria se lesse 25 páginas por dia?

27. Para encher uma piscina infantil, Laís precisa transportar 104 baldes com 2,5 litros de capacidade. Se usasse um balde de 4 litros, quantas vezes ela teria que transportar água da torneira à piscina?

28. Um caixa de banco gasta, em média, 5 minutos para atender 3 pessoas. Quanto tempo ele gastará para atender os 27 clientes que estão na fila?

29. Ezequiel gastou 2 horas para pintar 16 m² de um muro com 50 m². Mantendo esse ritmo, quanto tempo ele gastará para terminar de pintar o muro?

30. Dirigindo a 60 km/h, um professor vai de casa à escola em 12 minutos. Em quanto tempo esse professor faz o mesmo percurso na hora do *rush*, trafegando a 42 km/h?

31. Em um treino para uma corrida, o piloto que ficou em primeiro lugar gastou 1min 29,6 s para percorrer uma volta em uma pista, correndo a 236,7 km/h. Determine em quanto tempo o último colocado deu uma volta na pista sabendo que ele dirigiu a uma velocidade média de 233,8 km/h.

32. Para pintar uma superfície de 25 m² de área, gastam-se 3,6 litros de tinta. Quantos litros são necessários para pintar uma parede de 40 m²?

33. Com uma equipe de 20 funcionários, uma empresa é capaz de atender uma encomenda de produtos natalinos em 48 dias. Se a empresa precisa reduzir o prazo de entrega da encomenda para 32 dias, quantos funcionários deverão compor a equipe?

34. Em um dia normal, uma colhedeira funciona por 8 h e consome 360 litros de combustível. Se for necessário

ampliar o turno de trabalho para 11 h, quanto combustível a colhedeira consumirá diariamente?

35. Um motorista viajou de Grumixama a Porangaba em 21 minutos, a uma velocidade média de 80 km/h. Na volta, o trânsito pesado fez que a velocidade média baixasse para 64 km/h. Quanto tempo durou essa viagem de volta?

36. A luz viaja no vácuo a 300 mil km/s. Sabendo que a distância entre o Sol e a Terra é de, aproximadamente, 150 milhões de quilômetros, quantos minutos um raio de luz gasta para fazer essa travessia?

37. Segundo o censo do IBGE, em 2010, o Brasil tinha 147,4 milhões de pessoas com 10 anos ou mais alfabetizadas, o que correspondia a 91% da população nessa faixa etária. Determine o número de brasileiros com 10 anos ou mais em 2010.

38. Um relógio atrasa 5 segundos por semana.
    a) Quantos minutos ele atrasa por ano?
    b) Em quantos dias o atraso atinge 1 minuto?

39. Uma câmera tira fotos com 4.896 pixels de largura por 3.672 pixels de altura. Se quero imprimir uma fotografia com 15 cm de largura, que altura essa foto terá?

40. Um carro irá participar de uma corrida em que terá que percorrer 70 voltas em uma pista com 4,4 km de extensão. Como o carro tem um rendimento médio de 1,6 km/l e seu tanque só comporta 60 litros, o piloto terá que parar para reabastecer durante a corrida.
    a) Supondo que o carro iniciará a corrida com o tanque cheio, quantas voltas completas ele poderá percorrer antes de parar para o primeiro reabastecimento?
    b) Qual é o volume total de combustível que será gasto por esse carro na corrida?

41. Um carro bicombustível é capaz de percorrer 9 km com cada litro de álcool e 12,75 km com cada litro de gasolina pura. Suponha que a distância percorrida com cada litro de combustível seja igual à soma das distâncias relativas às quantidades de álcool e gasolina.
    a) Quantos quilômetros esse carro consegue percorrer com cada litro de gasolina C que contém 80% de gasolina pura e 20% de álcool?
    b) Em determinado posto, o litro da gasolina C custa R$ 2,40 e o do álcool custa R$ 1,35. Abastecendo-se nesse posto, qual combustível proporcionará o menor custo por quilômetro rodado?
    c) Suponha que, ao chegar a um posto, o tanque do carro já contivesse 1/3 do seu volume preenchido com gasolina C e que seu proprietário tenha preenchido os 2/3 restantes com álcool. Se a capacidade do tanque é de 54 litros, quantos quilômetros o carro poderá percorrer com essa quantidade de combustível?

42. Fernanda está poupando para comprar um carro. A mãe de Fernanda decidiu ajudar, pagando 20% do valor do veículo. Entretanto, Fernanda ainda precisa juntar R$ 1.600,00, que correspondem a 8% da parcela que ela irá pagar, descontada a contribuição materna. Quanto custa o veículo?

43. Uma padaria de Campinas vendia pães por unidade, a um preço de R$ 0,20 por pãozinho de 50 g. Atualmente, a mesma padaria vende o pão por peso, cobrando R$ 4,50 por quilograma do produto.
    a) Qual foi a variação percentual do preço do pãozinho provocada pela mudança de critério de cálculo do preço?
    b) Um consumidor comprou 14 pãezinhos de 50 g, pagando pelo peso, ao preço atual. Sabendo que os pãezinhos realmente tinham o peso previsto, calcule quantos reais o cliente gastou nessa compra.

44. A figura a seguir mostra um fragmento de mapa em que se vê o trecho reto da estrada que liga as cidades de Paraguaçu e Piripiri. Os números apresentados no mapa representam as distâncias, em quilômetros, entre cada cidade e o ponto de início da estrada (que não aparece na figura). Os traços perpendiculares à estrada estão igualmente espaçados de 1 cm.

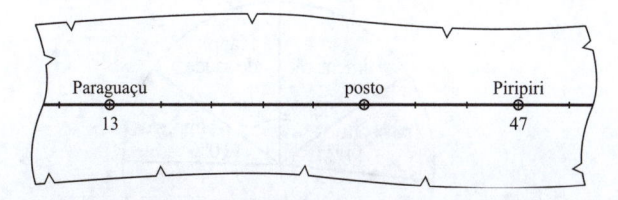

a) Para representar a escala de um mapa, usamos a notação 1: X, onde X é a distância real correspondente à distância de 1 unidade do mapa. Usando essa notação, indique a escala do mapa dado.
b) Repare que há um posto exatamente sobre um traço perpendicular à estrada. Em que quilômetro (medido a partir do ponto de início da estrada) encontra-se tal posto?
c) Imagine que você tenha que reproduzir o mapa dado usando a escala 1:500000. Se você fizer a figura em uma folha de papel, a que distância, em centímetros, desenhará as cidades de Paraguaçu e Piripiri?

45. Dois atletas largaram lado a lado em uma corrida disputada em uma pista de atletismo com 400 m de comprimento. Os dois atletas correram a velocidades constantes, porém diferentes. O atleta mais rápido completou cada volta em exatos 66 segundos. Depois de correr 17 voltas e meia, o atleta mais rápido ultrapassou o atleta mais lento pela primeira vez. Com base nesses dados, pergunta-se:
a) Quanto tempo gastou o atleta mais lento para percorrer cada volta?
b) Em quanto tempo o atleta mais rápido completou a prova, que era de 10.000 metros?
c) No momento em que o atleta mais rápido cruzou a linha de chegada, que distância o atleta mais lento havia percorrido?

46. Planos de saúde têm suas mensalidades estabelecidas por faixa etária. A tabela a seguir fornece os valores das mensalidades do plano "Geração Saúde":

Faixa etária	Mensalidade (R$)
até 15 anos	120,00
de 16 a 30 anos	180,00
de 31 a 45 anos	260,00
de 46 a 60 anos	372,00
61 anos ou mais	558,00

O gráfico em formato de pizza, a seguir, mostra o comprometimento do rendimento mensal de determinada pessoa que recebe 8 salários-mínimos por mês e aderiu ao plano de saúde "Geração Saúde". Determine a que faixa etária pertence essa pessoa, supondo que o salário-mínimo nacional valha R$ 465,00 (valor vigente em 2009).

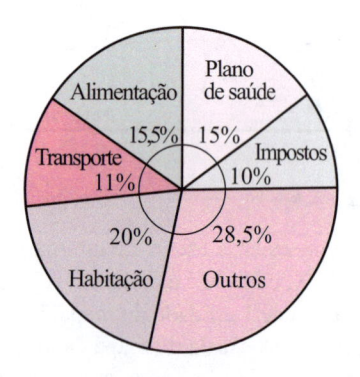

Gráfico de pizza:
- Plano de saúde: 15%
- Impostos: 10%
- Outros: 28,5%
- Habitação: 20%
- Transporte: 11%
- Alimentação: 15,5%

47. Caminhando sempre com a mesma velocidade, a partir do marco zero, em uma pista circular, um pedestre chega à marca dos 2.500 metros às 8 h e aos 4.000 metros às 8h15.
a) Quantos metros o pedestre caminha por minuto?
b) Quantos metros tem a pista se o pedestre deu duas voltas completas em 1h40?

48. Uma pessoa possui R$ 7.560,00 para comprar um terreno que custa R$ 15,00 por metro quadrado. Considerando que os custos para obter a documentação do imóvel oneram o comprador em 5% do preço do terreno, pergunta-se:
a) Qual é o custo final de cada metro quadrado do terreno?
b) Qual é a área máxima que a pessoa pode adquirir com o dinheiro que possui?

49. Supondo que a área média ocupada por uma pessoa em um comício seja de 2.500 cm², pergunta-se:
a) quantas pessoas podem se reunir em uma praça retangular que meça 150 m de comprimento por 50 m de largura?
b) se 3/56 da população de uma cidade são suficientes para lotar a praça, qual é a população da cidade?

50. A tabela a seguir fornece os valores diários de referência (VDR) de alguns nutrientes, de acordo com a Resolução RDC 360 da Agência Nacional de Vigilância Sanitária (Anvisa). Um explorador preso na Antártida possui apenas barras de cereais para se alimentar. Lendo a embalagem do produto, ele descobriu que cada barra contém 90 kcal, 24 g de carboidratos, 2,5% de VDR de proteínas e 4% de VDR de fibra alimentar. Para ingerir no mínimo os VDRs desses nutrientes, quantas barras ele deverá comer por dia?

Nutriente	VDR
Valor energético	2.000 kcal
Carboidratos	300 g
Proteínas	75 g
Fibra alimentar	25 g

51. Dois tanques, A e B, estão conectados, mas a válvula entre eles está fechada. No momento, o tanque A contém 20 litros de gás, a uma pressão de 3 atm, enquanto o tanque B está vazio. Se abrirmos a válvula, o gás se espalhará pelos dois tanques e a pressão baixará para 2 atm. Nesse caso, qual é o volume do tanque B?

52. Uma determinada cidade registrou 2.500 casos de dengue em 2008, para uma população estimada de 350.000 habitantes.
a) Calcule o coeficiente de incidência de dengue na cidade nesse período, definido como o número de casos por 10.000 habitantes.
b) Em 2008, o coeficiente de incidência de dengue hemorrágica na cidade foi de 0,17 casos por 10.000 habitantes. Determine o número de casos de dengue hemorrágica detectados naquele ano.
c) Suponha que o coeficiente de incidência de dengue (em casos por 10.000 hab.) tenha crescido 5% entre 2008 e 2010, e que, além disso, a população tenha crescido 4% no período. Determine o número de casos de dengue registrados em 2010.

53. Três agricultores formaram uma cooperativa para comprar um trator. Robson gastou R$ 40.000,00, Rodney investiu R$ 66.000,00 e Lúcio pagou os R$ 34.000,00 restantes. Pelo acordo feito entre os três, o número de dias de uso do trator deve ser proporcional ao valor gasto. Determine quantos dias por ano cada agricultor poderá usar o trator.

54. Segundo dados do Ministério do Trabalho e Emprego, no período de julho de 2000 a junho de 2001, houve 10.195.671 admissões ao mercado formal de trabalho no Brasil, e os desligamentos somaram 9.554.199. Sabendo-se que o número de empregos formais criados nesse período resultou em um acréscimo de 3% no número de pessoas formalmente empregadas em julho de 2000, qual era o número de pessoas formalmente empregadas em junho de 2001.

2.3 Regra de três composta

A regra de três que vimos até agora – chamada *regra de três simples* – é um método eficiente para solucionar problemas nos quais duas grandezas mantêm uma relação de proporcionalidade. Entretanto, há muitos problemas práticos que envolvem três ou mais grandezas, impedindo que sua solução seja obtida diretamente por meio da solução de apenas uma regra de três simples. Nesses casos, a solução costuma ser obtida pelo que chamamos de *regra de três composta*.

Embora muitos textos matemáticos apresentem métodos diretos para a solução de problemas usando a regra de três composta, é raro encontrar um estudante que, um ano após tê-la aprendido, seja capaz de recordar tal método. Por esse motivo, veremos como resolver problemas nos quais há várias grandezas relacionadas aplicando sucessivas vezes a regra de três simples. Essa estratégia, apesar de mais demorada, é bastante confiável e não exige a memorização de um novo método.

Em regra, a aplicação da regra de três composta a um problema com n grandezas é equivalente a $n-1$ aplicações da regra de três simples. Em cada um desses passos, relacionamos a grandeza associada à incógnita do problema com uma grandeza diferente, mantendo fixas as demais grandezas. Para compreender como isso é feito, acompanhe os exemplos a seguir.

Problema 1. Mais peixes

Uma piscicultora chamada Aline possui dois tanques de criação de carpas. O primeiro tanque contém 20 carpas, com cerca de 160 g cada uma. Por sua vez, as 24 carpas do segundo tanque têm apenas 125 g de peso médio.

Se somadas, as carpas do primeiro tanque consomem 80 g de ração por dia. Quantos gramas de ração Aline gasta diariamente para alimentar todas as carpas do segundo tanque? Suponha que o consumo de ração de cada peixe seja diretamente proporcional a seu peso.

Solução

A incógnita do problema, x, corresponde à quantidade de ração (em g) gasta por dia para alimentar as carpas do segundo tanque. Entretanto, não há uma maneira direta de calcular o valor dessa variável, pois o problema envolve três grandezas diferentes: o número de carpas, o peso das carpas e a quantidade de ração, como mostra a Figura 2.1.

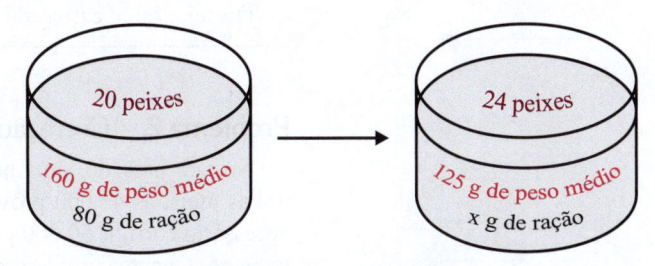

FIGURA 2.1 Dados do Problema 1.

Resolveremos o problema em duas etapas. Na primeira, vamos manter constante o número de carpas e analisar como a quantidade de ração se relaciona ao peso dos peixes. Já na segunda etapa, manteremos constante o peso dos peixes e relacionaremos a quantidade de ração ao número de carpas. O esquema que adotaremos está ilustrado na Figura 2.2.

FIGURA 2.2 Etapas de solução do Problema 1.

Etapa 1

Fixemos o número de carpas em 20 (o número de peixes do tanque cujos dados são conhecidos) e vejamos quanto é consumido de ração se as carpas têm um peso médio de 125 g.

Nesse caso, segundo o enunciado, o consumo de ração é diretamente proporcional ao peso médio dos peixes, de modo que podemos montar a Tabela 2.14. Com base nos dados dessa tabela, obtemos a seguinte equação:

$$\frac{160\,\text{g (peixe)}}{80\,\text{g (ração)}} = \frac{125\,\text{g (peixe)}}{y\,\text{g (ração)}}.$$

Aplicando, então, o produto cruzado, concluímos que

$$160y = 125 \cdot 80 \quad \Rightarrow \quad 160y = 10000 \quad \Rightarrow \quad y = \frac{10000}{160} = 62{,}5\,\text{g}.$$

Logo, 20 carpas de 125 g consomem 62,5 kg de ração por dia.

TABELA 2.14 Peso × ração.

Peso dos peixes (g)	Ração (g)
160	80
125	y

Etapa 2

Vejamos, agora, quanto consomem 24 carpas com o mesmo peso. Como é natural, vamos supor que o consumo de ração seja diretamente proporcional ao número de peixes no tanque.

Observando a Tabela 2.15, notamos que

$$\frac{20\,\text{peixes}}{62{,}5\,\text{g ração}} = \frac{24\,\text{peixes}}{x\,\text{g ração}}.$$

Dessa forma, podemos escrever

$$20x = 24 \cdot 62{,}5 \quad \Rightarrow \quad 20x = 1500 \quad \Rightarrow \quad x = \frac{1500}{20} = 75\,\text{g}.$$

Ou seja, as 24 carpas do segundo tanque consomem 75 g de ração por dia.

TABELA 2.15 Peixes × ração.

Peixes	Ração (g)
20	62,5
24	x

Problema 2. Correção de provas

No ano passado, uma banca de 16 professores de Matemática corrigiu, em 9 dias úteis, as 48.000 provas do vestibular de uma universidade. Neste ano, é necessário corrigir 50.000 provas, mas a banca só terá 8 dias úteis para efetuar o trabalho. Quantos professores devem ser contratados para essa tarefa?

Solução

Esse problema também envolve três grandezas diferentes: o número de professores, o número de provas e o número de dias para correção. O objetivo é descobrir o valor da variável x, que corresponde ao número necessário de professores para corrigir as 50.000 provas em 8 dias. A Figura 2.3, fornece todas as informações relevantes do enunciado.

CAPÍTULO 2 – Equações e inequações ■ 105

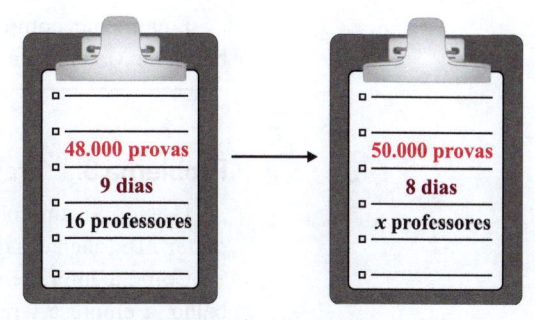

FIGURA 2.3 Dados do Problema 2.

Mais uma vez, a resolução do problema envolverá duas etapas, como mostrado na Figura 2.4. Na primeira etapa, manteremos constante o número de dias e veremos quantos professores serão necessários para corrigir as 50.000 provas. Em seguida, fixaremos o número de provas e variaremos o número de dias de correção.

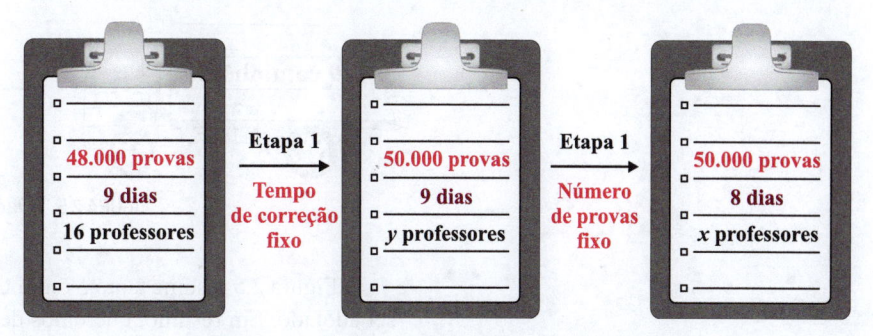

FIGURA 2.4 Etapas de solução do Problema 2.

Etapa 1

TABELA 2.16 Provas × pessoas.

Provas	Professores
48 mil	16
50 mil	y

Repare que, se fixarmos em 9 o número de dias de correção, o número de corretores será diretamente proporcional ao número de provas corrigidas, como mostra a Tabela 2.16. Assim, teremos:

$$\frac{16 \text{ professores}}{48 \text{ mil provas}} = \frac{y \text{ professores}}{50 \text{ mil provas}}.$$

Aplicando o produto cruzado a essa equação, obtemos:

$$48y = 16 \cdot 50 \quad \Rightarrow \quad 48y = 800 \quad \Rightarrow \quad y = \frac{800}{48} \approx 16,67 \text{ professores}.$$

Logo, para corrigir 50.000 provas em 9 dias, são necessários cerca de 16,67 professores. Não se preocupe com o fato de termos obtido um número fracionário de professores, pois esse valor é apenas intermediário, não correspondendo à solução do problema.

Etapa 2

TABELA 2.17 Dias × pessoas.

Dias de correção	Número de professores
9	16,67
8	x

Suponhamos, agora, que o número de provas permaneça fixo em 50.000, mas o número de dias para correção seja reduzido de 9 para 8. Nesse caso, o número de pessoas deverá aumentar, pois será preciso corrigir mais provas por dia. Observamos, então, que o número de dias e o número de professores são grandezas inversamente proporcionais, como indica a Tabela 2.17. Assim, temos:

$$9 \text{ dias} \cdot 16,67 \text{ professores} = 8 \text{ dias} \cdot \text{professores}$$

o que nos leva a

$$x = \frac{9 \cdot 16,67}{8} \approx \frac{150}{8} = 18,75 \text{ professores}.$$

Finalmente, como o número de professores deve ser inteiro, concluímos que a banca de Matemática deve ser composta de 19 pessoas.

Problema 3. Transporte de terra

Usando 9 caminhões basculantes por 10 horas, uma empresa costuma transportar 216 toneladas de terra por dia para a construção de uma enorme barragem.

Como a empreiteira que administra a obra está interessada em acelerar o trabalho, a empresa terá que passar a transportar 248 toneladas diárias. Por outro lado, em virtude de um acordo com o sindicato dos motoristas, a empresa não poderá operar os caminhões por mais de 8 horas diárias.

Quantos caminhões devem ser usados para transportar terra à barragem?

Solução

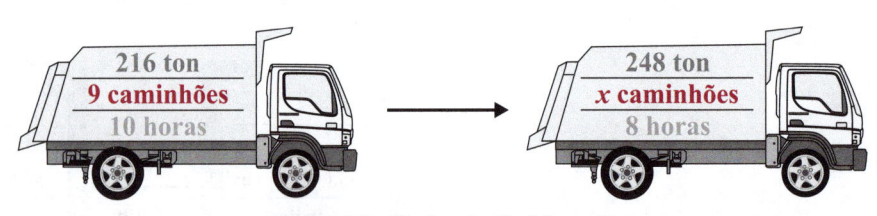

FIGURA 2.5 Dados do Problema 3.

A Figura 2.5 resume tanto o regime de trabalho atual como aquele que terá que ser adotado. Em resumo, queremos determinar o número de caminhões (x) que a empresa usará para transportar 248 toneladas de terra trabalhando 8 horas diárias.

Como há três grandezas envolvidas (horas de trabalho, número de caminhões e quantidade de terra transportada), resolveremos o problema em duas etapas. A grandeza fixada em cada etapa é mostrada na Figura 2.6.

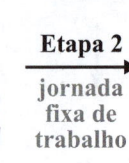

FIGURA 2.6 Etapas de solução do Problema 3.

Etapa 1

TABELA 2.18 Caminhões × jornada.

Caminhões	Jornada (h)
9	10
y	8

Na primeira etapa, fixamos em 216 toneladas a quantidade de terra a ser transportada por dia. Nesse caso, queremos saber quantos caminhões serão necessários para o transporte se a jornada de trabalho for reduzida de 10 para 8 horas diárias. Os dados relevantes dessa etapa estão na Tabela 2.18.

Como indica a tabela, o número de caminhões usados para o transporte é inversamente proporcional ao tempo diário de trabalho. Usando essa informação, escrevemos:

$$9 \text{ caminhões} \cdot 10 \text{ horas} = y \text{ caminhões} \cdot 8 \text{ horas},$$

de modo que

$$y = \frac{90}{8} = 11,25 \text{ caminhões}.$$

Assim, teríamos que usar 11,25 caminhões para transportar 216 toneladas em 8 horas diárias. Para não incorrer em erros de aproximação, vamos manter o valor fracionário do número de caminhões até o final da segunda etapa, quando teremos o valor definitivo.

Etapa 2

TABELA 2.19 Caminhões × terra.

Caminhões	Terra (ton)
11,25	216
x	248

Para terminar de resolver o problema, vamos fixar em 8 horas a jornada de trabalho diária e relacionar o número de caminhões ao peso total de terra a ser transportada.

Sabemos que a quantidade de terra é diretamente proporcional ao número de caminhões, como indicam as setas da Tabela 2.19. Assim:

$$\frac{11,25 \text{ caminhões}}{216 \text{ toneladas}} = \frac{x \text{ caminhões}}{248 \text{ toneladas}},$$

donde obtemos:

$$11,25 \cdot 248 = 216x \quad \Rightarrow \quad 216x = 2790 \quad \Rightarrow \quad y = \frac{2790}{216} \approx 12,92 \text{ caminhões}.$$

Como o número de caminhões não pode ser fracionário, concluímos que a meta diária de transporte de terra estabelecida pela empreiteira só será atingida se forem usados 13 caminhões.

Exercícios 2.3

1. Trabalhando 8 horas diárias, um operário produz 600 peças em 5 dias. Se trabalhasse 10 horas por dia, quantos dias ele gastaria para produzir 1.200 peças?

2. Em uma casa com 3 moradores, o consumo de energia com o chuveiro atinge 67,5 kWh em 30 dias. Qual será o consumo energético da casa em uma semana na qual a casa recebeu 2 parentes? Suponha que os visitantes tomem banho com duração equivalente à média da família.

3. Maristela é uma trabalhadora autônoma. Da última vez que prestou um serviço, ela trabalhou 10 horas por dia, durante 12 dias, e recebeu R$ 1.800,00. Agora, ela recebeu uma proposta para trabalhar 9 horas por dia, durante 21 dias. Quanto Maristela deve cobrar pelo serviço, se pretender receber, proporcionalmente, o mesmo que em seu último contrato?

4. Em uma fazenda de cana-de-açúcar, 140 trabalhadores são capazes de colher 2,52 km² em 18 dias. Quantos trabalhadores são necessários para efetuar a colheita de 2,75 km² em 22 dias, supondo que o rendimento médio do trabalho seja constante?

5. Em um escritório no qual havia 8 lâmpadas de 100 W, o consumo mensal de energia era de 176 kWh. Recentemente, as lâmpadas antigas foram substituídas por 14 lâmpadas econômicas, cada qual com 15 W. Qual é o consumo mensal atual do escritório?

6. Usando todas as suas 6 máquinas (que são iguais), uma indústria produz cerca de 4 milhões de garrafas PET por semana. Se uma das máquinas está parada para manutenção, quantos dias serão necessários para que a empresa produza um lote de 3,5 milhões de garrafas?

7. Uma torneira que pinga 20 gotas por minuto desperdiça 1,44 litros por dia. Se minha mãe, inadvertidamente, deixou uma torneira pingando por 5 horas, a uma taxa de 32 gotas por minuto, qual foi o desperdício de água?

8. Para digitar as notas dos 72.000 candidatos de um concurso, uma equipe de 4 pessoas gasta 3 dias. Mantendo esse ritmo de trabalho, quantos dias serão gastos por uma equipe de 5 digitadores para processar as notas de 180.000 candidatos?

9. O dono de um aviário gastava cerca de 2,1 toneladas de ração por mês. Entretanto, uma doença rara o obrigou a sacrificar 2/7 de seus animais. Supondo que a média de peso das aves sobreviventes seja 20% superior à média de peso antes da doença, qual deve ser o consumo mensal atual de ração do aviário?

10. Um caminhoneiro costuma percorrer a distância que separa as cidades de Grumixama e Acajá em 3 dias, dirigindo 8 horas por dia. Com o número de encomendas aumentando, o caminhoneiro pretende passar a trabalhar 10 horas por dia, além de aumentar a velocidade média do caminhão de 60 para 72 km/h. Nesse caso, em quantos dias ele passará a fazer a mesma viagem entre Grumixama e Acajá?

2.4 Equações lineares

Todas as equações que vimos até o momento foram, em algum passo de sua resolução, convertidas à forma $ax = b$. Equações assim são chamadas **lineares**.

> **Equação linear**
>
> Uma equação é dita **linear** ou **de primeiro grau** se é equivalente a
>
> $$ax = b,$$
>
> em que a e b são constantes reais, com $a \neq 0$.

Às vezes, a equação linear aparece de outras formas, exigindo algum trabalho para sua conversão à forma $ax = b$, como ocorre nos exemplos a seguir:

$$1 - 3x = 0 \quad \Rightarrow \quad 3x = 1$$

$$6 = \frac{x+4}{2} \quad \Rightarrow \quad \frac{x}{2} = 4$$

$$3(x-5) = 2(4-6x) \quad \Rightarrow \quad 15x = 23$$

As equações lineares sempre têm uma, e apenas uma solução. Quando a equação está na forma $ax = b$, essa solução é $x = b/a$.

Algumas equações lineares contêm termos constantes, porém desconhecidos, como em

$$x(a+2) = c - 1.$$

Em casos assim, a equação é dita **literal**, pois sua solução envolve letras. Para esse exemplo, a solução é

$$x = \frac{c-1}{a+2},$$

desde que $a \neq -2$.

■ Resolução de problemas

Além de ser útil para a fixação de conceitos matemáticos e de permitir a aplicação desses conceitos a situações de nosso cotidiano, a resolução de problemas desperta o pensamento crítico e a engenhosidade e nos proporciona alguma dose de organização e uma boa capacidade de abstração.

Infelizmente, não há uma receita única e simples para a solução de problemas, de modo que é preciso analisar cada caso em particular. Entretanto, é possível definir algumas linhas mestras as quais se pode seguir. Fazer desenhos, construir tabelas, testar várias alternativas, detectar as ferramentas matemáticas necessárias, não ignorar dados do enunciado, atentar para as unidades e conferir se os resultados fazem sentido são exemplos de passos necessários à obtenção das respostas.

Em 1945, o matemático George Pólya publicou um livro que ainda é uma referência na resolução de problemas matemáticos. Em seu livro, Pólya propôs um roteiro que, embora não seja o mais adequado em todos os casos, serve de guia para a organização do processo de solução de problemas. Uma versão adaptada desse roteiro é dada no quadro a seguir.

Pólya, George. *How to solve it*. Princeton: Princeton University, 1945.

Passos da resolução de problemas

1. **Compreenda o problema.**
   - Leia o texto cuidadosamente, verificando se você entendeu todas as informações nele contidas.
   - Identifique as incógnitas.
   - Anote os dados relevantes e as condições nas quais eles se aplicam.
   - Confira se os dados são suficientes para a resolução do problema e se não são contraditórios.
   - Escolha uma notação apropriada.
   - Faça um desenho ou monte uma tabela que ilustre o problema.
   - Eventualmente, escreva o problema de outra forma a torná-lo mais claro.

2. **Defina uma estratégia para a solução do problema.**
   - Encontre as relações entre os dados e as incógnitas, usando como base problemas parecidos que você já tenha resolvido.
   - Identifique as ferramentas matemáticas necessárias para a solução.
   - Se o problema parece ser muito complicado, resolva um problema similar, porém mais simples.
   - Eventualmente, faça um diagrama das etapas que você vai seguir.

3. **Execute a sua estratégia, revisando-a se necessário.**
   - Mantenha o trabalho organizado, descrevendo com certo detalhamento todos os passos que você seguiu.
   - Confira seus cálculos, de forma a não permitir a propagação de erros.
   - Revise sua estratégia, voltando ao passo 2 se alguma etapa não estiver correta.

4. **Confira e interprete os resultados.**
   - Verifique se seus resultados fazem sentido, conferindo os valores e as unidades.
   - Se você encontrou mais de uma solução, despreze aquelas que não satisfazem as condições impostas pelo problema.
   - Confira os valores de outra maneira que não aquela segundo a qual eles foram obtidos.
   - Verifique a consistência dos resultados analisando casos particulares e situações-limite.

Esses passos são genéricos e não explicam exatamente o que fazer em cada caso. Além disso, eles são mais ou menos intuitivos. Geralmente, nós os seguimos sem notar. Ainda assim, é conveniente termos em mente um plano geral quando vamos tratar de um problema novo.

Outra dica importante encontrada no livro de Pólya diz respeito à conferência das unidades. De fato, o emprego correto das unidades é de fundamental importância durante todo o processo de resolução de um problema, não sendo prudente ignorá-las durante a resolução e apenas adicioná-las à resposta.

Se você for efetuar uma soma, por exemplo, verifique se todos os termos têm a mesma unidade. Lembre-se de que é possível somar centímetros com centímetros, mas não centímetros com quilômetros ou litros com quilogramas. Além disso, as operações que efetuamos com medidas também se aplicam às suas unidades, de modo que, se a variável x é dada em metros, então a unidade de x^2 é m^2. Por outro lado, se y é dada em km e t é dada em horas, então y/t tem como unidade km/h.

Também é importante levar em conta que, frequentemente, é preciso despender muito esforço (e superar muitos fracassos) para se chegar à solução de um problema. Embora não pareça, para apresentar uma estratégia simples de resolução de um exercício em sala de aula, um professor gasta horas em seu escritório tentando encontrar a forma mais eficiente de resolver aquele problema.

Problema 1. Relógio que atrasa não adianta

No pátio do Instituto de Matemática há dois relógios. Um deles adianta 5 segundos por dia, enquanto o outro atrasa 3 segundos por dia. Se os dois relógios foram acertados no mesmo instante, quanto tempo deverá transcorrer, desde este instante, até que a diferença entre eles seja de 1 minuto?

Solução

Compreensão do enunciado

O enunciado nos diz que:

- o primeiro relógio adianta 5 segundos por dia (ou 5 segundos/dia);
- o segundo relógio atrasa 3 segundos por dia (ou 3 segundos/dia);
- os dois relógios foram acertados em um mesmo instante.

A incógnita do problema é o número de dias necessários para que a diferença entre os horários dos relógios seja igual a 1 minuto, partindo do momento em que os relógios foram acertados. Usaremos a letra t para representar essa incógnita.

Além disso, o erro do relógio é um fenômeno contínuo, ou seja, se um relógio erra 5 segundos em um dia, então ele erra 2,5 segundos em meio dia. Assim, a variável t pode assumir qualquer valor real (positivo).

Estratégia de solução

Para resolver o problema,

- calcularemos a diferença diária dos horários indicados nos relógios;
- escreveremos uma fórmula que relacione a diferença dos relógios à variável t, dada em dias;
- obteremos o resultado desejado igualando o atraso obtido pela fórmula acima ao valor estipulado no enunciado (1 minuto);
- converteremos o resultado para a unidade mais adequada (dias, horas, minutos).

Resolução do problema

O primeiro relógio adianta 5 segundos/dia e o segundo atrasa 3 segundos/dia (ou seja, apresenta uma variação de −3 segundos/dia). Logo, a diferença entre eles é de

$$5 - (-3) = 5 + 3 = 8 \text{ segundos/dia}.$$

Após t dias, essa diferença é igual a

$$\frac{8 \text{ segundos}}{\text{dia}} \cdot t \text{ dias} = 8t \text{ segundos}.$$

Observe que, apesar de t ser dada em dias, a expressão $8t$ é medida em segundos.

Queremos descobrir um valor de t tal que essa diferença seja igual a 1 minuto, o que equivale a 60 segundos. Para tanto, escrevemos a equação

$$8t = 60.$$

Resolvendo essa equação, obtemos:

$$t = \frac{60}{8} = 7,5 \text{ dias}.$$

Assim, os relógios terão 1 minuto de diferença passados 7 dias e 12 horas do momento em que foram acertados.

Conferência dos resultados

Intuitivamente, o resultado parece correto, já que não chegamos a valores absurdos como "$t = 5$ minutos" ou "$t = 22$ anos".

Para conferir a exatidão da resposta, podemos calcular o erro apresentado pelos relógios após 7,5 dias para ter certeza de que há mesmo uma diferença de 1 minuto. Vejamos:

- Se o primeiro relógio adianta 5 segundos por dia, após 7,5 dias ele estará $5 \times 7,5 = 37,5$ segundos adiantado.
- Por outro lado, como o segundo relógio atrasa 3 segundos por dia, após 7,5 dias ele estará $3 \times 7,5 = 22,5$ segundos atrasado.
- Logo, a diferença entre os relógios será de

$$37,5 - (-22,5) = 37,5 + 22,5 = 60 \text{ segundos}. \quad \text{Ok!}$$

■ Resolução de problemas com o uso de equações lineares

Uma grande quantidade de problemas cotidianos pode ser resolvida com o auxílio de equações lineares. Nesses casos, o maior trabalho recai na formulação de um modelo matemático que represente o problema, já que a solução é fácil de ser obtida. Nesta seção, vamos explorar esse tipo de modelagem. Começaremos apresentando uma versão do roteiro de Pólya específica para o tipo de problema de que vamos tratar.

Roteiro para a solução de problemas que envolvem equações

1. **Compreenda o enunciado.**
   Extraia os dados fornecidos pelo enunciado.
   Defina uma variável e atribua a ela um nome (uma letra, por exemplo).
   Se necessário, monte uma tabela ou faça um desenho.

2. **Relacione os dados do enunciado à variável.**
   Traduza as palavras em expressões matemáticas que envolvam a variável.
   Defina uma equação que relacione as expressões que você encontrou.

3. **Encontre o valor da variável.**
   Resolva a equação. Escreva a resposta na unidade apropriada.

4. **Confira o resultado.**
   Verifique se o valor obtido para a variável resolve a equação e se a resposta faz sentido. Caso contrário, pode haver um erro em alguma conta ou mesmo na formulação.

Tomando por base esses passos, tentemos, agora, resolver alguns problemas práticos.

Problema 2. Aluguel de um carro

Para alugar um carro pequeno, a locadora Saturno cobra uma taxa fixa de R$ 40,00 por dia, além de R$ 0,75 por quilômetro rodado. Lucas alugou um carro e o devolveu após dois dias, pagando R$ 185,00. Quantos quilômetros Lucas percorreu com o carro alugado?

Solução

A primeira etapa da resolução de um problema é a definição da incógnita, ou seja, da informação que se pretende conhecer. Nesse caso, desejamos saber quantos quilômetros foram percorridos por Lucas, de modo que definimos:

$$x = \text{distância percorrida por Lucas (em km)}.$$

De posse da variável, devemos extrair dados do problema e associá-los à variável que criamos. O enunciado desse problema nos informa que:

- o custo do aluguel do carro é dividido em duas partes, uma fixa por dia e outra que depende da distância percorrida;
- a parcela fixa do custo é definida pelo produto (custo por dia) × (número de dias). Como Lucas usou o carro por dois dias, essa parcela correspondeu a

$$40 \; (R\$/\text{dia}) \cdot 2 \; (\text{dias}) = R\$ \; 80.$$

- a parcela variável do aluguel é dada por (custo por km) × (distância em km), ou seja,

$$0,75 \; (R\$/\text{km}) \cdot x \; (\text{km}).$$

- Lucas gastou, no total, R$ 185,00.

Reunindo essas informações, montamos a seguinte equação, que relaciona o custo do aluguel ao valor pago por Lucas:

$$\underbrace{80}_{\text{custo fixo}} + \underbrace{0,75x}_{\text{custo variável}} = \underbrace{185}_{\text{valor pago}}$$

De posse da equação, resta-nos resolvê-la:

$$\begin{aligned} 80 + 0,75x &= 185 \\ 0,75x &= 105 \\ x &= 105/0,75 \\ x &= 140. \end{aligned}$$

Logo, Lucas percorreu 140 km com o carro alugado. Por segurança, conferimos o resultado obtido:

$$80 + 0,75 \cdot 140 = 185 \;\Rightarrow\; 80 + 105 = 185 \;\Rightarrow\; 185 = 185 \quad \text{Verdadeiro!}$$

Agora, tente o Exercício 17.

Problema 3. Divisão de um barbante

Um barbante com 50 m de comprimento foi dividido em duas partes. Se a primeira parte é 15 m menor que a segunda, quanto mede cada parte?

Solução

Como o objetivo do problema é a determinação dos comprimentos dos pedaços de barbante, vamos escolher um deles para ser a incógnita:

$$x = \text{comprimento do maior pedaço de barbante (em metros)}.$$

O enunciado nos informa que:

- somados, os dois pedaços têm 50 m de comprimento;
- um pedaço é 15 m menor que o outro.

Usando a segunda informação e o fato de o maior pedaço medir x, concluímos que o pedaço menor tem comprimento igual a $x - 15$.

Agora, levando em conta o comprimento total do barbante, escrevemos:

$$\underbrace{x}_{\text{pedaço maior}} + \underbrace{(x-15)}_{\text{pedaço menor}} = \underbrace{50}_{\text{comprimento total}}$$

Depois de reescrever essa equação como $2x - 15 = 50$, vamos resolvê-la seguindo os passos dados:

$$\begin{aligned} 2x - 15 &= 50 \\ 2x &= 65 \\ x &= 65/2 \\ x &= 32{,}5. \end{aligned}$$

Assim, o barbante maior tem 32,5 m. Como consequência, o barbante menor mede

$$50 - x = 50 - 32{,}5 = 17{,}5 \text{ m}.$$

Para garantir que a resposta está correta, verificamos que a diferença de comprimento entre os pedaços de barbante é igual a $32{,}5 - 17{,}5 = 15$ m, e que a soma deles equivale a $32{,}5 + 17{,}5 = 50$ m, como esperávamos.

Agora, tente o Exercício 2.

Problema 4. Divisão de uma conta

Três amigos levaram suas respectivas famílias para almoçar em um restaurante. Na hora de pagar a conta de R$ 192,00, Marta decidiu contribuir com R$ 10,00 a mais que Vítor, já que havia pedido uma sobremesa. Além disso, por ter uma família menor, Taís pagou apenas um terço do valor devido por Vítor. Quanto cada amigo desembolsou no almoço?

Solução

Como muitas informações do problema tomam como base o valor pago por Vítor, definimos a seguinte variável:

$$x = \text{valor gasto por Vítor (em reais)}.$$

Os outros dados fornecidos no enunciado são:

- Valor gasto por Marta (em reais): $x + 10$.
- Valor gasto por Taís (em reais): $x/3$.
- Total da conta: R$ 192,00.

Com base nesses dados e no fato de que a conta foi repartida entre os três amigos, obtemos a equação dada:

$$\underbrace{x}_{\text{Vítor}} + \underbrace{x+10}_{\text{Marta}} + \underbrace{x/3}_{\text{Taís}} = \underbrace{192}_{\text{total}}$$

A resolução dessa equação é dada a seguir:

$$2x + \frac{x}{3} + 10 = 192$$

$$\frac{6x+x}{3} + 10 = 192$$

$$\frac{7x}{3} = 182$$

$$x = 182 \cdot \frac{3}{7}$$

$$x = 78.$$

Portanto, Vítor gastou R$ 78,00. Por sua vez, Marta desembolsou 78 + 10 = R$ 88,00. Já Taís gastou apenas 78/3 = R$ 26,00. Observe que 78 + 88 + 26 = 192, que corresponde ao total pago.

Agora, tente o Exercício 18.

Problema 5.   Números consecutivos

Somando três números consecutivos, obtém-se 66. Quais são esses números?

Solução

Embora não tenhamos o valor dos números, sabemos que eles são consecutivos. Assim, se definimos a variável

$$x = \text{menor número.}$$

os outros dois números valerão $(x+1)$ e $(x+2)$.

Uma vez que os três números somam 66, temos a equação

$$x + (x+1) + (x+2) = 66.$$

Obteríamos um problema ainda mais simples se escolhêssemos x como o número intermediário.

A resolução dessa equação é dada a seguir:

$$\begin{aligned} x + (x+1) + (x+2) &= 66 \\ 3x + 3 &= 66 \\ 3x &= 63 \\ x &= 63/3 = 21. \end{aligned}$$

Assim, o menor dos três números é 21 e os demais são 22 e 23.

Agora, tente o Exercício 24.

Exercícios 2.4

1. O vencedor de um programa de TV é escolhido em uma eleição que envolve os votos de um júri e votos de espectadores pela internet. Para calcular a nota de um candidato, multiplica-se a nota do júri por 3 e a nota média dos espectadores por 2. Em seguida, somam-se esses produtos e divide-se o resultado por 5.

a) Escreva uma equação que forneça a nota final de um candidato, F, em relação à nota do júri, J, e à nota média dos espectadores, E.

b) Sabendo que Jennifer recebeu 8,5 do júri e que ficou com nota final 8,9, determine quanto ela recebeu dos espectadores.

2. Um eletricista precisa cortar um fio de 6 m de comprimento em dois pedaços, de modo que um tenha 40 cm a menos que o triplo do outro. Qual deve ser o comprimento de cada pedaço de fio?

3. Somando os salários, um casal recebe R$ 1.760,00 por mês. Se a mulher ganha 20% a mais que o marido, quanto cada um recebe mensalmente?

4. A largura (l) de um terreno retangular é igual a um terço da sua profundidade (p). Se o perímetro do terreno é igual a 120 m, determine suas dimensões. (Lembre-se de que o perímetro do terreno é igual a $2l + 2p$).

5. Raul e Marcelo passaram alguns meses guardando dinheiro para comprar uma bicicleta de R$ 380,00. Ao final de 6 meses, os dois irmãos haviam juntado o mesmo valor, mas ainda faltavam R$ 20,00 para pagar a bicicleta. Determine quanto cada um conseguiu poupar.

6. Quando nasci, minha mãe tinha 12 cm a mais que o triplo de minha altura. Se minha mãe tem 1,68 m, como àquela época, com que altura eu nasci?

7. Fernanda e Maria têm, respectivamente, 18 e 14 anos. Daqui a quantos anos a soma das idades das duas atingirá 60 anos?

8. Francisco, de 49 anos, é pai de Luísa, que tem apenas 13. Daqui a quantos anos Francisco terá o dobro da idade da filha?

9. Em um torneio de tênis, são distribuídos prêmios em dinheiro para os três primeiros colocados, de modo que o prêmio do segundo colocado é a metade do prêmio do primeiro, e o terceiro colocado ganha a metade do que recebe o segundo. Se são distribuídos R$ 350.000,00, quanto ganha cada um dos três premiados?

10. Às vésperas da Páscoa, um supermercado cobrava, pelo ovo de chocolate com 500 g, exatamente o dobro do preço do ovo de 200 g. Se João pagou R$ 105,00 para levar 2 ovos de 500 g e 3 ovos de 200 g, quanto custava cada ovo?

11. Em uma partida de basquete, todos os 86 pontos de um time foram marcados por apenas três jogadores: Adão, Aldo e Amauri. Se Adão marcou 10 pontos a mais que Amauri e 9 pontos a menos que Aldo, quantos pontos cada jogador marcou?

12. Em uma sala há uma lâmpada, uma televisão [TV] e um aparelho de ar-condicionado [AC]. O consumo da lâmpada equivale a 2/3 do consumo da TV e o consumo do AC equivale a 10 vezes o consumo da TV. Se a lâmpada, a TV e o AC forem ligados simultaneamente, o consumo total de energia será de 1,05 kWh. Qual é o consumo, em kWh, da TV?

13. Lúcio gastou R$ 12,00 comprando três bombons: um "clássico", um de amêndoas e um de cereja. Sabendo que o bombom de amêndoas custa 5/4 do preço do clássico e que o de cereja custa 3/2 do valor do clássico, determine o preço de cada bombom que Lúcio comprou.

14. Para se obter a nota final da disciplina Cálculo 1, multiplica-se por 3 as notas da primeira e da segunda provas, e por 4 a nota da terceira prova. Em seguida, esses produtos são somados e o resultado é dividido por 10. O aluno é aprovado se obtém nota final maior ou igual a 5.

a) Escreva uma fórmula para a nota final de Cálculo 1, usando as variáveis p_1, p_2 e p_3 para indicar as notas das provas.

b) Se Marilisa tirou 6 na primeira e 5 na segunda prova, que nota ela precisa tirar na última prova para ser aprovada na disciplina?

15. Em virtude da interdição de uma ponte, os motoristas que transitavam por um trecho de estrada tiveram que percorrer um desvio com 52 km. Se esse desvio era 8 km maior que o dobro do comprimento do trecho interditado, qual o comprimento do trecho original da estrada?

16. Uma pesquisa com 720 crianças visava determinar, dentre duas marcas de refrigerante sabor cola, qual era a favorita da garotada. Se a marca A teve apenas 3/5 dos votos da marca B, quantos votos recebeu cada marca de refrigerante?

17. Uma companhia de telefonia móvel cobra R$ 4,50 por mês por um pacote de 100 torpedos. Para cada torpedo adicional enviado no mesmo mês, a companhia cobra R$ 0,07. Se a conta telefônica mensal de Alex inclui R$ 6,95 em torpedos, quantas mensagens ele enviou?

18. Mariana, Luciana e Fabiana gastaram, juntas, R$ 53,00 em uma lanchonete. Mariana, a mais faminta, comeu uma sobremesa, gastando R$ 5,00 a mais que Luciana. Por sua vez, Fabiana, de regime, pagou apenas 2/3 do valor gasto por Luciana. Quanto cada uma das amigas desembolsou na lanchonete?

19. Marisa gastou R$ 600,00 para comprar 14 cartuchos de tinta preta e 8 cartuchos coloridos. Sabendo que cada cartucho colorido custa 25% a mais que um cartucho preto, determine o preço de cada cartucho.

20. João pagava R$ 80,00 por mês por um "pacote" de acesso à internet. A partir de determinado dia do último mês, a assinatura do pacote teve um aumento de 5%. Supondo que o custo mensal do pacote tenha sido de R$ 82,40, e que o mês tenha 30 dias, determine a partir de que dia a conta ficou mais cara.

21. Lucas, Rafael e Pedro gastaram, juntos, R$ 386,00 comprando peças para seus *skates*. Quem mais gastou foi Lucas, que desembolsou R$ 50,00 a mais que Pedro. Por sua vez, Rafael, o mais econômico, só gastou 40% do valor pago por Pedro. Quanto gastou cada esqueitista nessa compra?

22. Roberto, Rogério e Renato compraram, juntos, 1.000 kg de fertilizantes. Se Roberto comprou 50% a mais que Rogério e Renato comprou 50 kg a menos que Rogério, quantos quilos de fertilizante cada um comprou?

23. Ana, Lúcia e Teresa postaram 170 mensagens nas redes sociais no último mês. Teresa postou 20 mensagens a mais que Ana. Já Lúcia postou o triplo do número de mensagens de Ana. Quantas mensagens cada uma postou no mês?

24. Somando três números pares consecutivos, obtemos 828. Quais são tais números?

25. Trabalhando em uma loja de roupas, Gláucia recebe R$ 1.200,00 de salário fixo, além de uma comissão de R$ 0,08 para cada real vendido. Se, no mês passado, Gláucia recebeu R$ 2.146,00 de salário, quantos reais em roupas ela conseguiu vender?

26. Joana ganha R$ 5,00 por hora para trabalhar 44 horas por semana. Para cada hora extra trabalhada, Joana recebe 50% a mais que em seu horário regular. Em determinada semana, Joana recebeu R$ 280,00. Determine quantas horas extras Joana trabalhou nessa semana.

27. Ao adquirir um produto importado, Joel pagou 10% do seu valor para cobrir despesas de transporte. Sobre o custo (incluindo o transporte), o governo ainda cobrou 60% de imposto de importação. Se Joel pagou R$ 484,00 e o dólar estava cotado a R$ 2,20, qual era o preço em dólares do produto?

28. Mariana gastou 1/4 do dinheiro que possuía comprando um telefone celular. Do dinheiro que restou, ela gastou 16% adquirindo livros escolares. Sabendo que, depois das compras, ela ainda possuía R$ 1.134,00, determine o montante que Mariana tinha antes das compras, bem como o montante gasto com os livros.

29. Uma eclusa é um "elevador" de navios, como mostra a figura a seguir.

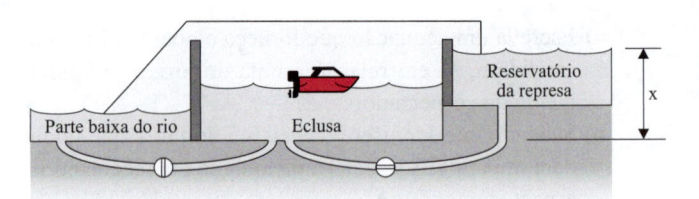

Ao lado de uma barragem do rio Tietê existe uma eclusa que permite que navios que estão na parte baixa do rio, cuja profundidade média naquele ponto é de 3 metros, subam ao nível d'água do reservatório, e vice-versa. Sabendo que a eclusa tem o formato de um paralelepípedo com 145 metros de comprimento e uma largura de 12 metros, e que são adicionados 41.760 m³ de água para que um navio suba da parte baixa do rio ao nível do reservatório da barragem, calcule:

a) a altura do nível d'água no reservatório da represa, com relação ao fundo do rio em sua parte baixa (ou seja, a altura x indicada na figura). Dica: o volume do paralelepípedo é o produto da altura pela largura e pela profundidade.

b) o tempo gasto, em minutos, para "levantar" um navio, sabendo que a eclusa é enchida a uma taxa de 46,4 m³ por segundo.

30. Ao fabricar 80 litros de polpalact, um engenheiro de alimentos utilizou 90% de purapolpa, completando o volume com o derivado de leite lactosex.

a) Quantos litros de purapolpa e de lactosex foram usados pelo engenheiro?

b) Após testar a concentração, o engenheiro resolveu acrescentar apenas lactosex ao produto, a fim de que a quantidade de purapolpa ficasse reduzida a 60% da mistura final. Quantos litros de lactosex foram acrescentados e qual a quantidade de litros finalmente produzida com esse acréscimo?

2.5 Sistemas de equações lineares

Quando afirmamos que

"os alunos e alunas da turma de Matemática Básica somam 120 pessoas",

estamos relacionando duas quantidades: o número de homens e o número de mulheres da turma. Vejamos como é possível expressar matematicamente a relação que existe entre esses números.

Como nenhuma das quantidades é conhecida, associamos a elas as incógnitas:

x = número de alunas;

y = número de alunos.

De posse dessas variáveis, podemos converter a frase dada na equação

$x + y = 120.$

CAPÍTULO 2 – Equações e inequações — 117

Observe que, diferentemente do que vimos até agora, a equação anterior tem duas variáveis, embora ainda seja linear. Façamos uma definição mais formal desse tipo de equação.

> **Você sabia?**
> Como veremos na Seção 3.4, também é comum apresentar equações lineares na forma $y = mx + b$.

Equação linear em duas variáveis

Uma equação com as variáveis x e y é dita **linear** se é equivalente a

$$ax + by = c,$$

em que a, b e c são constantes reais, com $a \neq 0$ ou $b \neq 0$.

Outros exemplos de equações lineares com duas variáveis são dados abaixo:

$$2x = 12 + 3y \qquad\qquad -1{,}6x + 4{,}5y = -3{,}2$$

$$35 - 7y = 10x \qquad\qquad 12 - 8y + 5x = 0$$

$$\frac{x}{2} - \frac{5y}{3} = 4 \qquad\qquad -y = \frac{6x - 9}{4}$$

> Converta as equações ao lado à forma $ax + by = c$, para comprovar que são, de fato, equações lineares.

Voltando aos alunos e às alunas da turma de Matemática, observamos que, sozinha, a equação $x + y = 20$ não nos permite determinar os valores de x e y, uma vez que a turma poderia ter 100 alunas e 20 alunos, ou 60 alunas e 60 alunos, ou qualquer outra combinação de números inteiros não negativos cuja soma fosse 120.

Para que x e y tenham valores únicos, é necessário definir outra relação entre essas quantidades. Por exemplo, se soubermos que a diferença entre o número de alunas e alunos da turma é igual a 8, então também podemos escrever

$$x - y = 8,$$

de modo que, agora, temos o **sistema de duas equações lineares**:

$$\begin{cases} x + y = 120 \\ x - y = 8 \end{cases}$$

A solução de um sistema como esse é o par de valores reais, x e y, que satisfaz as duas equações. Para o sistema dado, a solução é dada por $x = 64$ e $y = 56$, o que pode ser comprovado substituindo-se esses valores nas equações, conforme descrito a seguir:

$x + y = 120$ Equação 1.
$64 + 56 = 120$ Substituição dos valores de x e y.
$120 = 120$ Ok. A equação foi satisfeita.

$x - y = 8$ Equação 2.
$64 - 56 = 8$ Substituição dos valores de x e y.
$8 = 8$ Ok. A equação foi satisfeita.

Há várias formas de se obter a solução de um sistema de equações lineares. A mais simples delas é o método da substituição, que apresentamos a seguir.

O método da substituição

Consideremos, mais uma vez, o sistema associado ao problema dos alunos e alunas de Matemática:

$$\begin{cases} x + y = 120 \\ x - y = 8 \end{cases}$$

Vamos imaginar, por um momento, o que aconteceria se conhecêssemos o valor de y. Nesse caso, poderíamos obter o valor de x isolando essa variável na primeira equação:

$x + y = 120$ \hspace{1em} Equação 1.

$x + y - y = 120 - y$ \hspace{1em} Subtração de y dos dois lados.

$x = 120 - y$ \hspace{1em} x isolado.

Embora essa equação tenha sido escrita imaginando-se que conhecemos y, podemos usá-la para substituir o valor encontrado para x na segunda equação do sistema:

$x - y = 8$ \hspace{1em} Equação 2.

$(120 - y) - y = 8$ \hspace{1em} Substituição de x por $120 - y$.

$120 - 2y = 8$ \hspace{1em} Equação que só depende de y.

Pronto! Obtivemos uma equação que só depende de y, de modo que podemos resolvê-la usando a estratégia apresentada na Seção 2.4:

$120 - 2y = 8$ \hspace{1em} Equação em y.

$120 - 120 - 2y = 8 - 120$ \hspace{1em} Subtração de 120.

$-2y = -112$ \hspace{1em} Equação simplificada.

$\dfrac{-2y}{-2} = \dfrac{-112}{-2}$ \hspace{1em} Divisão por -2.

$y = 56$ \hspace{1em} Solução da equação.

Agora que conhecemos y, podemos voltar à equação em que x foi isolado para obter o valor dessa variável:

$x = 120 - y$ \hspace{1em} Equação com x isolado.

$x = 120 - 56$ \hspace{1em} Substituição de y por 56.

$x = 64$ \hspace{1em} Solução da equação.

Portanto, a turma tem 64 meninas e 56 meninos. Vamos resumir em um quadro os passos que adotamos para encontrar a solução do sistema de equações lineares.

Método da substituição

1. Escolha uma das equações e isole nela uma das variáveis:
   Ex.: $x = 120 - y$.

2. Na outra equação, substitua a variável que foi isolada no passo 1 pela expressão encontrada nesse mesmo passo:
   Ex.: $x - y = 8 \Rightarrow (120 - y) - y = 8$.

3. Resolva a equação resultante para encontrar o valor da segunda variável:
   Ex.: $120 - 2y = 8 \Rightarrow y = 56$.

(continua)

> **Método da substituição (cont.)**
> 4. Substitua o valor encontrado no passo 3 na expressão obtida no passo 1 para determinar a primeira variável;
>   Ex.: $x = 120 - y \Rightarrow x = 120 - 56 = 64$.
> 5. Confira se a solução encontrada satisfaz as duas equações;
>   Ex.: $64 + 56 = 120$ e $64 - 56 = 8$.   Ok!

Problema 1.   Produção de bolos

Uma confeitaria produz dois tipos de bolos de festa. Cada quilograma do bolo do tipo A consome 0,4 kg de açúcar e 0,2 kg de farinha. Por sua vez, o bolo do tipo B exige 0,2 kg de açúcar e 0,3 kg de farinha para cada quilograma produzido. Sabendo que, no momento, a confeitaria dispõe de 10 kg de açúcar e 6 kg de farinha, responda às seguintes questões:

a) será que é possível produzir 7 kg de bolo do tipo A e 18 kg de bolo do tipo B?

b) quantos quilogramas de bolo do tipo A e de bolo do tipo B devem ser produzidos, se a confeitaria pretende gastar toda a farinha e todo o açúcar de que dispõe?

Solução

a) Para produzir 7 kg de bolo do tipo A é preciso dispor de $7 \times 0,4 = 2,8$ kg de açúcar e $7 \times 0,2 = 1,4$ kg de farinha.
Já os 18 kg de bolo do tipo B exigem $18 \times 0,2 = 3,6$ kg de açúcar e $18 \times 0,3 = 5,4$ kg de farinha.
Assim, na produção dos dois tipos de bolo, são consumidos $2,8 + 3,6 = 6,4$ kg de açúcar e $1,4 + 5,4 = 6,8$ kg de farinha. Como a confeitaria só dispõe de 6 kg de farinha não é possível produzir a quantidade desejada dos bolos.

b) Definamos as variáveis:

$$x = \text{quantidade produzida do bolo A (em kg)};$$
$$y = \text{quantidade produzida do bolo B (em kg)}.$$

O consumo de açúcar com a produção dos dois tipos de bolo é dado pela expressão:

$$\underbrace{0,4}_{\substack{\text{kg açúcar}\\\text{p/ kg bolo A}}} \cdot \underbrace{x}_{\text{kg bolo A}} + \underbrace{0,2}_{\substack{\text{kg açúcar}\\\text{p/ kg bolo B}}} \cdot \underbrace{y}_{\text{kg bolo B}}$$

Da mesma forma, o gasto de farinha é fornecido por:

$$\underbrace{0,2}_{\substack{\text{kg farinha}\\\text{p/ kg bolo A}}} \cdot \underbrace{x}_{\text{kg bolo A}} + \underbrace{0,3}_{\substack{\text{kg farinha}\\\text{p/ kg bolo B}}} \cdot \underbrace{y}_{\text{kg bolo B}}$$

Supondo que a confeitaria gastará todo o açúcar e toda a farinha que possui, podemos igualar as expressões dadas às quantidades disponíveis, obtendo o seguinte sistema:

$$\begin{cases} 0,4x + 0,2y = 10 \\ 0,2x + 0,3y = 6. \end{cases}$$

Para resolver esse sistema, começamos isolando x na primeira equação:

$$0,4x + 0,2y = 10 \qquad \text{Primeira equação.}$$
$$0,4x + 0,2y - 0,2y = 10 - 0,2y \qquad \text{Subtração de } 0,2y.$$
$$0,4x = 10 - 0,2y \qquad \text{Equação simplificada.}$$
$$\frac{0,4x}{0,4} = \frac{10 - 0,2y}{0,4} \qquad \text{Divisão por } 0,4.$$
$$x = 25 - 0,5y \qquad x \text{ isolado.}$$

Agora, substituímos a expressão encontrada para x na segunda equação:

$$0,2x + 0,3y = 6 \qquad \text{Segunda equação.}$$
$$0,2(25 - 0,5y) + 0,3y = 6 \qquad \text{Substituição de } x \text{ por } 25-0,5y.$$
$$5 - 0,1y + 0,3y = 6 \qquad \text{Propriedade distributiva.}$$
$$5 + 0,2y = 6 \qquad \text{Equação em } y.$$

Tendo obtido uma equação que só depende de y, determinamos essa variável:

$$5 - 5 + 0,2y = 6 - 5 \qquad \text{Subtração de 5.}$$
$$0,2y = 1 \qquad \text{Equação simplificada.}$$
$$\frac{0,2y}{0,2} = \frac{1}{0,2} \qquad \text{Divisão por } 0,2.$$
$$y = 5 \qquad \text{Valor de } y.$$

De posse de y, encontramos o valor de x usando a equação encontrada no primeiro passo:

$$x = 25 - 0,5y \qquad \text{Equação obtida no passo 1.}$$
$$x = 25 - 0,5(5) \qquad \text{Substituição de } y.$$
$$x = 22,5 \qquad \text{Valor de } x.$$

Portanto, a confeitaria deve produzir 22,5 kg de bolo do tipo A e 5 kg de bolo do tipo B. Entretanto, ainda precisamos nos certificar de que o resultado está correto substituindo os valores de x e y nas duas equações do sistema:

$$0,4x + 0,2y = 10 \qquad \text{Primeira equação.}$$
$$0,4(22,5) + 0,2(5) = 10 \qquad \text{Substituição de } x \text{ e } y.$$
$$9 + 1 = 10 \qquad \text{Cálculo dos termos.}$$
$$10 = 10 \qquad \text{Ok! A primeira equação foi satisfeita.}$$

$$0,2x + 0,3y = 6 \qquad \text{Segunda equação.}$$
$$0,2(22,5) + 0,3(5) = 6 \qquad \text{Substituição de } x \text{ e } y.$$
$$4,5 + 1,5 = 6 \qquad \text{Cálculo dos termos.}$$
$$6 = 6 \qquad \text{Ok! A segunda equação foi satisfeita.}$$

> **Atenção**
> Não deixe de conferir suas respostas. Uma pequena distração, como uma troca de sinal, é suficiente para produzir falsos resultados.

Agora, tente os Exercícios 3 e 5.

Vários exercícios propostos na Seção 2.4 podem ser modelados com o emprego de sistemas lineares. Vejamos como isso pode ser feito para o Problema 2, no qual um eletricista precisa cortar um fio.

Problema 2. Corte de fio

Um eletricista precisa cortar um fio de 6 m de comprimento em dois pedaços, de modo que um tenha 40 cm a menos que o triplo do outro. Qual deve ser o comprimento de cada pedaço de fio?

Solução

O objetivo do problema é a determinação do comprimento dos dois pedaços de fio, que representaremos por meio das variáveis x e y, para as quais adotaremos como unidade o metro (m).

Observe que, como o fio possui 6 m de comprimento total, podemos escrever

$$x + y = 6.$$

Além disso, para que um pedaço de fio tenha 40 cm (ou 0,4 m) a menos que o triplo do outro, é preciso que

$$x = 3y - 0,4.$$

Assim, podemos determinar x e y resolvendo o sistema

$$\begin{cases} x + y = 6 \\ x = 3y - 0,4 \end{cases}$$

Esse sistema de equações lineares difere dos sistemas vistos até aqui apenas pelo fato de que a variável x já está isolada, e podemos substituí-la diretamente na primeira equação. Dessa forma, temos:

$$(3y - 0,4) + y = 6 \quad \Rightarrow \quad 4y = 6,4 \quad \Rightarrow \quad y = 1,6.$$

Uma vez conhecido o valor de y, encontramos x usando a segunda equação:

$$x = 3y - 0,4 \quad \Rightarrow \quad x = 3 \cdot 1,6 + 0,4 \quad \Rightarrow \quad x = 4,4.$$

Logo, um pedaço de fio deve medir 1,6 m, e o outro deve ter 4,4 m.

Conferindo a resposta
Substituindo $x = 4,4$ e $y = 1,6$ nas equações, obtemos:

$$4,4 + 1,6 = 6$$
$$6 = 6 \quad \text{Ok!}$$

$$4,4 = 3(1,6) - 0,4$$
$$4,4 = 4,8 - 4,4$$
$$4,4 = 4,4 \quad \text{Ok!}$$

Para terminar esta seção, resolveremos um exemplo numérico de uma vez, ou seja, sem pausas.

Exemplo 1. Sistema com duas equações

Vamos aplicar o método da substituição à solução do seguinte sistema:

$$\begin{cases} 6x + 5y = 24 \\ 8x - y = 9. \end{cases}$$

A título de ilustração, adotaremos uma estratégia diferente daquela empregada até o momento, e iniciaremos a resolução isolando y na segunda equação.

$$8x - y = 9 \quad \text{Equação 2.}$$
$$8x - y + y = 9 + y \quad \text{Adição de } y \text{ dos dois lados.}$$
$$8x = 9 + y \quad \text{Equação simplificada.}$$
$$8x - 9 = 9 - 9 + y \quad \text{Subtração de 9.}$$
$$8x - 9 = y \quad y \text{ isolado.}$$
$$6x + 5(8x - 9) = 24 \quad \text{Substituição de } y \text{ na Equação 1.}$$
$$6x + 40x - 45 = 24 \quad \text{Propriedade distributiva.}$$
$$46x - 45 = 9 \quad \text{Equação simplificada.}$$
$$46x - 45 + 45 = 24 + 45 \quad \text{Adição de 45.}$$
$$46x = 69 \quad \text{Equação simplificada.}$$
$$\frac{46x}{46} = \frac{69}{46} \quad \text{Divisão por 46.}$$
$$x = \frac{3}{2} \quad \text{Valor de } x.$$
$$y = 8\left(\frac{3}{2}\right) - 9 \quad \text{Substituição de } x.$$
$$y = 3 \quad \text{Valor de } y.$$

A solução do sistema é dada por $x = 3/2$ e $y = 3$.

Agora, tente o Exercício 1.

Nem todo sistema de equações lineares possui uma solução única, como os que vimos nesta seção. Há desde sistemas insolúveis até sistemas com infinitas soluções. Entretanto, neste livro, suporemos que os problemas foram bem formulados, de modo que garanta a existência de uma única solução.

Conferindo a resposta
Substituindo $x = 3/2$ e $y = 3$ nas equações, obtemos:

$6(3/2) + 5(3) = 24$
$9 + 15 = 24$
$24 = 24 \quad$ Ok!

$8(3/2) - (3) = 9$
$12 - 3 = 9$
$9 = 9 \quad$ Ok!

Exercícios 2.5

1. Resolva os sistemas a seguir usando o método da substituição.

   a) $\begin{cases} 2x + y = 8 \\ 6x + 2y = 19 \end{cases}$

   b) $\begin{cases} 5x - 2y = 10 \\ -3x + 4y = 8 \end{cases}$

   c) $\begin{cases} -7x + y = 8 \\ 8x - 2y = -4 \end{cases}$

   d) $\begin{cases} -4x + 5y = -12 \\ 3x - 8y = -8 \end{cases}$

   e) $\begin{cases} x + 3y = 9 \\ x/2 + y/4 = 2 \end{cases}$

   f) $\begin{cases} 4x - 6y = 20 \\ x/3 - 3y/2 = 1 \end{cases}$

   g) $\begin{cases} x/3 + y/2 = 3/2 \\ 3x/2 - 5y/6 = 16 \end{cases}$

   h) $\begin{cases} 0{,}5x + 3{,}6y = 12 \\ -2{,}5x + 2{,}0y = 0 \end{cases}$

2. Em uma lanchonete árabe, um combo com 4 esfirras e 8 quibes tem 1.600 kcal. Já um combo com 6 esfirras e 5 quibes tem 1.350 kcal. Sejam x e y o número de quilocalorias (kcal) da esfirra e do quibe, respectivamente.
   a) Escreva um sistema linear que permita determinar x e y.
   b) Resolvendo o sistema, encontre o número de quilocalorias de cada guloseima.

3. Em um sistema de piscicultura superintensiva, uma grande quantidade de peixes é cultivada em tanques com alta densidade populacional e alimentação à base de ração. Suponha um conjunto de tanques contenha 600 peixes de duas espécies e que, juntos, os peixes consumam 800 g de ração por refeição. Sabendo que um peixe da espécie A consome 1,5 g de ração por refeição e que um peixe da espécie B consome 1,0 g por refeição, calcule quantos peixes de cada espécie os tanques abrigam.

4. Uma banda juvenil conseguiu vender todos os 5.000 ingressos de seu próximo *show*, que será realizado em um ginásio de esportes. Os preços dos ingressos foram definidos de acordo com a distância do palco. Para os fãs mais tranquilos, a cadeira numerada custou R$ 160,00. Já quem queria ver a banda realmente de perto teve que desembolsar R$ 360,00 por um cadeira de pista. Sabendo que a renda do show alcançou R$ 900.000,00, determine quantos ingressos de cada tipo foram vendidos.

5. Um supermercado vende dois tipos de cebola, conforme descrito na tabela a seguir.

Tipo de cebola	Peso unitário aproximado (g)	Raio médio (cm)
Pequena	25	2
Grande	200	4

Uma consumidora selecionou cebolas pequenas e grandes, somando 40 unidades, que pesaram 1.700 g. Formule um sistema linear que permita encontrar a quantidade de cebolas de cada tipo, escolhido pela consumidora, e resolva-o para determinar esses valores.

6. Robson pretende investir R$ 6.500,00 em duas aplicações financeiras. A primeira, embora mais arriscada, fornece um retorno anual de 8%. Já a segunda é mais segura, mas tem taxa de retorno de apenas 5% ao ano. Quanto Robson deve investir em cada aplicação, se pretende lucrar exatos R$ 400,00 ao ano? *Dica*: escreva um sistema no qual a primeira equação esteja relacionada ao valor total investido, e a segunda como obter o retorno desejado por Robson.

7. Uma doceira vende dois tipos de bombons: o normal e o trufado. Cada bombom normal custa R$ 2,00, enquanto o trufado sai por R$ 3,00 a unidade. Ontem, a doceira vendeu 200 bombons e obteve R$ 460,00. Quantos bombons de cada tipo foram vendidos?

8. Um desinfetante é vendido em embalagens de 5 e 8 litros. Se João comprou 27 embalagens, totalizando 174 litros, quantas embalagens de cada tipo ele comprou?

9. Em um complexo de salas de cinema, há um dia da semana em que os ingressos têm preços reduzidos, conforme a tabela a seguir:

Categoria	Preço (R$)
Inteira	15,00
Meia	7,50

Sabendo que em determinada sessão desse dia foram ocupados 240 lugares, arrecadando R$ 2.370,00, calcule o número de espectadores de cada categoria de ingresso.

10. Um joalheiro produziu 10 g de uma liga composta de x gramas de ouro e y gramas de prata. Sabe-se que cada grama de ouro custou R$ 120,00, cada grama de prata custou R$ 16,00, e que o joalheiro gastou R$ 940,00 para comprar os dois metais. Escreva um sistema linear que permita determinar x e y e, resolvendo o sistema, determine quanto o joalheiro comprou de ouro e prata.

11. Um órgão governamental de pesquisa divulgou que, entre 2006 e 2009, cerca de 5,2 milhões de brasileiros saíram da condição de indigência. Nesse mesmo período, 8,2 milhões de brasileiros deixaram a condição de pobreza. Observe que a faixa de pobreza inclui os indigentes. O gráfico a seguir mostra os percentuais da população brasileira enquadrada nessas duas categorias, em 2006 e 2009:

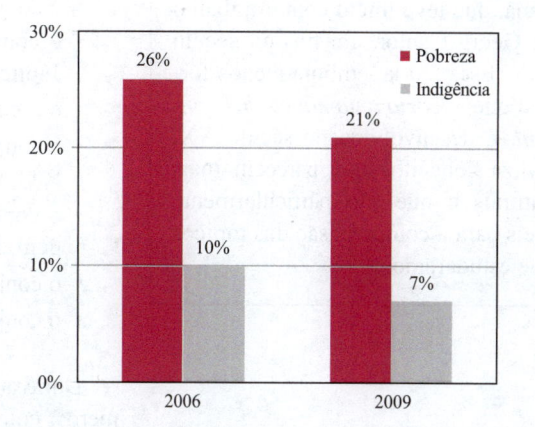

Resolvendo um sistema linear, determine a população brasileira em 2006 e em 2009.

12. A lanchonete NatureBar oferece dois tipos de lanches com acompanhamento: o casadinho A, que é um lanche quente acompanhado de uma lata de refrigerante, e o casadinho B, que é um sanduíche natural acompanhado de um suco de frutas. Três casadinhos A mais quatro casadinhos B custam R$ 33,90 e quatro casadinhos A mais três casadinhos B custam R$ 33,30. Resolvendo um sistema linear, determine o custo de cada casadinho.

13. Ao fazer o cálculo do custo dos casadinhos, a lanchonete do exercício anterior considerou que o preço do refrigerante equivalia a 7/8 do preço do suco e que o preço do sanduíche natural correspondia a 9/8 do preço do lanche quente. Se mantiver as mesmas proporções e os mesmos preços, quanto a lanchonete cobrará por um novo casadinho composto de lanche quente e de suco?

14. Ana e Beatriz têm a mesma profissão, mas trabalham em empresas diferentes. Ana recebe R$ 2.024,00 de salário fixo mensal, além de R$ 17,00 por hora extra trabalhada. Já Beatriz tem um salário fixo de R$ 2.123,00 pela mesma jornada de Ana, mas recebe apenas

R$ 15,00 por hora extra. No mês passado, Ana trabalhou 3 horas a mais que Beatriz, mas as duas receberam o mesmo valor no fim do mês. Resolvendo um sistema linear, determine quantas horas extras Ana e Beatriz fizeram no mês.

15. Um químico dispõe de duas soluções de água oxigenada, uma a 30% e outra a 3%, e deseja produzir 6 litros de uma solução a 12% (ou seja, haverá 0,72 l de água oxigenada nos 6 l de solução). Quantos litros devem ser usados de cada solução disponível?

2.6 Conjuntos

Nesta seção, apresentamos algumas definições associadas aos conjuntos. Não é nosso objetivo esgotar o assunto ou empregar o formalismo da teoria moderna de conjuntos, mas apenas descrever os conceitos práticos e intuitivos de que necessitaremos neste e nos próximos capítulos.

Segundo a teoria cantoriana, um **conjunto** nada mais é que uma coleção de membros ou **elementos** que compartilham certas características. Essa noção está de acordo com o conceito de conjunto empregado fora da Matemática. De fato, definimos cotidianamente conjuntos, tais como:

> **Você sabia?**
> A definição de conjunto que adotamos neste livro segue a *teoria ingênua dos conjuntos*, ou teoria cantoriana, que teve início com o trabalho de Georg Cantor, em fins do século XIX. Essa teoria, embora menos formal que a *teoria axiomática dos conjuntos*, desenvolvida no século XX, utiliza conceitos que parecem mais naturais e que são particularmente úteis para a compreensão dos tópicos que estudaremos.

- o conjunto dos pontos cardeais: Norte, Sul, Leste e Oeste;
- o conjunto dos planetas do sistema solar: Mercúrio, Vênus, Terra, Marte, Júpiter, Saturno, Urano e Netuno;
- o conjunto das cores primárias aditivas: azul, vermelho e amarelo;
- o conjunto das letras do alfabeto: A, B, C, D, E, F, G, H, I, J, K, L, M, N, O, P, Q, R, S, T, U, V, W, X, Y, Z;
- o conjunto dos signos do zodíaco: áries, touro, gêmeos, câncer, leão, virgem, libra, escorpião, sagitário, capricórnio, aquário e peixes;
- o conjunto dos nomes de mulheres: Abigail, Acácia, Adalgisa, Adelaide etc.;
- o conjunto das frequências audíveis pelo ser humano: de 20 Hz a 20.000 Hz.

Doravante, trataremos apenas dos conjuntos nos quais os elementos são números, como o último exemplo. Apesar de já termos mencionado os conjuntos numéricos no início do livro, só agora, ao tratarmos das soluções de equações e inequações, o significado de conjunto será realmente explorado.

Conjuntos são usualmente representados por letras maiúsculas. Quando o conjunto é enumerável, costuma-se descrevê-lo arrolando seus elementos entre chaves, como nos exemplos a seguir:

- $A = \{1, 2, 3, 4, 5\}$ (Conjunto dos cinco primeiros números naturais)
- $B = \{1, 3, 5, 7, 9, \ldots\}$ (Conjunto dos números ímpares)
- $C = \{1, 2, 4, 8, 16, 32, \ldots\}$ (Conjunto das potências de 2 maiores ou iguais a 1)
- $D = \{1, 2, 3, 4, 6, 12\}$ (Conjunto dos divisores naturais de 12)

Alguns conjuntos, apesar de enumeráveis, são infinitos. Essa característica é indicada pela presença de reticências ao final da lista de elementos.

Observe que o número 4 é membro do conjunto A. Nesse caso, dizemos que 4 **pertence** a A, e representamos matematicamente esse fato usando a notação $4 \in A$. Por outro lado, também escrevemos $7 \notin A$, o que significa que o número 7 **não pertence** ao conjunto A, ou seja, que não é membro de A.

A maior parte dos conjuntos com os quais trabalhamos neste livro não é enumerável, o que significa que não é possível representá-los como listas de elementos entre chaves. Felizmente, também podemos definir conjuntos com base nas propriedades que seus elementos devem satisfazer. Como exemplo, o conjunto A, cujos elementos são números naturais menores ou iguais a 5, pode ser definido por

$$A = \{x \in \mathbb{N} \mid x \leq 5\}.$$

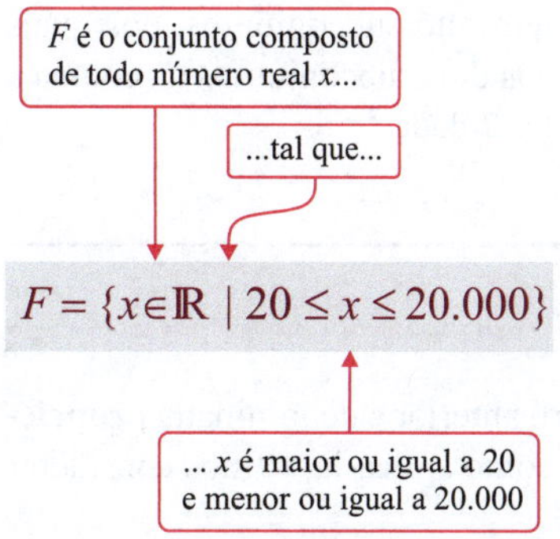

Por sua vez, um conjunto F que forneça as frequências sonoras (em Hertz) audíveis pelo ser humano (que são números reais) é representado por:

$$F = \{x \in \mathbb{R} \mid 20 \leq x \leq 20.000\}.$$

A Figura 2.7 mostra a forma usual de se ler a definição do conjunto F. Note que todos os elementos do conjunto F são números reais. Entretanto, nem todo número real faz parte do conjunto, mas somente aqueles números que possuem uma característica adicional: são maiores ou iguais a 20 e menores ou iguais a 20.000. Nesse caso, dizemos que F é um **subconjunto** de $\mathbb{R}$.

F é o conjunto composto de todo número real x...
...tal que...
$F = \{x \in \mathbb{R} \mid 20 \leq x \leq 20.000\}$
...x é maior ou igual a 20 e menor ou igual a 20.000

FIGURA 2.7

Subconjunto

Um conjunto B é um **subconjunto** de um conjunto A se todo elemento de B for elemento de A. Nesse caso, dizemos que B *está contido* em A, ou que A *contém* B. Essa relação de continência é representada por:

$$B \subset A \quad \text{ou} \quad A \supset B.$$

Exemplo 1. Subconjuntos

a) $\mathbb{Z} \subset \mathbb{R}$

O conjunto dos números inteiros é um subconjunto dos números reais.

b) $\{x \in \mathbb{N} \mid x \text{ é ímpar}\} \subset \mathbb{Z}$

O conjunto dos números naturais ímpares é um subconjunto dos números inteiros.

c) $\{a,e,i,o,u\} \subset \{a,b,c,d,e,f,g,h,i,j,k,l,m,n,o,p,q,r,s,t,u,v,w,x,y,z\}$

O conjunto das vogais é um subconjunto do alfabeto.

d) Se E é o conjunto dos estados brasileiros, então $\{RS, SC, PR\} \subset E$.

Os estados da região sul formam um subconjunto dos estados brasileiros.

e) Se T é o conjunto dos triângulos e P é o conjunto dos polígonos, então $T \subset P$.

Os triângulos formam um subconjunto dos polígonos.

A notação $\{\}$ representa o conjunto sem elementos, ou conjunto vazio. Voltaremos a esse conjunto na página 128.

Propriedades dos subconjuntos

Dados os conjuntos A, B e C, são válidas as seguintes propriedades:

1. $A \subset A$
2. $\{\} \subset A$
3. Se $A \subset B$ e $B \subset A$, então $A = B$
4. Se $A \subset B$ e $B \subset C$, então $A \subset C$

Exemplo 2. Enumerando subconjuntos

Dado o conjunto $\{a, b, c\}$, podemos escrever:

$\{a\} \subset \{a,b,c\}$ $\{a,b\} \subset \{a,b,c\}$ $\{a,b,c\} \subset \{a,b,c\}$
$\{b\} \subset \{a,b,c\}$ $\{a,c\} \subset \{a,b,c\}$ $\{\} \subset \{a,b,c\}$
$\{c\} \subset \{a,b,c\}$ $\{b,c\} \subset \{a,b,c\}$

> **Você sabia?**
> Se C é um conjunto finito contendo n elementos, então C tem exatamente 2^n subconjuntos.

Observamos, assim, que o conjunto $\{a, b, c\}$ tem oito subconjuntos, dos quais três têm uma letra apenas e três têm duas letras. Os dois subconjuntos da coluna à direita são aqueles associados às Propriedades 1 e 2 dadas.

Agora, tente os Exercícios 5 e 7.

Exemplo 3. Propriedade antissimétrica

A terceira propriedade apresentada no quadro anterior é denominada **propriedade antissimétrica**. Para dar um exemplo de como aplicá-la, vamos considerar os seguintes conjuntos de animais:

$$M = \{\text{Mamíferos}\},$$
$$N = \{\text{Animais com neocórtex}\}.$$

Neocórtex é uma área desenvolvida do córtex cerebral.

Os biólogos sabem que, se um animal é mamífero, então ele possui neocórtex. Em notação matemática, representamos essa relação por:

$$M \subset N. \quad \text{Os mamíferos fazem parte do conjunto de animais com neocórtex.}$$

Por outro lado, todos os animais que têm neocórtex são mamíferos, então

$$N \subset M. \quad \text{Os animais com neocórtex fazem parte do conjunto de mamíferos.}$$

Dessas duas afirmações, podemos concluir que o conjunto dos animais mamíferos é o mesmo conjunto formado pelos animais que possuem neocórtex, ou seja,

$$M = N. \quad \text{"Mamíferos" e "Animais com neocórtex" formam o mesmo conjunto.}$$

Logo, a classe dos mamíferos (animais com glândulas mamárias) também poderia ser conhecida como a classe dos animais que têm neocórtex.

Exemplo 4. Propriedade transitiva

Vamos usar novamente a Biologia para ilustrar a Propriedade 4, também conhecida como **propriedade transitiva**.

Segundo os taxonomistas, a família dos Hominídeos – que inclui os seres humanos, os chimpanzés e os gorilas, dentre outros animais – faz parte da ordem dos Primatas. Por sua vez, a ordem dos Primatas faz parte da classe dos Mamíferos.

Usando, então, a notação:

$$H = \{\text{Hominídeos}\}$$
$$P = \{\text{Primatas}\}$$
$$M = \{\text{Mamíferos}\},$$

podemos dizer que

$$H \subset P. \quad \text{A família dos Hominídeos é um subconjunto da ordem dos Primatas.}$$

$$P \subset M. \quad \text{A ordem dos Primatas é um subconjunto da classe dos Mamíferos.}$$

Assim, se todo Hominídeo é Primata e todo Primata é Mamífero, é fácil concluir que todo Hominídeo é Mamífero, ou seja,

$$H \subset M. \quad \text{A família dos Hominídeos é um subconjunto da classe dos Mamíferos.}$$

A Figura 2.8 mostra a relação de continência entre M, P e H.

FIGURA 2.8 A classe dos Mamíferos contém a ordem dos Primatas, que contém a família dos Hominídeos.

Para encerrar esta subseção, vamos definir a notação

$$B \not\subset A \quad \text{ou} \quad A \not\supset B,$$

que é usada para indicar que B não é um subconjunto de A, ou seja, que B não está *contido* em A, ou ainda que A não *contém* B.

Assim, supondo que H seja o conjunto dos Hominídeos e R seja o conjunto dos Répteis, podemos dizer que

$$H \not\subset R.$$

■ União e interseção de conjuntos

Imagine que, para preencher um posto no exterior, uma empresa queira contratar pessoas que soubessem falar inglês. No processo de seleção, a empresa exige que os interessados na vaga tenham feito ao menos cinco anos de curso de Inglês **ou** tenham morado um ano em países de língua inglesa.

Nesse caso, o conjunto de candidatos é formado por dois grupos: o das pessoas que fizeram cinco anos de curso e o das pessoas que moraram um ano no exterior. Podemos reunir esses grupos usando o conceito de união de conjuntos.

> **União de conjuntos**
>
> A **união** de dois conjuntos, A e B, é o conjunto formado pelos elementos que pertencem a A *ou* a B. Essa união é representada por
>
> $$A \cup B.$$

Logo, se definirmos os conjuntos

$A = \{$Candidatos que fizeram cinco anos de curso de Inglês$\}$;

$B = \{$Candidatos que moraram um ano em países de língua inglesa$\}$;

o conjunto de todos os candidatos à vaga na empresa será descrito por $A \cup B$.

Note que o conjunto $A \cup B$ contém todos os candidatos que fizeram curso de Inglês ou moraram no exterior, incluindo as pessoas que têm as duas qualificações.

Mudando de exemplo, consideremos agora que uma empresa deseje contratar engenheiros com disponibilidade para viajar a serviço. Nesse caso, o grupo de candidatos será formado por pessoas que tenham, ao mesmo tempo, dois atributos: um diploma de engenheiro e disponibilidade para viajar. Para descrever o conjunto de pessoas aptas a assumir o cargo, usamos o conceito de interseção de conjuntos.

> **Interseção de conjuntos**
>
> A **interseção** de dois conjuntos, A e B, é o conjunto formado pelos elementos que pertencem, ao mesmo tempo, a A e a B. Essa interseção é representada por
>
> $$A \cap B.$$

Definindo, então, os conjuntos

$A = \{$Engenheiros$\}$;

$B = \{$Pessoas com disponibilidade para viajar$\}$;

o conjunto dos candidatos à vaga será definido por $A \cap B$.

Finalmente, vamos supor que queiramos encontrar o conjunto dos atletas que tenham sido, ao mesmo tempo, jogadores da seleção taitiana e campeões mundiais de futebol. Nesse caso, infelizmente, como a seleção taitiana jamais foi campeã mundial, e como um atleta não pode atuar por duas seleções diferentes, não há jogadores que satisfaçam as duas condições.

Quando dois conjuntos não têm elementos em comum, dizemos que sua interseção é vazia ou que a interseção é o conjunto vazio.

Conjunto vazio

Um conjunto que não possui elementos é chamado **conjunto vazio** e é representado pelo símbolo $\varnothing$ ou pela notação $\{\}$.

A união e a interseção de conjuntos possuem algumas propriedades, as quais descrevemos no quadro a seguir.

Propriedades da união e da interseção

Suponha que A, B e C sejam conjuntos quaisquer.

União	Interseção
1. $A \cup A = A$	$A \cap A = A$
2. $A \cup \varnothing = A$	$A \cap \varnothing = \varnothing$
3. $A \cup B = B \cup A$	$A \cap B = B \cap A$
4. $(A \cup B) \cup C = A \cup (B \cup C)$	$(A \cap B) \cap C = A \cap (B \cap C)$

Problema 1. União e interseção de conjuntos

Dados os conjuntos:

$$A = \{1,2,3,4,9\}, \quad B = \{2,4,6,8\} \quad \text{e} \quad C = \{1,3,5,7,10\},$$

determine $A \cup B$, $A \cup C$, $B \cup C$, $A \cap B$, $A \cap C$ e $B \cap C$.

Solução

- $A \cup B = \{1,2,3,4,6,8,9\}$
- $A \cup C = \{1,2,3,4,5,7,9,10\}$
- $B \cup C = \{1,2,3,4,5,6,7,8,10\}$
- $A \cap B = \{2,4\}$
- $A \cap C = \{1,3\}$
- $B \cap C = \varnothing$

Agora, tente os Exercícios 8 e 11.

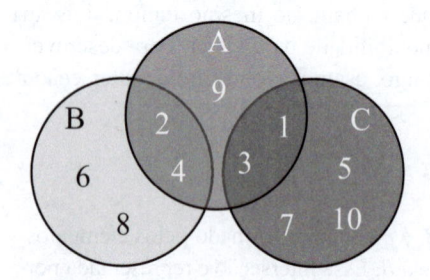

FIGURA 2.9 Conjuntos do Problema 1.

Você sabia?

O diagrama de Venn recebe esse nome por ter sido criado pelo inglês John Venn, em 1880.

É comum representarmos a relação entre conjuntos finitos usando o **diagrama de Venn**. Nesse diagrama, cada conjunto é representado por uma região fechada do plano (por exemplo, uma circunferência), dentro da qual os elementos são apresentados. Além disso, os conjuntos que possuem interseção não vazia incluem uma região comum. A Figura 2.9 mostra o diagrama de Venn associado aos conjuntos do Problema 1.

Observando a Figura 2.9, reparamos que existem elementos do conjunto A que não pertencem a B. O conjunto de tais elementos é $\{1, 3, 9\}$. Conjuntos desse tipo recebem o nome de complemento relativo.

Complemento relativo

O complemento de um conjunto B com relação a um conjunto A é o conjunto dos elementos de A que não pertencem a B. Em notação matemática, o **complemento relativo** (também chamado de diferença) é o conjunto definido por:

$$A \setminus B = \{x \mid x \in A \text{ e } x \notin B\}.$$

Problema 2. Complemento relativo

Dados os conjuntos:

$$A = \{1,2,3,4\}, \quad B = \{2,4,6\} \quad \text{e} \quad C = \{1,3\},$$

temos:

a) $A \setminus B = \{1,3\}$
b) $B \setminus A = \{6\}$
c) $A \setminus C = \{2,4\}$
d) $C \setminus A = \varnothing$
e) $B \setminus C = \{2,4,6\}$
f) $C \setminus B = \{1,3\}$

Agora, tente os Exercícios 14 e 15.

A seguir, apresentamos algumas propriedades interessantes dos complementos relativos. A Figura 2.10 ilustra essas propriedades.

Algumas propriedades dos complementos relativos

Se A, B e C são conjuntos quaisquer, então:

$$A \cup B = (A \setminus B) \cup (B \setminus A) \cup (A \cap B)$$

$$C \setminus (A \cap B) = (C \setminus A) \cup (C \setminus B)$$

$$C \setminus (A \cup B) = (C \setminus A) \cap (C \setminus B)$$

Problema 3. Gosto musical

Seiscentos ouvintes de uma rádio sertaneja foram entrevistados com o objetivo de descobrir seus subgêneros musicais favoritos. Dentre as pessoas consultadas, 360 disseram-se fãs do "sertanejo de raiz" e 320 afirmaram adorar o gênero "sertanejo universitário". Quantos ouvintes têm grande apreço por esses dois ramos da música?

Solução

Nesse problema, vamos definir como T o conjunto de todos os entrevistados, R o conjunto dos ouvintes que gostam de música sertaneja de raiz e U o conjunto das pessoas às quais agrada o sertanejo universitário.

Observe que nada impede que algumas pessoas sejam fãs dos dois subgêneros da música sertaneja, de modo que a interseção dos conjuntos R e U pode não ser vazia. Vamos, então, dividir os ouvintes em três grupos distintos:

- $S = T \setminus U$ (aqueles que só gostam de música sertaneja de raiz);
- $V = T \setminus R$ (as pessoas que só ouvem o sertanejo universitário);
- $A = R \cap U$ (os ouvintes que gostam dos dois subgêneros).

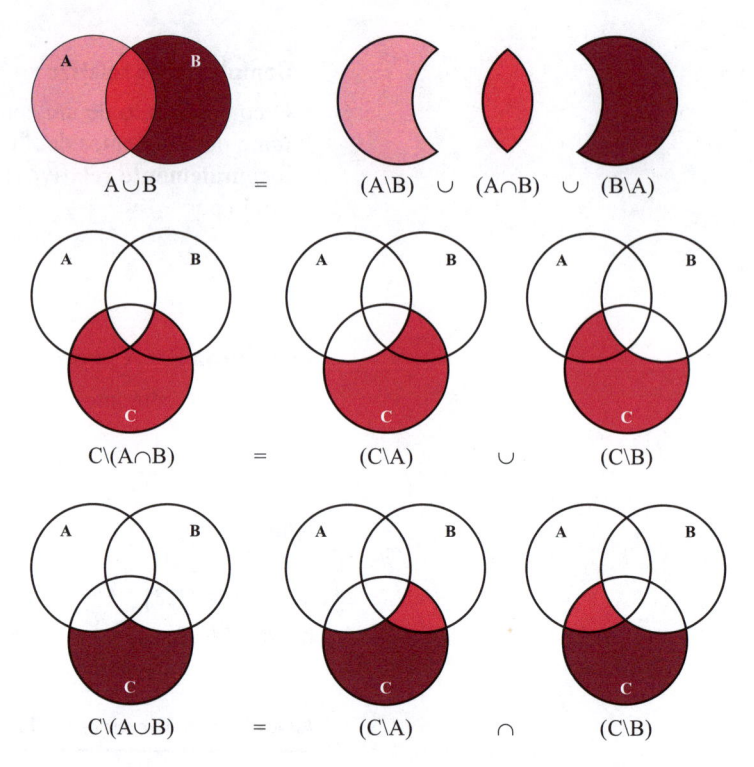

FIGURA 2.10 Propriedades dos complementos relativos.

A Figura 2.11 mostra um diagrama de Venn para esse problema, identificando os conjuntos R e U e seus subconjuntos S, V e A. Usaremos as letras minúsculas r, s, t, u, v e a para representar o número de membros dos conjuntos R, S, T, U, V e A, respectivamente. Assim, nosso objetivo será encontrar o valor de a, que representa o número de pessoas que gostam de ambos os tipos de música sertaneja.

Segundo o enunciado, há 360 ouvintes que gostam do "sertanejo de raiz", ou seja,

$$s + a = 360.$$

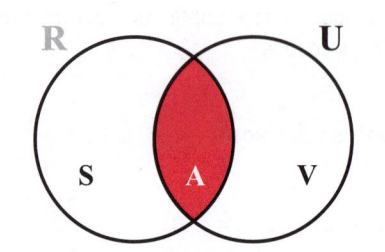

FIGURA 2.11 Conjuntos do Problema 3.

Da mesma forma, como 320 ouvintes gostam do "sertanejo universitário", escrevemos:

$$v + a = 320.$$

Finalmente, sabemos que o total de ouvintes é igual a 600, de modo que

$$s + v + a = 600.$$

Isolando s na primeira e v na segunda equação, obtemos:

$$s = 360 - a \quad \text{e} \quad v = 320 - a$$

Substituindo, agora, essas variáveis na terceira equação, concluímos que

$$(360 - a) + (320 - a) + a = 600,$$

que é equivalente a

$$680 - a = 600.$$

Resolvendo essa equação, obtemos $a = 80$, o que significa que 80 ouvintes gostam dos dois tipos de música sertaneja. Assim,

$$s = 360 - 80 = 280 \quad \text{e} \quad v = 320 - 80 = 260,$$

de modo que 280 pessoas só gostam de sertanejo de raiz e 260 pessoas só ouvem o sertanejo universitário.

Agora, tente os Exercícios 17 e 20.

Problema 4. Pesquisa eleitoral

A cidade de Cafundó está em polvorosa com a proximidade da eleição para prefeito, cargo que é desejado por três candidatos, que chamaremos de A, B e C, para preservar suas identidades.

Segundo a pesquisa eleitoral mais recente, das 3.000 pessoas entrevistadas,

i) 1.506 declararam que votariam no candidato A;

ii) 1.169 disseram que votariam no candidato B;

iii) 880 se dispuseram a votar no candidato C.

A pesquisa também indicou que, desses eleitores que declararam o voto,

iv) 324 votariam em A ou B;

v) 279 votariam em B ou C;

vi) 306 votariam em A ou C;

vii) 184 votariam em qualquer um dos candidatos.

Com base nesses dados, desejamos saber

a) Quantos eleitores estão decididos a votar no candidato A.

b) Quantos eleitores votariam em A ou B, mas não em C.

c) Quantos eleitores não votarão no candidato B.

d) Quantas pessoas já decidiram em quem votarão.

e) Quantas pessoas não pretendem votar em nenhum dos três candidatos.

Solução

A Figura 2.12 mostra os conjuntos dos eleitores de A, B e C. O retângulo em torno do diagrama de Venn representa o conjunto total de entrevistados, que inclui os eleitores que não pretendem votar em nenhum dos candidatos.

Note que os conjuntos dos eleitores de A, B e C têm interseção não vazia, já que há pessoas que ainda não se decidiram por um único candidato. Por esse motivo, vamos definir, também:

- n_A = número de eleitores que votariam exclusivamente em A;
- n_B = número de eleitores que votariam exclusivamente em B;
- n_C = número de eleitores que votariam exclusivamente em C;
- n_{AB} = número de eleitores que votariam somente em A ou B;
- n_{BC} = número de eleitores que votariam somente em B ou C;
- n_{AC} = número de eleitores que votariam somente em A ou C;
- n_{ABC} = número de eleitores que votariam em qualquer candidato;
- n_N = número de eleitores que não votariam em nenhum candidato.

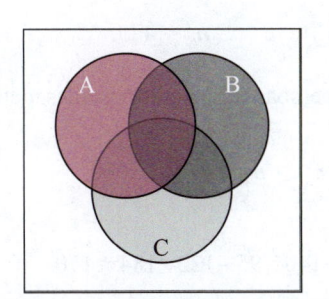

FIGURA 2.12 Conjuntos do Problema 4.

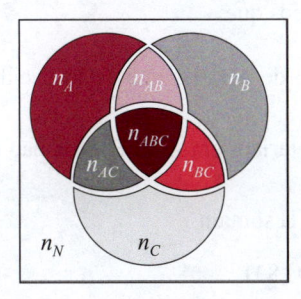

FIGURA 2.13 Subconjuntos do diagrama de Venn e valores a eles associados.

Para simplificar a resolução do problema, marcamos o valor de n_{ABC} no diagrama de Venn, como mostrado na Figura 2.14.

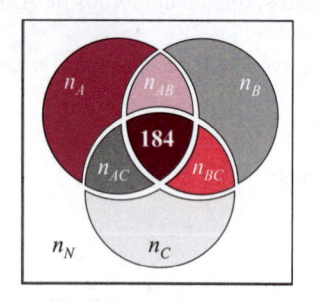

FIGURA 2.14 Diagrama de Venn com o valor de n_{ABC}.

Nosso objetivo é calcular os valores de todas essas oito variáveis, cada qual associada a um subconjunto de eleitores, conforme indicado na Figura 2.13.

Comparando as Figuras 2.12 e 2.13, notamos que o número de eleitores que se dispõem a votar no candidato A é igual a

$$n_A + n_{AB} + n_{AC} + n_{ABC},$$

sendo possível definir expressões análogas para os eleitores dos candidatos B e C. Da mesma forma, o número de eleitores que podem votar em A ou B é dado por:

$$n_{AB} + n_{ABC}.$$

Identificar esses conjuntos é importante, pois eles estabelecem a relação entre os dados fornecidos pelo problema e as variáveis que queremos determinar. Recorrendo, então, ao item (vii) do enunciado, podemos concluir que

$$n_{ABC} = 184.$$

Recorrendo, agora, aos itens (iv), (v) e (vi) do enunciado, descobrimos também que

$$n_{AB} + n_{ABC} = 324,$$
$$n_{BC} + n_{ABC} = 279,$$
$$n_{AC} + n_{ABC} = 306.$$

Substituindo, então, n_{ABC} por 184, obtemos:

$$n_{AB} = 140, \qquad n_{BC} = 95 \quad \text{e} \quad n_{AC} = 122.$$

Para encontrar os valores de n_A, n_B e n_C, empregamos os itens (i), (ii) e (iii) do enunciado, que afirmam que

$$n_A + n_{AB} + n_{AC} + n_{ABC} = 1506,$$
$$n_B + n_{AB} + n_{BC} + n_{ABC} = 1169,$$
$$n_A + n_{AC} + n_{BC} + n_{ABC} = 880.$$

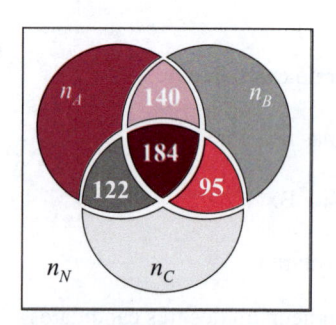

FIGURA 2.15 Diagrama de Venn com os valores de n_{AB}, n_{BC} e n_{AC}.

Assim, usando os valores conhecidos de n_{AB}, n_{BC}, n_{AC} e n_{ABC} (dados na Figura 2.15), obtemos:

$$n_A = 1060, \qquad n_B = 750 \quad \text{e} \quad n_C = 479.$$

Finalmente, usando o fato de que 3.000 pessoas foram entrevistadas, determinamos n_N usando a equação

$$n_A + n_B + n_C + n_{AB} + n_{BC} + n_{AC} + n_{ABC} + n_N = 3000.$$

Logo,

$$n_N = 3000 - 1060 - 750 - 479 - 140 - 95 - 122 - 184 = 170.$$

A Figura 2.16 mostra o diagrama de Venn com o número de membros de cada subconjunto. Com base nessa figura, concluímos que:

a) dentre os eleitores de Cafundó, o número de pessoas que estão decididas a votar em A é dado por $n_A = 1060$;

b) por sua vez, o número de eleitores que votariam em A ou B, mas não em C, corresponde a $n_{AB} = 140$;

c) já as pessoas que não pretendem votar em B somam

$$3000 - 1169 = 1831,$$

que é a diferença entre o total de eleitores e o número de pessoas com disposição de votar em B.

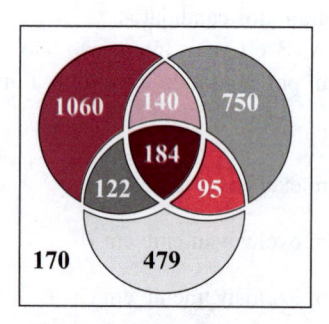

FIGURA 2.16 Diagrama de Venn com o número de membros de todos os subconjuntos.

Observe que esse valor também poderia ser obtido a partir da soma $n_A + n_C + n_{AC} + n_N$.

d) o número de pessoas que já decidiram em quem votarão é igual a

$$n_A + n_B + n_C = 1.060 + 750 + 479 = 2.289.$$

e) por fim, não estão dispostas a votar nesses candidatos exatas $n_N = 170$ pessoas.

Agora, tente os Exercícios 21 e 23.

Problema 5. Funcionários especializados

Uma empresa tem 5.000 funcionários. Destes, 48% têm mais de 30 anos, 36% são especializados e 1.400 têm mais de 30 anos e são especializados. Quantos funcionários têm até 30 anos e não são especializados?

Solução

Para resolver esse problema, vamos começar calculando o número de funcionários a que corresponde cada percentual do enunciado. Como a firma é composta de 5.000 pessoas, constatamos que

$$0,48 \times 5000 = 2400 \text{ funcionários têm mais de 30 anos;}$$
$$0,36 \times 5000 = 1800 \text{ funcionários são especializados.}$$

Dividamos, agora, os funcionários em quatro conjuntos:

- A: pessoas com mais de 30 anos e especializadas;
- B: pessoas com mais de 30 anos e não especializadas;
- C: pessoas com, no máximo, 30 anos e especializadas;
- D: pessoas com, no máximo, 30 anos e não especializadas.

> Observe que os conjuntos A, B, C e D têm interseção nula, ou seja, cada funcionário só pode pertencer a um desses conjuntos.

A Tabela 2.20, resume as informações do problema. Nela, o número de funcionários de cada grupo está indicado em vinho. Valores desconhecidos são representados por $n(Conj)$.

TABELA 2.20 Número de funcionários dos conjuntos do Problema 5.

Idade	Especialização		Total
	Sim	Não	
> 30	A 1400	B $n(B)$	$A \cup B$ 2400
≤ 30	C $n(C)$	D $n(D)$	$C \cup D$ $n(C \cup D)$
Total	$A \cup C$ 1800	$B \cup D$ $n(B \cup D)$	$A \cup B \cup C \cup D$ 5000

> Repare que, como A, B, C e D têm interseção nula, a última coluna da tabela fornece a soma dos valores das colunas anteriores. Da mesma forma, a última linha fornece a soma das linhas anteriores.

Nosso objetivo é calcular $n(D)$, o número de funcionários que pertencem ao conjunto D. Para determinar esse valor, vamos efetuar três passos:

1. Cálculo do número de membros do conjunto C:

$$n(C) = n(A \cup C) - n(A) = 1800 - 1400 = 400.$$

2. Cálculo do número de membros do conjunto $C \cup D$:

$$n(C \cup D) = N(A \cup B \cup C \cup D) - N(A \cup B) = 5000 - 2400 = 2600.$$

3. Cálculo do número de membros do conjunto D:

$$n(D) = N(C \cup D) - N(C) = 2600 - 400 = 2200.$$

Logo, a empresa tem 2.200 funcionários sem especialização e com até 30 anos.

Agora, tente o Exercício 24.

O conjunto com o qual trabalharemos mais frequentemente neste livro envolve números reais e é chamado de intervalo. Exploraremos esse tipo de conjunto na próxima seção.

Exercícios 2.6

1. Dado $S = \{0; -1; 3; \frac{2}{3}; 0{,}621; \sqrt{2}; -\frac{1}{5}; \pi\}$, encontre o conjunto formado
   a) pelos números naturais de S;
   b) pelos números inteiros de S;
   c) pelos números racionais de S;
   d) pelos números irracionais de S.

2. Forneça os conjuntos descritos pelas propriedades a seguir.
   a) $\{x \in \mathbb{N} \mid x \text{ é menor ou igual a } 10\}$
   b) $\{x \in \mathbb{N} \mid x \text{ é um divisor de } 18\}$
   c) $\{x \in \mathbb{N} \mid x \text{ é um múltiplo de } 3\}$
   d) $\{x \in \mathbb{Z} \mid x \text{ é maior que } -6 \text{ e menor que } 6\}$

3. Descreva cada um dos conjuntos a seguir por meio de uma propriedade.
   a) $\{2, 4, 6, 8, \ldots\}$
   b) $\{5, 10, 15, 20, 25, \ldots\}$
   c) $\{2, 3, 5, 7, 11, 13, 17, 19, 23, 29\}$
   d) $\{1, 2, 3, 4, \ldots, 999\}$

4. Dados os conjuntos
   $M = \{-10, 0, 10, 20\}$, $N = \{10, 20\}$ e $P = \{0, 5, 10\}$,
   verifique se as afirmações a seguir são verdadeiras.
   a) $-10 \in N$ c) $5 \notin P$ e) $M \subset N$
   b) $\frac{100}{5} \in M$ d) $N \subset M$ f) $P \subset P$

5. Dados os conjuntos A, B, C e D da figura a seguir, indique quais das seguintes afirmações são verdadeiras.
   a) $A \subset B$ d) $\varnothing \supset B$ g) $D \subset D$ j) $B \not\subset A$
   b) $A \supset B$ e) $A \supset C$ h) $D \subset C$ k) $D \not\supset B$
   c) $\varnothing \subset B$ f) $B \subset C$ i) $C \not\supset A$ l) $D \not\supset \varnothing$

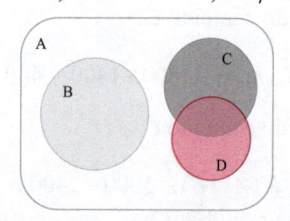

6. Tomando novamente por base a figura do Exercício 5, verifique se as afirmações a seguir são verdadeiras.
   a) $(C \cup D) \subset C$ d) $(C \cap B) \subset A$ g) $(D \cap B) = \varnothing$
   b) $(C \cap D) \subset D$ e) $(C \cup A) \subset A$ h) $(D \cup B) \supset A$
   c) $(C \cup D) \subset A$ f) $(C \cap A) = C$ i) $(C \cap D) \supset D$

7. Dados os conjuntos
   $A = \{x \in \mathbb{N} \mid x \text{ é múltiplo de } 2 \text{ e menor que } 100\}$
   $B = \{x \in \mathbb{N} \mid x \text{ é múltiplo de } 3 \text{ e menor que } 100\}$
   $C = \{x \in \mathbb{N} \mid x \text{ é múltiplo de } 6 \text{ e menor que } 100\}$
   $D = \{x \in \mathbb{N} \mid x \text{ é múltiplo de } 9 \text{ e menor que } 100\}$
   $E = \{x \in \mathbb{N} \mid x \text{ é menor que } 100\}$

   substitua o símbolo $\square$ por $\subset$ ou $\not\subset$ em cada item a seguir, para que a afirmação correspondente seja verdadeira.
   a) $A \square B$ d) $A \square E$ g) $B \square E$
   b) $C \square A$ e) $C \square B$ h) $C \square D$
   c) $D \square A$ f) $D \square B$ i) $C \square E$

8. Dados os conjuntos
   $A = \{-2, -1, 0, 1, 2, 3, 4\}$, $B = \{-3, -1, 1, 5\}$
   e $C = \{-9, -3, 1, 3, 9\}$,
   encontre
   a) $A \cup B$ g) $(A \cup B) \cap C$
   b) $A \cup C$ h) $(A \cup C) \cap B$
   c) $A \cap B$ i) $(A \cap B) \cup C$
   d) $A \cap C$ j) $(A \cap C) \cup B$
   e) $A \cup B \cup C$ k) $A \cup (B \cap C)$
   f) $A \cap B \cap C$ l) $A \cap (B \cup C)$

9. Desenhe o diagrama de Venn associado ao Exercício 8.

10. Determine se são verdadeiras as afirmações a seguir.
    a) $A \subset (A \cup B)$ d) $A \subset (A \cap B)$
    b) $(A \cup B) \subset B$ e) $\varnothing \subset (A \cap B)$
    c) $(A \cap B) \subset B$ f) $(A \cap B) \subset (A \cup B)$

11. Para cada um dos diagramas a seguir, represente a parte destacada usando a notação de união e interseção de conjuntos.

a)

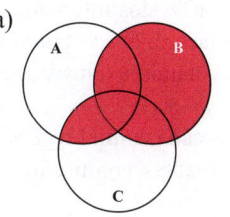

b)

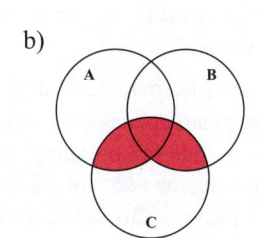

c)

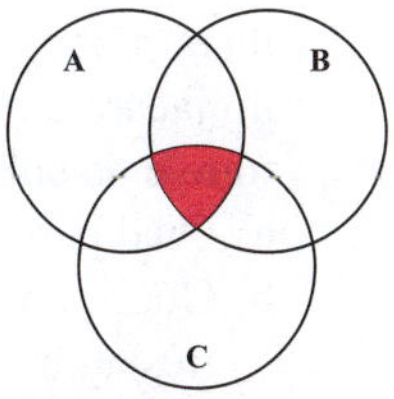

d)

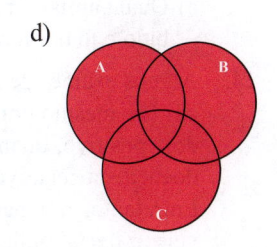

12. Dados os conjuntos U, V e W, determine:
   a) $W \cap (V \cup W)$.
   b) $(U \cap V) \cup U$.
   c) $(U \cap V) \cap (V \cap W)$.

13. Para cada um dos diagramas dados, represente a parte destacada usando a notação de união, interseção e complemento relativo de conjuntos.

a)

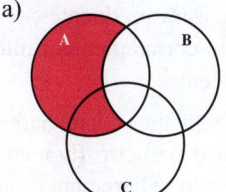

b)

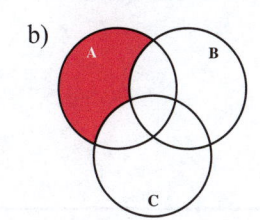

c)

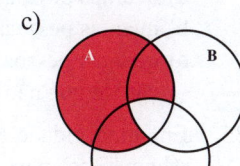

d)

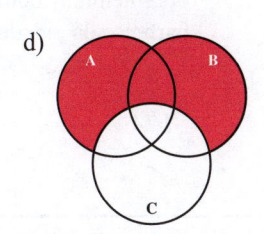

14. Dados os conjuntos:

$$A = \{b,c,d,f,g,h\}, \quad B = \{a,e,i,o,u\}$$
$$e \quad C = \{a,b,c,d,e,f,g,h,i,j\},$$

encontre

   a) $C \setminus A$
   b) $C \setminus B$
   c) $B \setminus C$
   d) $C \setminus (A \cup B)$
   e) $(C \setminus A) \cap B$
   f) $(A \cup B) \setminus C$

15. Dados os conjuntos:

$$A = \{2,4,8,16,32\}, \quad B = \{4,8,12,16,20\}$$
$$e \quad C = \{8,16,32,64\},$$

encontre:

   a) $A \setminus B$
   b) $B \setminus C$
   c) $C \setminus (A \cup B)$
   d) $C \setminus (A \cap B)$
   e) $C \cap (B \setminus A)$
   f) $C \cup (A \setminus B)$

16. Dados os conjuntos

$A = \{x \in \mathbb{N} \mid x \text{ é múltiplo de 3 e menor que 20}\}$
$B = \{x \in \mathbb{N} \mid x \text{ é múltiplo de 6 e menor que 20}\}$
$C = \{x \in \mathbb{N} \mid x \text{ é ímpar e menor que 20}\}$

encontre:

   a) $A \setminus B$
   b) $C \setminus A$
   c) $A \setminus (B \cup C)$
   d) $(B \cup C) \setminus (A \cap C)$

17. Em um grupo de 30 jovens, 20 pessoas bebem Bidu cola e 15 bebem Bidu uva. Se 9 pessoas bebem tanto Bidu cola quanto Bidu uva, quantos jovens não bebem nenhum dos dois refrigerantes?

18. Dos funcionários de uma firma, 56 falam inglês, 34 falam espanhol e 145 não falam nenhuma dessas línguas. Se 18 pessoas falam tanto inglês quanto espanhol, quantos funcionários tem a firma? Quantas pessoas falam exatamente uma das duas línguas estrangeiras?

19. Os candidatos A, B e C concorrem à presidência de um clube. Uma pesquisa apontou que, dos sócios entrevistados, 150 não pretendem votar. Dentre os entrevistados que estão dispostos a participar da eleição, 40 sócios votariam apenas no candidato A, 70 votariam apenas em B, e 100 votariam apenas no candidato C. Além disso, 190 disseram que não votariam em A, 110 disseram que não votariam em C e 10 sócios estão na dúvida e podem votar tanto em A como em C, mas não em B. Finalmente, a pesquisa revelou que 10 entrevistados votariam em qualquer candidato.

   a) Quantos sócios entrevistados estão em dúvida entre votar em B ou em C, mas não votariam em A?
   b) Dentre os sócios consultados que pretendem participar da eleição, quantos não votariam em B?
   c) Quantos sócios participaram da pesquisa?

20. Um grupo de pessoas resolveu encomendar cachorros-quentes para o lanche. Entretanto, a lanchonete enviou apenas 15 sachês de mostarda e 17 de *ketchup*, o que não é suficiente para que cada membro do grupo receba um sachê de cada molho. Desta forma, podemos considerar que há três subgrupos: um formado pelas pessoas que ganharão apenas um sachê de mostarda, outro por aquelas que ganharão apenas um sachê de *ketchup*, e o terceiro pelas que receberão um sachê de cada molho. Sabendo que, para que cada pessoa ganhe ao menos um sachê, 14 delas devem receber apenas um dos molhos, determine o número de pessoas do grupo.

21. Uma pesquisa de opinião com 1.000 espectadores da TV aberta revelou que 390 pessoas assistem à programação do canal A, 480 assistem ao canal B e 457 assistem ao canal C. Além disso, a pesquisa indicou que 151 pessoas assistem aos canais A e B, 167 espectadores assistem aos canais A e C, 188 pessoas assistem aos canais B e C, e 63 pessoas assistem a todos os três canais.
    a) Quantos entrevistados não assistem a nenhum dos três canais?
    b) Quantos espectadores assistem exclusivamente ao canal A?
    c) Quantas pessoas não assistem aos canais A ou C?
    d) Quantos espectadores assistem aos canais A e B, mas não assistem ao canal C?
    e) Quantas pessoas assistem ao menos dois canais?

22. Uma empresa de propaganda fez um levantamento sobre o consumo de três marcas de sabão em pó. Dos 1.800 entrevistados,
    - 90 pessoas usam sabão de qualquer uma das marcas A, B ou C;
    - dos 486 indivíduos que usam o sabão C, 180 o fazem com exclusividade, enquanto 216 também podem usar o sabão da marca A;
    - o público que usa apenas o sabão da marca A é o triplo do público que usa apenas o sabão C;
    - o público que usa exclusivamente a marca B é o dobro do que só consome a marca C;
    - metade dos entrevistados usa (sempre ou eventualmente) o sabão da marca A.

    Usando um diagrama de Venn, determine o número de entrevistados que não consomem sabão de nenhuma das três marcas.

23. Um clube de futebol criou um site para que seus associados escolhessem o mascote do time. Três animais foram sugeridos: tigre, jacaré e cobra. Os internautas podiam votar em mais de um animal, assim como indicar que não gostaram de nenhum dos mascotes propostos.

    A apuração do resultado revelou que 26% dos eleitores votaram apenas no tigre, 28% escolheram apenas o jacaré, 10% votaram apenas na cobra e 2% recusaram os três animais. Além disso, 12% dos internautas escolheram somente o tigre e o jacaré, 6% votaram apenas no jacaré e na cobra, e 9% votaram exclusivamente no tigre e na cobra.
    a) Qual percentual dos votos cada animal recebeu?
    b) Qual percentual dos internautas votou em todos os três animais?
    c) Qual animal foi escolhido para mascote, por ter recebido o maior número de votos?

24. Alguns exames de sangue efetuados para detectar doenças (ou mesmo gravidez) retornam apenas dois resultados: positivo, quando a pessoa que fez o exame tem a doença, ou negativo, quando a pessoa não tem a doença. Entretanto, raramente esses exames são 100% confiáveis, o que significa que é possível encontrar casos em que:
    - o exame deu positivo, mas a pessoa não está doente (falso positivo);
    - o exame deu negativo, mas a pessoa está doente (falso negativo).

    Considere um exame realizado por 1.000 pessoas, das quais 180 receberam um resultado positivo. Se 20 pessoas receberam um falso positivo e 45 receberam um falso negativo, determine:
    a) quantas pessoas receberam resultado negativo;
    b) quantas pessoas realmente estavam doentes;
    c) quantas pessoas receberam corretamente a informação de que não estavam doentes.

25. Em uma cidade, todos os homens andam barbeados. Além disso, nela há um único barbeiro (homem) que barbeia todos os homens que não se barbeiam e não barbeia nenhum homem que se barbeia. Quem barbeia o barbeiro da cidade?

2.7 Intervalos

Muitos problemas de álgebra têm um conjunto infinito de soluções reais, que corresponde a um ou mais intervalos da reta real. Um **intervalo** (real) é o conjunto de números (reais) compreendidos entre dois valores a e b. A inclusão ou exclusão dos valores extremos a e b permite-nos definir vários tipos de intervalo.

> **Intervalo aberto**
>
> Dados dois números reais a e b, tais que $a < b$, definimos o **intervalo aberto** (a, b) como o conjunto de números reais maiores que a e menores que b, ou seja,
>
> $$(a,b) = \{x \in \mathbb{R} \mid a < x < b\}.$$

CAPÍTULO 2 – Equações e inequações ■ 137

FIGURA 2.17 O intervalo $(-2,5)$.

A Figura 2.17 mostra o intervalo aberto $(-2, 5)$ na reta real. Observe que os extremos -2 e 5 são representados por círculos vazados, para indicar que esses pontos não fazem parte do conjunto.

Intervalo fechado
Dados dois números reais a e b, tais que $a \leq b$, definimos o **intervalo fechado** $[a, b]$ como o conjunto de números reais maiores ou iguais a a e menores ou iguais a b, ou seja,

$$[a,b] = \{x \in \mathbb{R} \mid a \leq x \leq b\}.$$

FIGURA 2.18 O intervalo $[-3,3]$.

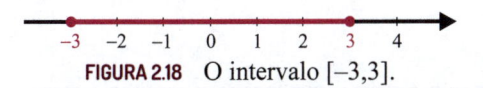

A Figura 2.18 mostra o intervalo fechado $[-3, 3]$ na reta real. Nesse caso, os círculos preenchidos que aparecem no -3 e no 3 indicam que esses pontos fazem parte do conjunto.

Intervalos mistos
Dados dois números reais a e b, tais que $a < b$, também definimos intervalos que são abertos em uma extremidade e fechados em outra:

$$(a,b] = \{x \in \mathbb{R} \mid a < x \leq b\} \quad \text{e} \quad [a,b) = \{x \in \mathbb{R} \mid a \leq x < b\}.$$

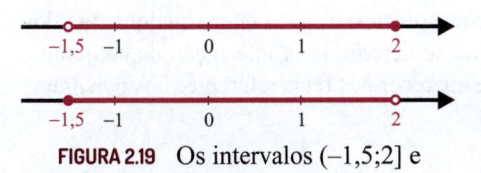

A Figura 2.19 mostra os dois tipos possíveis de intervalos mistos.

Finalmente, podemos ter intervalos que não são limitados em alguma extremidade. Nesse caso, usamos o símbolo de **infinito**, ∞, para indicar que não há extremo direito, e $-\infty$ para indicar que não há limite esquerdo.

FIGURA 2.19 Os intervalos $(-1,5;2]$ e $[-1,5;2)$.

Intervalos ilimitados
Dado o número real a, definimos:

$$(-\infty, a) = \{x \in \mathbb{R} \mid x < a\}, \quad (a, \infty) = \{x \in \mathbb{R} \mid x > a\},$$
$$(-\infty, a] = \{x \in \mathbb{R} \mid x \leq a\}, \quad [a, \infty) = \{x \in \mathbb{R} \mid x \geq a\}.$$

Também podemos usar $(-\infty, \infty)$ para representar o conjunto $\mathbb{R}$.

Note que sempre combinamos ∞ com um parêntese, e não um colchete, já que não há um limite superior estrito para o intervalo. De forma análoga, $-\infty$ também é acompanhado por parêntese. A Figura 2.20 mostra exemplos de intervalos ilimitados.

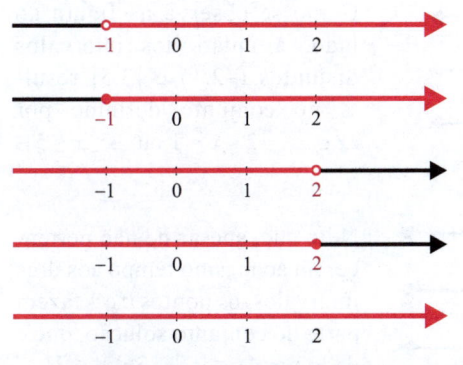

FIGURA 2.20 Os intervalos ilimitados $(-1, \infty)$, $[-1, \infty)$, $(-\infty, 2)$, $(-\infty, 2]$ e $(-\infty, \infty)$.

O uso de ∞ e $-\infty$
O símbolo ∞ não é usado para representar um número real específico. Empregamos o símbolo de infinito para indicar que certo intervalo não tem limite superior ou para discutir o que ocorre quando o valor de uma variável (como x) cresce ilimitadamente. Como ∞ não é um número, não deve fazer parte de operações que envolvem números reais. Em particular, as expressões $\infty - \infty$, $0 \times \infty$ e $\dfrac{\infty}{\infty}$ não estão definidas.

Argumentação análoga vale para $-\infty$, que usamos apenas para indicar que um intervalo não tem limite inferior, ou para analisar o que ocorre com uma variável que decresce ilimitadamente.

Problema 1. Intervalos

Reescreva os intervalos abaixo usando desigualdades e represente-os na reta real.

a) $(-7, 4]$ b) $[-\pi, \pi]$ c) $[0, \infty)$ d) $(-\infty, -2)$.

Solução

a) $(-7, 4] = \{x \in \mathbb{R} \mid -7 < x \leq 4\}$
b) $[-\pi, \pi] = \{x \in \mathbb{R} \mid -\pi \leq x \leq \pi\}$
c) $[0, \infty) = \{x \in \mathbb{R} \mid x \geq 0\}$
d) $(-\infty, -2) = \{x \in \mathbb{R} \mid x < -2\}$

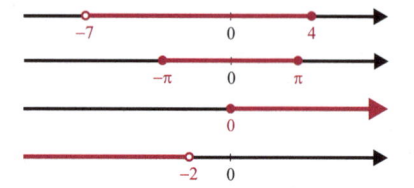

Agora, tente o Exercício 1.

■ União e interseção de intervalos

Como os intervalos nada mais são que conjuntos de números reais, a eles podemos aplicar os conceitos de união e interseção vistos na Seção 2.6. Uma maneira prática de determinar a união ou interseção de dois intervalos consiste em desenhar cada um desses intervalos na reta real e, em seguida, traçar uma terceira reta que contenha o conjunto solução.

Para não cometer algum erro nesse processo, é preciso ficar atento à inclusão ou exclusão dos extremos dos intervalos. Observe que, quando se trata da união de conjuntos, o extremo será incluído na solução se aparecer em qualquer um dos intervalos originais. Por outro lado, ao se determinar a interseção de conjuntos, o extremo só fará parte da solução se aparecer nas retas referentes aos dois intervalos.

Problema 2. Determinação da união e da interseção de intervalos

Reescreva os conjuntos a seguir usando desigualdades. Represente-os na reta real.

a) $(-2, 1) \cup [3, 5]$ c) $(-2, 2] \cap (0, 4]$ e) $(-\infty; 3,75) \cap (-1; 3,75]$
b) $(-3, 1) \cup (0, 2)$ d) $[-3, 1] \cap [2; \infty)$.

Solução

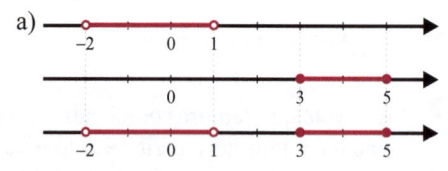

a) Como se observa na figura ao lado, a união dos intervalos disjuntos $(-2, 1)$ e $[3, 5]$ resulta no conjunto definido por $\{x \in \mathbb{R} \mid -2 < x < 1 \text{ ou } 3 \leq x \leq 5\}$.

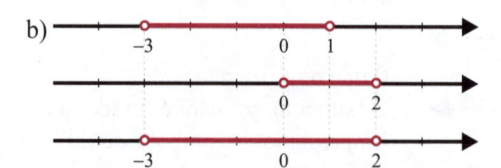

b) Note que, apesar de não pertencerem ao mesmo tempo aos dois intervalos, os pontos 0 e 1 fazem parte do conjunto solução, que é dado por $\{x \in \mathbb{R} \mid -3 < x < 2\}$.

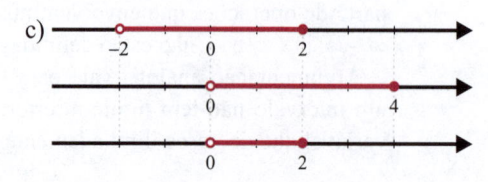

c) Nesse exemplo, o ponto 0 não foi incluído na solução, pois não pertence ao segundo intervalo. Já o ponto 2 faz parte da interseção, dada por $\{x \in \mathbb{R} \mid 0 < x \leq 2\}$.

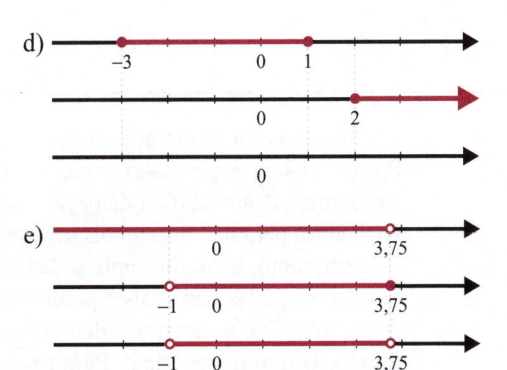

d) Nesse caso, os intervalos não possuem pontos em comum, Portanto, sua interseção é vazia, ou seja, é dada por $\varnothing$.

e) Aqui, o ponto 3,75 não pertence ao primeiro intervalo, assim como –1 não pertence ao segundo intervalo. A interseção é dada por $\{x \in \mathbb{R} \mid -1 < x < 3,75\}$.

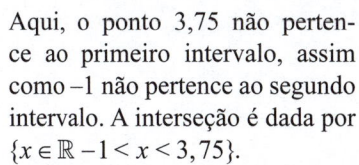

Exercícios 2.7

1. Descreva os intervalos a seguir usando desigualdades. Depois, desenhe-os na reta real.
   a) $(-2, 0)$
   b) $[1, 6)$
   c) $(-3, \infty)$
   d) $(-\infty; 12,5]$
   e) $[-4,5]$
   f) $(-5, -2]$

2. Escreva os conjuntos a seguir na forma de intervalos e desenhe-os na reta real.
   a) $\{x \in \mathbb{R} \mid x \geq 0,17\}$
   b) $\{x \in \mathbb{R} \mid x \leq 4\}$
   c) $\{x \in \mathbb{R} \mid -3 < x < -1\}$
   d) $\{x \in \mathbb{R} \mid -1 \leq x \leq 0\}$
   e) $\{x \in \mathbb{R} \mid \frac{1}{100} \leq x < 100\}$
   f) $\{x \in \mathbb{R} \mid x \leq -2 \text{ ou } x > 5\}$
   g) $\{x \in \mathbb{R} \mid x > -4\}$
   h) $\{x \in \mathbb{R} \mid x < \sqrt{3}\}$

3. Indique se são verdadeiras as afirmações dadas.
   a) $-\sqrt{5} \in (-3, -1)$
   b) $5 \in (3, 5)$
   c) $1 - \sqrt{3} \notin (1 - \sqrt{2}, 1 + \sqrt{2})$
   d) $[-2, 3] \subset [-1, 7]$
   e) $(-4, -1) \subset (-\infty, -1]$
   f) $[-1, 2] \subset [-3, 0] \cup [1, 4]$

4. Considerando os conjuntos
   $A = \{x \in \mathbb{R} \mid x \geq 1\}$, $B = \{x \in \mathbb{R} \mid x < 2\}$,
   $C = \{x \in \mathbb{R} \mid -2 < x \leq 4\}$,
   determine:
   a) $A \cup C$
   b) $B \cup C$
   c) $A \cup B$
   d) $A \cap C$
   e) $B \cap C$
   f) $A \cap B$

5. Reescreva os intervalos dados na forma mais simples e compacta possível.
   a) $[-4, 5] \cup [-2, 1]$
   b) $[-2, 3] \cup [3, 4]$
   c) $(0, 2) \cup [2, 8]$
   d) $(-1, 4) \cup (4, 6)$
   e) $[-4, 1) \cup (-2, 2]$
   f) $[-4, -\frac{5}{2}) \cup (-3, -2)$
   g) $(-\infty, 6) \cup (4, 7)$
   h) $(-\infty, 5) \cup (-1, \infty)$

6. Escreva os conjuntos a seguir usando desigualdades e represente-os na reta real.
   a) $(-3, 1) \cup (-1, 2)$
   b) $[-2, 2) \cap (\frac{1}{2}, 4]$
   c) $[1, 4) \cup (1, 6]$
   d) $(-\infty, 2] \cap (-2, 0]$
   e) $(-\infty, -2] \cup [3, \infty)$
   f) $(-\infty, 8) \cap (8, \infty)$

7. Descreva os conjuntos dados usando a notação de intervalo.
   a) [1, 7] (fechado)
   b) (–2, 5) (aberto)
   c) [–8, ∞)
   d) [1/2, ∞)
   e) (–4, –1)
   f)  [–3, 0)
   g) 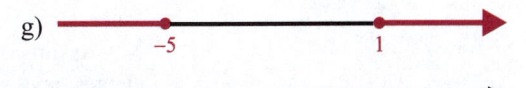 [–5, 1]
   h)  [–1, 0] ∪ [2, 3]

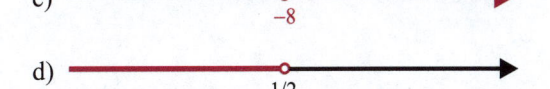

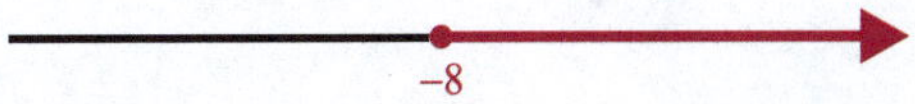

8. Descreva os conjuntos do Exercício 7 usando desigualdades.

9. Considerando os conjuntos
   $A = (-\infty, -3]$, $B = (-1, 7)$, e $C = [-5, 6]$,
   determine:
   a) $A \cup C$
   b) $B \cup C$
   c) $A \cap C$
   d) $B \cap C$
   e) $A \cup B \cup C$
   f) $A \cap B \cap C$
   g) $(A \cup B) \cap C$
   h) $A \cup (B \cap C)$
   i) $(A \cap B) \cup C$

2.8 Inequações

As equações são úteis quando queremos que dois valores coincidam, como no Problema 4 da Seção 2.4, no qual era preciso dividir uma conta de restaurante. É claro que, quanto se trata de pagar contas, queremos que o valor gasto seja igual ao devido, para não desembolsarmos mais que o estritamente necessário.

Entretanto, há muitas aplicações práticas que não se enquadram nesse modelo, como aquelas nas quais é preciso comparar alternativas. Em problemas desse tipo, o objetivo é descobrir, dentre várias opções, qual possui o **menor** custo ou fornece o **maior** benefício. Para resolver esse tipo de problema, substituímos o símbolo = das equações por um dos símbolos "≤", "<", ">" ou "≥". Obtemos, assim, uma **inequação**, ou **desigualdade**.

São exemplos de inequações:

a) $4x \leq 12$;

b) $2 \leq |x-3| < 5$;

c) $x(3x-10) \geq 2(17-6x)$;

d) $\frac{x-6}{1-5x} > 11$.

> **Lembrete**
> Se você deseja revisar o significado dos símbolos ≤, <, > e ≥, e a relação deles com a reta real, não deixe de visitar a Seção 1.5.

Não é difícil descobrir se um número real é ou não solução de uma inequação. Para tanto, basta substituí-lo nas expressões envolvidas e verificar se a desigualdade é satisfeita. Tomando como exemplo a inequação (a) apresentada, observamos que $x = -5$ e $x = 2,5$ são soluções, mas que $x = 6$ não é solução, já que

$4 \cdot (-5)$	≤	12	Substituindo x por –5.
–20	≤	12	Ok! A desigualdade foi satisfeita.
$4 \cdot 2,5$	≤	12	Substituindo x por 2,5.
10	≤	12	Ok! A desigualdade é válida.
$4 \cdot 6$	≤	12	Substituindo x por 6.
24	≤	12	Falso! A desigualdade não foi satisfeita.

Entretanto, geralmente não queremos saber apenas se um número é solução de uma desigualdade, mas resolvê-la, ou seja, encontrar todos os valores da variável que fazem que a desigualdade seja verdadeira.

Para descobrir **todas** as soluções de uma inequação, não é possível recorrer à substituição de valores. A melhor estratégia, nesse caso, consiste na transformação da inequação em outra equivalente, mas mais simples. Aplicando essa ideia sucessivas vezes, chega-se à solução do problema.

Assim como foi feito no caso das equações, a obtenção de inequações equivalentes deve ser feita com base em algumas propriedades, as quais são apresentadas no quadro a seguir para o caso em que o símbolo "≤" aparece.

Propriedades das inequações

Sejam dadas as expressões A, B, C e D.

Propriedade	Exemplo
1. Se $A \leq B$, então $B \geq A$	Se $-5 \leq x$, então $x \geq -5$
2. Se $A \leq B$ e $B \leq C$, então $A \leq C$	Se $x \leq y$ e $y \leq 64$, então $x \leq 64$
3. Se $A \leq B$, então $A + C \leq B + C$	Se $x - 3 \leq 7$, então $x - 3 + 3 \leq 7 + 3$

(continua)

Propriedades das inequações (cont.)

Propriedade	Exemplo
4. Se $C > 0$ e $A \leq B$, então $CA \leq CB$	Se $0{,}5x \leq 12$, então $2 \cdot 0{,}5x \leq 2 \cdot 24$
5. Se $C < 0$ e $A \leq B$, então $CA \geq CB$	Se $-3x \leq 9$, então $-\frac{1}{3} \cdot (-3x) \geq -\frac{1}{3} \cdot 9$
6. Se $A \leq B$ e $C \leq D$, então $A + C \leq B + D$	Se $x \leq 8$ e $y \leq 5$, então $x + y \leq 8 + 5$

As propriedades dadas são intuitivas, com exceção da quinta. Além disso, sente-se a falta de regras que envolvam a subtração e a divisão, bem como outros símbolos, como "≥". Vamos, então, analisar cada um desses casos.

Subtração de uma expressão

Analogamente ao que foi observado no caso das equações, a Propriedade 3 pode ser usada para a subtração de uma expressão C, já que $A - C = A + (-C)$. Logo,

> se $A \leq B$, então $A - C \leq B - C$.

Análise das regras do produto

Observe que há duas propriedades relativas ao produto, dependendo do sinal de C. A primeira delas, a Propriedade 4, parece natural. Já a Propriedade 5 sempre suscita muitas dúvidas, pois envolve a inversão do sinal da desigualdade. Para aqueles que relutam em aceitar essa inversão, o melhor remédio é verificar o que acontece quando multiplicamos uma desigualdade óbvia, como $-2 \leq 0$, por um número negativo. O que aconteceria se não trocássemos "≤" por "≥", nesse caso?

Como sabemos que $2 \geq 0$, constatamos que é necessária a inversão de sinal da desigualdade.

-2	$\leq$	0	Inequação original com "≤".
$(-1) \cdot (-2)$	?	$(-1) \cdot (0)$	Usamos "≤" ou "≥" ao multiplicar os dois lados por -1?
2	$\geq$	0	Devemos trocar o sinal para "≥".

De fato, a Propriedade 5 pode ser substituída, nesse exemplo, pelas Propriedades 3 e 1, como mostrado a seguir.

-2	$\leq$	0	Inequação original com "≤".
$-2 + 2$	$\leq$	$0 + 2$	Propriedade 3.
0	$\leq$	2	Simplificação da inequação.
2	$\geq$	0	Propriedade 1.

Como se observa, se a Propriedade 5 não envolvesse a troca do sinal da desigualdade, o resultado de sua aplicação não seria igual àquele obtido quando se usa as Propriedades 3 e 1.

Divisão por uma expressão

Como o produto $\frac{1}{C} A$ é equivalente à divisão $\frac{A}{C}$, as Propriedades 4 e 5 implicam que,

No exemplo apresentado para a Propriedade 5, no quadro, poderíamos ter escrito simplesmente $\frac{-3x}{-3} \geq \frac{9}{-3}$.

> se $C > 0$ e $A \leq B$, então $\frac{A}{C} \leq \frac{B}{C}$.
>
> se $C < 0$ e $A \leq B$, então $\frac{A}{C} \geq \frac{B}{C}$.

Mutatis mutandis, as propriedades dadas também valem nos casos em que a desigualdade inclui "<" e ">".

Inequações do tipo "maior ou igual"

Usando a Propriedade 1, fica fácil converter as demais propriedades para os casos em que a desigualdade envolve o símbolo "≥". Assim, por exemplo, considerando que $A \leq B$ é equivalente a $B \geq A$, as Propriedades 3 e 4 podem ser escritas como a seguir:

> Se $B \geq A$, então $B + C \geq A + C$.
> Se $C > 0$ e $B \geq A$, então $CB \geq CA$.

Isso corresponde a ler da direita para a esquerda as desigualdades que aparecem no quadro. De forma semelhante, a Propriedade 5 pode ser convertida em:

> se $C < 0$ e $B \geq A$, então $CB \leq CA$.

Observando as duas versões da Propriedade 5, concluímos que, *ao multiplicarmos uma desigualdade por um número negativo, devemos inverter o sinal da desigualdade*. Essa ideia está ilustrada nos exemplos a seguir:

a) Se $-x \geq -5$, então $(-1)(-x) \leq (-1)(-5)$, de modo que $x \leq 5$.

b) Se $-2x \leq 28$, então $\frac{-2x}{-2} \geq \frac{28}{-2}$, de modo que $x \geq -14$.

Note que, nesses exemplos, usamos a Propriedade 5 para isolar a variável x. Dessa forma, qualquer número real menor ou igual a 5 é solução da inequação do exemplo (a). Da mesma forma, o conjunto solução da inequação do exemplo (b) é $\{x \in \mathbb{R} \mid x \geq -14\}$. A Figura 2.21 mostra esses conjuntos na reta real.

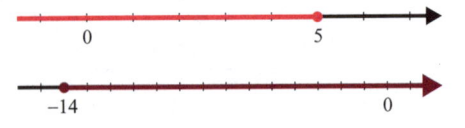

FIGURA 2.21 As soluções dos exemplos (a) e (b) na reta real.

■ Inequações lineares

Nesta subseção, veremos como aplicar as propriedades dadas no quadro das páginas 140 e 141 à resolução de inequações lineares, que são definidas a seguir.

> **Inequação linear**
> Uma inequação é dita **linear** ou **de primeiro grau** se é equivalente a
> $$ax \leq b \quad \text{ou} \quad ax < b \quad \text{ou} \quad ax > b \quad \text{ou} \quad ax \geq b,$$
> em que a e b são constantes reais, com $a \neq 0$.

As inequações lineares sempre têm infinitas soluções, que podem ser apresentadas usando a notação de conjunto introduzida na Seção 2.6. A obtenção das soluções de uma inequação linear envolve a mesma estratégia apresentada para as equações lineares, ou seja, a aplicação sucessiva das propriedades até o isolamento da variável. Os problemas resolvidos a seguir ilustram esse procedimento.

Problema 1. Inequações lineares

Resolva as desigualdades:

a) $5x - 12 \leq 0$

b) $7 - 3x < 10$

c) $51 \leq 6x + 15$

d) $16 - 4x \geq 11x - 29$

e) $\dfrac{2x}{3} + 6 \geq \dfrac{x}{5} + 9$

f) $3(x - 8) > 9x - 24$

g) $\dfrac{7x - 4}{4} + \dfrac{1 - 3x}{2} > \dfrac{x - 1}{3} - 1$

Solução

a)

$5x - 12$	$\leq$	0	Inequação original.
$5x - 12 + 12$	$\leq$	$0 + 12$	Propriedade 3.
$5x$	$\leq$	12	Inequação simplificada.
$\dfrac{5x}{5}$	$\leq$	$\dfrac{12}{5}$	Propriedade 4.
x	$\leq$	$\dfrac{12}{5}$	Solução da inequação.

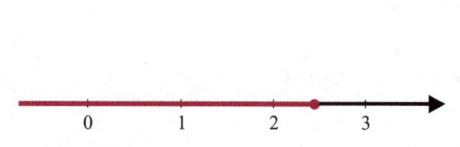

FIGURA 2.22 Solução do item (a).

b)

$7 - 3x$	$<$	10	Equação original.
$7 - 7 - 3x$	$<$	$10 - 7$	Propriedade 3.
$-3x$	$<$	3	Inequação simplificada.
$\dfrac{-3x}{-3}$	$>$	$\dfrac{3}{-3}$	Propriedade 5.
x	$>$	-1	Solução da inequação.

FIGURA 2.23 Solução do item (b).

c)

51	$\leq$	$6x + 15$	Equação original.
$51 - 15$	$\leq$	$6x + 15 - 15$	Propriedade 3.
36	$\leq$	$6x$	Inequação simplificada.
$6x$	$\geq$	36	Propriedade 1.
$\dfrac{6x}{6}$	$\geq$	$\dfrac{36}{6}$	Propriedade 4.
x	$\geq$	6	Solução da inequação.

d)

$16 - 4x$	$\geq$	$11x - 29$	Equação original.
$16 - 16 - 4x$	$\geq$	$11x - 29 - 16$	Propriedade 3.
$-4x$	$\geq$	$11x - 45$	Inequação simplificada.
$-4x - 11x$	$\geq$	$11x - 11x - 45$	Propriedade 3.
$-15x$	$\geq$	-45	Inequação simplificada.
$\dfrac{-15x}{-15}$	$\leq$	$\dfrac{-45}{-15}$	Propriedade 5.
x	$\leq$	3	Solução da inequação.

e)

$\dfrac{2x}{3} + 6$	$\geq$	$\dfrac{x}{5} + 9$	Equação original.
$\dfrac{2x}{3} - \dfrac{x}{5} + 6$	$\geq$	$\dfrac{x}{5} - \dfrac{x}{5} + 9$	Propriedade 3.
$\dfrac{10x - 3x}{15} + 6$	$\geq$	9	Subtração de frações.

$$\frac{7x}{15} + 6 \geq 9 \qquad \text{Inequação simplificada.}$$

$$\frac{7x}{15} + 6 - 6 \geq 9 - 6 \qquad \text{Propriedade 3.}$$

$$\frac{7x}{15} \geq 3 \qquad \text{Inequação simplificada.}$$

$$\left(\frac{15}{7}\right) \cdot \left(\frac{7x}{15}\right) \geq \left(\frac{15}{7}\right) \cdot 3 \qquad \text{Propriedade 4.}$$

$$x \geq \frac{45}{7} \qquad \text{Solução da inequação.}$$

f)
$$3(x - 8) > 9x - 24 \qquad \text{Equação original.}$$
$$3x - 24 > 9x - 24 \qquad \text{Propriedade distributiva.}$$
$$3x - 24 + 24 > 9x - 24 + 24 \qquad \text{Propriedade 3.}$$
$$3x \geq 9x \qquad \text{Inequação simplificada.}$$
$$3x - 9x > 9x - 9x \qquad \text{Propriedade 3.}$$
$$-6x > 0 \qquad \text{Inequação simplificada.}$$
$$\frac{-6x}{-6} < \frac{0}{-6} \qquad \text{Propriedade 5.}$$
$$x < 0 \qquad \text{Solução da inequação.}$$

g)
$$\frac{7x - 4}{4} + \frac{1 - 3x}{2} > \frac{x - 1}{3} - 1 \qquad \text{Equação original.}$$

$$12 \cdot \frac{7x - 4}{4} + 12 \cdot \frac{1 - 3x}{2} > 12 \cdot \frac{x - 1}{3} - 12 \cdot 1 \qquad \text{Propriedade 3, usando o mmc dos denominadores.}$$

$$3(7x - 4) + 6(1 - 3x) > 4(x - 1) - 12 \qquad \text{Equação simplificada.}$$
$$21x - 12 + 6 - 18x > 4x - 4 - 12 \qquad \text{Propriedade distributiva.}$$
$$3x - 6 > 4x - 16 \qquad \text{Equação simplificada.}$$
$$3x - 4x - 6 > 4x - 4x - 16 \qquad \text{Propriedade 3.}$$
$$-x - 6 > -16 \qquad \text{Equação simplificada.}$$
$$-x - 6 + 6 > -16 + 6 \qquad \text{Propriedade 3.}$$
$$-x > -10 \qquad \text{Equação simplificada.}$$
$$(-1) \cdot (-x) < (-1) \cdot (-10) \qquad \text{Propriedade 5.}$$
$$x < 10 \qquad \text{Solução da inequação.}$$

Agora, tente o Exercício 3.

Em alguns casos, é possível reunir duas desigualdades em uma **inequação dupla**. Assim, por exemplo, se quisermos satisfazer, ao mesmo tempo, as desigualdades

$$2x - 5 \leq 9 \quad \text{e} \quad 2x - 5 \geq -11,$$

podemos escrever, simplesmente,

$$-11 \leq 2x - 5 \leq 9.$$

Apesar de podermos resolver as desigualdades $2x - 5 \leq 9$ e $2x - 5 \geq -11$ em separado, é preferível resolver a desigualdade dupla $-11 \leq 2x - 5 \leq 9$ de uma só vez, usando os mesmos procedimentos apresentados no Problema 1:

-11	$\leq$	$2x - 5$	$\leq$	9	Inequação original.
$-11 + 5$	$\leq$	$2x - 5 + 5$	$\leq$	$9 + 5$	Somando 5 a todos os termos.
-6	$\leq$	$2x$	$\leq$	14	Inequação simplificada.
$\dfrac{-6}{2}$	$\leq$	$\dfrac{2x}{2}$	$\leq$	$\dfrac{14}{2}$	Dividindo os termos por 2.
-3	$\leq$	x	$\leq$	7	Solução da inequação.

Observe que o conjunto solução é composto dos valores reais entre -3 e 7, incluindo os extremos. Esse conjunto também pode ser representado na forma $\{x \in \mathbb{R} \mid -3 \leq x \leq 7\}$, ou simplesmente por $x \in [-3, 7]$. Ainda é possível apresentar a solução usando a reta real, como mostrado na Figura 2.24.

FIGURA 2.24 Solução da desigualdade dupla.

Problema 2. Desigualdades duplas

Resolva as desigualdades a seguir:

a) $-2 \leq \dfrac{x+3}{2} \leq 4$ b) $34 \leq 13 - 3(4x - 7) \leq 58$ c) $\dfrac{1}{6} \leq \dfrac{8}{3} - \dfrac{5x}{2} \leq \dfrac{13}{6}$

Solução

a)

-2	$\leq$	$\dfrac{x+3}{2}$	$\leq$	4	Inequação original.
$2 \cdot (-2)$	$\leq$	$2 \cdot \dfrac{x+3}{2}$	$\leq$	$2 \cdot 4$	Multiplicando por 2.
-4	$\leq$	$x + 3$	$\leq$	8	Inequação simplificada.
$-4 - 3$	$\leq$	$x + 3 - 3$	$\leq$	$8 - 3$	Subtraindo 3.
-7	$\leq$	x	$\leq$	5	Solução da inequação.

b)

34	$\leq$	$13 - 3(4x - 7)$	$\leq$	58	Inequação original.
$34 - 13$	$\leq$	$13 - 13 - 3(4x - 7)$	$\leq$	$58 - 13$	Subtraindo 13.
21	$\leq$	$-3(4x - 7)$	$\leq$	45	Inequação simplificada.
$\dfrac{21}{-3}$	$\geq$	$\dfrac{-3(4x - 7)}{-3}$	$\geq$	$\dfrac{45}{-3}$	Dividindo por -3.
-7	$\geq$	$4x - 7$	$\geq$	-15	Inequação simplificada.
-15	$\leq$	$4x - 7$	$\leq$	-7	Voltando a usar "$\leq$".
$-15 + 7$	$\leq$	$4x - 7 + 7$	$\leq$	$-7 + 7$	Somando 7.

Observe que, ao dividir as inequações por -3, invertemos os sinais das desigualdades.

$$-8 \leq 4x \leq 0 \quad \text{Inequação simplificada.}$$

$$\frac{-8}{4} \leq \frac{4x}{4} \leq \frac{0}{4} \quad \text{Dividindo por 4.}$$

$$-2 \leq x \leq 0 \quad \text{Solução da inequação.}$$

c)
$$\frac{1}{6} \leq \frac{8}{3} - \frac{5x}{2} \leq \frac{13}{6} \quad \text{Inequação original.}$$

$$6 \cdot \frac{1}{6} \leq 6 \cdot \left(\frac{8}{3} - \frac{5x}{2}\right) \leq \cdot 6 \, \frac{13}{6} \quad \text{Multiplicando por 6 (o mmc entre os denominadores 2, 3 e 6)}$$

$$1 \leq 16 - 15x \leq 13 \quad \text{Inequação simplificada.}$$

$$1 - 16 \leq 16 - 16 - 15x \leq 13 - 16 \quad \text{Subtraindo 16.}$$

$$-15 \leq -15x \leq -3 \quad \text{Inequação simplificada.}$$

Mais uma vez, invertemos os sinais das desigualdades trocando de sinal os números −15 e −3.

$$-(-15) \geq -(-15x) \geq -(-3) \quad \text{Multiplicando por −1.}$$

$$15 \geq 15x \geq 3 \quad \text{Inequação simplificada.}$$

$$3 \leq 15x \leq 15 \quad \text{Voltando a usar "}\leq\text{".}$$

$$\frac{3}{15} \leq \frac{15x}{15} \leq \frac{15}{15} \quad \text{Dividindo por 15.}$$

$$\frac{1}{5} \leq x \leq 1 \quad \text{Solução da inequação.}$$

Agora, tente o Exercício 4.

■ Resolução de problemas com o uso de inequações lineares

Para concluir este capítulo, vamos resolver alguns problemas práticos que envolvem o uso de desigualdades lineares.

Problema 3. Dimensões de um terreno

João deseja construir uma casa em seu terreno retangular, que tem 12 m de largura e 25 m de comprimento. Entretanto, as normas municipais impedem que a área construída exceda 2/3 da área total do terreno. Se João decidiu que sua casa terá 10 m de largura, qual será o comprimento máximo da construção?

Solução

A Figura 2.25 mostra os dados do problema, considerando como incógnita o comprimento da casa de João, em metros, que representamos pela variável x.

Sabendo que a área de um retângulo é igual ao produto *comprimento × largura*, concluímos que o terreno de João tem $12 \times 25 = 300$ m² de área. Como só 2/3 do terreno podem ser ocupados, a área da casa não pode ultrapassar $\frac{2}{3} \cdot 300 = 200$ m².

A área da casa é dada pelo produto das dimensões, que equivale a $10x$. Como esse valor não pode ultrapassar 200 m², chegamos à desigualdade

$$10x \leq 200.$$

Para resolver essa desigualdade, fazemos:

$$10x \leq 200 \quad \Rightarrow \quad \frac{10x}{10} \leq \frac{200}{10} \quad \Rightarrow \quad x \leq 20 \ m.$$

Logo, o comprimento da casa não pode ser superior a 20 m.

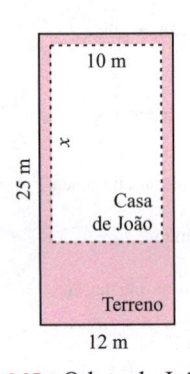

FIGURA 2.25 O lote de João.

Problema 4. Dimensões de uma mala

As companhias aéreas costumam impor restrições ao número, peso e dimensões das malas que cada passageiro pode transportar. Uma tradicional companhia não permite que, em voos domésticos, a soma das dimensões de cada mala (altura, largura e profundidade) ultrapasse 158 cm.

Suponha que uma mala grande tenha 30 cm de profundidade e que sua altura corresponda a 2/3 da largura. Nesse caso, qual é a largura máxima que a mala pode ter, segundo a companhia aérea?

Solução

A incógnita desse problema é a largura da mala, a qual denominaremos x. Nesse caso, a altura da mala será igual a $2x/3$. Somando, então, as dimensões e impondo o limite da companhia aérea, obtemos a desigualdade

$$\underbrace{x + \frac{2x}{3} + 30}_{\text{Soma das dimensões}} \leq \underbrace{158 \text{ cm}}_{\text{Limite}}.$$

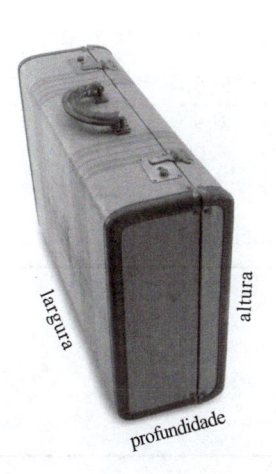

FIGURA 2.26 As dimensões de uma mala.

Acompanhe a seguir os passos da resolução dessa inequação.

$\frac{5x}{3} + 30 \leq 158$ — Inequação após soma dos termos que envolvem x.

$\frac{5x}{3} + 30 - 30 \leq 158 - 30$ — Subtraindo 30 dos dois lados.

$\frac{5x}{3} \leq 128$ — Inequação simplificada.

$\frac{3}{5} \cdot \frac{5x}{3} \leq \frac{3}{5} \cdot 128$ — Multiplicando os dois lados por $\frac{3}{5}$.

$x \leq 76,8$ — Inequação resultante.

Logo, a mala poderá ter, no máximo, 76,8 cm de largura e $\frac{2}{3} \cdot 76,8 = 51,2$ cm de altura.

Problema 5. Corrida de táxi

O preço a ser pago por uma corrida de táxi inclui uma parcela fixa, denominada bandeirada, e uma parcela que depende da distância percorrida. Se a bandeirada custa R$ 3,44 e cada quilômetro rodado custa R$ 0,90, determine que distância pode-se percorrer com um valor entre R$ 20,00 e R$ 30,00.

Solução

A incógnita desse problema, denominada x, é a distância percorrida pelo táxi, em quilômetros. Se pagamos R$ 3,44 para entrar no carro e mais R$ 0,90 por quilômetro, o custo da corrida é dado por $3,44 + 0,9x$.

Como foi estabelecido um limite mínimo e um limite máximo para o valor a ser gasto, temos a seguinte desigualdade dupla:

$$20 \leq 3,44 + 0,9x \leq 30.$$

A resolução dessa inequação é dada a seguir.

$$20 - 3{,}44 \leq 0{,}9x \leq 30 - 3{,}44$$

$$16{,}56 \leq 0{,}9x \leq 26{,}56$$

$$\frac{16{,}56}{0{,}9} \leq x \leq \frac{26{,}56}{0{,}9}$$

$$18{,}4 \leq x \leq 29{,}51.$$

Portanto, o táxi poderá percorrer uma distância que vai de 18,4 a 29,5 km.

Exercício 2.8

1. Escreva na forma de desigualdades as frases a seguir, explicando o significado das variáveis que você usar.
   a) Em Campinas, o preço da gasolina varia de R$ 2,39 a R$ 2,79.
   b) O maior preço dos produtos dessa loja é R$ 4,99.
   c) Rosana tem, no mínimo, 1,50 m de altura.
   d) O meu saldo bancário é positivo.

2. Resolva as inequações a seguir.
   a) $2x > 3$
   b) $8x \geq -5$
   c) $x - 4 \leq 5$
   d) $\frac{a}{2} < 7$
   e) $3z - \frac{1}{2} > \frac{1}{4}$
   f) $x + 1 \geq -1$
   g) $-x \leq 6$
   h) $3 \geq -9x$
   i) $-\frac{w}{4} > \frac{5}{8}$
   j) $-2y + 3 < 7$

3. Resolva as inequações dadas.
   a) $1 - 2(x - 1) < 2$
   b) $2 - 3x \geq x + 14$
   c) $5v - 32 \leq 4 - 7v$
   d) $2 - z > 3(z + 3)$
   e) $2(3x + 1) < 4(5 - 2x)$
   f) $8(x + 3) > 12(1 - x)$
   g) $\frac{2}{3} - \frac{1}{2}x \geq \frac{1}{6} + x$
   h) $3(3x - 2) + 2\left(x + \frac{1}{2}\right) \leq 19 - x$
   i) $\frac{3x}{2} + \frac{x}{3} + \frac{x}{6} > 0$
   j) $\frac{1}{3} + \frac{x}{2} < \frac{5}{6} - \frac{2x}{3}$
   k) $\frac{3x+1}{4} - 1 \geq \frac{1}{2} - 2x$
   l) $\frac{1-2x}{3} + \frac{x-2}{6} > \frac{x+3}{2} - 1$
   m) $\frac{2}{5}x + 1 \leq \frac{1}{5} - 2x$
   n) $\frac{x+2}{3} + \frac{2-3x}{2} < \frac{4x}{3}$
   o) $\frac{x}{3} - \frac{x+1}{2} < \frac{1-x}{4}$
   p) $3(1 - 2x) < 2(x + 1) + x - 7$
   q) $\frac{x+10}{5} > -x + 6$
   r) $\frac{3x-1}{4} + \frac{1-4x}{2} < 1$
   s) $\frac{2}{5}x + 1 \leq 2\left(x + \frac{3}{5}\right)$
   t) $\left(\frac{1-2x}{3}\right) - \left(\frac{1+3x}{2}\right) \geq 2$

4. Resolva as inequações a seguir.
   a) $1 < 2x < 3$
   b) $-3 \leq 4x \leq 8$
   c) $-1 \leq x + 2 \leq 5$
   d) $0 \leq 2x - 2 \leq 6$
   e) $-6 \leq -2(x - 1) \leq 0$
   f) $2 \leq \frac{x}{3} < 4$
   g) $-3 < \frac{3x}{2} \leq 6$
   h) $-\frac{1}{4} \leq \frac{3x-4}{7} \leq \frac{1}{2}$
   i) $\frac{1}{6} < \frac{2x-13}{12} < \frac{2}{3}$
   j) $-6 \leq 15 - 3(4x + 7) \leq 18$
   k) $-4 \leq \frac{5x-4}{6} \leq 1$
   l) $-1 \leq \frac{4x-3}{5} \leq \frac{3}{15}$
   m) $-9 \leq \frac{5-8x}{3} \leq 1$
   n) $-\frac{5}{4} \leq \frac{2x-3}{2} \leq \frac{7}{2}$
   o) $-\frac{3}{2} \leq \frac{2x-5}{3} < \frac{1}{6}$
   p) $\frac{1}{2} \leq \frac{5x-2}{4} < \frac{11}{3}$

5. Represente na reta real as soluções dos itens (g) e (h) do Exercício 4.

   Nos exercícios 6 a 18, escreva uma inequação e resolva-a para determinar as respostas desejadas.

6. Se um terreno retangular deve ter perímetro de 120 m e um dos lados deve medir ao menos o dobro do outro, quanto deve medir o lado menor? Lembre-se de que o perímetro de um retângulo é igual à soma dos comprimentos de seus lados.

7. João poupou R$ 1.250,00 para sua viagem de férias. Desse montante, R$ 375,00 serão gastos com passagens. O resto será usado no pagamento de refeições e diárias de hotel. Supondo que João pretenda gastar R$ 30,00 por dia com refeições, por quantos dias ele pode se hospedar em um hotel com diária de R$ 75,00?

8. A nota final de uma disciplina de pós-graduação é obtida segundo a fórmula $NF = (2P_1 + 3P_2)/5$, em que P_1 e P_2 são, respectivamente, as notas que o aluno obteve na primeira e na segunda prova. Posteriormente, a nota final é convertida em uma "menção", que é divulgada no histórico escolar do aluno. A tabela a seguir fornece a menção relativa a cada faixa de notas.

Intervalo	Menção
$0 \leq NF < 3$	E
$3 \leq NF < 5$	D
$5 \leq NF < 7$	C
$7 \leq NF < 9$	B
$9 \leq NF \leq 10$	A

Se Ivete tirou 7,5 em sua primeira prova, quanto deve tirar na segunda para ficar com menção B?

9. Vanda pretende se aventurar na produção de camisetas. Para tanto, ela precisa adquirir uma máquina que custa R$ 600,00. Além disso, Vanda estima que gastará R$ 12,00 para comprar e estampar cada camiseta, que será vendida a R$ 20,00. Quantas camisetas Vanda terá que vender para começar a ter lucro com seu empreendimento (o que ocorrerá quando o valor obtido com as camisetas suplantar o custo de produção)?

10. Carminha recebeu duas propostas de emprego como vendedora de cosméticos porta a porta. A primeira indústria se propôs a pagar 16% do valor dos produtos que Carminha vender. A outra empresa ofereceu um salário fixo de R$ 720,00 ao mês, além de 7% do valor das vendas. Determine o valor dos produtos que Carminha deve vender mensalmente para que cada plano seja o mais vantajoso.

11. Três planos de telefonia celular são apresentados na tabela a seguir.

Plano	Custo fixo mensal	Custo adicional por minuto
A	R$ 35,00	R$ 0,50
B	R$ 20,00	R$ 0,80
C	–	R$ 1,20

a) Qual é o plano mais vantajoso para alguém que utiliza 25 minutos por mês?
b) Para quantos minutos de uso mensal o plano A é mais vantajoso que os outros dois?

12. Uma lâmpada incandescente de 100 W custa R$ 2,00. Já uma lâmpada fluorescente de 24 W, que é capaz de iluminar tão bem quanto a lâmpada incandescente de 100 W, custa R$ 13,40. Responda às questões a seguir, lembrando que, em uma hora, uma lâmpada de 100 W consome 100 Wh ou 0,1 kWh. Em seus cálculos, considere que 1 kWh de energia custa R$ 0,50.
a) Levando em conta apenas o consumo de energia, ou seja, desprezando o custo de compra da lâmpada, determine quanto custa manter uma lâmpada incandescente de 100 W acesa por 750 horas. Faça o mesmo cálculo para uma lâmpada fluorescente de 24 W.
b) Para iluminar toda a sua casa, João comprou e instalou apenas lâmpadas fluorescentes de 24 W. Fernando, por sua vez, instalou somente lâmpadas incandescentes de 100 W em sua casa. Considerando o custo de compra de cada lâmpada e seu consumo de energia, determine em quantos dias Fernando terá gasto mais com iluminação que João. Suponha que cada lâmpada fica acesa 3 h por dia e que as casas possuem o mesmo número de lâmpadas.

13. Uma empresa possui 500 toneladas de grãos em seu armazém e precisa transportá-los a um cliente. O transporte pode ser feito por caminhões ou por trem.
Para cada tonelada transportada por trem, paga-se R$ 8,00 de custo fixo e R$ 0,015 por quilômetro rodado. O transporte rodoviário exige 25 caminhões. Para cada caminhão utilizado paga-se R$ 125,00 de custo fixo, além de R$ 0,50 por quilômetro rodado.
Supondo que x seja a distância entre o armazém e o cliente, para que intervalo de x o transporte por trem é mais vantajoso que o transporte por caminhões?

14. O Índice de Massa Corporal (IMC) é uma medida usada para determinar se a massa (ou o peso) de uma pessoa está dentro da faixa recomendada para sua altura. Sua fórmula é

$$IMC = \frac{m}{h^2},$$

em que m é a massa (em quilos) e h é a altura (em metros) do indivíduo. Para ser considerada saudável, uma pessoa deve ter IMC entre 18,5 e 25. Determine em que faixa de peso um indivíduo de 1,80 m de altura deve se manter para ser considerado saudável.

15. Depois de encontrar uma iguana verde (*iguana iguana*) seriamente ferida, um biólogo faz o possível para mantê-la viva, começando pelo controle da temperatura ambiente (já que a iguana não regula a temperatura de seu corpo). Consultando um livro em inglês, o biólogo descobriu que a iguana deve ser mantida entre 79 °F e 95 °F. Ajude o biólogo a converter para graus Celsius a faixa de temperatura correta para a iguana, usando a relação $F = \frac{9}{5}C + 32$, em que F é a temperatura em graus Fahrenheit e C a temperatura em graus Celsius.

16. Segundo a norma, os degraus de uma escada devem ter entre 16 e 18 cm de altura (h). Já a largura (b) do degrau deve satisfazer a fórmula de Blondel a seguir:

$$63 \text{ cm} \leq 2h + b \leq 64 \text{ cm}.$$

Determine o intervalo admissível da largura do degrau.

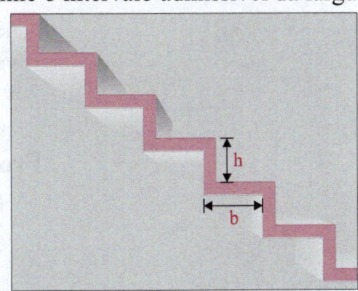

17. O perfil lipídico é um exame médico que avalia a dosagem dos quatro tipos principais de gordura no sangue: colesterol total (CT), colesterol HDL (conhecido como "bom colesterol"), colesterol LDL (o "mau colesterol") e triglicérides (TG). Os valores desses quatro indicadores estão relacionados com a fórmula de Friedewald:

CT = LDL + HDL + TG/5. A tabela a seguir mostra os valores normais dos lipídios sanguíneos para um adulto, segundo o laboratório SangueBom.

Indicador	Valores normais
CT	Até 200 mg/dl
LDL	Até 130 mg/dl
HDL	Entre 40 e 60 mg/dl
TG	Até 150 mg/dl

O perfil lipídico de Pedro revelou que sua dosagem de colesterol total era igual a 198 mg/dl, e que a de triglicérides era igual a 130 mg/dl. Sabendo que todos os seus indicadores estavam normais, qual o intervalo possível para o seu nível de LDL?

18. A linguiça calabresa Belprato é vendida em duas embalagens, uma com 2,5 kg e outra com 1,75 kg. Se a embalagem de 1,75 kg custa R$16,00, quanto deve custar a embalagem de 2,5 kg para que seja vantajoso comprá-la?

2.9 Polinômios e expressões algébricas

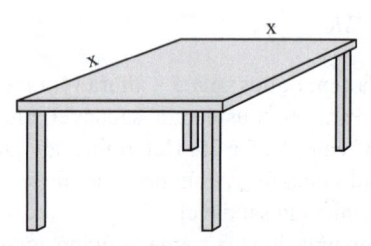

Apesar de terem grande utilidade na modelagem de situações práticas, as equações e inequações lineares não são suficientes para representar todos os problemas com os quais lidamos em nosso dia a dia. Para ilustrar esse fato, suponhamos que um marceneiro queira determinar o comprimento do lado de uma mesa quadrada para que a superfície do tampo da mesa tenha uma área equivalente a 2,5 m².

Como observamos na Figura 2.27, uma mesa quadrada tem lados com o mesmo comprimento, ao qual associamos a incógnita x. Nesse caso, a área do tampo é dada simplesmente por x^2. Tendo em vista que o marceneiro deseja que essa área seja igual a 2,5 m², obtemos a equação

$$x^2 = 2,5.$$

FIGURA 2.27 Uma mesa quadrada.

Note que a equação dada não é linear, pois a variável está elevada ao quadrado. Expressões que envolvem potências inteiras de uma variável são chamadas **polinômios**.

> **Polinômio**
> Um **polinômio** na variável x é uma expressão na forma
> $$a_n x^n + a_{n-1} x^{n-1} + \cdots + a_1 x + a_0,$$
> em que n é um número inteiro não negativo e $a_0, a_1, \cdots, a_n$ são coeficientes reais, com $a_n \neq 0$.
> Cada termo na forma $a_i x^i$ é conhecido como **monômio**. O **grau** do polinômio é n, o maior expoente de seus monômios. O monômio a_0 (que é equivalente a $a_0 x^0$) é chamado **termo constante**.

Problema 1. Polinômios

Indique quais das expressões a seguir são polinômios.

a) $3x - 2$
b) $y^6 - 3y^4 + 4y$
c) $8 + 2b^2 - 5b - b^3$
d) $\sqrt{x} + 8$
e) $y^{2/3} + y - 1$
f) 3
g) $4x - \frac{1}{x}$
h) $2w^3 - \sqrt{3}w + \frac{1}{2}$

Solução

a) $3x - 2$ é um polinômio de grau 1, com coeficientes $a_1 = 3$ e $a_0 = -2$.

Em um polinômio de grau 6, qualquer coeficiente a_i pode ser zero, com exceção de a_6.

b) $y^6 - 3y^4 + 4y$ é um polinômio de grau 6 na variável y. Seus coeficientes são $a_6 = 1$, $a_5 = 0$, $a_4 = -3$, $a_3 = 0$, $a_2 = 0$, $a_1 = 4$ e $a_0 = 0$.

c) $8 + 2b^2 - 5b - b^3$ é um polinômio de grau 3 na variável b. Colocando os monômios em ordem decrescente de grau, obtemos $-b^3 + 2b^2 - 5b + 8$. Logo, os coeficientes são $a_3 = -1$, $a_2 = 2$, $a_1 = -5$ e $a_0 = 8$.

d) $\sqrt{x} + 8$ não é um polinômio, pois a variável x aparece dentro de uma raiz.

e) $y^{2/3} + y - 1$ não é um polinômio, já que, em um dos termos da expressão, a variável y está elevada ao expoente 2/3, que não é inteiro.

f) 3 é um polinômio de grau 0, composto apenas do termo constante $a_0 = 3$.

Observe que, por serem números reais quaisquer, os coeficientes podem envolver raízes e frações. No exemplo (h), só não teríamos um polinômio se a variável aparecesse dentro da raiz ou no denominador da fração.

g) $4x - \frac{1}{x}$ não é um polinômio, já que a variável aparece no denominador do segundo termo.

h) $2w^3 - \sqrt{3}w + \frac{1}{2}$ é um polinômio de grau 3 na variável w, com coeficientes $a_3 = 2$, $a_2 = 0$, $a_1 = -\sqrt{3}$ e $a_0 = \frac{1}{2}$.

Agora, tente o Exercício 1.

Damos os nomes de **binômio** e **trinômio** aos polinômios que têm dois e três termos, respectivamente. Assim, o polinômio do item (a) do Problema 1 é um binômio de grau 1. Já o polinômio do item (b) é um trinômio de grau 6.

O restante desta seção é dedicado à manipulação de expressões algébricas, com ênfase nos polinômios.

■ Soma e subtração de expressões algébricas

Para somar (ou subtrair) polinômios ou outras expressões algébricas, devemos somar (ou subtrair) os termos semelhantes, ou seja, os termos com as mesmas potências. Isso é feito com o auxílio da propriedade associativa, que vimos no Capítulo 1.

Exemplo 1. Soma e subtração de expressões

a)
$$(-6x^2 - 2x + 3) + (x^3 + 2x^2 + 3x + 1)$$
$$= x^3 + (-6x^2 + 2x^2) + (-2x + 3x) + (3 + 1)$$
$$= x^3 + (-6 + 2)x^2 + (-2 + 3)x + (3 + 1)$$
$$= x^3 - 4x^2 + x + 4.$$

Atenção
Lembre-se de que
$$-(a - b) = -a + b.$$

b)
$$(2x^4 - 3x^3 + 5x^2 + x - 5) - (-3x^3 + x^2 + 2x - 8)$$
$$= 2x^4 - 3x^3 + 5x^2 + x - 5 + 3x^3 - x^2 - 2x + 8$$
$$= 2x^4 + (-3x^3 + 3x^3) + (5x^2 - x^2) + (x - 2x) + (-5 + 8)$$
$$= 2x^4 + (-3 + 3)x^3 + (5 - 1)x^2 + (1 - 2)x + (-5 + 8)$$
$$= 2x^4 + 4x^2 - x + 3.$$

c)
$$(x^2 - 4xz + z^2 - x + 10) - (3x^2 + 2xz - 5z^2 - 2z)$$
$$= x^2 - 4xz + z^2 - x + 10 - 3x^2 - 2xz + 5z^2 + 2z$$
$$= (x^2 - 3x^2) + (-4xz - 2xz) + (z^2 + 5z^2) - x + 2z + 10$$
$$= (1 - 3)x^2 + (-4 - 2)xz + (1 + 5)z^2 - x + 2z + 10$$
$$= -2x^2 - 6xz + 6z^2 - x + 2z + 10.$$

Agora, tente o Exercício 2.

Produto de expressões algébricas

Para calcular o produto de expressões algébricas, aplicamos a propriedade distributiva tantas vezes quanto for necessário.

Suponha, por exemplo, que a, b, c e d representem quatro expressões algébricas quaisquer. Nesse caso, para calcular o produto $(a + b)(c + d)$, fazemos

$(a + b)(c + d) = a(c + d) + b(c + d)$ Fazendo $(c + d) = e$, temos $(a + b)e = ae + be$.

$\qquad\qquad\qquad = ac + ad + bc + bd$ Propriedade distributiva: $a(c + d) = ac + ad$.

Repare que, como resultado desse produto, obtivemos quatro termos, cada qual contendo o produto de uma expressão de $(a + b)$ por outra expressão de $(c + d)$:

$$(a + b) \cdot (c + d) = ac + ad + bc + bd.$$

Exemplo 2. Produto de binômios

a)

As expressões envolvidas nesse primeiro exemplo são os monômios $a = x$, $b = 5$, $c = x^2$ e $d = 3x$.

$(x + 5)(x^2 + 3x) = x \cdot x^2 + x \cdot 3x + 5 \cdot x^2 + 5 \cdot 3x$ Propriedade distributiva.

$\qquad\qquad\qquad = x^3 + 3x^2 + 5x^2 + 15x$ Cálculo dos produtos.

$\qquad\qquad\qquad = x^3 + 8x^2 + 15x$ Soma dos termos semelhantes.

b)

$(2x - 6)(3x + 4) = 2x \cdot 3x + 2x \cdot 4 - 6 \cdot 3x - 6 \cdot 4$ Propriedade distributiva.

$\qquad\qquad\qquad = 6x^2 + 8x - 18x - 24$ Cálculo dos produtos.

$\qquad\qquad\qquad = 6x^2 - 10x - 24$ Soma dos termos semelhantes.

Agora, tente o Exercício 3.

É bom lembrar que a regra dada vale não apenas para binômios, mas para o produto de quaisquer expressões algébricas com dois termos. Ainda assim, depois de calcular o produto, é possível agrupar termos semelhantes. Vejamos um exemplo.

Exemplo 3. Produto de expressões algébricas

$(\sqrt{x} - 3)\left(4 - \dfrac{2}{x}\right) = \sqrt{x} \cdot 4 + \sqrt{x} \cdot \left(-\dfrac{2}{x}\right) - 3 \cdot 4 - 3 \cdot \left(-\dfrac{2}{x}\right)$ Propriedade distributiva.

$\qquad\qquad\qquad = 4\sqrt{x} - \dfrac{2\sqrt{x}}{x} - 12 + \dfrac{6}{x}$ Cálculo dos produtos.

Agora, tente o Exercício 4.

Para calcular o produto de expressões que envolvem polinômios com mais de dois termos, também recorremos à propriedade distributiva, como mostrado no exemplo a seguir.

Exemplo 4. Produto de polinômios

$$(x^2 - 2x)\cdot(x^3 - 4x + 2) = x^2 \cdot x^3 + x^2 \cdot (-4x) + x^2 \cdot 2 - 2x \cdot x^3 - 2x \cdot (-4x) - 2x \cdot 2$$
$$= x^5 - 4x^3 + 2x^2 - 2x^4 + 8x^2 - 4x$$
$$= x^5 - 2x^4 - 4x^3 + 10x^2 - 4x.$$

Agora, tente o Exercício 5.

Nesse exemplo, após multiplicarmos cada termo do primeiro polinômio por todos os termos do segundo polinômio, somamos os monômios obtidos, agrupando os termos semelhantes.

■ Produtos notáveis

Alguns produtos de expressões algébricas são encontrados tão frequentemente, que são chamados **produtos notáveis**. Embora possamos calcular esses produtos usando a propriedade distributiva, acabamos, com o uso, decorando as fórmulas empregadas em sua obtenção.

> Não se sinta obrigado a decorar as fórmulas ao lado. Se você não se lembrar de alguma, recorra à propriedade distributiva para deduzi-la, em lugar de correr o risco de escrever um resultado errado.

Produtos notáveis

Suponha que a e b sejam números reais, variáveis ou expressões algébricas.

Produto	Exemplo
1. Quadrado da soma $(a+b)^2 = a^2 + 2ab + b^2$	$(7+3)^2 = 7^2 + 2\cdot 7\cdot 3 + 3^2 = 100$
2. Quadrado da diferença $(a-b)^2 = a^2 - 2ab + b^2$	$(5-4)^2 = 5^2 - 2\cdot 5\cdot 4 + 4^2 = 1$
3. Produto da soma pela diferença $(a+b)(a-b) = a^2 - b^2$	$(5+3)(5-3) = 5^2 - 3^2 = 16$
4. Cubo da soma $(a+b)^3 = a^3 + 3a^2 b + 3ab^2 + b^3$	$(6+4)^3 = 6^3 + 3\cdot 6^2\cdot 4 + 3\cdot 6\cdot 4^2 + 4^3 = 1000$
5. Cubo da diferença $(a-b)^3 = a^3 - 3a^2 b + 3ab^2 - b^3$	$(9-7)^3 = 9^3 - 3\cdot 9^2\cdot 7 + 3\cdot 9\cdot 7^2 - 7^3 = 8$

É fácil provar as fórmulas dos produtos notáveis. Como exercício, vamos deduzir a expressão obtida para o produto da soma pela diferença de duas expressões:

> Lembre-se de que, pela propriedade comutativa da multiplicação, $ba = ab$.

$(a+b)(a-b) = a\cdot a + a\cdot(-b) + b\cdot a + b\cdot(-b)$ Propriedade distributiva.
$\qquad\qquad\ = a^2 - ab + ab - b^2$ Cálculo dos produtos.
$\qquad\qquad\ = a^2 - b^2$ Simplificação do resultado.

Agora, você poderá usar a propriedade distributiva para provar as demais fórmulas.

Problema 2. Produtos notáveis

Calcule os produtos.

a) $(2x + 5)^2$

b) $(x^3 + \sqrt{5})^2$

c) $(3x + 4y)^2$

d) $(x - 2)^2$

e) $\left(5 - \dfrac{4}{y}\right)^2$

f) $\left(3x^2 - \dfrac{3}{2}y\right)^2$

g) $(x - 2)(x + 2)$

h) $(4x - 6y)(4x + 6y)$

i) $\left(x^3 - \dfrac{1}{2}\right)\left(x^3 + \dfrac{1}{2}\right)$

j) $(\sqrt{x} + \sqrt{2})(\sqrt{x} - \sqrt{2})$

k) $\left(x^3 + \dfrac{1}{x^2}\right)\left(x - \dfrac{1}{x^2}\right)$

l) $(y + 4)^3$

m) $(5 - 2w)^3$

n) $(\sqrt[3]{x} - 1)^3$

Solução

Se você sentir dificuldade para compreender algum cálculo feito nesses exercícios, dê uma olhadela no Capítulo 1.

a)
$$\begin{aligned}(2x + 5)^2 &= (2x)^2 + 2 \cdot 2x \cdot 5 + 5^2 \\ &= 4x^2 + 20x + 25\end{aligned}$$

b)
$$\begin{aligned}(x^3 + \sqrt{5})^2 &= (x^3)^2 + 2 \cdot x^3 \cdot \sqrt{5} + (\sqrt{5})^2 \\ &= x^6 + 2\sqrt{5}x^3 + 5\end{aligned}$$

c)
$$\begin{aligned}(3x + 4y)^2 &= (3x)^2 + 2 \cdot 3x \cdot 4y + (4y)^2 \\ &= 9x^2 + 24xy + 16y^2\end{aligned}$$

d)
$$\begin{aligned}(x - 2)^2 &= x^2 - 2 \cdot x \cdot 2 + 2^2 \\ &= x^2 - 4x + 4\end{aligned}$$

e)
$$\begin{aligned}\left(5 - \dfrac{4}{y}\right)^2 &= 5^2 - 2 \cdot 5 \cdot \dfrac{4}{y} + \left(\dfrac{4}{y}\right)^2 \\ &= 25 - \dfrac{40}{y} + \dfrac{16}{y^2}\end{aligned}$$

f)
$$\begin{aligned}\left(3x^2 - \dfrac{3}{2}y\right)^2 &= (3x)^2 - 2 \cdot 3x^2 \cdot \dfrac{3}{2}y + \left(\dfrac{3}{2}y\right)^2 \\ &= 9x^4 - 9x^2y + \dfrac{9y^2}{4}\end{aligned}$$

g)
$$\begin{aligned}(x - 2)(x + 2) &= x^2 - 2^2 \\ &= x^2 - 4\end{aligned}$$

h)
$$\begin{aligned}(4x - 6y)(4x + 6y) &= (4x)^2 - (6y)^2 \\ &= 16x^2 - 36y^2\end{aligned}$$

i)
$$\begin{aligned}\left(x^3 - \dfrac{1}{2}\right)\left(x^3 + \dfrac{1}{2}\right) &= (x^3)^2 - \left(\dfrac{1}{2}\right)^2 \\ &= x^6 - \dfrac{1}{4}\end{aligned}$$

j) $(\sqrt{x} + \sqrt{2})(\sqrt{x} - \sqrt{2}) = (\sqrt{x})^2 - (\sqrt{2})^2$
$= x - 2$ (supondo que $x \geq 0$)

k) $\left(x + \dfrac{1}{x^2}\right)\left(x - \dfrac{1}{x^2}\right) = x^2 - \left(\dfrac{1}{x^2}\right)^2$
$= x^2 - \dfrac{1}{x^4}$

l) $(y + 4)^3 = y^3 + 3 \cdot y^2 \cdot 4 + 3 \cdot y \cdot 4^2 + 4^3$
$= y^3 + 12y^2 + 48y + 64$

m) $(5 - 2w)^3 = 5^3 - 3 \cdot 5^2 \cdot 2w + 3 \cdot 5 \cdot (2w)^2 - (2w)^3$
$= 125 - 150w + 60w^2 - 8w^3$

n) $(\sqrt[3]{x} - 1)^3 = (\sqrt[3]{x})^3 - 3 \cdot (\sqrt[3]{x})^2 \cdot 1 + 3 \cdot \sqrt[3]{x} \cdot 1^2 - 1^3$
$= x^{(1/3) \cdot 3} - 3x^{(1/3) \cdot 2} + 3 \cdot x^{1/3} - 1$
$= x^{3/3} - 3x^{2/3} + 3 \cdot x^{1/3} - 1$
$= x - 3\sqrt[3]{x^2} + 3\sqrt[3]{x} - 1$

Agora, tente os Exercícios 6 e 7.

■ Fatoração

Nas duas últimas subseções, vimos como a propriedade distributiva pode ser usada para expandir uma expressão algébrica que havia sido expressa como o produto de fatores. Agora, usaremos novamente a propriedade distributiva para percorrer o caminho inverso, ou seja, para **fatorar** uma expressão. Nesse novo processo, tomamos um expressão algébrica expressa na forma expandida e a reescrevemos como o produto de fatores mais simples.

A fatoração de polinômios é importante para a simplificação de expressões, bem como para a solução de equações polinomiais, como veremos adiante.

Problema 3. Pondo termos em evidência

Para fatorar o polinômio $3x^2 - 6x$, vamos decompor cada um de seus dois termos no produto de fatores irredutíveis:

$$3x^2 - 6x = 3 \cdot x \cdot x - 2 \cdot 3 \cdot x.$$

Agora que cada termo do polinômio foi escrito como o produto de fatores simples, observamos que os fatores 3 e x aparecem nos dois termos, de modo que temos:

$$3x^2 - 6x = 3x \cdot x - 3x \cdot 2.$$

Colocando, então, o termo $3x$ em evidência, obtemos:

$$3x^2 - 6x = 3x \cdot (x - 2),$$

que é a forma fatorada do polinômio.

Também podemos fatorar passo a passo uma expressão, identificando um fator comum de cada vez. Veja como essa estratégia poderia ser usada para fatorar o polinômio do exemplo acima:

$$3x^2 - 6x = x \cdot 3x - x \cdot 6 \quad \text{Identificando o termo comum } x.$$
$$= x(3x - 6) \quad \text{Pondo } x \text{ em evidência.}$$
$$= x(3 \cdot x - 3 \cdot 2) \quad \text{Identificando o termo comum 3.}$$
$$= 3x(x - 2) \quad \text{Pondo 3 em evidência também.}$$

Observe que $x(x^2 - 2x)$ e $3x(x-2)$ são formas alternativas de se escrever o polinômio $3x^2 - 6x$ como o produto de dois fatores. Apesar de as duas formas estarem corretas, normalmente preferimos a última, já que ela contém o maior número possível de termos em evidência.

> **Fatoração de expressões**
>
> Suponha que a, b e c sejam números reais, variáveis ou expressões algébricas.
>
> **Fatoração**   **Exemplo**
>
> **1.** $ab + ac = a(b + c)$ $10x + 20 = 10 \cdot x + 10 \cdot 2 = 10(x + 2)$
>
> **2.** $ab - ac = a(b - c)$ $5 - 20x^2 = 5 \cdot 1 - 5 \cdot 4x^2 = 5(1 - x^2)$

Problema 4.   Fatoração de expressões

Fatore as expressões a seguir.

a) $7x^2 - 21x^3$

b) $3x^2 - 18x + 39$

c) $2xy^4 - 8xy^2z - 6xy^3z^2$

d) $(3x - 5)^2 - (3x - 5)2x$

e) $\dfrac{4x^2 - 20x}{2x}$

f) $\dfrac{6(x^2 - 3) - x(x^2 - 3)}{6 - x}$

g) $(5x^2 + 1)(x - 2) + (x - 1)(x - 2)$

Solução

a)
$$7x^2 - 21x^3 = 7 \cdot x \cdot x - 3 \cdot 7 \cdot x \cdot x \cdot x \quad \text{Decomposição dos termos.}$$
$$= 7x^2 \cdot 1 - 7x^2 \cdot 3x \quad 7x^2 \text{ é um fator comum.}$$
$$= 7x^2(1 - 3x) \quad \text{Expressão fatorada.}$$

b)
$$3x^2 - 18x + 39 = 3 \cdot x^2 - 3 \cdot 6x + 3 \cdot 13 \quad 3 \text{ é um fator comum.}$$
$$= 3(x^2 - 6x + 13) \quad \text{Expressão fatorada.}$$

c)
$$2xy^4 - 8xy^2z - 6xy^3z^2 = 2xy^2 \cdot y^2 - 2xy^2 \cdot 4z - 2xy^2 \cdot 3yz^2 \quad 2xy^2 \text{ é um fator comum.}$$
$$= 2xy^2(y^2 - 4z - 3yz^2) \quad \text{Expressão fatorada.}$$

d)
$$(3x - 5)^2 - (3x - 5)2x = (3x - 5) \cdot (3x - 5 - 2x) \quad 3x - 5 \text{ é um fator comum.}$$
$$= (3x - 5)(x - 5) \quad \text{Expressão fatorada.}$$

CAPÍTULO 2 – Equações e inequações ■ **157**

e)
$$\frac{4x^2 - 20x}{2x} = \frac{4x \cdot x - 4x \cdot 5}{2x} \quad \text{4x é um fator comum do numerador.}$$

$$= \frac{4x(x-5)}{2x} \quad \text{Numerador fatorado.}$$

$$= \frac{2x}{2x} \cdot \frac{2(x-5)}{1} \quad \text{2x é comum ao numerador e ao denominador.}$$

$$= 2(x-5) \quad \text{Expressão simplificada.}$$

f)
$$\frac{6(x^2-3) - x(x^2-3)}{6-x} = \frac{(6-x) \cdot (x^2-3)}{6-x} \quad x^2 - 3 \text{ é um fator comum do numerador.}$$

$$= \frac{6-x}{6-x} \cdot \frac{x^2-3}{1} \quad 6-x \text{ é comum ao numerador e ao denominador.}$$

$$= x^2 - 3 \quad \text{Expressão simplificada.}$$

g)

Repare que, nesse problema, escrevemos a expressão como o produto de três fatores.

$$(5x^2+1)(x-2) + (x-1)(x-2) = (x-2)(5x^2 + 1 + x - 1) \quad x-2 \text{ é um fator comum.}$$

$$= (x-2)(5x^2 + x) \quad \text{Expressão simplificada.}$$

$$= (x-2)(x \cdot 5x + x \cdot 1) \quad x \text{ é um novo fator comum.}$$

$$= (x-2)x(5x + 1) \quad \text{Expressão fatorada.}$$

Agora, tente o Exercício 12.

A **expansão** e a **fatoração** têm propósitos opostos, como indicado:

$$(x+1)^2 \xrightleftharpoons[\text{Fatoração}]{\text{Expansão}} x^2 + 2x + 1.$$

■ Reconhecendo produtos notáveis

Além de serem úteis para a expansão de expressões, as fórmulas de produtos notáveis apresentadas são frequentemente usadas para fatorar polinômios.

Fatoração usando produtos notáveis

Suponha que a e b sejam números reais, variáveis ou expressões algébricas.

Forma fatorada	Exemplo
1. Quadrado perfeito da soma $a^2 + 2ab + b^2 = (a+b)^2$	$x^2 + 6x + 9 = x^2 + 2 \cdot x \cdot 3 + 3^2 = (x+3)^2$
2. Quadrado perfeito da diferença $a^2 - 2ab + b^2 = (a-b)^2$	$y^2 - 8y + 16 = y^2 - 2 \cdot y \cdot 4 + 4^2 = (y-4)^2$
3. Diferença de quadrados $a^2 - b^2 = (a+b)(a-b)$	$x^2 - 4 = x^2 - 2^2 = (x-2)(x+2)$

Problema 5. Diferença de quadrados

Fatore as expressões a seguir.

a) $4x^2 - 9$

b) $\dfrac{y^2}{16} - 25$

c) $x^2 - 3$

d) $49 - y^6$

e) $\dfrac{1}{x^2} - \dfrac{1}{4}$

f) $(12-x)^2 - 81$

Solução

a)
$$4x^2 - 9 = (2x)^2 - 3^2 \qquad \text{Identificação das potências.}$$
$$= (2x - 3)(2x + 3) \qquad \text{Polinômio fatorado.}$$

b)
$$\dfrac{y^2}{16} - 25 = \left(\dfrac{y}{4}\right)^2 - 5^2 \qquad \text{Identificação das potências.}$$
$$= \left(\dfrac{y}{4} - 5\right)\left(\dfrac{y}{4} + 5\right) \qquad \text{Polinômio fatorado.}$$

c)
$$x^2 - 3 = x^2 - (\sqrt{3})^2 \qquad \text{Identificação das potências.}$$
$$= (x - \sqrt{3})(x + \sqrt{3}) \qquad \text{Polinômio fatorado.}$$

d)
$$49 - y^6 = 7^2 - (y^3)^2 \qquad \text{Identificação das potências.}$$
$$= (7 - y^3)(7 + y^3) \qquad \text{Polinômio fatorado.}$$

e)
$$\dfrac{1}{x^2} - \dfrac{1}{4} = \left(\dfrac{1}{x}\right)^2 - \left(\dfrac{1}{2}\right)^2 \qquad \text{Identificação das potências.}$$
$$= \left(\dfrac{1}{x} - \dfrac{1}{2}\right)\left(\dfrac{1}{x} + \dfrac{1}{2}\right) \qquad \text{Polinômio fatorado.}$$

f)
$$(12 - x)^2 - 81 = (12 - x)^2 - 9^2 \qquad \text{Identificação das potências.}$$
$$= (12 - x - 9)(12 - x + 9) \qquad \text{Polinômio fatorado.}$$
$$= (3 - x)(21 - x) \qquad \text{Expressão simplificada.}$$

Agora, tente o Exercício 13.

Dá-se o nome de **trinômio quadrado perfeito** ao trinômio (soma de três monômios) que é o quadrado de um binômio. Repare que um trinômio quadrado perfeito tem dois termos que são quadrados, e um termo que, desconsiderado o sinal, é o dobro do produto das raízes quadradas dos outros termos. O sinal desse termo misto é o mesmo adotado na forma fatorada:

$$(a^2 + 2ab + b^2) = (a + b)^2 \qquad \text{e} \qquad (a^2 - 2ab + b^2) = (a - b)^2$$

Problema 6. Trinômios quadrados perfeitos

Fatore os polinômios a seguir.

a) $9x^2 - 30x + 25$

b) $8 + 8x^2 + 2x^4$

Solução

a)

$$9x^2 - 30x + 25 = (3x)^2 - 2 \cdot 3x \cdot 5 + 5^2 \quad \text{Identificação das potências.}$$
$$= (3x - 5)^2 \quad \text{Polinômio fatorado.}$$

b)

$$8 + 8x^2 + 2x^4 = 2 \cdot 4 + 2 \cdot 4x^2 + 2 \cdot x^4 \quad \text{2 é um fator comum.}$$
$$= 2(4 + 4x^2 + x^4) \quad \text{2 em evidência.}$$
$$= 2(2^2 + 2 \cdot 2 \cdot x^2 + (x^2)^2) \quad \text{Identificação das potências.}$$
$$= 2(2 + x^2)^2 \quad \text{Polinômio fatorado.}$$

Agora, tente o Exercício 14.

Exercícios 2.9

1. Indique se as expressões a seguir são polinômios. Em caso afirmativo, forneça o grau do polinômio.

a) 5
b) $2s^3 - 4s^2 + 3 - 6s^4 - s$
c) $2 + \sqrt{x^2}$
d) $\frac{1}{x^2 - 3x + 1}$
e) $3{,}7x^{100}$
f) $5x^2 - 10x^{-1} + 6$
g) $\frac{x^6 + x^2 + 5}{3}$
h) $\sqrt{5}x^2 + 2x\sqrt{8} - \sqrt{7}$
i) $6x^0 + x^1$
j) $2^x - 12$

2. Simplifique as expressões a seguir, reduzindo os termos semelhantes.

a) $(3x + 2) + (5x - 4)$
b) $(2y - 3) - (4y - 5)$
c) $(y^3 - 4y^2 + y - 1) - (3y^2 + y - 6)$
d) $(-5z + 2x - 6) + 3(z + 4x + 2)$
e) $(2a - 5b + 3c) + (6a + 2ab - 3c)$
f) $-2(a - 2b - 3ab) - 4(b + 2a - 2ab)$
g) $\frac{x-2}{2} - (2 - x)$
h) $\frac{2}{3}(2x - 1) + \frac{4}{3}(2 - x)$
i) $\frac{1}{2}(x + 2y - 4) + \frac{1}{3}(3y - x + 9)$
j) $\frac{1}{2}(a - 3ab + 2b) + \frac{1}{3}(a - 3b + 4ab)$

3. Expanda as expressões dadas e simplifique-as.

a) $\left(\frac{x}{5}\right) \cdot \left(\frac{2}{3} - 2x\right)$
b) $\left(-\frac{x}{2}\right) \cdot \left(2 - \frac{3x}{4}\right)$
c) $(5x - 3)(2x + 4)$
d) $(8 - 3x)(x^2 + 6)$
e) $-2(1 - x)(3 + \frac{x}{2})$
f) $(0{,}7x - 0{,}2)(4 - 0{,}6x)$
g) $\left(x - \frac{1}{2}\right) \cdot \left(\frac{1}{3} - x\right)$
h) $\left(\frac{x}{2} - 3\right) \cdot \left(\frac{5}{4} + 2x\right)$
i) $\left(\frac{2x}{3} - \frac{3}{2}\right) \cdot \left(\frac{3}{4} - \frac{x}{3}\right)$
j) $(12x - 5)(12x + 5)$
k) $(3x + 4)^2$
l) $(x - \sqrt{3})^2$

4. Efetue os produtos a seguir.

a) $(x^{-1} + 3)(x + 2)$
b) $(3x^2 + 2)(6 - \sqrt{x})$
c) $(\sqrt{x} + 9)(\sqrt{x} - 9)$
d) $\left(\frac{2}{\sqrt{x}} - 5\right)(\sqrt{x} - 1)$
e) $\left(\frac{1}{x} - 1\right)\left(4 + \frac{1}{x^2}\right)$

5. Efetue os produtos dados.

a) $3x^2(x^3 - 2x^2 - 4x + 5)$
b) $-4x^3(x^2 + 2x - 1)$
c) $xy^2(2x + 3xy + 4y)$
d) $(3x + 5)(3x^2 - 4x + 2)$
e) $(2 - x^2)(3x^3 + 6x^2 - x)$
f) $(2x^2 - \frac{1}{2})(x^2 + 3)$
g) $(x^3 + 1)(x^4 - 3x^2 + 2)$
h) $(3 - 2y + y^2)(2y^2 - 5y + 4)$
i) $(x - y + 1)(2x - 4y + 6)$
j) $(x^2 + 2y)(3x - 2xy - y)$
k) $(2x - 1)^3$
l) $(x - 3)(x + 3)(x - 2)$
m) $(2w - 3)(w - 1)(3w + 2)$
n) $(x^2 + 3)(x^2 - 2)(2x^2 - 5)$
o) $(a + 2b)(3a - b)(2a + 3b)$
p) $(a - b)(a + b)(a^2 + b^2)$

6. Expanda as expressões a seguir.

a) $(x + 2)^2$
b) $(3x + 8)^2$
c) $(x^2 - \sqrt{5})^2$
d) $(2u + 7v)^2$
e) $(4 - y)^2$
f) $(3 - 2y)^2$
g) $(-2 - x)^2$
h) $(\frac{x}{2} + 2)^2$
i) $(\sqrt{2}x + 1)^2$
j) $\left(3 - \frac{5}{x}\right)^2$
k) $\left(2x - \frac{1}{x}\right)^2$
l) $(4 - x^2)^2$
m) $(x^2 - x)^2$
n) $(2x^2 - y)^2$
o) $(x^2 + \sqrt{x})^2$
p) $(x - 2)^2(3 - x)^2$
q) $\left(\frac{x+3}{1-x}\right)^2$
r) $(2x + 1)^3$
s) $(3 - y)^3$
t) $(2\sqrt[3]{x} - 3)^3$

7. Efetue os produtos dados.

   a) $(x-4)(x+4)$
   b) $(5x-6)(5x+6)$
   c) $(2x-7y)(2x+7y)$
   d) $(2-x)(x+2)$
   e) $(\frac{3x}{2}-\frac{1}{3})(\frac{3x}{2}+\frac{1}{3})$
   f) $(x-\frac{1}{x})(x+\frac{1}{x})$
   g) $(y^2-4)(y^2+4)$
   h) $(z-\sqrt{3})(z+\sqrt{3})$
   i) $(\sqrt{x}+5)(\sqrt{x}-5)$
   j) $(2\sqrt{x}-\sqrt{5})(2\sqrt{x}+\sqrt{5})$

8. O número áureo é uma constante real irracional, definida como a raiz positiva da equação quadrática obtida a partir de

   $$\frac{x+1}{x} = x.$$

   Reescreva a equação dada como uma equação quadrática e determine o número áureo.

9. Um pequeno parque retangular, cujas dimensões são apresentadas a seguir, tem uma região gramada, circundada por um passeio de largura x. Defina uma expressão para a área da região gramada, lembrando-se de que a área de um retângulo de lados x e y é igual a xy.

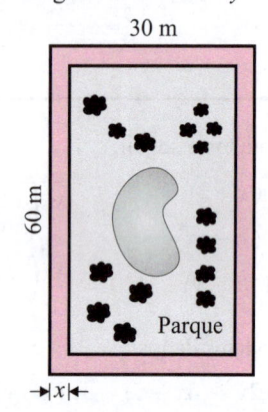

10. Um quadrado foi dividido em quatro retângulos, como mostra a figura a seguir.
    a) Calcule a área de cada retângulo, lembrando-se de que a área de um retângulo de lados x e y é dada por xy.
    b) Some as áreas dos retângulos.
    c) Compare o valor obtido no item (b) com a área do quadrado, que é dada por $(a+b)^2$.

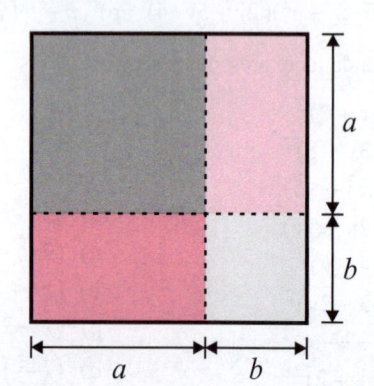

11. Calcule as expressões a seguir, simplificando o resultado. Sempre que necessário, suponha que os termos no interior das raízes são não negativos e que os denominadores são diferentes de zero.

    a) $\dfrac{2(x-\sqrt{3})(x+\sqrt{3})}{5(x^2-3)}$
    b) $\left(\dfrac{6}{\sqrt{x}}-\dfrac{4}{\sqrt{y}}\right)\left(\dfrac{6}{\sqrt{x}}+\dfrac{4}{\sqrt{y}}\right)\left(\dfrac{xy}{4}\right)$
    c) $\dfrac{(2-\sqrt{x})(\sqrt{x}+2)}{4-(x-2)^2}$
    d) $\dfrac{(x-\sqrt{2})(x+\sqrt{2})}{(x-1)^2+2x-3}$
    e) $\dfrac{(\sqrt{x}+5)(\sqrt{x}-5)}{\sqrt{x}-25}$
    f) $\dfrac{(\sqrt{2x}+\sqrt{5})(\sqrt{2x}-\sqrt{5})}{(x-5)^2-x^2}$
    g) $\dfrac{(x-3)^2-(x-\sqrt{3})(x+\sqrt{3})}{2-x}$
    h) $\dfrac{(x+2)^2-(2\sqrt{x}-1)(2\sqrt{x}+1)}{(5+x)^2}$

12. Reescreva as expressões a seguir, colocando algum termo em evidência e simplificando o resultado sempre que possível. Quando necessário, suponha que os denominadores são não nulos.

    a) $4-2y$
    b) $6x-3$
    c) $-4x-10$
    d) $35x-5z+15y$
    e) $-10a+14ab$
    f) x^2-2x
    g) $8ab-12b+4ab^2$
    h) $3x^5-9x^4+18x^7$
    i) $\dfrac{3x}{32}-\dfrac{21}{4}$
    j) $\dfrac{5x}{2}-\dfrac{x^2}{2}$
    k) $xy+x^2y^2$
    l) $4xy+8yz-12w^2y$
    m) $xy^2+y^5+3zy^3$
    n) $-\dfrac{5}{12x}+\dfrac{10}{3x^3}$
    o) $(4x-1)^2+(4x-1)3x$
    p) $(5x+1)(x-2)-4(x-2)$
    q) $\dfrac{6x^2-24x}{3x}$
    r) $\dfrac{x(3-2x)-2(3-2x)}{x-2}$

13. Fatore as expressões dadas.

    a) x^2-9
    b) $16x^2-1$
    c) $9-\dfrac{x^2}{4}$
    d) x^2-64y^2
    e) $4y^2-5$
    f) $36x^2-100$
    g) $16-49x^2$
    h) $2u^2-v^2$
    i) $25-x^8$
    j) x^4-x^2
    k) $\dfrac{9x^2}{4}-\dfrac{1}{9}$
    l) $x-16$
    m) $\dfrac{36}{y^2}-\dfrac{1}{9}$
    n) $(x-7)^2-4$

14. Fatore as expressões a seguir.

    a) $x^2+10x+25$
    b) $4x^2-12x+9$
    c) $3x^2+12x+12$
    d) $x^2-x+\dfrac{1}{4}$
    e) $16x^2+40xy+25y^2$
    f) $x^2y^2-2xy+1$
    g) $x^2-2\sqrt{3}x+3$
    h) $\dfrac{x^2}{4}+\dfrac{x}{3}+\dfrac{1}{9}$

2.10 Equações quadráticas

Imagine que um engenheiro deseje projetar uma piscina retangular que ocupe uma área de 128 m² de um terreno e que tenha um lado igual ao dobro do outro. Quais devem ser as dimensões da piscina (ignorando sua profundidade)?

Para resolver esse problema, o engenheiro pode definir como incógnita a dimensão do lado menor da piscina, que associaremos à sua largura. Se esse valor for definido como x, o outro lado medirá $2x$, como mostrado na Figura 2.28. Dessa forma, a área do terreno ocupada pela piscina será dada por

$$\text{largura} \times \text{comprimento} = x \cdot 2x = 2x^2.$$

Para determinar o valor de x, usamos o fato de que a área deve ser igual a 128 m², o que nos leva à equação

$$2x^2 = 128 \qquad \text{ou} \qquad 2x^2 - 128 = 0.$$

Como essa equação envolve um polinômio de grau 2, é chamada de **equação do segundo grau**. Uma definição mais precisa desse tipo de equação é dada a seguir.

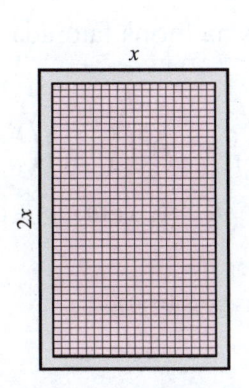

FIGURA 2.28 Uma piscina com comprimento igual ao dobro da largura.

Equação quadrática

Uma **equação quadrática** – ou **equação do segundo grau** –, na variável x, é uma equação que pode ser escrita na forma

$$ax^2 + bx + c = 0,$$

em que a, b e c são coeficientes reais, com $a \neq 0$.

Observe que, quando $a = 0$, a equação torna-se linear, não sendo necessário resolvê-la como equação quadrática.

Exemplo 1. Equações quadráticas

São exemplos de equações quadráticas

$\quad 3x^2 - 4x + 7 = 0 \qquad$ Equação com a, b e $c \neq 0$.

$\quad 5x^2 - 125 = 0 \qquad$ Equação com $b = 0$.

$\quad x - x^2 = 0 \qquad$ Equação com $c = 0$.

$\quad 5(x-3)(x+1) = 0 \qquad$ Equação na forma fatorada.

Como veremos adiante, a resolução de uma equação quadrática – isto é, a determinação de sua raiz, x – é facilitada quando um dos coeficientes b ou c é igual a zero. Entretanto, começaremos analisando o caso mais simples de resolução, que é aquele no qual o polinômio de grau 2 já está fatorado.

■ Equações com polinômios na forma fatorada

Suponha que queiramos resolver a equação

$$(x-5)(x+2) = 0.$$

Como o polinômio que aparece do lado esquerdo está na forma fatorada, podemos obter a solução trivialmente, lembrando-nos de que, dadas duas expressões a e b,

Nesse exemplo, as raízes são iguais aos coeficientes que aparecem dentro dos parênteses, com sinais trocados. Isso acontece sempre que um termo tem a forma $(x - a)$ ou $(x + a)$.

se $a \cdot b = 0$, então $a = 0$ ou $b = 0$.

Assim, a equação $(x - 5)(x + 2) = 0$ permite duas possibilidades: $x - 5 = 0$ ou $x + 2 = 0$.

- Supondo que $x - 5 = 0$, temos $x = 5$.
- Supondo que $x + 2 = 0$, temos $x = -2$.

Logo, as raízes são $x_1 = 5$ e $x_2 = -2$.

Problema 1. Equações com polinômios na forma fatorada

Resolva as equações a seguir.

a) $(x - 3)(5x - 7) = 0$ c) $(3x - 6)(x - 2) = 0$ e) $\left(\dfrac{x}{4} + \dfrac{1}{3}\right)\left(\dfrac{x}{6} - \dfrac{1}{6}\right) = 0$

b) $2(x + 8)(x + 4) = 0$ d) $(x - \sqrt{3})(2x + 1) = 0$ f) $x(10 - x) = 0$

Solução

a) Para a equação $(x - 3)(5x - 7) = 0$, temos duas possibilidades:

- Se $x - 3 = 0$, então $x = 3$.
- Se $5x - 7 = 0$, então $5x = 7$, donde $x = \dfrac{7}{5}$.

Logo, as raízes são $x_1 = 3$ e $x_2 = \dfrac{7}{5}$.

b) Dada a equação $2(x + 8)(x + 4) = 0$, podemos afirmar que

- Se $x + 8 = 0$, então $x = -8$.
- Se $x + 4 = 0$, então $x = -4$.

Observe que o número 2, que aparece à frente da equação, não interfere na determinação das raízes.

Logo, as raízes são $x_1 = -8$ e $x_2 = -4$.

c) No que tange à equação $(3x + 6)(x - 2) = 0$, observamos que

- Se $3x - 6 = 0$, então $3x = 6$, de modo que $x = \dfrac{6}{3} = 2$.
- Se $x - 2 = 0$, então $x = 2$.

Repare que, quando $x = 2$, os dois fatores são iguais a zero.

Dessa forma, a única raiz é $x = 2$.

d) Para encontrar as raízes da equação $(x - \sqrt{3})(2x + 1) = 0$, consideramos os seguintes casos:

- Se $x - \sqrt{3} = 0$, então $x = \sqrt{3}$.
- Se $2x + 1 = 0$, então $2x = -1$, donde $x = -\dfrac{1}{2}$.

Assim, as raízes são $x_1 = \sqrt{3}$ e $x_2 = -\dfrac{1}{2}$.

e) As duas possibilidades associadas à equação $\left(\dfrac{x}{4} + \dfrac{1}{3}\right)\left(\dfrac{x}{6} - \dfrac{1}{6}\right) = 0$ são:

- $\dfrac{x}{4} + \dfrac{1}{3} = 0$. Nesse caso, $\dfrac{x}{4} = -\dfrac{1}{3}$, donde $x = -\dfrac{4}{3}$.
- $\dfrac{x}{6} - \dfrac{1}{6} = 0$. Nesse caso, $\dfrac{x}{6} = \dfrac{1}{6}$, donde $x = \dfrac{6}{6} = 1$.

Logo, as raízes são $x_1 = -\dfrac{4}{3}$ e $x_2 = 1$.

f) Para a equação $x(10 + x) = 0$, constatamos que:

- uma possibilidade é termos $x = 0$.
- por outro lado, também é possível que $10 - x = 0$. Nesse caso, $x = 10$.

Desse modo, as raízes são $x_1 = 0$ e $x_2 = 10$.

Agora, tente o Exercício 1.

■ Equações com c = 0

Quando o coeficiente c é nulo, temos simplesmente $ax^2 + bx = 0$. Nesse caso, como os dois termos do lado esquerdo incluem x, podemos pôr essa variável em evidência, como mostrado a seguir.

$$ax^2 + bx = 0 \quad \Rightarrow \quad ax \cdot x + b \cdot x = 0 \quad \Rightarrow \quad x(ax + b) = 0.$$

Assim, adotando a mesma estratégia da subseção anterior, podemos considerar dois casos:

- $x = 0$; ou
- $ax + b = 0$, o que implica que $x = -\frac{b}{a}$.

Logo, as raízes são $x_1 = 0$ e $x_2 = -\frac{b}{a}$.

Problema 2. Equações com $c = 0$

Resolva as equações a seguir.

a) $x^2 + 5x = 0$
b) $21x - 3x^2 = 0$

Solução

a) Podemos reescrever a equação $x^2 + 5x = 0$ como $x(x + 5) = 0$. Nesse caso, constatamos que $x = 0$ ou $x + 5 = 0$, o que nos leva a $x = -5$.
 Logo, as raízes são $x_1 = 0$ e $x_2 = -5$.

b) A equação $21x - 3x^2 = 0$ é equivalente a $x(21 - 3x) = 0$. Desse modo, concluímos que $x = 0$ ou $21 - 3x = 0$. Neste último caso, temos $3x = 21$, ou simplesmente $x = \frac{21}{3} = 7$.

Portanto, as raízes são $x_1 = 0$ e $x_2 = 7$.

Agora, tente o Exercício 4.

■ Equações com b = 0

Voltando ao problema apresentado no início desta seção, observamos que a equação quadrática que o projetista da piscina tem que resolver é

$$2x^2 - 128 = 0.$$

Essa equação tem coeficientes $a = 2$, $b = 0$ e $c = -128$. Para resolvê-la, começamos por eliminar o termo constante que aparece do lado esquerdo:

$$2x^2 - 128 + 128 = 0 + 128 \quad \Rightarrow \quad 2x^2 = 128.$$

Em seguida, eliminamos o fator 2 que multiplica x:

$$\frac{2x^2}{2} = \frac{128}{2} \quad \Rightarrow \quad x^2 = 64.$$

Resta, agora, determinar x tal que seu quadrado seja igual a 64. Naturalmente, uma solução desse problema é dada pela raiz quadrada de 64, que é 8, já que $8^2 = 64$.

Entretanto, essa não é a única solução da equação, já que $x = -8$ também satisfaz $(-8)^2 = 64$. Dessa forma, escrevemos

$$x = \pm\sqrt{64} = \pm 8,$$

indicando que as raízes são $x_1 = 8$ e $x_2 = -8$.

De uma forma geral, a resolução de uma equação na forma $ax^2 + c = 0$ é feita por meio dos passos indicados a seguir.

$$ax^2 + c = 0 \quad \text{Equação original.}$$
$$ax^2 = -c \quad \text{Subtração de } c \text{ dos dois lados.}$$
$$x^2 = -\frac{c}{a} \quad \text{Divisão dos dois lados por } a.$$
$$x = \pm\sqrt{-\frac{c}{a}} \quad \text{Extração da raiz quadrada.}$$

Atenção
Repare que há um sinal negativo dentro da raiz, de modo que, dentre os coeficientes a e c, um (e apenas um) deve ser negativo.

Problema 3. Equações com $b = 0$

Resolva as equações dadas.

a) $9x^2 - 25 = 0$

b) $\frac{x^2}{4} - 3 = 0$

c) $64x^2 + 256 = 0$

d) $(x - 7)^2 - 81 = 0$

Solução

a)
$$9x^2 - 25 = 0 \quad \text{Equação original.}$$
$$9x^2 = 25 \quad \text{Adição de 25 aos dois lados.}$$
$$x^2 = \frac{25}{9} \quad \text{Divisão dos dois lados por 9.}$$
$$x = \pm\sqrt{\frac{25}{9}} \quad \text{Extração da raiz quadrada.}$$
$$x = +\frac{5}{3} \text{ ou } -\frac{5}{3} \quad \text{Soluções da equação.}$$

b)
$$\frac{x^2}{4} - 3 = 0 \quad \text{Equação original.}$$
$$\frac{x^2}{4} = 3 \quad \text{Adição de 3 aos dois lados.}$$
$$x^2 = 3 \cdot 4 \quad \text{Multiplicação dos dois lados por 4.}$$
$$x = \pm\sqrt{12} \quad \text{Extração da raiz quadrada.}$$
$$x = +2\sqrt{3} \text{ ou } -2\sqrt{3} \quad \text{Soluções da equação.}$$

c)
$$64x^2 + 256 = 0 \quad \text{Equação original.}$$
$$64x^2 = -256 \quad \text{Subtração de 256 dos dois lados.}$$
$$x^2 = -\frac{256}{64} \quad \text{Divisão dos dois lados por 64.}$$
$$x = \pm\sqrt{-4} \quad \text{Impossível!}$$

Como o número dentro da raiz é negativo, essa equação não tem raiz real.

Observe que, apesar de b não ser nulo nessa equação, conseguimos resolvê-la de forma semelhante ao que foi feito nos demais problemas. De fato, poderíamos ter substituído $x - 7$ por y, para transformar a equação em $y^2 = 81 = 0$, cuja solução é $y = \pm 9$. Assim, como $y = x - 7$, temos $x = 7 + y = 7 \pm 9$.

d) $(x-7)^2 - 81 = 0$ Equação original.

$(x-7)^2 = 81$ Adição de 81 aos dois lados.

$x - 7 = \pm \sqrt{81}$ Extração da raiz quadrada.

$x = 7 \pm 9$ Adição de 7 aos dois lados.

$x = +16$ ou -2 Soluções da equação.

Agora, tente o Exercício 3.

■ Equações com todos os coeficientes não nulos

Para resolver a equação $ax^2 + bx + c = 0$, quando os coeficientes a, b e c são todos não nulos, usamos a fórmula quadrática dada a seguir.

Fórmula quadrática

As raízes da equação $ax^2 + bx + c = 0$, em que $a \neq 0$, são dadas por

$$x = \frac{-b \pm \sqrt{b^2 - 4ac}}{2a}.$$

Essas raízes são reais sempre que $\Delta = b^2 - 4ac \geq 0$. O termo Δ é chamado de **discriminante** da equação.

Você sabia?
A fórmula que fornece as raízes de uma equação quadrática também é conhecida como fórmula de Bhaskara em homenagem ao famoso matemático indiano que viveu no século XII.

Para os leitores curiosos em saber como a fórmula quadrática pode ser obtida, veremos agora como deduzi-la *completando quadrados*. Se você está aflito para começar a resolver equações quadráticas gerais, pode pular os próximos parágrafos e passar ao Problema 4.

Observando a estratégia usada para resolver o item (d) do Problema 3, concluímos que, dadas as constantes reais u e v, com $v \geq 0$, a solução de uma equação quadrática na forma

$$(x+u)^2 = v$$

pode ser obtida aplicando-se a seguinte estratégia:

$x + u = \pm \sqrt{v}$ Extração da raiz quadrada.

$x = -u \pm \sqrt{v}$ Subtração de u dos dois lados.

Assim, somos capazes de resolver qualquer equação quadrática do tipo

$$x^2 + 2xu + u^2 - v = 0, \qquad (2.1)$$

já que, segundo o que aprendemos sobre produtos notáveis, essa equação é equivalente a $(x+u)^2 = v$. Logo, se conseguíssemos reescrever a equação

$$ax^2 + bx + c = 0, \qquad (2.2)$$

na forma apresentada em (2.1), seríamos capazes de encontrar facilmente sua solução. Felizmente, isso pode ser feito em quatro passos, como mostrado a seguir.

Passo 1. Começamos dividindo os dois lados da Equação (2.2) por a

Note que o termo independente da Equação (2.1) é $u^2 - v$, já que u e y são constantes conhecidas, e não incógnitas.

$$\frac{ax^2 + bx + c}{a} = \frac{0}{a} \quad \Rightarrow \quad x^2 + \frac{bx}{a} + \frac{c}{a} = 0. \qquad (2.3)$$

Dessa forma, igualamos o primeiro termo do lado esquerdo da equação ao monômio x^2 que aparece em (2.1).

Passo 2. Em seguida, para tornar iguais os segundos termos das Equações (2.1) e (2.3), escolhemos u de modo que

$$2u = \frac{b}{a},$$

o que pode ser facilmente obtido tomando

$$u = \frac{b}{2a}.$$

Passo 3. Agora, para que os termos independentes das Equações (2.1) e (2.3) sejam iguais, definimos v a partir de

$$u^2 - v = \frac{c}{a}.$$

Como sabemos que $u = \frac{b}{2a}$, temos;

$$\left(\frac{b}{2a}\right)^2 - v = \frac{c}{a},$$

de modo que

$$v = \frac{b^2}{4a^2} - \frac{c}{a}.$$

Passo 4. Uma vez determinados u e v, podemos escrever a solução da Equação (2.2) como

$$x = -u \pm \sqrt{v} \qquad \text{Solução de } x^2 + 2xu + u^2 - v = 0.$$

$$= -\frac{b}{2a} \pm \sqrt{\frac{b^2}{4a^2} - \frac{c}{a}} \qquad \text{Substituição de } u \text{ e } v.$$

$$= -\frac{b}{2a} \pm \sqrt{\frac{b^2 - 4ac}{4a^2}} \qquad \text{Redução das frações dentro da raiz ao mesmo denominador.}$$

$$= -\frac{b}{2a} \pm \frac{\sqrt{b^2 - 4ac}}{\sqrt{4a^2}} \qquad \text{Separação da raiz quadrada.}$$

$$= -\frac{b}{2a} \pm \frac{\sqrt{b^2 - 4ac}}{2a} \qquad \text{Extração da raiz quadrada do denominador.}$$

$$= \frac{-b \pm \sqrt{b^2 - 4ac}}{2a} \qquad \text{Soma das frações.}$$

Aqui, é preciso considerar que
$\pm\sqrt{4a^2} = \pm\sqrt{4}\sqrt{a^2} = \pm 2|a| = \pm 2a$.
(Veja mais sobre o módulo na Seção 2.14.)

Pronto! Chegamos à fórmula quadrática.

Problema 4. Aplicações da fórmula quadrática

Resolva as equações dadas.

a) $x^2 - 3x - 10 = 0$ \qquad c) $3x^2 - 24x + 48 = 0$

b) $4x^2 + 10x = 6$ \qquad d) $2x^2 + 3x + 6 = 0$

Solução

a) Para organizar nosso trabalho, vamos calcular o discriminante $\Delta = b^2 - 4ac$ e, em seguida, determinar as raízes usando a fórmula

$$x = \frac{-b \pm \sqrt{\Delta}}{2a}.$$

Os coeficientes da equação $x^2 - 3x - 10 = 0$ são $a = 1$, $b = -3$ e $c = -10$, de modo que

$$\Delta = (-3)^2 - 4 \cdot 1 \cdot (-10) = 9 + 40 = 49.$$

Assim, temos:

$$x = \frac{-(-3) \pm \sqrt{49}}{2 \cdot 1} = \frac{3 \pm 7}{2}.$$

Logo, as soluções da equação são:

$$x_1 = \frac{3+7}{2} = \frac{10}{2} = 5 \quad \text{e} \quad x_2 = \frac{3-7}{2} = \frac{-4}{2} = -2.$$

b) Reescrevendo a equação $4x^2 + 10x = 6$ na forma padrão, obtemos

$$4x^2 + 10x - 6 = 0.$$

Os coeficientes dessa equação são $a = 4$, $b = 10$ e $c = -6$, e o discriminante é dado por

$$\Delta = 10^2 - 4 \cdot 4 \cdot (-6) = 100 + 96 = 196.$$

Assim,

$$x = \frac{-10 \pm \sqrt{196}}{2 \cdot 4} = \frac{-10 \pm 14}{8},$$

de modo que temos duas soluções:

$$x_1 = \frac{-10+14}{8} = \frac{4}{8} = \frac{1}{2} \quad \text{e} \quad x_2 = \frac{-10-14}{8} = \frac{-24}{8} = -3.$$

c) A equação $3x^2 - 24x + 48 = 0$ tem coeficientes $a = 3$, $b = -24$ e $c = 48$ e discriminante

$$\Delta = (-24)^2 - 4 \cdot 3 \cdot 48 = 576 - 576 = 0.$$

Como o discriminante é nulo, temos:

$$x = \frac{-(-24) \pm \sqrt{0}}{2 \cdot 3} = \frac{24}{6} = 4.$$

Portanto, a equação só tem uma raiz, definida por $x = 4$.

d) Os coeficientes da equação $2x^2 + 3x + 6 = 0$ são $a = 2$, $b = 3$ e $c = 6$. Já o discriminante é definido por

$$\Delta = 3^2 - 4 \cdot 2 \cdot 6 = 9 - 48 = -39.$$

Nesse caso, como o discriminante é negativo, sua raiz quadrada não corresponderá a um número real, de modo que a equação não tem solução real.

Agora, tente o Exercício 5.

Como vimos nos problemas dados, uma equação quadrática pode ter duas raízes reais ou apenas uma raiz, ou pode mesmo não ter solução real. A existência e o número de raízes reais estão ligados ao valor do discriminante, como indicado a seguir.

O papel do discriminante

A equação $ax^2 + bx + c = 0$, em que $a \neq 0$:

- tem duas raízes reais distintas quando $\Delta > 0$;
- tem apenas uma raiz quando $\Delta = 0$;
- não tem solução real quando $\Delta < 0$.

Problema 5. Determinação do número de raízes

Determine o número de raízes das equações a seguir, sem resolvê-las.

a) $x^2 + 4x - 12 = 0$

b) $4x^2 - 20x + 41 = 0$

c) $\dfrac{-x^2}{2} + 8x - 32 = 0$

Solução

a) Como $\Delta = 4^2 - 4 \cdot 1 \cdot (-12) = 16 + 48 = 64 > 0$, a equação tem duas raizes reais distintas.

b) Como $\Delta = (-20)^2 - 4 \cdot 4 \cdot 41 = 400 - 656 = -256 < 0$, a equação não tem raizes reais.

c) Como $\Delta = 8^2 - 4 \cdot \left(-\dfrac{1}{2}\right) \cdot (-32) = 64 - 64 = 0$, a equação tem apenas uma raiz real.

Agora, tente o Exercício 6.

Problema 6. Garantindo a existência de raízes

Determine para que valores de k cada equação em x a seguir tem ao menos uma raiz real.

a) $3x^2 + 2x + k = 0$

b) $kx^2 - 7x - 12 = 0$

Solução

a) $\Delta = 2^2 - 4 \cdot 3 \cdot k = 4 - 12k$. Para que exista ao menos uma raiz real, é preciso que $\Delta \geq 0$, ou seja,

$$4 - 12k \geq 0 \quad \Rightarrow \quad 4 \geq 12k \quad \Rightarrow \quad k \leq \dfrac{4}{12} \quad \Rightarrow \quad k \leq \dfrac{1}{3}.$$

b) $\Delta = (-7)^2 - 4 \cdot k \cdot (-12) = 49 + 48k$. A equação terá ao menos uma raiz real se

$$49 + 48k \geq 0 \quad \Rightarrow \quad 48k \leq -49 \quad \Rightarrow \quad k \leq -\dfrac{49}{48}.$$

Agora, tente o Exercício 7.

Problema 7. Existência de uma única raiz

Determine para que valores de k a equação $5x^2 + kx + 45 = 0$, em x, tem apenas uma raiz real.

Solução

Nesse caso, $\Delta = k^2 - 4 \cdot 5 \cdot 45 = k^2 - 900$. Assim, para que a equação tenha apenas uma raiz real, é preciso que $\Delta = 0$, ou seja,

$$k^2 - 900 = 0 \quad \Rightarrow \quad k^2 = 900 \quad \Rightarrow \quad k = \pm\sqrt{900} \quad \Rightarrow \quad k = \pm 30.$$

Logo, devemos ter $k = 30$ ou $k = -30$.

Agora, tente o Exercício 8

Exemplo 2. Equações redutíveis à forma quadrática

Que semelhança pode haver entre equações tão aparentemente díspares como

$$4x^4 - 25x^2 + 36 = 0 \quad \text{e} \quad 3^{2x} - 36 \cdot 3^x + 243 = 0?$$

Acertou quem respondeu que a característica comum a essas equações é o fato de ambas poderem ser convertidas à forma quadrática:

$$ay^2 + by + c = 0.$$

Para apresentar a primeira equação nessa forma, é preciso lembrarmos que $x^4 = (x^2)^2$. Usando esse artifício, podemos escrever

$$4(x^2)^2 - 25(x^2) + 36 = 0$$

Substituindo, então, o termo x^2 por y, obtemos

$$4y^2 - 25y + 36 = 0.$$

Agora, temos uma equação quadrática, cuja solução podemos encontrar usando a fórmula:

$$\Delta = 25^2 - 4 \cdot 4 \cdot 36 = 49$$

$$y = \frac{-(-25) \pm \sqrt{49}}{2 \cdot 4} = \frac{25 \pm 7}{8}.$$

Constatamos, portanto, que as raízes da equação quadrática são:

$$y_1 = \frac{25+7}{8} = \frac{32}{8} = 4 \quad \text{e} \quad y_2 = \frac{25-7}{8} = \frac{18}{8} = \frac{9}{4}.$$

Para encontrar as soluções da equação original, basta recordar que $y = x^2$ e considerar as possibilidades:

$$x^2 = 4 \quad \text{ou} \quad x^2 = \frac{4}{9}.$$

A primeira dessas equações fornece

$$x = \pm\sqrt{4} = \pm 2,$$

enquanto a segunda fornece

$$x = \pm\sqrt{\frac{9}{4}} = \pm\frac{3}{2}.$$

Logo, a equação $4x^4 - 25x^2 + 36 = 0$ tem quatro soluções:

$$x_1 = 2, \quad x_2 = -2, \quad x_3 = \frac{3}{2} \quad \text{e} \quad x_4 = -\frac{3}{2}.$$

A estratégia adotada também pode ser usada para converter $3^{2x} - 36 \cdot 3^x + 243 = 0$ à forma quadrática. Nesse caso, reparando que $3^{2x} = (3^x)^2$, reescrevemos a equação como

$$(3^x)^2 - 36 \cdot 3^x + 243 = 0.$$

Assim, fazendo a substituição $y = 3^x$, obtemos:

$$y^2 - 36y + 243 = 0.$$

Apesar de sermos capazes de determinar facilmente os valores de y que resolvem essa equação, a obtenção da solução geral do problema requer a manipulação de uma equação exponencial, assunto que só será tratado no Capítulo 5.

Agora, tente o Exercício 11.

Você sabia?
Toda equação do tipo $ax^4 + bx^2 + c = 0$ pode ser convertida à forma quadrática através da substituição $y = x^2$. Equações assim são chamadas **biquadradas**.

As soluções da equação $3^{2x} - 36 \cdot 3^x + 243 = 0$ são $x_1 = 2$ e $x_2 = 3$.

Exercícios 2.10

1. Resolva as equações a seguir.
   a) $4(x - \frac{3}{4})(x - 6) = 0$
   b) $(x - 9)^2 = 0$
   c) $(x - 5)(2 - x) = 0$
   d) $4x(x + 8) = 0$
   e) $8(x + \frac{1}{2})(x - 4) = 0$
   f) $(5x + 3)(2x + 7) = 0$
   g) $(\frac{x}{4} - \frac{3}{2})(3 - \frac{x}{4}) = 0$
   h) $\sqrt{2}(x + \sqrt{2})(\frac{x}{\sqrt{2}} - 1) = 0$

2. Reescreva as equações do Exercício 1 na forma $ax^2 + bx + c = 0$.

3. Encontre as soluções reais das equações a seguir, caso existam.
   a) $x^2 - 10 = 0$
   b) $3x^2 - 75 = 0$
   c) $4x^2 + 81 = 0$.
   d) $\frac{x^2}{6} - \frac{24}{9} = 0$
   e) $(x - 2)^2 = 4^2$
   f) $(2x - 1)^2 - 25 = 0$
   g) $(x + 3)^2 = \frac{1}{9}$
   h) $(\frac{x}{2} + 1)^2 = \frac{9}{4}$

4. Determine as raízes das equações a seguir.
   a) $x^2 - 4x = 0$
   b) $5x^2 + x = 0$
   c) $x^2 = -7x$
   d) $2x^2 - 3x = 0$
   e) $-3x^2 - \frac{x}{2} = 0$
   f) $\frac{x^2}{3} - \frac{x}{6} = 0$
   g) $2x - \sqrt{2}x^2 = 0$
   h) $\sqrt{3}x - \frac{x^2}{\sqrt{3}} = 0$

5. Usando a fórmula quadrática, determine, quando possível, as raízes reais das equações dadas.
   a) $x^2 - 6x + 8 = 0$
   b) $x^2 - 2x - 15 = 0$
   c) $x^2 + 6x + 9 = 0$
   d) $x^2 + 8x + 12 = 0$
   e) $2x^2 + 8x - 10 = 0$
   f) $x^2 - 6x + 10 = 0$
   g) $2x^2 - 7x - 4 = 0$
   h) $6x^2 - 5x + 1 = 0$
   i) $x^2 - 4x + 13 = 0$
   j) $25x^2 - 20x + 4 = 0$
   k) $x^2 - 2\sqrt{5}x + 5 = 0$
   l) $2x^2 - 2\sqrt{2}x - 24 = 0$
   m) $3x^2 - 0,3x - 0,36 = 0$
   n) $x^2 - 2,4x + 1,44 = 0$
   o) $x^2 + 2x + 5 = 0$
   p) $(x + 8)^2 + 4x = 0$
   q) $(3 - 4x)(x + 3) = 9$
   r) $(2 - 3x)(2x - 5) = 4$

6. Determine quantas raízes as equações a seguir possuem.
   a) $2x^2 + 12x + 18 = 0$
   b) $x^2 - 3x + 8 = 0$
   c) $-2x^2 - 5x + 9 = 0$
   d) $\frac{x^2}{5} - 2x + 20 = 0$
   e) $-x^2 + 16x - 64 = 0$
   f) $3x^2 - 4x + 1 = 0$

7. Determine para que valores de m as equações a seguir possuem ao menos uma raiz.
   a) $-x^2 - 8x + m = 0$
   b) $4x^2 + 12x + m = 0$
   c) $5x^2 - 8x + m = 0$
   d) $mx^2 + 6x - 15 = 0$
   e) $mx^2 - 5x + 10 = 0$
   f) $mx^2 - 6x + 9 = 0$

8. Sabendo que a equação $4x^2 - (m-3)x + 1 = 0$ possui exatamente uma raiz, x, determine os possíveis valores da constante m.

9. Sabendo que a equação $mx^2 + (2m+5)x + (m+3) = 0$ não possui raízes reais em x, determine os possíveis valores da constante m.

10. A equação $4x^2 - 12x + c = 0$ tem duas raízes reais, x_1 e x_2. Sabendo que x_2 é duas unidades maior que x_1, determine essas raízes, bem como o valor de c.

11. Determine as raízes das equações dadas.
    a) $9x^4 - 20x^2 + 4 = 0$
    b) $x^4 + 4x^2 - 5 = 0$
    c) $x^4 - 8x^2 + 16 = 0$
    d) $x^4 + 13x^2 + 36 = 0$
    e) $4x^4 - 37x^2 + 9 = 0$
    f) $x^4 - 24x^2 - 25 = 0$.

12. Um terreno com 64 m² de área tem o formato mostrado na figura a seguir. Determine o valor de x. (Lembre-se de que a área de um triângulo com base b e altura h é igual a $bh/2$, e a área de um retângulo de base b e altura h é igual a bh.)

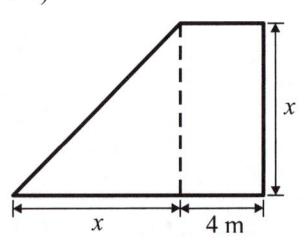

13. Em uma bandeja retangular, uma pessoa dispôs brigadeiros formando n colunas, cada qual com m brigadeiros, como mostra a figura a seguir.

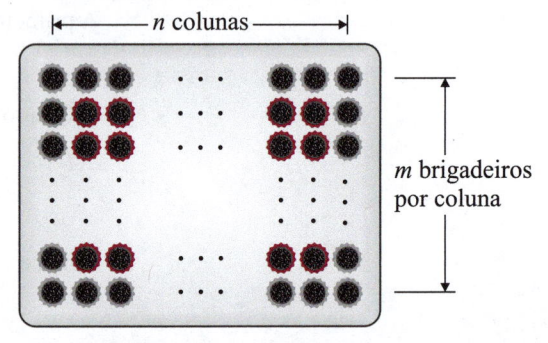

    Os brigadeiros foram divididos em dois grupos. Os que estavam mais próximos das bordas da bandeja foram postos em forminhas cinza, enquanto os brigadeiros do interior da bandeja foram postos em forminhas vinho.
    a) Defina o número de forminhas cinza em relação a m e n.
    b) Repita o item (a) para as forminhas vinho.
    c) Sabendo que $m = 3n/4$, escreva o número de forminhas cinza apenas com relação a n.
    d) Repita o item (c) para as forminhas vinho.
    e) Sabendo que o número de forminhas vinho é igual ao de cinza, determine o número de colunas da bandeja.
    f) Determine o número de brigadeiros na bandeja.

2.11 Inequações quadráticas

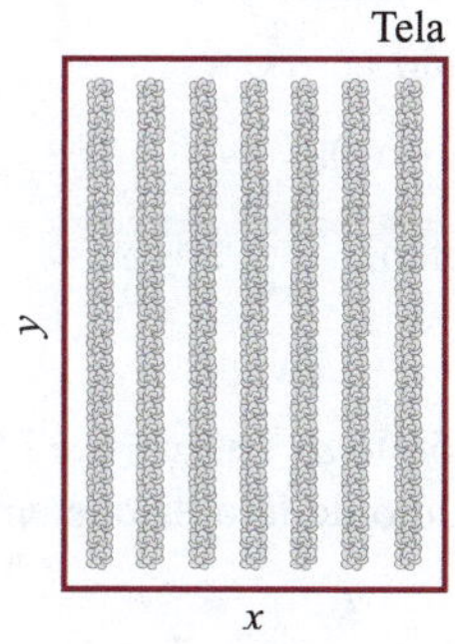

FIGURA 2.29 Uma horta cercada.

Iniciaremos nosso estudo sobre inequações quadráticas explorando outro problema que envolve área.

Suporemos, agora, que um pequeno agricultor disponha de 100 m de tela com a qual pretende cercar uma pequena horta retangular. O objetivo do agricultor é determinar as dimensões da horta para que sua área não seja menor que 600 m².

A Figura 2.29 ilustra este problema, identificando suas incógnitas – as dimensões da horta, em metros – por meio das variáveis x e y.

Para resolver o problema, extraímos do enunciado duas afirmações que relacionam x e y:

a) A cerca deve ter 100 m de comprimento.
b) A área cercada não deve ser inferior a 600 m².

Como o comprimento da cerca equivale ao perímetro do retângulo de lados x e y, a primeira dessas afirmações nos permite escrever

$$2x + 2y = 100.$$

Opa! Uma equação com duas incógnitas! Para não sermos obrigados a trabalhar com as duas variáveis ao mesmo tempo, usamos nossa astúcia matemática e isolamos o y nessa equação, obtendo:

$$2y = 100 - 2x \quad \Rightarrow \quad y = \frac{100 - 2x}{2} \quad \Rightarrow \quad y = 50 - x.$$

Essa estratégia corresponde ao método da substituição, que já usamos para resolver sistemas lineares com duas variáveis.

Assim, caso a incógnita y apareça novamente, podemos substituí-la por $50 - x$. Além disso, uma vez determinada a variável x, fica fácil obter y a partir da equação dada.

Passemos, agora, ao estudo da área da horta. A afirmação (b) indica que a área, dada pelo produto $x \cdot y$, deve ser maior ou igual a 600 m², ou seja,

$$x \cdot y \geq 600.$$

Usando o fato de que $y = 50 - x$, reescrevemos essa inequação como

$$x \cdot (50 - x) \geq 600 \quad \Rightarrow \quad 50x - x^2 \geq 600,$$

que é equivalente a

$$-x^2 + 50x - 600 \geq 0.$$

Essa é uma típica inequação quadrática na forma

$$ax^2 + bx + c \geq 0.$$

Naturalmente, também podemos definir inequações envolvendo os símbolos ≤, > e <. As inequações quadráticas são apresentadas com o zero do lado direito para realçar sua relação com as equações quadráticas, que discutimos na Seção 10.

Para resolver esse tipo de inequação, precisaremos analisar como um polinômio de segundo grau pode ser escrito na forma fatorada, que trataremos a seguir.

■ Conversão de um polinômio quadrático à forma fatorada

Uma vez conhecidas as raízes da equação $ax^2 + bx + c = 0$, é fácil escrever o polinômio quadrático na forma fatorada, como mostrado no quadro a seguir.

> **Fatoração de polinômios quadráticos**
>
> Seja dada a equação quadrática $ax^2 + bx + c = 0$, em que $a \neq 0$:
> - Se a equação tem duas raízes reais, x_1 e x_2, então,
> $$ax^2 + bx + c = a(x - x_1)(x - x_2).$$
> - Se a equação possui uma única solução, x_1, então,
> $$ax^2 + bx + c = a(x - x_1)^2.$$
> - Se a equação não possui raízes, então o polinômio $ax^2 + bx + c$ é **irredutível**, ou seja, não pode ser escrito como o produto de fatores que envolvam apenas números reais.

Observe que o termo $(x - x_1)^2$ é equivalente a $(x - x_1)(x - x_1)$, de modo que podemos dizer que a equação $a(x - x_1)^2 = 0$ tem duas raízes reais iguais.

Como essa propriedade pode ser estendida para polinômios de qualquer grau, deixaremos a sua demonstração para o Capítulo 4, no qual trataremos de zeros de funções polinomiais. Veremos, agora, alguns exemplos práticos de fatoração.

Problema 1. Fatoração de polinômios do segundo grau

Fatore os polinômios a seguir.

a) $2x^2 + x - 15$ b) $-3x^2 + 12x - 12$ c) $5x^2 - 8x$ d) $x^2 + 9$

Solução

a) Aplicando a fórmula de Bhaskara, descobrimos que a equação
$$2x^2 + x - 15 = 0$$
tem raízes $x_1 = \frac{5}{2}$ e $x_2 = -3$. Assim, a forma fatorada do polinômio é

$$2\left(x - \frac{5}{2}\right)(x + 3).$$

Repare que o sinal que aparece no fator é oposto ao sinal da raiz, de modo que o fator associado à raiz -3 é $(x + 3)$.

b) A única raiz da equação
$$-3x^2 + 12x - 12 = 0$$
é $x_1 = 2$. Logo, o polinômio pode ser escrito como
$$-3(x - 2)^2.$$

c) A equação
$$5x^2 - 8x = 0$$
tem raízes $x = 0$ e $x = \frac{8}{5}$. Portanto, a forma fatorada do polinômio $5x^2 - 8x$ é

$$5(x - 0)\left(x - \frac{8}{5}\right).$$

Simplificando essa expressão, obtemos:

$$5x\left(x - \frac{8}{5}\right).$$

Como veremos no Capítulo 4, apesar de o polinômio $x^2 + 9$ não ter raízes reais, é possível fatorá-lo usando números complexos.

d) Como a equação $x^2 + 9 = 0$ não tem raízes em $\mathbb{R}$, não é possível escrever o polinômio $x^2 + 9$ como o produto de fatores reais.

Agora, tente o Exercício 1.

Exemplo 1. Problema do agricultor

Voltando ao problema do pequeno agricultor, vamos tentar fatorar o polinômio que aparece do lado esquerdo da inequação

$$-x^2 + 50x - 600 \geq 0.$$

Para tanto, usaremos a fórmula de Bhaskara para encontrar as raízes da equação associada. O discriminante da equação $-x^2 + 50x - 600 = 0$ é

$$\Delta = 50^2 - 4 \cdot (-1) \cdot (-600) = 2500 - 2400 = 100,$$

e as soluções da equação são dadas por

$$x = \frac{-50 \pm \sqrt{100}}{2 \cdot (-1)} = \frac{-50 \pm 10}{-2}.$$

Assim, temos:

$$x_1 = \frac{-50+10}{-2} = \frac{-40}{-2} = 20 \quad \text{e} \quad x_2 = \frac{-50-10}{-2} = \frac{-60}{-2} = 30.$$

Logo, o polinômio $-x^2 + 50x - 600$ pode ser escrito como

$$-(x-20)(x-30).$$

> Repare que, em virtude de o coeficiente a valer -1, o polinômio é precedido pelo sinal negativo.

■ Solução de inequações do segundo grau

Convertendo à forma fatorada o polinômio associado ao problema do agricultor, chegamos à inequação:

$$-(x-20)(x-30) \geq 0.$$

Com o objetivo de eliminar o sinal negativo que aparece do lado esquerdo da desigualdade dada, multiplicamos a inequação por (-1), obtendo:

$$(x-20)(x-30) \leq 0.$$

Para resolver essa inequação, devemos analisar separadamente o que acontece com cada fator do polinômio, identificando em que intervalo ele é positivo ou negativo.

Começando pelo fator $(x-20)$, observamos que esse termo é positivo para $x > 20$ e negativo para $x < 20$, valendo zero quando $x = 20$. A Figura 2.30 ilustra o sinal desse fator na reta real.

Por sua vez, o fator $(x-30)$ é positivo para $x > 30$ e negativo para $x < 30$, como mostra a Figura 2.31.

Para determinar em quais intervalos o polinômio $(x-20)(x-30)$ é positivo ou negativo, devemos observar como o sinal de um produto está relacionado ao sinal dos seus fatores.

> Para resolver inequações quadráticas, recorremos às propriedades gerais das inequações que foram apresentadas na Seção 2.8.

FIGURA 2.30 Sinal de $(x-20)$.

FIGURA 2.31 Sinal de $(x-30)$.

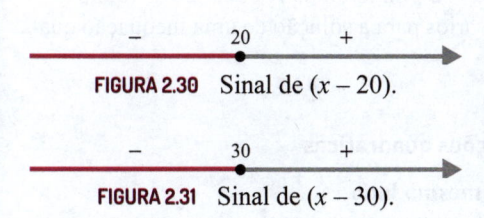

Sinal do produto de dois fatores

Dados os fatores reais a e b, o produto $a \cdot b$ é:
- **positivo,** se $a > 0$ e $b > 0$, ou se $a < 0$ e $b < 0$;
- **negativo,** se $a > 0$ e $b < 0$, ou se $a < 0$ e $b > 0$.

A Tabela 2.21 mostra a dependência entre o sinal de $a \cdot b$ e os sinais de a e b.

TABELA 2.21 Sinal de $a \cdot b$.

a	b	$a \cdot b$
+	+	+
+	−	−
−	+	−
−	−	+

Vejamos como o sinal do produto de dois fatores pode nos ajudar a resolver a inequação do problema do agricultor. Notando que os pontos relevantes do problema são $x = 20$ e $x = 30$, pois é neles que o polinômio $(x - 20)(x - 30)$ vale zero, vamos dividir a reta real nos intervalos disjuntos (sem interseção)

$$(-\infty, 20), \quad (20, 30), \quad (30, \infty),$$

e analisar o sinal do polinômio em cada um deles. Para facilitar o trabalho, construímos uma tabela na qual cada coluna representa um intervalo e cada fator aparece em uma linha separada. Finalmente, usando as regras apresentadas, indicamos na última linha da tabela o sinal do polinômio original.

TABELA 2.22 Sinal de $(x - 20)(x - 30)$ e de seus fatores em cada intervalo.

Termo	$(-\infty, 20)$	$(20, 30)$	$(30, \infty)$
$(x - 20)$	−	+	+
$(x - 30)$	−	−	+
$(x - 20)(x - 30)$	+	−	+

A Tabela 2.22 deve ser lida por colunas. A segunda coluna, por exemplo, indica que, no intervalo $(-\infty, 20)$, o termo $(x - 20)$ é negativo, o mesmo ocorrendo com o termo $(x - 30)$. Logo, o produto $(x - 20)(x - 30)$ é positivo.

A mesma análise pode ser feita empregando-se um diagrama como aquele mostrado na Figura 2.32.

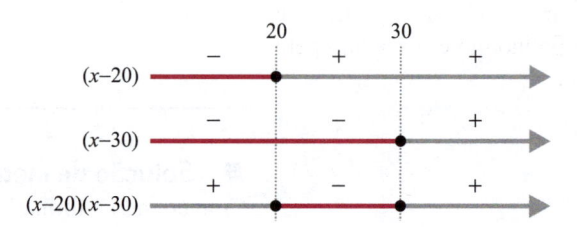

FIGURA 2.32 Diagrama do problema do agricultor.

A partir da Tabela 2.22 ou do diagrama da Figura 2.32, concluímos que o polinômio $(x - 20)(x - 30)$ é negativo no intervalo $(20, 30)$. Logo, a solução da inequação $(x - 20)(x - 30) \leq 0$ é

$$\{x \in \mathbb{R} \mid 20 \leq x \leq 30\}.$$

A solução também pode ser apresentada na forma $x \in [20, 30]$.

Portanto, uma das dimensões da horta deve medir entre 20 e 30 m. Uma vez definida essa dimensão, x, a outra pode ser obtida por meio da fórmula $y = 50 - x$. Assim, por exemplo, se escolhermos $x = 20$ m, teremos $y = 50 - 20 = 30$ m.

Em linhas gerais, os passos necessários para a solução de uma inequação quadrática são dados no quadro a seguir.

> **Roteiro para a solução de inequações quadráticas**
>
> 1. **Mova todos os termos para o mesmo lado.**
>   Escreva a inequação na forma $ax^2 + bx + c \leq 0$ ou $ax^2 + bx + c \geq 0$.
> 2. **Determine as raízes da equação associada.**
>   Determine quantas e quais são as raízes da equação $ax^2 + bx + c = 0$.
> 3. **Fatore o polinômio.**
>   Escreva o polinômio na forma $a(x - x_1)(x - x_2)$, em que $x_1 = x_2$ se a raiz for única.

(continua)

Roteiro para a solução de inequações quadráticas (cont.)

4. **Crie intervalos.**
   Divida o problema em intervalos, de acordo com as raízes obtidas.

5. **Monte uma tabela ou diagrama.**
   Determine o sinal de cada fator do polinômio em cada intervalo.

6. **Resolva o problema.**
   Determine a solução do problema a partir dos sinais dos fatores. Expresse essa solução na forma de um ou mais intervalos.

Problema 2. Solução de inequações quadráticas

Resolva as inequações a seguir.

a) $x^2 + 3x - 10 \geq 0$
b) $4x^2 - 8x \leq 21$
c) $-3x^2 > 11x - 4$
d) $-x^2 + 5x + 6 < 0$
e) $x^2 + 6x + 9 \leq 0$
f) $x^2 - 10x + 25 \geq 0$
g) $5x^2 - 3x + 2 \leq 0$
h) $x^2 - 2x \geq -6$
i) $4x^2 - 3 \leq 0$

Solução

a) A equação $x^2 + 3x - 10 = 0$ tem discriminante

$$\Delta = 3^2 - 4 \cdot 1 \cdot (-10) = 49$$

e raízes definidas por

$$x = \frac{-3 \pm \sqrt{49}}{2 \cdot 1} = \frac{-3 \pm 7}{2}.$$

Logo, $x_1 = 2$ e $x_2 = -5$, de modo que a inequação $x^2 + 3x - 10 \geq 0$ é equivalente a

$$(x-2)(x+5) \geq 0.$$

Definindo, então, os intervalos $(-\infty, -5)$, $(-5, 2)$ e $(2, \infty)$, temos

Termo	$(-\infty, -5)$	$(-5, 2)$	$(2, \infty)$
$(x-2)$	−	−	+
$(x+5)$	−	+	+
$(x-2)(x+5)$	+	−	+

Para descobrir o sinal de $(x-2)$ no intervalo $(-\infty, -5)$, basta calcular esse fator em um ponto interno qualquer do intervalo. Escolhendo, por exemplo, o ponto $x = -6$, descobrimos que $(-6-2) = -8 < 0$, de modo que o fator é negativo em $(-\infty, -5)$. Repetindo esse processo, podemos descobrir o sinal de todos os termos nos três intervalos.

Portanto, $(x-2)(x+5) \geq 0$ para $x \in (-\infty, -5]$ ou $x \in [2, \infty)$. Nesse caso, dizemos que o conjunto solução é formado pela união desses intervalos, ou seja, por

$$(-\infty, -5] \cup [2, \infty).$$

b) A inequação $4x^2 - 8x \leq 21$ é equivalente à desigualdade $4x^2 - 8x - 21 \leq 0$, cuja equação associada tem discriminante

$$\Delta = (-8)^2 - 4 \cdot 4 \cdot (-21) = 400,$$

e raízes definidas por

$$x = \frac{-(-8) \pm \sqrt{400}}{2 \cdot 4} = \frac{8 \pm 20}{8}.$$

Assim, $x_1 = \frac{7}{2}$ e $x_2 = -\frac{3}{2}$, e a inequação do problema pode ser reescrita como

$$4\left(x - \frac{7}{2}\right)\left(x + \frac{3}{2}\right) \leq 0.$$

Os intervalos pertinentes a esse problema são $(-\infty, -\frac{3}{2})$, $(-\frac{3}{2}, \frac{7}{2})$ e $(\frac{7}{2}, \infty)$. A partir deles, montamos a tabela:

Nesse exemplo, observamos que o fator $(x + \frac{3}{2})$ vale $-\frac{1}{2}$ em $x = -2$, vale $\frac{3}{2}$ em $x = 0$ e vale $\frac{13}{2}$ em $x = 5$. Assim, concluímos que o termo é negativo em $(-\infty, -\frac{3}{2})$, e é positivo em $(-\frac{3}{2}, \frac{7}{2})$ e em $(\frac{7}{2}, \infty)$.

Termo	$(-\infty, -\frac{3}{2})$	$(-\frac{3}{2}, \frac{7}{2})$	$(\frac{7}{2}, \infty)$
$(x - \frac{7}{2})$	−	−	+
$(x + \frac{3}{2})$	−	+	+
$4(x - \frac{7}{2})(x + \frac{3}{2})$	+	−	+

Logo, o conjunto solução do problema é dado por $x \in [-\frac{3}{2}, \frac{7}{2}]$.

c) Para resolver a inequação $-3x^2 > 11x - 4$ devemos, em primeiro lugar, convertê-la à forma $-3x^2 - 11x + 4 > 0$. Em seguida, analisando a equação associada, observamos que

$$\Delta = (-11)^2 - 4 \cdot (-3) \cdot 4 = 169,$$

o que nos fornece

$$x = \frac{-(-11) \pm \sqrt{169}}{2 \cdot (-3)} = \frac{11 \pm 13}{-6},$$

donde $x_1 = -4$ e $x_2 = \frac{1}{3}$. Assim, a inequação original é equivalente a

$$-3(x + 4)\left(x - \frac{1}{3}\right) > 0.$$

Para eliminar o sinal negativo, reescrevemos essa inequação como

$$3(x + 4)\left(x - \frac{1}{3}\right) < 0.$$

Definindo, agora, os intervalos $(-\infty, -4)$, $(-4, \frac{1}{3})$ e $(\frac{1}{3}, \infty)$, temos:

Termo	$(-\infty, -4)$	$(-4, \frac{1}{3})$	$(\frac{1}{3}, \infty)$
$(x + 4)$	−	+	+
$(x - \frac{1}{3})$	−	−	+
$3(x + 4)(x - \frac{1}{3})$	+	−	+

Como estamos interessados nos valores de x que satisfazem $3(x + 4)(x - \frac{1}{3}) < 0$, a solução da inequação é dada por

$$\left\{x \in \mathbb{R} \,\middle|\, -4 < x < \frac{1}{3}\right\}.$$

d) O discriminante da equação associada à desigualdade $-x^2 + 5x + 6 < 0$ é:

$$\Delta = 5^2 - 4 \cdot (-1) \cdot 6 = 1.$$

Assim, o polinômio quadrático $-x^2 + 5x + 6$ vale zero quando

$$x = \frac{-5 \pm \sqrt{1}}{2 \cdot (-1)} = \frac{-5 \pm 1}{-2},$$

o que ocorre em $x_1 = 2$ e $x_2 = 3$. Logo, podemos reescrever a inequação como

$$-(x-2)(x-3) < 0.$$

Para eliminar o sinal negativo, multiplicamos os dois lados por -1 e trocamos o sinal da desigualdade, obtendo

$$(x-2)(x-3) > 0.$$

Em seguida, montamos a seguinte tabela, dividida nos intervalos $(-\infty, 2)$, $(2, 3)$ e $(3, \infty)$:

Termo	$(-\infty, 2)$	$(2, 3)$	$(3, \infty)$
$(x-2)$	$-$	$+$	$+$
$(x-3)$	$-$	$-$	$+$
$(x-2)(x-3)$	$+$	$-$	$+$

Observando a tabela, concluímos que a solução de $(x-2)(x-3) > 0$ é dada por

$$\{x \in \mathbb{R} \mid x < 2 \text{ ou } x > 3\}.$$

e) A equação $x^2 + 6x + 9 = 0$ tem discriminante

$$\Delta = 6^2 - 4 \cdot 1 \cdot 9 = 0,$$

de modo que sua única raiz é

$$x = \frac{-6 \pm \sqrt{0}}{2 \cdot 1} = \frac{-6}{2} = -3.$$

Logo, a desigualdade $x^2 + 6x + 9 \leq 0$ é equivalente a

$$(x+3)^2 \leq 0.$$

Nesse caso, temos apenas dois intervalos: $(-\infty, -3)$ e $(-3, \infty)$. A tabela correspondente ao problema é

Termo	$(-\infty, 3)$	$(-3, \infty)$
$(x+3)$	$-$	$+$
$(x+3)$	$-$	$+$
$(x+3)^2$	$+$	$+$

Em Matemática, usamos frequentemente o fato de todo termo elevado ao quadrado ser maior ou igual a zero. Para constatar isso, basta lembrar que o produto de dois termos positivos é positivo, o mesmo ocorrendo quando os termos são negativos.

Observe que $(x+3)^2$ é positivo nos dois intervalos. Assim, a única solução de $(x+3)^2 \leq 0$ é $x = -3$ (ponto em que temos $(x+3)^2 = 0$).

f) O discriminante da equação $x^2 - 10x + 15 = 0$ é

$$\Delta = 10^2 - 4 \cdot 1 \cdot 25 = 0.$$

Logo, temos a raiz única

$$x = \frac{-(-10) \pm \sqrt{0}}{2 \cdot 1} = \frac{10}{2} = 5,$$

de modo que a desigualdade $x^2 - 10x + 25 \geq 0$ é equivalente a

$$(x-5)^2 \geq 0.$$

À semelhança do que ocorreu no problema (e), podemos concluir que $(x-5)^2$ é sempre maior ou igual a zero. Desse modo, a solução da inequação é dada por $x \in \mathbb{R}$ (ou simplesmente $\mathbb{R}$), indicando que todos os números reais são solução.

g) A equação $5x^2 - 3x + 2 = 0$ tem discriminante

$$\Delta = (-3)^2 - 4 \cdot 5 \cdot 2 = 9 - 40 = -31.$$

Como o discriminante é negativo, a equação não possui raízes reais. Isso implica que o polinômio $5x^2 - 3x + 2$ nunca troca de sinal, permanecendo sempre positivo ou sempre negativo.

Testando o valor do polinômio em $x = 0$, constatamos que

$$5 \cdot 0^2 - 3 \cdot 0 + 2 = 2.$$

Como o valor obtido é positivo, concluímos que o polinômio é sempre positivo, de modo que a inequação

$$5x^2 - 3x + 2 \leq 0$$

não tem solução. De forma equivalente, podemos dizer que o conjunto solução da inequação é $\varnothing$ (o conjunto vazio).

> Se você preferir, pode usar outro valor de x para calcular o polinômio. Escolhemos $x = 0$ nesse exercício apenas para facilitar as contas.

h) A inequação $x^2 - 2x \geq -6$ é equivalente a $x^2 - 2x + 6 \geq 0$. O discriminante da equação associada é

$$\Delta = (-2)^2 - 4 \cdot 1 \cdot 6 = 4 - 24 = -20.$$

Mais uma vez, como o discriminante é negativo, a equação não tem raízes reais, de modo que o sinal do polinômio $x^2 - 2x + 6$ não muda.
Como, para $x = 0$, temos

$$0^2 - 2 \cdot 0 + 6 = 6,$$

que é um valor positivo, o polinômio é sempre positivo, de modo que a inequação $x^2 - 2x + 6 \geq 0$ é satisfeita para todo x real, ou seja, o conjunto solução é $\mathbb{R}$.

i) Podemos resolver a equação $4x^2 - 3 = 0$ diretamente, fazendo

$$4x^2 = 3 \quad \Rightarrow \quad x^2 = \frac{3}{4} \quad \Rightarrow \quad x \pm \frac{\sqrt{3}}{2}.$$

Logo, a inequação $4x^2 - 3 \leq 0$ é equivalente a

$$4\left(x - \frac{\sqrt{3}}{2}\right)\left(x + \frac{\sqrt{3}}{2}\right) \leq 0.$$

A tabela associada a esse problema é dada a seguir.

Termo	$(-\infty, -\frac{\sqrt{3}}{2})$	$(-\frac{\sqrt{3}}{2}, \frac{\sqrt{3}}{2})$	$(\frac{\sqrt{3}}{2}, \infty)$
$(x - \frac{\sqrt{3}}{2})$	−	−	+
$(x + \frac{\sqrt{3}}{2})$	−	+	+
$4(x - \frac{\sqrt{3}}{2})(x + \frac{\sqrt{3}}{2})$	+	−	+

Assim, o conjunto solução da inequação é dado pelo intervalo $\left[-\frac{\sqrt{3}}{2}, \frac{\sqrt{3}}{2}\right]$.

Agora, tente o Exercício 4.

Exemplo 2. Inequação dupla

O roteiro apresentado anteriormente também pode ser usado para resolver inequações duplas. Como exemplo, vamos encontrar a solução de

$$-3 \leq 9x^2 - 7 \leq 29.$$

Uma vez que já conhecemos os passos da resolução de uma inequação, vamos tratar em separado as desigualdades a seguir:

a) $9x^2 - 7 \geq -3$, que é equivalente a $9x^2 - 4 \geq 0$; e
b) $9x^2 - 7 \leq 29$, que pode ser escrita como $9x^2 - 36 \leq 0$.

A equação associada à primeira desigualdade é $9x^2 - 4 = 0$. Para resolver essa equação, seguimos os passos:

$$9x^2 = 4 \quad \Rightarrow \quad x^2 = \frac{4}{9} \quad \Rightarrow \quad x = \pm\sqrt{\frac{4}{9}} = \pm\frac{2}{3}.$$

Logo, as raízes são $x_1 = -\frac{2}{3}$ e $x_2 = \frac{2}{3}$, de modo que podemos montar a tabela:

Termo	$(-\infty, -\frac{2}{3})$	$(-\frac{2}{3}, \frac{2}{3})$	$(\frac{2}{3}, \infty)$
$(x + \frac{2}{3})$	−	+	+
$(x - \frac{2}{3})$	−	−	+
$9(x + \frac{2}{3})(x - \frac{2}{3})$	+	−	+

Como queremos que $9(x - \frac{2}{3})(x + \frac{2}{3}) \geq 0$, o conjunto solução da primeira inequação é dado por

$$S_1 = \left\{ x \in \mathbb{R} \;\middle|\; x \leq -\frac{2}{3} \text{ ou } x \geq \frac{2}{3} \right\}.$$

Por sua vez, a equação associada à inequação (b) é $9x^2 - 36 = 0$. Para obter as raízes dessa equação, fazemos

$$9x^2 = 36 \quad \Rightarrow \quad x^2 = \frac{36}{9} = 4 \quad \Rightarrow \quad x = \pm\sqrt{4} = \pm 2,$$

donde $x_1 = -2$ e $x_2 = 2$. Tomando, agora, os intervalos $(-\infty, -2)$, $(-2, 2)$ e $(2, \infty)$, montamos a tabela:

Termo	$(-\infty, -2)$	$(-2, 2)$	$(2, \infty)$
$(x + 2)$	−	+	+
$(x - 2)$	−	−	+
$9(x + 2)(x - 2)$	+	−	+

Concluímos, então, que o conjunto solução de $9(x + 2)(x - 2) \leq 0$ é

$$S_2 = \{x \in \mathbb{R} \mid -2 \leq x \leq 2\}.$$

Agora que obtivemos separadamente as soluções de $9x^2 - 7 \geq -3$ e $9x^2 - 7 \leq 29$, determinamos a solução do problema original requerendo que as duas desigualdades sejam satisfeitas simultaneamente. Para tanto, exigimos que a variável x pertença à interseção dos conjuntos S_1 e S_2, ou seja,

$$x \in S_1 \cap S_2 = \left\{ x \in \mathbb{R} \;\middle|\; x \leq -\frac{2}{3} \text{ ou } x \geq \frac{2}{3} \right\} \bigcap \{x \in \mathbb{R} \mid -2 \leq x \leq 2\}.$$

Apresentado dessa forma, o conjunto solução $S_1 \cap S_2$ parece complicado. Entretanto, uma formulação bem mais simples pode ser obtida recorrendo-se à reta real, como mostrado na Figura 2.33. Na primeira reta mostrada nessa figura, identificamos em rosa o conjunto S_1. Da mesma forma, o conjunto S_2 está destacado em rosa na segunda reta real. Finalmente, a última reta real apresenta a interseção desses conjuntos.

Observando a Figura 2.33, constatamos que a interseção de S_1 e S_2 é dada por

$$\left\{ x \in \mathbb{R} \;\middle|\; -2 \leq x \leq -\frac{2}{3} \text{ ou } \frac{2}{3} \leq x \leq 2 \right\}.$$

FIGURA 2.33 Conjuntos S_1, S_2 e $S_1 \cap S_2$.

Agora, tente o Exercício 5.

Exercícios 2.11

1. Fatore os polinômios.
   a) $x^2 - 121$
   b) $x^2 - 7x + 6$
   c) $x^2 + 5x - 14$
   d) $x^2 + 6x + 9$
   e) $3x - x^2$
   f) $2x^2 - 5x$
   g) $5x^2 - 3x + 4$
   h) $-3x^2 + 2x + 1$
   i) $-16x^2 + 8x - 1$
   j) $4x^2 - 23x + 15$
   k) $x^2 - 2\sqrt{2}x$
   l) $2x^2 + 32$
   m) $9x^2 - 12x + 4$
   n) $25x^2 - 16$
   o) $(x+3)^2 - 9$

2. Resolva as desigualdades.
   a) $(x-2)(x-4) \geq 0$
   b) $(x+1)(x-3) \leq 0$
   c) $(2x-1)x \geq 0$
   d) $2x(x - 1/4) \leq 0$
   e) $-3(x+2)(x-3) < 0$
   f) $(3-5x)(x+3) \geq 0$
   g) $(2x+5)\left(x - \frac{1}{2}\right) \leq 0$
   h) $(x-6)^2 > 0$

3. A quantidade de CO_2 (em g/km) que determinado carro emite a cada quilômetro percorrido é dada aproximadamente pela expressão $1.000 - 40v + v^2/2$, em que v é a velocidade do carro, em km/h. Determine a que velocidade deve-se trafegar com esse carro para que a quantidade emitida de CO_2 não ultrapasse 250 g/km.

4. Resolva as desigualdades.
   a) $x^2 - 3x \geq 0$
   b) $3x^2 \leq 5x$
   c) $x^2 - 8 \leq 0$
   d) $x^2 + 6x \leq 0$
   e) $3x^2 - \sqrt{5}x \geq 0$
   f) $x^2 + 2x > 3$
   g) $49x^2 \leq 9$
   h) $-x^2 + 5 \leq 0$
   i) $-2x^2 + x \geq -6$
   j) $x^2 + 4x + 7 \leq 0$
   k) $x^2 + 2x + 1 \leq 0$
   l) $2x^2 \geq 20 - 6x$
   m) $x^2 + 9x + 18 \leq 0$
   n) $x^2 - 6x + 9 \geq 0$
   o) $-3x^2 + 16x \leq 5$
   p) $16x^2 + 25 \leq 0$
   q) $-4x^2 + 12x - 9 \leq 0$
   r) $3x^2 \leq 2x + 5$
   s) $-2x^2 + 8x + 24 \leq 0$
   t) $-x^2 + 20x - 36 \geq 0$
   u) $2x^2 - 5x \geq 3$
   v) $(x-6)^2 \geq 4$

5. Resolva as desigualdades.
   a) $1 \leq x^2 + 2x - 2 \leq 6$
   b) $-4 \leq 3x^2 - 10 \leq 2$
   c) $-3 \leq x^2 - 4x \leq 5$
   d) $-2 \leq 2x^2 + 3x + 4 \leq 3$
   e) $4 \leq (x-6)^2 \leq 9$
   f) $0 \leq x^2 - x \leq 20$

6. Para que valores de k temos $2x^2 - kx + 2k > 0$, qualquer que seja o valor de x?

2.12 Equações racionais e irracionais

Damos o nome de **expressão racional** ao quociente entre dois polinômios. A seguir, alguns exemplos de expressões racionais são dados.

$$\frac{5+x}{x+3} \qquad \frac{2x^2+3x+1}{5x} \qquad \frac{x^3-4x^2+6x-10}{x^4-5x^2+15}.$$

Por sua vez, uma **expressão irracional** é uma expressão algébrica na qual a incógnita aparece dentro de raízes, como ilustramos a seguir:

$$\sqrt{x^2+16} \qquad x\sqrt{x} + 2\sqrt{x} - 8 \qquad 5 + \sqrt[3]{x-1}$$

Nesta seção, veremos como resolver equações racionais e irracionais, ou seja, equações que envolvem raízes e quocientes.

■ Domínio de uma expressão algébrica

Manipular expressões racionais e irracionais não é tarefa tão simples quanto trabalhar com polinômios, como fizemos até agora. Dentre as muitas diferenças entre essas classes de expressões algébricas, destaca-se o fato de que um quociente ou raiz envolvendo uma variável real x pode não estar definido para determinados valores de x. Por sua vez, um polinômio sempre pode ser calculado, não importando o valor de x.

> O conjunto de valores reais para os quais uma expressão está definida é chamado **domínio** da expressão.

Para definir o domínio de expressões racionais e irracionais, devemos ter em mente que:

- o denominador de um quociente não pode ser igual a zero;
- a expressão contida em uma raiz de ordem par não deve ser negativa.

Vejamos, a seguir, como identificar o domínio de algumas expressões.

Problema 1. Domínio de expressões algébricas

Determine o domínio das expressões.

a) $\dfrac{1}{x}$

b) $\dfrac{2-x}{x-5}$

c) $\dfrac{5x^3 - 2x^4}{x^2 - 2x - 3}$

d) $\sqrt{x}$

e) $\dfrac{3x-7}{x^2+1}$

f) $\sqrt[4]{x-2}$

g) $\sqrt[3]{2x-15}$

h) $\dfrac{\sqrt{x-3}}{8-x}$

Solução

a) Como o denominador de uma expressão não pode ser nulo, o domínio de $\dfrac{1}{x}$ é dado simplesmente pelo conjunto de números reais diferentes de zero, ou seja,

$$\{x \in \mathbb{R} \mid x \neq 0\}.$$

b) Para determinar o domínio da expressão

$$\dfrac{2-x}{x-5},$$

devemos nos preocupar apenas com o denominador, que não deve ser igual a zero. Assim, temos

$$x - 5 \neq 0 \quad \Rightarrow \quad x \neq 5,$$

de modo que o domínio é dado por $\{x \in \mathbb{R} \mid x \neq 5\}$.

> Observe que uma declaração envolvendo o símbolo $\neq$ pode ser manipulada como se fosse uma equação.

c) Tal como fizemos no item anterior, vamos ignorar o numerador da expressão

$$\dfrac{5x^3 - 2x^4}{x^2 - 2x - 3}$$

e nos concentrar em exigir que o denominador seja não nulo.
Usando a fórmula quadrática (ou nossos conhecimentos sobre trinômios quadrados perfeitos), reparamos que a equação

$$x^2 - 2x - 3 = 0$$

tem raízes $x = -1$ e $x = 3$. Sendo esses os únicos valores que fazem que o denominador seja zero, concluímos que o domínio da expressão é

$$\{x \in \mathbb{R} \mid x \neq -1 \text{ e } x \neq 3\}.$$

d) A expressão $\sqrt{x}$ não está definida em $\mathbb{R}$ nos casos em que o termo dentro da raiz assume um valor negativo. Dessa forma, seu domínio é dado por

$$\{x \in \mathbb{R} \mid x \geq 0\}.$$

e) Para que o denominador da expressão

$$\dfrac{3x-7}{x^2+1}$$

seja não nulo, devemos ter

$$x^2 + 1 \neq 0 \quad \Rightarrow \quad x^2 \neq -1.$$

Como o quadrado de um número real é sempre maior ou igual a zero, a condição dada é satisfeita por todo x real, de modo que o domínio da expressão é $\mathbb{R}$.

f) Observamos que a raiz da expressão

$$\sqrt[4]{x-2}$$

tem ordem par. Assim, para que essa expressão esteja definida, devemos exigir que

$$x - 2 \geq 0 \quad \Rightarrow \quad x \geq 2.$$

Portanto, o domínio da expressão é definido por $\{x \in \mathbb{R} \mid x \geq 2\}$.

g) Como a expressão

$$\sqrt[3]{2x-15}$$

envolve uma raiz de ordem 3, que é ímpar, podemos calculá-la para qualquer valor de x. Nesse caso, o domínio é $\mathbb{R}$.

h) Para determinar o domínio da expressão

$$\frac{\sqrt{x-3}}{8-x},$$

devemos exigir que
- o denominador não valha zero, o que implica

$$8 - x \neq 0 \quad \Rightarrow \quad x \neq 8.$$

- o termo dentro da raiz seja maior ou igual a zero, donde

$$x - 3 \geq 0 \quad \Rightarrow \quad x \geq 3.$$

Como a expressão deve satisfazer essas duas condições ao mesmo tempo, seu domínio é obtido tomando-se a interseção dos conjuntos dados. Logo, temos

$$\{x \in \mathbb{R} \mid x \geq 3 \text{ e } x \neq 8\}.$$

Agora, tente o Exercício 1.

■ Operações com expressões fracionárias

Apesar de conter uma ou mais incógnitas, uma expressão fracionária nada mais é que um número real expresso por meio de uma fração. Dito de outra forma, apesar de a expressão

$$\frac{x^4 - 3x^2 + x - 5}{2x^3 - x^2 + 4x - 8}$$

parecer complicada, se soubermos, por exemplo, que $x = 2$, ela se resumirá a

$$\frac{2^4 - 3 \cdot 2^2 + 2 - 5}{2 \cdot 2^3 - 2^2 + 4 \cdot 2 - 8},$$

que corresponde ao número real $\frac{1}{12}$.

Se mantivermos em mente que as expressões fracionárias não passam da razão entre dois números reais, será fácil manipulá-las com o emprego das regras de operação com frações, que foram apresentadas na Seção 1.3. O quadro a seguir permite que o leitor relembre essas operações, cujo uso é ilustrado nos Problemas 2 e 3.

CAPÍTULO 2 – Equações e inequações

Propriedades das frações aplicadas a expressões

Suponha que A, B, C e D sejam expressões, com $B \neq 0$ e $D \neq 0$.

	Operação	Propriedade
1.	Soma (denominadores iguais)	$\dfrac{A}{B} + \dfrac{C}{B} = \dfrac{A+C}{B}$
2.	Subtração (denominadores iguais)	$\dfrac{A}{B} - \dfrac{C}{B} = \dfrac{A-C}{B}$
3.	Soma (denominadores diferentes)	$\dfrac{A}{B} + \dfrac{C}{D} = \dfrac{AD+CB}{BD}$
4.	Subtração (denominadores diferentes)	$\dfrac{A}{B} - \dfrac{C}{D} = \dfrac{AD-CB}{BD}$
5.	Simplificação	$\dfrac{AD}{BD} = \dfrac{A}{B}$
6.	Multiplicação	$\dfrac{A}{B} \cdot \dfrac{C}{D} = \dfrac{AC}{BD}$
7.	Divisão (supondo $C \neq 0$)	$\dfrac{A}{B} \div \dfrac{C}{D} = \dfrac{A}{B} \cdot \dfrac{D}{C} = \dfrac{AD}{BC}$

As operações 3 e 4 também podem ser efetuadas usando-se o mmc entre B e D.

Problema 2. Simplificação de expressões

Simplifique as expressões a seguir, fatorando o numerador e o denominador. Suponha sempre que os denominadores são diferentes de zero.

a) $\dfrac{4x-2}{2x-1}$

b) $\dfrac{x^2}{x^3 - x^5}$

c) $\dfrac{x^2 - 3x}{5x - 15}$

d) $\dfrac{x^2 - 4}{7x^2 + 14x}$

e) $\dfrac{x^2 + 3x - 10}{x+5}$

Solução

a)
$$\dfrac{4x-2}{2x-1} = \dfrac{2(2x-1)}{2x-1} \quad \text{Fatoração do numerador.}$$
$$= 2 \quad \text{Propriedade 5.}$$

b)
$$\dfrac{x^2}{x^3 - x^5} = \dfrac{x^2}{x^3(1-x^2)} \quad \text{Fatoração do denominador.}$$
$$= \dfrac{1}{x(1-x^2)} \quad \text{Propriedade 5.}$$

c)
$$\dfrac{x^2 - 3x}{5x - 15} = \dfrac{x(x-3)}{5(x-3)} \quad \text{Fatoração dos termos.}$$
$$= \dfrac{x}{5} \quad \text{Propriedade 5.}$$

d)
$$\frac{x^2-4}{7x^2+14x} = \frac{(x-2)(x+2)}{7x(x+2)} \quad \text{Fatoração dos termos.}$$
$$= \frac{x-2}{7x} \quad \text{Propriedade 5.}$$

Para fatorar o numerador ao lado, você pode resolver a equação $x^2 + 3x - 10 = 0$ usando a fórmula quadrática.

e)
$$\frac{x^2+3x-10}{x+5} = \frac{(x-2)(x+5)}{(x+5)} \quad \text{Fatoração do numerador.}$$
$$= x-2 \quad \text{Propriedade 5.}$$

Agora, tente o Exercício 2.

Problema 3. Operações com expressões

Calcule as expressões a seguir, simplificando o resultado quando possível. Suponha sempre que os denominadores são diferentes de zero.

a) $\dfrac{x^2-4x+7}{2x-1} - \dfrac{x^2+2}{2x-1}$

b) $\dfrac{3x^2-8x+3}{x^2+5x} + \dfrac{2x^2-3}{x^2+5x}$

c) $\dfrac{2}{x-3} + \dfrac{x}{x+2}$

d) $\dfrac{2}{x+2} - \dfrac{x-6}{x^2-4}$

e) $\dfrac{(x^2-5x+3)}{(x+1)} \cdot \dfrac{(x-3)}{(2x-5)}$

f) $\left(\dfrac{x-4}{x^2-9}\right) \cdot \left(\dfrac{x+3}{2x^2-8x}\right)$

g) $\left(\dfrac{x-2}{x^2-16}\right) \div \left(\dfrac{x+6}{x+4}\right)$

h) $\dfrac{\frac{1}{x+2} - \frac{1}{x}}{\frac{4}{x^2}}$

Solução

a)
$$\frac{x^2-4x+7}{2x-1} - \frac{x^2+2}{2x-1} = \frac{(x^2-4x+7)-(x^2+2)}{2x-1} \quad \text{Propriedade 2.}$$
$$= \frac{-4x+5}{2x-1} \quad \text{Simplificação do numerador.}$$

b)
$$\frac{3x^2-8x+3}{x^2+5x} + \frac{2x^2-3}{x^2+5x} = \frac{(3x^2-8x+3)+(2x^2-3)}{x^2+5x} \quad \text{Propriedade 1.}$$
$$= \frac{5x^2-8x}{x^2+5x} \quad \text{Simplificação do numerador.}$$
$$= \frac{x(5x-8)}{x(x+5)} \quad \text{Fatoração dos termos.}$$
$$= \frac{5x-8}{x+5} \quad \text{Simplificação da expressão.}$$

c)
$$\frac{2}{x-3} + \frac{x}{x+2} = \frac{2(x+2)+x(x-3)}{(x-3)(x+2)} \quad \text{Propriedade 3.}$$
$$= \frac{x^2-x+4}{(x-3)(x+2)} \quad \text{Simplificação do numerador.}$$

d)
$$\frac{2}{x+2} - \frac{x-6}{x^2-4} = \frac{2}{x+2} - \frac{x-6}{(x+2)(x-2)}$$ Fatoração do denominador.

$$= \frac{2(x-2)-(x-6)}{(x+2)(x-2)}$$ Propriedade 4 (usando o mmc).

$$= \frac{x+2}{(x+2)(x-2)}$$ Simplificação do numerador.

$$= \frac{1}{x-2}$$ Simplificação da expressão.

e)
$$\frac{(x^2-5x+3)}{(x+1)} \cdot \frac{(x-3)}{(2x-5)} = \frac{(x^2-5x+3)(x-3)}{(x+1)(2x-5)}$$ Propriedade 6.

$$= \frac{x^3-8x^2+18x-9}{2x^2-3x-5}$$ Expansão dos termos (opcional).

f)
$$\left(\frac{x-4}{x^2-9}\right) \cdot \left(\frac{x+3}{2x^2-8x}\right) = \frac{(x-4)(x+3)}{(x^2-9)(2x^2-8x)}$$ Propriedade 6.

$$= \frac{(x-4)(x+3)}{(x-3)(x+3)2x(x-4)}$$ Fatoração do denominador.

$$= \frac{1}{2x(x-3)}$$ Simplificação da expressão.

g)
$$\left(\frac{x-2}{x^2-16}\right) \div \left(\frac{x+6}{x+4}\right) = \left(\frac{x-2}{x^2-16}\right) \cdot \left(\frac{x+4}{x+6}\right)$$ Propriedade 7.

$$= \frac{(x-2)(x+4)}{(x^2-16)(x+6)}$$ Propriedade 6.

$$= \frac{(x-2)(x+4)}{(x-4)(x+4)(x+6)}$$ Fatoração do denominador.

$$= \frac{x-2}{(x-4)(x+6)}$$ Simplificação da expressão.

h)
$$\frac{\frac{1}{x+2} - \frac{1}{x}}{\frac{4}{x^2}} = \frac{\frac{x-(x+2)}{x(x+2)}}{\frac{4}{x^2}}$$ Propriedade 4.

$$= \frac{\frac{-2}{x(x+2)}}{\frac{4}{x^2}}$$ Simplificação do numerador.

$$= \left(\frac{-2}{x(x+2)}\right) \cdot \left(\frac{x^2}{4}\right)$$ Propriedade 7.

$$= \frac{-2x^2}{4x(x+2)}$$ Propriedade 6.

$$= -\frac{x}{2(x+2)}$$ Simplificação da expressão.

Agora, tente o Exercício 3.

Como foi dito no Capítulo 1, o propósito da racionalização de denominadores é puramente estético. Sendo assim, seu uso é opcional.

O processo de racionalização de denominadores também pode ser aplicado a expressões fracionárias. As estratégias mais empregadas para a eliminação de raízes que aparecem em denominadores são as seguintes:

1. Quando o denominador tem a forma $D = \sqrt{B}$, adota-se o processo usual, que consiste em multiplicar a expressão fracionária pelo termo $\sqrt{B}/\sqrt{B}$:

$$\frac{A}{\sqrt{B}} = \frac{A}{\sqrt{B}} \cdot \frac{\sqrt{B}}{\sqrt{B}} = \frac{A\sqrt{B}}{(\sqrt{B})^2} = \frac{A\sqrt{B}}{B}.$$

2. Quando o denominador tem a forma $D = \sqrt{B} \pm C$, o indicado é a multiplicação da expressão por um termo que transforme o denominador em $(\sqrt{B}+C)(\sqrt{B}-C)$, para permitir a aplicação da fórmula do produto da soma pela diferença, vista na Seção 2.9:

Aqui, supomos que $\sqrt{B} - C \neq 0$.

$$\frac{A}{\sqrt{B}+C} = \frac{A}{\sqrt{B}+C} \cdot \frac{(\sqrt{B}-C)}{(\sqrt{B}-C)} = \frac{A(\sqrt{B}-C)}{(\sqrt{B})^2 - C^2} = \frac{A(\sqrt{B}-C)}{B-C^2}.$$

Problema 4. Racionalização de denominadores

Racionalize os denominadores.

a) $\dfrac{x}{\sqrt{x}+4}$ b) $\dfrac{7}{\sqrt{x}-3}$ c) $\dfrac{x-1}{\sqrt{x+3}+2}$ d) $\dfrac{1}{2\sqrt{x}+\sqrt{5}}$

Solução

a)

$\dfrac{x}{\sqrt{x}+4} = \dfrac{x}{\sqrt{x}+4} \cdot \dfrac{\sqrt{x}+4}{\sqrt{x}+4}$ — Multiplicando o numerador e o denominador pela raiz.

$= \dfrac{x\sqrt{x}+4}{(\sqrt{x}+4)^2}$ — Efetuando os produtos.

$= \dfrac{x\sqrt{x}+4}{x+4}$ — Simplificando o denominador.

b)

$\dfrac{7}{\sqrt{x}-3} = \dfrac{7}{\sqrt{x}-3} \cdot \dfrac{(\sqrt{x}+3)}{(\sqrt{x}+3)}$ — Multiplicando pelo denominador com o sinal trocado.

$= \dfrac{7\sqrt{x}+7\cdot 3}{(\sqrt{x})^2 - 3^2}$ — Efetuando os produtos.

$= \dfrac{7\sqrt{x}+21}{x-9}$ — Simplificando o denominador.

c)

$\dfrac{x-1}{\sqrt{x+3}+2} = \dfrac{x-1}{\sqrt{x+3}+2} \cdot \dfrac{(\sqrt{x+3}-2)}{(\sqrt{x+3}-2)}$ — Multiplicando pelo denominador com o sinal trocado.

$= \dfrac{(x-1)(\sqrt{x+3}-2)}{(\sqrt{x+3})^2 - 2^2}$ — Efetuando os produtos.

$= \dfrac{(x-1)(\sqrt{x+3}-2)}{x-1}$ — Simplificando o denominador.

$= \sqrt{x+3}-2$ — Simplificando a expressão.

d)

$\dfrac{1}{2\sqrt{x}+\sqrt{5}} = \dfrac{1}{2\sqrt{x}+\sqrt{5}} \cdot \dfrac{(2\sqrt{x}-\sqrt{5})}{(2\sqrt{x}-\sqrt{5})}$ — Multiplicando pelo denominador com o sinal trocado.

$= \dfrac{2\sqrt{x}-\sqrt{5}}{(2\sqrt{x})^2 - (\sqrt{5})^2}$ — Efetuando os produtos.

$$= \frac{2\sqrt{x} - \sqrt{5}}{4x - 5} \quad \text{Simplificando o denominador.}$$

Agora, tente o Exercício 4.

■ Equações racionais

Agora que já vimos como trabalhar com expressões racionais e irracionais, podemos passar ao estudo de equações. Iniciaremos nossa análise investigando um problema prático que envolve frações.

Problema 5. Circuito em paralelo

Um pequeno trecho de um circuito elétrico é composto de dois resistores em paralelo, com resistências R_1 e R_2, como exibido na Figura 2.34. A resistência total, R, desse trecho do circuito pode ser calculada por meio da equação

$$\frac{1}{R} = \frac{1}{R_1} + \frac{1}{R_2}.$$

Sabendo que $R_1 = 16\,\Omega$, quanto deve valer R_2 para que a resistência total do circuito seja igual a $10\,\Omega$?

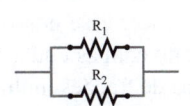

FIGURA 2.34 Dois resistores em paralelo.

Atenção
Observe que a equação
$$\frac{1}{R} = \frac{1}{R_1} + \frac{1}{R_2}$$
não é equivalente a
$$R = R_1 + R_2.$$
De fato, não há valores R_1 e R_2 reais que satisfaçam, ao mesmo tempo, essas duas equações.

Solução

Substituindo, na equação dada, os valores conhecidos de R_1 e R, obtemos

$$\frac{1}{16} + \frac{1}{R_2} = \frac{1}{10}.$$

Para resolver essa equação:

- subtraímos $\frac{1}{16}$ dos dois lados:

$$\frac{1}{R_2} = \frac{1}{10} - \frac{1}{16}$$

- reduzimos os termos do lado direito ao mesmo denominador:

$$\frac{1}{R_2} = \frac{8-5}{80} = \frac{3}{80}$$

- efetuamos o produto cruzado:

$$\frac{1}{R_2} \times \frac{3}{80} \quad \Rightarrow \quad 3 \cdot R_2 = 1 \cdot 80$$

- isolamos R_2:

$$R_2 = \frac{80}{3}\,\Omega.$$

- Obtida a solução, ainda nos resta verificar se esta satisfaz a equação original. Substituindo, então, $R_2 = \frac{80}{3}$ na equação, obtemos

$$\frac{1}{16} + \frac{1}{80/3} = \frac{1}{10}$$

$$\frac{1}{16} + \frac{3}{80} = \frac{1}{10}$$

$$\frac{5}{80} + \frac{3}{80} = \frac{8}{80}$$

$$\frac{8}{80} = \frac{8}{80} \quad \text{Ok!}$$

Atenção
Nunca deixe de substituir os valores obtidos na equação original, para conferir se eles realmente são solução do problema.

A conferência da solução não visa apenas descobrir se cometemos algum erro durante a resolução do problema, mas também se a solução encontrada pertence ao domínio da equação. Assim, se confiarmos plenamente nas contas que efetuamos ao resolver o problema dado, podemos substituir a verificação da solução pela determinação do domínio da equação

$$\frac{1}{16} + \frac{1}{R_2} = \frac{1}{10},$$

que é simplesmente $D = \{R_2 \in \mathbb{R} \mid R_2 \neq 0\}$. Nesse caso, fica claro que o valor obtido, $R_2 = \frac{80}{3}$, é aceitável.

Resolvido esse problema simples, está na hora de passarmos a equações mais complexas envolvendo expressões racionais. Para vencer esse nosso novo desafio, devemos nos lembrar de que, assim como foi feito com as equações lineares, é possível simplificar equações que envolvem a soma de frações multiplicando-se ambos os lados da igualdade pelo produto – ou pelo mmc – dos denominadores, como mostrado a seguir.

$$\frac{A}{B} + \frac{C}{D} = E \quad \text{Equação envolvendo a soma de frações.}$$

$$(BD) \cdot \frac{A}{B} + (BD) \cdot \frac{C}{D} = (BD) \cdot E \quad \text{Multiplicação dos dois lados pelo produto dos denominadores.}$$

$$DA + BC = BDE \quad \text{Equação equivalente.}$$

Problema 6. Equações racionais

Resolva as equações.

Embora expressões racionais possam envolver polinômios de qualquer grau, nos limitaremos a resolver equações com polinômios de primeiro e segundo graus, pois são as que têm solução fácil de se obter.

a) $\dfrac{5+x}{x-3} = 2$

b) $\dfrac{3}{x-6} + \dfrac{6}{x-9} = \dfrac{2x}{(x-9)(x-6)}$

c) $\dfrac{4}{x-1} + \dfrac{5}{x+2} = 3$

d) $\dfrac{x^2 - 2x - 3}{x^2 - x - 6} = 2$

Solução

a)
$$\frac{5+x}{x-3} = 2 \quad \text{Equação original.}$$
$$(5+x) \cdot 1 = 2 \cdot (x-3) \quad \text{Multiplicando os dois lados por } x-3.$$
$$5 + x = 2x - 6 \quad \text{Propriedade distributiva.}$$
$$5 + 6 = 2x - x \quad \text{Reorganizando os termos.}$$
$$11 = x \quad \text{Simplificando a equação.}$$

Conferindo a resposta

$$\frac{5+11}{11-3} = 2$$
$$\frac{16}{8} = 2 \quad \text{Ok!}$$

A verificação feita ao lado indica que $x = 11$ realmente é a solução da equação.

b)
$$\frac{3}{x-6} + \frac{6}{x-9} = \frac{2x}{(x-9)(x-6)} \quad \text{Equação original.}$$
$$3(x-9) + 6(x-6) = 2x \quad \text{Multiplicando os dois lados por } (x-6)(x-9).$$
$$3x - 27 + 6x - 36 = 2x \quad \text{Propriedade distributiva.}$$
$$7x = 63 \quad \text{Reorganizando os termos.}$$
$$x = 9 \quad \text{Isolando a variável.}$$

Conferindo a resposta

$$\frac{3}{9-6} + \frac{6}{9-9} = \frac{2 \cdot 9}{(9-9)(9-6)}$$
$$\frac{3}{3} + \frac{6}{0} = \frac{18}{0} \quad \text{Erro!}$$

Na conferência da resposta, observamos que $x = 9$ leva a denominadores nulos, o que significa que esse valor de x não pertence ao domínio da equação. Desse modo, o problema não tem solução.

c)

$$\frac{4}{x-1} + \frac{5}{x+2} = 3 \qquad \text{Equação original.}$$

$4(x+2) + 5(x-1) = 3(x-1)(x+2)$ Multiplicando os dois lados por $(x-1)(x+2)$.

$4x + 8 + 5x - 5 = 3x^2 + 3x - 6$ Propriedade distributiva.

$-3x^2 + 6x + 9 = 0$ Reorganizando os termos.

Usando a fórmula quadrática, descobrimos que as raízes da equação são

$$x_1 = -1 \quad \text{e} \quad x_2 = 3.$$

Na verificação feita ao lado, constatamos que os dois valores encontrados são soluções da equação.

Conferindo a resposta

$$\frac{4}{-1-1} + \frac{5}{-1+2} = 3$$
$$-2 + 5 = 3 \quad \text{Ok!}$$

$$\frac{4}{3-1} + \frac{5}{3+2} = 3$$
$$2 + 1 = 3 \quad \text{Ok!}$$

d)

$$\frac{x^2 - 2x - 3}{x^2 - x - 6} = 2 \qquad \text{Equação original.}$$

$x^2 - 2x - 3 = 2(x^2 - x - 6)$ Multiplicando os dois lados por $x^2 - x - 6$.

$x^2 - 2x - 3 = 2x^2 - 2x - 12$ Propriedade distributiva.

$9 = x^2$ Reorganizando os termos.

$x = \pm\sqrt{9}$ Invertendo os termos e extraindo a raiz.

$x = \pm 3$ Simplificando o resultado.

Como vemos ao lado, $x = 3$ leva a um denominador nulo, de modo que não pertence ao domínio da equação. Logo, a única solução é $x = -3$.

Conferindo a resposta

$$\frac{(-3)^2 - 2(-3) - 3}{(-3)^2 - (-3) - 6} = 2$$
$$\frac{12}{6} = 2 \quad \text{Ok!}$$

$$\frac{3^2 - 2 \cdot 3 - 3}{3^2 - 3 - 6} = 2$$
$$\frac{0}{0} = 2 \quad \text{Erro!}$$

Agora, tente os Exercícios 6 e 7.

■ Equações irracionais

A solução de equações que envolvem raízes segue uma estratégia completamente diversa daquela adotada para equações racionais. Para erradicar os radicais e garantir que os valores encontrados sejam de fato as raízes da equação, devemos efetuar quatro passos, conforme descrito no quadro a seguir.

Roteiro para a solução de equações irracionais

1. **Isole a raiz em um dos lados da equação.**

$$\sqrt[n]{A} + B = C \quad \Rightarrow \quad \sqrt[n]{A} = C - B.$$

Para compreender a importância do isolamento da raiz, observe que, se efetuássemos

$$(\sqrt{A} + B)^2 = C^2,$$

obteríamos

$$A + 2B\sqrt{A} + B^2 = C^2$$

e a raiz não seria eliminada.

2. **Eleve ambos os lados à potência n, para eliminar o radical ($\sqrt[n]{\ }$).**

$$\sqrt[n]{A} = D \quad \Rightarrow \quad (\sqrt[n]{A})^n = D^n \quad \Rightarrow \quad A = D^n.$$

3. **Resolva a equação resultante.**
   Encontre todas as soluções da equação $A = D^n$.

4. **Confira o resultado, eliminando as soluções espúrias.**
   Substitua na equação original $\sqrt[n]{A} + B = C$ os valores que você encontrou e elimine aqueles que não satisfazem essa equação.

Apresentamos, a seguir, exemplos de equações resolvidas usando essa estratégia.

Problema 7. Equações irracionais

Resolva as equações.

a) $\sqrt{6-x} = 4$

b) $(x-5)^{3/4} = 8$

c) $\sqrt{2x-1} + 2x = 3$

d) $x^{1/2} - x^{1/4} - 12 = 0$

Solução

a)

$$\sqrt{6-x} = 4 \quad \text{Equação original.}$$
$$(\sqrt{6-x})^2 = 4^2 \quad \text{Elevando ao quadrado os dois lados.}$$
$$6-x = 16 \quad \text{Simplificando a equação.}$$
$$-10 = x \quad \text{Reorganizando os termos.}$$

Para saber se $x = -10$ é realmente uma solução do problema, substituímos esse valor na equação original:

$$\sqrt{6-(-10)} = 4$$
$$\sqrt{16} = 4$$
$$4 = 4 \quad \text{Ok!}$$

Assim, concluímos que $x = -10$ é solução.

Conferindo a resposta

$(21-5)^{3/4} = 8$

$16^{3/4} = 8$

$(\sqrt[4]{16})^3 = 8$

$2^3 = 8 \quad$ Ok!

---

b)

$$(x-5)^{3/4} = 8 \quad \text{Equação original.}$$
$$((x-5)^{3/4})^{4/3} = 8^{4/3} \quad \text{Elevando os dois lados a 4/3.}$$
$$x - 5 = 16 \quad \text{Calculando o termo do lado direito.}$$
$$x = 21 \quad \text{Reorganizando os termos.}$$

A substituição de $x = 21$ na equação original comprova que essa é a solução do problema.

c)

$$\sqrt{2x-1} + 2x = 3 \quad \text{Equação original.}$$
$$\sqrt{2x-1} = 3 - 2x \quad \text{Isolando a raiz.}$$
$$2x - 1 = (3-2x)^2 \quad \text{Elevando ao quadrado os dois lados.}$$
$$2x - 1 = 9 - 12x + 4x^2 \quad \text{Expandindo o termo do lado direito.}$$
$$-4x^2 + 14x - 10 = 0 \quad \text{Reorganizando os termos.}$$
$$2x^2 - 7x + 5 = 0 \quad \text{Dividindo ambos os lados por } -2.$$

Empregando a fórmula quadrática, determinamos as duas raízes dessa equação quadrática:

$$x_1 = \frac{5}{2} \quad \text{e} \quad x_2 = 1.$$

Conferindo a resposta

$\sqrt{2 \cdot 1 - 1} + 2 \cdot 1 = 3$

$\sqrt{1} + 2 = 3$

$3 = 3 \quad$ Ok!

$\sqrt{2 \cdot \dfrac{5}{2} - 1} + 2 \cdot \dfrac{5}{2} = 3$

$\sqrt{4} + 5 = 3$

$7 = 3 \quad$ Falso!

Substituindo essas raízes na equação original, constatamos que $x_1 = \frac{5}{2}$ não a satisfaz, de modo que a única solução é $x = 1$.

d) Para resolver a equação $x^{1/2} - x^{1/4} - 12 = 0$, devemos, em primeiro lugar, reparar que $x^{1/2} = (x^{1/4})^2$.

Sendo assim, adotando a mesma estratégia empregada no Exemplo 2 da Seção 2.10, podemos fazer a substituição $y = x^{1/4}$, de modo a converter a equação em

$$y^2 - y - 12 = 0.$$

As raízes dessa equação quadrática – obtidas com o emprego da fórmula quadrática – são

$$y_1 = -3 \quad \text{e} \quad y = 4.$$

Logo, as soluções da equação original devem satisfazer

$$x^{1/4} = -3 \quad \text{ou} \quad x^{1/4} = 4.$$

Observando que

$$x^{1/4} = \sqrt[4]{x},$$

e lembrando que o valor de $\sqrt[n]{x}$ é sempre positivo quando n é par, concluímos que a equação

$$\sqrt[4]{x} = -3$$

não tem solução. Já para a equação $x^{1/4} = 4$, fazemos

$x^{1/4} = 4$	Equação original.
$(x^{1/4})^4 = 4^4$	Elevando os dois lados a 4.
$x = 256$	Calculando o termo do lado direito.

Verificando esse último valor, notamos que ele satisfaz a equação original, de modo que $x = 256$ é a única solução do problema.

Conferindo a resposta

$256^{1/2} - 256^{1/4} - 12 = 0$

$16 - 4 - 12 = 0$ Ok!

Agora, tente os Exercícios 8 e 9.

Exercícios 2.12

1. Determine o domínio das expressões.

   a) $\frac{x}{3x-8}$
   b) $\frac{y-12}{16-y^2}$
   c) $\frac{\sqrt{3}x+1}{2x-15+x^2}$
   d) $\frac{2x}{16+9x^2}$
   e) $\sqrt{5x-4}$
   f) $\sqrt{35-7x}$
   g) $\sqrt{x^2-8}$
   h) $\sqrt[3]{x-7}$
   i) $\frac{\sqrt{2x-5}}{20-8x}$
   j) $\frac{\sqrt{9-x^2}}{x-1}$
   k) $\frac{x-6}{\sqrt{x-5}}$
   l) $\frac{\sqrt{49-x^2}}{\sqrt{x}}$
   m) $\frac{\sqrt{3-x}}{\sqrt{x-2}}$

2. Simplifique as expressões, fatorando os termos, caso necessário. Suponha sempre que os denominadores são não nulos.

   a) $\frac{2x-6}{x-3}$
   b) $\frac{2x-6}{3-x}$
   c) $\frac{x^2-3x}{4x-12}$
   d) $\frac{3y-12}{6y-18}$
   e) $\frac{2x-4}{3x-6}$
   f) $\frac{x^2-x^3}{x}$
   g) $\frac{x^2+x^4}{3x^3}$
   h) $\frac{x^2y-xy^2}{xy}$
   i) $\frac{x^2y-xy^2}{x-y}$
   j) $\frac{x^2-9}{x^2-3x}$
   k) $\frac{2x^2-50}{x^3+5x^2}$
   l) $\frac{x^2-5x+4}{x-4}$

3. Calcule as expressões a seguir e simplifique o resultado quando possível.

   a) $\frac{2}{x} + \frac{4}{5}$
   b) $\frac{2}{5x} - \frac{4}{3}$
   c) $\frac{2}{5x-1} + \frac{3}{7}$
   d) $\frac{x+3}{1-x} - 2$
   e) $\frac{5x}{x-4} + \frac{3}{x+1}$
   f) $\frac{x}{x^2-9} - \frac{3x-1}{x-3}$
   g) $\left(\frac{x^2-4x-12}{x+2}\right) \cdot \left(\frac{2x+1}{x-6}\right)$
   h) $\left(\frac{2x^2+8x}{x-5}\right) \cdot \left(\frac{x^2-25}{4x^2+20x}\right)$
   i) $\frac{\frac{8}{5x}}{\frac{4}{35x}}$
   j) $\frac{2-\frac{3}{4}}{\frac{1}{2x}-\frac{1}{3x}}$
   k) $\frac{3u^3v^3}{v^5u^2} + \frac{u^2}{v^2}$
   l) $\frac{2w^3}{y^2} - \frac{w^6y^3}{2w^3y^5}$

4. Racionalize os denominadores, supondo que x pertença a um domínio adequado.

   a) $\frac{x}{\sqrt{3x}}$
   b) $\frac{1}{\sqrt{2}+x}$
   c) $\frac{2}{2-\sqrt{2x}}$
   d) $\frac{\sqrt{x}+5}{\sqrt{x}+4}$
   e) $\frac{x-1}{\sqrt{2x-1}-1}$
   f) $\frac{\sqrt{3x}}{\sqrt{x}-\sqrt{3}}$

5. Prove que, para $a \geq 0$ e $b \geq 0$,

   $$\sqrt{a} + \sqrt{b} \neq \sqrt{a+b},$$

   salvo se $a = 0$ ou $b = 0$.

6. Resolva as equações.

a) $\frac{x-2}{x+3} = 0$
b) $\frac{2x+5}{x-1} = 3$
c) $\frac{5x-2}{1-3x} = -1$
d) $\frac{3-x/2}{3x+8} = \frac{1}{4}$
e) $\frac{3x+5}{4x-5} = -3$
f) $\frac{4-x/2}{4x+1} = 0$
g) $\frac{x}{x^2-3x+2} = 0$
h) $\frac{2x^2}{x+5} = 5$
i) $\frac{x^2}{3x-2} = 2x - 1$
j) $\frac{2\left(x - \frac{5}{6}\right)+1}{5x-3} = \frac{2}{3}$
k) $\frac{x^2-26}{x^2-9} = 10$
l) $\frac{x^2+1}{x^2-4} = 6$
m) $\frac{x^2+3x-10}{x^2-2} = 5$
n) $\frac{x^2-1}{x^2-2x+1} = 4$
o) $\frac{x^2-4x+9}{x^2-5x+6} = 3$

7. Resolva as equações.

a) $\frac{2}{x+1} - \frac{4}{x-1} = 0$
b) $\frac{4}{x+1} + \frac{1}{x-1} = \frac{5}{x^2-1}$
c) $\frac{3}{x+1} + \frac{2}{x-1} = 3$
d) $\frac{2}{x-4} + \frac{5}{x-2} = 3$
e) $\frac{6}{x-3} + \frac{5}{x-4} = 2$
f) $\frac{x}{x-2} - \frac{3}{x+2} = 1$
g) $\frac{1}{2x+1} + \frac{1}{3x-1} = \frac{2}{5}$
h) $\frac{3}{x-2} - \frac{2}{x+3} = \frac{1}{x}$
i) $\frac{2}{x+1} - \frac{2}{2x-3} = \frac{3}{x}$
j) $\frac{4}{x-5} - \frac{5}{x-2} = \frac{12}{(x-5)(x-2)}$
k) $\frac{4}{5-2x} - \frac{3}{x} = 0$
l) $\frac{3x+4}{1-5x} + \frac{3}{2} = \frac{5}{6}$

8. Resolva as equações.

a) $\sqrt{3x+4} = 8$
b) $\sqrt{x+1} = 2x - 1$
c) $\sqrt{2x+1} = x - 1$
d) $\sqrt{x-3} + x = 9$
e) $\sqrt{4-x} + 2 = 3x$
f) $4\sqrt{3x-1} = \frac{2}{3} - 2x$
g) $\sqrt{5-x^2} = 3 - 2x$
h) $\sqrt{8x+25} - 2 = 3 - 4x$
i) $\sqrt{4x+4} - x + 2 = 0$
j) $2x + \sqrt{10-4x} = 1$
k) $\sqrt{4x+5} - x = 2x + 4$
l) $\sqrt{2x+5} - 1 = x$
m) $3 + \sqrt{45-6x} = x$
n) $\sqrt{2x^2+7} = 2x - 1$
o) $\sqrt{25-3x^2} = -x$
p) $2\sqrt{9x^2-7} = 6$
q) $\sqrt{x^2+3} + x = 5$
r) $\sqrt{4x^2-1} + 1 = 2x$
s) $\sqrt{9x^2-2} - 3x = 4$

9. Resolva as equações.

a) $(x+2)^{2/3} = 9$
b) $(5x-6)^{3/2} = 8$
c) $(4x^2-13)^{3/5} = 27$
d) $x^{1/2} - 13x^{1/4} + 12 = 0$
e) $3\sqrt{x} - \sqrt[4]{x} = 2$
f) $x^{1/3} - x^{1/6} = 2$

10. Um barco parte de um píer e segue trajetória perpendicular à costa, como mostra a figura abaixo. A 24 km do píer existe um farol que é usado pelo barco em sua orientação. A distância horizontal (em km) entre o farol e o barco é dada por $d = \sqrt{24^2 + x^2}$, em que x é a distância (em km) entre o barco e o píer. Sabendo que o farol deixa de ser avistado pelo barco quando $d = 30$ km, determine a que distância do píer isso ocorre.

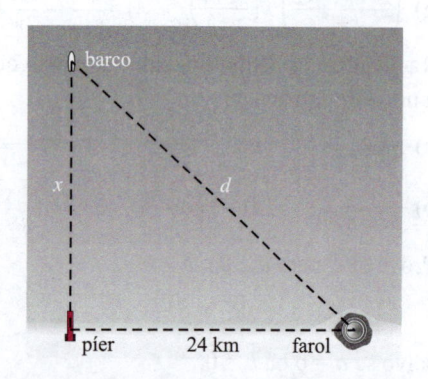

11. Uma indústria metalúrgica recebeu uma grande encomenda de parafusos que podem ser produzidos em duas máquinas da empresa. A primeira máquina é capaz de produzir a encomenda em 8 horas, enquanto a segunda faz o mesmo serviço em 10 horas. Em quanto tempo é possível produzir os parafusos usando as duas máquinas?

Dica:

• A primeira máquina produz 1/8 dos parafusos por hora. Já a segunda produz 1/10 dos parafusos por hora.

• Chamemos de t o tempo gasto para produzir os parafusos usando as duas máquinas. Nesse caso, a quantidade total de parafusos produzidos por hora nos fornece a equação

$$\frac{1}{8} + \frac{1}{10} = \frac{1}{t}.$$

• Para obter t, basta resolver essa equação.

12. Os canos A e B são capazes de encher um reservatório em 3 e 4 horas, respectivamente, quando abertos isoladamente. Por outro lado, sozinho, o cano C é capaz de esvaziar o reservatório em 5 horas. Escreva uma equação e determine o tempo que teremos que esperar para que o reservatório fique cheio, supondo que passa água em todos os canos.

13. Mayara e Genival trabalham juntos na produção de doces de festa. Em conjunto, os dois produzem um lote de doces em 1,2 horas. Entretanto, quando trabalham sozinhos, Genival gasta 1 hora a mais que Mayara para produzir o mesmo lote. Quanto tempo cada um gasta para produzir, sozinho, esse lote de doces?

14. Ao sair de casa, Rodolfo descobre que pode chegar ao seu compromisso na hora certa se dirigir a 60 km/h. Depois de dirigir 40% da distância original, ele descobre que estava trafegando apenas a uma velocidade média de 50 km/h. A que velocidade ele deve viajar deste momento em diante para chegar na hora certa?

Dica:

• Como você não sabe qual é a distância total que Rodolfo tem que percorrer, chame-a de x.

• Em função de x, escreva a distância que Rodolfo já percorreu e aquela que ainda falta para ele percorrer.

• O tempo gasto em uma viagem é a razão entre a distância percorrida e a velocidade média. Assim, o tempo total da viagem de Rodolfo é dado por $x/60$.

• Chame de y a velocidade média em que Rodolfo deve viajar daqui para a frente e escreva uma equação que relacione o tempo total de viagem ao tempo gasto nas duas partes do percurso (o tempo consumido até o momento e o tempo a ser gasto a partir de agora).

• Resolva sua equação para obter y.

2.13 Inequações racionais e irracionais

Estendendo aquilo que foi visto na seção anterior, trataremos agora das inequações que envolvem quocientes e raízes.

■ Inequações racionais

A solução de inequações racionais segue o roteiro apresentado na Seção 2.11, com algumas sutis adaptações. O quadro a seguir apresenta uma versão geral desse roteiro.

Roteiro para a solução de inequações racionais

1. **Mova todos os termos para o lado esquerdo da equação.**
   Se o lado esquerdo contiver frações, reduza-o a um denominador comum.

2. **Escreva a expressão do lado esquerdo como uma única fração na qual o numerador e o denominador estejam fatorados.**

3. **Determine os intervalos.**
   Determine para que valores cada fator vale zero e use-os para definir os extremos dos intervalos.

4. **Monte uma tabela ou um diagrama.**
   Determine o sinal de cada fator em cada intervalo.

5. **Resolva o problema.**
   Determine a solução do problema a partir dos sinais dos fatores.
   Elimine de seu conjunto solução os valores que não pertencem ao domínio.
   Expresse a solução como um conjunto formado por um ou mais intervalos.

O objetivo dos dois primeiros passos desse roteiro é a conversão da inequação a uma das formas

$$\frac{A}{B} \leq 0 \quad \text{ou} \quad \frac{A}{B} \geq 0,$$

nas quais o lado direito é zero. Escrevendo assim a inequação, podemos determinar os valores da variável analisando apenas o sinal das expressões A e B, já que

- $\dfrac{A}{B} > 0$ se A e B têm o mesmo sinal, ou seja, se

  $$A > 0 \text{ e } B > 0 \quad \text{ou} \quad A < 0 \text{ e } B < 0;$$

- $\dfrac{A}{B} < 0$ se A e B têm sinais opostos, ou seja, se

  $$A > 0 \text{ e } B < 0 \quad \text{ou} \quad A < 0 \text{ e } B > 0.$$

Observe que não é possível obter a solução de uma inequação na forma

$$\frac{A}{B} \leq C \quad \text{ou} \quad \frac{A}{B} \leq C$$

observando apenas os sinais de A e B, ou mesmo relacionando A com C e, em separado, B com C.

Exemplo 1. Resistores em paralelo

Voltemos a considerar o circuito elétrico apresentado na Figura 2.34, Seção 2.12, que é composto de dois resistores em paralelo. Como vimos no Problema 5, da Seção 2.12, a resistência total do circuito, R, está relacionada às resistências dos resistores por

$$\frac{1}{R} = \frac{1}{R_1} + \frac{1}{R_2}.$$

Suponha que $R_1 = 9\,\Omega$, e que seja necessário determinar R_2, de modo que a resistência total seja maior ou igual a $4\,\Omega$, ou seja, que $R \geq 4$.

Para resolver esse problema, devemos escrever uma desigualdade que relacione R_2 ao limite estipulado para a resistência total. Embora não haja uma forma única de estabelecer essa relação, parece lógico fazê-lo manipulando a equação dada até que R apareça no numerador:

$$\frac{1}{R_1} + \frac{1}{R_2} = \frac{1}{R} \qquad \text{Equação original.}$$

$$\frac{R_2 + R_1}{R_1 R_2} = \frac{1}{R} \qquad \text{Reduzindo o lado esquerdo ao mesmo denominador.}$$

$$(R_2 + R_1)R = R_1 R_2 \qquad \text{Efetuando o produto cruzado.}$$

$$R = \frac{R_1 R_2}{R_1 + R_2} \qquad \text{Dividindo ambos os lados por } R_1 + R_2.$$

Observe que $R \neq R_1 + R_2$, como já foi dito no Problema 5 da Seção 2.12.

Pronto. Essa fórmula nos permite obter diretamente R a partir de R_1 e R_2, de modo que a desigualdade $R \geq 4$ pode ser convertida à forma

$$\frac{R_1 R_2}{R_1 + R_2} \geq 4.$$

Por fim, substituindo o valor conhecido de R_1, obtemos a desigualdade racional

$$\frac{9R_2}{9 + R_2} \geq 4.$$

que depende apenas de R_2, como desejávamos.

Formulado o problema, resta-nos resolver a desigualdade racional seguindo o roteiro apresentado.

1. Movendo os termos para o lado esquerdo:

$$\frac{9R_2}{9 + R_2} - 4 \geq 0.$$

2. Agrupando os termos do lado esquerdo em uma única fração:

$$\frac{9R_2}{9 + R_2} - \frac{4(9 + R_2)}{9 + R_2} \geq 0.$$

$$\frac{9R_2 - 36 - 4R_2}{9 + R_2} \geq 0.$$

$$\frac{5R_2 - 36}{9 + R_2} \geq 0.$$

3. Determinando os intervalos:
   O numerador da inequação dada vale zero se

$$5R_2 - 36 = 0 \quad \Rightarrow \quad 5R_2 = 36 \quad \Rightarrow \quad R_2 = \frac{36}{5}.$$

Já o denominador é nulo quando

$$9 + R_2 = 0 \quad \Rightarrow \quad R_2 = -9.$$

Logo, os intervalos que nos interessam são $(-\infty, -9)$, $(-9, \frac{36}{5})$ e $(\frac{36}{5}, \infty)$.

4. Montando uma tabela:

Termo	$(-\infty, -9)$	$(-9, \frac{36}{5})$	$(\frac{36}{5}, \infty)$
$(5R_2 - 36)$	−	−	+
$(9 + R_2)$	−	+	+
$\frac{(5R_2 - 36)}{(9 + R_2)}$	+	−	+

5. Determinando a solução:
   Como as expressões usadas na obtenção da solução do problema envolvem as frações

   $$\frac{1}{R_2} \quad e \quad \frac{5R_2 - 36}{9 + R_2},$$

   devemos garantir que $R_2 \neq 0$ e $R_2 \neq -9$. Combinando essas condições com o resultado apresentado na tabela dada, concluímos que a desigualdade é satisfeita para

   $$\{x \in \mathbb{R} \mid x < -9 \text{ ou } x \geq \frac{36}{5}\}.$$

   Entretanto, não faz sentido considerar valores negativos de resistência, de modo que a solução do problema é dada apenas por

   $$R_2 \geq \frac{36}{5} \, \Omega.$$

Passemos, agora, à resolução de inequações racionais puramente algébricas.

Problema 1. Inequações racionais

Resolva as inequações.

a) $\dfrac{x-5}{4-x} \geq 0$ b) $\dfrac{2x-3}{x+1} \geq 1$ c) $\dfrac{1}{x} + 2 \leq -\dfrac{3}{x-2}$ d) $\dfrac{x+7}{x^2+1} \leq 4$

Solução

a) A inequação

$$\frac{x-5}{4-x} \geq 0$$

já está no formato adequado, ou seja, há um zero do lado direito e o lado esquerdo é composto de uma única fração. Desse modo, podemos partir diretamente para a determinação dos valores de x que "zeram" o numerador e o denominador:

$$x - 5 = 0 \quad \Rightarrow \quad x = 5.$$
$$4 - x = 0 \quad \Rightarrow \quad x = 4.$$

Dados esses valores, definimos os intervalos $(-\infty, 4)$, $(4, 5)$ e $(5, \infty)$, com os quais montamos a tabela a seguir.

Termo	$(-\infty, 4)$	$(4, 5)$	$(5, \infty)$
$(x - 5)$	−	−	+
$(4 - x)$	+	−	−
$\frac{(x-5)}{(4-x)}$	−	+	−

Observando a tabela, constatamos que a fração é positiva no intervalo (4, 5). Além disso, incluímos o ponto $x = 5$, no qual o numerador é nulo, mas não o ponto $x = 4$, no qual o denominador é nulo. Assim, o conjunto solução da inequação se torna

$$\{x \in \mathbb{R} \mid 4 < x \leq 5\}.$$

b) Movendo para o lado esquerdo todos os termos da inequação

$$\frac{2x-3}{x+1} \geq 1,$$

obtemos

$$\frac{2x-3}{x+1} - 1 \geq 0,$$

que é equivalente a

$$\frac{(2x-3)-(x+1)}{x+1} \geq 0,$$

ou ainda a

$$\frac{x-4}{x+1} \geq 0.$$

Para determinar os pontos em que o numerador e o denominador dessa equação são nulos, fazemos

$$x - 4 = 0 \quad \Rightarrow \quad x = 4.$$
$$x + 1 = 0 \quad \Rightarrow \quad x = -1.$$

Tomando, então, os intervalos $(-\infty, -1)$, $(-1, 4)$ e $(4, \infty)$, montamos a seguinte tabela:

Termo	$(-\infty, -1)$	$(-1, 4)$	$(4, \infty)$
$(x - 4)$	−	−	+
$(x + 1)$	−	+	+
$\frac{(x-4)}{(x+1)}$	+	−	+

Analisando os extremos dos intervalos, observamos que o ponto $x = 4$ satisfaz a desigualdade, enquanto $x = -1$ não é aceitável, já que torna nulo o denominador. Assim, a solução da desigualdade é dada por

$$\{x \in \mathbb{R} \mid x < -1 \text{ ou } x \geq 4\}.$$

c) A inequação

$$\frac{1}{x} + 2 \leq -\frac{3}{x-2}$$

pode ser reescrita como

$$\frac{1}{x} + 2 + \frac{3}{x-2} \leq 0$$

$$\frac{(x-2) + 2x(x-2) + 3x}{x(x-2)} \leq 0$$

$$\frac{x - 2 + 2x^2 - 4x + 3x}{x(x-2)} \leq 0$$

$$\frac{2x^2 - 2}{x(x-2)} \leq 0$$

Aproveite o fato de o denominador estar fatorado e não tente expandir o produto $x(x-2)$.

CAPÍTULO 2 – Equações e inequações ■ 197

Apesar de já termos obtido uma inequação na forma $\frac{A}{B} \leq 0$, ainda precisamos fatorar o numerador antes de resolvê-la. Para tanto, resolvemos
$$2x^2 - 2 = 0,$$
fazendo
$$2x^2 = 2 \quad \Rightarrow \quad x^2 = \frac{2}{2} \quad \Rightarrow \quad x^2 = 1 \quad \Rightarrow \quad x = \pm 1.$$
Logo,
$$2x^2 - 2 = 2(x-1)(x+1),$$
e nossa inequação se torna
$$\frac{2(x-1)(x+1)}{x(x-2)} \leq 0.$$

Observe que o numerador está fatorado e vale zero se $x = 1$ ou $x = -1$ (as raízes da equação $2x^2 - 2 = 0$). Da mesma forma, o denominador está fatorado e é nulo se $x = 0$ ou se
$$x - 2 = 0 \quad \Rightarrow \quad x = 2.$$

De posse desses quatro pontos, definimos os intervalos
$$(-\infty, -1), \quad (-1, 0), \quad (0, 1), \quad (1, 2) \quad \text{e} \quad (2, \infty),$$
com os quais montamos a tabela a seguir:

Nesse exemplo, o sinal da expressão racional depende de quatro fatores. Quando há um número par de fatores negativos em um intervalo, o sinal resultante é positivo. Da mesma forma, se o número de termos negativos é ímpar, a expressão é negativo.

Termo	$(-\infty, -1)$	$(-1, 0)$	$(0, 1)$	$(1, 2)$	$(2, \infty)$
$(x - 1)$	−	−	−	+	+
$(x + 1)$	−	+	+	+	+
x	−	−	+	+	+
$(x - 2)$	−	−	−	−	+
$\frac{2(x-1)(x+1)}{x(x-2)}$	+	−	+	−	+

Como o denominador não pode ser zero, devemos tomar o cuidado de garantir que $x \neq 0$ e $x \neq 2$. Já os pontos $x = -1$ e $x = 1$ devem fazer parte do conjunto solução, que é dado por
$$\{x \in \mathbb{R} \mid -1 \leq x < 0 \text{ ou } 1 \leq x < 2\}.$$

d) Podemos converter a inequação
$$\frac{x+7}{x^2+1} \leq 4$$
em
$$\frac{x+7-4(x^2+1)}{x^2+1} \leq 0$$
$$\frac{-4x^2+x+3}{x^2+1} \leq 0.$$

Para fatorar o numerador, aplicamos a fórmula quadrática à equação $-4x^2 + x + 3 = 0$, obtendo
$$x = \frac{-1 \pm \sqrt{1^2 - 4 \cdot (-4) \cdot 3}}{2 \cdot (-4)} = \frac{-1 \pm 7}{-8}.$$

Logo, as raízes da equação são $x_1 = -\frac{3}{4}$ e $x_2 = 1$, o que nos permite escrever
$$-4x^2 + x + 3 = -4\left(x + \frac{3}{4}\right)(x-1).$$

Tentando fatorar o denominador, notamos que $x^2 + 1 = 0$ implica

$$x^2 = -1.$$

Como não admitimos a extração da raiz quadrada de números negativos, concluímos que a equação $x^2 + 1 = 0$ não possui raiz real, sendo, portanto, irredutível. Assim, a forma fatorada de nossa inequação é

$$\frac{-4(x+\frac{3}{4})(x-1)}{x^2+1} \le 0.$$

Além disso, reparamos que $x^2 \ge 0$ para qualquer x real, de modo que

$$x^2 + 1 > 0,$$

ou seja, o denominador da expressão racional é sempre positivo. Portanto, os intervalos relevantes desse problema são definidos apenas pelo numerador:

$$\left(-\infty, -\frac{3}{4}\right), \quad \left(-\frac{3}{4}, 1\right) \quad \text{e} \quad (1, \infty).$$

Juntando todas as informações fornecidas pelo numerador e pelo denominador, montamos a seguinte tabela:

Além dos fatores do numerador, que variam conforme o intervalo, incluímos na tabela uma linha para a constante –4, que é sempre negativa, e outra para o denominador, que é sempre positivo. Apesar de essas duas linhas conterem informações óbvias, decidimos apresentá-las para que o leitor perceba que o resultado depende dos sinais de quatro termos.

Termo	$(-\infty, -\frac{3}{4})$	$(-\frac{3}{4}, 1)$	$(1, \infty)$
$(x + \frac{3}{4})$	–	+	+
$(x - 1)$	–	–	+
-4	–	–	–
$(x^2 + 1)$	+	+	+
$-\frac{4(x-\frac{3}{4})(x+1)}{x^2+1}$	–	+	–

Da tabela, concluímos que

$$\left\{ x \in \mathbb{R} \;\middle|\; x \le -\frac{3}{4} \text{ ou } x \ge 1 \right\}.$$

Agora, tente os Exercícios 1 e 2.

■ Inequações irracionais

A solução de inequações irracionais é uma tarefa árdua, se comparada àquelas que já enfrentamos nesta seção, pois envolve a análise do sinal da desigualdade ("≤" ou "≥"). Para reduzir nosso trabalho, trataremos aqui apenas de inequações que envolvem raízes quadradas, embora a ideia possa ser estendida, sem dificuldade, para as demais inequações com raízes de ordem par.

Observe que inequações com raízes de ordem ímpar são mais fáceis de resolver, já que não envolvem restrições de domínio.

Supondo, então, que A e B sejam expressões algébricas, vamos dividir nossa investigação em dois casos:

1. **Inequações na forma $\sqrt{A} \le B$.**

   Nesse caso, para que a raiz quadrada que aparece do lado esquerdo possa ser extraída, devemos exigir que

   $$A \ge 0.$$

Além disso, como a aplicação da raiz quadrada produz sempre um número não negativo (ou seja, $\sqrt{A} \geq 0$ sempre), é preciso que

$$B \geq 0.$$

Finalmente, sabendo que os termos dos dois lados da desigualdade são não negativos, podemos elevá-los ao quadrado e requerer que

$$\left(\sqrt{A}\right)^2 \leq B^2 \quad \Rightarrow \quad A \leq B^2.$$

Como todas as condições dadas são indispensáveis para que uma inequação com o sinal "≤" seja satisfeita, dizemos que o conjunto solução é formado pela interseção das desigualdades

$$A \geq 0, \quad B \geq 0 \quad \text{e} \quad A \leq B^2.$$

2. **Inequações na forma $\sqrt{A} \geq B$.**

   Naturalmente, a exigência de que

   $$A \geq 0$$

   continua válida nesse caso, já que não podemos extrair a raiz quadrada de um número negativo. Entretanto, outras condições também devem ser impostas, dependendo do sinal de B:

   - Se $B \leq 0$, a inequação será sempre satisfeita, já que $\sqrt{A} \geq 0$.
   - Se $B \geq 0$, a inequação envolve apenas expressões não negativas. Desse modo, elevando ao quadrado os dois lados, obtemos

   $$\left(\sqrt{A}\right)^2 \geq B^2 \quad \Rightarrow \quad A \geq B^2.$$

   Portanto, o conjunto solução da inequação deve satisfazer

   $$(A \geq 0 \text{ e } B \leq 0) \quad \text{ou} \quad (A \geq 0, \text{ e } B \geq 0 \text{ e } A \geq B^2)$$

   Como uma dessas condições já é suficiente, o conjunto solução da inequação será formado pela união das soluções dos dois conjuntos dados.

> **Você sabia?**
> A conjunção aditiva "e" implica a interseção de conjuntos, enquanto a conjunção alternativa "ou" representa a união de conjuntos.

Observe que, em todas as inequações apresentadas, pressupomos que a raiz quadrada está aplicada a todo o lado esquerdo. Apesar de esse isolamento da raiz não ter sido imposto como condição, até o momento, deve-se ter claro que ele é imprescindível para que possamos elevar os dois lados ao quadrado e, com isso, eliminar a raiz.

O quadro a seguir fornece um roteiro para a resolução de inequações irracionais.

> **Dica**
> Você não precisa decorar as condições ao lado, podendo deduzi-las quando necessário. Para tanto, basta lembrar que a expressão dentro de uma raiz quadrada deve ser não negativa, e que a raiz quadrada sempre fornece um valor não negativo.

Roteiro para a solução de inequações irracionais

1. **Isole a raiz no lado esquerdo da inequação.**
   Reescreva a inequação na forma $\sqrt{A} \leq B$ ou $\sqrt{A} \geq B$.

2. **Resolva a inequação resultante.**
   Determine os valores da variável que satisfazem as condições a seguir.

Inequação	Condições
a) $\sqrt{A} \leq B$	$A \geq 0$, $B \geq 0$ e $A \leq B^2$.
b) $\sqrt{A} \geq B$	$(A \geq 0$ e $B \leq 0)$ ou $(A \geq 0, B \geq 0$ e $A \geq B^2)$.

Vejamos, agora, como essas condições podem ser aplicadas na prática.

Problema 2. Inequações irracionais

Resolva as inequações

a) $\sqrt{x} - 5 \leq 0$ c) $\sqrt{x-3} \leq 5-x$ e) $\sqrt{2-x} + 7 \geq 8$

b) $\sqrt{x} + 4 \leq 0$ d) $\sqrt{6x-15} + 3 \geq 0$ f) $\sqrt{4x^2 - 7} + 2x \geq -1$

Solução

a) O primeiro passo da solução da inequação $\sqrt{x} - 5 \leq 0$ é a sua conversão à forma $\sqrt{A} \leq B$, ou seja,

$$\sqrt{x} \leq 5.$$

Em seguida, verificando que a desigualdade é do tipo "≤", impomos que

$A \geq 0, B \geq 0$ e $A \leq B^2$.

$$x \geq 0, \quad 5 \geq 0 \quad \text{e} \quad x \leq 5^2.$$

A segunda dessas condições é sempre válida, de modo que podemos ignorá-la. Assim, só precisamos exigir que x satisfaça, ao mesmo tempo,

$$x \geq 0 \quad \text{e} \quad x \leq 25.$$

Nesse caso, o conjunto solução da inequação é

$$\{x \in \mathbb{R} \mid 0 \leq x \leq 25\}.$$

b) A inequação $\sqrt{x} + 4 \leq 0$ é equivalente a

$$\sqrt{x} \leq -4.$$

As condições para que essa desigualdade seja satisfeita são

$A \geq 0, B \geq 0$ e $A \leq B^2$.

$$x \geq 0, \quad -4 \geq 0 \quad \text{e} \quad x \leq (-4)^2.$$

É fácil perceber que a segunda condição nunca é válida, de modo que a desigualdade não tem solução, ou seja, o conjunto solução é $\emptyset$.

c) Para a inequação $\sqrt{x-3} \leq 5-x$, devemos impor que

$A \geq 0, B \geq 0$ e $A \leq B^2$.

$$x - 3 \geq 0, \quad 5 - x \geq 0 \quad \text{e} \quad x - 3 \leq (5-x)^2.$$

As duas primeiras condições implicam

$5 \geq x \Rightarrow x \leq 5$.

$$x \geq 3 \quad \text{e} \quad x \leq 5.$$

Já a terceira condição é equivalente a

$$x - 3 \leq 5^2 - 2 \cdot 5 \cdot x + x^2 \Rightarrow x - 3 \leq 25 - 10x + x^2 \Rightarrow x^2 - 11x + 28 \geq 0.$$

Resolvendo a equação associada ($x^2 - 11x + 28 = 0$), obtemos

$$x = \frac{-(-11) \pm \sqrt{(-11)^2 - 4 \cdot 1 \cdot 28}}{2 \cdot 1} = \frac{11 \pm 3}{2}.$$

Assim, as raízes da equação são $x_1 = 7$ e $x_2 = 4$. Usando esses valores, podemos converter a terceira condição à forma fatorada:

$$x^2 - 11x + 28 \geq 0 \quad \Rightarrow \quad (x-4)(x-7) \geq 0.$$

Para determinar as soluções dessa inequação, recorremos à seguinte tabela:

CAPÍTULO 2 – Equações e inequações ■ **201**

Termo	$(-\infty, 4)$	$(4, 7)$	$(7, \infty)$
$(x-4)$	$-$	$+$	$+$
$(x-7)$	$-$	$-$	$+$
$(x-4)(x-7)$	$+$	$-$	$+$

Logo, temos
$$\{x \in \mathbb{R} \mid x \leq 4 \text{ ou } x \geq 7\}.$$

Finalmente, podemos juntar as desigualdades em um só diagrama, obtendo, assim, a interseção das três:

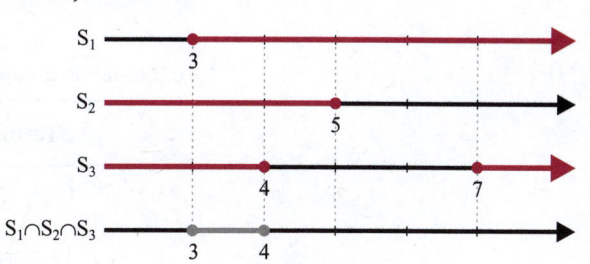

Nesse diagrama, os conjuntos solução das três condições estão indicados em rosa e a solução do problema aparece ao final, em cinza.

Observamos, portanto, que a solução do problema é
$$\{x \in \mathbb{R} \mid 3 \leq x \leq 4\}.$$

d) Para resolver a desigualdade $\sqrt{6x-15} + 3 \geq 0$, precisamos reescrevê-la na forma $\sqrt{A} \geq B$, o que nos leva a
$$\sqrt{6x-15} \geq -3.$$

Por se tratar de uma inequação do tipo "$\geq$", devemos observar as duas possibilidades apresentadas no roteiro dado. Entretanto, como $-3 < 0$, já sabemos que $B \leq 0$, de modo que só é necessário exigir que $A \geq 0$, ou seja, que

$A \geq 0$ e $B \leq 0$.

$$6x - 15 \geq 0 \quad \Rightarrow \quad 6x \geq 15 \quad \Rightarrow \quad x \geq \frac{15}{6} \quad \Rightarrow \quad x \geq \frac{5}{2}.$$

Logo, o conjunto solução é
$$\left\{x \in \mathbb{R} \mid x \geq \frac{5}{2}\right\}.$$

e) A inequação $\sqrt{2-x} + 7 \geq 8$ equivale a
$$\sqrt{2-x} \geq 1.$$

Nesse caso, observamos que $B \geq 0$, de modo que devemos exigir que

$A \geq 0, B \geq 0$ e $A \geq B^2$.

$$2 - x \geq 0 \quad \text{e} \quad 2 - x \geq 1^2.$$

Efetuando algumas poucas contas, constatamos que essas condições são equivalentes a
$$x \leq 2 \quad \text{e} \quad x \leq 1,$$
cuja interseção é simplesmente $\{x \in \mathbb{R} \mid x \leq 1\}$.

f) Convertendo a inequação $\sqrt{4x^2 - 7} + 2x \geq -1$ à forma $\sqrt{A} \geq B$, obtemos
$$\sqrt{4x^2 - 7} \geq -1 - 2x.$$

Nesse caso, como não há garantias de que o lado direito seja sempre positivo, ou sempre negativo, devemos analisar em separado essas duas possibilidades.

• Supondo que $A \geq 0$ e $B \leq 0$, temos
$$4x^2 - 7 \geq 0 \quad \text{e} \quad -1 - 2x \leq 0.$$

Começando pela segunda desigualdade, concluímos que

$$-1 \leq 2x \quad \Rightarrow \quad x \geq -\frac{1}{2}.$$

Já a primeira desigualdade nos leva à equação quadrática associada $4x^2 - 7 = 0$, cuja solução é dada por

$$4x^2 = 7 \quad \Rightarrow \quad x^2 = \frac{7}{4} \quad \Rightarrow \quad x = \pm\frac{\sqrt{7}}{2}.$$

Assim, convertendo $4x^2 - 7 \geq 0$ à forma fatorada

$$4\left(x + \frac{\sqrt{7}}{2}\right)\left(x - \frac{\sqrt{7}}{2}\right) \geq 0,$$

e montando a tabela a seguir:

Termo	$(-\infty, -\frac{\sqrt{7}}{2})$	$(-\frac{\sqrt{7}}{2}, \frac{\sqrt{7}}{2})$	$(\frac{\sqrt{7}}{2}, \infty)$
$(x + \frac{\sqrt{7}}{2})$	−	+	+
$(x - \frac{\sqrt{7}}{2})$	−	−	+
$4(x + \frac{\sqrt{7}}{2})(x - \frac{\sqrt{7}}{2})$	+	−	+

concluímos que o conjunto solução de $4x^2 - 7 \geq 0$ é

$$\left\{x \in \mathbb{R} \;\middle|\; x \leq -\frac{\sqrt{7}}{2} \text{ ou } x \geq \frac{\sqrt{7}}{2}\right\}.$$

Finalmente, para determinar a interseção das desigualdades $A \geq 0$ e $B \leq 0$, construímos o diagrama a seguir:

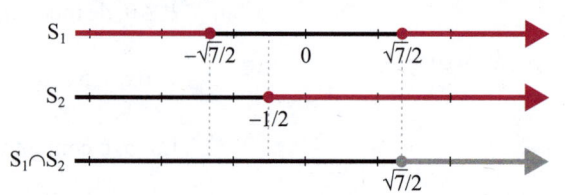

Assim, chegamos a

$$\left\{x \in \mathbb{R} \;\middle|\; x \geq \frac{\sqrt{7}}{2}\right\}.$$

- Supondo, agora, que $A \geq 0$, $B \geq 0$ e $A \leq B^2$, temos

$$4x^2 - 7 \geq 0, \quad -1 - 2x \geq 0 \quad \text{e} \quad 4x^2 - 7 \geq (-1 - 2x)^2.$$

O conjunto solução da primeira dessas desigualdades já foi obtido anteriormente, e é dado por

$$\left\{x \in \mathbb{R} \;\middle|\; x \leq -\frac{\sqrt{7}}{2} \text{ ou } x \geq \frac{\sqrt{7}}{2}\right\}.$$

Além disso, como já sabemos que a solução de $-1 - 2x \leq 0$ é definida por $x \geq -\frac{1}{2}$, podemos concluir que o conjunto solução da segunda desigualdade é

$$\left\{x \in \mathbb{R} \;\middle|\; x \leq -\frac{1}{2}\right\}.$$

Resta-nos, portanto, resolver $4x^2 - 7 \geq (-1 - 2x)^2$. Para tanto, escrevemos

$$4x^2 - 7 \geq 1 + 4x + 4x^2 \quad \Rightarrow \quad -8 \geq 4x \quad \Rightarrow \quad x \leq -\frac{8}{4}.$$

Logo, temos

$$\{x \in \mathbb{R} \mid x \leq -2\}.$$

A interseção dos três conjuntos dados é apresentada no diagrama a seguir:

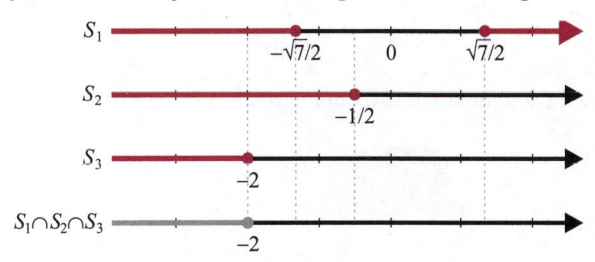

Assim, a solução do segundo caso é

$$\{x \in \mathbb{R} \mid x \leq -2\}.$$

Reunindo em um mesmo diagrama as duas possibilidades consideradas, obtemos:

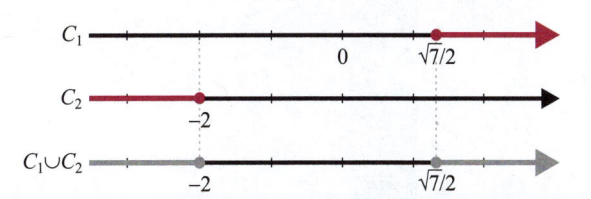

Da união dos conjuntos obtidos nos dois casos, concluímos que a solução do problema é

$$\left\{x \in \mathbb{R} \,\middle|\, x \leq -2 \text{ ou } x \geq \frac{\sqrt{7}}{2}\right\}.$$

Agora, tente o Exercício 3.

Exercícios 2.13

1. Resolva as inequações.

   a) $\frac{x-2}{x+3} \leq 0$
   b) $\frac{x+4}{x-2} \geq 0$
   c) $\frac{2x-3}{x-1} \leq 0$
   d) $\frac{4x+5}{x+2} \geq 0$
   e) $\frac{x-3}{2x+6} \leq 0$
   f) $\frac{4-5x}{2x-1} \geq 0$
   g) $3 - \frac{x}{x+2} \leq 0$
   h) $\frac{3x-2}{5-2x} \geq 0$
   i) $\frac{5x}{x-4} \geq 10$
   j) $\frac{2x-7}{x-2} \geq 3$
   k) $\frac{3x+10}{2x-5} \geq -3$
   l) $\frac{3x-4}{1-6x} \leq 2$
   m) $\frac{6-x}{x-4} \geq 1$

2. Resolva as inequações.

   a) $\frac{x^2-3x+2}{x^2+x} \geq 0$
   b) $\frac{x+8}{x^2+7x+12} \leq 0$
   c) $\frac{x^2+5}{x^2-4} \geq 5$
   d) $\frac{x^2+6}{x^2+1} \leq 2$
   e) $1 + \frac{2}{x+1} \leq \frac{2}{x}$
   f) $\frac{4-2x}{x^2-4} \leq 3$
   g) $\frac{x+6}{3x^2+2} \geq 1$
   h) $\frac{x-5}{2x-5} \geq x$
   i) $\frac{4x-7}{x+2} \leq x - 2$
   j) $\frac{3x-1}{x+4} + \frac{x}{x-5} \leq 0$
   k) $\frac{x}{x+1} - \frac{1}{x-3} \geq 2$
   l) $\frac{x^2+2x+3}{x+15} \leq 1$
   m) $\frac{3x^2+2x-13}{x^2-3x-10} \geq 2$

3. Resolva as inequações.

   a) $\sqrt{x} - 8 \leq 0$
   b) $\sqrt{x} - 3 \geq 0$
   c) $\sqrt{x} + 10 \geq 0$
   d) $\sqrt{6-5x} - 4 \geq 0$
   e) $\sqrt{2x-3} \leq 5$
   f) $\sqrt{3x+12} + 7 \geq 0$
   g) $\sqrt{x+2} \geq x - 4$
   h) $\sqrt{10-3x} \leq x - 2$
   i) $\sqrt{8x+9} \leq 2x + 1$
   j) $\sqrt{9x^2-1} \geq 2 - 3x$
   k) $\sqrt{8-4x^2} + x \leq 3$
   l) $\sqrt{x^2-4x-12} \leq 3x + 2$
   m) $\sqrt{2x^2+1} - 2x + 1 \geq 0$
   n) $\sqrt{-x^2+5x+14} - 2 \leq x$

4. O custo de produção (em reais) de x unidades de um carrinho metálico é dado por $1500 + 12x$. Dessa forma, o custo médio por unidade é expresso por

   $$\frac{15000 + 12x}{x}.$$

   Quantas unidades do carrinho devem ser produzidas para que o custo por unidade não seja superior a R$ 15,00?

5. Um fazendeiro deseja determinar a profundidade de um poço. Para tanto, ele deixa cair uma pedra a partir da boca do poço e cronometra o tempo gasto até que o som da pedra tocando a água seja ouvido, obtendo valores

entre 3,5 e 4 segundos. Sabe-se que o tempo de queda da pedra e o tempo que se leva para ouvir o som desta atingindo a água são dados, respectivamente, por

$$t_q = \sqrt{\frac{h}{5}} \quad \text{e} \quad t_s = \frac{h}{340},$$

em que h é a altura do poço, em metros.

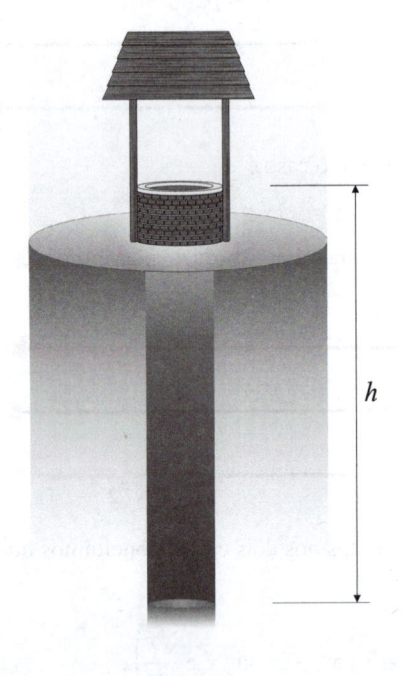

a) Escreva uma inequação que represente o problema.
b) Determine a profundidade mínima e a profundidade máxima do poço.

6. A potência de uma lâmpada está relacionada à tensão da rede elétrica e à resistência da lâmpada pelas fórmulas

$$P = \frac{V^2}{R} \quad \text{ou} \quad V = \sqrt{PR},$$

em que P é a potência, em watts (W), R é a resistência, em ohms (Ω), e V é a tensão, em volts (V). Sabendo que em determinada casa a tensão varia entre 110 V e 130 V, determine as potências mínima e máxima de uma lâmpada com resistência de 161,3 Ω.

7. A prefeitura de Bom Jesus resolveu reservar uma área retangular de 200 m² para a construção de um pequeno parque infantil. Entretanto, para que o parque não fique muito estreito e comprido, a prefeitura determinou que uma de suas dimensões deverá ser maior ou igual à metade da outra, e menor ou igual ao dobro da outra, ou seja,

$$\frac{x}{2} \leq y \leq 2x,$$

em que x e y são as dimensões do parque. Lembrando que a área da região retangular é igual a xy,
a) defina y em relação a x, a partir da área do parque;
b) determine o valor mínimo e o valor máximo de x.

2.14 Valor absoluto

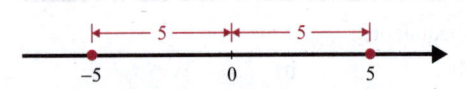

FIGURA 2.35 A relação entre módulo e distância à origem.

Já vimos no Capítulo 1 que o **valor absoluto** (ou módulo) de um número x, representado por $|x|$, corresponde à distância entre o ponto x (sobre a reta real) e a origem. Assim, como o ponto -5 e o ponto 5 estão a uma distância de 5 unidades da origem (vide a Figura 2.35), dizemos que $|-5| = 5$ e que $|5| = 5$. A seguir, é dada uma definição formal de módulo.

Você sabia?
O valor absoluto também é definido por
$$|x| = \sqrt{x^2}.$$

Valor absoluto
Dado um número real x, definimos
$$|x| = \begin{cases} x, & \text{se } x \geq 0; \\ -x, & \text{se } x < 0. \end{cases}$$

Observe que essa definição é feita por partes, ou seja, o módulo é definido de duas formas diferentes, e a forma a ser usada depende do valor de x:

- Se x é um número positivo, o valor absoluto é seu próprio valor. Logo, $|4| = 4$.
- Se x é um número negativo, o valor absoluto é obtido eliminando-se o sinal. Assim, $|-10,2| = -(-10,2) = 10,2$.

Problema 1. Valor absoluto

Elimine o módulo das expressões, aplicando a definição de valor absoluto.

a) $\left|-\frac{3}{8}\right|$ d) $-|-5|$ g) $|0|$

b) $|\sqrt{2}-1|$ e) $|\sqrt{-3}|$ h) $|2x-1|$

c) $|3-2\sqrt{3}|$ f) $\sqrt{|-3|}$ i) $|x^2-4|$

Solução

a) $\left|-\frac{3}{8}\right| = -\left(-\frac{3}{8}\right) = \frac{3}{8}$.

b) Como $\sqrt{2} > 1$, a expressão $\sqrt{2}-1$ é positiva, de modo que $|\sqrt{2}-1| = \sqrt{2}-1$.

c) Como $2\sqrt{3} \approx 3{,}4641$, e $3 - 3{,}4641 < 0$, temos $|3-2\sqrt{3}| = -(3-2\sqrt{3}) = 2\sqrt{3}-3$.

d) $-|-5| = -[-(-5)] = -5$.

e) Como a raiz de um número negativo não está definida no conjunto dos números reais, não podemos calcular $|\sqrt{-3}|$.

f) $\sqrt{|-3|} = \sqrt{-(-3)} = \sqrt{3}$.

g) $|0| = 0$.

h) Aplicando a definição de módulo, temos

$$|2x-1| = \begin{cases} 2x-1, & \text{se } 2x-1 \geq 0; \\ -(2x-1), & \text{se } 2x-1 < 0. \end{cases}$$

Reorganizando os termos, escrevemos

$$|2x-1| = \begin{cases} 2x-1, & \text{se } x \geq \frac{1}{2}; \\ 1-2x, & \text{se } x < \frac{1}{2}. \end{cases}$$

i) Fatorando $x^2 - 4$, obtemos

$$x^2 - 4 = (x-2)(x+2).$$

Tomando, então, os intervalos $(-\infty, -2)$, $(-2, 2)$ e $(2, \infty)$, podemos montar a tabela a seguir:

Termo	$(-\infty, -2)$	$(-2, 2)$	$(2, \infty)$
$(x-2)$	−	−	+
$(x+2)$	−	+	+
$(x-2)(x+2)$	+	−	+

Logo,

$$x^2 - 4 \geq 0, \quad \text{se } x \leq -2 \text{ ou } x \geq 2;$$
$$x^2 - 4 < 0, \quad \text{se } -2 < x < 2.$$

Dessa forma,

$$|x^2-4| = \begin{cases} x^2-4, & \text{se } x \leq -2 \text{ ou } x \geq 2; \\ 4-x^2, & \text{se } -2 < x < 2. \end{cases}$$

Agora, tente os Exercícios 1 e 4.

Algumas propriedades úteis do valor absoluto serão dadas a seguir.

Propriedades do valor absoluto
Suponha que a e b sejam números reais.

Propriedade	Exemplo
1. $\|a\| \geq 0$	$\|-3,8\| = 3,8 \geq 0$
2. $\|-a\| = \|a\|$	$\|-12,5\| = \|12,5\|$
3. $\|ab\| = \|a\| \cdot \|b\|$	$\|-2x\| = \|-2\|\|x\| = 2\|x\|$
4. $\left\|\dfrac{a}{b}\right\| = \dfrac{\|a\|}{\|b\|}$	$\left\|-\dfrac{5}{y}\right\| = \dfrac{\|-5\|}{\|y\|} = \dfrac{5}{\|y\|}$
5. $\|a^n\| = a^n$, se n é par	$\|x^2\| = x^2$
6. $\|a+b\| \leq \|a\| + \|b\|$	$\|x+3\| \leq \|x\| + 3$

Problema 2. Expressões com módulo

Aplicando a definição e as propriedades do valor absoluto, calcule as expressões

a) $\left|-\dfrac{x}{6}\right|$

b) $|-3x^3|$

c) $\dfrac{|-5x|}{4} - \left|-\dfrac{3x}{2}\right|$

d) $\dfrac{|xy|}{|2y^3|}$

e) $\dfrac{|x|}{x}$

f) $|x+1| + |3-x|$

Solução

a)
$$\left|-\dfrac{x}{6}\right| = \dfrac{|-x|}{|6|} \quad \text{Propriedade 4.}$$
$$= \dfrac{|-x|}{6} \quad \text{Cálculo de }|6|.$$
$$= \dfrac{|x|}{6} \quad \text{Propriedade 2.}$$

> **Atenção**
> Observe que $|-x| \neq x$. A Propriedade 2 nos diz que $|-x| = |x|$.

b)
$$|-3x^3| = |-3| \cdot |x^3| \quad \text{Propriedade 3.}$$
$$= 3|x^3| \quad \text{Cálculo de }|-3|.$$

c)
$$\dfrac{|-5x|}{4} - \left|-\dfrac{3x}{2}\right| = \dfrac{|-5||x|}{4} - \left|-\dfrac{3}{2}\right||x| \quad \text{Propriedade 3.}$$
$$= \dfrac{5|x|}{4} - \dfrac{3|x|}{2} \quad \text{Cálculo de }|-5|\text{ e }\left|-\tfrac{3}{2}\right|.$$
$$= \dfrac{5|x| - 6|x|}{4} \quad \text{Soma de frações com denominadores diferentes.}$$
$$= -\dfrac{|x|}{4} \quad \text{Simplificação do resultado.}$$

d)
$$\dfrac{|xy|}{|2y^3|} = \left|\dfrac{xy}{2y^3}\right| \quad \text{Propriedade 4.}$$
$$= \left|\dfrac{x}{2y^2}\right| \quad \text{Simplificação da expressão racional.}$$

$$= \frac{|x|}{|2y^2|} \quad \text{Propriedade 4.}$$

$$= \frac{|x|}{|2|\,|y^2|} \quad \text{Propriedade 3.}$$

$$= \frac{|x|}{2|y^2|} \quad \text{Cálculo de } |2|.$$

$$= \frac{|x|}{2y^2} \quad \text{Propriedade 5.}$$

Observe que $\frac{|x|}{x}$ não está definida para $x = 0$.

e) Para calcular $\frac{|x|}{x}$, vamos usar a definição de valor absoluto e considerar, em separado, os casos em que $x > 0$ e $x < 0$:

- Se $x > 0$, então $|x| = x$, de modo que

$$\frac{|x|}{x} = \frac{x}{x} = 1.$$

- Se $x < 0$, então $|x| = -x$, donde

$$\frac{|x|}{x} = \frac{-x}{x} = -1.$$

Logo,

$$\frac{|x|}{x} = \begin{cases} 1, & \text{se } x > 0; \\ -1, & \text{se } x < 0. \end{cases}$$

f) Para calcular $|x+1| + |3-x|$, precisamos usar duas vezes a definição de valor absoluto:

$$|x+1| = \begin{cases} x+1, & \text{se } x+1 \geq 0; \\ -(x+1), & \text{se } x+1 < 0. \end{cases} \Rightarrow |x+1| = \begin{cases} x+1, & \text{se } x \geq -1; \\ -x-1, & \text{se } x < -1. \end{cases}$$

$$|3-x| = \begin{cases} 3-x, & \text{se } 3-x \geq 0; \\ -(3-x), & \text{se } 3-x < 0. \end{cases} \Rightarrow |3-x| = \begin{cases} 3-x, & \text{se } x \leq 3; \\ x-3, & \text{se } x > 3. \end{cases}$$

Dado que $|x+1|$ muda de sinal quando $x = -1$ e $|3-x|$ muda de sinal em $x = 3$, a soma dos módulos tem uma definição particular para cada um dos intervalos $(-\infty, -1)$, $[-1, 3]$ e $(3, \infty)$. A tabela a seguir mostra os termos que devem ser somados em cada caso.

Expressão	$(-\infty, -1)$	$(-1, 3)$	$(3, \infty)$
$|x+1|$	$-x-1$	$x+1$	$x+1$
$|3-x|$	$3-x$	$3-x$	$x-3$
$|x+1| + |3-x|$	$-x-1+3-x$	$x+1+3-x$	$x+1+x-3$

Logo, temos

$$|x+1| + |3-x| = \begin{cases} 2-2x, & \text{se } x < -1; \\ 4, & \text{se } -1 \leq x \leq 3; \\ 2x-2, & \text{se } x > 3. \end{cases}$$

Agora, tente o Exercício 8.

■ Distância na reta real

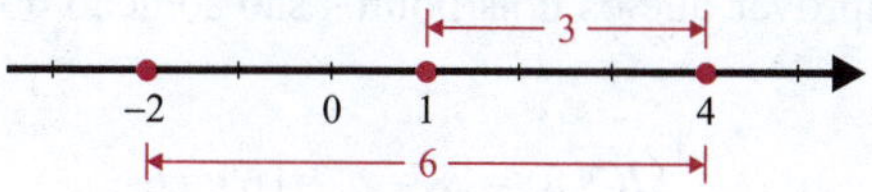

O valor absoluto é útil não somente para indicar a distância de um número à origem, mas também para fornecer a distância entre dois pontos sobre a reta real. Observando a Figura 2.36, constatamos que a distância entre os pontos 1 e 4 é igual a $|4 - 1|$, bem como a $|1 - 4|$, já que essas duas expressões fornecem o valor positivo 3.

FIGURA 2.36 As distâncias entre 4 e 1 e entre 4 e –2.

Mas, se sabemos que a distância entre os pontos 1 e 4 corresponde à diferença 4 − 1, por que adotar a notação | 1 − 4 |, por exemplo, que é muito mais complicada?

A resposta é simples. Usamos o módulo porque, em muitos casos, precisamos definir a distância entre um ponto desconhecido, x, e um ponto dado, b. Nesse caso, temos duas possibilidades:

- Se $x \geq b$ a distância é igual a $x - b$;
- Se $x > b$, então a distância vale $b - x$.

Mas como não sabemos se $x \geq b$ ou se $x < b$, não podemos dizer, *a priori*, qual das duas expressões deve ser usada. Assim, a melhor alternativa é escrever | $x - b$ |, já que esse valor é sempre positivo. O mesmo ocorre com | $b - x$ |, pois

$$|b-x| = |x-b|.$$

Distância entre dois pontos da reta real

A distância entre os pontos a e b da reta real é dada por

$$d(a,b) = |b-a| = |a-b|.$$

Tomando, por exemplo, os pontos −2 e 4, também representados na Figura 2.36, podemos escrever

$$d(4,-2) = |(-2)-4| = |-6| = 6 \quad \text{ou} \quad d(4,-2) = |4-(-2)| = |6| = 6.$$

Problema 3. Cálculo de distância

Determine a distância entre 18,54 e −27,31.

$$d(18,54;-27,31) = |18,54-(-27,31)| = |45,85| = 45,85.$$

Opcionalmente, poderíamos ter calculado a distância fazendo

$$d(18,54;-27,31) = |-27,31-18,54| = |-45,85| = 45,85.$$

Agora, tente o Exercício 7.

Tentemos, agora, determinar graficamente os pontos da reta real que estão a uma distância fixa de um valor conhecido.

Problema 4. Pontos à mesma distância de um valor conhecido

Exiba na reta real os pontos que estão a uma distância de 6 unidades do ponto 2.

Solução

A Figura 2.37 mostra que tanto −4 como 8 distam 6 unidades do ponto 2. De fato, 2 − 6 = −4 e 2 + 6 = 8. Para comprovar que os dois pontos são solução do problema, calculamos

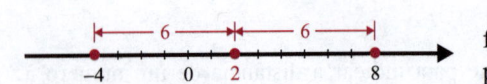

$$d(2,-4) = |-4-2| = |-6| = 6 \quad \text{e} \quad d(2,8) = |8-2| = |6| = 6.$$

FIGURA 2.37 Pontos que estão a 6 unidades de distância de 2.

Equações com valor absoluto

Se queremos determinar os pontos da reta real que estão a uma distância de 3 unidades da origem, podemos escrever nosso problema na forma da equação

$$|x| = 3.$$

Para encontrarmos os valores de x que satisfazem essa equação, usamos a definição de valor absoluto e consideramos duas possibilidades:

- Se $x \geq 0$, então $|x| = x$, donde temos

$$x = 3.$$

- Se $x < 0$, então $|x| = -x$, de sorte que

$$-x = 3 \quad \Rightarrow \quad x = -3.$$

Assim, o problema possui duas soluções, que são $x = 3$ e $x = -3$.

De forma semelhante, podemos determinar os pontos da reta real que estão a uma distância de 2 unidades de 5, resolvendo a equação

$$|5 - x| = 2.$$

> Note que seria equivalente escrever $|x - 5| = 2$.

Nesse caso, usando a definição de módulo, temos

$$|5-x| = \begin{cases} 5-x, & \text{se } 5-x \geq 0; \\ -(5-x), & \text{se } 5-x < 0. \end{cases}$$

Assim, podemos considerar os seguintes casos:

- Se $5 - x \geq 0$, ou seja $x \leq 5$, então

$$5 - x = 2 \quad \Rightarrow \quad -x = 2 - 5 \quad \Rightarrow \quad x = 3.$$

- Se $5 - x < 0$, o que equivale a $x > 5$, então

$$-(5 - x) = 2 \quad \Rightarrow \quad 5 - x = -2 \quad \Rightarrow \quad x = 7.$$

> Observe que, de fato, os pontos 3 e 7 estão a 2 unidades de distância do ponto 5.

Portanto, o conjunto solução é $S = \{3, 7\}$.

Problema 5. Distância em uma estrada

Juca detectou um pequeno foco de incêndio no quilômetro 137 de uma estrada. Ao ligar para o serviço de emergência, Juca foi informado de que o quartel do corpo de bombeiros mais próximo ficava na mesma estrada, mas a 54 quilômetros de distância. Em quais quilômetros da estrada o quartel poderia estar localizado?

Solução

O enunciado desse problema nos diz que

- o incêndio ocorreu no quilômetro 137;
- a distância entre o quartel e o foco de incêndio correspondia a 54 km.

Usando a variável x para representar o quilômetro no qual o quartel do corpo de bombeiros estava localizado, e lembrando que a distância entre dois pontos de uma mesma estrada é dada pelo módulo da diferença entre suas posições, podemos representar o problema por meio da equação

$$|137 - x| = 54.$$

Usando, então, a definição de módulo, temos

$$|137 - x| = \begin{cases} 137 - x, & \text{se } 137 - x \geq 0; \\ -(137 - x), & \text{se } 137 - x < 0. \end{cases}$$

Simplificando essa definição, obtemos

$$|137-x| = \begin{cases} 137-x, & \text{se } x \leq 137; \\ x-137, & \text{se } x > 137. \end{cases}$$

Portanto, temos duas possibilidades

- Se $x \leq 137$, então

$$137 - x = 54 \quad \Rightarrow \quad x = 137 - 54 = 83.$$

- Por outro lado, se $x \leq 137$,

$$x - 137 = 54 \quad \Rightarrow \quad x = 137 + 54 = 191.$$

Assim, o quartel do corpo de bombeiros pode estar localizado tanto no quilômetro 83 como no quilômetro 191 da estrada.

Generalizando o problema da distância, consideraremos, agora, uma equação modular na forma geral

$$|A| = B,$$

em que A e B são expressões algébricas. Nesse caso, à semelhança do que fizemos nos exemplos anteriores, a definição de valor absoluto nos permite escrever

$$|A| = \begin{cases} A, & \text{se } A \geq 0; \\ -A, & \text{se } A < 0. \end{cases}$$

Concluímos, portanto, que as soluções do problema devem satisfazer

$$A = B \quad \text{ou} \quad -A = B.$$

Entretanto, nem toda variável que atende a uma dessas condições é solução da equação, pois elas não asseguram que a Propriedade 1 apresentada seja satisfeita, ou seja, que $|A| \geq 0$.

Por exemplo, se aplicássemos as duas condições dadas à equação

$$|x - 3| = -1,$$

$x - 3 = -1 \Rightarrow x = 2$
$x - 3 = -(-1) \Rightarrow x = 4$

obteríamos os valores $x = 2$ e $x = 4$, embora seja óbvio que a equação não possui solução, já que $|x - 3| \geq 0$, independentemente do valor de x.

Assim, para que uma variável x seja declarada solução da equação, ela deve garantir, também, que $B \geq 0$.

Dica
Se você não quiser trabalhar com a desigualdade $B \geq 0$, pode resolver as equações $A = B$ e $A = -B$ e eliminar as soluções que não satisfizerem $|A| = B$.

Solução de uma equação modular

Dadas as expressões algébricas A e B, as soluções da equação $|A| = B$ devem satisfazer

$$(B \geq 0) \quad \text{e} \quad (A = B \text{ ou } -A = B).$$

Problema 6. Equações modulares

Resolva as equações.

a) $|2 - 5x| = 6$
b) $|x^2 - 17| = 8$
c) $|3x + 4| + 7x = 5$
d) $|x - 6| = |4x + 3|$
e) $|x^2 - 1| - 2x = 1$

Solução

a) O termo do lado direito da equação $|2-5x|=6$ já é positivo (ou seja, $B > 0$), de modo que só precisamos exigir que as soluções satisfaçam uma das condições $A = B$ ou $-A = B$.

- Supondo que $2 - 5x = 6$, temos
$$-5x = 4 \quad \Rightarrow \quad x = -\frac{4}{5}.$$

- Já a condição $-(2 - 5x) = 6$ nos leva a
$$-2 + 5x = 6 \quad \Rightarrow \quad 5x = 8 \quad \Rightarrow \quad x = \frac{8}{5}.$$

Logo, o conjunto solução da equação é
$$S = \left\{-\frac{4}{5}, \frac{8}{5}\right\}.$$

b) A equação $|x^2 - 17| = 8$ atende à condição $B \geq 0$. Assim, mais uma vez, basta investigar para que valores de x uma das alternativas $A = B$ ou $-A = B$ seja satisfeita:

- $x^2 - 17 = 8$ é equivalente a
$$x^2 = 25 \quad \Rightarrow \quad x = \pm\sqrt{25} \quad \Rightarrow \quad x = \pm 5.$$

- $-(x^2 - 17) = 8$ fornece
$$-x^2 + 17 = 8 \quad \Rightarrow \quad x^2 = 9 \quad \Rightarrow \quad x = \pm\sqrt{9} \quad \Rightarrow \quad x = \pm 3.$$

Portanto, o conjunto solução é
$$S = \{-5, -3, 3, 5\}.$$

c) Para resolver $|3x + 4| + 7x = 5$, devemos, em primeiro lugar, isolar o módulo. Para tanto, reescrevemos a equação como
$$|3x + 4| = 5 - 7x.$$

Nesse caso, a condição $B \geq 0$ é equivalente a $5 - 7x \geq 0$, de modo que devemos ter
$$-7x \geq -5 \quad \Rightarrow \quad 7x \leq 5 \quad \Rightarrow \quad x \leq \frac{5}{7}.$$

Além disso, a solução da equação também deve satisfazer $A = B$ ou $-A = B$. Analisemos, em separado, cada um desses casos:

- Se $3x + 4 = 5 - 7x$, temos
$$10x = 1 \quad \Rightarrow \quad x = \frac{1}{10}.$$

- Se $-(3x + 4) = 5 - 7x$, temos
$$-3x - 4 = 5 - 7x \quad \Rightarrow \quad 4x = 9 \quad \Rightarrow \quad x = \frac{9}{4}.$$

Tendo em vista que esse último valor de x não satisfaz a condição $x \leq \frac{5}{7}$, concluímos que a única solução do problema é
$$x = \frac{1}{10}.$$

Conferindo a resposta

$\frac{1}{10} \leq \frac{5}{7}$? ok!

$\frac{9}{4} \leq \frac{5}{7}$? Falso!

d) Como os dois lados de $|x-6|=|4x+3|$ são positivos, também podemos exigir apenas que as soluções da equação satisfaçam uma das duas condições $A = B$ ou $-A = B$.

- Para $x - 6 = 4x + 3$, temos

$$-3x = 9 \quad \Rightarrow \quad x = -\frac{9}{3} = -3.$$

- Para $-(x - 6) = 4x + 3$, temos

$$-x + 6 = 4x + 3 \quad \Rightarrow \quad 5x = 3 \quad \Rightarrow \quad x = \frac{3}{5}.$$

Sendo assim,

$$S = \left\{-3, \frac{3}{5}\right\}.$$

e) Dada a equação $|x^2 - 1| - 2x = 1$, isolamos o módulo no lado direito escrevendo

$$|x^2 - 1| = 1 + 2x.$$

Considerando, agora, os casos $A = B$ e $-A = B$, temos:

- Para $x^2 - 1 = 1 + 2x$:

$$x^2 - 2x - 2 = 0$$
$$\Delta = (-2)^2 - 4 \cdot 1 \cdot (-2) = 12$$
$$x = \frac{-(-2) \pm \sqrt{12}}{2 \cdot 1} = \frac{2 \pm 2\sqrt{3}}{2} = 1 \pm \sqrt{3}$$
$$x = 1 + \sqrt{3} \quad \text{ou} \quad x = 1 - \sqrt{3}.$$

- Para $-(x^2 - 1) = 1 + 2x$:

$$-x^2 + 1 = 1 + 2x$$
$$x^2 + 2x = 0$$
$$x(x + 2) = 0$$
$$x = 0 \quad \text{ou} \quad x = -2.$$

Além disso, para que a equação seja satisfeita é preciso que $B \geq 0$, ou seja,

$$1 + 2x \geq 0 \quad \Rightarrow \quad 2x \geq -1 \quad \Rightarrow \quad x \geq -\frac{1}{2}.$$

Como os valores $x = 1 - \sqrt{3} \approx -0,732$ e $x = -2$ não satisfazem essa condição, concluímos que o conjunto solução do problema é definido apenas por

$$S = \left\{0, 1 + \sqrt{3}\right\}.$$

Agora, tente os Exercícios 13 e 14.

■ Inequações modulares

Até agora, discutimos como usar o valor absoluto para determinar a distância exata entre dois pontos da reta real. Nesta subseção, trataremos de um problema mais geral: vamos encontrar todos os pontos da reta cuja distância de um ponto fixo seja menor ou igual a um valor estipulado.

Começando com um exemplo simples, suponha que queiramos determinar os pontos que estão a uma distância menor ou igual a 3 da origem. Para representar matematicamente esse problema, recorremos à desigualdade

$$|x| \leq 3.$$

Para obter a solução dessa inequação, devemos combinar as propriedades das desigualdades e do módulo. Partindo, então, da definição do valor absoluto, que é dada por partes, dizemos que:

- Se $x \geq 0$, então $|x| = x$, e devemos ter $x \leq 3$. Tomando, então, a interseção das desigualdades $x \geq 0$ e $x \leq 3$ obtemos o conjunto

$$S_1 = \{x \in \mathbb{R} \mid 0 \leq x \leq 3\}.$$

- Se $x < 0$, então $|x| = -x$, e a inequação pode ser escrita como $-x \leq 3$, ou simplesmente $x \geq -3$. Nesse caso, a junção das condições fornece o conjunto

$$S_2 = \{x \in \mathbb{R} \mid -3 \leq x < 0\}.$$

Como todo ponto que pertence a S_1 ou a S_2 satisfaz a desigualdade $|x| \leq 3$, concluímos que o conjunto solução de nosso problema é dado por

$$S = S_1 \cup S_2 = \{x \in \mathbb{R} \mid -3 \leq x \leq 3\}.$$

A solução desse problema é intuitiva, já que, observando a reta real, é fácil perceber que todo ponto entre -3 e 3 está a uma distância menor que 3 da origem. A Figura 2.38 mostra os conjuntos S_1 e S_2, bem como sua união.

Analisando, ainda, a Figura 2.38, constatamos que os pontos que estão a uma distância maior que 3 da origem são aqueles que pertencem ao conjunto complementar

$$S = \{x \in \mathbb{R} \mid x < -3 \text{ ou } x > 3\}.$$

O quadro a seguir fornece a solução geral de um problema no qual substituímos a variável x por uma expressão algébrica A qualquer, e empregamos uma constante real positiva c no lugar do valor 3 usado em nosso exemplo.

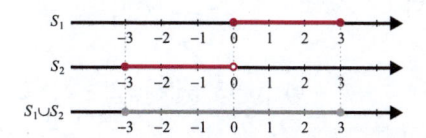

FIGURA 2.38 Solução de $|x| \leq 3$.

Solução de inequações modulares

Dada a constante real $c \geq 0$ e a expressão algébrica A, temos:

	Inequação	Condição equivalente
1.	$|A| \leq c$	$-c \leq A \leq c$
2.	$|A| \geq c$	$A \leq -c$ ou $A \geq c$

No caso particular em que $A = x$, as inequações do quadro se convertem simplesmente em $|x| \leq c$ e $|x| \geq c$, problemas cujas soluções na reta real são ilustradas na Figura 2.39.

Com base no quadro, pode-se estabelecer condições equivalentes para as desigualdades com "<" e ">". Entretanto, essa estratégia não se aplica a inequações mais complicadas, como aquelas que envolvem a soma de módulos, as quais devem ser resolvidas usando-se diretamente a definição do valor absoluto, como veremos no Problema 8.

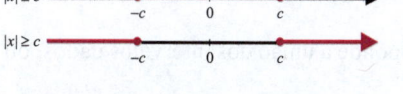

FIGURA 2.39 Gráficos de $|x| \leq c$ e $|x| \geq c$.

Problema 7. Distância máxima

Determinar os pontos da reta real cuja distância de 2 é menor ou igual a 5.

Solução

A solução desse problema pode ser obtida resolvendo-se a inequação

$$|x - 2| \leq 5,$$

que é equivalente à primeira desigualdade do quadro dado, considerando-se $A = x - 2$.

Podemos obter uma solução puramente geométrica para o problema tomando os pontos

$$x_1 = 2 - 5 = -3 \quad \text{e} \quad x_2 = 2 + 5 = 7,$$

e considerando o intervalo compreendido entre eles, incluindo os extremos, como mostrado na Figura 2.40.

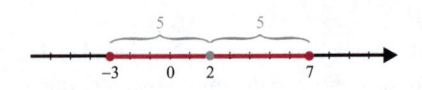

FIGURA 2.40 Solução do Problema 7.

Já a solução algébrica pode ser obtida resolvendo-se a inequação equivalente

$$-5 \leq x - 2 \leq 5,$$

conforme mostrado a seguir.

-5	$\leq$	$x - 2$	$\leq$	5	Inequação original.
$-5 + 2$	$\leq$	$x - 2 + 2$	$\leq$	$5 + 2$	Somando 2 a todos os termos.
-3	$\leq$	x	$\leq$	7	Solução da inequação.

Problema 8. Inequações modulares

Resolva as inequações.

a) $|2x - 3| > 4$ c) $1 \leq |x - 4| \leq 3$ e) $|x - 3| - |5x - 2| \geq x - 2$

b) $\left|\dfrac{x + 5}{4}\right| \leq 1$ d) $|4x^2 - 1| \leq x + 2$

Solução

a) De acordo com a alternativa 2, do quadro "solução de inequações modulares" da página 213, para resolver a inequação $|2x - 3| > 4$, devemos considerar duas possibilidades: $2x - 3 > 4$ e $2x - 3 < 4$.

No primeiro caso, temos:

$2x - 3$	$>$	4	Inequação original.
$2x$	$>$	7	Somando 3 aos dois lados.
x	$>$	$\dfrac{7}{2}$	Dividindo os dois lados por 2.

Já a segunda desigualdade fornece

$2x - 3$	$<$	-4	Inequação original.
$2x$	$<$	-1	Somando 3 aos dois lados.
x	$<$	$-\dfrac{1}{2}$	Dividindo os dois lados por 2.

O conjunto solução do problema corresponde à união dos intervalos dados, ou seja,

$$S = \left\{ x \in \mathbb{R} \,\bigg|\, x < -\dfrac{1}{2} \text{ ou } x > \dfrac{7}{2} \right\}.$$

b) A inequação $\left|\dfrac{x+5}{4}\right| \leq 1$ tem a forma $|A| \leq c$, de modo que empregamos a condição $-c \leq A \leq c$:

-1	$\leq$	$\dfrac{x + 5}{4}$	$\leq$	1	Inequação original.
-4	$\leq$	$x + 5$	$\leq$	4	Multiplicando todos os termos por 4.
-9	$\leq$	x	$\leq$	-1	Subtraindo 5 dos termos.

Portanto, o conjunto solução é

$$\{x \in \mathbb{R} \mid -9 \leq x \leq -1\}.$$

c) Para resolver a desigualdade dupla $1 \leq |x-4| \leq 3$, é preciso dividi-la em duas inequações modulares:

$$|x-4| \leq 3 \quad \text{e} \quad |x-4| \geq 1$$

Em seguida, deve-se resolver em separado cada uma destas inequações:

• A inequação $|x-4| \leq 3$ é equivalente a

$$-3 \leq x-4 \leq 3 \quad \Rightarrow \quad 1 \leq x \leq 7.$$

Logo, temos

$$S_1 = \{x \in \mathbb{R} \mid 1 \leq x \leq 7\}.$$

• Por sua vez, a solução de $|x-4| \geq 1$ exige novo desmembramento em

$$x - 4 \geq 1 \quad \Rightarrow \quad x \geq 5.$$

e

$$x - 4 \leq -1 \quad \Rightarrow \quad x \leq 3.$$

A união desses intervalos fornece

$$S_2 = \{x \in \mathbb{R} \mid x \leq 3 \text{ ou } x \geq 5\}.$$

Como as desigualdades $|x-4| \leq 3$ e $|x-4| \geq 1$ devem ser satisfeitas simultaneamente, o conjunto solução do problema é dado por

$$S = S_1 \cap S_2 = \{x \in \mathbb{R} \mid 1 \leq x \leq 3 \text{ ou } 5 \leq x \leq 7\}.$$

É importante ressaltar que a inequação dupla $1 \leq |x-4| \leq 3$ é a representação matemática do problema que consiste em encontrar os pontos da reta real cuja distância de 4 é maior ou igual a 1 e menor ou igual a 3. A solução gráfica desse problema é apresentada na Figura 2.41.

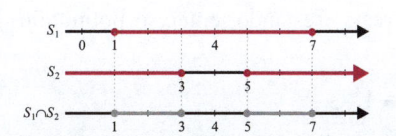

FIGURA 2.41 Pontos cuja distância de 4 está entre 1 e 3.

d) A inequação $|4x^2 - 1| \leq x + 2$ é equivalente a

$$-(x+2) \leq 4x^2 - 1 \leq x+2,$$

desde que o lado direito não seja negativo, ou seja, desde que

$$x + 2 \geq 0 \quad \Rightarrow \quad x \geq -2.$$

Assim, toda solução do problema deve pertencer ao conjunto

$$S_1 = \{x \in \mathbb{R} \mid x \geq -2\}.$$

Dividindo a desigualdade $-(x+2) \leq 4x^2 - 1 \leq x+2$ em duas partes, temos

$$4x^2 - 1 \leq x+2 \quad \text{e} \quad 4x^2 - 1 \geq -(x+2).$$

• A inequação $4x^2 - 1 \leq x + 2$ é equivalente a

$$4x^2 - x - 3 \leq 0,$$

cuja equação associada é $4x^2 - x - 3 = 0$. Para obter as raízes dessa equação, aplicamos a fórmula quadrática:

$$\Delta = (-1)^2 - 4 \cdot 4 \cdot (-3) = 49$$

$$x = \frac{-(-1) \pm \sqrt{49}}{2 \cdot 4} = \frac{1 \pm 7}{8}.$$

Logo, $x_1 = 1$ e $x_2 = -\frac{3}{4}$, de modo que a equação é equivalente a

$$4(x-1)\left(x+\frac{3}{4}\right) = 0.$$

Tomando, então, os intervalos $(-\infty, -\frac{3}{4})$, $(-\frac{3}{4}, 1)$ e $(1, \infty)$, montamos a tabela:

Termo	$(-\infty, -\frac{3}{4})$	$(-\frac{3}{4}, 1)$	$(1, \infty)$
$(x-1)$	–	–	+
$(x+\frac{3}{4})$	–	+	+
$4(x-1)(x+\frac{3}{4})$	+	–	+

Portanto, o conjunto solução de $4x^2 - x - 3 \leq 0$ é

$$S_2 = \left\{x \in \mathbb{R} \;\middle|\; -\frac{3}{4} \leq x \leq 1\right\}.$$

• Por sua vez, a inequação $4x^2 - 1 \geq -(x+2)$ é equivalente a

$$4x^2 + x + 1 \geq 0,$$

que tem a equação associada $4x^2 + x + 1 = 0$. Aplicando, mais uma vez, a fórmula quadrática, obtemos

$$\Delta = 1^2 - 4 \cdot 4 \cdot 1 = -15.$$

Como $\Delta < 0$, a equação não tem raízes reais. Testando, então, o polinômio $4x^2 + x + 1$ em $x = 0$, observamos que

$$4 \cdot 0^2 + 0 + 1 = 1.$$

Como esse valor é positivo, concluímos que a inequação $4x^2 + x + 1 \geq 0$ é satisfeita para todo x real, ou seja, seu conjunto solução é

$$S_3 = \mathbb{R}.$$

Como é preciso que as três desigualdades

$$x + 2 \geq 0, \qquad 4x^2 - 1 \leq x + 2 \quad \text{e} \quad 4x^2 - 1 \geq -(x+2),$$

sejam satisfeitas simultaneamente, a solução do problema é dada por

$$S = S_1 \cap S_2 \cap S_3 = \left\{x \in \mathbb{R} \;\middle|\; -\frac{3}{4} \leq x \leq 1\right\}.$$

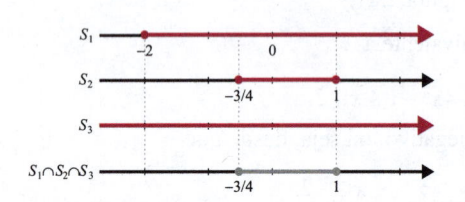

FIGURA 2.42 Solução de $|4x^2 - 1| \leq x + 2$.

A Figura 2.42 mostra como esse conjunto solução foi obtido.

e) A inequação $|x-3| - |5x-2| \geq x - 2$ contém a diferença de dois módulos, de modo que não podemos resolvê-la usando a estratégia apresentada no quadro da página 213. Em vez disso, aplicamos diretamente a definição de valor absoluto:

$$|x-3| = \begin{cases} x-3, & \text{se } x-3 \geq 0 \\ -(x-3), & \text{se } x-3 < 0 \end{cases} \quad \text{e} \quad |5x-2| = \begin{cases} 5x-2, & \text{se } 5x-2 \geq 0 \\ -(5x-2), & \text{se } 5x-2 < 0 \end{cases}$$

Simplificando as duas definições dadas, obtemos

$$|x-3| = \begin{cases} x-3, & \text{se } x \geq 3 \\ 3-x, & \text{se } x < 3 \end{cases} \quad \text{e} \quad |5x-2| = \begin{cases} 5x-2, & \text{se } x \geq \frac{2}{5} \\ 2-5x, & \text{se } x < \frac{2}{5} \end{cases}$$

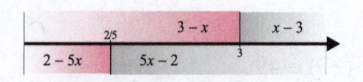

FIGURA 2.43 Definições de $|x-3|$ (acima do eixo) e $|5x-2|$ (abaixo do eixo).

Essas definições estão ilustradas na Figura 2.43. Observando a figura, constatamos que a diferença entre os módulos pode ser dada de três formas diferentes, dependendo do valor de x. A tabela a seguir fornece $|x-3| - |5x-2|$ em cada um dos três intervalos de interesse.

Termo	$(-\infty, \frac{2}{5})$	$[\frac{2}{5}, 3)$	$[3, \infty)$
$\|x-3\|$	$3-x$	$3-x$	$x-3$
$\|5x-2\|$	$2-5x$	$5x-2$	$5x-2$
$\|x-3\|-\|5x-2\|$	$(3-x)-(2-5x)$	$(3-x)-(5x-2)$	$(x-3)-(5x-2)$

Para resolver o problema, devemos analisar a inequação separadamente em cada um desses intervalos:

- Para $x < \frac{2}{5}$, temos

$$3 - x - 2 + 5x \geq x - 2 \quad \Rightarrow \quad 3x \geq -3 \quad \Rightarrow \quad x \geq -1.$$

Tomando a interseção dessas duas condições sobre x, isto é, $x < \frac{2}{5}$ e $x \geq -1$, obtemos o conjunto solução

$(-\infty, \frac{2}{5}) \cap [-1, \infty) = [-1, \frac{2}{5})$

$$S_1 = \left\{ x \in \mathbb{R} \,\middle|\, -1 \leq x < \frac{2}{5} \right\}.$$

- Supondo, agora, que $\frac{2}{5} \leq x < 3$, temos

$$3 - x - 5x + 2 \geq x - 2 \quad \Rightarrow \quad -7x \geq -7 \quad \Rightarrow \quad x \leq 1.$$

Novamente, a interseção das duas condições sobre x fornece o conjunto solução

$[\frac{2}{5}, 3) \cap (-\infty, 1] = [\frac{2}{5}, 1]$

$$S_2 = \left\{ x \in \mathbb{R} \,\middle|\, \frac{2}{5} \leq x \leq 1 \right\}.$$

- Finalmente, para $x \geq 3$, temos

$$x - 3 - 5x + 2 \geq x - 2 \quad \Rightarrow \quad -5x \geq -1 \quad \Rightarrow \quad x \leq \frac{1}{5}.$$

$[3, \infty) \cap (-\infty, \frac{1}{5}] = \varnothing$

Nesse caso, como as duas condições sobre x têm interseção vazia, o conjunto solução é

$$S_3 = \varnothing.$$

A solução geral do problema é dada pela união dos conjuntos solução dos três intervalos, ou seja,

$$S = S_1 \cup S_2 \cup S_3 = \{x \in \mathbb{R} \mid -1 \leq x \leq 1\}.$$

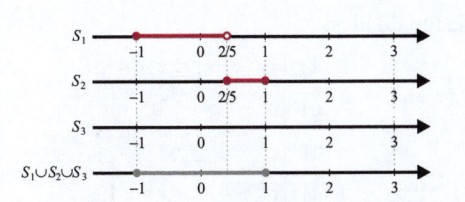

FIGURA 2.44 Solução do item (e).

A Figura 2.44 mostra os passos empregados na obtenção de S.

Agora, tente o Exercício 17.

Exercícios 2.14

1. Elimine o módulo das expressões.

   a) $|8|$
   b) $|-8|$
   c) $-|-8|$
   d) $|3-\pi|$
   e) $|\pi-3|$
   f) $|\sqrt{8}-4|$
   g) $\left|-\frac{10}{5^2}\right|$
   h) $\sqrt{|-4|}$

2. Calcule $|3x-10|$ para $x = 2$ e $x = 5$.

3. Calcule $|7-x|$ para $x = -7$, $x = 1$, $x = 7$ e $x = 12$.

4. Elimine o módulo das expressões.

   a) $-|x|$
   b) $|x|-5$
   c) $5-|x|$
   d) $|x-5|$
   e) $|5-x|$
   f) $|5x+1|$
   g) $|4-3x|$
   h) $|x^2+7|$
   i) $|x^2-9|$

5. Elimine o módulo da expressão $|x|/x^2$.

6. Calcule as expressões.

   a) $|5 \cdot (-3)|$
   b) $-3|-5|$
   c) $\left|\frac{(-3)}{(-6)}\right|$
   d) $\left|\frac{5-17}{15-6}\right|$
   e) $|-2|+6|-5|$
   f) $|-2+|-5||$

7. Calcule a distância entre os pontos da reta real.
   a) $x_1 = -5$ e $x_2 = -8$
   b) $x_1 = -10$ e $x_2 = 10$
   c) $x_1 = 4,7$ e $x_2 = 1,2$
   d) $x_1 = 2$ e $x_2 = -12$

8. Calcule as expressões.
   a) $|(-4x) \cdot (-6)|$
   b) $\left|\frac{3x}{(-6)}\right|$
   c) $\left|-\frac{(-3)}{6x}\right|$
   d) $|-4x| + |8x|$
   e) $|2x| - |-2x|$
   f) $\left|\frac{2x}{3}\right| - \frac{|x|}{6}$
   g) $\frac{|2x^2|}{|-4xy|}$
   h) $\frac{\sqrt{x^2}}{|x|}$
   i) $\sqrt{|-2x^2|}$

9. Reescreva as frases a seguir usando equações modulares.
   a) A distância entre x e 2 é igual a 3.
   b) A distância entre s e -3 é igual a 4.
   c) A casa da minha avó e a casa do meu tio estão a 5 km de distância.
   d) A farmácia e a padaria estão à mesma distância da minha casa.

10. Determine os pontos da reta real que estão a uma distância de 10 unidades de 6.

11. Determine os pontos da reta real que estão a uma distância de $\frac{3}{2}$ unidades de -1.

12. Resolva as equações.
    a) $|x| = 4$
    b) $|x| = -4$
    c) $x = |-4|$
    d) $x = |4|$
    e) $|x| = |4|$
    f) $|x| = |-4|$

13. Resolva as equações.
    a) $|x - 3| = 4$
    b) $|x - \frac{1}{2}| = 2$
    c) $|4 - x| = \frac{1}{10}$
    d) $|3x - 1| = 6$
    e) $|x - 2| = -1$
    f) $\left|\frac{x-3}{4}\right| = 12$
    g) $|5 - 4x| = 1$
    h) $|5x - 2| = 13$
    i) $\left|\frac{2-3x}{4}\right| = 5$
    j) $\left|\frac{3x}{2} - 1\right| = \frac{5}{2}$
    k) $|5x - 3| = 3x + 15$
    l) $|2x - 3| = 5 - 4x$
    m) $|6 - x| + 5x = 7$
    n) $\left|\frac{7+4x}{3}\right| = 5 + x$
    o) $|3x + 5| = |x - 3|$
    p) $|2x + 1| = |2 - 5x|$
    q) $|x - 1| + |x + 2| = 5$
    r) $|2x - 5| - |x - 2| = 3x + 1$

14. Resolva as equações.
    a) $|x^2 - 10| = 6$
    b) $|4x^2 + 1| = 10$
    c) $|x^2 - 6x| = 7$
    d) $|x^2 + 2| - 4x = 2$
    e) $|2x^2 - 3| - x = 3$
    f) $x^2 = |5x - 6|$
    g) $x^2 + 3x - 1 = |3x + 8|$
    h) $|x^2 - 9| = |2x^2 - 3|$
    i) $|x^2 - 4| = |5x - 10|$
    j) $|x^2 - 1| = |3x^2 - 27|$

15. Resolva as equações.
    a) $|x|^2 - 8|x| + 7 = 0$
    b) $2|x|^2 - 7|x| + 3 = 0$

16. Reescreva as frases usando desigualdades modulares.
    a) A distância entre x e 5 é superior a 3.
    b) Meu carro está, no máximo, a 2 km do posto de gasolina, que fica no quilômetro 32 da estrada.
    c) Uma balança indicou que o pão francês pesa 50 g, com um erro máximo de 2 g.
    d) O GPS indicou que estou a 5 km da minha casa, com um erro máximo de 10 m.
    e) Um radar indicou que o carro estava a 68 km/h, com um erro máximo de 5.

17. Resolva as desigualdades.
    a) $|x - 4| \leq -2$
    b) $|x - 4| \leq 0$
    c) $|x - 4| \geq 0$
    d) $|x - 3| \leq 4$
    e) $|x - \frac{1}{2}| < 2$
    f) $|5 - x| \leq 3$
    g) $|4x - 9| \leq 3$
    h) $|2 - x| \geq 6$
    i) $|3x - 1| > 5$
    j) $|3x + 7| \leq 4$
    k) $|5x - 8| \leq 2$
    l) $|2x - 3| \geq 7$
    m) $\left|\frac{5x}{4} - \frac{1}{2}\right| \leq 8$
    n) $2 \leq |x - 1| \leq 7$
    o) $3 \leq |4x - 7| \leq 5$
    p) $1 \leq \left|\frac{3x-5}{4}\right| \leq 2$
    q) $|x - 4| \geq 3x - 8$
    r) $|2x + 5| \geq x + 7$
    s) $|5x - 6| \leq 2x - 1$
    t) $|x + 5| - |3x - 1| \geq x - 8$
    u) $|x - 2| + |x + 8| \geq 2x + 12$
    v) $|x - 9| + |x - 3| \leq x$

18. Identifique, na reta real, os intervalos definidos pelas desigualdades.
    a) $|x| \leq \sqrt{2}$
    b) $|x| \geq \frac{1}{3}$
    c) $|x + 2| > 4$
    d) $|x + 3| < 2$
    e) $|x - 1| \geq 3$
    f) $|x - 5| \leq 1$

19. Resolva as desigualdades.
    a) $|x^2 - 3| \geq 1$
    b) $|x^2 - 9| + x \leq 3$
    c) $|x^2 - 2x| \leq 8$
    d) $|2x^2 + 3x| \geq 9$
    e) $|x^2 + 4x| \leq 1$
    f) $|4x^2 + x| \leq x + 4$
    g) $|x^2 - 5x| \leq 3x$
    h) $|x^2 - 6| \geq x^2$
    i) $|x^2 - 4x| \geq x^2 + 1$
    j) $|x + 1| - |2x - 3| \geq x^2 - 2$

20. Uma rede de lanchonetes não permite que duas de suas lojas estejam a menos de 25 km de distância. Se há uma loja da rede no quilômetro 67 de uma estrada, em que parte da mesma estrada é permitida a instalação de outra lanchonete da rede?

■ Funções

3

Antes de ler o capítulo
Você conseguirá acompanhar melhor os conceitos aqui apresentados se já tiver lido o Capítulo 2, particularmente as Seções 2.1, 2.4, 2.5, 2.7, 2.8 e 2.14.

O progresso da civilização está baseado na observação de que alguns fenômenos estão relacionados. A agricultura, criada no início do período neolítico, só se desenvolveu – permitindo o armazenamento de alimentos e a consequente sedentarização da população – porque os nossos antepassados perceberam que o regime de chuvas e a temperatura ambiente variavam de acordo com a época do ano (ainda que o calendário só tenha sido inventado muito tempo depois, no século XXI a.C.).

Neste capítulo, exploraremos as várias formas de expressar a interdependência de dois fenômenos: tabelas, equações, gráficos etc. Entretanto, restringiremos nossa análise àqueles casos em que, conhecida uma grandeza, somos capazes de expressar outra grandeza de forma única. Quando isso ocorre, dizemos que as grandezas estão relacionadas por meio de uma **função**.

Para começar, vamos estudar como a geometria auxilia a álgebra permitindo a visualização da relação entre duas medidas.

3.1 Coordenadas no plano

Embora a dependência mútua de fenômenos já fosse conhecida no período neolítico, a forma de representá-la variou muito com o tempo. De fato, foi preciso esperar muitos milênios até que dois franceses do século XVII d.C., o filósofo René Descartes e o advogado Pierre de Fermat, apresentassem uma forma sistemática de representação geométrica da relação entre grandezas. Apesar de terem sido precedidos por outros matemáticos, como o padre Nicole Oresme, coube a Descartes e Fermat estabelecer a ligação definitiva entre geometria e álgebra, o que permitiu grandes avanços em ambas as áreas da Matemática. Para compreender essa ligação, vamos analisar um problema prático de topografia.

Exemplo 1. Elaboração de um corte topográfico

Gervásio foi incumbido de fazer um levantamento da altura de um terreno montanhoso próximo à cidade de Ouro Preto, em Minas Gerais. Para realizar a tarefa, o topógrafo partiu do ponto rosa mostrado no centro da Figura 3.1 e percorreu 400 m no sentido oeste (W), além de outros 500 m no sentido leste (E). Em cada ponto do mapa, Gervásio mediu a altura relativa do terreno, tomando como referência o ponto rosa.

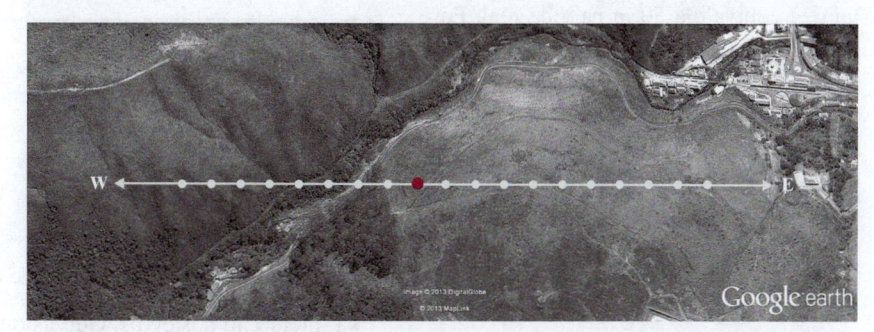

FIGURA 3.1 Fotografia aérea da região levantada por Gervásio (fonte: Google Earth, Digital Globe). As letras W (oeste) e E (leste) indicam as direções tomadas em relação ao ponto de partida, mostrado em rosa.

Como resultado de seu trabalho, Gervásio elaborou a Tabela 3.1, na qual a primeira coluna indica a direção percorrida, a segunda contém as distâncias horizontais (em metros) entre o ponto rosa e os pontos nos quais foram feitas as medições, e a terceira fornece as alturas relativas desses pontos. Uma altura negativa indica que o terreno é mais baixo que o ponto de referência, para o qual foi registrada uma altura de 0 m. Por conveniência, os pontos da tabela foram ordenados, de modo que o primeiro é o que está mais a oeste, e o último é aquele mais a leste.

TABELA 3.1 Altura relativa dos pontos do mapa.

Dir.	Dist. (m)	Alt. (m)
W	400	−2
	350	−23
	300	−40
	250	−53
	200	−54
	150	−50
	100	−36
	50	−18
	0	0
E	50	+17
	100	+32
	150	+43
	200	+49
	250	+50
	300	+42
	350	+30
	400	+19
	450	+9
	500	−1

Gervásio concluiu que os dados que coletou seriam mais bem apresentados se elaborasse uma figura mostrando como a altura do terreno varia ao longo da linha branca do mapa. Assim, o topógrafo traçou, em uma folha de papel, dois eixos reais, um horizontal outro vertical, como mostrado na Figura 3.2.

Observe que o intervalo entre dois traços do eixo horizontal da Figura 3.2 é constante e equivale a 50 m na vida real. Por sua vez, a distância entre dois traços na vertical também é fixa e corresponde a 10 m. Para traçar um corte topográfico não é imprescindível apresentar os dois eixos na mesma escala.

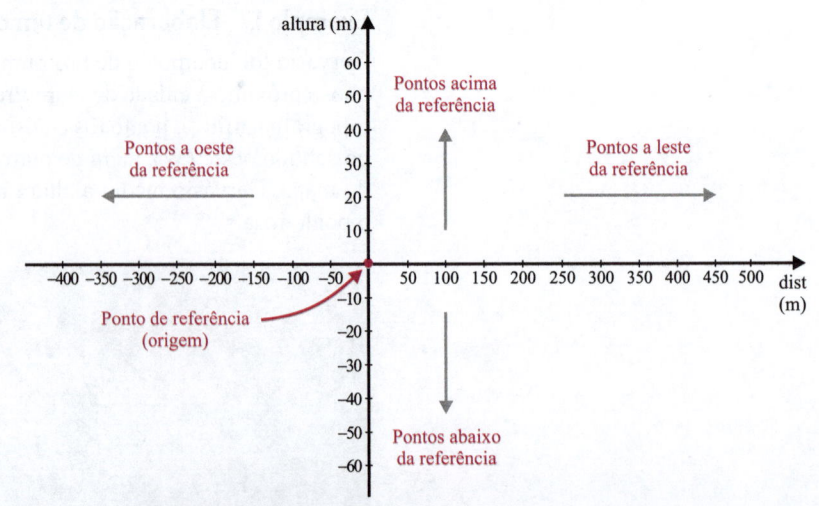

FIGURA 3.2 O sistema de eixos adotado por Gervásio.

Na interseção dos eixos, Gervásio colocou o ponto de referência de suas medições, ao qual deu o nome **origem**. O eixo horizontal, à semelhança da reta real que vimos nos capítulos anteriores, foi usado pelo topógrafo para indicar a

CAPÍTULO 3 – Funções ■ 221

posição horizontal dos pontos nos quais foram feitas as medições com relação ao ponto de referência. Nesse eixo, Gervásio fez pequenos traços em intervalos regulares para indicar distâncias múltiplas de 50 m. A parte do eixo à esquerda da origem – aquela com valores negativos – foi reservada para os pontos a oeste do ponto de referência. O propósito do eixo vertical é fornecer a altura de cada ponto da superfície do terreno em relação à origem.

Depois de traçados os eixos, Gervásio passou a representar os pontos da Tabela 3.1. Três desses pontos são apresentados na Figura 3.3.

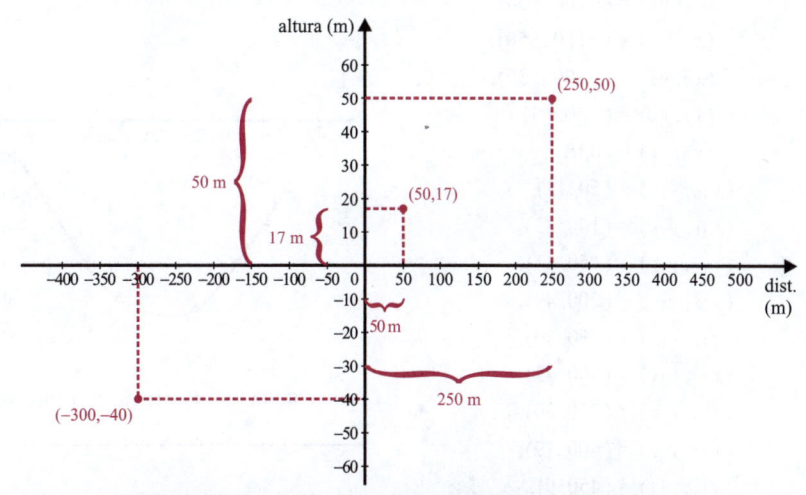

FIGURA 3.3 Três dos pontos marcados por Gervásio.

O primeiro ponto escolhido por Gervásio foi aquele que está a 50 m a leste do ponto de referência e a 17 m de altura. Para indicá-lo, Gervásio partiu da origem e moveu sua caneta para a direita sobre o eixo horizontal, até atingir a marca de 50 m. Em seguida, ele moveu a caneta na vertical até alcançar uma altura correspondente a 17 m. No local assim obtido, Gervásio fez uma pequena marca rosa, como a que é mostrada na Figura 3.3.

O mesmo processo foi adotado para o quinto ponto a leste do ponto de partida, o qual, na Figura 3.3, aparece acompanhado do par de valores (250, 50). De acordo com a notação adotada, o primeiro número dentro dos parênteses indica a posição horizontal do ponto com relação à origem, enquanto o segundo valor fornece a altura.

Para representar o ponto que está 300 m a oeste e 40 m abaixo do ponto de referência, Gervásio moveu sua caneta sobre o eixo horizontal até a marca de –350, descendo, em seguida, à distância correspondente a 40 m. Assim, ele fez uma marca na posição indicada pelo par (–300, –40). Repetindo o procedimento para os demais pontos, Gervásio obteve a Figura 3.4.

Atenção
A ordem dos termos dentro dos parênteses é importante. O par (250, 50) indica o ponto que está a 250 m a leste da origem e a 50 m de altura, enquanto o ponto representado por (50, 250) está 50 m a leste e 250 m acima da origem.

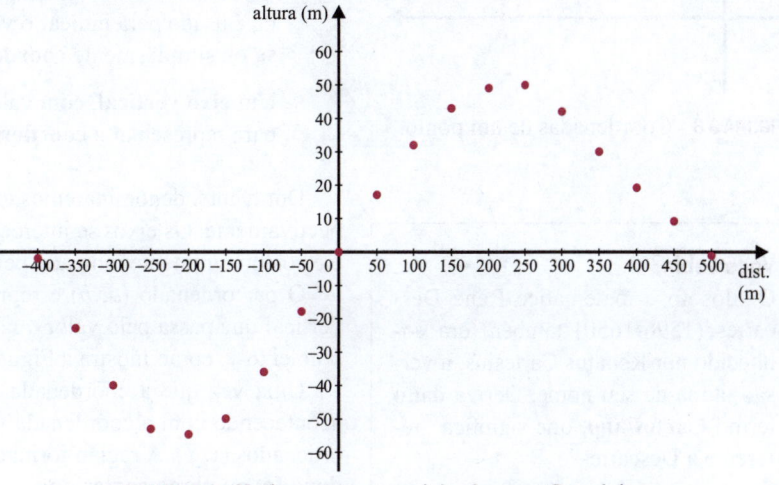

FIGURA 3.4 Todos os pontos visitados por Gervásio.

$(x_1, y_1) = (-400, -2),$
$(x_2, y_2) = (-350, -23),$
$(x_3, y_3) = (-300, -40),$
$(x_4, y_4) = (-250, -53),$
$(x_5, y_5) = (-200, -54),$
$(x_6, y_6) = (-150, -50),$
$(x_7, y_7) = (-100, -36),$
$(x_8, y_8) = (-50, -18),$
$(x_9, y_9) = (0, 0),$
$(x_{10}, y_{10}) = (50, 17),$
$(x_{11}, y_{11}) = (100, 32),$
$(x_{12}, y_{12}) = (150, 43),$
$(x_{13}, y_{13}) = (200, 49),$
$(x_{14}, y_{14}) = (250, 50),$
$(x_{15}, y_{15}) = (300, 42),$
$(x_{16}, y_{16}) = (350, 30),$
$(x_{17}, y_{17}) = (400, 19),$
$(x_{18}, y_{18}) = (450, 9),$
$(x_{19}, y_{19}) = (500, -1).$

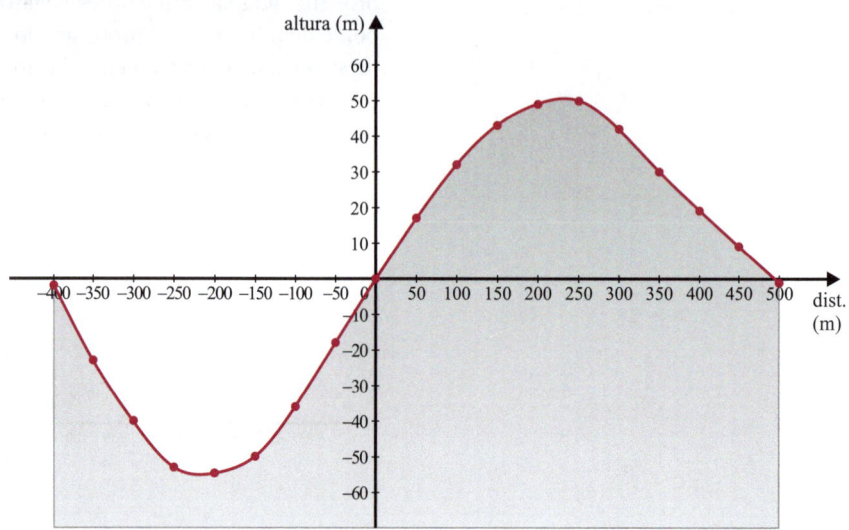

Finalmente, ciente de que a superfície do terreno não continha buracos ou precipícios, Gervásio a representou traçando uma linha que passava pelos pontos obtidos. O resultado pode ser conferido na Figura 3.5.

FIGURA 3.5 Corte do terreno, segundo os dados coletados por Gervásio.

Tomando como exemplo o problema de Gervásio, notamos que, para obter a Figura 3.5, ele associou duas grandezas: a posição horizontal e a altura de cada ponto, com relação a um ponto de referência. Na Figura 3.3, essas grandezas foram apresentadas por meio de pares na forma

$$(x, y).$$

A lista completa dos 19 pares que Gervásio extraiu da Tabela 3.1 é dada na margem desta página. Observe que o primeiro valor de cada par representa a posição horizontal (x) e o segundo fornece a altura (y), não sendo possível trocá-los. Nesse caso, dizemos que os pares são **ordenados**.

| Um par (x, y) é dito **par ordenado** se seus elementos têm uma ordem fixa.

Para representar pares ordenados (x, y) em uma folha de papel ou na tela do computador, por exemplo, definimos dois eixos reais:

- Um **eixo horizontal**, no qual os números crescem da esquerda para a direita, é usado para indicar o valor de x. Esse valor também é chamado **abscissa** ou simplesmente **coordenada x**.

- Um **eixo vertical**, com valores que aumentam de baixo para cima, é usado para representar a **coordenada y**, também conhecida como **ordenada**.

Doravante, denominaremos **eixo-x** e **eixo-y** os eixos horizontal e vertical, respectivamente. Os eixos se interceptam no ponto $(0, 0)$, que é denominado **origem** e é costumeiramente indicado pela letra **O**.

O par ordenado (a, b) é representado pelo ponto de interseção entre a reta vertical que passa pelo valor a no eixo-x e a reta horizontal que passa pelo valor b no eixo-y, como mostra a Figura 3.6.

Uma vez que a coordenada x pode assumir qualquer valor real, o mesmo acontecendo com a coordenada y, podemos definir um número infinito de pares ordenados (x, y). A região formada por todos esses pares é chamada **plano coordenado**, ou **plano cartesiano**.

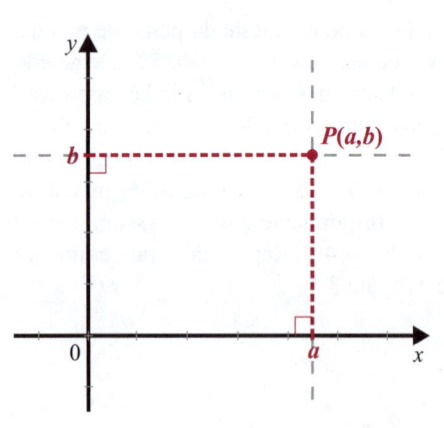

FIGURA 3.6 Coordenadas de um ponto.

Você sabia?
O filósofo e matemático René Descartes (1596-1650) também era conhecido por Renatus Cartesius, a versão latina de seu nome. Deriva daí o termo **Cartesiano**, que significa "referente a Descartes".

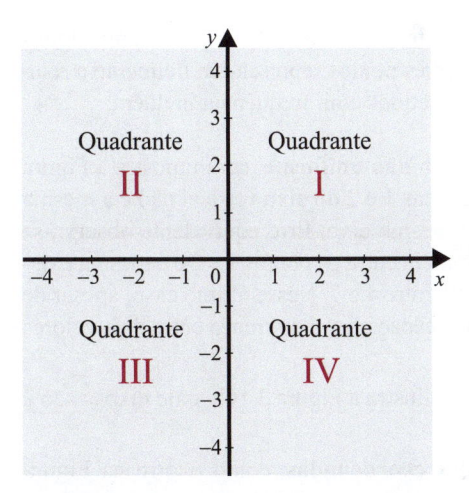

FIGURA 3.7 Quadrantes nos quais o plano cartesiano é dividido.

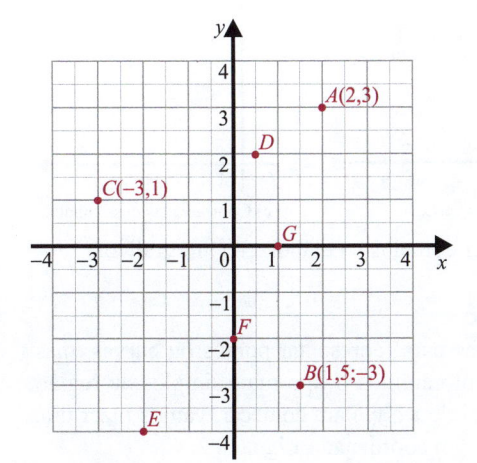

Os eixos coordenados dividem o plano cartesiano em quatro partes, chamadas **quadrantes**. A Figura 3.7 mostra a numeração usada para identificar esses quadrantes. Observe que o primeiro quadrante é aquele no qual os pontos têm coordenadas x e y positivas. Os pontos sobre os eixos não fazem parte de nenhum quadrante.

Para indicarmos um ponto P do plano, usamos a notação $P(x, y)$. Assim, por exemplo, o ponto $A(2, 3)$ tem abscissa 2 e ordenada 3. Esse ponto é mostrado na Figura 3.8, que também contém os pontos $B(1,5; -3)$ e $C(-3, 1)$.

Ainda na Figura 3.8, percebemos a presença dos pontos D, E, F e G. Com o auxílio das retas horizontais e verticais apresentadas em tom cinza (que foram traçadas apenas para facilitar a leitura das abscissas e ordenadas), percebemos que as coordenadas desses pontos são

$$D(0,5; 2), \qquad E(-2, -4), \qquad F(0, -2), \qquad e \qquad G(1, 0).$$

Note que, para evitar dubiedade, usamos o ponto e vírgula para separar as coordenadas x e y quando uma delas possui uma vírgula decimal.

Esse método geométrico, baseado em pontos do plano cartesiano, pode ser usado para representar a relação entre duas grandezas quaisquer, mesmo que não estejam associadas a medidas de comprimento. Vejamos um exemplo que vincula a altura dos bebês à sua idade.

Exemplo 2.   Altura de bebês

Segundo a Organização Mundial da Saúde (OMS), a altura média dos bebês do sexo feminino está relacionada à idade, conforme indicado na Tabela 3.2.

TABELA 3.2 Altura de bebês do sexo feminino de acordo com a idade.

Idade (meses)	0	3	6	9	12	15	18	21	24
Altura (cm)	49	60	66	70	74	78	81	84	86

A partir da tabela, definimos pares ordenados (t, A), em que t indica o tempo (em meses) transcorrido desde o nascimento e A corresponde à altura média (em centímetros). Os pares obtidos são dados a seguir.

$(0, 49), (3, 60), (6, 66), (9, 70), (12, 74), (15, 78), (18, 81), (21, 84),$ e $(24, 86)$.

Como todos os valores de t e A são positivos, podemos trabalhar apenas no primeiro quadrante. Marcando, então, os pares ordenados no plano cartesiano, obtemos o gráfico da Figura 3.9.

FIGURA 3.8 Pontos do plano cartesiano.

Neste exemplo, trocamos x por t e y por A, para que as letras se assemelhassem às grandezas representadas.

Como no caso do mapa topográfico de Gervásio, podemos supor que a altura das meninas varia contínua e suavemente do nascimento aos 24 meses. Assim, deveríamos traçar uma linha ligando os pontos da figura, para que fosse possível determinar aproximadamente a altura de meninas com idades diferentes daquelas apresentadas na Tabela 3.2. Voltaremos a esse assunto na Seção 4.1, que trata de funções quadráticas.

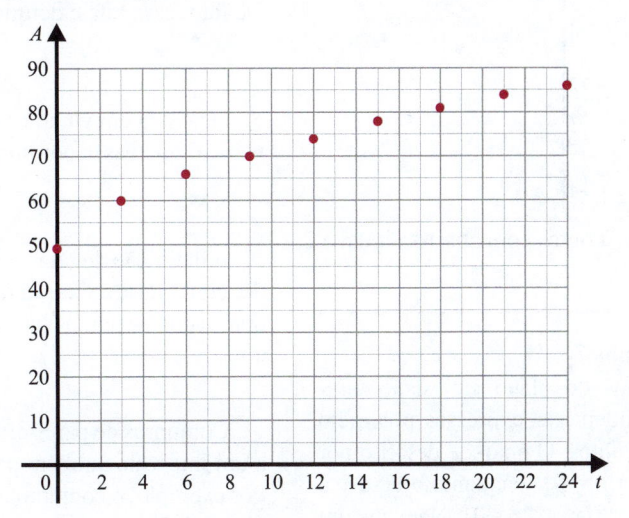

FIGURA 3.9 Altura média de meninas entre 0 e 24 meses.

Agora, tente o Exercício 1.

Como se vê, traçar pontos no plano cartesiano é tarefa fácil. Entretanto, alguns cuidados devem ser tomados para que esses pontos representem fielmente a relação entre as grandezas. Alguns erros cometidos com frequência incluem:

a) **O traçado de eixos com espaçamento não uniforme**, como mostra a Figura 3.10a, na qual a distância entre as marcas 1 e 2 do eixo vertical não é a mesma observada entre as marcas 2 e 3 do mesmo eixo. Erro equivalente observa-se no eixo-x dessa figura, no qual a distância entre os pontos 1 e 2 é a mesma existente entre os pontos 2 e 4, bem como entre 4 e 7. Nesse último caso, apesar de as marcas do eixo estarem igualmente espaçadas, a diferença entre dois valores sucessivos não é constante.

b) **O traçado de eixos inclinados**, como ilustra a Figura 3.10b, cujo eixo-y não é perfeitamente vertical.

c) **A falta de cuidado no traçado das coordenadas**, como ocorre na Figura 3.10c, em que os segmentos de reta usados para marcar os pontos não são verticais ou horizontais.

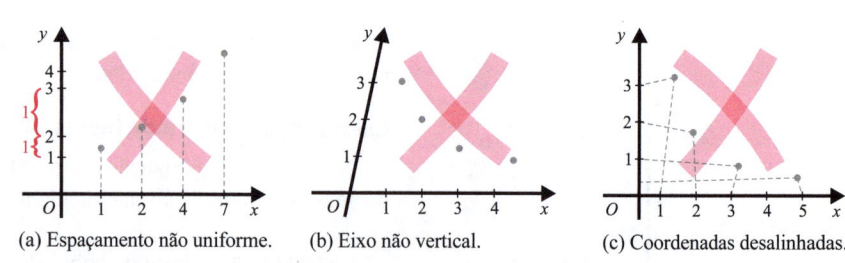

(a) Espaçamento não uniforme. (b) Eixo não vertical. (c) Coordenadas desalinhadas.

FIGURA 3.10 Erros que devem ser evitados na elaboração um gráfico.

■ **Regiões do plano cartesiano**

O plano cartesiano não é usado apenas para representar pontos ou curvas, mas, também, regiões. Nesta subseção, exploraremos o tipo mais simples de região, que é obtido restringindo-se os valores de x e y. Para começar, vamos fazer uma pequena lista de pares ordenados que têm coordenada x igual a 2:

$$(2,-3), (2;-1,6), (2;0), (2;0,75), (2,\pi) \text{ e } (2,4).$$

Marcando esses pontos no plano cartesiano, obtemos a Figura 3.11, na qual fica claro que todos pertencem à reta vertical que cruza o eixo-x no ponto $(2,0)$. De fato, essa reta é definida por

$$\{(x,y) \mid x = 2\},$$

e é mostrada em vinho na Figura 3.12a. Generalizando a ideia, dizemos que a reta vertical que passa por um ponto (a, b) é dada pelo conjunto

$$\{(x,y) \mid x = a\}.$$

A definição de retas horizontais no plano segue o mesmo raciocínio, requerendo, entretanto, a fixação da coordenada y. Assim, a reta vinho da Figura 3.12b, na qual todos os pontos têm ordenada -3, é descrita pelo conjunto

$$\{(x,y) \mid y = -3\}.$$

Conjuntos de pares ordenados em que alguma coordenada (x ou y) está restrita a um intervalo também podem ser facilmente representados no plano cartesiano. Por exemplo, o conjunto de pares ordenados nos quais x é estritamente menor que 1, que definimos por

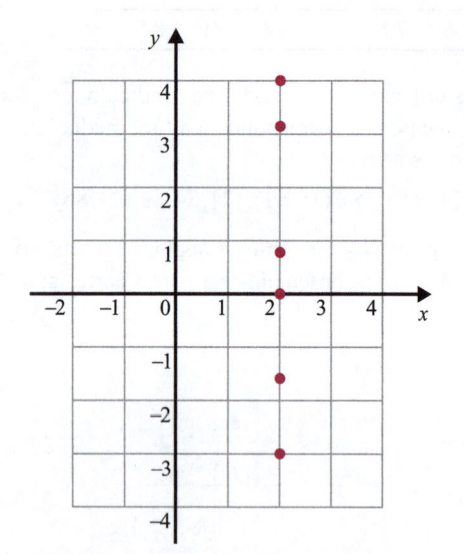

$$\{(x,y) \mid x < 1\},$$

FIGURA 3.11 Pontos com abscissa igual a 2.

Você sabia?
Os eixos do plano cartesiano também podem ser expressos por meio de conjuntos. O eixo-x é descrito por $\{(x, y) \mid y = 0\}$, enquanto o eixo-y é dado por $\{(x, y) \mid x = 0\}$. Note que um eixo é definido fixando-se a variável associada ao outro eixo.

(a) Reta vertical definida por $x = 2$.
(b) Reta horizontal dada por $y = -3$.

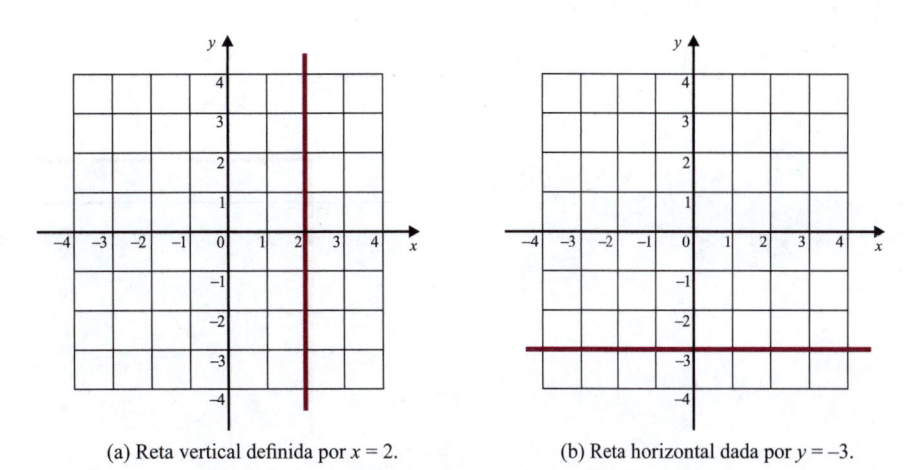

FIGURA 3.12 Retas verticais e horizontais no plano cartesiano.

é dado pela região cinza da Figura 3.13a. Observe que, nessa figura, a reta vertical definida por $x = 1$ aparece tracejada, para indicar que seus pontos não pertencem à região considerada.

Por sua vez, o conjunto de pares ordenados em que $y \in [-1, 3]$, ou seja,

$$\{(x, y) \mid -1 \leq y \leq 3\},$$

corresponde à faixa cinza da Figura 3.13b. Nesse caso, as retas definidas por $y = -1$ e $y = 3$ são contínuas, significando que seus pontos pertencem ao conjunto.

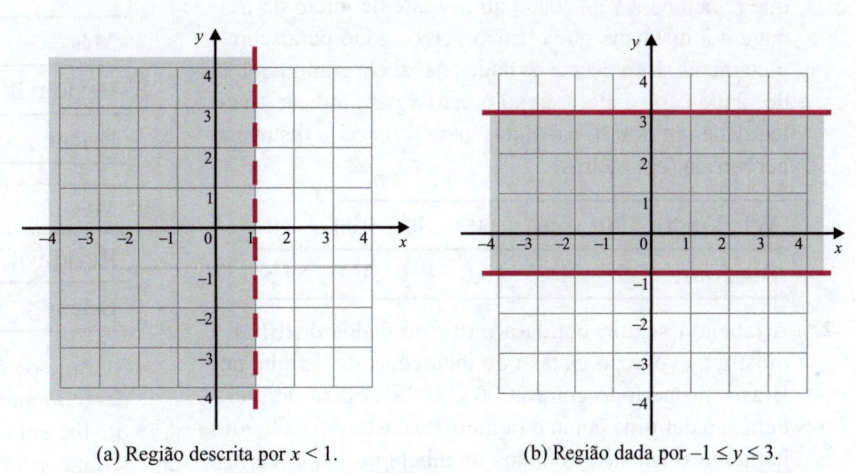

(a) Região descrita por $x < 1$.
(b) Região dada por $-1 \leq y \leq 3$.

FIGURA 3.13 Regiões do plano cartesiano.

Também podemos usar o plano cartesiano para representar conjuntos nos quais tanto x como y possuem algum tipo de restrição, como mostra o exemplo a seguir.

Exemplo 3. Restringindo-se *x* e *y*

Os pares ordenados nos quais x tem limite inferior igual a -2 e y tem limite superior igual a 1 são expressos pelo conjunto

$$\{(x, y) \mid x \geq -2 \text{ e } y \leq 1\}.$$

Representando os pontos desse conjunto no plano cartesiano, obtemos a região cinza mostrada na Figura 3.14a. Já a região destacada na Figura 3.14b corresponde ao conjunto

$$\{(x, y) \mid -1 \leq x \leq 4 \text{ e } -2 \leq y \leq 3\}.$$

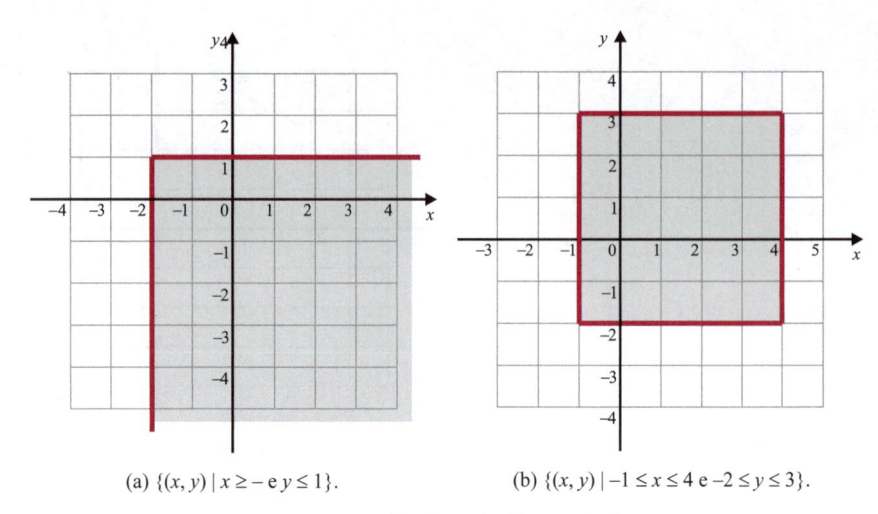

(a) $\{(x, y) \mid x \geq -\text{e } y \leq 1\}$. (b) $\{(x, y) \mid -1 \leq x \leq 4 \text{ e } -2 \leq y \leq 3\}$.

FIGURA 3.14 Regiões do Exemplo 3.

Agora, tente os Exercícios 8 e 9.

Exercícios 3.1

1. Um fabricante de automóveis realizou um teste de frenagem do seu novo modelo obtendo a tabela a seguir, que relaciona a velocidade no instante de início da frenagem à distância que o carro percorre até parar completamente. Represente os dados da tabela como pontos do plano cartesiano, usando o eixo-x para indicar a velocidade (em km/h) e o eixo-y para fornecer a distância percorrida (em metros).

Vel. (km/h)	20	40	60	80	100	120
Dist. (m)	9,5	11,0	15,0	25,0	9,5	57,5

2. A tabela a seguir, obtida a partir de dados do IBGE, mostra a evolução da taxa de incidência de dengue no Brasil, no período entre 2000 e 2008. A taxa de incidência é definida como o número de casos por 100.000 habitantes. Mostre os dados da tabela no plano cartesiano, apresentando no eixo-x o tempo transcorrido desde o ano 2000 e, no eixo-y, a taxa de incidência de dengue.

Ano	2000	2001	2002	2003	2004
Taxa	64	226	402	157	40

Ano	2005	2006	2007	2008
Taxa	82	143	265	293

3. A tabela a seguir fornece a duração do dia (em oposição à noite) nas cidades de Reykjavik, capital da Islândia, e em Belém, capital do estado do Pará. Os dados são fornecidos em horas e se referem ao primeiro dia de cada mês de 2015.

Mês	jan.	fev.	mar.	abr.	maio	jun.
Reykjavik	4,4	7,1	10,1	13,5	16,8	20,1
Belém	12,2	12,2	12,1	12,1	12,1	12,1

Mês	jul.	ago.	set.	out.	nov.	dez.
Reykjavik	20,9	18,0	14,6	11,4	8,0	5,1
Belém	12,0	12,1	12,1	12,1	12,2	12,2

   Marque os dados da tabela no plano cartesiano, considerando que o eixo-x indica o mês e o eixo-y a duração do dia, em horas.

4. A tabela a seguir contém as notas na prova de Matemática do Enem e na disciplina MA091 (Matemática Básica) obtidas por um grupo de oito alunos.

Enem	477	534	545	592
MA091	3,3	3,1	4,6	5,0

Enem	634	665	674	788
MA091	5,4	6,0	7,5	9,5

   Marque os dados da tabela no plano cartesiano, usando o eixo-x para indicar a nota no Enem e o eixo-y para indicar a nota em MA091. Considerando apenas esses dados, você percebe alguma relação entre as notas das duas provas?

5. Escreva os pares ordenados correspondentes aos pontos da figura a seguir.

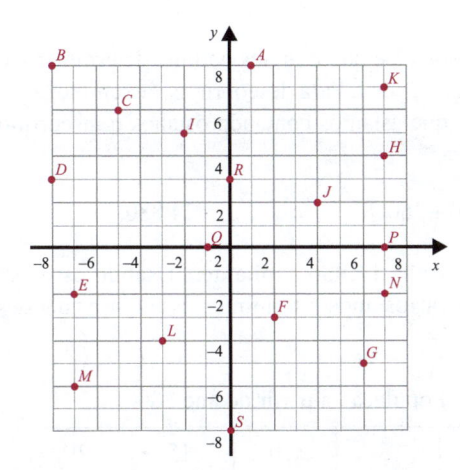

6. Represente, no plano cartesiano, os pontos (0, 4), (1, 0), (1, 3), (5, 1), (–2, 0), (0, –3), (3, –4), (4, –2), (–6, 2), (–3, –5) e (–4, –1).

7. Se o ponto $P(x, y)$ está no segundo quadrante, quais são os sinais de x e y?

8. Exiba, no plano cartesiano, as regiões definidas pelos conjuntos a seguir.

a) $\{(x,y) \mid x > -1/2\}$
b) $\{(x,y) \mid -3 \leq y \leq 0\}$
c) $\{(x,y) \mid y \geq 1,5\}$
d) $\{(x,y) \mid x = 3\}$
e) $\{(x,y) \mid -2 \leq x \leq 5\}$
f) $\{(x,y) \mid x \leq -1\}$
g) $\{(x,y) \mid y < 3/2\}$
h) $\{(x,y) \mid y = -2\}$

9. Exiba no plano cartesiano as regiões definidas a seguir.

a) $x \geq 1$ e $y \geq 1$
b) $x \geq -1$ e $y \leq 2$
c) $-3 \leq x \leq 2$ e $0 \leq y \leq 3$
d) $-4 \leq x \leq 1$ e $y = 1$

10. Expresse o conjunto de pontos do primeiro quadrante usando desigualdades.

3.2 Equações no plano

No Capítulo 2, trabalhamos com equações que envolviam apenas uma variável. Nosso objetivo, então, era a determinação de uma incógnita que satisfizesse as condições impostas pelo problema. Neste novo capítulo, daremos um enfoque totalmente diferente às equações. Agora, o nosso objetivo será a identificação da relação entre as variáveis, e não a determinação de uma solução.

Exemplo 1. Ampliação da rede de água

O prefeito da cidade de Jurerê tomou a saudável decisão de expandir a rede de distribuição do município para que toda a população fosse servida por água potável.

Naturalmente, se o projeto da prefeitura levar em conta apenas a população atual do município, é provável que, ao longo das obras, o número de habitantes cresça, e que parte das pessoas permaneça sem acesso à rede de água quando a expansão da rede estiver pronta. Ciente disso, a companhia municipal de saneamento decidiu usar um modelo matemático baseado no censo demográfico do IBGE para prever o crescimento da população, de modo a garantir que, em 2020, todos os munícipes tenham água encanada.

A forma mais simples de expressar a relação entre duas grandezas consiste na definição de uma equação com duas variáveis. Esse tipo de equação foi introduzido na Seção 2.5, ainda que restrita ao caso linear e em um formato adequado à representação de sistemas. Trataremos, agora, de equações gerais, apresentando-as de forma a preparar o leitor para a definição de função.

Para estimar a população futura de Jurerê, a companhia de saneamento fez uma análise matemática dos dados do IBGE e obteve a seguinte equação, que associa o número de habitantes – ao qual atribuímos a variável P – ao tempo, em anos, transcorrido desde 2000 – que é dado pela variável t:

$$P = 12.000 + 360t.$$

Observe que uma das variáveis (P) aparece isolada no lado esquerdo da equação. Embora essa seja uma maneira cômoda de representar a ligação entre t e P, ela não é a única. De fato, a mesma relação poderia ter sido apresentada na forma

A estratégia usada pela companhia de saneamento para encontrar a equação que relaciona P a t será discutida na Seção 3.4.

Observe a transformação:

$P = 12.000 + 360t$

$0 = 12.000 + 360t - P$

$0 = \dfrac{12.000}{120} + \dfrac{360t}{120} - \dfrac{P}{120}$

$0 = 100 + 3t - \dfrac{P}{120}$

$$100 + 3t - \dfrac{P}{120} = 0.$$

A vantagem de se manter P isolada é que isso nos permite determinar facilmente essa variável para diversos valores de t. Para descobrir, por exemplo, a população em 2008, definimos $t = 8$ (já que estamos contando os anos transcorridos desde 2000) e calculamos

$$P = 12.000 + 360 \cdot 8 \quad \Rightarrow \quad P = 14.880.$$

Logo, em 2008 o município tinha 14.880 habitantes. Usando essa estratégia, calculamos a população em vários anos e reunimos essas informações na Tabela 3.3.

TABELA 3.3 População a partir do ano 2000.

t (anos)	0	5	10	15	20
P (hab.)	12.000	13.800	15.600	17.400	19.200

A Tabela 3.3 inclui a estimativa da população em anos passados e futuros. Para 2020, em particular, a companhia de saneamento prevê que a população do município atinja 19.200 habitantes.

Observe que o par (6,14000) não é solução da equação $P = 12000 + 360t$, já que $14000 \neq 12000 + 360 \cdot 6$.

Um par ordenado (x, y) **satisfaz** uma equação quando a substituição de x e y na equação a torna verdadeira. Nesse caso, também dizemos que o par é uma **solução** da equação. Dessa forma, o par (8,14880) é uma solução da equação $P = 12000 + 360t$, o mesmo ocorrendo com os pares abaixo, extraídos da Tabela 3.3.

(0,12000),   (5,13800),   (10,15600),   (15,17400)   e   (5,13800).

Naturalmente, esses não são os únicos pares que satisfazem a equação. De fato, para cada valor real que atribuímos a t, é possível encontrar um valor para P, de modo que (t, P) seja uma solução da equação. Nesse caso, dizemos que a equação possui infinitas soluções. Ao representarmos essas soluções no plano cartesiano, obtemos o gráfico da equação.

Gráfico de uma equação

O gráfico de uma equação é o conjunto de todos os pontos do plano cartesiano cujas coordenadas satisfazem a equação.

Podemos esboçar o gráfico da equação dada a partir dos pontos da Tabela 3.3. Para tanto, marcamos os pontos da tabela no plano cartesiano e traçamos uma curva ligando-os. Como é de praxe em casos assim, a variável que aparece isolada na equação (P) é representada no eixo vertical. A outra variável (t) é associada ao eixo horizontal.

A Figura 3.15 mostra o gráfico assim obtido. Observe que esboçamos apenas uma parte do gráfico, pois seria impossível mostrar os pontos correspondentes a todos os valores possíveis de t. Note, também, que damos o nome de **curva** a uma linha contínua que passa por pontos do plano cartesiano, de modo que, nesse sentido, uma reta é uma curva.

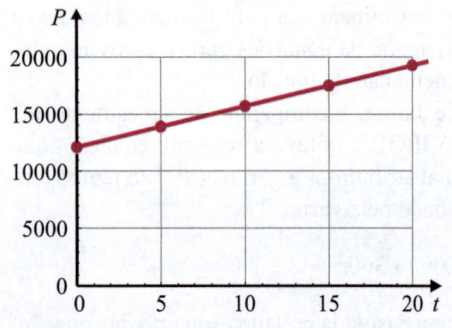

FIGURA 3.15 População de Jurerê ao longo do tempo.

Em linhas gerais, o traçado de gráficos de equações a partir de pontos pode ser descrito pelo seguinte roteiro.

> **Roteiro para o traçado de gráficos de equações**
>
> 1. **Isole uma variável.**
>   Se possível, isole, em um dos lados da equação, a variável associada ao eixo vertical – que neste quadro representamos por y.
>
> 2. **Determine a janela do gráfico.**
>   Escolha um intervalo adequado para a variável relacionada ao eixo horizontal – que aqui chamamos de x.
>
> 3. **Monte uma tabela de pares ordenados.**
>   Escolha valores de x pertencentes ao intervalo definido no passo 2 e determine os valores de y correspondentes.
>
> 4. **Marque os pontos no plano.**
>   Desenhe os eixos coordenados e marque no plano os pontos (x, y) que você encontrou.
>
> 5. **Esboce a curva.**
>   Trace uma curva *suave* que passe pelos pontos.

Ao dizermos que uma curva é *suave*, não estamos nos referindo ao conceito matemático de *suavidade*, mas apenas indicando que a curva não oscila entre dois pontos e não contém "bicos", como veremos adiante.

Usemos, agora, esse roteiro para traçar o gráfico de uma equação um pouco mais complicada.

Problema 1. Gráfico de uma equação quadrática

Trace o gráfico da equação $x^2 + y - 3 = 0$.

Solução

Seguindo o roteiro, isolamos, em primeiro lugar, a variável y na equação:

$$y = 3 - x^2.$$

Em seguida, escolhemos o intervalo $[-3, 3]$ para a variável x e montamos a Tabela 3.4 com os pares (x, y). Finalmente, marcamos os pontos no plano e traçamos uma curva, ligando-os.

Tabela 3.4

x	y
-3	-6
-2	-1
-1	2
0	3
1	2
2	-1
3	-6

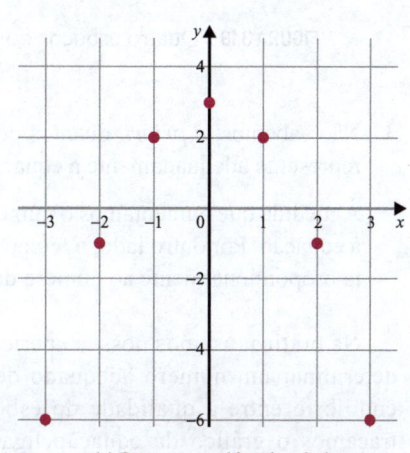

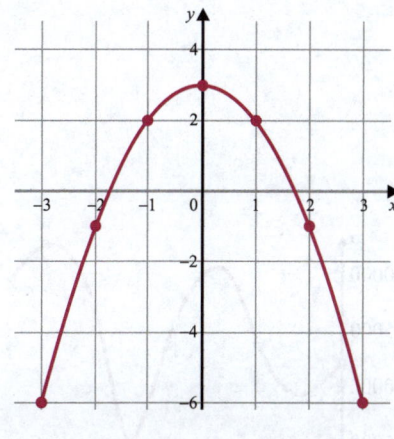

(a) Pontos extraídos da tabela.   (b) Gráfico de $y = 3 - x^2$.

FIGURA 3.16 Pontos da tabela e gráfico de $y = 3 - x^2$.

Agora, tente os Exercícios 3 e 4.

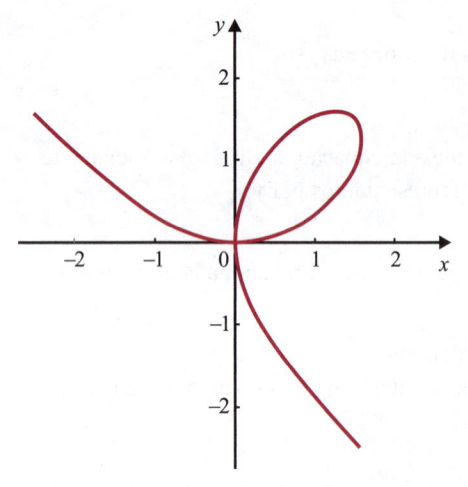

FIGURA 3.17 Gráfico de $x^3 + y^3 - 3xy = 0$.

Os passos reunidos no roteiro dado trazem algumas dificuldades, tais como

1. *Pode não ser possível isolar uma variável.*

   Na equação $x^3 + y^3 - 3xy = 0$, por exemplo, não há como isolar y (ou mesmo x). Ainda assim, somos capazes de determinar pares (x, y) que satisfazem a equação e podemos esboçá-la, como comprova a Figura 3.17.

2. *A escolha de um intervalo adequado para x pode ser uma tarefa difícil.*

   A Figura 3.18 mostra quatro esboços do gráfico de $y = x^3 - x^2 - 6x$. O intervalo [–3,4], usado na Figura 3.18a, permite uma boa visualização da curva. Já o intervalo [–8,0] da Figura 3.18b omite uma porção relevante do gráfico. Por sua vez, o intervalo [–80, 80], usado na Figura 3.18c é tão grande, que não nos permite perceber o comportamento do gráfico entre –2 e 3. Finalmente, na Figura 3.18d, o intervalo é tão pequeno que o esboço transmite uma ideia errada da equação.

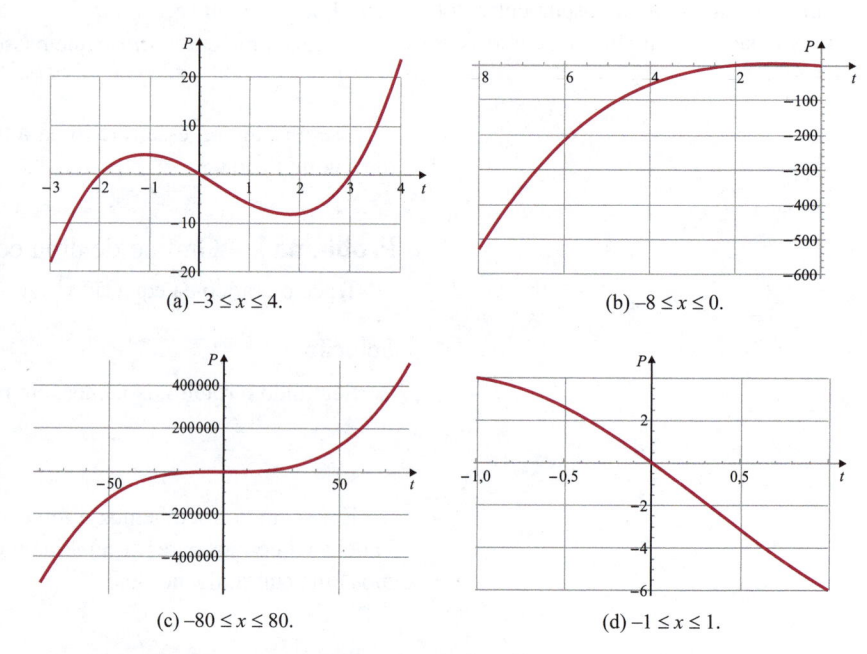

(a) $-3 \leq x \leq 4$.

(b) $-8 \leq x \leq 0$.

(c) $-80 \leq x \leq 80$.

(d) $-1 \leq x \leq 1$.

FIGURA 3.18 Quatro esboços do gráfico da equação $y = x^3 - x^2 - 6x$.

3. *Não sabemos, a priori, quantos pontos devem ser usados para que o gráfico represente adequadamente a equação.*

   À medida que aumentamos o número de pontos, obtemos uma curva mais fiel à equação. Por outro lado, o tempo gasto para traçar o gráfico também aumenta proporcionalmente ao número de pontos.

   Na prática, usamos nossa experiência para escolher o intervalo de x e para determinar um número adequado de pares ordenados, de modo a obter um equilíbrio entre a qualidade do esboço e o tempo consumido. Em seguida, traçamos o gráfico da equação ligando os pontos por meio da curva mais *suave* possível, como fizemos, por exemplo, na Figura 3.15, que mostra corretamente o gráfico da equação $P = 12.000 + 360t$. Por sua vez, apesar de passar pelos mesmos pontos rosa da Figura 3.15 (extraídos da Tabela 3.3), a curva rosa da Figura 3.19 não representa a equação, já que não possui a *suavidade* necessária.

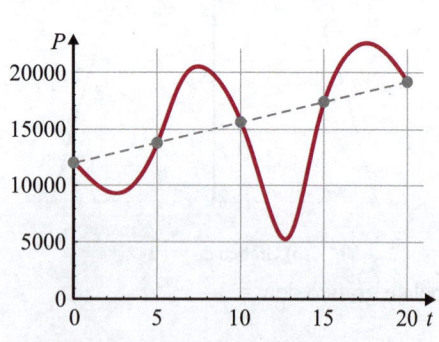

FIGURA 3.19 Curva esdrúxula que passa pelos pontos cinza da Figura 3.15.

■ Interceptos

Um ponto no qual o gráfico de uma equação cruza um dos eixos coordenados é particularmente importante para a análise da equação, de modo que suas coordenadas recebem um nome especial.

> **Interceptos**
>
> **Intercepto-x** é a coordenada x de um ponto no qual o gráfico de uma equação cruza o eixo-x. Para obtê-lo, fazemos $y = 0$ e resolvemos a equação resultante.
>
> **Intercepto-y** é a coordenada y de um ponto no qual o gráfico de uma equação cruza o eixo-y. Para obtê-lo, fazemos $x = 0$ e resolvemos a equação resultante.

Na Figura 3.20, as coordenadas a, b e c correspondem a interceptos-x, enquanto a coordenada d fornece um intercepto-y.

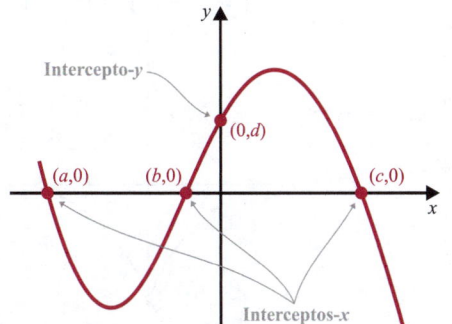

FIGURA 3.20 Interceptos do gráfico de uma equação.

Problema 2. Interceptos de uma equação quadrática

Determine os interceptos da equação $y = 3 - x^2$.

Solução

Essa equação é a mesma do Problema 1, cujo gráfico é mostrado na Figura 3.16. Observando o gráfico, notamos a presença de um único ponto de interseção com o eixo-y, o qual, inclusive, está indicado na Tabela 3.4.

Embora a tabela forneça o intercepto-y, vamos calculá-lo algebricamente, substituindo x por 0 na equação. Nesse caso, temos

$$y = 3 - 0^2 \;\Rightarrow\; y = 3.$$

Assim, o intercepto-y é 3.

Como não é possível obter os valores exatos dos dois interceptos-x a partir do gráfico ou da tabela, vamos determiná-los substituindo y por 0 na equação:

$$0 = 3 - x^2.$$

Resolvendo essa equação, encontramos

$$x^2 = 3 \;\Rightarrow\; x = \pm\sqrt{3}.$$

Logo, os interceptos-x são $-\sqrt{3}$ e $\sqrt{3}$.

Os três interceptos do gráfico estão destacados na Figura 3.21.

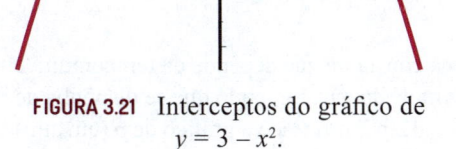

FIGURA 3.21 Interceptos do gráfico de $y = 3 - x^2$.

Agora, tente o Exercício 8.

Exercícios 3.2

1. Uma indústria adquiriu uma máquina por 175 mil reais. Em decorrência da obsolescência e do desgaste por uso, a cada ano a máquina perde R$ 25.000 de valor. Desse modo, podemos dizer que o valor da máquina, v (em R$ 1.000,00), é dado pela equação $v = 175 - 25t$, em que t é o número de anos decorridos desde sua aquisição.

    a) Monte uma tabela com o valor da máquina para $t = 0, 1, 2, \ldots$

    b) Trace um gráfico que relacione o valor da máquina (em milhares de reais) à sua idade (em anos).

    c) A máquina atinge sua *vida útil* e precisa ser substituída quando seu valor se reduz a R$ 20.000. Determine a vida útil dessa máquina.

2. Verifique, por substituição, se os pares a seguir pertencem ao gráfico da equação correspondente.

    a) $y = x^3 - 4x^2 + 5x - 12$, pares: $(4, 10)$, $(-3, -90)$

    b) $y = \sqrt{x^2 + 1}$, pares: $(7, 5\sqrt{2})$, $(0, -1)$

    c) $y = |3x - 8|$, pares: $\left(-\tfrac{1}{3}, 7\right)$, $\left(\tfrac{1}{3}, 7\right)$

    d) $y = \dfrac{1}{|x - 2|} - \dfrac{1}{x - 2}$, pares: $\left(-\tfrac{5}{2}, 0\right)$, $\left(-6, -\tfrac{1}{8}\right)$

e) $y = \dfrac{x^2 - 2x + 1}{-x^3 + 2x^2 + 4}$, pares: $(1, \tfrac{2}{3})$, $(2,4)$

f) $y^2 + xy^2 - 9 = x^2 + 3xy - 13$, pares: $(-2,6)$, $(5,-1)$

3. Usando uma tabela de pares (x, y), trace o gráfico das equações a seguir no intervalo especificado.

   a) $y = -2x + 3$, $x \in [-2,3]$
   b) $3y - 2x + 3 = 0$, $x \in [-2,4]$
   c) $2y + x = 4$, $x \in [-2,6]$
   d) $y = x^2 - 1$, $x \in [-2,2]$
   e) $y = 2 - \tfrac{1}{2}x^2$, $x \in [-3,3]$
   f) $y = -2x^2 + 4x$, $x \in [-1,3]$

4. Usando uma tabela de pares (x, y), trace o gráfico das equações a seguir no intervalo especificado.

   a) $y = x^3 - x$, $x \in [-2,2]$
   b) $y = \sqrt{x}$, $x \in [0,4]$
   c) $y = \sqrt{x+1}$, $x \in [-1,3]$
   d) $y = 1/x$, $x \in [-4,4]$
   e) $y = |x|$, $x \in [-2,2]$
   f) $y = |x - 2|$, $x \in [-1,5]$

5. Um jogador de futebol chuta uma bola que descreve uma trajetória definida pela equação

$$y = -\dfrac{x^2}{100} + \dfrac{2x}{5},$$

em que y é a altura (em metros) e x a distância horizontal (em metros), medida a partir do ponto em que a bola é chutada. Trace o gráfico da trajetória da bola.

6. Determine os interceptos e trace o gráfico das equações a seguir.

   a) $y = x - 1$
   b) $y = x^2 + 2x - 3$
   c) $y = 3 - x/2$
   d) $y = -x^2 + 8x - 12$

7. Indique se as afirmações a seguir são verdadeiras ou falsas. Se forem falsas, apresente um contraexemplo.

   a) Toda equação tem um intercepto-x.
   b) Toda equação tem um intercepto-y.

8. Determine os interceptos das equações do Exercício 3.

9. Determine algebricamente os interceptos das equações a seguir, cujos gráficos também são fornecidos.

   a) $8y^2 - x = 2$

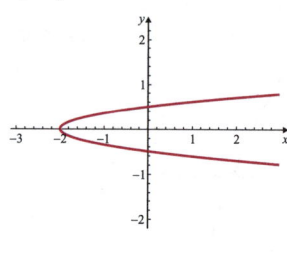

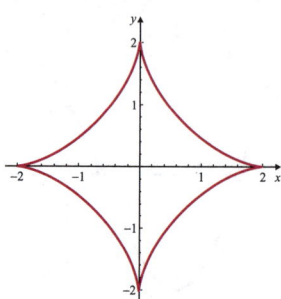

   b) $x^3 + y^3 - 3xy = 4$

   c) $(4 - x^2 - y^2)^3 = 100x^2 y^2$

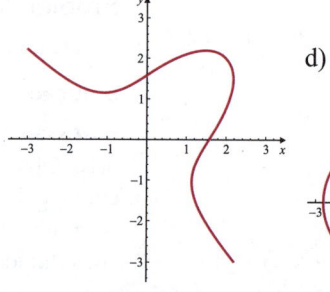

   d) $\dfrac{x^2}{8} + \dfrac{y^2}{4} = 1$

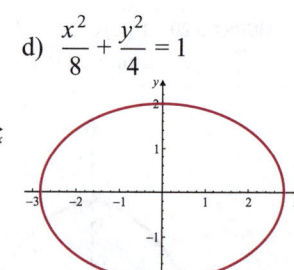

10. Segundo a lei de Boyle, quando um gás é mantido a uma temperatura constante, sua pressão p está associada a seu volume v pela fórmula

$$p(v) = \dfrac{k}{v},$$

em que k é uma constante que depende da temperatura e do número de mols do gás. Supondo que se disponha de um gás com $k = 120$ atm·ℓ, trace o gráfico de p (em atm) para v entre 5 e 35 litros.

3.3 Solução gráfica de equações e inequações em uma variável

A solução algébrica de equações e inequações em uma variável foi discutida no Capítulo 2. Nesta seção, veremos como é possível resolver graficamente o mesmo tipo de problema. Começaremos tratando de uma equação linear.

Exemplo 1. Solução gráfica de uma equação linear

Para alugar determinado carro por dois dias, a locadora Saturno cobra R$ 80,00 de taxa fixa e R$ 0,75 por quilômetro rodado. Nesse caso, o custo do aluguel (em R$) é dado pela expressão

$$80 + 0{,}75x,$$

em que x é a distância percorrida pelo carro (em km).

A solução algébrica dessa equação, já apresentada no Problema 2, seção 2.4, do Capítulo 2, é reproduzida a seguir.

$$80 + 0,75x = 185$$
$$0,75x = 105$$
$$x = 105/0,75$$
$$x = 140.$$

Se quisermos descobrir a distância que pode ser percorrida com exatos R$ 185,00, devemos resolver a equação

$$\underbrace{80+0,75x}_{\text{custo do aluguel}} = \underbrace{185.}_{\text{valor disponível}}$$

Na equação dada, o termo do lado esquerdo representa o valor cobrado pela locadora Saturno. Para visualizar como esse valor varia em relação à distância percorrida com o carro, definimos a seguinte equação em duas variáveis:

$$y = 80 + 0,75x,$$

em que y representa o custo do aluguel (em R$). Em seguida, escolhemos dois valores para x e determinamos os valores correspondentes de y, de forma a definir dois pares ordenados (x, y). Com esses pares, traçamos um gráfico dessa equação no primeiro quadrante (pois a distância percorrida não pode ser negativa), como aquele que é apresentado na Figura 3.22.

Se $x = 0$, temos
$$y = 80 + 0,75 \cdot 0 = 80$$
Se $x = 200$, temos
$$y = 80 + 0,75 \cdot 200 = 230$$
Pares ordenados:
$$(0, 80) \text{ e } (200, 230)$$

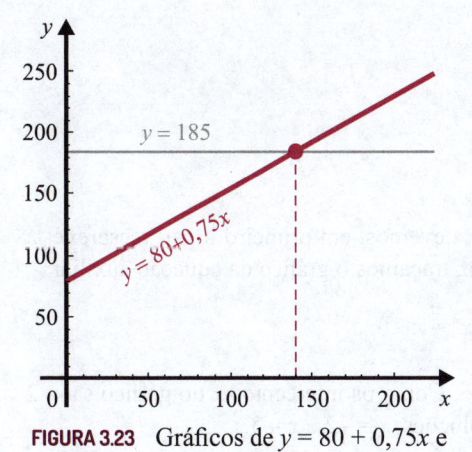

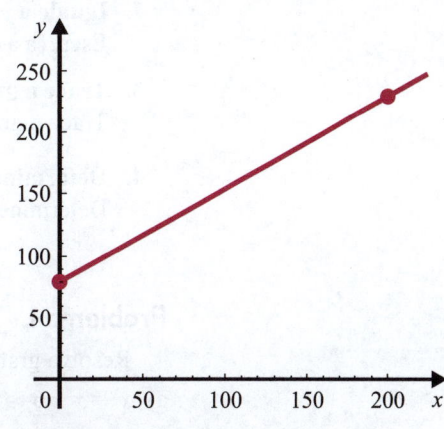

FIGURA 3.22 Gráfico de $y = 80 + 0,75x$.

Voltando à equação original, observamos que dizer que "o custo do aluguel atingiu R$ 185,00" é o mesmo que escrever $y = 185$. Assim, para obter a distância para a qual o custo equivale a R$ 185,00, devemos descobrir para que valor de x temos y igual a 185. Graficamente, isso corresponde a encontrar a coordenada x do ponto da curva que intercepta a reta horizontal $y = 185$, como mostra a Figura 3.23.

Portanto, a solução da equação é $x \approx 140$, de modo que é possível percorrer cerca de 140 km com R$ 185,00.

FIGURA 3.23 Gráficos de $y = 80 + 0,75x$ e $y = 185$.

Solução alternativa

Se subtrairmos 185 dos dois lados da equação $80 + 0,75x = 185$, obtemos a equação equivalente a

$$0,75x - 105 = 0.$$

Para resolver essa equação, definimos a equação auxiliar

$$y = 0,75x - 105,$$

cujo gráfico é mostrado na Figura 3.24. A solução de $0,75x - 105 = 0$ é a coordenada x do ponto em que $y = 0$, ou seja, é o intercepto-x da equação $y = 0,75x - 105$. Observando a Figura 3.24, concluímos que o intercepto-x é 140, de modo que é possível percorrer 140 km com o carro alugado.

Para compreender o significado de y na equação auxiliar, devemos notar que a expressão $0,75x - 105$ corresponde à diferença entre o que a locadora cobra e o dinheiro disponível:

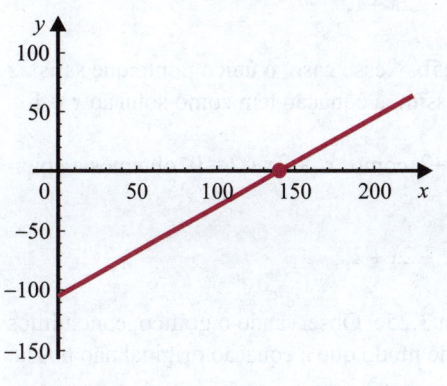

$$\underbrace{80+0,75x}_{\substack{\text{custo do}\\\text{aluguel}}} - \underbrace{185}_{\substack{\text{dinheiro}\\\text{disponível}}} = 0,75x - 105.$$

FIGURA 3.24 Gráfico de $y = 0,75x - 105$.

Se a expressão $0{,}75x - 105$ for positiva, rodamos mais quilômetros que o dinheiro permitia. Por outro lado, valores negativos indicam que há dinheiro disponível para rodar um pouco mais.

Agora, tente o Exercício 1.

Como toda equação pode ser escrita de modo que um dos lados seja zero, vamos usar a estratégia proposta ao final do Exemplo 1 para definir um roteiro de solução gráfica de equações.

Roteiro para o traçado de gráficos de equações

1. **Mova todos os termos para o lado esquerdo da equação.**
   Dada a equação $A = B$, em que A e B são expressões quaisquer, escreva $A - B = 0$.

2. **Iguale a y o termo do lado esquerdo da equação.**
   Escreva a equação auxiliar $y = A - B$.

3. **Trace o gráfico da equação em duas variáveis.**
   Trace o gráfico de $y = A - B$.

4. **Determine os interceptos-x.**
   Determine os pontos em que $y = 0$.

Problema 1. Solução gráfica de equações quadráticas

Resolva graficamente as equações.

a) $x^2 = x + 6$
b) $x^2 - 2x + 1 = 0$
c) $x^2 + 2x = -2$

Solução

a) Para resolver a equação $x^2 = x + 6$, devemos, em primeiro lugar, reescrevê-la na forma $x^2 - x - 6 = 0$. Em seguida, traçamos o gráfico da equação auxiliar

$$y = x^2 - x - 6,$$

conforme mostrado na Figura 3.25a. Como os interceptos-x do gráfico são -2 e 3, a equação original tem duas soluções, $x = -2$ e $x = 3$.

b) Dada a equação $x^2 - 2x + 1 = 0$, podemos definir a equação auxiliar

$$y = x^2 - 2x + 1,$$

cujo gráfico é exibido na Figura 3.25b. Nesse caso, o único ponto que satisfaz $y = 0$ tem coordenada x igual a 1. Assim, a equação tem como solução $x = 1$.

c) Reescrevendo a equação $x^2 + 2x = -2$ como $x^2 + 2x + 2 = 0$, obtemos a equação auxiliar

$$y = x^2 + 2x + 2,$$

cujo gráfico é apresentado na Figura 3.25c. Observando o gráfico, concluímos que não há pontos nos quais $y = 0$, de modo que a equação original não possui solução real.

(a) $y = x^2 - x - 6$
(b) $y = x^2 - 2x + 1$
(c) $y = x^2 + 2x + 2$

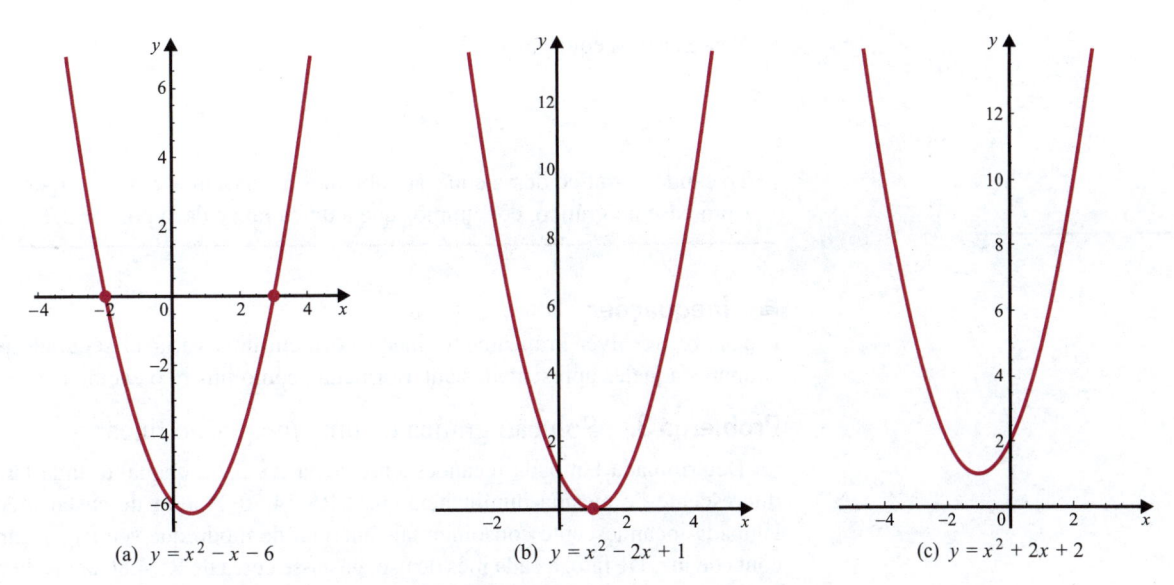

FIGURA 3.25 Gráficos das equações do Problema 1.

Agora, tente o Exercício 4.

Problema 2. Solução gráfica de equações

Resolva graficamente as equações

a) $x^3 - 6x^2 + 3x - 8 = 0$ b) $\dfrac{4}{x-2} - 3 = 0$

Solução

a) Para resolver esse problema, definimos a equação auxiliar

$$y = x^3 - 6x^2 + 3x - 8.$$

Em seguida, montamos uma tabela de pares ordenados (x, y) e traçamos o gráfico da equação, conforme mostrado na Figura 3.26a. Analisando o gráfico, notamos que a equação possui uma única solução, cujo valor aproximado é $x = 5{,}7$.

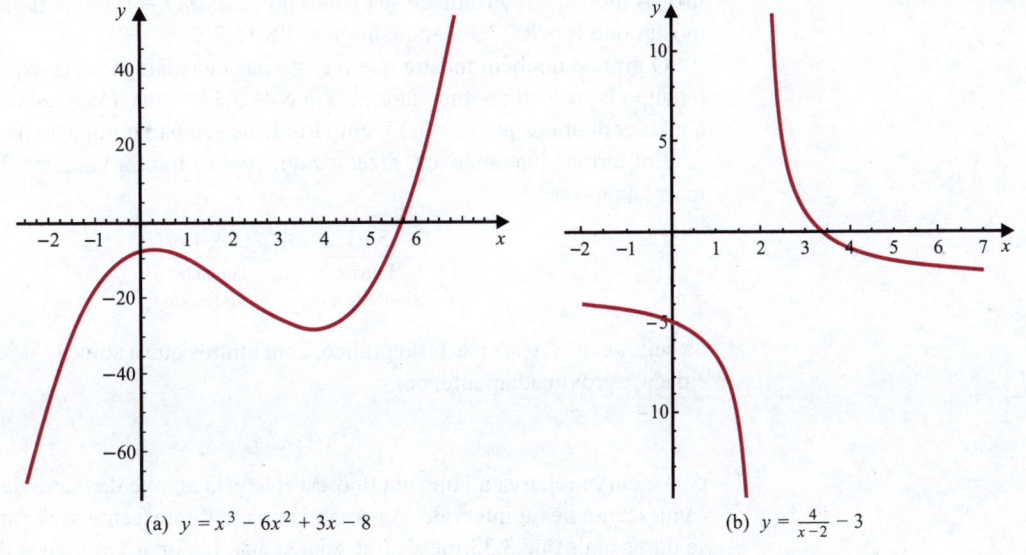

(a) $y = x^3 - 6x^2 + 3x - 8$
(b) $y = \dfrac{4}{x-2} - 3$

FIGURA 3.26 Gráficos das equações do Problema 2.

b) Nesse caso, a equação auxiliar é

$$y = \frac{4}{x-2} - 3.$$

Traçando o gráfico dessa equação, obtemos a curva mostrada na Figura 3.26b. Com base no gráfico, concluímos que a única raiz é dada por $x \approx 3,3$.

■ Inequações

É possível resolver graficamente inequações em uma variável seguindo passos similares àqueles apresentados anteriormente, como ilustra o exemplo a seguir.

Problema 3. Solução gráfica de uma inequação linear

Determinada lâmpada incandescente custa R\$ 2,40, enquanto uma lâmpada fluorescente de mesma iluminância custa R\$ 14,50. Apesar de custar menos, a lâmpada incandescente consome mais energia, de modo que seu uso encarece a conta de luz. De fato, a cada mês de uso, gasta-se cerca de R\$ 4,80 com a lâmpada incandescente e apenas R\$ 1,20 com a lâmpada fluorescente.

Determine em que situação a lâmpada fluorescente é mais econômica, considerando o custo de compra e o tempo de uso.

Solução

Com base nos dados do enunciado, e definindo t como o número de meses de uso das lâmpadas, podemos dizer que o gasto total (incluindo a aquisição e o uso), em reais, associado à lâmpada incandescente, é dado pela equação

$$y_1 = 2,50 + 4,8t.$$

Por sua vez, o custo associado à lâmpada fluorescente é descrito por

$$y_2 = 14,50 + 1,2t.$$

O gráfico das duas equações é dado na Figura 3.27, na qual a curva cinza está associada à lâmpada fluorescente e a curva rosa, à lâmpada incandescente.

Para determinar qual lâmpada é mais econômica, devemos comparar os valores de y_1 e y_2. Como o eixo y da Figura 3.27 representa o custo (em reais), se tomarmos um valor fixo de t, a lâmpada mais econômica será aquela cuja linha no gráfico estiver por baixo.

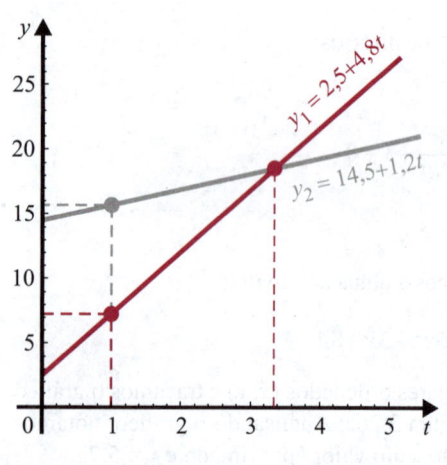

FIGURA 3.27 Gráficos de $y_1 = 2,5 + 4,8t$ e $y_2 = 14,5 + 1,2t$.

Observamos, portanto, que a lâmpada incandescente é mais vantajosa nos primeiros meses, em virtude de seu baixo preço. Para $t = 1$, em particular, o gráfico mostra que $y_1 = $ R\$ 7,30, enquanto $y_2 = $ R\$ 15,70.

O gráfico também mostra que o custo das duas lâmpadas se equipara quando o tempo de uso atinge um valor próximo de 3,33, e que a lâmpada fluorescente é a mais econômica para $t > 3,33$, em virtude de seu baixo impacto na conta de luz.

Em termos matemáticos, dizemos que, para t fixo, a lâmpada fluorescente é mais vantajosa se

$$\underbrace{14,5 + 1,2t}_{\text{lâmpada fluorescente}} \leq \underbrace{2,5 + 4,8t}_{\text{lâmpada incandescente}},$$

ou seja, se $y_2 \leq y_1$. A partir do gráfico, concluímos que a solução dessa inequação é dada, aproximadamente, por

$$t \geq 3,33,$$

pois a curva relativa à lâmpada fluorescente está abaixo da curva da lâmpada incandescente nesse intervalo. Assim, a lâmpada fluorescente será a melhor opção se durar mais que 3,33 meses (ou seja, se não queimar em menos de três meses e dez dias).

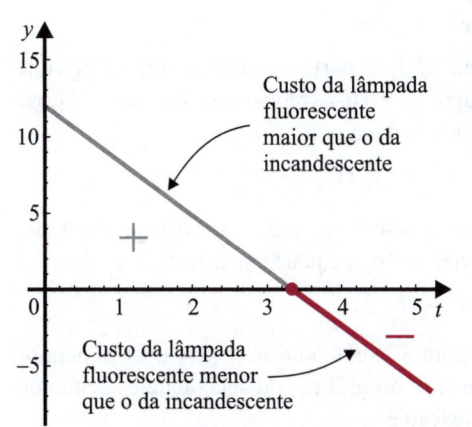

FIGURA 3.28 Gráfico de $y = 12 - 3{,}6t$.

Solução alternativa

Também podemos resolver esse problema convertendo essa desigualdade em outra na qual o lado direito seja igual a zero. Nesse caso, a exemplo do que foi feito para a resolução de equações, escrevemos

$$14{,}5 + 1{,}2t \leq 2{,}5 + 4{,}8t$$
$$14{,}5 + 1{,}2t - 2{,}5 - 4{,}8t \leq 0$$
$$12 - 3{,}6t \leq 0$$

A vantagem dessa estratégia é que, em vez de trabalhar com duas equações auxiliares, consideramos apenas a equação

$$y = 12 - 3{,}6t,$$

cujo gráfico é mostrado na Figura 3.28.

A solução da inequação $12 - 3{,}6t \leq 0$ é o conjunto de valores de t para os quais $y \leq 0$, ou seja, aqueles associados à parte do gráfico que está abaixo do eixo horizontal. Segundo a Figura 3.28, isso ocorre para $t \geq 3{,}33$ (parte rosa da reta). Logo, a lâmpada fluorescente será vantajosa se for usada por um tempo igual ou superior a 3,33 meses.

Observe que a variável auxiliar y corresponde à diferença entre o custo da lâmpada fluorescente e o custo da lâmpada incandescente. Dessa forma, a lâmpada fluorescente será a mais barata quando essa diferença for negativa, o que equivale a exigir que o gráfico da equação $y = 12 - 3{,}6t$ esteja abaixo do eixo horizontal.

Agora, tente o Exercício 9.

No problema anterior, empregamos dois métodos para resolver uma inequação linear em uma variável. O primeiro método, embora mais intuitivo, é mais trabalhoso. Dessa forma, nos ateremos ao segundo processo, para o qual apresentamos um roteiro no quadro a seguir.

Roteiro para o traçado de gráficos de inequações

1. **Mova todos os termos para o lado esquerdo da inequação.**
   Dada a inequação $A \leq B$, em que A e B são expressões quaisquer, escreva $A - B \leq 0$. Para uma equação na forma $A \geq B$, escreva $A - B \geq 0$.

2. **Iguale a y o termo do lado esquerdo da inequação.**
   Escreva a equação auxiliar $y = A - B$.

3. **Trace o gráfico da equação em duas variáveis.**
   Trace o gráfico de $y = A - B$.

4. **Determine os pontos que satisfazem a inequação.**
   Determine os pontos em que $y \leq 0$, ou que $y \geq 0$, dependendo do sinal da inequação definida no passo 1.

Problema 4. Solução gráfica de inequações quadráticas

Resolva graficamente as inequações.

a) $x^2 \leq 10 - 3x$ b) $4x^2 - 8x \geq 21$ c) $-x^2 + 5x + 6 \geq 0$ d) $x^2 - 2x + 6 \geq 0$

Solução

a) A inequação $x^2 \leq 10 - 3x$ é equivalente a $x^2 + 3x - 10 \leq 0$. Traçando o gráfico da equação auxiliar

$$y = x^2 + 3x - 10,$$

obtemos a curva mostrada na Figura 3.29a. A partir do gráfico, concluímos que $y < 0$ para os pontos que estão abaixo do eixo-x (região rosa da curva). Desse modo, a solução da inequação original é dada por

$$\{x \in \mathbb{R} \mid -5 \leq x \leq 2\}.$$

b) Passando todos os termos da inequação $4x^2 - 8x \geq 21$ para o lado esquerdo, obtemos $4x^2 - 8x - 21 \geq 0$. Definindo, então, a equação auxiliar

$$y = 4x^2 - 8x - 21,$$

traçamos o gráfico mostrado na Figura 3.29b. Como se observa, $y > 0$ para os valores de x associados aos pontos rosa do gráfico, ou seja, aqueles acima do eixo-x. Portanto, a solução da inequação é

$$\left\{x \in \mathbb{R} \;\middle|\; x \leq -\frac{3}{2} \text{ ou } x \geq \frac{7}{2}\right\}.$$

c) À inequação $-x^2 + 5x + 6 \geq 0$ associamos a equação auxiliar

$$y = -x^2 + 5x + 6,$$

cujo gráfico é exibido na Figura 3.29c. Do gráfico, concluímos que $y \geq 0$ para

$$\{x \in \mathbb{R} \mid -1 \leq x \leq 6\}.$$

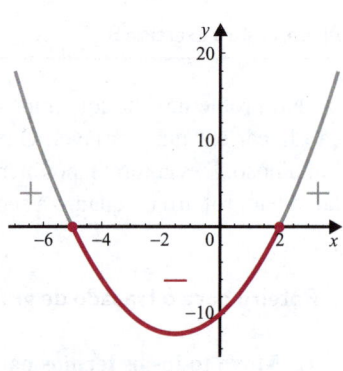

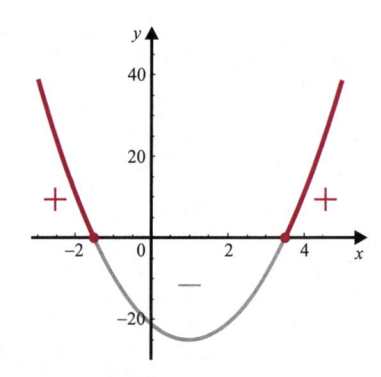

(a) $y = x^2 + 3x - 10$

(b) $y = 4x^2 - 8x - 21$

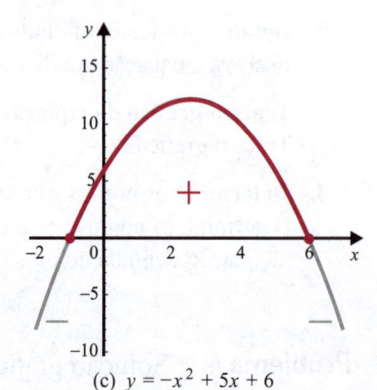

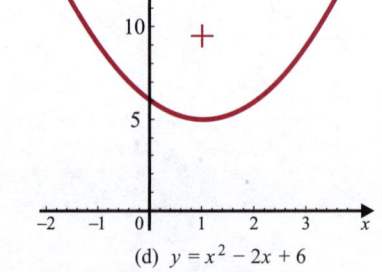

(c) $y = -x^2 + 5x + 6$

(d) $y = x^2 - 2x + 6$

FIGURA 3.29 Gráficos das equações associadas ao Problema 4. As soluções das inequações correspondem aos trechos indicados em rosa.

d) Para a inequação $x^2 - 2x + 6 \geq 0$, definimos a equação auxiliar

$$y = x^2 - 2x + 6,$$

que tem como gráfico a curva da Figura 3.29d. Como a curva inteira está acima do eixo-x, podemos deduzir que $y \geq 0$ sempre, de modo que a inequação é satisfeita para todo x real ($x \in \mathbb{R}$).

Agora, tente o Exercício 11.

Exercícios 3.3

1. Se um carro partir do quilômetro 25 de uma estrada e viajar a uma velocidade constante de 60 km/h, a sua posição na estrada (ou seja, o quilômetro no qual o carro se encontra) no instante t (em horas) será dada pela expressão $60t + 25$. Determine, graficamente, o tempo que o carro gastará para chegar ao quilômetro 175 da referida estrada.

2. Um eletricista precisa cortar um fio de 6 m de comprimento em dois pedaços, de modo que um tenha 40 cm a menos que o triplo do outro. Determine, graficamente, o comprimento do menor pedaço de fio. (Exercício extraído da Seção 2.4, Capítulo 2.)

3. Resolva graficamente as equações.

   a) $4x = 10$ c) $\frac{x}{2} - 5 = 0$ e) $6 - \frac{3x}{4} = 0$
   b) $8 - 3x = 0$ d) $2x + 12 = 0$ f) $1 - \frac{2x}{3} = 0$

4. Resolva graficamente as equações.

   a) $9 - x^2 = 0$ e) $-2x^2 + 4x - 2 = 0$
   b) $2x^2 + 12x = 0$ f) $x^2 + 4 = 5x$
   c) $-2x^2 + 3x + 5 = 0$ g) $x^2 = 6x - 9$
   d) $x^2 - 2x + 2 = 0$ h) $8x = x^2 + 20$

5. Resolva a equação $x^2 = x + 2$ traçando os gráficos de $y_1 = x^2$ e $y_2 = x + 2$ no intervalo $x \in [-3,3]$.

6. Resolva a equação $2x^2 = 3 - 5x$ traçando os gráficos de $y_1 = 2x^2$ e $y_2 = 3 - 5x$ no intervalo $x \in [-4,3]$.

7. João resolveu assinar um plano pré-pago de telefonia móvel. Analisando os preços, João chegou à conclusão de que os planos disponíveis são bastante semelhantes, exceto pelo custo de *roaming*, isto é, o custo das chamadas fora da região na qual o telefone está registrado.
   Para cada telefonema interurbano efetuado, a companhia A cobra R$ 2,40 para completar a chamada, além de outros R$ 1,50 por minuto de ligação. Por sua vez, a companhia B cobra uma taxa fixa de R$ 1,20, à qual se deve adicionar R$ 1,80 por minuto de conversa. Determine graficamente para que duração de chamada interurbana qual plano é mais barato.

8. Uma empresa possui 500 toneladas de grãos em seu armazém e precisa transportá-los a um cliente. O transporte pode ser feito por caminhões ou por trem. Para cada tonelada transportada por trem, paga-se R$ 8,00 de custo fixo e R$ 0,015 por quilômetro rodado.
   O transporte rodoviário exige 25 caminhões. Para cada caminhão utilizado, paga-se R$ 125,00 de custo fixo, além de R$ 0,50 por quilômetro rodado. Supondo que x seja a distância entre o armazém e o cliente, determine, graficamente, para que intervalo de x o transporte por trem é mais vantajoso que o transporte por caminhões. (Exercício extraído da Seção 2.8, Capítulo 2.)

9. Resolva graficamente as inequações.

   a) $3 - 2(x - 1) \leq 7$ d) $5x - 9 \leq 3 + 2x$
   b) $6 - 4x \geq 0$ e) $(x + 3)/2 \geq 6 - x$
   c) $12x - 30 \geq 0$ f) $4(3 - x) \leq 3x - 2$

10. Após a administração de um comprimido de Formosex, a concentração do medicamento no plasma sanguíneo do paciente (em mg/ml) varia de acordo com a fórmula

    $$-\frac{t^2}{2} + 12t$$

    em que t é o tempo (em horas) transcorrido desde a ingestão do comprimido. Determine graficamente o período de tempo no qual a concentração plasmática é maior ou igual a 64 mg/ml.

11. Resolva graficamente as inequações.

    a) $x^2 + 2x \leq 3$ e) $x^2 + 2x + 1 \leq 0$
    b) $2x^2 \geq 50$ f) $-x^2 + 3x - 4 \geq 0$
    c) $\frac{x^2}{4} \leq \frac{x}{2}$ g) $-2x^2 \leq x - 1$
    d) $3x - x^2 \geq 0$ h) $x^2 + 4 \geq 4x$

3.4 Retas no plano

Apesar de o traçado do gráfico de equações já ter sido explorado na Seção 2, Capítulo 2, nenhum destaque foi dado, até o momento, a algum tipo particular de equação. Nesta seção, vamos discutir as características das equações lineares, que são representadas no plano cartesiano por meio de retas.

> **Atenção**
> Embora toda equação linear na forma $y = mx + b$ corresponda a uma reta no plano, o contrário não é verdade, pois as retas verticais não podem ser representadas por uma equação nessa forma.

Reta no plano cartesiano

Seja dada uma **equação linear** com duas variáveis

$$y = mx + b,$$

em que m e b são constantes reais. A representação dessa equação no plano cartesiano é dada por uma **reta**.

A Figura 3.30 mostra uma bicicleta subindo uma rampa. Como o gráfico dessa rampa é uma reta não vertical, podemos representá-la por meio de uma equação linear na forma $y = mx + b$.

Uma equação linear é caracterizada pelas constantes m e b. Observe que b nada mais é que o **intercepto-y** da reta, já que, tomando $x = 0$, obtemos

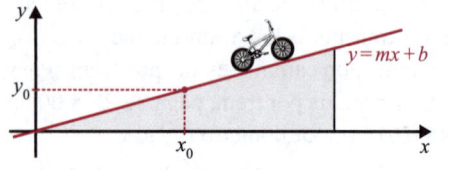

$$y = m \cdot 0 + b \quad \Rightarrow \quad y = b.$$

FIGURA 3.30 Uma rampa representada por uma reta no plano.

Por sua vez, a constante m é denominada **inclinação** da reta.

Problema 1. Determinação da inclinação e do intercepto-y de uma reta

Dada a equação linear

$$-3x + 5y + 2 = 0,$$

determine a inclinação e o intercepto-y da reta a ela associada.

Solução

Para encontrar a inclinação e o intercepto-y da reta, convertemos a equação à forma $y = mx + b$, como mostrado a seguir.

$$
\begin{aligned}
-3x + 5y + 2 &= 0 &&\text{Equação original.}\\
5y &= 3x - 2 &&\text{Isolando o termo que envolve } y.\\
y &= \tfrac{3}{5}x - \tfrac{2}{5} &&\text{Dividindo os dois lados por 5.}
\end{aligned}
$$

Logo, a reta tem inclinação $\tfrac{3}{5}$, e seu ponto de interseção com o eixo-y é $\left(0, -\tfrac{2}{5}\right)$.

■ Inclinação de uma reta

Para discutir o significado do coeficiente m, vamos recorrer a uma reta conhecida: a rampa do Palácio do Planalto, em Brasília, que reproduzimos na Figura 3.31.

A **inclinação** da rampa é a medida usada para indicar quão íngreme é a subida ao palácio. Ela corresponde ao deslocamento vertical associado a um deslocamento de uma unidade na horizontal, ou seja,

$$\text{Inclinação} = \frac{\text{deslocamento vertical}}{\text{deslocamento horizontal correspondente}}.$$

CAPÍTULO 3 – Funções ■ **241**

FIGURA 3.31 A inclinação da rampa do Palácio do Planalto.

No caso particular da rampa, dizemos que

$$\text{Inclinação} = \frac{\text{altura}}{\text{distância horizontal}}.$$

Considere, agora, a escada reta mostrada na Figura 3.32. Nesse caso, conhecemos a altura do topo da escada, bem como a distância entre a base da escada e a parede, de modo que podemos determinar numericamente a inclinação:

$$\text{Inclinação da escada} = \frac{2\text{ m}}{1{,}4\text{ m}} \approx 1{,}43.$$

Note que, nesse exemplo, a inclinação não tem unidade, de modo que é equivalente dizer que a cada 1 m percorrido na horizontal a escada sobe 1,43 m, ou que a cada 1 cm percorrido na horizontal a escada sobe 1,43 cm.

Como se vê, a inclinação de uma reta é a razão entre a variação da altura, Δy, e a distância horizontal, Δx, entre quaisquer dois de seus pontos. Assim, conhecendo as coordenadas cartesianas de dois pontos da reta, digamos (x_1, y_1) e (x_2, y_2), podemos calcular com exatidão a inclinação.

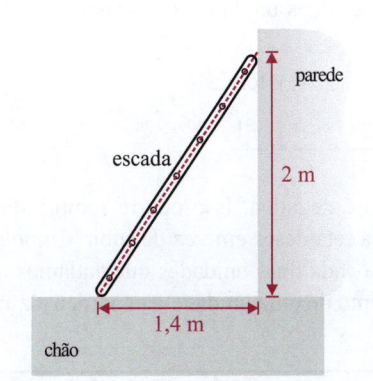

FIGURA 3.32 Uma escada encostada na parede.

Inclinação da reta que passa por dois pontos

A inclinação **m** da reta que passa por (x_1, y_1) e (x_2, y_2), com $x_1 \neq x_2$, é dada por

$$m = \frac{\Delta y}{\Delta x} = \frac{y_2 - y_1}{x_2 - x_1}.$$

A Figura 3.33 mostra as medidas usadas no cálculo da inclinação da rampa que a bicicleta da Figura 3.30 tinha que subir, dados os pontos (x_1, y_1) e (x_1, y_1).

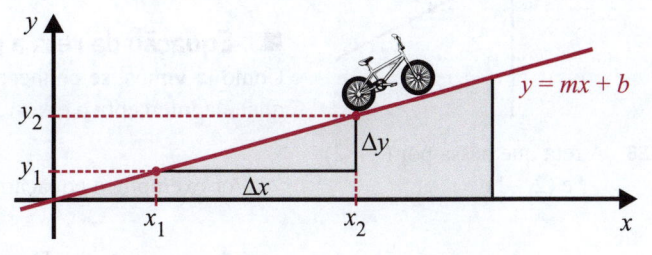

FIGURA 3.33 Medidas usadas para definir a inclinação de uma reta.

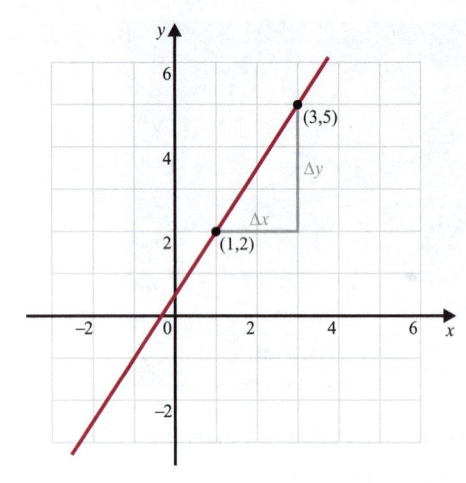

FIGURA 3.34 A reta que passa por (1, 2) e (3, 5).

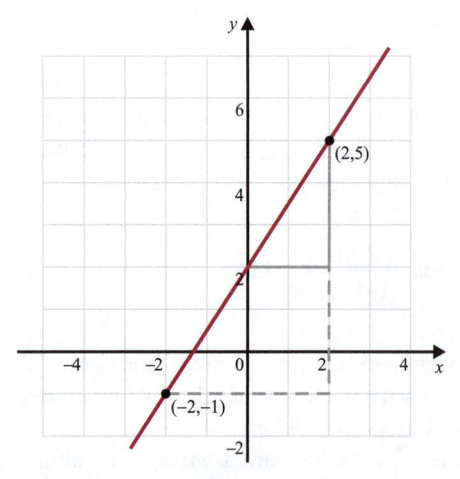

FIGURA 3.35 A reta que passa por (−2, −1) e (2, 5).

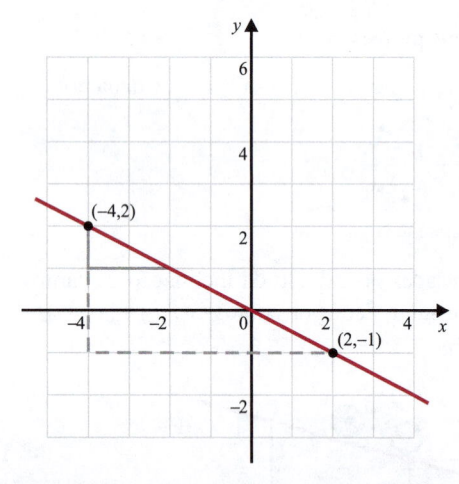

FIGURA 3.36 A reta que passa por (−4, 2) e (2, −1).

Problema 2. Inclinação de uma reta a partir de dois pontos

Determine as inclinações das retas que passam por:

a) (1,2) e (3,5). b) (−2,−1) e (2,5). c) (−4,2) e (2,−1).

Solução

a) A reta que passa pelos pontos $(x_1, y_1) = (1, 2)$ e $(x_2, y_2) = (3, 5)$ é apresentada na Figura 3.34. Para determinar sua inclinação, calculamos

$$m = \frac{\Delta y}{\Delta x} = \frac{y_2 - y_1}{x_2 - x_1} = \frac{5-2}{3-1} = \frac{3}{2}.$$

Esse valor de m indica que, para cada duas unidades que andamos na horizontal (da esquerda para a direita), movemos três unidades na vertical (de baixo para cima).

b) A Figura 3.35 mostra a reta que passa por $(x_1, y_1) = (−2, −1)$ e $(x_2, y_2) = (2, 5)$. Nesse caso, temos

$$m = \frac{y_2 - y_1}{x_2 - x_1} = \frac{5-(-1)}{2-(-2)} = \frac{6}{4} = \frac{3}{2}.$$

Note que, apesar de a reta passar por pontos diferentes, a inclinação é a mesma da reta do item anterior, ou seja, movendo duas unidades da esquerda para a direita a reta sobe três unidades.

c) Para os pontos $(x_1, y_1) = (−4, 2)$ e $(x_2, y_2) = (2, −1)$, temos

$$m = \frac{y_2 - y_1}{x_2 - x_1} = \frac{-1-2}{2-(-4)} = \frac{-3}{6} = -\frac{1}{2}.$$

Aqui, temos uma novidade: a inclinação é negativa. Isso ocorre sempre que, ao movermos da esquerda para a direita, a reta desce em vez de subir. Como se observa na Figura 3.36, nesse exemplo, a cada duas unidades que andamos no sentido positivo do eixo-x há um decréscimo de uma unidade na coordenada y.

Agora, tente o Exercício 2.

Em todos os problemas que acabamos de ver, associamos um dos pontos fornecidos ao par (x_1, y_1) e o outro ponto ao par (x_2, y_2). Como a escolha dos pontos foi arbitrária, poderíamos tê-los trocado sem que isso alterasse o valor da inclinação.

Por exemplo, no Problema 2(a) dado, obtemos o mesmo valor de m trocando os pares de lugar:

$$m = \frac{y_1 - y_2}{x_1 - x_2} = \frac{2-5}{1-3} = \frac{-3}{-2} = \frac{3}{2}.$$

O que não podemos fazer é misturar as coordenadas dos pontos, como mostrado a seguir para o mesmo Problema 2(a):

$$m = \frac{y_2 - y_1}{x_1 - x_2} = \frac{5-2}{1-3} = \frac{3}{-2} = -\frac{3}{2} \quad \text{☠ Errado!}$$

Nesse caso, a troca de ordem dos números do denominador (sem a troca correspondente no numerador) fez com que a inclinação da reta ficasse com o sinal errado.

■ Equação da reta a partir da inclinação e do intercepto-y

Como já vimos, se conhecermos a inclinação m de uma reta e o ponto $(0, b)$ no qual ela intercepta o eixo-y, podemos escrever sua equação na forma

$$y = mx + b.$$

Por exemplo, a equação da reta que passa por $(0, 1)$ e tem inclinação $\frac{1}{2}$ é

$$y = \tfrac{1}{2}x + 1.$$

Inclinação   Intercepto-y

Problema 3. Retas que passam pelo ponto (2,1)

A Figura 3.37 mostra sete retas que passam pelo ponto (2,1) e têm inclinações diferentes. Escreva a equação de cada reta.

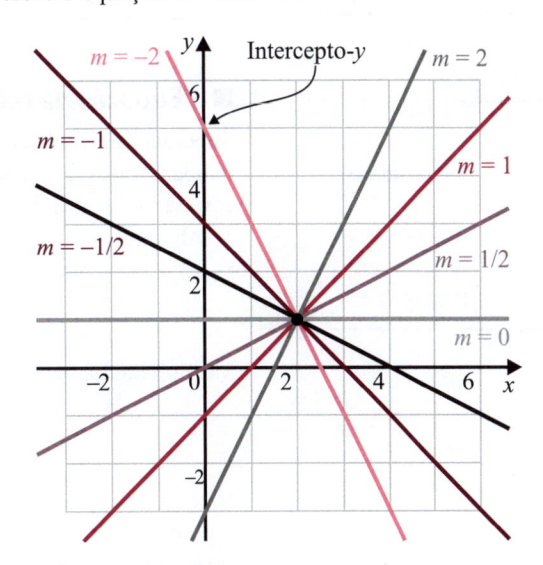

FIGURA 3.37 Retas que passam pelo ponto (2,1).

Solução

Com base nas inclinações e nos interceptos-y dados na figura, é fácil escrever as equações das retas. No caso da reta rosa, por exemplo, observamos que $m = -2$ e que a reta corta o eixo-y no ponto (0,5), de modo que sua equação é

$$y = -2x + 5.$$

As equações de todas as retas do problema são dadas na Tabela 3.5.

Note que quanto maior o valor absoluto da inclinação, mais "íngreme" é a reta. Por outro lado, a reta é tão mais "suave" quanto mais próxima de zero está sua inclinação.

TABELA 3.5 Equações das retas do Problema 3.

Equação	Cor da reta
$y = 1$	Cinza
$y = \frac{1}{2}x$	Vinho-claro
$y = x - 1$	Rosa-escuro
$y = 2x - 3$	Cinza-escuro
$y = -2x + 5$	Rosa
$y = -x + 3$	Vinho
$y = -\frac{1}{2}x + 2$	Preto

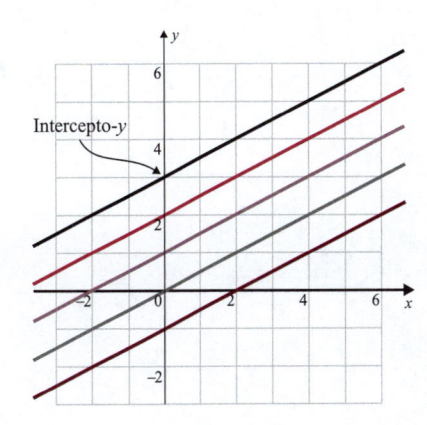

Veremos retas paralelas com mais detalhes no segundo volume deste livro, ao tratarmos de geometria analítica.

Problema 4. Retas paralelas

Duas retas (não verticais) são paralelas se têm a mesma inclinação. Identifique na figura cada uma das retas a seguir.

- $y = \frac{1}{2}x - 1$
- $y = \frac{1}{2}x$
- $y = \frac{1}{2}x + 1$
- $y = \frac{1}{2}x + 2$
- $y = \frac{1}{2}x + 3$

TABELA 3.6 Equações das retas do Problema 4.

Equação	Cor da reta
$y = \frac{1}{2}x - 1$	Vinho
$y = \frac{1}{2}x$	Cinza
$y = \frac{1}{2}x + 1$	Vinho-claro
$y = \frac{1}{2}x + 2$	Rosa
$y = \frac{1}{2}x + 3$	Preto

Solução

Observando o intercepto-y de cada reta, é possível estabelecer a relação indicada na Tabela 3.6.

■ Equação da reta a partir da inclinação e de um ponto

Suponha que conheçamos um ponto (x_1, y_1) pelo qual passa uma reta. Suponha, também, que (x, y) seja um ponto qualquer dessa mesma reta, com $x \neq x_1$. Nesse caso, a inclinação da reta é definida como

$$m = \frac{y - y_1}{x - x_1}.$$

Multiplicando, agora, os dois lados por $(x - x_1)$, obtemos

$$m(x - x_1) = y - y_1.$$

Note que essa equação é satisfeita por todos os pontos (x, y) da reta, incluindo o ponto (x_1, y_1). Assim, podemos dizer que essa é uma forma alternativa de se apresentar a equação da reta. De fato, essa forma é bastante adequada quando conhecemos a inclinação e um ponto pelo qual a reta passa.

> **Equação da reta da qual se conhece a inclinação e um ponto**
>
> A equação da reta que tem inclinação m e que passa pelo ponto (x_1, y_1) é
>
> $$y - y_1 = m(x - x_1).$$

Exemplo 1. Reta com inclinação e ponto conhecidos

Para encontrar a equação da reta que passa por $(3,1)$ e tem inclinação $1/2$ basta definir

$$m = \frac{1}{2} \quad \text{e} \quad (x_1, y_1) = (3,1)$$

e substituir esses valores na equação $y - y_1 = m(x - x_1)$:

$$y - 1 = \frac{1}{2}(x - 3).$$

Pronto, aí está a equação desejada. Entretanto, se você ainda prefere apresentar a equação da reta na forma $y = mx + b$, pode converter a equação anterior fazendo

$y - 1 = \frac{1}{2}(x - 3)$	Equação original.
$y - 1 = \frac{1}{2}x - \frac{1}{2} \cdot 3$	Propriedade distributiva.
$y = \frac{1}{2}x - \frac{3}{2} + 1$	Isolamento de y.
$y = \frac{1}{2}x - \frac{1}{2}$	Simplificação do resultado.

Agora, tente o Exercício 4.

Equação da reta que passa por dois pontos conhecidos

Existe apenas uma reta que passa por dois pontos distintos (x_1, y_1) e (x_2, y_2) do plano coordenado. Para determinar a equação dessa reta devemos, em primeiro lugar, calcular sua inclinação usando a fórmula

$$m = \frac{y_2 - y_1}{x_2 - x_1}.$$

Em seguida, escrevemos a equação usando um dos pontos dados, como descrito no quadro anterior. O exemplo a seguir ilustra essa estratégia de obtenção da equação.

Exemplo 2. Reta que passa por dois pontos

Para determinar a equação da reta que passa pelos pontos $(x_1, y_1) = (2,1)$ e $(x_2, y_2) = (3,-1)$, calculamos, primeiramente, sua inclinação:

$$m = \frac{y_2 - y_1}{x_2 - x_1} = \frac{(-1) - 1}{3 - 2} = -2.$$

Usando, agora, o ponto $(2,1)$, escrevemos

$$y - 1 = -2(x - 2).$$

Caso queiramos converter essa equação à forma $y = mx + b$, devemos fazer

$$y - 1 = -2x - 2 \cdot (-2) \quad \Rightarrow \quad y = -2x + 4 + 1 \quad \Rightarrow \quad y = -2x + 5.$$

Observe que o mesmo resultado seria obtido se usássemos o ponto $(x_2, y_2) = (3,-1)$ para escrever a equação, em lugar de $(x_1, y_1) = (2,1)$. Nesse caso, teríamos

$$y - (-1) = -2(x - 3) \quad \Rightarrow \quad y + 1 = -2(x - 3).$$

Apesar de essa equação parecer diferente da que foi obtida anteriormente, um pouco de álgebra nos mostra que o resultado é o mesmo:

$$y + 1 = -2x - 2 \cdot (-3) \quad \Rightarrow \quad y = -2x + 6 - 1 \quad \Rightarrow \quad y = -2x + 5.$$

Agora, tente o Exercício 5.

Embora seja mais trabalhoso, também podemos obter diretamente a equação da reta na forma $y = mx + b$ a partir de dois pontos dados, como é mostrado no exemplo a seguir.

Exemplo 3. Outra forma de se obter uma reta que passa por dois pontos

Para determinar a reta que passa por $(2,1)$ e $(-2,3)$, podemos calcular, em primeiro lugar, a inclinação da reta, que é dada por

$$m = \frac{y_2 - y_1}{x_2 - x_1} = \frac{3 - 1}{(-2) - 2} = \frac{2}{-4} = -\frac{1}{2}.$$

Agora, para determinar o intercepto-y, usamos m e um dos pontos dados. Sabendo, por exemplo, que a reta passa por $(2,1)$, podemos escrever

$$y = mx + b \qquad \text{Equação original.}$$
$$y = -\tfrac{1}{2} \cdot x + b \qquad \text{Substituindo } m.$$
$$1 = -\tfrac{1}{2} \cdot 2 + b \qquad \text{Substituindo } x \text{ e } y.$$
$$b = 1 + \tfrac{1}{2} \cdot 2 \qquad \text{Isolando } b.$$
$$b = 2 \qquad \text{Simplificando.}$$

Assim, a equação é $y = -\tfrac{1}{2}x + 2$.

Retas horizontais e retas verticais

Em uma reta horizontal, todos os pontos têm a mesma coordenada y, ou seja, tomando dois pontos distintos, digamos (x_1, y_1) e (x_2, y_2), temos $y_1 = y_2$. Sendo assim, a inclinação da reta é

$$m = \frac{y_2 - y_1}{x_2 - x_1} = \frac{0}{x_2 - x_1} = 0.$$

Logo, a equação da reta pode ser escrita simplesmente como $y = y_1$.

Por outro lado, em uma reta vertical todos os pontos têm a mesma coordenada x. Nesse caso, enfrentaríamos um sério problema se quiséssemos calcular m, pois, como $x_1 = x_2$, teríamos

$$m = \frac{y_2 - y_1}{x_2 - x_1} = \frac{y_2 - y_1}{0}. \qquad \text{Impossível!}$$

Como a divisão por zero não está definida, não é possível escrever a equação de uma reta vertical na forma $y = mx + b$. De fato, a equação desse tipo de reta é simplesmente $x = x_1$.

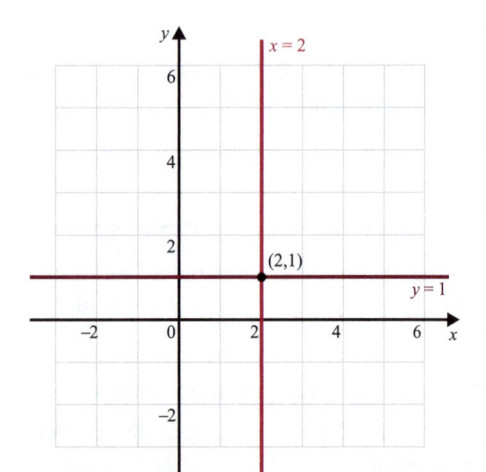

> **Reta vertical e reta horizontal que passam por um ponto**
>
> Dado o ponto (x_1, y_1),
>
> • a equação da **reta horizontal** que passa pelo ponto é $y = y_1$;
> • a equação da **reta vertical** que passa pelo ponto é $x = x_1$.

Exemplo 4. **Reta vertical e reta horizontal que passam por um ponto**

A Figura 3.38 mostra a reta horizontal e a reta vertical que passam pelo ponto (2,1). Nesse caso, a equação da reta horizontal é

$$y = 1,$$

enquanto a reta vertical é descrita pela equação

$$x = 2.$$

FIGURA 3.38 Reta vertical e reta horizontal que passam por (2,1).

Traçado do gráfico de equações lineares

Segundo o roteiro apresentado na Seção 3.2, o traçado do gráfico de uma equação exige que montemos uma tabela com vários pontos, marquemos todos eles no plano e tracemos uma curva suave, ligando-os.

Felizmente, o gráfico de equações lineares é bem mais fácil de se obter, já que, nesse caso, é suficiente calcular dois pontos e traçar a reta que passa por eles.

O problema a seguir mostra três estratégias diferentes para se obter o gráfico de uma equação linear. Como essas estratégias são análogas, qualquer uma pode ser usada para o traçado de retas.

Problema 5. Traçado de retas

Trace os gráficos das equações a seguir.

a) $y = 2x - 1$ b) $3y + 4x = 12$ c) $y = \dfrac{x}{2}$

Solução

a) Observando a equação $y = 2x - 1$, notamos que $b = -1$, de modo que a reta cruza o eixo-y no ponto $(0,-1)$. Além disso, como $m = 2$, sabemos que, ao somarmos uma unidade a x, a reta sobe 2 unidades. Logo, partindo de $(0,-1)$, obtemos o ponto $(0 + 1, -1 + 2)$, ou simplesmente $(1,1)$. De posse desses dois pontos, é fácil obter o gráfico da equação, como mostra a Figura 3.39a

b) Para traçar o gráfico da equação $3y + 4x = 12$, vamos determinar os dois interceptos. Tomando, em primeiro lugar, $x = 0$, obtemos

$$3y = 12 \quad \Rightarrow \quad y = \frac{12}{3} = 4.$$

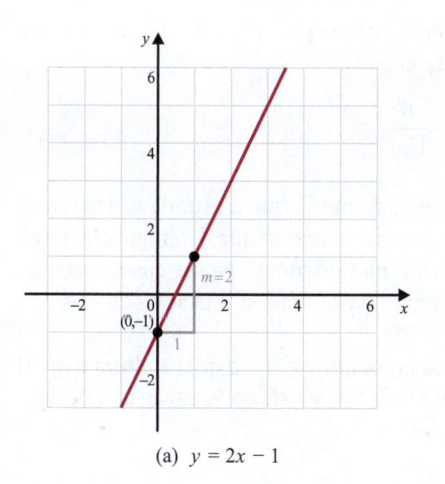

Observe que, nesse caso, também poderíamos ter convertido a equação à forma $y = -\frac{4}{3}x + 4$ antes de traçar seu gráfico.

Logo, a reta passa por $(0,4)$. Agora, fazendo $y = 0$, obtemos

$$4x = 12 \quad \Rightarrow \quad x = \frac{12}{4} = 3.$$

Assim, a reta também passa por $(3,0)$. Marcando os dois pontos no plano e traçando a reta que passa por eles, obtemos o gráfico da Figura 3.39b.

c) Para obter o gráfico da equação $y = \frac{x}{2}$, vamos escolher dois valores quaisquer para x e determinar os valores correspondentes de y. Escolhendo, por exemplo, $x_1 = 0$ e $x_2 = 4$, obtemos:

$$y_1 = \frac{0}{2} = 0 \quad \text{e} \quad y_2 = \frac{4}{2} = 2.$$

De posse dos pontos $(0,0)$ e $(4,2)$, traçamos a reta mostrada na Figura 3.39c.

(a) $y = 2x - 1$ (b) $3y + 4x = 12$ (c) $y = \frac{x}{2}$

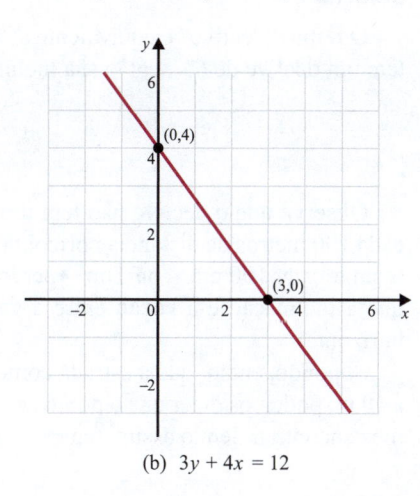

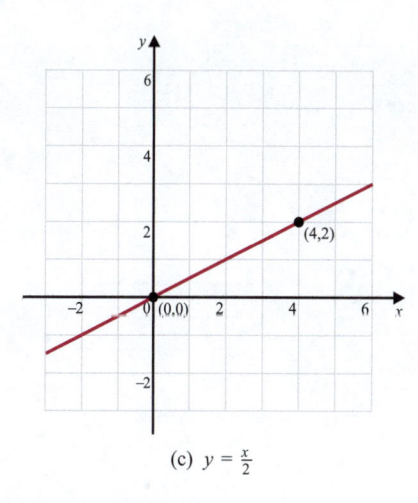

FIGURA 3.39 Gráficos das equações do Problema 5.

Agora, tente o Exercício 7.

Imagine, agora, que tenhamos o problema inverso, isto é, suponha que seja dado o gráfico de uma reta e que queiramos determinar a equação linear correspondente. Nesse caso, a solução do problema pode ser facilmente encontrada tomando dois pontos quaisquer do gráfico, como mostra o exemplo a seguir.

Exemplo 5. Obtenção de uma equação linear a partir do gráfico

Dada a reta da Figura 3.40, vamos determinar a equação correspondente escolhendo dois pontos quaisquer do gráfico.

Observando a figura, notamos que a reta passa pelos pontos

$$(x_1, y_1) = (-1, -2) \quad \text{e} \quad (x_2, y_2) = (5, 3).$$

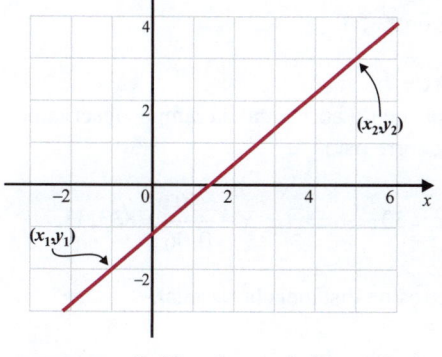

FIGURA 3.40 Gráfico da reta do Exemplo 5.

Desse modo, sua inclinação é dada por

$$m = \frac{y_2 - y_1}{x_2 - x_1} = \frac{3 - (-2)}{5 - (-1)} = \frac{5}{6}.$$

Tomando, agora, o ponto (5,3), obtemos a equação

$$y - 3 = \frac{5}{6}(x - 5).$$

Agora, tente o Exercício 6.

■ Aplicações

Se uma equação linear é usada para relacionar duas grandezas reais x e y, então a inclinação da reta correspondente representa a **taxa de variação** de y com relação a x. Quando as grandezas têm a mesma unidade, costumamos usar o termo **razão** em lugar de **taxa**. Os problemas a seguir mostram situações práticas nas quais a inclinação de uma reta representa uma razão ou uma taxa de variação.

Para uma discussão sobre o significado de razão e de taxa, consulte a Seção 1.6, Capítulo 1.

Problema 6. Projeto de uma estrada

Um engenheiro precisa projetar uma estrada que desça de um ponto que está a 50 m de altura até um ponto que está na altura 0, com um declive de 6%. Defina uma equação que forneça a altura (y) da estrada em relação ao deslocamento horizontal (x). Determine, também, o comprimento horizontal da rampa.

Solução

O termo "declive" é equivalente a "inclinação negativa". Ou seja, se a estrada tem um declive de 6%, então sua inclinação é

$$m = -\frac{6}{100}.$$

Observe que o declive não tem unidade, de modo que a estrada desce 6 m a cada 100 metros de distância horizontal, o que é o mesmo que dizer que ela desce 6 cm a cada 100 cm – ou 1 m – percorrido na horizontal. Nesse caso, dizemos que a inclinação é a **razão** entre a variação da altura e a variação da posição horizontal.

Supondo, então, que a estrada comece no ponto $x = 0$, no qual a altura é igual a 50 m, podemos dizer que o ponto $(x_1, y_1) = (0,50)$ satisfaz a equação que desejamos encontrar. Sendo assim, temos

$$y - y_1 = m(x - x_1) \quad \Rightarrow \quad y - 50 = -\frac{6}{100}(x - 0).$$

Isolando y nessa equação, obtemos

$$y = -0{,}06x + 50,$$

que é a equação da reta na forma $y = mx + b$.

Finalmente, para determinar o comprimento horizontal da rampa, observamos que ela irá acabar quando $y = 0$, o que ocorre para

$$0 = -0{,}06x + 50 \quad \Rightarrow \quad 0{,}06x = 50 \quad \Rightarrow \quad x = \frac{50}{0{,}06} \approx 833{,}33.$$

Logo, a rampa terá cerca de 833,33 metros de distância horizontal.

Agora, tente o Exercício 15.

Problema 7. População de Grumixama

A população do município de Grumixama era de 1.360 habitantes em 2004 e de 1.600 habitantes em 2010. Com base nesses dados, e supondo que o crescimento populacional da cidade seja linear,

a) escreva uma equação que forneça a população de Grumixama, P, com relação a t, o tempo decorrido (em anos) desde o ano 2000;

b) determine a população que Grumixama possuía em 2000;

c) estime a população em 2020;

d) esboce o gráfico da equação para $0 \leq t \leq 40$;

e) determine aproximadamente em que ano a população atingirá 2.600 habitantes.

Solução

a) Supondo que $t = 0$ no ano 2000, temos $t = 4$ em 2004 e $t = 10$ em 2010. Logo, os pontos $(t_1, P_1) = (4,1360)$ e $(t_2, P_2) = (10,1600)$ satisfazem a equação, de modo que sua inclinação é

$$m = \frac{P_2 - P_1}{t_2 - t_1} = \frac{1600 - 1360}{10 - 4} = \frac{240}{6} = 40 \text{ hab./ano}.$$

Observe que a inclinação m corresponde à **taxa de variação** populacional de Grumixama. Como a inclinação é positiva, a população da cidade **cresce** a uma taxa de 40 habitantes por ano.

Para encontrar a equação que fornece a população, P, em relação a t, usamos um dos pontos dados – digamos $(t_1, P_1) = (4,1360)$ – e escrevemos

$$P - P_1 = m(t - t_1) \quad \Rightarrow \quad P - 1360 = 40(t - 4).$$

Finalmente, isolando P nessa equação, obtemos

$$P = 40t + 1200.$$

b) Como consideramos que $t = 0$ no ano 2000, a população da cidade nesse ano corresponde ao intercepto-y da reta. Desse modo, Grumixama tinha 1.200 habitantes em 2000.

c) Usando a equação linear que encontramos no item (a), podemos estimar que a população em 2020 (ou seja, quando $t = 20$) será de

$$40 \cdot 20 + 1200 = 2000 \text{ habitantes}.$$

d) O gráfico da equação é exibido na Figura 3.41. Nele, os pontos fornecidos no enunciado são mostrados em preto, enquanto o ponto correspondente ao ano 2000 aparece em cinza-claro, e o ponto de 2020 aparece em cinza-escuro.

e) Para determinar o ano em que Grumixama terá 2.600 habitantes, devemos resolver a equação

$$2600 = 40t + 1200.$$

Isolando t nessa equação, obtemos

$$40t = 2600 - 1200 \quad \Rightarrow \quad t = \frac{1400}{40} = 35.$$

Assim, supondo que a população cresça de forma linear, a cidade terá 2.600 habitantes em 2035.

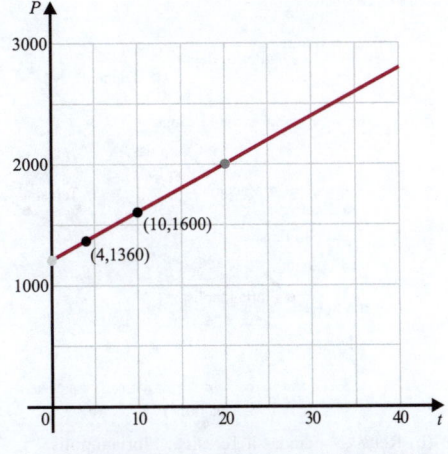

FIGURA 3.41 Gráfico da equação do Problema 7.

Agora, tente o Exercício 11.

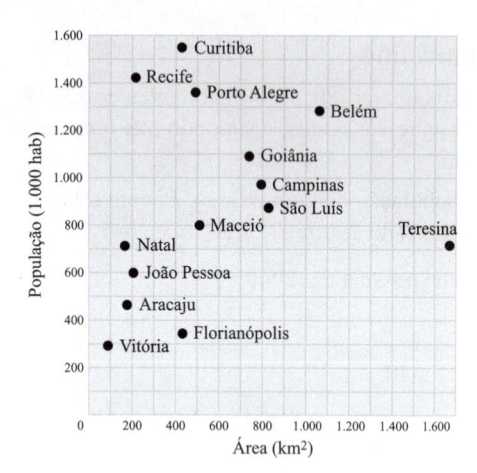

FIGURA 3.42 População e área de municípios brasileiros, em 2000. (Fonte: IBGE)

Problema 8. Densidade demográfica

A Figura 3.42 apresenta a população e a área de vários municípios brasileiros segundo o Censo Demográfico 2000 do IBGE. Com base nos dados da figura,

a) determine aproximadamente a densidade demográfica de Campinas em 2000;

b) determine a cidade cuja densidade demográfica era a mais próxima daquela observada em Campinas;

c) indique as três cidades que possuíam as menores densidades demográficas em 2000.

Solução

a) A densidade demográfica de um município é a razão entre sua população e sua área. Observando a Figura 3.42, podemos dizer que, no ano 2000, Campinas possuía uma densidade demográfica aproximadamente igual a

$$D_{Cam} \approx \frac{970.000}{800} = 1212,5 \text{ hab./km}^2.$$

b) Quando trabalhamos no plano em que o eixo horizontal representa a área e o eixo vertical fornece a população, a densidade demográfica de uma cidade é a inclinação (D) da reta que passa pela origem e pelo ponto que representa a cidade. Para constatar isso, basta notar que

$$D = \frac{y_2 - y_1}{x_2 - x_1} = \frac{\text{População} - 0}{\text{Área} - 0} = \frac{\text{População}}{\text{Área}}.$$

Na fórmula da inclinação, usamos

$$(x_1, y_1) = (0,0) \text{ (origem) e}$$
$$(x_2, y_2) = (\text{Área, População}).$$

A reta que passa pela origem e pelo ponto que representa Campinas é mostrada na Figura 3.43a. Com base na figura, concluímos que a cidade com densidade demográfica mais próxima daquela existente em Campinas era Belém.

c) As cidades com menor densidade demográfica são aquelas cujas retas que passam por seus pontos e pela origem possuem as menores inclinações. Segundo a Figura 3.43b, essas cidades são, pela ordem, Teresina, Florianópolis e São Luís.

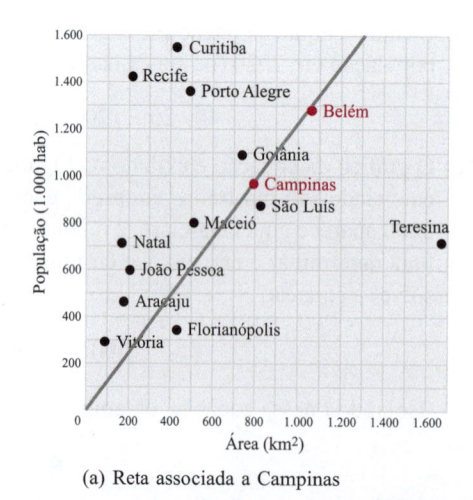

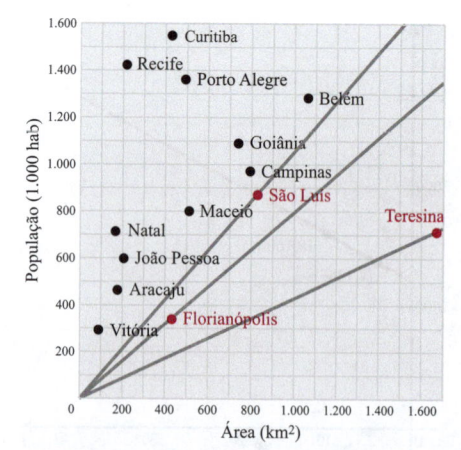

(a) Reta associada a Campinas

(b) Retas associadas a Teresina, Florianópolis e São Luís

FIGURA 3.43 Retas do Problema 8.

Agora, tente o Exercício 18.

Exercícios 3.4

1. Encontre as inclinações das retas mostradas na figura a seguir.

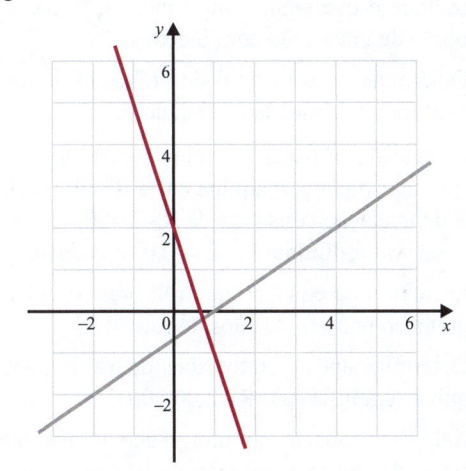

2. Determine as inclinações das retas que passam pelos pares de ponto dados.

   a) $(4,1)$ e $(2,3)$
   b) $(1,2)$ e $(-2,-4)$
   c) $(-5,-2)$ e $(3,-2)$
   d) $(-4,5)$ e $(1,-10)$
   e) $(6,4)$ e $(-3,1)$
   f) $(-3,4)$ e $(7,2)$
   g) $(-2,-6)$ e $(-1,1)$
   h) $(5,-2)$ e $(-9,5)$

3. Escreva as equações das retas definidas pelas inclinações e interceptos a seguir.

   a) Intercepto-y: -1; inclinação: $4/5$.
   b) Intercepto-y: 2; inclinação: $-3/4$.
   c) Intercepto-y: 4; inclinação: -3.
   d) Intercepto-y: -3; inclinação: $1/3$.
   e) Intercepto-y: $1/2$; inclinação: 2.
   f) Intercepto-y: 0; inclinação: -1.

4. Determine as equações das retas que satisfazem as condições indicadas. Em seguida, trace seus gráficos.

   a) Passa por $(2,-1)$ e tem inclinação 3.
   b) Passa por $(1,5)$ e tem inclinação -3.
   c) Passa por $(-2,1)$ e tem inclinação $1/3$.
   d) Passa por $(6,-4)$ e tem inclinação $-1/3$.
   e) Passa por $(-4,8)$ e tem inclinação -2.
   f) Passa por $(-3,-2)$ e tem inclinação $3/2$.

5. Encontre as equações das retas que satisfazem as condições indicadas.

   a) Passa por $(-1,-3)$ e intercepta o eixo-y na ordenada 1.
   b) Passa por $(1,2)$ e por $(2,1)$.
   c) Passa por $(4,-2)$ e por $(-3,-2)$.
   d) Intercepta o eixo-y na ordenada 3 e o eixo-x na abscissa -2.
   e) Intercepta o eixo-y na ordenada 2 e o eixo-x na abscissa 1.
   f) Passa por $(-2,-6)$ e intercepta o eixo-x na abscissa 10.
   g) Passa por $(-6,4)$ e por $(2,-1)$.
   h) Passa por $(-2,8)$ e por $(3,4)$.
   i) Passa por $(-5,0)$ e por $(0,-5)$.
   j) Passa por $(3,14)$ e por $(-4,-25)$.
   k) Passa por $(-1, \frac{1}{2})$ e por $(2, \frac{19}{2})$.
   l) Passa por $(3,5; -0,6)$ e por $(-2; 2,7)$.

6. Determine as equações das retas mostradas na figura a seguir.

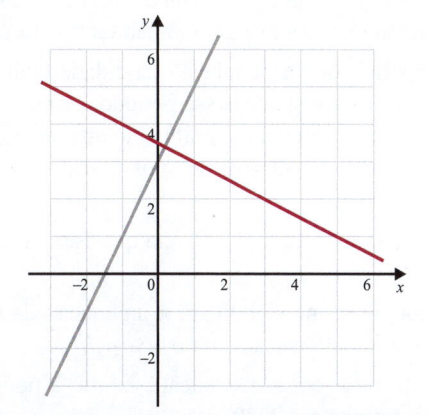

7. Trace os gráficos das equações dadas.

   a) $y = -\frac{2}{3}x + 1$
   b) $y = 5x - 2$
   c) $y = -2x$
   d) $y = 4$
   e) $x - y = -3$
   f) $3y - x + 4 = 0$

8. Encontre as equações das retas que satisfazem as condições dadas. Em seguida, trace os gráficos correspondentes.

   a) Passa por $(-2,1)$ e $(-2,5)$.
   b) Passa por $(-7,8)$ e $(10,8)$.
   c) Reta vertical que passa por $(3,-1)$.
   d) Reta horizontal que passa por $(6,-4)$.

9. Dados os pontos A $(-1,2)$ e B $(3,-1)$,
   a) marque os pontos no plano cartesiano, considerando as abscissas no intervalo $[-3,5]$ e as ordenadas em $[-2,3]$;
   b) determine a equação da reta que passa pelos pontos. Trace essa reta no gráfico;
   c) determine a ordenada do ponto dessa reta no qual a abscissa vale 1;
   d) determine a abscissa do ponto da reta que tem ordenada 0.

10. Trabalhando em uma loja de roupas, Gláucia recebe R$ 1.200,00 de salário mensal fixo, além de uma comissão de R$ 0,09 para cada real vendido.
    a) Determine uma equação que expresse o valor recebido por Gláucia em relação ao valor dos produtos que ela vende em um mês.

b) Se, no mês passado, Gláucia recebeu R$ 2.280,00 de salário, calcule quantos reais em roupas ela conseguiu vender.

11. Determinada árvore cresce a uma taxa constante, tendo alcançado 3 m passados 5 anos de seu plantio e atingido 7 m decorridos 13 anos do plantio.

    a) Defina uma equação que forneça a altura da árvore em relação ao tempo transcorrido desde seu plantio.

    b) Determine aproximadamente a altura da árvore quando foi plantada.

    c) Determine em que ano (após o plantio) a árvore atingirá 15 m.

12. A cidade de Cascatinha tinha 15.000 habitantes em 2006, tendo passado a 18.500 habitantes em 2011.

    a) Supondo que a população da cidade tenha crescido de forma constante nesse período, exiba a população de Cascatinha em um gráfico no qual o eixo horizontal forneça o número de anos transcorridos desde o ano 2000.

    b) Determine a equação da reta que passa pelos pontos dados.

    c) Indique o que significam a inclinação da reta e seu ponto de interseção com o eixo-y.

    d) Com base em sua equação, estime a população de Cascatinha em 2020.

13. Um fazendeiro usa milho para produzir dois tipos de ração animal. Cada quilograma da ração A consome 0,4 kg de milho, enquanto um quilograma da ração B exige apenas 0,3 kg de milho. No momento, o fazendeiro dispõe de 10 kg de milho, que pretende usar integralmente para produzir as rações A e B.

    a) Suponha que x seja a quantidade (em kg) de ração A e que y seja a quantidade de ração B que o fazendeiro pode produzir com o milho disponível. Escreva uma equação que relacione x, y e a quantidade de milho de que o fazendeiro dispõe.

    b) Represente essa equação como uma reta no plano cartesiano, considerando que x e y estão entre 0 e 40.

    c) Se o fazendeiro decidir produzir 16 kg da ração A, quanto ele poderá produzir da ração B?

    d) Se o fazendeiro decidir usar o milho apenas na ração A, quantos quilogramas poderá produzir?

14. O dono de uma indústria de móveis descobriu que há uma relação linear entre o custo diário de produção de cadeiras em sua fábrica e o número de cadeiras produzidas em um dia. Assim, se a indústria produz 100 cadeiras em um dia, o custo total de produção é de R$ 2.200,00. Por outro lado, se o número de cadeiras produzidas em um dia sobe para 300, o custo total da produção atinge R$ 4.800,00.

    a) Exiba os dados fornecidos no enunciado em um gráfico no qual o eixo horizontal forneça o número de cadeiras produzidas em um dia e o eixo vertical forneça o custo total de produção. Trace no gráfico a reta que passa pelos pontos dados.

    b) Determine a equação da reta.

    c) Indique o que significam a inclinação da reta e seu ponto de interseção com o eixo-y.

    d) Determine o custo total de produção de um dia no qual foram fabricadas 400 cadeiras.

15. Depreciação é a perda de valor de um produto com o tempo de uso. Uma máquina custa R$ 50.000,00 e tem uma depreciação constante de R$ 2.400,00 por ano (ou seja, seu valor diminui R$ 2.400,00 a cada ano).

    a) Escreva uma equação que relacione o valor da máquina ao número de anos de uso.

    b) Determine após quantos anos de uso o valor da máquina será inferior a R$ 2.000,00.

    c) Exiba sua equação em um gráfico no qual o eixo horizontal forneça o tempo de uso da máquina em anos.

16. Um artesão que vende pulseiras descobriu que, cobrando R$ 8,00 por pulseira, é possível vender 12 unidades em uma manhã. Por outro lado, se as pulseiras custassem R$ 5,00, o número de compradores subiria para 18 por manhã. Responda às perguntas a seguir, supondo que o número de pulseiras vendidas varie linearmente com o preço.

    a) Escreva uma equação que forneça o número de pulseiras vendidas em relação ao preço da peça.

    b) Determine qual deve ser o preço da pulseira para que o artesão consiga vender 15 unidades em uma manhã.

    c) Determine quantas pulseiras o artesão consegue vender cobrando R$ 12,00 por unidade.

17. Adotando uma dieta milagrosa, Pedro está perdendo 0,85 kg por semana, tendo reduzido seu peso para 126,4 kg após 16 semanas do início do regime.

    a) Determine o peso que Pedro tinha ao iniciar o regime.

    b) Defina uma equação que forneça o peso de Pedro, y (em kg), em relação ao tempo, x (em semanas), desde o início da dieta.

    c) Determine em quantas semanas (desde o início da dieta) seu peso chegará a 100 kg.

18. O município de Campinas é dividido em cinco distritos: Norte, Sul, Leste, Sudoeste e Noroeste. A tabela a seguir fornece a área de cada distrito, bem como os casos de dengue observados em 2013.

Distrito	Área (km²)	Casos de dengue
Norte	175	2.977
Sul	120	2.723
Leste	350	1.878
Sudoeste	80	1.709
Noroeste	75	2.143

Suponha que, como uma medida de combate à dengue, o município de Campinas tenha decidido fazer uma nebulização (ou pulverização) de inseticida, atendendo, em primeiro lugar, o distrito com maior número de casos de dengue por km² no ano de 2013. Mostre os pontos correspondentes aos cinco distritos de Campinas em um gráfico no qual o eixo-x forneça a área e o eixo-y o número de casos de dengue. Trace retas passando pela origem e por esses pontos e, com base nas retas, indique o primeiro distrito em que ocorrerá nebulização.

19. Segundo o IBGE, nos próximos anos, a participação das gerações mais velhas na população do Brasil aumentará. O gráfico a seguir mostra uma estimativa da população brasileira por faixa etária, entre os anos de 2010 e 2050. Os números apresentados no gráfico indicam a população estimada, em milhões de habitantes, no início de cada ano. Considere que a população varia linearmente ao longo de cada década.

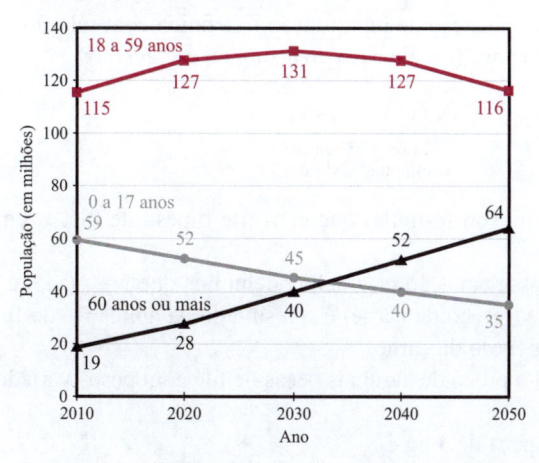

a) Calcule as inclinações dos segmentos de reta associados à população de 18 a 59 anos e determine em qual década essa faixa da população crescerá mais rápido e em qual década decrescerá mais rápido.
b) Determine, em termos percentuais, a taxa de variação da população total do país entre 2040 e 2050.
c) Escreva a equação do segmento de reta relativo à população com 60 anos ou mais no período entre 2030 e 2040.
d) Escreva a equação do segmento de reta relativo à população com 17 anos ou menos no período entre 2030 e 2040.
e) Com base nos itens (c) e (d), determine, aproximadamente, em que ano o número de habitantes com 60 anos ou mais irá ultrapassar o número de habitantes com até 17 anos.

20. A tabela abaixo mostra o desempenho dos três candidatos a prefeito de Conceição do Passa Três segundo as últimas pesquisas eleitorais.

Candidato	Votos válidos (%)	
	Há 45 dias	Há 25 dias
Ademar	44	39
Juarez	32	33
Juscelino	24	28

Supondo que os resultados das pesquisas sejam exatos e que os candidatos tenham mantido uma tendência linear de variação das intenções de voto, que percentual de votos cada um receberia se a eleição para prefeito fosse realizada hoje?

21. A massa de uma esfera de naftalina decresce com o tempo devido à sublimação. Supondo que a taxa de decrescimento seja proporcional à área da superfície da esfera, pode-se mostrar que o raio (r) da esfera varia linearmente com o tempo (t).
a) Sabendo que, em certo instante, o raio tinha 0,8 mm e que, quatro dias mais tarde, era de apenas 0,75 mm, encontre uma equação que forneça r (em milímetros) em termos do tempo decorrido (em dias) a partir do momento em que $r = 0,8$ mm.
b) Determine o tempo gasto para a completa sublimação da naftalina.

3.5 Funções

Nas seções anteriores deste capítulo, vimos como usar uma equação para relacionar duas grandezas. Por exemplo, quando o açougueiro nos informa que o quilograma de filé custa R$ 24,00, deduzimos que há uma relação entre o peso x da peça de carne que pretendemos comprar (cuja unidade é o quilograma) e o valor y a ser pago (que é dado em reais). Mais especificamente, essa relação é

$$y = 24x.$$

Logo, se quisermos levar 2,375 kg de carne, teremos que pagar a pequena fortuna de 24 × 2,375 = 57 reais. Por outro lado, se o filé pesar 1,800 kg, o valor a ser pago será igual a 24 × 1,8 = R$ 43,20.

A equação dada descreve como o preço *depende* do peso da peça de carne. Nessa equação, a variável x é denominada **variável independente**, enquanto y é a **variável dependente**, pois seu valor é obtido a partir de x.

O lado direito da equação, ou seja, o termo $24x$ é a regra que usamos para obter o preço a pagar a partir do peso da carne. A regra que nos permite obter o valor da variável dependente (y) a partir da variável independente (x) é chamada **função**. Logo, temos

$$y = \underbrace{24x}_{\text{função de } x}$$

> A partir de agora, em vez de dizermos que a variável y está relacionada a x, passaremos a dizer que *y é função de x*.

Para que possamos nos referir a uma função que já foi definida, precisamos atribuir-lhe um nome. Por serem muito econômicos nas palavras, os matemáticos costumam usar uma letra para designar uma função. Sendo assim, no problema do açougue, diremos que f é a função que fornece o preço da carne em relação ao peso da peça.

Nada nos impede de atribuir um nome mais complexo à função do problema do açougue, tal como "PreçoDoFilé". Entretanto, é mais prático usar um nome curto, como f.

O valor resultante da aplicação de uma função f, definida com relação a uma variável x, é representado por $f(x)$. No caso do açougue, escrevemos

$$\underbrace{f(x)}_{\substack{\text{valor} \\ \text{resultante}}} = \underbrace{24x}_{\substack{\text{função} \\ \text{de } x}},$$

o que significa que a regra (ou fórmula) que converte o peso de filé, x, em seu preço é $24x$.

Voltando, então, à nossa equação original, concluímos que $y = f(x)$, ou seja, a variável independente y (preço da carne) é o resultado da aplicação da função f à variável dependente x (peso da carne).

Vejamos, agora, qual o preço de algumas peças de filé com pesos variados:

> **Atenção**
> Observe que:
> - f é o nome da função;
> - $f(x)$ é o valor da função em x.

1. O preço de uma peça de 3 kg é

$$f(3) = 24 \cdot 3 = 72 \text{ reais.}$$

2. Por uma peça de 1,75 kg, pagamos

$$f(1,75) = 24 \cdot 1,75 = 42 \text{ reais.}$$

Note que podemos aplicar a função a uma variável a real, supondo que ela represente o peso do pedaço de carne que desejamos comprar.

3. Por uma peça de a kg, pagamos

$$f(a) = 24a \text{ reais.}$$

A expressão $f(3)$ pode ser lida como "o valor de f em 3", ou simplesmente como "f de 3". Dito de outra forma, $f(3)$ é o valor de y quando $x = 3$.

Exemplo 1. Outras funções

Uma função pode representar qualquer tipo de relação de dependência entre duas grandezas. Assim, por exemplo, dizemos que

- a área de um quadrado é função do comprimento do lado do quadrado;
- o custo de envio de uma carta é função do peso da carta;
- o custo de uma viagem de táxi é função da distância percorrida;
- a força gravitacional entre dois objetos é função da distância entre eles;
- a pressão exercida por um gás é função da temperatura.

Problema 1. Cálculo de uma função

Dada a função f definida pela fórmula $f(x) = 2x^2 + 1$, determine:

a) $f(1)$ b) $f(0)$ c) $f(-1)$ d) $f(\sqrt{2})$ e) $f(-\sqrt{2})$ f) $f(w)$

Solução

a) $f(1) = 2 \cdot (1)^2 + 1 = 3$

b) $f(0) = 2 \cdot (0)^2 + 1 = 1$

c) $f(-1) = 2 \cdot (-1)^2 + 1 = 3$

d) $f(\sqrt{2}) = 2 \cdot (\sqrt{2})^2 + 1 = 5$

e) $f(-\sqrt{2}) = 2 \cdot (-\sqrt{2})^2 + 1 = 5$

f) $f(w) = 2 \cdot (w)^2 + 1 = 2w^2 + 1$

Agora, tente o Exercício 1.

Problema 2. Corrida de táxi

Voltando ao problema do táxi apresentado no Capítulo 2, vamos supor que o preço a ser pago por uma viagem de táxi inclua uma bandeirada de R$ 3,44 e um custo de R$ 0,90 para cada quilômetro rodado.

a) Escreva uma função c que forneça o custo, em reais, de uma corrida de x quilômetros.

b) Determine o custo de uma viagem de 8,5 km, bem como o de uma viagem de 12 km.

Solução

a) O custo da corrida inclui uma parcela fixa (que não depende de x) correspondente a R$ 3,44. Além disso, para percorrer x quilômetros, é preciso pagar $0,90x$ reais. Logo, a função custo é dada por

$$c(x) = 3,44 + 0,9x.$$

b) O custo de uma viagem de 8,5 km é igual a

$$c(8,5) = 3,44 + 0,9 \cdot 8,5 = 11,09 \text{ reais}.$$

Já uma viagem de 12 km sai por

$$c(12) = 3,44 + 0,9 \cdot 12 = 14,24 \text{ reais}.$$

Note que $c(0)$ corresponde à bandeirada, ou seja, ao valor pago pelo passageiro ao pegar o táxi, mesmo sem percorrer qualquer distância.

Agora, tente o Exercício 6.

■ Definição de função

Para o problema do açougue, fornecemos uma função de duas maneiras: por meio da equação

$$y = 24x$$

e por meio da fórmula (ou regra)

$$f(x) = 24x.$$

Entretanto, também podemos apresentar funções:

a) **Graficamente**, como no eletrocardiograma da Figura 3.44. Embora nenhum eixo seja mostrado explicitamente nessa figura, a curva foi traçada supondo-se a existência de um eixo-x, usado para representar o tempo, bem como de um eixo-y, que fornece o potencial elétrico entre dois pontos da superfície do corpo de uma pessoa. Assim, o gráfico mostra o potencial em função do tempo. Uma curva que fuja ao padrão estipulado pelos cardiologistas pode indicar que o paciente tem alguma cardiopatia.

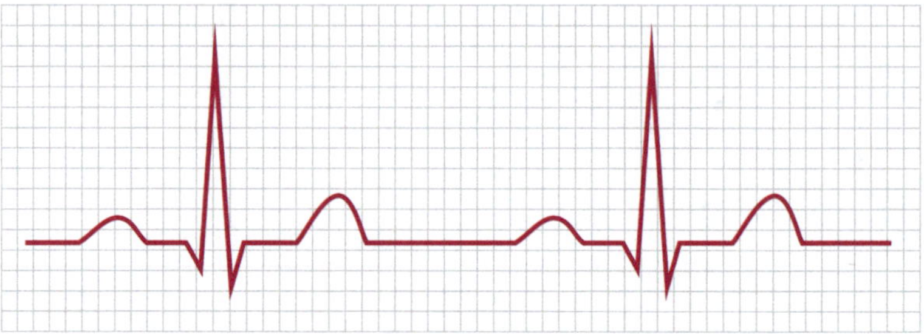

FIGURA 3.44   Um eletrocardiograma.

TABELA 3.7   Alíquota do imposto de renda em função do rendimento mensal.

Rendimento mensal (R$)	Alíq. (%)
Até 1637,11	0
De 1637,12 a 2453,50	7,5
De 2453,51 a 3271,38	15
De 3271,39 a 4087,65	22,5
Mais que 4087,65	27,5

b) **Numericamente**, por meio de uma tabela que contenha uma lista de pares ordenados. Como exemplo, considere a Tabela 3.7, que fornece a alíquota do imposto de renda em função do rendimento mensal (em reais) de um contribuinte, em 2013.

Em muitos casos práticos, é indispensável recorrer a gráficos ou tabelas para se apresentar uma função. Por exemplo, não seria prático descrever por meio de uma equação ou fórmula a função f fornecida pelo eletrocardiograma de um paciente. Entretanto, lendo o gráfico, somos capazes de calcular $f(5)$, ou $f(t)$ para um instante de tempo t qualquer. A função descrita pela Tabela 3.7 também não pode ser definida por meio de uma única equação, embora possa ser fornecida por uma fórmula.

Mais um exemplo de função que não pode ser representada por meio de uma equação simples é a função trigonométrica **seno**, que é dada por

$$\operatorname{sen}(x) = x - \frac{x^3}{3 \cdot 2} + \frac{x^5}{5 \cdot 4 \cdot 3 \cdot 2} - \frac{x^7}{7 \cdot 6 \cdot 5 \cdot 4 \cdot 3 \cdot 2} + \cdots$$

Nesse caso, como a função é a soma de um número infinito de termos, a forma mais prática de se definir uma equação na qual y é igual ao seno de x consiste em escrever, simplesmente, $y = \operatorname{sen}(x)$.

Vimos, portanto, que uma função pode ser representada por equações, fórmulas, gráficos, tabelas etc. Mas será que toda equação, curva ou tabela nas variáveis x e y define y como uma função de x?

Infelizmente, não. Tomando como exemplo a equação

$$y^2 - x = 0,$$

notamos que, com exceção de $x = 0$, é possível associar a cada valor de x dois valores de y. Assim, para $x = 4$, a variável y pode assumir tanto o valor 2 como –2. Já para $x = 9$, a variável y pode valer 3 ou –3. Essa duplicidade não é admissível para funções, conforme indicado no quadro a seguir.

Definição de função

Uma **função** f é uma relação que associa a cada elemento x de um conjunto D, chamado **domínio**, um *único* elemento $f(x)$ (ou y) de um conjunto C, denominado **contradomínio**.

À primeira vista, essa definição parece difícil de compreender, pois contém três ingredientes novos: uma *relação* – que é expressa pela função – e dois *conjuntos*, D e C. Vejamos se esses conceitos ficam mais claros se os ilustrarmos com o auxílio de um exemplo simples.

Exemplo 2. Área de um quadrado

Se você tem bons conhecimentos de geometria, certamente sabe que, em um quadrado, a área está relacionada ao comprimento do lado. Mais especificamente, uma vez conhecido o comprimento do lado, x, é possível calcular a área usando a função f descrita pela fórmula

$$f(x) = x^2.$$

> Observe que cada valor de x está relacionado a um único valor de $f(x)$.

Nesse exemplo, o domínio D deve conter todos os comprimentos possíveis para o lado do quadrado. Como o lado de um quadrado não pode ser menor ou igual a zero, podemos definir D como o conjunto de todos os números reais positivos, ou seja,

$$D = \{x \in \mathbb{R} \mid x > 0\}.$$

Por sua vez, o contradomínio é qualquer conjunto que contenha os possíveis valores da área. Como exemplo, podemos definir

$$C = \mathbb{R}.$$

> Note que, nesse caso, C contém valores negativos, apesar de a área de um quadrado ser sempre positiva.

É costume apresentar a relação definida por uma função por meio de um **diagrama de flechas**. Um diagrama associado ao Exemplo 2 é mostrado na Figura 3.45. Note que cada elemento x em D está associado a um elemento de C cujo valor é igual a x^2.

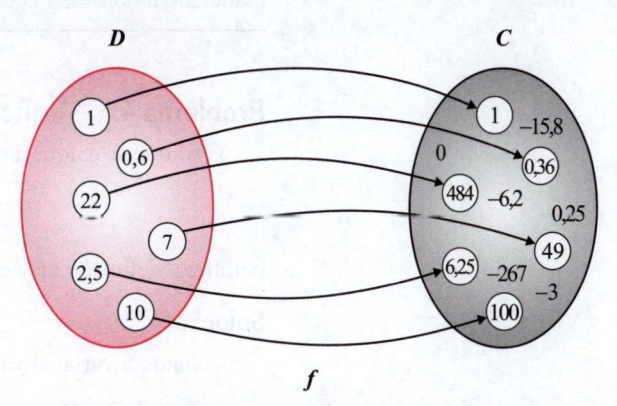

FIGURA 3.45 Diagrama de flechas da função que fornece a área de um quadrado.

Para que seja mais fácil compreender a definição de função (que foi apresentada de forma um tanto hermética), resumimos em um quadro suas principais características.

Características de função

Seja D o domínio e C o contradomínio de uma função f, que associa a $x \in D$ um valor $y \in C$. Nesse caso,

1. todo elemento de D deve estar associado a um elemento de C
   (ou seja, f deve estar definida para todo elemento x do domínio D).
2. nem todo elemento de C precisa estar associado a um elemento de D
   (como o zero e os valores negativos do conjunto C da Figura 3.45).

(continua)

> **Características de função (cont.)**
>
> 3. um elemento de D não pode estar associado a dois elementos de C
> (ou seja, a função não pode fornecer dois valores de y para um único x).
>
> 4. um elemento de C pode estar associado a mais de um elemento de D
> (ou seja, dois valores de x podem estar associados a um mesmo y).

Ao contrário da característica 3, a de número 4 permite que uma função associe o mesmo y a dois valores de x. Isso ocorre, por exemplo, quando um supermercado cria uma promoção "leve dois e pague um". Nesse caso, há um único preço y associado a duas quantidades x do mesmo produto.

A terceira característica do quadro anterior é a condição, imposta anteriormente, de que o valor $f(x)$ seja único. Para entender por que não é permitido associar dois valores de y a um único x, basta voltar ao exemplo do açougue e imaginar o seguinte diálogo entre um freguês e o açougueiro:

— Quanto custam 3 kg de filé?

— O preço pode ser R$ 72,00 ou R$ 85,00.

Não faz sentido, não é verdade? Ao fornecer x – o peso de uma peça de carne – o freguês espera receber como resposta um único valor de $f(x)$ – o preço.

Vejamos alguns exemplos nos quais a terceira condição não é satisfeita.

TABELA 3.8 Dados do Problema 3.

x	y
0	1
1	0
1	2
2	–3
2	5

Problema 3.   Verificação da condição 3

Os dados da Tabela 3.8 permitem a definição de y como uma função de x?

Solução

Certamente não. Observe que há dois valores de y associados a $x = 1$, o mesmo acontecendo com $x = 2$. Dessa forma, os dados apresentados na tabela violam a terceira condição dada, segundo a qual um elemento do domínio não pode estar associado a dois elementos do contradomínio.

Problema 4.   Verificação da condição 3

Verifique se a equação

$$y^2 + x^2 - 16 = 0$$

permite a definição de y como uma função de x.

Solução

Isolando a variável y nessa equação, obtemos

$$y^2 + x^2 - 16 = 0 \quad \Rightarrow \quad y^2 = 16 - x^2 \quad \Rightarrow \quad y = \pm\sqrt{16 - x^2}.$$

O sinal $\pm$ indica que, para cada valor de x (exceto $x = 4$), há dois valores de y:

$$\sqrt{16 - x^2} \quad \text{e} \quad -\sqrt{16 - x^2}.$$

Assim, por exemplo, se $x = 2$, temos $y = \sqrt{12}$ e $y = -\sqrt{12}$. Nesse caso, a equação não permite a definição de y como uma função de x.

Agora, tente o Exercício 2.

■ Domínio e imagem

Vimos que o domínio de uma função é o conjunto de todos os valores que a variável independente pode assumir. No Problema 2, por exemplo, a variável x fornece a distância percorrida por um táxi, que pode corresponder a qualquer valor real maior ou igual a zero (supondo que o táxi possa reabastecer). Dessa forma, é adequado definir

$$D = \{x \in \mathbb{R} \mid x \geq 0\}.$$

Já no Problema 1, a função foi descrita apenas pela fórmula $f(x) = 2x^2 + 1$. Nesse caso, como não é possível especificar um conjunto ou intervalo no qual f tenha sentido prático, o domínio é dado *implicitamente* pela definição de f. Em outras palavras, o domínio é o conjunto de todos os valores de x para os quais f está definida. Como a expressão $2x^2 + 1$ pode ser calculada para todo x real, escrevemos

$$D = \mathbb{R}.$$

Problema 5. Descobrindo o domínio

Determine o domínio da função

$$f(x) = \frac{1}{x^2 - 1}.$$

Solução

O domínio é o conjunto de todos os valores de x para os quais $\frac{1}{x^2-1}$ está definida. Como a única exigência para que isso ocorra é que o denominador dessa expressão não seja zero, temos

Lembre-se de que podemos trabalhar com o símbolo "≠" da mesma forma com que trabalhamos com "=".

$$x^2 - 1 \neq 0 \quad \Rightarrow \quad x^2 \neq 1 \quad \Rightarrow \quad x \neq \pm 1.$$

Logo, o domínio de f é

$$D = \{x \in \mathbb{R} \mid x \neq -1 \text{ e } x \neq 1\}.$$

Agora, tente o Exercício 3.

Segundo a definição de função, o contradomínio C de uma função f pode ser qualquer conjunto que contenha, dentre outros elementos, os valores de $f(x)$. Como essa exigência é branda, C pode ser demasiadamente amplo. Sendo assim, é costume trabalhar com o conjunto que contém apenas os valores gerados por f, ao qual damos o nome de **conjunto imagem**.

> **Conjunto imagem**
>
> Dada uma função f, com domínio D, denominamos **conjunto imagem** (ou simplesmente Im) o conjunto de todos os valores $f(x)$ obtidos a partir de $x \in D$.

Tomemos como exemplo o problema da corrida de táxi, no qual temos $c(x) = 3{,}44 + 0{,}9x$. Nesse caso, como o domínio foi definido por $D = \{x \in \mathbb{R} \mid x \geq 0\}$, o valor a ser pago pelo passageiro poderá assumir qualquer valor real maior ou igual a 3,44 (o valor da bandeirada), de modo que

$$Im = \{c \in \mathbb{R} \mid c \geq 3{,}44\}.$$

Problema 6. Domínio e conjunto imagem

Para cada uma das funções a seguir, determine o domínio e o conjunto imagem.

a) $f(x) = 2x^2 + 1$ \hspace{2em} b) $f(x) = \sqrt{x-1}$

Solução

a) A expressão $2x^2 + 1$ pode ser calculada para qualquer x real. Desse modo,

$$D = \mathbb{R}$$

Por outro lado, como $x^2 \geq 0$ para todo x real, concluímos que $2x^2 + 1 \geq 1$. Assim,

$$Im = \{y \in \mathbb{R} \mid y \geq 1\}.$$

b) Para que a expressão $\sqrt{x-1}$ possa ser calculada, é preciso que

$$x - 1 \geq 0,$$

o que ocorre quando $x \geq 1$. Logo,

$$D = \{x \in \mathbb{R} \mid x \geq 1\}.$$

Para determinar o conjunto imagem dessa função, basta notar que a raiz quadrada não produz resultados negativos, donde

$$Im = \{y \in \mathbb{R} \mid y \geq 0\}.$$

Agora que já analisamos alguns aspectos algébricos das funções, vejamos como representá-las geometricamente.

■ Gráficos de funções

> O **gráfico** de f é o conjunto de pares ordenados
>
> $$(x, f(x)),$$
>
> tal que x pertence ao domínio de f.

Como sabemos traçar gráficos de equações, é mais fácil interpretar o gráfico de f como o conjunto dos pares (x, y) que satisfazem a equação

$$y = f(x),$$

desde que f esteja definida para x.

Atenção

Ao traçarmos o gráfico de uma função f no plano cartesiano, mostramos os valores de $f(x)$ no eixo vertical (ou eixo-y), destinando o eixo horizontal à variável x. Devemos tomar o cuidado de não trocar os eixos.

Exemplo 3. Traçado do gráfico de uma função

Para traçar o gráfico da função

$$f(x) = x^2 - 1,$$

montamos a Tabela 3.9, que contém alguns pares ordenados na forma (x, y), com $y = f(x)$. Em seguida, marcamos esses pontos no plano cartesiano e traçamos uma curva suave, como mostra a Figura 3.46.

TABELA 3.9

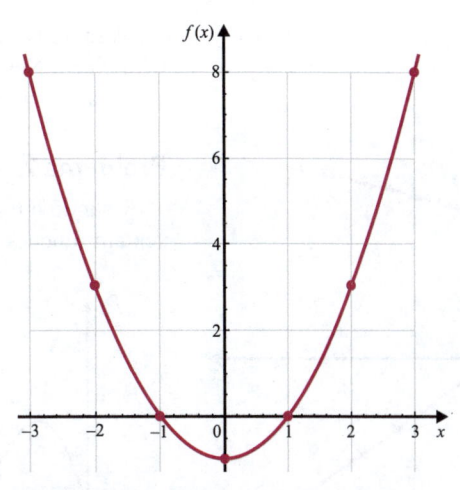

x	$f(x)$
−3	8
−2	3
−1	0
0	−1
1	0
2	3
3	8

FIGURA 3.46 Gráfico de $f(x) = x^2 - 1$.

Exemplo 4. Traçado do gráfico de uma função

Agora, vamos traçar o gráfico de

$$f(x) = \sqrt{x}.$$

Como o domínio dessa função é dado por $D = \{x \in \mathbb{R} \mid x \geq 0\}$, montamos a Tabela 3.10, que não contém valores negativos de x. Marcando, então, os pontos da tabela no plano cartesiano e traçando uma curva, obtemos o gráfico da Figura 3.47.

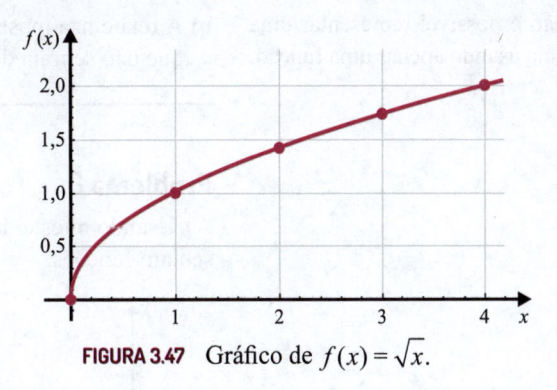

TABELA 3.10

x	$f(x)$
0	0
1	1
2	1,41
3	1,73
4	2

FIGURA 3.47 Gráfico de $f(x) = \sqrt{x}$.

Agora, tente o Exercício 5.

Já vimos que nem toda equação que envolve as variáveis x e y define y como função de x, pois há casos em que a equação associa dois valores de y a um único valor de x, o que não é permitido para funções.

Argumento semelhante pode ser usado para mostrar que nem toda curva no plano está associada a uma função, uma vez que só é possível haver um valor $f(x)$ associado a cada x pertencente ao domínio de uma função f, o que nem sempre ocorre com curvas no plano. Para determinar se uma curva é ou não a representação geométrica de uma função, usamos o teste a seguir.

Teste da reta vertical

Um gráfico no plano cartesiano representa uma função se, e somente se, nenhuma reta vertical o intercepta mais de uma vez.

A Figura 3.48 mostra uma curva que é interceptada duas vezes pela reta vertical cinza. Nesse caso, como há dois valores de y (ou seja, y_1 e y_2) associados a $x = a$, a curva não é o gráfico de uma função.

Problema 7. Teste da reta vertical

Usando o teste da reta vertical, verifique quais gráficos da Figura 3.49 representam funções.

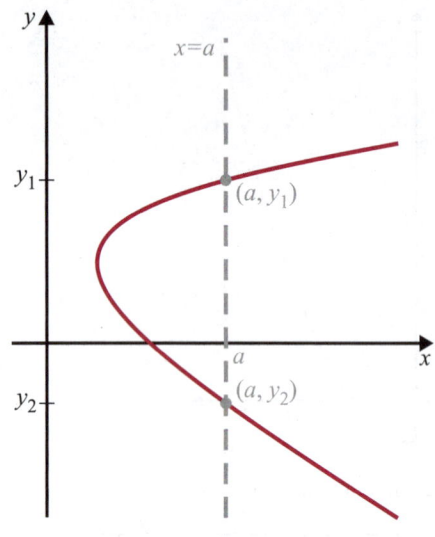

FIGURA 3.48 Curva que não satisfaz o teste da reta vertical.

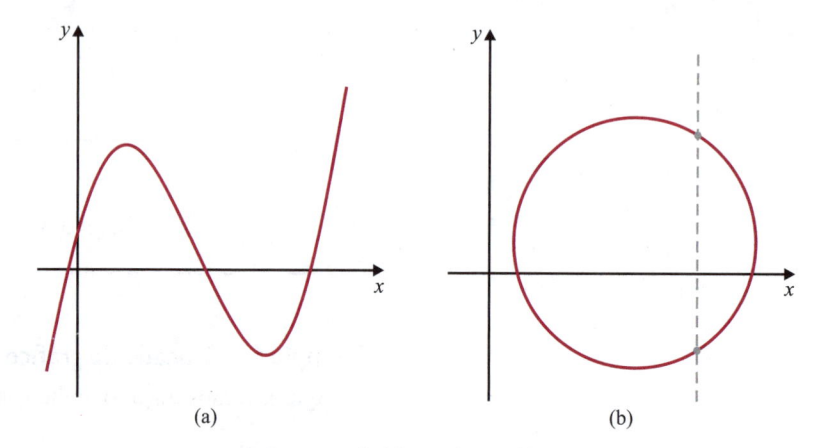

FIGURA 3.49 Gráficos do Problema 7.

Note que não é possível representar uma circunferência usando apenas uma função.

Solução

a) Como se observa, não é possível traçar uma reta vertical que corte mais de uma vez a curva da Figura 3.49a. Logo, trata-se do gráfico de uma função.

b) A reta cinza mostrada na Figura 3.49b corta a curva em dois pontos, de modo que não se trata do gráfico de uma função.

Problema 8. Teste da reta vertical

Usando o teste da reta vertical, verifique quais gráficos da Figura 3.50 representam funções.

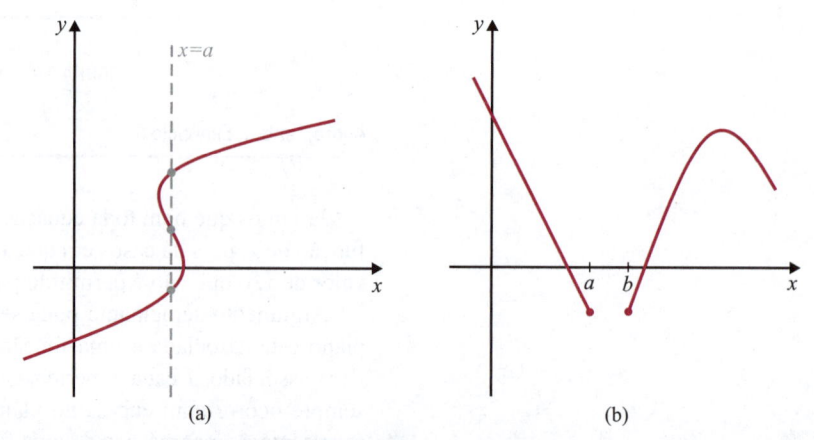

FIGURA 3.50 Gráficos do Problema 8.

Solução

a) Na Figura 3.50a, a reta vertical cinza corta o gráfico em três pontos. Logo, o gráfico não representa uma função.

b) O gráfico da Figura 3.50b representa uma função, já que não há reta vertical que o corte em mais de um ponto. Além disso, notamos que a função não está definida para $x \in (a, b)$.

Agora, tente o Exercício 4.

Exercícios 3.5

1. Calcule as funções nos pontos indicados.

   a) $f(x) = -2(x+1)$
   $f(-2), f(-1), f(0), f(1), f(a), f(-a)$

   b) $g(y) = 3(y-2)^2$
   $g(-2), g(-1), g(0), g(1), g(2)$

   c) $h(x) = \frac{x+1}{x^2-1}$
   $h(0), h(-2), h(1/2), h(a), h(a-1)$

   d) $f(w) = w - \frac{2}{w}$
   $f(-1), f(1/2), f(x), f(1/x), f(2z)$

   e) $f(y) = \frac{1}{y^2}$
   $f(-1), f(3), f(1/5), f(2x), f(1/x^2)$

   f) $f(y) = \sqrt{y-5} + 5$
   $f(5), f(9), f(45/4), f(x+5)$

   g) $f(y) = \frac{1}{1+\sqrt{y}}$
   $f(0), f(4), f(1/4), f(9x), f(x-1)$

   h) $f(y) = \frac{|4-y|}{y}$
   $f(-1), f(3), f(4), f(x+2), f(4-x)$

2. Verifique algebricamente se as equações a seguir permitem a definição de y como uma função de x.

   a) $12 - 2y = 0$
   b) $x^2 - y + 9 = 0$
   c) $x - y^2 + 4 = 0$
   d) $\sqrt{x-2} + y = 3$
   e) $(x-3)^2 + y = x^2$
   f) $(x-1)^2 + (y-2)^2 = 4$
   g) $y - 2 = 0$
   h) $y^3 - x = 0$
   i) $|2x - 3| + y = 0$
   j) $|y| = x + 5$

3. Determine o domínio das funções.

   a) $f(x) = 3x + 2$
   b) $f(x) = \frac{1}{x-2}$
   c) $f(x) = \frac{1}{2x+5}$
   d) $g(x) = \sqrt{x+9}$
   e) $f(x) = \sqrt{5-2x}$
   f) $f(x) = \sqrt{4x-3}$
   g) $p(x) = \sqrt[3]{x-2}$
   h) $f(x) = \frac{5x}{5x-13}$
   i) $g(x) = \frac{3x+1}{4x+6}$
   j) $h(x) = \frac{1}{2x-1}$
   k) $f(x) = \frac{\sqrt{3-x}}{x+1}$
   l) $f(x) = \frac{\sqrt{1-5x}}{x^2+4}$
   m) $f(x) = \frac{1}{\sqrt{x-3}}$
   n) $f(x) = \frac{x-1}{\sqrt{2x-7}}$
   o) $f(x) = \frac{1}{|x|-6}$
   p) $f(x) = \frac{1}{|x-4|+2}$
   q) $f(x) = \sqrt{16-x^2}$
   r) $f(x) = \sqrt{x-1} + \sqrt{5-x}$

4. Usando o teste da reta vertical, indique quais gráficos representam funções.

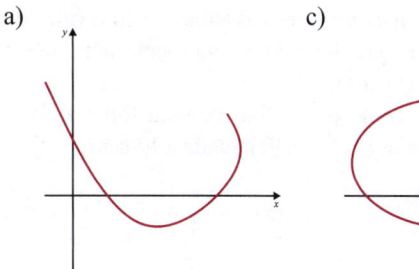

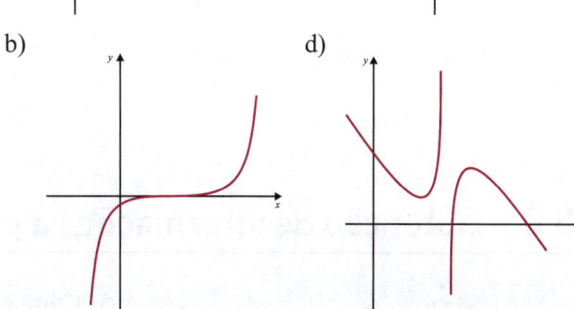

a)

b)

c)

d)

5. Esboce o gráfico de cada uma das funções abaixo com base em uma tabela de valores da função em pontos que você escolheu.

   a) $f(x) = 5$
   b) $f(x) = 2x + 1$
   c) $f(x) = -\frac{x^2}{2} + 2$
   d) $f(x) = 2\sqrt{x}$

6. Na superfície do oceano, a pressão da água é a mesma do ar, ou seja, 1 atm. Abaixo da superfíce da água, a pressão aumenta 1 atm a cada 10 m de aumento na profundidade.

   a) Escreva uma função $P(x)$ que forneça a pressão (em atm) com relação à profundidade (em m). Considere que $x = 0$ m na superfície da água do mar.

   b) Determine a pressão a 75 m de profundidade.

7. Um instalador de aparelhos de ar-condicionado cobra R$ 50,00 pela visita, além de R$ 75,00 por hora de serviço (sem incluir o custo do material por ele utilizado).

   a) Escreva uma função $C(t)$ que forneça o custo de instalação de um aparelho de ar-condicionado em relação ao tempo gasto pelo instalador em horas.

   b) Se a instalação de um aparelho consumir 3,5 horas, qual será o custo da mão de obra?

8. Uma piscina tinha 216.000 litros de água quando foram abertos todos os seus drenos. Desde então, a água tem escoado da piscina a uma taxa de 200 litros por minuto.

a) Escreva a função $V(t)$ que fornece o volume de água da piscina depois de transcorridos t minutos do início da drenagem.

b) Determine o tempo necessário para esvaziar completamente a piscina.

9. Um *notebook* custa R\$ 2.900,00 e perde 12% de seu valor inicial a cada ano de uso.

a) Escreva a função $V(t)$ que fornece o valor do *notebook* após t anos de uso.

b) Determine após quantos anos de uso o valor do *notebook* chega a R\$ 800,00, momento em que é conveniente trocá-lo.

10. Define-se como ponto fixo de uma função f o número real x tal que $f(x) = x$. Seja dada a função

$$f(x) = \frac{1}{x + \frac{1}{2}} + 1.$$

a) Calcule os pontos fixos de $f(x)$.

b) Trace o gráfico da função f e o gráfico de $g(x) = x$, indicando os pontos calculados no item (a).

11. Calcule

$$\frac{f(x) - f(a)}{x - a}$$

para as funções e os valores de a fornecidos a seguir. Simplifique os resultados e suponha sempre que os denominadores são diferentes de zero.

a) $f(x) = 3x + 4$, $a = 2$ b) $f(x) = x^2 + 6$, $a = 4$

12. Calcule

$$\frac{f(a + h) - f(a)}{h}$$

para as funções e os valores de a fornecidos a seguir. Simplifique os resultados e suponha sempre que os denominadores são diferentes de zero.

a) $f(x) = 2x - 5$, $a = 6$

b) $f(x) = x^2 - 3x$, $a = 1$

3.6 Obtenção de informações a partir do gráfico

A análise de um gráfico nos permite obter muitas informações acerca da função a ele associada. Como veremos a seguir, essas informações incluem desde o valor da função em pontos específicos até a presença de mínimos e máximos.

■ Valor da função

O propósito mais óbvio de um gráfico é fornecer valores aproximados da função para os pontos do intervalo no qual ela foi retratada. O problema a seguir ilustra como podemos usar um gráfico para extrair esses valores.

Problema 1. Valores de uma função

O gráfico da função $f(x) = x^3 - 3x - 1$ é mostrado na Figura 3.51. A partir do gráfico, determine

a) os valores de $f(0)$ e $f(-1)$;

b) os valores de x para os quais $f(x) = -3$;

c) os valores de x para os quais $f(x) \geq 1$;

d) os valores de x em que $-3 \leq f(x) \leq 1$.

Solução

a) Observando a Figura 3.52a, concluímos que

$$f(0) = -1 \quad \text{e} \quad f(-1) = 1.$$

b) Os valores de x em que $f(x) = -3$ são aqueles correspondentes aos pontos que estão, ao mesmo tempo, sobre o gráfico de f e sobre a reta $y = -3$. Segundo a Figura 3.52b, isso ocorre quando

$$x = -2 \quad \text{ou} \quad x = 1.$$

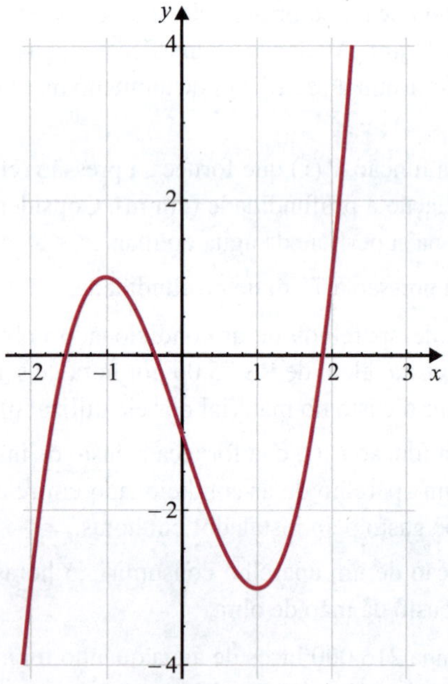

FIGURA 3.51 Gráfico de $f(x) = x^3 - 3x - 1$.

c) Os valores de x para os quais $f(x) \geq 1$ são aqueles nos quais a curva cruza a reta $y = 1$ ou está acima desta. Isso ocorre para os pontos marcados em cinza na curva da Figura 3.52c, ou seja, para

$$x = -1 \qquad \text{ou} \qquad x \geq 2.$$

d) A Figura 3.52d mostra que $-3 \leq f(x) \leq 1$ para

$$\{x \in \mathbb{R} \mid -2 \leq x \leq 2\}.$$

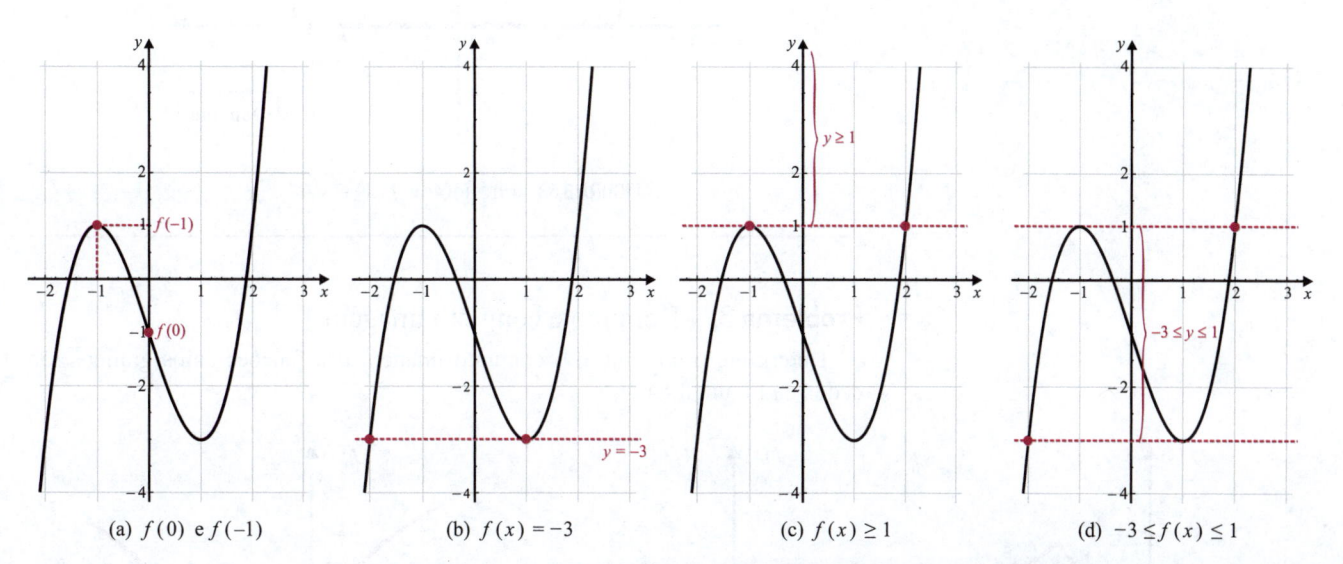

(a) $f(0)$ e $f(-1)$ (b) $f(x) = -3$ (c) $f(x) \geq 1$ (d) $-3 \leq f(x) \leq 1$

FIGURA 3.52 Gráficos do Problema 1.

■ Domínio e conjunto imagem

O domínio e o conjunto imagem de uma função também podem ser facilmente determinados a partir de seu gráfico:

> **Domínio** é o conjunto de valores sobre o eixo-x para os quais a função está definida.
>
> **Conjunto imagem** é o conjunto de valores do eixo-y associados a pontos do gráfico.

Problema 2. Domínio e conjunto imagem

Determine o domínio e o conjunto imagem de $f(x) = \sqrt{4 - x^2}$ a partir de seu gráfico.

Solução

O gráfico da função é a curva rosa mostrada na Figura 3.53. Observe que f não está definida para $x < -2$ e $x > 2$, pois, nesses casos, o termo dentro da raiz é negativo. Logo, o domínio de f é o intervalo vinho indicado no eixo-x, ou seja,

$$D = \{x \in \mathbb{R} \mid -2 \leq x \leq 2\}.$$

O conjunto imagem de f é o conjunto de valores sobre o eixo-y relacionados a pontos da curva. Esse conjunto também está indicado em vinho e corresponde a

$$Im = \{x \in \mathbb{R} \mid 0 \leq x \leq 2\}.$$

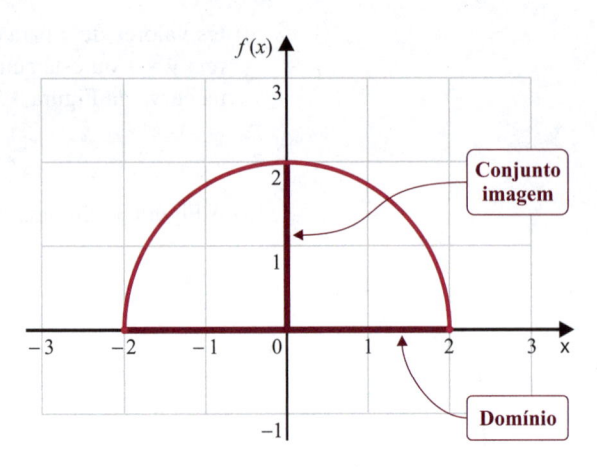

FIGURA 3.53 Gráfico de $f(x) = \sqrt{4-x^2}$.

Problema 3. Domínio e conjunto imagem

Determine o domínio e o conjunto imagem das funções cujos gráficos são dados na Figura 3.54.

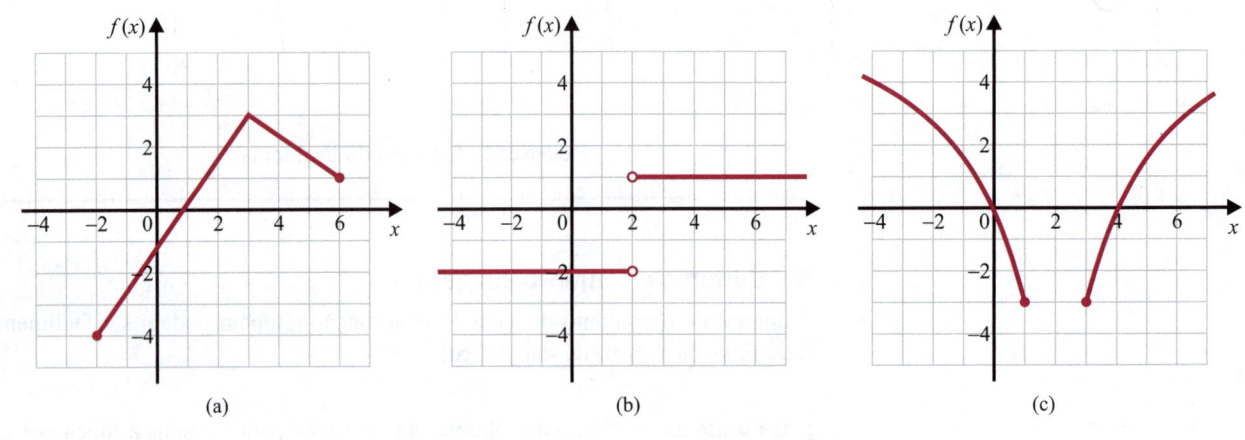

FIGURA 3.54 Gráficos do Problema 3.

Solução

a) A função f representada na Figura 3.54a está definida apenas para $x \in [-2, 6]$. Além disso, os valores de $f(x)$ variam de –4 a 3. Logo,

$$D = [-2, 6] \quad \text{e} \quad Im = [-4, 3].$$

b) Observando a Figura 3.54b, notamos que a função f não está definida em $x = 2$, já que as duas retas rosa possuem bolas abertas ou vazadas para esse valor de x. Por outro lado, as linhas mostradas na figura excedem as laterais da área quadriculada, indicando que f também está definida para $x < -4$ e para $x > 7$. Desse modo, podemos supor que a função f esteja definida para todo $x \in \mathbb{R}$, com exceção de $x = 2$, donde

$$D = \{x \in \mathbb{R} \mid x \neq 2\}.$$

Observando, agora, o eixo-y, notamos que $f(x)$ só pode valer –2 e 1, de modo que

$$Im = \{-2, 1\}.$$

c) Embora a Figura 3.54 inclua apenas uma parte do eixo-x, o gráfico sugere que a função está definida para $x < -4$ e para $x > 7$. Assim, temos

$$D = \{x \in \mathbb{R} \mid x \leq 1 \text{ ou } x \geq 3\}.$$

De forma análoga, apesar de não conhecermos o valor da função em todos os pontos do domínio, a figura nos permite supor que

$$Im = \{y \in \mathbb{R} \mid y \geq -3\}.$$

■ Zeros da função

Os valores de x que satisfazem a equação $f(x) = 0$ são chamados **zeros** de f. Esses valores correspondem aos interceptos-x do gráfico da função.

Problema 4. Zeros de funções

Determine graficamente os zeros de

$$f(x) = \frac{x}{2} + 1 \quad \text{e} \quad g(x) = 3 - x^2 + 2x.$$

Solução

A Figura 3.55 mostra os gráficos das duas funções. Na figura da esquerda, observamos que o zero de $f(x) = \frac{x}{2} + 1$ é $x = -2$ (a coordenada x do ponto cinza indicado no gráfico). O mesmo valor poderia ter sido obtido algebricamente resolvendo-se a equação $\frac{x}{2} + 1 = 0$:

$$\frac{x}{2} + 1 = 0 \quad \Rightarrow \quad \frac{x}{2} = -1 \quad \Rightarrow \quad x = -2.$$

Segundo a Figura 3.55b, os zeros de $g(x) = 3 - x^2 + 2x$ são $x = -1$ e $x = 3$. Naturalmente, esses interceptos-x também podem ser obtidos algebricamente, bastando para isso que resolvamos a equação $3 - x^2 + 2x = 0$.

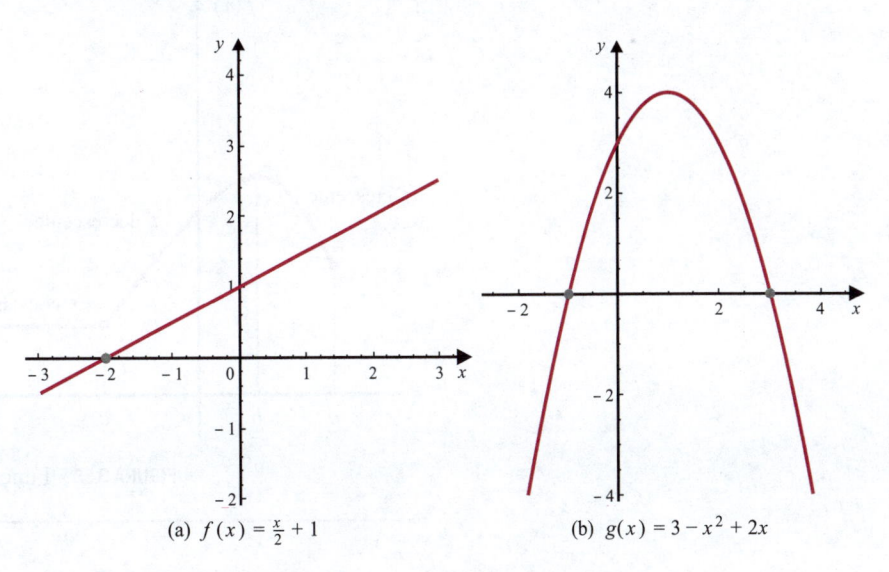

(a) $f(x) = \frac{x}{2} + 1$ (b) $g(x) = 3 - x^2 + 2x$

FIGURA 3.55 Gráficos do Problema 4.

Intervalos de crescimento e decrescimento

Nem sempre é suficiente conhecer o valor de uma função em alguns pontos. Muitas vezes, é importante saber se a função vai aumentar ou diminuir a partir de certo valor de x. Dito de outra forma, é importante conhecer os intervalos nos quais uma função é crescente e os intervalos nos quais ela é decrescente.

As Figuras 3.56 e 3.57 mostram intervalos nos quais f é, respectivamente, crescente e decrescente. Como se observa, f é crescente se a curva sobe quando a percorremos da esquerda para a direita. De modo análogo, f é decrescente se, quando percorremos da esquerda para a direita, o gráfico de f desce.

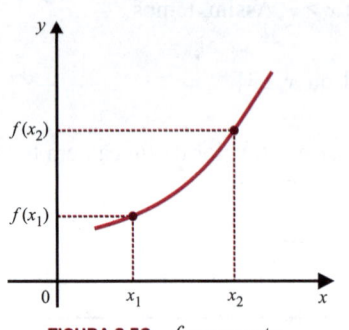

FIGURA 3.56 f crescente.

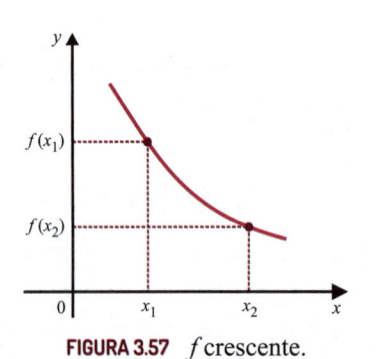

FIGURA 3.57 f crescente.

Intervalos de crescimento e decrescimento

Seja f uma função definida em um intervalo D. Dizemos que

1. f é **crescente** em D se, dados quaisquer x_1 e x_2 em D, tais que $x_1 < x_2$, tivermos $f(x_1) < f(x_2)$;

2. f é **decrescente** em D se, dados quaisquer x_1 e x_2 em D, tais que $x_1 < x_2$, tivermos $f(x_1) > f(x_2)$;

3. f é **constante** em D se, dados quaisquer x_1 e x_2 em D, tivermos $f(x_1) = f(x_2)$.

Exemplo 1. Intervalos de crescimento e decrescimento

Dada a função f cujo gráfico é mostrado na Figura 3.58, podemos dizer que:

- f é crescente no intervalo (a, b), bem como em (d, e);

- f é decrescente nos intervalos (b, c) e (e, g);

- f é constante em $[c, d]$.

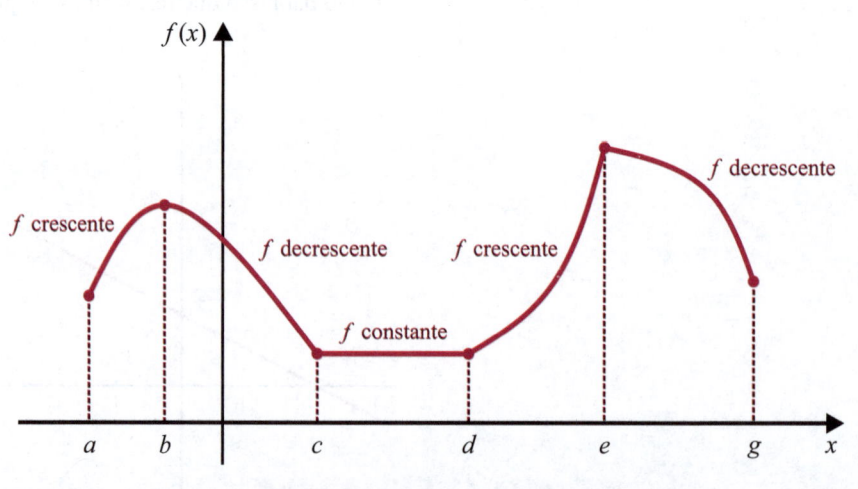

FIGURA 3.58 Função do Exemplo 1.

A determinação algébrica dos intervalos de crescimento e decrescimento de uma função é um assunto abordado no curso de Cálculo.

Máximos e mínimos

Assim como é importante saber em que intervalos uma função aumenta ou diminui, também é relevante conhecer seu valor máximo ou mínimo. Vejamos como caracterizar esses **pontos extremos**.

> **Máximos e mínimos locais**
>
> 1. O valor $f(\bar{x})$ é um **máximo local** – ou **máximo relativo** – de f se existe um intervalo (a, b), contendo $\bar{x}$, tal que
>
> $$f(\bar{x}) \geq f(x) \qquad \text{para todo } x \in (a,b).$$
>
> O valor $\bar{x}$ é chamado **ponto de máximo local**.
>
> 2. O valor $f(\bar{x})$ é um **mínimo local** – ou **mínimo relativo** – de f, se existe um intervalo (a, b) contendo $\bar{x}$, tal que
>
> $$f(\bar{x}) \leq f(x) \qquad \text{para todo } x \in (a,b).$$
>
> O valor $\bar{x}$ é chamado **ponto de mínimo local**.

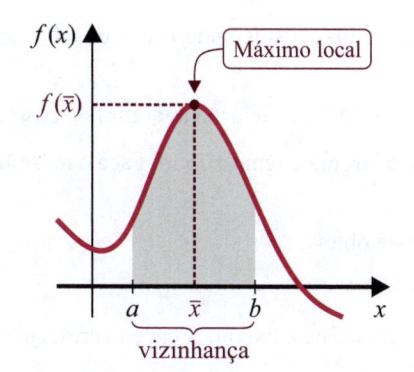

FIGURA 3.59 Máximo local.

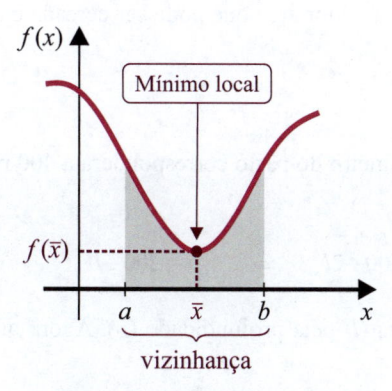

FIGURA 3.60 Mínimo local.

Quando nos referimos aos máximos e mínimos, usamos os adjetivos *local* e *relativo* para deixar claro que a análise diz respeito apenas a uma vizinhança de $\bar{x}$. A Figura 3.59 ilustra a situação, mostrando que, na vizinhança (a, b) definida em torno do ponto $\bar{x}$, o maior valor que a função f assume é $f(\bar{x})$, que, por isso mesmo, é denominado máximo local. Por sua vez, a Figura 3.60 mostra uma vizinhança (a, b) em torno de $\bar{x}$, na qual o menor valor de f é justamente $f(\bar{x})$, o mínimo local.

Nada impede que a função assuma um valor maior que um máximo local, desde que isso não ocorra nas proximidades de $\bar{x}$. Dessa forma, uma função pode ter vários máximos e mínimos relativos, como mostra a Figura 3.61, na qual a, c e e são pontos de máximo local, enquanto b, d e g são pontos de mínimo local.

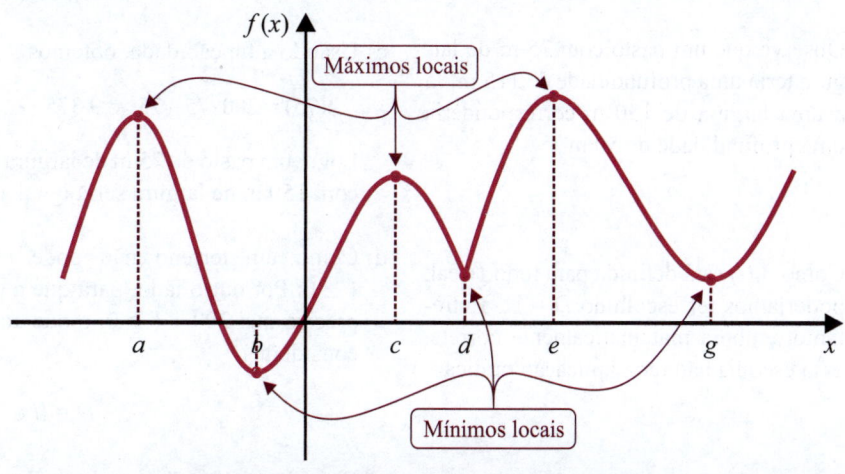

FIGURA 3.61 Função com vários pontos extremos.

Pontos de máximo e de mínimo local têm grande aplicação prática. Se uma função está associada, por exemplo, a um gasto (de dinheiro, energia, matérias-primas, trabalho etc.), o ponto de mínimo será aquele que proporciona a maior economia possível. Por outro lado, para funções que envolvem o aproveitamento de recursos disponíveis, é comum calcular o ponto de máximo, como mostra o exemplo a seguir.

Problema 5. Cercando um pasto

Um fazendeiro pretende usar 400 m de cerca para delimitar uma área retangular que servirá de pasto. Responda aos itens a seguir, lembrando que a área de um terreno retangular com largura l e profundidade p é dada por $l \cdot p$, e que o perímetro desse terreno retangular é igual a $2l + 2p$.

a) Relacione a profundidade à largura do pasto, considerando o uso dos 400 m de cerca.

b) Escreva uma função que forneça a área cercada em relação à largura do pasto.

c) Calcule a área de pasto, supondo que sua largura é igual a 75 m. Faça o mesmo para uma largura de 150 m.

d) Determine o domínio da função que você obteve.

e) Esboce o gráfico da função.

f) Indique em quais intervalos a função é crescente e em quais ela é decrescente.

g) Com base no gráfico, indique se é possível cercar uma área de 12.000 m².

h) Ainda com base no gráfico, determine a maior área que pode ser cercada e as dimensões do terreno nesse caso.

Solução

a) Usando toda a cerca disponível, o perímetro do pasto corresponderá a 400 m, donde

$$2l + 2p = 400 \quad \Rightarrow \quad 2p = 400 - 2l \quad \Rightarrow \quad p = 200 - l.$$

b) A área do pasto é o produto da largura (l) pela profundidade (p). Agora que sabemos que $p = 200 - l$, temos

$$A(l) = l \cdot (200 - l) = 200l - l^2.$$

c) Usando a função dada, obtemos

$$A(75) = 200 \cdot 75 - 75^2 = 9.375 \quad \text{e} \quad A(150) = 200 \cdot 150 - 150^2 = 7.500.$$

Logo, um pasto de 75 m de largura teria 9.375 m² de área. Já a área de um pasto com 150 m de largura seria igual a 7.500 m².

> Observe que um pasto com 75 m de largura teria uma profundidade de 115 m. Já a uma largura de 150 m corresponderia uma profundidade de 50 m.

d) Como um terreno não pode ter largura negativa, devemos considerar $\ell \geq 0$. Por outro lado, para que a profundidade nunca seja menor que zero, é preciso que $200 - \ell \geq 0$, o que equivale a exigir que $p \leq 0$. Assim, podemos considerar

$$D = \{l \in \mathbb{R} \mid 0 \leq l \leq 200\}.$$

> Como $A(l)$ está definida para todo ℓ real, poderíamos ter escolhido $D = \mathbb{R}$. Entretanto, embora matematicamente correta, essa escolha não teria aplicação prática.

e) O gráfico da função é dado na Figura 3.62.

f) Como se observa na Figura 3.62, a função é crescente no intervalo (0, 100) e é decrescente em (100, 200).

g) Não é possível cercar uma área de 12.000 m², pois 12.000 não pertence à imagem do gráfico.

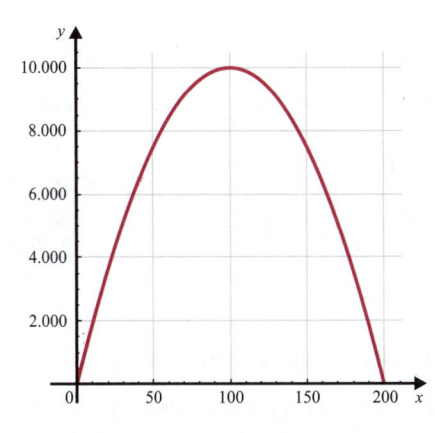

FIGURA 3.62 Gráfico de $A(l)$.

h) Da Figura 3.62, concluímos que a função assume seu valor máximo em $\ell = 100$, que é o único ponto de máximo local do domínio. A profundidade correspondente a esse valor de ℓ é dada por

$$p = 200 - \ell = 200 - 100 = 100 \text{ m}.$$

Por sua vez, a área máxima é

$$A(100) = 200 \cdot 100 - 100^2 = 10.000 \text{ m}^2.$$

■ Simetria

Os gráficos de algumas funções possuem uma característica geométrica bastante importante chamada *simetria*. O gráfico de $f(x) = x^2$, por exemplo, é simétrico com relação ao eixo-y, o que significa que a parte da curva que está à esquerda do eixo é uma imagem refletida da porção que está à direita dele, conforme mostra a Figura 3.63a. Do ponto de vista algébrico, essa simetria é caracterizada pelo fato de que

$$f(x) = f(-x).$$

Uma função cujo gráfico é simétrico com relação ao eixo-y é denominada **par**.

Outra simetria comum é a que ocorre com relação à origem, como se observa na Figura 3.63b. Nesse caso de simetria, a curva não se altera quando viramos o livro de cabeça para baixo, o que, algebricamente, corresponde a dizer que

$$f(x) = -f(-x).$$

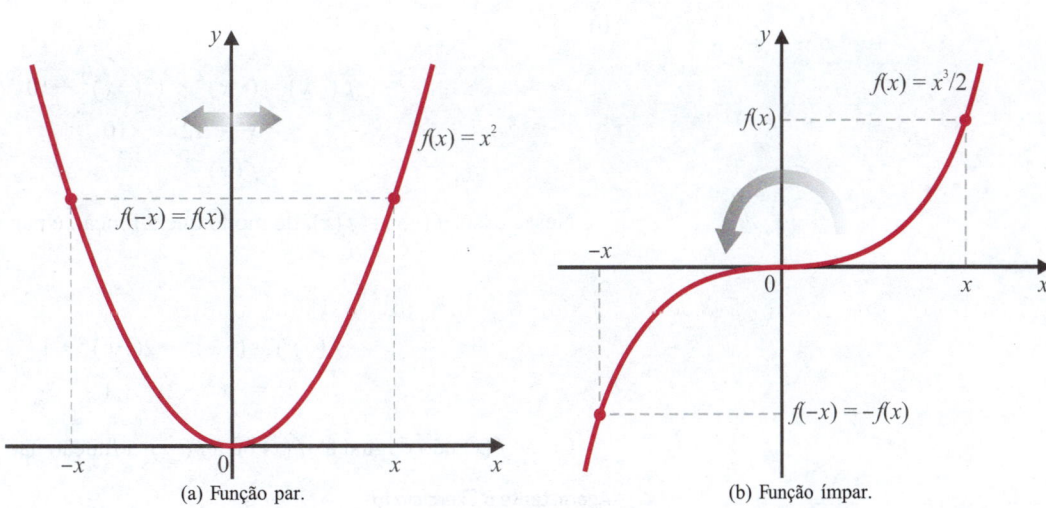

(a) Função par.

(b) Função ímpar.

FIGURA 3.63 Função par e função ímpar.

Uma função com essa propriedade é chamada **ímpar**. O quadro a seguir resume as características principais das funções pares e ímpares.

Funções pares e ímpares

1. Uma função f é **par** se seu gráfico é simétrico com relação ao eixo-y, isto é, se

$$f(-x) = f(x)$$

para todo x no domínio de f.

(continua)

> **Funções pares e ímpares (cont.)**
>
> 2. Uma função f é **ímpar** se seu gráfico é simétrico com relação à origem, isto é, se
> $$f(-x) = -f(x)$$
> para todo x no domínio de f.

Problema 6. Teste de simetria

Verifique quais dessas funções são pares e quais são ímpares.

a) $f(x) = x^3 - 16x$ b) $f(x) = x^4 - 12x^2 + 10$ c) $f(x) = x^3 - 2x^2 + 1$

Solução

a)
$$\begin{aligned} f(-x) &= (-x)^3 - 16(-x) \\ &= -x^3 + 16x \\ &= -(x^3 - 16x) \\ &= -f(x) \end{aligned}$$

Como $f(-x) = -f(x)$, a função é ímpar.

b)
$$\begin{aligned} f(-x) &= (-x)^4 - 12(-x)^2 + 10 \\ &= x^4 - 12x^2 + 10 \\ &= f(x) \end{aligned}$$

Nesse caso, $f(-x) = f(x)$, de modo que a função é par.

c)
$$\begin{aligned} f(-x) &= (-x)^3 - 2(-x)^2 + 1 \\ &= -x^3 - 2x^2 + 1 \end{aligned}$$

Como $f(x)$ não é igual a $-f(x)$ ou a $f(-x)$, a função não é par nem ímpar.

Agora, tente o Exercício 19.

Além de possuir aplicações algébricas, a simetria é muito útil para o traçado do gráfico de funções, como mostra o problema a seguir.

Problema 7. Gráficos de funções simétricas

Esboce os gráficos das funções a seguir.

a) $f(x) = x^3 - 16x$ b) $f(x) = x^4 - 12x^2 + 10$

Solução

a) Como vimos no Problema 6, a função $f(x) = x^3 - 16x$ é ímpar, de modo que podemos esboçar seu gráfico conhecendo apenas a parte relativa a $x \geq 0$. Montando, então, a Tabela 3.11, marcamos os pontos em rosa na Figura 3.64a. Em seguida, traçamos uma curva suave que liga esses pontos e refletimos o gráfico em torno da origem, para obter a parte da curva que está à esquerda do eixo-y.

TABELA 3.11

x	$f(x)$
0	0
1	−15
2	−24
3	−21
4	0
5	45

CAPÍTULO 3 – Funções ■ 273

TABELA 3.12

x	f(x)
0.0	10.00
0.5	7.06
1.0	−1.00
1.5	−11.94
2.0	−22.00
2.5	−25.94
3.0	−17.00
3.5	13.06
4.0	74.00

b) Também vimos no Problema 6 que a função $f(x) = x^4 - 12x^2 + 10$ é par. Logo, seu gráfico também pode ser traçado apenas com base na parte à direita do eixo-y. A Tabela 3.12 mostra os pares ordenados correspondentes aos pontos rosa da Figura 3.64b. Com base nesses pontos, traçamos a parte da curva referente a $x \geq 0$, e a refletimos em torno do eixo vertical.

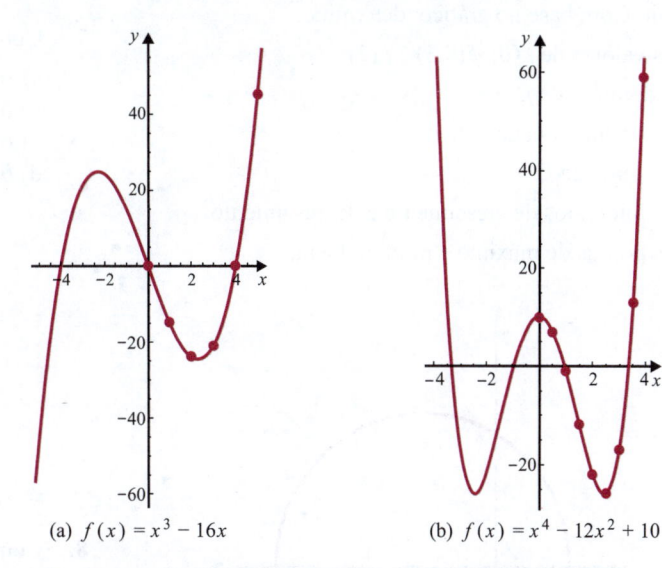

(a) $f(x) = x^3 - 16x$ (b) $f(x) = x^4 - 12x^2 + 10$

FIGURA 3.64   Gráficos das funções do Problema 7.

Agora, tente o Exercício 20.

Exercícios 3.6

1. O gráfico de uma função f é mostrado a seguir.

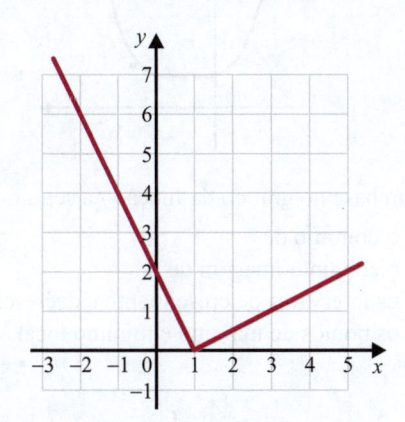

   Com base no gráfico, determine:
   a) os valores de $f(-2)$, $f(0)$ e $f(4)$;
   b) o conjunto imagem de f;
   c) os pontos em que $f(x) = 2$;
   d) os pontos em que $f(x) < 1$;
   e) os pontos de máximo e mínimo local;
   f) os intervalos de crescimento e decrescimento.

2. O gráfico de $f(x) = x^3 + 3x^2 - 6x - 2$ e a reta $y = 6$ são mostrados na figura a seguir. A partir do gráfico, indique as soluções de $f(x) \geq 6$.

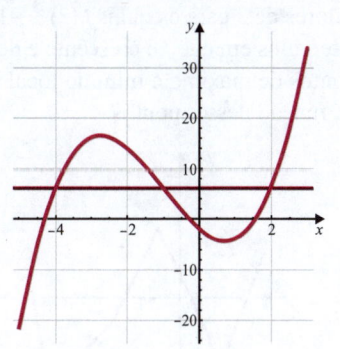

3. O gráfico de uma função f é mostrado a seguir.

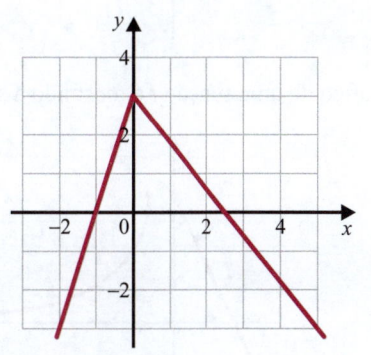

   Com base no gráfico, determine:
   a) o conjunto imagem de f;
   b) os zeros de f;

c) os pontos em que $-3 \leq f(x) \leq 0$;
d) os pontos de máximo e mínimo local;
e) os intervalos de crescimento e decrescimento.

4. O gráfico da função $f(x) = \sqrt{-x^2 + 2x + 3}$ é mostrado a seguir. Com base no gráfico, determine:
   a) os valores de $f(0), f(0,5)$ e $f(2)$;
   b) o domínio de f;
   c) o conjunto imagem de f;
   d) os zeros de f;
   e) os intervalos de crescimento e decrescimento;
   f) os pontos de máximo e mínimo local.

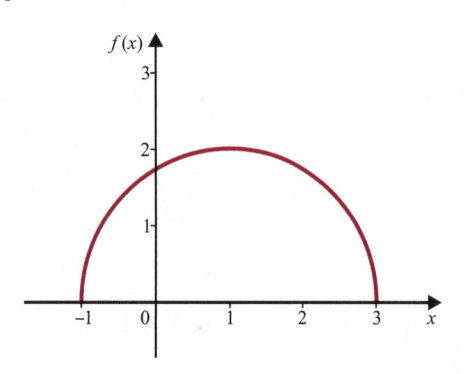

5. Dada a função f cujo gráfico é representado a seguir, determine, para o domínio especificado:
   a) os valores de $f(-1), f(2)$ e $f(3)$;
   b) os valores de x para os quais $f(x) = -0,5$;
   c) os valores de x para os quais $f(x) < -1$;
   d) os intervalos em que f é crescente e decrescente;
   e) os pontos de máximo e mínimo local de f e os valores da função nesses pontos.

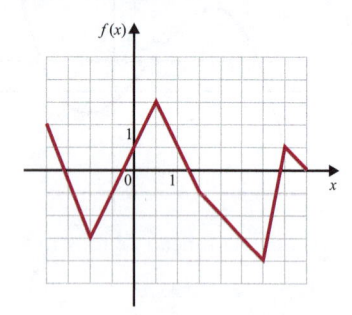

6. O gráfico de uma função f é mostrado a seguir.

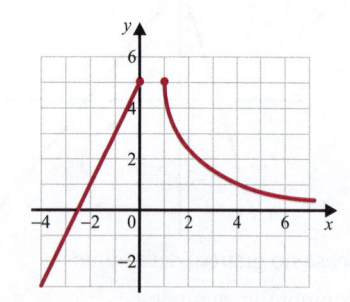

Com base no gráfico, determine:
a) o domínio de f;
b) o conjunto imagem de f;
c) os pontos em que $f(x) \geq 1$;
d) os intervalos de crescimento e decrescimento.

7. Com base no gráfico da função f a seguir, determine:
   a) o conjunto imagem de f;
   b) os zeros de f;
   c) os intervalos de crescimento e decrescimento;
   d) os pontos de máximo e mínimo local.

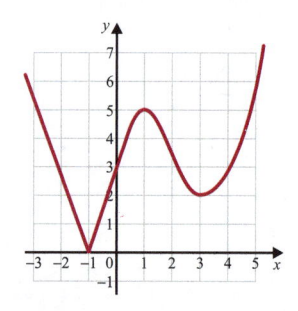

8. Com base no gráfico da função f a seguir, determine:
   a) o conjunto imagem de f;
   b) os pontos em que $f(x) \leq 2,5$;
   c) os intervalos de crescimento e decrescimento;
   d) os pontos de máximo e mínimo local.

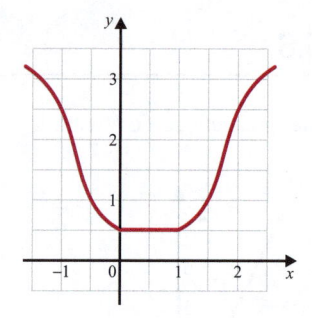

9. Com base no gráfico da função f a seguir, determine:
   a) o domínio de f;
   b) o conjunto imagem de f;
   c) os intervalos de crescimento e decrescimento;
   d) os pontos de máximo e mínimo local.

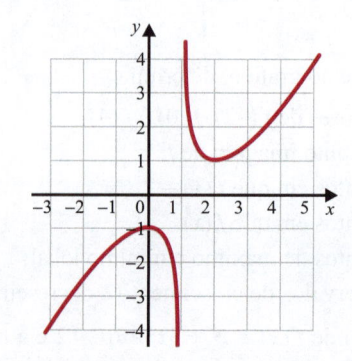

10. O gráfico a seguir mostra a população rural das regiões Norte e Centro-Oeste do Brasil ao longo do tempo, segundo o IBGE.

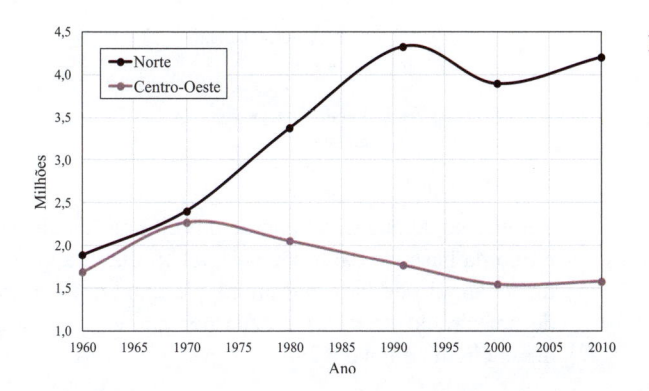

a) Determine em que período a população rural da região Norte superou 3 milhões de habitantes.
b) Determine em que período a população rural da região Centro-Oeste superou 2 milhões de habitantes.
c) Forneça os intervalos de crescimento e decrescimento da população rural das duas regiões.
d) Indique em que décadas do século XX o crescimento da população rural da região Norte foi mais intenso.
e) Determine os pontos de máximo e mínimo local dos gráficos.

11. A produção brasileira de milho e soja, em milhões de toneladas, no período compreendido entre as safras de 2005/06 e 2014/15 é mostrada a seguir. Os dados foram extraídos das séries históricas fornecidas pela Conab, a Companhia Nacional de Abastecimento.

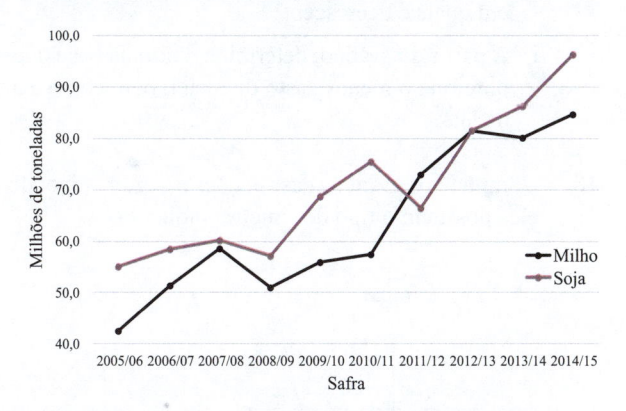

a) Determine em que safras a produção de soja foi maior ou igual a 60 milhões de toneladas.
b) Determine em que safras a produção de milho foi superior a 70 milhões de toneladas.
c) Forneça os intervalos de crescimento e decrescimento da produção de soja.
d) Indique entre quais safras houve o maior crescimento da produção de milho. Forneça esse crescimento.
e) Indique entre quais safras houve a maior queda da produção de soja. Calcule em quantas toneladas a produção foi reduzida.
f) Determine o crescimento percentual da produção de milho e de soja entre as safras de 2005/06 e 2014/15.
g) Determine os pontos de máximo e mínimo local dos gráficos.

12. Dá-se o nome de *taxa de ocupação* ao percentual de pessoas ocupadas em relação ao número de pessoas dispostas a trabalhar. O gráfico a seguir mostra a taxa de ocupação na região metropolitana de São Paulo, em junho de cada ano, segundo o IBGE.

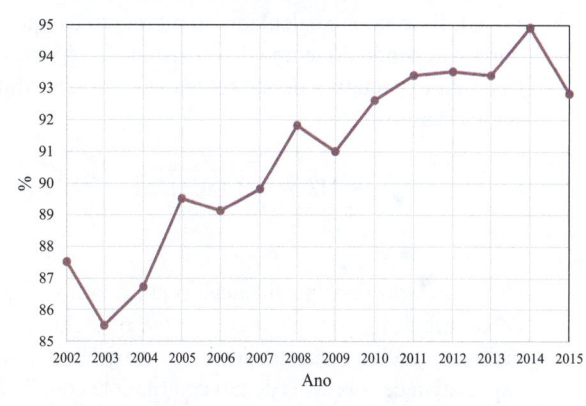

a) Determine entre quais anos consecutivos houve o maior aumento do desemprego em junho, ou seja, a maior variação negativa da taxa de ocupação.
b) Determine entre quais anos consecutivos houve o maior aumento da taxa de ocupação em junho. Calcule a variação da taxa nesse caso.
c) Determine em que anos a taxa de ocupação foi superior a 90%.
d) Forneça os intervalos de crescimento e decrescimento da taxa de ocupação.
e) Determine quais anos apresentaram a maior e a menor taxa de ocupação em junho.

13. Sejam dadas as funções $f(x) = \frac{1}{6}x - 2$ e $g(x) = 3 - \frac{2}{3}x$.
a) Exiba os gráficos de f e g no plano cartesiano.
b) Determine para que valores de x a desigualdade $f(x) \leq g(x)$ é satisfeita.

14. Dadas as funções f e g cujos gráficos são representados a seguir, determine, para o domínio especificado:

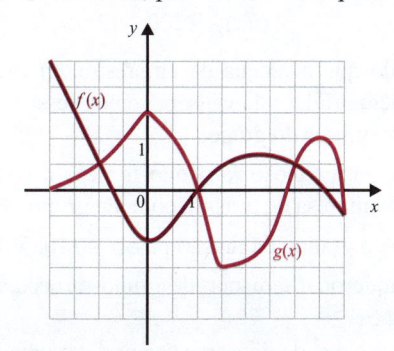

a) os pontos nos quais $f(x) \leq 0{,}5$;
b) os pontos nos quais $g(x) \geq 0{,}5$;
c) os pontos nos quais $f(x) \geq g(x)$;
d) os intervalos em que f é crescente ou decrescente;

e) os intervalos em que g é crescente ou decrescente;
f) os pontos de máximo e mínimo local de f e o valor da função nesses pontos;
g) os pontos de máximo e mínimo local de g e o valor da função nesses pontos;
h) valores aproximados para os zeros de f.

15. O fator previdenciário, f, é um coeficiente usado para a correção do valor da aposentadoria por tempo de serviço de uma pessoa que contribuiu para a Previdência Social. Esse fator é calculado no momento da aposentadoria e depende do tempo de contribuição (T_c), da idade (A) e da expectativa de sobrevida (E_s) do contribuinte, segundo a fórmula

$$f = \frac{0,31T_c}{E_s}\left[1+\frac{A+0,31T_c}{100}\right].$$

Os valores do fator previdenciário em relação ao tempo de contribuição, para pessoas com 60, 65 e 70 anos, são dados no gráfico a seguir. Com base no gráfico, estime a expectativa de sobrevida de um contribuinte com 70 anos.

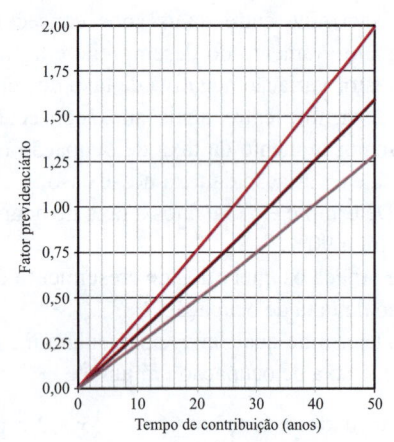

16. Uma companhia de turismo cobra R$ 1.200,00 por um pacote turístico individual, mas dá um bom desconto quando os turistas viajam em grupos. Se um grupo tem x pessoas, com $x \leq 70$, cada integrante paga apenas

$$C(x) = 1200 - 12x.$$

Sabendo que a receita da empresa com cada grupo é dada pelo produto do valor pago por pessoa pelo número de membros do grupo,

a) escreva a função $R(x)$ que fornece a receita obtida pela empresa de turismo com um grupo de x pessoas;
b) trace o gráfico da função para $x \in [10, 70]$;
c) indique qual tamanho de grupo fornece a maior receita.

17. Um fabricante de tintas precisa projetar uma lata de metal que comporte 1 litro e tenha formato cilíndrico. A quantidade de metal consumida na fabricação da lata é proporcional à área de sua superfície. A figura a seguir mostra a planificação da lata.

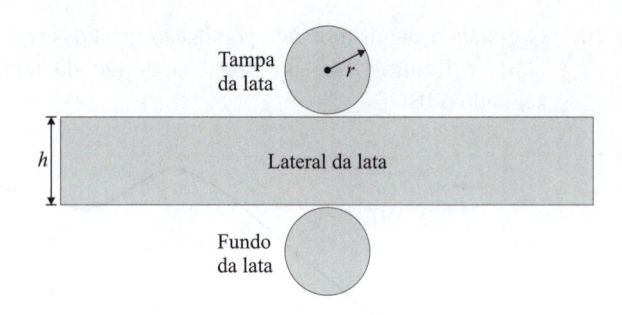

Lembre-se de que o volume de um cilindro de altura h e raio da base r é dado por $\pi h r^2$. Além disso, a área de um retângulo de base b e altura h é igual a bh, a área de um círculo de raio r é dada por πr^2, e o perímetro desse círculo é igual a $2\pi r$.

a) Escreva a área da tampa da lata em relação a r.
b) Escreva a área da lateral da lata em relação a r e h (dica: observe que há uma relação entre uma das dimensões da lateral e o perímetro da tampa).
c) Escreva a área da superfície da lata em relação a r e h.
d) Escreva h em função de r, usando o fato de que o volume da lata é igual a 1 litro = 1.000 cm³.
e) Usando as respostas dos itens (c) e (d), escreva uma função que forneça a área da superfície em relação apenas ao raio da base da lata, r.
f) Defina o domínio da função que você obteve no item anterior.
g) Trace o gráfico da função para r entre 2 e 10.
h) Determine em que intervalos a função é crescente e em quais é decrescente.
i) A partir do gráfico, determine o raio da base que proporciona o menor gasto de metal, bem como a altura da lata.

18. Complete os gráficos das funções a seguir, supondo que eles possuem o tipo de simetria indicado.

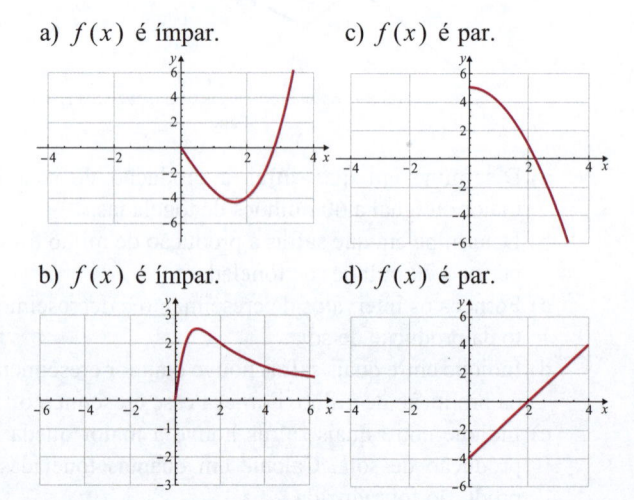

a) $f(x)$ é ímpar.
b) $f(x)$ é ímpar.
c) $f(x)$ é par.
d) $f(x)$ é par.

19. Determine algebricamente se as funções a seguir são pares, ímpares ou não possuem simetria.
    a) $f(x) = 4$
    b) $f(x) = -2x$
    c) $f(x) = 2x - 1$
    d) $f(x) = x^2 - 3$
    e) $f(x) = x^2 - 4x + 4$
    f) $f(x) = -x^3 + 2x$
    g) $f(x) = 2x^5 - x^3 + x$
    h) $f(x) = x^6 - 3x^4 + x^2 - 15$
    i) $f(x) = \frac{1}{x^2+1}$
    j) $f(x) = \sqrt[3]{x}$
    k) $f(x) = x\sqrt{x}$
    l) $f(x) = |x|$

20. Levando em conta a simetria, trace os gráficos das funções dos itens (d), (f), (i) e (j) do Exercício 19.

3.7 Funções usuais

■ Função linear e função afim

Na Seção 2.2, vimos como usar a regra de três para estabelecer a relação entre grandezas diretamente proporcionais. Usaremos, agora, o conceito de função para estabelecer a mesma relação.

Problema 1. Custo do telefonema

Uma empresa telefônica cobra R$ 0,60 por uma ligação de 15 minutos. Sabendo que o custo da ligação é diretamente proporcional à duração da conversa, determine o custo de um telefonema de t minutos.

Solução

Se o custo é diretamente proporcional ao tempo de ligação, então o custo por minuto corresponde à constante de proporcionalidade, sendo igual a

$$m = \frac{0{,}60 \text{ reais}}{15 \text{ min}} = 0{,}04 \text{ reais/min},$$

ou seja, 4 centavos por minuto. Assim, para uma ligação t minutos, o custo, em reais, é dado pela função

$$C(t) = 0{,}04t.$$

Usando essa função, a companhia telefônica é capaz de calcular facilmente o valor de qualquer ligação telefônica.

Funções na forma

$$f(x) = mx,$$

como aquela encontrada no Problema 1, são denominadas **funções lineares**. Uma versão mais geral desse tipo de função é dada a seguir.

Linear ou afim?
A diferença entre função linear e função afim só é relevante para os matemáticos mais empedernidos, de modo que não há mal em usar qualquer um dos dois termos para nomear as funções definidas por $f(x) = mx + b$.

Função afim

Uma função f é chamada **função afim ou linear** se pode ser escrita na forma

$$f(x) = mx + b,$$

em que m e b são coeficientes reais constantes.

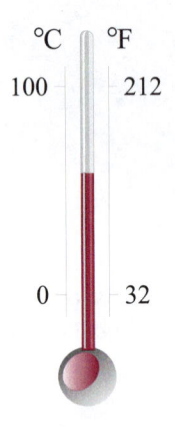

FIGURA 3.65 Relação entre as escalas Celsius e Fahrenheit.

O gráfico de uma função afim é a reta cuja inclinação é igual a m e cujo intercepto-y é b. Conhecendo o valor da função para dois valores diferentes de x, podemos determinar a expressão da função, bem como traçar o seu gráfico.

Problema 2. Conversão de unidades

Em quase todos os países, a unidade de medida de temperatura é o grau Celsius (°C). Entretanto, nos Estados Unidos e em algumas de suas possessões, a temperatura é apresentada em graus Fahrenheit (°F). Escreva uma função afim que converta uma temperatura em graus Fahrenheit para graus Celsius, sabendo que 32 °F correspondem a 0 °C, e que 212 °F correspondem a 100 °C. Em seguida, trace o gráfico da função.

Solução

O objetivo do problema é determinar a função

$$C(t) = mt + b,$$

que converte uma temperatura t, em graus Fahrenheit, na temperatura correspondente em graus Celsius. Para que possamos encontrar os coeficientes m e b, o enunciado nos fornece duas informações:

$$C(32) = 0 \quad \text{e} \quad C(212) = 100.$$

Com base nesses dados, escrevemos os pares ordenados

$$(x_1, y_1) = (32, 0) \quad \text{e} \quad (x_2, y_2) = (212, 100),$$

que nos permitem obter a inclinação da reta:

$$m = \frac{y_2 - y_1}{x_2 - x_1} = \frac{100 - 0}{212 - 32} = \frac{100}{180} = \frac{5}{9},$$

donde

$$C(t) = \frac{5}{9}t + b.$$

Finalmente, lembrando que $C(32) = 0$, escrevemos

$$0 = \frac{5}{9} \cdot 32 + b \quad \Rightarrow \quad b = -\frac{160}{9}.$$

Assim, a função é dada por

$$C(t) = \frac{5}{9}t - \frac{160}{9}.$$

Como o gráfico de C é uma reta, podemos traçá-lo no plano usando apenas os dois pares ordenados já fornecidos. O resultado é apresentado na Figura 3.66.

Observe que também seria possível obter m e b resolvendo o sistema linear

$$0 = 32m + b$$
$$100 = 212m + b$$

Atenção

Ao traçarmos o gráfico de uma função linear ou afim, não devemos marcar muitos pontos no plano, ligando-os em seguida. Quando isso é feito, a curva resultante pouco se parece com uma reta, como a que é mostrada na Figura 3.67. Para evitar gráficos assim, usamos apenas dois pontos, como na Figura 3.66.

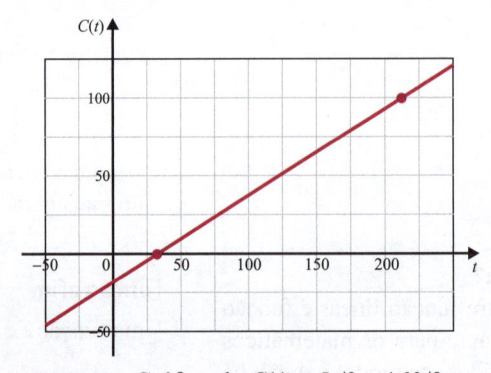

FIGURA 3.66 Gráfico de $C(t) = 5t/9 - 160/9$.

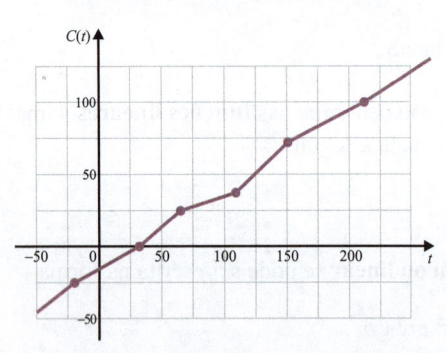

FIGURA 3.67 Gráfico incorreto de uma função afim.

Agora, tente os Exercícios 17 e 19.

As principais características das funções lineares e afins em que $m \neq 0$ são:

- O domínio e o conjunto imagem são compostos de todos os números reais.
- A função tem um único zero.
- A função é crescente se $m > 0$, e decrescente se $m < 0$.
- A função não tem máximos ou mínimos locais.

■ Função potência

Dada uma constante natural n, uma função na forma

$$f(x) = x^n,$$

é chamada **função potência**. A Figura 3.68 mostra o gráfico de algumas funções potência bastante conhecidas.

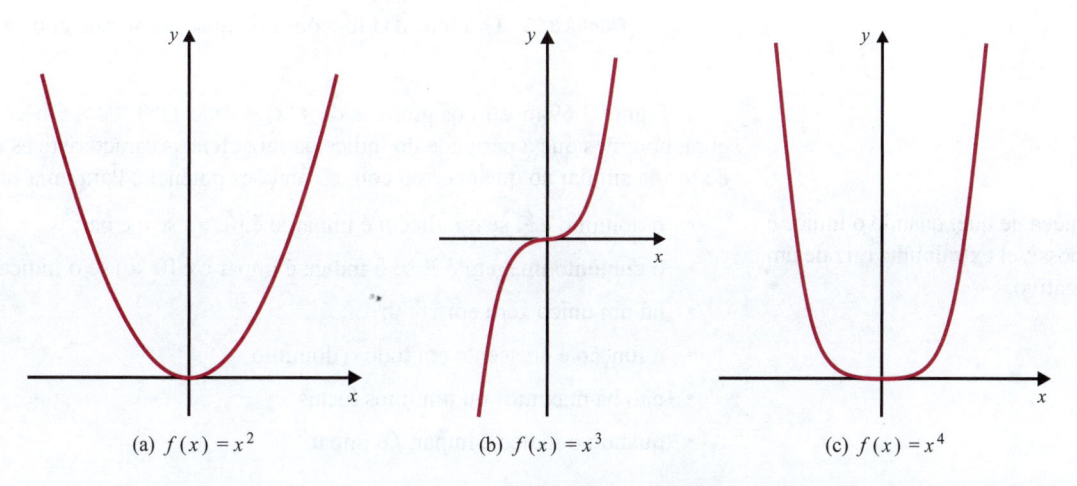

(a) $f(x) = x^2$ (b) $f(x) = x^3$ (c) $f(x) = x^4$

FIGURA 3.68 Gráficos das funções potência usuais.

Observe que as funções cujos gráficos são mostrados nas Figuras 3.68a e 3.68c têm expoente par. Já a Figura 3.68b mostra a função $f(x) = x^3$, cujo expoente é ímpar. A paridade do expoente afeta diretamente as características das funções potência, que são apresentadas a seguir.

- O domínio de f é $\mathbb{R}$.
- O conjunto imagem é $\mathbb{R}$ se o expoente é ímpar e é $[0, \infty)$ se o expoente é par.
- Há um único zero em $x = 0$.
- Quando o expoente é par, f é decrescente para $x < 0$, e crescente para $x > 0$. Quando o expoente é ímpar, f é crescente em $(-\infty, \infty)$.
- Não há máximos locais.
- A função tem um ponto de mínimo local em $x = 0$ quando o expoente é par, e não tem mínimos locais quando o expoente é ímpar.
- Quando o expoente é par, f é par. Quando o expoente é ímpar, f é ímpar.

Não se esqueça de que, ao elevarmos um número real a um expoente par, obtemos sempre um número positivo.

Função raiz

Dada uma constante natural n maior que 1, uma função na forma

$$f(x) = \sqrt[n]{x},$$

é chamada **função raiz**.

> **Lembrete**
> Também podemos representar uma função raiz na forma $x^{1/n}$.

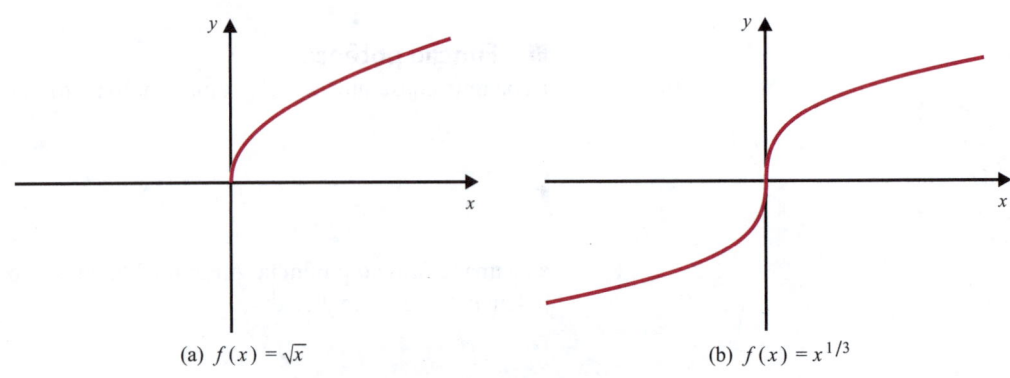

(a) $f(x) = \sqrt{x}$

(b) $f(x) = x^{1/3}$

FIGURA 3.69 Gráficos das funções raiz quadrada e raiz cúbica.

A Figura 3.69 mostra os gráficos de $f(x) = \sqrt{x}$ e $f(x) = \sqrt[3]{x}$. Observando a figura, notamos que a paridade do índice da raiz afeta as características do gráfico, de forma similar ao que ocorreu com as funções potência. Para uma função raiz:

- o domínio é $\mathbb{R}$ se o índice n é ímpar, e é $[0, \infty)$ se n é par;
- o conjunto imagem é $\mathbb{R}$ se o índice é ímpar e é $[0, \infty)$ se o índice é par;
- há um único zero em $x = 0$;
- a função é crescente em todo o domínio;
- não há máximos ou mínimos locais.
- quando o índice é ímpar, f é ímpar.

> Não se esqueça de que, quando o índice é par, não é possível extrair uma raiz de um número negativo.

Funções recíprocas

Funções na forma

$$f(x) = \frac{1}{x^n},$$

em que n é um número natural, são chamadas **funções recíprocas**. Os gráficos das funções recíprocas $f(x) = \frac{1}{x}$ e $f(x) = \frac{1}{x^2}$ são apresentados na Figura 3.70.
As principais características das funções recíprocas são:

- O domínio inclui todos os valores reais, exceto o zero.
- O conjunto imagem é $(-\infty, 0) \cup (0, \infty)$ se o expoente é ímpar e $(0, \infty)$ se o expoente é par.
- A função não tem zeros.
- Quando o expoente é ímpar, a função é decrescente em todos os pontos do domínio. Já quando o expoente é par, f é crescente para $x < 0$ e decrescente para $x > 0$.
- Não há máximos ou mínimos locais.
- Quando o expoente é par, f é par. Quando o expoente é ímpar, f é ímpar.

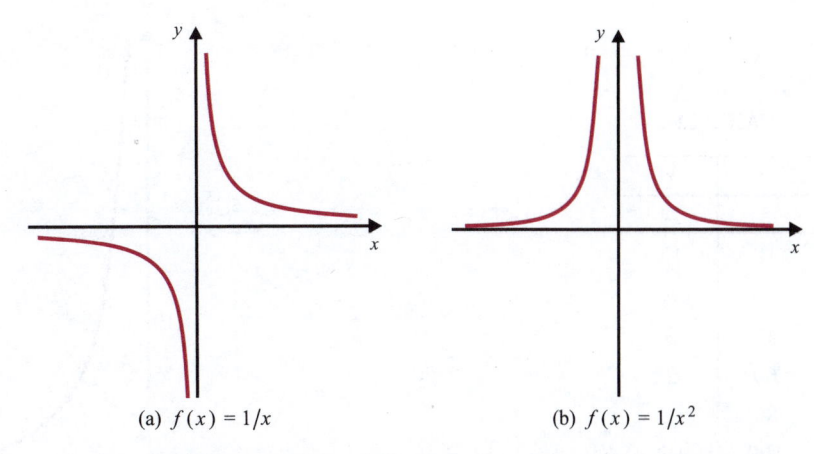

FIGURA 3.70 Gráficos de algumas funções recíprocas.

(a) $f(x) = 1/x$ (b) $f(x) = 1/x^2$

A constante k que aparece nessa definição de f é usada para ajustar a função recíproca aos dados do problema.

A função recíproca $f(x) = k/x$ é empregada para associar grandezas inversamente proporcionais, como ilustra o problema a seguir.

Problema 3. Tempo de viagem

Viajando à velocidade constante de 60 km/h, um carro faz determinado percurso em 2 horas. Escreva uma função $t(v)$ que forneça o tempo de viagem (em horas), em relação à velocidade do carro (em km/h). Em seguida, trace o gráfico da função.

Solução

O tempo de viagem (t) e a velocidade do carro (v) são grandezas inversamente proporcionais. Nesse caso, como vimos no Capítulo 2, o produto entre as grandezas é igual à constante de proporcionalidade, k, ou seja,

$$k = t \cdot v.$$

Substituindo os valores dados no enunciado, temos

$$k = 2\ h \cdot 60\ \frac{km}{h} = 120\ km.$$

Logo, a função desejada é

$$t(v) = \frac{120}{v}.$$

Como se percebe, a constante de proporcionalidade nada mais é que a distância a ser percorrida pelo carro.

Usando a regra de três tradicional

Também poderíamos ter determinado a função a partir da regra de três tradicional, representada na Tabela 3.13, na qual aparecem os dados do problema e as variáveis v e t.

Lembrando que a velocidade e o tempo são inversamente proporcionais, escrevemos

$$60 \cdot 2 = v \cdot t(v).$$

Finalmente, calculando o produto do lado esquerdo e dividindo ambos os lados da equação por v, obtemos

$$t(v) = \frac{120}{v}.$$

TABELA 3.13 Velocidade × tempo

Veloc. (km/h)	Tempo (h)
60	2
v	t

Naturalmente, a função obtida só faz sentido para $v > 0$, pois não queremos que o carro ande para trás ($v < 0$) ou fique parado ($v = 0$). Sendo assim, podemos esboçar o gráfico de t considerando apenas a parte positiva do eixo-v (horizontal).

TABELA 3.14

v	t
5	24
10	12
20	6
40	3
60	2
80	1,5
100	1,2

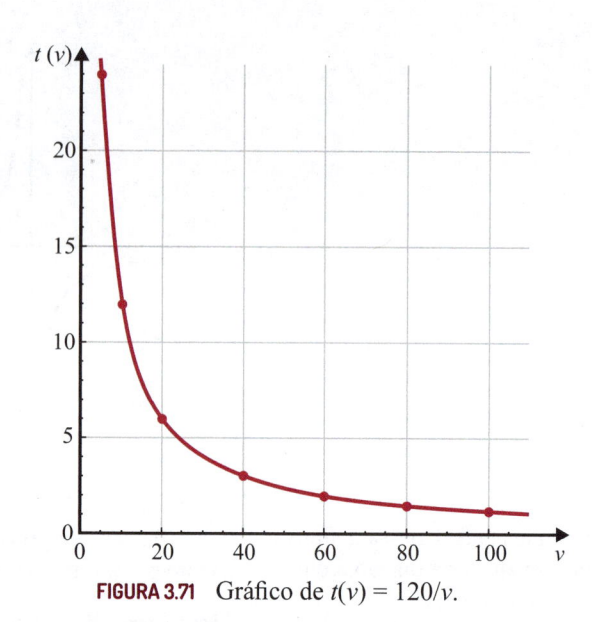

FIGURA 3.71 Gráfico de $t(v) = 120/v$.

A Tabela 3.14 contém os pares usados para produzir o gráfico, que é mostrado na Figura 3.71.

Agora tente o Exercício 22.

■ Funções definidas por partes

Vários tributos e contas que pagamos têm fórmulas complexas, com várias faixas de tarifas e alíquotas. Isso ocorre, por exemplo, com as contas de luz e telefone, com o imposto de renda, e com os preços cobrados pelos Correios.

Em casos assim, a função que descreve o valor a ser pago é definida por partes, ou seja, há uma função para cada intervalo de tarifa ou alíquota. Vejamos alguns exemplos.

Problema 4. Conta telefônica

A tarifa mensal de um plano de telefonia fixa tem duas faixas de preço:

- Os clientes que gastam até 400 minutos mensais em ligações pagam o valor fixo de R$ 42,00 por mês.

- Para cada minuto adicional (ou seja, que excede os 400 minutos), paga-se R$ 0,04.

Determine a função que fornece o valor mensal da conta telefônica.

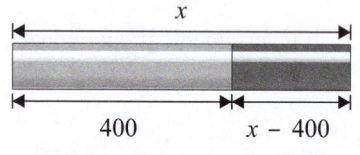

FIGURA 3.72 Período de x minutos dividido em duas partes.

Solução

Vamos supor que um cliente fale x minutos por mês. Nesse caso, se suas ligações ultrapassarem os 400 minutos, o tempo adicional equivalerá a $x - 400$, como mostrado na Figura 3.72.

Para determinar a função f que fornece o valor da conta mensal, devemos considerar as duas situações previstas no plano:

- se $x \leq 400$, então $f(x) = 42$;

- se $x > 400$, então $f(x) = 42 + 0{,}04(x - 400)$.

Resumindo esse casos, temos a seguinte função definida por partes:

$$f(x) = \begin{cases} 42, & \text{se } x \leq 400, \\ 42 + 0{,}04(x - 400), & \text{se } x > 400. \end{cases}$$

Problema 5. Traçado do gráfico de uma função definida por partes

Trace o gráfico de

$$f(x) = \begin{cases} -x, & \text{se } x < 0, \\ x+2, & \text{se } 0 \le x < 2, \\ 8-2x, & \text{se } x \ge 2. \end{cases}$$

Solução

Observamos que

- para $x < 0$, o gráfico de f coincide com a reta $y = -x$;
- para $0 \le x < 2$, o gráfico é o mesmo que o de $y = x + 2$;
- já para $x \ge 2$, o gráfico de f está sobre a reta $y = 8 - 2x$.

Como dois pontos são suficientes para definir uma reta, cada trecho do gráfico pode ser traçado com o auxílio de dois pares ordenados. Escolhendo, então, os valores de x indicados na Tabela 3.15, obtemos o gráfico mostrado na Figura 3.73.

TABELA 3.15

$\bar{x}$	$f(x)$	$f(\bar{x})$
−2	−x	2
−1	−x	1
0	x + 2	2
1	x + 2	3
2	8 − 2x	4
4	8 − 2x	0

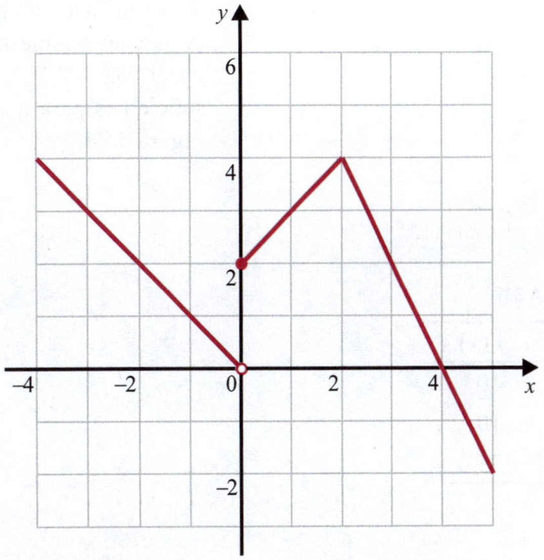

FIGURA 3.73 Gráfico da função do Problema 5.

Agora, tente o Exercício 3.

Problema 6. Conta de água

Em 2013, as tarifas de abastecimento de água cobradas pela Sanasa para consumidores da categoria residencial social seguiam as regras descritas na Tabela 3.16.

TABELA 3.16 Tarifa de consumo de água em Campinas.

Consumo mensal	Tarifa	Parcela a deduzir
Até 10 m³	R$ 10,00	–
Mais que 10 até 30 m³	R$ 1,27/m³	R$ 2,70

Escreva a função f que fornece o custo mensal em relação ao consumo, x, em m³. Esboce o gráfico da função.

Você sabia?
O propósito da parcela a reduzir é evitar que a função tenha um salto. Sem ela, quem consumisse 10 m³ pagaria R$ 10,00, e quem gastasse 10,01 m³ de água pagaria R$ 12,70, o que não parece justo. Incluindo a parcela a deduzir, os consumidores que gastam 10,01 m³ de água, pagam R$ 10,01, um valor próximo daquele cobrado de quem consome 10 m³.

Solução
Assim como ocorre com a conta telefônica, a tarifa de abastecimento de água tem duas categorias, dependendo do valor da variável x, que representa o volume de água gasto em um mês:

- se $x \leq 10$ m³, então a tarifa é fixa e vale R$ 10,00, ou seja, $f(x) = 10$;
- se $x > 10$ m³, então paga-se R$ 1,27 para cada metro cúbico consumido, devendo-se descontar, do valor final, a parcela de R$ 2,70. Em notação matemática, isso corresponde à fórmula

$$f(x) = 1,27x - 2,70.$$

Reunindo os dois casos, obtemos a função definida por partes:

$$f(x) = \begin{cases} 10, & \text{se } x \leq 10, \\ 1,27x - 2,7, & \text{se } x > 10. \end{cases}$$

Vamos supor que o domínio de f seja $\{x \in \mathbb{R} \mid 0 \leq x \leq 30\}$, já que não é possível consumir uma quantidade negativa de água, e os consumidores que gastam mais de 30 m³ não são beneficiados pela tarifa social. No intervalo [0,10], o gráfico da função é o mesmo da reta $y = 10$. Já para [10,30], o gráfico está sobre a reta $y = 1,27x - 2,7$. Sendo assim, os três pontos apresentados na Tabela 3.17 são suficientes para que esbocemos a curva. O gráfico da função é apresentado na Figura 3.74.

TABELA 3.17

x	$f(x)$
0	10
10	10
30	35,4

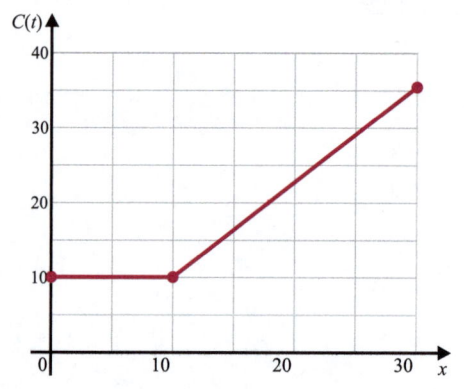

FIGURA 3.74 Gráfico da função que fornece o valor da conta de água.

Agora, tente os Exercícios 28 e 29.

■ Função valor absoluto
A **função valor absoluto** ou **função modular** é uma função definida por partes, dada por

$$f(x) = \begin{cases} x, & \text{se } x \geq 0; \\ -x, & \text{se } x < 0. \end{cases}$$

Também representamos essa função por meio da notação $f(x) = |x|$. A Figura 3.75 apresenta o gráfico da função modular, cujas características são indicadas a seguir.

- O domínio é $\mathbb{R}$.
- O conjunto imagem é $[0, \infty)$.

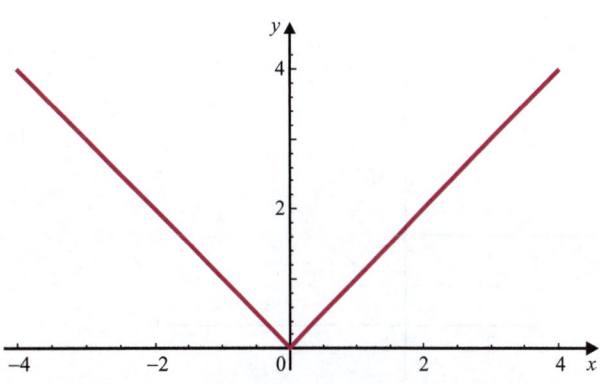

FIGURA 3.75 Gráfico da função valor absoluto.

- Há um zero em $x = 0$.
- A função é decrescente em $(-\infty, 0)$ e crescente em $(0, \infty)$.
- Não há máximos locais.
- Há um único ponto de mínimo local em $x = 0$.
- A função é par.

Exercícios 3.7

1. Esboce o gráfico de cada uma das funções a seguir com base em uma tabela de valores da função em pontos que você escolheu.

   a) $f(x) = 3 - 2x$
   b) $f(x) = 2x^2 - 3$
   c) $f(x) = (x - 1)^2$
   d) $f(x) = 1 + \sqrt{x}$
   e) $f(x) = \sqrt{1 + x}$
   f) $f(x) = 2/x$

2. Calcule o valor das funções a seguir nos pontos $x = -2$; $x = -1$; $x = 0$; $x = 0,5$; $x = 1$ e $x = 2$.

   a) $f(x) = \begin{cases} 3 + x, & \text{se } x \leq -1 \\ 2 - 3x, & \text{se } x > -1 \end{cases}$

   b) $f(x) = \begin{cases} x, & \text{se } x < 1 \\ x^2, & \text{se } x \geq 1 \end{cases}$

3. Trace o gráfico das funções dadas para $x \in [-2, 4]$.

   a) $f(x) = \begin{cases} 1 - x, & \text{se } x \leq 2 \\ x, & \text{se } x > 2 \end{cases}$

   b) $f(x) = \begin{cases} 1, & \text{se } x < 0 \\ -1, & \text{se } x \geq 0 \end{cases}$

   c) $f(x) = \begin{cases} 0, & \text{se } x < 1 \\ x^2 - 1, & \text{se } x \geq 1 \end{cases}$

4. Dada a função f, cujo gráfico é representado a seguir, determine, para o domínio especificado:

   a) o domínio e a imagem de f;
   b) os valores de $f(-1, 5)$, $f(0)$ e $f(2)$;
   c) os pontos nos quais $f(x) \geq 0,5$;
   d) os intervalos em que f é crescente ou decrescente;
   e) os pontos de máximo e mínimo local de f e os valores da função nesses pontos.

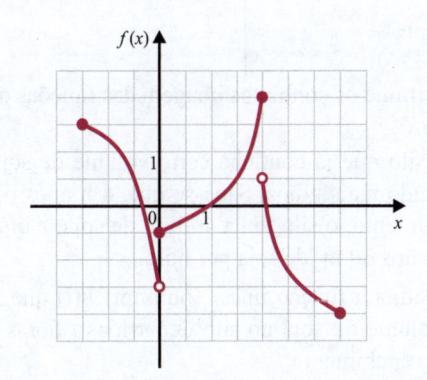

5. As figuras a seguir mostram os gráficos de funções definidas por partes. Escreva a expressão de cada função.

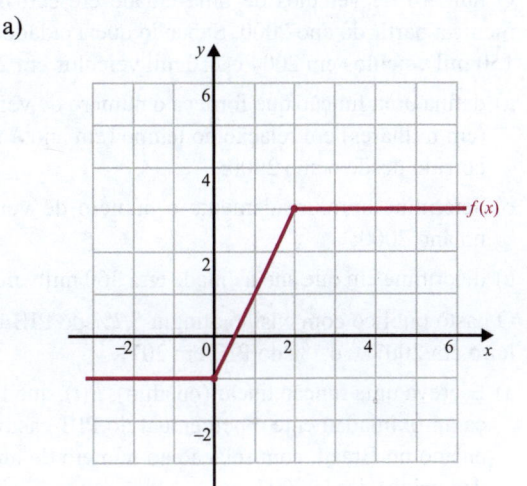

   a)

b)

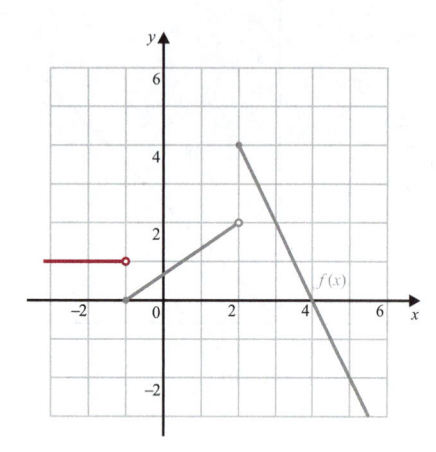

c)

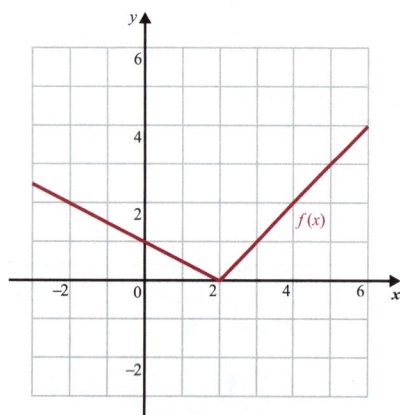

6. Determine os conjuntos imagem das funções do Exercício 5.

7. Um silo que já continha certo volume de soja está recebendo mais grãos. Sabe-se que, 4 h após o início do enchimento, o silo tinha 400 m³ de soja, e que são adicionados 60 m³ de soja por hora.

   a) Defina a função linear (ou afim) $V(t)$ que fornece o volume de soja no silo decorridas t horas do início do enchimento.

   b) Se o silo comporta 1.600 m³, determine o instante em que ele ficará cheio de soja.

8. O número de veículos de uma cidade cresceu linearmente a partir do ano 2000. Sabendo que a cidade tinha 150 mil veículos em 2004 e 210 mil veículos em 2012,

   a) defina uma função que forneça o número de veículos (em milhares) em relação ao tempo (em anos) transcorrido desde o ano 2000;

   b) determine aproximadamente o número de veículos no ano 2000;

   c) determine em que ano a cidade terá 360 mil veículos.

9. O gasto público com ensino atingiu 5,2% do PIB brasileiro em 2007, e 6,1% do PIB em 2011.

   a) Escreva uma função linear (ou afim), $E(t)$, que forneça aproximadamente o percentual do PIB gasto com ensino no Brasil, com relação ao número de anos, t, decorridos desde 2007.

   b) A meta de gasto com ensino fixada em lei corresponde a 10% do PIB. Usando $E(t)$, estime em que ano essa meta será atingida.

10. Para desafogar o trânsito, a prefeitura de uma grande cidade vem investindo na construção de corredores de ônibus. A soma dos comprimentos dos corredores tem aumentado linearmente desde o início da atual gestão, tendo atingido 80 km após 3 meses do início do mandato do prefeito, e 179 km ao final de 12 meses.

    a) Defina uma função que forneça o comprimento total dos corredores (em km), em relação ao tempo, x (em meses), desde o início da atual gestão.

    b) Determine quantos quilômetros de corredores já existiam no momento em que o prefeito tomou posse.

    c) Determine em quanto tempo a cidade contará com 300 km de corredores.

11. A geração de energia eólica saltou de 342 GWh em 2006 para 2.177 GWh em 2010 no Brasil.

    a) Escreva uma função linear (ou afim) $E(t)$ que forneça aproximadamente a energia gerada (em GWh) com relação ao número de anos, t, decorridos desde 2006.

    b) Esboce o gráfico de $E(t)$.

12. O número de habitantes de Mapará vem crescendo nos últimos anos segundo a função linear $m(t) = 1.100 + 50t$, em que t é o tempo, em anos, contado a partir do ano 2000 (ou seja, $t = 0$ no ano 2000). Já a população de Caititu vem diminuindo ao longo dos anos, tendo baixado dos 2.350 habitantes no ano 2000 para 1.750 em 2008.

    a) Defina a função linear (ou afim) $c(t)$ que fornece o número de habitantes de Caititu em relação ao tempo t, em anos, transcorrido desde 2000.

    b) Determine em que instante as duas cidades tiveram o mesmo número de habitantes.

13. Pela lei de Hooke, a força axial F (em Newtons, N) necessária para esticar uma mola por x metros, a partir de sua posição de repouso, é diretamente proporcional a x. Uma dada mola pode ser esticada em 20 cm aplicando-se uma força axial de 15 N.

    a) Seguindo a lei de Hooke, escreva a expressão de $F(x)$ para a mola do enunciado.

    b) Determine o alongamento produzido por uma força de 24 N.

14. O tronco de um carvalho plantado no século XVII, na França, possuía 2,5 m de diâmetro em 1805 e 5,5 m de diâmetro em 2003. Suponha que o diâmetro do tronco do carvalho tenha crescido a uma taxa constante.

    a) Determine aproximadamente o ano em que o carvalho foi plantado.

    b) Determine uma equação que forneça o diâmetro do tronco em relação à idade do carvalho.

    c) Determine em que ano o diâmetro do carvalho atingirá 6 m.

15. Ludovico está juntando euros para fazer uma viagem à Europa. Depois de receber uma ajuda inicial de seus pais, ele passou a poupar um valor fixo de euros por mês. Sabendo que, após seis meses do início da poupança, Ludovico tinha 1200 euros, e, após 10 meses, ele já possuía 1700 euros,

    a) determine a função linear (ou afim) $p(t)$ que fornece o valor que Ludovico tem em euros após t meses do início da poupança;
    b) determine o valor, em euros, da ajuda inicial que os pais de Ludovico lhe deram;
    c) trace o gráfico de $p(t)$ para $t \in [0,18]$;
    d) determine após quantos meses de poupança Ludovico obterá os 5.200 euros necessários à viagem.

16. Uma indústria alimentícia desenvolveu uma dieta de engorda para porcos. Quando submetido à dieta, um porco que pesava 25 kg consegue aumentar 15 kg por mês.

    a) Escreva uma função $P(t)$ que forneça o peso do porco em relação ao tempo (em meses), supondo que seu peso inicial corresponda a 25 kg.
    b) Determine a duração da dieta, em meses, supondo que o porco é abatido quando atinge 100 kg.
    c) Represente sua função no plano cartesiano indicando o instante do abate.

17. A pressão de um volume constante de gás varia linearmente com a temperatura. Em uma experiência de um laboratório, observou-se que a pressão de certo volume de um gás correspondia a 800 mmHg, a 20 °C, e a 900 mmHg, a 60 °C.

    a) Escreva uma função $P(T)$ que forneça a pressão desse volume de gás (em mmHg) em relação à temperatura.
    b) Represente sua função no plano cartesiano.
    c) Determine a pressão a 85 °C.
    d) Determine a que temperatura a pressão é igual a 700 mmHg.

18. Um clube vem perdendo sócios a um ritmo constante ano após ano, tendo registrado 14 mil sócios em 2004 e apenas 8 mil sócios em 2013.

    a) Defina uma função linear (ou afim) $S(t)$ que forneça o número de sócios do clube no ano t, supondo que t seja zero no ano 2000.
    b) O clube pretende fechar suas portas se o número de sócios chegar a 2 mil. Usando a função que você encontrou no item (a), determine em que ano isso ocorrerá.

19. Em determinada região do planeta, a temperatura média anual subiu de 13,35 °C em 1995 para 13,8 °C em 2010. Suponha que o aumento linear da temperatura, observado entre 1995 e 2010, será mantido nos próximos anos.

    a) Escreva uma função $T(t)$ que forneça a temperatura naquela região em relação ao tempo decorrido (em anos), a partir de 1990.
    b) Use a sua função para prever a temperatura média em 2012.
    c) Represente essa equação como uma reta no plano cartesiano, destacando o que acontece em 2012.
    d) O que representam a inclinação da reta e o ponto de interseção com o eixo-y?

20. Velocímetro é um instrumento que indica a velocidade de um veículo. A figura a seguir mostra o velocímetro de um carro que pode atingir 240 km/h. Observe que o ponteiro no centro do velocímetro gira no sentido horário, à medida que a velocidade aumenta.

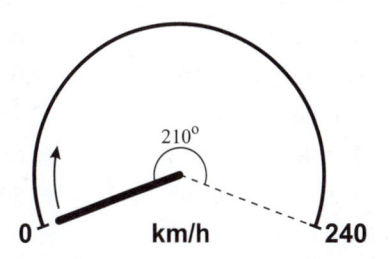

    a) Suponha que o ângulo de giro do ponteiro seja diretamente proporcional à velocidade. Nesse caso, qual é o ângulo entre a posição atual do ponteiro (0 km/h) e sua posição quando o velocímetro marca 104 km/h.
    b) Determinado velocímetro fornece corretamente a velocidade do veículo quando este trafega a 20 km/h, mas indica que o veículo está a 70 km/h quando a velocidade real é de 65 km/h. Supondo que o erro de aferição do velocímetro varie linearmente com a velocidade por ele indicada, determine a função $v(x)$ que representa a velocidade real do veículo quando o velocímetro marca uma velocidade de x km/h.

21. A frequência natural de vibração de uma corda (como a do violino) é inversamente proporcional ao comprimento da corda. Suponha que determinada corda produza uma frequência de 440 Hz quando mede 33 cm.

    a) Escreva uma função $F(c)$ que relacione a frequência e o comprimento da corda do enunciado (em metros).
    b) Determine a frequência da corda quando seu comprimento é reduzido para 25 cm.

22. Os funcionários de uma indústria gastam R$ 132,00 todo mês com seguro-saúde.

    a) Se um funcionário recebe R$ 1.000,00 por mês, que percentual do salário ele gasta com seguro-saúde?
    b) Escreva uma função f que forneça o percentual do salário gasto com seguro-saúde para um funcionário cujo salário mensal seja de x reais.
    c) Trace o gráfico de $f(x)$ para $x \geq 132$.

23. Para determinado carro, a distância necessária para pará-lo por completo é diretamente proporcional ao quadrado da velocidade na qual ele trafegava antes de o freio ser acionado. Suponha que, quando está a 80 km/h, o carro gasta 32 m para parar completamente.

a) Escreva uma função $D(v)$ que forneça a distância (em m) gasta para parar o carro em relação à velocidade deste (em km/h).
b) Determine a distância que será percorrida antes de parar o carro quando ele trafega a 110 km/h.

24. A tabela a seguir fornece o custo de envio de uma carta simples pelo correio em relação ao peso da carta. Escreva a função que representa esse custo.

Peso (g)	Preço (R$)
Até 20	0,75
Mais de 20 até 50	1,15
Mais de 50 até 100	1,60
Mais de 100 até 150	2,00
Mais de 150 até 200	2,45
Mais de 200 até 250	2,85
Mais de 250 até 300	3,30
Mais de 300 até 350	3,70
Mais de 350 até 400	4,15
Mais de 400 até 450	4,55
Mais de 450 até 500	5,00

25. O telefone celular de Gláucia tem um plano de acesso à internet com uma tarifa mensal de R$ 50,00, que dá direito à transferência de 750 megabytes de dados. Para cada megabyte transferido além desse limite, Gláucia paga R$ 0,08. Observe que o valor pago pelo acesso à internet é independente do gasto com telefonemas.
a) Defina a função $C(x)$ que fornece o gasto mensal de Gláucia com o acesso à internet por meio de seu telefone celular, em relação à quantidade de dados transferidos, x, em megabytes.
b) Determine quantos megabytes Gláucia consegue transferir por mês com R$ 70,00.
c) Trace o gráfico de $C(x)$ para x (em megabytes) no intervalo [0,1500].

26. Na cidade de Pindaíba, a conta de água e esgoto tem duas faixas de preço. Quem consome até 10 m³ por mês paga o valor fixo de R$ 40,00. Para cada metro cúbico adicional no mês, o consumidor paga R$ 6,50.
a) Escreva a função $c(v)$ que fornece o custo mensal de água e esgoto em Pindaíba, com relação ao volume de água consumido (em m³).
b) Determine o valor da conta de uma casa na qual o consumo mensal atingiu 16 m³.
c) Trace o gráfico de $c(v)$ para v entre 0 e 20 m³.

27. Sabrina recebe r reais por hora de trabalho se trabalha até 36 horas semanais. Quando trabalha mais de 36 horas em uma mesma semana, Sabrina recebe hora extra, na qual há um acréscimo de 50% do valor pago pela hora normal. Sabe-se que, quando trabalha exatamente 36 horas, Sabrina ganha R$ 720,00 por semana.
a) Determine r, o valor que Sabrina ganha por hora normal de trabalho.
b) Defina a função $S(h)$ que fornece o valor semanal recebido por Sabrina, em relação ao número de horas trabalhadas.
c) Determine quantas horas Sabrina precisa trabalhar para receber R$ 990,00 em uma semana.
d) Sabendo que Sabrina não pode trabalhar mais que 60 horas por semana, esboce o gráfico de $S(h)$.

28. Uma companhia de distribuição de mercadorias cobra R$ 20,00 pela entrega de qualquer encomenda com peso menor ou igual a 2 kg. Para cada quilograma excedente, a companhia cobra R$ 2,50.
a) Defina a função $C(p)$ que fornece o custo de entrega de uma encomenda em relação ao seu peso, p, em kg.
b) Determine (algebricamente) o peso máximo de uma encomenda que pode ser transportada com R$ 145,00.
c) Trace o gráfico de $C(p)$ para p no intervalo [0,10].

29. A remuneração semanal de Roberto depende do número de horas de trabalho, que são divididas em horas normais e horas extras. O gráfico a seguir mostra a função $R(t)$, que fornece o valor em reais que Roberto recebe por semana em função do número de horas trabalhadas, t. Com base no gráfico:
a) Determine a expressão analítica de $R(t)$.
b) Determine a partir de quantas horas semanais de trabalho Roberto passa a ganhar por horas extras.
c) Determine quanto Roberto recebe pela hora normal e pela hora extra.

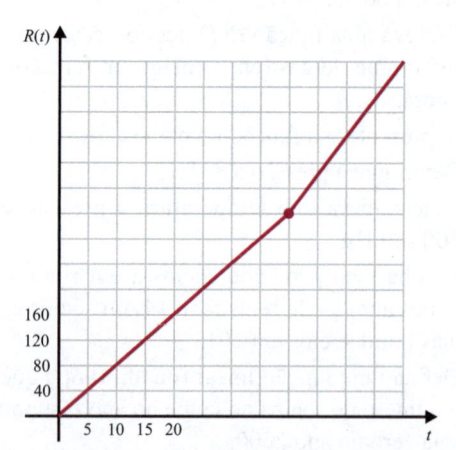

30. Duas locadoras de automóveis oferecem planos diferentes para a diária de um veículo econômico. A locadora Saturno cobra uma taxa fixa de R$ 30,00, além de R$ 0,40 por quilômetro rodado. Já a locadora Mercúrio tem um plano mais elaborado: ela cobra uma taxa fixa de R$ 90,00 com uma franquia de 200 km, ou seja, o cliente pode percorrer 200 km sem custos adicionais. Entretanto, para cada km rodado além dos 200 km incluídos na franquia, o cliente deve pagar R$ 0,60.
a) Determine a função que descreve o custo diário de locação (em reais) de um automóvel na locadora Saturno em relação à distância percorrida (em km).

b) Faça o mesmo para a locadora Mercúrio.
c) Represente em um mesmo plano cartesiano as funções que você obteve nos itens (a) e (b).
d) Determine para quais intervalos cada locadora tem o plano mais barato.
e) Supondo que a locadora Saturno vá manter inalterada sua taxa fixa, indique qual deve ser seu novo custo por km rodado para que ela, lucrando o máximo possível, tenha o plano mais vantajoso para clientes que rodam quaisquer distâncias.

31. A tabela a seguir fornece as informações usadas para o cálculo mensal do imposto de renda em 2012.

Renda mensal (R$)	Alíquota (%)	Parcela a deduzir (R$)
Até 1.637,11	0,0	0,00
De 1.637,12 a 2.453,50	7,5	122,78
De 2.453,51 a 3.271,38	15,0	306,80
De 3.271,39 a 4.087,65	22,5	552,15
Acima de 4.087,65	27,5	756,53

a) Escreva uma função $I(r)$ que forneça o valor mensal do imposto (em reais) em relação ao rendimento (em reais).
b) Calcule o valor do imposto pago por Joana, que recebe R$ 2.000,00 por mês, e por Lucas, que tem um salário mensal de R$ 4.500,00.
c) Esboce o gráfico de $I(r)$ para $0 \leq r \leq 6.000$.

32. No mercado A, o arroz é vendido por peso, a R$ 2,50 o quilograma. Entretanto, se o consumidor adquirir 5 kg ou mais, o mercado dá um desconto de 12% do preço total do arroz. Já no supermercado B, o arroz é vendido em embalagens fechadas. Neste supermercado, o saco de 1 kg custa R$ 2,50 e o saco de 5 kg custa R$ 10,00. Com base nesses dados,
a) determine o menor valor que um consumidor pagaria, tanto no mercado A como no supermercado B, para comprar 7,2 kg de arroz;
b) para cada mercado, desenhe a curva que representa o custo do arroz em função da quantidade adquirida, em kg, supondo que o consumidor gaste sempre o menor valor possível. Considere que a quantidade adquirida varia entre 0 e 10 kg.

33. Em um país distante, o imposto de renda tem duas faixas, como mostrado na figura a seguir.

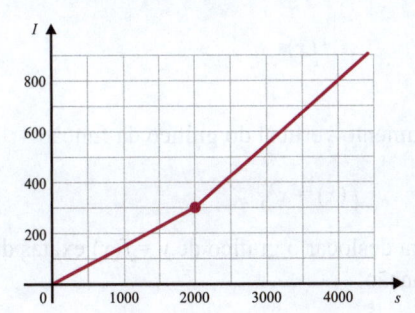

a) Escreva a função $I(s)$ que forneça o imposto pago por um cidadão que recebe um salário mensal s.
b) Determine o salário de um cidadão que paga $ 1.500 de imposto por mês.

34. Considere a função $f(x) = 2x + |x + p|$, definida para x real.
a) Reescreva f como uma função definida por partes.
b) A figura a seguir mostra o gráfico de $f(x)$ para um valor específico de p. Determine esse valor.

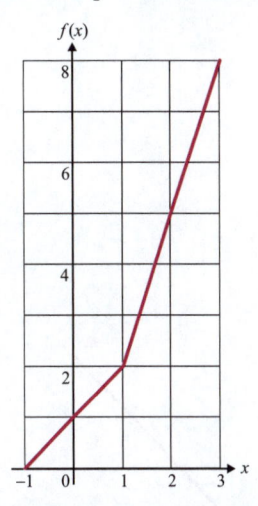

c) Supondo, agora, que $p = -3$, determine os valores de x que satisfazem a equação $f(x) = 12$.

35. Na década de 1960, com a redução do número de baleias de grande porte, como a baleia-azul, as baleias-minke antárticas passaram a ser o alvo preferencial dos navios baleeiros que navegavam no hemisfério sul. O gráfico a seguir mostra o número acumulado aproximado de baleias-minke antárticas capturadas por barcos japoneses, soviéticos/russos e brasileiros, entre o final de 1965 e o final de 2005.

a) Para cada país, escreva a função que fornece o número acumulado de baleias-minke caçadas no período mostrado no gráfico.
b) Calcule o número aproximado de baleias caçadas por todos os três países entre o final de 1965 e o final de 1990.

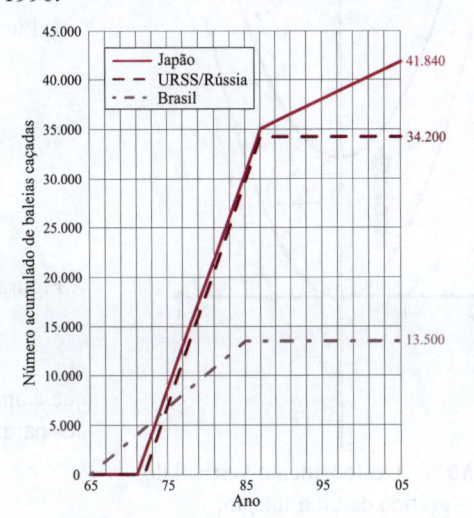

3.8 Transformação de funções

Nas aplicações práticas da Matemática, quase nunca usamos funções "puras", como $q(x) = x^2$ ou $m(x) = |x|$. Normalmente, é preciso deslocar e esticar o gráfico de uma função, para que ele se adapte aos dados do problema que se pretende resolver.

Como exemplo, vejamos como obter uma função cujo gráfico passa pelos pontos $(1, -2)$ e $(5, 6)$ a partir da função $f(x) = x$. Os dois passos necessários para essa transformação são mostrados na Figura 3.76.

Em primeiro lugar, esticamos verticalmente a reta $y = f(x)$ (vide Figura 3.76a) até obter a função $g(x) = 2x$ (que aparece na Figura 3.76b), cujo gráfico tem uma inclinação adequada. Em seguida, deslocamos a reta duas unidades para a direita, obtendo $h(x) = 2(x - 2)$, cujo gráfico passa pelos pontos desejados (vide Figura 3.76c).

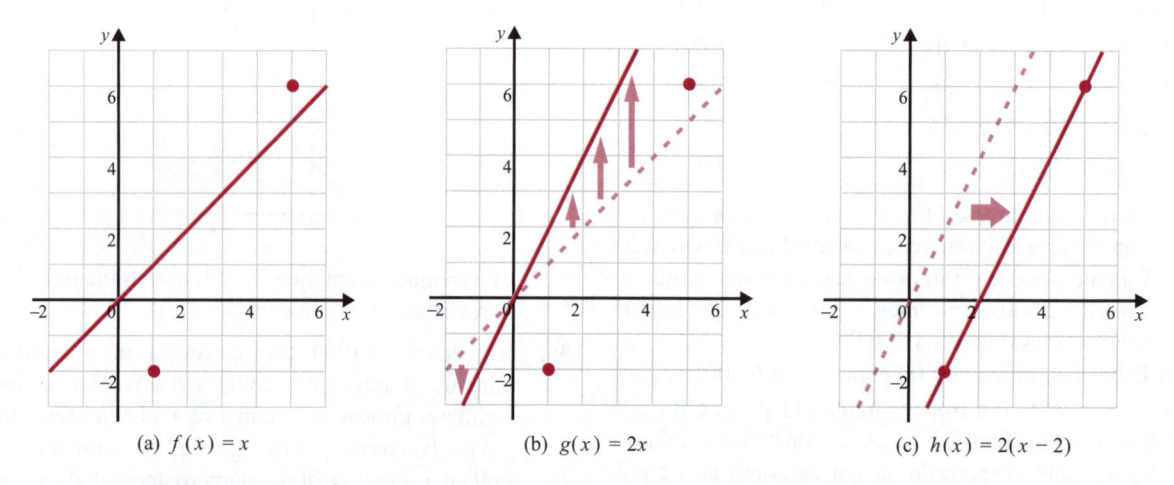

(a) $f(x) = x$ (b) $g(x) = 2x$ (c) $h(x) = 2(x - 2)$

FIGURA 3.76 Transformação que leva o gráfico de $f(x) = x$ ao gráfico de $h(x) = 2(x-2)$.

Essas e outras transformações são exploradas nas subseções a seguir.

■ Deslocamento vertical e horizontal

Deslocamento vertical

Se c é uma constante real positiva, então:

1. Para mover c unidades para **cima** o gráfico de $y = f(x)$, usamos

$$y = f(x) + c.$$

2. Para mover c unidades para **baixo** o gráfico de $y = f(x)$, usamos

$$y = f(x) - c.$$

A Figura 3.77 mostra o deslocamento vertical do gráfico da função

$$f(x) = x^2,$$

que é apresentada em rosa. Para deslocar o gráfico de $y = f(x)$ exatas duas unidades para cima, recorremos à função

$$g(x) = f(x) + 2 = x^2 + 2,$$

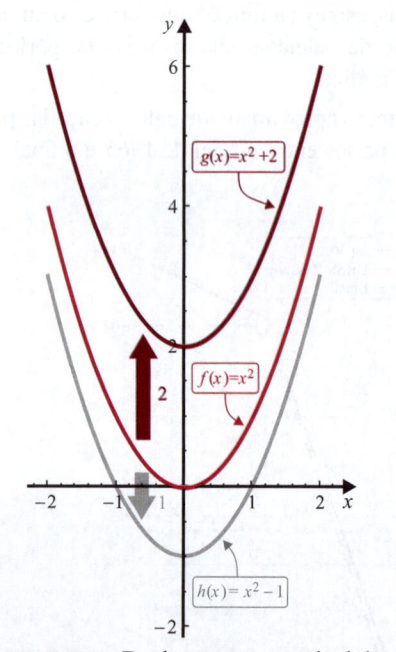

FIGURA 3.77 Deslocamento vertical do gráfico de uma função.

cujo gráfico corresponde à curva vinho. Já para deslocar uma unidade para baixo o gráfico de $y = f(x)$, usamos

$$h(x) = f(x) - 1 = x^2 - 1,$$

cujo gráfico é mostrado em cinza.

Problema 1. Deslocamento vertical

A partir do gráfico de $f(x) = \frac{x^3}{2} - x^2$, trace o gráfico de $g(x) = \frac{x^3}{2} - x^2 - 3$.

Solução

O gráfico de $f(x)$ corresponde à curva rosa mostrada na Figura 3.78. Para obter o gráfico de $g(x)$, basta reparar que

$$g(x) = f(x) - 3.$$

Sendo assim, podemos traçar a curva $y = g(x)$ deslocando $y = f(x)$ três unidades para baixo. O gráfico resultante é a curva vinho da Figura 3.78.

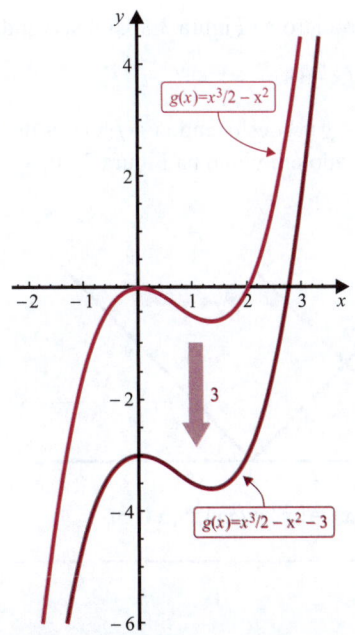

FIGURA 3.78 Gráficos de $f(x) = \frac{x^3}{2} - x^2$ e $g(x) = \frac{x^3}{2} - x^2 - 3$.

Deslocamento horizontal

Se c é uma constante real positiva, então:

1. O gráfico de $y = f(x)$ é movido c unidades para a **direita**, se consideramos

$$y = f(x - c).$$

2. O gráfico de $y = f(x)$ é movido c unidades para a **esquerda**, se consideramos

$$y = f(x + c).$$

O deslocamento horizontal do gráfico de $f(x) = x^2$ é mostrado na Figura 3.79. Observe que um deslocamento de duas unidades para a direita foi obtido recorrendo-se à função

$$g(x) = f(x - 2) = (x - 2)^2,$$

enquanto o deslocamento de uma unidade para a esquerda foi fornecido pela função

$$h(x) = f(x + 1) = (x + 1)^2.$$

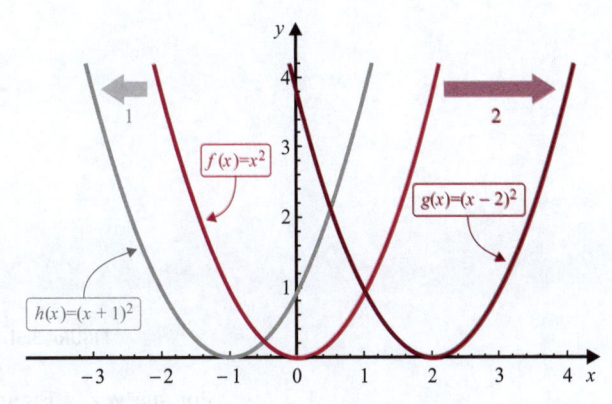

FIGURA 3.79 Deslocamento horizontal do gráfico de uma função.

Problema 2. Deslocamento horizontal

A partir do gráfico de $f(x) = |x|$, trace o gráfico de $g(x) = |x - 3|$.

Solução

O gráfico de $f(x)$ é mostrado em vinho-claro na Figura 3.80. Observando que

$$g(x) = f(x-3),$$

concluímos que é possível obter a curva $y = g(x)$ deslocando $y = f(x)$ três unidades para a direita. O gráfico de $g(x)$ é apresentado em vinho na Figura 3.80.

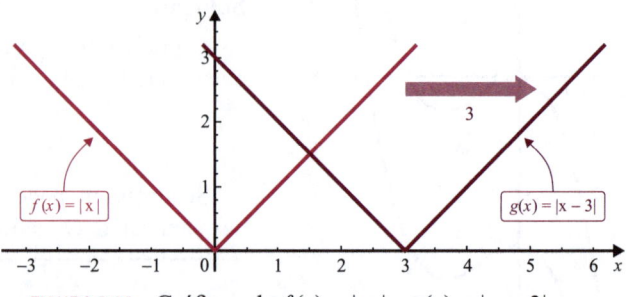

FIGURA 3.80 Gráficos de $f(x) = |x|$ e $g(x) = |x - 3|$.

■ Reflexão

Outro tipo comum de transformação é a reflexão de uma função em relação a um dos eixos coordenados. Essa transformação é apresentada no quadro a seguir.

Reflexão

1. O gráfico de $y = -f(x)$ é a reflexão de $y = f(x)$ em relação ao **eixo-x**.
2. O gráfico de $y = f(-x)$ é a reflexão de $y = f(x)$ em relação ao **eixo-y**.

A Figura 3.81 mostra o gráfico de $f(x) = \sqrt{x}$, bem como o gráfico de $g(x) = -f(x) = -\sqrt{x}$, que foi obtido refletindo-se o gráfico de $f(x)$ em relação ao eixo-x.

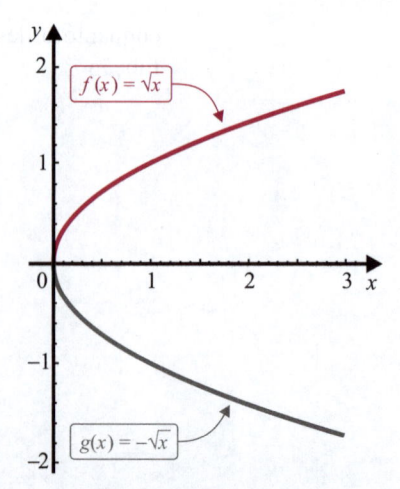

FIGURA 3.81 Reflexão vertical do gráfico de $f(x) = \sqrt{x}$.

Por sua vez, a Figura 3.82 mostra o gráfico de $h(x) = f(-x) = \sqrt{-x}$, que é a reflexão do gráfico de $f(x)$ com relação ao eixo-y.

CAPÍTULO 3 – Funções · **293**

Lembre-se de que $\sqrt{w}$ só está definida para $w \geq 0$, de modo que o gráfico de $y = \sqrt{x}$ só envolve o primeiro quadrante, e o gráfico de $y = \sqrt{-x}$ só envolve o segundo quadrante.

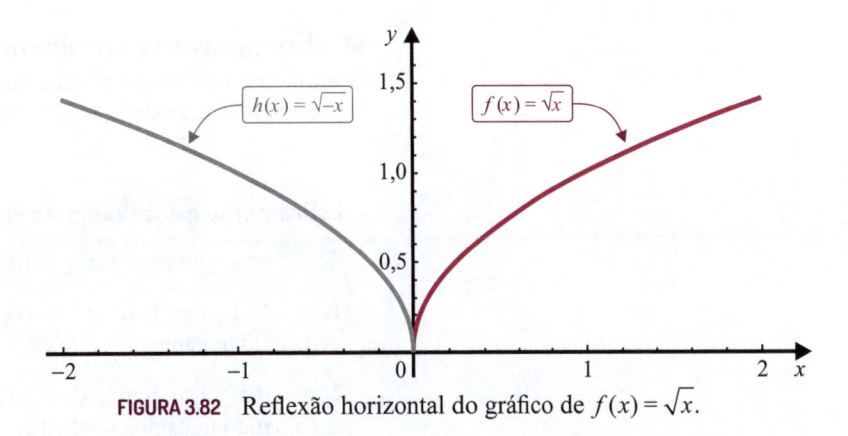

FIGURA 3.82 Reflexão horizontal do gráfico de $f(x) = \sqrt{x}$.

Problema 3. Reflexão e deslocamento de um gráfico

Com base no gráfico de $f(x) = x^2$, obtenha o gráfico de $h(x) = 3 - x^2$.

Solução

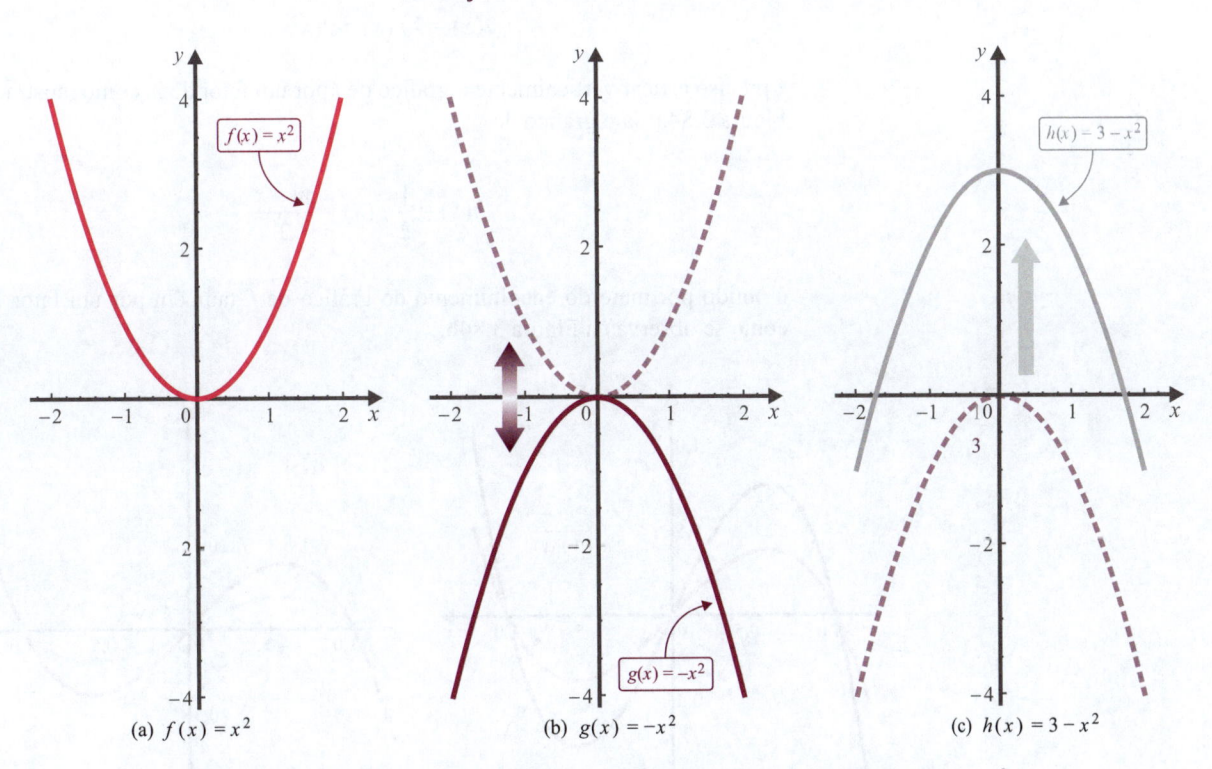

(a) $f(x) = x^2$ (b) $g(x) = -x^2$ (c) $h(x) = 3 - x^2$

FIGURA 3.83 Transformações que levam o gráfico de $f(x) = x^2$ ao de $h(x) = 3 - x^2$.

Para transformar o gráfico de $f(x)$ em $h(x)$ é preciso definir, em primeiro lugar, a função

$$g(x) = -f(x) = -x^2,$$

cujo gráfico é o reflexo da curva $y = f(x)$ em relação ao eixo-x, conforme ilustrado na Figura 3.83b. Finalmente, devemos mover o gráfico de $g(x)$ três unidades para cima, de forma a obter

$$h(x) = g(x) + 3 = 3 - x^2,$$

cujo gráfico é mostrado na Figura 3.83c.

■ Esticamento e encolhimento

O último tipo de transformação que podemos aplicar a uma função é o seu encolhimento ou esticamento, que pode ser tanto vertical como horizontal.

Esticamento e encolhimento vertical

Se c é uma constante real positiva, então:

1. se $c > 1$, o gráfico de $y = f(x)$ é **esticado verticalmente** por um fator c quando traçamos $y = c\,f(x)$;

2. se $0 < c < 1$, o gráfico de $y = f(x)$ é **encolhido verticalmente** por um fator c quando traçamos $y = c\,f(x)$.

A Figura 3.84 ilustra o esticamento e o encolhimento vertical do gráfico da função $f(x) = x^3 - x$, que aparece em rosa. Para traçar o gráfico da função

$$g(x) = 2f(x) = 2(x^2 - x),$$

é preciso esticar verticalmente o gráfico de f por um fator de 2, como mostrado na Figura 3.84a. Já o gráfico de

$$h(x) = \frac{1}{2} f(x) = \frac{x^3 - x}{2}$$

é obtido por meio do encolhimento do gráfico de f, também por um fator de 2, como se observa na Figura 3.84b.

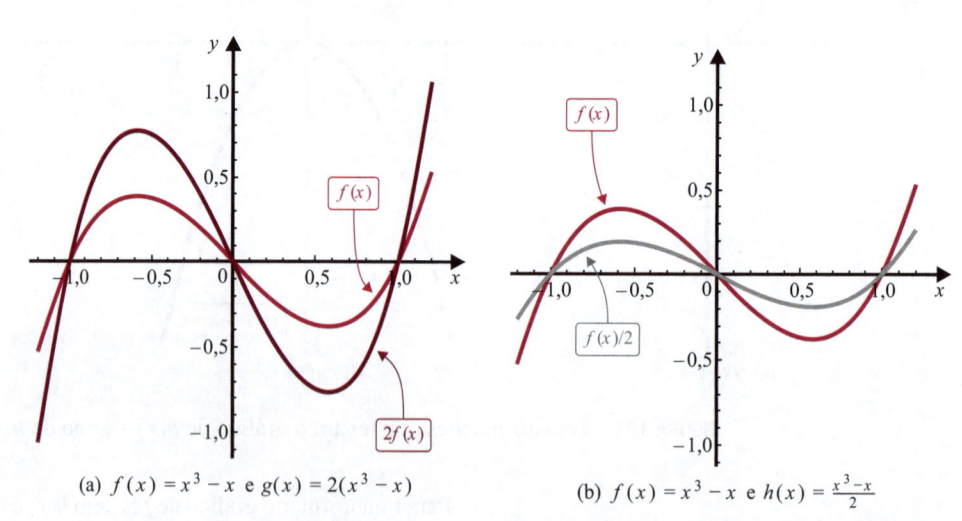

(a) $f(x) = x^3 - x$ e $g(x) = 2(x^3 - x)$ (b) $f(x) = x^3 - x$ e $h(x) = \frac{x^3 - x}{2}$

FIGURA 3.84 Esticamento e encolhimento vertical de $f(x) = x^3 - x$.

Problema 4.   Esticamento vertical e translação de um gráfico

Indique quais transformações devem ser aplicadas ao gráfico da função $f(x) = \sqrt{x}$ para se obter o gráfico de $h(x) = \frac{3}{2}\sqrt{x} - 1$.

Solução

Para a obtenção do gráfico de $y = h(x)$ a partir do gráfico de $y = f(x)$, é preciso fazer duas transformações.

- Primeiramente, é preciso esticar verticalmente o gráfico de f por um fator de $\frac{3}{2}$, de modo a se obter o gráfico de

$$g(x) = \frac{3}{2} f(x) = \frac{3}{2} \sqrt{x},$$

mostrado em vinho na Figura 3.85b.
- Em seguida, deve-se deslocar o gráfico de g uma unidade para baixo, para produzir o gráfico de

$$h(x) = g(x) - 1 = \frac{3}{2} \sqrt{x} - 1,$$

que corresponde à curva cinza da Figura 3.85c.

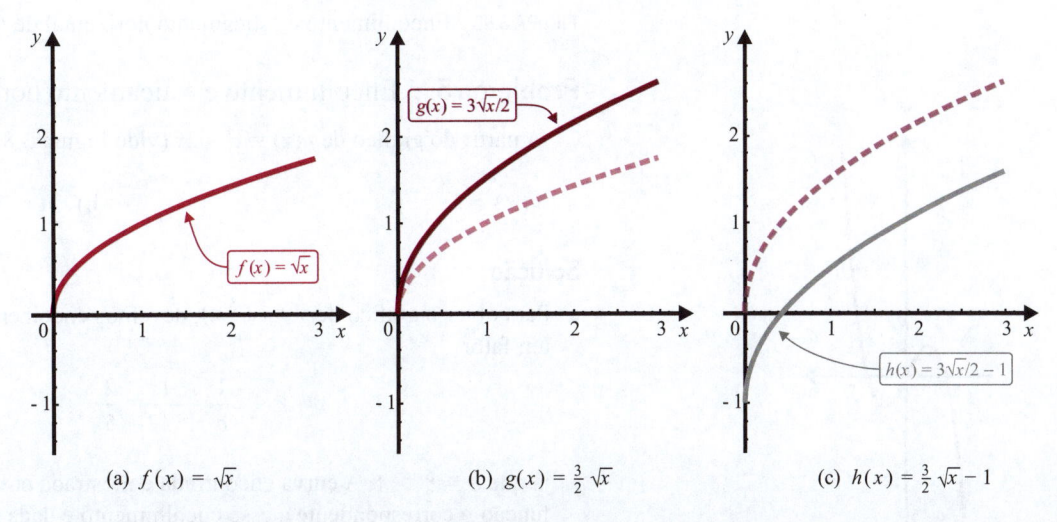

(a) $f(x) = \sqrt{x}$ (b) $g(x) = \frac{3}{2}\sqrt{x}$ (c) $h(x) = \frac{3}{2}\sqrt{x} - 1$

FIGURA 3.85 Transformações que levam o gráfico de $f(x) = \sqrt{x}$ ao de $h(x) = \frac{3}{2}\sqrt{x} - 1$.

Esticamento e encolhimento horizontal

Se c é uma constante real positiva, então

1. se $c > 1$, o gráfico de $y = f(x)$ é **encolhido horizontalmente** por um fator $\frac{1}{c}$ quando traçamos $y = f(cx)$;

2. se $0 < c < 1$, o gráfico de $y = f(x)$ é **esticado horizontalmente** por um fator $\frac{1}{c}$ quando traçamos $y = f(cx)$.

As deformações horizontais do gráfico de $f(x) = x^2$ são apresentadas na Figura 3.86. O gráfico de

$$g(x) = f(2x) = (2x)^2 = 4x^2$$

é a curva vinho da Figura 3.86a, que foi obtida por meio de um encolhimento do gráfico de $y = f(x)$. Observe que $c = 2$ e que o encolhimento se dá por um fator $\frac{1}{c} = \frac{1}{2}$.

Por sua vez, dada a constante $c = \frac{1}{2}$, o esticamento de $y = f(x)$ por um fator $\frac{1}{c} = 2$ é apresentado em cinza na Figura 3.86b. A curva cinza corresponde ao gráfico de

$$h(x) = f\left(\frac{1}{2}x\right) = \left(\frac{x}{2}\right)^2 = \frac{x^2}{4}.$$

(a) $f(x) = x^2$ e $g(x) = (2x)^2$

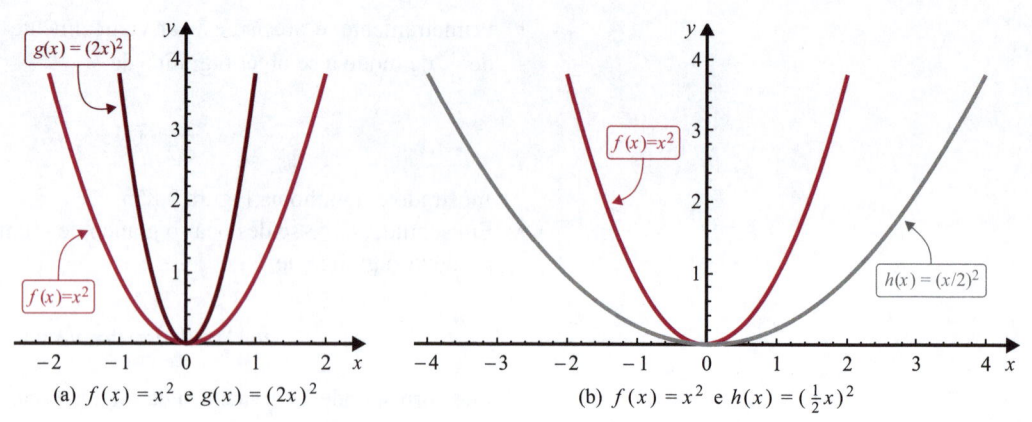

(b) $f(x) = x^2$ e $h(x) = (\frac{1}{2}x)^2$

FIGURA 3.86 Encolhimento e esticamento horizontal de $f(x) = x^2$.

Problema 5. Encolhimento e esticamento horizontal de um gráfico

A partir do gráfico de $f(x) = x^3 - 2x$ (vide Figura 3.87), esboce os gráficos de:

a) $g(x) = f(\frac{5}{2}x)$.
b) $h(x) = f(\frac{2}{5}x)$.

Solução

a) Para obter o gráfico de $y = f(\frac{5}{2}x)$, devemos encolher o gráfico de $y = f(x)$ por um fator

$$\frac{1}{c} = \frac{1}{5/2} = \frac{2}{5},$$

já que $c = \frac{5}{2} > 1$. A curva encontrada é mostrada em cinza na Figura 3.88a. A função g correspondente a esse encolhimento é dada por

$$g(x) = f\left(\frac{5}{2}x\right) = \left(\frac{5}{2}x\right)^3 - 2\left(\frac{5}{2}x\right) = \frac{125x^3}{8} - 5x.$$

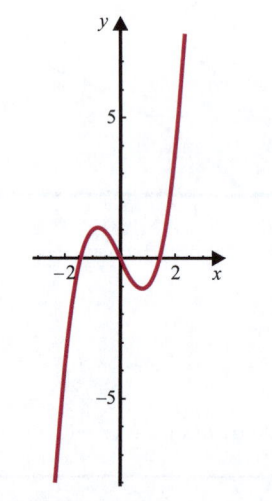

FIGURA 3.87 $f(x) = x^3 - 2x$.

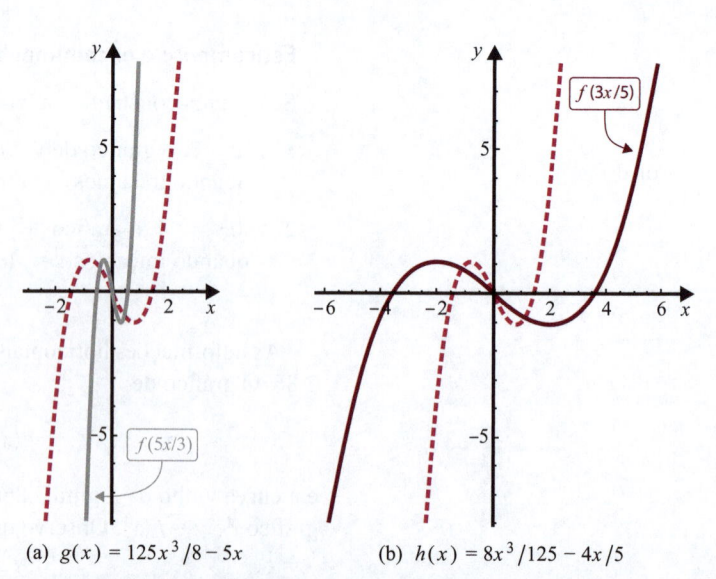

(a) $g(x) = 125x^3/8 - 5x$

(b) $h(x) = 8x^3/125 - 4x/5$

FIGURA 3.88 Gráficos de $g(x) = f(5x/2)$ e $h(x) = f(2x/5)$.

b) A função h é definida por

$$h(x) = f\left(\frac{2}{5}x\right) = \left(\frac{2}{5}x\right)^3 - 2\left(\frac{2}{5}x\right) = \frac{8x^3}{125} - \frac{4x}{5}.$$

O gráfico de $y = h(x)$ pode ser obtido esticando-se o gráfico de $y = f(x)$ por um fator

$$\frac{1}{c} = \frac{1}{2/5} = \frac{5}{2}.$$

A curva resultante é aquela apresentada em vinho na Figura 3.88b.

Exercícios 3.8

1. Para cada função f abaixo, indique a função g que é obtida movendo f três unidades para baixo e a função h que é obtida movendo f cinco unidades para a direita.

   a) $f(x) = 2x - 1$
   b) $f(x) = x^2 - x$

2. Para cada função f a seguir, indique a função g que é obtida movendo-se f quatro unidades para cima e a função h que é obtida movendo-se f oito unidades para a esquerda.

   a) $f(x) = \sqrt{x^2 - |x| + \frac{1}{4}}$
   b) $f(x) = x^3 - 5x$

3. Para cada função f dada, trace os gráficos de $y = f(x)$, $y = f(x) + 2$, $y = f(x) - 1$, $y = f(x+2)$ e $y = f(x-1)$.

   a) $f(x) = |x|$
   b) $f(x) = 3 - x^2$
   c) $f(x) = x^4 - 4x^2$
   d) $f(x) = \begin{cases} \frac{x^2}{2}, & \text{se } x \leq 0, \\ 2x, & \text{se } x > 0 \end{cases}$

4. A partir do gráfico de $f(x) = x + 2$, esboce o gráfico das funções a seguir.

   a) $g(x) = x + 5$
   b) $g(x) = 3x + 2$
   c) $g(x) = 3(x + 2)$
   d) $g(x) = -(x + 2)$

5. A partir do gráfico de $f(x) = |x|$, esboce o gráfico das funções dadas.

   a) $g(x) = |x + 3|$
   b) $g(x) = |3x|$
   c) $g(x) = 3|x|$
   d) $g(x) = -|x|$
   e) $g(x) = |2x| - 1$
   f) $g(x) = 1 - |x - 1|$

6. A partir do gráfico de $f(x) = \sqrt[3]{x}$, esboce o gráfico das funções a seguir.

   a) $g(x) = \sqrt[3]{x + 3}$
   b) $g(x) = \sqrt[3]{3x}$
   c) $g(x) = 3\sqrt[3]{x}$
   d) $g(x) = -\sqrt[3]{x}$
   e) $g(x) = \sqrt[3]{2x} - 1$
   f) $g(x) = 1 - \sqrt[3]{x - 1}$

7. A partir da função $f(x)$ cujo gráfico é dado a seguir, esboce o gráfico das seguintes funções:

   a) $g(x) = f(x + 3)$
   b) $g(x) = f(3x)$
   c) $g(x) = 3f(x)$
   d) $g(x) = -f(x)$
   e) $g(x) = f(2x) - 1$
   f) $g(x) = 1 - f(x - 1)$

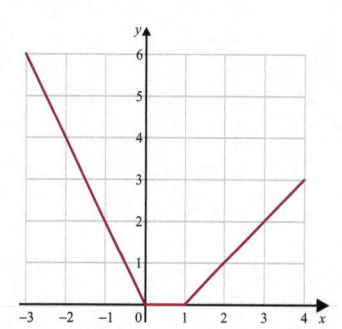

8. Identifique as funções cujos gráficos são mostrados a seguir, sabendo que foram obtidas por deslocamentos horizontais e verticais do gráfico de $f(x) = x^3$.

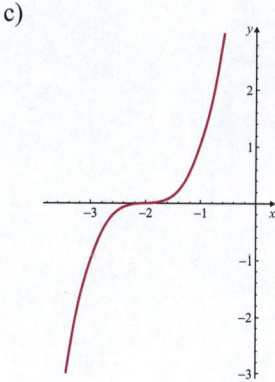

   a)

   b) 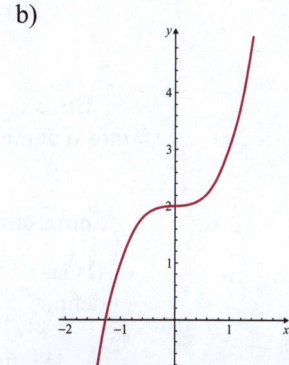

   c)

   d)

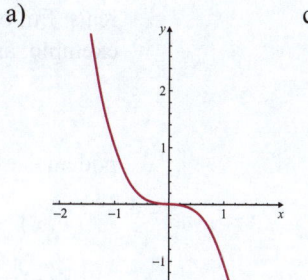

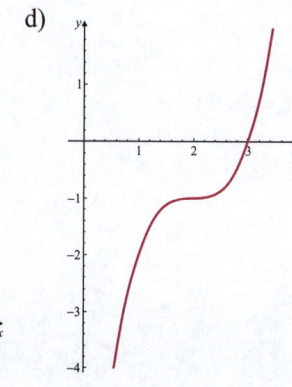

9. Identifique as funções cujos gráficos são mostrados a seguir, sabendo que elas foram obtidas por um esticamento ou encolhimento vertical do gráfico de $f(x) = x^2$.

a) b)

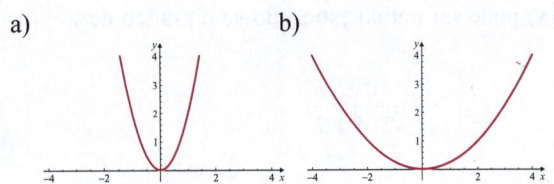

10. Identifique as funções cujos gráficos são mostrados a seguir, sabendo que estes foram obtidos por um esticamento ou encolhimento horizontal do gráfico de $f(x)=\sqrt{x}$.

a) b)

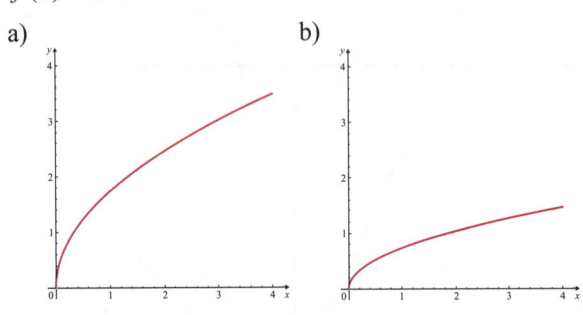

11. Dada a função $f(x)=x^2$, defina a função g obtida movendo-se f cinco unidades para baixo e quatro unidades para a esquerda.

12. Dada a função $f(x)=x^3$, defina a função g obtida refletindo-se f em torno do eixo-y e movendo-a três unidades para cima.

13. Dada a função $f(x)=\sqrt{4-x^2}$, defina a função g obtida refletindo-se f em torno do eixo-x e movendo-a uma unidade para a direita.

14. Dada a função $f(x)=\sqrt{x}$, defina a função g obtida refletindo-se f em torno do eixo-y e movendo-a seis unidades para cima e duas unidades para a esquerda.

15. Dada a função $f(x)=\sqrt{x}$, defina a função g obtida refletindo-se f em torno do eixo-x e do eixo-y e movendo-a duas unidades para baixo.

3.9 Combinação e composição de funções

Dadas duas funções f e g, é possível obter novas funções por meio das operações de adição, subtração, multiplicação e divisão, comumente usadas com números reais. Em outras palavras, é possível definir $f+g$, $f-g$, $f\cdot g$ e f/g. Tomando, por exemplo, as funções

$$f(x)=x^2-2 \quad \text{e} \quad g(x)=3x-x^2,$$

podemos escrever

$f(x)+g(x)=(x^2-2)+(3x-x^2)=3x-2$ \hfill (Soma)

$f(x)-g(x)=(x^2-2)-(3x-x^2)=2x^2-3x-2$ \hfill (Diferença)

$f(x)g(x)=(x^2-2)(3x-x^2)=-x^4+3x^3+2x^2-6x$ \hfill (Produto)

$\dfrac{f(x)}{g(x)}=\dfrac{x^2-2}{3x-x^2}$ \hfill (Quociente)

Essas operações estão resumidas no quadro a seguir, no qual também discutimos o domínio da função resultante de cada combinação.

Soma, subtração, multiplicação e divisão de funções

Dadas as funções f e g, cujos domínios são A e B, respectivamente, podemos definir

1. **Soma de f e g:** $\qquad (f+g)(x)=f(x)+g(x)$

2. **Diferença entre f e g:** $\qquad (f-g)(x)=f(x)-g(x)$

(continua)

> **Soma, subtração, multiplicação e divisão de funções (cont.)**
>
> 3. **Produto de f e g:** $\qquad\qquad\qquad\qquad (fg)(x) = f(x)g(x).$
>
> 4. **Quociente de f por g:** $\qquad\qquad\qquad \left(\dfrac{f}{g}\right)(x) = \dfrac{f(x)}{g(x)}.$
>
> O domínio da função resultante é $A \cap B$, salvo no caso do quociente, para o qual também se exige que os membros do domínio satisfaçam $g(x) \neq 0$.

Problema 1.   Combinação de funções

Sejam dadas as funções $f(x) = 3 - x$ e $g(x) = \sqrt{x-1}$.

a) Determine $f + g, f - g, g - f, fg, f/g$ e g/f e os respectivos domínios.

b) Determine os valores dessas funções para $x = 10$.

Solução

a) A função f está definida para todo x real, de modo que $D_f = \mathbb{R}$. Por sua vez, a função g só está definida para $x - 1 \geq 0$, ou seja, $x \geq 1$, pois o termo dentro da raiz não pode ser negativo. Logo, $D_g = \{x \in \mathbb{R} \mid x \geq 1\}$.

Para as combinações que não envolvem quocientes, o domínio é dado por

$$D_f \cap D_g = \mathbb{R} \cap [1, \infty) = [1, \infty).$$

Para f/g, é preciso satisfazer a condição adicional

$$g(x) \neq 0 \quad \Rightarrow \quad \sqrt{x-1} \neq 0 \quad \Rightarrow \quad x - 1 \neq 0 \quad \Rightarrow \quad x \neq 1.$$

Nesse caso, o domínio exclui $x = 1$, de modo que temos

$$D = (1, \infty).$$

Já para o quociente g/f, no qual f aparece no denominador, exigimos que

$$f(x) \neq 0 \quad \Rightarrow \quad 3 - x \neq 0 \quad \Rightarrow \quad x \neq 3.$$

Assim, precisamos excluir $x = 3$ do domínio, o que nos fornece

$$D = \{x \in \mathbb{R} \mid x \geq 1 \text{ e } x \neq 3\}.$$

A tabela a seguir resume as combinações solicitadas no enunciado, bem como os domínios correspondentes.

Combinação	Domínio
$(f+g)(x) = f(x)+g(x) = 3-x+\sqrt{x-1}$	$\{x \in \mathbb{R} \mid x \geq 1\}$
$(f-g)(x) = f(x)-g(x) = 3-x-\sqrt{x-1}$	$\{x \in \mathbb{R} \mid x \geq 1\}$
$(g-f)(x) = g(x)-f(x) = \sqrt{x-1}-3+x$	$\{x \in \mathbb{R} \mid x \geq 1\}$
$(fg)(x) = f(x)g(x) = (3-x)\sqrt{x-1}$	$\{x \in \mathbb{R} \mid x \geq 1\}$
$\left(\dfrac{f}{g}\right)(x) = \dfrac{f(x)}{g(x)} = \dfrac{3-x}{\sqrt{x-1}}$	$\{x \in \mathbb{R} \mid x > 1\}$
$\left(\dfrac{g}{f}\right)(x) = \dfrac{g(x)}{f(x)} = \dfrac{\sqrt{x-1}}{3-x}$	$\{x \in \mathbb{R} \mid x \geq 1 \text{ e } x \neq 3\}$

b) Os valores das funções em $x = 10$ são dados a seguir.

$$(f+g)(10) = 3-10+\sqrt{10-1} = -7+\sqrt{9} = -4$$

$$(f-g)(10) = 3-10-\sqrt{10-1} = -7-\sqrt{9} = -10$$

$$(g-f)(10) = \sqrt{10-1}-3+10 = \sqrt{9}+7 = 10$$

$$(fg)(10) = (3-10)\sqrt{10-1} = -7\sqrt{9} = -21$$

$$\left(\frac{f}{g}\right)(10) = \frac{3-10}{\sqrt{10-1}} = \frac{-7}{\sqrt{9}} = -\frac{7}{3}$$

$$\left(\frac{g}{f}\right)(10) = \frac{\sqrt{10-1}}{3-10} = \frac{\sqrt{9}}{-7} = -\frac{3}{7}$$

Agora, tente o Exercício 1.

Problema 2. Soma de funções dadas em gráficos

Dadas as funções f e g cujos gráficos são mostrados na Figura 3.89, determine o gráfico da função $h = f + g$.

Solução

Para representar o gráfico de $y = h(x)$, devemos somar os valores $f(x)$ e $g(x)$ em cada ponto x do domínio de $f + g$. A Figura 3.90a mostra a soma para $x = -2$ e $x = 4$.

- Para $x = -2$, temos

$$h(-2) = f(-2)+g(-2) = 2,5+(-1) = 1,5.$$

Observe que o ponto $(-2, h(-2))$ foi obtido deslocando-se $(-2, f(-2))$ uma unidade para baixo, pois $g(-2) = -1$.

- Para $x = 4$, temos

$$h(4) = f(4)+g(4) = 2,5+1 = 3,5.$$

Nesse caso, o ponto $(4, h(4))$ foi obtido deslocando-se $(4, f(4))$ uma unidade para cima, já que $g(4) = 1$.

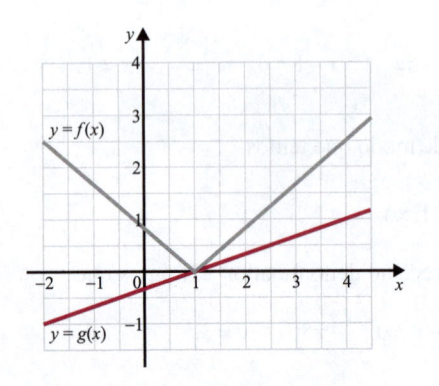

FIGURA 3.89 Funções do Problema 2.

(a) $h(-2)=f(-2)+g(-2)$ e $h(4)=f(4)+g(4)$ (b) Gráfico de $y = h(x)$

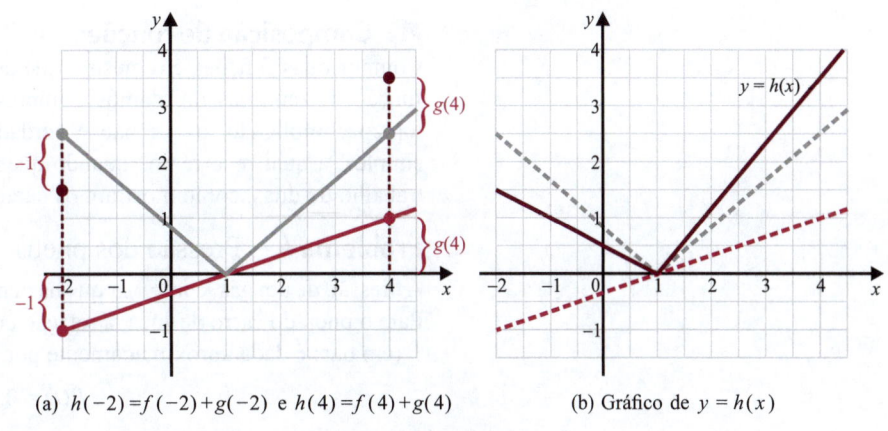

FIGURA 3.90

Além disso, também constatamos que $f(1) = 0$ e $g(1) = 0$, de modo que

$$h(1) = f(1) + g(1) = 0 + 0 = 0.$$

Observe que f é uma função linear por partes e g é uma função afim. Como a soma de duas funções afins (ou lineares) é uma função afim, o gráfico de h pode ser obtido em duas etapas:

- Para $x \leq 1$, basta traçar a semirreta que passa pelos pontos $(-2; 1,5)$ e $(1,0)$.
- Para $x \geq 1$, basta traçar a semirreta que passa pelos pontos $(1,0)$ e $(4; 3,5)$.

A curva $y = h(x)$ resultante é mostrada na Figura 3.90b.

Agora, tente o Exercício 5.

Problema 3. Crescimento populacional

Em uma cidade, o número de nascimentos no ano t é dado por $n(t)$, enquanto o número de mortes é dado por $m(t)$. Além disso, o número de migrantes que chegaram à cidade no ano t é igual a $i(t)$ e o número de pessoas de deixaram a cidade é fornecido por $e(t)$. Supondo que $p(t)$ seja o número de habitantes da cidade no início do ano t, determine a função r que fornece a taxa percentual de crescimento populacional da cidade em relação ao tempo (em anos).

Solução

A variação do número de habitantes da cidade no ano t é dada por

$$\underbrace{n(t)}_{\text{nascimentos}} - \underbrace{m(t)}_{\text{mortes}} + \underbrace{i(t)}_{\text{imigração}} - \underbrace{e(t)}_{\text{emigração}}.$$

Em termos percentuais, essa variação é escrita como

$$r(t) = \frac{100[n(t) - m(t) + i(t) - e(t)]}{p(t)}.$$

Agora, tente o Exercício 3.

Composição de funções

Compor duas funções é o mesmo que aplicar uma função ao resultado de outra função. Dizendo assim, damos a impressão de que funções compostas são um tópico complicado, o que não é verdade. De fato, a composição é uma ideia simples, à qual recorremos quando queremos encontrar uma função que faça o trabalho de duas, como mostram os exemplos a seguir.

Problema 4. Pressão dos pneus

A pressão de um gás, como o ar que há dentro de um pneu, é função da temperatura. Para o pneu do carro de Juca, a relação entre a temperatura, t (em °C), e a pressão P (em bar) é dada aproximadamente por

$$P(t) = 0,007t + 1,9.$$

Suponha que Juca queira saber qual é a pressão de seu pneu neste momento, mas só dispõe de um termômetro em escala Fahrenheit. Se Juca sabe que o pneu está a uma temperatura de 104 °F, qual será a pressão do pneu?

Solução

A função P apresentada exige temperaturas em graus Celsius. Assim, para ajudar Juca a calcular a pressão do pneu, precisamos de uma função que converta para graus Celsius um valor x em graus Fahrenheit. Como vimos na Seção 3.7, essa função é

$$C(x) = \frac{5x - 160}{9}.$$

Dispondo das funções P e C, podemos determinar a pressão em dois passos:

- Primeiramente, determinamos a temperatura do pneu em graus Celsius, calculando

$$C(104) = \frac{5 \cdot 104 - 160}{9} = 40\,°C.$$

- Em seguida, aplicamos a função P para obter a pressão do pneu:

$$P(40) = 0,007 \cdot 40 + 1,9 \approx 2,2 \text{ bar}.$$

No problema dado, foi preciso empregar duas funções para obter a pressão a partir de uma temperatura em Fahrenheit. Supondo que Juca vá calcular a pressão de seu pneu com certa frequência, é possível imaginar o incômodo que ele terá ao ser obrigado a efetuar dois passos sempre.

Felizmente, Juca pode calcular diretamente a pressão do pneu a partir de uma temperatura x em graus Fahrenheit usando a ideia de função composta.

Relembrando os passos de Juca, notamos que ele calculou a temperatura t em graus Celsius usando

$$t = C(x)$$

Em seguida, ele obteve a pressão y, em bar, fazendo

$$y = P(t).$$

Para obter y diretamente a partir de x, bastaria a Juca substituir a variável t que aparece na última equação por $C(x)$, fornecida pela primeira equação. Assim, ele escreveria

$$y = P(C(x)).$$

Vejamos como isso pode ser feito na prática.

Problema 5. Função composta para o cálculo da pressão

Sejam dadas as funções

$$P(t) = 0{,}007t + 1{,}9 \quad \text{e} \quad C(x) = \frac{5x - 160}{9},$$

que fornecem, respectivamente, a pressão em um pneu à temperatura t, em °C, e a temperatura em graus Celsius correspondente a x, em °F. Determine a função composta $P(C(x))$, bem como a pressão em um pneu que está a 104 °F.

Solução

A função $P(C(x))$ é dada por

$$P(C(x)) = P\left(\frac{5x - 160}{9}\right)$$

$$= 0{,}007\left(\frac{5x - 160}{9}\right) + 1{,}9$$

$$= 0{,}007 \cdot \frac{5x}{9} - 0{,}007 \cdot \frac{160}{9} + 1{,}9$$

$$\approx 0{,}0039x + 1{,}8$$

Calculando, então, $P(C(x))$ em $x = 104$ °F, obtemos

$$P(C(104)) = 0{,}0039 \cdot 140 + 1{,}8 \approx 2{,}2 \text{ bar}.$$

Agora que já sabemos como criar uma função composta, tentemos defini-la matematicamente.

Função composta

Dadas as funções f e g, cujos domínios são A e B, respectivamente, definimos a **função composta** $f \circ g$ por

$$(f \circ g)(x) = f(g(x)).$$

O domínio de $f \circ g$ é o conjunto dos valores de $x \in B$ tais que $g(x) \in A$.

Problema 6. Função composta

Dadas as funções f e g a seguir, determine $f(g(x))$ e $g(f(x))$.

a) $f(x) = x^2$ e $g(x) = x + 2$ b) $f(x) = \sqrt{x - 1}$ e $g(x) = 2x + 1$

Solução

a)

$$f(g(x)) = f(x + 2) \qquad\qquad g(f(x)) = g(x^2)$$
$$= (x + 2)^2 \qquad\qquad\qquad\quad = x^2 + 2$$
$$= x^2 + 4x + 4$$

b)
$$f(g(x)) = f(2x+1) \qquad\qquad g(f(x)) = g(\sqrt{x-1})$$
$$= \sqrt{2x+1-1} \qquad\qquad\qquad = 2\sqrt{x-1}+1$$
$$= \sqrt{2x}$$

Agora, tente o Exercício 10.

Problema 7. Função composta e seu valor

Dadas

$$f(x) = |x| \quad\text{e}\quad g(x) = \frac{1}{x-4},$$

defina $f(g(x))$ e $g(f(x))$ e determine $f(g(-6))$ e $g(f(-6))$.

Solução

Vamos, primeiramente, definir as funções compostas $f \circ g$ e $g \circ f$:

$$f(g(x)) = f\left(\frac{1}{x-4}\right) = \left|\frac{1}{x-4}\right| = \frac{1}{|x-4|}$$

$$g(f(x)) = g(|x|) = \frac{1}{|x|-4}$$

Agora, podemos calcular essas funções em $x = -6$.

$$f(g(-6)) = \frac{1}{|-6-4|} = \frac{1}{|-10|} = \frac{1}{10}.$$

$$g(f(-6)) = \frac{1}{|-6|-4} = \frac{1}{6-4} = \frac{1}{2}.$$

Naturalmente, não é necessário determinar a expressão da função composta apenas para calcular seu valor. De fato, também poderíamos ter determinado $f(g(-6))$ e $g(f(-6))$ fazendo

$$g(-6) = \frac{1}{-6-4} = -\frac{1}{10} \quad\Rightarrow\quad f\left(-\frac{1}{10}\right) = \left|-\frac{1}{10}\right| = \frac{1}{10}$$

e

$$f(-6) = |-6| = 6 \quad\Rightarrow\quad g(6) = \frac{1}{6-4} = \frac{1}{2}.$$

Agora, tente o Exercício 8.

Além de formalizar a ideia de função composta, que já havia sido explorada nos Problemas 4 e 5, o quadro da página 303 define o domínio de $f \circ g$, assunto que ainda não abordamos. Segundo o quadro, para que sejamos capazes de calcular $f(g(x))$ é preciso que:

1. x pertença ao domínio de g;
2. $g(x)$ (o valor de g em x) pertença ao domínio de f.

Essas duas condições estão ilustradas na Figura 3.91. Nessa figura, os conjuntos em rosa indicam o domínio e o conjunto imagem de g, que são denominados D_g e Im_g, respectivamente. Já os conjuntos cinza-claro representam D_f e Im_f – o domínio e o conjunto imagem de f.

O conjunto cinza-escuro no centro da imagem é a interseção de Im_g e de D_f, ou seja, é o conjunto dos valores de $g(x)$ que pertencem ao domínio de f, como exigido na condição 2 dada. O domínio de $f \circ g$, indicado em vinho, contém os valores de x que satisfazem, ao mesmo tempo, as duas condições.

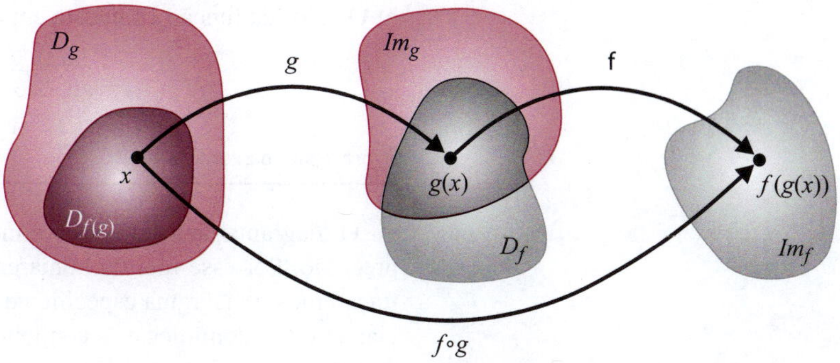

FIGURA 3.91 Composição de f e g.

Para deixar mais clara a definição do domínio da função composta, veremos como obtê-lo em um problema prático.

Problema 8. Função composta e seu domínio

Sejam dadas as funções

$$f(x) = \sqrt{6-x} \quad \text{e} \quad g(x) = \sqrt{x+1}.$$

a) Obtenha $f(g(x))$.
b) Determine o domínio dessa função composta.
c) Calcule $f(g(3))$.

Solução

a) A função composta $f \circ g$ é dada por

$$f(g(x)) = f\left(\sqrt{x+1}\right)$$
$$= \sqrt{6 - \sqrt{x+1}}.$$

b) Para obter o domínio de $f(g(x))$, vamos considerar em separado as duas condições mencionadas.

- **Condição** $x \in D_g$.
  Como trabalhamos com números reais, não podemos extrair a raiz quadrada de números negativos. Assim, para garantir que a expressão $\sqrt{x+1}$ possa ser calculada, devemos exigir que

$$x + 1 \geq 0 \quad \Rightarrow \quad x \geq -1.$$

- **Condição** $g(x) \in D_f$.
  Como a função f também envolve uma raiz, para que possamos calculá-la, é preciso que

$$6 - g(x) \geq 0$$
$$6 - \sqrt{x+1} \geq 0$$
$$\sqrt{x+1} \leq 6$$
$$(\sqrt{x+1})^2 \leq 6^2$$
$$x + 1 \leq 36$$
$$x \leq 35$$

Como exigimos que $x + 1 \geq 0$, pudemos escrever $(\sqrt{x+1})^2 = x+1$.

A interseção das duas condições é dada por $-1 \leq x \leq 35$, de modo que

$$D_{f \circ g} = \{x \in \mathbb{R} \mid -1 \leq x \leq 35\}.$$

c) O valor da função composta em $x = 3$ é dado por

$$f(g(3)) = \sqrt{6-\sqrt{3+1}} = \sqrt{6-\sqrt{4}} = \sqrt{6-2} = \sqrt{4} = 2.$$

Agora, tente o Exercício 11.

O diagrama da Figura 3.91 é muito abstrato, o que pode dificultar sua compreensão. Por esse motivo, tomaremos emprestado as funções do Problema 8 e traçaremos o diagrama específico dessa composição. Para tanto, definiremos inicialmente os domínios e os conjuntos imagem das funções g e f.

O domínio da função $g(x) = \sqrt{x+1}$ já foi determinado, sendo dado por

$$D_g = \{x \mid x \geq -1\}.$$

Por sua vez, o conjunto imagem dessa função é

$$Im_g = \{y \mid y \geq 0\},$$

já que toda raiz quadrada fornece um número maior ou igual a zero. O diagrama da Figura 3.92 mostra o domínio e o conjunto imagem de g.

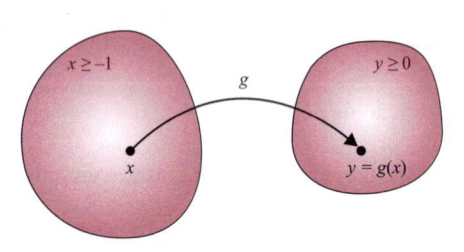

FIGURA 3.92 Domínio e imagem de $g(x) = \sqrt{x+1}$.

Passando à função $f(y) = \sqrt{6-y}$, notamos que seu domínio é

$$D_f = \{y \mid y \leq 6\},$$

$6 - y \geq 0 \Rightarrow 6 \geq y \Rightarrow y \leq 6.$

pois essa é a condição para que o termo dentro da raiz não seja negativo. Além disso, como a função f também é definida por uma raiz quadrada, o seu conjunto imagem é

$$Im_f = \{z \mid z \geq 0\},$$

A Figura 3.93 ilustra o domínio e o conjunto imagem de f.

Para desenhar o diagrama da função composta, deve-se observar que o valor de $f(g(x))$ é obtido em duas etapas. Em primeiro lugar, calculamos $y = g(x)$ e, em seguida, determinamos $z = f(y)$. Sendo assim, y deve estar, ao mesmo tempo, no conjunto imagem de g e no domínio de f. Logo,

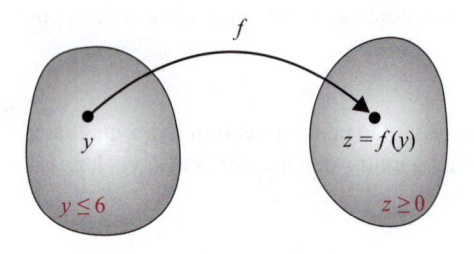

$$\underbrace{y \geq 0}_{y \in Im_g} \quad \text{e} \quad \underbrace{y \leq 6}_{y \in D_f}.$$

FIGURA 3.93 Domínio e imagem de $f(x) = \sqrt{6-x}$.

Assim, podemos dizer que y deve pertencer ao conjunto $\{y \mid 0 \leq y \leq 6\}$. Esse conjunto aparece pintado de cinza-escuro no centro da Figura 3.94.

Lembrando, então, que $y = g(x)$, temos:

0	$\leq$	y	$\leq$	6	Inequação original.
0	$\leq$	$\sqrt{x+1}$	$\leq$	6	Substituindo y por $g(x)$.
0^2	$\leq$	$x+1$	$\leq$	6^2	Elevando os termos ao quadrado.
0	$\leq$	$x+1$	$\leq$	36	Calculando os quadrados.
-1	$\leq$	x	$\leq$	35	Subtraindo 1 de todos os termos.

Portanto, para que possamos calcular $f(g(x))$, é preciso que x pertença ao conjunto $\{x \mid -1 \leq x \leq 35\}$, mostrado em vinho na Figura 3.94. Esse é o domínio da função composta.

CAPÍTULO 3 – Funções ■ 307

FIGURA 3.94 Composição de $f(y) = \sqrt{6-y}$ e $g(x) = \sqrt{x+1}$.

Problema 9. Composição com gráficos

Com base nos gráficos das funções f e g, mostrados na Figura 3.95, determine:

a) $f(g(4))$. b) $f(g(-2))$. c) $g(f(7))$. d) $g(f(2))$.

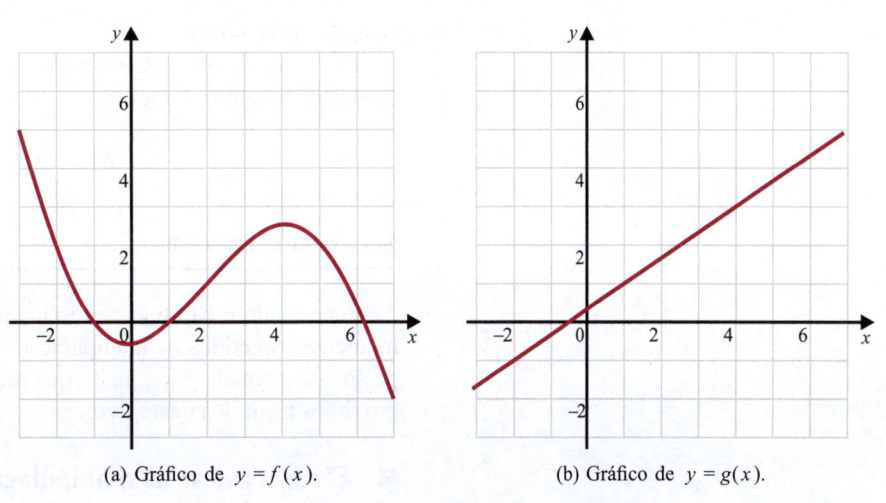

(a) Gráfico de $y = f(x)$.

(b) Gráfico de $y = g(x)$.

FIGURA 3.95 Gráficos das funções do Problema 9.

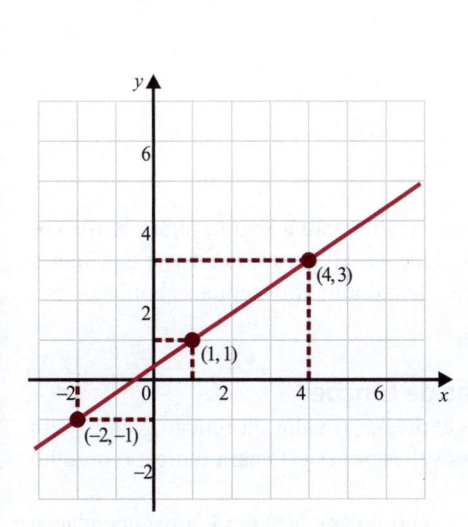

FIGURA 3.96 Valores de $g(-2)$, $g(1)$ e $g(4)$.

Solução

a) Observando a Figura 3.96, constatamos que $g(4) = 3$. Consultando, então, a Figura 3.97, concluímos que

$$f(g(4)) = f(3) = 2.$$

b) Segundo a Figura 3.96, $g(-2) = -1$. Usando, então, a Figura 3.97, obtemos

$$f(g(-2)) = f(-1) = 0.$$

c) A Figura 3.97 indica que $f(7) = -2$. Consultando, em seguida, a Figura 3.96, chegamos a

$$g(f(7)) = g(-2) = -1.$$

d) Segundo a Figura 3.97, $f(2) = 1$. Recorrendo, então, à Figura 3.96, encontramos

$$g(f(2)) = g(1) = 1.$$

Agora, tente o Exercício 16.

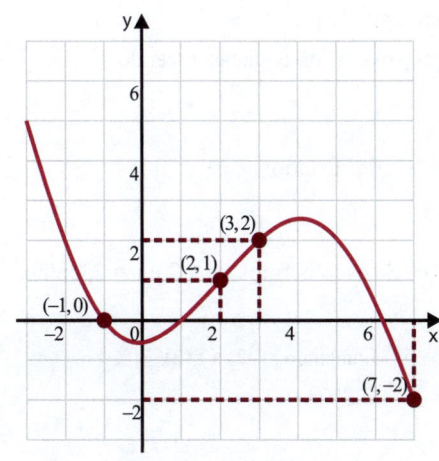

FIGURA 3.97 Valores de $f(-1)$, $f(2)$, $f(3)$ e $f(7)$.

Até o momento, usamos as funções f e g para determinar as composições $f \circ g$ e $g \circ f$. Nas disciplinas de Cálculo, entretanto, os alunos são obrigados a seguir o caminho inverso, ou seja, a identificar funções f e g cuja composição corresponda a uma função h conhecida. O próximo problema explora essa decomposição.

Problema 10. Decomposição de uma função composta

Dada a função

$$h(x) = \frac{1}{\sqrt{x+4}},$$

determine duas funções f e g tais que $h(x) = f(g(x))$.

Solução

Definindo, por exemplo, $g(x) = \sqrt{x+4}$, temos

$$h(x) = \frac{1}{g(x)}.$$

Dessa forma, tomando $f(x) = \frac{1}{x}$, podemos escrever $h(x) = f(g(x))$.

Solução alternativa

Há outras escolhas de f e g que nos permitem escrever $h(x) = f(g(x))$. Como exemplo, podemos definir

$$f(x) = \frac{1}{\sqrt{x}} \quad \text{e} \quad g(x) = x + 4.$$

Agora, tente o Exercício 18.

Encerrando o capítulo, apresentamos, na subseção a seguir, alguns erros comumente cometidos na manipulação de funções. Evitar esses erros é o primeiro passo a ser tomado por aqueles que pretendem dominar os tópicos abordados nos próximos capítulos deste livro.

■ Erros a evitar na manipulação de funções

O fato de usarmos a notação $g(x)$ para expressar o valor da função g em x gera alguma confusão, já que também é possível escrever $g(x)$ para indicar o produto entre duas variáveis g e x.

Caso surja a dúvida de como tratar $f(x)$ (ou $g(x)$, $h(x)$ etc.), a recomendação geral é que se interprete essa expressão como uma função, a menos que o contexto indique claramente que se trata de um produto.

Apresentamos, a seguir, uma lista de erros cometidos quando se manipula $f(x)$ como o produto de f por x, e não como o valor da função em x. Em cada caso, apresentamos um exemplo que mostra como o erro leva a um resultado disparatado.

1. Funções não podem ser canceladas em equações.

   De uma forma geral, não é correto reescrever uma equação fazendo

   $$f(x) = f(y)$$
   $$\cancel{f}(x) = \cancel{f}(y) \quad \text{☠ Errado!}$$
   $$x = y$$

> Existem funções para as quais se $f(x) = f(y)$, então $x = y$. Essas funções, chamadas **injetoras**, serão vistas no Capítulo 5.

Considere, por exemplo, a função $f(x) = x^2$. Se escolhermos $x = -2$ e $y = 2$, então, claramente

$$(-2)^2 = 2^2 \qquad \text{Igualando } f(-2) \text{ a } f(2)$$
$$4 = 4, \qquad \text{Ok! } f(x) = f(y)$$

embora

$$-2 \neq 2 \qquad\qquad x \neq y$$

2. Funções não podem ser canceladas em quocientes.
   Não é correto simplificar uma expressão escrevendo
   $$\frac{f(x)}{f(y)} = \frac{\cancel{f}(x)}{\cancel{f}(y)} = \frac{x}{y}. \quad \text{☠ Errado!}$$
   Para evidenciar a incongruência dessa simplificação, basta tomar $f(x) = \sqrt{x}$ e $y = 9x$. Nesse caso,

   > Aqui, estamos supondo que $x > 0$.

   $$\frac{f(x)}{f(y)} = \frac{\sqrt{x}}{\sqrt{9x}} = \sqrt{\frac{x}{9x}} = \sqrt{\frac{1}{9}} = \frac{1}{3},$$
   enquanto
   $$\frac{x}{y} = \frac{x}{9x} = \frac{1}{9}.$$

3. Funções não costumam satisfazer a uma propriedade aditiva.
   Em geral, não é correto escrever
   $$f(x+y) = f(x) + f(y). \quad \text{☠ Errado!}$$

   > Das funções que conhecemos, somente $f(x) = kx$, com $k \in \mathbb{R}$, satisfaz $f(x) + f(y) = f(x+y)$, pois $kx + ky = k \cdot (x+y)$.

   Recorrendo, por exemplo, à função $f(x) = x^2$, observamos que
   $$f(x) + f(y) = x^2 + y^2.$$
   Por outro lado, usando nossos conhecimentos de produtos notáveis, temos
   $$f(x+y) = (x+y)^2 = x^2 + 2xy + y^2.$$

   > Constatamos que $x^2 + y^2$ e $(x+y)^2$ só são iguais quando $x = 0$ ou $y = 0$.

4. Funções não costumam satisfazer a uma propriedade multiplicativa.
   Também não é correto afirmar que
   $$f(x \cdot y) = f(x) \cdot f(y) \quad \text{ou} \quad f\left(\frac{x}{y}\right) = \frac{f(x)}{f(y)}. \quad \text{☠ Errado!}$$
   Escolhendo, por exemplo, $f(x) = x - 5$ e $y = 10$, constatamos que
   $$f(x) \cdot f(y) = (x-5) \cdot (10-5) = 5x - 25$$
   enquanto
   $$f(x \cdot y) = f(10x) = 10x - 5.$$
   Da mesma forma,
   $$\frac{f(x)}{f(y)} = \frac{x-5}{10-5} = \frac{x-5}{5},$$
   que é diferente de
   $$f\left(\frac{x}{y}\right) = f\left(\frac{x}{10}\right) = \frac{x}{10} - 5 = \frac{x-50}{10}.$$

5. Não se pode misturar o argumento de uma função com os demais termos de uma expressão.
   a) Se f é uma função e A é uma expressão qualquer, não se deve escrever
   $$f(x) + A = f(x+A). \quad \text{☠ Errado!}$$
   Assim, por exemplo, erra quem diz que
   $$f(x) + x = f(x+x) = f(2x). \quad \text{☠ Errado!}$$
   Para mostrar que $f(x) + x$ não é o mesmo que $f(2x)$, basta tomar $f(x) = x^2$, já que, nesse caso,
   $$f(x) + x = x^2 + x,$$
   enquanto
   $$f(x+x) = f(2x) = (2x)^2 = 4x^2.$$

Funções que satisfazem $f(cx) = c \cdot f(x)$, com c real, são chamadas *homogêneas de grau 1*. A função $f(x) = kx$ tem essa propriedade.

Nesse exemplo, supomos que $x \neq 0$.

b) Também não é adequado dizer que
$$f(x) \cdot A = f(x + A). \quad \text{☠ Errado!}$$

Para se convencer de que essa afirmação não é correta, suponha que seja preciso calcular
$$f(x) \cdot x,$$
e que $f(x) = \frac{1}{x} + 2$. Nesse caso,
$$f(x) \cdot x = \left(\frac{1}{x} + 2\right) \cdot x = \frac{x}{x} + 2x = 1 + 2x.$$

Por outro lado,
$$f(x \cdot x) = f(x^2) = \frac{1}{x^2} + 2.$$

Dessa forma, $f(x) \cdot x \neq f(x \cdot x)$.

c) Mais um erro comum consiste em afirmar que
$$\frac{f(x)}{A} = f\left(\frac{x}{A}\right), \quad \text{☠ Errado!}$$
como ocorre quando se escreve
$$\frac{f(x)}{x} = \frac{f(\cancel{x})}{\cancel{x}} = f(1) \quad \text{☠ Errado!}$$
ou
$$\frac{f(x^2)}{x} = \frac{f(\cancel{x} \cdot x)}{\cancel{x}} = f(x), \quad \text{☠ Errado!}$$

Nesse caso, escolhendo $f(x) = x^2$, temos
$$\frac{f(x)}{x} = \frac{x^2}{x} = x,$$

Mais uma vez, supomos que $x \neq 0$.

enquanto
$$f\left(\frac{x}{x}\right) = f(1) = 1^2 = 1,$$

de modo que $\frac{f(x)}{x} \neq f\left(\frac{x}{x}\right)$.

Exercícios 3.9

1. Para as funções f e g apresentadas a seguir, defina $f + g$, fg e f/g.

   a) $f(x) = x - 2$, $g(x) = x^2 - 1$
   b) $f(x) = \sqrt{x}$, $g(x) = 2x^2 + 1$
   c) $f(x) = \sqrt{x-1}$, $g(x) = \sqrt{x+1}$
   d) $f(x) = \frac{1}{x}$, $g(x) = \frac{3}{x+2}$
   e) $f(x) = x - 3$, $g(x) = x + 3$
   f) $f(x) = \sqrt{1-x}$, $g(x) = x^2$
   g) $f(x) = \frac{x+1}{x}$, $g(x) = \frac{1}{x^2}$

2. Chico é proprietário de uma barraca que vende pães de queijo na feira e percebeu que, se o preço do pão de queijo é baixo, muita gente compra o petisco, mas o rendimento no fim do dia é pequeno. Por outro lado, quando o pão está muito caro, pouca gente o compra. Assim, Chico fez uma pesquisa com seus clientes e percebeu que o número de pães vendidos por dia é dado por $N(p) = 1.000 - 500p + 60p^2$, em que p é preço de cada pão, em reais.

   a) Escreva a fórmula de $R(p)$ que fornece a receita bruta diária pela venda dos pães e é dada pelo produto do número de pães vendidos pelo preço de cada pão.
   b) Para produzir e vender n pães a cada dia, Chico gasta um valor (em reais) dado por $C(n) = 80 + 0,4n$. O lucro diário obtido com a venda dos pães é a diferença entre a receita bruta e o custo. Escreva a fórmula de $L(p)$, que fornece o lucro diário, em relação ao preço do pão de queijo.
   c) Calcule o lucro diário que Chico teria se cobrasse R$ 0,50, R$ 1,00, R$ 1,50, R$ 2,00 R$ 2,50 e R$ 3,00 por pão de queijo. Qual desses preços fornece o maior lucro?

3. Suponha que $c_{pre}(t)$ forneça o número de telefones celulares pré-pagos e $c_{pos}(t)$ forneça o número de celulares pós-pagos registrados no Brasil, no instante de tempo t (em anos) decorrido desde o ano 2000. Suponha, também, que $p(t)$ forneça a população brasileira no instante t (também em anos a partir de 2000).
   a) Defina a função que fornece o número de telefones celulares registrados no Brasil em relação a t.
   b) Defina a função que fornece o número de telefones celulares *per capita* em relação a t.
   c) Defina a função que fornece o percentual dos telefones celulares do tipo pré-pago em relação a t.

4. Uma loja de informática lançou uma promoção de impressoras. Ela está vendendo qualquer modelo novo com um desconto de R$ 100,00 para quem deixar sua impressora velha. Além disso, todas as impressoras da loja estão com 5% de desconto sobre o valor de fábrica (ou seja, sem o desconto de R$ 100,00).
   a) Crie uma função p que forneça o preço real de uma impressora cujo preço original era x, para quem não deixar na loja sua impressora velha.
   b) Crie uma função q que forneça o preço real de uma impressora cujo preço original era x, para quem deixar uma impressora velha.
   c) Crie uma função d que forneça o desconto percentual que terá um cliente que comprar uma impressora cujo preço original era x, se o cliente deixar na loja sua impressora velha.

5. Com base nas figuras a seguir, trace o gráfico de $h(x) = f(x) + g(x)$.
   a)
   b)

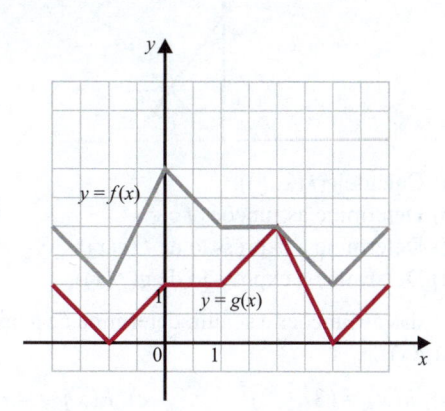

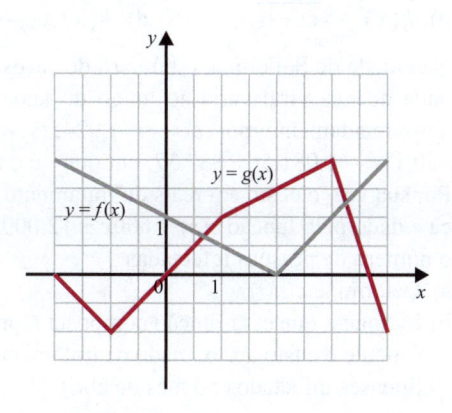

6. Sejam dadas as funções $f(x) = px$ e $g(x) = 2x + 5$, em que p é um parâmetro real.
   a) Supondo que $p = -5$, determine para quais valores reais de x e g tem-se $f(x) \cdot g(x) < 0$.
   b) Determine para quais valores de p temos $f(x) \geq g(x)$, ou seja, $f(x) - g(x) \geq 0$, para todo $x \in [-8, -1]$.

7. O gráfico a seguir, apresentado no Exercício 11 da Seção 3.6, fornece a produção brasileira de milho e soja, em milhões de toneladas, no período compreendido entre as safras de 2005/06 e 2014/15, de acordo com a Conab. Trace o gráfico que mostra a soma da produção de milho e soja no mesmo período.

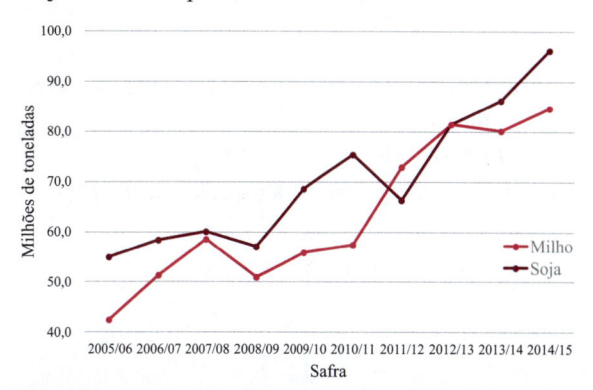

8. Dadas $f(x) = 2x^2 - 1$ e $g(x) = x - 3$, calcule:
   a) $f(g(0))$ c) $f(f(2))$ e) $g(g(-1))$
   b) $f(g(1))$ d) $g(f(3))$ f) $g(g(f(2)))$

9. Sejam dadas as funções $f(x) = \frac{1}{x-4}$ e $g(x) = x^2$.
   a) Defina $f(g(x))$ e $g(f(x))$ e seus domínios.
   b) Calcule $f(g(-3))$ e $g(f(7))$.

10. Dadas as funções f e g a seguir, defina $f(g(x))$, $g(f(x))$, $f(f(x))$ e $g(g(x))$.
    a) $f(x) = 3x - 5$, $g(x) = -2x + 7$
    b) $f(x) = 4x$, $g(x) = \frac{x^2}{4}$
    c) $f(x) = \sqrt{x}$, $g(x) = \frac{x}{3}$
    d) $f(x) = x^2$, $g(x) = \frac{1}{5x}$

11. Dadas as funções f e g a seguir, defina $f(g(x))$ e $g(f(x))$ e os domínios das novas funções.
    a) $f(x) = 3x - 1$, $g(x) = x^2 + 2x$
    b) $f(x) = 2x + 3$, $g(x) = \frac{1}{x}$
    c) $f(x) = \sqrt{x}$, $g(x) = 2x - 1$
    d) $f(x) = \sqrt{x-1}$, $g(x) = 3x^2 + 1$
    e) $f(x) = \sqrt{x-2}$, $g(x) = x^2 + 3$
    f) $f(x) = \frac{x}{x-1}$, $g(x) = x^2$
    g) $f(x) = x^{2/3}$, $g(x) = x^6$
    h) $f(x) = x - 1$, $g(x) = \frac{2}{x^2+1}$
    i) $f(x) = \sqrt{x+4}$, $g(x) = x^2 - 6$
    j) $f(x) = \frac{1}{x}$, $g(x) = \frac{x}{x^2-4}$

k) $f(x) = \sqrt{3x^2 - 1}$, $g(x) = \sqrt{x^2 - 8}$

l) $f(x) = \sqrt{x}$, $g(x) = \frac{x}{25-x^2}$

12. A figura a seguir mostra o gráfico de $y = f(x)$.

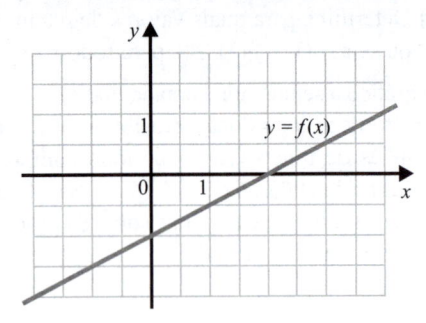

   a) Sabendo que $g(x) = \frac{1}{x}$, defina $f(g(x))$ e $g(f(x))$ e os domínios dessas funções.
   b) Calcule $f(g(1/2))$ e $g(f(4))$.

13. A figura a seguir mostra o gráfico de $y = f(x)$.

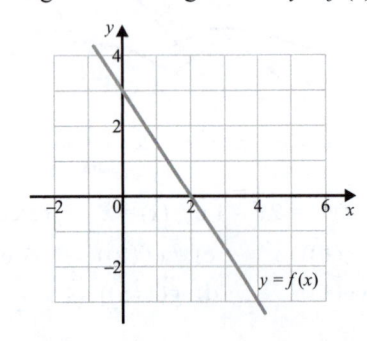

   a) Sabendo que $g(x) = \frac{1}{x^2}$, defina $f(g(x))$ e $g(f(x))$ e os domínios dessas funções.
   b) Calcule $f(g(-1))$ e $g(f(3/2))$.

14. A figura a seguir mostra o gráfico de $y = f(x)$. Sabendo que $g(x) = \frac{6x}{5-3x}$,

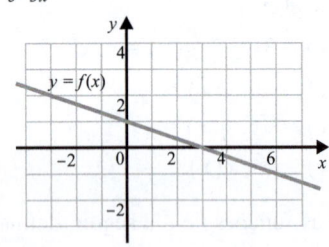

   a) Calcule $f(g(5))$.
   b) Defina $f(x)$.
   c) Defina $g(f(x))$ e seu domínio.

15. A figura a seguir mostra o gráfico de $y = f(x)$.

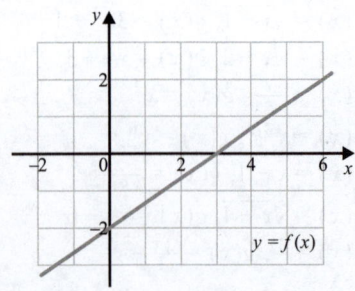

   a) Defina a expressão analítica de $f(x)$.
   b) Dada $g(x) = \sqrt{x}$, determine $g(f(6))$ e $f(g(9))$.
   c) Sabendo que $h(x) = \frac{1}{x+2}$, determine a expressão analítica de $h(f(x))$, bem como o domínio dessa função composta.

16. Os gráficos de $y = f(x)$ e $y = g(x)$ são dados na figura a seguir.

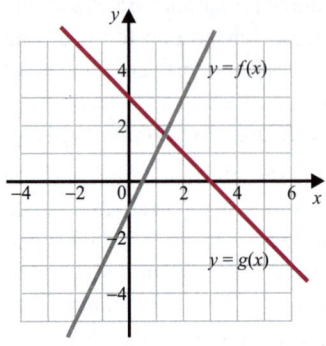

   a) Determine as funções f e g.
   b) Determine $w(x) = f(g(x))$
   c) Esboce o gráfico de $h(x) = f(x) \cdot g(x)$ para $x \in [0, 4]$.

17. Os gráficos de $y = f(x)$ e $y = g(x)$ são dados na figura a seguir.

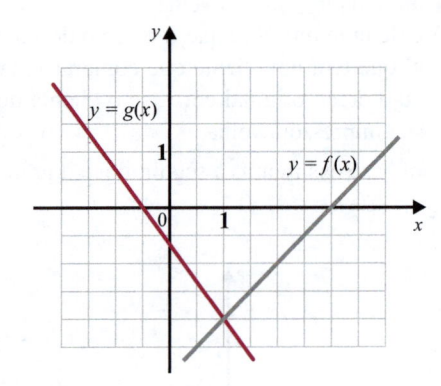

   a) Calcule $g(f(2, 5))$.
   b) Determine as funções f e g.
   c) Determine a expressão de $f(g(x))$.
   d) Determine a expressão de $g(f(x))$.

18. Dadas as funções a seguir, determine f e g tais que $h(x) = f(g(x))$.

   a) $h(x) = (3x-2)^2$
   b) $h(x) = \sqrt{x^2-1}$
   c) $h(x) = |4-x|$
   d) $h(x) = \frac{1}{2x-5}$

19. Na cidade de Salicilina, o número de casos de determinada doença viral varia ao longo do ano, sendo dado aproximadamente por $d(t) = 1{,}9245t^4 - 53{,}485t^3 + 450{,}18t^2 - 1.081{,}5t + 837{,}37$, em que t é o mês do ano. Por sua vez, o custo em reais do tratamento dessa doença é dado pela função $c(x) = 600x + 12.000$, em que x é o número de pessoas infectadas.

   a) Determine $c(d(t))$.
   b) Indique o que essa função composta representa.
   c) Calcule o custo aproximado de tratamento dos salicilinenses infectados no mês de abril.

■ Funções polinomiais

4

Antes de ler o capítulo
Este capítulo envolve o conteúdo das Seções 2.9, 2.10 e 2.11 (equações e inequações quadráticas) e das Seções 3.5 e 3.6 (funções e gráficos).

Depois de tratarmos das funções de uma forma genérica, é hora de passarmos a discutir aquelas funções que são usadas com maior frequência na modelagem de fenômenos reais.

Neste capítulo, trataremos das funções que envolvem polinômios. As funções exponenciais e logarítmicas, por sua vez, serão vistas no Capítulo 5. Finalmente, deixamos para o Capítulo 6 o tratamento das funções trigonométricas, dada a relação que estas têm com a geometria do triângulo retângulo.

4.1 Funções quadráticas

Por motivos óbvios, damos o nome de **função polinomial** a uma função que é definida por um polinômio. O quadro a seguir fornece uma descrição precisa desse tipo de função, tomando por base a definição de polinômio fornecida na Seção 2.9.

> **Função polinomial**
>
> Seja dado um número inteiro não negativo n, bem como os coeficientes reais $a_0, a_1, \cdots, a_n$, com $a_n \neq 0$. A função definida por
>
> $$f(x) = a_n x^n + a_{n-1} x^{n-1} + \cdots + a_1 x + a_0$$
>
> é denominada **função polinomial de grau n**, com relação a x.

Algumas funções polinomiais já foram vistas no Capítulo 3, tais como

$f(x) = c$ Função constante (grau 0).

$f(x) = mx + b$ Função linear ou afim (grau 1).

$f(x) = x^n$ Função potência de grau n.

Nesta seção, trataremos das funções polinomiais de grau 2, também conhecidas como funções quadráticas.

> **Função quadrática**
>
> Sejam dados os coeficientes reais a, b e c, com $a \neq 0$. A função definida por
>
> $$f(x) = ax^2 + bx + c$$
>
> é denominada **função quadrática**.

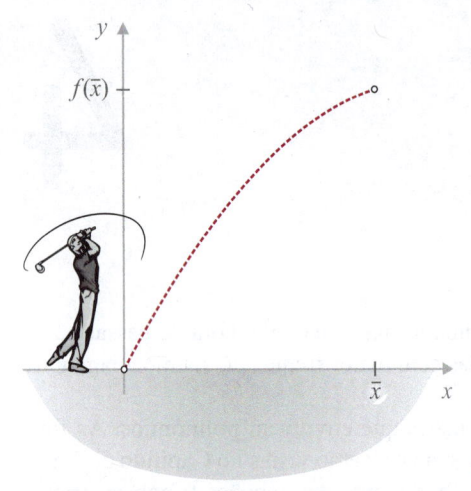

FIGURA 4.1 Trajetória de uma bola de golfe. Quando a bola está a uma distância horizontal $\bar{x}$ do ponto de partida, sua altura é $f(\bar{x})$.

As funções quadráticas têm aplicações em áreas variadas, como Física, Economia, Engenharia, Biologia e Geografia. O problema a seguir mostra o emprego de uma função quadrática à descrição da trajetória de uma bola.

Problema 1. Trajetória de uma bola de golfe

Um golfista dá uma tacada que faz sua bola descrever uma trajetória na qual a altura, em metros, é dada pela função

$$f(x) = -0{,}008x^2 + x,$$

em que x é a distância horizontal da bola, em metros, medida a partir de sua posição antes da tacada. A Figura 4.1 ilustra a trajetória da bola.

a) Determine a altura da bola quando ela está a uma distância horizontal de 40 m de seu ponto de partida.
b) Com base em uma tabela de pontos, trace a trajetória da bola no plano cartesiano.
c) Determine a que distância do ponto de partida a bola cai no chão.

Solução

a) A altura da bola quando ela está a uma distância horizontal de 40 m de sua posição original é dada por

$$f(40) = -0{,}008 \cdot 40^2 + 40 = 27{,}2.$$

Logo, a bola está a uma altura de 27,2 m.

b) A Tabela 4.1 fornece uma lista de pares ordenados obtidos a partir da definição de f. Com base nesses pontos, traçamos o gráfico da Figura 4.2, que mostra a trajetória descrita pela bola.

TABELA 4.1

x	$f(x)$
0	0,0
20	16,8
40	27,2
60	31,2
80	28,8
100	20,0
120	4,8
140	−16,8

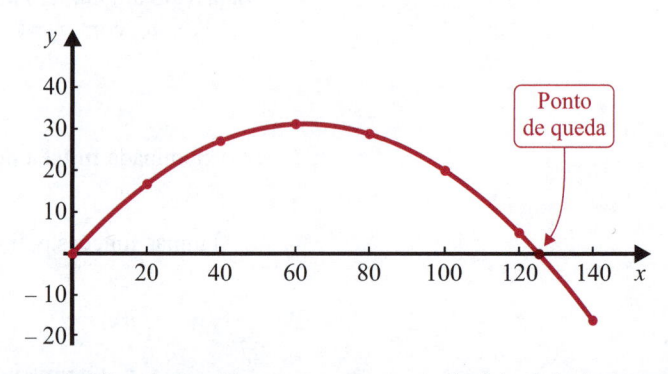

FIGURA 4.2 Gráfico da função que representa a trajetória da bola de golfe.

c) Observando a Figura 4.2, concluímos que a bola toca o solo a cerca de 125 metros de seu ponto de partida. Para determinar com exatidão a coordenada horizontal desse ponto, basta lembrar que dizer que a bola está sobre o solo é o mesmo que afirmar que sua altura é zero. Assim, temos $f(x) = 0$, ou seja,

$$-0{,}008x^2 + x = 0 \quad \Rightarrow \quad x(-0{,}008x + 1) = 0.$$

As raízes dessa equação devem satisfazer $x = 0$ ou $-0{,}008x + 1 = 0$. Nesse último caso, temos

$$-0{,}008x + 1 = 0 \quad \Rightarrow \quad -0{,}008x = -1 \quad \Rightarrow \quad x = \frac{-1}{-0{,}008} = 125.$$

Logo, os pontos em que a bola toca o solo são aqueles nos quais $x = 0$ m (ponto de partida) e $x = 125$ m, que é a distância horizontal entre o ponto de partida e o ponto de queda da bola.

A curva mostrada na Figura 4.2 inclui o trecho entre $x = 125$ e $x = 140$ e no qual os valores de $f(x)$ são negativos. Esse trecho foi usado apenas para completar a trajetória até o ponto de queda, não implicando que, na prática, a bola tenha tido uma altura negativa, o que só aconteceria se ela fosse enterrada no solo.

CAPÍTULO 4 – Funções polinomiais ■ **315**

É importante notar que uma função quadrática pode ser fornecida em outro formato que não aquele apresentado no quadro anterior, como mostram os exemplos a seguir.

Problema 2. Conversão de funções quadráticas ao formato usual

Converta as funções abaixo ao formato $f(x) = ax^2 + bx + c$.

a) $f(x) = 2(x-1)(x+3)$ b) $f(x) = -3(x-4)^2 + 6$

Solução

a) Aplicando a propriedade distributiva, podemos escrever

$$2(x-1)(x+3) = 2(x^2 - x + 3x - 3) = 2x^2 + 4x - 6.$$

Logo, $f(x) = 2x^2 + 4x - 6$.

b) Usando a regra do quadrado da soma (ou a propriedade distributiva, mais uma vez), obtemos

$$-3(x-4)^2 + 6 = -3(x^2 - 8x + 16) + 6 = -3x^2 + 24x - 48 + 6 = -3x^2 + 24x - 42.$$

Assim, $f(x) = -3x^2 + 24x - 42$.

■ **Gráfico das funções quadráticas**

O gráfico de uma função quadrática tem um formato característico – similar a uma letra "U" mais aberta –, e é chamado **parábola**. A Figura 4.3 mostra duas parábolas típicas.

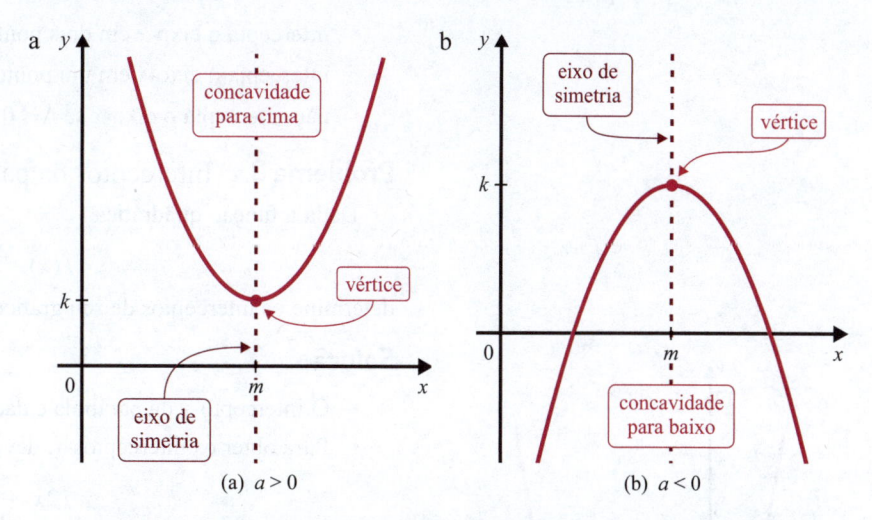

FIGURA 4.3 Gráficos de parábolas e sua relação com o coeficiente a.

Observando as curvas da Figura 4.3, notamos que a função quadrática tem um ponto de mínimo ou um ponto de máximo local. A esse ponto especial da parábola damos o nome de **vértice**. Além disso, toda parábola é simétrica a uma reta vertical que passa por seu vértice. Essa reta vertical é denominada **eixo de simetria**.

Outra característica importante de parábola é a sua **concavidade**, que é o lado para o qual a curva se abre. A Figura 4.3a mostra uma parábola com concavidade para cima, enquanto a Figura 4.3b uma parábola com concavidade para baixo. Note que há uma relação entre a concavidade e o sinal do coeficiente a. Se $a > 0$, a parábola tem concavidade para cima. Por outro lado, a concavidade é para baixo se $a < 0$.

O parâmetro a também controla a abertura da parábola. Quanto maior for o valor absoluto desse parâmetro, menor será a abertura, e vice-versa, como ilustra a Figura 4.4.

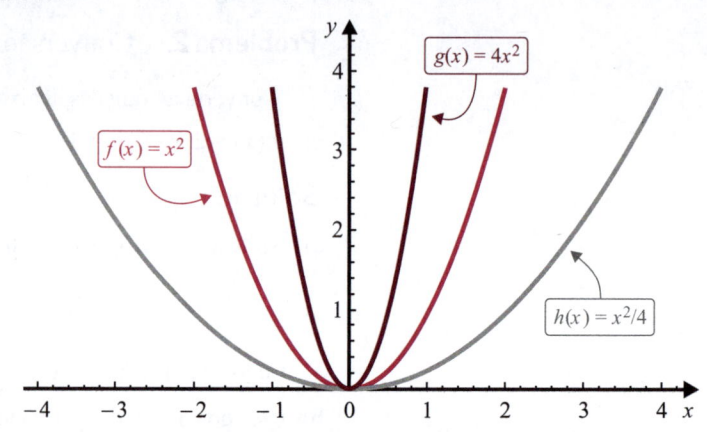

FIGURA 4.4 Influência do parâmetro a sobre a abertura da parábola.

Por sua vez, o coeficiente c da função quadrática determina o intercepto-y da parábola, pois, tomando $x = 0$, temos

$$f(0) = a \cdot 0^2 + b \cdot 0 + c = c.$$

Já os interceptos-x da parábola correspondem às raízes da equação $f(x) = 0$, que é equivalente à equação quadrática

$$ax^2 + bx + c = 0.$$

Seguindo, então, a análise feita na Seção 2.10 acerca do papel do discriminante $\Delta = b^2 - 4ac$ do polinômio quadrático, podemos dizer que a parábola:

- intercepta o eixo-x em dois pontos se $\Delta > 0$;
- intercepta o eixo-x em um ponto se $\Delta = 0$;
- não intercepta o eixo-x se $\Delta < 0$.

Problema 3. Interceptos da parábola

Dada a função quadrática

$$f(x) = 2x^2 - 5x - 3,$$

determine os interceptos de seu gráfico com os eixos coordenados.

Solução

- O intercepto-y da parábola é dado pelo coeficiente c, cujo valor é -3.
- Para obter os interceptos-x, devemos resolver a equação

$$2x^2 - 5x - 3 = 0.$$

Nesse caso, o discriminante vale

$$\Delta = b^2 - 4ac = (-5)^2 - 4 \cdot 2 \cdot (-3) = 25 + 24 = 49.$$

Como $\Delta > 0$, sabemos que o gráfico intercepta o eixo-x em dois pontos. Recorrendo, então, à fórmula de Bhaskara, obtemos

$$x = \frac{-(-5) \pm \sqrt{49}}{2 \cdot 2} = \frac{5 \pm 7}{4}.$$

Logo, como mostra a Figura 4.5, os interceptos são

$$x_1 = \frac{5 + 7}{4} = 3 \quad \text{e} \quad x_2 = \frac{5 - 7}{4} = -\frac{1}{2}.$$

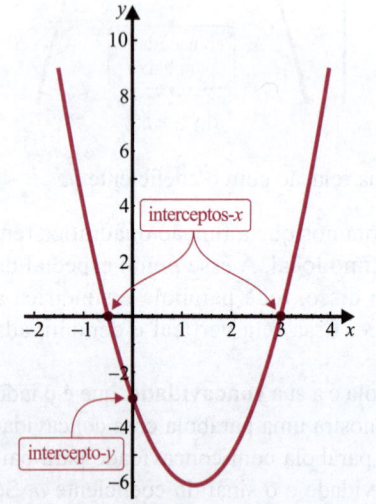

FIGURA 4.5 Interceptos da parábola do Problema 3.

Forma canônica da função quadrática

Suponha que conheçamos as coordenadas (m, k) do vértice de uma parábola, bem como o coeficiente a, que fornece sua concavidade e abertura. Nesse caso, é fácil determinar a expressão da função quadrática $f(x)$ correspondente, bem como traçar o seu gráfico, bastando para isso que apliquemos sobre a função $q(x) = x^2$ algumas das transformações apresentadas na Seção 3.8.

Em linhas gerais, essa estratégia de obtenção de uma função quadrática pode ser dividida nos seguintes passos:

1. **Encolha ou estique a função $q(x) = x^2$ de modo que se obtenha $h(x) = ax^2$.**
   Supondo que $a > 0$, o gráfico de h será similar à curva tracejada mostrada na Figura 4.6a. Por outro lado, se $a < 0$, o gráfico de h incluirá uma reflexão da parábola em relação ao eixo-x.

2. **Desloque o gráfico da função h por m unidades na horizontal para obter $g(x) = a(x - m)^2$.**
   Supondo que m seja um valor positivo, o deslocamento será para a direita e o gráfico de g equivalerá à curva vinho da Figura 4.6a, na qual a coordenada-x do vértice é m. Já para $m < 0$, haverá um deslocamento para a esquerda.

3. **Desloque o gráfico de g por k unidades na vertical para obter $f(x) = a(x - m)^2 + k$.**
   No caso em que $k > 0$, haverá um deslocamento para cima e o gráfico de f será equivalente à curva cinza apresentada na Figura 4.6b. Já se $k < 0$, a parábola será deslocada para baixo.

(a) Deslocamento de m unidades na horizontal.

(b) Deslocamento de k unidades na vertical.

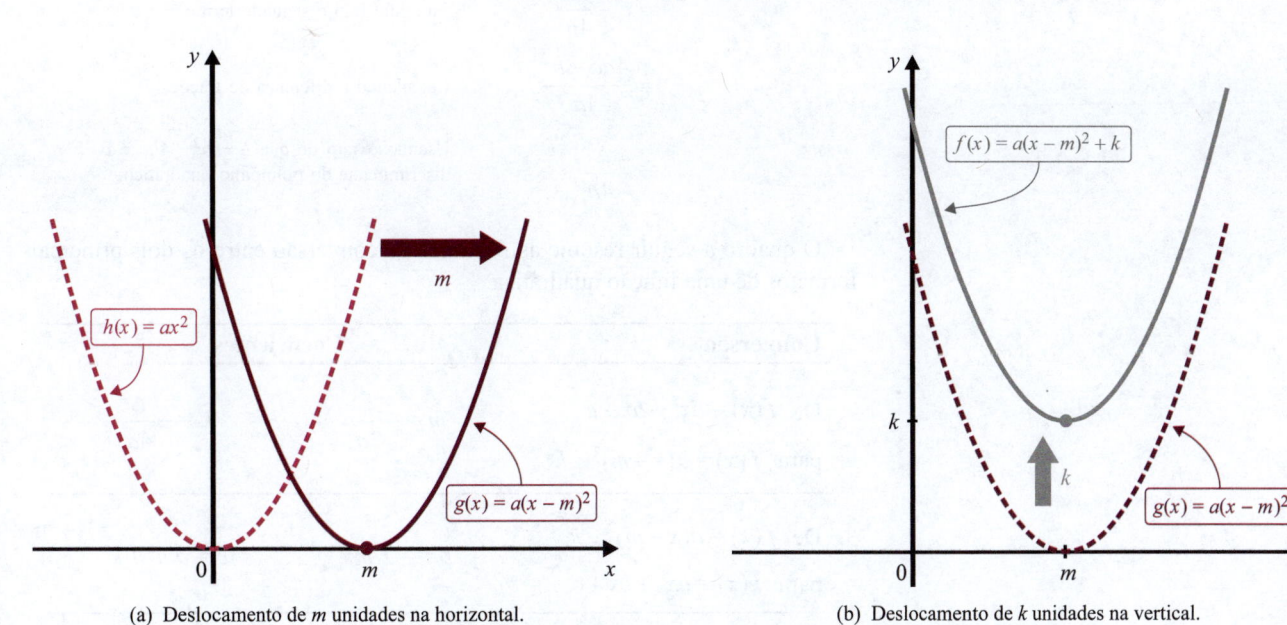

FIGURA 4.6 Transformações que levam $h(x) = ax^2$ a $f(x) = a(x - m)^2 + k$.

Esse procedimento para a obtenção de uma parábola com abertura a e vértice (m, k) sugere que toda função quadrática pode ser apresentada na **forma canônica**

$$f(x) = a(x - m)^2 + k. \qquad \text{(Forma canônica)}$$

Para mostrar que é sempre possível converter uma função quadrática $f(x) = ax^2 + bx + c$ para a forma canônica e vice-versa basta estabelecer uma relação única entre os coeficientes das duas formas. Essa relação pode ser obtida expandindo a forma canônica:

$$f(x) = a(x-m)^2 + k$$
$$= a(x^2 - 2mx + m^2) + k$$
$$= ax^2 \underbrace{-2am}_{b} x + \underbrace{am^2 + k}_{c}.$$

Comparando essa expressão de $f(x)$ com a forma usual $f(x) = ax^2 + bx + c$, concluímos que o coeficiente a que aparece nas duas formas é o mesmo. Além disso,

$$b = -2am \quad \text{e} \quad c = am^2 + k.$$

Assim, percebemos que é fácil determinar os coeficientes b e c a partir de a e das coordenadas do vértice da parábola. Vejamos, agora, como obter m e k a partir de a, b e c. Nesse caso, como $b = -2am$, temos

$$m = -\frac{b}{2a}.$$

Da mesma forma, como $c = am^2 + k$, podemos escrever

$k = c - am^2$	Isolando k na equação.
$= c - a\left(-\dfrac{b}{2a}\right)^2$	Substituindo m por $-b/(2a)$.
$= c - a\dfrac{b^2}{4a^2}$	Calculando o quadrado do quociente.
$= c - \dfrac{b^2}{4a}$	Simplificando o segundo termo.
$= \dfrac{4ac - b^2}{4a}$	Calculando a diferença de frações.
$= -\dfrac{\Delta}{4a}$	Usando o fato de que $\Delta = b^2 - 4ac$ é o discriminante do polinômio quadrático.

O quadro a seguir resume as fórmulas de conversão entre os dois principais formatos de uma função quadrática.

Conversão	Coeficientes	
De $f(x) = ax^2 + bx + c$ para $f(x) = a(x-m)^2 + k$	$m = -\dfrac{b}{2a}$	$k = -\dfrac{\Delta}{4a}$
De $f(x) = a(x-m)^2 + k$ para $f(x) = ax^2 + bx + c$	$b = -2am$	$c = am^2 + k$

Embora não seja muito empregada, a forma canônica é útil quando se quer escrever uma função quadrática (ou traçar seu gráfico) a partir das coordenadas do vértice, como mostra o problema a seguir.

Problema 4. Função quadrática na forma canônica

Encontre a função quadrática cujo gráfico tem vértice em $(-2, 4)$ e que passa pelo ponto $(-5, -14)$. Em seguida, trace o gráfico da função.

Solução

Como o vértice tem coordenadas $m = -3$ e $k = 4$, a função tem a forma

$$f(x) = a(x - (-3))^2 + 4 \quad \Rightarrow \quad f(x) = a(x+3)^2 + 4.$$

Usando, agora, o fato de que a parábola passa pelo ponto $(-5,-4)$, escrevemos $f(-5) = -4$, de modo que

$$-4 = a(-5+3)^2 + 4$$
$$-4 = a(-2)^2 + 4$$
$$-8 = 4a$$
$$-2 = a.$$

Logo, a função quadrática é

$$f(x) = -2(x+3)^2 + 4.$$

Para traçar o gráfico de $f(x)$, cujo vértice é $(-3,4)$, deslocamos a parábola $y = -2x^2$ três unidades para a esquerda e quatro unidades para cima, como mostra a Figura 4.7, na qual o gráfico de $f(x)$ é exibido em vinho.

Agora, tente o Exercício 8.

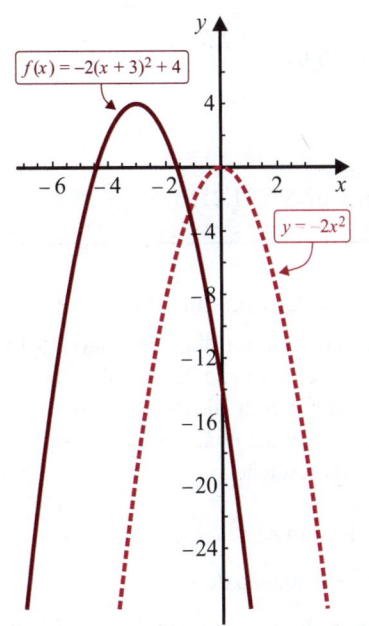

FIGURA 4.7 Gráfico de $f(x)$ a partir da parábola $y = -2x^2$.

■ Ponto de máximo ou de mínimo de uma função quadrática

Em muitas situações práticas, usamos uma função quadrática para descrever um problema que envolve a otimização de recursos (dinheiro, matérias-primas etc.). Nesses casos, é imprescindível conhecer o ponto no qual a função atinge seu valor máximo ou mínimo.

Como vimos, a função quadrática possui apenas um ponto de máximo ou de mínimo local, que corresponde ao vértice da parábola. Agora que sabemos como obter as coordenadas m e k do vértice a partir dos coeficientes a, b e c, fica fácil determinar os pontos extremos da função.

Ponto de máximo ou mínimo da função quadrática

Dada a função quadrática $f(x) = ax^2 + bx + c$, com discriminante $\Delta = b^2 - 4ac$:

1. Se $a > 0$, f tem um único ponto de mínimo em $x^* = -\dfrac{b}{2a}$.

   O valor mínimo de f é dado por $f(x^*) = -\dfrac{\Delta}{4a}$.

2. Se $a < 0$, f tem um único ponto de máximo em $x^* = -\dfrac{b}{2a}$.

   O valor máximo de f é dado por $f(x^*) = -\dfrac{\Delta}{4a}$.

Observe que há um só valor para x^* e para $f(x^*)$, que são as coordenadas do vértice da parábola. O coeficiente a é responsável por definir se esse vértice estará associado ao mínimo ou ao máximo da função.

Exemplo 1. Altura máxima da bola de golfe

No Problema 1, a trajetória de uma bola de golfe é descrita por uma parábola composta dos pares (x, y), em que:

- x é a distância horizontal da bola (em metros), medida a partir de sua posição antes da tacada;
- y é a altura da bola (em metros), dada pela função

$$f(x) = -0{,}008x^2 + x.$$

Nesse caso, como $a < 0$, a parábola tem concavidade para baixo e o vértice é o ponto mais alto da curva. Assim, a bola atinge a altura máxima em

$$x = -\frac{b}{2a} = -\frac{1}{2 \cdot (-0{,}008)} = \frac{1}{0{,}016} = 62{,}5 \text{ m},$$

e a altura nesse ponto é igual a

$$f(62{,}5) = -0{,}008 \cdot 62{,}5^2 + 62{,}5 = 31{,}25 \text{ m}.$$

Problema 5. Maximização do lucro de um restaurante

Um restaurante a quilo vende 100 kg de comida por dia, cobrando R$ 15,00 pelo quilograma. Uma pesquisa de opinião revelou que, a cada real de aumento no preço do quilo, o restaurante deixa de vender o equivalente a 5 kg de comida. Responda às perguntas a seguir, supondo que x é a quantia, em reais, a ser acrescida ao valor atualmente cobrado pelo quilo da refeição.

a) Exprima o preço do quilo de comida em função de x.

b) Exprima a quantidade de comida vendida em função de x.

c) Sabendo que a receita do restaurante é o produto do preço pela quantidade de comida vendida, escreva a função $R(x)$ que fornece a receita em relação a x.

d) Determine o preço por quilo que maximiza a receita do restaurante.

Solução

a) Se o quilograma de comida custa, atualmente, R$ 15,00, e o restaurante estuda aumentá-lo em x reais, então o novo preço pode ser descrito pela função

$$P(x) = 15 + x.$$

b) Sabemos que o restaurante vende, diariamente, 100 kg de comida, mas que essa quantidade será reduzida em 5 kg a cada R$ 1,00 acrescido ao preço. Assim, se o restaurante promover um aumento de x reais, a quantidade vendida será

$$Q(x) = 100 - 5x.$$

c) A receita do restaurante é o produto do preço pela quantidade vendida, ou seja,

$$\begin{aligned} R(x) &= P(x)Q(x) \\ &= (15+x)(100-5x) \\ &= -5x^2 + 25x + 1.500. \end{aligned}$$

d) Como $a < 0$, a função $R(x)$ tem um ponto de máximo em

$$x = -\frac{b}{2a} = -\frac{25}{2 \cdot (-5)} = \frac{25}{10} = 2{,}5.$$

Logo, o aumento de preço que maximiza a receita é igual a R$ 2,50, de modo que o restaurante deve passar a cobrar por quilograma,

$$P(2{,}50) = 15 + 2{,}50 = \text{R\$ } 17{,}50.$$

Caso haja esse aumento, a quantidade vendida diariamente será igual a

$$Q(2{,}50) = 100 - 5 \cdot 2{,}50 = \text{R\$ } 87{,}5 \text{ kg},$$

e a receita atingirá

$$R(2{,}50) = P(2{,}50)\, Q(2{,}50) = \text{R\$ } 1.531{,}25.$$

Note que, hoje, o restaurante tem uma receita diária de R$ 1.500,00.

Agora, tente o Exercício 20.

FIGURA 4.8 Região a ser cercada.

Problema 6. Maximização da área cercada

Um fazendeiro pretende usar 500 m de cerca para proteger um bosque retangular às margens de um riacho, como mostra a Figura 4.8.

1. Usando o comprimento da cerca, escreva o valor de y em função de x.

2. Com base na expressão que você encontrou no item (1), escreva a função $A(x)$ que fornece a área cercada com relação a x.

3. Determine o valor de x que maximiza a área cercada. Determine também o valor de y e a área máxima.

4. Trace o gráfico de $A(x)$.

Solução

1. Observando a Figura 4.8, notamos que apenas três dos lados da região do bosque precisam ser protegidos. Dessa forma, a cerca medirá apenas $2y + x$. Igualando essa expressão ao comprimento de cerca de que o fazendeiro dispõe, obtemos

$$2y + x = 500.$$

Isolando y nessa equação, chegamos a

$$y = \frac{500 - x}{2}.$$

2. A área de um retângulo de dimensões x e y é igual a xy. Assim, temos

$$\begin{aligned}
A(x) &= xy & \text{Área do retângulo.} \\
&= x\left(\frac{500-x}{2}\right) & \text{Substituindo a expressão de } y. \\
&= 250x - \frac{x^2}{2} & \text{Aplicando a propriedade distributiva.}
\end{aligned}$$

3. A área cercada é máxima quando

$$x = -\frac{250}{2 \cdot \left(-\frac{1}{2}\right)} = 250 \text{ m}.$$

Nesse caso, a área do bosque é igual a

$$A(250) = 250 \cdot 250 - \frac{250^2}{2} = 31250 \text{ m}^2.$$

4. O gráfico de $A(x)$ é mostrado na Figura 4.9.

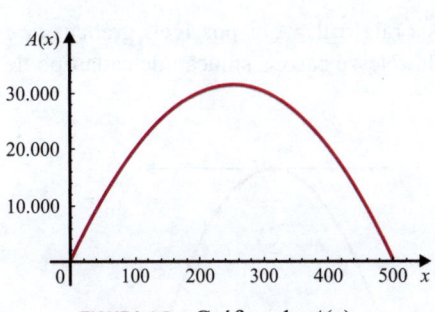

FIGURA 4.9 Gráfico de $A(x)$.

Agora, tente o Exercício 24.

■ Inequações quadráticas

Na Seção 2.11, vimos como resolver uma inequação quadrática fatorando-a e analisando o sinal dos fatores. Agora que definimos a função quadrática $f(x) = ax^2 + bx + c$, discutiremos como resolver o mesmo tipo de inequação escrevendo-a na forma

$$f(x) \leq 0 \quad \text{ou} \quad f(x) \geq 0.$$

Em nossa análise, levaremos em conta

- o número de raízes da equação $ax^2 + bx + c = 0$;
- o sinal de a, que indica para que lado está voltada a concavidade da parábola.

Como sabemos que a equação $f(x) = 0$ pode ter duas, uma ou nenhuma raiz real, vamos investigar quando $f(x) \leq 0$ e quando $f(x) \geq 0$ em cada um desses casos separadamente.

1. Se a equação $f(x) = 0$ tem duas raízes reais, x_1 e x_2, com $x_1 < x_2$, é fácil determinar os intervalos em que f é positiva ou negativa observando-se a Figura 4.10. Note que o sinal de f depende do sinal de a, como descrito na Tabela 4.2.

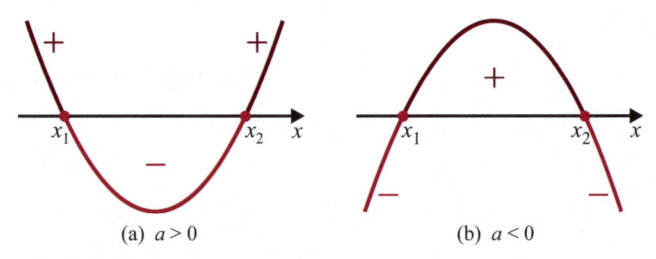

(a) $a > 0$ (b) $a < 0$

FIGURA 4.10 Sinal de f quando a função tem dois zeros.

TABELA 4.2 Relação entre os sinais de a e f quando a função tem dois zeros.

Sinal de f	Sinal de a	
	$a > 0$	$a < 0$
$f \geq 0$	$x \leq x_1$ ou $x \geq x_2$	$x_1 \leq x \leq x_2$
$f \leq 0$	$x_1 \leq x \leq x_2$	$x \leq x_1$ ou $x \geq x_2$

2. Se a equação $f(x) = 0$ tem uma única raiz real, x_1, os possíveis gráficos de f são aqueles mostrados na Figura 4.11. Nesse caso, a solução de cada tipo de desigualdade é indicada na Tabela 4.3.

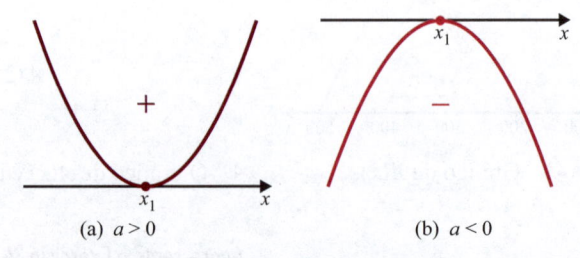

(a) $a > 0$ (b) $a < 0$

FIGURA 4.11 Sinal de f quando a função tem apenas um zero.

TABELA 4.3 Relação entre a e o sinal de f quando esta tem apenas um zero.

Sinal de f	Sinal de a	
	$a > 0$	$a < 0$
$f \geq 0$	$x \in \mathbb{R}$	$x = x_1$
$f \leq 0$	$x = x_1$	$x \in \mathbb{R}$

3. Se a equação $f(x) = 0$ não tem raízes reais, então f não muda de sinal e tampouco toca o eixo-x, como mostram a Figura 4.12 e a Tabela 4.4.

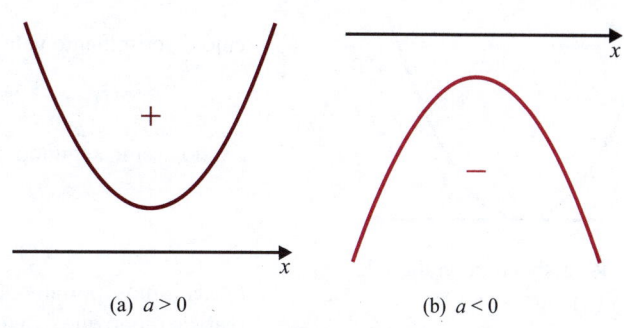

(a) $a > 0$ 　　　(b) $a < 0$

FIGURA 4.12 Sinal de f quando a função não tem zeros.

TABELA 4.4 Relação entre a e o sinal de f quando a função não tem zeros.

Sinal de f	Sinal de a	
	$a > 0$	$a < 0$
$f \geq 0$	$x \in \mathbb{R}$	Nunca
$f \leq 0$	Nunca	$x \in \mathbb{R}$

Problema 7. Inequações quadráticas

Resolva cada inequação dada, observando o sinal da função quadrática associada.

a) $-2x^2 + 3x + 9 \geq 10$ 　　b) $x^2 - 8x + 16 \leq 0$ 　　c) $x^2 - 2x + 6 \geq 0$

Solução

a) Passando todos os termos não nulos para o lado esquerdo da inequação $-2x^2 + 3x + 9 \geq 10$, obtemos

$$-2x^2 + 3x - 1 \geq 0.$$

A função quadrática associada a essa inequação é $f(x) = -2x^2 + 3x - 1$. Para resolver a equação $f(x) = 0$, calculamos o discriminante

$$\Delta = 3^2 - 4 \cdot (-2) \cdot (-1) = 9 - 8 = 1,$$

e aplicamos a fórmula quadrática, obtendo

$$x = \frac{-3 \pm \sqrt{1}}{2 \cdot (-2)} = \frac{-3 \pm 1}{-4}.$$

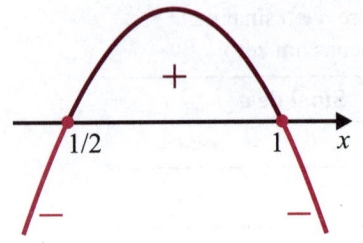

FIGURA 4.13 Esboço do gráfico de $f(x) = -2x^2 + 3x - 1$.

Logo, as raízes de $f(x) = 0$ são

$$x_1 = \frac{-3+1}{-4} = \frac{1}{2} \quad \text{e} \quad x_2 = \frac{-3-1}{-4} = 1.$$

Como $a < 0$, o gráfico de f tem concavidade para baixo, cruzando o eixo-x em x_1 e x_2. Assim, como mostra a Figura 4.13, $f(x) \geq 0$ para

$$\{x \in \mathbb{R} \mid \frac{1}{2} \leq x \leq 1\}.$$

b) À inequação $x^2 - 8x + 16 \leq 0$, associamos a função quadrática

$$f(x) = x^2 - 8x + 16,$$

cujo discriminante vale

$$\Delta = (-8)^2 - 4 \cdot 1 \cdot 16 = 64 - 64 = 0.$$

Sendo assim, segundo a fórmula quadrática,

$$x = \frac{-(-8) \pm \sqrt{0}}{2 \cdot 1} = \frac{8}{2} = 4.$$

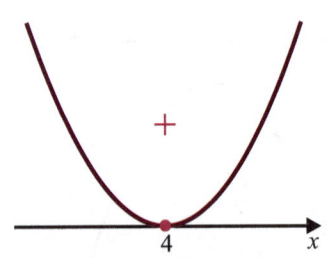

FIGURA 4.14 Esboço do gráfico de $f(x) = x^2 - 8x + 16$.

Observamos, portanto, que $a > 0$ e que a equação $f(x) = 0$ tem apenas uma raiz real, de modo que o diagrama que fornece o comportamento da função é aquele mostrado na Figura 4.14. Segundo a figura, $f(x) \leq 0$ apenas para

$$x = 4.$$

c) A inequação $x^2 - 2x + 6 \geq 0$ pode ser escrita como $f(x) \geq 0$, em que

$$f(x) = x^2 - 2x + 6.$$

Nesse caso, o discriminante é $\Delta = (-2)^2 - 4 \cdot 1 \cdot 6 = 4 - 24 = -20$. Como $\Delta < 0$, a equação $f(x) = 0$ não tem raízes reais. Combinando esse resultado com o fato de que $a > 0$, concluímos que o gráfico de f está sempre acima do eixo-x. Logo, a solução de $f(x) \geq 0$ é

$$x \in \mathbb{R},$$

como indica a Figura 4.15.

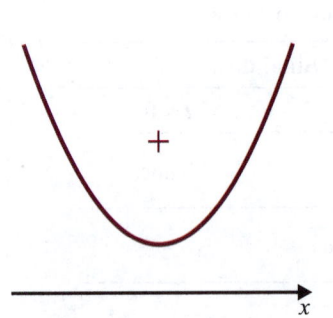

FIGURA 4.15 Esboço do gráfico de $f(x) = x^2 - 2x + 6$.

Agora, tente o Exercício 31.

Exercícios 4.1

1. Defina uma função $f(x)$ que forneça a área da região destacada na figura, lembrando que a área de um retângulo de lados b e h é bh.

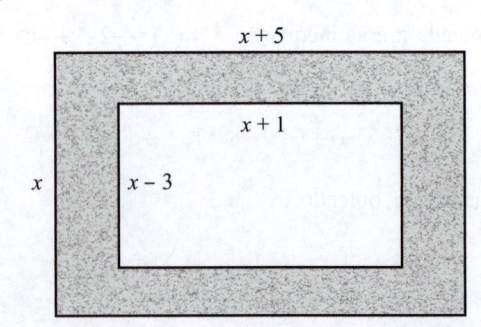

2. Dada a função $f(x) = x^2 - 3x$,
   a) determine algebricamente os pontos nos quais $f(x) = 0$;
   b) determine algebricamente os pontos nos quais $f(x) = -2$;
   c) esboce o gráfico da função no plano coordenado, indicando os pontos que você obteve no item (b);
   d) determine graficamente as soluções da inequação $f(x) \geq -2$.

3. Dada a função $f(x) = 5x - 2x^2$,
   a) determine algebricamente os pontos nos quais $f(x) = 0$;

b) determine algebricamente os pontos nos quais $f(x) = 2$;

c) esboce o gráfico da função no plano coordenado e indique os pontos que você obteve no item (b);

d) determine graficamente as soluções da inequação $f(x) \geq 2$.

4. Dada a função $f(x) = -2x^2 + 9x$,

    a) determine algebricamente os pontos nos quais $f(x) = 0$;
    b) determine algebricamente as soluções da inequação $f(x) \geq 9$;
    c) determine algebricamente o ponto de mínimo ou máximo de f;
    d) esboce o gráfico da função no plano coordenado.

5. Dada a função $f(x) = -3x^2 + 15x$,

    a) determine algebricamente os pontos nos quais $f(x) = 0$;
    b) determine algebricamente as soluções da inequação $f(x) \geq 12$;
    c) determine algebricamente o ponto de mínimo ou máximo de f;
    d) esboce o gráfico da função no plano coordenado.

6. Dada a função $f(x) = 15x^2 + x - 2$,

    a) determine algebricamente os pontos nos quais $f(x) = 0$;
    b) determine algebricamente as soluções da inequação $f(x) \leq -2$;
    c) determine algebricamente o ponto de mínimo ou máximo de f.

7. Esboce o gráfico e determine o ponto de mínimo ou máximo de cada função.

    a) $f(x) = (x-1)(x+2)$
    b) $f(x) = (-3-x)(x+3)$
    c) $f(x) = x^2 - 3x + 4$
    d) $f(x) = -2x^2 + 3x + 2$
    e) $f(x) = 4x + x^2$
    f) $f(x) = -x^2 - 4$
    g) $f(x) = (x-4)(x+1)$

8. Determine a função quadrática que satisfaz cada uma das condições a seguir.

    a) Tem vértice em $(1, -2)$ e passa pelo ponto $(2,3)$.
    b) Tem vértice em $(3,4)$ e cruza o eixo-y na ordenada -5.

9. Identifique, no plano coordenado, as regiões definidas a seguir.

    a) $y \geq x^2$
    b) $y = x^2 - 4$
    c) $y \leq 4 - x^2$

10. Após a administração de um comprimido de Formosex, a concentração do medicamento no plasma sanguíneo do paciente (em mg/mL) é dada pela função

$$C(t) = -\frac{t^2}{2} + 12t,$$

em que t é o tempo (em horas) transcorrido desde a ingestão do comprimido. Determine o instante em que a concentração é máxima e o valor dessa concentração.

11. A quantidade de CO_2 (em g/km) que determinado carro emite a cada quilômetro percorrido é dada aproximadamente pela função $C(v) = 1.000 - 40v + v^2/2$, em que v é a velocidade do carro, em km/h. Determine a velocidade em que a emissão é mínima.

12. Durante um torneio paraolímpico de arremesso de peso, a altura (em metros) do peso lançado por um atleta seguiu a função $y(x) = -0,1x^2 + x + 1,1$, em que x é a distância horizontal (em metros) percorrida pelo peso.

    a) Determine de que altura o peso foi lançado.
    b) Determine a altura máxima do peso e a que distância isso ocorreu.
    c) Calcule a distância horizontal percorrida pelo peso.

13. Arremessada por uma jogadora, uma bola de basquete descreveu uma trajetória cuja altura era dada por $h(x) = -0,04x^2 + x + 6$, em que x era a distância horizontal percorrida pela bola, em pés.

    a) De que altura (em pés) a bola foi lançada?
    b) Qual foi a altura máxima alcançada pela bola e a que distância do ponto de lançamento ela foi atingida?
    c) Sabendo que a bola caiu dentro da cesta, que estava a uma altura de 10 pés do chão, calcule a que distância da cesta a bola foi lançada.
    d) Trace o gráfico de $h(x)$ para $x \in [0, 30]$.

14. Um cocho para animais será construído dobrando-se uma folha de metal de 1 m de largura. As figuras a seguir mostram o cocho e sua seção transversal. Sabendo que a área da seção transversal é dada por

$$A(x) = \frac{x\sqrt{3}(2-3x)}{4},$$

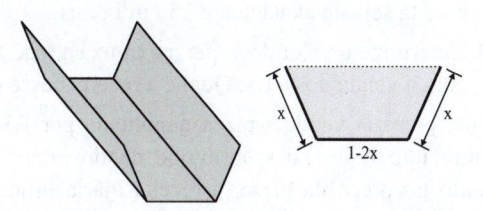

a) determine o valor de x que maximiza essa área, bem como a área máxima;
b) esboce o gráfico de $A(x)$;

15. O lucro (em milhões de reais) que uma fábrica obtém com a venda de um produto é dado pela função $L(x) = -x^2/2 + 3x + 6$, em que x é o valor gasto (também em milhões de reais) com propaganda na televisão.

    a) Calcule o valor que a empresa deve gastar com propaganda para obter o lucro máximo. Determine o lucro nesse caso.
    b) Determine quanto a empresa deve gastar com propaganda para que seu lucro seja maior ou igual a 10 milhões de reais.

16. Para produzir calhas, um fabricante dobra uma folha de metal com 50 cm de largura, como mostra a figura.

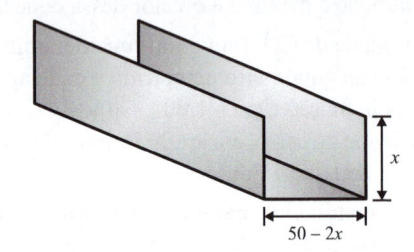

a) Determine a função $A(x)$ que fornece a área da seção transversal da calha em relação a x, lembrando que a área de um retângulo de lados b e h é bh.

b) Determine o valor de x que maximiza a área da seção transversal.

17. Uma pesquisa entre os clientes de um açougue mostrou que, cobrando p reais pelo quilo de filé, a receita semanal com a venda desse corte de carne é dada pela função $R(p) = -3p^2 + 192p$.

a) Determine o preço p que maximiza a receita com a venda do filé. Calcule a receita semanal máxima com a venda desse corte de carne.

b) Determine para que valores de p a receita do açougue é maior ou igual a R$ 2.100,00.

c) Esboce o gráfico de $R(p)$ para $0 \leq p \leq 70$.

18. O empresário da dupla sertaneja Sal & Pimenta descobriu que o número de discos (em milhares) que a dupla consegue vender está relacionado ao preço do CD, p, pela função $N(p) = 60 - 2p$.

a) Escreva uma função $R(p)$ que forneça a receita bruta obtida com a venda dos CDs em relação ao preço p.

b) Determine qual deve ser o preço do CD para que a receita seja de exatamente 250 mil reais.

c) Determine o valor de p que maximiza a receita bruta com a venda dos CDs. Qual é a receita nesse caso?

19. Uma pizzaria vende a pizza napolitana por R$ 28,00. Entretanto, o dono descobriu que, dando x reais de desconto no preço da pizza, a receita diária bruta com a venda é fornecida pela função $r(x) = -4x^2 + 36x + 2.328$.

a) Determine o desconto x (em reais) que proporciona a receita máxima.

b) Determine para que intervalo de desconto a receita bruta é maior ou igual a R$ 2.400,00.

20. Um promotor de eventos consegue vender 5.000 ingressos para o *show* da banda Reset se cada ingresso custar R$ 20,00. A cada R$ 1,00 de aumento no preço do ingresso, há uma redução de 100 pagantes. Responda às perguntas a seguir, supondo que x é a quantia, em reais, a ser acrescida ao valor do ingresso.

a) Exprima o preço do ingresso em função de x.

b) Exprima a quantidade de ingressos vendidos em função de x.

c) Determine a função $R(x)$ que fornece a receita do *show* em relação a x. Lembre-se de que a receita é o produto do preço pela quantidade de ingressos vendidos.

d) Determine o valor do ingresso que maximiza a receita do *show*. Calcule a receita nesse caso.

e) Determine para quais valores de x a receita é maior ou igual a R$ 100.000,00.

21. Uma pista de atletismo tem 400 m de comprimento e é formada por duas semicircunferências de raio $y/2$, ligadas por dois trechos retos de comprimento x. Como se observa na figura, no interior da pista há um campo retangular de dimensões x e y. Responda aos itens a seguir, lembrando que o comprimento da semicircunferência de raio r é dado por πr e que a área de um retângulo de lados x e y é xy.

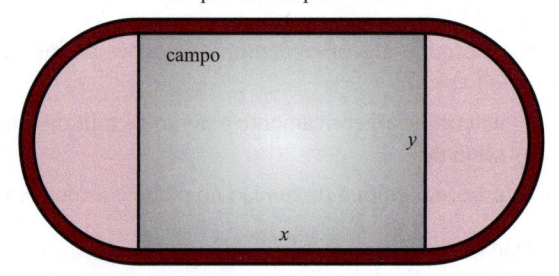

a) Usando o comprimento da pista, escreva uma equação que relacione x e y.

b) Usando a equação do item (a), escreva x em função de y.

c) Determine a função $A(y)$ que fornece a área do campo retangular em relação a y.

d) Determine analiticamente o valor de y que faz que a área do campo seja a maior possível. Determine, também, a área para esse valor de y.

e) Esboce o gráfico de $A(y)$, exibindo os pontos em que $A(y)$ cruza o eixo-x e o ponto de máximo.

22. Uma piscina, cuja capacidade é de 120 m³, leva 20 horas para ser esvaziada. O volume de água na piscina, t horas após o início do processo de esvaziamento, é dado pela função $V(t) = a(b - t^2)$, para $0 \leq t \leq 20$.

a) Usando os valores de $V(0)$ e $V(20)$, calcule as constantes a e b.

b) Escreva a expressão de $V(t)$.

c) Trace o gráfico de $V(t)$.

23. Um jogador de futebol chuta uma bola a 30 m do gol adversário. A bola descreve uma trajetória parabólica, passa por cima da trave e cai a uma distância de 40 m da sua posição original, como mostrado na figura a seguir. Suponha que a altura da bola seja dada pela função $f(x) = ax^2 + bx + c$, em que x é a distância horizontal, em metros, medida a partir do ponto em que a bola foi chutada.

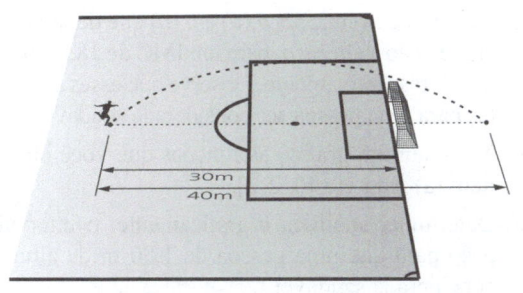

a) Usando $f(0)$, determine o valor da constante c.

b) Sabendo que, ao cruzar a linha do gol, a bola estava a 3 m do chão, e usando o ponto de queda da bola, escreva um sistema com duas equações que permita determinar os valores de a e b. Descubra essas constantes resolvendo o sistema.

c) Escreva a expressão de $f(x)$.

d) Determine o ponto em que a altura da bola é máxima, bem como a altura nesse ponto.

24. Um artesão tem um arame com 8 cm de comprimento, e pretende cortá-lo em duas partes para formar dois quadrados (não necessariamente iguais). Suponha que um dos pedaços tenha comprimento x. Lembre-se de que o perímetro de um quadrado de lado y é $4y$ e que sua área é y^2.

a) Determine o comprimento do outro pedaço de arame em relação a x.

b) Escreva uma função $A(x)$ que forneça a soma das áreas dos quadrados formados pelos dois pedaços de arame em relação ao comprimento x.

c) Determine o menor e o maior valor possível para x.

d) Trace um gráfico da função $A(x)$ para x entre os valores que você encontrou no item (c) e determine em que intervalos ela é crescente e em quais é decrescente.

e) Determine quanto devem medir os dois pedaços de arame para que a soma das áreas por eles cercadas seja a mínima possível.

25. Um pequeno agricultor dispõe de 200 m de tela, com a qual pretende cercar uma horta retangular. Lembre-se de que o perímetro de um retângulo de dimensões x e y é $2x + 2y$, e de que a área do mesmo retângulo é xy.

a) Usando o comprimento da tela, exprima y como uma função de x.

b) Determine a função $A(x)$ que fornece a área cercada em relação a x.

c) Determine o valor de x que maximiza a área cercada.

d) Encontre a área máxima da horta.

e) Esboce o gráfico de $A(x)$.

26. Uma empresa fabricante de aparelhos que tocam músicas no formato MP3 pretende lançar um novo modelo de aparelho. Após uma pesquisa de mercado, ela descobriu que o número de aparelhos a serem vendidos anualmente e o preço do novo modelo estão relacionados pela expressão são $n = 115 - 0,25\,p$, em que n é o número de aparelhos (em milhares) e p é o preço de cada aparelho (em reais).

a) Escreva uma função $R(p)$ que forneça a renda bruta obtida com a venda dos aparelhos em relação ao preço p.

b) Determine qual deve ser o preço do aparelho para que sejam vendidas, no mínimo, 80 mil unidades desse modelo.

c) Determine o valor de p que maximiza a receita bruta da empresa.

27. Jogando em seu estádio, um clube de futebol consegue vender 10 mil ingressos por partida se cobra R$ 10,00 por ingresso. Uma pesquisa de opinião revelou que, a cada real de redução do preço do ingresso, o clube ganha 2 mil novos espectadores em uma partida. Responda às perguntas a seguir, supondo que x é a quantia em reais a ser reduzida do valor atualmente cobrado pelo ingresso.

a) Determine a função $R(x)$ que fornece a receita de uma partida em relação a x. Lembre-se de que a receita é o produto do preço pela quantidade de ingressos vendidos.

b) Determine o valor de x que maximiza a receita do clube em um jogo. Determine também o valor ótimo para o ingresso.

28. Bárbara estampa camisetas e as vende em uma feira. Cobrando R$ 15,00 por unidade, ela consegue vender 100 camisetas por mês. Entretanto, Bárbara descobriu que a cada real de redução do preço da camiseta, é possível vender 10 unidades a mais. Responda às questões a seguir supondo que x seja o valor, em reais, a ser reduzido do preço cobrado atualmente por camiseta.

a) Defina a função $C(x)$ que fornece a receita total de Bárbara em relação a x. Lembre-se de que a receita é o produto do preço cobrado pelo número de camisetas vendidas.

b) Determine o valor de x que maximiza a receita de Bárbara. Calcule, nesse caso, o valor a ser cobrado por camiseta e a receita mensal de Bárbara.

c) Esboce o gráfico de $C(x)$.

29. Em uma fábrica de bicicletas, o número mensal de unidades vendidas do modelo "Titã" é dado pela função $N(p) = 100 - p/10$, em que p é o preço de venda da bicicleta, em reais. A receita com a venda das bicicletas é definida por $R(p) = p \cdot N(p)$, e a despesa mensal é fornecida por $D(p) = 7.000 + 200\,N(p)$. Finalmente, o lucro mensal da empresa é igual a $L(p) = R(p) - D(p)$.

a) Escreva o lucro na forma $L(p) = ap^2 + bp + c$.

b) Determine o preço que o modelo "Titã" deve ter para que o lucro com sua venda seja máximo. Calcule o lucro nesse caso.

c) Trace o gráfico de $L(p)$ para $p \in [0,1000]$ e indique para que valores de p a fábrica obtém algum lucro com a venda do modelo.

30. O Índice de Massa Corporal (IMC) é um indicador (um tanto discutível) da magreza ou obesidade de uma pessoa.

O IMC é definido pela fórmula $IMC = p/a^2$ em que p é o peso (em kg) e a é a altura (em metros) da pessoa. A tabela a seguir fornece os intervalos de cada categoria do IMC. Observe que, seguindo a tradição, usamos "peso" em lugar do termo correto, que é "massa".

Classe	IMC
Subnutrido	$(0; 18,5)$
Saudável	$[18,5; 25)$
Acima do peso	$[25; 30)$
Obeso	$[30; 35)$
Severamente obeso	$[35; 40)$
Morbidamente obeso	$[40, \infty)$

a) Determine as funções $p_1(a)$ e $p_2(a)$ que definem o peso em relação à altura, a, para um IMC de 18,5 e um IMC de 25, respectivamente. Observe que esses são os limites para uma pessoa ser considerada saudável.

b) Trace em um gráfico as funções que você obteve no item (a) para $a \in [0; 2,2]$.

c) Determine, analítica e graficamente, o intervalo de peso para que uma pessoa de 1,80 m de altura seja considerada saudável.

31. Resolva as inequações quadráticas a seguir.

a) $x^2 + 3x \geq 10$

b) $-3x^2 - 11x + 4 > 0$

c) $-4x^2 + 4x - 1 < 0$

d) $x^2 + x + 2 \leq 0$

4.2 Divisão de polinômios

As operações de soma, subtração e multiplicação de polinômios, bem como de expressões algébricas em geral, foram abordadas na Seção 2.9. Agora que estamos estudando as funções polinomiais, veremos finalmente como dividir polinômios, um passo essencial para a fatoração dessas funções. A fatoração, por sua vez, é útil para encontrar os zeros da função polinomial, os quais nos permitem resolver equações e inequações, bem como traçar os gráficos dessas funções.

Para tratar da divisão de polinômios, precisamos recordar algumas características da divisão de números naturais.

Exemplo 1. Divisão de números naturais

Ao dividirmos 315 por 21, obtemos o valor exato 15. Nesse caso, dizemos que

$$\frac{315}{21} = 15.$$

```
315 | 21
  0   15
```

Essa divisão também pode ser apresentada com o auxílio do diagrama ao lado, muito explorado no Ensino Fundamental.

Em uma divisão de números naturais, o número que está sendo dividido (315, no exemplo dado) é denominado **dividendo**, enquanto o número pelo qual se está dividindo (21) é chamado de **divisor**. O resultado da divisão (15) recebe o nome de **quociente**.

Multiplicando por 21 os dois lados da equação dada, obtemos a equação equivalente

$$315 = 21 \cdot 15.$$

Assim, quando a divisão é exata, o dividendo é igual ao produto do divisor pelo quociente.

Considerando, agora, a divisão de 315 por 22, notamos que o resultado não é exato. Embora a divisão forneça 14 como quociente, há um **resto** de 7 unidades, como mostra o diagrama a seguir.

```
315 | 22
  7   14
```

Nesse caso, o produto $22 \cdot 14$ fornece 308, faltando 7 unidades para chegarmos a 315, de modo que

$$315 = 22 \cdot 14 + 7.$$

CAPÍTULO 4 – Funções polinomiais

Dividindo os dois lados dessa equação por 22, chegamos a

$$\frac{315}{22} = 14 + \frac{7}{22},$$

que é uma forma alternativa de expressar a divisão inteira de 315 por 22.

De uma forma geral, se p é um número natural (o dividendo) e d (o divisor) é um número natural menor ou igual a p, então existe um número inteiro q (o quociente), e um número inteiro r (o resto), tais que

$$p = d \cdot q + r.$$

Nesse caso, $0 \leq r < q$. Dividindo os dois lados da equação dada por d, obtemos uma forma alternativa de expressar a divisão, que é

$$\frac{p}{d} = q + \frac{r}{d}.$$

É interessante notar que um resultado equivalente pode ser obtido para a divisão de polinômios, como mostra o quadro a seguir.

$$\begin{array}{c|c} p & d \\ \hline r & q \end{array}$$

Como era de se esperar, os polinômios $p(x)$ e $d(x)$ recebem os nomes de **dividendo** e **divisor**, respectivamente.

Você sabia?
A razão $p(x)/q(x)$ é dita **imprópria** quando o grau de $p(x)$ é maior que o de $q(x)$. A divisão de polinômios converte uma razão imprópria na soma de um polinômio $q(x)$ e de uma razão **própria** $r(x)/d(x)$, na qual $r(x)$ tem grau menor que $d(x)$.

Divisão de polinômios
Dados dois polinômios $p(x)$ e $d(x)$, podemos dividir $p(x)$ por $d(x)$, desde que $d(x) \neq 0$ e que o grau de $d(x)$ seja menor ou igual ao grau de $p(x)$. Nesse caso, existe um único polinômio $q(x)$, chamado **quociente**, e um único polinômio $r(x)$, chamado **resto**, tais que

$$p(x) = d(x)\,q(x) + r(x),$$

e $r(x) = 0$ ou o grau de $r(x)$ é menor que o grau de $d(x)$.

A equação dada pode ser reescrita como

$$\frac{p(x)}{d(x)} = q(x) + \frac{r(x)}{d(x)}.$$

Vamos dividir os polinômios seguindo estratégia semelhante àquela adotada para números inteiros. Entretanto, antes de começar o processo de divisão, é conveniente

- escrever os monômios do dividendo e do divisor em ordem decrescente de grau;
- incluir os monômios que faltam, usando o zero como coeficiente.

Exemplo 2. Divisão de polinômios

Para dividir $p(x) = x^3 - 2x + 15 - 4x^2$ por $d(x) = x - 3$ devemos, em primeiro lugar, reescrever $p(x)$ em ordem decrescente do grau dos seus monômios e montar o diagrama tradicional da divisão.

$$\begin{array}{c|c} x^3 - 4x^2 - 2x + 15 & x - 3 \end{array}$$

Primeira etapa da divisão

No primeiro passo, dividimos o monômio de maior grau de $p(x)$ pelo monômio de maior grau de $d(x)$. Em nosso exemplo, isso corresponde a calcular

$$\frac{x^3}{x} = x^2.$$

Esse resultado é, então, anotado no diagrama, logo abaixo do divisor.

$$\begin{array}{r|l} x^3 - 4x^2 - 2x + 15 & \underline{\,x - 3\,} \\ & x^2 \end{array}$$

Em seguida, multiplicamos o termo encontrado, x^2, pelo divisor $d(x)$, obtendo

$$x^2(x-3) = x^3 - 3x^2.$$

Esse polinômio é, então, subtraído do dividendo $p(x)$.

$$\begin{aligned} x^3 - 4x^2 - 2x + 15 - (x^3 - 3x^2) &= x^3 - 4x^2 - 2x + 15 - x^3 + 3x^2 \\ &= x^3 - x^3 - 4x^2 + 3x^2 - 2x + 15 \\ &= -x^2 - 2x + 15 \end{aligned}$$

Essa operação pode ser feita diretamente no diagrama, como mostrado a seguir.

$$\begin{array}{r|l} x^3 - 4x^2 - 2x + 15 & \underline{\,x - 3\,} \\ \underline{-x^3 + 3x^2} & x^2 \\ -x^2 - 2x + 15 \end{array}$$

Observe que o polinômio $x^3 - 3x^2$ não possui termos de grau 1 e de grau 0. Assim, ao subtraí-lo de $x^3 - 4x^2 - 2x + 15$, simplesmente "descemos" os termos $-2x$ e $+15$ da primeira linha, somando-os a $-x^2$.

Segunda etapa da divisão

Continuando o processo, passamos à divisão do polinômio restante, $-x^2 - 2x + 15$, pelo divisor, $x - 3$. Nesse caso, tomando apenas o termo de maior grau de cada uma desses polinômios, calculamos

$$\frac{-x^2}{x} = -x.$$

Esse monômio deve ser somado à parcela já encontrada do quociente:

$$\begin{array}{r|l} x^3 - 4x^2 - 2x + 15 & \underline{\,x - 3\,} \\ \underline{-x^3 + 3x^2} & x^2 - x \\ -x^2 - 2x + 15 \end{array}$$

Multiplicando a nova parcela do quociente, $-x$, pelo divisor, $x - 3$, obtemos

$$-x(x-3) = -x^2 + 3x.$$

Subtraindo, então, esse polinômio de $-x^2 - 2x + 15$, chegamos a

$$\begin{aligned} -x^2 - 2x + 15 - (-x^2 + 3x) &= -x^2 - 2x + 15 + x^2 - 3x \\ &= -x^2 + x^2 - 2x - 3x + 15 \\ &= -5x + 15 \end{aligned}$$

O diagrama a seguir resume os passos da segunda etapa da divisão (observe que o polinômio $-x^2 + 3x$ aparece com o sinal trocado).

$$\begin{array}{r|l} x^3 - 4x^2 - 2x + 15 & \underline{\,x - 3\,} \\ \underline{-x^3 + 3x^2} & x^2 - x \\ -x^2 - 2x + 15 \\ \underline{+x^2 - 3x} \\ -5x + 15 \end{array}$$

> **Atenção**
> Não se esqueça de inverter o sinal de todos os termos de $x^3 - 3x^2$ ao transcrever esse polinômio para o diagrama, pois isso facilita a subtração.

Terceira etapa da divisão

No terceiro passo do processo, dividimos o termo de maior grau de $-5x + 15$ pelo termo de maior grau de $x - 3$, ou seja, calculamos

$$\frac{-5x}{x} = -5,$$

e passamos esse termo para nosso diagrama:

$$
\begin{array}{r|l}
x^3 - 4x^2 - 2x + 15 & \underline{x - 3} \\
\underline{-x^3 + 3x^2} & x^2 - x - 5 \\
-x^2 - 2x + 15 & \\
\underline{+x^2 - 3x} & \\
-5x + 15 &
\end{array}
$$

Em seguida, multiplicamos o termo encontrado pelo divisor $d(x)$,

$$-5(x - 3) = -5x + 15$$

e subtraímos esse polinômio de $-5x + 15$,

$$
\begin{aligned}
-5x + 15 - (-5x + 15) &= -5x + 15 + 5x - 15 \\
&= -5x + 5x + 15 - 15 \\
&= 0
\end{aligned}
$$

Todas essas operações são, então, incluídas no diagrama, conforme mostrado a seguir.

$$
\begin{array}{r|l}
x^3 - 4x^2 - 2x + 15 & \underline{x - 3} \\
\underline{-x^3 + 3x^2} & x^2 - x - 5 \\
-x^2 - 2x + 15 & \\
\underline{+x^2 - 3x} & \\
-5x + 15 & \\
\underline{+5x - 15} & \\
0 &
\end{array}
$$

Como o resultado dessa subtração é zero, terminamos o processo. Nesse caso, dizemos que $p(x)$ é **divisível** por $d(x)$, ou seja, $r(x) = 0$ e

$$x^3 - 4x^2 - 2x + 15 = (x^2 - x - 5)(x - 3).$$

De forma equivalente, escrevemos

$$\frac{x^3 - 4x^2 - 2x + 15}{x - 3} = x^2 - x - 5.$$

No exemplo dado, cada passo da divisão foi detalhado para facilitar a compreensão dos cálculos envolvidos. Tentaremos, agora, resolver um problema mais complicado, abreviando as etapas e recorrendo mais ao diagrama do que às contas em separado.

Problema 1. Divisão de polinômios

Divida $p(x) = 3x^4 - 4x^3 - 2x^2 + 5$ por $d(x) = x^2 - 2x + 1$.

Solução

Começemos completando os monômios do dividendo:

$$p(x) = 3x^4 - 4x^3 - 2x^2 + 0x + 5.$$

Agora, passemos às etapas da divisão propriamente dita.

Primeira etapa

- Dividindo o monômio de maior grau de $p(x)$ pelo monômio de maior grau de $d(x)$:

$$\frac{3x^4}{x^2} = 3x^2.$$

- Multiplicando o fator obtido pelo divisor $d(x)$:

$$3x^2(x^2 - 2x + 1) = 3x^4 - 6x^3 + 3x^2.$$

- Trocando o sinal desse polinômio somando-o a $p(x)$ diretamente no diagrama:

$$
\begin{array}{rr|l}
3x^4 - 4x^3 - 2x^2 + 0x + 5 & & x^2 - 2x + 1 \\
-3x^4 + 6x^3 - 3x^2 & & 3x^2 \\
\hline
2x^3 - 5x^2 + 0x + 5 & &
\end{array}
$$

Segunda etapa

- Dividindo o monômio de maior grau de $2x^3 - 5x^2 + 5$ pelo monômio de maior grau de $d(x)$:

$$\frac{2x^3}{x^2} = 2x.$$

- Multiplicando o fator obtido pelo divisor $d(x)$:

$$2x(x^2 - 2x + 1) = 2x^3 - 4x^2 + 2x.$$

- Trocando o sinal desse polinômio e somando-o a $2x^3 - 5x^2 + 5$ diretamente no diagrama:

$$
\begin{array}{rr|l}
3x^4 - 4x^3 - 2x^2 + 0x + 5 & & x^2 - 2x + 1 \\
-3x^4 + 6x^3 - 3x^2 & & 3x^2 + 2x \\
\hline
2x^3 - 5x^2 + 0x + 5 & & \\
-2x^3 + 4x^2 - 2x & & \\
\hline
-x^2 - 2x + 5 & &
\end{array}
$$

Terceira etapa

- Dividindo o monômio de maior grau de $-x^2 - 2x + 5$ pelo monômio de maior grau de $d(x)$:

$$\frac{-x^2}{x^2} = -1.$$

- Multiplicando o fator obtido pelo divisor $d(x)$:

$$-1(x^2 - 2x + 1) = -x^2 + 2x - 1.$$

- Trocando o sinal desse polinômio e somando-o a $-x^2 - 2x + 5$ diretamente no diagrama:

$$
\begin{array}{r|l}
3x^4 - 4x^3 - 2x^2 + 0x + 5 & \underline{x^2 - 2x + 1} \\
\underline{-3x^4 + 6x^3 - 3x^2} & 3x^2 + 2x - 1 \\
2x^3 - 5x^2 + 0x + 5 & \\
\underline{-2x^3 + 4x^2 - 2x} & \\
-x^2 - 2x + 5 & \\
\underline{+x^2 - 2x + 1} & \\
-4x + 6 &
\end{array}
$$

Como o polinômio restante, $-4x + 6$, tem grau menor que o divisor, $d(x) = x^2 - 2x + 1$, não há como prosseguir com a divisão. Nesse caso, o quociente é

$$q(x) = 3x^2 + 2x - 1,$$

e o resto é

$$r(x) = -4x + 6.$$

Assim, temos

$$\underbrace{3x^4 - 4x^3 - 2x^2 + 5}_{p(x)} = \underbrace{(x^2 - 2x + 1)}_{d(x)} \underbrace{(3x^2 + 2x - 1)}_{q(x)} + \underbrace{(-4x + 6)}_{r(x)},$$

ou, ainda,

$$\frac{p(x)}{d(x)} = q(x) + \frac{r(x)}{d(x)} \qquad \frac{3x^4 - 4x^3 - 2x^2 + 5}{x^2 - 2x + 1} = 3x^2 + 2x - 1 + \frac{-4x + 6}{x^2 - 2x + 1}.$$

Agora, tente o Exercício 1.

■ Algoritmo de Ruffini

Para dividir um polinômio por divisores na forma $(x - a)$, em que a é um número real, podemos usar um algoritmo rápido, conhecido como **Método de Ruffini** (ou de Briot-Ruffini).

Como mostra o Exemplo 3, esse método é uma versão sintética do algoritmo apresentado anteriormente, adaptada para o caso em que o divisor tem grau 1 e o coeficiente que multiplica x nesse divisor também é igual a 1.

Exemplo 3. Divisão de um polinômio por $x - a$

Dividindo $p(x) = 4x^3 + 3x^2 - 25x + 1$ por $x - 2$ obtemos o quociente

$$q(x) = 4x^2 + 11x - 3$$

e o resto $r(x) = -5$. O diagrama a seguir mostra o processo de divisão.

$$
\begin{array}{r|l}
4x^3 + 3x^2 - 25x + 1 & \underline{x - 2} \\
\underline{-4x^3 + 8x^2} & 4x^2 + 11x - 3 \\
+11x^2 - 25x + 1 & \\
\underline{-11x^2 + 22x} & \\
-3x + 1 & \\
\underline{+3x - 6} & \\
-5 &
\end{array}
$$

Observando o diagrama, notamos que:

1. há uma coincidência entre os coeficientes do quociente $q(x)$ e os coeficientes dos monômios de maior grau obtidos ao longo da divisão (números apresentados em vinho).

2. os números em vinho são fruto da soma dos coeficientes do dividendo $p(x)$ com os coeficientes marcados em rosa no diagrama.

3. os números rosa são o produto dos números marcados em vinho pelo número a, que é o coeficiente constante do divisor, com o sinal trocado. Nesse exemplo, temos $a = 2$ (número em cinza no divisor).

Reunindo todos os coeficientes relevantes do problema em um único quadro, obtemos o diagrama a seguir.

Coeficiente a do divisor → $\quad 2 \ |\ 4 \quad 3 \quad -25 \quad 1 \quad$ ← Coeficientes do dividendo

$\qquad\qquad\qquad\qquad\qquad\qquad\ \ 8 \quad 22 \quad -6$

Coeficientes do quociente → $\qquad\ 4 \quad 11 \quad -3 \ |\ -5 \quad$ ← Resto

Divisão pelo algoritmo de Ruffini

Vejamos como usar o quadro anterior para dividir $p(x) = 4x^3 + 3x^2 - 25x + 1$ por $d(x) = x - 2$ por meio do algoritmo de Ruffini.

1. Escreva o dividendo $p(x)$ na ordem decrescente do grau dos monômios. Certifique-se de que o divisor tenha a forma $x - a$, em que a é um número real. No nosso caso, os monômios de $p(x)$ já estão em ordem decrescente de grau. Além disso, o divisor, que é $x - 2$, tem a forma exigida, com $a = 2$.

Lembre-se de que a é igual ao termo constante do divisor $d(x)$, com o sinal trocado.

2. Copie o termo a na primeira linha do quadro, à esquerda do traço vertical. Ainda na primeira linha, mas do lado direito do traço vertical, copie os coeficientes do dividendo $p(x)$.

$\qquad 2 \ |\ 4 \quad 3 \quad -25 \quad 1$

3. Copie na terceira linha o coeficiente do termo de maior grau de $p(x)$, que vale 4.

$\qquad 2 \ |\ 4 \quad 3 \quad -25 \quad 1$

$\qquad\qquad 4$

4. Multiplique o coeficiente que você acabou de obter pelo termo a e escreva o resultado na segunda linha da coluna seguinte. No nosso caso, esse produto é $4 \times 2 = 8$.

$\qquad 2 \ |\ 4 \quad 3 \quad -25 \quad 1$

$\qquad\qquad\quad\ 8$

$\qquad\qquad 4$

5. Some os dois termos da nova coluna e anote o resultado na terceira linha. Em nosso problema, a soma em questão é 3 + 8 = 11.

$$\begin{array}{c|cccc} 2 & 4 & 3 & -25 & 1 \\ & & 8 & & \\ \hline & 4 & 11 & & \end{array}$$

6. Multiplique o coeficiente que você acabou de obter pelo termo a e escreva o resultado na segunda linha da coluna seguinte. No nosso exemplo, o produto é $11 \times 2 = 22$.

$$\begin{array}{c|cccc} 2 & 4 & 3 & -25 & 1 \\ & & 8 & 22 & \\ \hline & 4 & 11 & & \end{array}$$

7. Some os dois termos da nova coluna e anote o resultado na terceira linha. Em nosso caso, a soma fornece $-25 + 22 = -3$.

$$\begin{array}{c|cccc} 2 & 4 & 3 & -25 & 1 \\ & & 8 & 22 & \\ \hline & 4 & 11 & -3 & \end{array}$$

8. Multiplique o coeficiente que você acabou de obter pelo termo a e escreva o resultado na segunda linha da coluna seguinte. No nosso exemplo, o produto é $-3 \times 2 = -6$.

$$\begin{array}{c|cccc} 2 & 4 & 3 & -25 & 1 \\ & & 8 & 22 & -6 \\ \hline & 4 & 11 & -3 & \end{array}$$

9. Some os dois termos da nova coluna e anote o resultado na terceira linha. Em nosso caso, a soma é $1 + (-6) = -5$.

$$\begin{array}{c|cccc} 2 & 4 & 3 & -25 & 1 \\ & & 8 & 22 & -6 \\ \hline & 4 & 11 & -3 & -5 \end{array}$$

Observe que o grau de $q(x)$ é igual ao grau de $p(x)$ menos 1.

Como as colunas do quadro acabaram, chegamos ao fim da divisão. Nesse caso, a última linha fornece os coeficientes dos monômios do quociente, na ordem decrescente de grau.

$$q(x) = 4x^2 + 11x - 3.$$

O resto da divisão de um polinômio $p(x)$ por $x - a$ é sempre um número real. Se $p(x)$ é divisível por $x - a$, então o resto é zero.

Além disso, o último elemento da terceira linha corresponde ao resto da divisão:

$$r = -5.$$

Problema 2. Divisão pelo algoritmo de Ruffini

Divida $2x^4 - x^3 - 12x^2 - 25$ por $x + 3$ usando o algoritmo de Ruffini.

Solução

Além de envolver a divisão de um polinômio de grau maior que o do Exemplo 3, esse problema traz duas novidades. Em primeiro lugar, o dividendo $p(x)$ não possui um termo de grau 1, de modo que introduzimos o monômio correspondente, atribuindo-lhe o coeficiente zero:

$$p(x) = 2x^4 - x^3 - 12x^2 + 0x - 25.$$

Além disso, o termo constante do divisor é +3, o que implica que o coeficiente a do quadro terá sinal negativo, ou seja, $a = -3$.

O quadro inicial do algoritmo de Ruffini é dado a seguir.

−3	2	−1	−12	0	−25

Aplicando o algoritmo, chegamos ao quadro final

−3	2	−1	−12	0	−25
		−6	21	−27	81
	2	−7	9	−27	56

Logo, o quociente da divisão é

$$q(x) = 2x^3 - 7x^2 + 9x - 27,$$

e o resto vale 56. Assim, temos

$p(x) = q(x) \cdot d(x) + r(x)$

$$2x^4 - x^3 - 12x^2 - 25 = (x+3)(2x^3 - 7x^2 + 9x - 27) + 56,$$

ou

$\dfrac{p(x)}{d(x)} = q(x) + \dfrac{r(x)}{d(x)}$

$$\frac{2x^4 - x^3 - 12x^2 - 25}{x+3} = 2x^3 - 7x^2 + 9x - 27 + \frac{56}{x+3}.$$

Aqui, escrevemos apenas r, em lugar de $r(x)$, porque o resto é um número real.

Agora, tente o Exercício 3.

■ Teorema do resto

Como vimos, ao dividirmos um polinômio $p(x)$ por $x - a$, obtemos o quociente $q(x)$ e o resto r, de modo que

$$p(x) = (x-a)q(x) + r.$$

Usando essa equação, é fácil reparar que

$$p(a) = (a-a)q(x) + r = 0 \cdot q(x) + r = r.$$

Esse resultado tem usos diversos na Matemática.

Teorema do resto
Se dividimos um polinômio $p(x)$ por $x - a$, então
$$P(a) = r,$$
em que r é o resto da divisão.

Problema 3. Cálculo do valor de um polinômio pelo método de Ruffini

Dado o polinômio $p(x) = x^3 - 2x^2 - 5x - 10$, calcule $p(4)$ usando o algoritmo de Ruffini.

Solução

O teorema do resto nos garante que $p(4)$ é igual ao resto da divisão de $p(x)$ por $x - 4$. Efetuando a divisão pelo método de Ruffini, obtemos o quadro

4	1	−2	−5	−10
		4	8	12
	1	2	3	2

Como o resto da divisão é igual a 2, concluímos que $p(4) = 2$.

Agora, tente o Exercício 6.

Voltaremos ao teorema do resto na Seção 4.3, que trata de zeros de funções polinomiais.

Dica
Embora pareça complicado, o método de Ruffini é um meio barato de calcular $p(a)$, pois só envolve $(n-1)$ somas e $(n-1)$ multiplicações.

Exercícios 4.2

1. Para cada expressão na forma $p(x)/d(x)$ a seguir, calcule o quociente $q(x)$ e o resto $r(x)$.

   a) $(2x^3 - 3x^2 + 6)/(x^2 - 2)$
   b) $(6x^2 - 4x - 3)/(3x - 5)$
   c) $(x^4 + 2x - 12)/(x + 2)$
   d) $(4x^3 + 2x^2 + 11x)/(2x^2 + 3)$
   e) $(6x^4 + 5x^3 - 2x)/(3x - 2)$
   f) $(4x^3 + 6x - 10)/(2x - 4)$
   g) $(x^2 - 5x + 8)/(x - 3)$
   h) $(3x + 7)/(x + 4)$
   i) $(x^4 - 2)/(x - 1)$
   j) $(24x^3 - 4x - 1)/(2x - 1)$
   k) $(8x^3 - 12x^2 - 2x)/(4x - 8)$
   l) $(x^3 - 3x^2 + 4x - 5)/(x - 4)$
   m) $(2x^4 - 4x^3 + x - 17)/(x^2 - 4)$
   n) $(x^4 - 6x^3 + 3x^2 - 2x + 3)/(x^2 - 2x - 3)$
   o) $(x^4 - 5x^2 + 4)/(x^2 - 1)$
   p) $(3x^5 - 2x^3 - 11x)/(x^3 - 3x)$
   q) $(6x^2 + 7x + 9)/(2x^2 - 5x + 1)$

2. Para os problemas do Exercício 1, expresse $p(x)$ na forma $d(x)q(x) + r(x)$.

3. Para cada expressão na forma $p(x)/d(x)$ a seguir, calcule o quociente $q(x)$ e o resto $r(x)$ usando o algoritmo de Ruffini.

   a) $(x^4 + 2x - 12)/(x + 2)$
   b) $(3x^2 + 2x - 5)/(x - 2)$
   c) $(4x^4 + 6x^3 - 8x^2 + 22x - 24)/(x + 3)$
   d) $(-2x^3 + 3x^2 + 12x + 25)/(x - 4)$
   e) $(x^5 - 9x^3 + 2x)/(x - 3)$
   f) $(-6x^3 + 4x^2 - x + 2)/(x - 1/3)$
   g) $(2x^3 - 9x^2 + 6x + 5)/(x - 3/2)$
   h) $(x^2 - 5x - 6)/(x + 1)$
   i) $(-4x^2 + 11x + 26)/(x - 4)$
   j) $(6x^2 - 7x - 9)/(x + 1/2)$
   k) $(x^3 - 9x^2)/(x - 3)$
   l) $(5x^4 - 1)/(x - 2)$
   m) $(8x^4 + 6x^3 + 3x^2 + 1)/(x - 1/2)$
   n) $(x^4 - 20x^2 - 50)/(x - 5)$
   o) $x^4/(x - 3)$
   p) $(2x^5 - 4x^4 + 9x^3 - 5x^2 + x - 3)/(x - 1)$

4. Para os problemas do Exercício 3, expresse $p(x)/d(x)$ na forma $q(x) + r(x)/d(x)$.

5. Usando o algoritmo de Ruffini, verifique quais valores a seguir correspondem a zeros das funções associadas.

a) $f(x) = x^2 - 3x + 4$. $x_1 = 2$; $x_2 = -2$
b) $f(x) = -2x^2 + 3x + 2$. $x_1 = -1/2$; $x_2 = -2$
c) $f(x) = 4x + x^2$. $x_1 = -4$; $x_2 = 0$
d) $f(x) = -x^2 - 4$. $x_1 = 2$; $x_2 = -2$
e) $f(x) = x^3 - 4x^2 + 6x - 9$. $x_1 = 3$; $x_2 = 1$
f) $f(x) = x^4 - 3x^2 + 2$. $x_1 = 5$; $x_2 = -1$
g) $f(x) = 2x^4 + x^3 - 25x^2 + 12x$. $x_1 = -4$; $x_2 = 3$
h) $f(x) = x^5 + 2x^4 - 3x^3 + 12x^2 - 28x + 16$. $x_1 = 6$; $x_2 = 2$
i) $f(x) = 9x^3 - 15x^2 - 26x + 40$. $x_1 = 1/2$; $x_2 = 4/3$
j) $f(x) = x^3 - 21x - 20$. $x_1 = 5$; $x_2 = 1$

6. Usando o teorema do resto, calcule o valor de $f(a)$ para as funções a seguir.

a) $f(x) = 3x^2 - 5x + 6$. $a = 2$
b) $f(x) = -2x^2 + 8x - 5$. $a = 3$
c) $f(x) = x^3 - 4x^2 + 6x - 7$. $a = 1$
d) $f(x) = 2x^3 + 3x^2 - 8x + 5$. $a = 1/2$
e) $f(x) = x^4 + x^3 + 9x + 13$. $a = -2$
f) $f(x) = x^4 - 5x^3 - 3x^2 + 15x + 32$. $a = 4$

4.3 Zeros reais de funções polinomiais

Agora que vimos as funções constantes, lineares e quadráticas, que são funções polinomiais de grau 0, 1 e 2, respectivamente, é hora de explorarmos as características das funções

$$p(x) = a_n x^n + a_{n-1} x^{n-1} + \cdots + a_1 x + a_0,$$

cujo grau, n, é maior ou igual a 3. Começaremos nossa análise estudando os zeros dessas funções.

Encontrar os zeros de uma função polinomial não é tarefa fácil quando o grau da função é maior que 2. De fato, para funções de grau 3 e 4, ainda é possível usar fórmulas explícitas para os zeros, embora elas sejam pouco práticas. Já para funções de grau maior que 4, é preciso adotar estratégias mais complexas, como veremos a seguir.

Entretanto, quando alguns zeros já são conhecidos, a determinação dos zeros restantes pode ser grandemente facilitada se usarmos o teorema do fator, que decorre do teorema do resto, apresentado na Seção 4.2.

O teorema do resto nos diz que o resto da divisão de uma função polinomial $p(x)$ por um termo na forma $(x - a)$ é igual a $p(a)$, o valor de p em a. Como consequência desse teorema, concluímos que, se $p(x)$ for divisível por $x - a$, ou seja, se o resto dessa divisão for 0, então

$$p(a) = 0,$$

$$\begin{aligned} p(x) &= q(x) \cdot d(x) + r(x) \\ &= q(x) \cdot (x - a) + 0 \\ &= (x - a)q(x) \end{aligned}$$

de modo que a é um zero do polinômio $p(x)$. Além disso, se $r = 0$, temos

$$p(x) = (x - a)q(x),$$

o que significa que, $(x - a)$ é um fator de $p(x)$.

Também não é difícil mostrar que, se $x - a$ é um fator de $p(x)$, então $p(a) = 0$, o que nos leva ao teorema a seguir.

> **Teorema do fator**
>
> Um polinômio $p(x)$ tem um fator $(x - a)$ se e somente se a é um zero de $p(x)$, ou seja, se $p(a) = 0$.

Problema 1. Determinação de um coeficiente de polinômio

Dado o polinômio $p(x) = 3x^3 + 5x^2 + cx + 16$, determine o valor da constante c de modo que $x + 2$ seja um fator de $p(x)$.

Solução

Observe que o fator $x + 2$ pode ser convertido à forma $x - a$ se escrevermos $x + 2 = x - (-2)$. Desse modo, temos $a = -2$.

Segundo o teorema do fator, para que $p(x)$ tenha um fator $x + 2$, é preciso que $p(-2) = 0$. Assim,

$$3(-2)^3 + 5(-2)^2 + c(-2) + 16 = 0 \quad \text{Cálculo de } p(-2).$$
$$-2c + 12 = 0 \quad \text{Simplificação da expressão.}$$
$$c = \frac{-12}{-2} \quad \text{Isolamento de } c.$$
$$c = 6 \quad \text{Simplificação do resultado.}$$

Logo, $x + 2$ é um fator de $p(x) = 3x^3 + 5x^2 + 6x + 16$.

Agora, tente o Exercício 1.

Juntando o resultado fornecido pelo teorema do fator aos conhecimentos que já adquirimos sobre gráficos de funções, podemos estabelecer as seguintes relações entre fatores, zeros, soluções de equação e interceptos-x.

Zeros de funções polinomiais

Se p é uma função polinomial e a é um número real, então as seguintes afirmações são equivalentes:

1. $x = a$ é um **zero** de p.
2. $x = a$ é **solução da equação** $p(x) = 0$.
3. $(x - a)$ é um **fator** de $p(x)$.
4. $(a, 0)$ é um **ponto de interseção** do gráfico de p com o eixo-x.

Problema 2. Zeros de uma função polinomial

Seja dada a função $p(x) = x^3 + 2x^2 - 15x$.

a) Determine todos os zeros de $p(x)$.
b) Escreva o polinômio na forma fatorada.
c) Trace o gráfico de p, identificando os interceptos-x.

Solução

a) Como todos os termos de $p(x)$ incluem a variável x, podemos pô-la em evidência, de modo que

> Observe que x é um fator de $p(x)$.

$$p(x) = x(x^2 + 2x - 15).$$

Logo, $p(x) = 0$ se

$$x = 0 \quad \text{ou} \quad x^2 + 2x - 15 = 0.$$

Concluímos, então, que $x = 0$ é um zero de p, e que os demais zeros do polinômio são solução de

$$x^2 + 2x - 15 = 0.$$

Para encontrar as raízes dessa equação, calculamos o discriminante

$$\Delta = 2^2 - 4 \cdot 1 \cdot (-15) = 64,$$

e aplicamos a fórmula quadrática:

$$x = \frac{-2 \pm \sqrt{64}}{2 \cdot 1} = \frac{-2 \pm 8}{2}.$$

Assim, temos as raízes

$$x_1 = \frac{-2+8}{2} = \frac{6}{2} = 3 \quad \text{e} \quad x_2 = \frac{-2-8}{2} = -\frac{10}{2} = -5.$$

Portanto, os zeros de $p(x)$ são $x = 0$, $x = 3$ e $x = -5$.

b) Como a equação $x^2 + 2x - 15 = 0$ tem duas soluções, podemos escrever o termo quadrático $(x^2 + 2x - 15)$ como o produto de dois fatores mais simples, como foi feito na Seção 2.11.

Observando, então, que o termo de maior grau de $x^2 + 2x - 15$ tem coeficiente 1, concluímos que

$$x^2 + 2x - 15 = 1(x-3)(x+5),$$

o que implica que a forma fatorada de $p(x)$ é

$$p(x) = x(x-3)(x+5).$$

c) Sabendo que $x = -5$, $x = 0$ e $x = 3$ são zeros de $p(x)$, devemos escolher um intervalo de x que inclua esses pontos ao traçar o gráfico da função. Adotando $x \in [-6, 4]$, obtemos a curva mostrada na Figura 4.16, na qual os pontos de interseção com o eixo-x estão identificados em vinho.

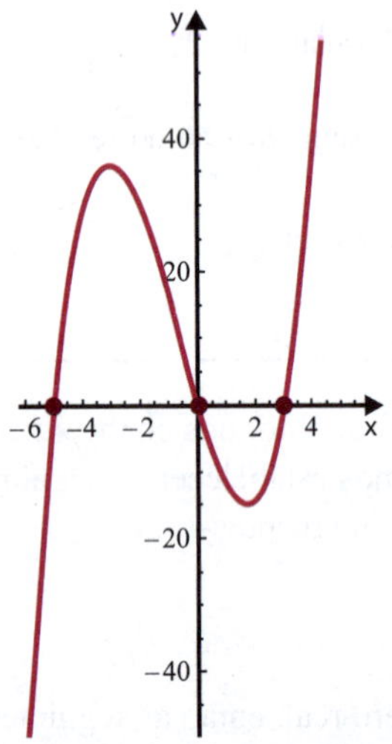

Agora, tente o Exercício 2.

FIGURA 4.16 Gráfico de $p(x) = x^3 + 2x^2 - 15x$.

■ Fatorações sucessivas usando a divisão de polinômios

A relação entre zeros e fatores de uma função polinomial – estabelecida pelo teorema do fator e ilustrada no Problema 2 – é extremamente útil para a determinação dos demais zeros da função.

Imagine, por exemplo, que conheçamos um zero, $x = a$, de uma função $p(x)$, de grau n. Nesse caso, sabendo que $(x - a)$ é um fator de $p(x)$, podemos escrever

$$p(x) = (x-a)q(x),$$

de modo que $p(x) = 0$ se $x = a$ (a raiz já conhecida) ou $q(x) = 0$. Assim, os demais zeros de $p(x)$ serão os zeros de

$$q(x) = \frac{p(x)}{x-a}.$$

Para determinar o polinômio $q(x)$, podemos usar o algoritmo de Ruffini.

Observe que $q(x)$ é o quociente (exato) entre um polinômio de grau n e um polinômio de grau 1, o que implica que $q(x)$ é um polinômio de grau $n - 1$. Logo, depois de encontrarmos um zero de $p(x)$, podemos reduzir o nosso problema ao cálculo dos zeros de um polinômio de grau $n - 1$.

Além disso, se conseguirmos determinar um zero $x = b$ de $q(x)$, então teremos

$$q(x) = (x-b)s(x),$$

donde

$$p(x) = (x-a)(x-b)s(x).$$

De posse, então, de dois zeros de $p(x)$, poderemos nos dedicar a $s(x)$, que é um polinômio de grau $n - 2$. Continuando esse processo, que é chamado **deflação**, é possível determinar os demais zeros de $p(x)$.

Método das fatorações sucessivas (deflação)

Seja dada uma função polinomial p, de grau n. Para determinar todos os zeros de p,

1. encontre a, um dos zeros de p;
2. calcule

$$q(x) = \frac{p(x)}{x-a};$$

3. escreva $p(x) = (x-a)q(x)$;
4. aplique os passos 1 a 3 ao polinômio $q(x)$ (que tem grau $n-1$).

O processo termina quando não for possível encontrar um zero do polinômio no passo 1.

Problema 3. Fatoração de uma função polinomial

Sabendo que $x = 4$ é um zero de

$$p(x) = 25x^3 - 115x^2 + 56x + 16,$$

determine os demais zeros e fatore a função polinomial.

Solução

Dado que $x = 4$ é um zero de p, o teorema do fator garante que $(x-4)$ é um fator de $p(x)$. Desse modo,

$$p(x) = (x-4)q(x),$$

para algum polinômio $q(x)$. Dividindo os dois lados da equação por $(x-4)$, obtemos

$$q(x) = \frac{p(x)}{x-4}.$$

Assim, $q(x)$ é o quociente da divisão de $p(x)$ por $(x-4)$. Aplicando, então, o método de Ruffini a essa divisão, obtemos o seguinte diagrama.

4	25	−115	56	16
		100	−60	−16
	25	−15	−4	0

Note que o resto da divisão é zero, como esperávamos. Se isso não ocorresse, teríamos cometido algum erro de conta.

Portanto, $q(x) = 25x^2 - 15x - 4$, de modo que

$$p(x) = (x-4)(25x^2 - 15x - 4).$$

Como $q(x)$ é uma função polinomial de grau 2, usamos a fórmula quadrática para determinar seus zeros:

$$\Delta = (-15)^2 - 4 \cdot 25 \cdot (-4) = 225 + 400 = 625.$$

$$x = \frac{-(-15) \pm \sqrt{625}}{2 \cdot 25} = \frac{15 \pm 25}{50}.$$

Logo, os zeros de $q(x)$ são

$$x_1 = \frac{15+25}{50} = \frac{4}{5} \quad \text{e} \quad x_2 = \frac{15-25}{50} = -\frac{1}{5}.$$

Se você não se lembra por que é possível escrever $q(x)$ nessa forma, consulte a Seção 2.11.

Observando, então, que o termo que multiplica x^2 em $q(x)$ é 25, obtemos

$$q(x) = 25\left(x - \frac{4}{5}\right)\left(x + \frac{1}{5}\right).$$

Finalmente, voltando ao polinômio p, notamos que suas raízes são

$$x_1 = \frac{4}{5}, \quad x_2 = \frac{1}{5} \quad \text{e} \quad x_3 = 4,$$

e que $p(x) = (x-4)q(x)$, o que nos permite escrevê-lo na forma fatorada como

$$p(x) = 25(x-4)\left(x - \frac{4}{5}\right)\left(x + \frac{1}{5}\right).$$

Problema 4. Fatoração de uma função polinomial

Sabendo que $x = -1$ e $x = \frac{3}{2}$ são dois zeros de

$$p(x) = 2x^4 - 9x^3 + 9x^2 + 8x - 12,$$

determine os demais zeros e fatore a função polinomial.

Solução

Como $x = -1$ é um zero de p, o teorema do fator indica que $(x-(-1))$ é um fator de $p(x)$, ou seja,

$$p(x) = (x+1)q(x),$$

para algum polinômio $q(x)$. Dividindo os dois lados dessa equação por $(x+1)$, obtemos

$$q(x) = \frac{p(x)}{x+1},$$

de modo que podemos determinar $q(x)$ aplicando o método de Ruffini à divisão de $p(x)$ por $(x+1)$. O diagrama do método é apresentado a seguir.

-1	2	-9	9	8	-12
		-2	11	-20	12
	2	-11	20	-12	0

Logo, $q(x) = 2x^3 - 11x^2 + 20x - 12$, donde

$$p(x) = (x+1)(2x^3 - 11x^2 + 20x - 12).$$

Como $x = \frac{3}{2}$ é outro zero de p, ele também será um zero de q. Assim,

$$q(x) = \left(x - \frac{3}{2}\right)s(x) \quad \Rightarrow \quad s(x) = \frac{q(x)}{x - \frac{3}{2}}.$$

Para determinar $s(x)$, aplicamos o algoritmo de Ruffini à divisão de $q(x)$ por $(x - \frac{3}{2})$:

$\frac{3}{2}$	2	-11	20	-12
		3	-12	12
	2	-8	8	0

Portanto, $s(x) = 2x^2 - 8x + 8$, o que implica que

$$p(x) = (x+1)\left(x - \frac{3}{2}\right)(2x^2 - 8x + 8).$$

CAPÍTULO 4 – Funções polinomiais ■ 343

Finalmente, como $s(x)$ é uma função polinomial de grau 2, podemos determinar seus zeros usando a fórmula quadrática:

$$\Delta = (-8)^2 - 4 \cdot 2 \cdot 8 = 64 - 64 = 0.$$

$$x = \frac{-(-8) \pm \sqrt{0}}{2 \cdot 2} = \frac{8}{4} = 2.$$

Nesse caso, $\Delta = 0$, de modo que $s(x)$ tem solução única $x = 2$. Além disso, como o termo que multiplica x^2 em $s(x)$ vale 2, temos

$$s(x) = 2(x-2)^2.$$

Portanto,

$$p(x) = 2(x+1)\left(x - \frac{3}{2}\right)(x-2)^2,$$

e os zeros dessa função são $x = -1$, $x = \frac{3}{2}$ e $x = 2$.

Resumo dos passos

$p(x)$	$= 2x^4 - 9x^3 + 9x^2 + 8x - 12$	Função original.
	$= (x+1)q(x)$	$x = -1$ é um zero de p.
	$= (x+1)(2x^3 - 11x^2 + 20x - 12)$	$q(x) = \frac{p(x)}{x+1}$.
	$= (x+1)(x - \frac{3}{2})s(x)$	$x = \frac{3}{2}$ é um zero de p e de q.
	$= (x+1)(x - \frac{3}{2})(2x^2 - 8x + 8)$	$s(x) = \frac{q(x)}{x - \frac{3}{2}}$.
	$= (x+1)(x - \frac{3}{2})2(x-2)^2$	$s(x) = 2(x-2)^2$.

Agora, tente o Exercício 3.

■ Número de zeros reais

No Problema 3, a função polinomial, que era de grau 3, tinha exatamente 3 zeros. Já a função do Problema 4 só possuía 3 zeros, embora seu grau fosse 4. Na Seção 4.1, também vimos que funções polinomiais de grau 2 (funções quadráticas) podem ter 0, 1 ou 2 zeros.

Notamos, assim, que há uma relação entre o grau do polinômio e o número de zeros reais que ele possui. Essa relação é descrita pelo teorema a seguir.

> **Número de zeros reais de um polinômio**
>
> Uma função polinomial de grau n tem, no máximo, n zeros reais.

Embora esse teorema não nos permita determinar o número exato de zeros reais de uma função polinomial, ele fornece um limite superior, indicando que não é razoável esperar, por exemplo, que um polinômio de grau 4 tenha mais que 4 zeros.

De fato, se um polinômio de grau 4 tivesse 5 zeros, então ele teria 5 fatores na forma $(x - a)$. Entretanto, sabemos que o produto de 5 fatores na forma $(x - a)$ produz um polinômio de grau 5, de modo que o polinômio jamais poderia ser de grau 4.

A Figura 4.17 mostra como uma simples translação na vertical pode fazer com que um polinômio de grau 4 tenha 2, 3 ou 4 zeros. Observando essa figura, inclusive, não seria difícil apresentar um polinômio de grau 4 que não tivesse zeros.

A função $p(x) = 2x^4 - 7x^3 + 3x^2 + 7x + 2$, obtida movendo-se o gráfico apresentado na Figura 4.17a 8 unidades para cima, não possui zeros.

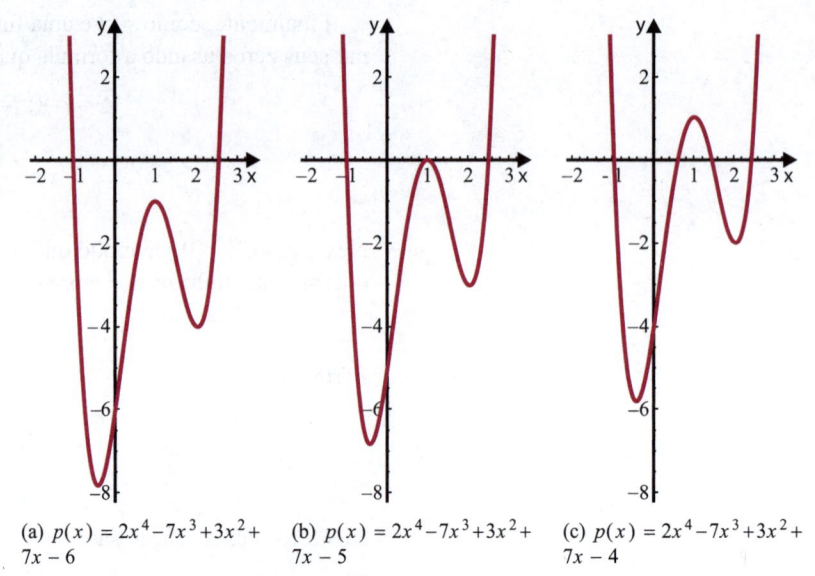

(a) $p(x) = 2x^4 - 7x^3 + 3x^2 + 7x - 6$ (b) $p(x) = 2x^4 - 7x^3 + 3x^2 + 7x - 5$ (c) $p(x) = 2x^4 - 7x^3 + 3x^2 + 7x - 4$

FIGURA 4.17 Gráficos de polinômios de grau 4 com 2, 3 e 4 zeros.

Um teorema mais poderoso sobre polinômios com coeficientes reais é dado no quadro a seguir.

> Esse teorema é derivado do teorema fundamental da álgebra, que envolve números complexos e será apresentado na Seção 4.6.

Decomposição em fatores lineares e quadráticos

Todo polinômio com coeficientes reais pode ser escrito como o produto de fatores lineares e fatores quadráticos irredutíveis.

Esse teorema nos diz que todo polinômio pode ser escrito como o produto de:

> A constante k é o coeficiente do monômio de maior grau do polinômio.

1. uma constante real k;
2. fatores lineares na forma $(x - c)$;
3. fatores quadráticos $(ax^2 + bx + c)$ que não possuem zeros reais, ou seja, que não podem ser decompostos em fatores lineares.

Além disso, a soma dos graus dos fatores deve corresponder ao grau do polinômio original.

Problema 5. Fatoração de um polinômio

Escreva o polinômio $p(x) = x^4 - 4x^3 + 13x^2$ na forma fatorada.

Solução

Pondo x^2 em evidência, temos

$$p(x) = x^2(x^2 - 4x + 13).$$

Logo, $x = 0$ é uma raiz de $p(x) = 0$. Para tentar encontrar outras raízes usamos a fórmula quadrática, começando pelo cálculo do discriminante:

$$\Delta = (-4)^2 - 4 \cdot 1 \cdot 13 = -36.$$

Como o discriminante é negativo, a equação $x^2 - 4x + 13 = 0$ não possui raízes reais, de modo que o termo $x^2 - 4x + 13$ é irredutível. Assim, a forma fatorada do polinômio é, simplesmente,

$$p(x) = x^2(x^2 - 4x + 13).$$

Problema 6. Fatoração de uma função polinomial

Escreva a função polinomial $p(x) = 4x^4 - 34x^2 - 18$ na forma fatorada.

Solução

Os zeros de p são raízes de $4x^4 - 34x^2 - 18 = 0$, uma equação biquadrática, conforme mencionado na Seção 2.10. Fazendo, então, a substituição $y = x^2$, obtemos a equação quadrática

$$4y^2 - 34y - 18 = 0.$$

Aplicando a fórmula quadrática a essa equação, encontramos

$$\Delta = (-34)^2 - 4 \cdot 4 \cdot (-18) = 1444.$$

$$y = \frac{-(-34) \pm \sqrt{1444}}{2 \cdot 4} = \frac{34 \pm 38}{8}.$$

Logo, as raízes de $4y^2 - 34y - 18 = 0$ são

$$y_1 = \frac{34 + 38}{8} = 9 \quad \text{e} \quad y_2 = \frac{34 - 38}{8} = -\frac{1}{2}.$$

De posse de y_1 e y_2, escrevemos a forma fatorada da expressão $4y^2 - 34y - 18$, que é

$$4(y - 9)\left(y + \frac{1}{2}\right).$$

Lembrando, agora, que $y = x^2$, podemos escrever $p(x)$ na forma

$$p(x) = \left(x^2 - 9\right)\left(x^2 + \frac{1}{2}\right).$$

O termo $(x^2 - 9)$ pode ser novamente fatorado em

$$(x^2 - 9) = (x - 3)(x + 3).$$

Por outro lado, o termo $\left(x^2 + \frac{1}{2}\right)$ é irredutível, já que a equação

$$x^2 + \frac{1}{2} = 0$$

não tem raízes reais. Assim, observando que a constante que multiplica x^4 em $p(x)$ é 4, concluímos que

$$p(x) = 4(x - 3)(x + 3)\left(x^2 + \frac{1}{2}\right).$$

Repare que, como o termo $x^2 + \frac{1}{2}$ (de grau 2) é irredutível, p tem apenas 2 zeros ($x = 3$ e $x = -3$) apesar de seu grau ser 4.

Agora, tente os Exercícios 4 e 5.

Quando fatoramos uma função polinomial p, de grau n, um termo $(x - a)$ pode aparecer mais de uma vez. Isso ocorre, por exemplo, com a função $p(x) = x^2 - 10x + 25$, cuja forma fatorada é

$$p(x) = (x - 5)(x - 5) \quad \text{ou} \quad p(x) = (x - 5)^2.$$

O número de vezes em que um termo $(x - a)$ aparece na forma fatorada da função polinomial é chamado multiplicidade do zero $x = a$.

> Dizemos que um zero $x = a$, de um polinômio $p(x)$, tem **multiplicidade** m se a forma fatorada de $p(x)$ tem exatamente m fatores $(x - a)$.

Problema 7. Polinômio com zeros conhecidos

Defina um polinômio de grau 4 cujos zeros são $x = -1$, $x = 4$ e $x = 2$ (esse último com multiplicidade 2).

Solução

Os zeros fornecidos no enunciado indicam que o polinômio tem fatores $(x + 1)$, $(x - 4)$ e $(x - 2)$, dos quais o último aparece duas vezes. Assim,

$$p(x) = a(x+1)(x-4)(x-2)^2,$$

em que a é um número real qualquer. Adotando, por simplicidade, $a = 1$, obtemos

$$p(x) = (x+1)(x-4)(x-2)^2.$$

Se quisermos escrever esse polinômio na forma expandida, basta calcular o produto dado. Nesse caso, teremos

$$p(x) = x^4 - 7x^3 + 12x^2 + 4x - 16.$$

Agora, tente o Exercício 6.

■ Determinação aproximada de zeros de funções polinomiais

Como dissemos anteriormente, encontrar zeros reais de funções polinomiais não é tarefa trivial se o grau do polinômio é grande. Nos problemas com funções de grau maior ou igual a 3 vistos até o momento, fizemos questão de permitir que o leitor fosse capaz de obter os zeros não fornecidos aplicando apenas o processo de deflação e a fórmula quadrática. Para tanto, foi preciso apresentar polinômios nos quais a variável x pudesse ser posta em evidência, ou polinômios biquadráticos, ou, ainda, polinômios com zeros conhecidos. Para concluir esta seção, discutiremos de forma sucinta como determinar aproximadamente os zeros reais de uma função polinomial.

O método mais largamente empregado para a determinação dos zeros envolve o cálculo de *autovalores* de matrizes, um conceito avançado de álgebra que não é possível apresentar neste livro. Entretanto, sob certas condições, é possível encontrar um zero usando uma estratégia simples, baseada no teorema a seguir.

Teorema de Bolzano para polinômios

Seja dada uma função polinomial $p(x)$ e um intervalo $[a, b]$. Se $p(a)$ e $p(b)$ têm sinais contrários, isto é, $p(a) > 0$ e $p(b) < 0$, ou $p(a) < 0$ e $p(b) > 0$, então existe um ponto c entre a e b tal que $p(c) = 0$, ou seja, $p(x)$ tem um zero em (a, b).

O teorema de Bolzano para polinômios é uma versão especializada do Teorema do valor intermediário, visto em cursos universitários de Cálculo. Ele diz que, se uma função polinomial troca de sinal entre dois pontos $x = a$ e $x = b$, então ela possui um zero entre a e b. A Figura 4.18a ilustra o teorema no caso em que $p(a)$ é negativo e $p(b)$ é positivo, e a Figura 4.18b mostra um exemplo em que $p(a) > 0$ e $p(b) < 0$.

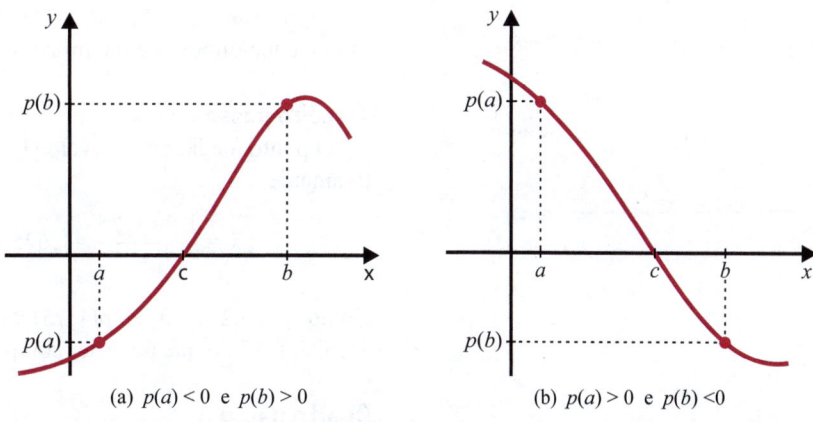

FIGURA 4.18 Pontos $(a, p(a))$ e $(b, p(b))$ que satisfazem o teorema de Bolzano.

Embora o teorema de Bolzano afirme que p possui um zero entre a e b, ele não fornece o valor desse zero, c. Entretanto, podemos localizar c aproximadamente usando várias vezes o teorema, como mostra o problema a seguir.

Problema 8. Determinação de um zero pelo método da bisseção

Determine aproximadamente um zero de $p(x) = 6x^3 - 19x^2 + 25$, sabendo que $p(1) = 12$ e $p(2) = -3$.

Solução

Como $p(1) > 0$ e $p(2) < 0$, o teorema de Bolzano garante que $p(x)$ tem um zero no intervalo $(1,2)$. Vamos chamar esse zero de x^*.

Para encontrar o zero no intervalo $(1,2)$, vamos aplicar um método iterativo no qual, a cada passo, encontramos um intervalo menor que contém x^*. Esse método exige que determinemos o ponto médio de um intervalo $[a, b]$, que é dado pela fórmula

$$\bar{x} = \frac{a+b}{2}.$$

Primeiro passo

Uma vez que não conhecemos a localização exata de x^*, vamos supor que ele se encontra no meio do intervalo, ou seja, no ponto

$$\bar{x} = \frac{1+2}{2} = 1,5.$$

Calculando o valor da função nesse ponto, obtemos $p(1,5) = 2,5$, o que indica que erramos na nossa estimativa da localização do zero. Entretanto, nosso esforço não foi em vão, pois reparamos que

$$p(1,5) > 0 \quad \text{e} \quad p(2) < 0,$$

de modo que, segundo o teorema de Bolzano, existe um zero no intervalo $(1, 5; 2)$.

Como esse intervalo tem metade do comprimento de $[1,2]$, conseguimos reduzir nossa incerteza, obtendo uma aproximação melhor para o zero. A Figura 4.19a mostra o intervalo $[1,2]$ com o qual iniciamos, bem como o valor positivo de $p(1,5)$, que garante a existência do zero em $[1,5; 2]$.

Segundo passo

Supondo, novamente, que o zero esteja no meio do intervalo, que agora é $[1,5; 2]$, obtemos

$$\bar{x} = \frac{1,5+2}{2} = 1,75, \quad \text{e} \quad p(1,75) \approx -1,03125.$$

Você sabia?

Um intervalo $[a,b]$ tem comprimento $(b - a)$. Assim, o ponto médio do intervalo é dado por

$$\bar{x} = a + \frac{b-a}{2} = \frac{a+b}{2}.$$

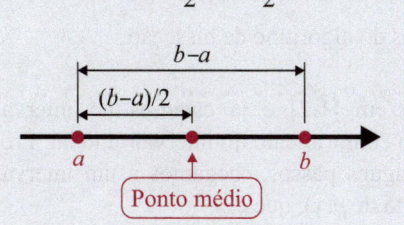

Nesse caso, $p(1,5) > 0$ e $p(1,75) < 0$, como mostra a Figura 4.19b. Desse modo, concluímos que há um zero no intervalo $[1,5; 1,75]$.

Terceiro passo

O ponto médio do intervalo $[1,5; 1,75]$ e a função nesse ponto valem, respectivamente,

$$\overline{x} = \frac{1,5 + 1,75}{2} = 1,625, \quad \text{e} \quad p(1,625) \approx 0,574219.$$

Como $p(1,625) > 0$ e $p(1,75) < 0$, concluímos que há um zero no intervalo $[1,625; 1,75]$, o que pode ser comprovado na Figura 4.19c.

Quarto passo

O ponto médio do intervalo $[1,625; 1,75]$ e a função nesse ponto valem

$$\overline{x} = \frac{1,625 + 1,75}{2} = 1,6875, \quad \text{e} \quad p(1,6875) \approx -0,272949.$$

Agora, temos $p(1,625) > 0$ e $p(1,6875) < 0$, como mostra a Figura 4.19d. Assim, há um zero no intervalo $[1,625; 1,6875]$.

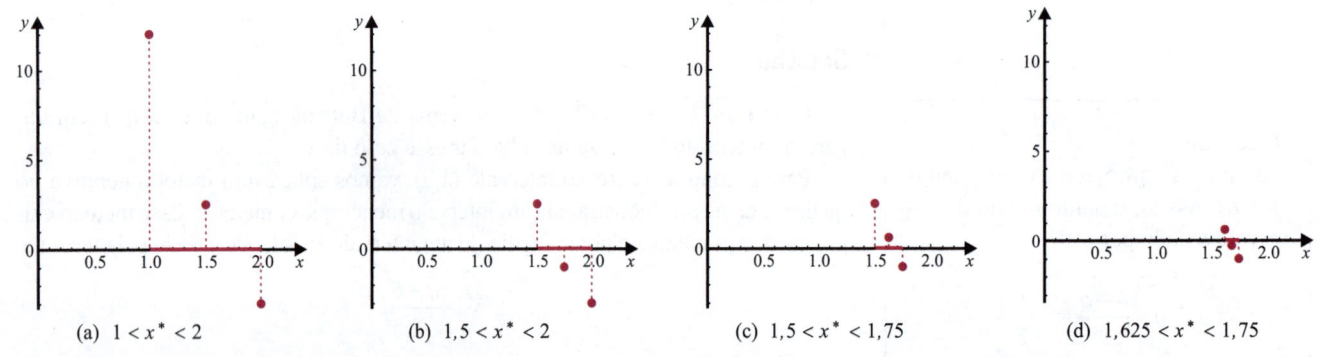

(a) $1 < x^* < 2$ (b) $1,5 < x^* < 2$ (c) $1,5 < x^* < 1,75$ (d) $1,625 < x^* < 1,75$

FIGURA 4.19 Intervalos e aproximações de x^* dos quatro primeiros passos do algoritmo da bisseção.

Note que começamos trabalhando em $[1,2]$ e já estamos no intervalo $[1,625; 1,6875]$, que tem apenas 1/16 do comprimento do intervalo inicial. Prosseguindo com esse método por mais alguns passos, chegamos a um intervalo muito pequeno em torno do zero desejado de $p(x)$, que é

$$x^* = 1,666\ldots.$$

Agora, tente o Exercício 21.

Apesar de termos apresentado o teorema de Bolzano apenas para funções polinomiais, ele se aplica a toda função contínua, pois esse tipo de função possui uma característica muito especial:

A noção de função contínua será apresentada na Seção 4.4.

Se f é uma função contínua, então f só muda de sinal em seus zeros. Ou seja, sempre que f passa de positiva para negativa, ou de negativa para positiva, ela passa por um ponto em que $f(x) = 0$.

Desse modo, o método da bisseção também pode ser usado para encontrar um zero de qualquer função contínua f, desde que conheçamos dois pontos nos quais f tenha sinais opostos.

Inequações polinomiais

Como vimos, sempre que uma função polinomial p troca de sinal, ela passa por um de seus zeros. Como consequência desse resultado, $p(x)$ é sempre positiva ou sempre negativa no intervalo (x_1, x_2) compreendido entre dois zeros consecutivos, x_1 e x_2.

A Figura 4.20 mostra o gráfico da função polinomial $p(x) = 4x^3 - 8x^2 - 7x + 5$, que tem como zeros

$$x = -1, \quad x = \frac{1}{2} \quad \text{e} \quad x = \frac{5}{2}.$$

Observe que a função p não muda de sinal entre dois de seus zeros consecutivos, ou seja, p é

- sempre positiva nos intervalos $(-1, \frac{1}{2})$ e $(\frac{5}{2}, \infty)$;
- sempre negativa nos intervalos $(-\infty, -1)$ e $(\frac{1}{2}, \frac{5}{2})$.

Assim, se enumerarmos todos os zeros de uma função polinomial p em ordem crescente de valor, podemos indicar com precisão se

$$p(x) \leq 0 \quad \text{ou} \quad p(x) \geq 0$$

no intervalo entre dois zeros, bastando, para isso, testar o valor de $p(x)$ em um único ponto do intervalo.

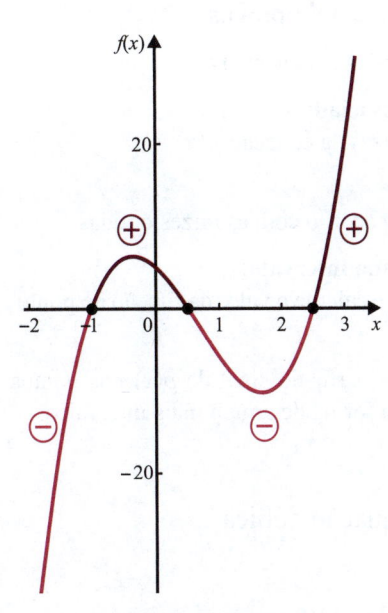

FIGURA 4.20 Gráfico de $p(x) = 4x^3 - 8x^2 - 7x + 5$.

Exemplo 1. Solução de uma inequação cúbica

Sabendo que os zeros da função $p(x) = x^3 + 2x^2 - 11x - 12$ são

$$x = 3, \quad x = -1 \quad \text{e} \quad x = -4,$$

vamos resolver a inequação

$$x^3 + 2x^2 - 11x - 12 \leq 0.$$

Nesse caso, pondo os zeros em ordem crescente, dividimos a reta real nos intervalos

$$(-\infty, -4), \quad (-4, -1), \quad (-1, 3) \quad \text{e} \quad (3, \infty).$$

Como $p(x)$ só muda de sinal em seus zeros, testamos o sinal da função em cada intervalo calculando seu valor em um único ponto. Os quatro pontos selecionados são mostrados na Tabela 4.5, acompanhados dos respectivos valores de $p(x)$.

TABELA 4.5

x	$p(x)$
-5	-32
-2	10
0	-12
4	40

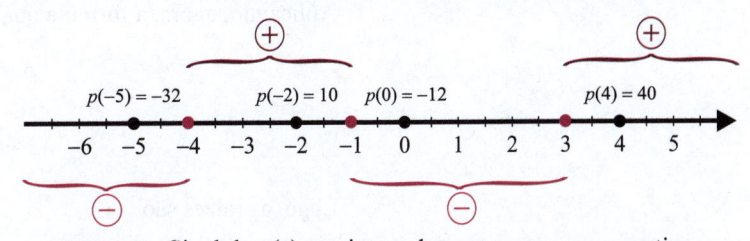

FIGURA 4.21 Sinal de $p(x)$ nos intervalos entre zeros consecutivos.

O diagrama da Figura 4.21 mostra os zeros em rosa e os pontos de teste da função em preto. Com base no sinal de $p(x)$ em cada um desses pontos, concluímos que $p(x) \leq 0$ para

$$\{x \in \mathbb{R} \mid x \leq -4 \text{ ou } -1 \leq x \leq 3\}.$$

O quadro a seguir resume os passos para a solução de inequações polinomiais adotados no Exemplo 1.

> **Roteiro para a solução de inequações polinomiais**
>
> Para resolver uma inequação na forma $p(x) \leq 0$ ou $p(x) \geq 0$,
>
> 1. **Determine as raízes da equação associada.**
>   Determine quantas e quais são as raízes da equação $p(x) = 0$.
> 2. **Crie intervalos.**
>   Divida o problema em intervalos, de acordo com as raízes obtidas.
> 3. **Determine o sinal da função em cada intervalo.**
>   Escolha um ponto em cada intervalo e calcule o valor da função no ponto.
> 4. **Resolva o problema.**
>   Determine a solução do problema a partir do sinal de $p(x)$ nos pontos escolhidos. Expresse essa solução na forma de um ou mais intervalos.

Problema 9. Solução de uma inequação cúbica

Resolva a inequação

$$2x^3 + 13x^2 + 13x \geq 10,$$

sabendo que $x = \frac{1}{2}$ é uma raiz da equação $2x^3 + 13x^2 + 13x = 10$.

Solução

Movendo todos os termos para o lado esquerdo, obtemos a inequação equivalente

$$2x^3 + 13x^2 + 13x - 10 \geq 0,$$

à qual associamos a função $p(x) = 2x^3 + 13x^2 + 13x - 10$. Sabendo que $x = \frac{1}{2}$ é um zero dessa função, vamos determinar os zeros restantes.

Dividindo, então, $p(x)$ por $(x - \frac{1}{2})$, obtemos

$$q(x) = 2x^2 + 14x + 20.$$

$\frac{1}{2}$	2	13	13	−10
		1	7	10
	2	14	20	0

Dessa forma,

$$p(x) = \left(x - \frac{1}{2}\right) q(x).$$

Aplicando, agora, a fórmula quadrática, encontramos as raízes de $q(x) = 0$:

$$\Delta = 14^2 - 4 \cdot 2 \cdot 20 = 36.$$

$$x = \frac{-14 \pm \sqrt{36}}{2 \cdot 2} = \frac{-14 \pm 6}{4}.$$

Logo, as raízes são

$$x_1 = \frac{-14 + 6}{4} = -2 \quad \text{e} \quad x_2 = \frac{-14 - 6}{4} = -5,$$

de modo que $p(x)$ tem como zeros

$$x = -5, \quad x = -2 \quad \text{e} \quad x = \frac{1}{2}.$$

Tomando como base esses zeros, dividimos a reta real nos intervalos

$$(-\infty, -5), \quad (-5, -2), \quad \left(-2, \frac{1}{2}\right) \quad \text{e} \quad \left(\frac{1}{2}, \infty\right).$$

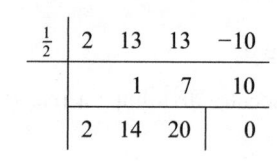

Escolhendo, então, os pontos mostrados na Tabela 4.6, montamos o diagrama da Figura 4.22, que mostra o sinal de p(x) em cada intervalo. Com base nesse diagrama, concluímos que $p(x) \geq 0$ para

$$\left\{ x \in \mathbb{R} \mid -5 \leq x \leq -2 \text{ ou } x \geq \frac{1}{2} \right\}.$$

TABELA 4.6

x	$p(x)$
–6	–52
–3	14
0	–10
2	84

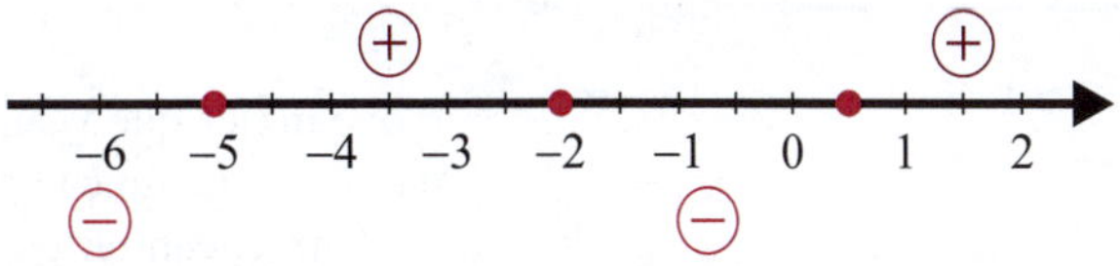

FIGURA 4.22 Sinal de $p(x)$ nos intervalos entre zeros consecutivos.

Solução alternativa

Também podemos resolver inequações polinomiais de qualquer grau fatorando o polinômio e analisando o sinal de cada termo com o auxílio de um diagrama ou tabela, a exemplo do que foi feito para inequações quadráticas na Seção 2.11.

Para o problema em questão, em que os zeros de $p(x) = 2x^3 + 13x^2 + 13x - 10$ são $x = -5$, $x = -2$ e $x = \frac{1}{2}$, a forma fatorada da função polinomial é

$$p(x) = 2(x+5)(x+2)\left(x - \frac{1}{2}\right).$$

Tomando, então, os intervalos $(-\infty, -5)$, $(-5, -2)$, $\left(-2, \frac{1}{2}\right)$ e $\left(\frac{1}{2}, \infty\right)$, montamos a Tabela 4.7.

TABELA 4.7 Sinal de $p(x) = 2x^3 + 13x^2 + 13x - 10$ e de seus fatores em cada intervalo.

Termo	$(-\infty, -5)$	$(-5, -2)$	$\left(-2, \frac{1}{2}\right)$	$\left(\frac{1}{2}, \infty\right)$
$(x+5)$	–	+	+	+
$(x+2)$	–	–	+	+
$\left(x - \frac{1}{2}\right)$	–	–	–	+
$2(x+5)(x+2)\left(x - \frac{1}{2}\right)$	–	+	–	+

Com base na Tabela 4.7, concluímos que a solução da inequação é dada por

$$\left\{ x \in \mathbb{R} \mid -5 \leq x \leq -2 \text{ ou } x \geq \frac{1}{2} \right\}.$$

Agora, tente os Exercícios 8 e 18.

Problema 10. Solução de uma inequação de quarto grau

Resolva a inequação

$$x^4 + 5x^3 - 8x^2 - 48x \leq 0,$$

sabendo que $x = 3$ é um zero de $p(x) = x^4 + 5x^3 - 8x^2 - 48x$.

Solução

Sabendo que $x = 3$ é um zero de p, podemos determinar os zeros restantes dividindo $p(x)$ pelo fator $(x - 3)$, usando do algoritmo de Ruffini. Do diagrama ao lado, concluímos que essa divisão fornece

3	1	5	–8	–48	0
		3	24	48	0
	1	8	16	0	0

Sendo assim,
$$q(x) = x^3 + 8x^2 + 16x.$$

$$p(x) = (x-3)(x^3 + 8x^2 + 16x).$$

Observando o segundo termo dessa expressão, notamos que é possível colocar x em evidência, de modo que

$$p(x) = (x-3)x(x^2 + 8x + 16),$$

o que indica que x também é um fator de p, o que é o mesmo que dizer que $x = 0$ é um zero da função polinomial.

Para encontrar os demais zeros de p, aplicamos a fórmula quadrática à equação $x^2 + 8x + 16 = 0$:

$$\Delta = 8^2 - 4 \cdot 1 \cdot 16 = 0.$$

$$x = \frac{-8 \pm \sqrt{0}}{2 \cdot 1} = \frac{-8}{2} = -4.$$

Assim, a única raiz de $x^2 + 8x + 16 = 0$ é $x = -4$. Reunindo, então, os zeros de p, temos

$$x = -4 \text{ (com multiplicidade 2)}, \quad x = 0 \quad e \quad x = 3.$$

Tomando como base esses zeros, dividimos a reta real nos intervalos

$$(-\infty, -4), \quad (-4, 0), \quad (0, 3) \quad e \quad (3, \infty).$$

Escolhendo, agora, um valor de x em cada intervalo e calculando $p(x)$ para os quatro valores selecionados, obtemos os pares ordenados mostrados na Tabela 4.8. Com base nesses pares, montamos o diagrama da Figura 4.23, que fornece o sinal de p em cada intervalo.

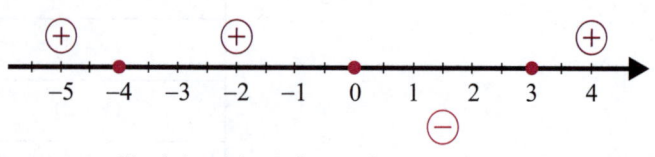

TABELA 4.8

x	$p(x)$
−5	40
−1	36
4	−50
4	256

FIGURA 4.23 Sinal de $p(x)$ nos intervalos entre zeros consecutivos.

Com base na Figura 4.23, concluímos que $p(x) \leq 0$ para

$$\{x \in \mathbb{R} \mid 0 \leq x \leq 3\}.$$

Solução alternativa

Como alternativa, adotemos mais uma vez a estratégia apresentada na Seção 2.11, que consiste em fatorar $p(x)$ e determinar o valor dessa função em cada intervalo, combinando os sinais de seus fatores.

Observando que os zeros de $p(x) = x^4 + 5x^3 - 8x^2 - 48x$ são $x = -4$ (com multiplicidade 2), $x = 0$ e $x = 3$, obtemos a forma fatorada da função, que é

$$p(x) = (x+4)^2 x(x-3).$$

Definindo, então, os intervalos $(-\infty, -4)$, $(-4, 0)$, $(0, 3)$ e $(3, \infty)$, montamos a Tabela 4.9, na qual o termo $(x + 4)$ aparece duplicado em virtude de estar elevado ao quadrado na forma fatorada de p. Observando a tabela, concluímos que $x^4 + 5x^3 - 8x^2 - 48x \leq 0$ para

$$\{x \in \mathbb{R} \mid 0 \leq x \leq 3\}.$$

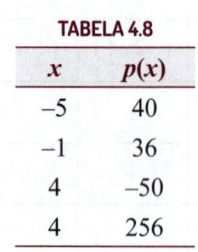

Note que o termo $(x + 4)$ aparece ao quadrado na forma fatorada de p, uma vez que a raiz $x = -4$ tem multiplicidade 2.

TABELA 4.9 Sinal de $p(x) = x^4 + 5x^3 - 8x^2 - 48x$ e de seus fatores em cada intervalo.

Termo	$(-\infty, -4)$	$(-4, 0)$	$(0, 3)$	$(3, \infty)$
$(x+4)$	−	+	+	+
$(x+4)$	−	+	+	+
x	−	−	+	+
$(x-3)$	−	−	−	+
$(x+4)^2 x(x-3)$	+	+	−	+

Seria possível substituir as duas linhas associadas a $(x + 4)$ na tabela ao lado por uma única linha contendo o termo $(x + 4)^2$, que é positivo para todo x real.

Exercícios 4.3

1. Para cada função polinomial abaixo, determine o valor da constante c, de modo que o termo fornecido seja um fator de p.
   a) $p(x) = x^2 - 9x + c$. Fator: $x - 8$
   b) $p(x) = 5x^2 + cx + 9$. Fator: $x + 3$
   c) $p(x) = x^3 - 6x^2 + 3x + c$. Fator: $x - 5$
   d) $p(x) = 3x^3 + cx^2 - 13x + 3$. Fator: $x - 1$
   e) $p(x) = x^4 - 2x^3 + 8x^2 + cx - 2$. Fator: $x - 2$
   f) $p(x) = 2x^4 - 10x^3 + cx^2 + 6x + 40$. Fator: $x - 4$

2. Determine as raízes das equações a seguir. Escreva na forma fatorada os polinômios que aparecem no lado esquerdo das equações.
   a) $x^3 - 4x = 0$
   b) $x^3 - 4x^2 - 21x = 0$
   c) $2x^3 + 11x^2 - 6x = 0$
   d) $-3x^3 + 6x^2 + 9x = 0$
   e) $x^4 - x^3 - 20x^2 = 0$
   f) $x^4 - 8x^3 + 16x^2 = 0$
   g) $5x^4 - 8x^3 + 3x^2 = 0$
   h) $8x^4 - 6x^3 - 2x^2 = 0$

3. Determine as raízes das equações a seguir. Escreva na forma fatorada os polinômios que aparecem no lado esquerdo das equações.
   a) $x^3 + x^2 - 2x - 2 = 0$,
      sabendo que $x = -1$ é uma raiz.
   b) $x^3 - 5x^2 - 4x + 20 = 0$,
      sabendo que $x = 2$ é uma raiz.
   c) $x^4 - 9x^3 - x^2 + 81x - 72 = 0$,
      sabendo que $x = 8$ e $x = 3$ são raízes.
   d) $x^3 - 3x^2 - 10x + 24 = 0$,
      sabendo que $x = 4$ é uma raiz.
   e) $x^3 - 4x^2 - 17x + 60 = 0$,
      sabendo que $x = 3$ é uma raiz.
   f) $4x^4 - 21x^3 - 19x^2 + 6x = 0$,
      sabendo que $x = 1/4$ é uma raiz.
   g) $4x^3 - 16x^2 + 21x - 9 = 0$,
      sabendo que $x = 1$ é uma raiz.
   h) $3x^3 - 26x^2 + 33x + 14 = 0$,
      sabendo que $x = 7$ é uma raiz.
   i) $x^4 - 9x^3 + 17x^2 + 33x - 90 = 0$,
      sabendo que $x = -2$ e $x = 5$ são raízes.
   j) $x^4 - 6x^3 - 5x^2 + 30x = 0$,
      sabendo que $x = 6$ é uma raiz.
   k) $2x^4 + 9x^3 - 80x^2 + 21x + 108 = 0$,
      sabendo que $x = 4$ e $x = \frac{3}{2}$ são raízes.

4. Determine as raízes das equações a seguir. Escreva na forma fatorada os polinômios que aparecem no lado esquerdo das equações.
   a) $x^3 + 7x^2 + 13x + 15 = 0$,
      sabendo que $x = -5$ é uma raiz.
   b) $3x^3 + 2x^2 + 17x - 6 = 0$,
      sabendo que $x = \frac{1}{3}$ é uma raiz.
   c) $x^3 + 7x^2 + 20x + 32 = 0$,
      sabendo que $x = -4$ é uma raiz.
   d) $x^3 - 3x^2 + 9x - 27 = 0$,
      sabendo que $x = 3$ é uma raiz.
   e) $2x^3 - 10x^2 - 13x - 105 = 0$,
      sabendo que $x = 7$ é uma raiz.
   f) $x^4 + 2x^3 - 5x^2 - 36x + 60 = 0$,
      sabendo que $x = 2$ é uma raiz de multiplicidade 2.
   g) $x^4 - 6x^3 + 25x^2 - 150x = 0$,
      sabendo que $x = 6$ é uma raiz.
   h) $6x^4 + 7x^3 + 6x^2 - 1 = 0$,
      sabendo que $x = \frac{1}{3}$ e $x = -\frac{1}{2}$ são raízes.

5. Fazendo a mudança de variável $w = x^2$, determine os zeros das funções dadas e as escreva na forma fatorada.
   a) $p(x) = x^4 - 13x^2 + 36$
   b) $p(x) = 4x^4 - 65x^2 + 16$
   c) $p(x) = 9x^4 - 10x^2 + 1$
   d) $p(x) = x^4 - 24x^2 - 25$
   e) $p(x) = 2x^4 - 27x^2 - 80$
   f) $p(x) = x^4 - 32x^2 - 144$

6. Em cada caso a seguir, escreva na forma expandida uma função polinomial que tenha o grau e os zeros indicados.
   a) Grau 2, com zeros $x = -4$ e $x = 0$.
   b) Grau 2, com zeros $x = 1/2$ e $x = 2$, com concavidade para baixo.
   c) Grau 3, com zeros $x = 0, x = 1$ e $x = 3$.

d) Grau 3, com zeros $x = -2$ e $x = 1$ (com multiplicidade 2).
e) Grau 3, com zero $x = 8$ (com multiplicidade 3).
f) Grau 4, com zeros $x = -3$, $x = -2$, $x = 0$ e $x = 5$.
g) Grau 4, com zeros $x = -6$, $x = 6$ e $x = \sqrt{3}$ (com multiplicidade 2).
h) Grau 4, com zeros $x = -5$, $x = -4$, $x = -1$ e $x = 3$.
i) Grau 5, com zeros $x = -1/3$, $x = -2/3$, $x = 4/3$ e $x = 5/3$ (com multiplicidade 2).
j) Grau 6, com zeros $x = -1/2$ (com multiplicidade 3), $x = -\sqrt{2}$, $x = \sqrt{2}$ e $x = 0$.

7. Escreva na forma expandida as funções polinomiais que você encontrou nos itens (a) a (f) do Exercício 6.

8. Resolva as desigualdades a seguir.
   a) $(x-1)(x+2)(x-4) \leq 0$
   b) $(x+1)(x-2)x \geq 0$
   c) $x^3 - 2x \geq 0$
   d) $2x^3 - 18x \leq 0$

9. Sabendo que $x = 3$ é um zero de $f(x) = 3x^3 - 39x + 36$,
   a) determine todos os zeros da função;
   b) resolva $3x^3 - 39x + 36 \leq 0$.

10. Sabendo que $x = -5$ é uma raiz da equação $2x^3 + 7x^2 - 17x - 10 = 0$,
    a) determine todas as raízes reais da equação;
    b) resolva a inequação $2x^3 + 7x^2 - 17x - 10 \geq 0$.

11. Sabendo que $x = 4$ é um zero da função $f(x) = 2x^3 - 3x^2 - 23x + 12$,
    a) determine todos os zeros de $f(x)$;
    b) escreva $f(x)$ na forma fatorada;
    c) resolva a inequação $f(x) \leq 0$.

12. Sabendo que $x = 5$ é uma raiz da equação $-x^3 + 5x^2 + 4x - 20 = 0$,
    a) determine todas as raízes reais da equação;
    b) escreva o polinômio $-x^3 + 5x^2 + 4x - 20$ na forma fatorada;
    c) resolva a inequação $-x^3 + 5x^2 + 4x - 20 \leq 0$.

13. Sabendo que $x = -6$ é uma raiz da equação $16x^3 + 88x^2 - 47x + 6 = 0$,
    a) determine todas as raízes reais da equação;
    b) escreva o polinômio $16x^3 + 88x^2 - 47x + 6$ na forma fatorada;
    c) resolva a inequação $16x^3 + 88x^2 - 47x + 6 \leq 0$.

14. Sabendo que $x = 7$ é uma raiz da equação $x^3 - 5x^2 - 13x - 7 = 0$,
    a) determine todas as raízes reais da equação;
    b) escreva o polinômio $x^3 - 5x^2 - 13x - 7$ na forma fatorada;
    c) resolva a inequação $x^3 - 5x^2 - 13x - 7 \leq 0$.

15. Sabendo que $x = 2$ é uma raiz da equação $x^3 - 2x^2 + 16x - 32 = 0$,
    a) determine todas as raízes reais da equação;
    b) escreva o polinômio $x^3 - 2x^2 + 16x - 32$ na forma fatorada;
    c) resolva a inequação $x^3 - 2x^2 + 16x - 32 \leq 0$.

16. Sabendo que $x = -3$ é uma raiz da equação $x^3 + 5x^2 + 10x + 12 = 0$,
    a) determine todas as raízes reais da equação;
    b) escreva o polinômio $x^3 + 5x^2 + 10x + 12$ na forma fatorada.
    c) resolva a inequação $x^3 + 5x^2 + 10x + 12 \geq 0$.

17. Sabendo que $x = 4$ é uma raiz da equação $x^4 - 3x^3 - 10x^2 + 24x = 0$,
    a) determine todas as raízes da equação;
    b) escreva o polinômio $x^4 - 3x^3 - 10x^2 + 24x$ na forma fatorada;
    c) resolva a inequação $x^4 - 3x^3 - 10x^2 + 24x \geq 0$.

18. Sabendo que $x = 3$ é um zero da função $f(x) = 2x^4 + 10x^3 - 16x^2 - 96x$,
    a) determine todos os zeros de f;
    b) escreva $f(x)$ na forma fatorada;
    c) resolva a inequação $f(x) \leq 0$.

19. Sabendo que $x = 6$ é um zero de $f(x) = 4x^4 - 20x^3 - 23x^2 - 6x$,
    a) determine todos os zeros da função;
    b) escreva $f(x)$ na forma fatorada;
    c) resolva a inequação $f(x) \geq 0$.

20. Sabendo que $x = 1$ e $x = -2$ são zeros de $f(x) = x^4 + 4x^3 + 9x^2 + 2x - 16$,
    a) determine todos os zeros da função.
    b) escreva $f(x)$ na forma fatorada.
    c) resolva a inequação $f(x) \leq 0$.

21. Usando o método da bisseção, determine um zero de $p(x) = x^4 - 3x^3 + 2x^2 - x + 1$ que pertença ao intervalo $[2,4]$.

22. Usando o método da bisseção, determine um zero de $p(x) = -x^3 + 4x^2 - 2x + 5$ no intervalo $[1,5]$.

23. Usando o método da bisseção, determine um zero de $p(x) = x^3 - 5x^2 + 6$ no intervalo $[1,2]$.

24. Usando o método da bisseção, determine um zero de $p(x) = x^3 - 3x + 1$ no intervalo $[-2,-1]$.

25. Usando o método da bisseção, determine um zero de $p(x) = x^4 - 2x^3 - 4x$ no intervalo $[2,3]$.

26. Usando o método da bisseção, determine um zero de $p(x) = x^4 - 6x^2 - 5x$ no intervalo $[1,3]$.

27. A figura a seguir mostra uma caixa fabricada a partir de uma folha de papelão.

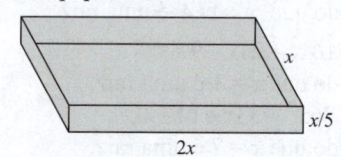

Encontre o valor de x, em centímetros, sabendo que a caixa cheia comporta 5 litros. Lembre-se de que 1 litro equivale a 1.000 cm^3 e de que o volume de um prisma retangular de lados x, y e z é igual a xyz.

28. Quarenta pessoas em excursão pernoitam em um hotel. Somados, os homens despendem R$ 2.400,00. O grupo de mulheres gasta a mesma quantia, embora cada uma tenha pago R$ 64,00 a menos que cada homem. Supondo que x denota o número de homens do grupo, determine esse valor.

29. Um tanque de gás tem o formato de um cilindro ao qual se acoplou duas semiesferas, como mostrado na figura a seguir. Observe que o comprimento do cilindro corresponde a cinco vezes o raio de sua base.

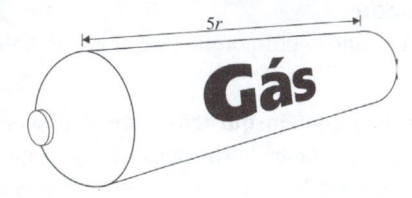

Responda às perguntas a seguir, lembrando que o volume de uma semiesfera de raio r é $\frac{2}{3}\pi r^3$ e que o volume de um cilindro com altura h e raio da base r é dado por $\pi r^2 h$.

a) Exprima o volume do cilindro em função apenas de r.
b) Escreva uma função $V(r)$ que forneça o volume do tanque em relação a r.
c) Determine o valor de r que permite que o tanque armazene 25 m^3 de gás.

30. Em um sistema de piscicultura superintensiva, uma grande quantidade de peixes é cultivada em tanques-rede colocados em açudes, com alta densidade populacional e alimentação à base de ração. Os tanques-rede têm a forma de um prisma retangular e são revestidos com uma rede que impede a fuga dos peixes, mas permite a passagem da água (vide figura).

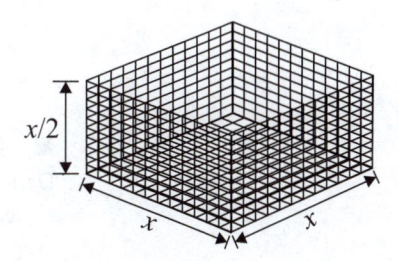

Para determinada espécie, a densidade máxima de um tanque-rede é de 400 peixes adultos por metro cúbico. Suponha que um tanque possua largura igual ao comprimento e altura igual à metade da largura. Quais devem ser as dimensões mínimas do tanque para que ele comporte 7.200 peixes adultos da espécie considerada? Lembre-se de que o volume de um prisma retangular de lados x, y e z é xyz.

4.4 Gráficos de funções polinomiais

Embora já tenhamos traçado alguns gráficos de funções polinomiais, ainda não discutimos suas características principais, às quais nos dedicaremos nesta seção.

Para iniciar nossa análise, vamos recorrer a um exemplo simples, que mostra um engano típico do traçado de gráficos de funções desconhecidas.

Exemplo 1. Gráfico de uma função a partir de pontos do plano

Tentemos construir o gráfico de uma função f da qual conhecemos apenas os valores de $f(x)$ para $x = -2, -1, 0, 1, 2, 3$. Para tanto, suponha que dispomos de uma tabela de pares $(x, f(x))$, a partir da qual foram marcados no plano cartesiano os seis pontos mostrados na Figura 4.24.

Para obter o gráfico de f, é preciso ligar os pontos por uma curva que represente de forma mais ou menos fiel a função. Nesse caso, temos duas opções. Podemos traçar uma curva com trechos quase retos, como se vê na Figura 4.25a, ou podemos traçar uma curva mais suave, como a que é exibida na Figura 4.25b.

A curva mostrada na Figura 4.25a só é adequada quando sabemos de antemão que a função a ser representada é definida por partes. Entretanto, como isso ocorre com pouca frequência, na maioria das vezes é melhor traçar uma curva como a que aparece na Figura 4.25b, que é mais suave. Curvas desse tipo são características de funções polinomiais, como veremos a seguir.

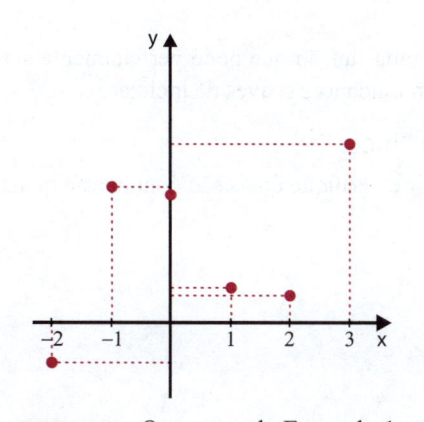

FIGURA 4.24 Os pontos do Exemplo 1.

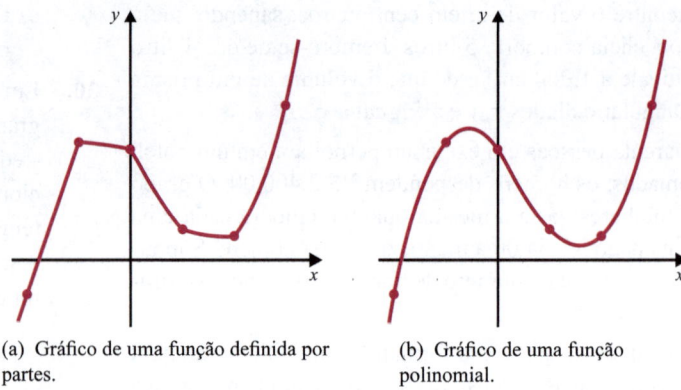

(a) Gráfico de uma função definida por partes.

(b) Gráfico de uma função polinomial.

FIGURA 4.25 Curvas que passam por um dado conjunto de pontos.

■ Continuidade e suavidade

De forma geral, o gráfico de uma função polinomial possui as seguintes características:

- Ele é **contínuo**, ou seja, não contém **buracos**, **saltos** (descontinuidades verticais) ou **falhas** (descontinuidades horizontais), como o que se vê nas Figuras 4.26a e 4.26b.

- Ele é **suave**, ou seja, não possui mudanças bruscas de direção ou inclinação, como as mostradas na Figura 4.26c. Essas mudanças são denominadas informalmente **quinas** ou **bicos**.

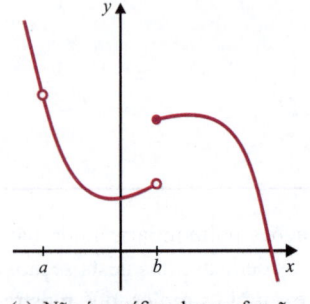

(a) Não é o gráfico de uma função polinomial, pois há um buraco em a e um salto em b.

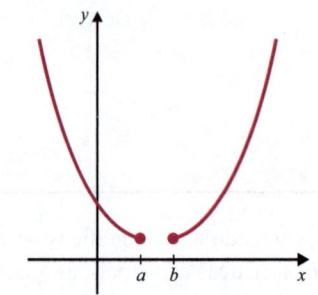

(b) Não é o gráfico de uma função polinomial, pois há uma falha entre a e b.

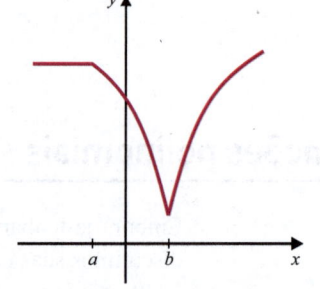

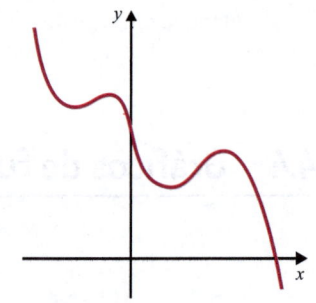

(c) Não é o gráfico de uma função polinomial, pois há uma quina em a e um bico em b.

(d) Pode ser o gráfico de uma função polinomial, pois é contínuo e suave.

FIGURA 4.26 Funções contínuas e descontínuas, suaves e não suaves.

A Figura 4.26d mostra o gráfico de uma função que pode perfeitamente ser polinomial, pois a curva é contínua e tem mudanças suaves de inclinação.

Problema 1. Descontinuidades e "bicos"

Trace os gráficos das funções a seguir e verifique quais são contínuas e quais são suaves.

a) $f(x) = |3x - 3| - 2$

b) $f(x) = 1/x$

c) $f(x) = x^5 - 5x^3 + 4x$

Solução

A Figura 4.27 mostra os gráficos das três funções desse problema. Como se observa na Figura 4.27a, a função $f(x) = |3x - 3| - 2$, embora contínua, não é suave, pois possui um "bico" em $x = 1$.

Por sua vez, a função $f(x)=\frac{1}{x}$, mostrada na Figura 4.27b, possui uma descontinuidade em $x = 0$, embora seja suave nos pontos nos quais está definida.

Já a função polinomial $f(x) = x^5 - 5x^3 + 4x$ é, ao mesmo tempo, contínua e suave, como comprova a Figura 4.27c.

(a) $f(x) = |3x - 3| - 2$ (b) $f(x) = \frac{1}{x}$ (c) $f(x) = x^5 - 5x^3 + 4x$

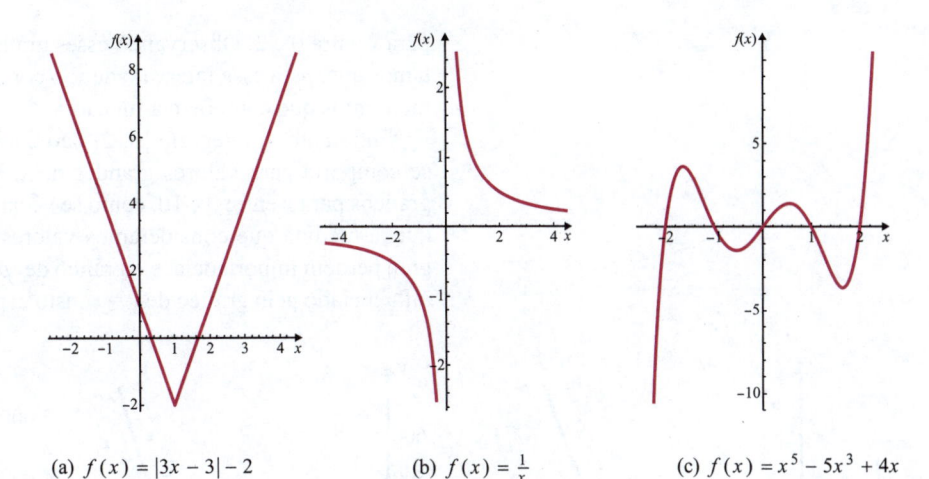

FIGURA 4.27   Gráficos das funções do Problema 1.

Agora, tente o Exercício 1.

■ **Comportamento extremo**

Outra característica interessante das funções polinomiais é o seu comportamento quando os valores de x ficam muito grandes em módulo, isto é, quando eles se afastam de $x = 0$ tanto na direção positiva como na direção negativa do eixo-x.

Para descrever o que ocorre com as funções nesses casos, precisamos definir o que significa *tender ao infinito*.

Dizemos que

- x **tende ao infinito** quando x cresce arbitrariamente, ou seja, assume valores arbitrariamente grandes no sentido positivo do eixo-x. Nesse caso, usamos a notação

$$x \to \infty.$$

- x **tende a menos infinito** quando x decresce arbitrariamente, ou seja, se afasta do zero no sentido negativo do eixo-x. Nesse caso, escrevemos

$$x \to -\infty.$$

Logo, analisar o **comportamento extremo** das funções é o mesmo que analisar o que acontece quando $x \to -\infty$ e quando $x \to \infty$. Observe que a mesma notação pode ser usada para y, se tomamos como referência o eixo vertical. Assim, também é possível escrever

$$y \to \infty \quad \text{e} \quad y \to -\infty.$$

Uma função polinomial é a soma de vários monômios na forma $a_i x^i$. Por exemplo, a função

$$p(x) = x^3 + x^2 + x$$

é composta dos monômios x^3, x^2 e x. Como vimos na Seção 3.9, o gráfico de p é a composição dos gráficos desses três monômios. Assim, é possível usá-los para investigar como cada monômio influencia o comportamento de p quando $x \to \infty$.

Começaremos nossa análise traçando os gráficos de

$$y = x, \qquad y = x^2, \qquad y = x^3 \qquad \text{e} \qquad y = x^3 + x^2 + x$$

para x entre 0 e 2. Observando esses gráficos, mostrados na Figura 4.28a, constatamos que, para esse intervalo de x, o comportamento de $p(x)$ depende de todos os monômios que compõem a função.

Entretanto, o intervalo [0, 2] não é adequado para que descubramos como p se comporta para valores grandes de x. Por exemplo, se traçarmos os mesmos gráficos para x entre 0 e 10, como se vê na Figura 4.28b, perceberemos facilmente que, à medida que consideramos valores maiores de x, os monômios de menor grau perdem importância, e o gráfico de $p(x) = x^3 + x^2 + x$ passa a ser fortemente influenciado pelo gráfico de $y = x^3$, isto é, pelo gráfico do monômio de maior grau.

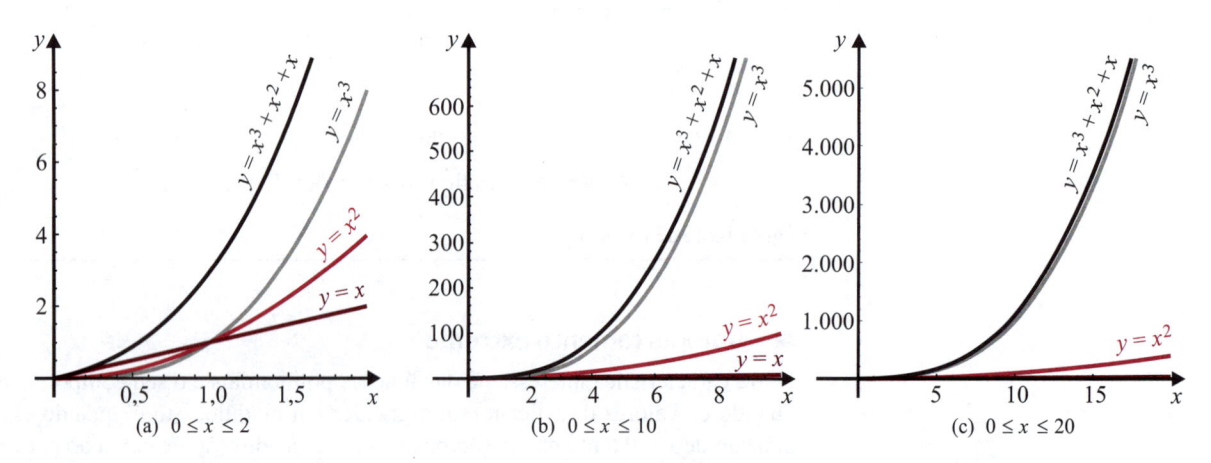

FIGURA 4.28 Gráfico de $p(x) = x^3 + x^2 + x$ e de seus monômios em diferentes intervalos.

O fato de que é o termo de maior grau que determina o comportamento de p para valores grandes de x fica ainda mais evidente quando traçamos os gráficos de p e de seus monômios em um intervalo maior, como ocorre na Figura 4.28c, em que mostramos as curvas obtidas para $x \in [0, 20]$. A figura indica que, para valores de x maiores que 10, os gráficos de $y = p(x)$ e $y = x^3$ quase se superpõem, enquanto a contribuição do gráfico do monômio de grau 1 torna-se praticamente irrelevante.

Os resultados apresentados na Figura 4.28 sugerem que, para conhecer o comportamento da função $p(x) = x^3 + x^2 + x$ quando x tende ao infinito, podemos nos ater ao que ocorre com o termo de maior grau. De fato, isso é verdade para toda função polinomial. Além disso, também é suficiente analisar o monômio de maior grau para descobrir o que acontece quando $x \to -\infty$.

Teste do coeficiente dominante

O comportamento extremo da função polinomial de grau n

$$p(x) = a_n x^n + a_{n-1} x^{n-1} + \cdots + a_1 x + a_0$$

depende de n, bem como de a_n, o **coeficiente dominante** (ou principal) do polinômio, isto é, o coeficiente de seu monômio de maior grau.

(continua)

Teste do coeficiente dominante (cont.)

1. Se n é **ímpar**, temos duas situações, dependendo do sinal de a_n:

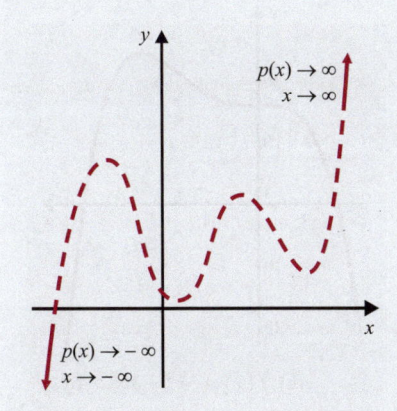

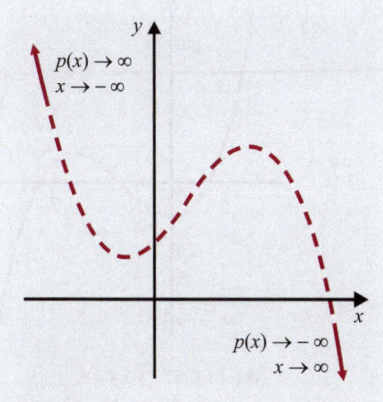

(a) Se $a_n > 0$, então p decresce ilimitadamente ($p \to -\infty$) quando $x \to -\infty$ e p cresce ilimitadamente ($p \to \infty$) quando $x \to \infty$.

(b) Se $a_n < 0$, então p cresce ilimitadamente ($p \to \infty$) quando $x \to -\infty$ e p decresce ilimitadamente ($p \to -\infty$) quando $x \to \infty$.

FIGURA 4.29 Comportamento extremo de funções com grau ímpar.

2. Se n é **par**, temos duas possibilidades, dependendo do sinal de a_n:

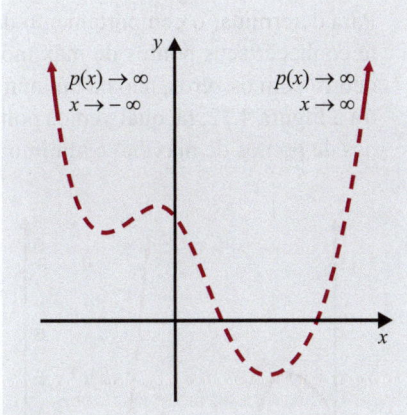

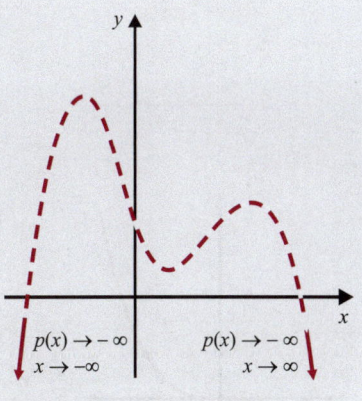

(a) Se $a_n > 0$, então p cresce ilimitadamente ($p \to -\infty$) quando $x \to -\infty$ e quando $x \to \infty$.

(b) Se $a_n < 0$, então p decresce ilimitadamente ($p \to -\infty$) quando $x \to -\infty$ e quando $x \to \infty$.

FIGURA 4.30 Comportamento extremo de funções com grau par.

Problema 2.   Teste do coeficiente dominante

Determine o comportamento extremo de cada uma das funções a seguir.

a) $f(x) = -x^3 + 5x^2 - 10$ b) $f(x) = -x^4 + 3x^3 + 16$ c) $f(x) = x^5 + x^4 - 10x^3 - 4$

Solução

a) Como $f(x) = -x^3 + 5x^2 - 10$ tem grau ímpar (3) e o coeficiente dominante é -1, que é negativo, a função cresce ilimitadamente para $x \to -\infty$, e decresce ilimitadamente para $x \to \infty$. O gráfico de f é exibido na Figura 4.31a.

b) A função $f(x) = -x^4 + 3x^3 + 16$ tem grau par (4) e o coeficiente dominante é negativo ($a_4 = -1$). Sendo assim, a função decresce ilimitadamente tanto para $x \to -\infty$ como para $x \to \infty$. A Figura 4.31b mostra o gráfico de f.

c) Uma vez que $f(x) = x^5 + x^4 - 10x^3 - 4$ tem grau ímpar (5) e $a_5 > 0$ (pois $a_5 = 1$), a função decresce ilimitadamente para $x \to -\infty$ e cresce ilimitadamente para $x \to \infty$, como apresentado na Figura 4.31c.

(a) $f(x) = -x^3 + 5x^2 - 10$

(b) $f(x) = -x^4 + 3x^3 + 16$

(c) $f(x) = x^5 + x^4 - 10x^3 - 4$

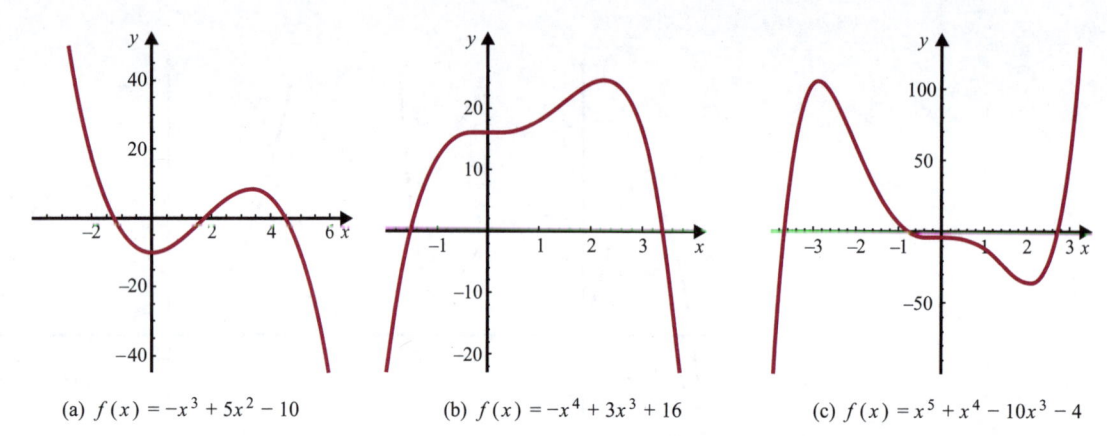

FIGURA 4.31 Gráficos do Problema 2.

Agora, tente o Exercício 3.

■ Máximos e mínimos locais

Para determinar o comportamento de funções polinomiais, também é conveniente conhecer seus pontos de máximo e de mínimo local. Entretanto, assim como ocorre com os zeros, não há um número fixo desses pontos extremos, como mostra a Figura 4.32, na qual vemos polinômios de grau 3 e 4 com quantidades variadas de pontos de máximo e mínimo locais.

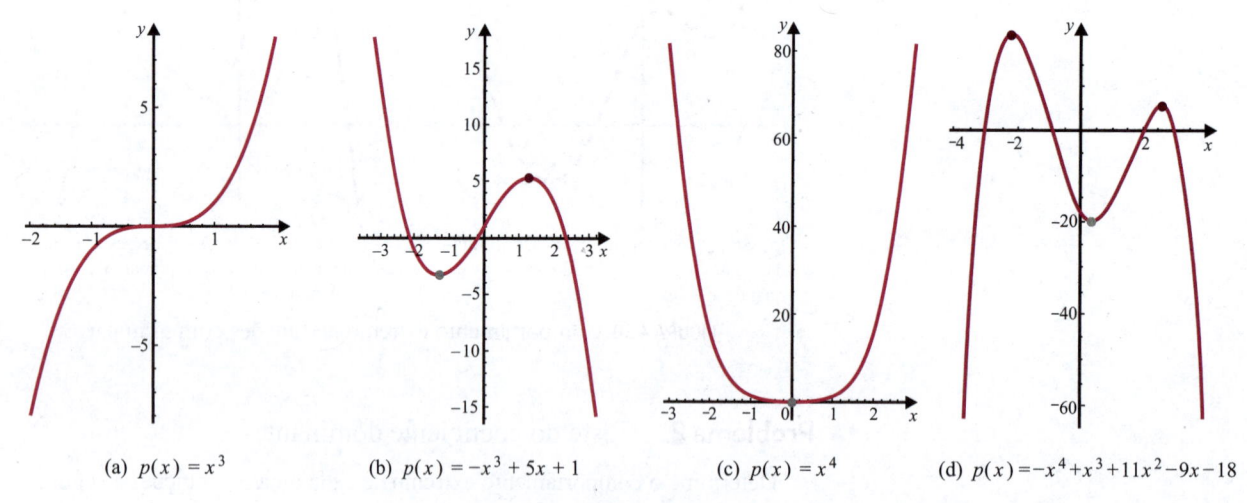

(a) $p(x) = x^3$

(b) $p(x) = -x^3 + 5x + 1$

(c) $p(x) = x^4$

(d) $p(x) = -x^4 + x^3 + 11x^2 - 9x - 18$

FIGURA 4.32 Pontos extremos de algumas funções. Pontos de máximo local estão indicados em vinho e pontos de mínimo local em cinza.

O teorema a seguir fornece um limite superior para o número de pontos extremos de uma função polinomial.

Pontos extremos de funções polinomiais

Uma função polinomial de grau n tem, no máximo, $n-1$ extremos locais (que podem ser máximos ou mínimos).

Como vimos nas Figuras 4.32a e 4.32b, o polinômio $p(x)=x^3$ não tem pontos de máximo ou mínimo local, enquanto $p(x)=-x^3+5x+1$ tem um máximo e um mínimo. Esses valores estão de acordo com o teorema, que prevê um limite de dois pontos extremos para um polinômio de grau 3.

De forma semelhante, o polinômio $p(x)=x^4$ tem apenas um ponto de mínimo local (e nenhum ponto de máximo), enquanto $p(x)=-x^4+x^3+11x^2-9x-18$ tem dois máximos e um mínimo, como mostram as Figuras 4.32c e 4.32d. Mais uma vez, os polinômios satisfazem o teorema, que indica apenas que não devemos esperar que um polinômio de grau 4 tenha mais de três pontos extremos.

Apesar de ter alguma utilidade, esse teorema não é muito esclarecedor, pois não informa o número exato ou a localização dos pontos de máximo e mínimo local de uma função. Podemos obter um limite inferior para o número de pontos extremos, bem como uma estimativa melhor da localização de alguns desses pontos, se conhecermos os zeros de uma função, como indica o próximo teorema.

Pontos extremos e zeros de funções polinomiais

Entre dois zeros distintos de uma função polinomial há, ao menos, um ponto extremo.

Tomemos como exemplo a função polinomial $p(x) = -\frac{x^4}{2} + \frac{x^3}{2} + \frac{8x^2}{3} + \frac{x}{3} + 2$, que possui exatamente dois zeros: $x_1 = -2$ e $x_2 = 3$. Para essa função, os dois teoremas acima nos garantem que

a) p tem, no máximo, três pontos extremos, já que seu grau é 4;

b) há um ponto extremo entre x_1 e x_2.

Concluímos, então, que p possui de um a três pontos extremos, dos quais um está no intervalo $(-2, 3)$. Mesmo assim, ficamos sem saber o número exato de pontos extremos e a localização dos demais pontos, caso eles existam.

De fato, observando o gráfico de p, apresentado na Figura 4.33, notamos que a função tem três pontos extremos (um mínimo e dois máximos locais), todos os quais entre x_1 e x_2, embora o último teorema só tenha assegurado a existência de um extremo nesse intervalo.

Temos, portanto, um teorema que oferece um limite inferior e outro que fornece um limite superior para o número de pontos extremos. Embora frequentemente essas informações não nos permitam tirar grandes conclusões, o exemplo a seguir mostra que, quando os limites são iguais, é possível determinar com alguma precisão a localização dos máximos e mínimos locais.

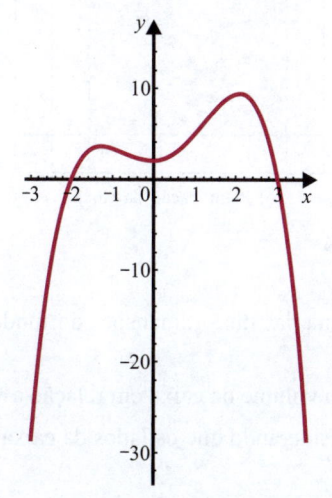

FIGURA 4.33 Gráfico de $p(x) = -\frac{x^4}{2} + \frac{x^3}{2} + \frac{8x^2}{3} + \frac{x}{3} + 2$.

Exemplo 2. Pontos extremos

A função $p(x) = 2x^3 + 3x^2 - 18x + 8$ tem como zeros

$$x = -4, \quad x = \frac{1}{2} \quad \text{e} \quad x = 2.$$

Assim, ela possui ao menos um ponto extremo em $(-4, \frac{1}{2})$ e outro em $(\frac{1}{2}, 2)$. Além disso, como $p(x)$ tem grau 3, a função pode ter, no máximo, dois pontos extremos.

Observamos, então, que o limite inferior para o número de pontos extremos é igual ao limite superior, o que nos permite concluir que há exatamente dois desses pontos, um em cada um dos intervalos acima.

Para descobrir se o extremo local dentro de um intervalo é um ponto de máximo ou de mínimo, basta calcular $p(x)$ em um ponto qualquer do intervalo. Escolhendo $x = 0$ no intervalo $(-4, \frac{1}{2})$, e $x = 1$ no intervalo $(\frac{1}{2}, 2)$, concluímos da Tabela 4.10 que $p(x)$ possui um máximo local no intervalo $(-4, \frac{1}{2})$ e um mínimo local em $(\frac{1}{2}, 2)$.

Agora, tente os Exercícios 5 e 7.

TABELA 4.10

Intervalo	x	p(x)	Sinal
$(-4, \frac{1}{2})$	0	8	Positivo
$(\frac{1}{2}, 2)$	1	−5	Negativo

Embora uma função polinomial possa ter mais de um mínimo ou máximo local, as aplicações práticas costumam envolver intervalos específicos, nos quais só um ponto extremo faz sentido, como ilustra o problema a seguir.

Problema 3. Otimização do formato de uma caixa

Uma folha de papelão com 56 × 32 cm será usada para fabricar uma caixa sem tampa, como a que é mostrada na Figura 4.34a.

Para obter a caixa, a folha de papelão deverá ser cortada nas linhas contínuas e dobrada nas linhas tracejadas indicadas na Figura 4.34b. Observe que a base da caixa corresponde ao retângulo interno da Figura 4.34b, e que a altura da caixa é x. Responda às perguntas a seguir, lembrando que o volume de um prisma retangular de lados x, y e z é igual a xyz.

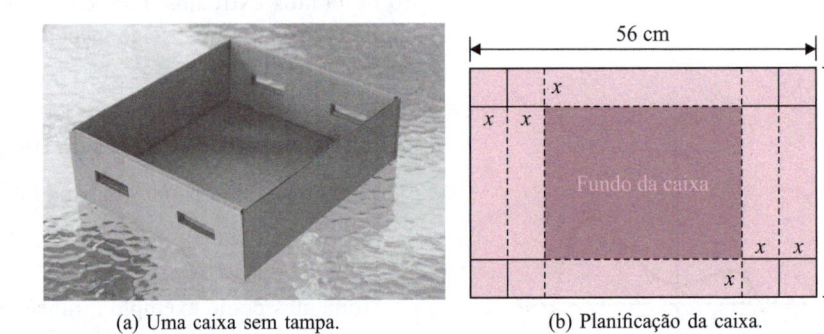

(a) Uma caixa sem tampa. (b) Planificação da caixa.

FIGURA 4.34

a) Exprima em função da variável x cada uma das duas dimensões do fundo da caixa dobrada.

b) Determine uma função $V(x)$ que forneça o volume da caixa em relação a x.

c) Defina um domínio adequado para V, considerando que os lados da caixa não podem ser negativos.

d) Esboce o gráfico de $V(x)$.

e) A partir do gráfico de $V(x)$, determine o valor de x que maximiza o volume da caixa. Calcule o volume correspondente.

Solução

a) Observando a Figura 4.34b, notamos que a folha de papelão tem 56 cm de largura. Desse comprimento, uma parcela correspondente a $4x$ deve ser reservada para formar a lateral da caixa. Assim, a largura do fundo da caixa é dada por

$$L(x) = 56 - 4x.$$

Por sua vez, dos 32 cm de altura que a folha de papelão possui, $2x$ devem ser usados na lateral da caixa, de modo que a outra dimensão do fundo da caixa é definida por

$$A(x) = 32 - 2x.$$

b) Dadas as dimensões do fundo da caixa, e considerando que sua altura mede x, o volume comportado será equivalente a

$$V(x) = (56 - 4x)(32 - 2x)x.$$

c) Como nenhuma dimensão da caixa pode ser negativa, devemos impor as seguintes condições:

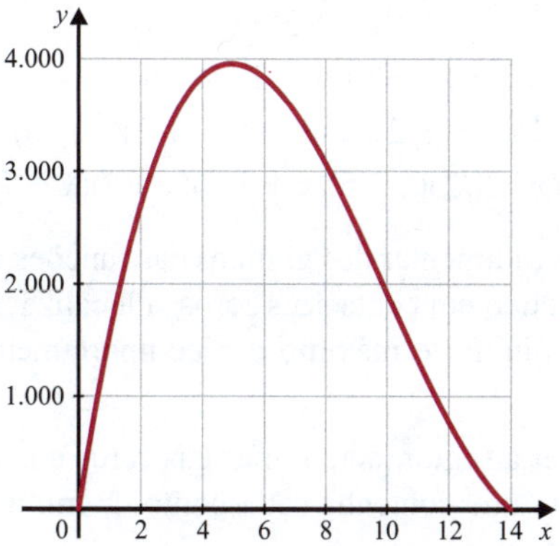

FIGURA 4.35 Gráfico de $V(x) = (56-4x)(32-2x)x$.

- $x \geq 0$.
- $56 - 4x \geq 0$, o que nos leva a $x \leq 14$.
- $32 - 2x \geq 0$, que implica que $x \leq 16$.

Tomando a interseção dessas desigualdades, obtemos

$$D = \{x \in \mathbb{R} \mid 0 \leq x \leq 14\}.$$

d) Claramente, a função $V(x)$ tem como zeros

$$x = 0, \quad x = 14 \quad \text{e} \quad x = 16.$$

Entretanto, como vimos no item anterior, somente os valores de x entre 0 e 14 têm sentido físico. Limitando nosso gráfico a esse intervalo, obtemos a curva mostrada na Figura 4.35.

e) Analisando a Figura 4.35, concluímos que a altura que maximiza o volume da caixa é

$$x \approx 5 \text{ cm},$$

à qual corresponde um volume aproximado de

$$V(5) = (56 - 4 \cdot 5)(32 - 2 \cdot 5) \cdot 5 = 3.960 \text{ cm}^3.$$

Agora, tente o Exercício 8.

Exercícios 4.4

1. Dados os gráficos a seguir, determine quais podem representar uma função polinomial. Caso o gráfico não possa corresponder a uma função polinomial, indique o motivo.

   a)

   b)

   c)

   d)

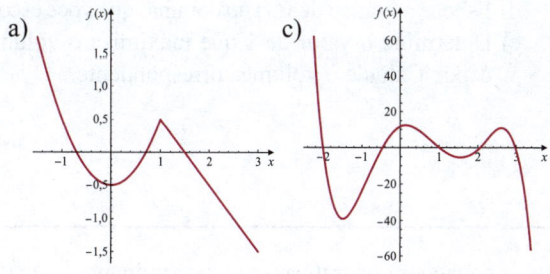

   c) $f(x) = x^4 - 3x^3 - 2x^2 + 4x - 4$
   d) $f(x) = 1 - 4x^2 - 4x^3 + 3x^4 + 2x^5 - x^6$

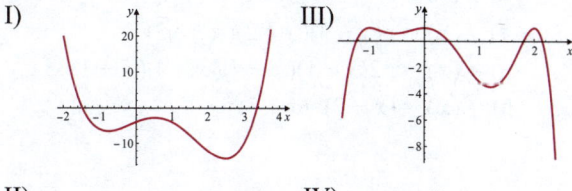

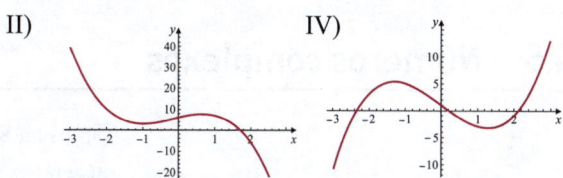

   I)

   II)

   III)

   IV)

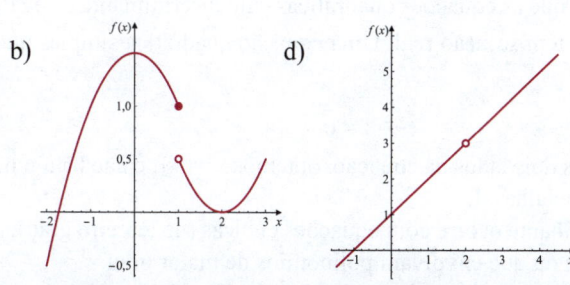

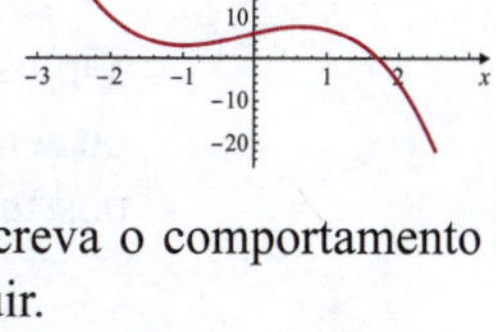

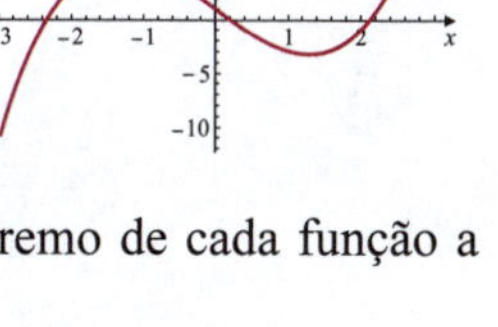

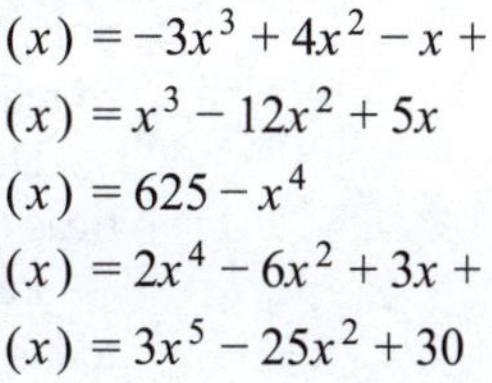

2. Considerando apenas o comportamento extremo das funções a seguir, relacione-as aos gráficos apresentados.

   a) $f(x) = x^3 - 5x + 1$
   b) $f(x) = -2x^3 - x^2 + 4x + 6$

3. Descreva o comportamento extremo de cada função a seguir.

   a) $f(x) = -3x^3 + 4x^2 - x + 1$
   b) $f(x) = x^3 - 12x^2 + 5x$
   c) $f(x) = 625 - x^4$
   d) $f(x) = 2x^4 - 6x^2 + 3x + 10$
   e) $f(x) = 3x^5 - 25x^2 + 30$
   f) $f(x) = -x^5 + 6x^4 + 9x^3 - 21x^2 - 18x - 20$
   g) $f(x) = -2x^6 + 36x^4 - 25x^2 - 48$
   h) $f(x) = x^6 - 4x^5 + 3x^3$

4. Os gráficos de algumas funções polinomiais foram desenhados, a seguir, com o auxílio de um programa matemático. Determine aproximadamente os pontos de mínimo e máximo local e os valores correspondentes de cada função.

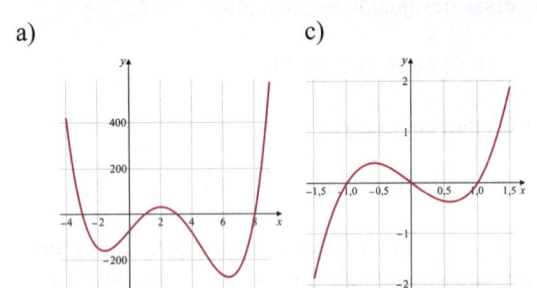

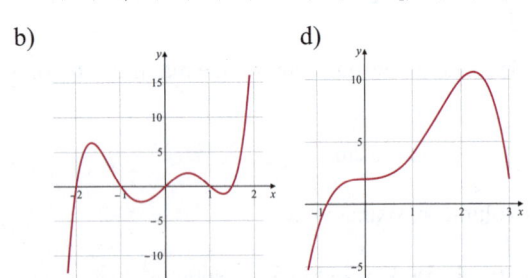

a)

b)

c)

d)

5. Determine o número de mínimos e máximos locais das funções dadas. Indique um intervalo que contém a coordenada x de cada mínimo ou máximo.

a) $f(x) = (x-3)(x-4)$
b) $f(x) = (\sqrt{5}-x)(x+1/4)$
c) $f(x) = 3x(x-2)(x+3)$
d) $f(x) = (x+5)(2-x)(x+3)$
e) $f(x) = (x-1)^2(x+\frac{1}{2})$
f) $f(x) = x(x-3)(x+2)(x-\sqrt{2})$
g) $f(x) = -2(x-1)(x-4)(x+4)(x+1)$
h) $f(x) = (x-2)^2(x+5)^2$
i) $f(x) = \left(x-\frac{1}{2}\right)^2(x+1)(x+2)\left(x-\sqrt{3}\right)$
j) $f(x) = -4x(x-3)(x-5)(x+2)(x+4)$
k) $f(x) = (x-4)(x-3/2)(x+3)(x+3/2)(x+6)$
l) $f(x) = -2x(x-5/2)(x-5)(x+5/2)(x+5)(x-7)$

6. Faça um esboço rudimentar dos gráficos das funções do Exercício 5, levando em conta seus zeros, a localização dos pontos de mínimo e máximo e o comportamento extremo.

7. Fatore as funções a seguir, determine seus zeros e indique um intervalo que contenha cada ponto de mínimo ou de máximo local.

a) $f(x) = x^3 + x^2 - 12x$
b) $f(x) = -2x^3 - 4x^2 + 6x$
c) $f(x) = x^4 - x^3 - 2x^2$
d) $f(x) = 4x^3 - 12x^2 - x + 3$, sabendo que $x = 3$ é um zero de f.

8. Uma companhia aérea permite que um passageiro leve consigo uma bagagem cuja soma das dimensões (altura, largura e profundidade) não ultrapasse 150 cm. Joaquim pretende tomar um voo dessa companhia levando uma caixa cuja base é quadrada. Suponha que o comprimento do lado da base seja x.

a) Escreva uma função $h(x)$ que forneça a altura da caixa em relação às outras duas dimensões.
b) Forneça uma função $v(x)$ que forneça o volume da caixa, lembrando que o volume de um prisma retangular de lados x, y e z é igual a xyz.
c) Defina um domínio adequado para $v(x)$, lembrando que nenhum lado da caixa pode ter comprimento negativo.
d) Esboce o gráfico de $v(x)$ no domínio que você escolheu.
e) Determine o valor de x que maximiza o volume da caixa. Calcule o volume correspondente.

4.5 Números complexos

Vimos na Seção 2.10 que as equações quadráticas cujo discriminante é negativo – ou seja, $\Delta < 0$ – não têm solução real. Uma equação quadrática simples que não possui raiz real é

$$x^2 + 1 = 0,$$

pois, subtraindo 1 dos dois lados da equação, obtemos $x^2 = -1$, e não há um número real cujo quadrado valha -1.

Dificuldade semelhante ocorre com equações cúbicas (do terceiro grau), quárticas (do quarto grau) ou que envolvam polinômios de maior grau.

Para contornar o inconveniente de não ser possível encontrar raízes reais para todas as equações polinomiais, os matemáticos inventaram o conjunto dos **números complexos**, representado por $\mathbb{C}$. Neste conjunto, há um número especial, denominado **unidade imaginária**, ou simplesmente i, que é definido por

$$i = \sqrt{-1},$$

de modo que $i^2 = -1$. Usando a unidade imaginária, podemos resolver a equação quadrática dada fazendo

$$x^2 + 1 = 0 \quad \Rightarrow \quad x^2 = -1 \quad \Rightarrow \quad x = \pm\sqrt{-1}.$$

Assim, a equação tem duas soluções, que são $x_1 = i$ e $x = -i$.

Consideremos, agora, a equação

$$x^2 + 9 = 0.$$

Nesse caso, seguindo a mesma ideia apresentada, escrevemos

$$x^2 + 9 = 0 \quad \Rightarrow \quad x^2 = -9 \quad \Rightarrow \quad x = \pm\sqrt{-9}.$$

Assim, se admitirmos a existência de $\sqrt{-9}$, podemos dizer que a equação tem duas soluções, $x_1 = \sqrt{-9}$ e $x_2 = -\sqrt{-9}$, embora nenhuma delas seja real. Na verdade, notando que

$$(3i)^2 = 3^2 i^2 = 9(-1) = -9 \quad \text{e} \quad (-3i)^2 = (-3)^2 i^2 = 9(-1) = -9,$$

concluímos que as raízes da equação são os números complexos $x_1 = 3i$ e $x_2 = -3i$.

■ Raiz quadrada de números negativos

Vimos que $\sqrt{-1} = i$ e que $\sqrt{-9} = 3i$. O quadro abaixo mostra como obter a raiz quadrada de um número real negativo qualquer.

Raiz quadrada de números reais negativos

Dado um número real positivo b,

$$\sqrt{-b} = i\sqrt{b}.$$

Naturalmente, $i\sqrt{b} = \sqrt{b}i$. Entretanto, damos preferência à forma $i\sqrt{b}$ para deixar claro que o termo i não está dentro da raiz.

Observe que

$$\sqrt{-b} = \sqrt{(-1) \cdot b} = \sqrt{-1} \cdot \sqrt{b} = i\sqrt{b}.$$

Logo, a regra do produto de raízes de números reais, que diz que

$$\sqrt{a}\sqrt{b} = \sqrt{ab}$$

quando $a \geq 0$ e $b \geq 0$, também pode ser aplicada quando $a \geq 0$ e $b < 0$ (ou $a < 0$ e $b \geq 0$). Porém, essa regra não é válida quando os dois termos são negativos, ou seja, não se pode dizer que

$$\sqrt{-3} \cdot \sqrt{-5} = \sqrt{(-3) \cdot (-5)} = \sqrt{15}. \quad \text{Errado!}$$

Para obtermos o resultado correto, nesse caso, devemos seguir o que foi apresentado no quadro e escrever

$$\sqrt{-3} \cdot \sqrt{-5} = i\sqrt{3} \cdot i\sqrt{5} = i \cdot i \cdot \sqrt{3} \cdot \sqrt{5} = i^2\sqrt{3 \cdot 5} = -\sqrt{15}.$$

Esse exemplo ilustra o motivo principal de os matemáticos adotarem a unidade imaginária i. Sem ela, os erros no cálculo de produtos de raízes quadradas de números negativos poderiam ser frequentes.

Exemplo 1. Raízes quadradas de números reais negativos

a) $\sqrt{-16} = i\sqrt{16} = 4i$

b) $-\sqrt{-25} = -i\sqrt{25} = -5i$

Os exemplos (d) e (e) deixam claro que $\sqrt{a}\sqrt{b} \neq \sqrt{ab}$ quando a e b são números reais negativos.

c) $\sqrt{-\dfrac{3}{4}} = i\sqrt{\dfrac{3}{4}} = i\dfrac{\sqrt{3}}{\sqrt{4}} = i\dfrac{\sqrt{3}}{2}$

d) $\sqrt{-2}\sqrt{-8} = i\sqrt{2} \cdot i\sqrt{8} = i^2\sqrt{2 \cdot 8} = -\sqrt{16} = -4$

e) $\sqrt{(-2)(-8)} = \sqrt{16} = 4$

f) $\dfrac{\sqrt{-75}}{\sqrt{-3}} = \dfrac{i\sqrt{75}}{i\sqrt{3}} = \dfrac{\sqrt{75}}{\sqrt{3}} = \sqrt{\dfrac{75}{3}} = \sqrt{25} = 5$

Agora, tente o Exercício 1.

■ Número complexo

Para estender os conceitos vistos a todas as equações polinomiais, definimos os números complexos conforme mostrado no quadro a seguir.

> **Número complexo**
>
> Uma expressão na forma
>
> $$a + bi$$
>
> é denominada **número complexo**, desde que a e b sejam números reais e $i^2 = -1$.
>
> O termo a é chamado **parte real** do número, pois é a parcela que se obtém quando $b = 0$. Por sua vez, o termo b é conhecido como a **parte imaginária** do número complexo.

Exemplo 2. Números complexos

a) $5 + 3i$ é um número complexo com parte real 5 e parte imaginária 3.

b) $7 - i\sqrt{2}$ é um número complexo com parte real 7 e parte imaginária $-\sqrt{2}$.

c) $\frac{3}{4} - \frac{4}{5}i$ é um número complexo com parte real $\frac{3}{4}$ e parte imaginária $-\frac{4}{5}$.

d) $\frac{5i-2}{3}$ é um número complexo com parte real $-\frac{2}{3}$ e parte imaginária $\frac{5}{3}$.

e) $4i$ é um número complexo com parte real 0 e parte imaginária 4.

f) -3 é um número complexo com parte real -3 e parte imaginária 0.

Agora, tente o Exercício 2.

Números complexos com a parte real igual a zero, como aquele mostrado no item (e), são chamados **puramente imaginários**. Por sua vez, os números reais – como o valor -3 citado no item (f) – podem ser vistos como números complexos sem a parte imaginária. Assim, sendo, o conjunto dos números complexos contém todos os números reais, o que representamos na forma,

$$\mathbb{R} \subset \mathbb{C}.$$

Os números complexos são empregados em diversos ramos da Matemática, da Física e da Engenharia. Entretanto, sua aplicação mais imediata é a solução de equações polinomiais, como mostra o exemplo a seguir.

Problema 1. Equação quadrática

Resolva $x^2 - 6x + 13 = 0$.

Solução

O discriminante dessa equação é

$$\Delta = (-6)^2 - 4\cdot 1 \cdot 13 = 36 - 52 = -16.$$

Aplicando a fórmula quadrática, mesmo observando que $\Delta < 0$, obtemos

$$x = \frac{-(-6) \pm \sqrt{-16}}{2 \cdot 1} = \frac{6 \pm i\sqrt{16}}{2} = \frac{6 \pm 4i}{2}.$$

Logo, apesar de não haver solução real, a equação tem duas raízes complexas, que são

$$x = \frac{6+4i}{2} = 3 + 2i \quad \text{e} \quad \overline{x} = \frac{6-4i}{2} = 3 - 2i.$$

Agora, tente o Exercício 3.

Note que, quando $\Delta < 0$, as raízes complexas da equação quadrática $ax^2 + bx + c = 0$ têm sempre a forma

$$x = r + si \quad \text{e} \quad \overline{x} = r - si,$$

em que $r = -b/(2a)$ e $s = \sqrt{|\Delta|}/(2a)$. Nesse caso, dizemos que as soluções formam um **par conjugado**. A definição de conjugado complexo é dada no quadro a seguir.

> **Conjugado complexo**
>
> O **conjugado** de um número complexo $z = a + bi$, representado por $\overline{z}$, é obtido trocando-se o sinal da parte imaginária, ou seja,
>
> $$\overline{z} = a - bi.$$
>
> Da mesma forma, dizemos que z é o conjugado de $\overline{z}$, pois z pode ser obtido trocando-se o sinal da parte imaginária de $\overline{z}$.

Exemplo 3. Conjugados complexos

Os exemplos a seguir ilustram como obter os conjugados $\overline{z}$ de números complexos na forma $z = a + bi$, em que a é a parte real e b a parte imaginária.

	Número complexo	Parte real	Parte imaginária	Conjugado complexo
a)	$z = 5 - 6i$	$a = 5$	$b = -6$	$\overline{z} = 5 + 6i$
b)	$z = 2i - 7$	$a = -7$	$b = 2$	$\overline{z} = -7 - 2i$
c)	$z = 3i$	$a = 0$	$b = 3$	$\overline{z} = -3i$
d)	$z = -4$	$a = -4$	$b = 0$	$\overline{z} = -4$
e)	$z = \frac{3+i}{4}$	$a = \frac{3}{4}$	$b = \frac{1}{4}$	$\overline{z} = \frac{3-i}{4}$
f)	$z = -\frac{2}{3} - \frac{\sqrt{2}}{5}i$	$a = -\frac{2}{3}$	$b = -\frac{\sqrt{2}}{5}$	$\overline{z} = -\frac{2}{3} + \frac{\sqrt{2}}{5}i$

Agora, tente o Exercício 4.

Soma e subtração de números complexos

Ao resolvermos o Problema 1, chegamos à conclusão de que as raízes da equação

$$x^2 - 6x + 13 = 0$$

são $x = 3 + 2i$ e $\bar{x} = 3 - 2i$. Entretanto, não conferimos se os valores que obtivemos estão corretos. Para descobrir se essas duas raízes realmente satisfazem a equação, precisamos

- calcular, em cada caso, o polinômio que está do lado esquerdo da equação, substituindo x pela raiz correspondente;
- descobrir se o número complexo assim obtido é igual a zero (que também é um número complexo).

Começando pelo último desses itens, vejamos como definir a igualdade entre dois números complexos.

Igualdade entre números complexos

Dois números complexos são iguais se e somente se suas partes reais são iguais, o mesmo ocorrendo com as partes imaginárias. Em notação matemática, dizemos que

$$a + bi = c + di \quad \text{se e somente se} \quad a = c \ \text{e} \ b = d.$$

Passemos, agora, ao cálculo do polinômio do lado esquerdo da equação, ou seja, ao cálculo de

$$(3+2i)^2 - 6(3+2i) + 13 \quad \text{e} \quad (3-2i)^2 - 6(3-2i) + 13.$$

Para determinar esses dois valores, precisamos saber como efetuar a soma, a subtração e a multiplicação de números complexos, operações que, junto com a divisão, serão objeto desta e da próxima subseção.

Em linhas gerais, trabalhamos com números complexos seguindo as mesmas regras adotadas para os números reais com raízes (como $2 + 3\sqrt{5}$, por exemplo), tomando o cuidado de considerar que $\sqrt{-1} \cdot \sqrt{-1} = i^2 = -1$, conforme já mencionado.

Realçando essa semelhança entre números complexos e números reais, algumas das propriedades da soma e da multiplicação apresentadas no Capítulo 1 são compartilhadas pelos conjuntos $\mathbb{R}$ e $\mathbb{C}$. Para refrescar a memória do leitor, tomamos a liberdade de reproduzir essas propriedades no quadro a seguir.

Propriedades da soma e da multiplicação

Suponha que u, v e w sejam números complexos.

Propriedade	Exemplo
1. Comutatividade da soma	$u + v = v + u$
2. Associatividade da soma	$(u + v) + w = u + (v + w)$
3. Comutatividade da multiplicação	$u \cdot v = v \cdot u$
4. Associatividade da multiplicação	$(uv)w = u(vw)$
5. Distributividade	$u(v + w) = uv + uw$

Usando essas propriedades, não é difícil efetuar a soma e a subtração de dois números complexos, bastando para isso que trabalhemos separadamente com as partes reais e as imaginárias.

Começemos pela soma:

$$
\begin{aligned}
(a+bi)+(c+di) &= a+bi+c+di & &\text{Eliminação dos parênteses.} \\
&= a+c+bi+di & &\text{Comutatividade da soma.} \\
&= a+c+(b+d)i & &\text{Propriedade distributiva.} \\
&= (a+c)+(b+d)i & &\text{Associatividade da soma.}
\end{aligned}
$$

Observe que as propriedades foram usadas para reagrupar os termos do resultado da soma, de forma a separar a parte real da parte imaginária.

Adotemos, agora, procedimento análogo para a subtração:

$$
\begin{aligned}
(a+bi)-(c+di) &= a+bi-c-di & &\text{Propriedade distributiva.} \\
&= a-c+bi-di & &\text{Comutatividade da soma.} \\
&= a-c+(b-d)i & &\text{Propriedade distributiva.} \\
&= (a-c)+(b-d)i & &\text{Associatividade da soma.}
\end{aligned}
$$

O quadro a seguir resume essas operações.

Soma e subtração de números complexos

Suponha que $a+bi$ e $c+di$ sejam números complexos.

Operação	Exemplo
1. Soma	
$(a+bi)+(c+di)=(a+c)+(b+d)i$	$(2+7i)+(3+4i)=(2+3)+(7+4)i$
2. Subtração	
$(a+bi)-(c+di)=(a-c)+(b-d)i$	$(5+6i)-(2+3i)=(5-2)+(6-3)i$

Exemplo 4. Soma e subtração de números complexos

a) $(6+7i)+(2-3i)=(6+2)+(7-3)i=8+4i$
b) $(2+5i)-(4+2i)=(2-4)+(5-2)i=-2+3i$
c) $(8-4i)-(7-9i)=(8-7)+[-4-(-9)]i=1+5i$
d) $(3+10i)+(6-10i)=(3+6)+(10-10)i=9$
e) $2i-(4-5i)=-4+[2-(-5)]i=-4+7i$

Agora, tente o Exercício 5.

Problema 2. Equação com números complexos

Determine os valores dos números reais x e y tais que $(13+2yi)-(x+9i)=7-4i$.

Solução

Reescrevendo o lado esquerdo da equação de forma a separar a parte real da parte imaginária, obtemos

$$(13+2yi)-(x+9i)=(13-x)+(2y-9)i.$$

Igualando a parte real dessa expressão ao valor que aparece do lado direito da equação, obtemos o valor de x:

$$13 - x = 7 \quad \Rightarrow \quad 13 - 7 = x \quad \Rightarrow \quad x = 6.$$

Por sua vez, o valor de y pode ser obtido fazendo-se o mesmo com a parte imaginária dos números complexos:

$$2y - 9 = -4 \quad \Rightarrow \quad 2y = 5 \quad \Rightarrow \quad y = 5/2.$$

Agora, tente o Exercício 6.

■ Multiplicação e divisão de números complexos

Para efetuar o produto de dois números complexos, além de aplicarmos as propriedades do produto e da soma, usamos o fato de que $i^2 = -1$:

$$
\begin{aligned}
(a + bi) \cdot (c + di) &= a(c + di) + bi(c + di) &&\text{Propriedade distributiva.} \\
&= ac + adi + bic + bidi &&\text{Propriedade distributiva.} \\
&= ac + adi + bci + bdi^2 &&\text{Comutatividade da multiplicação.} \\
&= ac + adi + bci - bd &&i^2 = -1. \\
&= ac - bd + adi + bci &&\text{Comutatividade da soma.} \\
&= ac - bd + (ad + bc)i &&\text{Propriedade distributiva.} \\
&= (ac - bd) + (ad + bc)i &&\text{Associatividade da soma.}
\end{aligned}
$$

Seria fácil apresentar esse resultado em um quadro, mas isso induziria o leitor a decorá-lo, o que não é adequado. Ainda que consuma mais tempo, a melhor estratégia para multiplicar números complexos é aplicar a propriedade distributiva e usar os conhecimentos de aritmética sempre que necessário, como mostrado a seguir.

Problema 3. Multiplicação de números complexos

Efetue os seguintes produtos:

a) $5(3 - 2i)$ c) $(3 + 6i)(4 - 5i)$ e) $\left(-1 + \dfrac{i}{2}\right)(3 - 8i)$

b) $4i(5 + 7i)$ d) $(9 - 4i)^2$

Solução

Note que o produto de dois números complexos inclui o caso em que um deles é real.

a)
$$\begin{aligned} 5(3 - 2i) &= 5 \cdot 3 - 5 \cdot 2i \\ &= 15 - 10i. \end{aligned}$$

b)
$$\begin{aligned} 4i(5 + 7i) &= 4i \cdot 5 + 4i \cdot 7i \\ &= 20i + 28i^2 \\ &= 20i + 28(-1) \\ &= -28 + 20i. \end{aligned}$$

c)
$$\begin{aligned} (3 + 6i)(4 - 5i) &= 3 \cdot (4 - 5i) + 6i(4 - 5i) \\ &= 3 \cdot 4 - 3 \cdot 5i + 6i \cdot 4 - 6i \cdot 5i \\ &= 12 - 15i + 24i - 30i^2 \\ &= 12 + 9i - 30(-1) \\ &= 42 + 9i. \end{aligned}$$

Observe que:
$$(a-bi)^2 = a^2 - 2abi + (bi)^2$$
$$= a^2 - 2abi + b^2(-1)$$
$$= a^2 - 2abi - b^2$$
$$= (a^2 - b^2) - 2abi.$$

d)
$$(9-4i)^2 = (9-4i)(9-4i)$$
$$= 9 \cdot (9-4i) - 4i(9-4i)$$
$$= 9 \cdot 9 - 9 \cdot 4i - 4i \cdot 9 - 4i \cdot (-4i)$$
$$= 81 - 36i - 36i + 16i^2$$
$$= 81 - 72i + 16(-1)$$
$$= 65 - 72i.$$

e)
$$\left(-1 + \frac{i}{2}\right)(3 - 8i) = -1 \cdot (3 - 8i) + \frac{i}{2}(3 - 8i)$$
$$= -1 \cdot 3 - 1 \cdot (-8i) + \frac{i}{2} \cdot 3 - \frac{i}{2} \cdot 8i$$
$$= -3 + 8i + \frac{3i}{2} - 4i^2$$
$$= -3 - \frac{19i}{2} - 4(-1)$$

Espera, corrigindo:
$$= -3 + \frac{19i}{2} - 4(-1)$$
$$= 1 - \frac{19i}{2}.$$

Agora, tente o Exercício 7.

Como vimos no Problema 3(d), é possível calcular $(a-bi)^2$ aplicando a regra de produto notável

$$(a-bi)^2 = a^2 - 2abi + (bi)^2 = a^2 - 2abi - b^2,$$

embora o resultado obtido seja um pouco diferente do usual, já que $i^2 = -1$. Os exemplos a seguir mostram como obter, de forma geral, o quadrado de um número complexo, bem como o produto de um número pelo seu conjugado.

Exemplo 5. Aplicando as regras de produtos notáveis

a) Quadrado de um número complexo

Note que, se a e b são reais,
$$(a+b)^2 = a^2 + 2ab + b^2,$$
enquanto
$$(a+bi)^2 = a^2 + 2abi - b^2.$$

$$(a+bi)^2 = a^2 + 2abi + (bi)^2$$
$$= a^2 + 2abi + b^2(-1)$$
$$= \underbrace{(a^2 - b^2)}_{\text{parte real}} + \underbrace{2abi}_{\text{parte imaginária}}$$

b) Produto de um número complexo pelo seu conjugado:

Compare
$$(a+b)(a-b) = a^2 - b^2$$
com
$$(a+bi)(a-bi) = a^2 + b^2.$$

$$(a+bi)(a-bi) = a^2 - abi + abi - (bi)^2$$
$$= a^2 - b^2(-1)$$
$$= \underbrace{(a^2 + b^2)}_{\text{parte real}}$$

No Exemplo 5(b), vimos que o produto de um número complexo pelo seu conjugado fornece um número real. Essa propriedade é a chave para o cálculo da divisão de dois números complexos, pois ela permite que transformemos um denominador complexo em um número real, como mostrado a seguir.

$$\frac{a+bi}{c+di} = \left(\frac{a+bi}{c+di}\right)\left(\frac{c-di}{c-di}\right) \quad \text{Multiplicação por } \frac{c-di}{c-di} = 1.$$

$$= \frac{a(c-di) + bi(c-di)}{c(c-di) + di(c-di)} \quad \text{Propriedade distributiva.}$$

$$= \frac{ac - adi + bci - bdi^2}{c^2 - cdi + cdi - d^2i^2} \quad \text{Propriedades distributiva e comutativa.}$$

$$= \frac{ac - adi + bci - bd(-1)}{c^2 - d^2(-1)} \quad i^2 = -1.$$

$$= \frac{(ac+bd) + (bc-ad)i}{c^2 + d^2} \quad \text{Reagrupamento dos termos.}$$

$$= \frac{ac+bd}{c^2+d^2} + \frac{(bc-ad)i}{c^2+d^2} \quad \text{Separação das partes real e imaginária.}$$

À semelhança do que ocorre com a multiplicação, não é vantajoso decorar a fórmula da divisão de números complexos, sendo preferível recordar os passos necessários para efetuar essa operação. O quadro a seguir resume as estratégias de cálculo do produto e do quociente de números complexos.

Note que $\frac{c-di}{c-di} = 1$.

Multiplicação e divisão de números complexos

Sejam dados os números complexos $a + bi$ e $c + di$.

1. Para calcular o **produto** $(a+bi)(c+di)$, aplique a propriedade distributiva combinada com o fato de que $i^2 = -1$.

2. Para obter o **quociente** $(a+bi)/(c+di)$, multiplique o numerador e o denominador pelo conjugado do denominador:

$$\frac{a+bi}{c+di} = \frac{(a+bi)}{(c+di)} \cdot \frac{(c-di)}{(c-di)}.$$

Você sabia?

As operações de multiplicação e divisão são mais fáceis de efetuar se escrevermos os números complexos na forma polar, em vez de adotarmos a forma $a + bi$. Entretanto, o uso da forma polar requer alguns conceitos que extrapolam o conteúdo deste livro.

Problema 4. Divisão de números complexos

Efetue as divisões a seguir:

a) $\dfrac{12 - 21i}{3}$ b) $\dfrac{8 + 2i}{4i}$ c) $\dfrac{2 - 6i}{3 - 4i}$ d) $\dfrac{11 - 2i}{1 + \frac{i}{2}}$

Solução

a) $\dfrac{12 - 21i}{3} = \dfrac{12}{3} - \dfrac{21i}{3}$

$= 4 - 7i.$

b) $\dfrac{8 + 2i}{4i} = \left(\dfrac{8 + 2i}{4i}\right)\left(\dfrac{i}{i}\right)$

$= \dfrac{8i + 2i^2}{4i^2}$

$= \dfrac{8i + 2(-1)}{4(-1)}$

CAPÍTULO 4 – Funções polinomiais ■ 373

$$= \frac{-2+8i}{-4}$$
$$= \frac{1}{2} - 2i.$$

c)
$$\frac{2-6i}{3-4i} = \left(\frac{2-6i}{3-4i}\right)\left(\frac{3+4i}{3+4i}\right)$$
$$= \frac{6+8i-18i-24i^2}{9+12i-12i-16i^2}$$
$$= \frac{6-10i-24(-1)}{9-16(-1)}$$
$$= \frac{30-10i}{25}$$
$$= \frac{30}{25} - \frac{10}{25}i$$
$$= \frac{6}{5} - \frac{2}{5}i.$$

d)
$$\frac{11-2i}{1+\frac{i}{2}} = \left(\frac{11-2i}{1+\frac{i}{2}}\right)\left(\frac{1-\frac{i}{2}}{1-\frac{i}{2}}\right)$$
$$= \frac{11 - \frac{11}{2}i - 2i + i^2}{1 - \frac{i}{2} + \frac{i}{2} - \frac{i^2}{4}}$$
$$= \frac{11 - \frac{15}{2}i + (-1)}{1 - \frac{(-1)}{4}}$$
$$= \frac{10 - \frac{15}{2}i}{5/4}$$
$$= \left(10 - \frac{15}{2}i\right) \cdot \frac{4}{5}$$
$$= \frac{40}{5} - \frac{60}{10}i$$
$$= 8 - 6i.$$

Agora, tente o Exercício 8.

Agora que sabemos como efetuar operações básicas com números complexos, podemos finalmente conferir a solução de uma equação quadrática.

Problema 5. Verificação da solução de uma equação quadrática

Verifique se $x = 3 + 2i$ e $\overline{x} = 3 - 2i$ são soluções da equação $x^2 - 6x + 13 = 0$

Solução

Essa equação foi apresentada no Problema 1.

Trabalharemos com uma raiz de cada vez, começando por $x = 3 + 2i$. Substituindo, então, essa raiz na equação, obtemos

$$x^2 - 6x + 13 = 0 \quad \text{Equação original.}$$
$$(3+2i)^2 - 6(3+2i) + 13 = 0 \quad \text{Substituição de } x \text{ por } 3+2i.$$
$$3^2 + 2\cdot 3\cdot 2i + 2^2 i^2 - 6\cdot 3 - 6\cdot 2i + 13 = 0 \quad \text{Propriedade distributiva.}$$

$$9 + 12i - 4 - 18 - 12i + 13 = 0 \quad \text{Cálculo dos produtos.}$$
$$(9 - 4 - 18 + 13) + (12 - 12)i = 0 \quad \text{Reagrupamento dos termos.}$$
$$0 = 0 \quad \text{Ok! } 3 + 2i \text{ é solução da equação.}$$

Repetindo, agora, o procedimento para $\bar{x} = 3 - 2i$, obtemos

$$x^2 - 6x + 13 = 0 \quad \text{Equação original.}$$
$$(3 - 2i)^2 - 6(3 - 2i) + 13 = 0 \quad \text{Substituição de } x \text{ por } 3 - 2i.$$
$$3^2 - 2 \cdot 3 \cdot 2i + 2^2 i^2 - 6 \cdot 3 + 6 \cdot 2i + 13 = 0 \quad \text{Propriedade distributiva.}$$
$$9 - 12i - 4 - 18 + 12i + 13 = 0 \quad \text{Cálculo dos produtos.}$$
$$(9 - 4 - 18 + 13) + (12 - 12)i = 0 \quad \text{Reagrupamento dos termos.}$$
$$0 = 0 \quad \text{Ok! } 3 - 2i \text{ é solução da equação.}$$

Problema 6. Verificação da solução de uma equação quadrática

Verifique se $x = 4 - 3i$ é solução da equação $4x^2 - 24x + 45 = 0$.

Solução

Substituindo $x = 4 - 3i$ na equação, obtemos

$$4x^2 - 24x + 45 = 0$$
$$4(4 - 3i)^2 - 24(4 - 3i) + 45 = 0$$
$$4[4^2 - 2 \cdot 4 \cdot 3i + (3i)^2] - 24 \cdot 4 + 24 \cdot 3i + 45 = 0$$
$$4[16 - 24i - 9] - 96 + 72i + 45 = 0$$
$$4[7 - 24i] - 51 + 72i = 0$$
$$28 - 96i - 51 + 72i = 0$$
$$-23 - 24i = 0 + 0i.$$

Comparando em separado a parte real e a parte imaginária de cada lado da última equação dada, concluímos que

$$-23 \neq 0 \quad \text{e} \quad -24 \neq 0,$$

de modo que o valor fornecido não é uma raiz de $4x^2 - 24x + 45 = 0$.

Agora, tente o Exercício 9.

Exercícios 4.5

1. Reescreva as expressões usando a unidade imaginária i.
  a) $\sqrt{-49}$
  b) $-\sqrt{-81}$
  c) $\sqrt{-8}$
  d) $\sqrt{-\frac{9}{16}}$
  e) $\sqrt{-\frac{6}{25}}$
  f) $\sqrt{4}\sqrt{-25}$
  g) $\sqrt{-4}\sqrt{-25}$
  h) $\sqrt{-3}\sqrt{-12}$
  i) $\sqrt{3}\sqrt{-12}$
  j) $\sqrt{(-3)(-12)}$
  k) $\sqrt{-20}\sqrt{-5}$
  l) $\frac{\sqrt{-72}}{\sqrt{-2}}$
  m) $\frac{\sqrt{-192}}{\sqrt{-3}}$
  n) $\frac{\sqrt{-56}}{\sqrt{-7}\sqrt{-2}}$

2. Forneça a parte real e a parte imaginária de cada número complexo a seguir.
  a) $8 - 6i$
  b) $5i - 7$
  c) $16i$
  d) 25
  e) $\sqrt{36}$
  f) $-\frac{5i}{4}$
  g) $\frac{3}{7} - 2i$
  h) $\frac{12 - 8i}{3}$
  i) $11 + \sqrt{-9}$

3. Resolva as equações a seguir.
   a) $9x^2 + 1 = 0$
   b) $25x^2 + 16 = 0$
   c) $x^2 - 4x + 5 = 0$
   d) $x^2 + 2x + 10 = 0$
   e) $x^2 - 12x + 40 = 0$
   f) $-x^2 + 8x - 25 = 0$
   g) $x^2 - 5x + 7 = 0$
   h) $3x^2 - 12x + 87 = 0$
   i) $4x^2 + 4x + 5 = 0$
   j) $2x^2 - 6x + 9 = 0$
   k) $4x^2 + 24x + 85 = 0$
   l) $5x^2 - 2x + 10 = 0$

4. Escreva os conjugados complexos dos números a seguir.
   a) $\frac{7-5i}{6}$
   b) $4i - 3$
   c) $-\frac{i\sqrt{5}}{4} - 8$
   d) $-\frac{4i}{9}$
   e) $-\frac{2}{3}$
   f) $\sqrt{-36}$

5. Efetue as operações.
   a) $(4 + 6i) + (8 - 3i)$
   b) $(6 + 5i) - (5 + 2i)$
   c) $(-2 + 5i) + (5 + 7i)$
   d) $(3 - 8i) - (10 + 6i)$
   e) $(2 - i) - (5 - 3i)$
   f) $(2 - 3i) + (5 + 4i)$
   g) $(-4 + 3i) - \left(1 - \frac{i}{2}\right)$
   h) $9i + (4 - 7i)$
   i) $13 - (9 - 5i)$
   j) $(6 - 3i) - 7i$
   k) $(4 - 2i\sqrt{3}) - (2 - 3i\sqrt{3})$
   l) $(5{,}2 - 2{,}4i) - (6{,}4 + 1{,}8i)$

6. Determine os valores dos números reais x e y que satisfazem as equações a seguir.
   a) $(3 + x) + (2 + y)i = 5 - 6i$
   b) $(4 - xi) - (y - 5i) = 3 + 2i$
   c) $(2x - 4i) + (3x - 2yi) = 25 - 16i$
   d) $(2x - 4yi) + (3y + xi) = 1 + 6i$

7. Efetue as operações.
   a) $6\left(2 - \frac{i}{3}\right)$
   b) $4i(5 - 7i)$
   c) $-5i(3 - 2i)$
   d) $(4 + 3i)(6 - i)$
   e) $(8 - 3i)(7 - 5i)$
   f) $(-2 + i)(1 - 2i)$
   g) $(2 - 3i)(5 + 4i)$
   h) $(\sqrt{3} - 2i)(\sqrt{3} + i)$
   i) $(4 + 2i)^2$
   j) $(5 - 6i)^2$
   k) $(3 - 5i)^2$
   l) $(3 - 5i)(3 + 5i)$
   m) $(-3 + 5i)(3 + 5i)$

8. Efetue as operações.
   a) $\frac{36 - 20i}{4}$
   b) $-\frac{21}{3i}$
   c) $\frac{2}{1+i}$
   d) $-\frac{7}{1+3i}$
   e) $\frac{8i}{2-4i}$
   f) $-\frac{5i}{3+i}$
   g) $\frac{6+5i}{2i}$
   h) $\frac{-4+7i}{5i}$
   i) $\frac{5+i}{1-i}$
   j) $\frac{4-6i}{2+3i}$
   k) $\frac{-2+5i}{5-2i}$
   l) $\frac{1-3i}{1-\frac{i}{2}}$
   m) $\frac{1}{1+i} - \frac{1}{1-i}$
   n) $\frac{7}{1+2i} - \frac{3}{1-2i}$

9. Para cada equação, verifique se x é uma raiz.
   a) $3x^2 + 3 = 0$, $x = -i$
   b) $x^2 - 4x + 53 = 0$, $x = 2 + 7i$
   c) $x^2 + 2x + 10 = 0$, $x = 1 - 3i$
   d) $x^2 + 24x + 37 = 0$, $x = -3 - \frac{i}{2}$
   e) $x^2 - 4x + 5 = 0$, $x = -2 + i$
   f) $3x^2 - 24x + 60 = 0$, $x = 4 - i$

10. Calcule $i^1, i^2, i^3, \ldots, i^8$. Encontre um padrão que permita prever os valores dessas potências. Usando o padrão que você encontrou, calcule i^{25}, i^{50}, i^{76} e i^{155}.

11. Em um circuito elétrico, damos o nome de *impedância* à oposição da passagem de corrente elétrica no circuito quando este é submetido a uma tensão.
Cada elemento de um circuito (resistor, capacitor, indutor) produz uma impedância. Para um resistor de 10 Ω, por exemplo, a impedância é igual à resistência, ou seja, vale os mesmos 10 Ω. Já em um indutor de 10 Ω, a impedância é igual a $10i$ Ω.
Quando um circuito possui dois ramos em paralelo, a impedância total, z, pode ser obtida a partir da equação

$$\frac{1}{z} = \frac{1}{z_1} + \frac{1}{z_2},$$

em que z_1 e z_2 são as impedâncias nos ramos 1 e 2 do circuito. Já quando há dois elementos em série dentro de um mesmo ramo do circuito, a impedância total do ramo é igual à soma das impedâncias dos elementos.
A figura a seguir mostra um pequeno circuito com dois ramos em paralelo, um dos quais com apenas um resistor e outro com um resistor e um indutor. Determine a impedância total do circuito.

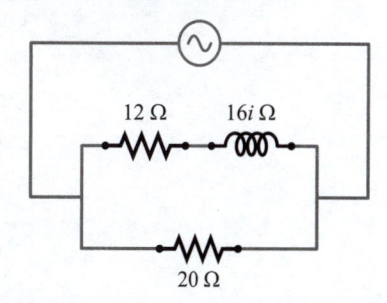

4.6 Zeros complexos de funções polinomiais

A Seção 4.3 foi dedicada ao estudo dos zeros reais de funções polinomiais. Agora que aprendemos a trabalhar com números complexos, estenderemos nossa análise aos zeros complexos dessas funções. Começaremos apresentando um teorema conhecido como teorema fundamental da álgebra, nome dado em uma época em que a solução de equações polinomiais ocupava uma posição central no estudo da álgebra.

Teorema fundamental da álgebra

Já vimos que toda equação polinomial de grau n, com coeficientes reais, tem no máximo n raízes reais. Veremos agora que, trabalhando com números complexos, conseguimos resultados bem mais precisos, baseados no teorema a seguir, que apresentamos sem demonstração.

Observe que o teorema fundamental da álgebra também se aplica a polinômios com coeficientes reais, já que todo número real é também complexo.

Teorema fundamental da álgebra

Toda função polinomial $p(x)$ com coeficientes complexos tem ao menos um zero complexo.

Apresentado dessa forma, o teorema parece pouco promissor, pois só indica que uma função polinomial de grau n,

$$p_n(x) = a_n x^n + a_{n-1} x^{n-1} + a_{n-2} x^{n-2} + \cdots + a_1 x + a_0,$$

tem um zero complexo $\overline{x}_1$. Entretanto, a sua combinação com o teorema do fator, apresentado na página 338, nos permite decompor a função p_n no produto de um fator linear por uma função polinomial p_{n-1}, que tem grau $n - 1$:

$$p(x) = (x - \overline{x}_1) \cdot p_{n-1}(x).$$

Supondo, então, que $n - 1$ seja maior que zero, podemos aplicar novamente o teorema fundamental da álgebra agora a p_{n-1}. Concluímos, assim, que essa função também tem ao menos um zero complexo, $\overline{x}_2$, e que é possível escrever $p_{n-1}(x) = (x - \overline{x}_2) p_{n-2}(x)$. Desse modo,

$$p(x) = (x - \overline{x}_1) \cdot (x - \overline{x}_2) \cdot p_{n-2}(x),$$

em que $p_{n-2}(x)$ é um polinômio de grau $n - 2$. Repetindo esse processo outras $n - 2$ vezes, chegamos à expressão

$$p(x) = a_n (x - \overline{x}_1) \cdot (x - \overline{x}_2) \cdots (x - \overline{x}_n).$$

Esse resultado é importante porque indica que é possível decompor uma função polinomial de grau n em n fatores de grau 1, embora o teorema não explique como os zeros de p_n são determinados.

Teorema da decomposição

Se $p_n(x)$ é um polinômio de grau $n > 0$, então é possível escrevê-lo como

$$p_n(x) = a_n (x - \overline{x}_1)(x - \overline{x}_2) \cdots (x - \overline{x}_n),$$

em que $\overline{x}_1, \overline{x}_2, \ldots, \overline{x}_n$ são números complexos e $a_n \neq 0$.

Exemplo 1. Fatoração de um polinômio

No Problema 5 da Seção 4.3, vimos que o polinômio

$$p(x) = x^4 - 4x^3 + 13x^2$$

podia ser escrito na forma

$$p(x) = x^2(x^2 - 4x + 13),$$

bastando para isso que puséssemos x^2 em evidência. Concluímos, assim, que $x_1 = 0$ é uma raiz (de multiplicidade 2) de $p(x) = 0$.

Para encontrar os outros zeros do polinômio, aplicamos a fórmula quadrática à equação

$$x^2 - 4x + 13 = 0,$$

calculando, em primeiro lugar, o discriminante:

$$\Delta = (-4)^2 - 4 \cdot 1 \cdot 13 = -36.$$

Uma vez que já sabemos trabalhar com números complexos, não nos intimidamos com o fato de o discriminante ser negativo, e prosseguimos escrevendo

$$x = \frac{-(-4) \pm \sqrt{-36}}{2 \cdot 1} = \frac{4 \pm i\sqrt{36}}{2} = \frac{4 \pm 6i}{2} = 2 \pm 3i.$$

Assim, as raízes (complexas) de $x^2 - 4x + 13 = 0$ são

$$x_2 = 2 + 3i \quad \text{e} \quad x_3 = 2 - 3i.$$

Finalmente, lembrando que $x_1 = 0$ também é um zero da função polinomial $p(x) = x^4 - 4x^3 + 13x^2$, e aplicando o teorema da decomposição, obtemos

$$p(x) = x^2(x - 2 - 3i)(x - 2 + 3i).$$

Observe que, nesse exemplo, o coeficiente do monômio de maior grau do polinômio original é $a_4 = 1$.

■ Multiplicidade de zeros e pares conjugados

O teorema da decomposição indica que é possível escrever uma função polinomial de grau n como o produto de n fatores lineares que envolvem $\overline{x}_1, \overline{x}_2, \ldots, \overline{x}_n$, os zeros complexos da função. Entretanto, não se exige que esses números sejam distintos. De fato, vimos na página 345 que uma função quadrática simples como $p(x) = x^2 - 10x + 25$ pode ser apresentada na forma fatorada

$$p(x) = (x - 5)(x - 5),$$

na qual o zero real $x = 5$ aparece duas vezes, tendo, portanto, *multiplicidade* 2.

Problema 1. Multiplicidade dos zeros de uma função

A função polinomial $p(x) = 4x^7 + 44x^6 + 73x^5 - 508x^4 - 1.070x^3 + 1.400x^2 - 375x$ pode ser escrita na forma fatorada

$$p(x) = 4x(x - 3)\left(x - \frac{1}{2}\right)^2 (x + 5)^3.$$

Determine os zeros da função e suas multiplicidades.

Solução

Como já dispomos da função na forma fatorada, concluímos trivialmente que seus zeros são

$$x_1 = 0, \quad x_2 = 3, \quad x_3 = \frac{1}{2} \quad \text{e} \quad x_4 = -5.$$

A multiplicidade de cada zero c é o número de vezes que o termo $(x - c)$ aparece quando a função é apresentada na forma fatorada. Dito de outra forma, a multiplicidade de um zero c é o expoente do fator $(x - c)$. Sendo assim, nesse problema,

- $x_1 = 0$ tem multiplicidade 1,
- $x_2 = 3$ tem multiplicidade 1,
- $x_3 = \frac{1}{2}$ tem multiplicidade 2,
- $x_4 = -5$ tem multiplicidade 3.

No problema dado, notamos que a soma das multiplicidades é exatamente igual ao grau do polinômio. Esse resultado, que vale para toda função polinomial, está resumido no quadro a seguir.

> **Número de zeros da função polinomial**
>
> Uma função polinomial de grau $n \geq 1$ tem exatamente n zeros, supondo que um zero com multiplicidade m seja contado m vezes.

Problema 2. Zeros de uma função polinomial

Dada a função

$$p(x) = 5(x+1)^3(x-2+i)^2(x-2-i)^2,$$

determine as raízes da equação $p(x) = 0$, bem como o grau de p.

Solução

As raízes da equação $p(x) = 0$ são os zeros da função, ou seja,

$$x = -1, \quad x = 2 - i \quad \text{e} \quad x = 2 + i.$$

Já o grau de p pode ser obtido somando-se os expoentes dos fatores lineares:

$$3 + 2 + 2 = 7.$$

Agora, tente o Exercício 1.

Problema 3. Escrevendo um polinômio a partir de seus zeros

Uma função polinomial p tem como zeros $x = 3$ (com multiplicidade 2), $x = 2i$ e $x = -2i$. Escreva a expressão de p, sabendo que $p(0) = 144$.

Solução

Segundo o teorema da decomposição, a função pode ser escrita na forma

$$p(x) = a(x-3)^2(x-2i)(x+2i).$$

Sendo assim, temos

$$
\begin{aligned}
p(0) &= a(0-3)^2(0-2i)(0+2i) && \text{Substituindo } x \text{ por } 0. \\
&= a(-3)^2(-2i)(2i) && \text{Simplificando os termos entre parênteses.} \\
&= a \cdot 9 \cdot (-4i^2) && \text{Calculando a potência e o produto.} \\
&= a \cdot 9 \cdot 4 && \text{Usando o fato de que } i^2 = -1. \\
&= 36a && \text{Simplificando o resultado.}
\end{aligned}
$$

Como sabemos que $p(0) = 144$, concluímos que

$$36a = 144 \quad \Rightarrow \quad a = \frac{144}{36} = 4.$$

Logo,

$$p(x) = 4(x-3)^2(x-2i)(x+2i).$$

Agora, tente o Exercício 4.

Observe que, no Exemplo 1 e no Problema 3, os zeros complexos do polinômio apareceram em pares conjugados. No primeiro caso, esses zeros eram $2 + 3i$ e $2 - 3i$, enquanto no segundo tínhamos $2i$ e $-2i$. De fato, isso não ocorreu por acaso, mas como consequência direta de os coeficientes do polinômio serem reais, como indicado no quadro a seguir.

> **Raízes complexas conjugadas**
> Seja p uma função polinomial com coeficientes reais $a_n, a_{n-1}, \ldots, a_0$. Se $z = c + di$ é um zero de p, então seu conjugado, $\bar{z} = c - di$, também é um zero da função.

Problema 4. Zeros conjugados

Escreva uma função polinomial de quarto grau, com coeficientes reais, que tenha como zeros

$$x_1 = 1, \quad x_2 = -6, \quad \text{e} \quad x_3 = 4 - 5i.$$

Solução

Como os coeficientes da função devem ser reais, concluímos que os zeros complexos aparecerão em pares conjugados. Assim, se $x_3 = 4 - 5i$ é um desses zeros, devemos ter $x_4 = 4 + 5i$. Logo, a função terá a forma

$$p(x) = a(x-1)(x+6)(x-4+5i)(x-4-5i).$$

Escolhendo $a = 1$ por simplicidade, obtemos

$$p(x) = (x-1)(x+6)(x-4+5i)(x-4-5i).$$

Agora, tente o Exercício 5.

Problema 5. Fatoração completa de uma função polinomial

Sabendo que $x_1 = 1 + 2i$ é um zero de

$$p(x) = x^4 + 6x^3 + 5x^2 + 8x + 80,$$

encontre os demais zeros da função e a escreva na forma fatorada.

Solução

Como os coeficientes da função são reais, o conjugado de $x_1 = 1 + 2i$ também é um zero, de modo que podemos definir

$$x_2 = 1 - 2i.$$

Usando, então, o teorema do fator, temos

$$p(x) = (x-1-2i)(x-1+2i)\, p_2(x),$$

em que $p_2(x)$ é uma função polinomial de grau 2. Para encontrar essa função, escrevemos

$$p_2(x) = \frac{p(x)}{(x-1-2i)(x-1+2i)} = \frac{x^4 + 6x^3 + 5x^2 + 8x + 80}{x^2 - 2x + 5}.$$

Observe que $a_4 = 1$.

Você consegue mostrar que $(x-1-2i)(x-1+2i) = x^2 - 2x + 5$?

Efetuando a divisão de polinômios, obtemos:

$$
\begin{array}{rrrrr|l}
x^4 + 6x^3 + 5x^2 + 8x + 80 & & & & & \,x^2 - 2x + 5 \\
-x^4 + 2x^3 - 5x^2 & & & & & \,x^2 + 8x + 16 \\
\hline
8x^3 + 0x^2 + 8x + 80 & & & & & \\
-8x^3 + 16x^2 - 40x & & & & & \\
\hline
16x^2 - 32x + 80 & & & & & \\
-16x^2 + 32x - 80 & & & & & \\
\hline
0 & & & & &
\end{array}
$$

Logo, $p_2(x) = x^2 + 8x + 16$. Para encontrar os zeros dessa função, calculamos o discriminante

$$\Delta = 8^2 - 4 \cdot 1 \cdot 16 = 64 - 64 = 0$$

e usamos a fórmula quadrática:

$$x = \frac{-8 \pm \sqrt{0}}{2 \cdot 1} = -\frac{8}{2} = -4.$$

Como p_2 tem apenas um zero, $x = -4$, escrevemos

$$p_2(x) = (x+4)^2,$$

Desse modo, a forma fatorada de p é

$$p(x) = (x+4)^2(x-1-2i)(x-1+2i)$$

e seus zeros são $x_1 = 1 + 2i$, $x_2 = 1 - 2i$ e $x_3 = -4$ (com multiplicidade 2).

Agora, tente o Exercício 3.

Exercícios 4.6

1. Determine os zeros das funções polinomiais abaixo e indique suas multiplicidades. Informe também o grau das funções.

   a) $16(x-2)^2(x+\frac{7}{2})^3$
   b) $(x-2-5i)(x-2+5i)(x+3-4i)(x+3+4i)$
   c) $(x+4)^3(x-5-5i)(x-5+5i)$
   d) $2(x-1)(x-1)(x-1-i)(x-1+i)$
   e) $(x-8-2i)^4(x-8+2i)^4$
   f) $3x(x-\frac{1}{3})(x-3i)^2(x+3i)^2$

2. Determine as raízes das equações abaixo e escreva os polinômios do lado esquerdo na forma fatorada.

   a) $16x^2 + 81 = 0$
   b) $x^3 - 9x = 0$
   c) $4x^3 + 25x = 0$
   d) $x^3 + 2x^2 + 5x = 0$
   e) $2x^3 - 16x^2 + 50x = 0$
   f) $x^4 + 4x^2 = 0$
   g) $256x^4 + x^2 = 0$
   h) $x^5 + 64x^3 = 0$
   i) $x^4 + 2x^2 - 24 = 0$
   j) $x^4 + 5x^2 + 4 = 0$

3. Determine as raízes das equações abaixo e escreva os polinômios do lado esquerdo na forma fatorada.

   a) $x^3 + 2x^2 - 3x - 10 = 0$, sabendo que 2 é raiz
   b) $2x^3 - 3x^2 + 50x - 75 = 0$, sabendo que $5i$ é raiz
   c) $x^3 - 7x^2 + 44x + 52 = 0$, sabendo que $4 - 6i$ é raiz
   d) $x^3 - 3x^2 + 7x + 75 = 0$, sabendo que -3 é raiz
   e) $4x^3 - 24x^2 + 25x - 25 = 0$, sabendo que 5 é raiz
   f) $x^3 - 64 = 0$
   g) $x^4 - 1 = 0$, sabendo que 1 e -1 são raízes
   h) $x^4 + 4x^3 - 3x^2 + 36x - 108 = 0$, sabendo que $3i$ é raiz
   i) $9x^4 - 36x^3 + 76x^2 - 16x + 32$, sabendo que $-\frac{2i}{3}$ é raiz
   j) $4x^4 - 24x^3 + 37x^2 - 20x = 0$, sabendo que 4 é raiz

4. Encontre as funções polinomiais p que possuem as características a seguir.

   a) Grau 3, $p(0) = -16$ e zeros iguais a 1, $4i$ e $-4i$
   b) Grau 3, $p(2) = 3$ e zeros iguais a $\frac{1}{2}$, $2 + 2i$ e $2 - 2i$
   c) Grau 4, $p(1) = -30$ e zeros iguais a 0, 4, $-1 + i$ e $-1 - i$
   d) Grau 4, $p(0) = 200$ e zeros iguais a $-3, -5, 2 - \frac{2i}{3}$ e $2 + \frac{2i}{3}$

5. Encontre funções polinomiais p que possuam as características a seguir.

   a) Grau 3 e zeros iguais a 6, $\frac{i}{3}$ e $-\frac{i}{3}$
   b) Grau 3 e zeros iguais a 0, $5 + 2i$ e $5 - 2i$
   c) Grau 4 e zeros iguais a $-2, 7, 1 + \frac{5i}{2}$ e $1 - \frac{5i}{2}$
   d) Grau 4 e zeros iguais a 5 (com multiplicidade 2), $4 + i\sqrt{2}$ e $4 - i\sqrt{2}$
   e) Grau 4 e zeros iguais a $6 + i$ e $6 - i$, ambos com multiplicidade 2
   f) Grau 5 e zeros iguais a $\frac{3}{4}$ (com multiplicidade 3), $-3 + i$ e $-3 - i$
   g) Grau 5 e zeros iguais a 0 (com multiplicidade 2), -4, $2 + 3i$ e $2 - 3i$

Funções exponenciais e logarítmicas

5

Antes de ler o capítulo
A leitura deste capítulo exige o domínio de vários tópicos já vistos ao longo do livro, incluindo *potências* (Seção 1.8), *equações* (Seções 2.1 e 2.4), *sistemas* (Seção 2.5), e *funções* (Seções 3.5 a 3.9).

Em muitos problemas aplicados, estudamos fenômenos que apresentam um crescimento ou decrescimento que não pode ser representado por uma função polinomial ou racional. Problemas cuja modelagem exige o emprego de uma função exponencial, o tema central deste capítulo, ocorrem em áreas tão distintas como Economia (cálculo de juros de investimentos e dívidas bancárias), a Biologia (determinação da população de bactérias) e Química (decaimento de material radioativo).

As funções logarítmicas, por sua vez, desempenham o papel contrário, permitindo-nos, por exemplo, determinar o instante em que uma função exponencial atinge um valor preestabelecido. Para compreender essa relação entre funções exponenciais e logarítmicas, vamos iniciar o capítulo pelo estudo de funções inversas.

5.1 Função inversa

Nos capítulos anteriores, toda vez que quisemos descobrir para que valor de x uma função f valia c, foi preciso resolver uma equação na forma $f(x) = c$. Nesta seção, veremos como obter o mesmo resultado determinando a *função inversa* de f. Para que fique clara para o leitor a relevância desse tema, começaremos apresentando um exemplo.

Exemplo 1.   População de uma cidade

Suponha que um geógrafo tenha aproximado a população de certa cidade ao longo do tempo pela função

$$p(t) = 12000 + 240t,$$

em que t é o tempo, em anos, transcorrido desde o dia 1º de janeiro de 2010.

Imagine, agora, que o mesmo geógrafo queira determinar, aproximadamente, quando a população dessa cidade irá atingir 13.000, 15.000 e 20.000 habitantes.

Uma alternativa para o geógrafo seria resolver cada um dos três problemas em separado usando equações. Por exemplo, o instante em que a população atinge 13.000 habitantes é o valor de t que resolve a equação $p(t) = 13000$. Logo,

$$12000 + 240t = 13000$$
$$240t = 1000$$
$$t = 1000/240 \approx 4{,}167 \text{ anos}.$$

Como a contagem dos anos começa em 2010, concluímos que a população da cidade chegou à marca de 13.000 habitantes em 2010 + 4, ou seja, em 2014.

Para determinar o momento em que a população atingirá 15.000 habitantes, adotamos estratégia semelhante, resolvendo a equação $p(t) = 15000$. Nesse caso,

$$12000 + 240t = 15000$$
$$240t = 3000$$
$$t = 3000/240 = 12,5 \text{ anos}.$$

Logo, a população chegará a esse valor em 2022 (2010 + 12).

Finalmente, para descobrir quando a cidade terá 20.000 habitantes, devemos encontrar a solução da equação $p(t) = 20000$. Assim, como nos casos anteriores, temos

$$12000 + 240t = 20000$$
$$240t = 8000$$
$$t = 8000/240 \approx 33,333 \text{ anos}.$$

Portanto, a população atingirá os 20.000 habitantes em 2043 (2010 + 33).

Observe que é muito cansativo resolver uma equação para cada tamanho da população, mesmo trabalhando com uma função muito simples. Imagine, então, o que aconteceria se a função $p(t)$ fosse mais complicada.

A dificuldade em resolver esse problema reside no fato de que a função $p(t)$ foi definida para que calculemos o valor de p a partir de um valor dado de t. Entretanto, queremos exatamente o inverso, ou seja, determinar t uma vez dado o valor de p.

Nosso trabalho seria facilitado se fôssemos capazes de escrever uma nova função $t(p)$ que nos fornecesse diretamente o valor de t a partir de p. Mas será que é possível encontrar tal função?

Não custa tentar. Tomando a expressão de $p(t)$, vamos escrever uma equação simples que relacione p e t:

$$p = 12000 + 240t.$$

Observe que não estamos mais indicando que p é função de t, pois nosso objetivo é obter $t(p)$. Tentemos, agora, isolar t na equação dada.

$$12000 + 240t = p$$
$$240t = p - 12000$$
$$t = \frac{p - 12000}{240}.$$

Pronto! Uma vez que t foi isolada, podemos definir a função

$$t(p) = \frac{p - 12000}{240}$$

e, a partir dela, calcular facilmente os instantes em que a população atinge 13.000, 15.000 e 20.000 habitantes.

$$t(13000) = \frac{13000 - 12000}{240} = \frac{1000}{240} \approx 4,167.$$
$$t(15000) = \frac{15000 - 12000}{240} = \frac{3000}{240} = 12,5.$$
$$t(20000) = \frac{20000 - 12000}{240} = \frac{8000}{240} \approx 33,333.$$

Observe que esses valores são compatíveis com aqueles encontrados ao resolver as equações. Dizemos, nesse caso, que $t(p)$ é a *função inversa* de $p(t)$.

Agora, tente o Exercício 8.

A partir do exemplo dado, podemos definir um roteiro simples para a determinação da inversa de uma função.

Roteiro para a obtenção da inversa de uma função

Para encontrar a inversa de uma função f definida na forma

$$f(x) = \text{expressão que depende de } x,$$

1. Troque o termo "$f(x)$" por y, de forma que a equação se torne

   $$y = \text{expressão que depende de } x.$$

2. Resolva essa equação com relação a x, ou seja, isole x de modo a obter

   $$x = \text{expressão que depende de } y.$$

3. Escreva a nova função na forma

   $$g(y) = \text{expressão que depende de } y.$$

Problema 1.   Inversa de uma função

Determine a função inversa de $f(x) = x^3 - 1$.

Solução

Substituindo o termo "$f(x)$" por y, obtemos a equação

$$y = x^3 - 1.$$

Agora, precisamos resolver essa equação com relação a x, ou seja, obter uma equação em que x esteja isolado:

$y = x^3 - 1$	Equação original.
$y + 1 = x^3$	Somando 1 a ambos os lados.
$(y+1)^{1/3} = (x^3)^{1/3}$	Elevando ambos os lados a $1/3$.
$\sqrt[3]{y+1} = x$	Simplificando o resultado.
$x = \sqrt[3]{y+1}$	Invertendo os termos.

Logo, a função inversa é dada por $g(y) = \sqrt[3]{y+1}$.

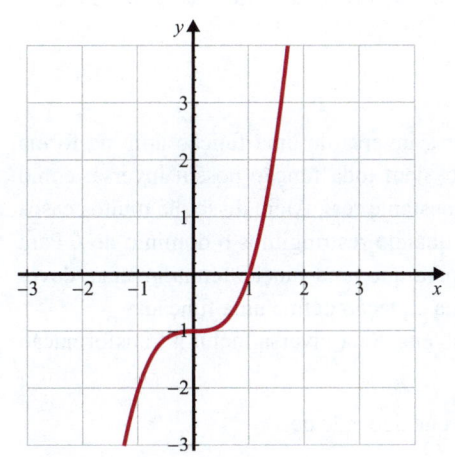

FIGURA 5.1   Gráfico de $f(x) = x^3 - 1$.

■ Gráfico da função inversa

Como vimos, a inversa de $f(x) = x^3 - 1$ é $g(y) = \sqrt[3]{y+1}$. Os gráficos dessas duas funções são dados nas Figuras 5.1 e 5.2.

Repare que, no gráfico de f, o eixo horizontal contém os valores da variável x e o eixo vertical contém os valores de $y = f(x)$. Por outro lado, no gráfico de g, o eixo horizontal contém os valores de y, enquanto o eixo vertical contém os valores de $x = g(y)$. Essa inversão não é acidental. De fato,

> o gráfico da inversa de $f(x)$ pode ser obtido trocando-se as posições dos eixos x e y, isto é, desenhando-se o eixo-x na vertical e o eixo-y na horizontal. Essa troca é equivalente à reflexão do gráfico em torno da reta $y = x$.

FIGURA 5.2   Gráfico de $g(y) = \sqrt[3]{y+1}$.

A Figura 5.3 mostra o efeito da reflexão do gráfico de $f(x) = x^3 - 1$ em torno da reta $y = x$, com a consequente obtenção do gráfico de $g(y) = \sqrt[3]{y+1}$. Repare que a reflexão de uma reta horizontal em torno de $y = x$ produz uma reta vertical e vice-versa, motivo pelo qual essa reflexão é equivalente à troca de posição entre os eixos coordenados.

Na Figura 5.3 adotamos uma notação heterodoxa, incluindo duas legendas em cada eixo. Para a curva rosa, definida por $y = f(x)$, o eixo horizontal contém os valores de x e o eixo vertical contém y. Já para a curva $x = g(y)$, os valores de y estão no eixo horizontal, enquanto os de x estão na vertical.

(a) Reflexão de $f(x)$ em torno da reta $y = x$.

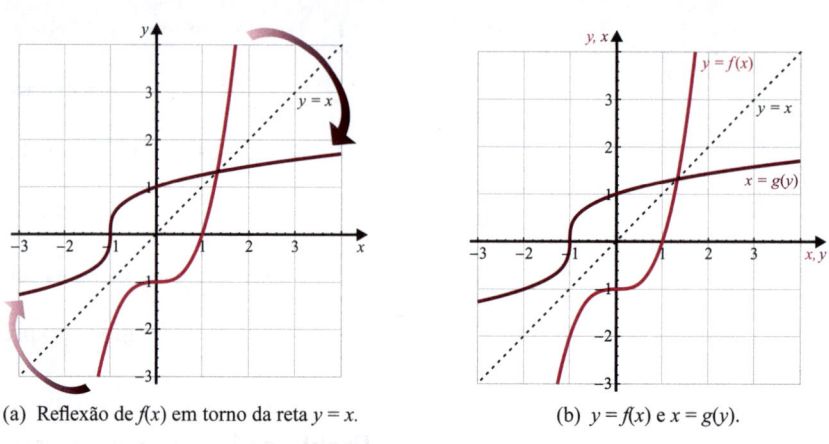

(b) $y = f(x)$ e $x = g(y)$.

FIGURA 5.3 Reflexão de $y = f(x)$ em relação à reta $y = x$.

Essa relação entre a inversão de uma função e a troca de posição dos eixos x e y é essencial para o estabelecimento de condições de existência da função inversa, como veremos na próxima seção.

■ Funções injetoras

O Exemplo 1 mostrou como encontrar a inversa de uma função afim na forma $f(x) = mx + b$, com $m \neq 0$. Entretanto, nem toda função possui inversa, como ocorre com $f(x) = c$, em que c é uma constante real. Além disso, há muitos casos em que a inversa só pode ser definida quando restringimos o domínio de f. Para discutirmos as condições necessárias para que uma função tenha inversa, devemos analisar sob que circunstâncias uma equação define uma função.

Segundo o roteiro apresentado, a obtenção da inversa inclui a transformação de uma equação do tipo

$$y = \text{expressão que depende de } x$$

em outra equação na forma

$$x = \text{expressão que depende de } y.$$

Como vimos no Capítulo 3, para que essa última equação defina uma função, é necessário que seu gráfico no plano cartesiano satisfaça o *teste da reta vertical*, o que significa que nenhuma reta vertical pode interceptar o gráfico da equação em mais de um ponto.

Suponha, por exemplo, que queiramos inverter a função $f(x) = x^2$. Nesse caso, o procedimento padrão consiste em fazer

$y = x^2$ Equação na forma $y = f(x)$.

$\pm\sqrt{y} = x$ Eliminando a raiz quadrada.

$x = \pm\sqrt{y}$ Invertendo os termos.

Veja que, apesar de termos obtido uma equação na forma

$x = $ expressão que depende de y,

CAPÍTULO 5 – Funções exponenciais e logarítmicas ■ **385**

ela não define uma função de y, já que, para $y = 2$, por exemplo, temos dois valores distintos de x, que são

$$x = \sqrt{2} \quad \text{e} \quad x = -\sqrt{2}.$$

De fato, como mostra a Figura 5.4 – na qual os eixos x e y estão trocados – é fácil encontrar uma reta vertical que cruza o gráfico da equação $x = \pm\sqrt{y}$ em dois pontos, o que indica que a curva não corresponde ao gráfico de uma função.

Entretanto, não é muito prático analisar se $f(x) = x^2$ possui inversa traçando o gráfico de $x = \pm\sqrt{y}$ e verificando se a curva assim obtida satisfaz o teste da reta vertical. Seria mais conveniente se pudéssemos chegar à mesma conclusão observando diretamente o gráfico de f. Felizmente, isso não é difícil, como ficará claro a seguir.

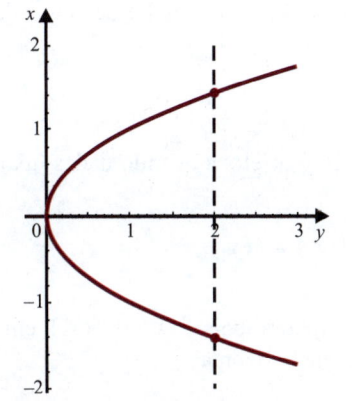

FIGURA 5.4 $x = \pm\sqrt{y}$ não representa uma função.

Já vimos que a curva vinho da Figura 5.4, que representa a equação $x = \pm\sqrt{y}$, pode ser obtida trocando-se de lugar os eixos x e y da Figura 5.5, que mostra em rosa o gráfico de $f(x) = x^2$. Adotando o mesmo procedimento, podemos converter a reta vertical mostrada na Figura 5.4 na reta horizontal apresentada na Figura 5.5.

Constatamos, então, que a função f não terá inversa se o seu gráfico (Figura 5.5) puder ser cortado mais de uma vez por uma reta horizontal, pois isso fará que a curva resultante da troca de posição dos eixos (Figura 5.4) deixe de satisfazer o teste da reta vertical. Esse resultado está resumido no quadro a seguir.

Teste da reta horizontal

Uma função tem inversa em um domínio D se e somente se nenhuma reta horizontal intercepta seu gráfico mais de uma vez.

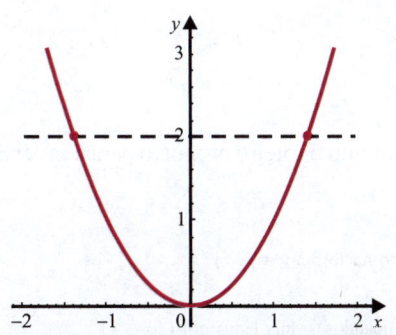

FIGURA 5.5 Curva que não representa o gráfico de uma função inversível.

Recorramos a um exemplo para ilustrar a utilidade desse novo teste.

Problema 2. Teste da reta horizontal

Seja dada a função f cujo gráfico é apresentado na Figura 5.6. Determine se f tem inversa.

Solução

Como vemos na Figura 5.7a, a função não tem inversa, pois encontramos uma reta horizontal que cruza seu gráfico em mais de um ponto (três, nesse caso).

De fato, trocando de lugar os eixos x e y, obtemos a curva vinho da Figura 5.7b, que viola o teste da reta vertical. Dessa forma, a equação representada por essa curva não corresponde a uma função, o que implica que f não tem inversa.

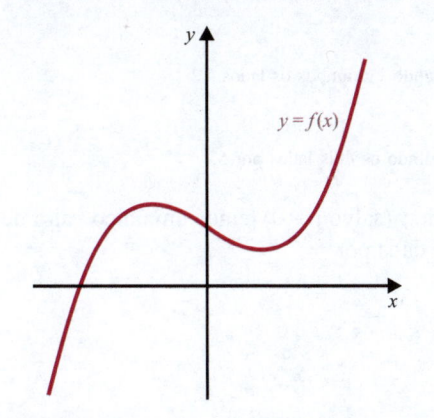

FIGURA 5.6 Gráfico da função do Problema 2.

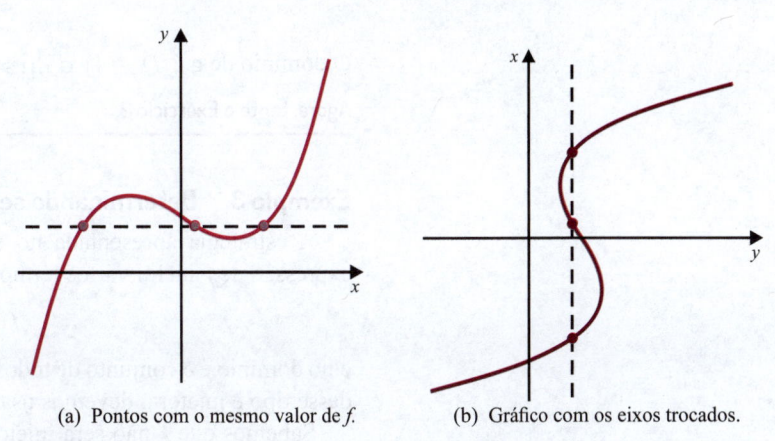

(a) Pontos com o mesmo valor de f.   (b) Gráfico com os eixos trocados.

FIGURA 5.7 Exemplo em que a função não satisfaz o teste da reta horizontal.

Agora, tente o Exercício 1.

Uma função cujo gráfico satisfaz o teste da reta horizontal é denominada *injetora*.

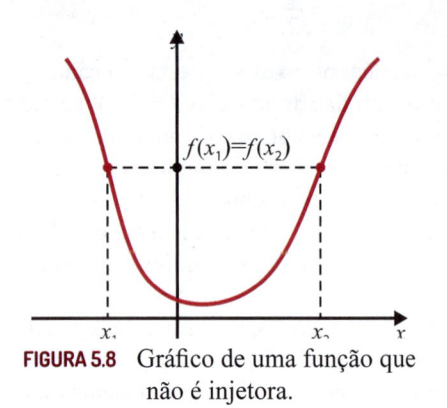

> **Função injetora**
> Uma função f, definida em um domínio D, é **injetora** quando dados quaisquer valores reais $x_1, x_2 \in D$,
>
> $$\text{se } x_1 \neq x_2, \text{ então, } f(x_1) \neq f(x_2).$$

A função mostrada na Figura 5.8 não é injetora, pois $f(x_1) = f(x_2)$, embora $x_1 \neq x_2$. Note que o gráfico viola o teste da reta horizontal.

FIGURA 5.8 Gráfico de uma função que não é injetora.

Exemplo 2. Determinando se uma função é injetora

Uma maneira prática de determinar algebricamente se uma função é injetora consiste em verificar se é possível invertê-la. Essa estratégia, que foi usada anteriormente para a função $f(x) = x^2$, é útil quando é fácil isolar x na equação $y = f(x)$.

Tomemos como exemplo a função

$$f(x) = \frac{3}{5x - 2},$$

cujo domínio é $D_f = \{x \in \mathbb{R} \mid x \neq \frac{2}{5}\}$. Seguindo o roteiro proposto para a inversão de funções, podemos escrever

$y = \dfrac{3}{5x - 2}$ Equação na forma $y = f(x)$.

$y(5x - 2) = 3$ Multiplicando os dois lados por $(5x - 2)$.

$5x - 2 = \dfrac{3}{y}$ Dividindo os dois lados por y.

$5x = \dfrac{3}{y} + 2$ Somando 2 a ambos os lados.

$x = \dfrac{3}{5y} + \dfrac{2}{5}$ Dividindo os dois lados por 5.

Como, nesse caso, para cada valor de y (salvo $y = 0$) temos um único valor de x, a função possui uma inversa g, que é dada por

$$g(y) = \frac{3}{5y} + \frac{2}{5}.$$

O domínio de g é $D_g = \{y \in \mathbb{R} \mid y \neq 0\}$.

Agora, tente o Exercício 2.

Exemplo 3. Determinando se uma função é injetora

A estratégia apresentada no exemplo anterior pode não ser útil quando a expressão de f inclui vários termos que envolvem a variável x, como ocorre com

$$f(x) = x^2 + x - 2,$$

cujo domínio é o conjunto de todos os números reais. Para verificar se uma função desse tipo é injetora, devemos usar uma estratégia um pouco mais complicada.

Sabemos que f não será injetora se existirem valores x_1 e x_2 pertencentes ao seu domínio, com $x_1 \neq x_2$, tais que $f(x_1) = f(x_2)$, ou seja, se

$$x_1^2 + x_1 - 2 = x_2^2 + x_2 - 2$$

para $x_1 \neq x_2$. Como não podemos testar todos os valores admissíveis para x_1 e x_2, usaremos um truque para descobrir em que casos a equação dada é satisfeita.

Suponhamos que
$$x_2 = x_1 + c,$$
em que c é um número real diferente de zero. Nesse caso, substituindo x_2 na equação, obtemos
$$x_1^2 + x_1 - 2 = (x_1 + c)^2 + (x_1 + c) - 2.$$

Se a equação for válida para algum c diferente de zero, então a função não será injetora. Vejamos se isso acontece.

$x_1^2 + x_1 - 2 = (x_1 + c)^2 + (x_1 + c) - 2$ Equação original.
$x_1^2 + x_1 - 2 = x_1^2 + 2x_1c + c^2 + x_1 + c - 2$ Expandindo o lado direito.
$-2x_1c - c^2 - c = 0$ Passando os termos para o lado esquerdo.
$c(-2x_1 - c - 1) = 0$ Pondo c em evidência.

Deduzimos, portanto, que a equação é válida se
$$c = 0 \quad \text{ou} \quad -2x_1 - c - 1 = 0.$$

> Na verdade, se $c = 0$ fosse a única solução da equação, então a função seria injetora, pois só teríamos $f(x_1) = f(x_2)$ quando $x_1 = x_2$.

Naturalmente, desprezamos a solução $c = 0$, pois isso faz que $x_1 = x_2$, o que não nos interessa. Assim, restringimos a nossa análise ao caso em que $-2x_1 - c - 1 = 0$, o que nos leva a
$$-2x_1 - c - 1 = 0 \quad \Rightarrow \quad c = -2x_1 - 1.$$

Observando, então, que x_1 pode ser qualquer número real (ou seja, qualquer elemento do domínio de f), concluímos que há infinitos valores diferentes de zero para c que fazem que a equação $f(x_1) = f(x_2)$ seja válida. Assim, a função não é injetora.

De fato, lembrando que $x_2 = x_1 + c$, concluímos que $f(x_2) = f(x_1)$ para todo x_2 dado por
$$x_2 = x_1 + (-2x_1 - 1) = -x_1 - 1.$$

Escolhendo, por exemplo, $x_1 = 4$, e usando a fórmula dada para obter x_2, ou seja, tomando
$$x_2 = -x_1 - 1 = -4 - 1 = -5,$$
deduzimos que $f(4) = f(-5)$, de modo que f não é injetora.

> **Conferindo a resposta**
> $f(4) = 4^2 + 4 - 2$
> $= 16 + 4 - 2 = 18,$
>
> $f(-5) = (-5)^2 + (-5) - 2$
> $= 25 - 5 - 2 = 18.$

Exemplo 4. Determinando se uma função é injetora

Tentemos aplicar a estratégia que envolve escrever $x_2 = x_1 + c$ para determinar, mais uma vez, se a função do Exemplo 2 é injetora. Como o leitor deve se lembrar, a função em questão era
$$f(x) = \frac{3}{5x - 2},$$
que estava definida em $D_f = \{x \in \mathbb{R} \mid x \neq \frac{2}{5}\}$. Igualando, então $f(x_1)$ a $f(x_2)$, obtemos
$$\frac{3}{5x_1 - 2} = \frac{3}{5x_2 - 2}.$$

Substituindo, agora, x_2 por $x_1 + c$, escrevemos

$\dfrac{3}{5x_1 - 2} = \dfrac{3}{5(x_1 + c) - 2}$ Equação $f(x_1) = f(x_2)$.
$3[5(x_1 + c) - 2] = 3(5x_1 - 2)$ Efetuando o produto cruzado.
$15x_1 + 15c - 6 = 15x_1 - 6$ Expandindo os termos.
$15c = 0$ Movendo os termos para o lado esquerdo.

Nesse exemplo, chegamos à conclusão de que $c = 0$, de modo que a única forma de obter $f(x_1) = f(x_2)$ consiste em fazer

$$x_2 = x_1 + c \quad \Rightarrow \quad x_2 = x_1 + 0 \quad \Rightarrow \quad x_2 = x_1.$$

Logo, $f(x)$ é injetora.

O Exemplo 4 ilustra uma propriedade bastante importante, que pode ser deduzida facilmente da definição de função injetora. Essa propriedade será útil na resolução de equações exponenciais e logarítmicas.

> **Propriedade das funções injetoras**
> Se f é uma função injetora, então,
>
> $$f(x_1) = f(x_2) \quad \text{se e somente se} \quad x_1 = x_2.$$

■ Definição de função inversa

Já vimos como obter a inversa de uma função f e já percebemos que f deve ser injetora para que possua inversa. É chegada, então, a hora de reunirmos esses conceitos em uma definição mais formal.

> **Função inversa**
> Seja f uma função injetora em um domínio A, com conjunto imagem B. A inversa de f, representada por f^{-1}, é a função com domínio B e conjunto imagem A definida por
>
> $$f^{-1}(y) = x \quad \text{se e somente se} \quad y = f(x).$$

Além de definir uma nova notação para a inversa, f^{-1}, e de estabelecer a relação entre $y = f(x)$ e $x = f^{-1}(y)$, essa definição permite que restrinjamos a nossa análise a um conjunto A, que não precisa ser todo o domínio da função.

Assim, escolhendo um conjunto A no qual f seja injetora, é possível determinar a inversa f^{-1}, como mostra o exemplo a seguir.

Problema 3. Determinação da função inversa

Verifique se a função $f(x) = x^2$ é injetora no domínio $D = \{x \in \mathbb{R} | x \geq 0\}$. Em caso afirmativo, determine a inversa de f.

Solução

Para resolver esse problema, vamos tentar inverter f no domínio especificado. Se tivermos sucesso, descobriremos, ao mesmo tempo, se a função é injetora e qual é a sua inversa.

$y = x^2$ Equação na forma $y = f(x)$.

$\pm\sqrt{y} = x$ Eliminando a raiz quadrada.

$x = \pm\sqrt{y}$ Invertendo os termos.

$x = \sqrt{y}$ Desprezando os valores de x fora do domínio.

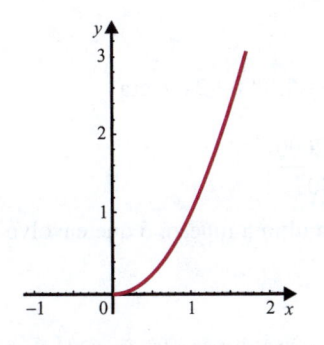

FIGURA 5.9 Gráfico de f no domínio $D = \{x \in \mathbb{R} | x \geq 0\}$.

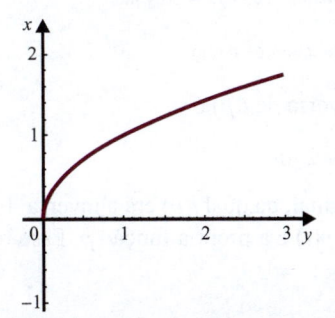

FIGURA 5.10 Gráfico de f^{-1} no domínio $D_{inv} = \{y \in \mathbb{R} | y \geq 0\}$.

Observe que, apesar de termos obtido $x = \pm\sqrt{y}$, pudemos desprezar os valores negativos de x, uma vez que, no domínio considerado, temos $x \geq 0$. Sendo assim, só há um valor de x para cada y, e a função é injetora. Além disso,

$$f^{-1}(y) = \sqrt{y}.$$

As Figuras 5.9 e 5.10 mostram, respectivamente, os gráficos de f e de sua inversa.

Problema 4. Determinação da função inversa

Determine a inversa da função a seguir. Defina o domínio de f e de f^{-1}.

$$f(x) = \frac{2 - 5x}{8x - 3}.$$

Solução

A função f só não está definida para os valores de x que fazem que o denominador seja igual a zero. Assim, temos

$$8x - 3 \neq 0 \quad \Rightarrow \quad 8x \neq 3 \quad \Rightarrow \quad x \neq \frac{3}{8},$$

o que nos permite concluir que o domínio da função é

$$D(f) = \left\{ x \,\middle|\, x \neq \frac{3}{8} \right\}.$$

Tentemos, agora, encontrar a inversa de f seguindo o roteiro estabelecido no início dessa seção:

$$y = \frac{2 - 5x}{8x - 3} \quad \text{Equação na forma } y = f(x).$$

$$(8x - 3)y = 2 - 5x \quad \text{Multiplicando os dois lados por } 8x - 3.$$

$$8xy - 3y = 2 - 5x \quad \text{Aplicando a propriedade distributiva.}$$

$$8xy + 5x = 2 + 3y \quad \text{Isolando do lado esquerdo os termos com } x.$$

$$x(8y + 5) = 2 + 3y \quad \text{Pondo } x \text{ em evidência.}$$

$$x = \frac{2 + 3y}{8y + 5} \quad \text{Dividindo os dois lados por } 8y + 5.$$

Observando essa última equação, é fácil perceber que há apenas um valor de x para cada valor de y. Desse modo, f possui inversa, que é definida por

$$f^{-1}(y) = \frac{2 + 3y}{8y + 5}.$$

Além disso, como o denominador dessa função não pode ser igual a zero, temos

$$8y + 5 \neq 0 \quad \Rightarrow \quad 8y \neq -5 \quad \Rightarrow \quad y \neq -\frac{5}{8}.$$

Assim, o domínio de f^{-1} é

$$D(f^{-1}) = \left\{ y \,\middle|\, y \neq -\frac{5}{8} \right\}.$$

Agora, tente o Exercício 4.

Inversa da função inversa

No Exemplo 1, vimos que a inversa de $p(t) = 12000 + 240t$ era

$$t(p) = \frac{p - 12000}{240}.$$

Tentemos, agora, determinar a inversa dessa última função, o que envolve isolar p na equação dada:

$t = \dfrac{p - 12000}{240}$	Equação associada à função $t(p)$.
$240t = p - 12000$	Multiplicando ambos os lados por 240.
$240t + 12000 = p$	Somando 12000 aos dois lados.
$p = 12000 + 240t$	Invertendo os termos.

Dessa última equação, concluímos que a inversa de $t(p)$ é

$$p(t) = 12000 + 240t.$$

Observe que essa era a nossa função original, da qual $t(p)$ era a inversa. Logo, a inversa da inversa da função definida por $p(t)$ é a própria função p. Esse resultado está resumido no quadro a seguir.

Propriedade da função inversa

Seja f uma função injetora em um domínio A, com conjunto imagem B. Nesse caso,

$$f(f^{-1}(y)) = y, \quad \text{para todo } y \text{ em } B;$$
$$f^{-1}(f(x)) = x, \quad \text{para todo } x \text{ em } A.$$

Esse resultado, que parece complicado, indica apenas que f^{-1} é a inversa de f, e f é a inversa de f^{-1}. Embora ele não pareça útil no momento, iremos utilizá-lo bastante neste capítulo, no qual trataremos das funções exponencial e logarítmica. Como a função logarítmica é a inversa da função exponencial, a propriedade dada nos diz que a função exponencial também é a inversa da função logarítmica.

Exercícios 5.1

1. Dados os gráficos a seguir, determine se as funções correspondentes possuem inversa.

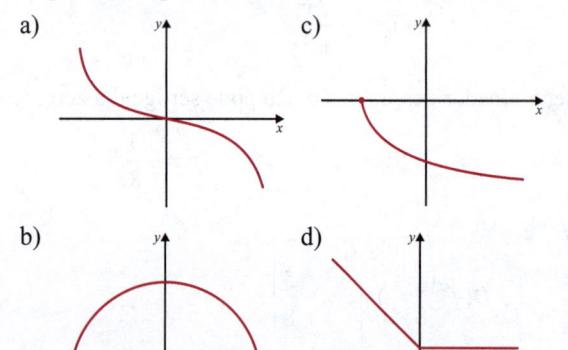

   a)

   b)

   c)

   d)

2. Determine se as funções são injetoras.

   a) $f(x) = 6 - 5x$
   b) $f(x) = \frac{x}{2} - 1$
   c) $f(x) = \sqrt{x - 4}$
   d) $f(x) = 1 - x^2$
   e) $f(x) = \frac{2}{x}$
   f) $f(x) = x^3 + x$
   g) $f(x) = \frac{x}{x^2 + 1}$
   h) $f(x) = x^2 - 5$, para $x \geq 0$

3. Dada a tabela a seguir, esboce o gráfico da inversa de f.

x	-1	0	1	2	3	4
$f(x)$	-1	1,5	4	6,5	9	11,5

4. Dadas as funções a seguir, determine a função inversa, bem como os domínios de f e de f^{-1}.

a) $f(x) = 3x - 2$.
b) $f(x) = \sqrt{9-x}$
c) $f(x) = \sqrt{x+1}$
d) $f(x) = \sqrt[3]{x+4}$
e) $f(x) = \frac{1}{x^2}$, para $x > 0$
f) $f(x) = \frac{x-5}{3}$
g) $f(x) = \frac{5}{x+1}$
h) $f(x) = \frac{x+1}{x-2}$
i) $f(x) = 1 + x^2$, para $x \geq 0$
j) $f(x) = \sqrt{4-25x}$
k) $f(x) = \sqrt{16x-49}$
l) $f(x) = \frac{4x+7}{5x-12}$
m) $f(x) = \frac{3x-4}{6-2x}$
n) $f(x) = \frac{3-2x}{x+4}$
o) $f(x) = \frac{400-25x}{80-2x}$
p) $f(x) = \sqrt{\frac{x}{3x-2}}$

5. Uma função f tem a forma $f(x) = -5x + b$, em que b é uma constante real. Sabendo que $f^{-1}(14) = -2$, determine o valor de b e a expressão da inversa.

6. Uma loja de automóveis criou uma promoção válida apenas nesta semana. Todos os carros da loja estão com 10% de desconto sobre o preço de tabela do fabricante. Além disso, depois de calculado o desconto, o cliente ainda tem uma redução de R$ 900,00 sobre o preço do carro.
   a) Escreva uma função $P(x)$ que forneça o valor que o cliente pagará pelo carro, nesta semana, em relação ao preço de tabela, x.
   b) Determine a função inversa de P e indique o que essa função representa.
   c) Se você tem exatamente R$ 27.000,00, determine o preço de tabela do carro mais caro que você consegue comprar à vista.
   d) Esboce o gráfico da função inversa de P.

7. Uma piscina com 10 m de comprimento, 5 m de largura e 2 m de profundidade contém apenas 10 m³ de água. Uma bomba com vazão de 2,5 m³/h é usada para encher a piscina.
   a) Escreva a função $v(h)$ que fornece o volume da piscina (em m³), em relação à altura do nível d'água (em m). Lembre-se de que o volume de um prisma retangular reto com dimensões x, y e z é dado por xyz.
   b) Escreva a inversa da função do item (a), ou seja, a função $h(v)$ que fornece a altura do nível d'água (em m) em relação ao volume de água da piscina, v (em m³).
   c) Escreva a função $v(t)$ que fornece o volume da piscina em relação ao tempo, em horas, contado a partir do momento em que a bomba é ligada.
   d) Escreva a função $h(t)$ que fornece o nível d'água da piscina em relação ao tempo.
   e) Determine o instante em que a piscina estará suficientemente cheia, o que ocorrerá quando seu nível d'água atingir 1,8 m.

8. Como empregado de uma loja de roupas, você ganha R$ 50,00 por dia, além de uma comissão de R$ 0,05 para cada real que consegue vender. Assim, seu rendimento diário é dado pela função $f(x) = 50 + 0,05x$.
   a) Determine a inversa de f e descreva o que ela representa.
   b) Determine quantos reais você deve vender em um único dia para receber R$ 80,00 de remuneração pelo trabalho desse dia.

9. Para converter uma temperatura dada em graus Fahrenheit (F) para graus Celsius (C), usamos a fórmula $C = \frac{5}{9}(F - 32)$.
   a) Escreva uma função $F(C)$ que converta para Fahrenheit uma temperatura C em graus Celsius.
   b) Trace o gráfico de $C(F)$ para F entre -50 e 250. No mesmo plano coordenado, trace o gráfico de $F(C)$ para C entre -50 e 120.
   c) Determine em que temperatura a medida em Celsius e Fahrenheit é a mesma. (Dica: determine o valor C tal que $F(C) = C$.) Mostre esse ponto no gráfico de $F(C)$.

10. A numeração dos sapatos varia de acordo com o país. Para converter o número de um sapato feminino brasileiro para a numeração americana, usamos a função $a(b) = 0,733b - 19$, em que b é a medida no Brasil.
    a) Determine a função inversa de a.
    b) Usando a inversa, determine o número, no sistema brasileiro, do sapato de uma senhora americana que calça 6 e $\frac{1}{2}$ em seu país de origem.
    c) Esboce o gráfico da inversa de a.

11. Comprei uma árvore frutífera com 1,5 m de altura. Sabendo que a árvore cresce 60 cm por ano,
    a) Escreva uma função $A(t)$ que forneça a altura da árvore em relação ao número de anos (t) decorridos desde sua compra.
    b) Determine a inversa de $A(t)$ e indique o que essa inversa representa.
    c) Trace o gráfico da inversa.
    d) Usando a inversa, determine o tempo necessário para que a árvore alcance 12 m.

12. Para cada função a seguir, restrinja o domínio de modo que a função seja injetora. Determine, então, a inversa da função para o domínio escolhido.
    a) $f(x) = (x-2)^2$
    b) $f(x) = |x|$

13. Use a propriedade das funções inversas para mostrar que g é a inversa de f e vice-versa.
    a) $f(x) = \frac{3x-1}{5}$ e $g(y) = \frac{5y+1}{3}$
    b) $f(x) = \sqrt[3]{x}$ e $g(y) = y^3$
    c) $f(x) = \frac{1}{x}$ e $g(y) = \frac{1}{y}$
    d) $f(x) = 2 - x^5$ e $g(y) = \sqrt[5]{2-y}$
    e) $f(x) = \frac{2x-5}{8-3x}$ e $g(y) = \frac{8y+5}{3y+2}$
    f) $f(x) = \frac{x^2}{x^2+1}$ e $g(y) = \sqrt{\frac{y}{1-y}}$, com $x \geq 0$ e $0 \leq y < 1$

14. Pelo aluguel de determinado modelo de carro, uma locadora de automóveis cobra R$ 50,00 por dia, além de R$ 0,50 por quilômetro rodado.

a) Escreva a função $C(x)$ que fornece o custo diário do aluguel para quem pretende percorrer x km em um dia.
b) Determine a função inversa de C. O que essa função representa?
c) Usando a função inversa, determine quantos quilômetros é possível rodar em um mesmo dia com R$ 175,00 e com R$ 350,00.

15. Uma loja possui um programa de recompensa para clientes fiéis. A cada real gasto em compras, o cliente ganha 10 pontos do programa de fidelidade. Depois de juntar muitos pontos, é possível trocá-los por mercadorias da própria loja. Suponha que Marta já tenha 2.000 pontos.
    a) Escreva uma função $B(x)$ que forneça o número de pontos de Marta, em relação ao valor x, que corresponde a seu gasto na loja a partir de hoje.
    b) Determine a função inversa de $B(x)$. Indique o que essa função representa.
    c) Calcule quanto Marta ainda precisa gastar na loja para poder levar uma calça que vale 10.000 pontos.

16. Quando uma fábrica produz x unidades de um carrinho metálico, o custo médio por unidade é dado pela função $c(x) = \frac{1500 + 12x}{x}$.
    a) Determine a função inversa de c e seu domínio.
    b) Usando a inversa, determine quantas unidades do carrinho devem ser produzidas para que o custo por unidade seja igual a R$ 15,00.

17. Quando está a uma altura h (em km) acima do solo, um vigia consegue enxergar pessoas a uma distância de $d(h) = 112{,}88\sqrt{h}$ km.
    a) Determine a função inversa de d e seu domínio.
    b) Usando a inversa, determine que altura deve ter a torre de observação de um forte para que seu vigia enxergue pessoas a 10 km de distância.

18. A figura a seguir mostra o gráfico de $y = f(x)$.
    a) Determine a expressão de $f(x)$.
    b) Determine a inversa de f.

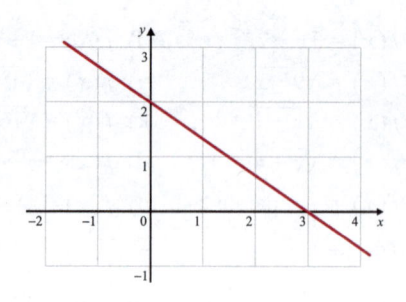

19. Cada figura a seguir mostra o gráfico de f. Sobre o mesmo sistema de eixos, trace o gráfico de f^{-1}.
    a)
    b)

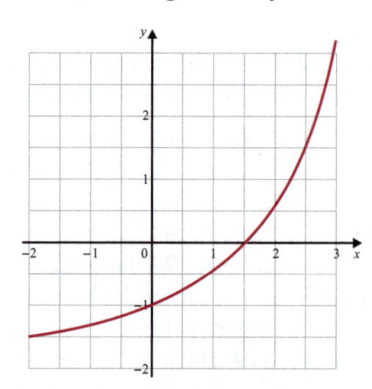

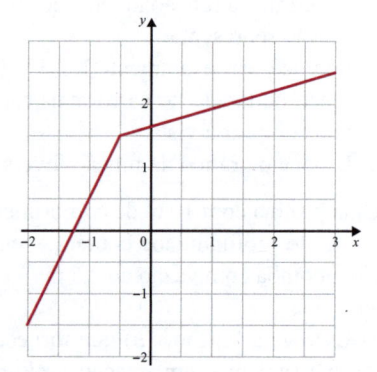

20. Para cada função a seguir, trace o gráfico de f e de f^{-1} sobre o mesmo sistema de eixos cartesianos e defina o domínio e o conjunto imagem de f^{-1}.
    a) $f(x) = \frac{x}{2} - 1$.
    b) $f(x) = \sqrt{x+2}$.
    c) $f(x) = \frac{2}{x}$.
    d) $f(x) = x^3 - 2$.

5.2 Função exponencial

Seguindo o padrão adotado neste capítulo, vamos iniciar a seção sobre funções exponenciais apresentando um exemplo aplicado.

Exemplo 1. Dívida bancária

Suponhamos que Heloísa tenha contraído um empréstimo de R$ 1.000,00 com um banco que cobra 6% de juros ao mês. Enquanto Heloísa não saldar sua dívida, ela irá crescer mês a mês, conforme indicado a seguir.

Dívida após um mês (contado a partir da data do empréstimo).

$$1000 + 1000 \times \tfrac{6}{100} = 1000 + 1000 \times 0{,}06 \quad \text{6\% de 1000 é o mesmo que } 0{,}06 \times 1000.$$
$$= 1000(1 + 0{,}06) \quad \text{Pondo 1000 em evidência.}$$
$$= 1000 \times 1{,}06 \quad \text{Efetuando a soma entre parênteses.}$$
$$= 1060 \quad \text{Simplificando o resultado.}$$

A partir da sequência de passos dada, concluímos que aumentar a dívida em 6% é o mesmo que multiplicá-la por 1,06, de modo que, ao final de um mês, Heloísa já devia R$ 1.060,00.

Dívida após 2, 3 e 4 meses.

Como, a cada mês, a taxa de juros incide sobre todo o valor devido, e não apenas sobre os R$ 1.000 reais iniciais, temos:

- Dívida após dois meses: $1060 \times 1{,}06 = 1123{,}60$.
- Dívida após três meses: $1123{,}60 \times 1{,}06 = 1191{,}016$ ($\approx$ R$ 1.191,02).
- Dívida após quatro meses: $1191{,}016 \times 1{,}06 = 1262{,}47696$ ($\approx$ R$ 1.262,48).

Observe que a dívida em determinado mês é igual ao produto da dívida do mês anterior por 1,06. Escrevendo essa dívida em relação ao valor original do empréstimo (R$ 1.000,00), obtemos:

- Dívida após um mês:

$$\underbrace{1000}_{\text{Empréstimo}} \times \underbrace{1{,}06}_{\text{Juros}}$$

- Dívida após dois meses:

$$\underbrace{1000 \times 1{,}06}_{\text{Dívida após 1 mês}} \times \underbrace{1{,}06}_{\text{Juros}} = 1000 \times 1{,}06^2.$$

- Dívida após três meses:

$$\underbrace{1000 \times 1{,}06^2}_{\text{Dívida após 2 meses}} \times \underbrace{1{,}06}_{\text{Juros}} = 1000 \times 1{,}06^3.$$

- Dívida após quatro meses:

$$\underbrace{1000 \times 1{,}06^3}_{\text{Dívida após 3 meses}} \times \underbrace{1{,}06}_{\text{Juros}} = 1000 \times 1{,}06^4.$$

Dívida após x meses.

Repare que, para calcular a dívida após 1, 2, 3 ou 4 meses, multiplicamos o valor do empréstimo (R$ 1.000,00) por 1,06 elevado ao número de meses. Supondo, então, que Heloísa não salde nem mesmo parcialmente sua dívida, podemos estender o raciocínio dado e calcular o montante devido após x meses, em que x é um número inteiro positivo:

$$\text{Dívida após } x \text{ meses}: 1000 \times 1{,}06^x.$$

De posse dessa fórmula e de uma calculadora, somos capazes de determinar a dívida de Heloísa após 1 e 2 anos, sem precisar fazer as contas mês a mês:

- Dívida após 12 meses (um ano): $1000 \times 1{,}06^{12} \approx$ R\$ 2.012,20.
- Dívida após 24 meses (dois anos): $1000 \times 1{,}06^{24} \approx$ R\$ 4.048,93.

Agora, tente o Exercício 7.

O exemplo anterior mostra que, em certas aplicações matemáticas, é preciso usar uma função na forma

$$f(x) = a^x,$$

em que a é uma constante real e a variável x aparece no expoente.

Embora tenhamos empregado $1{,}06^x$, com x inteiro, no cálculo dos juros de Heloísa, podemos definir uma função mais geral, na qual x pode assumir qualquer valor real.

Mais precisamente, a função do Exemplo 1 tem a forma

$$f(x) = b \cdot a^x,$$

em que $b = 1.000$ e $a = 1{,}06$. Esse tipo de função será tratado na página 397.

Função exponencial

A **função exponencial** com base a é definida por

$$f(x) = a^x,$$

em que $a > 0$, $a \neq 1$ e x é qualquer número real.

Observe que:

- exigimos que a constante a fosse positiva para garantir que a função estivesse definida para todo x real (lembre-se de que, por exemplo, $\sqrt{a} = a^{1/2}$ não está definida para a negativo);
- excluímos $a = 1$, pois $1^x = 1$ para todo x real, de modo que $f(x) = 1^x$ é uma função constante.

Uma ressalva que precisa ser feita sobre a função exponencial diz respeito às potências com expoentes irracionais. Embora tenhamos considerado apenas expoentes racionais ao definirmos potências no Capítulo 1, é possível estender esse conceito para o caso em que o expoente é qualquer número real, bastando, para isso, que aproximemos um expoente irracional por um número racional.

Como exemplo, vamos calcular valores aproximados da potência $2^{\sqrt{3}}$ usando aproximações decimais diferentes para $\sqrt{3} \approx 1{,}7320508075688772935$:

$$2^{1{,}7321} \approx 3{,}32211035953 \qquad 2^{1{,}7320508} \approx 3{,}32199706806$$
$$2^{1{,}73205} \approx 3{,}32199522595 \qquad 2^{1{,}73205081} \approx 3{,}32199709108$$
$$2^{1{,}732051} \approx 3{,}32199752858 \qquad 2^{1{,}732050808} \approx 3{,}32199708648$$

Na lista dada, os algarismos corretos são mostrados em vinho. Note que, quanto mais algarismos empregamos na aproximação de $\sqrt{3}$, mais próximo chegamos do valor real de $2^{\sqrt{3}}$.

Problema 1. Cálculo da função exponencial

Para cada uma das funções a seguir, obtenha $f(-1), f(0), f(\tfrac{3}{4})$ e $f(\sqrt{3})$.

a) $f(x) = 3^x$
b) $f(x) = (\tfrac{1}{3})^x$
c) $f(x) = 0{,}3^x$

Solução

Usando uma calculadora científica, é fácil obter os valores pedidos no enunciado. As teclas usadas para calcular a função $f(x) = 3^x$ em cada ponto são dadas na Tabela 5.1.

CAPÍTULO 5 – Funções exponenciais e logarítmicas ■ 395

TABELA 5.1 Valores de $f(x) = 3^x$ pedidos no item (a) do Problema 1.

Valor	Teclas da calculadora	Resultado
$f(-1) = 3^{-1}$	3 y^x (-) 1 =	0,33333
$f(0) = 3^0$	3 y^x 0 =	1,00000
$f(3/4) = 3^{3/4}$	3 y^x (3 ÷ 4) =	2,27951
$f(\sqrt{3}) = 3^{\sqrt{3}}$	3 y^x √ 3 =	6,70499

Os comandos ao lado não são válidos para todas as calculadoras, já que, em algumas delas, a tecla de potência é $\boxed{\wedge}$, em lugar de $\boxed{y^x}$. Além disso, para escrever $\boxed{-1}$ pode ser necessário digitar $\boxed{1}$ $\boxed{+/-}$, e para calcular $\sqrt{3}$ pode ser necessário digitar $\boxed{3}$ $\boxed{\sqrt{}}$.

Verifique como usar as teclas da sua calculadora e confira se os valores que você obteve para as funções dos itens (b) e (c) são os mesmos dados nas Tabelas 5.2a e 5.2b, respectivamente.

TABELA 5.2 Valores dos itens (b) e (c) do Problema 1.

(a) $f(x) = (\frac{1}{3})^x$			(b) $[f(x) = 0,3^x]$		
x	f(x)	Resultado	x	f(x)	Resultado
−1	$(\frac{1}{3})^{-1}$	3,00000	−1	$0,3^{-1}$	3,33333
0	$(\frac{1}{3})^{-1}$	1,00000	0	$0,3^{-1}$	1,00000
$\frac{3}{4}$	$(\frac{1}{3})^{3/4}$	0,43869	$\frac{3}{4}$	$0,3^{3/4}$	0,40536
$\sqrt{3}$	$(\frac{1}{3})^{\sqrt{3}}$	0,14914	$\sqrt{3}$	$0,3^{\sqrt{3}}$	0,12426

Agora, tente o Exercício 1.

■ Gráfico da função exponencial

Os gráficos das funções exponenciais possuem várias características importantes que variam de acordo com a base a. Funções em que $a > 1$ têm gráficos similares, o mesmo acontecendo com aquelas nas quais $0 < a < 1$, como mostram os exemplos a seguir.

Exemplo 2. Gráfico de f(x) = a^x com a > 1

Para ilustrar o comportamento da função $f(x) = a^x$ quando $a > 1$, vamos traçar o gráfico de

$$f(x) = 2^x.$$

Como é de praxe, nosso primeiro passo será montar uma lista de pares na forma $(x, f(x))$, que auxiliará o traçado do gráfico. Essa lista é mostrada na Tabela 5.3.

TABELA 5.3 Dados do Exemplo 2.

x	−3	−2	−1	0	1	2	3
$f(x) = 2^x$	$\frac{1}{8}$	$\frac{1}{4}$	$\frac{1}{2}$	1	2	4	8

Com base nos pontos da tabela, traçamos o gráfico de $y = 2^x$ no plano cartesiano, conforme mostrado na Figura 5.11.

FIGURA 5.11 $f(x) = 2^x$.

Exemplo 3. Gráfico de f(x) = a^x com 0 < a < 1

Vejamos agora como é a aparência do gráfico de $g(x) = a^x$ quando $0 < a < 1$, usando como exemplo a função

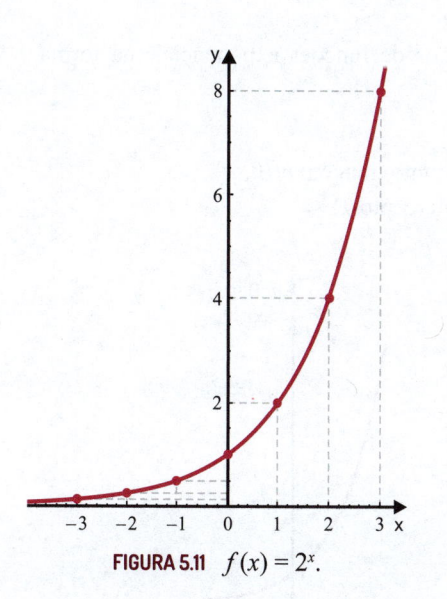

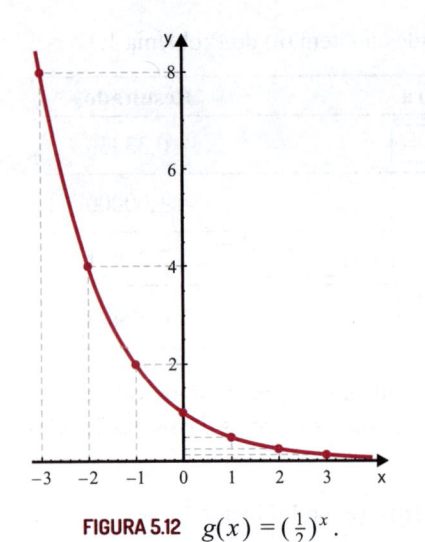

$$g(x) = \left(\frac{1}{2}\right)^x.$$

Os pares $(x, g(x))$ usados para traçar a curva $y = (\frac{1}{2})^x$ são dados na Tabela 5.4.

TABELA 5.4 Dados do Exemplo 3.

x	−3	−2	−1	0	1	2	3
$g(x) = (\frac{1}{2})^x$	8	4	2	1	$\frac{1}{2}$	$\frac{1}{4}$	$\frac{1}{8}$

O gráfico da função é apresentado na Figura 5.12.

Agora, tente o Exercício 6.

FIGURA 5.12 $g(x) = (\frac{1}{2})^x$.

Observando as Figuras 5.11 e 5.12, notamos que os gráficos de $f(x) = 2^x$ e $g(x) = (\frac{1}{2})^x$ têm uma aparência semelhante, embora pareçam espelhados. De fato, usando nossos conhecimentos sobre potências, podemos escrever

$$\left(\frac{1}{2}\right)^x = \frac{1^x}{2^x} = \frac{1}{2^x} = 2^{-x}.$$

Logo,

$$g(x) = 2^{-x} = f(-x).$$

Lembrando, então, aquilo que foi visto na Seção 3.8, que trata de transformações de funções, concluímos que o gráfico de $g(x) = f(-x)$ é a reflexão do gráfico de $f(x)$ com relação ao eixo-y.

O quadro a seguir resume as principais características do gráfico de $f(x) = a^x$, destacando as semelhanças e diferenças associadas ao valor da base a.

Gráfico de funções exponenciais

As características comuns aos gráficos de funções exponenciais na forma $f(x) = a^x$, com $a > 0$ e $a \neq 1$, são:

- o gráfico é contínuo;
- o domínio é $(-\infty, \infty)$ e o conjunto imagem é $(0, \infty)$;
- o intercepto-y é 1 e não há intercepto-x.

Além disso,

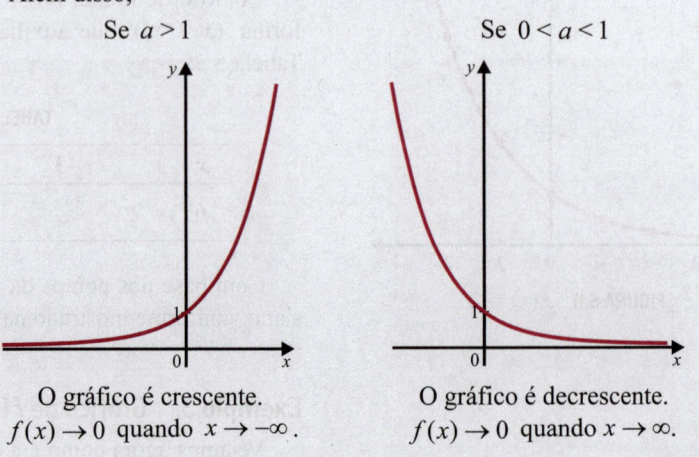

Se $a > 1$

O gráfico é crescente.
$f(x) \to 0$ quando $x \to -\infty$.

Se $0 < a < 1$

O gráfico é decrescente.
$f(x) \to 0$ quando $x \to \infty$.

Uma das características mais importantes da função exponencial é o fato de seu gráfico se aproximar do eixo-x sem nunca tocá-lo. Para $a > 1$, a função tende a zero quando x decresce (ou $x \to -\infty$). Já para $0 < a < 1$, a aproximação com o eixo-x se dá à medida que x cresce (isto é, $x \to \infty$). Nesse caso, dizemos que o eixo-x – ou seja, a reta $y = 0$ – é uma *assíntota horizontal* do gráfico da função exponencial.

Assíntota horizontal

A reta $y = b$ é uma **assíntota horizontal** do gráfico da função f se

$$f(x) \to b \quad \text{quando} \quad x \to -\infty \quad \text{ou} \quad x \to \infty.$$

Exemplo 4. Comparação entre x^2 e 2^x

É comum entre estudantes de Matemática confundir a função exponencial $f(x) = 2^x$ – na qual a variável x aparece como o expoente – com a função potência $g(x) = x^2$ – em que x está na base. Para realçar a diferença que há entre essas funções, a Tabela 5.5 apresenta $f(x)$ e $g(x)$ para diversos valores de x.

A tabela mostra que, além da grande diferença observada entre os valores de $f(x)$ e $g(x)$, quando x é negativo, a função exponencial cresce mais rapidamente quando $x \to \infty$. Os gráficos das duas funções no intervalo $[-5,5]$ são apresentados na Figura 5.13.

TABELA 5.5 Dados do Exemplo 4.

x	−10	−5	−2	−1	0	1	2	5	10
$f(x) = 2^x$	0,0009765	0,03125	0,25	0,5	1	2	4	32	1.024
$g(x) = x^2$	100	25	4	1	0	1	4	25	100

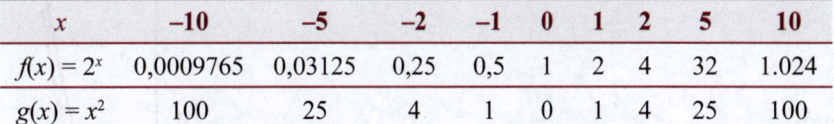

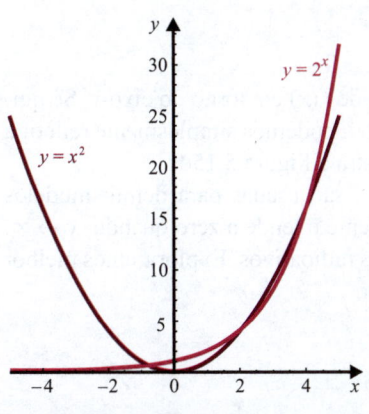

FIGURA 5.13 Gráficos de $f(x) = 2^x$ e $g(x) = x^2$.

■ Transformações da função exponencial

As transformações da função exponencial seguem as linhas apresentadas na Seção 3.8. Ainda assim, é interessante rever algumas dessas transformações, particularmente aquelas podem ser apresentadas de formas alternativas.

Tomando como referência a função $f(x) = 2^x$, cujo gráfico é dado na Figura 5.14, vejamos qual é o comportamento da função g, definida em cada caso a seguir, analisando a utilidade de cada transformação.

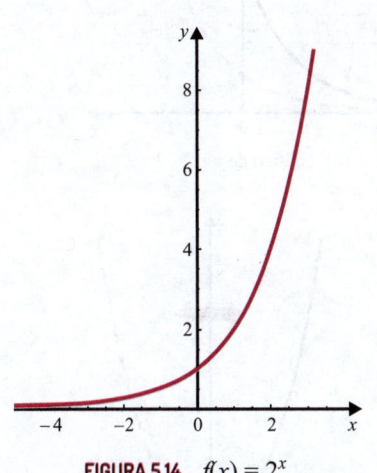

FIGURA 5.14 $f(x) = 2^x$.

1. $g(x) = f(x) + a$.

   A soma de uma constante ao valor de $f(x)$ provoca um deslocamento vertical do gráfico da função. Essa transformação é particularmente importante quando se deseja mudar a posição da assíntota horizontal. Se quisermos, por exemplo, que a assíntota passe a ser definida pela reta $y = 1$, basta tomarmos $g(x) = 2^x + 1$, como mostra a Figura 5.15a.

2. $g(x) = c \cdot f(x)$.

   Multiplicar a função por uma constante c é equivalente a definir $g(x) = f(x + d)$, em que d também é uma constante. Como exemplo, vamos usar nossos conhecimentos sobre potências para reescrever $g(x) = 4 \cdot 2^x$.

$$g(x) = 4 \cdot 2^x = 2^2 \cdot 2^x = 2^{x+2}.$$

Nesse caso particular,

$$g(x) = 4f(x) = f(x+2).$$

Como se sabe, ao somarmos uma constante positiva a x deslocamos o gráfico de $f(x)$ na horizontal. Em particular, o gráfico de $g(x) = 4 \cdot 2^x$ pode ser obtido deslocando-se o gráfico de $f(x)$ duas unidades para a esquerda.

Essa transformação é útil para mudar o intercepto-y da função sem alterar a posição da assíntota. Como exemplo, a função $g(x) = 4 \cdot 2^x$ cruza o eixo-y no ponto $(0,4)$, em lugar de fazê-lo no ponto $(0,1)$, como se vê na Figura 5.15b.

3. $g(x) = -f(x)$.

   A troca de sinal de $f(x)$ provoca uma reflexão de seu gráfico em torno do eixo-x. Assim, o gráfico de $g(x) = -2^x$, mostrado na Figura 5.15c, é uma reflexão do gráfico de $f(x) = 2^x$, mantendo o eixo-x como assíntota.

4. $g(x) = f(-x)$.

   Ao definirmos $f(-x)$, refletimos o gráfico de $f(x)$ em torno do eixo-y. Se quisermos, então, traçar o gráfico de $g(x) = 2^{-x}$, podemos simplesmente refletir a curva $y = 2^x$ em torno do eixo-y, como ilustra a Figura 5.15d.

   Funções exponenciais na forma $h(x) = a^{-x}$ são usadas para definir modelos matemáticos nos quais a função é decrescente e tende a zero quando $x \to \infty$, como ocorre com o decaimento de isótopos radioativos. Exploraremos melhor esse tipo de função no Problema 2 a seguir.

Lembre-se de que

$$2^{-x} = (2^{-1})^x = \left(\frac{1}{2}\right)^x.$$

Assim, a função $g(x) = 2^{-x}$ pode ser reescrita como $g(x) = \left(\frac{1}{2}\right)^x$.

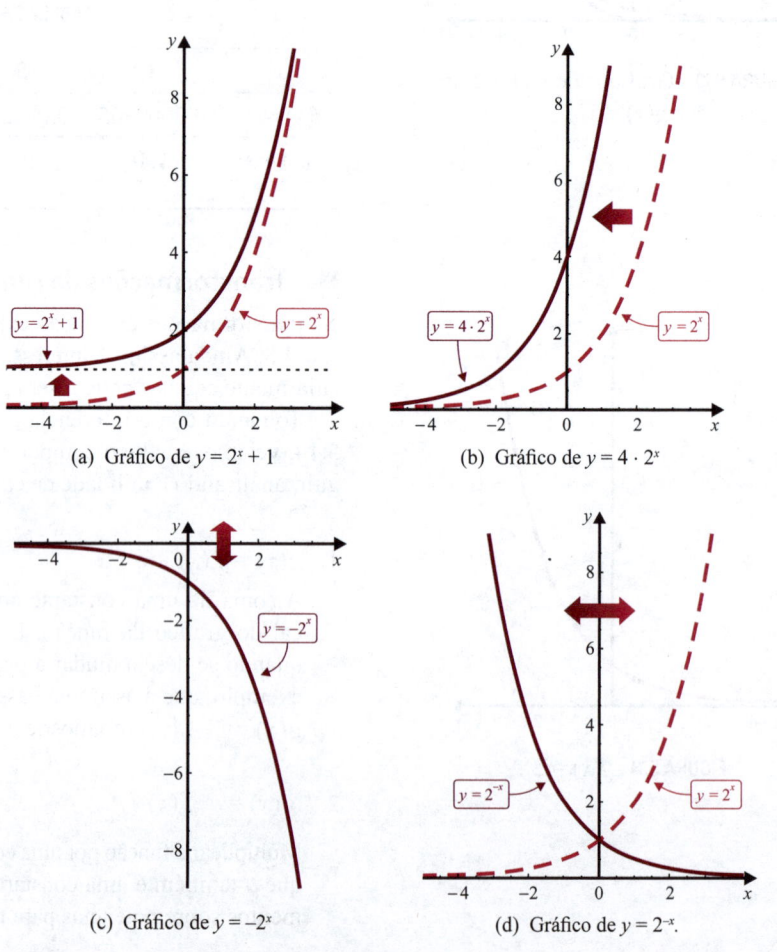

(a) Gráfico de $y = 2^x + 1$

(b) Gráfico de $y = 4 \cdot 2^x$

(c) Gráfico de $y = -2^x$

(d) Gráfico de $y = 2^{-x}$.

FIGURA 5.15 Algumas transformações da função exponencial $f(x) = 2^x$.

5. $g(x) = f(cx)$
Multiplicar a variável x por uma constante é equivalente a promover uma mudança da base da função exponencial, como mostrado a seguir.

$$g(x) = a^{cx} = (a^c)^x.$$

Logo, $g(x) = d^x$, em que $d = a^c$ é uma constante real que satisfaz $d > 0$ e $d \neq 1$. Como exemplo, a função $g(x) = 2^{3x}$ pode ser reescrita como

$$g(x) = 2^{3x} = (2^3)^x = 8^x.$$

Se $c < 0$, além da mudança de base, há também uma reflexão do gráfico em torno do eixo-y. A Figura 5.16 mostra os gráficos de funções exponenciais com bases diferentes. Note que a base está relacionada à curvatura do gráfico.

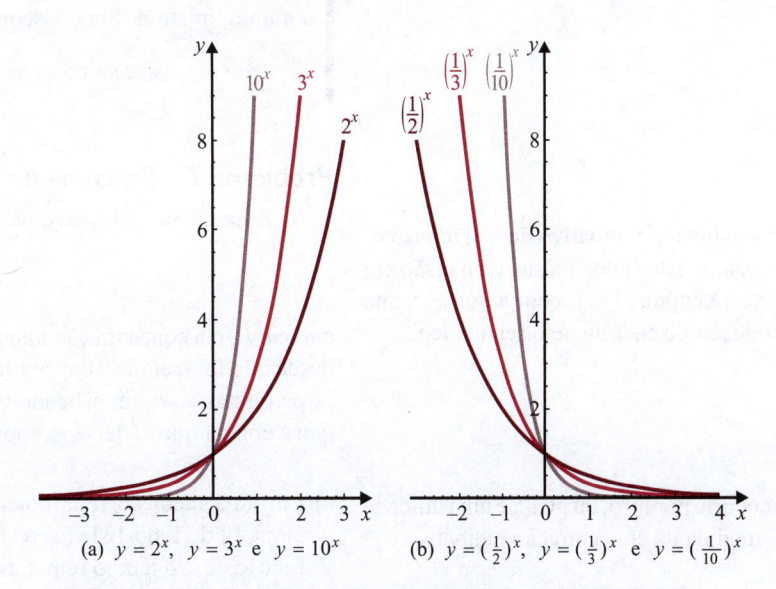

(a) $y = 2^x$, $y = 3^x$ e $y = 10^x$ (b) $y = (\tfrac{1}{2})^x$, $y = (\tfrac{1}{3})^x$ e $y = (\tfrac{1}{10})^x$

FIGURA 5.16 Gráficos de funções exponenciais em várias bases.

Uma função exponencial muito comum em aplicações práticas é $f(x) = e^x$, que usa como base o número irracional

$$e \approx 2,7182818284590452353602874713526624977572470936 9996\ldots$$

A função exponencial de base e tem algumas propriedades interessantes, que são exploradas em cursos de Cálculo. Além disso, ela é usada para definir as funções hiperbólicas.

Verifique se sua calculadora possui a tecla $\boxed{e^x}$. Caso tenha, você pode obter um valor aproximado para a constante e pressionando

$$\boxed{e^x} \ \boxed{1} \ \boxed{=}$$

Exemplo 5. Composição da função exponencial

Pesquisadores de Pederneiras fizeram um estudo estatístico para investigar a distribuição dos tamanhos dos pés dos homens da cidade. Segundo os estudiosos, a função que fornece o percentual aproximado da população masculina adulta cujo pé direito mede x centímetros é

$$f(x) = 28,5 e^{-(x-24,4)^2/3,92}.$$

Assim, para saber quantos homens de Pederneiras têm o pé direito com aproximadamente 25 cm, basta calcular

$$f(25) = 28,5 e^{-(25-24,4)^2/3,92} \approx 26\%.$$

Naturalmente, $f(x)$ pode ser vista como a composição $g(h(x))$, em que $g(z) = 2,85 e^z$ e $h(x) = -\frac{(x-24,4)^2}{3,92}$. Essa composição faz que o gráfico de

FIGURA 5.17 Gráfico de $f(x) = 28{,}5e^{-(x-24{,}4)^2/3{,}92}$.

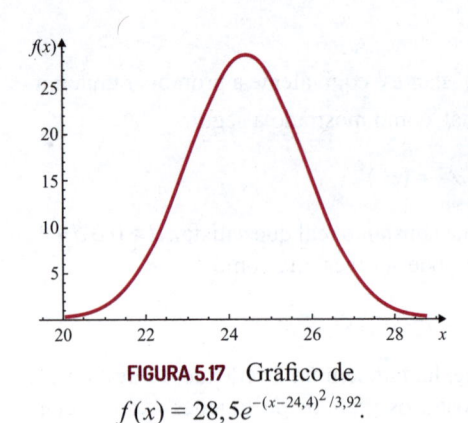

f se pareça com um sino, como mostra a Figura 5.17. Note que, em lugar de ser estritamente crescente ou decrescente, a curva rosa atinge seu máximo em $x = 24{,}4$, e tem como assíntota horizontal a reta $y = 0$.

■ Aplicação da função exponencial

Terminando esta seção, vamos apresentar duas novas aplicações da função exponencial, além daquela fornecida no Exemplo 1. Para resolver nosso próximo problema, devemos levar em conta o fato de a função exponencial ser injetora, como destacado a seguir.

> A função exponencial $f(x) = a^x$, com $a > 0$ e $a \neq 1$, é sempre crescente ou sempre decrescente. Dessa forma, ela satisfaz o teste da reta horizontal, sendo, portanto, injetora. Em consequência,
>
> $a^{x_1} = a^{x_2}$ se e somente se $x_1 = x_2$.

Problema 2   Decaimento radioativo

O decaimento radioativo do Iodo 131 (^{131}I) é descrito pela função

$$P(t) = P_0 \cdot 2^{-bt},$$

em que P_0 é a concentração inicial do elemento, t é o tempo transcorrido (em dias) desde que foi medida a concentração, e b é uma constante real positiva. Responda às perguntas a seguir, sabendo que a meia-vida do Iodo 131 é de 8 dias, ou seja, que a concentração desse isótopo em uma amostra cai pela metade em 8 dias.

O decaimento radioativo do ^{131}I, um isótopo instável do Iodo, é a sua conversão em ^{131}Xe (Xenônio 131), com a consequente produção de energia pelo seu núcleo.

Picocurie por litro, ou pCi/l, é uma unidade de medida de concentração radioativa.

a) Em uma medição feita hoje, uma amostra de água contaminada apresentou 50 pCi/l de Iodo 131. Escreva a função que fornece a concentração de ^{131}I em função de t, o tempo (em dias) contado a partir da data em que a concentração foi medida.
b) Trace o gráfico da concentração de Iodo 131 nessa amostra de água para um período de 40 dias contados a partir de hoje.
c) Com base em seu gráfico, determine aproximadamente daqui a quantos dias a água conterá uma concentração de ^{131}I menor ou igual a 3 pCi/l, que é o limite recomendado para o consumo humano.

Solução

a) Segundo o enunciado do problema, a concentração inicial de ^{131}I é $P_0 = 50$ pCi/l. Substituindo esse valor em nossa função, obtemos

$$P(t) = 50 \cdot 2^{-bt}.$$

Para determinar o valor de b, devemos lembrar que a meia-vida do ^{131}I equivale a 8 dias, de modo que, daqui a 8 dias, a concentração de Iodo 131 será reduzida a 25 pCi/l, que é a metade da concentração inicial. Assim,

$P(8) = P_0/2 = 25$ pCi/l.

$$P(8) = 50 \cdot 2^{-b \cdot 8} = 25.$$

A resolução dessa equação envolve não apenas a manipulação de potências, mas também a propriedade das funções injetoras.

$50 \cdot 2^{-8b} = 25$ Equação original.

$2^{-8b} = \frac{25}{50}$ Dividindo os dois lados por 50.

$2^{-8b} = \frac{1}{2}$ Simplificando o lado direito.

$2^{-8b} = 2^{-1}$ Escrevendo os dois lados como potências de base 2.

$-8b = -1$ Aplicando a propriedade das funções injetoras.

$b = \frac{-1}{-8}$ Dividindo ambos os lados por -8.

$b = \frac{1}{8}$ Simplificando o resultado.

Portanto,

$$P(t) = 50 \cdot 2^{-t/8}.$$

b) Para traçar o gráfico de P, é preciso montar uma tabela de pares $(t, P(t))$. Aproveitando o fato de que $P(t)$ cai pela metade a cada 8 dias, adotamos esse espaçamento para os valores de t, como mostrado na Tabela 5.6. Em seguida, usando os pontos da tabela, desenhamos a curva da Figura 5.18.

TABELA 5.6   Dados do Problema 2.

t	0	8	16	24	32	40
$P(t)$	50	25	12,5	6,25	3,125	1,5625

FIGURA 5.18   Gráfico de $P(t) = 50 \cdot 2^{-t/8}$.

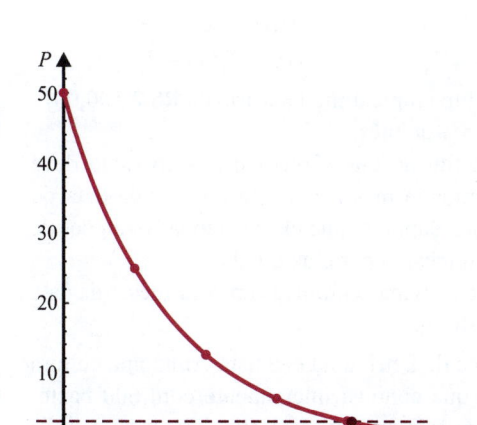

Resolvendo a equação usando técnicas que serão vistas adiante neste capítulo, obtemos $t \approx 32,5$

c) Observe que a concentração de ^{131}I decresce e se aproxima do eixo-x, sem nunca tocá-lo (a concentração nunca será zero). Segundo a Figura 5.18, a água estará própria para o consumo humano no instante correspondente ao ponto de interseção da curva com a reta $P = 3$, ou seja, daqui a cerca de 32 dias (ponto vinho no gráfico).

Agora, tente os Exercícios 11 e 12.

Problema 3.   Curva de aprendizado

Em uma indústria, um funcionário recém-contratado produz menos que um operário experiente. A função que descreve o número de peças produzidas diariamente por um trabalhador da metalúrgica MetalCamp é

$$p(t) = 180 - 110 \cdot 2^{-0,5t},$$

em que t é o tempo de experiência no serviço, em semanas.

1. Determine quantas peças o operário recém-contratado produz diariamente.
2. Trace o gráfico de $p(t)$, supondo que t varia de 0 a 10 semanas.
3. Determine a assíntota horizontal do gráfico e explique o que ela representa.

Solução

1. O número de peças produzidas diariamente por um novato na indústria é

$$P(0) = 180 - 110 \cdot 2^{-0,5 \cdot 0} = 180 - 110 \cdot 2^0 = 180 - 110 = 70.$$

2. O gráfico de p é dado na Figura 5.19. Note que, nesse caso, a função é crescente.

3. Como mostra a Figura 5.19, o gráfico de p tem uma assíntota horizontal em $y = 180$. Esse valor é um limite superior para o número de peças que um trabalhador consegue produzir diariamente.

FIGURA 5.19   Gráfico de $P(t) = 180 - 110 \cdot 2^{-0,5t}$.

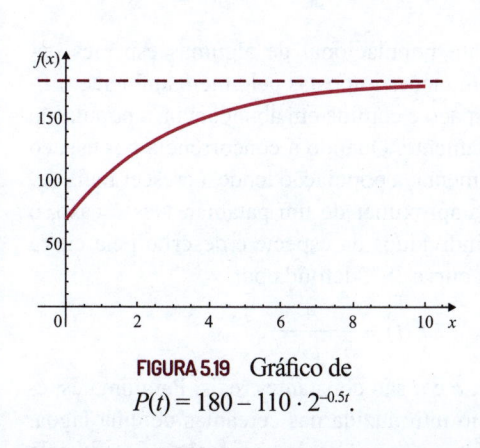

O termo constante 180 define a posição da assíntota horizontal da função. Por sua vez, as constantes negativas -110 e $-0,5$ convertem a assíntota em um limite superior para $p(t)$.

Agora, tente o Exercício 13.

Exercícios 5.2

1. Sem usar calculadora, determine o valor de cada função a seguir nos pontos indicados.
   a) $f(x) = 4^x$; $f(0), f(-1), f(1), f(0,5), f(2)$
   b) $f(x) = 3^{-x}$; $f(0), f(-1), f(1), f(0,5), f(2)$
   c) $f(x) = \left(\frac{1}{3}\right)^x$; $f(0), f(-1), f(1), f(0,5), f(2)$
   d) $f(x) = \frac{1}{2} \cdot 2^x$; $f(0), f(0,5), f(1), f(2), f(3)$
   e) $f(x) = 2^{x-1}$; $f(0), f(0,5), f(1), f(2), f(3)$
   f) $f(x) = 2^{x-3} + \frac{1}{2}$; $f(0), f(-1), f(6)$
   g) $f(x) = 5^{-x}$; $f(-2), f(-0,5), f(3)$
   h) $f(x) = \left(\frac{1}{4}\right)^{-x}$; $f(0), f(-2), f(0,5), f(2)$

2. Você notou alguma semelhança nos valores encontrados nos itens (b) e (c) do Exercício 1? Explique o que ocorre. Faça o mesmo com os itens (d) e (e).

3. Usando uma calculadora, determine o valor de cada função a seguir nos pontos indicados.
   a) $f(x) = e^x$; $f(-1), f(1), f(0,5), f(2)$
   b) $f(x) = e^{-3x}$; $f(-1), f(1), f(0,5), f(2)$
   c) $f(x) = e^{x/2}$; $f(-1), f(1), f(0,5), f(2)$
   d) $f(x) = \left(\frac{2}{5}\right)^x$; $f(-1,5), f(0,5), f(3,2)$
   e) $f(x) = \left(\frac{5}{4}\right)^{x-3}$; $f(-4,5), f(\sqrt{2}), f(\pi)$
   f) $f(x) = 2,4^{0,7x}$; $f(-1,2), f(0,7), f(2,4)$

4. Esboce o gráfico das funções dos itens (a), (b) e (d) do Exercício 1.

5. Em um mesmo plano cartesiano, esboce os gráficos das funções f e g dadas a seguir.
   a) $f(x) = 1,5^x$ e $g(x) = 1,5^{-x}$
   b) $f(x) = 1,2^x$ e $g(x) = 1,8^x$
   c) $f(x) = \left(\frac{2}{3}\right)^x$ e $g(x) = \left(\frac{1}{3}\right)^x$
   d) $f(x) = 2^{2x}$ e $g(x) = 4^x$
   e) $f(x) = \left(\frac{3}{5}\right)^x$ e $g(x) = \left(\frac{5}{3}\right)^{-x}$

6. Relacione o gráfico à função.

   a) [gráfico]   c) [gráfico]
   b) [gráfico]   d) [gráfico]

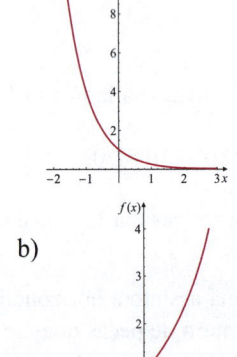

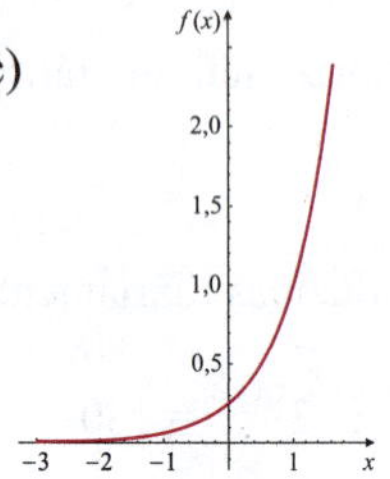

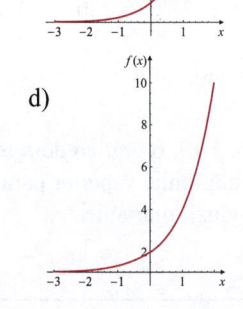

   (I) $f_1(x) = 3^x + 1$ (III) $f_3(x) = 4^{-x}$
   (II) $f_2(x) = 4^{x-1}$ (IV) $f_4(x) = 2^x$

7. Lício pegou um empréstimo bancário de R$ 2.500,00, a uma taxa de 5% ao mês.
   a) Escreva a função que fornece o quanto Lício deve em determinado mês t, contado a partir da data do empréstimo, supondo que ele não tenha condições de saldar nem mesmo parte da dívida.
   b) Determine a dívida acumulada após 12 meses da data do empréstimo.

8. Em uma placa de Petri, uma cientista criou uma cultura de bactérias que contava inicialmente com 600 bactérias. Observando a cultura, a cientista notou que o número de bactérias crescia 50% a cada hora.
   a) Escreva a função que fornece o número de bactérias em função do tempo t, em horas, decorrido desde a criação da cultura.
   b) Determine a população de bactérias após 3, 6 e 12 horas.

9. Em uma xícara que já contém certa quantidade de açúcar, despeja-se café. A curva a seguir representa a função exponencial $M(t) = M_0 \cdot 2^{bt}$, que fornece a quantidade de açúcar não dissolvido (em gramas), t minutos após o café ser despejado. Determine a expressão de $M(t)$.

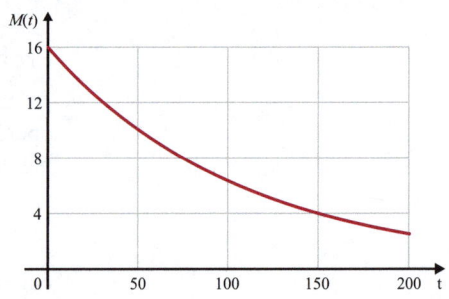

10. O crescimento populacional de algumas espécies depende das limitações impostas pelo meio ambiente. Enquanto há espaço e comida em abundância, a população cresce rapidamente. Quando a concorrência por espaço e comida aumenta, a população tende a crescer mais devagar, até se aproximar de um patamar. Nesse caso, o número de indivíduos da espécie é descrito pela curva logística, ou curva "S", definida por

$$P(t) = \frac{A}{b + ce^{-dt}},$$

em que A, b, c e d são constantes reais. Para uma espécie de anfíbio introduzida nas cercanias de uma lagoa, observou-se que o tamanho da população era dado pela função a seguir, na qual t é o tempo, em meses, decorrido desde a introdução dos animais.

$$P(t) = \frac{1600}{1 + 15e^{-t/4}}.$$

a) Determine a população inicial de anfíbios.
b) Trace um gráfico da população para $t \in [0,30]$.
c) Determine de que valor a população se aproxima à medida que o tempo avança. Escreva a assíntota horizontal associada a esse limite superior.

11. O decaimento radioativo do Estrôncio 90 (Sr-90) é descrito pela função $P(t) = P_0 \cdot 2^{-bt}$, em que t é um instante de tempo medido em anos, b é uma constante real e P_0 é a concentração inicial de Sr-90, ou seja, a concentração no instante $t = 0$.
a) Determine o valor da constante b sabendo que a meia-vida do Sr-90 é de 29 anos (ou seja, a concentração de Sr-90 cai pela metade em 29 anos).
b) Foram detectados 570 becquerels de Sr-90 por kg de solo na região da usina de Fukushima, no Japão, em abril de 2011 (valor que corresponde a cerca de 130 vezes a concentração normal do solo daquela região). Determine qual será a concentração de Sr-90 daqui a 100 anos.

12. A concentração de CO_2 na atmosfera vem sendo medida desde 1958 pelo Observatório de Mauna Loa, no Havaí. Os dados coletados mostram que, nos últimos anos, essa concentração aumentou, em média, 0,5% por ano. É razoável supor que essa taxa anual de crescimento da concentração de CO_2 irá se manter constante nos próximos anos.
a) Escreva uma função $C(t)$ que forneça a concentração de CO_2 na atmosfera em relação ao tempo t, dado em anos. Considere como instante inicial – ou seja, aquele em que $t = 0$ – o ano de 2004, no qual foi observada uma concentração de 377,4 ppm de CO_2 na atmosfera.
b) Determine a concentração de CO_2 em 2010.

13. O sistema de ar-condicionado de um ônibus quebrou durante uma viagem. A função que descreve a temperatura (em graus Celsius) no interior do ônibus em função de t, o tempo transcorrido, em horas, desde a quebra do ar-condicionado, é $T(t) = (T_0 - T_{ext}) \cdot 10^{-t/4} + T_{ext}$, em que T_0 é a temperatura interna do ônibus enquanto a refrigeração funcionava, e T_{ext} é a temperatura externa (que supomos constante durante toda a viagem). Sabendo que $T_0 = 21$ °C e $T_{ext} = 30$ °C,
a) escreva a expressão de $T(t)$ para esse problema;
b) calcule a temperatura no interior do ônibus transcorridas 4 horas desde a quebra do sistema de ar-condicionado;
c) esboce o gráfico de $T(t)$.

5.3 Função logarítmica

A função exponencial $f(x) = a^x$, com $a > 0$ e $a \neq 1$, é injetora em todo o seu domínio. Logo, ela possui uma inversa $f^{-1}(y)$, à qual damos o nome de **função logarítmica** na base a. Uma das aplicações importantes da função logarítmica é a solução de equações exponenciais, como mostra o problema a seguir.

Problema 1. Dívida bancária

Heloísa contraiu um empréstimo de R$ 1.000,00 e terá que pagar juros de 6% ao mês. Se Heloísa não saldar sequer uma parte da sua dívida, em que momento ela deverá o dobro do valor que pegou emprestado?

Solução

Como vimos no Exemplo 1 da Seção 5.2, após x meses da data do empréstimo, a dívida acumulada de Heloísa será dada por

$$f(x) = 1000 \cdot 1,06^x.$$

Para descobrir em que momento a dívida alcançará o dobro do valor do empréstimo – isto é, R$ 2.000,00 – devemos resolver a equação

$$1000 \cdot 1,06^x = 2000$$
$$1,06^x = 2.$$

Encontrar x que resolve $1,06^x = 2$ é equivalente a encontrar x, tal que $f(x) = y$. Nesse caso, o valor que procuramos é dado pela inversa de f, ou seja,

$$x = f^{-1}(y).$$

> **Função logarítmica**
>
> Seja a uma constante real tal que $a > 0$ e $a \neq 1$. Se $x > 0$, então dizemos que
>
> $$y = \log_a(x) \quad \text{se e somente se} \quad a^y = x.$$
>
> A função definida por $f(x) = \log_a(x)$ é denominada **função logarítmica** na base a.

Note que é importante manter a base. Assim, por exemplo, $\log_3(x)$ é a inversa de 3^y, mas não de 5^y.

A função logarítmica $f(x) = \log_a(x)$ é a inversa de $g(y) = a^y$, a função exponencial na mesma base a. Da mesma forma, $g(y) = a^y$ é a inversa de $f(x) = \log_a(x)$. Logo, as equações

$$y = \log_a(x) \quad \text{e} \quad x = a^y$$

são equivalentes, embora a primeira equação esteja na forma logarítmica, enquanto a segunda está na forma exponencial.

> Damos o nome de **logaritmo** ao número real obtido pela aplicação da função logarítmica a algum valor particular de x. O termo $\log_a(b)$ é denominado **logaritmo de b na base a**.

Como exemplo, sabendo que $\log_3(81) = 4$, dizemos que o *logaritmo de 81 na base 3 é 4*.

Problema 2. Cálculo de logaritmos

Calcule os logaritmos a seguir.

a) $\log_2(64)$ b) $\log_{10}(1000)$ c) $\log_2(\frac{1}{8})$ d) $\log_9(3)$

Solução

a) $\log_2(64) = 6$ (o logaritmo de 64 na base 2 é 6), pois $64 = 2^6$.

b) $\log_{10}(1000) = 3$ (o logaritmo de 1000 na base 10 é 3), pois $1000 = 10^3$.

c) $\log_2(\frac{1}{8}) = -3$, pois $\frac{1}{8} = 2^{-3}$.

d) $\log_9(3) = \frac{1}{2}$, pois $3 = 9^{1/2} = \sqrt{9}$.

Agora, tente os Exercícios 1 e 2.

Como se percebe, $\log_a(x)$ é o expoente ao qual é preciso elevar a para se obter x. Tendo isso em mente, é fácil estabelecer algumas propriedades para os logaritmos.

Dica
Treine essas propriedades resolvendo o Exercício 6.

Propriedades derivadas da definição de logaritmo

Propriedade	Motivo	Exemplo
1. $\log_a(1) = 0$	Sabemos que $a^0 = 1$	$\log_8(1) = 0$
2. $\log_a(a) = 1$	Sabemos que $a^1 = a$	$\log_3(3) = 1$
3. $\log_a(a^x) = x$	$\log_a(x)$ é a inversa de a^x	$\log_7(7^4) = 4$
4. $a^{\log_a(x)} = x$	a^x é a inversa de $\log_a(x)$	$10^{\log_{10}(13)} = 13$

Para explicar melhor as duas últimas propriedades do quadro, vamos recorrer à relação

$$y = \log_a(x) \quad \Leftrightarrow \quad a^y = x,$$

apresentada na definição da função logarítmica. Usando essa relação, podemos substituir x por a^y na equação $y = \log_a(x)$, obtendo

$$y = \log_a(x) \quad \Rightarrow \quad y = \log_a(a^y),$$

que é equivalente à Propriedade 3. Por sua vez, a Propriedade 4 pode ser obtida se substituirmos y por $\log_a(x)$ na equação $x = a^y$:

$$x = a^y \quad \Rightarrow \quad x = a^{\log_a(x)}.$$

Outra propriedade importante da função logarítmica, decorrente do fato de ela ser injetora, é apresentada a seguir.

$$\log_a(x_1) = \log_a(x_2) \quad \text{se e somente se} \quad x_1 = x_2.$$

Essa propriedade nos permite concluir que

- se $\log_a(x_1) = \log_a(x_2)$, então $x_1 = x_2$;

- se $x_1 = x_2$, então $\log_a(x_1) = \log_a(x_2)$.

Naturalmente, estamos supondo aqui que $x_1 > 0$ e $x_2 > 0$.

As duas implicações dadas são úteis para a resolução de equações logarítmicas e exponenciais, como mostra o problema a seguir.

Problema 3. Solução de equações simples

Resolva as equações a seguir.

a) $\log_8(x+3) = \log_8(3x-7)$
b) $10^x = 15$

Solução

a) Usando a propriedade das funções injetoras, temos

$$\log_8(3x-7) = \log_8(x+3) \Rightarrow 3x-7 = x+3 \Rightarrow 2x = 10 \Rightarrow x = 5.$$

b) Como a função logarítmica é injetora, podemos aplicar o logaritmo na base 10 aos dois lados da equação $10^x = 15$, obtendo

$$\log_{10}(10^x) = \log_{10}(15).$$

Recorrendo, então, à Propriedade 3, concluímos que $\log_{10}(10^x) = x$, de modo que

$$x = \log_{10}(15).$$

Na calculadora
Para obter $\log_{10}(15)$ em sua calculadora pressione

| log | 1 | 5 | = |

Finalmente, usando uma calculadora científica, chegamos a $x \approx 1{,}17609$.

Operações com logaritmos

Durante a resolução de equações exponenciais e logarítmicas, é comum nos depararmos com expressões como

$$\log_{10}(3x), \quad \log_3(x/5), \quad \log_e(\sqrt{x}) \quad \text{ou} \quad \log_5(x^2).$$

Para lidar com esse tipo de expressão, precisamos recorrer a algumas propriedades dos logaritmos, além daquelas apresentadas, que decorrem diretamente da sua definição. As três principais propriedades relacionadas à operação com logaritmos são apresentadas no quadro a seguir.

Novas propriedades do logaritmo

Seja a uma constante real tal que $a > 0$ e $a \neq 1$, e seja c uma constante real qualquer. Se $x > 0$ e $y > 0$, então,

Propriedade

5. Logaritmo do produto
$\log_a(xy) = \log_a(x) + \log_a(y)$

6. Logaritmo do quociente
$\log_a\left(\dfrac{x}{y}\right) = \log_a(x) - \log_a(y)$

7. Logaritmo da potência
$\log_a(x^c) = c \log_a(x)$

Exemplo

$\log_{10}(3x) = \log_{10}(3) + \log_{10}(x)$

$\log_3\left(\dfrac{x}{5}\right) = \log_3(x) - \log_3(5)$

$\log_5(x^2) = 2\log_5(x)$

Vamos demonstrar as propriedades dadas, já que essa é uma boa oportunidade para aplicarmos nossos conhecimentos sobre potências e sobre funções exponenciais e logarítmicas. Como um primeiro passo, vamos supor que

$$\log_a(x) = r \quad \text{e} \quad \log_a(y) = s.$$

Nesse caso, usando a Propriedade 4 (ou mesmo a definição de logaritmo), temos

$$a^{\log_a(x)} = a^r \quad \Rightarrow \quad x = a^r$$

e

$$a^{\log_a(y)} = a^s \quad \Rightarrow \quad y = a^s.$$

De posse dessas relações, podemos passar à demonstração de cada propriedade em separado.

Propriedade 5. Usando a Propriedade 3 apresentada, podemos escrever

$\log_a(xy) = \log_a(a^r \cdot a^s)$ Substituindo $x = a^r$ e $y = a^s$.
$ = \log_a(a^{r+s})$ Propriedade das potências.
$ = r + s$ Propriedade 3.
$ = \log_a(x) + \log_a(y)$ Definição de r e s.

Propriedade 6. Usando o mesmo raciocínio adotado para a Propriedade 5, temos

$$\log_a\left(\dfrac{x}{y}\right) = \log_a\left(\dfrac{a^r}{a^s}\right) = \log_a(a^{r-s}) = r - s = \log_a(x) - \log_a(y).$$

Propriedade 7. Recorrendo, mais uma vez, à Propriedade 3, escrevemos

$$\log_a(x^c) = \log_a((a^r)^c) \quad \text{Substituindo } x = a^r.$$
$$= \log_a(a^{rc}) \quad \text{Propriedade das potências.}$$
$$= cr \quad \text{Propriedade 3.}$$
$$= c\,\log_a(x) \quad \text{Definição de } r.$$

Problema 4. Propriedades dos logaritmos

Sabendo que $\log_{10}(2) \approx 0{,}301$, $\log_{10}(3) \approx 0{,}477$ e $\log_{10}(7) \approx 0{,}845$, calcule

a) $\log_{10}(14)$
b) $\log_{10}(1/3)$
c) $\log_{10}(3/2)$
d) $\log_{10}(63)$
e) $\log_{10}(\sqrt{27})$

Solução

a)
$$\log_{10}(14) = \log_{10}(2 \cdot 7) \quad \text{Fatoração de 14.}$$
$$= \log_{10}(2) + \log_{10}(7) \quad \text{Propriedade 5.}$$
$$= 0{,}301 + 0{,}845 \quad \text{Cálculo dos logaritmos.}$$
$$= 1{,}146 \quad \text{Simplificação do resultado.}$$

b)
$$\log_{10}(1/3) = \log_{10}(3^{-1}) \quad \text{Propriedade das potências.}$$
$$= -\log_{10}(3) \quad \text{Propriedade 7.}$$
$$= -0{,}477 \quad \text{Cálculo do logaritmo.}$$

c)
$$\log_{10}(3/2) = \log_{10}(3) - \log_{10}(2) \quad \text{Propriedade 6.}$$
$$= 0{,}477 - 0{,}301 \quad \text{Cálculo do logaritmo.}$$
$$= 0{,}176 \quad \text{Simplificação do resultado.}$$

d)
$$\log_{10}(63) = \log_{10}(3^2 \cdot 7) \quad \text{Fatoração de 63.}$$
$$= \log_{10}(3^2) + \log_{10}(7) \quad \text{Propriedade 5.}$$
$$= 2\log_{10}(3) + \log_{10}(7) \quad \text{Propriedade 7.}$$
$$= 2 \cdot 0{,}477 + 0{,}845 \quad \text{Cálculo dos logaritmos.}$$
$$= 1{,}799 \quad \text{Simplificação do resultado.}$$

e)
$$\log_{10}(\sqrt{27}) = \log_{10}(\sqrt{3^3}) \quad \text{Fatoração de 27.}$$
$$= \log_{10}(3^{3/2}) \quad \text{Propriedade das raízes.}$$
$$= \frac{3}{2}\log_{10}(3) \quad \text{Propriedade 7.}$$
$$= \frac{3}{2} \cdot 0{,}477 \quad \text{Cálculo do logaritmo.}$$
$$= 0{,}716 \quad \text{Simplificação do resultado.}$$

As propriedades demonstradas também podem ser usadas no sentido contrário àquele adotado no Problema 4, como mostra o problema a seguir.

Problema 5. Propriedades dos logaritmos

Sem usar calculadora, determine

a) $\log_8(2) + \log_8(4)$ b) $3\log_5(\sqrt[3]{25})$ c) $2\log_2(12) - \log_2(9)$

Solução

a)
$$\begin{aligned}\log_8(2) + \log_8(4) &= \log_8(2 \cdot 4) &&\text{Propriedade 5.}\\ &= \log_8(8) &&\text{Cálculo do produto.}\\ &= 1 &&\text{Propriedade 2.}\end{aligned}$$

b)
$$\begin{aligned}3\log_5(\sqrt[3]{25}) &= \log_5((\sqrt[3]{25})^3) &&\text{Propriedade 7.}\\ &= \log_5(25) &&\text{Propriedade das raízes.}\\ &= \log_5(5^2) &&\text{Fatoração de 25.}\\ &= 2 &&\text{Propriedade 3.}\end{aligned}$$

c)
$$\begin{aligned}2\log_2(12) - \log_2(9) &= \log_2(12^2) - \log_2(9) &&\text{Propriedade 7.}\\ &= \log_2(144/9) &&\text{Propriedade 6.}\\ &= \log_2(16) &&\text{Simplificação da fração.}\\ &= \log_2(2^4) &&\text{Fatoração de 16.}\\ &= 4 &&\text{Propriedade 3.}\end{aligned}$$

Agora, tente o Exercício 5.

■ Logaritmos usuais e mudança de base

Apesar de ser possível definir o logaritmo em qualquer base, as calculadoras costumam apresentar apenas dois tipos de logaritmo, o *decimal* e o *natural*.

Logaritmos usuais

Os logaritmos mais comumente empregados possuem uma notação particular para facilitar seu uso. São eles:

- O logaritmo na base 10, também chamado **logaritmo comum** ou **decimal**, é apresentado sem a indicação da base.

$$\log(x) = \log_{10}(x).$$

A função logarítmica $f(x) = log(x)$ tem como inversa a função exponencial $g(y) = 10^y$. Desse modo,

$$y = \log(x) \quad \Leftrightarrow \quad 10^y = x.$$

(continua)

Logaritmos usuais (cont.)

- O logaritmo na base e, também chamado **logaritmo natural** ou **Neperiano**, é representado por ln.

$$\ln(x) = \log_e(x).$$

A inversa de $f(x) = \ln(x)$ é a função exponencial $g(y) = e^y$. Assim,

$$y = \ln(x) \quad \Leftrightarrow \quad e^y = x.$$

Exemplo 1. Logaritmos usuais

Dadas as definições e as propriedades dos logaritmos, podemos escrever

a) $\ln(1) = 0$

b) $\log(10) = 1$

c) $\ln(e^5) = 5$

d) $\log(10000) = \log(10^4) = 4$

e) $\log(0{,}01) = \log(10^{-2}) = -2$

f) $e^{\ln(\pi)} = \pi$

g) $\log(10e) = \log(10) + \log(e) = 1 + \log(e)$

h) $\ln(e^2/10) = \ln(e^2) - \ln(10) = 2 - \ln(10)$

Agora, tente os Exercícios 3 e 4.

Como as calculadoras só incluem logaritmos nas bases 10 e e, precisamos definir alguma estratégia para calcular logaritmos fornecidos em outra base.

Suponha que queiramos determinar $y = \log_a(x)$, em que a é uma base qualquer, mas que só saibamos calcular $\log_b(x)$, com $b \neq a$. Nesse caso, recorrendo à definição de logaritmo, escrevemos

$$y = \log_a(x) \quad \Leftrightarrow \quad x = a^y.$$

Aplicando o logaritmo na base b a ambos os lados dessa última equação, obtemos

$x = a^y$	Equação original.
$\log_b(x) = \log_b(a^y)$	Aplicando $\log_b$ aos dois lados.
$\log_b(x) = y \log_b(a)$	Propriedade 7.
$\dfrac{\log_b(x)}{\log_b(a)} = y$	Isolando y no lado direito.
$y = \dfrac{\log_b(x)}{\log_b(a)}$	Invertendo a equação.
$\log_a(x) = \dfrac{\log_b(x)}{\log_b(a)}$	Substituindo $y = \log_a(x)$.

Assim, podemos calcular $\log_a(x)$ aplicando duas vezes o logaritmo na base b.

Mudança de base

Sejam a, b e x números reais maiores que zero, e suponha que $a \neq 1$ e $b \neq 1$. Nesse caso,

$$\log_a(x) = \frac{\log_b(x)}{\log_b(a)}.$$

Problema 6. Mudança de base do logaritmo

Calcule

a) $\log_2(12)$ b) $\log_4(8)$ c) $\dfrac{\log_5(1000)}{\log_5(10)}$ d) $\log_3(e)$

Solução

a) Usando o logaritmo na base 10 e uma calculadora, obtemos

$$\log_2(12) = \frac{\log(12)}{\log(2)} \approx \frac{1,07918}{0,30103} \approx 3,58496.$$

Na calculadora
Para obter $\log_2(12)$ em sua calculadora pressione

[log] [1] [2] [÷] [log] [2] [=]

b) Nesse caso, como os números 8 e 4 são potências de 2, podemos converter os logaritmos à base 2, em lugar de usar a base 10 ou e. Assim, não precisamos de uma calculadora para obter o resultado (embora possamos usá-la, caso desejemos):

$$\log_4(8) = \frac{\log_2(8)}{\log_2(4)} = \frac{\log_2(2^3)}{\log_2(2^2)} = \frac{3}{2}.$$

c) Agora, vamos usar a fórmula de mudança de base no sentido inverso:

$$\frac{\log_5(1000)}{\log_5(10)} = \log_{10}(1000) = 3.$$

Mais uma vez, a conversão nos fez evitar o uso da calculadora.

d) Em nosso último exemplo, usamos o logaritmo natural:

$$\log_3(e) = \frac{\ln(e)}{\ln(3)} = \frac{1}{\ln(3)} \approx \frac{1}{1,09861} \approx 0,91024.$$

Note que

$$\log_3(e) = \frac{1}{\ln(3)}.$$

Esse resultado é um caso particular de uma regra geral, segundo a qual

$$\log_a(b) = \frac{1}{\log_b(a)}.$$

Agora, tente o Exercício 7.

Problema 7. Conclusão do Problema 1

Heloísa contraiu um empréstimo de R$ 1.000,00 e terá que pagar juros de 6% ao mês. Se Heloísa não saldar sequer uma parte de sua dívida, em que momento ela deverá o dobro do valor que pegou emprestado?

Solução

Como vimos no Problema 1, o número de meses que transcorrerão até que a dívida de Heloísa dobre é a solução da equação

$$1,06^x = 2.$$

Usando a definição de logaritmo ou a Propriedade 3, é fácil concluir que a solução dessa equação é

$$x = \log_{1,06}(2).$$

No entanto, como as calculadoras não dispõem do logaritmo na base 1,06, obtemos x trocando a base, ou seja, fazendo

$$x = \frac{\log(2)}{\log(1,06)} \approx \frac{0,301}{0,0253} \approx 11,9.$$

Conferindo a resposta

$1000 \cdot 1,06^{12} = 2012,20$

Logo, em 12 meses Heloísa já deverá mais que o dobro do valor do empréstimo.

Exemplo 2. Mudança de base da função exponencial

Também podemos usar logaritmos para mudar a base da função exponencial. Suponha, por exemplo, que queiramos converter $f(x) = 3^x$ para a base 10. Nesse caso, usando a Propriedade 4, fazemos

$$3^x = 10^{\log_{10}(3^x)} \quad \text{Propriedade 4.}$$
$$= 10^{x \cdot \log_{10}(3)} \quad \text{Propriedade 7.}$$
$$= 10^{0,4771\,x} \quad \log_{10}(3) \approx 0,4771.$$

Logo, $f(x) \approx 10^{0,4771\,x}$.

Agora, tente o Exercício 8.

■ Gráfico da função logarítmica

Assim como foi feito com as funções exponenciais, é comum dividir os gráficos das funções logarítmicas em dois grupos. O primeiro compreende as funções em que a base a é maior que 1. Já o segundo contém os casos em que $0 < a < 1$.

Exemplo 3. Gráfico de $f(x) = \log_a(x)$ com $a > 1$

Podemos traçar o gráfico de $f(x) = \log_2(x)$ a partir dos pares $(x, f(x))$ apresentados na Tabela 5.7. O resultado é mostrado na Figura 5.20a.

O gráfico de $f(x) = \log_2(x)$ também poderia ser obtido a partir do gráfico de $g(x) = 2^x$. Para tanto, bastaria lembrar que o gráfico da inversa de uma função g é a reflexão do gráfico de g com relação à reta $y = x$.

A Figura 5.20b mostra os gráficos de g e de $f = g^{-1}$. Observe que $g(x) = 2^x$ tem domínio $A = \mathbb{R}$ e conjunto imagem $B = (0, \infty)$, enquanto $f(x) = \log_2(x)$ tem domínio $B = (0, \infty)$ e conjunto imagem $A = \mathbb{R}$.

TABELA 5.7

x	$\log_2(x)$
1/8	−3
1/4	−2
1/2	−1
1	0
2	1
4	2
8	3

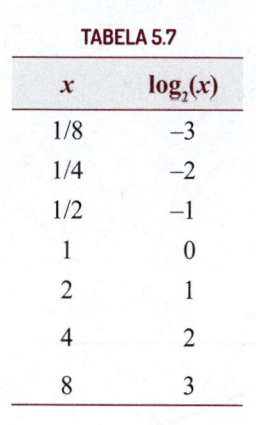

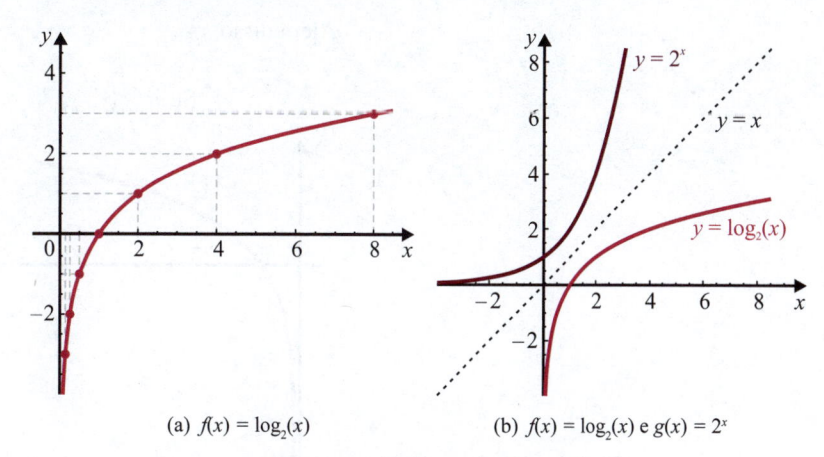

(a) $f(x) = \log_2(x)$

(b) $f(x) = \log_2(x)$ e $g(x) = 2^x$

FIGURA 5.20 Gráficos do Exemplo 3.

Exemplo 4. Gráfico de $f(x) = \log_a(x)$ com $0 < a < 1$

Analisemos, agora, o comportamento da função $f(x) = \log_{1/2}(x)$. Os pares $(x, f(x))$ usados para obter o gráfico de f são mostrados na Tabela 5.8. A curva resultante é dada na Figura 5.21a.

A relação entre os gráficos de $f(x) = \log_{1/2}(x)$ e sua inversa, $g(x) = \left(\frac{1}{2}\right)^x$, é mostrada na Figura 5.21b. Note a simetria das curvas com relação à reta $y = x$.

TABELA 5.8

x	$\log_{\frac{1}{2}}(x)$
1/8	3
1/4	2
1/2	1
1	0
2	−1
4	−2
8	−3

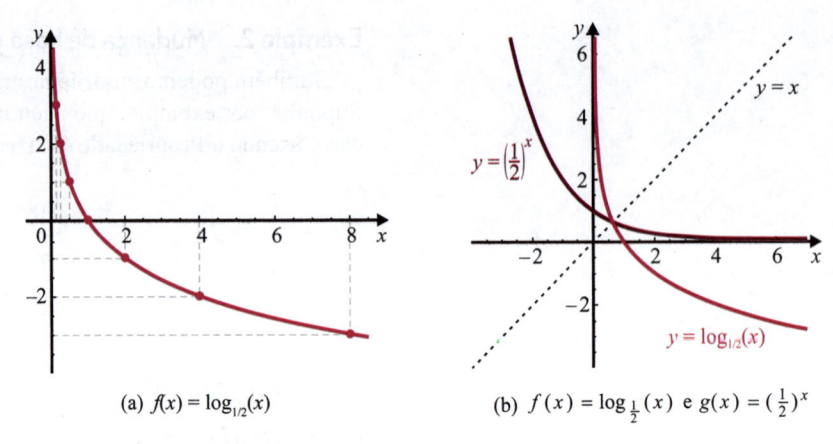

(a) $f(x) = \log_{1/2}(x)$

(b) $f(x) = \log_{\frac{1}{2}}(x)$ e $g(x) = \left(\frac{1}{2}\right)^x$

FIGURA 5.21 Gráficos do Exemplo 4.

Como vimos, só é possível calcular $\log_a(x)$ se $x > 0$, não importando se $a > 1$ ou se $0 < a < 1$. Essas e outras características do gráfico de $f(x) = \log_a(x)$ estão resumidas no quadro a seguir.

Gráfico de funções logarítmicas

Seja a uma constante real tal que $a > 0$ e $a \neq 1$. O gráfico de $f(x) = \log_a(x)$

- é contínuo;
- tem domínio $(0, \infty)$ e conjunto imagem $\mathbb{R}$;
- tem intercepto-x em $(1, 0)$ e não tem intercepto-y.

Além disso,

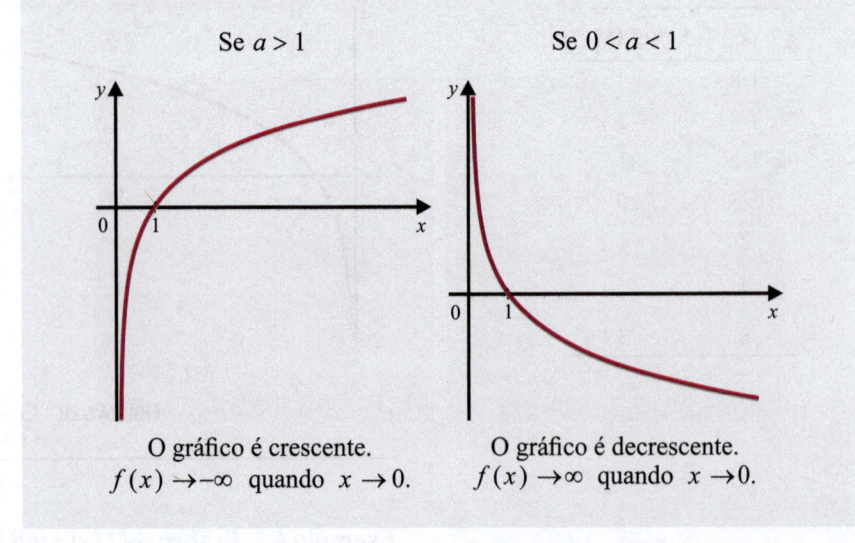

Se $a > 1$

Se $0 < a < 1$

O gráfico é crescente.
$f(x) \to -\infty$ quando $x \to 0$.

O gráfico é decrescente.
$f(x) \to \infty$ quando $x \to 0$.

Como se observa, quando x tende a zero, a função decresce ilimitadamente se $a > 1$, e cresce ilimitadamente se $0 < a < 1$. Dito de outra forma, a função logarítmica se aproxima do eixo-y sem nunca tocá-lo. Nesse caso, o eixo-y – ou seja, a reta $x = 0$ – é uma *assíntota vertical* do gráfico.

> **Assíntota vertical**
> A reta $x = b$ é uma **assíntota vertical** do gráfico da função f se
> $$f(x) \to \infty \quad \text{ou} \quad f(x) \to -\infty \quad \text{quando} \quad x \to b \quad \text{pela esquerda ou pela direita.}$$

■ Transformações e composições da função logarítmica

Vamos analisar as transformações da função logarítmica tomando por base a função $f(x) = \log_2(x)$, cujo gráfico já vimos na Figura 5.20a.

1. $g(x) = f(x) + b$ e $g(x) = f(cx)$.

Somando uma constante b ao valor de $f(x)$, deslocamos o gráfico dessa função em exatas b unidades na vertical. Além disso, se escrevermos $b = \log_a(c)$, então

$$\log_a(x) + b = \log_a(x) + \log_a(c) = \log_a(cx),$$

de modo que $g(x)$ também pode ser definida na forma $g(x) = \log_a(cx)$, em que $c = a^b$. Ou seja, é equivalente a escrever

$$g(x) = \log_2(x) + 1 \quad \text{ou} \quad g(x) = \log_2(2x).$$

O gráfico dessa função é apresentado na Figura 5.22a.

(a) Gráfico de $y = \log_2(x) + 1$.   (b) Gráfico de $y = \log_2(x - 2)$.

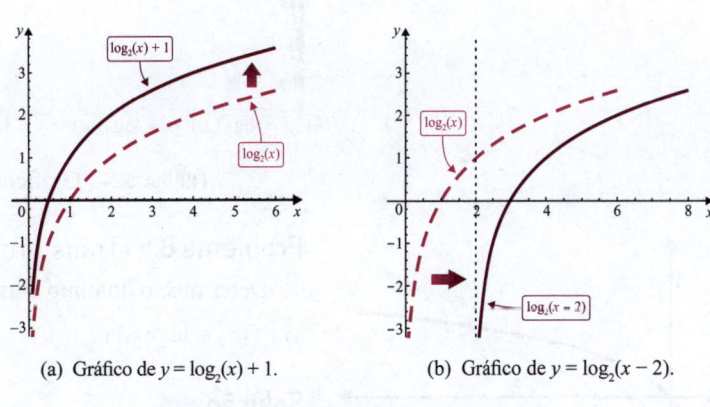

FIGURA 5.22 Translações de $y = \log_2(x)$.

2. $g(x) = f(x + b)$.

A soma de b unidades a x provoca o deslocamento do gráfico de f na horizontal. Se $b > 0$, a curva é deslocada para a esquerda. Já se $b < 0$, o gráfico é movido para a direita. Como consequência dessa translação, a assíntota vertical também é deslocada, o que implica uma alteração do domínio da função. A Figura 5.22b mostra o gráfico de $g(x) = \log_2(x - 2)$ (curva vinho), bem como o gráfico de $f(x) = \log_2(x)$ (curva tracejada). Note que o domínio de $g(x)$ é $(2, \infty)$.

3. $g(x) = cf(x)$

Ao multiplicarmos $f(x) = \log_a(x)$ por uma constante c, causamos um esticamento ou encolhimento do gráfico de f. Além disso, se a constante c é negativa, o gráfico é refletido em relação ao eixo-y. A Figura 5.23 mostra em vinho o gráfico de $g(x) = 3\log_2(x)$, enquanto a curva de $f(x) = \log_2(x)$ aparece tracejada.

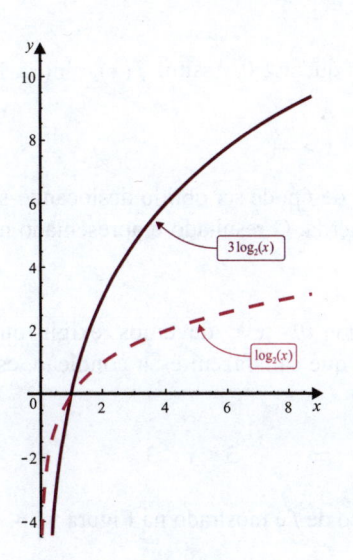

FIGURA 5.23 Gráfico de $y = 3\log_2(x)$.

É importante notar que a multiplicação de $\log_a(x)$ por uma constante é equivalente a uma mudança de base da função logarítmica. Para mostrar essa relação, vamos supor que queiramos converter a função logarítmica na base b para uma outra base a. Nesse caso, escrevemos simplesmente

$$\log_b(x) = \frac{\log_a(x)}{\log_a(b)} = c\log_a(x),$$

em que $c = 1/\log_a(b)$ é constante. Assim, para converter $f(x) = \log_3(x)$ à base 2, fazemos

$$\log_3(x) = \frac{\log_2(x)}{\log_2(3)} \approx 0{,}63093 \log_2(x).$$

Logo, $f(x) \approx 0{,}63093 \log_2(x)$.

A Figura 5.24 mostra os gráficos de $\log_a(x)$ para vários valores da base a.

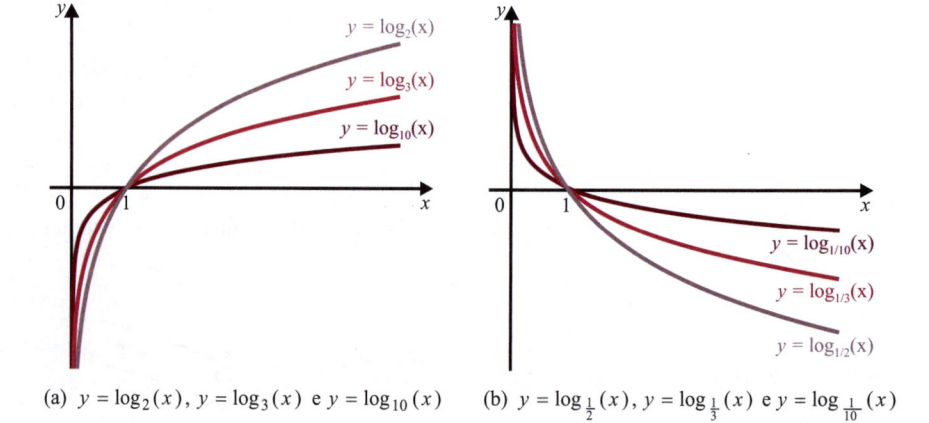

(a) $y = \log_2(x)$, $y = \log_3(x)$ e $y = \log_{10}(x)$ (b) $y = \log_{\frac{1}{2}}(x)$, $y = \log_{\frac{1}{3}}(x)$ e $y = \log_{\frac{1}{10}}(x)$

FIGURA 5.24   Gráficos de funções logarítmicas em várias bases.

Problema 8.   Transformação e composição da função logarítmica

Determine o domínio e trace o gráfico das funções a seguir.

a) $f(x) = \ln(x+1)$ b) $f(x) = \log_3(9 - x^2)$

Solução

a) Para que possamos calcular $\ln(w)$, é preciso que $w > 0$. Assim, $f(x) = \ln(x+1)$ só está definida para

$$x + 1 > 0 \quad \Rightarrow \quad x > -1.$$

Portanto, $D_f = \{x \in \mathbb{R} \,|\, x > -1\}$. O gráfico de f pode ser obtido deslocando-se a curva $y = \ln(x)$ uma unidade para a esquerda. O resultado é apresentado na Figura 5.25.

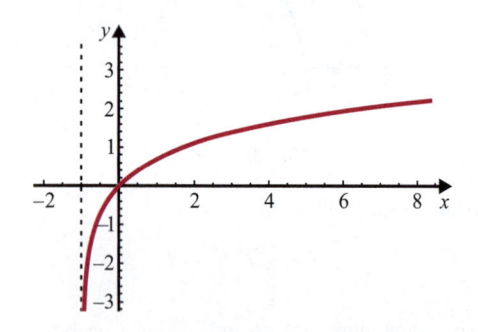

FIGURA 5.25   Gráfico de $y = \ln(x+1)$.

b) Para calcularmos a função composta $\log_3(9 - x^2)$, devemos exigir que $9 - x^2 > 0$. Para descobrir os valores de x que satisfazem essa condição, escrevemos

$$9 - x^2 > 0 \quad \Rightarrow \quad x^2 < 9 \quad \Rightarrow \quad -3 < x < 3.$$

Logo, $D_f = \{x \in \mathbb{R} \,|\, -3 < x < 3\}$. O gráfico de f é mostrado na Figura 5.26.

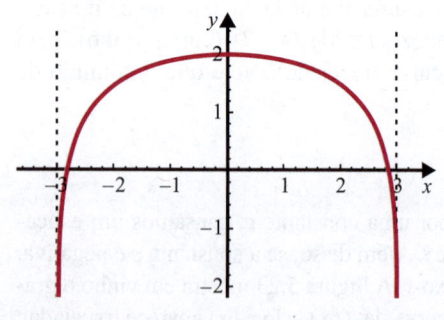

FIGURA 5.26   Gráfico de $y = \log_3(9 - x^2)$.

Agora, tente os Exercícios 11 e 12.

Problema 9. Inversa da função logarítmica

Dada a função $f(x) = 2\log_2(4x-1)$,

a) determine a inversa de f;

b) em um mesmo plano cartesiano, trace os gráficos de f e de sua inversa.

Solução

a) Para determinar a inversa, isolamos a variável x na equação $y = f(x)$, como descrito a seguir.

$y = 2\log_2(4x-1)$ Equação original.

$\dfrac{y}{2} = \log_2(4x-1)$ Dividindo ambos os lados por 2.

$2^{y/2} = 4x - 1$ Usando a definição: $c = \log_a(b) \Leftrightarrow a^c = b$.

$2^{y/2} + 1 = 4x$ Somando 1 aos dois lados.

$\dfrac{2^{y/2} + 1}{4} = x$ Dividindo os dois lados por 4.

$x = \dfrac{2^{y/2} + 1}{4}$ Invertendo o lado dos termos.

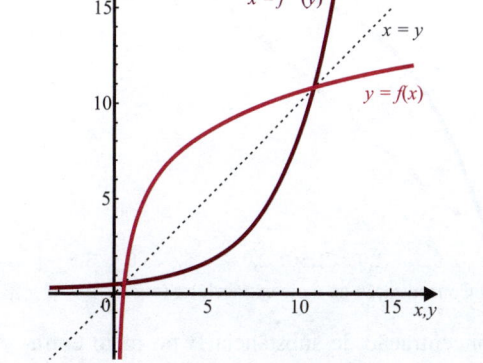

Logo, a inversa é dada por

$$f^{-1}(y) = \dfrac{2^{y/2}+1}{4}.$$

FIGURA 5.27 Gráficos de $f(x) = 2\log_2(4x-1)$ e $x = f^{-1}(y) = \dfrac{2^{y/2}+1}{4}$.

b) O gráfico de $y = f(x)$ é mostrado em rosa na Figura 5.27, enquanto o gráfico de $f^{-1}(y)$ é apresentado em vinho.

Agora, tente o Exercício 15.

Exercícios 5.3

1. Sabemos que, se $\log_4(4096) = 6$, então $4^6 = 4096$. Usando essa ideia, reescreva as identidades a seguir na forma exponencial.
   a) $\log_5(125) = 3$
   b) $\log_8(32768) = 5$
   c) $\log_9(81) = 2$
   d) $\log_2(\tfrac{1}{8}) = -3$
   e) $\log_{256}(4) = \tfrac{1}{4}$
   f) $\log_7(1) = 0$
   g) $\log(\tfrac{1}{100}) = -2$
   h) $\log_{27}(3) = \tfrac{1}{3}$

2. Sabemos que, se $3^4 = 81$, então $\log_3(81) = 4$. Usando essa ideia, reescreva as identidades a seguir na forma logarítmica.
   a) $2^9 = 512$
   b) $6^5 = 7776$
   c) $10^{-3} = \tfrac{1}{1000}$
   d) $(\tfrac{1}{4})^3 = \tfrac{1}{64}$
   e) $135^0 = 1$
   f) $729^{1/6} = 3$
   g) $(\sqrt{2})^8 = 16$
   h) $125^{1/3} = 5$

3. Usando uma calculadora, determine
   a) $\log(2)$
   b) $\log(20)$
   c) $\log(200)$
   d) $\log(\tfrac{1}{2})$
   e) $\log(0,2)$
   f) $\log(0,02)$
   g) $\log(\sqrt{3})$
   h) $\log(5,7)$
   i) $\log(1 + \tfrac{4}{7})$

4. Usando uma calculadora, determine
   a) $\ln(3)$
   b) $\ln(30)$
   c) $\ln(30^2)$
   d) $\log(\tfrac{1}{3})$
   e) $\ln(0,03)$
   f) $\ln(2,7183)$

5. Sem usar calculadora, determine
   a) $\log(5) + \log(20)$
   b) $\log_2(96) + \log_2(\tfrac{1}{3})$
   c) $\log_3(45) - \log_3(5)$
   d) $\log_5(15) - \log_5(75)$
   e) $\log_{1/6}(\tfrac{1}{3}) + \log_{1/6}(\tfrac{1}{12})$
   f) $\log_{\sqrt{3}}(18) - \log_{\sqrt{3}}(2)$
   g) $\log_e(e^5) + \log_e(e^2)$
   h) $\log_e(e^5) \cdot \log_e(e^2)$
   i) $\log_2(8^5)$
   j) $\log_2(\tfrac{1}{4^3})$
   k) $\log_3(81^{1/5})$

6. Sem usar calculadora, determine
   a) $\log_2(1)$
   b) $\log_{1/5}(1)$
   c) $\log_5(5)$
   d) $\log_{1/2}(1/2)$
   e) $\log_5(5^3)$
   f) $\log_4(4^{-1/3})$
   g) $\log_2(32)$
   h) $\log_3(81)$
   i) $\log_2(1/8)$
   j) $\log_2(0,25)$
   k) $\log_3(\sqrt{3})$
   l) $\log_3(\sqrt[4]{3})$
   m) $\log_3(\sqrt[5]{3^3})$
   n) $\log_4(2)$
   o) $\log_8(2)$
   p) $\log_{\sqrt{3}}(3)$
   q) $2^{\log_2(5)}$
   r) $10^{\log(7)}$
   s) $e^{\log_e(8)}$
   t) $e^{\log_e(1/3)}$

7. Usando uma calculadora científica e a regra de mudança de base, obtenha valores aproximados para
   a) $\log_2(3)$
   b) $\log_5(2)$
   c) $\log_8(24)$
   d) $\log_6(\frac{1}{12})$
   e) $\log_{1/3}(8)$
   f) $\log_{2,5}(3,1)$
   g) $\log_{1/3}(9)$
   h) $\log_4(625)$
   i) $\log_{0,1}(16)$

8. Usando uma calculadora científica e a regra de mudança de base, reescreva cada função exponencial a seguir na base indicada.
   a) 2^x na base 10
   b) 10^x na base 5
   c) 5^{4x} na base 2
   d) 4^x na base e
   e) e^x na base 10
   f) $(\frac{1}{2})^x$ na base 3

9. Mostre, com um exemplo, que
   a) $\log(a+b) \neq \log(a) + \log(b)$
   b) $\log(a-b) \neq \log(a) - \log(b)$

10. Supondo que $\log_x(2) = a$, $\log_x(3) = b$ e $\log_x(7) = c$, escreva $\log_x(756)$ em função de a, b e c.

11. Determine o domínio e trace o gráfico das funções.
    a) $f(x) = 2\log(x-1)$
    b) $f(x) = \log(x+2)$
    c) $f(x) = -\log(x+1)$
    d) $f(x) = \log(1-x)$

12. Determine o domínio das funções a seguir.
    a) $f(x) = \log_2(2x-5)$
    b) $f(x) = \log(15 - 4x^2)$
    c) $f(x) = \ln(-x^2 + 2x + 3)$

13. Trace, em um mesmo plano, os gráficos de $f(x) = 3^x$ e $g(x) = \log_3(x)$.

14. Em um mesmo plano, esboce os gráficos de $f(x) = \ln(x)$, $g(x) = \ln(x-2)$ e $h(x) = \ln(1/x)$.

15. Um aparelho que mede ruídos indica a intensidade do som em decibéis (dB). Para relacionar uma medida β, em decibéis, à intensidade I, dada em W/m², usamos a função

$$\beta(I) = 10\log\left(\frac{I}{10^{-12}}\right).$$

   a) Determine a função inversa de β.
   b) Usando a inversa, calcule a intensidade de um som de 20 dB.

16. Hemácias de um animal foram colocadas em meio de cultura em vários frascos contendo diferentes concentrações das substâncias A e B, marcadas com isótopo de hidrogênio. Dessa forma, os pesquisadores puderam acompanhar a entrada dessas substâncias nas hemácias, como mostrado no gráfico a seguir.

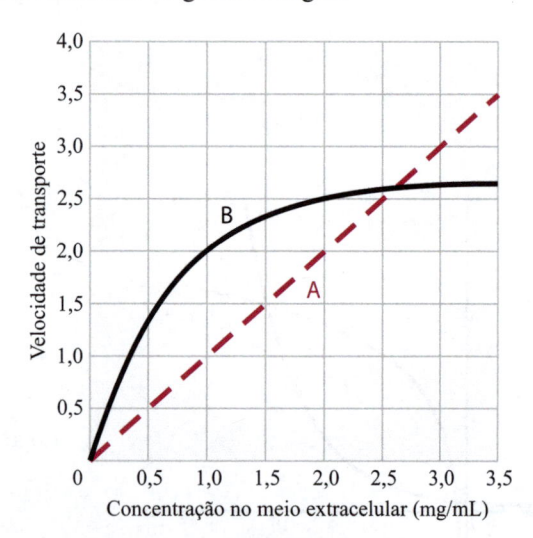

Seja x a concentração de substância B no meio extracelular e y a velocidade de transporte. Observando-se o formato da curva B e os valores de x e y em determinados pontos, podemos concluir que a função que melhor relaciona essas duas grandezas é

   a) $y = \frac{4 + \log_2(x)}{2}$.
   b) $y = 1 - \log_2(x+1)$.
   c) $y = \frac{8}{3}(1 - 2^{-2x})$.
   d) $y = 3^x - 1$.

17. Sejam dadas as funções $f(x) = \frac{8}{4^{2x}}$ e $g(x) = 4^x$.
   a) Represente a curva $y = f(x)$ em um gráfico no qual o eixo vertical fornece $\log_2(y)$.
   b) Determine os valores de y e z que satisfazem

   $$f(z) = g(y) \quad \text{e} \quad \frac{f(y)}{g(z)} = 1.$$

   Dica: converta o sistema em um linear equivalente.

5.4 Equações exponenciais e logarítmicas

Nesta seção, vamos resolver equações que envolvem funções logarítmicas e exponenciais. Entretanto, antes de começarmos, veremos como usar as propriedades dos logaritmos para manipular expressões.

Expansão e contração de expressões logarítmicas

Para resolver uma equação logarítmica ou exponencial, devemos isolar a variável x, o que, frequentemente, exige a aplicação das propriedades dos logaritmos. Vejamos, então, alguns exemplos práticos de manipulação de expressões algébricas.

Problema 1. Expansão de expressões logarítmicas

Expanda as expressões a seguir usando as propriedades dos logaritmos.

a) $\log_2(8x)$
c) $\log_2(\sqrt{2x})$
e) $\dfrac{1}{2}\ln\left(\dfrac{x^6}{y^4}\right)$

b) $\log(7x^5 y^2)$
d) $\log\left(\dfrac{\sqrt[3]{x^2}}{4}\right)$

Solução

a)
$$\begin{aligned}\log_2(8x) &= \log_2(8) + \log_2(x) &&\text{Propriedade 5.}\\ &= \log_2(2^3) + \log_2(x) &&\text{Fatoração de 8.}\\ &= 3 + \log_2(x) &&\text{Propriedade 3.}\end{aligned}$$

b)
$$\begin{aligned}\log(7x^5 y^2) &= \log(7) + \log(x^5) + \log(y^2) &&\text{Propriedade 5.}\\ &= \log(7) + 5\log(x) + 2\log(y) &&\text{Propriedade 7.}\end{aligned}$$

c)
$$\begin{aligned}\log_2(\sqrt{2x}) &= \log_2((2x)^{1/2}) &&\text{Propriedade das raízes.}\\ &= \dfrac{1}{2}\log_2(2x) &&\text{Propriedade 7.}\\ &= \dfrac{1}{2}[\log_2(2) + \log_2(x)] &&\text{Propriedade 5.}\\ &= \dfrac{\log_2(2)}{2} + \dfrac{\log_2(x)}{2} &&\text{Propriedade distributiva.}\\ &= \dfrac{1}{2} + \dfrac{\log_2(x)}{2} &&\text{Propriedade 2.}\end{aligned}$$

d)
$$\begin{aligned}\log\left(\dfrac{\sqrt[3]{x^2}}{4}\right) &= \log\left(\dfrac{x^{2/3}}{4}\right) &&\text{Propriedade das raízes.}\\ &= \log(x^{2/3}) - \log(4) &&\text{Propriedade 6.}\\ &= \dfrac{2}{3}\log(x) - \log(4) &&\text{Propriedade 7.}\end{aligned}$$

e)
$$\begin{aligned}\dfrac{1}{2}\ln\left(\dfrac{x^6}{y^4}\right) &= \dfrac{1}{2}[\ln(x^6) - \ln(y^4)] &&\text{Propriedade 6.}\\ &= \dfrac{6\ln(x)}{2} - \dfrac{4\ln(y)}{2} &&\text{Propriedade 7.}\\ &= 3\ln(x) - 2\ln(y) &&\text{Simplificação do resultado.}\end{aligned}$$

Agora, tente o Exercício 1.

Problema 2. Contração de expressões logarítmicas

Escreva cada expressão a seguir como o logaritmo de um único termo.

a) $3\log(x+5) - 2\log(x)$

b) $\log_3(x) - \log_3(4x) + \log_3(2)$

c) $\dfrac{1}{2}[\ln(x-2) + \ln(x+2)]$

d) $2\log(x-1) - \log(x^2-1)$

e) $\log_2(6) + \log_8(x)$

Solução

a)
$$3\log(x+5) - 2\log(x) = \log((x+5)^3) - \log(x^2) \quad \text{Propriedade 7.}$$
$$= \log\left(\dfrac{(x+5)^3}{x^2}\right) \quad \text{Propriedade 6.}$$

Nesse caso, podemos fazer a simplificação $\dfrac{x}{x} = 1$, pois, como a expressão original inclui $\log_3(x)$, já supomos que $x \neq 0$.

b)
$$\log_3(x) - \log_3(4x) + \log_3(2) = \log_3\left(\dfrac{x \cdot 2}{4x}\right) \quad \text{Propriedades 5 e 6.}$$
$$= \log_3\left(\dfrac{1}{2}\right) \quad \text{Simplificação do resultado.}$$

c)
$$\dfrac{1}{2}[\ln(x-2) + \ln(x+2)] = \dfrac{1}{2}[\ln((x-2)(x+2))] \quad \text{Propriedade 5.}$$
$$= \dfrac{1}{2}[\ln(x^2-4)] \quad \text{Produto notável.}$$
$$= \ln[(x^2-4)^{1/2}] \quad \text{Propriedade 7.}$$
$$= \ln(\sqrt{x^2-4}) \quad \text{Simplificação do resultado.}$$

Como a expressão original inclui $\log(x-1)$, podemos fazer a simplificação, $\dfrac{x-1}{x-1} = 1$, pois supomos que $(x-1) \neq 0$.

d)
$$2\log(x-1) - \log(x^2-1) = \log((x-1)^2) - \log(x^2-1) \quad \text{Propriedade 7.}$$
$$= \log\left(\dfrac{(x-1)^2}{x^2-1}\right) \quad \text{Propriedade 6.}$$
$$= \log\left(\dfrac{(x-1)(x-1)}{(x-1)(x+1)}\right) \quad \text{Produto notável.}$$
$$= \log\left(\dfrac{x-1}{x+1}\right) \quad \text{Simplificação do resultado.}$$

e)
$$\log_2(6) + \log_8(x) = \log_2(6) + \dfrac{\log_2(x)}{\log_2(8)} \quad \text{Mudança de base.}$$
$$= \log_2(6) + \dfrac{\log_2(x)}{3} \quad \text{Cálculo do logaritmo.}$$
$$= \log_2(6) + \log_2(x^{1/3}) \quad \text{Propriedade 7.}$$
$$= \log_2(6\sqrt[3]{x}) \quad \text{Propriedade 5.}$$

Agora, tente o Exercício 2.

CAPÍTULO 5 – Funções exponenciais e logarítmicas ■ **419**

Usando corretamente as propriedades apresentadas neste capítulo, não é difícil determinar a solução de equações que envolvem funções exponenciais e logarítmicas, como veremos a seguir.

■ Equações exponenciais

A solução de equações exponenciais e logarítmicas envolve a seguinte combinação:

1. do fato de $\log_a(x)$ ser a inversa de a^x, e vice-versa, de modo que as seguintes propriedades dos logaritmos são válidas:

    a) $\log_a(a^x) = x$ (Propriedade 3);

    b) $a^{\log_a(x)} = x$ (Propriedade 4);

    c) $\log_a(b^x) = x\log_a(b)$ (Propriedade 7);

> **Dica**
> A Propriedade 3 é o caso particular da Propriedade 7, em que $b = a$.

2. do fato de $\log_a(x)$ e a^x serem injetoras, ou seja,

    a) $\log_a(x) = \log_a(y)$ se e somente se $x = y$;

    b) $a^x = a^y$ se e somente se $x = y$;

3. das demais propriedades dos logaritmos e das potências.

O item 2(a) indica que podemos aplicar o logaritmo aos dois lados de uma equação sem alterar a sua solução. Essa ideia é utilizada no quadro a seguir, no qual apresentamos uma estratégia que permite a resolução de um grande número de equações exponenciais.

Nesse quadro, consideramos que a, b e c são constantes reais maiores que zero, com $a \neq 1$ e $b \neq 1$.

> **Roteiro para a solução de equações exponenciais**
>
> Para resolver uma equação exponencial em relação à variável x,
>
> 1. reescreva a equação de modo a obter
>
> $$a^{\text{expressão com } x} = c$$
>
> ou
>
> $$a^{\text{expressao com } x} = c \cdot b^{\text{outra expressao com } x}$$
>
> 2. aplique o logaritmo aos dois lados da equação;
> 3. simplifique a equação usando as Propriedades 3 e 7 do logaritmo;
> 4. resolva a equação resultante.

No passo 2, pode-se aplicar o logaritmo em qualquer base. O uso da base a, por exemplo, simplifica o lado esquerdo da equação, enquanto a base b torna mais simples o lado direito. As bases 10 e e também são boas opções, pois permitem o uso de uma calculadora para a determinação das constantes que aparecem na equação resultante.

Os problemas a seguir ilustram o uso do roteiro para a solução de equações.

Problema 3. Solução de equações exponenciais

Resolva:

a) $4^x = 5$

b) $6^{x-1} + 3 = 7$

c) $6e^{5x} = 12$

d) $2^{x^2+5} + 2^4 = 144$

e) $3^{5x+1} = 5^2 \cdot 3^x$

f) $2^{3x-2} - 4^{x+6} = 0$

g) $4^{5-2x} = 3^x$

> **Lembrete**
> Há várias maneiras de se resolver uma mesma equação exponencial. A sequência de passos mostrada aqui é apenas uma das muitas alternativas. O leitor deve sentir-se livre para investigar outros caminhos para a obtenção da solução.

Solução

a)

4^x	$= 5$	Equação original.
$\log_4(4^x)$	$= \log_4(5)$	Aplicando $\log_4$ aos dois lados.
x	$= \log_4(5)$	Propriedade 3 do logaritmo.
x	$= \dfrac{\log(5)}{\log(4)}$	Mudando para a base 10.
x	$= 1{,}16096$	Calculando o lado direito.

b)

$6^{x-1} + 3$	$= 7$	Equação original.
6^{x-1}	$= 4$	Isolando a função exponencial.
$\log(6^{x-1})$	$= \log(4)$	Aplicando $\log_{10}$ aos dois lados.
$(x-1)\log(6)$	$= \log(4)$	Propriedade 7 do logaritmo.
$x - 1$	$= \dfrac{\log(4)}{\log(6)}$	Dividindo os dois lados por $\log(6)$.
x	$= 1 + \dfrac{\log(4)}{\log(6)}$	Isolando x.
x	$= 1{,}77371$	Calculando o lado direito.

c)

$6e^{5x}$	$= 12$	Equação original.
e^{5x}	$= 2$	Dividindo os dois lados por 6.
$\ln(e^{5x})$	$= \ln(2)$	Aplicando ln aos dois lados
$5x$	$= \ln(2)$	Propriedade 3 do logaritmo.
x	$= \dfrac{\ln(2)}{5}$	Dividindo os dois lados por 5.
x	$= 0{,}13863$	Calculando o lado direito.

Note que 2^4 é um número real independente de x.

d)

$2^{x^2+5} + 2^4$	$= 144$	Equação original.
2^{x^2+5}	$= 144 - 2^4$	Isolando a função exponencial.
2^{x^2+5}	$= 128$	Simplificando $144 - 2^4$.
$\log_2(2^{x^2+5})$	$= \log_2(128)$	Aplicando $\log_2$ aos dois lados
$x^2 + 5$	$= \log_2(128)$	Propriedade 3 do logaritmo.
$x^2 + 5$	$= 7$	Cálculo de $\log_2(128)$.
x^2	$= 2$	Subtraindo 5 dos dois lados.
x	$= \pm\sqrt{2}$	Extraindo a raiz quadrada.

A equação tem duas soluções:
$$\sqrt{2} \quad \text{e} \quad -\sqrt{2}.$$

e)

$3^{5x+1} = 5^2 \cdot 3^x$	Equação original.
$\log_3(3^{5x+1}) = \log_3(5^2 \cdot 3^x)$	Aplicando $\log_3$ aos dois lados.
$\log_3(3^{5x+1}) = \log_3(5^2) + \log_3(3^x)$	Propriedade 5 do logaritmo.
$5x + 1 = \log_3(25) + x$	Propriedade 3 do logaritmo.
$4x = \log_3(25) - 1$	Isolando o termo que envolve x.
$x = \dfrac{\log_3(25)}{4} - \dfrac{1}{4}$	Dividindo os dois lados por 4.
$x = \dfrac{\log(25)}{4\log(3)} - \dfrac{1}{4}$	Mudando para a base 10.
$x = 0{,}48249$	Calculando o lado direito.

f)

$2^{3x-2} - 4^{x+6} = 0$	Equação original.
$2^{3x-2} = 4^{x+6}$	Reescrevendo a equação.
$\log_2(2^{3x-2}) = \log_2(4^{x+6})$	Aplicando $\log_2$ aos dois lados.
$3x - 2 = (x + 6)\log_2(4)$	Propriedades 3 e 7 do logaritmo.
$3x - 2 = 2(x + 6)$	Calculando $\log_2(4)$.
$3x - 2 = 2x + 12$	Propriedade distributiva.
$x = 14$	Isolando x

g)

$4^{5-2x} = 3^x$	Equação original.
$\log(4^{5-2x}) = \log(3^x)$	Aplicando $\log_{10}$ aos dois lados.
$(5 - 2x)\log(4) = x\log(3)$	Propriedade 7 do logaritmo.
$5\log(4) - 2x\log(4) = x\log(3)$	Propriedade distributiva.
$5\log(4) = 2x\log(4) + x\log(3)$	Isolando os termos que envolvem x.
$5\log(4) = x[2\log(4) + \log(3)]$	Pondo x em evidência.
$x[2\log(4) + \log(3)] = 5\log(4)$	Invertendo os termos.
$x = \dfrac{5\log(4)}{2\log(4) + \log(3)}$	Isolando x
$x = 1{,}79052$	Calculando o lado direito.

Agora, tente o Exercício 4.

Infelizmente, nem todas as equações que envolvem funções exponenciais podem ser resolvidas usando o roteiro apresentado na página 419. Se a equação original fosse, por exemplo, $2^x = x + 3$, conseguiríamos convertê-la à forma descrita no passo 1 do quadro, mas não haveria como obter sua solução com o auxílio dos métodos apresentados neste capítulo, como se vê ao lado.

$2^x = x + 3$
$2^x = 2^{\log_2(x+3)}$
$x = \log_2(x + 3)$.   (E agora?)

O problema a seguir mostra uma equação que pode ser resolvida recorrendo-se a outros artifícios algébricos.

Problema 4. Solução de uma equação exponencial

Resolva a equação $e^{2x} + 2e^x - 8 = 0$.

Solução

Para resolver essa equação, vamos substituir e^x por uma variável temporária y. Nesse caso,

$$e^{2x} = (e^x)^2 = y^2,$$

de modo que nossa equação pode ser reescrita como

$$y^2 + 2y - 8 = 0.$$

Aplicando a fórmula quadrática, com $\Delta = 2^2 - 4 \cdot 1 \cdot (-8) = 36$, obtemos

$$y = \frac{-2 \pm \sqrt{36}}{2 \cdot 1} = \frac{-2 \pm 6}{2}.$$

Logo, as raízes da equação em y são

$$y_1 = \frac{-2+6}{2} = 2 \quad \text{e} \quad y_2 = \frac{-2-6}{2} = -4.$$

Lembrando, então, que $y = e^x$, temos duas possibilidades.

a) Para $y_1 = 2$:

$$e^x = 2 \quad \Rightarrow \quad e^x = e^{\ln(2)} \quad \Rightarrow \quad x = \ln(2).$$

b) Para $y_2 = -4$:

$$e^x = -4, \quad \text{Impossível, pois é } e^x > 0.$$

Portanto, a única solução da equação é $x = \ln(2) \approx 0,69315$.

■ Equações logarítmicas

Para resolvermos equações logarítmicas, usamos uma estratégia semelhante àquela empregada para as equações exponenciais, lembrando que, em virtude de a função exponencial ser injetora, $a^y = a^z$ se e somente se $y = z$. Além disso, usamos a Propriedade 4 do logaritmo, que estabelece que $a^{\log_a(y)} = y$, como se vê a seguir.

> **Roteiro para a solução de equações logarítmicas**
>
> Para resolver uma equação logarítmica na variável x, dada a constante c,
> 1. reescreva a equação de modo a obter
>
> $$\log_a(\text{expressão com } x) = c$$
>
> ou
>
> $$\log_a(\text{expressão com } x) = \log_a(\text{outra expressão com } x) + c$$
>
> 2. aplique a função exponencial na base a a cada um dos dois lados;
> 3. simplifique a equação usando a Propriedade 4 do logaritmo;
> 4. resolva a equação resultante;
> 5. confira se as soluções encontradas satisfazem a equação original.

Note que as duas formas apresentadas no passo 1 são equivalentes, uma vez que podemos escrever

$$\log_a(y) = \log_a(z) + c$$
$$\log_a(y) - \log_a(z) = c$$
$$\log_a\left(\frac{y}{z}\right) = c.$$

CAPÍTULO 5 – Funções exponenciais e logarítmicas

A conferência das soluções (passo 5) é feita para assegurar que não estamos, por exemplo, aplicando o logaritmo a um número menor ou igual a zero. Como opção a essa verificação, podemos determinar o domínio da equação original e eliminar os valores de x que dele não fazem parte.

O Problema 5 mostra como aplicar esse roteiro a problemas práticos. Naturalmente, há vários caminhos para a obtenção da solução de uma equação logarítmica, de modo que estimulamos o leitor a resolver de outras maneiras as equações apresentadas.

Problema 5.   Solução de equações logarítmicas

Resolva:

a) $\log_2(x) = \frac{3}{2}$

b) $\log_2(5x) + 3 = 8$

c) $\log(2x + 100) = 3$

d) $\log_2(4x) - \log_2(12) = 5$

e) $\ln(5x - 8) = \ln(x + 4)$

f) $\dfrac{\log(4 - 8x)}{\log(2)} = 6$

g) $\log_3(3x + 1) - 3 = \log_3(x - 4) + 1$

h) $\log_{10}(2x^2 - 4) = \log_{10}(7x)$

Solução

a)

$$\begin{aligned}
\log_2(x) &= 3/2 &&\text{Equação original.} \\
2^{\log_2(x)} &= 2^{3/2} &&\text{Elevando 2 a cada um dos lados.} \\
x &= 2^{3/2} &&\text{Propriedade 4 do logaritmo.} \\
x &= 2{,}82843 &&\text{Calculando a potência.}
\end{aligned}$$

Conferindo a resposta

$\log_2(2{,}82843) \approx 1{,}5$ Ok!

b)

$$\begin{aligned}
\log_2(5x) + 3 &= 8 &&\text{Equação original.} \\
\log_2(5x) &= 5 &&\text{Isolando o logaritmo.} \\
2^{\log_2(5x)} &= 2^5 &&\text{Elevando 2 a cada um dos lados.} \\
5x &= 32 &&\text{Propriedade 4 do logaritmo.} \\
x &= 32/5 &&\text{Dividindo ambos os lados por 5.}
\end{aligned}$$

Conferindo a resposta

$\log_2(5 \cdot 32/5) + 3 = 8$
$\log_2(32) + 3 = 8$
$5 + 3 = 8$ Ok!

c)

$$\begin{aligned}
\log(2x + 100) &= 3 &&\text{Equação original.} \\
10^{\log(2x+100)} &= 10^3 &&\text{Elevando 10 a cada um dos lados.} \\
2x + 100 &= 1000 &&\text{Propriedade 4 do logaritmo.} \\
2x &= 900 &&\text{Subtraindo 100 dos dois lados.} \\
x &= 450 &&\text{Dividindo ambos os lados por 2.}
\end{aligned}$$

Conferindo a resposta

$\log(2 \cdot 450 + 100) = 3$
$\log(1000) = 3$ Ok!

d)

$$\begin{aligned}
\log_2(4x) - \log_2(12) &= 5 &&\text{Equação original.} \\
\log_2(4x) &= 5 + \log_2(12) &&\text{Isolando o logaritmo que envolve } x. \\
2^{\log_2(4x)} &= 2^{5 + \log_2(12)} &&\text{Elevando 2 a cada um dos lados.}
\end{aligned}$$

> **Conferindo a resposta**
>
> $\log_2(4 \cdot 96) - \log_2(12) = 5$
> $\log_2(384) - \log_2(12) = 5$
> $8{,}58496 - 3{,}58496 = 5$ Ok!

$$\begin{aligned}
2^{\log_2(4x)} &= 2^5 \cdot 2^{\log_2(12)} & \text{Propriedade das potências.} \\
4x &= 2^5 \cdot 12 & \text{Propriedade 4 do logaritmo.} \\
x &= 32 \cdot 12/4 & \text{Dividindo ambos os lados por 4.} \\
x &= 96 & \text{Simplificando o resultado.}
\end{aligned}$$

e)

> **Conferindo a resposta**
>
> $\ln(5 \cdot 3 - 8) = \ln(3 + 4)$
> $\ln(7) = \ln(7)$ Ok!

$$\begin{aligned}
\ln(5x - 8) &= \ln(x + 4) & \text{Equação original.} \\
e^{\ln(5x-8)} &= e^{\ln(x+4)} & \text{Elevando } e \text{ a cada um dos lados.} \\
5x - 8 &= x + 4 & \text{Propriedade 4 do logaritmo.} \\
4x &= 12 & \text{Reescrevendo a equação.} \\
x &= 3 & \text{Dividindo ambos os lados por 4.}
\end{aligned}$$

f)

> **Conferindo a resposta**
>
> $\dfrac{\log(4 - 8 \cdot (-15/2))}{\log(2)} = 6$
> $\dfrac{\log(64)}{\log(2)} = 6$
> $\log_2(64) = 6$ Ok!

$$\begin{aligned}
\frac{\log(4 - 8x)}{\log(2)} &= 6 & \text{Equação original.} \\
\log(4 - 8x) &= 6\log(2) & \text{Multiplicando os dois lados por } \log(2). \\
\log(4 - 8x) &= \log(2^6) & \text{Propriedade 7 do logaritmo.} \\
10^{\log(4-8x)} &= 10^{\log(2^6)} & \text{Elevando 10 a cada um dos lados.} \\
4 - 8x &= 2^6 & \text{Propriedade 4 do logaritmo.} \\
-8x &= 60 & \text{Subtraindo 4 de ambos os lados.} \\
x &= -15/2 & \text{Dividindo ambos os lados por } -8.
\end{aligned}$$

g)

> **Conferindo a resposta**
>
> $\log_3(3 \cdot \tfrac{25}{6} + 1) - 3 = \log_3(\tfrac{25}{6} - 4) + 1$
> $\log_3(\tfrac{81}{6}) - 3 = \log_3(\tfrac{1}{6}) + 1$
> $4 - \log_3(6) - 3 = 0 - \log_3(6) + 1$
> $1 - \log_3(6) = 1 - \log_3(6)$ Ok!

$$\begin{aligned}
\log_3(3x + 1) - 3 &= \log_3(x - 4) + 1 & \text{Equação original.} \\
\log_3(3x + 1) &= \log_3(x - 4) + 4 & \text{Isolando o termo constante.} \\
3^{\log_3(3x+1)} &= 3^{\log_3(x-4)+4} & \text{Elevando 3 a cada um dos lados.} \\
3^{\log_3(3x+1)} &= 3^{\log_3(x-4)} \cdot 3^4 & \text{Propriedade das potências.} \\
3x + 1 &= (x - 4) \cdot 81 & \text{Propriedade 4 do logaritmo.} \\
3x + 1 &= 81x - 324 & \text{Propriedade distributiva.} \\
-78x &= -325 & \text{Isolando o termo que envolve } x. \\
x &= 25/6 & \text{Dividindo ambos os lados por } -78.
\end{aligned}$$

h)

$$\begin{aligned}
\log(2x^2 - 4) &= \log(7x) & \text{Equação original.} \\
10^{\log(2x^2-4)} &= 10^{\log(7x)} & \text{Elevando 10 a cada um dos lados.} \\
2x^2 - 4 &= 7x & \text{Propriedade 4 do logaritmo.} \\
2x^2 - 7x - 4 &= 0 & \text{Reorganizando a equação.} \\
x &= \frac{-(-7) \pm \sqrt{(-7)^2 - 4 \cdot 2 \cdot (-4)}}{2 \cdot 2} & \text{Aplicando a fórmula quadrática.} \\
x &= 4 \text{ ou} -1/2 & \text{Calculando as raízes.}
\end{aligned}$$

Conferindo se as duas raízes da equação quadrática satisfazem a equação original, descobrimos que

$$\log\left(2\cdot 4^2 - 4\right) = \log(7\cdot 4) \qquad \log\left(2\cdot(-1/2)^2 - 4\right) = \log(7\cdot(-1/2))$$
$$\log(28) = \log(28) \quad \text{Ok!} \qquad \log(-7/2) = \log(-7/2) \quad \text{Erro!}$$

Observamos, assim, que $x = -1/2$ não pertence ao domínio da equação, de modo que a única solução do problema é

$$x = 4.$$

Alternativa

Poderíamos ter chegado à conclusão de que apenas $x = 4$ é solução do problema se tivéssemos verificado antecipadamente o domínio da equação.

Dado que a equação inclui o logaritmo de $2x^2 - 4$ e de $7x$, qualquer solução deve satisfazer

$$2x^2 - 4 > 0 \qquad\qquad 7x > 0$$
$$x^2 > 2 \qquad\qquad x > 0$$
$$x < -\sqrt{2} \text{ ou } x > \sqrt{2}$$

Tomando a interseção de $\{x \in \mathbb{R} \mid x < -\sqrt{2} \text{ ou } x > \sqrt{2}\}$ e $\{x \in \mathbb{R} \mid x > 0\}$, obtemos

$$D = \{x \in \mathbb{R} \mid x > \sqrt{2}\}.$$

Desse modo, ao calcularmos as raízes $x_1 = -1/2$ e $x_2 = 4$, observamos imediatamente que x_1 deve ser descartada.

Essa estratégia poderia ter sido adotada em todas as equações desse problema. Entretanto, preferimos verificar se as soluções encontradas satisfazem a equação original, pois isso costumeiramente é menos trabalhoso.

Agora, tente o Exercício 5.

A exemplo do que ocorre com as equações exponenciais, há casos em que, além de aplicar os passos do roteiro da página 422, precisamos recorrer a outras propriedades do logaritmo e a algumas manipulações algébricas para resolver equações logarítmicas, como mostra o problema a seguir.

Problema 6. Solução de equações logarítmicas

Resolva:

a) $\log(2x - 1) + \log(x) = 0$

b) $2\log(x) = \log(3x) + \log(x - 4)$

c) $\log_2(8x) = 6\log_8(2x) + 2$

Solução

a)

$$\log(2x - 1) + \log(x) = 0 \qquad \text{Equação original.}$$
$$\log((2x - 1)x) = 0 \qquad \text{Propriedade 5 do logaritmo.}$$
$$10^{\log((2x-1)x)} = 10^0 \qquad \text{Elevando 10 a cada um dos lados.}$$
$$(2x - 1)x = 1 \qquad \text{Propriedade 4 do logaritmo.}$$
$$2x^2 - x = 1 \qquad \text{Propriedade distributiva.}$$
$$2x^2 - x - 1 = 0 \qquad \text{Reescrevendo a equação.}$$

$$x = \frac{-(-1) \pm \sqrt{(-1)^2 - 4 \cdot 2 \cdot (-1)}}{2 \cdot 2}$$ Aplicando a fórmula quadrática.

$x = 1$ ou $-1/2$ Calculando as raízes.

Conferindo se as raízes da equação quadrática satisfazem a equação original, obtemos

$\log(2 \cdot 1 - 1) + \log(1) = 0$ $\log\left(2\left(-\frac{1}{2}\right) - 1\right) + \log\left(-\frac{1}{2}\right) = 0$

$\log(1) + \log(1) = 0$ Ok! $\log(-2) + \log\left(-\frac{1}{2}\right) = 0$ Erro!

Logo, a única solução da equação é $x = 1$.

b)

$2\log(x) = \log(3x) + \log(x - 4)$ Equação original.

$2\log(x) = \log(3x(x - 4))$ Propriedade 5 do logaritmo.

$\log(x^2) = \log(3x(x - 4))$ Propriedade 7 do logaritmo.

$10^{\log(x^2)} = 10^{\log(3x(x-4))}$ Elevando 10 a cada um dos lados.

$x^2 = 3x(x - 4)$ Propriedade 4 do logaritmo.

$x^2 = 3x^2 - 12x$ Propriedade distributiva.

$2x^2 - 12x = 0$ Reescrevendo a equação.

$x(2x - 12) = 0$ Fatorando o lado esquerdo.

Como o produto de dois fatores só é zero se um deles for zero, concluímos que

$x = 0$ ou $2x - 12 = 0$.

Nesse último caso, temos

$2x - 12 = 0$ $\Rightarrow$ $2x = 12$ $\Rightarrow$ $x = 6$.

Logo, as raízes da equação quadrática são

$x_1 = 6$ e $x_2 = 0$.

Conferindo se essas satisfazem à equação original, obtemos

$2\log(6) = \log(3 \cdot 6) + \log(6 - 4)$ $2\log(0) = \log(3 \cdot 0) + \log(0 - 4)$ Erro!

$\log(6^2) = \log(18) + \log(2)$

$\log(36) = \log(18 \cdot 2)$ Ok!

Portanto, a única solução é $x = 6$.

c)

$\log_2(8x) = 6\log_8(2x) + 2$ Equação original.

$\log_2(8x) = 6\dfrac{\log_2(2x)}{\log_2(8)} + 2$ Mudando para a base 2.

$\log_2(8x) = 6\dfrac{\log_2(2x)}{3} + 2$ Calculando $\log_2(8)$.

$\log_2(8x) = 2\log_2(2x) + 2$ Simplificando o lado direito.

$\log_2(8x) = \log_2((2x)^2) + 2$ Propriedade 7 do logaritmo.

$2^{\log_2(8x)} = 2^{\log_2((2x)^2)+2}$ Elevando 2 a cada um dos lados.

$2^{\log_2(8x)} = 2^{\log_2((2x)^2)} \cdot 2^2$ Propriedade das potências.

$$8x = (2x)^2 \cdot 2^2 \quad \text{Propriedade 4 do logaritmo.}$$
$$16x^2 - 8x = 0 \quad \text{Reescrevendo a equação.}$$
$$x(16x - 8) = 0 \quad \text{Pondo } x \text{ em evidência.}$$

Como no problema anterior, o produto que aparece do lado direito da última equação só será igual a zero se um dos termos for zero, de modo que $x = 0$ ou

$$16x - 8 = 0 \quad \Rightarrow \quad 16x = 8 \quad \Rightarrow \quad x = \frac{8}{16} = \frac{1}{2}.$$

Resta-nos conferir se os dois valores obtidos satisfazem a equação original:

$$\log_2(8 \cdot 1/2) = 6\log_8(2 \cdot 1/2) + 2 \qquad \log_2(8 \cdot 0) = 6\log_8(2 \cdot 0) + 2 \quad \text{Erro!}$$
$$\log_2(4) = 6\log_8(1) + 2$$
$$2 = 6 \cdot 0 + 2 \quad \text{Ok!}$$

Logo, apenas $x = \frac{1}{2}$ é solução.

Agora, tente o Exercício 6.

■ Erros a evitar na manipulação de logaritmos

As propriedades dos logaritmos são frequentemente usadas de forma indevida. A Tabela 5.9 mostra os casos mais comuns de engano na manipulação dessas propriedades, apresentando o motivo de cada erro.

Esses mesmos erros podem aparecer de forma mais sutil, como mostra o exemplo a seguir.

Exemplo 1. Erros na manipulação de logaritmos

Para resolver equações exponenciais e logarítmicas, levamos em conta o fato de essas duas funções serem injetoras. Assim,

- se $a^x = a^y$, então $x = y$;
- se $\log_a(x) = \log_a(y)$, então $x = y$.

Entretanto, é preciso tomar cuidado quando combinamos as propriedades da função logarítmica com o fato de ela ser injetora. O exemplo a seguir mostra um erro cometido corriqueiramente. Será que você consegue detectar o que não está correto?

$$\log(x) + \log(3) = \log(y) \quad \Rightarrow \quad x + 3 = y. \quad \text{☠ Errado!}$$

Veja se você acertou, comparando a resposta com a conclusão correta, que é:

$$\log(x) + \log(3) = \log(y) \quad \Rightarrow \quad \log(x \cdot 3) = \log(y) \quad \Rightarrow \quad 3x = y.$$

Também é comum encontrar a seguinte dedução errada:

$$\log_2(5) \cdot \log_2(x) = \log_2(y) \quad \Rightarrow \quad 5x = y. \quad \text{☠ Errado!}$$

Nesse caso, o correto é fazer

$$\log_2(5) \cdot \log_2(x) = \log_2(y) \Rightarrow \log_2(x^{\log_2(5)}) = \log_2(y) \Rightarrow x^{2,321928} = y.$$

Agora, tente o Exercício 7.

TABELA 5.9 Aplicações incorretas das propriedades do logaritmo.

Exemplo com erro	Motivo do erro	Expressões corretas semelhantes
$\log(x+5) = \log(x) + \log(5)$	Não há propriedade para $\log_c(a+b)$	$\log(x) + \log(5) = \log(5x)$
$\log(x-8) = \dfrac{\log(x)}{\log(8)}$	Não há propriedade para $\log_c(a-b)$	$\dfrac{\log(x)}{\log(8)} = \log_8(x)$
$\log(3) \cdot \log(x) = \log(3x)$	$\log_c(a) \cdot \log_c(b) \neq \log_c(b^{\log_c(a)})$	$\log(3) \cdot \log(x) = \log(x^{\log(3)})$ $\log(3x) = \log(3) + \log(x)$
$\dfrac{\log(6x)}{\log(3)} = \log\left(\dfrac{6x}{3}\right) = \log(2x)$	$\dfrac{\log_c(a)}{\log_c(b)} \neq \log_b(a)$	$\dfrac{\log(6x)}{\log(3)} = \log_3(6x)$ $\log\left(\dfrac{6x}{3}\right) = \log(6x) - \log(3)$
$\log(6-2x) = \log((6-2)x) = \log(4x)$	$a - b \cdot d \neq (a-b) \cdot d$	$\log((6-2)x) = \log(6x - 2x)$
$\log(2x + x^2) = \log((3x)^2) = 2\log(3x)$	$a + b^k \neq (a+b)^k$	$2\log(3x) = \log((3x)^2) = \log(9x^2)$
$[\log(x)]^2 = 2\log(x)$	Não há propriedade para $[\log_c(a)]^k$	$2\log(x) = \log(x^2)$
$2^{\log_2(x)+3} = 2^{\log_2(x+3)} = x+3$	$\log_c(a) + b \neq \log_c(a+b)$	$2^{\log_2(x)+3} = 2^{\log_2(x)} \cdot 2^3 = 8x$

Exercícios 5.4

1. Usando as propriedades dos logaritmos, expanda as expressões a seguir. Suponha sempre que as variáveis pertençam ao domínio das expressões.
   a) $\log(4x)$
   b) $\log_2(16x^3)$
   c) $\log_3(yx^3)$
   d) $\log_2\left(2(x+1)\left(x-\tfrac{1}{2}\right)\right)$
   e) $\log\left(x^{-2}(x-4)\right)$
   f) $\ln(\tfrac{x}{e})$
   g) $\log_2(\tfrac{8}{x^2})$
   h) $\log(\tfrac{x+3}{x-2})$
   i) $\log_2(\tfrac{x}{w^5 z^2})$
   j) $\log\left(\sqrt{x^3}\right)$
   k) $\log_2(\sqrt{xy})$
   l) $\log_5\left(\tfrac{x+2}{\sqrt{x^2+1}}\right)$
   m) $\log_3(x\sqrt{x})$
   n) $\log_3\left(\sqrt[3]{x^2 w}\right)$
   o) $\ln\left(\sqrt[3]{y/w^4}\right)$
   p) $\log\left(6/\sqrt[3]{x^2}\right)$
   q) $\log_2\left(\sqrt{x(x+1)}\right)$
   r) $\log_5\left(x\sqrt{\tfrac{5}{y}}\right)$

2. Usando as propriedades dos logaritmos, escreva cada expressão a seguir como o logaritmo de um único termo. Suponha sempre que as variáveis pertençam ao domínio das expressões.
   a) $\log_2(x) - \log_2(y)$
   b) $3\log_2(x) + 2\log_2(5)$
   c) $2\log(3x) + \log(x+1)$
   d) $\dfrac{\log_2(x) - 3\log_2(z)}{2}$
   e) $-2\log_4(x)$
   f) $\tfrac{1}{3}\log_2(x)$
   g) $\log_2(6-x) - \tfrac{1}{2}\log_2(x)$
   h) $\log_2(x^2 - 1) - \log_2(x+1)$
   i) $\log(x) - 2\log(\tfrac{1}{x}) + \log(5)$
   j) $\tfrac{1}{2}\log(x) - \tfrac{1}{2}\log(2)$
   k) $\tfrac{1}{2}\log_2(x) + 2\log_2(y) - \tfrac{1}{3}\log_2(z)$
   l) $\tfrac{4}{3}\log_2(x-1) - \tfrac{1}{3}\log_2(x+1)$
   m) $3\log_4(2x+3) - \log_2(x+2)$
   n) $3[\ln(3) + \ln(x/2)]$
   o) $2[\log(x) + \tfrac{1}{2}\log(y)] - 4\log(z)$
   p) $2[\log(x+3) - \log(\tfrac{x}{2})] - \tfrac{3}{2}\log(x)$

3. Usando alguma mudança de base e as propriedades dos logaritmos, simplifique as expressões a seguir. Suponha sempre que as variáveis pertençam ao domínio das expressões.

a) $\dfrac{\log(3x)-\log(6)}{\log(2)}$

b) $\dfrac{\log_6(2x)+\log_6(5)}{\log_6(10)}$

c) $\dfrac{\log_5(81x)}{\log_5(3)}$

d) $\dfrac{\log_2(x)}{2\log_2(5)}$

e) $\dfrac{\log(x-4)}{\ln(x-4)}$

f) $\log_2(x)-\log_4(x)$

g) $\tfrac{1}{3}\log(x)+\log_{1000}(x)$

h) $\log_3(5x^2)+\log_{1/3}(x)$

i) $\ln(x)\cdot\log(e)$

j) $\log(x)\cdot\log_x(10)$

4. Resolva as equações.

a) $3^{-x}=\dfrac{1}{81}$
b) $e^{3x-1}=100$
c) $4^{3x+2}=5^{x-1}$
d) $3^{2x-1}=4^{x+2}$
e) $\dfrac{100}{1+2^{3-x/2}}=20$
f) $3^{3x+4}=27^{2x-2}$
g) $\dfrac{50}{1+3\cdot 2^x}=2$
h) $4^{2x-1}=8^{3x+2}$
i) $5^{2x+3}=50$
j) $4^{2-x}=\dfrac{1}{3}$
k) $3\left(2^{x+4}-5\right)=12$
l) $3^x=2^x+2^{x+1}$
m) $\left(\tfrac{1}{2}\right)^{x+1}=64$

n) $\left(\tfrac{1}{3}\right)^x=27$
o) $5^{2x-7}=125$
p) $3^{x+1}=2^{2x-3}$
q) $\dfrac{20}{10+2^x}=5$
r) $3^{2x-1}=5^x$
s) $\dfrac{162}{3^{3x-7}}=2$
t) $4^{2x-1}=5^{x+1}$
u) $2^{4x-5}=8^{1-2x}$
v) $3^{5x-2}=9^4$
w) $2\cdot 3^{2x}=6^{1-x}$
x) $4^{3x-1}=64^{3-2x}$
y) $15^{3-7x}=5^x$
z) $e^{x/3-1}=\dfrac{1}{e^x}$

5. Resolva as equações.

a) $\log(2-x)=-3$
b) $\ln(3x-1)=2$
c) $4-\log_2(1-3x)=6$
d) $\log_2\left(\sqrt{5x-1}\right)=3$
e) $\log_2(2x+3)+1=\log_2(x-2)+5$
f) $\log_3(x+19)-1=3+\log_3(x-1)$
g) $\log_{1/3}(2x^2-9x+4)=-2$
h) $\log(10x)-\log(4-x)=2$
i) $\log_{25}(2x-1)=1/2$

j) $\log_5(x-2)-3=\log_5(4x+3)-1$
k) $2\log(x+2)-\log(4)=\log(x+5)-\log(8)$
l) $\log\left(x^2-3x+2\right)=\log(6)$
m) $\log_2(4x-3)-\log_2\left(\sqrt{x}\right)=2$

6. Resolva as equações.

a) $\log_2(4x)=\log_4(x)+7$
b) $\log_{16}(x-2)+\log_{16}(x+1)=1/2$
c) $\log_3(x+2)-\log_{1/3}(x-6)=\log_3(2x-5)$
d) $2\log(x)=\log(2)+\log(x+4)$
e) $2\log_4(x+6)-\log_4(x)=\log_4(x+15)$
f) $\ln(x+1)+\ln(x-2)=1$
g) $\log_4(x)+\log_3(x)=5$
h) $\log(4x+1)-2\log(3)=3\log(2)+\log(x/12)$
i) $\log_2(3x)=\log_4(8x^2+9)$
j) $2\log_2(x)=\log_2(4x+8)-\log_2(4)$
k) $2\log_4(6-x)=\log_2(3x)-\log_2(6)$
l) $2\log_3(x+3)=\log_3(x+7)+\log_3(x)$
m) $4\log_4(x-3)=\log_2(25-6x)$

7. A Tabela 5.9 mostrou erros comuns na aplicação dos logaritmos. Apresentamos a seguir algumas equações que não são verdadeiras para todo x e a (ou seja, não são identidades). Descubra para que valores de x cada equação é satisfeita. Em seguida, determine a solução específica para o valor de a fornecido.

a) $\log(x+a)=\log(x)+\log(a)$, $a=5$
b) $\log(x-a)=\log(x)-\log(a)$, $a=3$
c) $\ln(ax)=\ln(a)\ln(x)$, $a=e^2$
d) $[\log(x)]^2=2\log(x)$

8. A equação $2^{x-3}=2^x-2^3$ não é válida para todo valor de x. Trace os gráficos de 2^{x-3} e de 2^x-2^3 para $x\in[0,5]$ e descubra o valor aproximado da única solução real dessa equação.

9. As populações de duas cidades, A e B, são dadas em milhares de habitantes por $A(t)=\log_8(1+t)^6$ e $B(t)=\log_2(t+1)+2$, em que a variável t representa o tempo em anos contado a partir do último censo. Determine o instante em que a população de uma cidade é igual à população da outra.

5.5 Inequações exponenciais e logarítmicas

Para resolver inequações exponenciais e logarítmicas usamos as propriedades dessas funções, assim como foi feito na Seção 5.4. Além disso, recorremos ao fato de que as funções a^x e $\log_a(x)$ são crescentes quando a base a é maior que 1 e decrescentes quando $0<a<1$.

Inequações exponenciais

Problema 1. Rendimento de aplicações financeiras

Priscila acaba de obter um empréstimo de R$ 5.000,00, a uma taxa de juros de 5,6% ao mês. Na mesma data, seu amigo Fernando contraiu um empréstimo de R$ 3.000,00 para saldar suas dívidas. Entretanto, por ser cliente de outro banco, Fernando viu-se obrigado a pagar juros de 7,8% ao mês, mesmo tendo obtido um empréstimo de menor valor. Determine quando a dívida de Fernando será maior que a de Priscila.

Solução

Supondo que nenhum dos dois amigos conseguirá saldar sequer parcialmente sua dívida nos próximos meses, os valores devidos por Priscila e Fernando no mês t, contado a partir da data do empréstimo, serão dados, respectivamente, por

$$p(t) = 5000 \cdot 1{,}056^t,$$

$$f(t) = 3000 \cdot 1{,}078^t.$$

Observe que, como p e f envolvem bases maiores que 1, as duas funções são crescentes. Além disso, como a taxa de juros de Fernando é maior, sua dívida crescerá mais rapidamente. A Figura 5.28 mostra os gráficos das funções p e f. Segundo a figura, a curva vinho, que corresponde à função de Fernando, supera a curva associada à função de Priscila a partir de cerca de 25 meses.

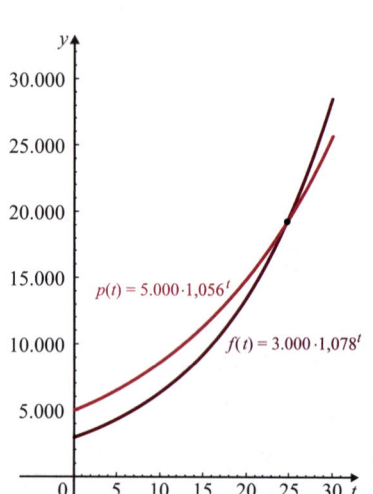

FIGURA 5.28 Gráficos das funções do Problema 1.

No Problema 1, se quisermos determinar exatamente em que período Fernando deverá mais que Priscila, devemos resolver a inequação

$$3000 \cdot 1{,}078^t > 5000 \cdot 1{,}056^t.$$

Essa é uma inequação exponencial, ou seja, uma inequação na qual a variável aparece no expoente de uma ou mais potências. A solução de inequações desse tipo segue um roteiro similar ao das equações exponenciais, apresentado na página 419.

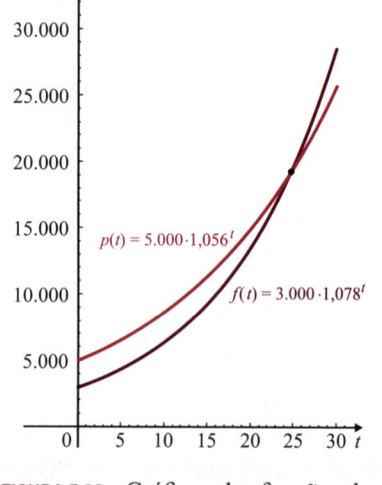

Nesse quadro, consideramos que a, b e c são constantes reais maiores que zero, com $a \neq 1$ e $b \neq 1$.

Roteiro para a solução de inequações exponenciais

Para resolver uma inequação exponencial em relação à variável x,

1. reescreva a inequação de modo a obter

$$a^{\text{expressão com } x} \leq c$$

ou

$$a^{\text{expressão com } x} \leq c \cdot b^{\text{outra expressão com } x}$$

ou ainda uma inequação similar com "<", "≥" ou ">";

2. aplique o logaritmo aos dois lados da inequação, invertendo o sinal da desigualdade caso a base do logaritmo seja menor que 1;

3. simplifique a inequação usando as Propriedades 3 e 7 do logaritmo;

4. resolva a inequação resultante.

A novidade desse roteiro é a inversão do sinal da desigualdade no passo 2. Essa inversão é necessária porque $\log_a(y)$ é crescente quando $a > 1$, e decrescente quando $0 < a < 1$, de modo que

- quando $a > 1$,

$$\text{se } y \leq z, \text{ então } \log_a(y) \leq \log_a(z);$$

- quando $0 < a < 1$,

$$\text{se } y \leq z, \text{ então } \log_a(y) \geq \log_a(z).$$

Vejamos como aplicar esse roteiro à resolução de alguns problemas práticos.

Problema 2. Solução de inequações exponenciais

Resolva

a) $3^{x+1} \leq 243$

b) $5^x > 4 \cdot 5^{x/2+6}$

c) $\left(\dfrac{1}{2}\right)^{2x-1} \geq \dfrac{1}{16}$

d) $3000 \cdot 1{,}078^t > 5000 \cdot 1{,}056^t$

e) $\left(\dfrac{1}{3}\right)^{4-x} \leq \left(\dfrac{1}{5}\right)^x$

f) $e^{x^2-5} \leq e^{4x}$

Solução

a)

3^{x+1}	$\leq$	243	Inequação original.
$\log_3(3^{x+1})$	$\leq$	$\log_3(243)$	Aplicando $\log_3$ aos dois lados.
$x+1$	$\leq$	5	Propriedade 3 do logaritmo.
x	$\leq$	4	Isolando x.

b)

5^x	$>$	$4 \cdot 5^{x/2+6}$	Inequação original.
$\log_5(5^x)$	$>$	$\log_5(4 \cdot 5^{x/2+6})$	Aplicando $\log_5$ aos dois lados.
$\log_5(5^x)$	$>$	$\log_5(4) + \log_5(5^{x/2+6})$	Propriedade 5 do logaritmo.
x	$>$	$\log_5(4) + \dfrac{x}{2} + 6$	Propriedade 7 do logaritmo.
$\dfrac{x}{2}$	$>$	$\log_5(4) + 6$	Reorganizando a inequação.
x	$>$	$2\log_5(4) + 12$	Multiplicando os dois lados por 2.
x	$>$	$\dfrac{2\log(4)}{\log(5)} + 12$	Mudando para a base 10.
x	$>$	$13{,}7227$	Calculando o lado direito.

c)

$\left(\dfrac{1}{2}\right)^{2x-1}$	$\geq$	$\dfrac{1}{16}$	Inequação original.
$\log_{\frac{1}{2}}\left(\left(\dfrac{1}{2}\right)^{2x-1}\right)$	$\leq$	$\log_{\frac{1}{2}}\left(\dfrac{1}{16}\right)$	Aplicando $\log_{\frac{1}{2}}$ aos dois lados.
$\log_{\frac{1}{2}}\left(\left(\dfrac{1}{2}\right)^{2x-1}\right)$	$\leq$	$\log_{\frac{1}{2}}\left(\left(\dfrac{1}{2}\right)^4\right)$	Reescrevendo o lado direito.
$2x-1$	$\leq$	4	Propriedade 7 do logaritmo.
$2x$	$\leq$	5	Reorganizando a inequação.
x	$\leq$	$5/2$	Dividindo os dois lados por 2.

d)

$$3000 \cdot 1{,}078^t > 5000 \cdot 1{,}056^t \qquad \text{Inequação original.}$$
$$1{,}078^t > \tfrac{5}{3} \cdot 1{,}056^t \qquad \text{Dividindo os dois lados por 3000.}$$
$$\log(1{,}078^t) > \log(\tfrac{5}{3} \cdot 1{,}056^t) \qquad \text{Aplicando } \log_{10} \text{ aos dois lados.}$$
$$t \cdot \log(1{,}078) > \log(\tfrac{5}{3}) + t \cdot \log(1{,}056) \qquad \text{Propriedades 5 e 7 do logaritmo.}$$
$$0{,}032619t > 0{,}22185 + 0{,}023664t \qquad \text{Calculando os logaritmos.}$$
$$0{,}008955t > 0{,}22185 \qquad \text{Reorganizando a inequação.}$$
$$t > 24{,}774 \qquad \text{Isolando } t.$$

Essa é a solução do Problema 1.

e)

$$\left(\tfrac{1}{3}\right)^{4-x} \leq \left(\tfrac{1}{5}\right)^{x} \qquad \text{Inequação original.}$$
$$\log\!\left(\left(\tfrac{1}{3}\right)^{4-x}\right) \leq \log\!\left(\left(\tfrac{1}{5}\right)^{x}\right) \qquad \text{Aplicando } \log_{10} \text{ aos dois lados.}$$
$$(4-x)\log\!\left(\tfrac{1}{3}\right) \leq x\log\!\left(\tfrac{1}{5}\right) \qquad \text{Propriedade 7 do logaritmo.}$$
$$(4-x)\log(3^{-1}) \leq x \cdot \log(5^{-1}) \qquad \text{Convertendo frações em potências.}$$
$$-(4-x)\log(3) \leq -x \cdot \log(5) \qquad \text{Propriedade 7 do logaritmo.}$$
$$x[\log(3)+\log(5)] \leq 4\log(3) \qquad \text{Reorganizando a inequação.}$$
$$x \leq \frac{4\log(3)}{\log(3)+\log(5)} \qquad \text{Isolando } x.$$
$$x \leq 1{,}62274 \qquad \text{Calculando o lado direito.}$$

f)

$$e^{x^2-5} \leq e^{4x} \qquad \text{Inequação original.}$$
$$\ln(e^{x^2-5}) \leq \ln(e^{4x}) \qquad \text{Aplicando ln aos dois lados.}$$
$$x^2 - 5 \leq 4x \qquad \text{Propriedade 7 do logaritmo.}$$
$$x^2 - 4x - 5 \leq 0 \qquad \text{Reorganizando a inequação.}$$

A equação associada a essa desigualdade é $x^2 - 4x - 5 = 0$ e suas raízes podem ser obtidas empregando-se a fórmula quadrática:

$$x = \frac{-(-4) \pm \sqrt{(-4)^2 - 4 \cdot 1 \cdot (-5)}}{2 \cdot 1} = \frac{4 \pm \sqrt{36}}{2} = \frac{4 \pm 6}{2}.$$

De posse das raízes, $x_1 = 5$ e $x_2 = -1$, e considerando que o coeficiente que multiplica x^2 na inequação é positivo, esboçamos o gráfico da Figura 5.29, que indica que a solução de $x^2 - 4x - 5 \leq 0$ é

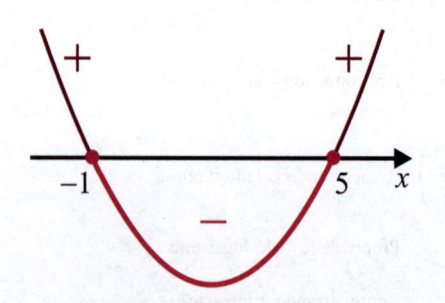

$$-1 \leq x \leq 5.$$

FIGURA 5.29 Esboço do gráfico de $y = x^2 - 4x - 5$.

Agora, tente o Exercício 1.

Inequações logarítmicas

Para resolver inequações logarítmicas, usamos um roteiro semelhante ao das equações logarítmicas, que apresentamos na página 422.

> **Roteiro para a solução de inequações logarítmicas**
>
> Para resolver uma inequação logarítmica em relação à variável x, dada a constante c,
>
> 1. reescreva a inequação de modo a obter
>
> $$\log_a(\text{expressão com } x) \leq c$$
>
> ou
>
> $$\log_a(\text{expressão com } x) \leq \log_a(\text{outra expressão com } x) + c$$
>
> ou, ainda, uma inequação similar com "<", "≥" ou ">";
> 2. aplique a função exponencial na base a a cada um dos dois lados, invertendo o sinal da desigualdade caso $0 < a < 1$;
> 3. simplifique a inequação usando a Propriedade 4 do logaritmo;
> 4. resolva a inequação resultante;
> 5. elimine da solução os valores de x que não pertençam ao domínio da equação original.

A exemplo do que ocorre com as inequações exponenciais, pode ser necessária a inversão do sinal da desigualdade no passo 2, já que a^y é crescente quando $a > 1$ e decrescente quando $0 < a < 1$. Em outras palavras, ao elevarmos a a cada um dos dois lados, devemos levar em conta que

- quando $a > 1$,

$$\text{se } y \leq z, \text{ então } a^y \leq a^z;$$

- quando $0 < a < 1$,

$$\text{se } y \leq z, \text{ então } a^y \geq a^z.$$

O problema a seguir mostra como resolver inequações por meio desse roteiro.

Problema 3. Solução de inequações logarítmicas

Resolva:

a) $\log_4(5x) \geq 3$

b) $\log_3\left(\dfrac{x}{2} - 10\right) + 10 \leq 16$

c) $\dfrac{\ln(3 - 2x)}{\ln(5)} \leq 2$

d) $\log_2(5x - 1) + 5 \geq \log_2(4x) + 3$

e) $\log_{1/2}(x + 8) \leq \log_{1/2}(6x - 12)$

f) $\log(x) + \log(2x + 4) \geq \log(11x - 3)$

Solução

a)

$$\begin{array}{rcll}
\log_4(5x) & \geq & 3 & \text{Inequação original.} \\
4^{\log_4(5x)} & \geq & 4^3 & \text{Elevando 4 a cada um dos lados.} \\
5x & \geq & 4^3 & \text{Propriedade 4 do logaritmo.} \\
x & \geq & 64/5 & \text{Dividindo ambos os lados por 5.}
\end{array}$$

A inequação original desse problema envolve o logaritmo de $5x$, de modo que a solução do problema deve satisfazer

$$5x > 0 \quad \Rightarrow \quad x > 0.$$

Como a solução obtida já satisfaz essa condição, concluímos que $x \geq 64/5$.

b)
$\log_3\left(\dfrac{x}{2} - 10\right) + 10$	$\leq$	16	Inequação original.
$\log_3\left(\dfrac{x}{2} - 10\right)$	$\leq$	6	Subtraindo 10 dos dois lados.
$3^{\log_3\left(\frac{x}{2} - 10\right)}$	$\leq$	3^6	Elevando 3 a cada um dos lados.
$\dfrac{x}{2} - 10$	$\leq$	3^6	Propriedade 4 do logaritmo.
$\dfrac{x}{2}$	$\leq$	739	Reorganizando a inequação.
x	$\leq$	1478	Multiplicando ambos os lados por 2.

Analisando o domínio da inequação original, constatamos que x deve satisfazer

$$\dfrac{x}{2} - 10 > 0 \quad \Rightarrow \quad \dfrac{x}{2} > 10 \quad \Rightarrow \quad x > 20.$$

Logo, a solução do problema é

$$\{x \in \mathbb{R} \mid 20 < x \leq 1478\}.$$

Observe que $\ln(5) > 0$.

c)
$\dfrac{\ln(3 - 2x)}{\ln(5)}$	$\leq$	2	Inequação original.
$\ln(3 - 2x)$	$\leq$	$2\ln(5)$	Multiplicando os dois lados por $\ln(5)$.
$\ln(3 - 2x)$	$\leq$	$\ln(5^2)$	Propriedade 7 do logaritmo.
$e^{\ln(3 - 2x)}$	$\leq$	$e^{\ln(5^2)}$	Elevando e a cada um dos lados.
$3 - 2x$	$\leq$	5^2	Propriedade 4 do logaritmo.
$-2x$	$\leq$	22	Reorganizando a inequação.
x	$\geq$	-11	Dividindo os dois lados por -2.

Note a inversão do sinal da desigualdade.

Nesse problema, o domínio da inequação original é dado por

$$3 - 2x > 0 \quad \Rightarrow \quad -2x > -3 \quad \Rightarrow \quad x < 3/2.$$

Tomando a interseção do domínio com a solução encontrada, obtemos

$$\{x \in \mathbb{R} \mid -11 \leq x < 3/2\}.$$

d)
$\log_2(5x - 1) + 5$	$\geq$	$\log_2(4x) + 3$	Inequação original.
$\log_2(5x - 1) + 2$	$\geq$	$\log_2(4x)$	Subtraindo 3 dos dois lados.
$2^{\log_2(5x - 1) + 2}$	$\geq$	$2^{\log_2(4x)}$	Elevando 2 a cada um dos lados.
$2^{\log_2(5x - 1)} \cdot 2^2$	$\geq$	$2^{\log_2(4x)}$	Propriedade das potências.
$(5x - 1) \cdot 4$	$\geq$	$4x$	Propriedade 4 do logaritmo.
$20x - 4$	$\geq$	$4x$	Propriedade distributiva.
$16x$	$\geq$	4	Reorganizando a inequação.
x	$\geq$	$1/4$	Dividindo os dois lados por 16.

O domínio da inequação original é dado pela interseção entre

$$5x - 1 > 0 \quad \Rightarrow \quad 5x > 1 \quad \Rightarrow \quad x > 1/5$$

e

$$4x > 0 \quad \Rightarrow \quad x > 0,$$

o que implica que $D = \{x \in \mathbb{R} \mid x > 1/5\}$. Finalmente, como mostra a Figura 5.30, a interseção do domínio com a solução encontrada fornece

$$S = \{x \in \mathbb{R} \mid x \geq 1/4\}.$$

FIGURA 5.30

e)

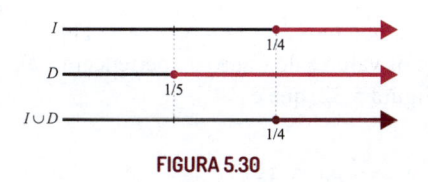

Note a inversão do sinal da desigualdade.

$$\begin{array}{rcll}
\log_{1/2}(x + 8) & \leq & \log_{1/2}(6x - 12) & \text{Inequação original.} \\
\left(\dfrac{1}{2}\right)^{\log_{1/2}(x+8)} & \geq & \left(\dfrac{1}{2}\right)^{\log_{1/2}(6x-12)} & \text{Elevando 1/2 a cada um dos lados.} \\
x + 8 & \geq & 6x - 12 & \text{Propriedade 4 do logaritmo.} \\
-5x & \geq & -20 & \text{Reorganizando a inequação.} \\
x & \leq & 4 & \text{Dividindo os dois lados por } -5.
\end{array}$$

O domínio da inequação original é dado pela interseção entre

$$x + 8 > 0 \quad \Rightarrow \quad x > -8$$

e

$$6x - 12 > 0 \quad \Rightarrow \quad 6x > 12 \quad \Rightarrow \quad x > 2,$$

de modo que $D = \{x \in \mathbb{R} \mid x > 2\}$. A interseção desse domínio com a solução encontrada fornece a solução do problema, que é

$$\{x \in \mathbb{R} \mid 2 < x \leq 4\}.$$

f)

$$\begin{array}{rcll}
\log(x) + \log(2x + 4) & \geq & \log(11x - 3) & \text{Inequação original.} \\
\log(x(2x + 4)) & \geq & \log(11x - 3) & \text{Propriedade 5 do logaritmo.} \\
10^{\log(x(2x+4))} & \geq & 10^{\log(11x-3)} & \text{Elevando 10 a cada um dos lados.} \\
x(2x + 4) & \geq & 11x - 3 & \text{Propriedade 4 do logaritmo.} \\
2x^2 + 4x & \geq & 11x - 3 & \text{Propriedade distributiva.} \\
2x^2 - 7x + 3 & \geq & 0 & \text{Movendo os termos para a esquerda.}
\end{array}$$

Usando a fórmula quadrática para determinar as raízes da equação $2x^2 - 7x + 3 = 0$, obtemos

$$x = \frac{-(-7) \pm \sqrt{(-7)^2 - 4 \cdot 2 \cdot 3}}{2 \cdot 2} = \frac{7 \pm \sqrt{25}}{4} = \frac{7 \pm 5}{4}.$$

Logo, as raízes são $x_1 = 3$ e $x_2 = 1/2$. Assim, observando que, na inequação $2x^2 - 7x + 3 \geq 0$, o coeficiente que multiplica x^2 é positivo, traçamos o gráfico da Figura 5.31, que fornece a solução

$$I = \{x \in \mathbb{R} \mid x \leq 1/2 \text{ ou } x \geq 3\}.$$

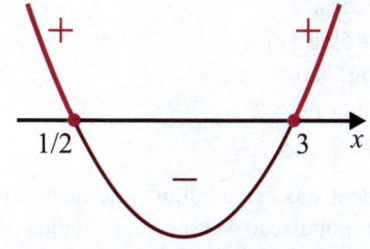

FIGURA 5.31 Esboço do gráfico de $y = 2x^2 - 7x + 3$.

Voltando, agora, ao domínio da inequação original, verificamos que x deve satisfazer $x > 0$,

$$2x + 4 > 0 \quad \Rightarrow \quad 2x > -4 \quad \Rightarrow \quad x > -2$$

e

$$11x - 3 > 0 \Rightarrow 11x > 3 \Rightarrow x > 3/11.$$

Tomando a interseção desses três intervalos, obtemos $D = \{x \in \mathbb{R} \mid x > 3/11\}$. Finalmente, eliminando do conjunto solução os valores de x que não pertencem a D, obtemos a região indicada em vinho na Figura 5.32, que é

$$S = \left\{ x \in \mathbb{R} \;\middle|\; \frac{3}{11} < x \leq \frac{1}{2} \text{ ou } x \geq 3 \right\}.$$

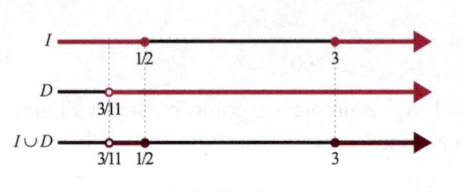

FIGURA 5.32

Agora, tente o Exercício 5.

Exercícios 5.5

1. Resolva as inequações.

   a) $5^{2x+1} \leq 625$
   b) $4^x \geq \frac{1}{64}$
   c) $\left(\frac{1}{6}\right)^{8x-7} \leq 216$
   d) $1{,}2^{x-3} \geq 2{,}4$
   e) $\left(\frac{1}{7}\right)^{\sqrt{x}+1} \leq \left(\frac{1}{7}\right)^6$
   f) $2^x \geq 4 \cdot 2^{8-x/4}$
   g) $5^{10-3x} \leq 15^{x+12}$
   h) $\left(\frac{1}{3}\right)^{x-1/2} \leq \frac{1}{27}$
   i) $3^{4x+5} - 9^x \geq 0$
   j) $4^{x/2+2} \geq 8^{x-5}$
   k) $\left(\frac{1}{2}\right)^{3-x} \leq \left(\frac{1}{3}\right)^{x+1}$
   l) $2 \cdot 1{,}06^x > 4 \cdot 1{,}02^x$
   m) $10^{9x-4} \geq \frac{1}{10^{3x}}$
   n) $2^{4x^2+1} \leq 2^{5x}$
   o) $e^{x+5} e^{x-2} \leq e^{x^2}$
   p) $\left(2^{2x}\right)^{x+2} \leq 2^{5x+1}$
   q) $5\left(4^{x-3} - 9\right) \leq 35$
   r) $\sqrt{3}^{x-1/2} \geq \frac{1}{3}$
   s) $\sqrt{2}^{2x^2-6} \geq 64$
   t) $\frac{100}{e^{3x-9}} \leq 4$
   u) $\frac{8}{2^{x-6}+1} \geq 6$
   v) $\frac{65}{3^{4x+5}+11} \leq 1$
   w) $\frac{1}{4^{3x+1}} \leq 4^x$

   i) $\log_5(20 - 3x) + \log_5(10) \geq 3$
   j) $\log_3(5x + 6) + \log_3\left(\frac{1}{2}\right) \geq 0$
   k) $\ln(6x + 5) \geq \ln(8x - 12)$
   l) $\log_{1/5}(x + 4) \leq \log_{1/5}(3 - 2x)$
   m) $\log(x) \geq \log(6 - x/2)$
   n) $\frac{\log(8x+16)}{\log(4)} \leq 5$
   o) $\frac{\ln(2x+10)}{\ln\left(\frac{1}{4}\right)} \leq -\frac{1}{2}$
   p) $\log_2(x - 1) + 3 \leq 5 - \log_2(x + 1)$
   q) $\log_5(x + 3) + 6 \leq \log_5\left(\frac{x}{4}\right) + 7$
   r) $\log_{1/2}(x) - 1 \geq \log_{1/2}(x + 3) + 2$
   s) $\log_3(4x + 7) \geq 4\log_9(x + 4) - 1$
   t) $\log_4\left(x^2 - 8\right) \geq \log_4(2x)$
   u) $\log_{1/3}\left(x^2 - 2\right) \geq \log_{1/3}(3x) + 1$
   v) $\log(x - 5) \geq 1 - \log(x - 2)$
   w) $\log_2(x - 3) \leq 3 - \log_2(x + 4)$
   x) $\log(x - 1) + \log(x + 3) \leq \log(2x + 1)$
   y) $\log_{1/8}\left(\frac{x}{2}\right) + \log_{1/8}(2x - 6) \geq \log_{1/8}(3x - 5)$

2. Resolva as inequações.

   a) $2^{x-1} + 2^x \geq 32$
   b) $3^{x+2} + 4 \cdot 3^x \geq 81$

3. Resolva as inequações.

   a) $2 \leq 4^{5x-2} \leq 4$
   b) $1 \leq \left(\frac{1}{2}\right)^{x-7} \leq 8$
   c) $\frac{1}{125} \leq 5^{4x-10} \leq 625$

4. Resolva as inequações.

   a) $2e^{2x} + 7e^x - 4 \geq 0$
   b) $4^x - 8 \cdot 2^x + 15 < 0$
   c) $9^x - 4 \cdot 3^x - 12 \geq 0$

5. Resolva as inequações.

   a) $\ln(x) \leq 3$
   b) $\log_2(8x) \leq 5$
   c) $\log_{1/2}\left(\frac{x}{4}\right) \geq 6$
   d) $\log(x + 3) + 7 \leq 9$
   e) $\log_3(6x + 9) \geq 5$
   f) $\log_{1/3}(4x + 1) \geq -1$
   g) $\log_4(2x + 32) - \log_4(8) \leq 2$
   h) $\log_{1/2}(x + 8) - \log_{1/2}(4) \leq 3$

6. Resolva as inequações.

   a) $1 \leq \log_2(8x - 12) \leq 5$
   b) $2 \leq \log_{1/2}\left(\frac{1}{4} - x\right) \leq 3$
   c) $\frac{1}{2} \leq \log_9(2x + 1) \leq 2$
   d) $-2 \leq \log_{1/3}(x - 2) \leq -1$

7. Resolva as inequações.

   a) $[\log_2(x)]^2 + 6 \geq 5\log_2(x)$
   b) $[\log_{1/3}(x)]^2 - \log_{1/3}(x) \leq 2$
   c) $2[\log_4(x)]^2 \geq 3\log_4(x) + 2$
   d) $[\log_{1/2}(x)]^2 \geq 2\log_{1/2}(x)$

8. Uma equipe de cientistas criou culturas de duas espécies de bactérias. A população da espécie A é regida pela função $P_A(t) = 500e^{t/3}$, em que t é o tempo transcorrido, em dias, desde a criação da cultura. Já a população da espécie B é regida por $P_B(t) = 100e^{t/2+1}$. Supondo que as duas colônias de bactérias tenham sido criadas no mesmo momento, determine em que intervalo de tempo a população da espécie B foi maior que a da espécie A.

9. Quando uma dose de 0,3 mg/ml de certo remédio é administrada por via intravenosa em um paciente, a concentração de remédio (em mg/ml) em sua corrente sanguínea é regida pela função

$$C(t) = 0,3 \cdot 2^{-t/5},$$

em que t é o tempo, em horas, transcorrido desde a administração da droga. Determine em que intervalo de tempo a concentração de remédio no sangue é maior ou igual a 0,15 e menor ou igual a 0,2 mg/ml.

5.6 Problemas com funções exponenciais e logarítmicas

O número de aplicações práticas que envolvem as funções exponenciais e logarítmicas é grande. Modelos matemáticos populacionais, por exemplo, costumam representar o tamanho da população ao longo do tempo por uma função exponencial. Por outro lado, se queremos representar quantidades que podem assumir valores tão pequenos quanto 10^{-5} e valores tão grandes como 10^{10}, como a intensidade de terremotos ou a "altura" do som, é melhor utilizar uma escala logarítmica. Nesta seção, vamos analisar algumas aplicações interessantes envolvendo tópicos que vão da Biologia à Física.

Problema 1. População de microrganismos

Uma colônia de microrganismos cresce de forma proporcional ao tamanho da população. Isso significa que a taxa de crescimento da colônia em um instante t é dada por $k \cdot P(t)$, em que $P(t)$ é o número de microrganismos presentes no instante t, e k é uma constante. A função que possui essa propriedade é a exponencial. Assim sendo, $P(t)$ pode ser escrita como

$$P(t) = P_0 \cdot c^t,$$

Note que incluímos a constante P_0 para alterar o intercepto-y da função sem mudar sua assíntota.

em que P_0 e c são constantes reais, com $c > 0$ e $c \neq 1$. Se preferirmos definir a priori a base da função exponencial, podemos optar por escrever

$$P(t) = P_0 a^{bt},$$

Como dito na Seção 5.2,

$$f(x) = k \cdot c^t \quad \text{e} \quad f(x) = k \cdot a^{bt}$$

são formas equivalentes de se escrever a função f, desde que

$$c = a^b \quad \text{ou} \quad b = \log_a(c).$$

em que P_0 e b são constantes reais e a base a é escolhida de modo que $a > 0$ e $a \neq 1$.

Suponha que uma colônia tenha, inicialmente, 20 microrganismos. Se a população da colônia dobra a cada 1h15, determine:

a) uma função na forma $P(t) = P_0 2^{bt}$ que expresse o número de microrganismos da colônia no instante t, em horas;
b) o número aproximado de microrganismos após 7 horas;
c) o instante em que a colônia terá 2.000 microrganismos.

Solução

a) Como sabemos que $P(0) = 20$, podemos escrever

$$20 = P_0 2^{b \cdot 0} \quad \Rightarrow \quad 20 = P_0 \cdot 1 \quad \Rightarrow \quad P_0 = 20.$$

Observe que 1h15 = 1,25h.

Logo, $P(t) = 20 \cdot 2^{bt}$. Usando, agora, o fato de que $P(1,25) = 2P_0$, podemos encontrar a constante b fazendo:

$$40 = 20 \cdot 2^{b \cdot 1,25} \qquad \text{Equação } P(1,25) = 40.$$

$$2 = 2^{1,25 b} \qquad \text{Dividindo os dois lados por 20.}$$

$$\log_2(2) = \log_2(2^{1,25 b}) \qquad \text{Aplicando } \log_2 \text{ aos dois lados.}$$

$$1 = 1,25 b \qquad \text{Propriedades 2 e 3 do logaritmo.}$$

$$\frac{1}{1,25} = b \qquad \text{Dividindo ambos os lados por 1,25.}$$

Assim, $b = \frac{1}{1,25} = 0,8$, de modo que

$$P(t) = 20 \cdot 2^{0,8t}.$$

b) $P(7) = 20 \cdot 2^{0,8 \cdot 7} \approx 970$ microrganismos.

c) A população atingirá 2.000 microrganismos quando $P(t) = 2000$, ou seja,

$20 \cdot 2^{0,8t}$	$= 2000$	Equação $P(t) = 2000$.
$2^{0,8t}$	$= 100$	Dividindo os dois lados por 20.
$\log(2^{0,8t})$	$= \log(100)$	Aplicando $\log_{10}$ aos dois lados.
$0,8t \log(2)$	$= \log(100)$	Propriedade 7 do logaritmo.
t	$= \dfrac{\log(100)}{0,8 \log(2)}$	Dividindo ambos os lados por $0,8\log(2)$.
t	$= 8,3$	Calculando a expressão do lado direito.

Logo, a colônia terá 2.000 microrganismos 8,3 h (ou 8h18) após o instante de início da observação.

Agora, tente o Exercício 17.

Problema 2. Idade de uma múmia

Os vegetais e a maioria dos animais vivos contêm uma concentração de carbono 14 (^{14}C) semelhante àquela encontrada na atmosfera. Os vegetais os absorvem quando consomem dióxido de carbono durante a fotossíntese. Já a distribuição entre os animais é feita por meio da cadeia alimentar. Quando um ser morre, ele para de repor o carbono 14, de modo que as quantidades desse elemento começam a decair.

Em determinado instante, a taxa de desintegração do ^{14}C é proporcional à quantidade do elemento que ainda não se desintegrou. Nesse caso, o decrescimento – ou decaimento – da quantidade do isótopo é fornecido por uma função exponencial (com expoente negativo) que tem a forma

$$C(t) = C_0 a^{bt}.$$

Também nesse problema poderíamos ter optado por definir uma função na forma

$$C(t) = C_0 \cdot d^t,$$

em que C_0 e d são constantes por determinar, com $d > 0$ e $d \neq 1$.

Nessa expressão, $C(t)$ representa a quantidade da substância no instante t, C_0 é a quantidade inicial (ou seja, no instante $t = 0$), b é uma constante que depende do isótopo e a é a base que escolhemos para a função exponencial.

A meia-vida de um elemento radioativo é o intervalo de tempo necessário para que a concentração do elemento decaia para a metade do valor encontrado em um dado instante inicial. Sabendo que a meia-vida do carbono 14 é de 5.730 anos,

a) encontre uma função na forma $C(t) = C_0 2^{bt}$ que forneça a concentração de ^{14}C em um ser morto, com relação ao tempo t, em anos, contado desde a sua morte;

b) determine a idade de uma múmia egípcia que tem 70% da concentração de carbono 14 encontrada nos seres vivos atualmente.

Solução

a) Se a meia-vida do ^{14}C é de 5.730 anos, então a concentração após 5.730 anos da data da morte de um ser é igual à metade da concentração observada no instante do falecimento, ou seja, $C(5730) = \frac{C_0}{2}$. Dessa forma,

$$C_0 \cdot 2^{b \cdot 5730} = \frac{C_0}{2} \qquad \text{Equação } C(5730) = \frac{C_0}{2}.$$

$$2^{b \cdot 5730} = \frac{1}{2} \qquad \text{Dividindo os dois lados por } C_0.$$

$$2^{b \cdot 5730} = 2^{-1} \qquad \text{Reescrevendo o lado direito.}$$

$$5730 b = -1 \qquad \text{Igualando os expoentes (} 2^x \text{ é injetora).}$$

$$b = -\frac{1}{5730} \qquad \text{Dividindo ambos os lados por 5730.}$$

Logo,

$$C(t) = C_0 \cdot 2^{-t/5730}.$$

b) Para encontrar a idade da múmia, vamos descobrir em que instante t a quantidade de ^{14}C corresponde a 70% do que continha o nobre egípcio quando estava vivo. Para tanto, fazemos

$$C_0 \cdot 2^{-t/5730} = 0{,}7 C_0 \qquad \text{Equação } C(t) = 0{,}7\, C_0.$$

$$2^{-t/5730} = 0{,}7 \qquad \text{Dividindo os dois lados por } C_0.$$

$$\log(2^{-t/5730}) = \log(0{,}7) \qquad \text{Aplicando log aos dois lados.}$$

$$-\frac{t}{5730}\log(2) = \log(0{,}7) \qquad \text{Propriedade 7 do logaritmo.}$$

$$t = -5730\,\frac{\log(0{,}7)}{\log(2)} \qquad \text{Multiplicando ambos os lados por } -\frac{5730}{\log(2)}.$$

$$t = 2948{,}5 \qquad \text{Calculando a expressão do lado direito.}$$

Portanto, a múmia tem cerca de 2.948 anos.

Agora, tente o Exercício 16.

Problema 3. Resfriamento de uma lata

Uma lata foi retirada de um ambiente no qual a temperatura era igual a $T_a = 25°C$ e posta em uma geladeira cuja temperatura interna era $T_r = 5°C$. A partir daquele momento, a temperatura dentro da lata passou a ser dada pela função

$$T(t) = T_r + (T_a - T_r) 2^{-bt}.$$

em que t é o tempo (em horas). Sabendo que, depois de manter a lata por 2 horas na geladeira, a temperatura do líquido em seu interior atingiu 15° C,

a) determine a constante b e escreva a fórmula de $T(t)$;

b) trace o gráfico de $T(t)$ para $t \in [0,10]$.

A função desse problema possui um termo constante T_r, que é somado ao termo exponencial $(T_a - Tr)2^{-bt}$, para deslocar a assíntota horizontal.

Solução

a) Substituindo os valores de T_a e T_r na expressão de $T(t)$, obtemos

$$T(t) = 5 + (25-5)2^{-bt} \quad \Rightarrow \quad T(t) = 5 + 20 \cdot 2^{-bt}.$$

Como $T(2) = 15°C$, temos

$$5 + 20 \cdot 2^{-b \cdot 2} = 15 \qquad T(2) = 15.$$
$$20 \cdot 2^{-2b} = 10 \qquad \text{Subtraindo 5 dos dois lados.}$$
$$2^{-2b} = 1/2 \qquad \text{Dividindo os dois lados por 20.}$$
$$2^{-2b} = 2^{-1} \qquad \text{Escrevendo } \tfrac{1}{2} \text{ como } 2^{-1}.$$
$$-2b = -1 \qquad \text{Igualando os expoentes (} 2^x \text{ é injetora).}$$
$$b = 1/2 \qquad \text{Dividindo os dois lados por } -2.$$

Logo,

$$T(t) = 5 + 20 \cdot 2^{-t/2}.$$

b) De posse da expressão de T, montamos a Tabela 5.10, composta dos pares $(t, T(t))$. Com base nos pontos da tabela, traçamos o gráfico mostrado na Figura 5.33. Note a presença de uma assíntota horizontal em $T = 5$ °C, indicando que a temperatura da lata não pode ser menor que a temperatura da geladeira.

TABELA 5.10 Dados do Problema 3.

t	$T(t)$
0	25
2	15
4	10
6	7,5
8	6,25
10	5,625

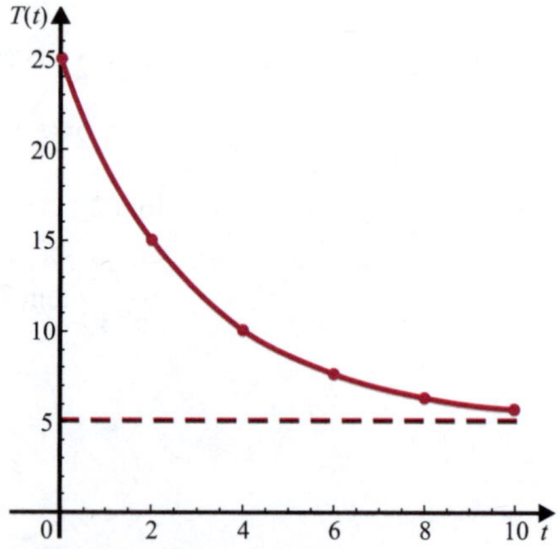

FIGURA 5.33 Gráfico de $T(t) = 5 + 20 \cdot 2^{-t/2}$.

Agora, tente o Exercício 19.

Problema 4. Altura do som

A intensidade de um som, denotada por I, está relacionada à energia transmitida pela onda sonora. No sistema internacional de unidades, I é fornecida em watts por metro quadrado (W/m²).

Um som é dito audível se sua intensidade é superior a $I_0 = 10^{-12}$ W/m². Por outro lado, há ocasiões em que somos submetidos a sons que chegam a 10^{12} W/m². Dada essa grande magnitude dos sons que ouvimos, quando nos referimos à "altura" de um som, costumamos utilizar como unidade o decibel (dB), em vez de W/m².

Para converter a intensidade I ao nível correspondente em decibéis, dado por β, usamos a fórmula

$$\beta(I) = 10 \log\left(\frac{I}{I_0}\right).$$

a) Se um som de 90 dB já é suficiente para causar danos ao ouvido médio, um amplificador de som de uma banda de *rock*, ligado a 5×10^{-1} W/m², será capaz de prejudicar a audição de um incauto fã?

b) A que intensidade I, em W/m², corresponde o som usual de uma conversa, que costuma atingir 40 dB?

Solução

a) O amplificador emite um som a

$$\beta(5 \cdot 10^{-1}) = 10 \log\left(\frac{5 \cdot 10^{-1}}{10^{-12}}\right)$$
$$= 10 \log(5 \cdot 10^{11})$$
$$= 10[\log(5) + \log(10^{11})]$$
$$= 10[\log(5) + 11]$$
$$\approx 117 \text{ dB}$$

Logo, o som da banda ultrapassa 90 dB, sendo prejudicial à audição.

b) Se a conversa atinge 40 dB, então

$10 \log\left(\dfrac{I}{10^{-12}}\right) = 40$	Equação $\beta(I) = 40$.
$\log\left(\dfrac{I}{10^{-12}}\right) = 4$	Dividindo ambos os lados por 10.
$10^{\log\left(\frac{I}{10^{-12}}\right)} = 10^4$	Elevando 10 a cada um dos lados.
$\dfrac{I}{10^{-12}} = 10^4$	Propriedade 4 do logaritmo.
$I = 10^4 \cdot 10^{-12}$	Multiplicando os dois lados por 10^{-12}.
$I = 10^{-8}$	Simplificando o resultado.

Assim, a intensidade da conversa é igual a 10^{-8} W/m².

Agora, tente o Exercício 4.

Problema 5. Magnitude de terremotos

A magnitude de um terremoto, M, medida na escala Richter, é função da energia liberada, E, em Joules, e é dada pela seguinte fórmula:

$$M(E) = \frac{2}{3}\log(E) - 2{,}93.$$

a) Qual a energia liberada por um terremoto que atingiu magnitude 7,5 na escala Richter?

b) Se as magnitudes de dois terremotos diferem por um ponto na escala Richter, qual a razão entre os valores da energia liberada?

Solução

a) Se o terremoto atingiu 7,5 pontos na escala Richter, então

$\dfrac{2}{3}\log(E) - 2{,}93 = 7{,}5$	Equação $M(E) = 7{,}5$.
$\dfrac{2}{3}\log(E) = 10{,}43$	Somando 2,93 aos dois lados.
$\log(E) = 15{,}645$	Multiplicando os dois lados por $\dfrac{3}{2}$.
$10^{\log(E)} = 10^{15,645}$	Elevando 10 a cada um dos lados.
$E = 10^{15,645}$	Propriedade 4 do logaritmo.

Portanto, $E = 10^{15,645} \approx 4,416 \times 10^{15}$ J.

b) Suponhamos que a intensidade do terremoto mais forte seja E_1 e a intensidade do terremoto menos potente seja E_2. Nesse caso, temos

$$M(E_1) = M(E_2) + 1.$$

Logo,

$\dfrac{2}{3} \log(E_1) - 2,93 = \dfrac{2}{3} \log(E_2) - 2,93 + 1$ Equação $M(E_1) = M(E_2) + 1$.

$\dfrac{2}{3} \log(E_1) = \dfrac{2}{3} \log(E_2) + 1$ Somando 2,93 aos dois lados.

$\dfrac{2}{3} \log(E_1) - \dfrac{2}{3} \log(E_2) = 1$ Subtraindo $\dfrac{2}{3} \log(E_2)$ dos dois lados.

$\dfrac{2}{3} [\log(E_1) - \log(E_2)] = 1$ Pondo $\dfrac{2}{3}$ em evidência.

$\dfrac{2}{3} \log\left(\dfrac{E_1}{E_2}\right) = 1$ Propriedade 6 do logaritmo.

$\log\left(\dfrac{E_1}{E_2}\right) = \dfrac{3}{2}$ Multiplicando ambos os lados por $\dfrac{3}{2}$.

$10^{\log(E_1/E_2)} = 10^{3/2}$ Elevando 10 a cada um dos lados.

$\dfrac{E_1}{E_2} = 10^{3/2}$ Propriedade 4 do logaritmo.

$\dfrac{E_1}{E_2} = 31,6$ Cálculo da potência de 10.

A razão entre as intensidades é 31,6. Assim, a intensidade do primeiro terremoto é igual a 31,6 vezes a intensidade do segundo, ou seja,

$$E_1 = 31,6 E_2.$$

Agora, tente o Exercício 10.

■ Gráficos em escala logarítmica

Nós nos acostumamos a traçar gráficos nos quais cada eixo representa a reta real e, portanto, contém valores igualmente espaçados. Nesse caso, dizemos que o eixo tem *escala linear*.

Entretanto, há grandezas que podem ser mais bem representadas graficamente quando um eixo está em *escala logarítmica*, ou seja, quando a distância entre dois números sobre o eixo corresponde à diferença de seus logaritmos.

Para traçar um gráfico no qual o eixo-x está em escala logarítmica, devemos, em primeiro lugar, calcular os logaritmos de números reais no intervalo desejado. A Tabela 5.11, por exemplo, fornece os valores de $\log(x)$ para x entre 1 e 900.

De posse dos logaritmos, devemos marcar os valores de x sobre o eixo usando uma régua. A Figura 5.34 mostra como fazer essa marcação usando uma régua de 3 dm, ou seja, uma régua comum de 30 cm, já que 1 dm = 10 cm. Observe que o número 1 foi associado ao zero da régua, e os demais valores de x foram marcados sobre os pontos da régua correspondentes a seus logaritmos.

TABELA 5.11 Valores aproximados do logaritmo na base 10.

x	1	2	3	4	5	6	7	8	9
$\log(x)$	0,000	0,301	0,477	0,602	0,699	0,778	0,845	0,903	0,954
x	10	20	30	40	50	60	70	80	90
$\log(x)$	1,000	1,301	1,477	1,602	1,699	1,778	1,845	1,903	1,954
x	100	200	300	400	500	600	700	800	900
$\log(x)$	2,000	2,301	2,477	2,602	2,699	2,778	2,845	2,903	2,954

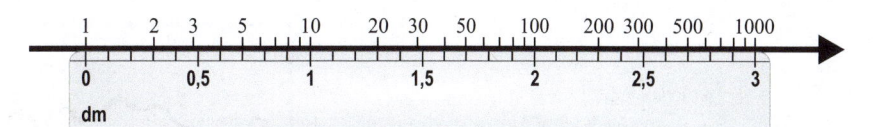

FIGURA 5.34 Usando uma régua com escala linear para traçar um eixo em escala logarítmica.

Felizmente, é possível encontrar, tanto em papelarias como na internet, folhas nas quais um ou ambos os eixos estão em escala logarítmica. Além disso, planilhas eletrônicas e programas de traçado de gráficos costumam admitir esse tipo de escala para os eixos, de modo que raramente precisamos criar uma escala logarítmica à mão. Vejamos, agora, uma aplicação da escala logarítmica.

Exemplo 1. Qualidade de uma caixa acústica

Um piano para concerto possui 88 teclas (52 brancas e 36 pretas), cada qual associada a uma nota musical. A nota mais grave é o lá$_0$, cuja frequência corresponde a 27,5 Hz. Já a nota mais aguda é o dó$_8$, que tem frequência de 4.186,009 Hz. Veja a Figura 5.35.

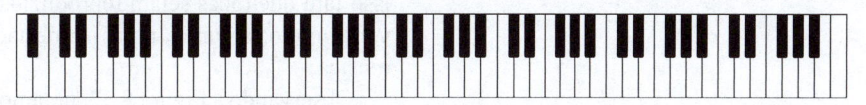

FIGURA 5.35 As 88 teclas de um piano.

> **Você sabia?**
> A 49ª tecla do piano é o lá$_4$, que serve como referência para a afinação das demais teclas, segundo a norma ISO 16.

As frequências das notas do piano não são igualmente espaçadas. De fato, para determinar a frequência da tecla de número n, usamos a função

$$f(n) = 27{,}5 \cdot 2^{(n-1)/12}.$$

Assim, a 49ª tecla tem frequência igual a $f(49) = 440$ Hz.

Quando marcamos as frequências das notas do piano sobre um eixo linear, o espaçamento entre os pontos é muito pequeno do lado esquerdo, tornando-se maior à medida que os valores da frequência crescem, como mostra a Figura 5.36a. Por outro lado, usando a escala logarítmica, as notas se distribuem perfeitamente ao longo do eixo, como se vê na Figura 5.36b.

(a) Escala linear

(b) Escala logarítmica

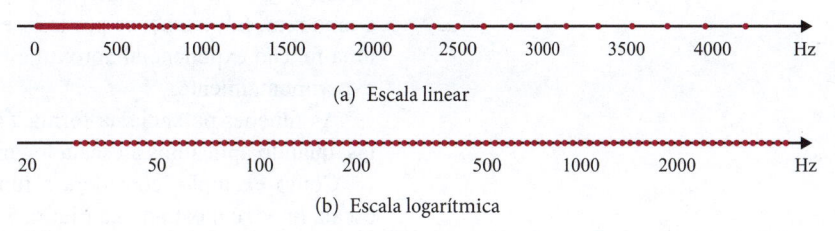

FIGURA 5.36 Frequências das notas do piano sobre eixos com diferentes escalas.

Dessa forma, se queremos representar adequadamente o que acontece com as várias notas do piano, é preferível adotar a escala logarítmica, pois, assim, as notas ficarão separadas por um intervalo constante, o que nos permitirá distingui-las com maior facilidade.

A Figura 5.37 mostra o gráfico da resposta de frequência (em decibéis) de uma caixa acústica, considerando todo o espectro de frequências audíveis pelos seres humanos, que vai de 20 Hz a 20.000 Hz. O eixo horizontal do gráfico contém as frequências das notas, em Hertz, apresentadas em escala logarítmica. Por sua vez, o eixo vertical mostra a magnitude da resposta de cada frequência, em decibéis.

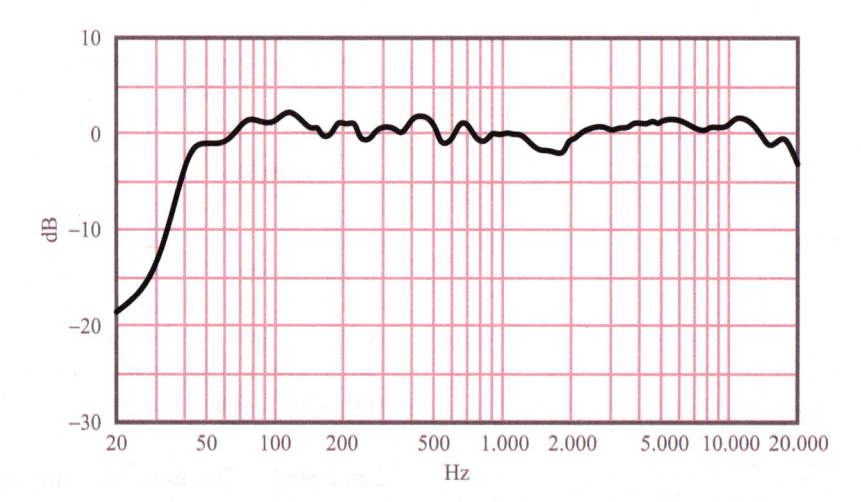

FIGURA 5.37 Resposta de frequência de uma caixa acústica.

Para que uma caixa acústica reproduza corretamente uma música executada ao piano, é preciso que as notas possuam uma resposta de frequência similar, pois isso fará que todas sejam reproduzidas com igual magnitude. Quando a resposta varia muito, algumas notas se destacam e temos uma percepção distorcida da música.

Observando a Figura 5.37, notamos que as frequências superiores a 40 Hz têm uma resposta similar, próxima de 0 dB, enquanto frequências inferiores a 40 Hz têm uma resposta mais fraca. Dessa forma, a caixa acústica reproduzirá bem as notas do piano, com exceção das sete teclas mais graves, que possuem frequência entre 27,5 e 38,9 Hz.

Exemplo 2. Outros gráficos com escala logarítmica

Quando o gráfico da função $f(x) = 2{,}5^x$ é traçado no plano cartesiano usando eixos em escala linear, obtemos a curva mostrada na Figura 5.38a. Por outro lado, traçando o gráfico da mesma função usando uma escala logarítmica no eixo-y e mantendo a escala linear no eixo-x, obtemos uma reta, como exibido na Figura 5.38b.

De fato, quando o eixo-y está em escala logarítmica e o eixo-x tem escala linear, o gráfico de uma função exponencial na forma $f(x) = a \cdot b^x$ corresponde a uma reta. Em situações práticas, essa característica é usada para determinar se uma função exponencial aproxima bem um conjunto de pontos do plano obtidos experimentalmente.

As funções potência na forma $f(x) = a \cdot x^b$ também são representadas por retas, quando aplicamos a escala logarítmica tanto ao eixo-x como ao eixo-y.

Como exemplo, considere a função $f(x) = x^{2{,}75}$, cujo gráfico com eixos em escala linear é mostrado na Figura 5.39a. Convertendo os dois eixos para a escala logarítmica, obtemos a reta apresentada na Figura 5.39b.

(a) Eixo-y com escala linear.   (b) Eixo-y com escala logarítmica.

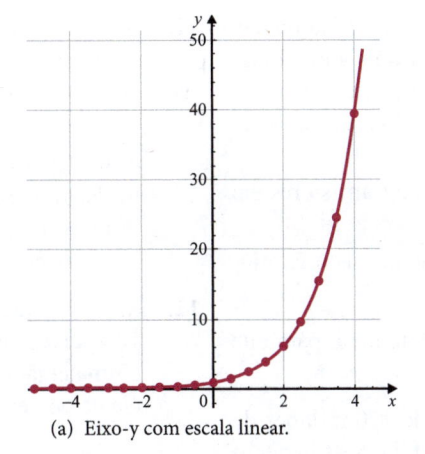

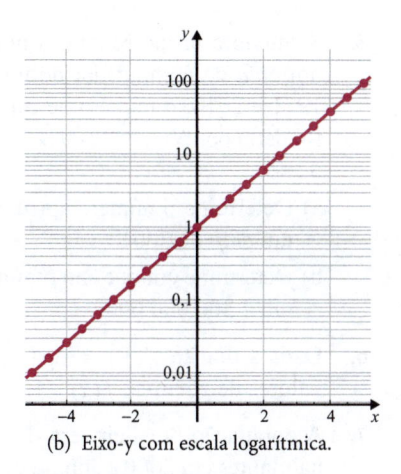

FIGURA 5.38 Gráficos de $f(x) = 2{,}5^x$.

(a) Eixos com escala linear.   (b) Eixos com escala logarítmica.

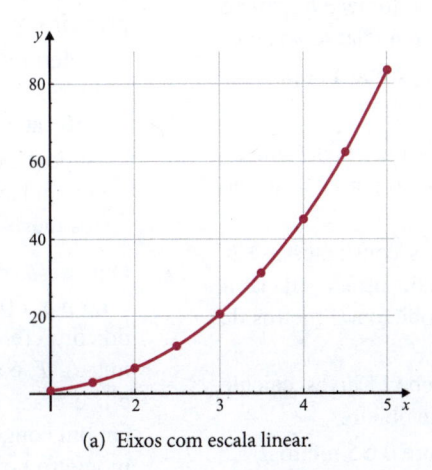

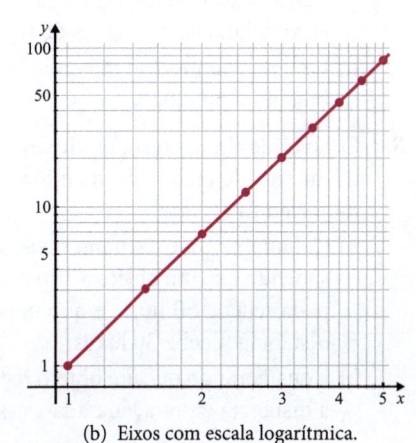

FIGURA 5.39 Gráficos de $f(x) = x^{2{,}75}$.

Exercícios 5.6

1. Você acaba de contrair uma dívida no cheque especial, pagando uma taxa de 8% ao mês. Supondo que você não terá como saldar nem mesmo parcialmente essa dívida nos próximos meses, determine em quanto tempo ela dobrará de valor.

2. Para certo modelo de computadores produzidos por uma empresa, o percentual dos processadores que apresentam falhas após t anos de uso é dado pela função $P(t) = 100(1 - 2^{-0{,}1t})$. Em quanto tempo 75% dos processadores de um lote desse modelo de computadores terão apresentado falhas?

3. Os novos computadores da empresa do exercício anterior vêm com um processador menos suscetível a falhas. Para o modelo mais recente, embora o percentual de processadores que apresentam falhas também seja dado por uma função na forma $Q(t) = 100(1 - 2^{-ct})$, o percentual de processadores defeituosos após 10 anos de uso equivale a 1/4 do valor observado, nesse mesmo período, para o modelo antigo (ou seja, o valor obtido empregando-se a função $P(T)$ do Exercício 2). Determine, nesse caso, o valor da constante c.

4. A escala de um aparelho para medir ruídos é definida como $R(I) = 120 + 10\log(I)$, em que R é a medida do ruído, em decibéis (dB), e I é a intensidade sonora, em W/m². O ruído dos motores de um avião a jato equivale a 160 dB, enquanto o tráfego em uma esquina movimentada de uma grande cidade atinge 80 dB, que é o limite a partir do qual o ruído passa a ser nocivo ao ouvido humano.
   a) Determine as intensidades sonoras do motor de um avião a jato e do tráfego em uma esquina movimentada de uma grande cidade.
   b) Calcule a razão entre essas intensidades, ou seja, calcule quantas vezes o ruído do avião é maior que o do tráfego.

5. Segundo a lei de Moore, o número de transistores em um *chip* de computador dobra a cada dois anos. Entre 1971 e 2014, o número de transistores, N, em um *chip* foi dado por $N(t) = 2.300 \cdot 2^{(t-1971)/2}$, em que t representa o ano.

   a) Determine o número aproximado de transistores em um *chip* de 2001.

   b) Determine em que ano o número de transistores atingiu 2.300.000.000.

6. Dada a função $f(x) = \log\left(\frac{2x+4}{3x}\right)$, determine para que valores de x tem-se $f(x) < 1$.

7. A população brasileira era de cerca de 170 milhões de habitantes em 2000 e atingiu os 190 milhões de habitantes em 2010.

   a) Considerando que $t = 0$ no ano 2000, determine a função exponencial $P(t) = ae^{bt}$ que fornece o número aproximado de habitantes do país em relação ao ano.

   b) Usando seu modelo matemático, estime a população brasileira em 2020.

8. O nível de iluminação, em luxes, de um objeto situado a x metros de uma lâmpada é fornecido por uma função na forma $L(x) = ae^{bx}$.

   a) Calcule os valores numéricos das constantes a e b, sabendo que um objeto a 1 metro de distância da lâmpada recebe 60 luxes e que um objeto a 2 metros de distância recebe 30 luxes.

   b) Considerando que um objeto recebe 15 luxes, calcule a distância entre a lâmpada e esse objeto.

   c) Trace o gráfico de $L(x)$ para x entre 0 e 5 metros.

9. Imediatamente após a aplicação de um medicamento, sua concentração no sangue era de 400 mg/ml. Após 2 horas, essa concentração havia baixado para 200 mg/ml. Supondo que a concentração do medicamento seja descrita por $c(t) = a \cdot 2^{bt}$, em que t representa o tempo em horas desde sua aplicação,

   a) determine as constantes a e b;

   b) determine em que instante, t, a droga deverá ser reaplicada, o que ocorrerá quando sua concentração baixar para 20 mg/ml.

10. O pH de uma substância indica se ela é ácida (pH < 7), neutra (pH = 7), ou básica (pH > 7). O pH está associado à concentração de íons de hidrogênio ($[H^+]$), dada em mol/l, por meio da fórmula
    $$pH = -\log[H^+].$$

    a) Determine a concentração de íons de hidrogênio do leite de magnésia, cujo pH é 10,5.

    b) Definiu-se que o suco de determinado limão tinha pH 2,2 e o suco de certa laranja tinha pH 3,5. Qual dos dois tinha a maior concentração de íons de hidrogênio?

    c) Calcule o pH do vinagre ($[H^+] = 3 \cdot 10^{-4}$) e do sangue arterial ($[H^+] = 3,9 \cdot 10^{-8}$), e indique se essas substâncias são ácidas ou básicas.

11. Suponha que o preço de um automóvel tenha uma desvalorização média de 19% ao ano sobre o preço do ano anterior. Se F representa o preço inicial (preço de fábrica) e $p(t)$ o preço do automóvel após t anos,

    a) determine a expressão de $p(t)$;

    b) determine o tempo mínimo necessário, em número inteiro de anos, após a saída da fábrica, para que um automóvel venha a valer menos que 5% do valor inicial.

12. Suponha que tenham sido introduzidos, em um lago, 100 peixes de uma mesma espécie. Um estudo ecológico-matemático determinou que a população dessa espécie de peixes nesse lago é dada pela fórmula

    $$P(t) = \frac{1.000}{1 + Ae^{-kt}}$$

    em que t é o tempo decorrido, em meses, desde que os primeiros peixes foram postos no lago.

    a) Determine a função $P(t)$, sabendo que, passados 3 meses da introdução dos peixes, a população atingiu 250 cabeças.

    b) Suponha que a pesca no lago será liberada assim que a população atingir 900 peixes. Determine em quantos meses isso ocorrerá.

13. O processo de resfriamento de determinado corpo é descrito por $T(t) = T_A + a \cdot 3^{bt}$, em que $T(t)$ é a temperatura do corpo (em graus Celsius) no instante t (dado em minutos), T_A é a temperatura ambiente, suposta constante, e a e b são constantes. O referido corpo foi colocado em um congelador com temperatura de –18 °C. Um termômetro no corpo indicou que ele atingiu 0 °C após 90 minutos e chegou a –16 °C após 270 minutos.

    a) Encontre os valores numéricos das constantes a e b.

    b) Determine o valor de t para o qual a temperatura do corpo no congelador é apenas $\left(\frac{2}{3}\right)$ °C superior à temperatura ambiente.

14. Uma bateria perde permanentemente sua capacidade ao longo dos anos. Essa perda varia de acordo com a temperatura de operação e armazenamento da bateria. A função que fornece o percentual de perda anual de capacidade de uma bateria, de acordo com a temperatura de armazenamento, T (em °C), tem a forma $P(T) = a \cdot 10^{bT}$, em que a e b são constantes reais positivas. A tabela a seguir fornece, para duas temperaturas específicas, o percentual de perda de determinada bateria de íons de lítio.

Temperatura (°C)	Perda anual de capacidade (%)
0	1,6
55	20,0

    Com base na expressão de $P(T)$ e nos dados da tabela,

    a) esboce a curva que representa a função $P(T)$, exibindo o percentual exato para $T = 0$ e $T = 55$;

b) determine as constantes a e b para a bateria em questão.

15. Um bule com café fervendo (a 100 °C) foi retirado do fogo e posto em um ambiente cuja temperatura é $T_A = 25$ °C. Sabe-se que a função que fornece a temperatura do café em relação ao tempo transcorrido desde a retirada do bule do fogo (ou seja, desde o instante $t = 0$) é $T(t) = T_A + a \cdot e^{bt}$.
    a) Sabendo que, passados 15 minutos da retirada do bule do fogo, a temperatura do café foi reduzida a 55 °C, determine o valor das constantes a e b.
    b) Determine a temperatura depois de passados 30 min da retirada do bule do fogo.

16. O decaimento radioativo do Iodo 131 (um isótopo tóxico) é descrito pela função $P(t) = P_0 \cdot 2^{-bt}$, em que t é o tempo transcorrido (em dias), b é uma constante real e P_0 é a concentração inicial de Iodo 131.
    a) Determine o valor da constante b sabendo que a meia-vida do Iodo 131 é de 8 dias (ou seja, que a concentração desse isótopo cai pela metade em 8 dias).
    b) Uma amostra do capim de uma fazenda contaminada tem, hoje, 16 vezes mais Iodo 131 que o máximo permitido, ou seja, $P_0 = 16 P_{lim}$. Trace um gráfico mostrando o decaimento do Iodo 131 nos próximos 20 dias.
    c) Determine em quantos dias, a partir de hoje, o capim poderá ser ingerido por animais da fazenda, ou seja, determine t tal que $P(t) = P_{lim}$.

17. Suponha que o número de indivíduos de determinada população seja dado pela função $P(t) = a \cdot 2^{-bt}$, em que a variável t é dada em anos e a e b são constantes.
    a) Encontre as constantes a e b de modo que a população inicial ($t = 0$) seja composta de 1.024 indivíduos e que a população, após 10 anos, seja 1/4 da população inicial.
    b) Determine o tempo mínimo para que a população se reduza a 1/8 da população inicial.
    c) Esboce o gráfico da função $P(t)$ para $t \in [0, 20]$.

18. Um vírus de computador se espalha segundo a função
$$c(t) = \frac{6.500}{1 + a \cdot 2^{bt}},$$
em que $c(t)$ é o número de computadores infectados no instante t (em horas), contado a partir do momento em que a infecção foi detectada. A tabela a seguir fornece o número de computadores infectados em dois instantes diferentes.

Tempo (h)	Computadores
0	100
3	500

Com base nos dados da tabela,
a) determine as constantes a e b;
b) determine o número de computadores infectados para $t = 6$ h.

19. Uma barra cilíndrica é aquecida a 1.100 °F (T_0). Em seguida, ela é exposta a uma corrente de ar a 100 °F (T_{AR}). Sabe-se que a temperatura no centro do cilindro varia com o tempo (em minutos) de acordo com a função
$$T(t) = (T_0 - T_{AR})10^{-t/12} + T_{AR}.$$
    a) Determine o tempo gasto para que a temperatura nesse ponto atinja 700 °F.
    b) Determine a temperatura exata para $t = 0$ e $t = 12$ minutos.
    c) Usando os pontos dos itens (a) e (b), esboce o gráfico de $T(t)$ para $t \in [0, 20]$.

20. O decaimento radioativo do Césio 137 (Cs-137) é descrito pela função $P(t) = P_0 2^{-bt}$, em que t é um instante de tempo, medido em anos, b é uma constante real e P_0 é a concentração inicial de Cs-137, ou seja, a concentração no instante $t = 0$.
    a) Determine o valor da constante b, sabendo que a meia-vida do Cs-137 é de 30 anos (ou seja, a concentração de Cs-137 cai pela metade em 30 anos).
    b) Determine o valor de P_0 sabendo que $P(60) = 250$ becquerels.
    c) Trace o gráfico de $P(t)$ para t entre 0 e 120 anos.

21. O consumo anual de água da cidade de Morubixaba ao longo do tempo pode ser representado pela função $c(t) = a2^{bt}$, em que t é o tempo, em anos, decorrido desde o ano 2000. Sabendo que o consumo foi de 80 mil metros cúbicos em 2000 e que esse consumo chegou a 120 mil metros cúbicos em 2012, determine as constantes a e b e estime o consumo em 2020.

22. Um biólogo determinou que, no dia 1º de janeiro, a região próxima a uma lagoa continha 1.500 peixes de uma espécie. Seis meses depois, o biólogo notou que o número de peixes havia dobrado. Supondo que o número de membros dessa espécie na lagoa possa ser descrito aproximadamente por
$$N(t) = a \log(bt + 10),$$
em que t é o tempo, em meses, decorrido desde o dia 1º de janeiro, determine as constantes a e b.

23. A altura média de meninas entre 0 e 2 anos de idade pode ser aproximada pela função
$$h(t) = 22{,}15 \ln(t + 6) + 10{,}44,$$
em que t é o tempo (em meses) transcorrido desde o nascimento, e h é a altura (em cm).
    a) Determine a altura média de meninas de 9 meses.
    b) Estime em que idade as meninas atingem 80 cm de altura.

24. De 2010 a 2013, o número aproximado de telefones celulares *per capita* da cidade de Poturandaba foi dado por

$$c(t) = 0,6\log(t - 2009) + 0,8,$$

em que t representa o ano. Supondo que essa função continue válida nos próximos anos,
a) determine o número aproximado de telefones celulares *per capita* em 2014.
b) sem calcular o número de aparelhos ano a ano, estime quando haverá 1,5 celulares *per capita* em Poturandaba.

25. A taxa de transporte de certa substância por meio de uma membrana está relacionada à concentração da substância no meio exterior pela função

$$V(x) = a + b\log_2(x),$$

em que V é a taxa de transporte (em mg/s) e x é a concentração (em mg/ml). Sabendo que $V(1) = 2$ mg/s e que $V(3) = 2,8$ mg/s, determine as constantes a e b.

■ Trigonometria

6

Antes de ler o capítulo
Os conceitos apresentados neste capítulo envolvem funções, que foram abordadas no Capítulo 3, bem como tópicos de geometria plana associados a triângulos.

A trigonometria surgiu como um ramo da matemática no qual se estudavam as relações entre ângulos e distâncias, usando triângulos retângulos. Posteriormente, ela passou a ser aplicada à representação de eventos periódicos da vida real. Em virtude dessa duplicidade de propósitos, as funções trigonométricas podem ser definidas como funções tanto de ângulos como de números reais quaisquer.

Começaremos nossa discussão sobre funções trigonométricas pelo tópico mais simples e intuitivo, que é a sua aplicação aos triângulos retângulos, nos quais os ângulos pertencem ao intervalo (0°, 90°]. A aplicação das funções a ângulos fora desse intervalo será objeto da Seção 6.3. Já a representação de fenômenos periódicos será vista a partir da Seção 6.4.

6.1 Trigonometria do triângulo retângulo

A construção de triângulos é feita aplicando-se um tópico tradicional da geometria plana, denominado *congruência de triângulos*. Entretanto, os conceitos geométricos geralmente não são suficientes para que calculemos as medidas exatas de todos os lados e ângulos de um triângulo, como fica claro no exemplo a seguir que apresenta um problema prático de determinação dos comprimentos das barras que compõem uma estrutura.

Exemplo 1. Construção de uma treliça para telhado

A Figura 6.1 mostra uma treliça de madeira usada para suportar o telhado de uma casa. Como se vê, as barras da treliça formam uma estrutura simétrica, da qual se sabe que a base tem 6 m e que o ângulo entre uma barra superior e a barra horizontal mede 20°.

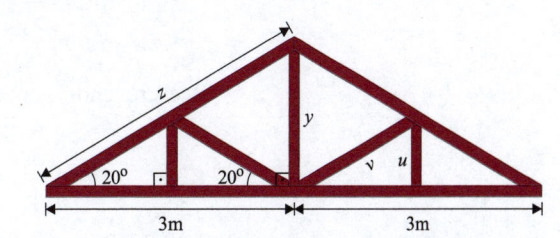

FIGURA 6.1 Uma treliça de telhado.

Apesar de as informações disponíveis definirem de forma única a treliça, um carpinteiro só poderá construí-la se conhecer os comprimentos de todas as barras, o que exige a determinação das medidas y, z, u e v indicadas na figura.

É possível mostrar, usando semelhança de triângulos, que $v = z/2$ e que $u = y/2$, de modo que, dada a simetria da estrutura, pode-se calcular a soma dos comprimentos das barras de madeira usando a fórmula

$$2z + y + 6 + 2v + 2u = 2z + y + 6 + 2 \cdot \frac{z}{2} + 2 \cdot \frac{y}{2} = 3z + 2y + 6.$$

Além disso, para descobrir as medidas desejadas não é preciso trabalhar com toda a treliça, bastando considerar o triângulo retângulo cujos catetos medem 3 m

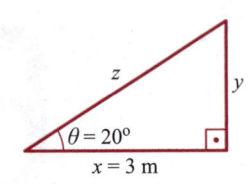

FIGURA 6.2 Representação simplificada da figura do Exemplo 1.

e y, e que tem hipotenusa de comprimento z, como mostrado na Figura 6.2. Sendo assim, podemos resumir o objetivo desse exemplo a

Determinar y e z na Figura 6.2, conhecidos os valores de x e θ.

A solução desse problema seria simples se conhecêssemos dois lados do triângulo retângulo, pois, nesse caso, poderíamos usar o teorema de Pitágoras para determinar o lado restante. Entretanto, apenas um lado tem medida conhecida, de modo que recorreremos a novos conceitos matemáticos para encontrar os comprimentos y e z.

Dado um triângulo retângulo qualquer, como aquele mostrado na Figura 6.3, vamos supor que sejam conhecidas as medidas de um lado e um dos ângulos agudos (além do ângulo reto, naturalmente). Nesse caso, o triângulo está perfeitamente determinado, pois satisfaz uma das seguintes condições de congruência:

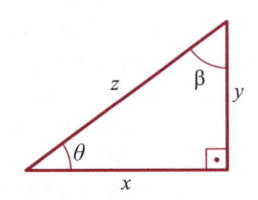

FIGURA 6.3 Um triângulo retângulo.

- LAA (dois ângulos e um lado não compreendido entre eles), se conhecemos x e β, ou y e θ, ou ainda z e um dos ângulos θ ou β.

- ALA (dois ângulos e o lado entre eles), se conhecemos x e θ, ou y e β.

O fato de o triângulo retângulo estar determinado implica que podemos desenhá-lo usando régua e transferidor, mas não que conheçamos as medidas exatas dos dois lados restantes. Embora seja possível obter medidas aproximadas usando uma régua, não seria cômodo adotar esse procedimento sempre que tivéssemos que resolver um problema prático.

Vejamos, então, como determinar com precisão as medidas dos lados de um triângulo retângulo conhecendo apenas um ângulo agudo e um lado. Para tanto, vamos considerar os triângulos T_1 (de lados x_1, y_1 e z_1) e T_2 (de lados x_2, y_2 e z_2) mostrados na Figura 6.4.

É fácil notar que os triângulos são semelhantes, pois compartilham o ângulo de medida θ, além de possuírem um ângulo reto. Em virtude dessa semelhança, os lados correspondentes de T_1 e T_2 são proporcionais, ou seja

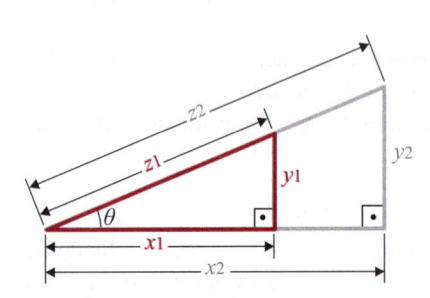

FIGURA 6.4 Triângulos retângulos semelhantes.

$$\frac{x_1}{x_2} = \frac{y_1}{y_2}, \qquad \frac{x_1}{x_2} = \frac{z_1}{z_2} \quad e \quad \frac{y_1}{y_2} = \frac{z_1}{z_2}.$$

Reescrevendo as três equações acima, obtemos as equações equivalentes

$$\frac{x_1}{y_1} = \frac{x_2}{y_2}, \qquad \frac{x_1}{z_1} = \frac{x_2}{z_2} \quad e \quad \frac{y_1}{z_1} = \frac{y_2}{z_2},$$

que indicam que a razão entre quaisquer dois lados de T_1 é igual à razão entre os lados correspondentes de T_2.

Assim, se for conhecida a razão x_1/y_1, associada ao triângulo T_1, e se for dado o lado y_2 do triângulo T_2, poderemos determinar x_2 usando a primeira equação acima. Aplicando o mesmo raciocínio às demais equações, concluímos que a chave para a determinação do comprimento dos lados de um triângulo é o conhecimento das razões entre seus lados.

■ Funções trigonométricas mais comuns

A Figura 6.5 mostra que, tomando a hipotenusa de um triângulo retângulo como diâmetro de uma circunferência, os comprimentos dos catetos estão relacionados de forma única com o ângulo θ.

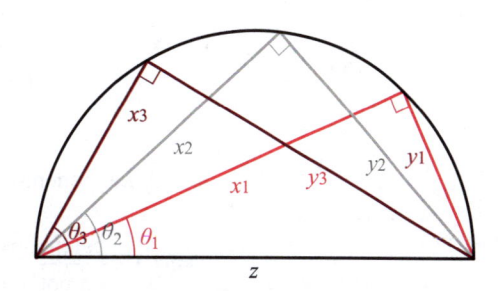

FIGURA 6.5 Triângulos retângulos inscritos em uma semicircunferência de diâmetro z.

Uma vez que os comprimentos dos lados de um triângulo retângulo dependem exclusivamente do ângulo θ, podemos definir a razão entre cada par de lados como uma função de θ. As funções que relacionam os lados do triângulo a um de seus ângulos agudos são chamadas **funções trigonométricas**. O quadro abaixo fornece as três funções trigonométricas mais importantes, bem como suas abreviaturas.

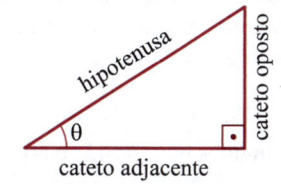

FIGURA 6.6 Lados de um triângulo retângulo e sua relação com θ.

Funções trigonométricas encontradas em calculadoras

Dado um triângulo retângulo com um ângulo agudo θ (vide Figura 6.6),

1. o **seno** de θ é a razão entre as medidas do cateto oposto a θ e da hipotenusa:

$$\operatorname{sen}(\theta) = \frac{\text{cateto oposto}}{\text{hipotenusa}}.$$

2. o **cosseno** de θ é a razão entre as medidas do cateto adjacente a θ e da hipotenusa:

$$\cos(\theta) = \frac{\text{cateto adjacente}}{\text{hipotenusa}}.$$

3. a **tangente** de θ é a razão entre as medidas do cateto oposto e do cateto adjacente a θ:

$$\tan(\theta) = \frac{\text{cateto oposto}}{\text{catcto adjaccntc}}.$$

Atenção
Note que

$$\tan(\theta) = \frac{\operatorname{sen}(\theta)}{\cos(\theta)}.$$

Problema 1. Determinando o seno, o cosseno e a tangente

Para cada triângulo a seguir, determine o seno, o cosseno e a tangente do ângulo θ.

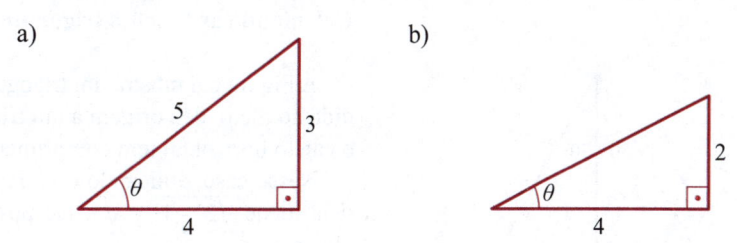

a)

b)

Solução

a) Com base no quadro acima, concluímos que

$$\operatorname{sen}(\theta) = \frac{\text{cateto oposto}}{\text{hipotenusa}} = \frac{3}{5} \qquad \cos(\theta) = \frac{\text{cateto adjacente}}{\text{hipotenusa}} = \frac{4}{5}$$

$$\tan(\theta) = \frac{\text{cateto oposto}}{\text{cateto adjacente}} = \frac{3}{4}.$$

b) Nesse caso, é preciso, em primeiro lugar, determinar a medida da hipotenusa, o que é feito por meio do teorema de Pitágoras:

$$z^2 = 4^2 + 2^2 = 20 \rightarrow z = \sqrt{20} = 2\sqrt{5}.$$

Agora, podemos calcular os valores solicitados:

$$\text{sen}(\theta) = \frac{\text{cateto oposto}}{\text{hipotenusa}} = \frac{2}{2\sqrt{5}} = \frac{\sqrt{5}}{5} \qquad \cos(\theta) = \frac{\text{cateto adjacente}}{\text{hipotenusa}} = \frac{4}{2\sqrt{5}} = \frac{2\sqrt{5}}{5}$$

$$\tan(\theta) = \frac{\text{cateto oposto}}{\text{cateto adjacente}} = \frac{2}{4} = \frac{1}{2}.$$

Agora, tente o Exercício 1.

Embora, no problema acima, tenhamos determinado os valores das funções trigonométricas a partir das medidas dos lados do triângulo retângulo, a situação mais comum é aquela em que desejamos calcular as funções para um ângulo específico. Vejamos como obter os valores do seno, do cosseno e da tangente de alguns ângulos encontrados frequentemente em problemas práticos.

Problema 2. Funções trigonométricas de ângulos especiais

Determine o seno, o cosseno e a tangente dos ângulos de 30°, 45° e 60°.

Solução

Como vimos, os valores das funções trigonométricas se mantêm quando tomamos triângulos semelhantes. Assim, para tornar mais fácil a resolução desse problema, trabalharemos com triângulos nos quais um dos catetos mede 1.

Calculando o seno, o cosseno e a tangente de 45°.

A Figura 6.7 mostra um triângulo retângulo com um ângulo de 45° adjacente a um cateto de medida 1. Observe que, nesse caso, o triângulo é isósceles, pois o terceiro ângulo interno mede 180° − 90° − 45° = 45°. Assim, o segundo cateto também mede 1 e a hipotenusa tem comprimento igual a $\sqrt{1^2 + 1^2} = \sqrt{2}$.

Logo,

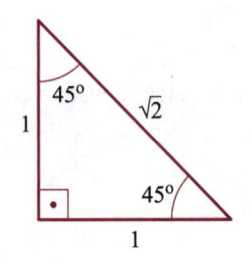

FIGURA 6.7 Triângulo retângulo com um ângulo de 45°.

$$\text{sen}(45°) = \frac{1}{\sqrt{2}} = \frac{\sqrt{2}}{2}, \qquad \cos(45°) = \frac{1}{\sqrt{2}} = \frac{\sqrt{2}}{2} \qquad e \qquad \tan(45°) = \frac{1}{1} = 1.$$

Calculando as funções trigonométricas de 30° e 60°.

A Figura 6.8 mostra um triângulo equilátero de lado igual a 2 que, ao ser dividido ao meio, deu origem a um triângulo retângulo no qual a hipotenusa mede 2, o cateto horizontal tem comprimento 1 e os ângulos agudos têm 30° e 60°.

Nesse caso, aplicando o teorema de Pitágoras, concluímos que o cateto vertical mede $\sqrt{2^2 - 1^2} = \sqrt{3}$. De posse dos comprimentos dos lados do triângulo, obtemos

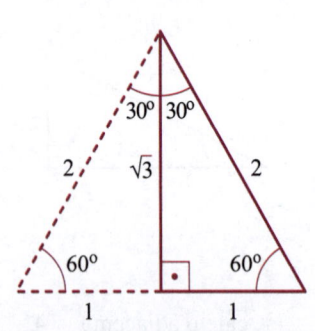

FIGURA 6.8 Triângulo retângulo com ângulos de 30° e 60°.

$$\text{sen}(30°) = \frac{1}{2} \qquad \cos(30°) = \frac{\sqrt{3}}{2} \qquad \tan(30°) = \frac{1}{\sqrt{3}} = \frac{\sqrt{3}}{3}$$

$$\text{sen}(60°) = \frac{\sqrt{3}}{2} \qquad \cos(60°) = \frac{1}{2} \qquad \tan(60°) = \frac{\sqrt{3}}{1} = \sqrt{3}$$

CAPÍTULO 6 – Trigonometria ■ 453

No problema anterior, o cateto que é oposto ao ângulo de 30° é adjacente ao ângulo de 60°, de modo que sen(30°) = cos(60°). Essa relação entre o seno e o cosseno é válida sempre que tomamos dois ângulos complementares, como ocorre com os ângulos agudos de um triângulo retângulo. O quadro a seguir resume tal propriedade.

Lembrete
Dois ângulos são complementares quando a soma de suas medidas é igual a 90°.

Seno e cosseno de ângulos complementares
Se α e β são ângulos complementares, então

$$\text{sen}(\alpha) = \cos(\beta).$$

Problema 3. Seno e cosseno de ângulos complementares
Sabendo que

$$\text{sen}(15°) = \frac{\sqrt{6}-\sqrt{2}}{4} \quad \text{e} \quad \cos(36°) = \frac{1+\sqrt{5}}{4},$$

determine sen(54°) e cos(75°).

Solução
Como os ângulos de 15° e 75° são complementares, o mesmo acontecendo com 36° e 54°, temos

$$\cos(75°) = \text{sen}(15°) = \frac{\sqrt{6}-\sqrt{2}}{4} \quad \text{e} \quad \text{sen}(54°) = \cos(36°) = \frac{1+\sqrt{5}}{4}.$$

Agora, tente o Exercício 9.

Apesar de termos encontrado os valores do seno, do cosseno e da tangente para três ângulos populares, a determinação dessas funções trigonométricas para um ângulo qualquer é uma tarefa custosa que envolve o emprego de fórmulas aproximadas. Assim, suporemos doravante que o leitor disponha de uma calculadora científica. Além disso, como trabalharemos apenas com ângulos em graus nesta seção, a calculadora deve ser ajustada para essa unidade de medida.

Você sabia?
Antes da introdução das calculadoras eletrônicas, os matemáticos, físicos e engenheiros recorriam a tabelas (ou *tábuas*) para obter os valores aproximados das funções trigonométricas.

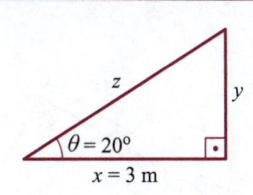

Exemplo 2. Voltando à treliça para telhado
O objetivo do Exemplo 1 era a determinação dos comprimentos y e z das barras de uma treliça para telhado. A representação simplificada da treliça foi fornecida na Figura 6.2, que reproduzimos ao lado.

Observando que o ângulo entre a barra inclinada da treliça e a horizontal mede 20°, temos

$$\cos(20°) = \frac{\text{cateto adjacente}}{\text{hipotenusa}} = \frac{x}{z} \quad \text{e} \quad \text{sen}(20°) = \frac{\text{cateto oposto}}{\text{hipotenusa}} = \frac{y}{z}.$$

Isolando z na primeira equação, e usando uma calculadora científica, concluímos que

$$z = \frac{x}{\cos(20°)} = \frac{3}{\cos(20°)} \approx \frac{3}{0{,}940} \approx 3{,}19 \text{ m}.$$

Para calcular z, digite

[3] [÷] [cos] [(] [2] [0] [)] [=]

Também podemos determinar y usando $\tan(20°) = y/x$. Nesse caso, escrevemos

$y = x\tan(20°) \approx 3 \cdot 0{,}364 \approx 1{,}09$ m.

Finalmente, isolando y na segunda equação, chegamos a

$$y = z \cdot \text{sen}(20°) \approx 3{,}19 \cdot 0{,}342 \approx 1{,}09 \text{ m}.$$

Logo, para construir a treliça o carpinteiro necessitará de

$$3z + 2y + 6 = 3 \cdot 3{,}19 + 2 \cdot 1{,}09 + 6 = 17{,}75 \text{ m de madeira}.$$

Agora, tente o Exercício 15.

Problema 4. Altura de uma torre

Parado a 120 m do centro da base de uma torre, um topógrafo descobre que o ângulo de elevação do topo da torre mede 69,7°, como ilustrado na Figura 6.9. Determine a altura aproximada da torre.

Solução

Denominando h a altura da torre, temos

$$\tan(69,7°) = \frac{h}{120} \quad \Rightarrow \quad h = 120 \cdot \tan(69,7°).$$

Logo, a torre mede $h \approx 120 \cdot 2,70 \approx 324$ m.

FIGURA 6.9 Torre do Problema 4.

Agora, tente o Exercício 20.

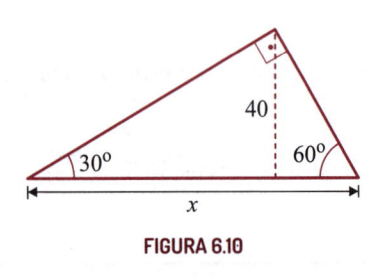

Problema 5. Base de um triângulo retângulo a partir da altura

Determine a medida da base do triângulo retângulo da Figura 6.10, conhecida a sua altura e as medidas de seus ângulos agudos.

Solução

A resolução desse problema é feita em dois passos. Considerando, em primeiro lugar, o triângulo cinza mostrado na Figura 6.11a, observamos que

$$\text{sen}(30°) = \frac{40}{y} \quad \Rightarrow \quad y = \frac{40}{\text{sen}(30°)} = \frac{40}{1/2} = 80.$$

De posse do valor de y, encontramos x usando o triângulo da Figura 6.11b:

$$\text{sen}(60°) = \frac{y}{x} \quad \Rightarrow \quad x = \frac{y}{\text{sen}(60°)} = \frac{80}{\frac{\sqrt{3}}{2}} = \frac{160}{\sqrt{3}} = \frac{160\sqrt{3}}{3}.$$

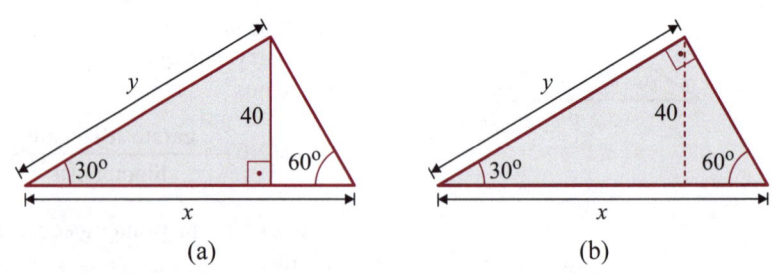

FIGURA 6.10

FIGURA 6.11 Os dois triângulos usados para resolver o Problema 5.

Agora, tente o Exercício 10.

■ Outras funções trigonométricas e identidades fundamentais

As três primeiras funções trigonométricas que apresentamos são aquelas que aparecem nas calculadoras. Entretanto, há mais três funções que podem ser obtidas tomando-se a razão entre dois lados distintos de um triângulo retângulo, descritas no quadro a seguir.

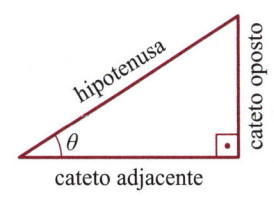

Outras funções trigonométricas

Dado um triângulo retângulo com um ângulo agudo θ,

1. a **secante** de θ é a razão entre as medidas da hipotenusa e do cateto adjacente a θ:

$$\sec(\theta) = \frac{\text{hipotenusa}}{\text{cateto adjacente}} = \frac{1}{\cos(\theta)}.$$

2. a **cossecante** de θ é a razão entre as medidas da hipotenusa e do cateto oposto a θ:

$$\csc(\theta) = \frac{\text{hipotenusa}}{\text{cateto oposto}} = \frac{1}{\text{sen}(\theta)}.$$

3. a **cotangente** de θ é a razão entre as medidas do cateto adjacente e do cateto oposto a θ:

$$\cot(\theta) = \frac{\text{cateto adjacente}}{\text{cateto oposto}} = \frac{1}{\tan(\theta)}.$$

Atenção
Observe que

$$\cot(\theta) = \frac{\cos(\theta)}{\text{sen}(\theta)}.$$

Problema 6. Sensor de presença

Um sensor instalado em um poste detecta a aproximação de veículos que passam em uma rua, como mostrado na Figura 6.12.

a) Determine uma função que forneça a distância do sensor ao veículo, dado o ângulo θ entre o segmento que liga o sensor ao veículo e a reta que passa pelo sensor e é perpendicular à rua.
b) Se o sensor só detecta objetos quando o ângulo θ é menor ou igual a 65°, determine a distância máxima que o carro pode estar do sensor para ser detectado.

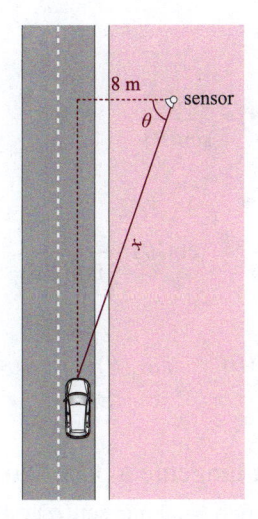

Solução

a) Como vemos na Figura 6.12, a distância x entre o sensor e o objeto é a hipotenusa de um triângulo retângulo que possui um cateto de medida 8 m adjacente ao ângulo θ. Dessa forma, temos

$$\sec(\theta) = \frac{x}{8} \quad \Rightarrow \quad x = 8\sec(\theta).$$

Portanto, a função desejada é $d(\theta) = 8\sec(\theta)$.

FIGURA 6.12 Sensor de presença em uma rua.

b) A distância correspondente ao ângulo de 65° é igual a

$$d(65°) = 8\sec(65°) = \frac{8}{\cos(65°)} \approx \frac{8}{0,4226} \approx 18,93 \text{ m}.$$

Sendo assim, o sensor detecta carros que estão a, no máximo, 18,93 m.

Agora, tente o Exercício 31.

As relações entre funções trigonométricas, tais como $\sec(\theta) = 1/\cos(\theta)$, apresentadas no quadro *Outras funções trigonométricas*, são chamadas **identidades trigonométricas**. Para concluir esta seção, vamos estabelecer uma importante relação trigonométrica baseada no teorema de Pitágoras.

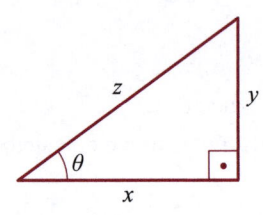

FIGURA 6.13 Triângulo retângulo com lados de medida x, y e z.

Observando a Figura 6.13, notamos que

$$\text{sen}(\theta) = \frac{y}{z} \quad \Rightarrow \quad y = z \cdot \text{sen}(\theta),$$

$$\cos(\theta) = \frac{x}{z} \quad \Rightarrow \quad x = z \cdot \cos(\theta).$$

Usando, agora, o teorema de Pitágoras, obtemos

$$y^2 + x^2 = z^2 \quad \Rightarrow \quad z^2 \text{sen}^2(\theta) + z^2 \cos^2(\theta) = z^2.$$

Dividindo, então, os dois lados da igualdade por z^2, chegamos à relação fundamental

$$\text{sen}^2(\theta) + \cos^2(\theta) = 1.$$

Outras relações podem ser obtidas dividindo-se a equação acima por $\cos^2(\theta)$ ou por $\text{sen}^2(\theta)$:

$$\frac{\text{sen}^2(\theta)}{\cos^2(\theta)} + \frac{\cos^2(\theta)}{\cos^2(\theta)} = \frac{1}{\cos^2(\theta)} \quad \Rightarrow \quad \tan^2(\theta) + 1 = \sec^2(\theta).$$

$$\frac{\text{sen}^2(\theta)}{\text{sen}^2(\theta)} + \frac{\cos^2(\theta)}{\text{sen}^2(\theta)} = \frac{1}{\text{sen}^2(\theta)} \quad \Rightarrow \quad 1 + \cot^2(\theta) = \csc^2(\theta).$$

O quadro abaixo resume as identidades trigonométricas vistas até aqui.

Primeiras identidades trigonométricas

1. **Identidades de quociente**

$$\tan(\theta) = \frac{\text{sen}(\theta)}{\cos(\theta)} \qquad \cot(\theta) = \frac{\cos(\theta)}{\text{sen}(\theta)}$$

2. **Identidades recíprocas**

$$\sec(\theta) = \frac{1}{\cos(\theta)} \qquad \csc(\theta) = \frac{1}{\text{sen}(\theta)} \qquad \cot(\theta) = \frac{1}{\tan(\theta)}$$

3. **Identidades pitagóricas**

$$\text{sen}^2(\theta) + \cos^2(\theta) = 1 \qquad \tan^2(\theta) + 1 = \sec^2(\theta) \qquad \cot^2(\theta) + 1 = \csc^2(\theta)$$

Problema 7. Obtenção do cosseno e da tangente a partir do seno

Um triângulo retângulo possui um ângulo agudo α tal que $\text{sen}(\alpha) = 0,8$. Determine os valores de $\cos(\alpha)$ e $\tan(\alpha)$.

Solução

Usando a identidade trigonométrica $\text{sen}^2(\alpha) + \cos^2(\alpha) = 1$, obtemos

$$0,8^2 + \cos^2(\alpha) = 1 \quad \Rightarrow \quad \cos^2(\alpha) = 1 - 0,64 \quad \Rightarrow \quad \cos(\alpha) = \pm\sqrt{0,36}.$$

Como em um triângulo retângulo o valor do cosseno nunca é negativo, concluímos que $\cos(\alpha) = \sqrt{0,36} = 0,6$. Finalmente, usando a identidade de quociente associada à tangente, obtemos

$$\tan(\alpha) = \frac{\text{sen}(\alpha)}{\cos(\alpha)} = \frac{0,8}{0,6} = \frac{4}{3} \approx 1,333.$$

Agora, tente o Exercício 13.

Exercícios 6.1

1. Determine o seno, o cosseno e a tangente dos ângulos α e β de cada triângulo.

   a) [triângulo com catetos 12 e 5, hipotenusa 13, ângulo α no vértice inferior esquerdo e β no superior]

   b) [triângulo com catetos 4 e 6, ângulo α no vértice inferior e β no superior]

   c) [triângulo com lados 17 e 8, ângulos α e β]

   d) [triângulo com lados $7\sqrt{2}$ e 7, ângulos α e β]

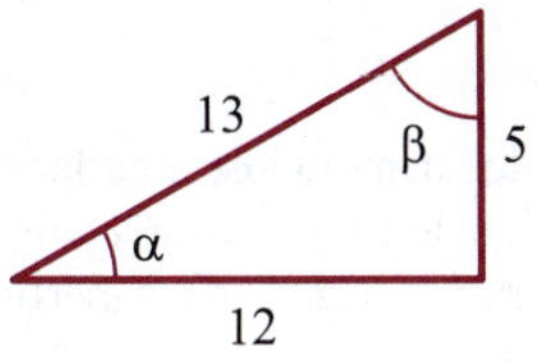

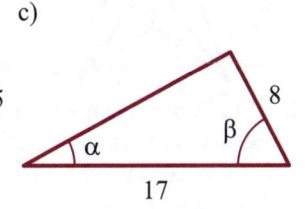

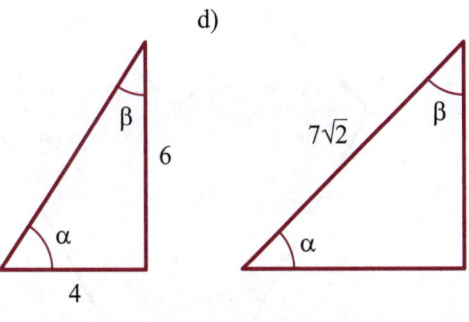

2. Determine a secante, a cossecante e a cotangente dos ângulos α e β dos triângulos do Exercício 1.

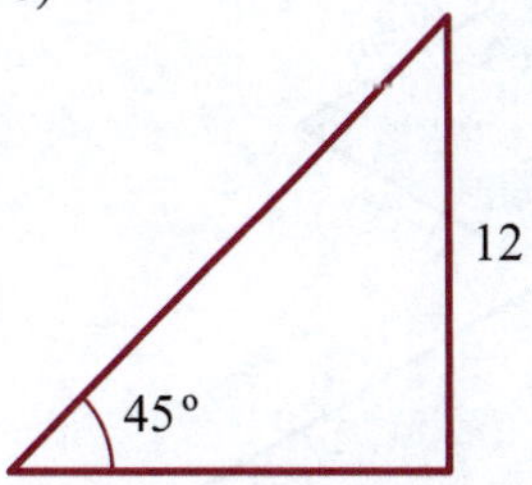

3. Determine os comprimentos dos lados dos triângulos abaixo.

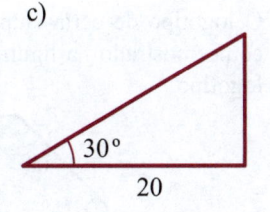

   a) [triângulo com hipotenusa 50, ângulo 30°]

   b) [triângulo com cateto 12, ângulo 45°]

   c) [triângulo com cateto 20, ângulo 30°]

   d) [triângulo com cateto 16, ângulo 53,1°]

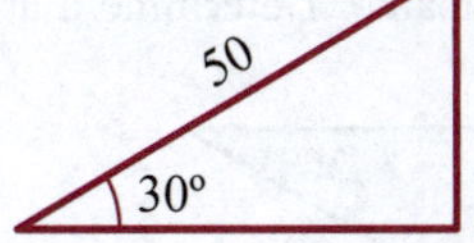

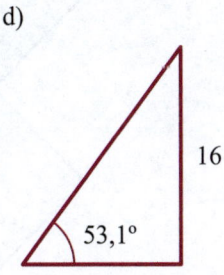

4. Em um triângulo retângulo, a hipotenusa mede $2\sqrt{5}$ e um ângulo interno α é tal que $\cos(\alpha) = \sqrt{5}/3$. Determine as medidas dos catetos.

5. Em um triângulo retângulo, a hipotenusa mede $\sqrt{10}$ e um ângulo interno α é tal que $\tan(\alpha) = 3$. Determine as medidas dos catetos.

6. Em um triângulo retângulo, a hipotenusa mede 5 e um ângulo interno α é tal que $\tan(\alpha) = 2$. Determine as medidas dos catetos.

7. Esboce um triângulo retângulo com um ângulo agudo que satisfaça a medida a seguir. Em seguida, encontre as cinco funções trigonométricas que faltam em cada caso.

   a) $\text{sen}(\theta) = \dfrac{4}{5}$ b) $\cos(\theta) = \dfrac{\sqrt{3}}{3}$ c) $\tan(\theta) = \dfrac{3}{2}$

8. Determine a altura de cada triângulo isósceles a seguir.

   a) [triângulo isósceles com base 44 cm e ângulos da base 56°]

   b) [triângulo isósceles com base 18 cm e ângulos da base 40°]

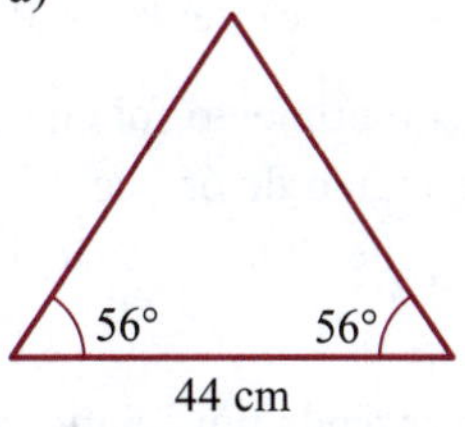

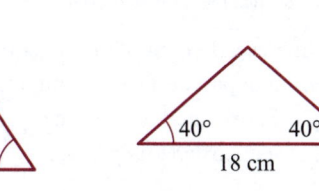

9. Para cada função trigonométrica abaixo, determine outra função com o mesmo valor.

   a) $\text{sen}(68°)$ c) $\text{sen}(37,5°)$ e) $\text{sen}(48°15')$

   b) $\cos(11°)$ d) $\cos(87,3°)$ f) $\cos(20°48')$

10. Determine as medidas indicadas em cada figura abaixo.

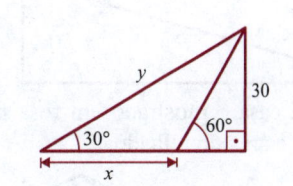

    a) [triângulo com lado 8, altura h, lados x e y, ângulos 30° e 45°]

    b) [triângulo com lado 30, lados x e y, ângulos 30° e 60°]

    c) [triângulo com base 10, lados x e y, ângulos 50° e 70°]

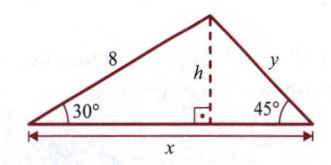

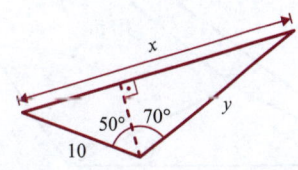

11. Converta os ângulos abaixo para graus na notação decimal.

    a) $13°30'$ c) $84°48'$ e) $56°22'30''$

    b) $47°21'$ d) $35°14'24''$ f) $61°36'09''$

12. Usando uma calculadora, determine os valores indicados a seguir.

    a) $\text{sen}(15°)$ g) $\sec(35°)$

    b) $\text{sen}(22,5°)$ h) $\sec(25°37'30'')$

    c) $\cos(80°)$ i) $\csc(0,1°)$

    d) $\cos(56°15')$ j) $\csc(62,75°)$

    e) $\tan(89,9°)$ k) $\cot(42,5°)$

    f) $\tan(18°36')$ l) $\cot(72°13'20'')$

13. Em cada caso abaixo, determine o valor das cinco funções trigonométricas restantes, usando identidades.

    a) $\text{sen}(x) = 7/25$ b) $\cos(x) = 0,7$

c) $\cos(x) = \sqrt{5}/5$ d) $\tan(x) = 4\sqrt{3}$

14. Supondo que α e β sejam ângulos complementares, determine $\text{sen}(\beta)$, $\cos(\beta)$ e $\tan(\beta)$ sabendo que

    a) $\text{sen}(\alpha) = 3/4$ b) $\cos(\alpha) = 1/7$ c) $\text{sen}(\alpha) = 0,8$

15. Uma escada com 3,2 m de comprimento foi encostada em uma parede fazendo um ângulo de 65° com o solo, que é horizontal. Determine a que altura do chão a escada foi encostada na parede.

16. Presa ao chão, uma pipa voa fazendo um ângulo de 42° com o solo. Se a linha, com 50 m de comprimento, está completamente esticada, a que altura voa a pipa?

17. Uma pessoa é registrada por uma câmera de vigilância instalada sobre uma porta a 4 m do chão. Sabendo que o segmento que liga a câmera à pessoa faz um ângulo de 71° com a vertical, determine a que distância a pessoa está da porta.

18. Uma rampa tem altura $h = 1,5$ m e ângulo de inclinação igual a 15°. Determine seu comprimento, c.

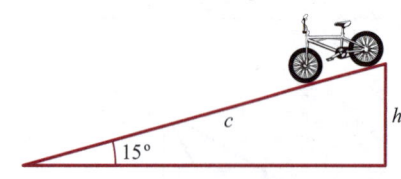

19. O telhado de uma casa é mostrado em rosa na figura abaixo. Determine a área do telhado.

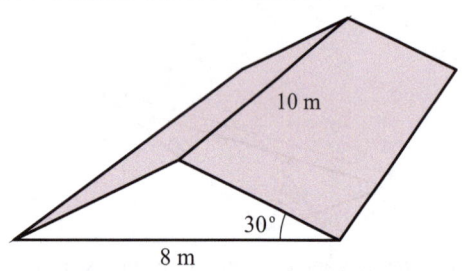

20. Ao anunciar que uma televisão tem 65 polegadas, o fabricante informa, de fato, que a diagonal da tela tem esse comprimento. Calcule a largura, em centímetros, de uma TV de 65 polegadas, levando em conta que a razão entre a altura e a largura da TV é igual a 9/16 e que cada polegada corresponde a 2,54 cm.

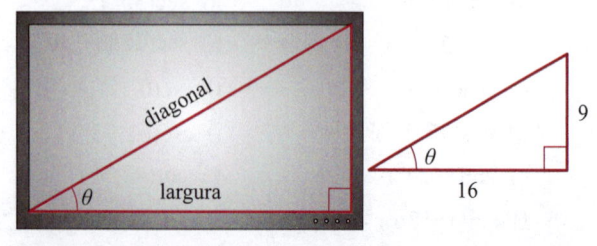

21. Para criar uma estrela de cinco pontas é preciso juntar alguns triângulos como o que é mostrado a seguir, à direita (observe que o mesmo triângulo está destacado na estrela à esquerda). Determine a área da estrela.

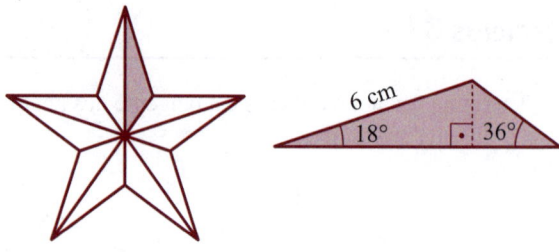

22. Em homenagem ao dia dos namorados, uma fábrica de chocolates criou uma caixa de bombons cuja tampa tem o formato abaixo. Determine a área da superfície da tampa da caixa.

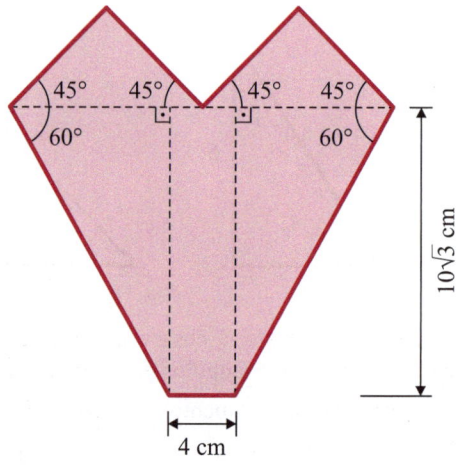

23. O logotipo de certa empresa é uma letra E estilizada, como mostrado na figura abaixo. Determine a área do logotipo.

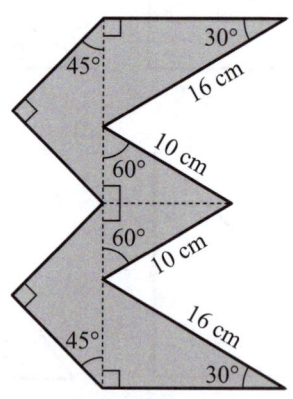

24. Quando estava a 50 m da base de um prédio, um topógrafo descobriu que, naquele ponto, o segmento de reta que ligava o solo ao topo do prédio fazia um ângulo de 50,2° com a horizontal. Qual era a altura do prédio?

25. Quando o Sol está a 32° acima do horizonte, quanto mede a sombra de uma árvore que tem 5,7 m de altura?

26. Para determinar a largura de um rio, João parou em um ponto A e mirou o ponto mais próximo da margem oposta, denominado C na figura a seguir. Em seguida, João caminhou 10 m ao longo da margem, chegando ao ponto B, de onde mirou novamente o ponto C na margem oposta, descobrindo que o ângulo entre $\overline{AB}$ e $\overline{BC}$ mede 65,5°. Qual a largura daquele trecho do rio?

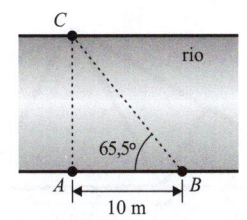

27. Para fabricar uma calha, um serralheiro faz duas dobras em uma chapa metálica com 30 cm de largura, como mostra a figura. Sabendo que o ângulo entre a lateral da calha e a horizontal mede 60°, determine a área da seção transversal da calha.

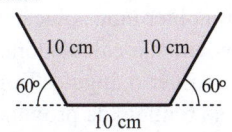

28. A figura abaixo mostra um retângulo no qual foi inscrito um paralelogramo rosa. Determine as medidas x, y e z, bem como a área do paralelogramo.

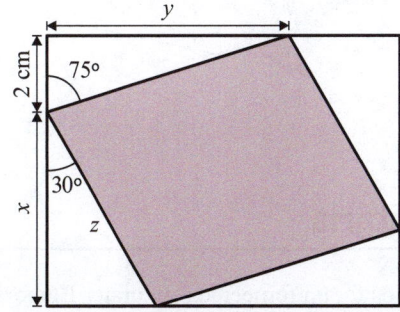

29. A figura abaixo mostra uma ponte estaiada simétrica. Calcule a altura h do cabo interno e o comprimento c do cabo central.

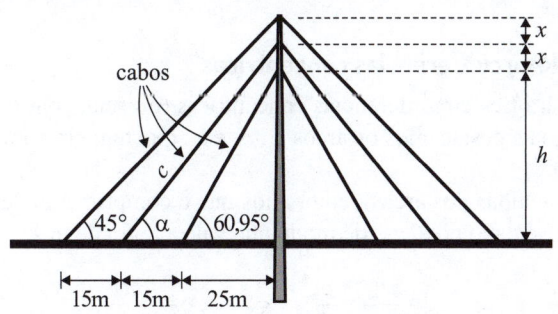

30. A figura a seguir mostra uma escultura formada por dois triângulos. Determine as medidas x, y e z.

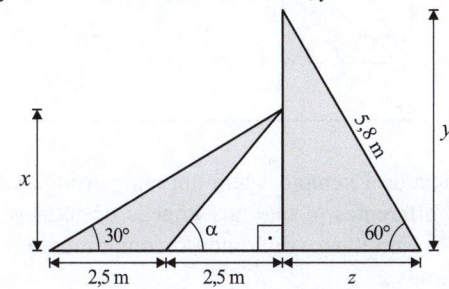

31. Um jogador de sinuca dá uma tacada em uma bola localizada no ponto R de uma mesa retangular, fazendo a bola atingir o ponto V, como mostrado na figura à esquerda.

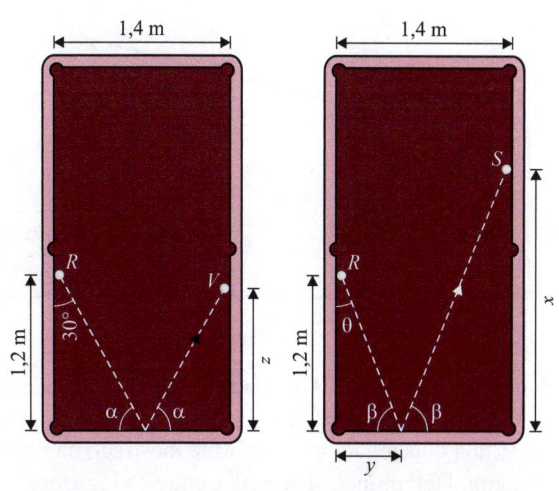

a) Determine a distância z entre V e o canto da mesa.
b) Suponha, agora, que o jogador dê uma tacada na bola de modo que a trajetória faça um ângulo θ com a lateral da mesa, como mostrado na figura à direita. Escreva a função $x(\theta)$ que fornece a distância x entre o canto e o ponto que a bola atinge na lateral oposta da mesa, denominado S na figura.

32. Coberta por montanhas, a Suíça é um país pródigo em funiculares, que são pequenas linhas de trem projetadas para subir grandes aclives. Desde 1899, há em Friburgo, cidade do nordeste da Suíça, um funicular cuja rampa tem 121 metros de comprimento e que faz um ângulo de 29,73° com a horizontal, como ilustrado na figura abaixo. Determine a altura x vencida por esse funicular.

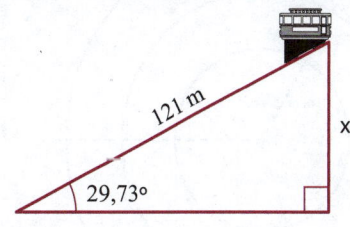

33. Um avião decola do aeroporto Santos Dumont, no Rio de Janeiro, em direção ao morro do Pão de Açúcar, que fica a cerca de 3,8 km da cabeceira da pista e tem 396 m de altura. A figura abaixo ilustra a decolagem. Supondo que o avião deixe o solo (praticamente ao nível do mar) com um ângulo constante de 15°, a que altura ele estará quando passar pelo Pão de Açúcar?

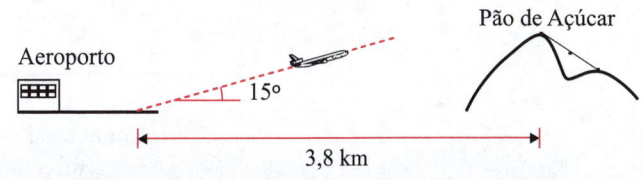

34. Dois morros estão ligados por um cabo de aço, como mostra a figura a seguir. Determine a altura do morro à direita, bem como o comprimento do cabo, supondo que este esteja completamente esticado (ou seja, desprezando a flexão do cabo).

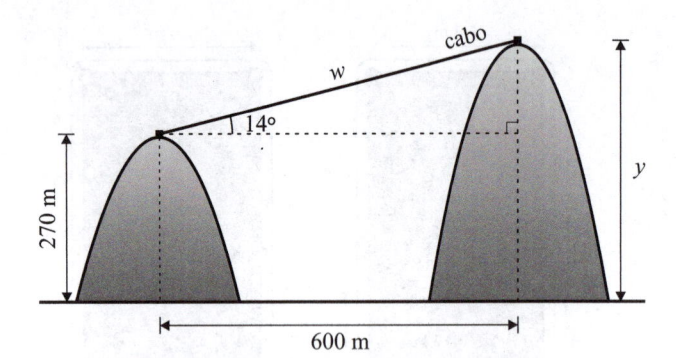

35. Uma câmera de TV instalada no alto de uma torre de 12 m está localizada na beirada de um campo de futebol, e filma dois jogadores, conforme mostrado na figura a seguir. Determine a distância x entre os jogadores.

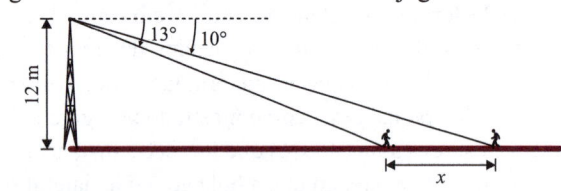

36. Sabendo que a treliça a seguir é simétrica, determine o comprimento das barras indicadas na figura.

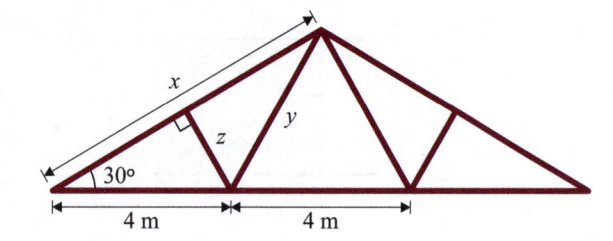

37. Para determinar a distância da Terra à Lua, usamos dois pontos A e B da superfície da Terra, como mostra a figura a seguir. Sabendo que o raio da Terra mede $r = 6.371$ km e que $c = 9.903,7$ km, calcule aproximadamente a distância d. Para obter uma solução precisa, use quatro casas decimais em sua calculadora. *Dica*: se você não se lembra como obter o ângulo θ a partir do comprimento do arco c, leia o início da próxima seção.

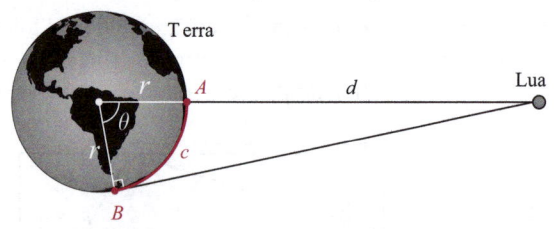

6.2 Medidas de ângulos e a circunferência unitária

Na Seção 6.1, todos os ângulos foram fornecidos em graus. Embora essa unidade de medida seja prática quando se lida com triângulos, ela não é conveniente quando as funções trigonométricas são aplicadas à representação de fenômenos periódicos. Neste último caso, a unidade de medida adequada é o radiano, que introduziremos a seguir.

Exemplo 1. Arcos de circunferências concêntricas

A Figura 6.14 mostra três circunferências concêntricas (ou seja, com o mesmo centro), sobre as quais destacamos os arcos c_1, c_2 e c_3, que têm em comum o ângulo central $\theta = 120°$.

Para encontrar as medidas dos arcos, lembramos que o comprimento de uma circunferência de raio r é dado por $2\pi r$, de modo que vale a regra de três

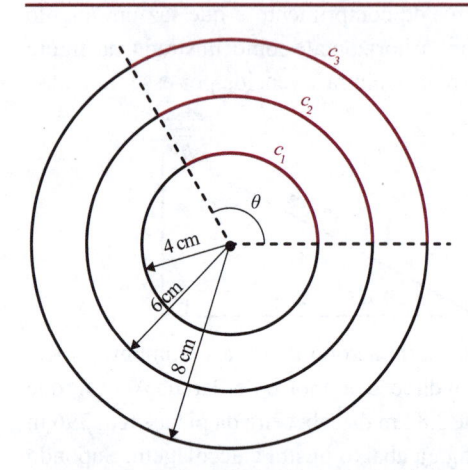

$$\frac{2\pi r}{360°} = \frac{c}{\theta} \quad \Rightarrow \quad \frac{\pi r}{180°} = \frac{c}{\theta} \quad \Rightarrow \quad c = \frac{\theta \pi r}{180°}.$$

FIGURA 6.14 Circunferências concêntricas com raios variados.

Logo,

$$c_1 = \frac{120° \cdot \pi \cdot 4}{180°} = \frac{8\pi}{3} \text{ cm}, \quad c_2 = \frac{120° \cdot \pi \cdot 6}{180°} = 4\pi \text{ cm} \quad \text{e} \quad c_3 = \frac{120° \cdot \pi \cdot 8}{180°} = \frac{16\pi}{3} \text{ cm}.$$

Como cada circunferência do Exemplo 1 tem um raio particular, os arcos c_1, c_2 e c_3 têm comprimentos diferentes, o que nos impede de usá-los como uma medida do ângulo central θ. Entretanto, dividindo o comprimento do arco pelo raio da circunferência, obtemos

$$\frac{c}{r} = \frac{\theta \pi}{180°},$$

CAPÍTULO 6 – Trigonometria

que é um número adimensional – ou seja, que não tem unidade – e que assume um valor único para cada medida de θ. Por exemplo, dados os arcos mostrados na Figura 6.14, temos

$$\frac{c_1}{r_1} = \frac{c_2}{r_2} = \frac{c_3}{r_3} = \frac{120° \cdot \pi}{180°} = \frac{2\pi}{3}.$$

Note que o número $2\pi/3$ está associado unicamente a $\theta = 120°$, de modo que podemos usá-lo como medida do ângulo, em lugar do valor em graus. Nesse caso, dizemos que o ângulo é dado em **radianos**.

> Seja θ um ângulo com vértice no centro de uma circunferência de raio r e seja c o comprimento do arco da circunferência correspondente ao ângulo. A medida de θ em **radianos** é definida por
>
> $$\frac{c}{r}.$$

Como vimos, a medida em radianos é adimensional, pois corresponde à razão entre duas grandezas – c e r – que têm a mesma unidade. Ainda assim, é comum o uso da abreviatura **rad** para indicar ângulos em radianos, de modo que, por exemplo, a medida correspondente a $120°$ pode ser apresentada como $2\pi/3$ ou $2\pi/3$ rad.

O único inconveniente dessa nova medida é que ela requer o cálculo da razão entre duas grandezas. Felizmente, é possível evitar essa divisão tomando-se como referência a circunferência de raio 1. Nesse caso, a circunferência tem comprimento igual a 2π e o comprimento do arco associado ao ângulo θ em graus é dado por

$$c = \theta \cdot \frac{\pi}{180°}.$$

$2\pi \approx 6,2832$

Ângulos em radianos
Considere um ângulo θ com vértice no centro de uma circunferência de raio 1. A medida de θ em **radianos** é definida como o comprimento c do arco da circunferência associado ao ângulo, como mostrado na Figura 6.15.

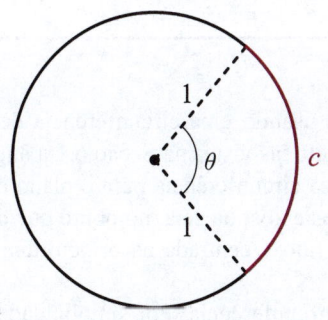

FIGURA 6.15 Arco correspondente ao ângulo central θ.

Problema 1. Conversão para radianos
Converta para radianos
a) $45°$ b) $90°$ c) $1°$

Solução

a) O ângulo de $45°$ é mostrado na Figura 6.16. Para convertê-lo para radianos, fazemos

$$c = 45° \cdot \frac{\pi}{180°} = \frac{\pi}{4} \text{ rad}.$$

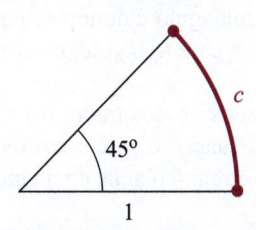

FIGURA 6.16 Ângulo de $45°$.

b) Para $90°$, temos

$$c = 90° \cdot \frac{\pi}{180°} = \frac{\pi}{2} \text{ rad}.$$

Na forma decimal, temos

$45° \approx 0,78540$ rad

$90° \approx 1,57080$ rad

$1° \approx 0,01745$ rad

c) Por sua vez, a conversão de $1°$ para radianos é obtida fazendo-se

$$c = 1° \cdot \frac{\pi}{180°} = \frac{\pi}{180} \text{ rad}.$$

Agora, tente o Exercício 1.

Na conversão de radianos para graus, usamos a mesma regra de três mencionada no Exemplo 1, usando $r = 1$ e isolando θ em lugar de c:

$$\frac{2\pi r}{360°} = \frac{c}{\theta} \quad \Rightarrow \quad \frac{\pi}{180°} = \frac{c}{\theta} \quad \Rightarrow \quad \theta = c \cdot \frac{180°}{\pi}.$$

Problema 2. Conversão para graus

Converta para graus

a) 1 rad   b) $\pi/3$ rad   c) $3\pi/2$ rad

Solução

a) O arco de medida igual a 1 é mostrado na Figura 6.17. Note que, nesse caso, o arco tem o mesmo comprimento do raio da circunferência. Para converter esse valor para graus, fazemos

$$\theta = 1 \cdot \frac{180°}{\pi} \approx 57,296°.$$

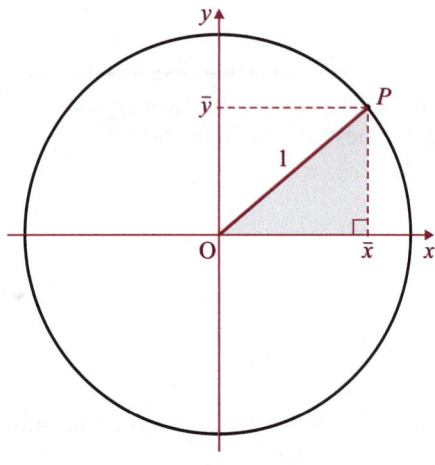

FIGURA 6.17 Arco de 1 rad.

b) A conversão de $\pi/3$ rad para graus é feita de forma análoga:

$$\theta = \frac{\pi}{3} \cdot \frac{180°}{\pi} = 60°.$$

c) Finalmente, convertemos $3\pi/2$ rad para graus usando

$$\theta = \frac{3\pi}{2} \cdot \frac{180°}{\pi} = 270°.$$

Agora, tente o Exercício 2.

■ A circunferência unitária

Já vimos como medir ângulos em radianos usando uma circunferência de raio igual a 1. Para associar as funções trigonométricas vistas na Seção 6.1 a ângulos fornecidos em radianos, transportaremos essa circunferência para o plano cartesiano, situando seu centro no cruzamento dos eixos, ou seja, no ponto que denominamos *origem*. A essa circunferência de raio 1 centrada na origem damos o nome de **circunferência unitária**.

Tomemos, agora, um ponto P sobre a circunferência. Por simplicidade, suporemos inicialmente que esse ponto esteja no primeiro quadrante, como ilustrado na Figura 6.18. Nesse caso, observamos que as coordenadas $\bar{x}$ e $\bar{y}$ do ponto P são as medidas dos catetos de um triângulo retângulo cuja hipotenusa tem comprimento 1. Aplicando o teorema de Pitágoras a esse triângulo, constatamos que, ao menos no primeiro quadrante, $\bar{x}^2 + \bar{y}^2 = 1$.

De fato, como os valores de $\bar{x}$ e $\bar{y}$ são elevados ao quadrado, o sinal das coordenadas não é relevante, de modo que essa equação é válida em todos os quatro quadrantes, e podemos usá-la para definir a circunferência, como indicado no quadro abaixo.

FIGURA 6.18 Um ponto P sobre a circunferência unitária.

> **Circunferência unitária**
>
> Chamamos de **circunferência unitária** o conjunto de pontos $P = (x, y)$ que satisfazem a equação
> $$x^2 + y^2 = 1.$$

Problema 3. Determinação da abscissa de um ponto

O ponto $P(\bar{x}, \sqrt{3}/2)$ pertence à circunferência unitária. Determine a coordenada $\bar{x}$, sabendo que ela é negativa.

Solução

Os pontos da circunferência unitária satisfazem a equação $x^2 + y^2 = 1$, de modo que

$$\overline{x}^2 + \left(\frac{\sqrt{3}}{2}\right)^2 = 1 \quad \Rightarrow \quad \overline{x}^2 = 1 - \frac{(\sqrt{3})^2}{2^2} \quad \Rightarrow \quad \overline{x}^2 = 1 - \frac{3}{4} = \frac{1}{4}.$$

Logo,

$$\overline{x} = \pm\sqrt{\frac{1}{4}} = \pm\frac{1}{2}.$$

Como se observa, há dois valores de $\overline{x}$ associados ao mesmo valor de $\overline{y}$, o que implica que tanto $\left(-\frac{1}{2}, \frac{\sqrt{3}}{2}\right)$ como $\left(\frac{1}{2}, \frac{\sqrt{3}}{2}\right)$ são pontos que satisfazem à equação que define a circunferência unitária, como mostrado na Figura 6.19. Entretanto, como sabemos que $\overline{x} < 0$, concluímos que a única solução do problema é $\overline{x} = -1/2$.

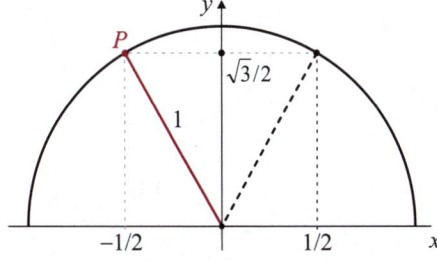

FIGURA 6.19 Dois pontos da circunferência têm coordenada $\overline{y} = \sqrt{3}/2$, mas a única solução do Problema 3 é o ponto P.

Agora, tente o Exercício 7.

Alguns pontos da circunferência unitária, com suas respectivas coordenadas (x, y), são mostrados na Figura 6.20a.

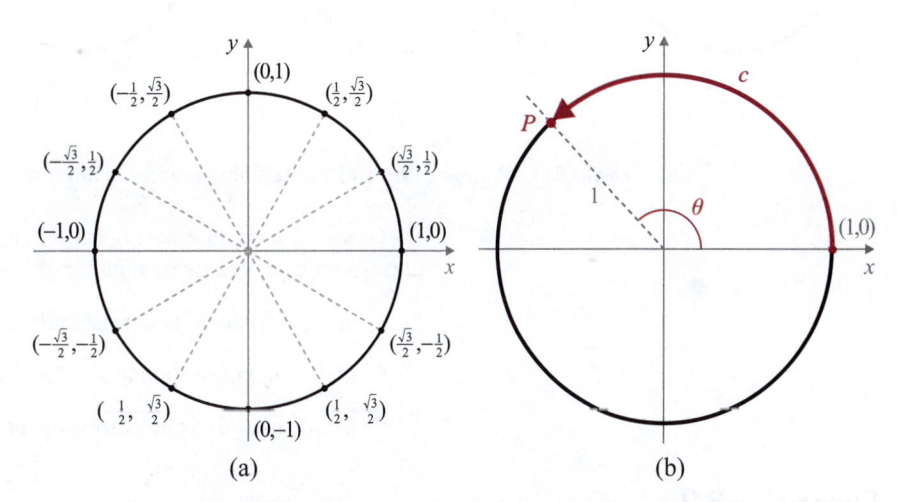

FIGURA 6.20 Pontos sobre a circunferência unitária.

É bastante comum o emprego da circunferência unitária para definir a medida em radianos de ângulos quaisquer. Nesse caso, convencionamos que o ângulo tem vértice na origem e que seu **lado inicial** é a semirreta definida pela parte positiva do eixo x. Por sua vez, o **lado terminal** do ângulo cruza a circunferência em um ponto P, denominado **ponto terminal**. Nesse caso, o arco sobre a circunferência que define o ângulo em radianos tem início no ponto $(1, 0)$ e término no ponto P, como exibido na Figura 6.20b.

> **Ângulo sobre a circunferência unitária**
> A medida em **radianos** de um ângulo θ é igual ao comprimento c do arco correspondente da circunferência unitária percorrido no sentido anti-horário a partir do ponto $(1,0)$.

A Figura 6.21 mostra vários pontos terminais sobre a circunferência unitária, cada qual identificado unicamente pela medida do arco, que é um número real equivalente ao ângulo em radianos. Para facilitar a compreensão, os ângulos correspondentes em graus também são fornecidos. Note que todos os arcos partem do ponto (1, 0) e são percorridos no sentido anti-horário.

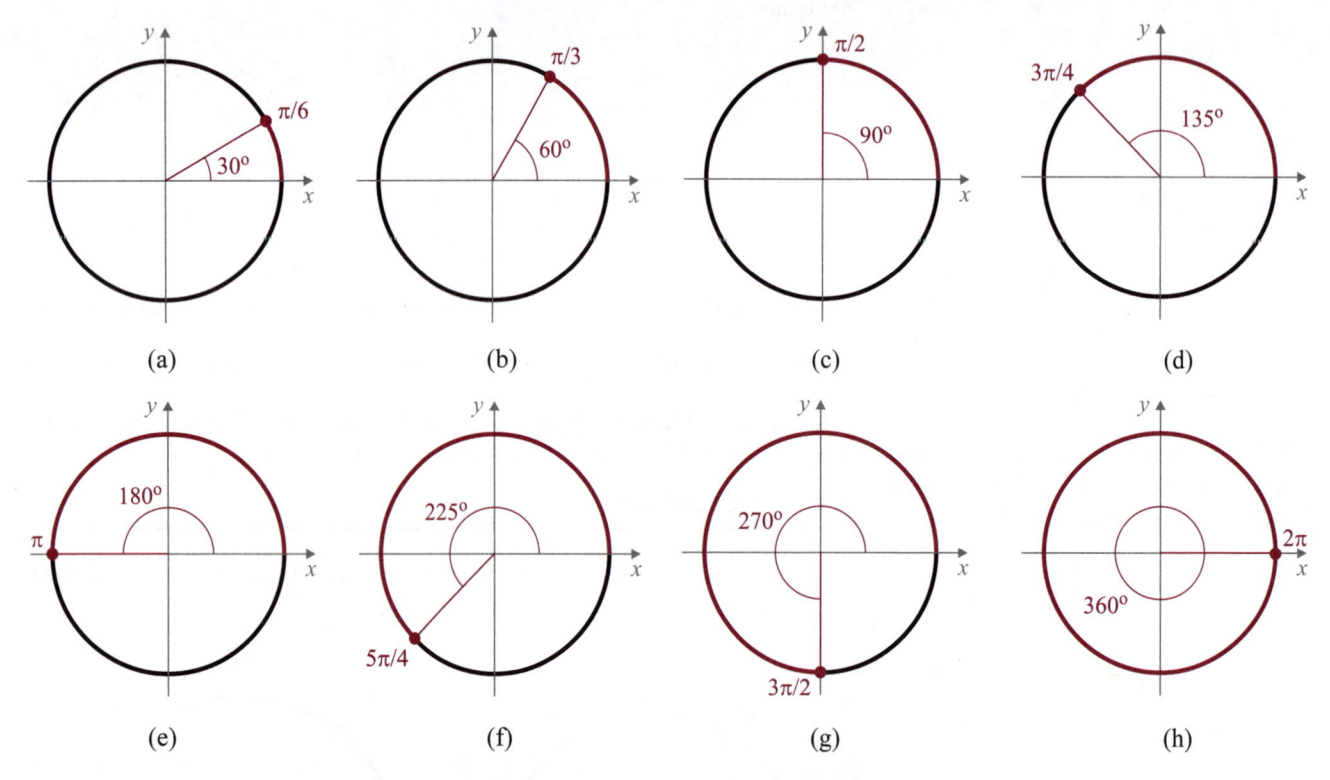

(a) $\pi/6$, 30°
(b) $\pi/3$, 60°
(c) $\pi/2$, 90°
(d) $3\pi/4$, 135°
(e) π, 180°
(f) $5\pi/4$, 225°
(g) $3\pi/2$, 270°
(h) 2π, 360°

FIGURA 6.21 Pontos sobre a circunferência unitária e ângulos correspondentes.

Como observamos na Figura 6.21h, uma volta completa na circunferência corresponde ao arco de medida 2π, de modo que

- um quarto de volta corresponde a $\frac{1}{4} \cdot 2\pi = \frac{\pi}{2}$ (Figura 6.21c);
- meia volta corresponde a $\frac{1}{2} \cdot 2\pi = \pi$ (Figura 6.21e);
- três quartos de volta correspondem a $\frac{3}{4} \cdot 2\pi = \frac{3\pi}{2}$ (Figura 6.21g).

Exercícios 6.2

1. Reescreva os ângulos abaixo em radianos usando a forma $\frac{a\pi}{b}$, em que a e b são números naturais.

   a) 15° c) 144° e) 225° g) 330°
   b) 72° d) 156° f) 290° h) 345°

2. Converta para graus.

   a) $\pi/5$ c) $5\pi/6$ e) 2π g) 0,8
   b) $3\pi/4$ d) $7\pi/3$ f) 2 h) $\pi/9$

3. Em cada item abaixo são dados o raio da circunferência, r, e o ângulo central, θ. Determine o comprimento do arco correspondente.

   a) $r = 12$ cm, $\theta = 135°$ c) $r = 25$ cm, $\theta = 3\pi/5$
   b) $r = 5$ cm, $\theta = 32{,}4°$ d) $r = 36$ cm, $\theta = 5\pi/4$

4. Em cada item abaixo são dados o raio da circunferência, r, e o comprimento do arco, c. Determine o ângulo central correspondente, em radianos e em graus.

   a) $r = 9$ cm, $c = 3\pi$ cm c) $r = 240$ cm, $c = 312$ cm
   b) $r = 15$ cm, $c = 66$ cm d) $r = 100$ cm, $c = 50$ cm

5. Calcule o menor ângulo (em graus) entre os ponteiros de um relógio que marca 1 h.

6. Nas figuras abaixo, determine o comprimento c do arco ou o raio r, conforme indicado.

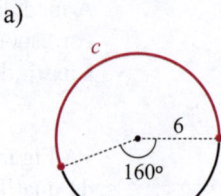

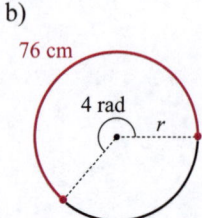

   a) $r = 6$, 160°
   b) $c = 76$ cm, 4 rad

7. Os pontos abaixo estão na circunferência unitária. Encontre a coordenada que falta.

   a) $P\left(x, \frac{4}{5}\right)$, x negativo   d) $P\left(\frac{2}{3}, y\right)$, y negativo

   b) $P\left(-\frac{1}{3}, y\right)$, y positivo   e) $P\left(x, -\frac{8}{17}\right)$, x negativo

   c) $P\left(x, -\frac{\sqrt{3}}{2}\right)$, x positivo

8. Encontre as coordenadas (x, y) dos pontos da circunferência unitária associados aos arcos abaixo.

   a) $\theta = \pi/2$ d) $\theta = 7\pi/6$ g) $\theta = 4\pi/5$
   b) $\theta = 3\pi/2$ e) $\theta = 2\pi/3$ h) $\theta = -\pi/3$
   c) $\theta = -\pi$ f) $\theta = -3\pi/4$ i) $\theta = 7\pi/4$

9. A uma roda de bicicleta com 66 cm de diâmetro foi acoplada uma catraca (ou seja, uma engrenagem) com 24 dentes, como mostrado na figura.
   a) Determine o ângulo entre dois dentes sucessivos da catraca.
   b) Determine a distância percorrida pela bicicleta quando a roda gira o ângulo obtido no item (a).

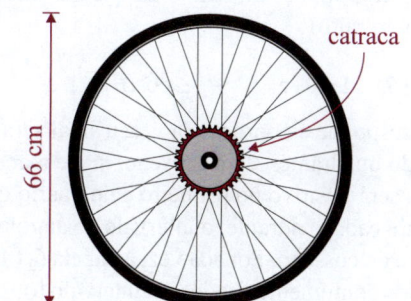

10. Eratóstenes de Cirene, cientista grego, determinou com notável precisão a circunferência da Terra. No solstício de verão, ele observou que, ao meio-dia, os raios de sol incidiam perpendicularmente ao solo na cidade de Siene (atual Assuã), enquanto os mesmos raios formavam um ângulo de 7,2° com a vertical em Alexandria, que ficava 800 km a norte de Siene. Supondo que a Terra seja perfeitamente esférica, descubra o raio e a circunferência do planeta usando a estratégia de Eratóstenes (medidas atuais indicam uma circunferência meridional de 40.008 km e um raio médio de 6.371 km).

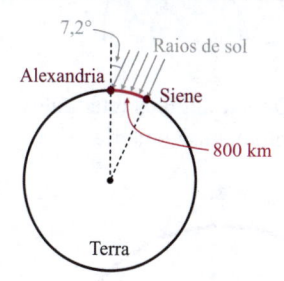

11. As cidades de Belém, no Pará, e Joinville, em Santa Catarina, têm praticamente a mesma longitude. Entretanto, Belém está na latitude 1°27′ S, enquanto a latitude de Joinville é 26°18′ S. Determine a distância entre as cidades, supondo que a Terra seja esférica e que tenha raio de 6.371 km.

12. As cidades de Rio Branco, no Acre, e Maceió, em Alagoas, têm praticamente a mesma latitude. Entretanto, a longitude de Rio Branco é 67°50′ W e a de Maceió é 35°43′ W. Determine a distância aproximada entre as cidades, supondo que ambas estejam sobre o mesmo paralelo (9°50′ S), que pode ser aproximado por uma circunferência com 6.277 km de raio.

6.3 Funções trigonométricas de qualquer ângulo

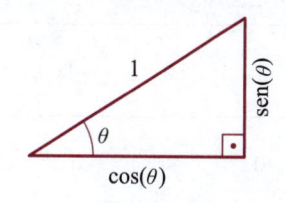

Consideremos o triângulo retângulo mostrado na Figura 6.22, no qual a hipotenusa tem comprimento 1 e um dos ângulos agudos tem medida θ. Nesse caso, usando as definições do seno e do cosseno no triângulo retângulo, constatamos que o cateto oposto ao ângulo mede sen(θ) e que o cateto adjacente ao ângulo mede cos(θ).

Transfiramos, agora, o triângulo retângulo para o plano cartesiano, de modo que

- o vértice associado a θ esteja na origem;
- o cateto adjacente ao ângulo fique sobre a parte positiva do eixo x;
- o ângulo θ seja medido no sentido anti-horário.

FIGURA 6.22

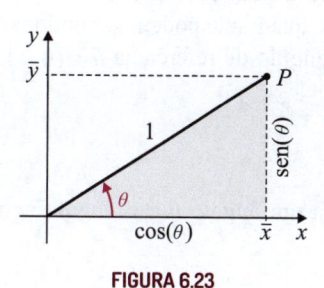

Obtemos, assim, o triângulo da Figura 6.23, no qual a hipotenusa liga a origem a um ponto P cujas coordenadas são

$$\bar{x} = \cos(\theta) \quad \text{e} \quad \bar{y} = \text{sen}(\theta).$$

Variando o ângulo θ, mas mantendo as condições impostas acima, obtemos triângulos que, embora diferentes, possuem duas características comuns:

FIGURA 6.23

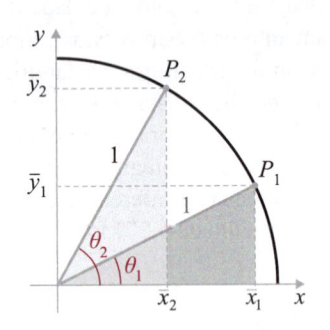

FIGURA 6.24 Dois triângulos retângulos com hipotenusa unitária.

a) a hipotenusa tem uma extremidade P que dista 1 da origem;
b) as coordenadas de P são dadas por $(\bar{x}, \bar{y}) = (\cos(\theta), \text{sen}(\theta))$.

A Figura 6.24 mostra dois desses triângulos, bem como os pontos P_1 e P_2 correspondentes, respectivamente, aos ângulos θ_1 e θ_2.

Como, não importando o ângulo θ, a distância do ponto P à origem é sempre igual a 1, constatamos que este pertence à circunferência unitária.

Concluímos, assim, que as coordenadas de pontos da circunferência unitária que estão no primeiro quadrante correspondem aos valores do cosseno e do seno do ângulo associado.

Generalizando essa ideia para os pontos da circunferência que estão nos demais quadrantes, obtemos definições do seno e do cosseno que valem para qualquer ângulo, e não somente para aqueles associados a triângulos retângulos.

Seno e cosseno de ângulos quaisquer

Seja $P = (x, y)$ o ponto da circunferência unitária associado ao ângulo θ. Nesse caso, definimos

$$\text{sen}(\theta) = y \quad \text{e} \quad \cos(\theta) = x.$$

Observe que, com essa definição, o seno e o cosseno podem ser negativos, o que ocorre, por exemplo, no ponto P mostrado na Figura 6.25. Além disso, como a circunferência tem raio 1,

$$-1 \leq \text{sen}(\theta) \leq 1 \quad \text{e} \quad -1 \leq \cos(\theta) \leq 1.$$

Uma vez que o seno corresponde à coordenada y, seu sinal será positivo apenas no primeiro e no segundo quadrantes. Já o cosseno, que é a coordenada x de um ponto da circunferência, será positivo no primeiro e no quarto quadrantes.

A Figura 6.26 mostra, para cada quadrante, o intervalo do ângulo em radianos, bem como os sinais do seno e do cosseno. Por sua vez, a Tabela 6.1 fornece o seno e o cosseno de alguns ângulos comumente usados no intervalo $[0, 2\pi]$.

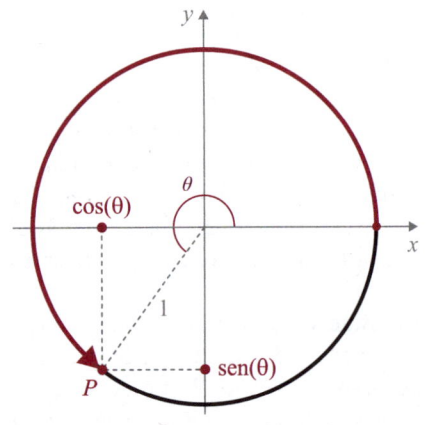

FIGURA 6.25 Seno e cosseno de um ângulo θ qualquer.

TABELA 6.1 Valores do seno e do cosseno para alguns ângulos no intervalo $[0, 2\pi]$.

θ	0°	30°	45°	60°	90°	180°	270°	360°
	0	$\frac{\pi}{6}$	$\frac{\pi}{4}$	$\frac{\pi}{3}$	$\frac{\pi}{2}$	π	$\frac{3\pi}{2}$	2π
$\text{sen}(\theta)$	0	$\frac{1}{2}$	$\frac{\sqrt{2}}{2}$	$\frac{\sqrt{3}}{2}$	1	0	-1	0
$\cos(\theta)$	1	$\frac{\sqrt{3}}{2}$	$\frac{\sqrt{2}}{2}$	$\frac{1}{2}$	0	-1	0	1

■ Seno e cosseno usando um ângulo de referência

Os valores do seno e do cosseno em qualquer quadrante podem ser obtidos facilmente quando associamos ao ângulo θ um ângulo de referência $\bar{\theta} \in \left(0, \frac{\pi}{2}\right)$, cuja definição é fornecida no quadro a seguir.

FIGURA 6.26 Sinais de sen(θ) e cos(θ) nos quatro quadrantes.

2º quadrante	1º quadrante
$\frac{\pi}{2} < \theta < \pi$	$0 < \theta < \frac{\pi}{2}$
sen(θ) > 0	sen(θ) > 0
cos(θ) < 0	cos(θ) > 0
3º quadrante	4º quadrante
$\pi < \theta < \frac{3\pi}{2}$	$\frac{3\pi}{2} < \theta < 2\pi$
sen(θ) < 0	sen(θ) < 0
cos(θ) < 0	cos(θ) > 0

Ângulo de referência

O **ângulo de referência** correspondente a um ângulo θ é o ângulo agudo definido pelo eixo x e o lado terminal de θ.

TABELA 6.2 Ângulo de referência associado a θ em cada quadrante.

Intervalo	$\bar{\theta}$
$(0°, 90°)$	θ
$(0, \pi/2)$	
$(90°, 180°)$	$180° - \theta$
$(\pi/2, \pi)$	$\pi - \theta$
$(180°, 270°)$	$\theta - 180°$
$(\pi, 3\pi/2)$	$\theta - \pi$
$(270°, 360°)$	$360° - \theta$
$(3\pi/2, 2\pi)$	$2\pi - \theta$

A Figura 6.27 mostra como associar, em cada quadrante, um ângulo de referência $\bar{\theta}$ (em vinho) ao ângulo θ (em cinza). A Tabela 6.2 indica como obter $\bar{\theta}$ a partir de θ.

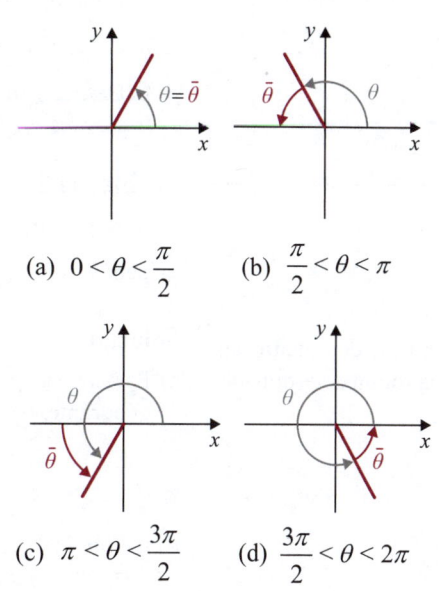

(a) $0 < \theta < \dfrac{\pi}{2}$ (b) $\dfrac{\pi}{2} < \theta < \pi$

(c) $\pi < \theta < \dfrac{3\pi}{2}$ (d) $\dfrac{3\pi}{2} < \theta < 2\pi$

FIGURA 6.27 Ângulos de referência nos quatro quadrantes.

Problema 1. Ângulos de referência

Obtenha os ângulos de referência correspondentes aos ângulos abaixo.

a) 120°   b) 210°   c) $5\pi/4$ d) $5\pi/3$

Solução

a) Como mostrado na Figura 6.27b e na Tabela 6.2, se θ está no segundo quadrante, o ângulo de referência é obtido tomando-se $\bar{\theta} = 180° - \theta$. Assim,

$$\bar{\theta} = 180° - 120° = 60°.$$

b) Para θ no terceiro quadrante, usamos $\bar{\theta} = \theta - 180°$. Logo,

$$\bar{\theta} = 210° - 180° = 30°.$$

c) Como $5\pi/4$ está no terceiro quadrante, recorremos a $\bar{\theta} = \theta - \pi$. Nesse caso,

$$\bar{\theta} = \frac{5\pi}{4} - \pi = \frac{\pi}{4}.$$

d) Como ilustrado na Figura 6.27d, $\bar{\theta} = 2\pi - \theta$ quando θ está no quarto quadrante. Portanto,

$$\bar{\theta} = 2\pi - \frac{5\pi}{3} = \frac{\pi}{3}.$$

Agora, tente os Exercícios 3 e 4.

A vantagem de usarmos o ângulo de referência $\bar{\theta}$ é que, não importando a medida do ângulo θ, temos

$$|\text{sen}(\theta)| = \text{sen}(\bar{\theta}) \quad e \quad |\cos(\theta)| = \cos(\bar{\theta}),$$

ou seja, o seno e o cosseno de θ e de $\bar{\theta}$ podem diferir apenas no sinal. O quadro a seguir fornece um roteiro para a determinação de $\text{sen}(\theta)$ e $\cos(\theta)$ a partir do quadrante de θ e do ângulo de referência correspondente.

> **Dica**
> Aplicando a estratégia do quadro ao lado aos ângulos do segundo quadrante, obtemos as relações
> sen$(180° - \theta)$ = sen(θ) e
> cos$(180° - \theta)$ = $-$cos(θ).

> **Determinação do seno e do cosseno em qualquer quadrante**
> 1. Dado θ, obtenha o ângulo de referência $\bar{\theta}$ associado.
> 2. Calcule sen$(\bar{\theta})$ ou cos$(\bar{\theta})$.
> 3. Defina o sinal da função de acordo com o quadrante de θ (Figura 6.26).

Problema 2. Seno e cosseno usando ângulos de referência

Determine

a) sen$(120°)$ b) cos$(210°)$ c) sen$(5\pi/4)$ d) cos$(5\pi/3)$

Os ângulos de referência dos quatro ângulos desse problema foram determinados no Problema 1.

Solução

a) Para $\theta = 120°$, temos $\bar{\theta} = 60°$. Como o lado terminal de θ está no segundo quadrante, o seno é positivo, de modo que

$$\text{sen}(120°) = \text{sen}(60°) = \frac{\sqrt{3}}{2}.$$

b) Como $210°$ está no terceiro quadrante, seu cosseno é negativo. Além disso, $\bar{\theta} = 30°$. Logo,

$$\cos(210°) = -\cos(30°) = -\frac{\sqrt{3}}{2}.$$

c) O lado terminal de $5\pi/4$ está no terceiro quadrante, o que indica que o seno é negativo. Nesse caso, notando que $\bar{\theta} = \pi/4$, obtemos

$$\text{sen}\left(\frac{5\pi}{4}\right) = -\text{sen}\left(\frac{\pi}{4}\right) = -\frac{\sqrt{2}}{2}.$$

d) Como $\theta = 5\pi/3$ está no quarto quadrante, o cosseno é positivo. Dado que $\bar{\theta} = \pi/3$, temos

$$\cos\left(\frac{5\pi}{3}\right) = \cos\left(\frac{\pi}{3}\right) = \frac{1}{2}.$$

Agora, tente os Exercícios 14 e 22.

■ Demais funções trigonométricas

A tangente, a cotangente, a secante e a cossecante também podem ser definidas para ângulos quaisquer na circunferência unitária. Essas funções trigonométricas são obtidas a partir do seno e do cosseno, usando-se as identidades recíprocas e de quociente apresentadas na página 456, o que garante que todas as identidades trigonométricas introduzidas na Seção 6.1 permaneçam válidas.

> **Demais funções trigonométricas de ângulos quaisquer**
> Seja $P = (x, y)$ o ponto da circunferência unitária associado ao ângulo θ.
> • Para $x \neq 0$, definimos
> $$\tan(\theta) = \frac{\text{sen}(\theta)}{\cos(\theta)} = \frac{y}{x}, \qquad \sec(\theta) = \frac{1}{\cos(\theta)} = \frac{1}{x}.$$
> • Para $y \neq 0$, definimos
> $$\cot(\theta) = \frac{\cos(\theta)}{\text{sen}(\theta)} = \frac{x}{y}, \qquad \csc(\theta) = \frac{1}{\text{sen}(\theta)} = \frac{1}{y}.$$

Note que a tangente e a secante não estão definidas para $\theta = \frac{\pi}{2}$ e $\theta = \frac{3\pi}{2}$.

A cotangente e a cossecante não estão definidas para $\theta = 0$ e $\theta = \pi$.

CAPÍTULO 6 – Trigonometria

2º quadrante	1º quadrante
$\frac{\pi}{2} < \theta < \pi$	$0 < \theta < \frac{\pi}{2}$
$\tan(\theta) < 0$	$\tan(\theta) > 0$
3º quadrante	4º quadrante
$\pi < \theta < \frac{3\pi}{2}$	$\frac{3\pi}{2} < \theta < 2\pi$
$\tan(\theta) > 0$	$\tan(\theta) < 0$

FIGURA 6.28 Sinal de $\tan(\theta)$ (bem como de $\cot(\theta)$) nos quatro quadrantes.

Em cada quadrante, os sinais da secante e da cossecante coincidem, respectivamente, com os sinais do cosseno e do seno. Por sua vez, $\tan(\theta)$ e $\cot(\theta)$ têm sinais iguais, que dependem da razão entre $\text{sen}(\theta)$ e $\cos(\theta)$, sendo positivos se o seno e o cosseno têm o mesmo sinal, e negativos se o seno e o cosseno têm sinais opostos, como mostrado na Figura 6.28.

Já vimos que o cosseno e o seno são as coordenadas de um ponto da circunferência unitária. Apresentaremos agora a forma mais comum de se associar as demais funções trigonométricas à circunferência, deixando uma representação alternativa, mas igualmente interessante, para os Exercícios 39 e 41

Para relacionar a tangente à circunferência unitária, desenhamos um eixo vertical que cruza o eixo x no ponto $(1, 0)$, como mostrado na Figura 6.29. Em seguida, prolongamos o raio que liga a origem a P, de modo a fazê-lo atingir o novo eixo. Obtemos, assim, o triângulo rosa que aparece ao fundo da Figura 6.29a. Como esse triângulo é semelhante ao triângulo cinza mostrado na mesma figura, temos

$$\frac{z}{1} = \frac{y}{x} \quad \Rightarrow \quad z = \frac{y}{x} = \tan(\theta).$$

A Figura 6.29b mostra os mesmos triângulos, identificando as medidas das funções trigonométricas aplicadas a θ. Observe que $\tan(\theta)$ é o comprimento do cateto vertical de um triângulo retângulo cujo cateto horizontal mede 1.

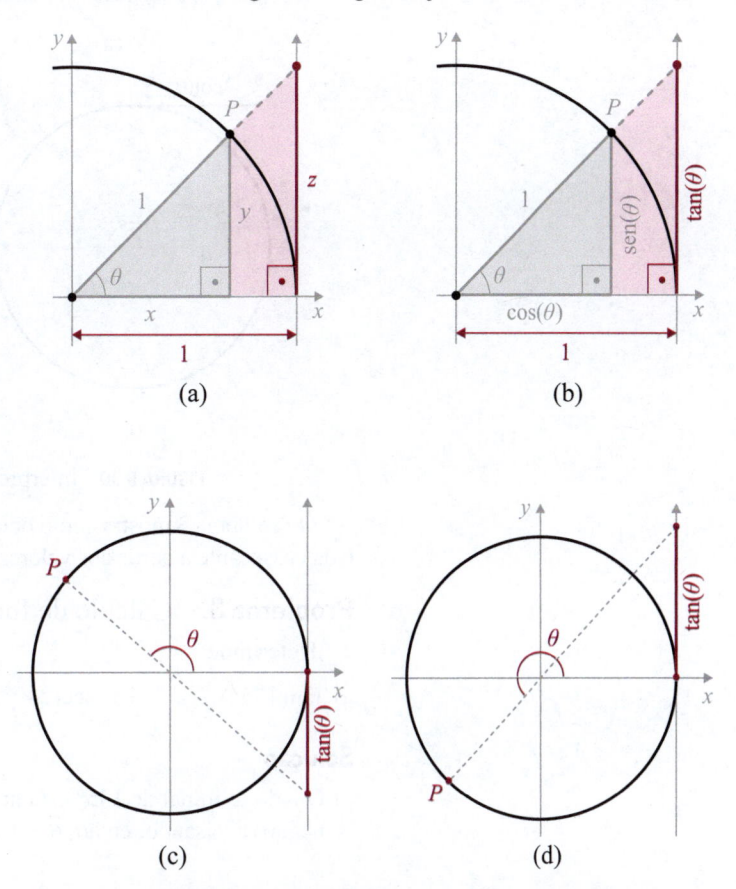

FIGURA 6.29 Interpretação geométrica da tangente.

A Figura 6.29c e a Figura 6.29d mostram a interpretação da tangente para pontos em outros quadrantes. Observa-se nestas figuras que, de forma análoga ao que ocorre no primeiro quadrante, a tangente é a coordenada vertical do ponto de interseção do novo eixo vertical com a reta que passa por P e pela origem. Assim, a tangente é negativa quando a interseção ocorre abaixo do eixo x.

A interpretação da cotangente é semelhante à da tangente. Nesse caso, desenhamos um eixo horizontal que cruza o eixo y no ponto $(0, 1)$ e prolongamos o raio que passa por P até que este encontre o novo eixo, obtendo o triângulo grande da Figura 6.30a. Mais uma vez, usando semelhança de triângulos, escrevemos

$$\frac{1}{z} = \frac{y}{x} \quad \Rightarrow \quad z = \frac{x}{y} = \cot(\theta).$$

A Figura 6.30b identifica os valores do seno, do cosseno e da cotangente sobre os triângulos retângulos. Já a Figura 6.30c e a Figura 6.30d mostram a interpretação da cotangente para P em outros quadrantes. Como era de se esperar, a cotangente é negativa quando a reta pontilhada toca o novo eixo horizontal em um ponto à esquerda do eixo y.

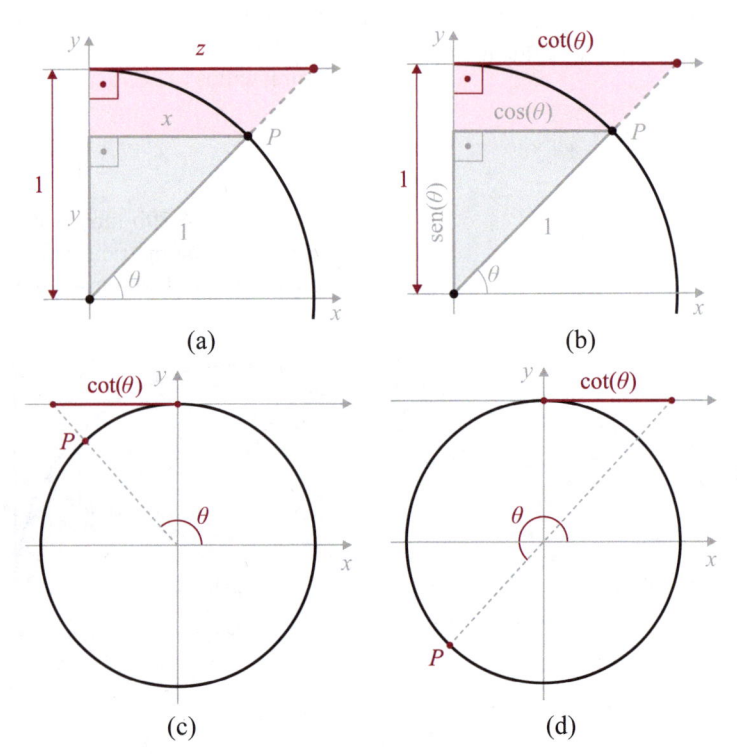

FIGURA 6.30 Interpretação geométrica da cotangente.

O Problema 3 mostra como obter o valor da tangente, da cotangente, da secante e da cossecante a partir dos valores do seno e do cosseno do ângulo de referência.

Problema 3. Cálculo de funções a partir do ângulo de referência

Determine

a) $\tan(135°)$ b) $\sec(240°)$ c) $\cot(7\pi/6)$ d) $\csc(7\pi/4)$

Solução

a) O lado terminal de $135°$ está no segundo quadrante, de modo que a tangente é negativa. Usando, então, $\bar{\theta} = 180° - 135° = 45°$, obtemos

$$\tan(135°) = -\tan(45°) = -\frac{\operatorname{sen}(45°)}{\cos(45°)} = -\frac{\sqrt{2}/2}{\sqrt{2}/2} = -1.$$

b) A secante tem o mesmo sinal do cosseno, sendo negativa no terceiro quadrante. Logo, como $\bar{\theta} = 240° - 180° = 60°$, temos

$$\sec(240°) = -\sec(60°) = -\frac{1}{\cos(60°)} = -\frac{1}{1/2} = -2.$$

c) Como $7\pi/6$ está no terceiro quadrante, a cotangente é positiva. Nesse caso, $\bar{\theta} = 7\pi/6 - \pi = \pi/6$, de modo que

$$\cot\left(\frac{7\pi}{6}\right) = \cot\left(\frac{\pi}{6}\right) = \frac{\cos(\pi/6)}{\operatorname{sen}(\pi/6)} = \frac{\sqrt{3}/2}{1/2} = \sqrt{3}.$$

d) O lado terminal de $7\pi/4$ está no quarto quadrante, o que implica que o seno é negativo, o mesmo ocorrendo com a cossecante. Tomando $\bar{\theta} = 2\pi - 7\pi/4 = \pi/4$, obtemos

$$\csc\left(\frac{7\pi}{4}\right) = -\csc\left(\frac{\pi}{4}\right) = -\frac{1}{\operatorname{sen}(\pi/4)} = -\frac{1}{\sqrt{2}/2} = -\frac{2}{\sqrt{2}} = -\sqrt{2}.$$

Agora, tente os Exercícios 15 e 23.

Funções trigonométricas de números reais

Note que θ é um número real, já que sua medida é adimensional (apesar de usarmos o termo *radiano*).

Até o momento, restringimos o cálculo das funções trigonométricas a valores de θ entre 0 e 2π. Entretanto, essas funções podem ser aplicadas a qualquer número real, bastando para isso que interpretemos θ como a distância percorrida sobre a circunferência unitária, partindo do ponto $(1, 0)$. Nesse caso, se θ for maior que 2π, então daremos mais de uma volta completa sobre a circunferência.

A Figura 6.31 mostra dois valores de θ maiores que 2π. Para obter $11\pi/4 = 2\pi + 3\pi/4$, damos uma volta completa sobre a circunferência unitária e percorremos a distância adicional de $3\pi/4$. Por sua vez, $13\pi/3 = 4\pi + \pi/3$, de modo que damos duas voltas sobre a circunferência e ainda percorremos um arco de comprimento $\pi/3$.

Na Figura 6.31, traçamos curvas espirais apenas para ilustrar que $\theta > 2\pi$. Considere que estamos percorrendo a circunferência e passando mais de uma vez pelo ponto $(1,0)$.

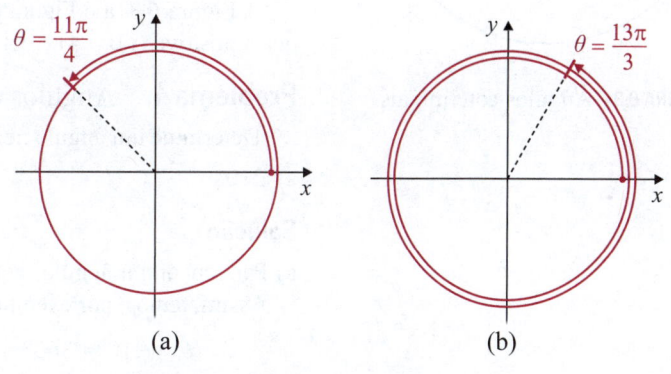

FIGURA 6.31 Valores de θ maiores que 2π.

Também é possível considerar valores negativos de θ. Neste caso, a circunferência unitária é percorrida no sentido horário, a partir do ponto $(1, 0)$, como mostrado na Figura 6.33. Caso $\theta < -2\pi$, damos mais de uma volta completa sobre a circunferência (Figura 6.33b). Alguns ângulos negativos notáveis no intervalo $(-2\pi, 0)$ são exibidos na Figura 6.32.

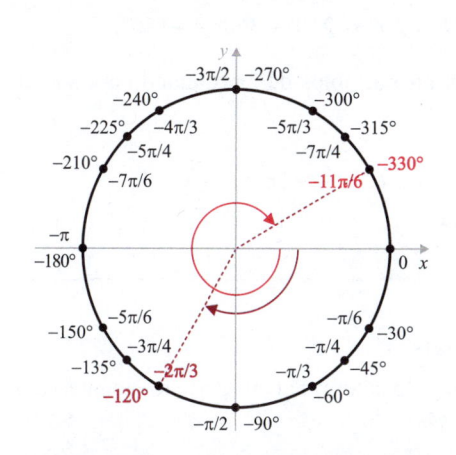

FIGURA 6.32 Ângulos negativos notáveis.

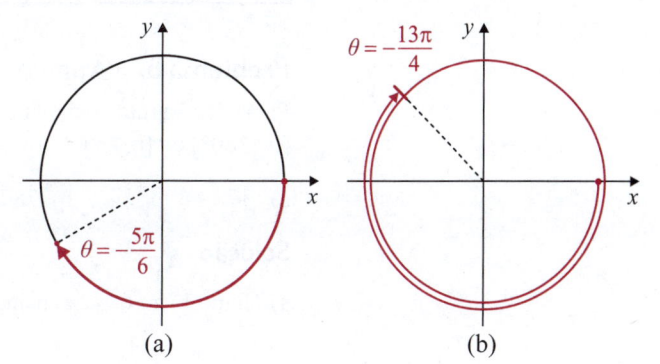

FIGURA 6.33 Valores negativos de θ.

Embora faça mais sentido, nesse caso, considerar que θ é um número real, também podemos representá-lo como um ângulo em graus. Assim, por exemplo, $11\pi/4$ corresponde a

$$\frac{11\pi}{4} \cdot \frac{180°}{\pi} = 495°,$$

da mesma forma que $-5\pi/6$ equivale a

$$-\frac{5\pi}{6} \cdot \frac{180°}{\pi} = -150°.$$

Como estamos admitindo que θ seja negativo ou maior que 2π, é natural que vários ângulos estejam associados ao mesmo ponto da circunferência unitária. Nesse caso, dizemos que os ângulos são *coterminais*.

> Dois ângulos são ditos **coterminais** se compartilham o mesmo lado terminal e, consequentemente, o mesmo ponto terminal sobre a circunferência unitária.

Para obter um ângulo coterminal a θ basta somar ou subtrair um múltiplo de 2π (ou de 360°). A Figura 6.34 exibe os ângulos de $\pi/4$, $-7\pi/4$ e $17\pi/4$, que são coterminais. Note que todos esses ângulos correspondem ao ponto terminal P, cujas coordenadas são $(\sqrt{2}/2, \sqrt{2}/2)$. Além disso, tomando $\theta = \pi/4$, temos

$$-\frac{7\pi}{4} = \theta - 2\pi \quad \text{e} \quad \frac{17\pi}{4} = \theta + 2 \cdot 2\pi.$$

A Figura 6.31a e Figura 6.33b também contêm ângulos coterminais, um dos quais positivo ($11\pi/4$) e outro negativo ($-13\pi/4$).

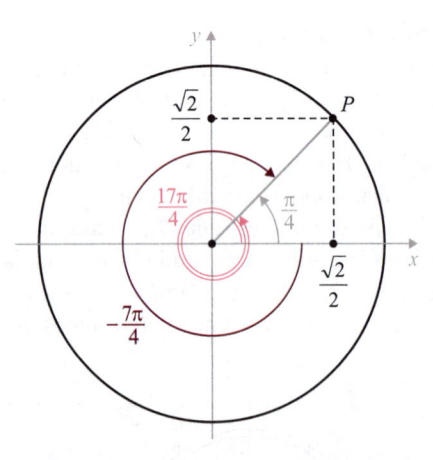

FIGURA 6.34 Ângulos coterminais.

Problema 4.   Ângulos coterminais

Determine um ângulo negativo e um ângulo positivo que sejam coterminais a

a) 210°   b) $\pi/2$

Solução

a) Para encontrar ângulos coterminais, basta somar ou subtrair múltiplos de 360°. Assim, temos, por exemplo,

$$\theta_1 = 210° + 360° = 570° \quad \text{e} \quad \theta_2 = 210° - 360° = -150°.$$

b) Nesse caso, devemos somar ou subtrair múltiplos de 2π. Optando por somar 4π e subtrair 2π, obtemos

$$\theta_1 = \frac{\pi}{2} + 4\pi = \frac{9\pi}{2} \quad \text{e} \quad \theta_2 = \frac{\pi}{2} - 2\pi = -\frac{3\pi}{2}.$$

Agora, tente o Exercício 12.

Problema 5.   Ângulos coterminais

Para cada ângulo abaixo, determine o ângulo coterminal que pertence ao intervalo $[0°, 360°]$ ou $[0, 2\pi]$.

a) $17\pi/6$ b) 780°   c) $-60°$ d) $-13\pi/4$

Solução

a) Como $17\pi/6 > 2\pi$, o ângulo coterminal é obtido fazendo

$$\frac{17\pi}{6} - 2\pi = \frac{5\pi}{6}.$$

b) Nesse caso, subtraindo 360° do ângulo, obtemos
$$780° - 360° = 420°.$$
Como 420° ainda é maior que 360°, fazemos nova subtração:
$$420° - 360° = 60°.$$

c) Como −60° < 0°, somamos 360° ao ângulo, obtendo
$$-60° + 360° = 300°.$$

d) Nesse caso, devemos somar 2π ao ângulo tantas vezes quantas forem necessárias para obter um valor entre 0 e 2π:

$$-\frac{13\pi}{4} + 2\pi = -\frac{5\pi}{4} \quad \Rightarrow \quad -\frac{5\pi}{4} + 2\pi = \frac{3\pi}{4}.$$

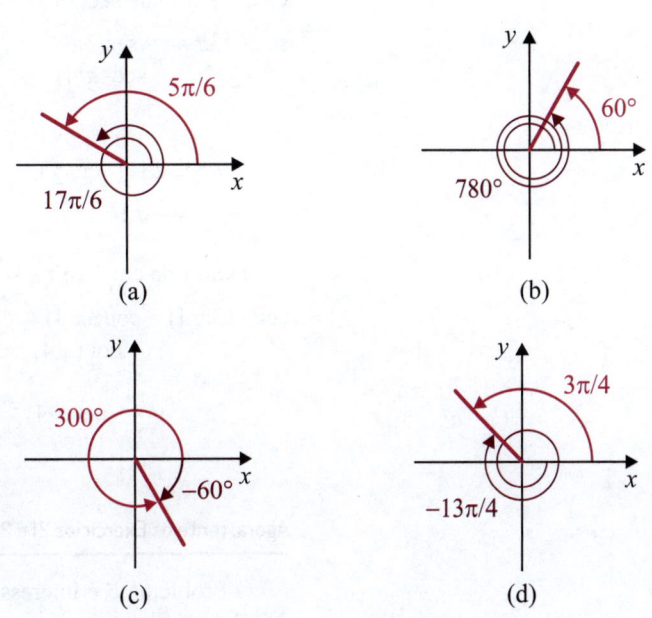

FIGURA 6.35 Ângulos coterminais do Problema 5.

Agora, tente o Exercício 11.

Problema 6. Funções trigonométricas de números reais

Calcule

a) sen($17\pi/6$)   c) tan(−60°)   e) sec(−$13\pi/4$)
b) cos($17\pi/6$)   d) csc(−60°)   f) cot(−$13\pi/4$)

Solução

a) Para obter sen($17\pi/6$), seguimos três passos, determinando o ângulo coterminal em $[0, 2\pi]$ e o ângulo de referência associado, antes de calcular o valor do seno.

sen ($17\pi/6$) = sen($5\pi/6$) $17\pi/6$ e $5\pi/6$ são coterminais (vide o Problema 5).
          = sen($\pi/6$) $5\pi/6$ está no segundo quadrante e seu ângulo de referência é $\pi/6$.
          = 1/2   Cálculo de sen ($\pi/6$).

b) Seguindo o roteiro adotado no item (a), temos

cos($17\pi/6$) = cos($5\pi/6$) $17\pi/6$ e $5\pi/6$ são coterminais.
         = − cos ($\pi/6$) $5\pi/6$ está no segundo quadrante e seu ângulo de referência é $\pi/6$.
         = −$\sqrt{3}/2$ Cálculo de cos ($\pi/6$).

c) Nesse caso, temos

$\tan(-60°) = \tan(300°)$ —60° e 300° são coterminais.
$\quad\quad\quad\quad = -\tan(60°)$ 300° está no quarto quadrante e seu ângulo de referência é 60°.
$\quad\quad\quad\quad = -\sqrt{3}$ Cálculo de tan(60°).

d) Para calcular csc(−60°), fazemos

$\csc(-60°) = \csc(300°)$ —60° e 300° são coterminais.
$\quad\quad\quad\quad = -\csc(60°)$ 300° está no quarto quadrante e seu ângulo de referência é 60°.
$\quad\quad\quad\quad = -1/\text{sen}(60°)$ $\csc(\theta) = 1/\text{sen}(\theta)$.
$\quad\quad\quad\quad = -1/(\sqrt{3}/2)$ Cálculo de sen(60°).
$\quad\quad\quad\quad = -2\sqrt{3}/3$ Simplificação e racionalização do denominador.

e) O cálculo de $\sec(-13\pi/4)$ é feito por meio dos passos

$\sec(-13\pi/4) = \sec(3\pi/4)$ $-13\pi/4$ e $3\pi/4$ são coterminais.
$\quad\quad\quad\quad = -\sec(\pi/4)$ $3\pi/4$ está no segundo quadrante e seu ângulo de referência é $\pi/4$.
$\quad\quad\quad\quad = -1/\cos(\pi/4)$ $\sec(\theta) = 1/\cos(\theta)$.
$\quad\quad\quad\quad = -1/(\sqrt{2}/2)$ Cálculo de $\cos(\pi/4)$.
$\quad\quad\quad\quad = -\sqrt{2}$ Simplificação e racionalização do denominador.

f) O valor de $\cot(-13\pi/4)$ é obtido fazendo-se

$\cot(-13\pi/4) = \cot(3\pi/4)$ $-13\pi/4$ e $3\pi/4$ são coterminais.
$\quad\quad\quad\quad = -\cot(\pi/4)$ $3\pi/4$ está no segundo quadrante e seu ângulo de referência é $\pi/4$.
$\quad\quad\quad\quad = -1/\tan(\pi/4)$ $\cot(\theta) = 1/\tan(\theta)$.
$\quad\quad\quad\quad = -1/1$ Cálculo de $\tan(\pi/4)$.
$\quad\quad\quad\quad = -1$ Simplificação do resultado.

Agora, tente os Exercícios 21 e 26.

O Problema 6 é interessante porque reúne os conceitos de ângulo terminal e ângulo de referência. Por outro lado, nenhuma conversão de ângulos é necessária quando usamos uma calculadora para obter o valor das funções trigonométricas. Nesse caso, basta selecionar a unidade adequada para expressar os ângulos e lembrar como calcular a secante, a cossecante e a cotangente usando as funções disponíveis na calculadora.

Problema 7. Funções trigonométricas com o auxílio da calculadora

Com o auxílio de uma calculadora, obtenha

a) $\text{sen}(\pi/5)$ c) $\tan(4,25)$ e) $\sec(2,5°)$
b) $\cos(-3\pi/7)$ d) $\cot(-27°)$ f) $\csc(180°)$

Solução

TABELA 6.3

Função	Unid.	Teclas da calculadora	Visor
$\text{sen}(\pi/5)$	RAD	[sin] [(] [π] [÷] [5] [)] [=]	0,58779
$\cos(3\pi/7)$	RAD	[cos] [(] [3] [×] [π] [÷] [7] [)] [=]	0,22252
$\tan(4,25)$	RAD	[tan] [(] [4] [.] [2] [5] [)] [=]	2,00631
$\cot(-27°)$	DEG	[1] [÷] [tan] [(] [+/−] [2] [7] [)] [=]	−1,96261
$\sec(2,5°)$	DEG	[1] [÷] [cos] [(] [2] [.] [5] [)] [=]	1,00095
$\csc(180°)$	DEG	[1] [÷] [sin] [(] [1] [8] [0] [)] [=]	ERROR

Algumas calculadoras incluem uma unidade de ângulos chamada *grado*, cujo símbolo é GRA. Tome cuidado para não confundi-la com o grau, que geralmente é representado por DEG.

A Tabela 6.3 mostra como resolver esse problema. Observe que, em primeiro lugar, é preciso descobrir como trocar a unidade de medida de ângulos na calculadora. Se o visor contiver o termo DEG, então as contas serão feitas com ângulos em graus. Já a abreviatura RAD indica radianos.

Note, também, que a cossecante não está definida para $\theta = 180°$, pois sen(180°) = 0. Nesse caso, a calculadora mostra alguma mensagem de erro no visor.

Agora, tente o Exercício 27.

Problema 8. Determinação de uma função trigonométrica a partir de outra

Sabendo que $\cos(\theta) = -\dfrac{\sqrt{5}}{5}$ e que θ está no terceiro quadrante, determine os valores das outras cinco funções trigonométricas em θ.

Solução

Uma vez que conhecemos o cosseno de θ, podemos escrever

$\text{sen}^2(\theta) + \cos^2(\theta) = 1$ Identidade pitagórica.

$\text{sen}^2(\theta) + \left(-\dfrac{\sqrt{5}}{5}\right)^2 = 1$ $\cos(\theta) = \tfrac{\sqrt{5}}{5}$.

$\text{sen}^2(\theta) = 1 - \dfrac{5}{25}$ Isolando $\text{sen}^2(\theta)$.

$\text{sen}^2(\theta) = \dfrac{4}{5}$ Simplificando o lado direito.

$\text{sen}(\theta) = \pm\dfrac{2\sqrt{5}}{5}$ Extraindo a raiz quadrada e racionalizando o denominador.

Como o enunciado nos informa que θ está no terceiro quadrante, concluímos que seu seno é negativo, de modo que $\text{sen}(\theta) = -2\sqrt{5}/5$. De posse desse valor, determinamos as demais funções trigonométricas:

$\tan(\theta) = \dfrac{\text{sen}(\theta)}{\cos(\theta)} = \dfrac{-2\sqrt{5}/5}{-\sqrt{5}/5} = 2$ $\cot(\theta) = \dfrac{1}{\tan(\theta)} = \dfrac{1}{2}$

$\sec(\theta) = \dfrac{1}{\cos(\theta)} = \dfrac{1}{-\sqrt{5}/5} = -\sqrt{5}$ $\csc(\theta) = \dfrac{1}{\text{sen}(\theta)} = \dfrac{1}{-2\sqrt{5}/5} = -\dfrac{\sqrt{5}}{2}$

Agora, tente o Exercício 27.

Exercícios 6.3

1. Indique o quadrante associado aos ângulos de 150°, 197°18′, 210°, 270°50′ e 330° e forneça o sinal do seno em cada um deles.

2. Indique o quadrante associado aos ângulos de 89°59′, 120°, 170°, 240° e 300° e forneça o sinal do cosseno em cada um deles.

3. Determine os ângulos de referência associados aos ângulos abaixo.
    a) $\theta = 85°$
    b) $\theta = 100°$
    c) $\theta = 168°$
    d) $\theta = 250°$
    e) $\theta = 292°$
    f) $\theta = 345°$

4. Determine os ângulos de referência associados aos ângulos abaixo.
    a) $\theta = 3\pi/7$
    b) $\theta = 5\pi/8$
    c) $\theta = 3\pi/4$
    d) $\theta = 7\pi/6$
    e) $\theta = 4\pi/3$
    f) $\theta = 21\pi/12$

5. Determine os pontos terminais $P(x, y)$ associados aos arcos do Exercício 4.

6. Marque sobre a circunferência unitária os pontos associados aos arcos do Exercício 4.

7. Sabendo que sen(30°) = 1/2, calcule sen(150°), sen(210°) e sen(330°).

8. Sabendo que $\cos(60°)=1/2$, calcule $\cos(240°)$ e $\cos(300°)$.

9. Sabendo que $\mathrm{sen}(45°)=\cos(45°)=\sqrt{2}/2$, calcule $\tan(45°)$, $\tan(135°)$ e $\tan(225°)$.

10. Sabendo que $\mathrm{sen}(30°)=1/2$ e $\cos(30°)=\sqrt{3}/2$, determine $\sec(150°)$, $\csc(150°)$ e $\cot(150°)$.

11. Encontre ângulos entre 0° e 360° (ou entre 0 e 2π) que sejam coterminais aos ângulos abaixo.
    a) $\theta = 540°$
    b) $\theta = 1063°$
    c) $\theta = -30°$
    d) $\theta = -730°$
    e) $\theta = -519°$
    f) $\theta = 977°$
    g) $\theta = 13\pi/4$
    h) $\theta = -5\pi/4$
    i) $\theta = 8\pi/3$
    j) $\theta = -7\pi/8$
    k) $\theta = 25\pi/6$
    l) $\theta = -11\pi/5$

12. Encontre um ângulo positivo e um negativo que sejam coterminais aos ângulos abaixo.
    a) $\theta = 120°$
    b) $\theta = -75°$
    c) $\theta = 225°$
    d) $\theta = -333°$
    e) $\theta = \pi/3$
    f) $\theta = -3\pi/2$
    g) $\theta = -5\pi/6$
    h) $\theta = 7\pi/4$

13. Indique o quadrante de cada ângulo abaixo.
    a) $\theta = 7\pi/4$
    b) $\theta = 6\pi/5$
    c) $\theta = 3\pi/8$
    d) $\theta = -\pi/3$
    e) $\theta = 8\pi/3$
    f) $\theta = 14\pi/9$
    g) $\theta = -5\pi/4$
    h) $\theta = 17\pi/6$
    i) $\theta = -18\pi/7$
    j) $\theta = -19\pi/12$

14. Sem usar calculadora, mas apenas uma tabela com o seno, o cosseno e a tangente de $\theta \in \{30°, 45°, 60°\}$, determine os valores abaixo.
    a) $\cos(225°)$
    b) $\mathrm{sen}(330°)$
    c) $\mathrm{sen}(135°)$
    d) $\cos(315°)$
    e) $\cos(150°)$
    f) $\mathrm{sen}(240°)$
    g) $\cos(120°)$
    h) $\mathrm{sen}(300°)$

15. Sem usar calculadora, mas apenas uma tabela com o seno, o cosseno e a tangente de $\theta \in \{30°, 45°, 60°\}$, determine os valores abaixo.
    a) $\tan(120°)$
    b) $\cot(135°)$
    c) $\tan(330°)$
    d) $\sec(300°)$
    e) $\csc(150°)$
    f) $\cot(315°)$
    g) $\csc(240°)$
    h) $\sec(210°)$

16. Determine os ângulos de referência associados aos ângulos abaixo.
    a) $\theta = -70°$
    b) $\theta = -230°$
    c) $\theta = -480°$
    d) $\theta = 440°$
    e) $\theta = 520°$
    f) $\theta = 910°$

17. Determine os ângulos de referência associados aos ângulos abaixo.
    a) $\theta = -\pi/3$
    b) $\theta = -5\pi/6$
    c) $\theta = -7\pi/4$
    d) $\theta = 13\pi/6$
    e) $\theta = 11\pi/4$
    f) $\theta = 16\pi/3$

18. Determine os pontos terminais $P(x, y)$ associados aos arcos do Exercício 17.

19. Sem usar calculadora, determine $\mathrm{sen}(765°)$, $\cos(765°)$ e $\tan(765°)$.

20. Sem usar calculadora, determine $\mathrm{sen}(-30°)$, $\cos(-30°)$ e $\tan(-30°)$.

21. Sem usar calculadora, mas apenas uma tabela com o seno, o cosseno e a tangente de $\theta \in \{0°, 30°, 45°, 60°, 90°\}$, determine os valores abaixo.
    a) $\tan(-45°)$
    b) $\csc(-90°)$
    c) $\cos(-150°)$
    d) $\mathrm{sen}(1350°)$
    e) $\cot(1350°)$
    f) $\sec(-120°)$
    g) $\mathrm{sen}(780°)$
    h) $\cos(-660°)$
    i) $\tan(570°)$
    j) $\cos(675°)$
    k) $\mathrm{sen}(-225°)$
    l) $\csc(480°)$
    m) $\tan(660°)$
    n) $\sec(-450°)$
    o) $\cot(420°)$

22. Sem usar calculadora, mas apenas uma tabela com o seno, o cosseno e a tangente de $\theta \in \{\pi/6, \pi/4, \pi/3\}$, determine os valores abaixo.
    a) $\mathrm{sen}(7\pi/6)$
    b) $\mathrm{sen}(2\pi/3)$
    c) $\cos(2\pi/3)$
    d) $\cos(3\pi/4)$
    e) $\mathrm{sen}(7\pi/4)$
    f) $\cos(11\pi/6)$
    g) $\mathrm{sen}(5\pi/6)$
    h) $\cos(4\pi/3)$

23. Sem usar calculadora, mas apenas uma tabela com o seno, o cosseno e a tangente de $\theta \in \{\pi/6, \pi/4, \pi/3\}$, determine os valores abaixo.
    a) $\sec(\pi/3)$
    b) $\tan(5\pi/6)$
    c) $\csc(7\pi/6)$
    d) $\cot(2\pi/3)$
    e) $\csc(\pi/6)$
    f) $\cot(5\pi/4)$
    g) $\tan(7\pi/4)$
    h) $\sec(11\pi/6)$

24. Sem usar calculadora, determine $\mathrm{sen}(-\pi/4)$, $\cos(-\pi/4)$ e $\tan(-\pi/4)$.

25. Sem usar calculadora, determine $\mathrm{sen}(8\pi/3)$, $\cos(8\pi/3)$ e $\tan(8\pi/3)$.

26. Sem usar calculadora, mas apenas uma tabela com o seno, o cosseno e a tangente de $\theta \in \{0, \pi/6, \pi/4, \pi/3, \pi/2\}$, determine os valores abaixo.
    a) $\mathrm{sen}(-3\pi/4)$
    b) $\cos(7\pi/3)$
    c) $\tan(9\pi/4)$
    d) $\sec(-\pi/6)$
    e) $\cot(-\pi/3)$
    f) $\sec(-\pi)$
    g) $\mathrm{sen}(11\pi)$
    h) $\cos(11\pi/4)$
    i) $\csc(10\pi/3)$
    j) $\tan(-3\pi/2)$
    k) $\cot(19\pi/6)$
    l) $\csc(-5\pi/2)$

27. Com o auxílio de uma calculadora, obtenha os valores abaixo. (Não se esqueça de ajustar, em cada caso, a unidade de medida de ângulos da calculadora.)
    a) $\mathrm{sen}(361°)$
    b) $\cos(-105°)$
    c) $\tan(220°)$
    d) $\cot(-36°)$
    e) $\sec(400°)$
    f) $\csc(780°)$
    g) $\mathrm{sen}(-1,5°)$
    h) $\cos(-3\pi/5)$
    i) $\tan(-3,5°)$
    j) $\cot(15\pi/2)$
    k) $\sec(1450°)$
    l) $\csc(-8)$
    m) $\mathrm{sen}(15\pi/7)$
    n) $\cos(11\pi/5)$
    o) $\tan(-12,4)$
    p) $\cot(6,29)$
    q) $\sec(-\pi/8)$
    r) $\csc(-0,1)$

28. Cada um dos pontos da circunferência unitária dados abaixo está associado a um arco θ. Determine $\text{sen}(\theta)$, $\cos(\theta)$, $\tan(\theta)$, $\cot(\theta)$, $\sec(\theta)$ e $\csc(\theta)$.

   a) $(5/13, 12/13)$
   b) $(\sqrt{6}/3, \sqrt{3}/3)$
   c) $(-\sqrt{5}/5, 2\sqrt{5}/5)$
   d) $(3/5, -4/5)$
   e) $(-3\sqrt{10}/10, -\sqrt{10}/10)$
   f) $(-8/17, 15/17)$
   g) $(-\sqrt{2/3}, -\sqrt{7/3})$
   h) $(2/7, -3\sqrt{5}/7)$

29. Sabendo que $\cos(\theta) = \frac{3}{5}$, determine os possíveis valores de $\text{sen}(\theta)$ e os quadrantes aos quais θ pode pertencer.

30. Sabendo que $\text{sen}(\theta) = -\frac{3}{4}$, determine os possíveis valores de $\cos(\theta)$ e os quadrantes aos quais θ pode pertencer.

31. Sabendo que $\cos(\theta) = \frac{1}{3}$, determine os possíveis valores de $\tan(\theta)$ e os quadrantes aos quais θ pode pertencer.

32. Sabendo que $\tan(\theta) = -\frac{1}{5}$ e que $\text{sen}(\theta) < 0$, determine os valores de $\text{sen}(\theta)$ e $\cos(\theta)$.

33. Sabendo que $\sec(\theta) = \frac{5}{3}$ e que $\text{sen}(\theta) > 0$, determine o valor de $\cot(\theta)$.

34. Sabendo que $\csc(\theta) = 3$ e que $\cos(\theta) < 0$, determine o valor de $\tan(\theta)$.

35. Sabendo que $\text{sen}(\theta) = 1/4$ e que θ está no 2º quadrante, determine os valores de $\cos(\theta)$ e $\tan(\theta)$.

36. Sabendo que $\csc(\theta) = -2$ e que θ está no 4º quadrante, determine os valores de $\text{sen}(\theta)$ e $\cos(\theta)$.

37. Sabendo que $\cot(\theta) = 4$ e que θ está no 3º quadrante, determine os valores de $\text{sen}(\theta)$ e $\cos(\theta)$.

38. Seja $0 \leq x \leq 180°$, com $\text{sen}(x) = 12/13$. Calcule $\cos(x)$ e $\cos(x + 180°)$.

39. Na figura abaixo, os valores da tangente e da secante são representados como os comprimentos dos lados de um triângulo retângulo. Mostre que essa interpretação é válida associando esse triângulo àquele cuja hipotenusa é o raio que liga a origem ao ponto P e cujos catetos têm medidas iguais ao cosseno e ao seno do ângulo θ.

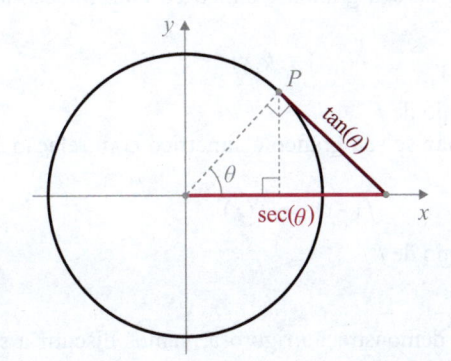

40. Observando o triângulo retângulo apresentado na figura do Exercício 39, escreva uma equação que relacione a tangente com a secante.

41. Na figura abaixo, os valores da cotangente e da cossecante são representados como os comprimentos dos lados de um triângulo retângulo. Mostre que essa interpretação é válida associando esse triângulo àquele cuja hipotenusa é o raio que liga a origem ao ponto P e cujos catetos têm medidas iguais ao cosseno e ao seno do ângulo θ.

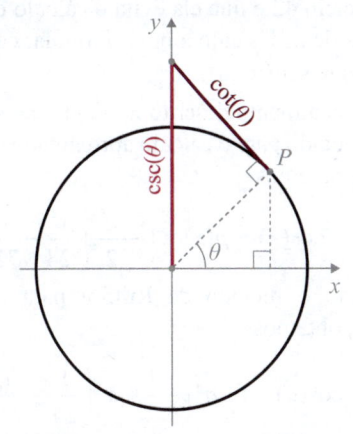

42. Usando uma calculadora científica, é fácil obter os valores das funções trigonométricas de qualquer ângulo. Mas o que devemos fazer se dispusermos de uma calculadora que efetua apenas as quatro operações aritméticas básicas?

Uma forma de calcular o seno e o cosseno de um ângulo (em radianos) próximo de 0, consiste em empregar as séries

$$\text{sen}(x) = x - \frac{x^3}{3!} + \frac{x^5}{5!} - \frac{x^7}{7!} + \cdots$$

$$\cos(x) = 1 - \frac{x^2}{2!} + \frac{x^4}{4!} - \frac{x^6}{6!} + \cdots$$

em que $n!$ representa o *fatorial* do número natural n. Embora as séries acima envolvam infinitos termos, podemos obter boas aproximações para o seno e o cosseno somando apenas os quatro primeiros termos de cada uma, ou seja, usando a aproximação

$$\text{sen}(x) \approx x - \frac{x^3}{6} + \frac{x^5}{120} - \frac{x^7}{5040},$$

$$\cos(x) \approx 1 - \frac{x^2}{2} + \frac{x^4}{24} - \frac{x^6}{720}.$$

Usando essas fórmulas, calcule aproximadamente o valor de $\text{sen}(\pi/9)$ e de $\cos(\pi/9)$.

43. O *teorema do resto*, apresentado na Seção 4.2, diz que, dados um polinômio p e um número real a, o valor de $p(a)$ equivale ao resto da divisão de $p(x)$ por $x - a$. Sendo assim, podemos obter um valor aproximado para $\text{sen}(a)$ calculando a divisão do polinômio

$$p(x) = x - \frac{x^3}{6} + \frac{x^5}{120} - \frac{x^7}{5040}$$

por $x - a$, através do método de Ruffini. Efetuando essa divisão, obtemos

$$\text{sen}(a) \approx a\left(1 + a^2\left(-\frac{1}{6} + a^2\left(\frac{1}{120} - \frac{a^2}{5040}\right)\right)\right).$$

A vantagem dessa fórmula sobre aquela apresentada no Exercício 42 é que ela evita o cálculo de potências elevadas de a. Usando a nova fórmula, calcule aproximadamente $\text{sen}(\pi/6)$.

44. O procedimento descrito no Exercício 43 também pode ser adotado para o cálculo aproximado do cosseno. Nesse caso, temos

$$\cos(x) \approx p(x) = 1 - \frac{x^2}{2} + \frac{x^4}{24} - \frac{x^6}{720}.$$

Usando o método de Ruffini para dividir $p(x)$ por $x - a$, obtemos

$$\cos(a) \approx 1 + a^2\left(-\frac{1}{2} + a^2\left(\frac{1}{24} - \frac{a^2}{720}\right)\right).$$

Usando a fórmula anterior, calcule aproximadamente $\cos(\pi/6)$.

45. As fórmulas apresentadas nos Exercícios 43 e 44 só são apropriadas quando a tem valor próximo a 0. Por outro lado, sabemos que, se a e b são ângulos complementares, então $\text{sen}(a) = \cos(b)$. Dessa forma, podemos adotar a seguinte regra:

a) se $0 \leq a \leq \pi/4$, usamos as fórmulas dos Exercícios 43 e 44;

b) se $\pi/4 < a \leq \pi/2$, usamos $\text{sen}(a) = \cos(\pi/2 - a)$ e $\cos(a) = \text{sen}(\pi/2 - a)$;

c) se a não está no primeiro quadrante, aplicamos as funções ao ângulo de referência correspondente e mudamos o sinal de acordo com o quadrante de a.

Usando essa estratégia, calcule aproximadamente $\text{sen}(\pi/3)$, $\cos(\pi/3)$, $\text{sen}(5\pi/6)$ e $\cos(4\pi/3)$.

6.4 Gráficos do seno e do cosseno

Nesta seção, trabalharemos com números reais, de modo que nossa variável será sempre expressa em radianos, e não em graus.

Os gráficos das funções trigonométricas possuem características que as tornam apropriadas para a representação de fenômenos que se repetem com regularidade. Estudaremos agora o gráfico do seno e do cosseno, deixando a análise das demais funções para a Seção 6.5.

Vimos na Seção 6.3 que o seno e o cosseno estão definidos para todo número real x, ou seja, que o domínio das funções é $\mathbb{R}$. Além disso, como essas funções fornecem as coordenadas de pontos da circunferência unitária, o conjunto imagem de ambas corresponde ao intervalo $[-1, 1]$.

O seno e o cosseno também possuem propriedades interessantes relacionadas à simetria de seus gráficos. Para estudá-las, é preciso recorrer às definições de função par e função ímpar apresentadas no Capítulo 3, as quais, por conveniência, reproduzimos abaixo.

Funções pares e ímpares

1. Uma função f é **par** se seu gráfico é simétrico com relação ao eixo y, isto é, se

$$f(-x) = f(x)$$

para todo x no domínio de f.

2. Uma função f é **ímpar** se seu gráfico é simétrico com relação à origem, isto é, se

$$f(-x) = -f(x)$$

para todo x no domínio de f.

Sem tentar fazer uma demonstração rigorosa, vamos discutir a simetria das funções seno e cosseno com base na Figura 6.36, na qual estão identificados os pontos P_1 e P_2 da circunferência unitária, associados, respectivamente, aos ângulos de medida θ e $-\theta$.

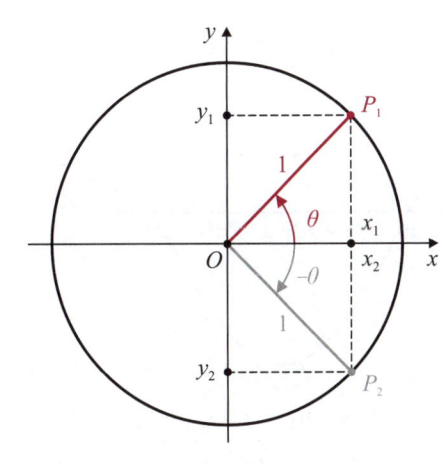

FIGURA 6.36 Simetria das funções seno e cosseno.

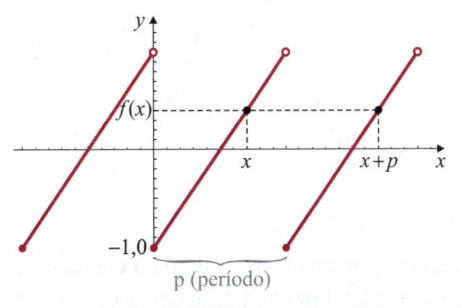

FIGURA 6.37 Função periódica.

TABELA 6.4

x	sen(x)
0	0
$\pi/6$	$1/2$
$\pi/4$	$\sqrt{2}/2$
$\pi/3$	$\sqrt{3}/2$
$\pi/2$	1
$2\pi/3$	$\sqrt{3}/2$
$3\pi/4$	$\sqrt{2}/2$
$5\pi/6$	$1/2$
π	0
$7\pi/6$	$-1/2$
$5\pi/4$	$-\sqrt{2}/2$
$4\pi/3$	$-\sqrt{3}/2$
$3\pi/2$	-1
$5\pi/3$	$-\sqrt{3}/2$
$7\pi/4$	$-\sqrt{2}/2$
$11\pi/6$	$-1/2$
2π	0

Observando a figura, notamos que os triângulos OP_1y_1 e OP_2y_2 são congruentes, pois têm dois ângulos e um lado congruentes. Logo, $y_2 = -y_1$, de modo que sen$(-\theta) = -$sen(θ).

De forma análoga, é fácil perceber que os triângulos OP_1x_1 e OP_2x_2 são congruentes, o que implica que $x_2 = x_1$. Sendo assim, $\cos(-\theta) = \cos(\theta)$.

Não é difícil estender a análise acima para θ nos demais quadrantes, o que nos permite concluir que

- A função seno é **ímpar**, ou seja, sen$(-\theta) = -$sen(θ) para todo θ real.
- A função cosseno é **par**, ou seja, $\cos(-\theta) = \cos(\theta)$ para todo θ real.

Outra particularidade do seno e do cosseno é o fato de seus valores se repetirem quando os ângulos são coterminais, o que ocorre, por exemplo, com os valores

$$\theta_1 = \frac{\pi}{4}, \qquad \theta_2 = -\frac{7\pi}{4} = \frac{\pi}{4} - 2\pi \qquad \text{e} \qquad \theta_3 = \frac{17\pi}{4} = \frac{\pi}{4} + 2\pi,$$

mostrados na Figura 6.34, na página 472. Nesse caso,

$$\text{sen}\left(\frac{\pi}{4}\right) = \text{sen}\left(-\frac{7\pi}{4}\right) = \text{sen}\left(\frac{17\pi}{4}\right) \qquad \text{e} \qquad \cos\left(\frac{\pi}{4}\right) = \cos\left(-\frac{7\pi}{4}\right) = \cos\left(\frac{17\pi}{4}\right).$$

Funções com essa característica são chamadas *periódicas*. A Figura 6.37 fornece outro exemplo de função periódica.

Função periódica
Uma função f é dita **periódica** se existe um número real positivo p tal que

$$f(x+p) = f(x)$$

para todo x no domínio de f. O menor valor de p para o qual essa propriedade se verifica é chamado **período** de f.

O seno e o cosseno são funções periódicas com período igual a 2π, ou seja, dado qualquer número inteiro n (mesmo negativo), temos

$$\text{sen}(x + 2\pi n) = \text{sen}(x) \qquad \text{e} \qquad \cos(x + 2\pi n) = \cos(x).$$

O conhecimento do período de uma função facilita o traçado de seu gráfico, que pode ser obtido adotando-se os seguintes passos:

1. traça-se o gráfico da função em um intervalo $[a, a+p]$, correspondente a um período completo;
2. copia-se a curva obtida para $[a, a+p]$, à esquerda e à direita desse intervalo, tantas vezes quantas forem necessárias para que se atinja o domínio desejado para o gráfico.

Aplicando essa ideia à função seno, que tem período 2π, calculamos inicialmente sen(x) para vários valores de x no intervalo $[0, 2\pi]$, como se vê na Tabela 6.4. Em seguida, traçamos o gráfico correspondente, como mostrado na Figura 6.38.

Finalmente, para traçar o gráfico do seno em um intervalo maior, repetimos a curva obtida para $x \in [0, 2\pi]$ a cada intervalo de comprimento 2π, como exibido na Figura 6.39. Note que, nesta figura, o gráfico correspondente a um período aparece destacado em rosa.

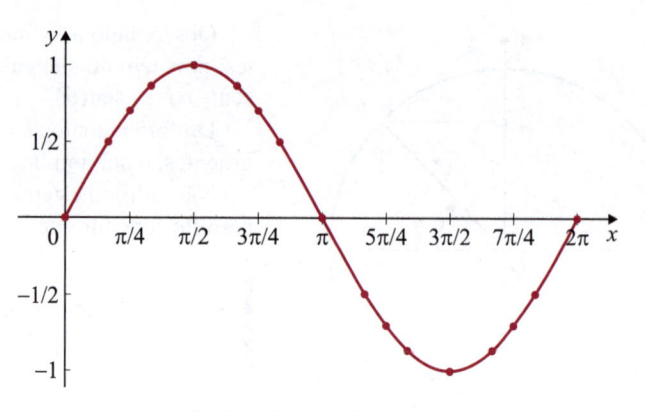

FIGURA 6.38 Gráfico de sen(x) para $0 \leq x \leq 2\pi$.

TABELA 6.5

x	$\cos(x)$
0	1
$\pi/6$	$\sqrt{3}/2$
$\pi/4$	$\sqrt{2}/2$
$\pi/3$	$1/2$
$\pi/2$	0
$2\pi/3$	$-1/2$
$3\pi/4$	$-\sqrt{2}/2$
$5\pi/6$	$-\sqrt{3}/2$
π	-1
$7\pi/6$	$-\sqrt{3}/2$
$5\pi/4$	$-\sqrt{2}/2$
$4\pi/3$	$-1/2$
$3\pi/2$	0
$5\pi/3$	$1/2$
$7\pi/4$	$\sqrt{2}/2$
$11\pi/6$	$\sqrt{3}/2$
2π	1

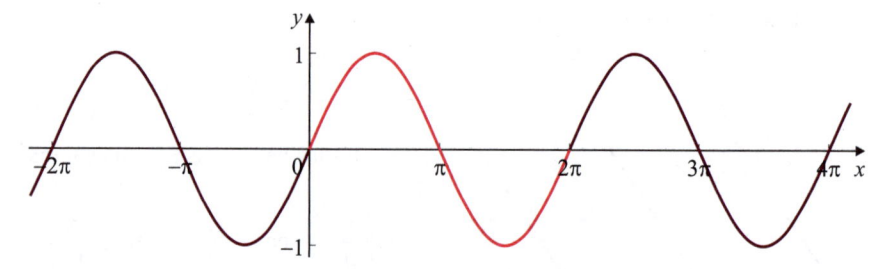

FIGURA 6.39 Gráfico do seno.

Procedimento análogo pode ser adotado na obtenção do gráfico do cosseno no intervalo $[-2\pi, 4\pi]$. Nesse caso, montamos inicialmente a Tabela 6.5 com valores de $\cos(x)$ para $x \in [0, 2\pi]$. Em seguida, traçamos o gráfico da função para um período completo, como mostrado na Figura 6.40.

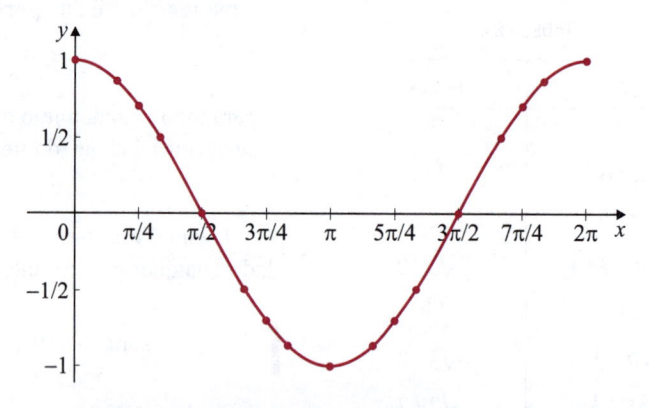

FIGURA 6.40 Gráfico de $\cos(x)$ para $0 \leq x \leq 2\pi$.

Finalmente, repetindo a curva correspondente a um período, obtemos o gráfico do cosseno para um intevalo maior de x, como ilustrado na Figura 6.41.

TABELA 6.6

Propriedade	sen	cos
Domínio	$\mathbb{R}$	$\mathbb{R}$
Imagem	$[-1,1]$	$[-1,1]$
Período	2π	2π
Simetria	Ímpar	Par

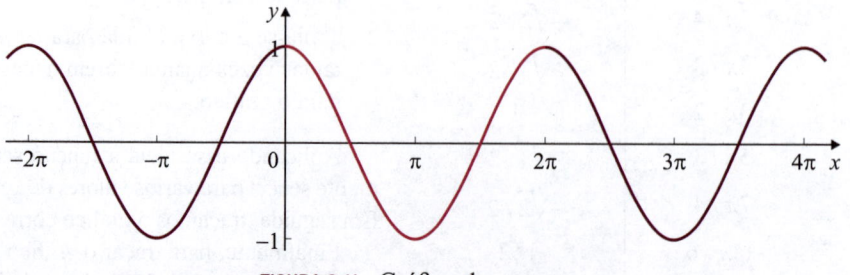

FIGURA 6.41 Gráfico do cosseno.

A Tabela 6.6 resume as principais características das funções seno e cosseno.

Transformação de funções trigonométricas

Como já foi dito, as funções trigonométricas são particularmente apropriadas para representar fenômenos periódicos. Entretanto, para adaptá-las a problemas reais, é preciso combiná-las com as transformações de funções introduzidas na Seção 3.8. Essas transformações provocam o deslocamento e a deformação das curvas, permitindo sua adaptação aos dados que se deseja representar. Vejamos alguns exemplos de transformações envolvendo a função seno.

Exemplo 1. Reflexão do seno em torno do eixo horizontal

Para refletir o gráfico do seno em torno do eixo x, basta trocar o sinal da função, ou seja, empregar

$$y = -\text{sen}(x).$$

A Figura 6.42 mostra essa transformação.

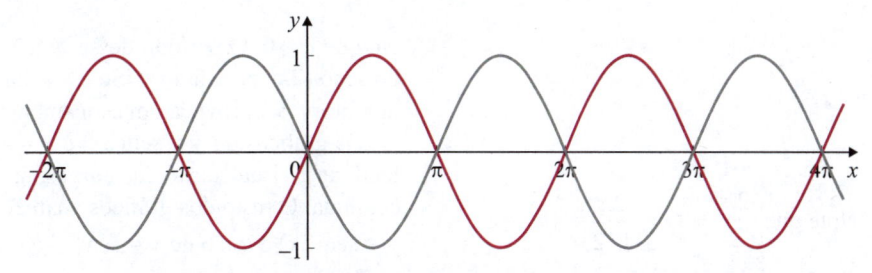

FIGURA 6.42 Gráficos de $y = \text{sen}(x)$ (rosa) e $y = -\text{sen}(x)$ (cinza).

Exemplo 2. Esticamento e encolhimento vertical do seno

Para esticar ou encolher verticalmente o gráfico do seno, usamos a função

$$y = a\,\text{sen}(x).$$

Se $|a| > 1$, há um esticamento do gráfico. Já $|a| < 1$ provoca seu encolhimento. Usamos o valor absoluto nessas desigualdades para permitir que a deformação da curva na vertical seja combinada com a reflexão em torno do eixo x, vista no Exemplo 1.

A Figura 6.43 mostra os gráficos de $y = \text{sen}(x)$, $y = 2\,\text{sen}(x)$ (curva esticada) e $y = \frac{1}{2}\text{sen}(x)$ (curva encolhida).

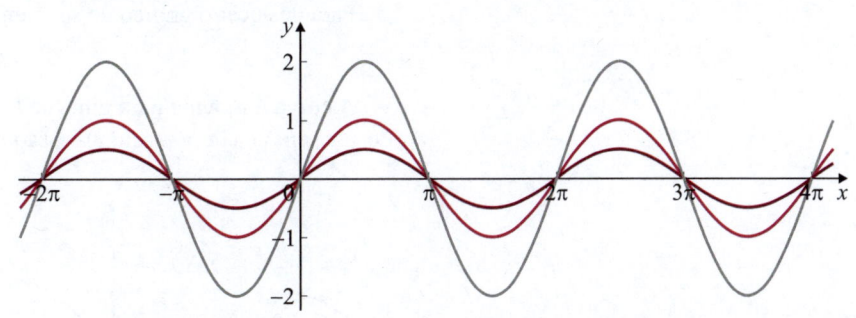

FIGURA 6.43 Gráficos de $y = \text{sen}(x)$ (rosa), $y = 2\,\text{sen}(x)$ (cinza) e $y = \text{sen}\frac{1}{2}(x)$ (vinho).

Notamos na Figura 6.43 que o conjunto imagem de $y = 2\,\text{sen}(x)$ é o intervalo $[-2, 2]$, enquanto a imagem de $y = \frac{1}{2}\text{sen}(x)$ restringe-se a $[-\frac{1}{2}, \frac{1}{2}]$. De forma geral, o conjunto imagem de $y = a\,\text{sen}(x)$ corresponde a $[-|a|, |a|]$, ou seja, o termo $|a|$ fornece o fator de esticamento ou encolhimento do gráfico, que é denominado amplitude.

Amplitude do gráfico do seno e do cosseno

Dada a função $y = a\operatorname{sen}(x)$ (ou $y = a\cos(x)$), o fator $|a|$ é chamado **amplitude** do gráfico da função, e corresponde à metade da diferença entre o maior valor e o menor valor que a função assume.

Os gráficos de $y = 2\operatorname{sen}(x)$ e $y = \tfrac{1}{2}\operatorname{sen}(x)$ têm amplitudes de 2 e $\tfrac{1}{2}$, respectivamente.

Exemplo 3. Esticamento e encolhimento horizontal do seno

O esticamento ou encolhimento horizontal do gráfico do seno é obtido tomando-se a função

$$y = \operatorname{sen}(cx),$$

em que $c > 0$. O período dessa função é $\tfrac{2\pi}{c}$, valor obtido dividindo-se o período do seno (2π) pelo fator c. Se $c > 1$, há um encolhimento do gráfico. Por sua vez, um fator $c < 1$ provoca um esticamento do gráfico do seno.

Os gráficos de $y = \operatorname{sen}(2x)$ e $y = \operatorname{sen}\left(\tfrac{x}{2}\right)$ são mostrados na Figura 6.44. Para facilitar a visualização das curvas, apenas um período é exibido com uma linha contínua. O resto dos gráficos aparece tracejado. Como se observa, o período de $y = \operatorname{sen}(2x)$ é π e o de $y = \operatorname{sen}\left(\tfrac{x}{2}\right)$ é 4π.

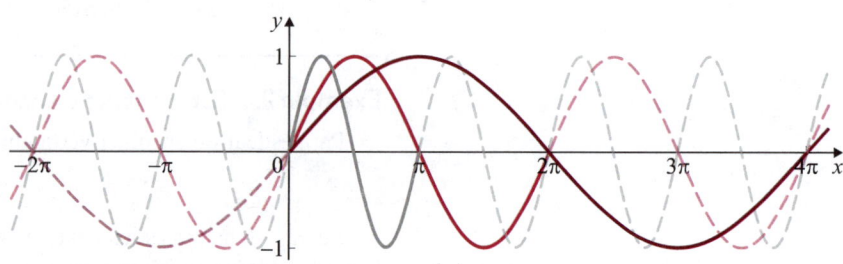

Note que $\dfrac{2\pi}{2} = \pi$ e $\dfrac{2\pi}{1/2} = 4\pi$.

FIGURA 6.44 Gráficos de $y = \operatorname{sen}(x)$ (rosa), $y = \operatorname{sen}(2x)$ (cinza) e $y = \operatorname{sen}\left(\tfrac{x}{2}\right)$ (vinho).

Exemplo 4. Deslocamento vertical do seno

Para deslocar o gráfico do seno em k unidades na vertical, usamos a função

$$y = k + \operatorname{sen}(x).$$

A curva é movida para cima se $k > 0$ e para baixo quando $k < 0$. Os gráficos de $y = \operatorname{sen}(x) + 1$ e $y = \operatorname{sen}(x) - 1$ são mostrados na Figura 6.45.

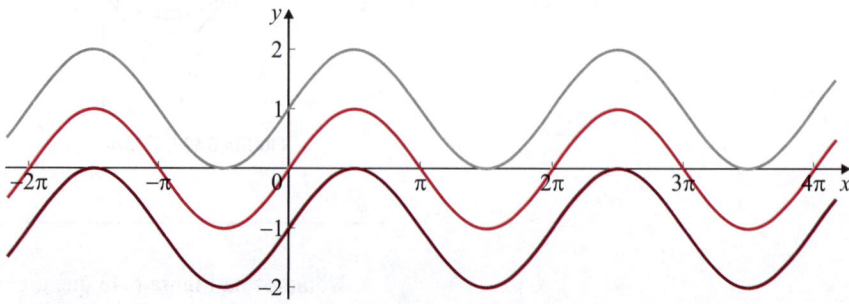

FIGURA 6.45 Gráficos de $y = \operatorname{sen}(x)$ (rosa), $y = \operatorname{sen}(x) + 1$ (cinza) e $y = \operatorname{sen}(x) - 1$ (vinho).

Agora, tente o Exercício 6.

Exemplo 5. Deslocamento horizontal do seno

O gráfico do seno também pode ser transladado na horizontal, bastando para isso que se tome a função

$$y = \text{sen}(x - b).$$

A curva é deslocada em b unidades para a direita quando $b > 0$ e em $|b|$ unidades para a esquerda se $b < 0$. A Figura 6.46 mostra os gráficos de $y = \text{sen}(x)$, $y = \text{sen}\left(x - \frac{\pi}{4}\right)$ e $y = \text{sen}\left(x + \frac{\pi}{4}\right)$.

Tome cuidado com o sinal ao efetuar translações na horizontal. Note que, na Figura 6.46, a subtração de $\pi/4$ provocou um deslocamento para a direita (curva cinza), enquanto a soma de $\pi/4$ gerou uma translação para a esquerda (curva vinho).

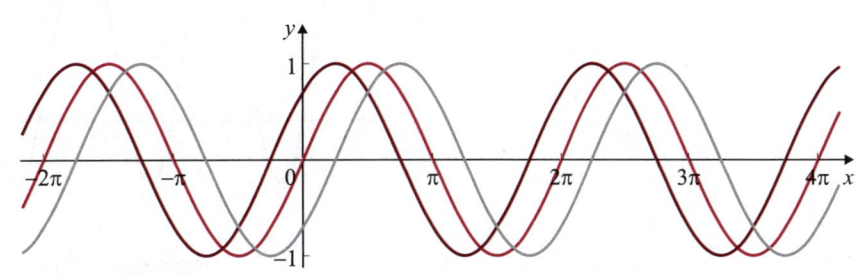

FIGURA 6.46 Gráficos de $y = \text{sen}(x)$ (rosa), $y = \text{sen}\left(x - \frac{\pi}{4}\right)$ (cinza) e $y = \text{sen}\left(x + \frac{\pi}{4}\right)$ (vinho).

Agora, tente o Exercício 7.

Como vimos, as transformações do seno e do cosseno estão relacionadas à introdução de quatro constantes que permitem o deslocamento vertical e horizontal, bem como o esticamento ou encolhimento dos gráficos das funções. Reunimos no quadro abaixo o efeito da adoção de cada uma dessas constantes.

Transformações do seno e do cosseno

As funções

$$y = k + a\,\text{sen}(c(x - b)) \qquad \text{e} \qquad y = k + a\,\cos(c(x - b))$$

têm gráficos similares aos de $y = \text{sen}(x)$ e $y = \cos(x)$, com as seguintes transformações:

1. a constante k fornece o **deslocamento vertical** do gráfico;

2. a constante a causa um esticamento ou encolhimento vertical da curva. A **amplitude** do gráfico é dada por $|a|$;

3. a constante b corresponde ao **deslocamento horizontal** da curva;

4. a constante $c > 0$ produz um esticamento ou encolhimento horizontal. O **período** da nova função é igual a $2\pi/c$.

Vejamos, agora, um problema que combina várias transformações.

Problema 1. Traçado de gráfico

Trace o gráfico de $f(x) = 1 + 2\,\text{sen}(3x)$.

Solução

A função desse problema tem a forma $f(x) = k + a\,\text{sen}(cx)$, em que $k = 1$, $a = 2$ e $c = 3$. Sendo assim, as transformações aplicadas ao gráfico do seno são as seguintes:

- há um deslocamento vertical de 1 unidade, já que $k = 1$;
- a amplitude é igual a $|a| = 2$;
- o período equivale a $2\pi / c = 2\pi / 3 \approx 2,09$.

A Figura 6.47 mostra o gráfico de f, destacando suas principais características.

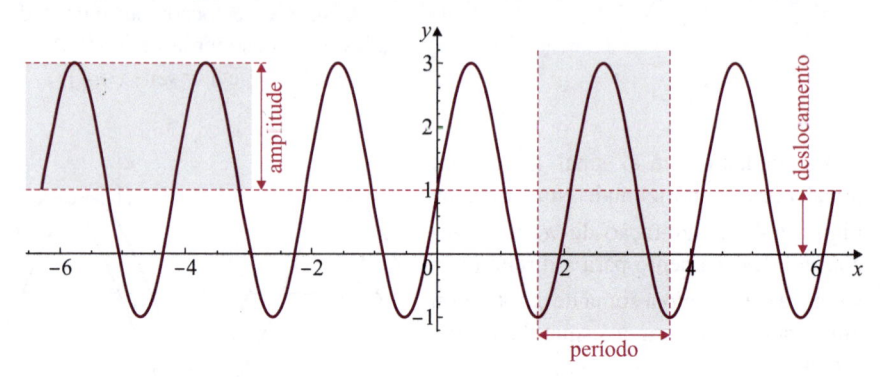

FIGURA 6.47 Gráfico de $f(x) = 1 + 2\,\text{sen}(3x)$.

Agora, tente os Exercícios 9 e 13.

Exemplo 6. Altura da maré

A Tabela 6.7 mostra os valores, em metros, da altura da maré no porto de uma cidade, em um período de 48 horas contadas a partir da 0 h de um determinado dia.

Transpostos para o gráfico da Figura 6.48, os pares ordenados da tabela sugerem que o comportamento da maré pode ser aproximado por uma função periódica com formato similar ao da função seno. Vamos, então, encontrar uma função transformada na forma

$$f(t) = k + a\,\text{sen}(c(t-b))$$

que se ajuste aos pontos dados.

TABELA 6.7 Altura da maré.

t (h)	alt. (m)	t (h)	alt. (m)
0	0,49		
2	0,74	26	0,70
4	1,00	28	0,98
6	1,02	30	1,03
8	0,77	32	0,81
10	0,50	34	0,53
12	0,48	36	0,46
14	0,72	38	0,68
16	0,99	40	0,97
18	1,03	42	1,04
20	0,79	44	0,83
22	0,51	46	0,54
24	0,47	48	0,46

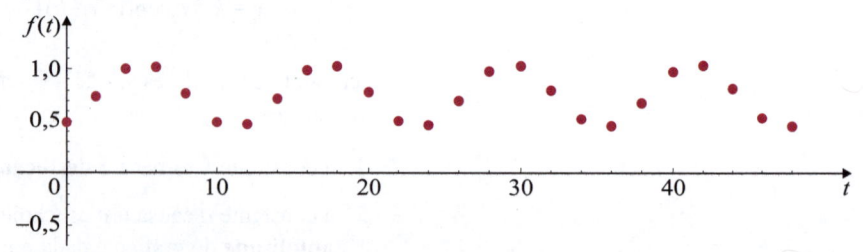

FIGURA 6.48 Pontos da Tabela 6.7.

Observando a Figura 6.48, concluímos que a altura média da maré é de aproximadamente 0,75 m e que a variação da altura (diferença entre o valor mínimo e o máximo) corresponde a 0,6 m. Assim, definimos $k = 0,75$ m e $a = 0,6/2 = 0,3$ m.

Prosseguindo com a análise da figura, verificamos que o primeiro ponto em que a altura da maré é igual a 0,75 m está próximo de $t = 2,06$ h, de modo que tomamos $b = 2,06$ h. Finalmente, analisando dois pontos sucessivos em que a maré assume seu valor máximo, notamos que eles ocorrem com uma diferença de cerca de 12,08 h, que é o período da maré. Portanto, adotamos $c = 2\pi / 12,08 \approx 0,52$.

Juntando essas informações, obtemos

$$f(t) = 0,75 + 0,3\,\text{sen}(0,52(t - 2,06)),$$

cujo gráfico é mostrado na Figura 6.49, na qual também identificamos as medidas das constantes k, a e b, bem como o período, que equivale a $2\pi / c$.

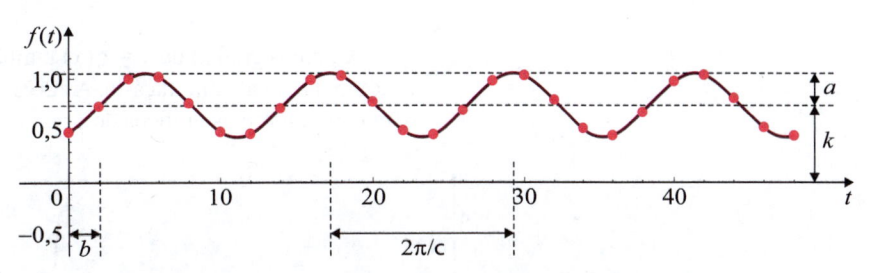

FIGURA 6.49 Gráfico de $f(t) = 0,75 + 0,3\ \text{sen}(0,52(t-2,06))$.

Agora, tente o Exercício 19.

Para mostrar uma extensão dos tópicos vistos até aqui, vamos concluir essa seção apresentando no Problema 2 algumas combinações do seno e do cosseno com outras funções.

Esse tipo de combinação leva em conta o fato de as funções seno e cosseno terem amplitude igual a 1, o que nos permite empregá-las facilmente na representação de fenômenos que possuem uma componente oscilatória.

Problema 2. Combinação de funções

Trace os gráficos das funções abaixo.

a) $f(x) = \dfrac{4\,\text{sen}\left(5x - \frac{\pi}{2}\right)}{x^2 + 1}$

b) $g(x) = |x|\cos(3x)$

Solução

a) A função f é dada pelo produto

$$\dfrac{4}{x^2 + 1} \cdot \text{sen}\left(5x - \dfrac{\pi}{2}\right).$$

Notamos que $4/(x^2 + 1) > 0$ para todo x real. Além disso, como a expressão $5x - \pi/2$ não altera a amplitude da função seno, concluímos que

$$-1 \leq \text{sen}\left(5x - \dfrac{\pi}{2}\right) \leq 1.$$

> Os valores de x para os quais $(5x - \pi/2)$ vale 1 incluem
> $$-\dfrac{7\pi}{5}, -\pi, -\dfrac{3\pi}{5}, -\dfrac{\pi}{5}, \dfrac{\pi}{5}, \dfrac{3\pi}{5}, \pi \text{ e } \dfrac{7\pi}{5}.$$

Naturalmente, para valores de x tais que $\text{sen}(5x - \pi/2) = 1$, temos $f(x) = 4/(x^2 + 1)$, e para valores de x em que $\text{sen}(5x - \pi/2) = -1$, temos $f(x) = -4/(x^2 + 1)$. Logo,

$$-\dfrac{4}{x^2 + 1} \leq \dfrac{4\,\text{sen}\left(5x - \frac{\pi}{2}\right)}{x^2 + 1} \leq \dfrac{4}{x^2 + 1}.$$

Apesar de essa análise nos permitir concluir que a função f está limitada superiormente por $4/(x^2 + 1)$ e inferiormente por $-4/(x^2 + 1)$, traçar a curva $y = f(x)$ é consideravelmente mais complicado do que desenhar as demais funções vistas neste capítulo. Desse modo, recorremos a um programa computacional para obter a curva desejada, que é mostrada em rosa na Figura 6.50a. Observe que, como previsto, o gráfico da função oscila entre $y = -4/(x^2 + 1)$ (curva vinho) e $y = 4/(x^2 + 1)$ (curva cinza).

b) Nesse caso, temos o produto de $|x|$ por $\cos(3x)$. Lembrando que

$$|x| \geq 0 \quad \text{e} \quad -1 \leq \cos(3x) \leq 1,$$

deduzimos que $g(x) = -|x|$ para os valores de x nos quais $\cos(3x) = -1$, e $g(x) = |x|$ para todo x tal que $\cos(3x) = 1$. Portanto,

$$-|x| \leq |x|\cos(3x) \leq |x|.$$

Como o gráfico de $y = g(x)$ também é difícil de obter, usamos um programa computacional para traçá-lo. A curva resultante é aquela exibida em rosa na Figura 6.50b, entre os gráficos de $y = -|x|$ (em vinho) e $y = |x|$ (em cinza).

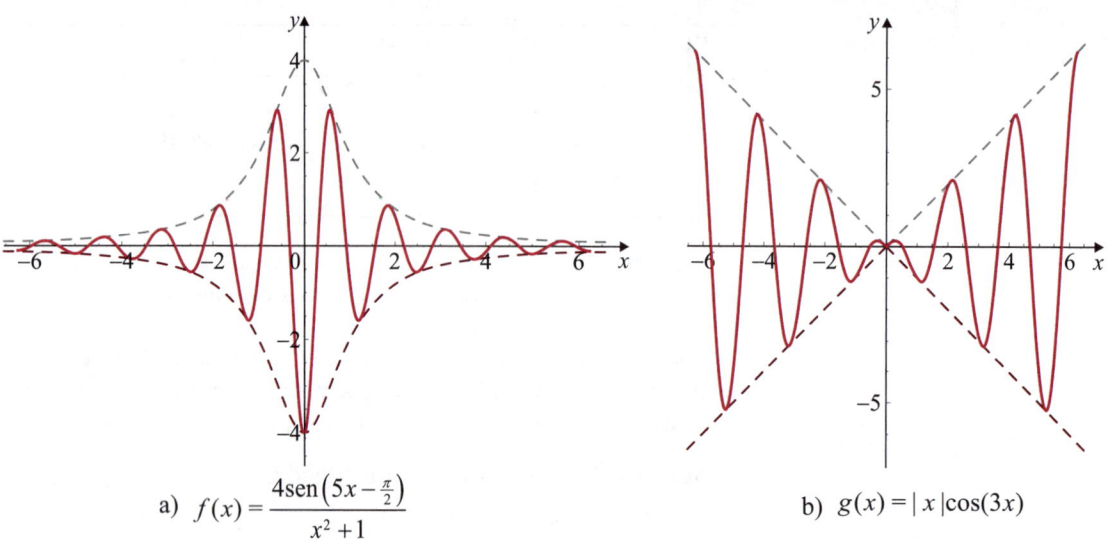

a) $f(x) = \dfrac{4\operatorname{sen}\left(5x - \frac{\pi}{2}\right)}{x^2 + 1}$

b) $g(x) = |x|\cos(3x)$

FIGURA 6.50 Gráficos das funções do Problema 2.

Agora, tente o Exercício 18.

Exercício 6.4

1. Qual das figuras abaixo mostra o gráfico de uma função ímpar?

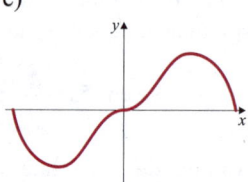

   a)

   b) 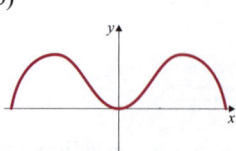

   c)

   d)

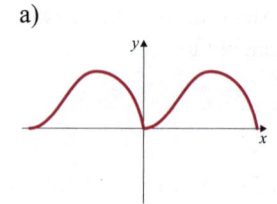

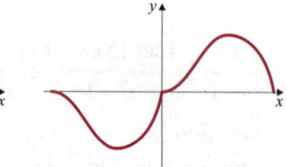

2. Qual das figuras abaixo mostra o gráfico de uma função par?

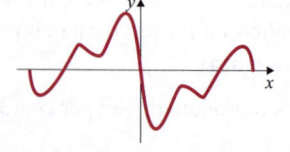

   a)

   b) 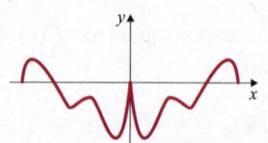

   c)

   d)

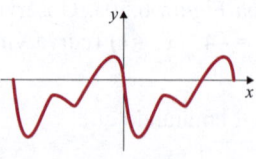

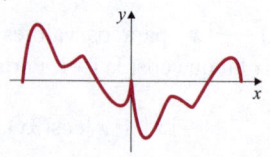

3. A figura abaixo mostra o gráfico de uma função periódica. Determine o período e a amplitude da função.

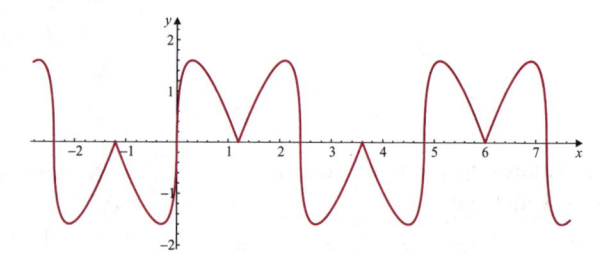

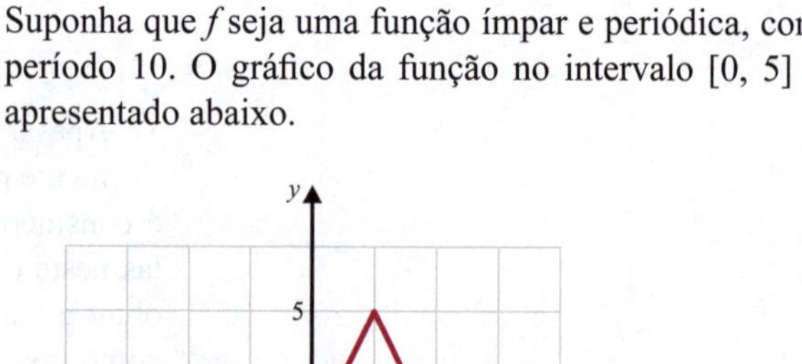

4. Suponha que f seja uma função ímpar e periódica, com período 10. O gráfico da função no intervalo $[0, 5]$ é apresentado abaixo.

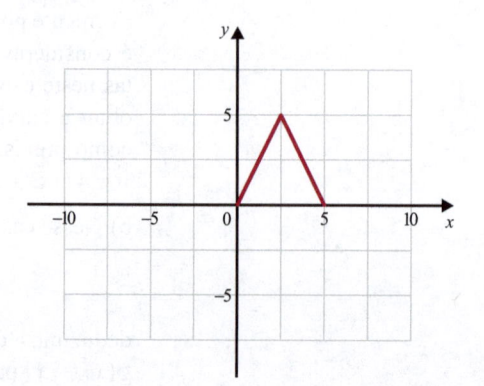

   a) Complete o gráfico de f no intervalo $[-10, 10]$.
   b) Calcule o valor de $f(99)$.

5. Determine se as funções abaixo são pares, ímpares ou não possuem simetria.

   a) $f(x) = x\cos(x)$
   b) $f(x) = x^2 \cos(x)$
   c) $f(x) = x\,\text{sen}(x)$
   d) $f(x) = |x|\,\text{sen}(x)$

6. Indique o período e a amplitude das funções abaixo.

   a) $f(x) = 3 - 2\cos(x)$
   b) $f(x) = \text{sen}\left(\frac{x}{3}\right)$
   c) $f(x) = -\cos\left(\frac{2}{7}x\right)$
   d) $f(x) = 5\,\text{sen}(3x)$
   e) $f(x) = 2 - 4\,\text{sen}\left(\frac{x}{8}\right)$
   f) $f(x) = \frac{1}{2}\cos(4x)$
   g) $f(x) = \frac{1 + 3\,\text{sen}(2x)}{2}$
   h) $f(x) = -\frac{2}{3}\cos\left(\frac{5x}{4}\right)$
   i) $f(x) = 1 + \frac{1}{5}\,\text{sen}(\pi x)$
   j) $f(x) = \frac{1}{2} - \cos(4\pi x)$
   k) $f(x) = \frac{3}{4}\,\text{sen}\left(\frac{\pi x}{2}\right)$
   l) $f(x) = \frac{4 - \cos(3\pi x)}{3}$

7. Indique o período, a amplitude e o deslocamento horizontal das funções abaixo.

   a) $f(x) = 2\cos\left(x - \frac{\pi}{2}\right)$
   b) $f(x) = 3 - 6\,\text{sen}\left(x + \frac{\pi}{6}\right)$
   c) $f(x) = 2\cos\left(\frac{x}{2} - \frac{\pi}{2}\right)$
   d) $f(x) = \frac{1}{3}\,\text{sen}(3x + 2\pi)$
   e) $f(x) = \frac{3}{8}\cos\left(\frac{8x}{3} + \frac{4\pi}{3}\right)$
   f) $f(x) = \frac{\text{sen}(2\pi x - \pi) - \pi}{2}$

8. Ao traçar o gráfico de funções trigonométricas, é preciso cuidado na seleção dos pontos usados para aproximar a curva. Dada a função $f(x) = \text{sen}(2x + \pi)$, responda os itens abaixo.

   a) Monte uma tabela com os pares $(x, f(x))$, usando os seguintes valores de x: $0, \frac{\pi}{2}, \pi, \frac{3\pi}{2}$ e 2π. O que acontece?
   b) Determine o período da função f.
   c) Quando o período é pequeno, não é adequado escolher pontos muito espaçados para esboçar o gráfico de f. Monte uma tabela de pares $(x, f(x))$ na qual os valores de x comecem em 0, terminem em π e estejam espaçados uniformemente por $\pi/8$.
   d) Com base em sua tabela e conhecendo o formato do gráfico da função seno, esboce o gráfico de f no intervalo $[-\pi, \pi]$. (Note que, para que o gráfico ficasse mais preciso, seria necessário usar mais que nove pontos no intervalo $[0, \pi]$.)

9. Trace em um mesmo plano cartesiano os gráficos das funções f e g, no intervalo $[-2\pi, 2\pi]$. Indique o período e a amplitude da função g.

   a) $f(x) = \cos(x)$, $g(x) = 3\,\text{sen}\left(x + \frac{\pi}{2}\right)$
   b) $f(x) = \cos(x)$, $g(x) = 1 + \frac{3}{2}\cos\left(\frac{x}{2}\right)$
   c) $f(x) = \text{sen}(x)$, $g(x) = 2\,\text{sen}\left(\frac{x}{2}\right)$
   d) $f(x) = \text{sen}(x)$, $g(x) = \frac{1}{2}\cos(2x)$

10. Esboce o gráfico das funções, incluindo ao menos dois períodos.

    a) $f(x) = \text{sen}(x) - 4$
    b) $f(x) = -4\cos(x)$
    c) $f(x) = \text{sen}\left(\frac{x}{3}\right)$
    d) $f(x) = \frac{1}{3}\text{sen}(x)$
    e) $f(x) = \cos\left(x - \frac{\pi}{4}\right)$
    f) $f(x) = \text{sen}\left(3x + \frac{\pi}{2}\right)$
    g) $f(x) = 2 - 2\cos(2x)$
    h) $f(x) = \frac{\cos(x) - 1}{2}$
    i) $f(x) = |\cos(x)|$
    j) $f(x) = \frac{3}{4}\text{sen}\left(2x - \frac{\pi}{2}\right) + \frac{1}{4}$
    k) $f(x) = \cos(2\pi x)$
    l) $f(x) = 33x + \text{sen}(\pi x) - 1$

11. Trace os gráficos das funções abaixo, usando um programa gráfico.

    a) $f(x) = -\frac{1}{3}\cos\left(\frac{x}{2}\right)$
    b) $f(x) = 2 - \text{sen}\left(\frac{4x}{5}\right)$
    c) $f(x) = 4\,\text{sen}\left(\frac{3x}{4} + \frac{\pi}{3}\right)$
    d) $f(x) = 2\cos\left(x - \frac{\pi}{4}\right) - 3$
    e) $f(x) = \frac{3}{2}\text{sen}(4\pi x)$
    f) $f(x) = 2\cos\left(\frac{\pi x}{4}\right) + 1$

12. As figuras abaixo mostram gráficos de funções na forma $f(x) = k + a\,\text{sen}(c(x - b))$. Determine, em cada caso, os valores de k, a, b e c.

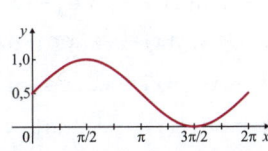

    a)
    b) 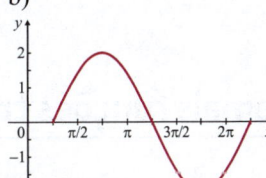
    c)
    d)

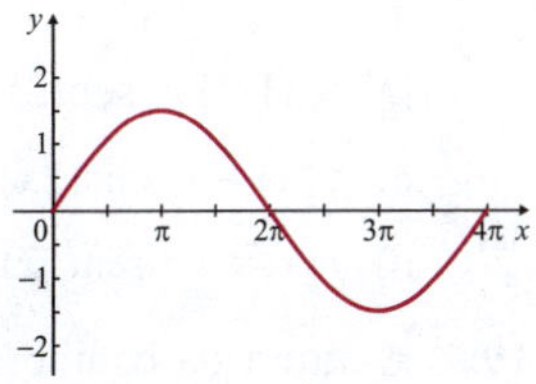

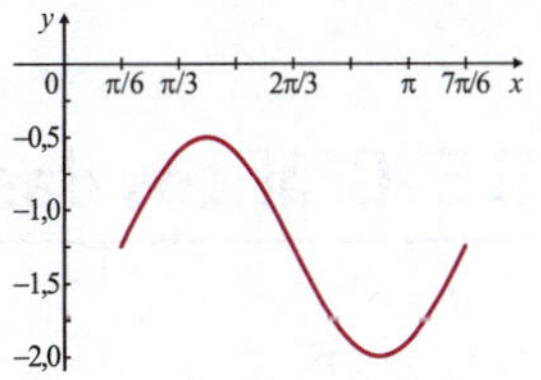

13. As figuras abaixo mostram gráficos de funções na forma $f(x) = k + a\cos(c(x - b))$. Determine, em cada caso, os valores de k, a, b e c.

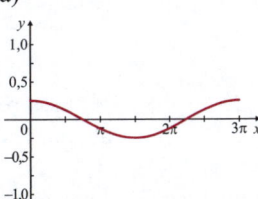

    a)
    b) 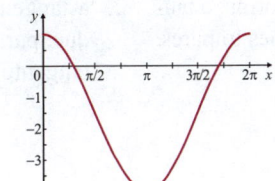
    c)
    d)

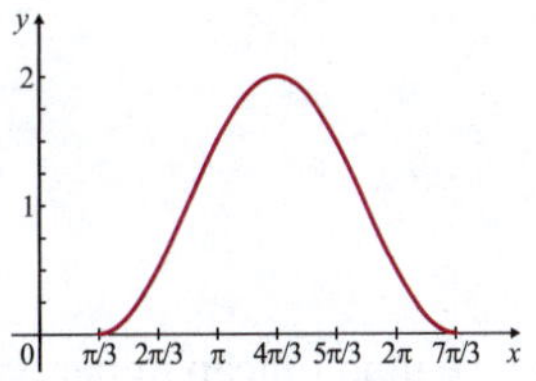

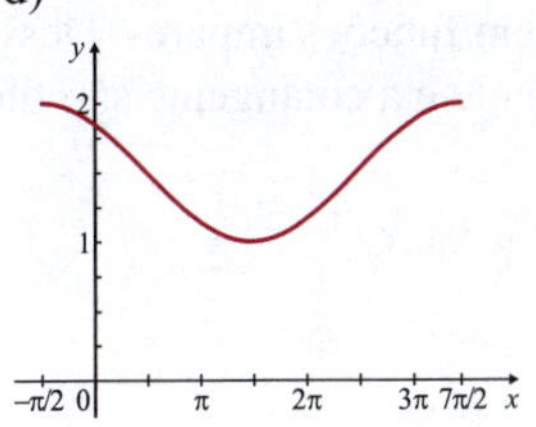

14. Escreva a expressão da função g obtida a partir de $f(x) = \text{sen}(x)$, efetuando-se um deslocamento vertical de 10 unidades, alterando-se o período para 5π e aumentando-se a amplitude para 4.

15. Escreva a expressão da função g obtida a partir de $f(x) = \text{sen}(x)$, efetuando-se um deslocamento vertical de -0,6 unidades e um deslocamento horizontal de $\pi/6$, alterando-se o período para $\pi/4$ e reduzindo-se a amplitude para 0,8.

16. Escreva a expressão da função g obtida a partir de $f(x) = \cos(x)$, efetuando-se um deslocamento horizontal de 2 unidades, alterando-se o período para 4 e reduzindo-se a amplitude para 0,4.

17. Escreva a expressão da função g obtida a partir de $f(x) = \cos(x)$, efetuando-se um deslocamento vertical de –4 unidades e um deslocamento horizontal de $-\pi/6$, alterando-se o período para 3π e aumentando-se a amplitude para 3.

18. Para cada item a seguir, trace em um mesmo plano cartesiano os gráficos das três funções fornecidas, no intervalo indicado, usando um programa gráfico.

    a) $f(x) = x\,\text{sen}(x)$, $g(x) = x$, $h(x) = -x$, $x \in [-4\pi, 4\pi]$
    b) $f(x) = |x|\,\text{sen}(2x)$, $g(x) = x$, $h(x) = -x$, $x \in [-4\pi, 4\pi]$
    c) $f(x) = x^2 \cos(2x)$, $g(x) = x^2$, $h(x) = -x^2$, $x \in [-3\pi, 3\pi]$
    d) $f(x) = e^{-x}\,\text{sen}(5x)$, $g(x) = e^{-x}$, $h(x) = -e^{-x}$, $x \in [-\pi/2, \pi]$

19. A altura da cabine de uma roda-gigante é descrita em função do tempo (em min) por

    $$h(t) = 76 + 75\,\text{sen}\left(\frac{\pi}{15}t - \frac{\pi}{2}\right).$$

    a) Determine as alturas máxima e mínima da cabine.
    b) Determine quanto tempo a roda demora para dar uma volta completa (ou seja, qual é o período de $h(t)$).
    c) Usando um programa gráfico, trace a curva de $h(t)$.

20. A pressão sanguínea de uma determinada pessoa pode ser aproximada pela função $P(t) = 100 + 20\cos(110\pi t)$, em que t é o instante de tempo e P é dada em milímetros de mercúrio.

    a) Determine a pressão máxima (sistólica) e a pressão mínima (diastólica) dessa pessoa.
    b) Determine o período da função $P(t)$.
    c) Determine o número de batimentos cardíacos por minuto dessa pessoa.

21. Assim que um praticante de *bungee jump* salta de uma ponte, seu corpo oscila rapidamente para cima e para baixo. Essa oscilação, que depende do peso do saltador e da elasticidade da corda, dentre outros fatores, vai sendo atenuada ao longo do tempo. Para uma certa praticante desse esporte, a função que descreve sua altura (medida em metros acima do rio) em relação ao tempo (em segundos) é $h(t) = 35 + 30 e^{-0,0625 t} \cos(0,9 t)$.

    a) Encontre a altura da intrépida jovem nos instantes $t = 0, 3, 7, 10, 14, 17, 50$.
    b) Usando um programa de computador, trace o gráfico de $h(t)$ para t entre 0 e 50 segundos.

6.5 Gráficos das demais funções trigonométricas

Nesta seção, trataremos dos gráficos da tangente, da cotangente, da secante e da cossecante, levando em conta as relações entre estas e as funções seno e cosseno.

■ Gráficos da tangente e da cotangente

Já vimos que é possível definir a tangente de uma variável real x usando a expressão

$$\tan(x) = \frac{\text{sen}(x)}{\cos(x)}.$$

Essa relação entre a tangente e as funções seno e cosseno nos permite tirar algumas conclusões importantes sobre a tangente:

Se u é uma função ímpar e v é uma função par, então os quocientes u/v e v/u definem funções ímpares. Dessa forma, a tangente e a cotangente são funções ímpares.

1. a tangente é ímpar, pois é o quociente entre uma função ímpar (o seno) e uma função par (o cosseno);
2. a tangente não está definida para $x = \pi/2, 3\pi/2, 5\pi/2, 7\pi/2, \ldots$, uma vez que, para esses valores de x, o cosseno é igual a zero. Dito de outra forma, a tangente só está definida para

    $$x \neq \frac{\pi}{2} + n\pi,$$

    em que n é um número inteiro;

3. o período da tangente não pode ser maior que 2π, pois esse é o período do seno e do cosseno.

Já sabemos que a tangente não está definida para certos valores de x, dentre os quais $x = \pi/2$. Entretanto, não conhecemos o comportamento da função nas proximidades desses pontos, o que é essencial para traçar o gráfico da função.

Calculemos, então, $\tan(x)$ para valores de x cada vez mais próximos de $\pi/2 = 0{,}5\pi$ pelo lado esquerdo, ou seja, considerando que $x < \pi/2$.

x	$0{,}4\pi$	$0{,}49\pi$	$0{,}499\pi$	$0{,}4999\pi$	$0{,}49999\pi$	$0{,}499999\pi$
$\tan(x)$	3,07768	31,8205	318,309	3183,10	31831,0	318310

Agora, vejamos o que acontece com a tangente quando x se aproxima de $\pi/2$ pelo lado direito, ou seja, supondo que $x > \pi/2$:

x	$0{,}6\pi$	$0{,}51\pi$	$0{,}501\pi$	$0{,}5001\pi$	$0{,}50001\pi$	$0{,}500001\pi$
$\tan(x)$	−3,07768	−31,8205	−318,309	−3183,10	−31831,0	−318310

A definição formal de assíntota vertical foi introduzida na Seção 5.3.

Essas tabelas sugerem que a tangente cresce ilimitadamente quando x se aproxima de $\pi/2$ pela esquerda e decresce ilimitadamente quando a aproximação é feita pelo lado direito. Nesse caso, dizemos que a reta vertical $x = \pi/2$ é uma assíntota vertical do gráfico da tangente. Comportamento similar é encontrado nas vizinhanças de todos os pontos de descontinuidade da tangente.

Agora que dispomos das informações mais relevantes sobre a função tangente, vamos traçar seu gráfico no intervalo $[0, 2\pi]$, tomando por base pontos igualmente espaçados em $\pi/8$, com exceção de $\pi/2$ e $3\pi/2$, cada qual substituído por um ponto levemente à esquerda e outro levemente à direita. No caso de $\pi/2 = 8\pi/16$, usamos os valores $7\pi/16$ e $9\pi/16$. Já $3\pi/2 = 24\pi/16$ é substituído por $23\pi/16$ e $25\pi/16$, como apresentado na Tabela 6.8.

A curva obtida a partir dos pares ordenados $(x, \tan(x))$ é mostrada na Figura 6.51, na qual se nota a presença das duas assíntotas verticais.

TABELA 6.8

x	$\tan(x)$
0	0,000
$\pi/8$	0,414
$\pi/4$	1,000
$3\pi/8$	2,414
$7\pi/16$	5,027
$9\pi/16$	−5,027
$5\pi/8$	−2,414
$3\pi/4$	−1,000
$7\pi/8$	−0,414
π	0,000
$9\pi/8$	0,414
$5\pi/4$	1,000
$11\pi/8$	2,414
$23\pi/16$	5,027
$25\pi/16$	−5,027
$13\pi/8$	−2,414
$7\pi/4$	−1,000
$15\pi/8$	−0,414
2π	0,000

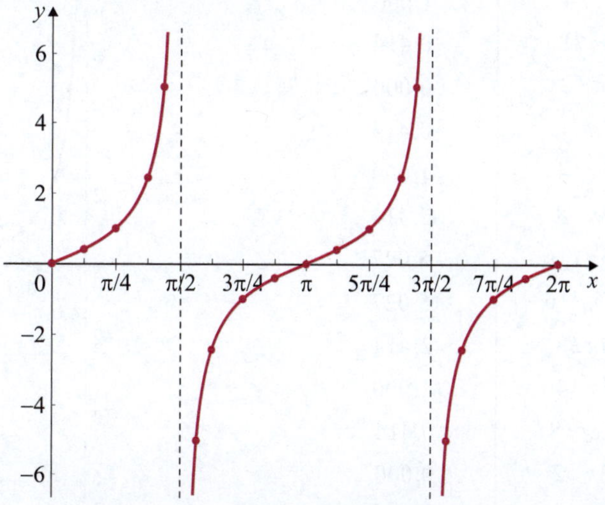

FIGURA 6.51 Gráfico de $\tan(x)$ para $0 \le x \le 2\pi$.

Para traçar o gráfico da tangente em um intervalo maior, basta repetir a curva encontrada no intervalo $[0, 2\pi]$, como ilustrado na Figura 6.52. Observa-se nesta figura que, apesar de termos traçado o gráfico considerando inicialmente um intervalo de comprimento 2π (trecho em rosa), o **período da tangente é igual a π**, valor que corresponde à distância entre duas assíntotas sucessivas.

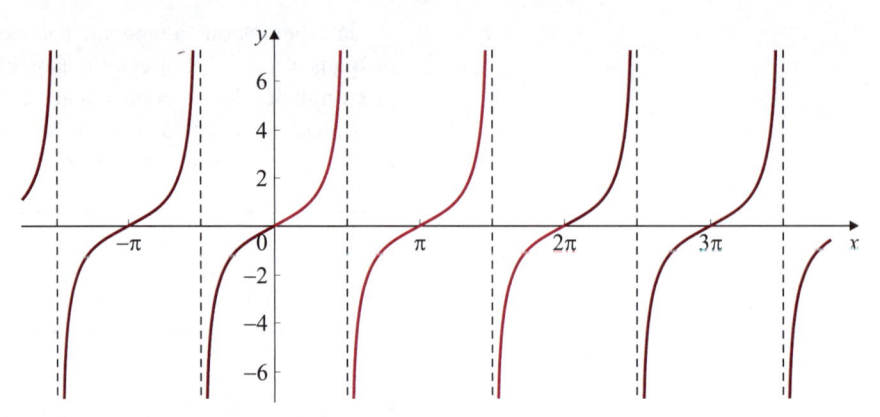

FIGURA 6.52 Gráfico da tangente.

A obtenção do gráfico da cotangente segue os mesmos passos adotados para a tangente. Nesse caso, reparamos que

1. a cotangente é ímpar, pois é obtida dividindo-se uma função par (o cosseno) por uma função ímpar (o seno);

2. a cotangente não está definida para os valores de x nos quais o seno vale zero, ou seja, para $x = 0, \pi, 2\pi, 3\pi, \ldots$. Portanto, o domínio da cotangente é formado por todo x real tal que

$$x \neq n\pi,$$

em que n é um número inteiro;

3. o período da cotangente é menor ou igual a 2π, o período do seno e do cosseno.

Escolhendo valores de x espaçados de $\pi/8$ no intervalo $[0, 2\pi]$ e tomando o cuidado de evitar $x = 0$ (substituído por $\pi/16$), $x = \pi$ (substituído por $15\pi/16$ e $17\pi/16$) e $x = 2\pi$ (substituído por $31\pi/16$), obtemos os pares ordenados $(x, \cot(x))$ mostrados na Tabela 6.9. A curva obtida a partir da tabela é apresentada na Figura 6.53, que contém as assíntotas verticais $x = 0$, $x = \pi$ e $x = 2\pi$.

TABELA 6.9

x	$\cot(x)$
$\pi/16$	5,027
$\pi/8$	2,414
$\pi/4$	1,000
$3\pi/8$	0,414
$\pi/2$	0,000
$5\pi/8$	−0,414
$3\pi/4$	−1,000
$7\pi/8$	−2,414
$15\pi/16$	−5,027
$17\pi/16$	5,027
$9\pi/8$	2,414
$5\pi/4$	1,000
$11\pi/8$	0,414
$3\pi/2$	0,000
$13\pi/8$	−0,414
$7\pi/4$	−1,000
$15\pi/8$	−2,414
$31\pi/16$	−5,027

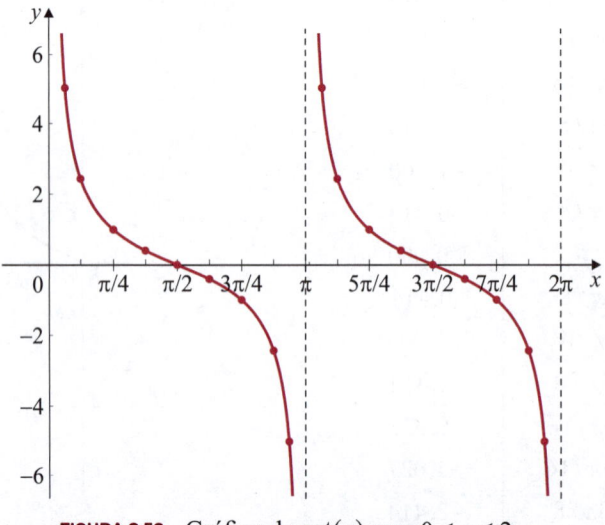

FIGURA 6.53 Gráfico de $\cot(x)$ para $0 \leq x \leq 2\pi$.

A Figura 6.53 indica que, a exemplo do que ocorre com a tangente, o **período da cotangente é igual a π**. A Tabela 6.10 resume as principais propriedades dessas duas funções trigonométricas.

TABELA 6.10 Propriedades da tangente e da cotangente.

Propriedade	tan	cot
Domínio	$x \neq \frac{\pi}{2} + n\pi$	$x \neq n\pi$
Imagem	$\mathbb{R}$	$\mathbb{R}$
Período	π	π
Simetria	Ímpar	Ímpar

O gráfico da cotangente em um intervalo maior pode ser obtido repetindo-se aquele encontrado no intervalo $[0, 2\pi]$, como mostrado na Figura 6.54.

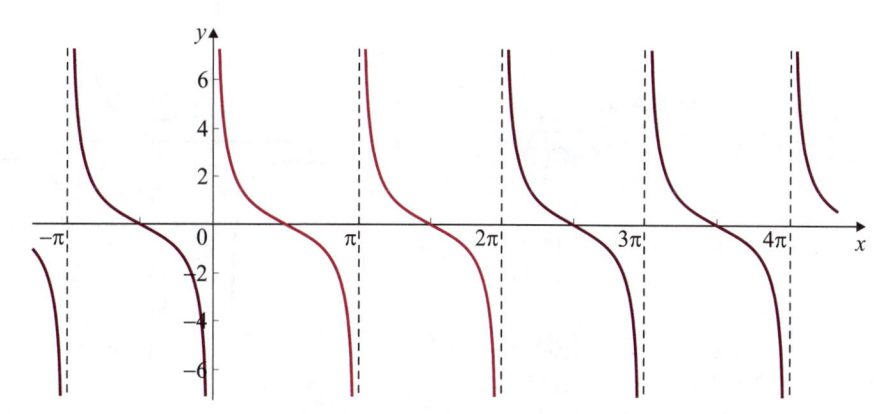

FIGURA 6.54 Gráfico da cotangente.

■ **Gráficos da secante e da cossecante**

Para traçar os gráficos da secante e da cossecante, usamos as relações

$$\sec(x) = \frac{1}{\cos(x)} \quad \text{e} \quad \csc(x) = \frac{1}{\operatorname{sen}(x)},$$

tomando o cuidado de não tentar calcular essas funções em pontos nos quais os denominadores são iguais a zero. Quando isto ocorre, substituímos o valor de x por números próximos, tanto à direita quanto à esquerda.

A Tabela 6.11 mostra os pares ordenados usados no traçado do gráfico da secante no intervalo $[0, 2\pi]$. Note que usamos $x = 5\pi/12$ e $x = 7\pi/12$ em vez de $x = \pi/2$, assim como adotamos $x = 17\pi/12$ e $x = 19\pi/12$ em vez de $x = 3\pi/2$.

O gráfico obtido é apresentado na Figura 6.55, na qual também mostramos, em cinza, a curva do cosseno. Relacionando os gráficos, percebemos, por exemplo, que as duas curvas têm pontos em comum quando $\cos(x) = \pm 1$ e que as assíntotas verticais correspondem aos pontos em que $\cos(x) = 0$. De fato, seria possível traçar o gráfico da secante a partir das coordenadas da curva do cosseno, dispensando a Tabela 6.11.

TABELA 6.11

x	$\sec(x)$
0	1,000
$\pi/6$	1,155
$\pi/4$	1,414
$\pi/3$	2,000
$5\pi/12$	3,864
$7\pi/12$	−3,864
$2\pi/3$	−2,000
$3\pi/4$	−1,414
$5\pi/6$	−1,155
π	−1,000
$7\pi/6$	−1,155
$5\pi/4$	−1,414
$4\pi/3$	−2,000
$17\pi/12$	−3,864
$19\pi/12$	3,864
$5\pi/3$	2,000
$7\pi/4$	1,414
$11\pi/6$	1,155
2π	1,000

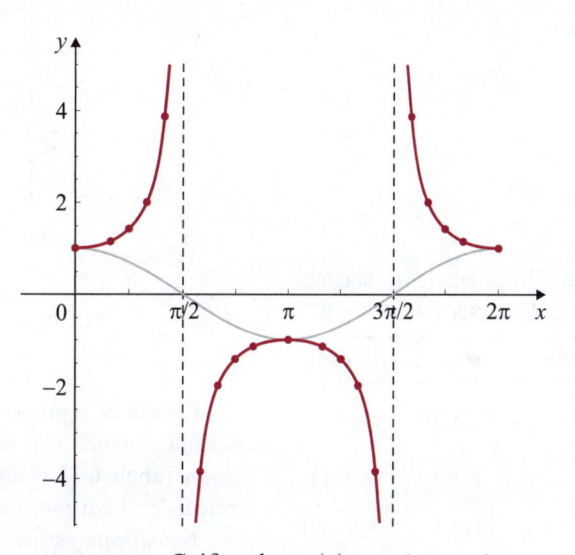

FIGURA 6.55 Gráfico de $\sec(x)$ para $0 \leq x \leq 2\pi$.

O gráfico da secante em um intervalo estendido de x é mostrado na Figura 6.56.

TABELA 6.12

x	$\operatorname{CSC}(x)$
$\pi/12$	3,864
$\pi/6$	2,000
$\pi/4$	1,414
$\pi/3$	1,155
$\pi/2$	1,000
$2\pi/3$	1,155
$3\pi/4$	1,414
$5\pi/6$	2,000
$11\pi/12$	3,864
$13\pi/12$	−3,864
$7\pi/6$	−2,000
$5\pi/4$	−1,414
$4\pi/3$	−1,155
$3\pi/2$	−1,000
$5\pi/3$	−1,155
$7\pi/4$	−1,414
$11\pi/6$	−2,000
$23\pi/12$	−3,864

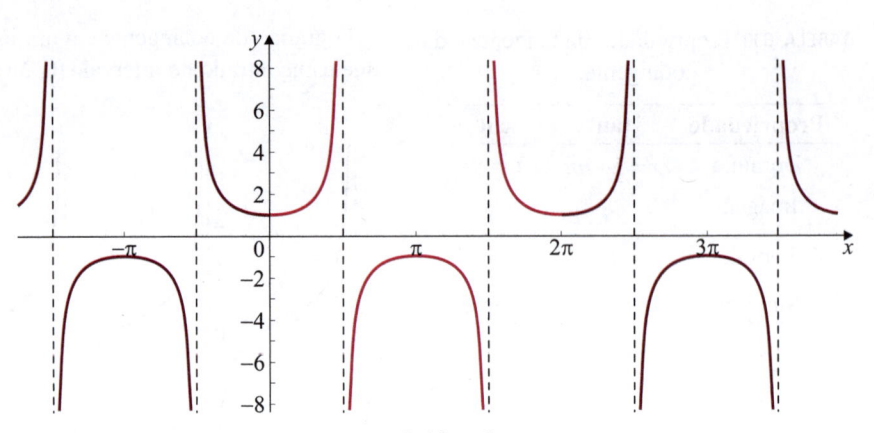

FIGURA 6.56 Gráfico da secante.

Para traçar o gráfico da cossecante, devemos montar uma tabela que não contenha valores de x nos quais sen$(x) = 0$. No intervalo $[0, 2\pi]$, esses pontos se resumem a $x = 0$, $x = \pi$ e $x = 2\pi$. Assim, trabalhando com os pontos empregados usualmente para o traçado de sen(x) e adotando uma variação de $\pi/12$ nas proximidades dos pontos acima, obtemos os pares apresentados na Tabela 6.12.

O gráfico produzido a partir dessa tabela é mostrado em rosa na Figura 6.57, a qual também contém, em cinza, a curva $y = $ sen(x). A superposição dos gráficos nos permite identificar os pontos nos quais os valores das duas funções coincidem, bem como associar as assíntotas verticais ao valores de x para os quais sen$(x) = 0$.

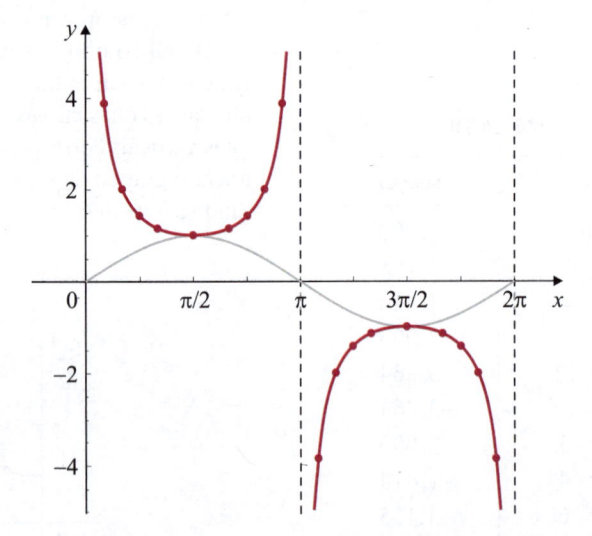

FIGURA 6.57 Gráfico de csc(x) para $0 \leq x \leq 2\pi$.

Repetindo o gráfico obtido para $x \in [0, 2\pi]$, é possível obter o gráfico da cossecante em um intervalo maior, como se vê na Figura 6.58.

A Tabela 6.13 resume as propriedades da secante e da cossecante. Essas propriedades, bem como as da tangente e da cotangente, podem ser alteradas usando-se transformações de funções similares àquelas apresentadas na Seção 6.4. O Problema 1 ilustra as principais transformações, que incluem as translações na horizontal e na vertical, a alteração do período da função e o esticamento ou encolhimento do seu gráfico.

TABELA 6.13 Propriedades da secante e da cossecante.

Propriedade	sec	csc
Domínio	$x \neq \frac{\pi}{2} + n\pi$	$x \neq n\pi$
Imagem	$(-\infty, 1] \cup [1, \infty)$	$(-\infty, 1] \cup [1, \infty)$
Período	2π	2π
Simetria	Par	Ímpar

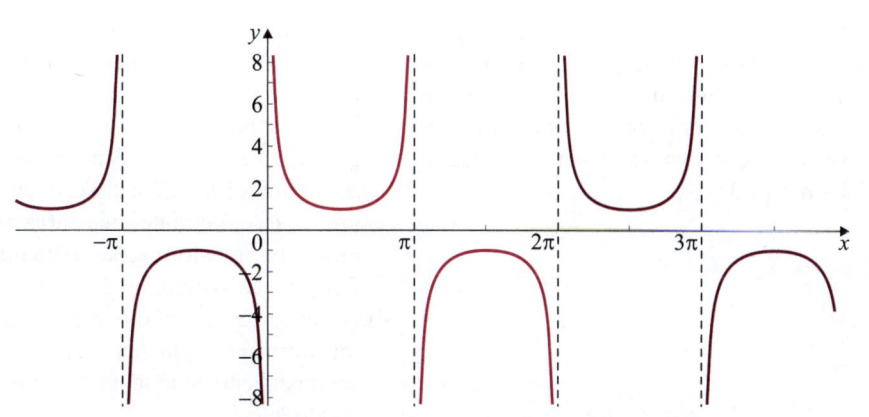

FIGURA 6.58 Gráfico da cossecante.

Problema 1 Transformação de funções trigonométricas

Trace os gráficos das funções abaixo no intervalo $[-2\pi, 4\pi]$.

a) $f(x) = \tan\left(\frac{x}{2}\right)$

b) $f(x) = \cot\left(x + \frac{\pi}{4}\right)$

c) $f(x) = 1 + 3\csc(x)$

d) $f(x) = \sec\left(2\left(x - \frac{\pi}{4}\right)\right)$

Solução

a) A exemplo do que foi visto para o seno e o cosseno na Seção 6.4, dada a constante $c > 0$, a função $f(x) = \tan(cx)$ tem gráfico similar ao da tangente, salvo pelo período, que passa a ser π/c. Como $c = 1/2$ nesse problema, o período de f corresponde a $\frac{\pi}{1/2} = 2\pi$. O domínio passa a ser $\{x \in \mathbb{R} \mid x \neq \pi + n\pi\}$.

A Figura 6.59a mostra o gráfico da função f. Para evidenciar a mudança de período, nela também se vê, em cinza, a curva da tangente no intervalo $[-\frac{\pi}{2}, \frac{\pi}{2}]$.

b) A função $f(x) = \cot(x + \pi/4)$ tem a forma $f(x) = \cot(x - b)$, em que $b = -\pi/4$. A presença de um termo b negativo provoca um deslocamento para a esquerda do gráfico de $y = \cot(x)$ como mostrado na Figura 6.59b, na qual a curva correspondente a um período da cotangente é exibida em cinza. Com esse deslocamento, o domínio da função passa a ser $\{x \in \mathbb{R} \mid x \neq -\pi/4 + n\pi\}$.

a) $f(x) = \tan\left(\frac{x}{2}\right)$

b) $f(x) = \cot\left(x + \frac{\pi}{4}\right)$

c) $f(x) = 1 + 3\csc(x)$

d) $f(x) = \sec\left(2\left(x - \frac{\pi}{4}\right)\right)$

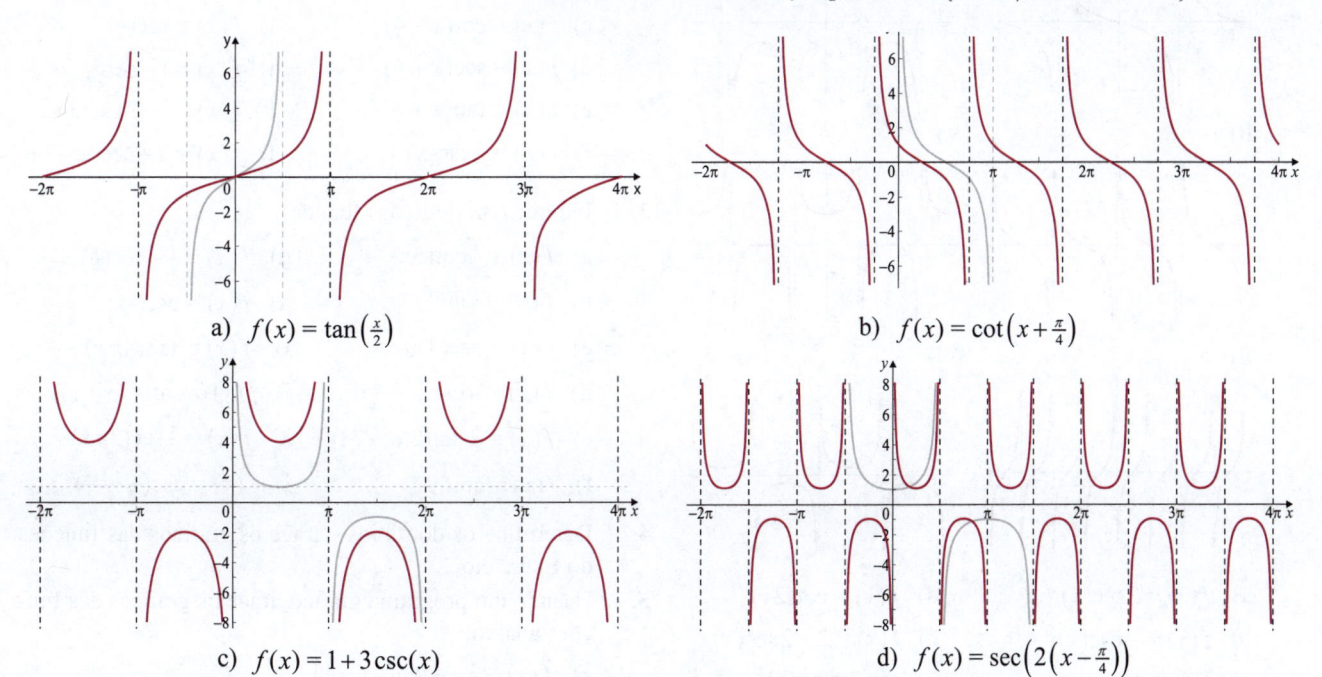

FIGURA 6.59 Gráficos das funções do Problema 1.

Note que, nos trechos em que o gráfico tem concavidade para cima, o valor mínimo da função é $k + a = 1 + 3 = 4$. Já nos trechos com concavidade para baixo, a função tem valor máximo igual a $k - a = 1 - 3 = -2$.

c) Para traçar o gráfico de $f(x) = k + a\csc(x)$ a partir do gráfico de $y = \csc(x)$, devemos efetuar um deslocamento vertical de k unidades, bem como um esticamento ou encolhimento, também vertical, definido pela constante $a > 0$.

Nesse problema, temos $k = 1$, de modo que o gráfico da cossecante é deslocado para cima em uma unidade, o que é evidenciado pela linha tracejada em cinza na Figura 6.59c. Além disso, o termo $a = 3$ provoca um esticamento vertical do gráfico da cossecante, cuja curva original é mostrada em cinza na figura. Como efeito das transformações, o conjunto imagem de f torna-se $(-\infty, -2] \cup [4, \infty)$. Por sua vez, o domínio permanece $\{x \in \mathbb{R} \mid x \neq n\pi\}$.

d) A conversão de $g(x) = \sec(x)$ na função $f(x) = \sec(c(x-b))$ provoca duas transformações em seu gráfico: um deslocamento horizontal de b unidades, acompanhado de uma mudança no período, que passa a ser igual a $2\pi / c$ (supondo que $c > 0$).

Nesse problema, temos um deslocamento de $b = \pi / 4$ para a direita e uma redução do período para $2\pi / c = 2\pi / 2 = \pi$. O gráfico resultante é exibido na Figura 6.59d, que também mostra, em cinza, um período do gráfico original da secante.

Para encontrar os pontos nos quais a nova função não está definida, dividimos por c os pontos nos quais a função original (a secante) não estava definida, e somamos b ao resultado:

Note que

$$\frac{\pi}{2} + \frac{n\pi}{2} = \frac{(n+1)\pi}{2} = \frac{m\pi}{2}.$$

$$\frac{\frac{\pi}{2} + n\pi}{c} + b = \frac{\frac{\pi}{2} + n\pi}{2} + \frac{\pi}{4} = \frac{\pi}{4} + \frac{n\pi}{2} + \frac{\pi}{4} = \frac{\pi}{2} + \frac{n\pi}{2}.$$

Concluímos, assim, que o domínio da função f é $\{x \in \mathbb{R} \mid x \neq n\pi / 2\}$.

Agora, tente o Exercício 2.

Exercício 6.5

1. Relacione os gráficos abaixo às funções fornecidas.

I)

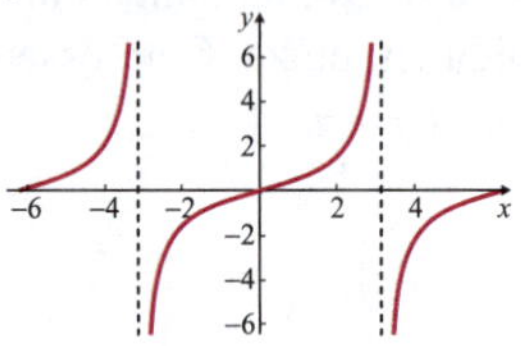

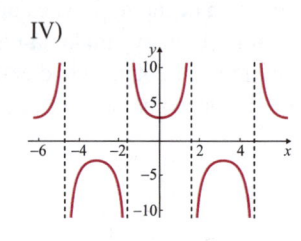

II)

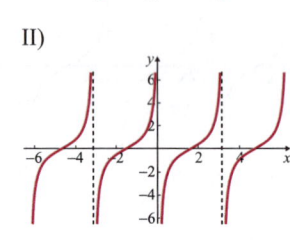

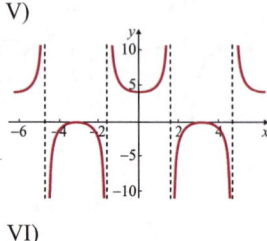

III)

IV)

V)

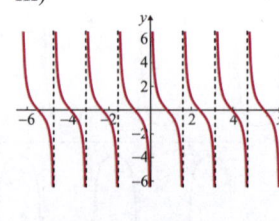

VI)

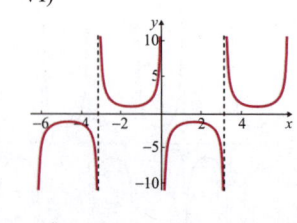

a) $f(x) = 3\sec(x)$
b) $f(x) = -\csc(x)$
c) $f(x) = \tan(\frac{x}{2})$
d) $f(x) = \cot(2x)$
e) $f(x) = 2 + 2\sec(x)$
f) $f(x) = \tan(x)$

2. Trace os gráficos das funções abaixo incluindo ao menos dois períodos.

a) $f(x) = \tan(x) - 3$
b) $f(x) = 2 + \csc(x)$
c) $f(x) = \cot(x - \frac{\pi}{2})$
d) $f(x) = \sec(x + \frac{\pi}{6})$
e) $f(x) = \tan(x + \frac{\pi}{4})$
f) $f(x) = \frac{1}{2}\csc(x)$
g) $f(x) = 3\cot(x)$
h) $f(x) = \tan(4x)$
i) $f(x) = \sec(\frac{x}{2})$
j) $f(x) = 1 - \cot(x)$
k) $f(x) = 1 - 2\csc(x)$
l) $f(x) = 2 + \sec(x - \frac{\pi}{2})$

3. Indique o período das funções.

a) $f(x) = \frac{1}{3}\cot(3x)$
b) $f(x) = \tan(\frac{x}{3})$
c) $f(x) = \sec(4x)$
d) $f(x) = 4\csc(x + \frac{\pi}{4})$
e) $f(x) = 2\tan(2(x - \frac{\pi}{6}))$
f) $f(x) = \cot(\frac{2x}{5})$
g) $f(x) = \frac{1}{4} + \sec(\frac{x}{4})$
h) $f(x) = \csc(\frac{4x}{3})$
i) $f(x) = \tan(4\pi x) - 4$
j) $f(x) = \cot(\frac{\pi}{5}(x+1))$
k) $f(x) = \frac{1}{2}\sec(2\pi x)$
l) $f(x) = \csc(\frac{\pi x}{6} - \frac{\pi}{3})$

4. Determine os domínios e trace os gráficos das funções do Exercício 3.

5. Usando um programa gráfico, trace os gráficos das funções abaixo.

a) $f(x) = 3 - \frac{1}{2}\tan(4x - \frac{\pi}{3})$

b) $f(x) = 0,6\sec(0,4x-1,2)+2,4$
c) $f(x) = 2 + 4\cot(\frac{\pi x}{2}+\pi)$
d) $f(x) = 3\csc(2\pi x - \frac{\pi}{3}) - 5$

6. Um sensor instalado sobre o portão de uma base militar detecta a aproximação de veículos que passam por uma rua localizada a 30 m da entrada da base, como mostra a figura. Determine a função que descreve a distância d (em metros) entre o portão e um veículo que passa na rua, em relação ao ângulo θ (em radianos). Trace o gráfico de $d(\theta)$ para $-\pi/2 < \theta < \pi/2$. Observe que θ é negativo na parte da estrada que está à esquerda do portão.

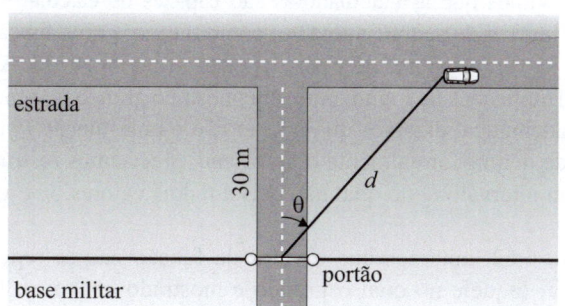

7. Uma câmera de televisão está instalada em frente ao ponto central de uma pista de corrida que tem 100 m de comprimento, como mostra a figura. Determine a função que fornece a distância d (em metros) percorrida por um corredor, em relação ao ângulo θ (em radianos). Observe que $d = 0$ no ponto de largada, que a câmera dista 40 m da raia usada pelo corredor, e que θ é negativo em pontos que estão à esquerda da câmera. De posse da função, descubra qual é o maior ângulo θ feito pela câmera e trace o gráfico de $d(\theta)$.

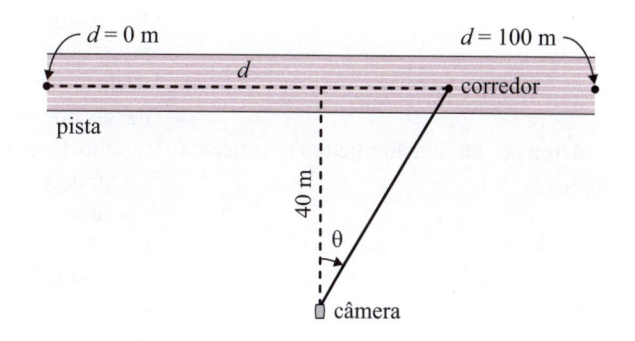

6.6 Funções trigonométricas inversas

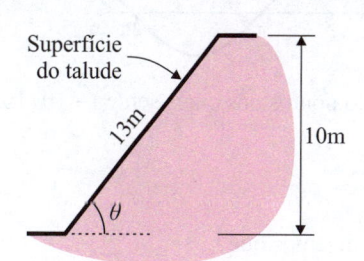

FIGURA 6.60 Talude de terra.

Na Seção 6.1, vimos como obter o valor de uma função trigonométrica a partir de um ângulo θ. O exemplo abaixo ilustra uma situação prática na qual ocorre o contrário, conhecemos os comprimentos de dois lados de um triângulo retângulo e desejamos descobrir a medida do ângulo.

Exemplo 1. Ângulo de um talude

A Figura 6.60 mostra um talude – ou seja, uma superfície inclinada – composto de terra. Em projetos de engenharia, para assegurar que um talude de terra não desmorone, analisa-se o solo e, com base no material do qual ele é composto (areia, argila, rocha etc.), define-se uma inclinação máxima para sua superfície.

Nesse exemplo, supomos que um grupo de engenheiros tenha concluído que o barranco mostrado na figura não deve ter inclinação superior a 30°. Nosso objetivo é verificar se, na situação atual, há risco de desmoronamento.

Para auxiliar a resolução do problema, desenhamos um triângulo retângulo, como aquele exibido na Figura 6.61, que reúne as principais informações relativas ao talude. Nesse triângulo, o cateto oposto ao ângulo θ tem 10 m de comprimento, valor correspondente à altura do talude. Além disso, sua hipotenusa mede 13 m, de modo que, embora θ não esteja determinado, deduzimos que

$$\text{sen}(\theta) = 10/13 \approx 0,7692.$$

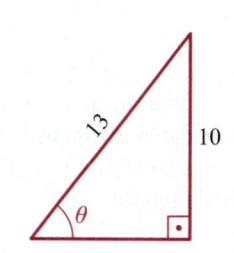

FIGURA 6.61 Representação esquemática do talude.

Para encontrar a medida do ângulo θ cujo seno é $10/13$, recorremos à função inversa do seno, denominada *arco seno*. Em notação matemática, escrevemos

$$\theta = \text{arcsen}(10/13).$$

Nas calculadoras científicas, a tecla que fornece o valor da função arco seno normalmente é identificada por `sin`⁻¹, indicando tratar-se da função inversa do seno. Sendo assim, para nosso problema, depois de tomarmos o cuidado de assegurar

Como é comum o seno e o arco seno compartilharem a mesma tecla da calculadora, para obter o arco seno precisamos pressionar primeiramente a tecla shift (ou 2nd).

que os ângulos fornecidos pela calculadora estão em graus, obtemos o valor de arcsen(10/13) através da sequência de comandos

[shift] [sin⁻¹] [(] [1] [0] [÷] [1] [3] [)] [=]

cujo resultado fornece o ângulo $\theta \approx 50{,}28°$. Notando, então, que $50{,}28° > 30°$, concluímos que o talude da Figura 6.60 apresenta risco de desmoronamento.

Agora, tente o Exercício 9.

■ Arco seno

No exemplo anterior, vimos que as calculadoras são capazes de calcular o arco seno, que é a função inversa do seno. Entretanto, como o seno é uma função periódica, sabemos que há vários valores de x para os quais $\text{sen}(x) = 10/13$. Alguns desses pontos estão identificados na Figura 6.62, que mostra o gráfico do seno.

A definição de função injetora é fornecida na Seção 5.1.

Em linguagem matemática, dizemos que o seno não é uma função *injetora*, de modo que, antes de definir formalmente o arco seno, precisamos restringir o domínio do seno a um intervalo D no qual não existam dois valores, x_1 e x_2, tais que $\text{sen}(x_1) = \text{sen}(x_2)$.

Voltando à Figura 6.62, notamos que o valor da função não se repete no intervalo $[-\pi/2, \pi/2]$ (aquele no qual o gráfico é mostrado em rosa). Desse modo, a função seno é injetora nesse intervalo. Além disso, notamos que o seno assume todos os valores entre -1 e 1 para $x \in [-\pi/2, \pi/2]$, o que torna esse intervalo adequado para a definição de sua função inversa, como se vê no quadro abaixo.

Apesar de o grau ser usado como unidade em problemas práticos envolvendo triângulos, como se viu no Exemplo 1, os gráficos de funções trigonométricas e de suas inversas sempre envolvem radianos (vide as Figuras 6.62 e 6.63).

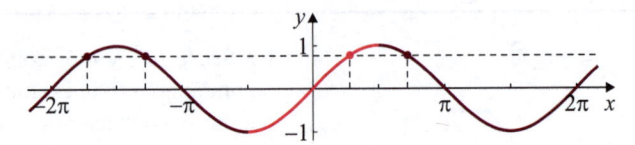

FIGURA 6.62 Gráfico do seno, identificando pontos nos quais $\text{sen}(x) = 10/13$.

Função arco seno

Dado o número real x tal que $-1 \leq x \leq 1$, dizemos que

$$y = \text{arcsen}(x) \quad \text{se e somente se} \quad \text{sen}(y) = x.$$

A função $f(x) = \text{arcsen}(x)$, denominada **arco seno**, tem domínio $[-1,1]$ e conjunto imagem $[-\pi/2, \pi/2]$.

Para obter o gráfico da função arco seno, podemos usar uma tabela com os valores do seno, invertendo os papéis das coordenadas horizontais e verticais, uma vez que os pares $(x, \text{arcsen}(x))$ são equivalentes a $(\text{sen}(y), y)$. A Tabela 6.14 fornece o arco seno para pontos típicos do domínio da função.

TABELA 6.14 Valores de $y = \text{arcsen}(x)$ para $x \in [-1,1]$.

x	-1	$-\dfrac{\sqrt{3}}{2}$	$-\dfrac{\sqrt{2}}{2}$	$-\dfrac{1}{2}$	0	$\dfrac{1}{2}$	$\dfrac{\sqrt{2}}{2}$	$\dfrac{\sqrt{3}}{2}$	1	$\text{sen}(y)$
$\text{arcsen}(x)$	$-\dfrac{\pi}{2}$	$-\dfrac{\pi}{3}$	$-\dfrac{\pi}{4}$	$-\dfrac{\pi}{6}$	0	$\dfrac{\pi}{6}$	$\dfrac{\pi}{4}$	$\dfrac{\pi}{3}$	$\dfrac{\pi}{2}$	y

A curva obtida a partir da Tabela 6.14 é exibida na Figura 6.63. Repare que a função é estritamente crescente e que o conjunto imagem está limitado ao intervalo $[-\pi/2, \pi/2]$.

Arco cosseno

A obtenção do arco cosseno segue o mesmo roteiro adotado para o arco seno, já que o cosseno é uma função periódica com características similares ao seno. Assim, o primeiro passo para a definição da função inversa é a escolha de um intervalo no qual o cosseno seja uma função injetora e assuma todos os valores de seu conjunto imagem, que é $[-1,1]$.

Observando o gráfico do cosseno, dado na Figura 6.64, percebemos que a função satisfaz os requisitos desejados no intervalo $[0, \pi]$ (mostrado em rosa), de modo que o usaremos para definir o arco cosseno.

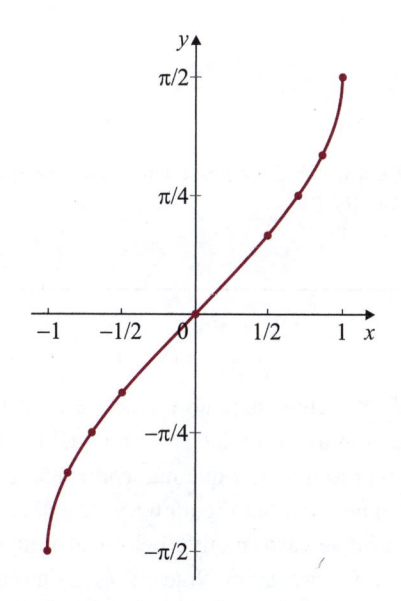

FIGURA 6.63 Gráfico de $y = \text{arcsen}(x)$.

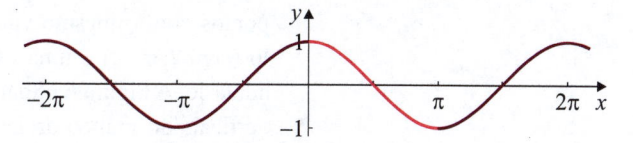

FIGURA 6.64 Gráfico do cosseno.

Função arco cosseno

Dado o número real x tal que $-1 \leq x \leq 1$, dizemos que

$$y = \arccos(x) \quad \text{se e somente se} \quad \cos(y) = x.$$

A função $f(x) = \arccos(x)$, denominada **arco cosseno**, tem domínio $[-1,1]$ e conjunto imagem $[0, \pi]$.

A Tabela 6.15 fornece os valores usados para traçar o gráfico de $y = \arccos(x)$, o qual é exibido na Figura 6.65.

TABELA 6.15 Valores de $y = \arccos(x)$ para $x \in [-1,1]$.

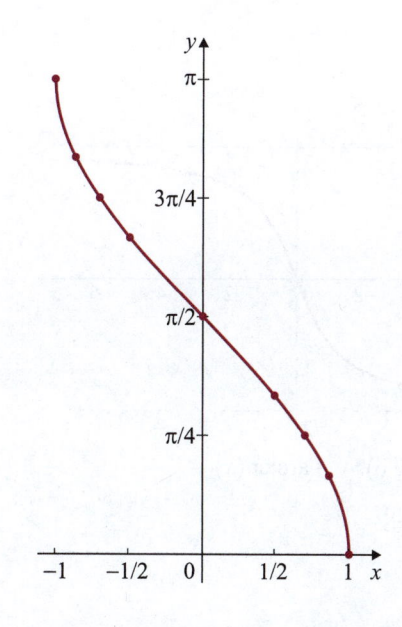

x	-1	$-\dfrac{\sqrt{3}}{2}$	$-\dfrac{\sqrt{2}}{2}$	$-\dfrac{1}{2}$	0	$\dfrac{1}{2}$	$\dfrac{\sqrt{2}}{2}$	$\dfrac{\sqrt{3}}{2}$	1	$\cos(y)$
$\arccos(x)$	π	$\dfrac{5\pi}{6}$	$\dfrac{3\pi}{4}$	$\dfrac{2\pi}{3}$	$\dfrac{\pi}{2}$	$\dfrac{\pi}{3}$	$\dfrac{\pi}{4}$	$\dfrac{\pi}{6}$	0	y

FIGURA 6.65 Gráfico de $y = \arccos(x)$.

Problema 1. Ângulo de visão de uma TV

Uma pessoa assiste televisão sentada em um sofá que dista 2 m do aparelho. Por sua vez, a distância entre a pessoa e a TV é de 3 m, como mostrado na Figura 6.66. Sabendo que a imagem da TV só é boa quando quem a assiste tem um ângulo de visão menor ou igual a 60°, verifique se essa pessoa terá uma boa visão da TV.

Solução

Este problema pode ser representado pelo triângulo retângulo da Figura 6.67, cuja hipotenusa tem 3 m de comprimento e cujo cateto adjacente ao ângulo de visão, θ, mede 2 m. Embora não conheçamos o valor de θ, sabemos que seu cosseno vale $2/3$. Assim,

$$\theta = \arccos(2/3).$$

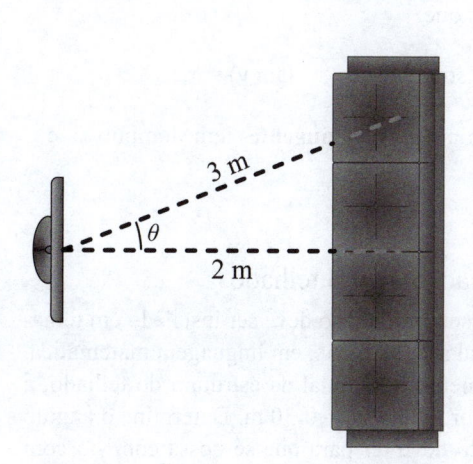

FIGURA 6.66 Ângulo de visão de uma TV.

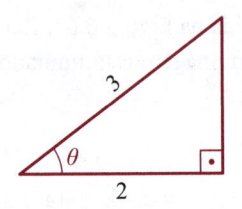

FIGURA 6.67 Representação esquemática do Problema 1.

Usando a sequência de comandos

[shift] [cos⁻¹] [(] [2] [÷] [3] [)] [=]

em uma calculadora científica, obtemos $\theta \approx 48{,}19°$. Como esse valor é menor que 60°, a pessoa tem uma boa visão da imagem da TV.

Agora, tente o Exercício 7.

■ Arco tangente

A tangente é uma função que tem período π e cujo conjunto imagem é $\mathbb{R}$. Para obter sua inversa, devemos restringir seu domínio a um intervalo no qual todos os valores do conjunto imagem estejam representados e que não contenha dois pontos com o mesmo valor da função. Como se vê na Figura 6.68a, o intervalo $(-\pi/2, \pi/2)$ é uma escolha adequada nesse caso, motivo pelo qual iremos adotá-lo. A Figura 6.68b mostra o gráfico de $y = \arctan(x)$. Note que as assíntotas verticais do gráfico da tangente dão origem às assíntotas horizontais do gráfico de sua inversa.

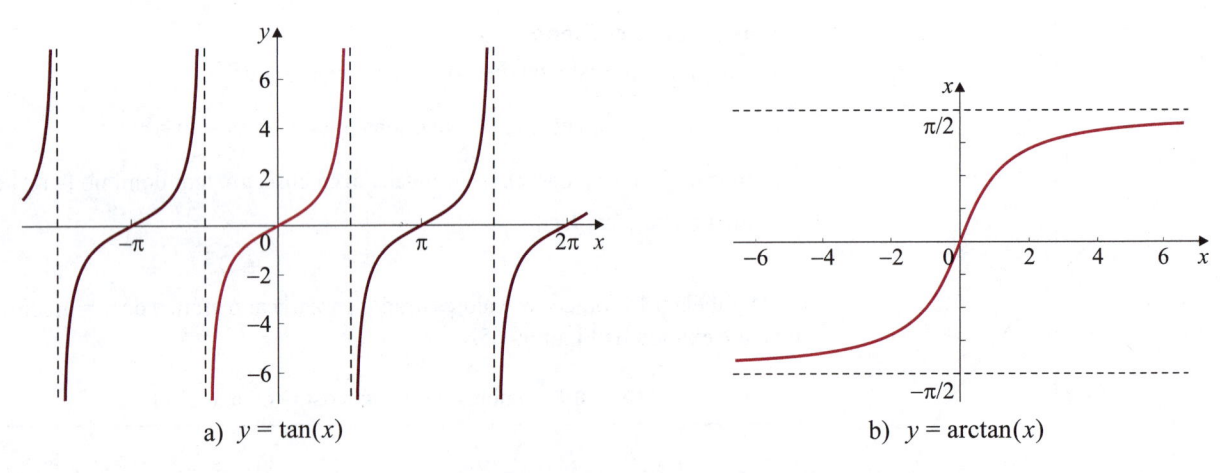

a) $y = \tan(x)$

b) $y = \arctan(x)$

FIGURA 6.68 Gráficos da tangente e de sua inversa.

> **Função arco tangente**
> Dado o número real $x \in \mathbb{R}$, dizemos que
>
> $y = \arctan(x)$ se e somente se $\tan(y) = x$.
>
> A função $f(x) = \arctan(x)$, denominada **arco tangente**, tem domínio $\mathbb{R}$ e conjunto imagem $(-\pi/2, \pi/2)$.

Problema 2. Ângulo de inclinação de um telhado

Segundo um fabricante de telhas, seu produto só deve ser instalado em telhados cuja inclinação seja maior ou igual a 30%, o que, em linguagem matemática, indica que, a cada metro de comprimento horizontal da estrutura do telhado, a variação da altura não deve ser inferior a $30/100 = 0{,}30$ m. Determine o ângulo mínimo de inclinação que um telhado deve ter para que se possa cobri-lo com essa telha.

FIGURA 6.69

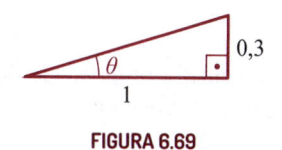

Para calcular θ em sua calculadora, digite

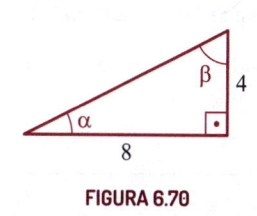

[shift] [tan⁻¹] [0] [,] [3] [=]

Solução

A Figura 6.69 ilustra a variação de altura do telhado em relação ao seu comprimento horizontal. Note que o ângulo θ é tal que

$$\tan(\theta) = 0{,}3/1 = 0{,}3.$$

Sendo assim, temos

$$\theta = \arctan(0{,}3) \approx 16{,}7°.$$

Agora, tente o Exercício 11.

Problema 3. Ângulos de um triângulo retângulo

Calcule os ângulos agudos de um triângulo retângulo cujos catetos medem 4 e 8.

Solução

O triângulo associado a esse problema é mostrado na Figura 6.70, na qual se nota que

$$\tan(\alpha) = \frac{4}{8} = \frac{1}{2} \quad \Rightarrow \quad \alpha = \arctan\left(\frac{1}{2}\right) \approx 26{,}57°.$$

FIGURA 6.70

Logo,

$$\beta = 90° - \alpha \approx 90° - 26{,}57° \approx 63{,}43°.$$

Agora, tente o Exercício 3.

Apesar de existirem, as funções arco cotangente, arco cossecante e arco secante são pouco empregadas na prática, além de não serem encontradas nas calculadoras. Sendo assim, nos deteremos apenas nas três funções trigonométricas principais, já mencionadas, deixando as demais para os Exercícios 16 a 18.

■ Composição de funções

Como vimos na Seção 5.1, se uma função f é injetora em um domínio A, com conjunto imagem B, então

$$f(f^{-1}(y)) = y, \quad \text{para todo } y \in B, \quad \text{e} \quad f^{-1}(f(x)) = x, \quad \text{para todo } x \in A.$$

Naturalmente, essas propriedades aplicam-se às funções trigonométricas inversas, de modo que

$\text{sen}(\text{arcsen}(y)) = y$ e $\text{arcsen}(\text{sen}(x)) = x$, para $-1 \leq y \leq 1$ e $-\pi/2 \leq x \leq \pi/2$,

$\cos(\text{arccos}(y)) = y$ e $\text{arccos}(\cos(x)) = x$, para $-1 \leq y \leq 1$ e $0 \leq x \leq \pi$,

$\tan(\arctan(y)) = y$ e $\arctan(\tan(x)) = x$, para y real e $-\pi/2 < x < \pi/2$.

Concluindo esta seção, veremos mais problemas interessantes envolvendo funções trigonométricas inversas.

Problema 4. Composição de funções

Calcule

a) $\tan(\arctan(-10))$ b) $\text{arcsen}\left(\text{sen}\left(2\pi/3\right)\right)$ c) $\cos(\text{arccos}(2))$

Solução

a) Como -10 pertence ao domínio da função arco tangente, a propriedade das funções trigonométricas inversas já enunciada nos permite concluir que

$$\tan(\arctan(-10)) = -10.$$

b) Começando pela função interna, obtemos

$$\operatorname{sen}(2\pi/3) = \frac{\sqrt{3}}{2}.$$

Passando, então, à função externa, observamos que

$$\operatorname{arcsen}\left(\operatorname{sen}\left(\frac{2\pi}{3}\right)\right) = \operatorname{arcsen}\left(\frac{\sqrt{3}}{2}\right) = \frac{\pi}{3}.$$

Note que o resultado obtido não confirmou a expectativa de que arcsen (sen(x)) = x. O motivo de essa propriedade não ter sido verificada nesse caso é que ela só é válida para $x \in [-\pi/2, \pi/2]$. Como $x = 2\pi/3$ é maior que $\pi/2$, x não pertence ao conjunto imagem do arco seno, o que implica que não existe y tal que arcsen (y) = x.

c) Como o domínio da função arco cosseno é o intervalo $[-1,1]$, não é possível obter arccos(2). Sendo assim, o problema não tem solução real.

Agora, tente o Exercício 6.

Problema 5. Composição de funções

a) $\tan\left(\arccos\left(\dfrac{3}{7}\right)\right)$
b) $\cos\left(\operatorname{arcsen}\left(\dfrac{x}{2}\right)\right)$

Solução

a) Para facilitar a resolução desse problema, vamos esboçar um triângulo retângulo que tenha $\alpha = \arccos(3/7)$ como um de seus ângulos internos.
Lembrando que, pela definição de função inversa, α é tal que

$$\cos(\alpha) = \frac{\text{cateto adjacente}}{\text{hipotenusa}} = \frac{3}{7},$$

concluímos que um bom triângulo com essas propriedades é aquele em que a hipotenusa mede 7 e o cateto adjacente a α mede 3, como se vê na Figura 6.71.
Aplicando o teorema de Pitágoras ao triângulo recém-criado, obtemos o comprimento do cateto oposto a α:

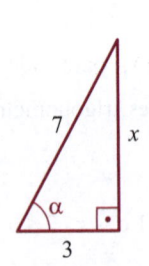

$$7^2 = 3^2 + x^2 \quad \Rightarrow \quad x^2 = 40 \quad \Rightarrow \quad x = \sqrt{40} = 2\sqrt{10}.$$

FIGURA 6.71

Agora que conhecemos todos os lados do triângulo, resolvemos o problema fazendo

$$\tan(\alpha) = \frac{\text{cateto oposto}}{\text{cateto adjacente}} = \frac{2\sqrt{10}}{3}.$$

b) Nesse caso, tomamos $\alpha = \operatorname{arcsen}(x/2)$, de modo que

$$\operatorname{sen}(\alpha) = x/2.$$

Um triângulo que contém um ângulo interno com essa propriedade é mostrado na Figura 6.72. (Note que poderíamos ter escolhido outro triângulo, como aquele no qual a hipotenusa mede 1 e o cateto oposto a α tem comprimento $x/2$.)

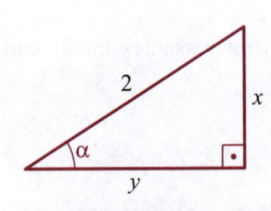

FIGURA 6.72

CAPÍTULO 6 – Trigonometria

Aplicando o teorema de Pitágoras ao triângulo, obtemos

$$2^2 = y^2 + x^2 \quad \Rightarrow \quad y^2 = 4 - x^2 \quad \Rightarrow \quad y = \sqrt{4-x^2}.$$

Finalmente, obtemos o valor desejado calculando

$$\cos(\alpha) = \frac{\text{cateto adjacente}}{\text{hipotenusa}} = \frac{\sqrt{4-x^2}}{2}.$$

Agora, tente os Exercícios 4 e 5.

Exercício 6.6

1. Sem usar uma calculadora, determine os valores das expressões abaixo.

   a) arccos(0)
   b) arcsen(−1)
   c) $\arctan\left(\frac{\sqrt{3}}{3}\right)$
   d) $\arccos\left(\frac{1}{2}\right)$
   e) $\arcsen\left(-\frac{1}{2}\right)$
   f) arctan(1)
   g) arccos(−1)
   h) $\arcsen\left(\frac{\sqrt{3}}{2}\right)$
   i) $\arctan\left(-\sqrt{3}\right)$
   j) $\arccos\left(-\frac{\sqrt{2}}{2}\right)$
   k) $\arcsen\left(\frac{\sqrt{2}}{2}\right)$
   l) arctan(0)
   m) $\arccos\left(-\frac{\sqrt{3}}{2}\right)$
   n) $\arcsen\left(\frac{1}{2}\right)$
   o) $\arctan\left(-\frac{\sqrt{3}}{3}\right)$

2. Usando uma calculadora, determine os valores das expressões abaixo.

   a) arcsen(0,25)
   b) $\arccos\left(-\frac{2}{7}\right)$
   c) arctan(2)
   d) $\arcsen\left(-\frac{1}{3}\right)$
   e) arccos(0,05)
   f) arctan(100)
   g) arcsen(0,1)
   h) $\arccos\left(\frac{\pi}{4}\right)$
   i) arctan(−5)
   j) $\arctan\left(\frac{3}{2}\right)$
   k) arccos(−0,61)
   l) $\arctan\left(\frac{1}{2}\right)$
   m) arcsen(−0,9)
   n) arccos(−1,1)
   o) arctan(−1,1)

3. Encontre os ângulos indicados nos triângulos abaixo.

   a) triângulo com catetos 4 cm e 5 cm, ângulo θ
   b) triângulo com 10 m, 24 m, ângulo θ
   c) triângulo com 8,485 m, 6 m, ângulo θ
   d) triângulo com 48 m e 75 m, ângulo θ
   e) triângulo com 10 cm e 6,7 cm, ângulo θ
   f) triângulo com 12 e x, ângulo θ

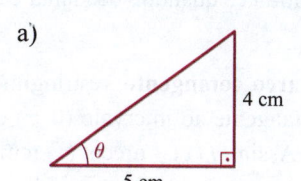

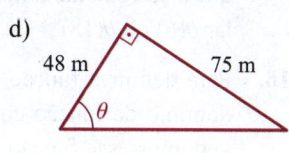

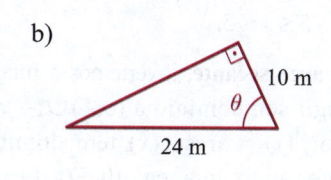

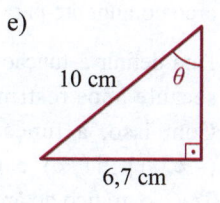

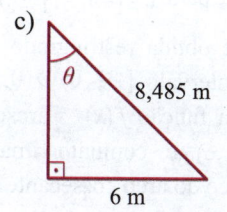

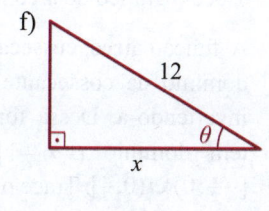

4. Sem usar calculadora (ou seja, esboçando triângulos), determine os valores exatos das expressões a seguir.

   a) $\sen\left(\arctan\left(\frac{4}{3}\right)\right)$
   b) $\tan\left(\arccos\left(\frac{1}{3}\right)\right)$
   c) $\cos\left(\arcsen\left(\frac{7}{9}\right)\right)$
   d) $\tan\left(\arcsen\left(\frac{5}{13}\right)\right)$
   e) $\cos\left(\arctan\left(\frac{8}{15}\right)\right)$
   f) $\sen\left(\arccos\left(\frac{6}{7}\right)\right)$
   g) $\cos\left(\arcsen\left(\frac{1}{4}\right)\right)$
   h) $\tan\left(\arccos\left(\frac{1}{5}\right)\right)$
   i) $\sen\left(\arctan(3)\right)$
   j) $\cos\left(\arctan\left(\frac{3}{2}\right)\right)$
   k) $\sen\left(\arccos\left(\frac{2}{3}\right)\right)$
   l) $\tan\left(\arcsen\left(\frac{5}{7}\right)\right)$

5. Esboçando triângulos, reescreva as expressões abaixo em função de x.

   a) $\tan(\arccos(x))$
   b) $\sen(\arccos(3x))$
   c) $\cos\left(\arctan\left(\frac{x}{2}\right)\right)$
   d) $\tan(\arcsen(1-x))$
   e) $\sen(\arctan(\sqrt{x}))$
   f) $\cos(\arcsen(\sqrt{4-x^2}))$

6. Determine os valores abaixo usando apenas as propriedades das funções trigonométricas inversas.

   a) sen(arcsen(0,8763))
   b) cos(arccos(−0,275))
   c) tan(arctan(27))
   d) arcsen(sen(1))
   e) $\arccos\left(\cos\left(\frac{5\pi}{4}\right)\right)$
   f) $\arctan\left(\tan\left(-\frac{\pi}{6}\right)\right)$

7. Uma escada de 5,1 m de comprimento está encostada na parede de um edifício. Sabendo que a base da escada está a 85 cm do edifício, determine o ângulo de inclinação da escada.

8. Em determinada hora do dia, um mastro com 12 m de altura projetava uma sombra de 14 m de comprimento. Determine o ângulo de elevação do sol naquele momento.

9. Um parque aquático construiu um tobogã cuja parte inclinada tem 48 m de altura e 56,6 m de comprimento. Determine o ângulo de inclinação desse trecho do brinquedo aquático (o ângulo que ele faz com a horizontal).

10. Sabendo que a treliça a seguir é simétrica, determine o ângulo α, bem como as medidas das barras indicadas na figura.

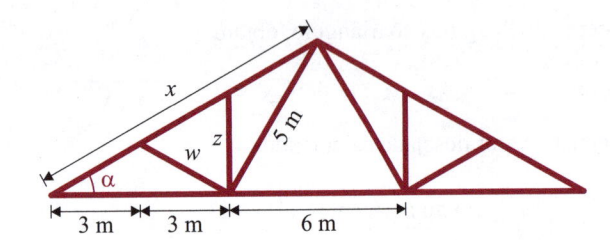

11. Uma equipe de filmagem acompanha a decolagem de um foguete a 1,6 km da plataforma de lançamento.

    a) Escreva uma função $\theta(h)$ que forneça o ângulo de elevação da câmera em relação à altura do foguete.
    b) Calcule o ângulo de inclinação para $h = 5$ km.

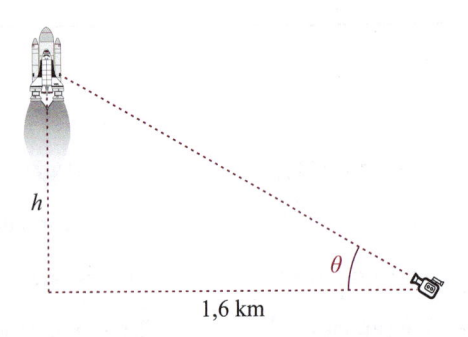

12. Uma pilha de minério de ferro tem formato cônico, com 5 m de altura e uma base cujo diâmetro mede 12 m. Determine o ângulo de inclinação da superfície da pilha.

13. Um avião voa a 3.000 m de altitude, passando bem acima de uma torre de radar, como mostrado na figura.

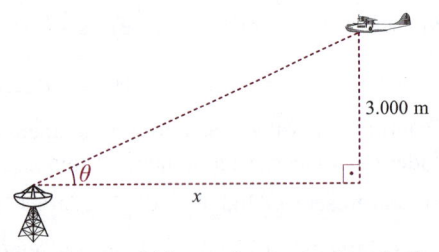

    a) Defina a função $\theta(x)$ que fornece o ângulo de elevação do avião em relação à distância horizontal.
    b) Calcule θ para $x = 10$ km e $x = 1$ km.

14. Um fotógrafo posicionou sua câmera bem atrás do gol de um campo de futebol, a uma distância de 8 m do fundo das redes, como mostrado na figura.

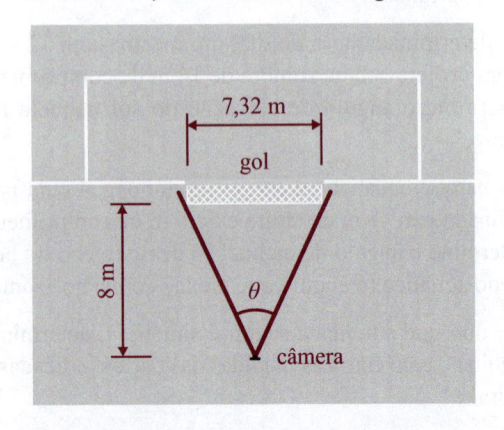

    a) Para tirar uma fotografia da bola sacudindo a rede, a lente da câmera precisa possuir um ângulo de visão horizontal mínimo, θ. Determine esse ângulo com base nas medidas da figura.
    b) De posse do ângulo θ, o fotógrafo escolhe a lente que irá usar tomando como base a distância focal, em milímetros, que é dada pela função $d(\theta) = 10\cot(\theta/2)$. Determine a distância focal da lente a ser usada para a foto do gol.

15. Para construir um relógio de sol horizontal é preciso traçar alguns raios sobre um semicírculo. Cada um desses raios representa uma hora do dia (entre 6 e 18h), como mostra a figura abaixo.

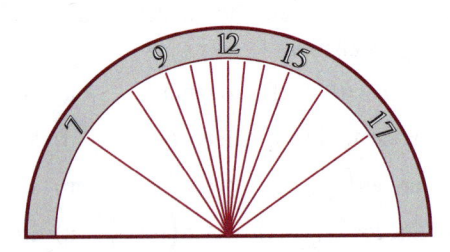

    O ângulo θ (em graus) que cada raio deve fazer com a linha que marca 12 horas (meio-dia) é dado pela função

    $$\theta(h) = \arctan(\operatorname{sen}(L)\tan((h-12)\cdot 15°)),$$

    em que h é a hora do dia e L é a latitude (em graus) do local em que o relógio será instalado. Sabendo que Campinas está na latitude 23° S, use uma calculadora para determinar o valor de θ para $h = 7, 8, \ldots, 17$ h. O que a sua calculadora fornece quando você tenta calcular $\theta(6)$ ou $\theta(18)$?

16. Para definir a função **arco cotangente**, restringimos o domínio da função cotangente ao intervalo $(0, \pi)$ e invertemos essa função. Assim, $f(x) = \operatorname{arccot}(x)$ tem domínio $\mathbb{R}$ e conjunto imagem $(0, \pi)$. Trace o gráfico do arco cotangente para $-5 \leq x \leq 5$.

17. Para definir a função **arco secante**, invertemos a função secante após restringir seu domínio a $[0, \frac{\pi}{2}) \cup (\frac{\pi}{2}, \pi]$. Com isso, a função $f(x) = \operatorname{arcsec}(x)$ tem domínio $(-\infty, -1] \cup [1, \infty)$ e conjunto imagem $[0, \frac{\pi}{2}) \cup (\frac{\pi}{2}, \pi]$. Trace o gráfico do arco secante para $x \in [-5, -1] \cup [1, 5]$.

18. A função **arco cossecante** é obtida restringindo-se o domínio da cossecante ao intervalo $[-\frac{\pi}{2}, 0) \cup (0, \frac{\pi}{2}]$ e invertendo-a. Dessa forma, a função $f(x) = \operatorname{arccsc}(x)$ tem domínio $(-\infty, -1] \cup [1, \infty)$ e conjunto imagem $[-\frac{\pi}{2}, 0) \cup (0, \frac{\pi}{2}]$. Trace o gráfico do arco cossecante para $x \in [-5, -1] \cup [1, 5]$.

6.7 A lei dos senos e a lei dos cossenos

Até o momento, vimos um grande número de aplicações de trigonometria envolvendo triângulos retângulos. Entretanto, o seno e o cosseno também são largamente empregados para resolver problemas que envolvem triângulos quaisquer. Nesta seção, discutiremos como usar funções trigonométricas para calcular as medidas dos lados e dos ângulos de triângulos, bem como para determinar áreas.

■ Área de um triângulo

Ao estudar geometria plana, aprendemos que a área de um triângulo de base b e altura h é dada pela fórmula $bh/2$. Agora, usaremos trigonometria para determinar a área de um triângulo do qual não conhecemos a altura, e sim o comprimento de dois de seus lados, a e b, bem como o ângulo entre eles, θ (que pode ser agudo ou obtuso). Para simplificar a notação, suporemos doravante que o lado de medida b é a base do triângulo.

Comecemos tratando dos triângulos nos quais o ângulo θ tem medida menor ou igual a 90°. Nesse caso, como se observa na Figura 6.73, a altura corresponde ao cateto oposto a θ no triângulo retângulo de hipotenusa a, de modo que a área desejada pode ser obtida fazendo-se

$$\text{sen}(\theta) = \frac{h}{a} \quad \Rightarrow \quad h = a\,\text{sen}(\theta) \quad \Rightarrow \quad A = \frac{bh}{2} = \frac{ab\,\text{sen}(\theta)}{2}.$$

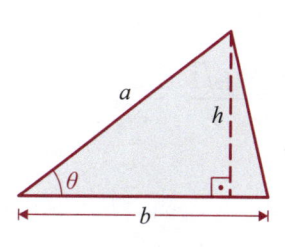

FIGURA 6.73

Passemos, então, aos triângulos nos quais θ é obtuso, como o que é exibido na Figura 6.74. Agora, para obter a altura h, devemos lembrar, da Seção 6.3, que $\text{sen}(180 - \theta) = \text{sen}(\theta)$, de modo que

$$h = a\,\text{sen}(\alpha) = a\,\text{sen}(\theta) \quad \Rightarrow \quad A = \frac{bh}{2} = \frac{ab\,\text{sen}(\theta)}{2}.$$

Nota-se, portanto, que a fórmula da área é a mesma, não importando a medida do ângulo θ.

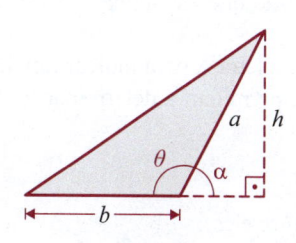

FIGURA 6.74

> **Área de um triângulo**
> Dados os comprimentos a e b de dois lados de um triângulo, bem como a medida θ do ângulo entre eles, a área do triângulo é dada por
> $$A = \frac{ab\,\text{sen}(\theta)}{2}.$$

Problema 1. Área de um triângulo

Determine a área do triângulo da Figura 6.75.

Solução

$$A = \frac{5 \cdot 10 \cdot \text{sen}(120°)}{2} = \frac{50 \cdot \sqrt{3}/2}{2} = \frac{25\sqrt{3}}{2} \text{ cm}^2$$

Agora, tente o Exercício 6.

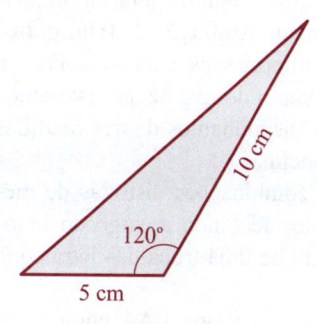

FIGURA 6.75

Exemplo 1. Área de um octógono regular

A determinação da área de um polígono regular pode ser facilmente obtida se, além do número de arestas, conhecermos o raio R da circunferência circunscrita

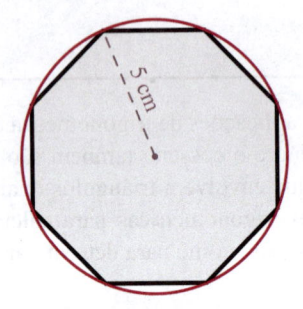

FIGURA 6.76

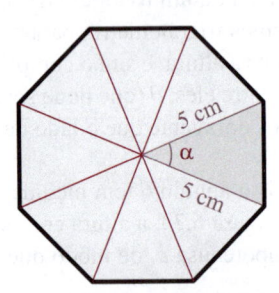

FIGURA 6.77

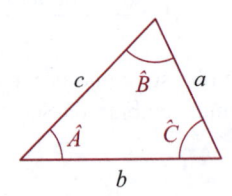

FIGURA 6.78 Lados e ângulos de um triângulo.

A forma LLA pode ser usada caso imponhamos a condição de que o lado oposto ao ângulo conhecido seja mais comprido que o outro lado fornecido, como se verá adiante.

ao polígono, ou seja, se conhecermos a distância do centro do polígono a um de seus vértices.

A Figura 6.76 mostra um octógono regular, isto é, um polígono regular com oito lados, no qual $R = 5$ cm. Para calcular a área do octógono, devemos dividi-lo em 8 triângulos, como ilustrado na Figura 6.77, na qual um dos triângulos assim obtidos está destacado. Nota-se que esse triângulo é isósceles e que o ângulo formado pelos lados iguais tem medida

$$\alpha = 360°/8 = 45°.$$

Desse modo, a área de um triângulo é dada por

$$A_\Delta = \frac{5 \cdot 5 \cdot \text{sen}(45°)}{2} = \frac{25\sqrt{2}/2}{2} = \frac{25\sqrt{2}}{4}$$

e a área total é $8A_\Delta = 8 \cdot 25\sqrt{2}/4 = 50\sqrt{2}$ cm.

■ Resolução de triângulos

As medidas que caracterizam um triângulo são seis: os comprimentos de seus três lados e as medidas de seus três ângulos internos, como ilustrado na Figura 6.78. Entretanto, usando conceitos de *congruência de triângulos*, um tópico de geometria plana, provamos que é possível construir de forma única um triângulo conhecendo-se apenas três dessas informações, desde que escolhidas de forma adequada.

Empregando-se a letra L para indicar um lado e a letra A para indicar um ângulo do triângulo, as combinações de medidas que permitem a determinação de um triângulo são as seguintes:

- LLL (os três lados);
- LAL (dois lados e o ângulo compreendido entre eles);
- ALA (dois ângulos e o lado compreendido entre eles);
- LAA (dois ângulos e um lado não compreendido entre eles);
- LLA (dois lados e um ângulo não compreendido entre eles), sob certas condições.

A única combinação de três medidas que não permite, em nenhuma hipótese, a caracterização de um triângulo é a AAA (três ângulos conhecidos), pois há infinitos triângulos semelhantes que satisfazem essa condição.

Apesar de as formas citadas acima nos permitirem construir facilmente os triângulos correspondentes usando régua, compasso e transferidor, esse tópico da geometria plana não é suficiente para que encontremos as medidas dos lados e ângulos desconhecidos, salvo se nos dispusermos a obtê-las aproximadamente a partir do desenho dos triângulos no papel.

A determinação precisa de todas as medidas de um triângulo é feita empregando-se um ramo particular da trigonometria denominado **resolução de triângulos**, que se baseia em duas relações matemáticas muito importantes: a lei dos senos e a lei dos cossenos. Para introduzir essas leis, vamos supor doravante que estejamos trabalhando com o triângulo da Figura 6.78 e que disponhamos de três medidas que se enquadram em um dos casos mencionados acima.

Embora cada caso possa compreender várias combinações distintas de medidas, trabalharemos apenas com uma combinação, deixando a cargo do leitor mostrar que as demais podem ser obtidas por meio de uma troca das letras que identificam os lados e os ângulos.

Como exemplo, constatamos na Figura 6.78 que a forma LAA engloba os conjuntos $\{a, \hat{A}, \hat{B}\}$, $\{a, \hat{A}, \hat{C}\}$, $\{b, \hat{A}, \hat{B}\}$, $\{b, \hat{B}, \hat{C}\}$, $\{c, \hat{A}, \hat{C}\}$ e $\{c, \hat{B}, \hat{C}\}$, já que todos são compostos de medidas de dois ângulos e de um lado não compreendido entre eles. Dessa lista, selecionamos unicamente o conjunto $\{b, \hat{A}, \hat{B}\}$, ao qual os demais problemas podem ser facilmente convertidos.

A Tabela 6.16 reúne os triângulos para os quais é possível determinar todos os lados e ângulos a partir de três medidas conhecidas. A tabela contém o nome do caso, as medidas conhecidas, as condições que os valores fornecidos devem satisfazer e, por fim, a lei que deve ser aplicada para a obtenção das demais medidas.

Além das condições mencionadas na tabela, supomos, em todos os casos, que os comprimentos dos lados são maiores que zero – isto é, $a > 0$, $b > 0$ e $c > 0$ – e que as medidas dos ângulos pertencem ao intervalo $(0,180°)$, ou seja, que $0 < \hat{A} < 180°$, $0 < \hat{B} < 180°$ e $0 < \hat{C} < 180°$.

Note que a maioria das condições impostas é óbvia, pois sabemos que a soma de dois ângulos internos de um triângulo não pode ser superior a 180° (casos LAA e ALA) e que todo triângulo deve satisfazer a *desigualdade triangular* (caso LLL), segundo a qual a medida de um dos lados não pode ser maior que a soma dos outros dois. Apenas a exigência do caso LLA restringe efetivamente o conjunto de triângulos para os quais é possível determinar as medidas desconhecidas.

TABELA 6.16 Resolução de triângulos.

Caso	Medidas fornecidas	Condições	Aplicar
LAA	$\hat{A}$, $\hat{B}$, b	$\hat{A} + \hat{B} < 180°$	Lei dos senos
ALA	$\hat{A}$, $\hat{C}$, b	$\hat{A} + \hat{C} < 180°$	Lei dos senos
LLA	$\hat{A}$, a, b	$a > b$	Lei dos senos
LAL	$\hat{A}$, b, c		Lei dos cossenos
LLL	a, b, c	$a < b + c$ $b < a + c$ $c < a + b$	Lei dos cossenos

No caso LLA, também é possível aplicar a lei dos senos em duas situações muito particulares envolvendo $\hat{A} < 90°$. A primeira é aquela em que $a = b$, ou seja, o triângulo é isósceles. Na segunda, $a = b\,\text{sen}(\hat{A})$, caso em que o triângulo é retângulo ($\hat{B} = 90°$). Embora não tenham sido incluídas na Tabela 6.16, essas situações são discutidas nos exercícios.

Exemplo 2. Distância da porteira à sede de uma fazenda

Instalando seu teodolito na porteira de uma fazenda, um topógrafo descobriu que havia um ângulo de 32° entre a estrada que atravessa a porteira e o segmento de reta que liga a porteira à sede da fazenda. Andando 100 m pela estrada, o topógrafo mediu novamente o ângulo entre esta e a casa, obtendo 112°. A Figura 6.79 ilustra as medidas encontradas pelo topógrafo.

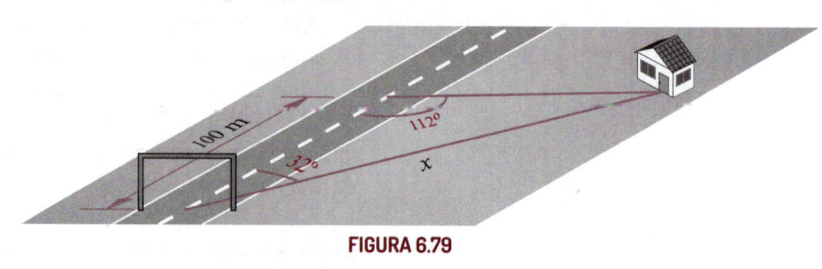

FIGURA 6.79

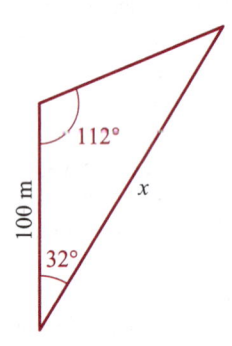

FIGURA 6.80 Triângulo do Exemplo 2

Nosso objetivo é ajudar o topógrafo a determinar a distância entre a porteira e a casa, com base nos dados conhecidos. Para tanto, vamos considerar o triângulo mostrado na Figura 6.80, que fornece a representação matemática do problema.

Observando a figura, notamos que são conhecidos dois ângulos e o lado entre eles, de modo que o triângulo é único segundo o critério ALA. Para obter x, o comprimento do lado oposto ao ângulo de 112°, precisamos estabelecer alguma relação entre essa medida e aquelas conhecidas, o que será feito a seguir, recorrendo-se à lei dos senos.

■ Lei dos senos

A fórmula da área de um triângulo do qual se conhece dois lados e o ângulo compreendido entre eles, vista na página 503, permite-nos deduzir uma fórmula que é útil para a determinação das medidas desconhecidas dos triângulos nos casos ALA, LAA e LLA.

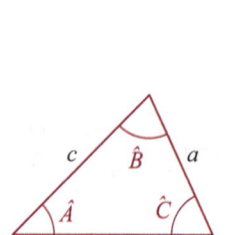

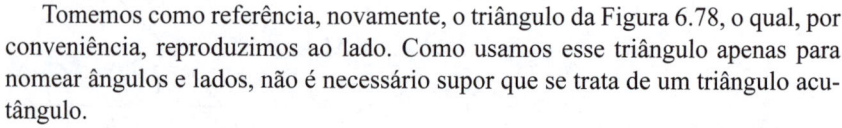

Tomemos como referência, novamente, o triângulo da Figura 6.78, o qual, por conveniência, reproduzimos ao lado. Como usamos esse triângulo apenas para nomear ângulos e lados, não é necessário supor que se trata de um triângulo acutângulo.

Aplicando a fórmula da área de todas as três formas possíveis, cada qual relacionada a um ângulo, e considerando que as três devem fornecer o mesmo valor, obtemos

$$\frac{ab\,\text{sen}(\hat{C})}{2} = \frac{ac\,\text{sen}(\hat{B})}{2} = \frac{bc\,\text{sen}(\hat{A})}{2}.$$

Usando as duas primeiras dessas fórmulas, concluímos que

$\frac{ab\,\text{sen}(\hat{C})}{2} = \frac{ac\,\text{sen}(\hat{B})}{2}$ Equação original.

$b\,\text{sen}(\hat{C}) = c\,\text{sen}(\hat{B})$ Multiplicando os dois lados por $2/a$.

$\frac{b}{\text{sen}(\hat{B})} = \frac{c}{\text{sen}(\hat{C})}$ Dividindo os dois lados por $\text{sen}(\hat{B})\,\text{sen}(\hat{C})$.

Manipulando de forma análoga as duas últimas fórmulas da área, obtemos

$$\frac{a}{\text{sen}(\hat{A})} = \frac{b}{\text{sen}(\hat{B})}.$$

Juntando, agora, as duas equações obtidas, chegamos ao teorema enunciado abaixo.

> **Lei dos senos**
> Seja dado um triângulo ABC qualquer, com lados a, b e c. Nesse caso,
> $$\frac{a}{\text{sen}(\hat{A})} = \frac{b}{\text{sen}(\hat{B})} = \frac{c}{\text{sen}(\hat{C})}.$$

A lei dos senos estabelece que, em qualquer triângulo, é constante a razão entre o comprimento de um lado e o seno do ângulo oposto a ele. Vejamos alguns exemplos de aplicação desse resultado.

Exemplo 3.   Caso ALA

Voltando ao Exemplo 2, no qual desejávamos encontrar a distância entre a porteira e a sede de uma fazenda, notamos que dois ângulos do triângulo são conhecidos, de modo que o terceiro ângulo (vide Figura 6.81) mede

$$\theta = 180° - 112° - 32° = 36°.$$

Considerando, então, os ângulos de 112° e 36° e aplicando a lei dos senos, obtemos

$$\frac{100}{\text{sen}(36°)} = \frac{x}{\text{sen}(112°)}.$$

Finalmente, isolando x nessa equação, concluímos que a distância entre a porteira e a sede é igual a

$$x = \frac{100 \cdot \text{sen}(112°)}{\text{sen}(36°)} \approx 157{,}74 \text{ m}.$$

Se fosse necessário obter o comprimento do terceiro lado do triângulo, bastaria aplicar a lei dos senos mais uma vez, usando um dos lados conhecidos.

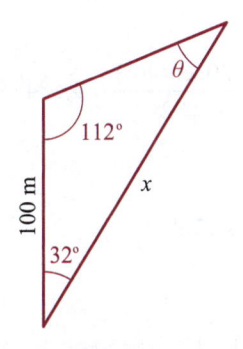

FIGURA 6.81

Agora, tente o Exercício 8.

Problema 2.   Caso LAA

Determine a e b, comprimentos dos lados do triângulo da Figura 6.82.

Solução

O ângulo não fornecido na Figura 6.82 tem medida

$$\theta = 180° - 80° - 60° = 40°.$$

Aplicando, agora, a lei dos senos, obtemos

$$\frac{a}{\text{sen}(80°)} = \frac{25}{\text{sen}(60°)} \qquad \text{Lei dos senos.}$$

$$a = \frac{25 \cdot \text{sen}(80°)}{\text{sen}(60°)} \approx 28{,}43 \text{ cm} \qquad \text{Isolando } a.$$

Da mesma forma, podemos encontrar b fazendo

$$\frac{b}{\text{sen}(40°)} = \frac{25}{\text{sen}(60°)} \qquad \text{Lei dos senos.}$$

$$b = \frac{25 \cdot \text{sen}(40°)}{\text{sen}(60°)} \approx 18{,}56 \text{ cm} \qquad \text{Isolando } b.$$

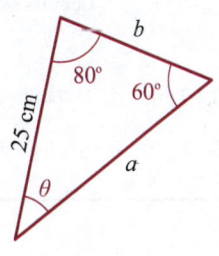

FIGURA 6.82

Agora, tente o Exercício 2.

Problema 3. Caso LLA

De um triângulo ABC, são conhecidos $\overline{AB} = 20$ cm e $\overline{BC} = 22$ cm. Determine o ângulo $\hat{C}$ e o comprimento do lado AC.

Solução

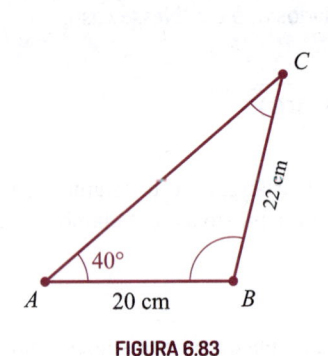

Como se trata do caso LLA, antes de tentar resolver o problema, devemos verificar se as medidas fornecidas satisfazem a condição de que o lado oposto ao ângulo conhecido seja maior que o outro lado disponível, conforme a Tabela 6.16.

O lado oposto ao ângulo $\hat{A}$ é BC, que mede 22 cm. Já AC, o outro lado fornecido, mede 20 cm. Concluímos, assim, que a condição é atendida, pois $BC > \overline{AC}$, de modo que podemos prosseguir.

Esboçamos, então, um triângulo com as medidas conhecidas (vide Figura 6.83) e aplicamos a lei dos senos, obtendo

$$\frac{20}{\operatorname{sen}(\hat{C})} = \frac{22}{\operatorname{sen}(40°)} \quad \Rightarrow \quad \operatorname{sen}(\hat{C}) = \frac{20\operatorname{sen}(40°)}{22} \approx 0{,}58435.$$

FIGURA 6.83

Logo, um possível valor para $\hat{C}$ é

$$\hat{C} \approx \operatorname{arcsen}(0{,}58435) \approx 35{,}76°.$$

Infelizmente, o seno também vale $0{,}58435$ para

$$\hat{C}' \approx 180 - 35{,}76 = 144{,}24°,$$

Lembre-se de que
$$\operatorname{sen}(180° - \theta) = (\theta).$$

o que parece indicar que o problema é indeterminado. Entretanto, se adotássemos o valor de $\hat{C}'$, a soma dos dois ângulos conhecidos seria $40° + 144{,}24° = 184{,}24°$. Como esse valor supera $180°$, concluímos que a única solução é $\hat{C} = 35{,}76°$.

Finalmente, para calcular o comprimento do lado AC determinamos

$$\hat{B} \approx 180 - 40 - 35{,}76 = 104{,}24°.$$

e aplicamos mais uma vez a lei dos senos, obtendo

$$\frac{\overline{AC}}{\operatorname{sen}(104{,}24°)} = \frac{22}{\operatorname{sen}(40°)} \qquad \text{Lei dos senos.}$$

$$\overline{AC} = \frac{22\operatorname{sen}(104{,}24°)}{\operatorname{sen}(40°)} \approx 33{,}17\,\text{cm} \qquad \text{Isolando } \overline{AC}.$$

Agora, tente o Exercício 1c.

■ Casos LLA sem solução única

Os dois problemas a seguir ilustram o que pode ocorrer quando a condição $a > b$, do caso LLA, não é satisfeita. O Problema 4 mostra um caso em que há duas soluções. Por sua vez, o Problema 5 não tem solução.

Problema 4. Caso LLA com duas soluções

Determine o ângulo $\hat{C}$ de um triângulo ABC no qual $\hat{A} = 45°$, $\overline{AB} = 25$ cm e $\overline{BC} = 20$ cm.

Solução

O ângulo conhecido do problema é $\hat{A}$, que tem como lado oposto BC. Como $\overline{BC} = 20$ é menor que $\overline{AB} = 25$, a condição da Tabela 6.16 não é atendida, o que implica que o problema não tem solução única. Ainda assim, prosseguiremos com a resolução, com o objetivo de investigar a consequência dessa violação.

Analisando com rigor o caso LLA em que são conhecidos $\hat{A}$, a e b, constatamos que, se $\hat{A} \geq 90°$, a condição $a > b$ é imprescindível para que o problema tenha solução. Por outro lado, se $\hat{A} < 90°$, o número de soluções varia de acordo com a tabela abaixo.

Condição	Soluções
$a < b\operatorname{sen}(\hat{A})$	0
$a = b\operatorname{sen}(\hat{A})$	1
$b\operatorname{sen}(\hat{A}) < a < b$	2
$a \geq b$	1

Aplicando a lei dos senos, obtemos

$$\frac{20}{\text{sen}(45°)} = \frac{25}{\text{sen}(\hat{C})} \quad \Rightarrow \quad \text{sen}(\hat{C}) = \frac{25\,\text{sen}(45°)}{20} \approx 0{,}88388.$$

Assim, uma possível solução do problema é

$$\hat{C}_1 \approx \text{arcsen}(0{,}88388) \approx 62{,}1°.$$

Entretanto, $\text{sen}(\hat{C}_1) = \text{sen}(180° - \hat{C}_1)$, de modo que também poderíamos adotar

$$\hat{C}_2 \approx 180° - 62{,}1° = 117{,}9°.$$

Como $45° + \hat{C}_1 < 180°$ e $45° + \hat{C}_2 < 180°$, as duas soluções obtidas são admissíveis, ou seja, os triângulos ABC_1 e ABC_2 atendem ao enunciado (vide Figura 6.84).

FIGURA 6.84

Problema 5. Caso LLA sem solução

Determine o ângulo $\hat{C}$ de um triângulo ABC, sabendo que $\hat{A} = 50°$, $\overline{AB} = 25$ cm e $\overline{BC} = 15$ cm.

Solução

Aqui, o lado oposto ao ângulo $\hat{A}$ tem medida $\overline{BC} = 15$ cm, valor inferior a $\overline{AB} = 25$. Logo, o problema não tem solução única. Vejamos o que acontece quando tentamos aplicar a lei dos senos ao problema.

$$\frac{15}{\text{sen}(50°)} = \frac{25}{\text{sen}(\hat{C})} \quad \Rightarrow \quad \text{sen}(\hat{C}) = \frac{25\,\text{sen}(50°)}{15} \approx 1{,}2767.$$

Como $-1 \leq \text{sen}(\theta) \leq 1$, não há ângulo $\hat{C}$ que satisfaça a equação acima. Desse modo, o problema não tem solução.

A Figura 6.85 mostra o que acontece nesse caso. Depois de traçarmos o lado AB, com 25 cm, marcamos o ângulo $\hat{A} = 50°$ e traçamos um segmento que deve conter o lado AC (segmento vinho). Em seguida, sabendo que o lado BC mede 15 cm, usamos um compasso para marcar os pontos que estão a 15 cm de B (arco rosa tracejado). Como nenhum ponto do segmento vinho intercepta o arco rosa, não há como construir o triângulo.

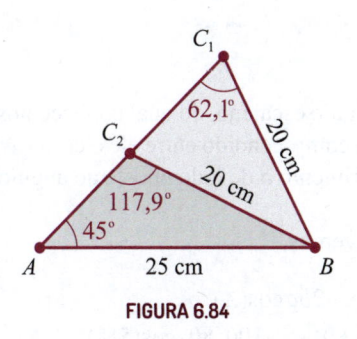

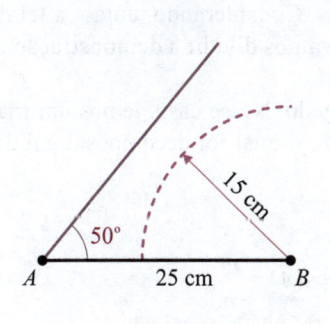

FIGURA 6.85

Agora, tente o Exeercício 3.

■ Lei dos cossenos

Como vimos na Tabela 6.16, a lei dos senos permite-nos determinar as medidas de triângulos que se enquadram nos casos LAA, ALA e LLA. Por outro lado, a lei é de pouca valia nos casos LAL e LLL, em que não conhecemos o ângulo oposto a um dos lados do triângulo. Para resolver problemas desses dois últimos tipos, é preciso empregar a lei dos cossenos, que envolve os três lados de triângulo, bem como um de seus ângulos.

Lei dos cossenos

Seja dado um triângulo ABC qualquer, com lados a, b e c. Nesse caso,

$$a^2 = b^2 + c^2 - 2bc\cos(\hat{A})$$
$$b^2 = a^2 + c^2 - 2ac\cos(\hat{B})$$
$$c^2 = a^2 + b^2 - 2ab\cos(\hat{C})$$

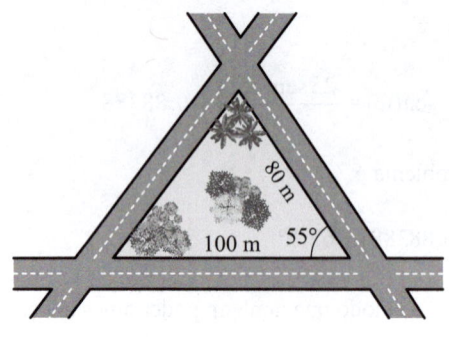

FIGURA 6.86 Praça do Problema 6.

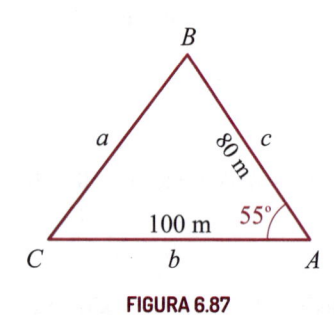

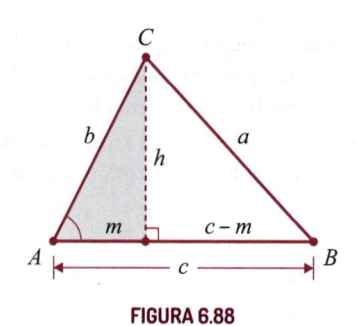

Os três problemas a seguir mostram situações típicas em que é necessário aplicar a lei dos cossenos.

Problema 6. Medidas de uma praça

Vamos supor que uma praça triangular esteja situada entre três ruas, como mostra a Figura 6.86, e que queiramos determinar o comprimento do lado desconhecido da praça.

Solução

Observe que, nesse caso, temos um triângulo escaleno, do qual conhecemos as medidas de dois lados, bem como do ângulo compreendido entre eles (caso LAL). O objetivo do problema é descobrir o comprimento a do lado oposto ao ângulo $\hat{A}$, que mede 55° (vide Figura 6.87).

Usando, então, a lei dos cossenos, escrevemos

$$a^2 = b^2 + c^2 - 2bc\cos(\hat{A})$$
$$= 100^2 + 80^2 - 2 \cdot 100 \cdot 80 \cdot \cos(55°)$$
$$\approx 10000 + 6400 - 16000 \cdot 0{,}57358$$
$$\approx 7222{,}7$$

Logo,

$$a \approx \sqrt{7222{,}7} \approx 84{,}99 \text{ m}.$$

FIGURA 6.87

Agora, tente o Exercício 14.

A demonstração da lei dos cossenos envolve a decomposição de um triângulo escaleno em dois triângulos retângulos. Naturalmente, é suficiente provar uma das formas apresentadas no quadro da página 509, já que as demais podem ser obtidas renomeando-se os vértices. Considerando, então, a lei dos cossenos na forma $a^2 = b^2 + c^2 - 2bc\cos(\hat{A})$, vamos dividir a demonstração em duas etapas.

Primeiramente, vamos supor que $\hat{A}$ seja agudo. Nesse caso, temos um triângulo ABC como aquele exibido na Figura 6.88, o qual foi decomposto em dois triângulos retângulos, um rosa e outro branco.

Observando o triângulo rosa, notamos que

$$\text{sen}(\hat{A}) = \frac{h}{b} \quad \text{e} \quad \cos(\hat{A}) = \frac{m}{b}.$$

FIGURA 6.88

Sendo assim,

$$h = b\,\text{sen}(\hat{A}) \quad \text{e} \quad m = b\cos(\hat{A}).$$

Aplicando, então, o teorema de Pitágoras ao triângulo branco, obtemos

$a^2 = h^2 + (c-m)^2$	Teorema de Pitágoras.
$= h^2 + c^2 - 2cm + m^2$	Produto notável.
$= b^2\text{sen}^2(\hat{A}) + c^2 - 2cb\cos(\hat{A}) + b^2\cos^2(\hat{A})$	$h = b\,\text{sen}(\hat{A})$ e $m = b\cos(\hat{A})$.
$= b^2\text{sen}^2(\hat{A}) + b^2\cos^2(\hat{A}) + c^2 - 2bc\cos(\hat{A})$	Reorganização dos termos.
$= b^2[\text{sen}^2(\hat{A}) + \cos^2(\hat{A})] + c^2 - 2bc\cos(\hat{A})$	Propriedade distributiva.
$= b^2 + c^2 - 2bc\cos(\hat{A})$.	$\text{sen}^2(\hat{A}) + \cos^2(\hat{A}) = 1$.

A segunda parte da demonstração, aquela que envolve o caso no qual o ângulo $\hat{A}$ é obtuso, é proposta no Exercício 42.

Vejamos, agora, como usar a lei dos cossenos para encontrar os ângulos de um triângulo do qual se conhece todos os lados.

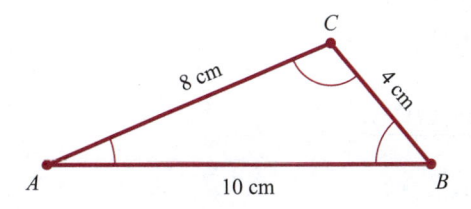

FIGURA 6.89 Triângulo do Problema 7.

Problema 7. Caso LLL

Determine as medidas dos ângulos do triângulo da Figura 6.89.

Solução

Inicialmente, usaremos a lei dos cossenos para determinar a medida do ângulo $\hat{A}$:

$$a^2 = b^2 + c^2 - 2bc\cos(\hat{A})$$
$$4^2 = 8^2 + 10^2 - 2\cdot 8\cdot 10\cos(\hat{A})$$
$$16 = 64 + 100 - 160\cos(\hat{A})$$
$$160\cos(\hat{A}) = 148$$
$$\cos(\hat{A}) = 148/160 = 0,925$$

Como o conjunto imagem da função arco cosseno é o intervalo $[0, \pi]$, e todo ângulo interno de um triângulo está definido nesse mesmo intervalo, podemos fazer

$$\hat{A} = \arccos(0,925) \approx 22,33°.$$

Agora que dispomos de $\hat{A}$, parece tentador usar a lei dos senos para encontrar $\hat{B}$ ou $\hat{C}$. Entretanto, cairíamos no caso LLA em ambas as situações e, como $a < b$ e $a < c$, os dois problemas seriam indeterminados. Assim, obtemos $\hat{B}$ aplicando a lei dos cossenos.

Para obter $\hat{B}$, vamos aplicar novamente a lei dos cossenos:

$$b^2 = a^2 + c^2 - 2ac\cos(\hat{B})$$
$$8^2 = 4^2 + 10^2 - 2\cdot 4\cdot 10\cos(\hat{B})$$
$$64 = 16 + 100 - 80\cos(\hat{B})$$
$$80\cos(\hat{B}) = 52$$
$$\cos(\hat{B}) = 52/80 = 0,65$$
$$\hat{B} = \arccos(0,65) \approx 49,46°.$$

Finalmente, como a soma dos ângulos internos de um triângulo equivale a 180°, concluímos que

$$\hat{C} = 180° - \hat{A} - \hat{B} \approx 180° - 22,33° - 49,46° = 108,21°.$$

Agora, tente os Exercícios 4 e 5.

No Problema 1, calculamos a área de um triângulo usando o seno de um de seus ângulos internos e as medidas dos lados adjacentes a esse ângulo. No último problema desta seção, calcularemos a área de um triângulo do qual não se conhece qualquer ângulo, mas apenas as medidas dos três lados.

Problema 8. Área de um triângulo

Calcule a área do triângulo mostrado na Figura 6.90.

Solução

Nesse caso, adotamos uma estratégia em dois passos, sendo o primeiro deles a determinação da medida de um dos ângulos internos do triângulo com o auxílio da lei dos cossenos.

Trabalhando com o triângulo da Figura 6.90 e escolhendo $\hat{A}$, temos

$$a^2 = b^2 + c^2 - 2bc\cos(\hat{A})$$
$$7^2 = 5^2 + 4^2 - 2\cdot 5\cdot 4\cos(\hat{A})$$
$$49 = 25 + 16 - 40\cos(\hat{A})$$
$$40\cos(\hat{A}) = -8$$
$$\cos(\hat{A}) = -8/40 = -0,2$$
$$\hat{A} = \arccos(-0,2) \approx 101,5°.$$

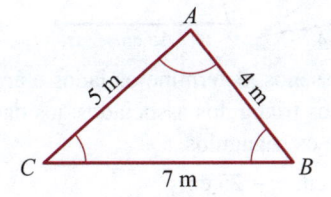

FIGURA 6.90 Triângulo do Problema 8.

Você sabia?
A famosa **fórmula de Heron**, apresentada no Exercício 43, também pode ser empregada no cálculo da área de um triângulo a partir das medidas de seus três lados. Apesar de essa fórmula ser direta e elegante, optamos por não usá-la porque nos parece mais prático aplicar as duas leis vistas nesta seção (a dos senos e a dos cossenos), em lugar de obrigar o leitor a decorar mais uma fórmula.

De posse da medida de $\hat{A}$, o segundo passo consiste em calcular a área do triângulo usando a fórmula que envolve o seno:

$$A = \frac{bc\,\text{sen}(\hat{A})}{2}$$

$$\approx \frac{5 \cdot 4 \cdot \text{sen}(101,5)}{2}$$

$$\approx \frac{20 \cdot 0{,}980}{2}$$

$$\approx 9{,}80\ m^2.$$

Agora, tente o Exercício 13.

Exercícios 6.7

1. Usando a lei dos senos, encontre os lados e ângulos desconhecidos dos triângulos abaixo.

   a) [triângulo com ângulos 36°, 78° e lado 8 cm]

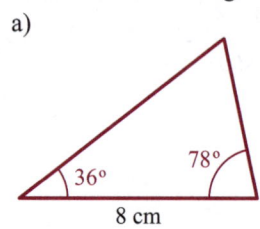

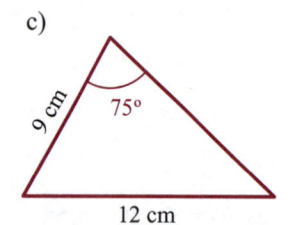

   b) [triângulo com lado 15 cm, ângulos 120°, 25°]

   c) [triângulo com lado 9 cm, ângulo 75°, lado 12 cm]

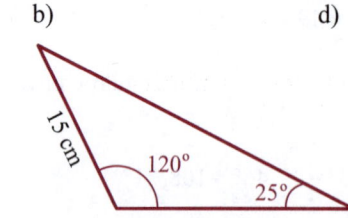

   d) [triângulo com ângulos 68°, 40° e lado 12 cm]

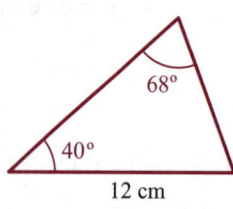

2. Usando a lei dos senos, encontre os lados e ângulos desconhecidos dos triângulos cujos elementos são dados abaixo. *Dica*: esboce os triângulos.

   a) $\hat{A} = 44°, b = 28$ cm, $\hat{C} = 100°$
   b) $\hat{A} = 58°, \hat{B} = 72°, c = 60$ cm
   c) $a = 75$ cm, $\hat{B} = 66°, \hat{C} = 46°$
   d) $\hat{A} = 102°, b = 37$ cm, $\hat{C} = 34°$
   e) $a = 15$ cm, $\hat{B} = 117°, \hat{C} = 23°$
   f) $\hat{A} = 124°, \hat{B} = 28°, c = 36$ cm
   g) $\hat{A} = 105°, b = 50$ cm, $\hat{B} = 45°$
   h) $a = 104$ cm, $\hat{A} = 73°, \hat{B} = 73°$
   i) $a = 85$ cm, $\hat{A} = 65°, \hat{C} = 20°$
   j) $b = 42$ cm, $\hat{B} = 48°, \hat{C} = 52°$
   k) $\hat{A} = 15°, c = 21$ cm, $\hat{C} = 18°$
   l) $\hat{B} = 50°, c = 10$ cm, $\hat{C} = 60°$

3. Usando a lei dos senos, tente determinar os lados e ângulos desconhecidos dos triângulos associados aos dados abaixo. Se existirem duas soluções, forneça ambas. *Dica*: esboce os triângulos.

   a) $b = 15$ cm, $c = 10$ cm, $\hat{B} = 32°$
   b) $a = 15$ cm, $b = 25$ cm, $\hat{A} = 40°$
   c) $a = 9\sqrt{3}$ cm, $c = 18$ cm, $\hat{A} = 60°$
   d) $b = 7$ cm, $a = 14$ cm, $\hat{B} = 30°$
   e) $a = 10$ cm, $b = 12$ cm, $\hat{A} = 52°$
   f) $b = 33$ cm, $c = 33$ cm, $\hat{B} = 60°$
   g) $c = 120$ cm, $b = 60$ cm, $\hat{C} = 130°$
   h) $c = 3$ cm, $a = 4$ cm, $\hat{C} = 100°$
   i) $c = 13$ cm, $a = 16$ cm, $\hat{C} = 45°$

4. Usando a lei dos cossenos, encontre as medidas dos lados e ângulos desconhecidos das figuras abaixo.

   a) [triângulo com lados 5 cm, 6 cm e ângulo 40°]

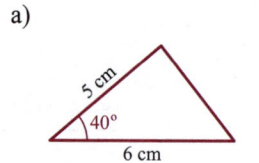

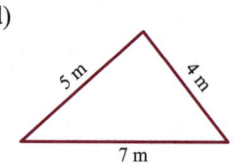

   b) [triângulo com lados 9 cm, 8 cm e 10 cm]

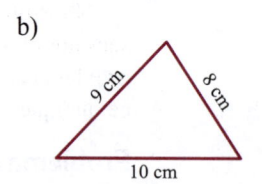

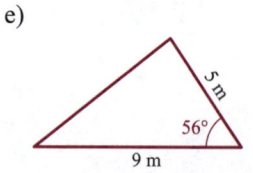

   c) [triângulo com lados 75 m, 50 m e ângulo 130°]

   d) [triângulo com lados 5 m, 4 m e 7 m]

   e) [triângulo com lados 5 m, 9 m e ângulo 56°]

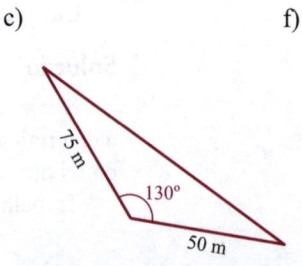

   f) [triângulo com lados 17 cm, 20 cm e 15 cm]

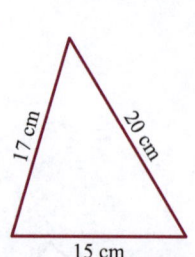

5. Usando a lei dos cossenos, determine os lados e ângulos desconhecidos dos triângulos associados aos dados abaixo. *Dica*: esboce os triângulos.

   a) $\hat{A} = 110°, b = 36$ cm, $c = 25$ cm
   b) $b = 42$ cm, $\hat{A} = 82°, c = 70$ cm
   c) $a = 54$ cm, $\hat{B} = 60°, c = 82$ cm

d) $\hat{B} = 44°$, $c = 23$ cm, $a = 15$ cm
e) $a = 60$ cm, $b = 112$ cm, $\hat{C} = 32°$
f) $b = 16$ cm, $\hat{C} = 55°$, $a = 13$ cm
g) $a = 12$ cm, $b = 18$, $c = 25$ cm
h) $a = 70$ cm, $b = 82$, $c = 65$ cm
i) $a = 28$ cm, $b = 54$, $c = 32$ cm
j) $a = 20$ cm, $b = 21$, $c = 29$ cm

6. Calcule as áreas dos triângulos a seguir.

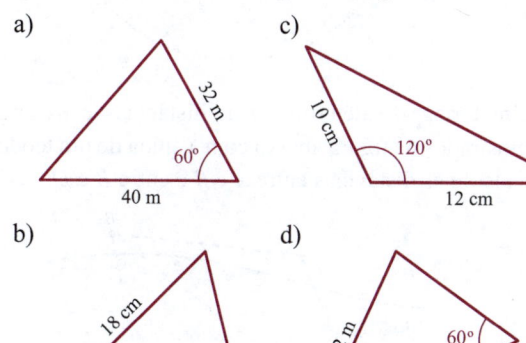

   a) (triângulo com lados 32 m, 40 m e ângulo 60°)
   b) (triângulo com lado 18 cm, 16 cm e ângulo 45°)
   c) (triângulo com lados 10 cm, 12 cm e ângulo 120°)
   d) (triângulo com lados 12 m, ângulos 40° e 60°)

7. Encontre as áreas dos triângulos associados aos dados abaixo. *Dica*: esboce os triângulos.

   a) $b = 30$ m, $\hat{A} = 45°$, $\hat{B} = 70°$
   b) $b = 60$ m, $\hat{A} = 100°$, $c = 80$ m
   c) $a = 50$ m, $b = 65$ m, $c = 88$ m
   d) $b = 8$ m, $\hat{A} = 32°$, $\hat{B} = 32°$
   e) $a = 17$ m, $b = 22$ m, $c = 33$ m
   f) $\hat{A} = 47°$, $b = 75$ m, $\hat{C} = 63°$

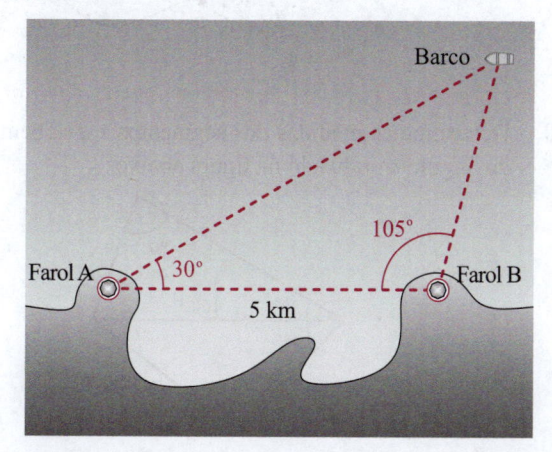

8. Do alto de seus faróis, que distam 5 km um do outro, dois faroleiros avistam um barco no mar, como mostra a figura abaixo. Determine a distância do barco a cada farol.

9. O quadro de uma bicicleta é mostrado a seguir. Sabendo que a mede 22 cm, use a lei dos senos para calcular o comprimento b da barra que liga o eixo da roda ao eixo dos pedais.

10. Um lado de um terreno triangular mede 50 m. Um topógrafo determinou que os outros dois lados do terreno fazem ângulos de 60° e 72° com o primeiro, como mostra a figura a seguir. Determine a área do terreno.

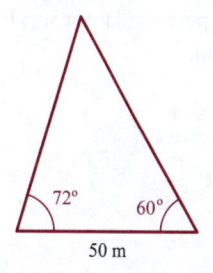

11. Uma praça tem formato triangular, como mostra a figura. Calcule seu perímetro.

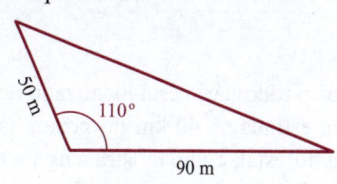

12. Dado o triângulo cinza da figura abaixo, determine as medidas x e y.

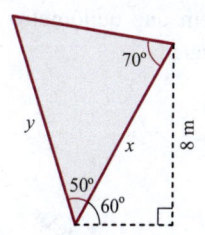

13. Determine a área da região cinza da figura.

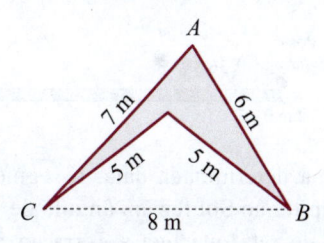

14. A tirolesa é um esporte no qual uma pessoa desce ao longo de um cabo aéreo, suspensa por roldanas. A figura a seguir ilustra um local para a prática desse esporte, mostrando o cabo AB, bem como o caminho a ser per-

corrido para voltar do ponto B ao ponto A. Determine a distância x percorrida por um atleta que desce atado ao cabo.

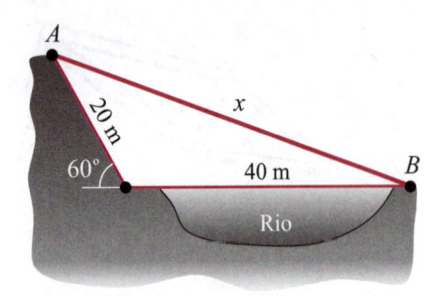

15. A figura abaixo mostra três ilhas oceânicas de um mesmo arquipélago. Os trajetos indicados na figura ligam os píeres das ilhas. Com base nos dados, determine a distância a ser percorrida por um barco que viaja de Santa Maria a Pinta.

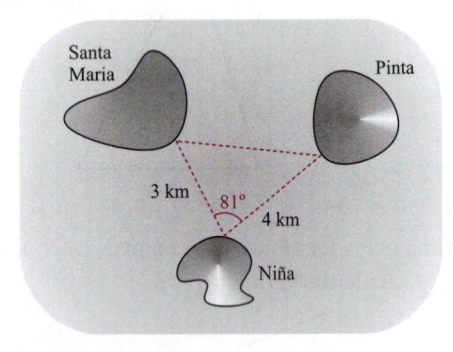

16. Um posto rodoviário está localizado no quilômetro zero de uma estrada. A 40 km do posto, há uma estação da guarda florestal, como mostra a figura abaixo. Pretende-se instalar uma antena de rádio em um ponto da estrada, de modo que as distâncias dessa antena ao posto rodoviário e à estação da guarda florestal sejam iguais. Determine em que quilômetro da estrada essa antena deve ser instalada.

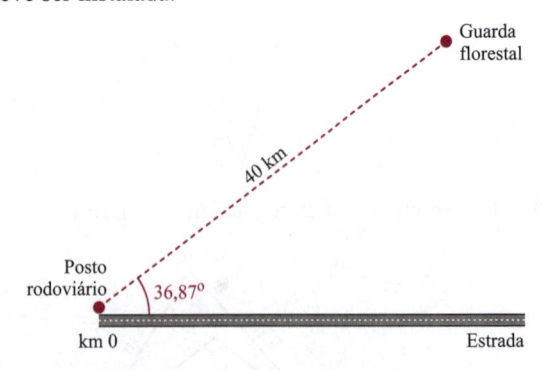

17. Em uma determinada data, o segmento de reta que liga Júpiter ao Sol fez um ângulo de $120°$ com o segmento de reta que liga a Terra ao Sol. Considerando que o raio da órbita terrestre (R_T) mede $1,5 \times 10^{11}$ m e que o raio da órbita de Júpiter (R_J) equivale a $7,5 \times 10^{11}$ m, calcule a distância entre os dois planetas nessa data.

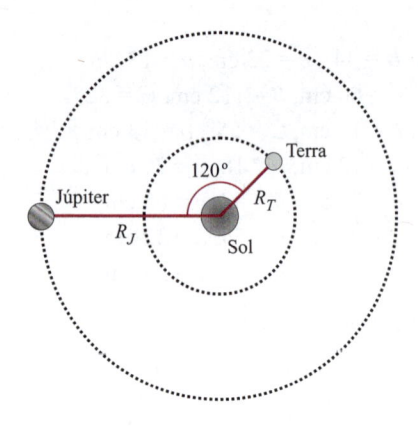

18. Um topógrafo determinou as distâncias e os ângulos mostrados na figura abaixo com a ajuda de um teodolito. Calcule as distâncias entre A e B e entre B e D.

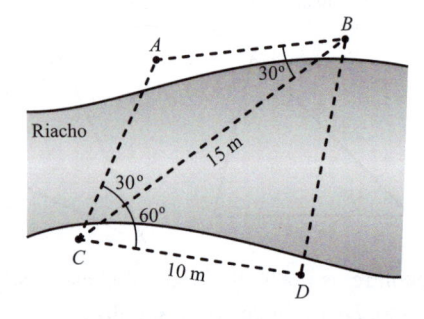

19. Deseja-se construir uma ponte que atravesse uma lagoa, ligando os pontos A e B mostrados na figura abaixo. Sabendo que a distância entre os pontos B e C corresponde a 150 m, determine o comprimento da ponte, ou seja, a distância entre A e B.

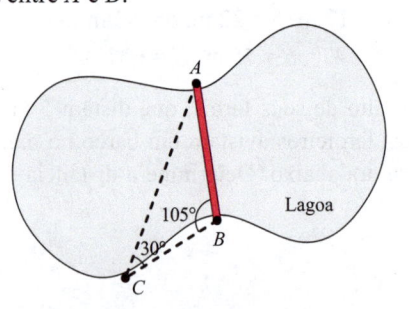

20. Determine as medidas dos segmentos x e y, bem como do ângulo α indicado na figura abaixo.

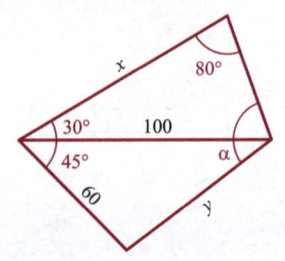

21. Para medir a altura de um edifício, um engenheiro determinou dois ângulos, em pontos separados por 70 m, como mostra a figura a seguir. Determine a medida x, bem como a altura do edifício a seguir.

CAPÍTULO 6 – Trigonometria ■ **515**

22. Em um sítio, o pomar fica a 150 m da casa, como mostra a figura. Determine a distância da casa ao portão e ao celeiro.

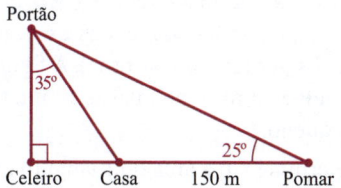

23. A figura abaixo mostra uma estrada que passa pelos pontos A, B, C e D. Calcule a distância x entre A e C, bem como o ângulo α mostrado na figura.

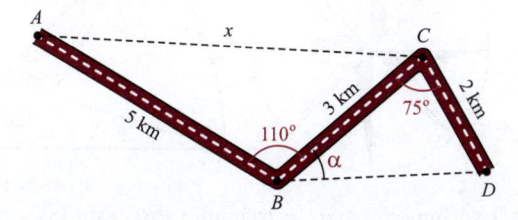

24. Há três formas de partir da cidade de Caititu e chegar à cidade de Queixada. Como se observa na figura abaixo, a estrada direta tem 78,10 km. Determine as distâncias percorridas quando se passa pelas cidades A e B.

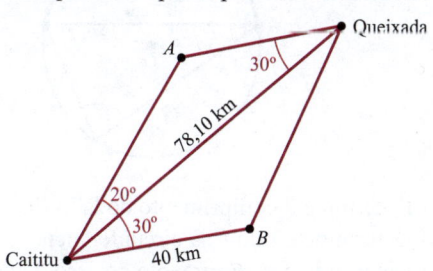

25. Três caminhos ligam os bairros A e C de uma cidade, como mostrado na figura abaixo. Com a queda de uma ponte, os moradores estão impedidos de tomar o caminho mais curto. Determine x, y e z, e descubra se os moradores devem tomar o caminho que passa por B ou o que passa por D.

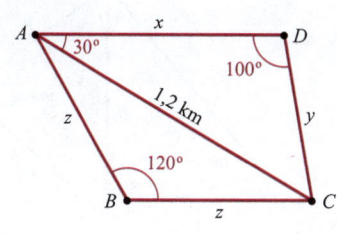

26. Um satélite orbita a 6.400 km da superfície da Terra, como mostra a figura. Responda às questões abaixo considerando que o raio da Terra também mede 6.400 km.

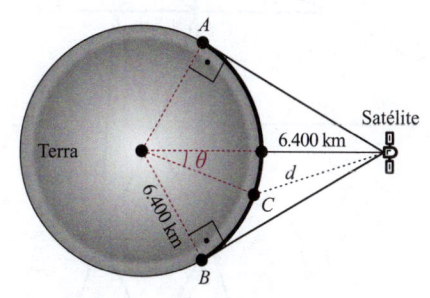

a) Qual a distância máxima entre dois pontos que captam o sinal do satélite, ou seja, qual o comprimento do arco AB?

b) Suponha que o ponto C, na superfície da Terra, seja tal que $\cos(\theta) = 3/4$. Determine a distância, d, entre o ponto C e o satélite.

27. Determine a medida do lado x, bem como a medida do ângulo β da figura a seguir.

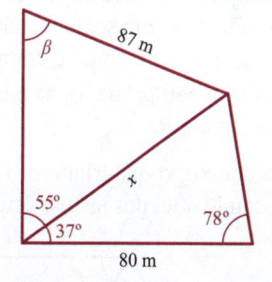

28. De uma praia, um topógrafo observa uma pequena escarpa sobre a qual foi colocada, na vertical, uma régua de 2 m de comprimento. Usando seu teodolito, o topógrafo constatou que o ângulo formado entre a reta vertical que passa pelo teodolito e o segmento de reta que une o teodolito ao topo da régua é de 60°, enquanto o ângulo formado entre a mesma reta vertical e o segmento que une o teodolito à base da régua é de 75°, como mostra a figura. Sabendo que o teodolito está a uma altura de 1,6 m do nível da base da escarpa, responda às questões abaixo.

a) Qual a distância horizontal entre a reta vertical que passa pelo teodolito e a régua sobre a escarpa?

b) Qual a altura da escarpa?

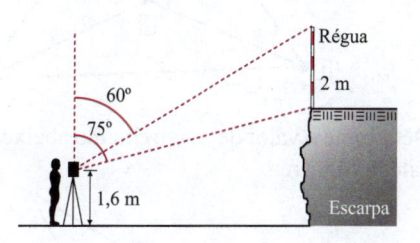

29. A figura a seguir mostra uma torre de transmissão de energia.

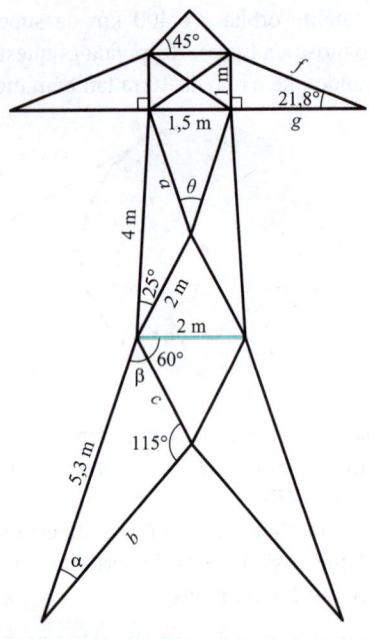

a) Determine os comprimentos das barras **f** e **g**.

b) Observando a simetria da torre, determine o comprimento da barra **c**. Em seguida, obtenha as medidas dos ângulos α e β, bem como o comprimento da barra **b**.

c) Determine o comprimento da barra **a** da torre e a medida do ângulo θ.

30. Na figura abaixo, o quadrilátero $ABCD$ é um paralelogramo. Usando a lei dos senos, determine α e β.

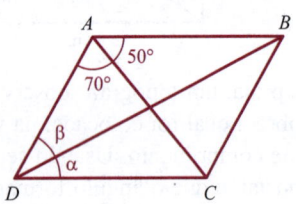

31. Uma rede de distribuição conecta uma caixa-d'água a três consumidores, como mostrado na figura abaixo. Determine os comprimentos dos canos x e y, bem como os ângulos α e β.

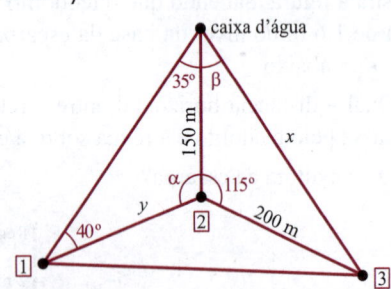

32. Determine o valor de y no triângulo abaixo. Em seguida, calcule sua área.

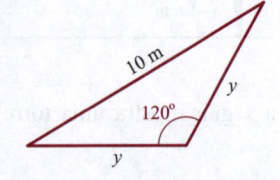

33. Um GPS encontrou três caminhos entre os pontos A e B da figura abaixo. Para calcular os comprimentos desses caminhos, determine as medidas de x, y, β, γ e z.

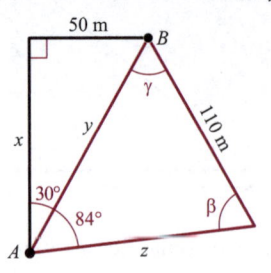

34. A figura abaixo, à esquerda, mostra uma rosa dos ventos formada por uma circunferência e 16 triângulos, dos quais 8 são grandes (4 brancos e 4 vinho) e outros 8 são pequenos (4 brancos e 4 rosas). A figura à direita mostra um detalhe da rosa, no qual se vê um triângulo grande e um pequeno.

a) Determine y e a área do triângulo grande.

b) Determine z e x.

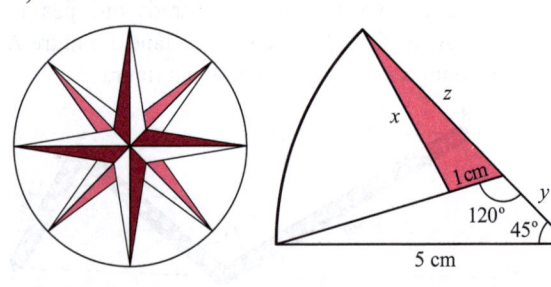

35. Na figura abaixo, o triângulo ABC está inscrito na circunferência de centro em O.

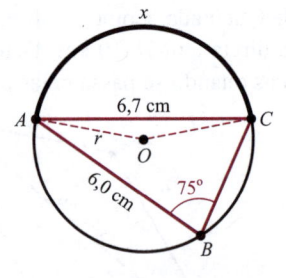

a) Determine o comprimento do lado BC.

b) Determine o raio r da circunferência.

c) Determine o comprimento do arco de circunferência AC destacado na figura.

36. Os terrenos de João e Pedro estão separados por uma cerca de 50 m de comprimento, como mostra a figura. Determine as medidas x, y e z, bem como a área do terreno de João e o perímetro do terreno de Pedro.

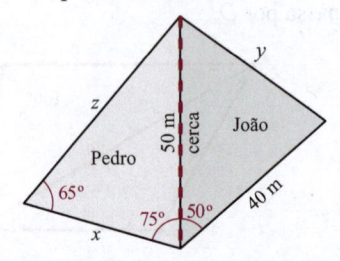

37. A figura a seguir ilustra a tragédia de um banhista, que está se afogando em um ponto D próximo a uma praia reta. Para sua sorte, dois intrépidos salva-vidas estão a postos nos pontos A e B. A distância entre os salva-vidas e os ângulos entre as trajetórias retas que serão adotadas pelos salva-vidas para resgatar o banhista e a margem reta da praia também estão indicados na figura. Depois de alcançar o banhista, os salva-vidas o levarão à praia seguindo a trajetória mais curta possível, que é dada pelo segmento de reta CD. Determine a distância a ser percorrida pelo banhista (em companhia dos salva-vidas) até alcançar a terra firme.

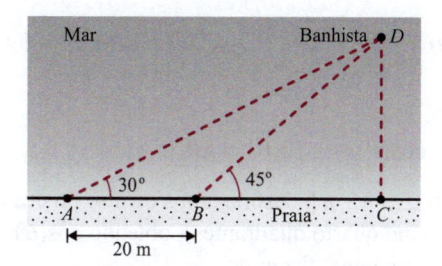

38. Um avião é detectado por radares localizados nos pontos A e B da figura, que também fornece os ângulos de elevação do avião e a distância entre os radares. Determine a distância do avião ao radar no ponto B, bem como a altitude em que a aeronave está voando.

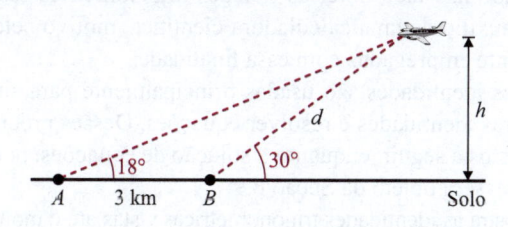

39. Um topógrafo mediu a distância de uma boia B aos extremos A e C de uma ilha, bem como o ângulo entre os segmentos BA e BC mostrados na figura. Determine a distância d entre os extremos A e C.

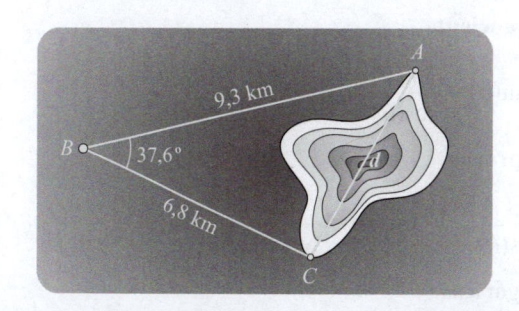

40. Um lote triangular tem lados que medem 550 m, 640 m e 770 m. Determine a área do terreno.

41. Lauro e Luís são irmãos e moram em casas situadas em terrenos vizinhos, às quais se chega seguindo estradas retas que partem de um mesmo entroncamento de uma rodovia. Se a estrada que leva à casa de Lauro tem 642 m de comprimento, a estrada até a casa de Luís tem 827 m e as duas estradas fazem um ângulo de 49°, qual distância separa as casas dos irmãos? *Dica*: faça um desenho que represente o problema.

42. Na página 509 apresentamos parte da demonstração da lei dos cossenos na forma $a^2 = b^2 + c^2 - 2bc\cos(\hat{A})$, considerando o caso em que $\hat{A} < 90°$. Agora, mostre que a lei também é válida quando $\hat{A} > 90°$, usando como referência o triângulo ABC mostrado em cinza-claro na figura abaixo.

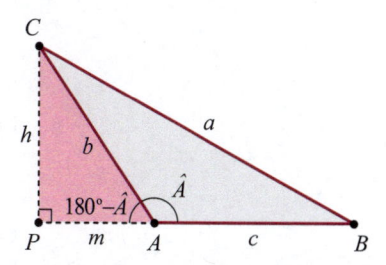

Dica: para efetuar a demonstração, siga os passos abaixo.

a) Observando o triângulo ACP (em rosa), escreva h e m em função de b, $\text{sen}(180° - \hat{A})$ e $\cos(180° - \hat{A})$.

b) Relacione $\text{sen}(180° - \hat{A})$ e $\text{sen}(\hat{A})$. Faça o mesmo com $\cos(180° - \hat{A})$ e $\cos(\hat{A})$.

c) Escreva h e m em função de b, $\text{sen}(\hat{A})$ e $\cos(\hat{A})$.

d) Aplique o teorema de Pitágoras ao triângulo BCP.

e) No teorema de Pitágoras, substitua h e m pelas expressões obtidas no item (d).

f) Use a identidade $\text{sen}^2(\hat{A}) + \cos^2(\hat{A}) = 1$ para a obter a lei dos cossenos.

43. No Problema 8, calculamos a área de um triângulo combinando a lei dos cossenos com a fórmula $A = \frac{1}{2}bc(\hat{A})$. Entretanto, existe uma fórmula direta para a obtenção da área do triângulo a partir das medidas de seus lados, que é atribuída ao matemático grego Heron de Alexandria. Segundo essa fórmula, a área de um triângulo com lados a, b e c é dada por

$$\sqrt{s(s-a)(s-b)(s-c)}.$$

em que $s = (a + b + c)/2$ é o **semiperímetro** do triângulo.

Curiosamente, é possível demonstrar a fórmula de Heron através da aplicação da lei dos cossenos. Entretanto, como essa demonstração é um pouco longa, não a apresentaremos neste livro, mas você pode encontrá-la facilmente na internet.

Usando a fórmula de Heron, obtenha a área do terreno do Exercício 40.

6.8 Identidades trigonométricas

Como vimos na Seção 2.1, dá-se o nome de **identidade** a uma equação que é sempre verdadeira, independentemente do valor das variáveis que nela aparecem. O Problema 1 mostra como empregar uma identidade para determinar os valores de funções trigonométricas.

Problema 1. Cálculo de funções trigonométricas

Um ângulo $\theta \in (\pi/2, \pi]$ é tal que $\operatorname{sen}(\theta) = \sqrt{0,99}$. Calcule $\cos(\theta)$ e $\tan(\theta)$.

Solução

Usando a identidade $\operatorname{sen}^2(\theta) + \cos^2(\theta) = 1$, escrevemos

$$(\sqrt{0,99})^2 + \cos^2(\theta) = 1 \quad \Rightarrow \quad \cos^2(\theta) = 1 - 0,99 = 0,01.$$

Logo,

$$\cos(\theta) = \pm\sqrt{0,01} = \pm 0,1.$$

Considerando, então, que $\theta \in (\pi/2, \pi]$, desprezamos o valor positivo do cosseno (que só ocorre no primeiro e no quarto quadrantes), obtendo $\cos(\theta) = -0,1$.

Finalmente, para obter a tangente, fazemos

$$\tan(\theta) = \frac{\operatorname{sen}(\theta)}{\cos(\theta)} = \frac{\sqrt{0,99}}{-0,1} = -\sqrt{\frac{0,99}{0,01}} = -\sqrt{99} \approx -9,95.$$

Agora, tente o Exercício 1.

Naturalmente, teria sido mais fácil obter as funções trigonométricas solicitadas no Problema 1 com o auxílio de uma calculadora científica, motivo pelo qual as identidades são raramente empregadas com essa finalidade.

Na trigonometria, as identidades são usadas principalmente para simplificar expressões, provar outras identidades e resolver equações. Desses propósitos, os dois primeiros serão vistos a seguir, enquanto a solução de equações, por ser particularmente importante, será objeto da Seção 6.9.

O quadro abaixo mostra as identidades trigonométricas vistas até o momento, incluindo, por comodidade, aquelas fornecidas no quadro da página 456. Essa lista servirá como referência para as atividades que serão desenvolvidas até o fim do capítulo.

Identidades trigonométricas

1. **Identidades de quociente**

$$\tan(\theta) = \frac{\operatorname{sen}(\theta)}{\cos(\theta)} \qquad \cot(\theta) = \frac{\cos(\theta)}{\operatorname{sen}(\theta)}$$

2. **Identidades recíprocas**

$$\sec(\theta) = \frac{1}{\cos(\theta)} \qquad \csc(\theta) = \frac{1}{\operatorname{sen}(\theta)} \qquad \cot(\theta) = \frac{1}{\tan(\theta)}$$

3. **Identidades pitagóricas**

$$\operatorname{sen}^2(\theta) + \cos^2(\theta) = 1 \qquad \tan^2(\theta) + 1 = \sec^2(\theta) \qquad \cot^2(\theta) + 1 = \csc^2(\theta)$$

4. **Identidades associadas à paridade**

$$\operatorname{sen}(-x) = -\operatorname{sen}(x) \qquad \cos(-x) = \cos(x) \qquad \tan(-x) = -\tan(x)$$

(continua)

As duas primeiras identidades de arcos complementares foram apresentadas na página 453. As demais podem ser obtidas a partir dessas duas e das identidades de quociente e recíprocas, ou deduzidas com base no triângulo retângulo (vide o Exercício 12).

Identidades trigonométricas (Cont.)

5. Identidades de arcos complementares

$$\operatorname{sen}\left(\frac{\pi}{2}-x\right)=\cos(x) \quad \cos\left(\frac{\pi}{2}-x\right)=\operatorname{sen}(x) \quad \tan\left(\frac{\pi}{2}-x\right)=\cot(x)$$

$$\csc\left(\frac{\pi}{2}-x\right)=\sec(x) \quad \sec\left(\frac{\pi}{2}-x\right)=\csc(x) \quad \cot\left(\frac{\pi}{2}-x\right)=\tan(x)$$

■ Simplificação de expressões

As identidades são bastante úteis na conversão de uma expressão complicada em outra equivalente, porém com menos termos ou com um número menor de funções trigonométricas. Como veremos nos próximos problemas, esse processo de simplificação também costuma exigir o emprego de outras estratégias de manipulação de expressões, tais como a fatoração e a redução de termos a um denominador comum.

Problema 2. Simplificação de expressão trigonométrica

Simplifique a expressão $2\operatorname{sen}(x)\cot(x)-\cos(x)$.

Solução

$$2\operatorname{sen}(x)\cot(x)-\cos(x) = 2\operatorname{sen}(x)\left(\frac{\cos(x)}{\operatorname{sen}(x)}\right)-\cos(x) \quad \text{Identidade de quociente.}$$

$$= 2\cos(x)-\cos x \quad \text{Simplificação do produto.}$$

$$= \cos(x) \quad \text{Cálculo da diferença.}$$

Problema 3. Simplificação de expressão trigonométrica

Simplifique a expressão $\dfrac{\operatorname{sen}^2(x)}{\cos(x)}-\sec(x)$.

Solução

$$\frac{\operatorname{sen}^2(x)}{\cos(x)}-\sec(x) = \frac{\operatorname{sen}^2(x)}{\cos(x)}-\frac{1}{\cos(x)} \quad \text{Identidade recíproca.}$$

$$= \frac{\operatorname{sen}^2(x)-1}{\cos(x)} \quad \text{Agrupamento dos termos.}$$

$$= \frac{1-\cos^2(x)-1}{\cos(x)} \quad \text{Identidade pitagórica.}$$

$$= \frac{-\cos^2(x)}{\cos(x)} \quad \text{Cálculo do numerador.}$$

$$= -\cos(x) \quad \text{Simplificação da expressão.}$$

Problema 4. Simplificação de expressão trigonométrica

Simplifique a expressão $[\sec(x)-1][\sec(x)+1]$.

Solução

$$[\sec(x)-1][\sec(x)+1] = \sec^2(x)-1 \quad \text{Produto notável.}$$

$$= \tan^2(x)+1-1 \quad \text{Identidade pitagórica.}$$

$$= \tan^2(x) \quad \text{Simplificação do resultado.}$$

Problema 5. Simplificação de expressão trigonométrica

Simplifique a expressão $\dfrac{\text{sen}(x)}{\cos(x)+1} + \dfrac{\cos(x)+1}{\text{sen}(x)}$.

Solução

$\dfrac{\text{sen}(x)}{\cos(x)+1} + \dfrac{\cos(x)+1}{\text{sen}(x)} = \dfrac{\text{sen}^2(x)+[\cos(x)+1]^2}{[\cos(x)+1]\text{sen}(x)}$ \hfill Redução ao mesmo denominador.

$= \dfrac{\text{sen}^2(x)+\cos(x)^2+2\cos(x)+1}{[\cos(x)+1]\text{sen}(x)}$ \hfill Produto notável.

$= \dfrac{1+2\cos(x)+1}{[\cos(x)+1]\text{sen}(x)}$ \hfill Identidade pitagórica.

$= \dfrac{2\cos(x)+2}{[\cos(x)+1]\text{sen}(x)}$ \hfill Cálculo da soma.

$= \dfrac{2[\cos(x)+1]}{[\cos(x)+1]\text{sen}(x)}$ \hfill Fatoração do numerador.

$= \dfrac{2}{\text{sen}(x)}$ \hfill Simplificação da expressão.

$= 2\csc(x)$ \hfill Identidade recíproca.

Agora, tente o Exercício 5.

Como veremos no Problema 7, $\sec(x) - \cos(x) = \text{sen}(x)\tan(x)$ é uma identidade, pois vale para todo x pertencente ao seu domínio. Por outro lado, a equação $\text{sen}(x) = \cos(x)$ só é satisfeita para $x = \frac{\pi}{4} + k\frac{\pi}{2}$, de modo que não se trata de uma identidade.

■ Verificação de identidades

As identidades trigonométricas também são muito usadas na *demonstração* ou *verificação* de outras identidades. A essa altura, o leitor deve ser capaz de perceber a diferença que existe entre verificar uma identidade e resolver uma equação.

- **Verificar uma identidade** na variável x é o mesmo que mostrar que uma equação é válida para qualquer valor de x pertencente ao seu domínio.

- **Resolver uma equação** na variável x é o mesmo que encontrar os valores de x para os quais ela é válida.

O quadro abaixo apresenta algumas sugestões para a demonstração de identidades.

Roteiro para demonstração de identidades

1. **Trabalhe com um lado de cada vez**
   Selecione o lado mais complicado da equação e tente convertê-lo na expressão que aparece do outro lado. Se não for possível avançar, mude de lado. Não opere com os dois lados ao mesmo tempo.
2. **Use as identidades trigonométricas conhecidas**
   Use os seus conhecimentos de álgebra e as identidades vistas no início desta seção para simplificar as expressões.
3. **Reduza o número de funções trigonométricas**
   Quanto menor for o número de funções trigonométricas envolvidas em uma expressão, mais fácil será manipulá-la. Se necessário, escreva todos os termos da equação em função apenas do seno e do cosseno.

Ao demonstrarmos uma identidade, precisamos ter o cuidado de não supor que ela seja verdadeira. Assim, não podemos efetuar operações que são permitidas quando sabemos que a equação é válida, como multiplicar ambos os lados da equação por um mesmo termo ou elevar ao quadrado os dois lados. Para ilustrar esse tipo frequente de engano, vamos tentar "demonstrar" a equação abaixo, que é falsa.

$$\text{sen}(-x) = \text{sen}(x). \quad \text{☠ Falso! O correto é sen}(-x) = -\text{sen}(x).$$

Supondo que essa equação seja verdadeira, podemos multiplicar ambos os lados por $\text{sen}(-x) + \text{sen}(x)$:

$$[\text{sen}(x) + \text{sen}(-x)]\text{sen}(-x) = [\text{sen}(x) + \text{sen}(-x)]\text{sen}(x). \quad \text{☠ Errado!}$$

> Se a equação ao lado fosse verdadeira, teríamos $\text{sen}(-x) + \text{sen}(x) \neq 0$ para $x \neq 2k\pi$. Entretanto, como ela não é verdadeira, multiplicamos ambos os lados por zero, o que não é permitido.

Prosseguindo com a "demonstração", obtemos

$$\text{sen}(x)\text{sen}(-x) + \text{sen}^2(-x) = \text{sen}^2(x) + \text{sen}(x)\text{sen}(-x) \quad \text{Propr. distributiva.}$$
$$\text{sen}(x)\text{sen}(-x) + 1 - \cos^2(-x) = 1 - \cos^2(x) + \text{sen}(x)\text{sen}(-x) \quad \text{sen}^2(y) = 1 - \cos^2(y).$$
$$\text{sen}(x)\text{sen}(-x) + 1 - \cos^2(x) = 1 - \cos^2(x) + \text{sen}(x)\text{sen}(-x) \quad \cos(-x) = \cos(x).$$

> De fato, $\text{sen}(-x) = \text{sen}(x)$ só é válida para $x = k\pi$, com k inteiro.

Como os dois lados da última equação são iguais, concluímos erroneamente que a equação $\text{sen}(-x) = \text{sen}(x)$ é uma identidade.

Agora que já vimos que não se pode supor que uma identidade seja verdadeira antes de prová-la, vejamos como usar as dicas do quadro da página 520 para demonstrar algumas identidades trigonométricas.

Problema 6. Verificação de uma identidade trigonométrica

Mostre que $\cos(x) + \tan(x) = \text{sen}(x)[\cot(x) + \sec(x)]$.

Solução

Como o lado direito da equação parece mais complicado, vamos reescrevê-lo:

> Nesse problema, convertemos as funções trigonométricas de modo a trabalhar apenas com senos e cossenos.

$$\text{sen}(x)[\cot(x) + \sec(x)] = \text{sen}(x)\cot(x) + \text{sen}(x)\sec(x) \quad \text{Propriedade distributiva.}$$
$$= \text{sen}(x)\frac{\cos(x)}{\text{sen}(x)} + \text{sen}(x)\frac{1}{\cos(x)} \quad \text{Identidades de quociente e recíproca.}$$
$$= \cos(x) + \tan(x) \quad \text{Identidade de quociente.}$$

Note que obtivemos a expressão que aparece do lado esquerdo da equação original. Sendo assim, essa equação é uma identidade.

Problema 7. Verificação de uma identidade trigonométrica

Mostre que $\sec(x) - \cos(x) = \text{sen}(x)\tan(x)$.

Solução

Reescrevendo o lado esquerdo da equação, obtemos

$$\sec(x) - \cos(x) = \frac{1}{\cos(x)} - \cos(x) \quad \text{Identidade recíproca.}$$

> A combinação de dois ou mais termos em uma fração única é uma das estratégias mais úteis na manipulação de expressões trigonométricas.

$$= \frac{1 - \cos^2(x)}{\cos(x)} \quad \text{Redução ao mesmo denominador.}$$
$$= \frac{\text{sen}^2(x)}{\cos(x)} \quad \text{Identidade pitagórica.}$$
$$= \frac{\text{sen}(x) \cdot \text{sen}(x)}{\cos(x)} \quad \text{Fatoração da potência.}$$
$$= \text{sen}(x) \cdot \tan(x) \quad \text{Identidade de quociente.}$$

> Nesse problema, provamos que $\sec(x) - \cos(x) = \text{sen}(x)\tan(x)$ é válida para todo x pertencente ao seu domínio, ou seja, todo x para o qual seja possível calcular $\sec(x)$, $\text{sen}(x)$, $\cos(x)$ e $\tan(x)$. Nesse caso, $x \neq \pi/2 + k\pi$, com k inteiro.

Como essa última expressão é equivalente à que aparece do lado direito da equação original, trata-se de uma identidade.

Problema 8. Verificação de uma identidade trigonométrica

Mostre que $\dfrac{\cos^2(x)}{1+\operatorname{sen}(x)} = 1 - \operatorname{sen}(x)$.

Solução

Manipulando o lado esquerdo da equação, obtemos

$\dfrac{\cos^2(x)}{1+\operatorname{sen}(x)} = \dfrac{1-\operatorname{sen}^2(x)}{1+\operatorname{sen}(x)}$ Identidade pitagórica.

$\qquad\qquad = \dfrac{[1-\operatorname{sen}(x)][1+\operatorname{sen}(x)]}{1+\operatorname{sen}(x)}$ Produto notável: $a^2 - b^2 = (a+b)(a-b)$.

$\qquad\qquad = 1 - \operatorname{sen}(x)$ Simplificação do resultado.

que é a expressão do lado direito da equação original.

Nesse problema, o domínio da equação é formado pelos valores de x tais que a tangente e a cotangente estejam definidas e que $\tan(x) \neq -1$. Sendo assim, $x \neq k\pi/2$ e $x \neq 3\pi/4 + k\pi$, para todo k inteiro.

Problema 9. Verificação de uma identidade trigonométrica

Mostre que $\cot(x) = \dfrac{1+\cot(x)}{1+\tan(x)}$.

Solução

Tentemos converter o lado direito da equação, que é o mais complicado, na expressão que aparece à esquerda:

$\dfrac{1+\cot(x)}{1+\tan(x)} = \dfrac{1+\frac{1}{\tan(x)}}{1+\tan(x)}$ Identidade recíproca.

$\qquad\qquad = \dfrac{\frac{\tan(x)+1}{\tan(x)}}{1+\tan(x)}$ Redução ao mesmo denominador.

$\qquad\qquad = \dfrac{[\tan(x)+1]}{\tan(x)} \cdot \dfrac{1}{[1+\tan(x)]}$ Conversão do quociente em produto.

$\qquad\qquad = \dfrac{1}{\tan(x)}$ Simplificação do resultado.

$\qquad\qquad = \cot(x)$ Identidade recíproca.

Problema 10. Trabalhando com os dois lados

Mostre que $\csc(x)\sec(x) - \csc(x) + \operatorname{sen}(x) = [1-\cos(x)]\cot(x) + \tan(x)$.

Solução

Nesse problema, os dois lados parecem complicados, de modo que começaremos pelo esquerdo:

$\csc(x)\sec(x) - \csc(x) + \operatorname{sen}(x) = \dfrac{1}{\operatorname{sen}(x)} \cdot \dfrac{1}{\cos(x)} - \dfrac{1}{\operatorname{sen}(x)} + \operatorname{sen}(x)$ Identidades recíprocas.

$\qquad\qquad = \dfrac{1 - \cos(x) + \operatorname{sen}^2(x)\cos(x)}{\operatorname{sen}(x)\cos(x)}$ Redução a um denominador comum.

$\qquad\qquad = \dfrac{1 - \cos(x) + [1-\cos^2(x)]\cos(x)}{\operatorname{sen}(x)\cos(x)}$ Identidade pitagórica.

$\qquad\qquad = \dfrac{1 - \cos(x) + \cos(x) - \cos^3(x)}{\operatorname{sen}(x)\cos(x)}$ Propriedade distributiva.

$\qquad\qquad = \dfrac{1 - \cos^3(x)}{\operatorname{sen}(x)\cos(x)}$ Simplificação do resultado.

Trabalhando, agora, apenas com o lado direito, obtemos

$$[1-\cos(x)]\cot(x)+\tan(x)=[1-\cos(x)]\frac{\cos(x)}{\sen(x)}+\frac{\sen(x)}{\cos(x)}$$ Identidades de quociente.

$$=\frac{[1-\cos(x)]\cos^2(x)+\sen^2(x)}{\sen(x)\cos(x)}$$ Redução ao mesmo denominador.

$$=\frac{\cos^2(x)-\cos^3(x)+\sen^2(x)}{\sen(x)\cos(x)}$$ Propriedade distributiva.

$$=\frac{1-\cos^3(x)}{\sen(x)\cos(x)}$$ Identidade pitagórica.

Como conseguimos reduzir os dois lados a uma mesma expressão, a identidade é válida.

Problema 11. Verificação com simplificação do denominador

Mostre que $\frac{1-\cos(x)}{1+\cos(x)}=[\csc(x)-\cot(x)]^2$.

Solução

Comecemos manipulando o lado esquerdo de modo a converter o denominador em um único termo:

Note que essa multiplicação não altera o domínio da equação original, pois $1/[1-\cos(x)]$ tem o mesmo domínio de $\csc(x)$.

$$\frac{1-\cos(x)}{1+\cos(x)}=\frac{[1-\cos(x)]}{[1+\cos(x)]}\cdot\frac{[1-\cos(x)]}{[1-\cos(x)]}$$ Multiplicação do numerador e do denominador por $1-\cos(x)$.

$$=\frac{1-2\cos(x)+\cos^2(x)}{1-\cos^2(x)}$$ Produtos notáveis.

$$=\frac{1-2\cos(x)+\cos^2(x)}{\sen^2(x)}$$ Identidade pitagórica.

Passemos, agora, ao lado lado direito:

$$[\csc(x)-\cot(x)]^2=\csc^2(x)-2\csc(x)\cot(x)+\cot(x)^2$$ Produto notável.

$$=\frac{1}{\sen^2(x)}-2\cdot\frac{1}{\sen(x)}\cdot\frac{\cos(x)}{\sen(x)}+\frac{\cos^2(x)}{\sen^2(x)}$$ Identidades recíproca e de quociente.

$$=\frac{1-2\cos(x)+\cos^2(x)}{\sen^2(x)}$$ Simplificação do resultado.

Pronto! Chegamos a duas expressões iguais, de modo que a identidade está verificada.

Agora, tente o Exercício 7.

Exercícios 6.8

1. Determine o valor das demais funções (seno, cosseno e tangente) em x, usando identidades trigonométricas.

   a) $\sen(x)=4/5$, com $x\in[\pi/2,\pi]$
   b) $\sen(x)=-1/5$, com $x\in[3\pi/2,2\pi]$
   c) $\cos(x)=-1/3$, com $x\in[\pi,3\pi/2]$
   d) $\cos(x)=-5/13$, com $x\in[\pi/2,\pi]$
   e) $\tan(x)=-\sqrt{3}$, com $x\in[3\pi/2,2\pi]$
   f) $\tan(x)=\sqrt{8}$, com $x\in[\pi,3\pi/2]$

2. Sabendo que $\tan(x)=7/24$ e que $0<x<90°$, determine $\sec(x)$ usando identidades.

3. Sabendo que $\sec(x) = 5/3$ e que $0 < x < 90°$, determine $\cot(x)$ usando identidades.

4. Sabendo que $\tan(x) = \sqrt{2}/4$ e que $0 < x < 90°$, determine $\csc(x)$ usando identidades.

5. Simplifique as expressões. (*Dica*: quando possível, ponha algum termo em evidência.)

   a) $\cos(x)\tan(x)$

   b) $\dfrac{\text{sen}(x)}{\tan(x)}$

   c) $\cot(x)\sec(-x)$

   d) $\dfrac{\text{sen}^2(x)-1}{\cot(x)}$

   e) $\text{sen}(x)[1-\cos^2(x)] - 2\,\text{sen}^3(x)$

   f) $\dfrac{1}{\csc^2(x)} + \dfrac{1}{\sec^2(x)}$

   g) $\dfrac{\tan(x)}{\sec(x)}$

   h) $[\text{sen}(x) + \cos(x)]^2$

   i) $\tan(x)\text{sen}(x) - \sec(x)$

   j) $\dfrac{1-\text{sen}(x)}{1-\csc(x)}$

   k) $[\cos^2(x)-1][1+\cot^2(x)]$

   l) $\text{sen}^2(x) + \cos^2(x) + \tan^2(x)$

   m) $\text{sen}(x)[\csc(x) - \text{sen}(x)]$

   n) $\dfrac{1}{\tan^2(x)+1}$

   o) $\tan^2(x) - \tan^2(x)\text{sen}^2(x)$

   p) $\tan\left(\dfrac{\pi}{2} - x\right)\tan(x)$

6. Simplifique as expressões. (*Dica*: quando possível, ponha algum termo em evidência.)

   a) $\text{sen}\left(\dfrac{\pi}{2} - x\right)\csc(x)$

   b) $\tan(x) + \dfrac{\cos(x)}{\text{sen}(x)+1}$

   c) $\dfrac{\cot^2(x)+1}{\sec^2(x)}$

   d) $\dfrac{1}{1+\cos(x)} + \dfrac{1}{1-\cos(x)}$

   e) $\dfrac{1+\text{sen}(x)}{\cos(x)} + \dfrac{\cos(x)}{1+\text{sen}(x)}$

   f) $\dfrac{\csc(x)}{\cos(x)} + \dfrac{\sec(x)}{\text{sen}(x)}$

   g) $\dfrac{\tan(x) - \text{sen}(x)}{\csc(x) - \cot(x)}$

   h) $\dfrac{\text{sen}\left(\frac{\pi}{2}-x\right)\tan\left(\frac{\pi}{2}-x\right)}{\cos^2(-x)}$

   i) $\dfrac{\text{sen}^3(x) + \cos^3(x)}{\text{sen}(x) + \cos(x)}$

   j) $[\cot(x) - 1] \cdot \dfrac{1+\tan(x)}{1-\tan(x)}$

   k) $\dfrac{\cos(x)}{\csc\left(x - \frac{\pi}{2}\right)} + 1$

   l) $\dfrac{\cot(x)-1}{\cos(x)} - \dfrac{\tan(x)-1}{\text{sen}(x)}$

   m) $\dfrac{\tan\left(x-\frac{\pi}{2}\right) + \dfrac{\cos\left(x-\frac{\pi}{2}\right)}{\csc\left(\frac{\pi}{2}-x\right)}}{\sec\left(\frac{\pi}{2}-x\right)}$

   n) $\left[\cot(x) - \cos^3(x)\csc(x)\right]\tan(x)$

7. Prove as identidades abaixo.

   a) $\cos(x) + \text{sen}(x)\tan(x) = \sec(x)$

   b) $\dfrac{\tan(x)}{\sec(x)} = \text{sen}(x)$

   c) $\text{sen}^2(x) - \cos^2(x) = 2\,\text{sen}^2(x) - 1$

   d) $[1+\text{sen}(x)][1-\text{sen}(x)] = \cos^2(x)$

   e) $\text{sen}(x)\sec(x) - \cos(x)\csc(x) = \tan(x) - \cot(x)$

   f) $\left[1-\text{sen}^2(x)\right]\left[\tan^2(x)+1\right] = 1$

   g) $\tan\left(\dfrac{\pi}{2} - x\right)\tan(x) = 1$

   h) $[1+\cot^2(x)]\cos^2(x) = \cot^2(x)$

   i) $\tan(x) + \cot(x) = \sec(x)\csc(x)$

   j) $\sec(x) - \cos(x) = \text{sen}(x)\tan(x)$

   k) $\dfrac{\text{sen}(x)}{\csc(x)} = 1 - \dfrac{\cos(x)}{\sec(x)}$

   l) $\dfrac{1}{\sec(x)+1} + \dfrac{1}{\sec(x)-1} = 2\cot(x)\csc(x)$

   m) $\text{sen}^4(x) - \cos^4(x) = \text{sen}^2(x) - \cos^2(x)$

   n) $\dfrac{\text{sen}(x)}{\cos(x)-1} + \dfrac{\cos(x)+1}{\text{sen}(x)} = 0$

   o) $\dfrac{\tan(x)}{1+\cos(x)} + \dfrac{\tan(x)}{1-\cos(x)} = 2\csc(x)\sec(x)$

   p) $\tan(x)\cos(-x) = \cos\left(\dfrac{\pi}{2} - x\right)$

8. Prove as identidades a seguir.

   a) $\dfrac{\cot^2(x)+1}{\csc^2(x)-1} = \sec^2(x)$

b) $\dfrac{\cot\left(\frac{\pi}{2}-x\right)-\sec\left(\frac{\pi}{2}-x\right)}{\sec(x)} = \operatorname{sen}(x)-\cot(x)$

c) $\dfrac{\tan^2(x)+\sec^2(x)-1}{\operatorname{sen}^2(x)} = 2\sec^2(x)$

d) $\dfrac{\operatorname{sen}\left(\frac{\pi}{2}-x\right)-\sec(x)}{1-\sec^2(x)} = \cos(x)$

e) $\dfrac{[\operatorname{sen}(x)+\cos(x)]^2}{\operatorname{sen}(x)\cos(x)} = \tan(x)+\cot(x)+2$

f) $[2\cot(x)-\tan(x)]^2 = 4\csc^2(x)+\sec^2(x)-9$

g) $\tan^3(x)\left[\cot^2(x)+1\right] = \dfrac{\sec^2(x)}{\cot(x)}$

h) $\dfrac{1}{\sec(x)-\tan(x)} + \dfrac{\cos(x)}{\tan(x)+\sec(x)} =$
$= 1-(x)+\tan(x)+\sec(x)$

i) $[\cot(x)+2\csc(x)]^2 = [\cos(x)+2]^2\csc^2(x)$

j) $[2-\tan(-x)][2-\tan(x)] = 5-\sec^2(-x)$

k) $\dfrac{1-\cot(x)+\operatorname{sen}(-x)\cos\left(\frac{\pi}{2}-x\right)+1}{\csc^2(x)-1} = \operatorname{sen}^2(x)-\tan(x)$

l) $\sec^4(x)-\tan^4(x) = 2\sec^2(x)-1$

m) $\dfrac{\tan^2(x)-9}{1-3\cot(x)} = \tan(x)[\tan(x)+3]$

n) $\dfrac{\operatorname{sen}(x)\cos(x)}{\operatorname{sen}(x)-\cos(x)} = \cos(x)-\dfrac{\cos(x)}{1-\tan(x)}$

o) $\dfrac{\operatorname{sen}(x)-\operatorname{sen}(y)}{\cos(x)+\cos(y)} = \dfrac{\cos(y)-\cos(x)}{\operatorname{sen}(y)+\operatorname{sen}(x)}$

9. Simplifique cada expressão a seguir, após adotar a substituição sugerida. Suponha sempre que $0 \leq x \leq \dfrac{\pi}{2}$.

a) $\sqrt{1-x^2}$, $x = \cos(\theta)$

b) $\sqrt{4-x^2}$, $x = 2\operatorname{sen}(\theta)$

c) $\sqrt{9x^2+1}$, $x = \dfrac{\tan(\theta)}{3}$

d) $\sqrt{x^2-1}$, $x = \sec(\theta)$

e) $\sqrt{25-16x^2}$, $x = \dfrac{5\cos(\theta)}{4}$

f) $\dfrac{x}{\sqrt{1-4x^2}}$, $x = \dfrac{\operatorname{sen}(\theta)}{2}$

10. Para cada equação abaixo, trace os gráficos da expressão do lado esquerdo e da expressão do lado direito. Use um programa gráfico e adote o mesmo intervalo para x. Se os gráficos sugerirem que se trata de uma identidade, prove-a algebricamente.

a) $\operatorname{sen}\left(x-\frac{\pi}{2}\right)\tan(x) = -\operatorname{sen}(x)$

b) $\operatorname{sen}^4(x)+\cos^4(x) = \left(\operatorname{sen}^2(x)+\cos^2(x)\right)^2$

c) $\operatorname{sen}(x)\sec(x)-\cos^2(x)\tan(x) = \operatorname{sen}^2(x)\tan(x)$

d) $\left(\operatorname{sen}^2(x)\cos^2(x)-1\right)\left(\cos^2(x)-\operatorname{sen}^2(x)\right) = \operatorname{sen}^6(x)-\cos^6(x)$

11. Mostre que a igualdade
$$\operatorname{sen}(x)+\cos(x) = 1$$
não é uma identidade, ou seja, não é válida para todo x. *Dica*: escolha um valor de x para o qual essa igualdade não é satisfeita.

12. Com base nas relações entre as funções trigonométricas e as medidas dos lados do triângulo retângulo, obtenha as identidades de arcos complementares
$$\tan(x) = \cot(90°-\theta),\ \cot(x) = \tan(90°-\theta),$$
$$\sec(x) = \csc(90°-\theta),\ \csc(x) = \sec(90°-\theta).$$
Dica: use o triângulo retângulo abaixo.

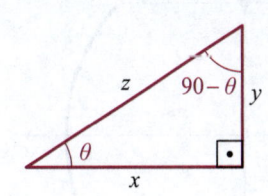

6.9 Equações trigonométricas

Na Seção 6.8, estudamos identidades, ou seja, equações que são sempre válidas, quaisquer que sejam os valores das variáveis, desde que pertençam ao domínio da equação. Passaremos, agora, às equações trigonométricas gerais, as quais são satisfeitas apenas para alguns valores das variáveis.

O processo de solução de uma equação trigonométrica é semelhante àquele usualmente adotado para equações algébricas, com a particularidade de que também é possível usar as identidades trigonométricas vistas na página 518 para simplificar as expressões encontradas.

■ Equações trigonométricas básicas

Em linhas gerais, a resolução de uma equação trigonométrica requer a adoção dos passos descritos no quadro a seguir.

Dica
Lembre-se de usar radianos ao resolver equações trigonométricas.

Roteiro para a solução de equações trigonométricas

1. Converta a equação original em uma ou mais equações, cada qual envolvendo apenas uma função trigonométrica f.
2. Reescreva cada equação obtida no item 1 na forma $f(x) = c$, em que f é uma função trigonométrica e c uma constante real.
3. Resolva todas as equações $f(x) = c$ encontradas, restringindo as soluções ao domínio especificado para o problema.

Começaremos nosso estudo tratando das equações mais básicas, que já têm a forma $f(x) = c$.

Problema 1. Equação básica envolvendo o seno

Resolva a equação $\operatorname{sen}(\theta) = \sqrt{2}/2$.

Solução

Observe que o enunciado não faz qualquer menção ao intervalo ao qual a solução deve pertencer, de modo que devemos supor que θ possa assumir qualquer valor real. Por outro lado, a função seno é periódica, o que implica que seu valor se repete a intervalos regulares de θ, dificultando a obtenção de todas as soluções da equação. Para contornar esse contratempo, adotamos uma estratégia simples que consiste em resolver o problema em duas etapas.

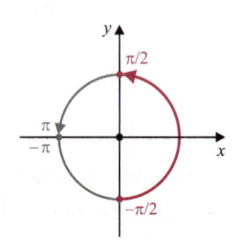

a) Restringindo θ ao intervalo $[-\pi, \pi]$.

Iniciamos a resolução do problema limitando nossa análise ao intervalo $[-\pi, \pi]$ porque ele corresponde a um período completo da função seno, e porque a função inversa do seno – o arco seno – tem como imagem o intervalo $[-\pi/2, \pi/2]$, que está contido em $[-\pi, \pi]$ (vide Figura 6.91). Usando, então, o arco seno, obtemos

$$\theta = \operatorname{arcsen}\left(\frac{\sqrt{2}}{2}\right) = \frac{\pi}{4}.$$

FIGURA 6.91 Os arcos que vão de $-\pi$ a π (cinza) e de $-\frac{\pi}{2}$ a $\frac{\pi}{2}$ (rosa) sobre a circunferência unitária.

Entretanto, como o seno é positivo no primeiro e segundo quadrantes, também deve haver uma solução no intervalo $(\pi/2, \pi]$. Tomando, então, a circunferência unitária esboçada na Figura 6.92, concluímos que as soluções em $[-\pi, \pi]$ são

$$\theta = \frac{\pi}{4} \quad \text{e} \quad \theta = \pi - \frac{\pi}{4} = \frac{3\pi}{4}.$$

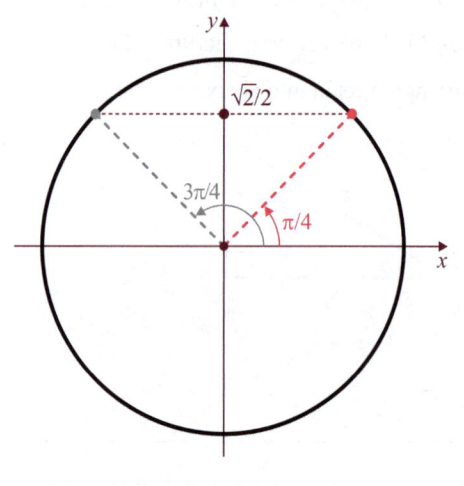

b) Encontrando todas as soluções.

Para obter as demais soluções do problema, devemos lembrar que o seno tem período 2π, de modo que os valores da função se repetem em intervalos com esse comprimento. Logo, temos

$$\theta = \frac{\pi}{4} + 2\pi n \quad \text{ou} \quad \theta = \frac{3\pi}{4} + 2\pi n$$

FIGURA 6.92 Soluções de $\operatorname{sen}(\theta) = \sqrt{2}/2$ no intervalo $[-\pi, \pi]$.

em que n é um inteiro qualquer. A Figura 6.93 ilustra as soluções do problema.

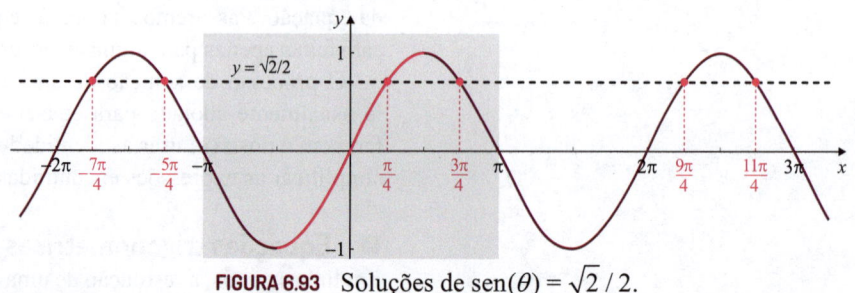

FIGURA 6.93 Soluções de $\operatorname{sen}(\theta) = \sqrt{2}/2$.

Na figura ao lado, o intervalo do item (a) aparece sobre um fundo cinza e o trecho do gráfico associado à função arco seno é indicado em rosa.

Problema 2. Equação básica envolvendo o cosseno

Resolva a equação $2\cos(\theta) = 1$.

Solução

Começamos a resolução desse problema dividindo os dois lados por 2, para isolar o cosseno na equação:

$$\cos(\theta) = \frac{1}{2}.$$

Em seguida, como $\theta \in \mathbb{R}$, repetimos o procedimento em duas etapas adotado no Problema 1, trabalhando inicialmente em um intervalo de comprimento igual ao período do cosseno. Mais uma vez, escolhemos o intervalo $[-\pi, \pi]$, por ter comprimento 2π e conter o conjunto imagem do arco cosseno, que é $[0, \pi]$ (vide Figura 6.94).

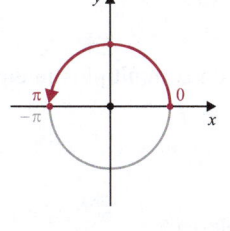

FIGURA 6.94 O arco que vai de 0 a π (rosa) sobre o arco de $-\pi$ a π (cinza) na circunferência unitária.

a) Restringindo θ ao intervalo $[-\pi, \pi]$.

Usando o arco cosseno, obtemos

$$\theta = \arccos\left(\frac{1}{2}\right) = \frac{\pi}{3}.$$

Lembrando, então, que $\cos(\theta) > 0$ no segundo e quarto quadrantes, como mostrado na Figura 6.95, chegamos às soluções no intervalo $[-\pi, \pi]$, que são

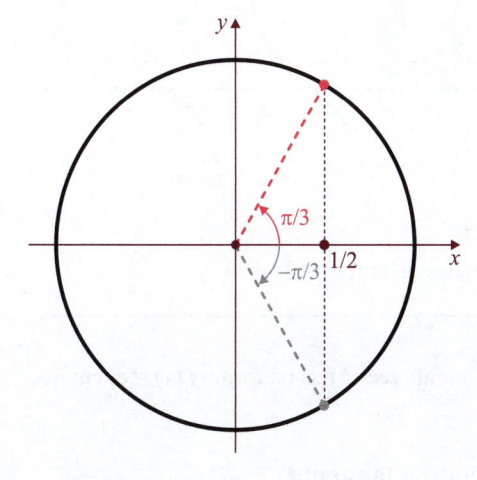

$$\theta = \frac{\pi}{3} \quad \text{e} \quad \theta = -\frac{\pi}{3}.$$

b) Encontrando todas as soluções.

Para obter a solução geral do problema, somamos múltiplos inteiros de 2π (o período do cosseno) aos dois valores de θ obtidos no passo (a). Assim,

$$\theta = \frac{\pi}{3} + 2\pi n \quad \text{ou} \quad \theta = -\frac{\pi}{3} + 2\pi n,$$

FIGURA 6.95 Soluções de $\cos(\theta) = 1/2$ no intervalo $[-\pi, \pi]$.

em que n é um inteiro qualquer. A Figura 6.96 mostra algumas soluções do problema.

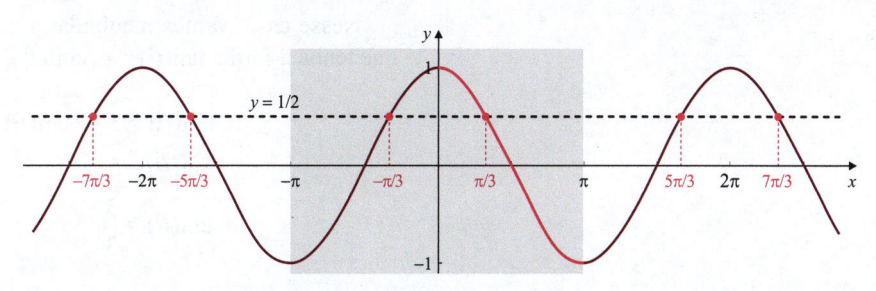

FIGURA 6.96 Soluções de $\cos(\theta) = 1/2$.

Problema 3. Equação básica envolvendo a tangente

Resolva a equação $\tan(\theta) = 3/4$.

Solução

a) Restringindo θ ao intervalo $[-\pi/2, \pi/2]$.

Se você não obteve o resultado ao lado, verifique se sua calculadora está programada para usar radianos.

Nesse problema, escolhemos $[-\pi/2, \pi/2]$ como intervalo inicial porque seu comprimento é π – o período da função tangente – e porque esse intervalo coincide com o conjunto imagem da função arco tangente. Assim, usando uma calculadora, obtemos diretamente

$$\theta = \arctan(3/4) \approx 0{,}6435.$$

b) Encontrando todas as soluções.

A solução geral do problema é obtida somando-se múltiplos inteiros de π à solução acima:

$$\theta = 0{,}6435 + \pi n.$$

A Figura 6.97 mostra várias soluções do problema.

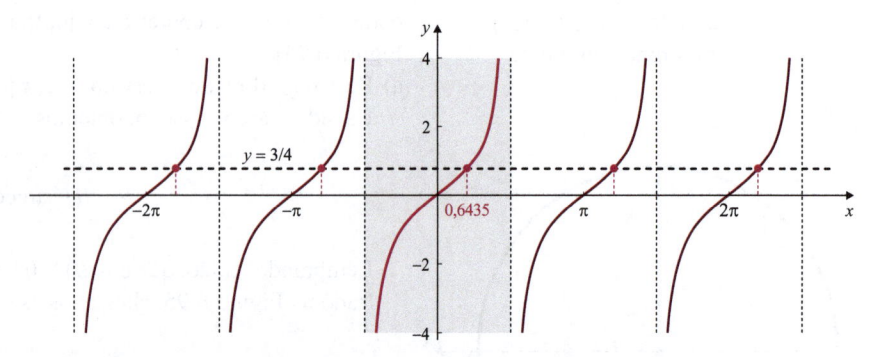

FIGURA 6.97 Soluções de $\tan(\theta) = 3/4$.

Algumas equações podem ser facilmente reescritas na forma $f(x) = c$, em que $c \in \mathbb{R}$, como ilustrado no Problema 4.

Problema 4. Equação envolvendo a tangente

Resolva $\tan(\theta) = 5 - 2\tan(\theta)$.

Solução

Nesse caso, vamos manipular a equação até obter uma equação equivalente que tenha a forma $\tan(\theta) = c$, com $c \in \mathbb{R}$:

$\tan(\theta) = 5 - 2\tan(\theta)$ — Equação original

$3\tan(\theta) = 5$ — Somando $2\tan(\theta)$ dos dois lados.

$\tan(\theta) = \dfrac{5}{3}$ — Dividindo os dois lados por 3.

Restringindo, então, nossa análise ao intervalo $[-\pi/2, \pi/2]$, concluímos que

$$\theta = \arctan(5/3) \approx 1{,}0304.$$

Para escrever a solução geral do problema, somamos múltiplos de π (o período da tangente) ao valor acima, obtendo

$$\theta \approx 1{,}0304 + \pi n,$$

em que n é um número inteiro qualquer.

Agora, tente o Exercício 1.

Equações envolvendo frações e múltiplos de ângulos

Em algumas equações, a função trigonométrica não é aplicada diretamente a uma variável, mas a uma expressão. Nesses casos, uma forma prática de se obter a solução consiste em usar uma variável auxiliar, como mostrado nos problemas a seguir.

Problema 5. Equação envolvendo a fração de um ângulo

Resolva a equação $2\operatorname{sen}(\theta/3) = \sqrt{3}$.

Solução

O primeiro passo para determinar a solução desse problema consiste em definir uma variável w tal que $w = \theta/3$. Com essa substituição, recaímos em uma equação fácil de resolver através das técnicas estudadas até o momento:

$2\operatorname{sen}(w) = \sqrt{3}$ — Equação inicial.

$\operatorname{sen}(w) = \dfrac{\sqrt{3}}{2}$ — Divisão dos dois lados por 2.

$w = \operatorname{arcsen}\left(\dfrac{\sqrt{3}}{2}\right)$ — Aplicação da função inversa.

$w = \dfrac{\pi}{3}$ — Determinação do arco seno.

Como o conjunto imagem do arco seno é apenas $[-\pi/2, \pi/2]$, tentaremos encontrar outra solução no intervalo $[-\pi, \pi]$, que tem comprimento igual ao período do seno. Lembrando, então, que o seno é positivo no primeiro e no segundo quadrantes, concluímos que

$$w = \frac{\pi}{3} \quad \text{e} \quad w = \pi - \frac{\pi}{3} = \frac{2\pi}{3}$$

(vide Figura 6.98). Sendo assim, a solução geral na variável w é

$$w = \frac{\pi}{3} + 2\pi n \quad \text{ou} \quad w = \frac{2\pi}{3} + 2\pi n,$$

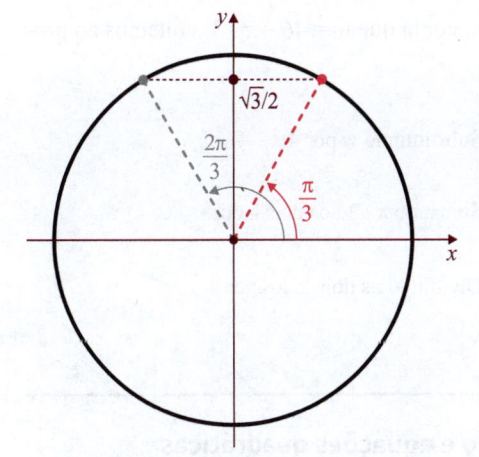

FIGURA 6.98 Soluções de $\operatorname{sen}(w) = \sqrt{3}/2$ no intervalo $[-\pi, \pi]$.

com n inteiro. Agora, podemos voltar a trabalhar com a variável original do problema, considerando que $w = \theta/3$:

$$\frac{\theta}{3} = \frac{\pi}{3} + 2\pi n \qquad \frac{\theta}{3} = \frac{2\pi}{3} + 2\pi n$$

$$\theta = 3 \cdot \frac{\pi}{3} + 3 \cdot 2\pi n \qquad \theta = 3 \cdot \frac{2\pi}{3} + 3 \cdot 2\pi n$$

Como vimos na Seção 6.4, o período de $\operatorname{sen}(\theta/3)$ é

$$\frac{2\pi}{1/3} = 6\pi,$$

que é o valor multiplicado por n na solução do Problema 5.

Logo,

$$\theta = \pi + 6\pi n \quad \text{ou} \quad \theta = 2\pi + 6\pi n.$$

Problema 6. Equação envolvendo várias transformações

Resolva a equação $\sqrt{3}\tan(4\theta - \pi/3) = 1$.

Solução

Nesse problema, adotando a substituição $w = 4\theta - \pi/3$, passamos a ter

$\sqrt{3}\tan(w) = 1$ \hspace{1em} Equação inicial.

$\tan(w) = \dfrac{1}{\sqrt{3}}$ \hspace{1em} Divisão dos dois lados por $\sqrt{3}$.

$\tan(w) = \dfrac{\sqrt{3}}{3}$ \hspace{1em} Racionalização do denominador.

$w = \arctan\left(\dfrac{\sqrt{3}}{3}\right)$ \hspace{1em} Aplicação da função inversa.

$w = \dfrac{\pi}{6}$ \hspace{1em} Determinação do arco tangente.

Como vimos anteriormente, o conjunto imagem do arco tangente é $[-\pi/2, \pi/2]$, que é um intervalo com comprimento igual ao período da tangente. Sendo assim, não é necessário buscar outra solução particular para o problema, sendo possível escrever diretamente a solução geral em w na forma

$$w = \dfrac{\pi}{6} + \pi n,$$

com n inteiro. Finalmente, levando em conta que $w = 4\theta - \pi/3$, voltamos ao problema na variável θ:

$4\theta - \dfrac{\pi}{3} = \dfrac{\pi}{6} + \pi n$ \hspace{1em} Substituindo w por $4\theta - \frac{\pi}{3}$.

$4\theta = \dfrac{\pi}{2} + \pi n$ \hspace{1em} Somando $\pi/3$ aos dois lados.

$\theta = \dfrac{\pi}{8} + \dfrac{\pi}{4} n$ \hspace{1em} Dividindo os dois lados por 4.

Note, mais uma vez, que o período da função $\tan(4\theta - \pi/3)$ é $\pi/4$, valor igual ao que é multiplicado por n na solução geral do Problema 6.

Agora, tente o Exercício 2.

■ Equações com produto nulo e equações quadráticas

Uma estratégia muito usada para resolver uma equação consiste em reescrevê-la de forma que um dos lados seja zero e o outro seja composto de um produto de fatores. Nesse caso, podemos aplicar a **lei do anulamento do produto**, segundo a qual,

> se $a \cdot b = 0$, então $a = 0$ ou $b = 0$.

No filme *Estrelas além do tempo* (*Hidden figures*, no original), a personagem Katherine Johnson, ainda muito jovem, impressiona os professores ao enunciar essa lei antes de resolver uma equação já fatorada.

Vejamos alguns exemplos de aplicação dessa regra, empregada pela primeira vez na Seção 2.10.

Problema 7. Produto igual a zero

Resolva $[\text{sen}(\theta) + 1/2][\tan(\theta) - 1] = 0$.

Solução

Nesse caso, usando a lei do anulamento do produto, obtemos

$$\text{sen}(\theta) + 1/2 = 0 \quad \text{ou} \quad \tan(\theta) - 1 = 0.$$

Agora que dividimos nosso problema em dois, precisamos resolver cada um em separado.

a) Resolvendo $\text{sen}(\theta) + 1/2 = 0$.

Essa equação é equivalente a $\text{sen}(\theta) = -1/2$, que tem como uma de suas soluções

$$\theta = \text{arcsen}\left(-\frac{1}{2}\right) = -\frac{\pi}{6}.$$

Estendendo nossa análise ao intervalo $[-\pi, \pi]$ e considerando que o seno é negativo no terceiro e no quarto quadrantes (vide Figura 6.99), obtemos também a solução

$$\theta = -\pi + \frac{\pi}{6} = -\frac{5\pi}{6}.$$

Finalmente, considerando que o período do seno é 2π, chegamos à solução geral

$$\theta = -\frac{5\pi}{6} + 2\pi n \quad \text{ou} \quad \theta = -\frac{\pi}{6} + 2\pi n,$$

b) Resolvendo $\tan(\theta) - 1 = 0$.

Aqui, temos $\tan(\theta) = 1$, que fornece

$$\theta = \arctan(1) = \frac{\pi}{4}.$$

Como vimos no Problema 3, a solução fornecida pelo arco tangente é a única possível em um intervalo de comprimento π (período da função tangente). Desse modo, a solução geral da equação é dada diretamente por

$$\theta = \frac{\pi}{4} + \pi n,$$

Reunindo as soluções encontradas, obtemos

$$\theta = -\frac{5\pi}{6} + 2\pi n \quad \text{ou} \quad \theta = -\frac{\pi}{6} + 2\pi n \quad \text{ou} \quad \theta = \frac{\pi}{4} + \pi n,$$

em que n é um número inteiro.

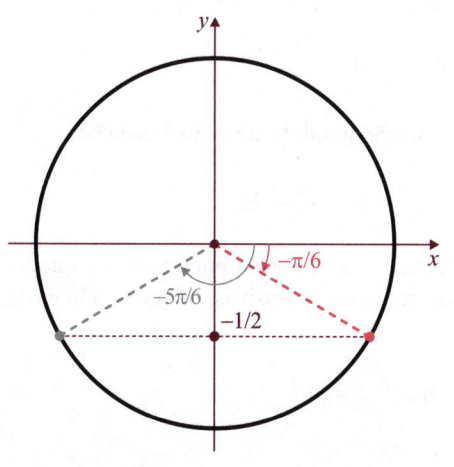

FIGURA 6.99 Soluções de $\text{sen}(\theta) = -1/2$ no intervalo $[-\pi, \pi]$.

Problema 8. Produto igual a zero

Resolva $3\cos(\theta)\text{sen}(\theta) = 2\cos(\theta)$.

Solução

A solução desse problema exige a transferência de todos os termos para um mesmo lado da equação, seguida da fatoração da expressão resultante:

$3\cos(\theta)\text{sen}(\theta) = 2\cos(\theta)$	Equação original.
$3\cos(\theta)\text{sen}(\theta) - 2\cos(\theta) = 0$	Subtraindo $2\cos(\theta)$ dos dois lados.
$\cos(\theta)[3\text{sen}(\theta) - 2] = 0$	Pondo $\cos(\theta)$ em evidência.

Agora, usando a ideia da anulação do produto, deduzimos que

$$\cos(\theta) = 0 \quad \text{ou} \quad 3\text{sen}(\theta) - 2 = 0.$$

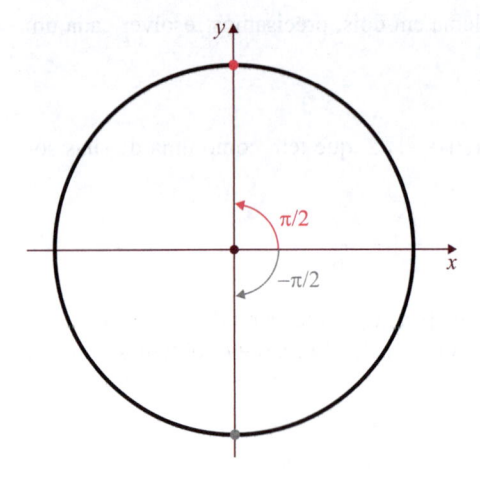

FIGURA 6.100 Soluções de cos(θ) = 0 no intervalo $[-\pi, \pi]$.

a) Resolvendo cos(θ) = 0.

Como vemos na Figura 6.100, a solução desse problema no intervalo $[-\pi, \pi]$ é

$$\theta = \frac{\pi}{2} \quad \text{ou} \quad \theta = -\frac{\pi}{2}.$$

Como o período do cosseno é 2π, a solução geral da equação é dada por

$$\theta = \frac{\pi}{2} + 2\pi n \quad \text{ou} \quad \theta = -\frac{\pi}{2} + 2\pi n.$$

Entretanto, não é difícil notar que essas soluções estão intercaladas e que há um intervalo de comprimento π entre soluções sucessivas, de modo que basta escrever

$$\theta = \frac{\pi}{2} + \pi n.$$

b) Resolvendo $3\,\text{sen}(\theta) - 2 = 0$.

Nesse caso, fazemos

$$3\,\text{sen}(\theta) = 2 \quad \Rightarrow \quad \text{sen}(\theta) = \frac{2}{3} \quad \Rightarrow \quad \theta = \text{arcsen}\left(\frac{2}{3}\right) \approx 0{,}7297.$$

Como mostra a Figura 6.101, o seno é positivo no primeiro e no segundo quadrantes, de modo que outra solução no intervalo $[-\pi, \pi]$ é:

$$\theta \approx \pi - 0{,}7297 \approx 2{,}4119.$$

Considerando, então, que o período do seno é 2π, obtemos

$$\theta \approx 0{,}7297 + 2\pi n \quad \text{ou} \quad \theta \approx 2{,}4119 + 2\pi n.$$

Reunindo todas as soluções encontradas, concluímos que a solução do problema é

$$\theta = \frac{\pi}{2} + \pi n \quad \text{ou} \quad \theta \approx 0{,}7297 + 2\pi n \quad \text{ou} \quad \theta \approx 2{,}4119 + 2\pi n,$$

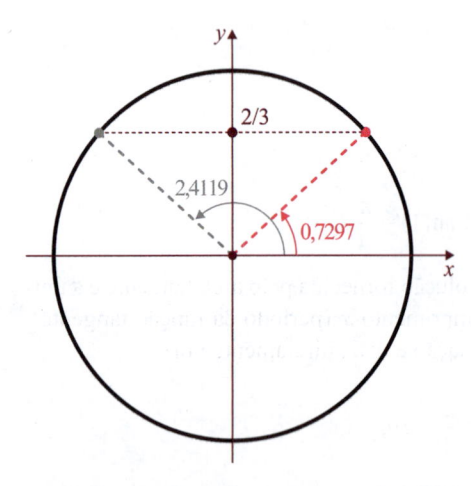

FIGURA 6.101 Soluções de sen(θ) = 2/3 no intervalo $[-\pi, \pi]$.

em que n é um número inteiro.

Outro tipo clássico de equação trigonométrica é aquele no qual uma função aparece elevada ao quadrado. Embora algumas dessas equações possam ser realmente desafiadoras, há casos em que a solução pode ser obtida com o emprego de estratégias simples, como se observa nos exercícios a seguir.

Problema 9. Equação quadrática

Resolva $\tan^2(\theta) - 3 = 0$.

Solução

Nesse caso, isolamos o termo ao quadrado e extraímos a raiz quadrada:

$$\tan^2(\theta) - 3 = 0 \quad \Rightarrow \quad \tan^2(\theta) = 3 \quad \Rightarrow \quad \tan(\theta) = \pm\sqrt{3}.$$

Agora, considerando em separado cada um dos valores da tangente, obtemos

$$\tan(\theta) = \sqrt{3} \qquad\qquad \tan(\theta) = -\sqrt{3}$$
$$\theta = \arctan(\sqrt{3}) \qquad\qquad \theta = \arctan(-\sqrt{3})$$
$$\theta = \pi/3 \qquad\qquad \theta = -\pi/3.$$

Finalmente, considerando que o período da tangente é π, chegamos à solução geral

$$\theta = \frac{\pi}{3} + \pi n \quad \text{ou} \quad \theta = -\frac{\pi}{3} + \pi n,$$

com n inteiro.

Problema 10. Equação quadrática

Resolva $2\,\text{sen}^2(\theta) + 5\,\text{sen}(\theta) = 0$.

Solução

Essa equação pode ser facilmente resolvida pondo sen(x) em evidência:

$$2\,\text{sen}^2(\theta) + 5\,\text{sen}(\theta) = 0 \quad \Rightarrow \quad \text{sen}(\theta)[2\,\text{sen}(\theta) + 5] = 0.$$

Como temos um produto que se anula, deduzimos que sen(θ) = 0 ou $2\,\text{sen}(\theta) + 5 = 0$.

a) Resolvendo sen(θ) = 0.
A solução desse problema é dada por

$$\theta = 0, \pi, 2\pi, 3\pi, \ldots$$

Logo, escrevemos simplesmente $\theta = \pi n$ para n inteiro.

b) Resolvendo $2\,\text{sen}(\theta) + 5 = 0$.
Nesse caso, temos

$$2\,\text{sen}(\theta) = -5 \quad \Rightarrow \quad \text{sen}(\theta) = -\frac{5}{2}.$$

Entretanto, como $-1 \leq \text{sen}(\theta) \leq 1$ e $-5/2 < -1$, essa equação não tem solução.

Combinando as respostas dos itens (a) e (b), concluímos que a solução do problema é dada por $\theta = \pi n$, em que n é um número inteiro.

Problema 11. Equação quadrática

Resolva $6\cos^2(\theta) - 5\cos(\theta) + 1 = 0$.

Solução

Para resolver esse problema, seguimos a ideia apresentada no Problema 5 e aplicamos a substituição $x = \cos(\theta)$ à equação, obtendo

$$6x^2 - 5x + 1 = 0,$$

que é uma equação quadrática na variável temporária x. Calculando, então, o discriminante

$$\Delta = (-5)^2 - 4 \cdot 6 \cdot 1 = 1,$$

concluímos que

$$x = \frac{-(-5) \pm \sqrt{1}}{2 \cdot 6} = \frac{5 \pm 1}{12},$$

de modo que as soluções em x são

$$x = \frac{5+1}{12} = \frac{1}{2} \quad \text{e} \quad x = \frac{5-1}{12} = \frac{1}{3}.$$

Para obter as soluções na variável original θ, usamos o fato de que $x = \cos(\theta)$, obtendo $\cos(\theta) = 1/2$ e $\cos(\theta) = 1/3$. Resolvendo essas equações, chegamos a

$$\theta = \arccos\left(\frac{1}{2}\right) = \frac{\pi}{3} \quad \text{e} \quad \theta = \arccos\left(\frac{1}{3}\right) \approx 1{,}2310,$$

que pertencem ao intervalo $[0, \pi]$ (conjunto imagem do arco cosseno). Passando ao intervalo $[-\pi, \pi]$, cujo comprimento é 2π (o período do cosseno), notamos que o cosseno também é positivo no quarto quadrante, de modo que temos quatro soluções:

$$\theta = \frac{\pi}{3}, \quad \theta = -\frac{\pi}{3}, \quad \theta \approx 1{,}2310 \quad \text{e} \quad \theta \approx -1{,}2310.$$

Finalmente, somando $2\pi n$ a cada valor acima, obtemos a solução geral

$$\theta = \frac{\pi}{3} + 2\pi n \quad \text{ou} \quad \theta = -\frac{\pi}{3} + 2\pi n \quad \text{ou} \quad \theta \approx 1{,}2310 + 2\pi n \quad \text{ou} \quad \theta \approx -1{,}2310 + 2\pi n,$$

em que n é um número inteiro.

Agora, tente o Exercício 3.

■ Solução de equações com o emprego de identidades

Muitas equações, particularmente aquelas que envolvem mais de uma função trigonométrica, só são resolvidas com o emprego das identidades vistas na Seção 6.8. Os problemas a seguir ilustram essa estratégia.

Problema 12. Problema que requer o uso da identidade pitagórica

Resolva $1 + \text{sen}(\theta) = 4\cos^2(\theta)$, para $-\pi \leq \theta \leq \pi$.

Solução

Nesse problema, usamos a identidade $\text{sen}^2(\theta) + \cos^2(\theta) = 1$ para reescrever a equação de modo que ela passe a conter apenas uma função trigonométrica:

$1 + \text{sen}(\theta) = 4\cos^2(\theta)$	Equação original.
$1 + \text{sen}(\theta) - 4\cos^2(\theta) = 0$	Subtraindo $4\cos^2(\theta)$ dos dois lados.
$1 + \text{sen}(\theta) - 4[1 - \text{sen}^2(\theta)] = 0$	Usando $\cos^2(\theta) = 1 - \text{sen}^2(\theta)$.
$-3 + \text{sen}(\theta) + 4\text{sen}^2(\theta) = 0$	Simplificando a equação.

Agora que temos uma equação que depende apenas do seno, usamos a substituição $x = \text{sen}(\theta)$ para obter uma equação quadrática em x:

$$4x^2 + x - 3 = 0.$$

Assim, dado o discriminante $\Delta = 1^2 - 4 \cdot 4 \cdot (-3) = 49$, chegamos a

$$x = \frac{-1 \pm \sqrt{49}}{2 \cdot 4} = \frac{-1 \pm 7}{8}.$$

Logo,

$$x = \frac{-1 + 7}{8} = \frac{3}{4} \quad \text{ou} \quad x = \frac{-1 - 7}{8} = -1.$$

Note que, como $x = \text{sen}(\theta)$, temos $\text{sen}(\theta) = \frac{3}{4}$ ou $\text{sen}(\theta) = -1$.

Para obter soluções na variável θ, usamos o arco seno:

$$\theta = \text{arcsen}\left(\frac{3}{4}\right) \approx 0{,}8481 \quad \text{ou} \quad \theta = \text{arcsen}(-1) = -\frac{\pi}{2}.$$

Finalmente, lembrando que o seno também é positivo no segundo quadrante, obtemos a solução adicional $\theta = \pi - 0,8481 \approx 2,2935$, de modo que o conjunto solução do problema é

$$\theta \approx 0,8481 \quad \text{ou} \quad \theta \approx 2,2935 \quad \text{ou} \quad \theta = -\pi/2.$$

Observe que, nesse problema, procuramos uma solução no intervalo $[-\pi, \pi]$.

Agora, tente o Exercício 6.

Exercício 6.9

1. Resolva as equações abaixo.

    a) $\text{sen}(x) = \frac{\sqrt{3}}{2}$
    b) $\cos(x) = 1$
    c) $2\cos(x) + \sqrt{2} = 0$
    d) $\tan(x) + 1 = 0$
    e) $4\,\text{sen}(x) = 1$
    f) $\sqrt{3}\tan(x) = 1$
    g) $4\tan(x) - 25 = 0$
    h) $\sqrt{2}\,\text{sen}(x) + 1 = 0$
    i) $5(\cos(x) + 1) = 2$
    j) $4\,\text{sen}(x) + 7 = 3\,\text{sen}(x) + 6$
    k) $\cos(x) - \sqrt{3} = 3\cos(x)$
    l) $\frac{1}{4}\text{sen}(x) - 3\,\text{sen}(x) = \frac{1}{2}$
    m) $\frac{1}{2}\cos(x) = 2\cos(x) + \frac{3}{4}$
    n) $3(\tan(x) + 4) = \tan(x)$
    f) $10\cos^2(x) - 7\cos(x) + 1 = 0$
    g) $\left[\frac{1}{2} - \text{sen}^2(x)\right]\cos(x) = 0$
    h) $3\,\text{sen}(x)\tan(x) - \sqrt{3}\,\text{sen}(x) = 0$
    i) $8\,\text{sen}^2(x) - 6\,\text{sen}(x) + 1 = 0$
    j) $2\,\text{sen}^2(x) + 2\sqrt{2}\,\text{sen}(x) - 3 = 0$
    k) $8\cos^2(x) - 14\cos(x) + 3 = 0$
    l) $\tan^2(2x) = 4$
    m) $7\,\text{sen}(x) + 4 = 2\,\text{sen}^2(x)$
    n) $[\tan^2(x) - 3][2\tan(x) - 5] = 0$
    o) $3\tan^2\left(\frac{x}{2}\right) - 8\tan\left(\frac{x}{2}\right) + 5 = 0$
    p) $[5\cos(x) - 2][5\cos\left(\frac{x}{2}\right) - 3] = 0$
    q) $\cos(x)[\tan(x) - 1] - \frac{1}{3}\cos(x) = 0$
    r) $(\cos(x) + 2)^2 = 2$
    s) $\text{sen}^2(x)\cos(x) = \frac{1}{2}\text{sen}(x)\cos(x)$
    t) $\tan(x)(\tan(x) - 4) = 5$

2. Resolva as equações abaixo.

    a) $\sqrt{2\,\text{sen}(2x)} - 1 = 0$
    b) $8\cos\left(\frac{x}{3}\right) + 4 = 0$
    c) $\tan\left(\frac{x}{5}\right) - \sqrt{3} = 0$
    d) $5\,\text{sen}\left(\frac{3}{2}x\right) + 3 = 0$
    e) $15\tan\left(\frac{2}{3}x\right) = 8$
    f) $2[\cos(4x) + \sqrt{2}] = 3\sqrt{2}$
    g) $4\left(2 + \frac{1}{2}\text{sen}\left(\frac{x}{4}\right)\right) = 7$
    h) $3[\cos\left(\frac{x}{2}\right) - \frac{1}{2}] = 5\cos\left(\frac{x}{2}\right)$
    i) $\frac{1}{2}\tan\left(\frac{x}{6}\right) = 3[\tan\left(\frac{x}{6}\right) - \frac{1}{6}]$

3. Resolva as equações a seguir, supondo que $-\pi < x \leq \pi$. (Quando possível, ponha algum termo em evidência.)

    a) $\text{sen}^2(x) - 1 = 0$
    b) $4\cos^2(x) - 1 = 0$
    c) $3\tan^2(x) = 1$
    d) $\text{sen}^2(x) - \text{sen}(x) = 0$
    e) $2\cos^2(x) - \cos(x) = 0$

4. Resolva as equações abaixo.

    a) $\cot(x) = -\frac{\sqrt{3}}{3}$
    b) $\csc(x) + 2 = 0$
    c) $2\sec(x) - 5 = 0$
    d) $4\csc(x) - 3 = \frac{5}{2}\csc(x)$
    e) $\csc(3x) - 3 = 0$
    f) $6\sec\left(\frac{x}{6}\right) + 4\sqrt{3} = 0$
    g) $2[\cot\left(\frac{x}{4}\right) + 3] = 8\cot\left(\frac{x}{4}\right)$

5. Resolva as equações abaixo supondo que $-\pi < x \leq \pi$.

    a) $[2\tan(x) - 3][(2 - \sec(x))] = 0$
    b) $\left[9\,\text{sen}^2\left(\frac{x}{2}\right) - 4\right]\left[\csc(x) - \frac{3}{2}\right] = 0$
    c) $\cot(x) + \text{sen}(x)\cot(x) = 0$
    d) $\tan(2x)[\sec(2x) + 2] = 0$

6. Resolva as equações a seguir supondo que $-\pi < x \leq \pi$. (Quando possível, ponha algum termo em evidência.)

a) $\sqrt{3}\tan(x) = 2\,\text{sen}(x)$

b) $5\cos^2(x) - \text{sen}^2(x) - 2 = 0$

c) $\text{sen}^2(x) + 3\cos^2(x) + 5 = 0$

d) $4\,\text{sen}(x) + \cos(x)\tan(x) = 5$

e) $\tan(x) - 2\cot(x) = 1$

f) $2\cos(x) - \text{sen}^2(x) = 0$

g) $2\,\text{sen}^2(x)\csc(x) - \sqrt{3} = 0$

h) $5\cos^2(x) + 3\,\text{sen}^2(x) = \dfrac{7}{2}$

i) $\tan(x)\,\text{sen}(x) - 2\cos(x) = 0$

j) $2\tan(x)\,\text{sen}(x) - \cos(x) - 1 = 0$

k) $2\tan(x)\cos(x) + 3\,\text{sen}^2(x) = 1$

l) $8 - 6\cos^2(x) - 7\cos(x)\tan(x) = 0$

m) $\text{sen}(2x)\cos(x) - \dfrac{\sqrt{3}}{2}\cos(x) = 0$

n) $\left[\csc^2(x) - 1\right]\dfrac{\tan(x)}{\cos(x)} = 2$

o) $\tan^3(x) = \tan(x)$

p) $2\,\text{sen}(x) - \csc(x) = 1$

q) $\tan(x)\sec(x) = 3\csc(x)$

r) $\tan^2(x) + 2\sec^2(x) = 14$

s) $3\tan^2(x) + \sec(x) = 1$

t) $\text{sen}(x) + \dfrac{\text{sen}(x)}{\csc(x) - 2} = 1$

u) $6\,\text{sen}^2(x) + 11\,\text{sen}(x)\cot(x) = 9$

v) $6\cos(x)\csc(x) + 5 = 5\,\text{sen}(x)$

w) $\text{sen}\left(\dfrac{\pi}{2} - x\right) + \dfrac{4\,\text{sen}(x)}{\tan(x)} = 2$

x) $\csc(x) - 3\cot^2(x) = 1$

7. As equações abaixo estão escritas na forma $f(x) = g(x)$. Para cada equação, trace em um mesmo plano cartesiano os gráficos de f e g no intervalo $[0, 2\pi]$, usando um programa gráfico. Com base nas curvas obtidas, forneça soluções aproximadas para as equações.

a) $\cos(x) + \dfrac{1}{2} = (x) - \dfrac{1}{2}$

b) $\text{sen}(x) = \cos\left(\dfrac{x}{2}\right)$

c) $\tan^2(x) = 1$

d) $\csc^2(x) = 3\sec^2(x)$

8. O telhado de uma casa é mostrado na figura a seguir. Um engenheiro deseja instalar placas fotovoltaicas sobre o telhado, e precisa que este tenha 175 m² de área.

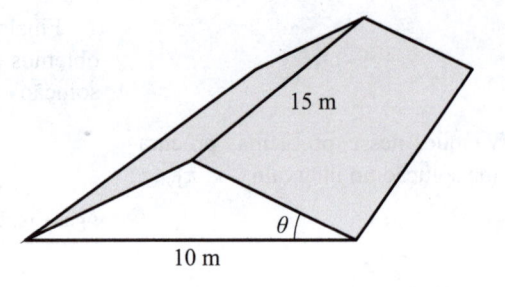

a) Escreva uma equação trigonométrica que permita determinar o valor de θ que faz que a área total da superfície do telhado seja igual a 175 m².

b) Determine o valor de θ que resolve a equação obtida no item (a). Note que o telhado tem duas águas.

9. A altura (em metros) da cabine de uma roda-gigante é descrita em função do tempo (em min) por

$$h(t) = 76 - 75\cos\left(\dfrac{\pi t}{15}\right).$$

A roda-gigante dá uma volta completa em 30 min. Determine em que instantes desse intervalo a cabine está a 100 m de altura.

10. Para fabricar uma calha, um serralheiro faz duas dobras em uma chapa metálica com 45 cm de largura. A figura abaixo mostra a seção transversal da calha, cuja área é dada pela função $A(\theta) = 225(\cos(\theta) + 1)\,\text{sen}(\theta)$, em que θ é o ângulo de dobra, medido em radianos.
Resolva graficamente a equação $A(\theta) = 270$ para obter o valor aproximado de θ que faz que a área da seção transversal seja igual a 270 cm².

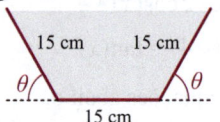

11. Equações na forma $a\,\text{sen}(x) + b\cos(x) + c = 0$ podem ser resolvidas convertendo-as em equações quadráticas, seguindo os passos abaixo.

$$a\,\text{sen}(x) + b\cos(x) + c = 0$$
$$a\,\text{sen}(x) + c = -b\cos(x)$$
$$(a\,\text{sen}(x) + c)^2 = (-b\cos(x))^2$$
$$a^2\,\text{sen}(x)^2 + 2ac\,\text{sen}(x) + c^2 = b^2\cos(x)^2$$
$$a^2\,\text{sen}(x)^2 + 2ac\,\text{sen}(x) + c^2 = b^2(1 - \text{sen}(x)^2)$$
$$a^2\,\text{sen}(x)^2 + 2ac\,\text{sen}(x) + c^2 = b^2 - b^2\,\text{sen}(x)^2$$
$$(a^2 + b^2)\,\text{sen}(x)^2 + 2ac\,\text{sen}(x) + c^2 - b^2 = 0$$

De posse da última equação, achamos as soluções usando a técnica vista no Problema 11.
Esse método tem o inconveniente de produzir soluções espúrias, ou seja, valores de x que não satisfazem a equação original. Assim, é preciso conferir todas as soluções encontradas. (Uma forma mais eficiente de resolver equações desse tipo será vista na Seção 6.10.). Usando a estratégia acima, resolva a equação $\cos(x) - 3\,\text{sen}(x) + 3 = 0$, para $-\pi \leq x \leq \pi$.

6.10 Transformações trigonométricas

Já vimos como simplificar expressões e como resolver equações usando as identidades trigonométricas apresentadas na página 518 Nesta seção, veremos um último grupo de identidades frequentemente empregadas nos cursos de cálculo.

■ Fórmulas de adição e subtração

Um grupo importante de identidades matemáticas está relacionado à aplicação de uma função trigonométrica à soma ou à diferença de dois arcos. O quadro abaixo mostra as identidades associadas às funções seno, cosseno e tangente.

Fórmulas de adição e subtração

Seno:
$$\operatorname{sen}(a+b) = \operatorname{sen}(a)\cos(b) + \operatorname{sen}(b)\cos(a)$$
$$\operatorname{sen}(a-b) = \operatorname{sen}(a)\cos(b) - \operatorname{sen}(b)\cos(a)$$

Cosseno:
$$\cos(a+b) = \cos(a)\cos(b) - \operatorname{sen}(a)\operatorname{sen}(b)$$
$$\cos(a-b) = \cos(a)\cos(b) + \operatorname{sen}(a)\operatorname{sen}(b)$$

Tangente:
$$\tan(a+b) = \frac{\tan(a) + \tan(b)}{1 - \tan(a)\tan(b)}$$
$$\tan(a-b) = \frac{\tan(a) - \tan(b)}{1 + \tan(a)\tan(b)}$$

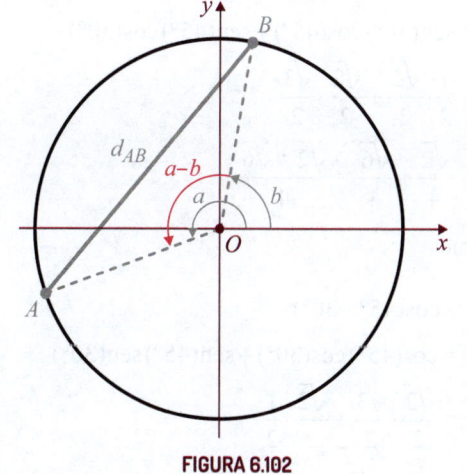

Das seis fórmulas exibidas no quadro acima, a mais fácil de provar é aquela que fornece $\cos(a + b)$. Entretanto, como a demonstração envolve geometria analítica, os leitores que não estão familiarizados com esse tópico de matemática podem avançar diretamente ao Problema 1.

Para provar a identidade associada a $\cos(a + b)$, interpretaremos os valores a e b como arcos na circunferência unitária, medidos no sentido anti-horário a partir da parte positiva do eixo x, como mostrado na Figura 6.102.

Observe que os arcos de medida a e b têm como pontos terminais A e B, respectivamente, cujas coordenadas são

$$(x_A, y_A) = (\cos(a), \operatorname{sen}(a)) \quad \text{e} \quad (x_B, y_B) = (\cos(b), \operatorname{sen}(b)).$$

FIGURA 6.102

A partir dos pontos terminais A e B, podemos definir o arco de medida $a - b$, bem como o segmento $\overline{AB}$, cujo comprimento é d_{AB}.

Considere, agora, a Figura 6.103, na qual se vê um arco de medida $a - b$ e um segmento de comprimento d_{CD}, ambos ligando os pontos

$$(x_C, y_C) = (\cos(a-b), \operatorname{sen}(a-b)) \quad \text{e} \quad (x_D, y_D) = (1, 0).$$

Como os arcos entre A e B e entre C e D têm a mesma medida, os segmentos $\overline{AB}$ e $\overline{CD}$ têm o mesmo comprimento. Usando, então, a fórmula da distância entre dois pontos do plano para definir os comprimentos dos segmentos, escrevemos

$$\sqrt{(x_C - 1)^2 + (y_C - 0)^2} = \sqrt{(x_A - x_B)^2 + (y_A - y_B)^2}.$$

Elevando ao quadrado essa equação e considerando que as coordenadas de A, B e C satisfazem $x^2 + y^2 = 1$, já que os pontos estão sobre a circunferência unitária, obtemos

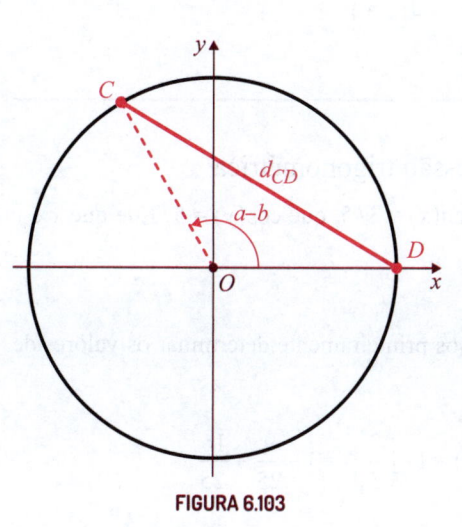

FIGURA 6.103

$$(x_C - 1)^2 + (y_C - 0)^2 = (x_A - x_B)^2 + (y_A - y_B)^2 \qquad d_{AB}^2 = d_{CD}^2.$$

$$x_C^2 - 2x_C + 1 + y_C^2 = x_A^2 - 2x_A x_B + x_B^2 + y_A^2 - 2y_A y_B + y_B^2 \qquad \text{Produtos notáveis.}$$

$$x_C^2 + y_C^2 - 2x_C + 1 = x_A^2 + x_B^2 - 2x_A x_B + y_A^2 + y_B^2 - 2y_A y_B \qquad \text{Reagrupamento.}$$

$$1 - 2x_C + 1 = 1 - 2x_A x_B + 1 - 2y_A y_B \qquad x^2 + y^2 = 1.$$

$$-2x_C = -2x_A x_B - 2y_A y_B \qquad \text{Simplificação.}$$

$$x_C = x_A x_B + y_A y_B \qquad \text{Divisão por } -2.$$

$$\cos(a - b) = \cos(a)\cos(b) + \text{sen}(a)\text{sen}(b). \qquad \text{Forma trigonométrica.}$$

Pronto! Chegamos ao resultado desejado. Para obter a demonstração das demais fórmulas, basta usar essa primeira, como indicado nos Exercícios 27, 28 e 29.

Vejamos, agora, como as identidades apresentadas anteriormente podem ser usadas para resolver problemas.

TABELA 6.17

θ	30°	45°	60°
sen(θ)	$\dfrac{1}{2}$	$\dfrac{\sqrt{2}}{2}$	$\dfrac{\sqrt{3}}{2}$
cos(θ)	$\dfrac{\sqrt{3}}{2}$	$\dfrac{\sqrt{2}}{2}$	$\dfrac{1}{2}$

Antes do advento das calculadoras, as fórmulas de adição e subtração eram empregadas no cálculo de funções trigonométricas, como nos exemplos ao lado. Hoje, elas são usadas para demonstrar identidades e simplificar expressões com arcos desconhecidos (ou seja, arcos representados por variáveis).

No item (b) também teria sido possível escrever 15° = 60° − 45°.

Problema 1. Cálculo de funções trigonométricas

Com base na Tabela 6.17, calcule os valores de

a) sen(75°)   b) cos(15°)

Solução

a) Observando que 75° = 30° + 45°, escrevemos

$$\text{sen}(75°) = \text{sen}(30° + 45°)$$
$$= \text{sen}(30°)\cos(45°) + \text{sen}(45°)\cos(30°)$$
$$= \frac{1}{2} \cdot \frac{\sqrt{2}}{2} + \frac{\sqrt{2}}{2} \cdot \frac{\sqrt{3}}{2}$$
$$= \frac{\sqrt{2}}{4} + \frac{\sqrt{6}}{4} = \frac{\sqrt{2} + \sqrt{6}}{4}$$

b) Notando que 15° = 45° − 30°, fazemos

$$\cos(15°) = \cos(45° - 30°)$$
$$= \cos(45°)\cos(30°) + \text{sen}(45°)\text{sen}(30°)$$
$$= \frac{\sqrt{2}}{2} \cdot \frac{\sqrt{3}}{2} + \frac{\sqrt{2}}{2} \cdot \frac{1}{2}$$
$$= \frac{\sqrt{6}}{4} + \frac{\sqrt{2}}{4} = \frac{\sqrt{2} + \sqrt{6}}{4}$$

Agora, tente os Exercícios 1 e 2.

Problema 2. Cálculo de expressão trigonométrica

Calcule tan($x + y$) sabendo que sen(x) = 3/5, que cos(y) = 5/13 e que x e y pertencem ao intervalo $[0, \pi/2]$.

Solução

Para resolver esse problema, vamos primeiramente determinar os valores de cos(x) e sen(y):

$$\cos^2(x) = 1 - \text{sen}^2(x) = 1 - \left(\frac{3}{5}\right)^2 = 1 - \frac{9}{25} = \frac{16}{25}.$$

Como está dito no enunciado que $x \in [0, \pi/2]$, concluímos que o cosseno é positivo, de modo que

$$\cos(x) = \sqrt{16/25} = 4/5.$$

De forma similar, escrevemos

$$\text{sen}^2(y) = 1 - \cos^2(y) = 1 - \left(\frac{5}{13}\right)^2 = 1 - \frac{25}{169} = \frac{144}{169}.$$

Como y também pertence ao primeiro quadrante, temos $\text{sen}(y) > 0$. Logo,

$$\text{sen}(y) = \sqrt{144/169} = 12/13.$$

De posse desses valores, obtemos

$$\tan(x) = \frac{\text{sen}(x)}{\cos(x)} = \frac{3/5}{4/5} = \frac{3}{4} \quad \text{e} \quad \tan(y) = \frac{\text{sen}(y)}{\cos(y)} = \frac{12/13}{5/13} = \frac{12}{5}.$$

Assim,

$$\tan(x+y) = \frac{\frac{3}{4} + \frac{12}{5}}{1 - \frac{3}{4} \cdot \frac{12}{5}} = \frac{\frac{63}{20}}{1 - \frac{36}{20}} = \frac{\frac{63}{20}}{-\frac{16}{20}} = -\frac{63}{16}.$$

Agora, tente os Exercícios 4 e 5.

Problema 3. Demonstração de identidade

Mostre que $\text{sen}\left(\frac{\pi}{2} - x\right) = \cos(x)$.

Solução

Expandindo o lado esquerdo da equação, obtemos

$$\text{sen}\left(\frac{\pi}{2} - x\right) = \text{sen}\left(\frac{\pi}{2}\right)\cos(x) - \text{sen}(x)\cos\left(\frac{\pi}{2}\right)$$
$$= 1 \cdot \cos(x) - \text{sen}(x) \cdot 0$$
$$= \cos(x).$$

Problema 4. Demonstração de identidade

Mostre que $\text{sen}(a)\cos(b) = \frac{1}{2}[\text{sen}(a+b) + \text{sen}(a-b)]$.

Solução

Expandindo o lado direito da equação, obtemos

$\frac{1}{2}[\text{sen}(a+b) + \text{sen}(a-b)]$

$= \frac{1}{2}[\text{sen}(a)\cos(b) + \text{sen}(b)\cos(a) + \text{sen}(a)\cos(b) - \text{sen}(b)\cos(a)]$

$= \frac{1}{2}[2\text{sen}(a)\cos(b)]$

$= \text{sen}(a)\cos(b),$

que é igual ao lado esquerdo.

Agora, tente o Exercício 3.

Problema 5. Conversão de expressão à forma algébrica

Reescreva a expressão trigonométrica sen(arctan(2) + arccos(x)) como uma expressão algébrica.

Solução

Adotando a mesma estratégia usada no Problema 5 da Seção 6.6, vamos desenhar um triângulo retângulo que tenha um ângulo α de medida arctan(2) e outro triângulo com um ângulo β que meça arccos(x).

Para obter α tal que tan(α) = 2, usamos o triângulo da Figura 6.104 com catetos de medida 2 e 1. Nesse caso, a hipotenusa tem comprimento $\sqrt{2^2 + 1^2} = \sqrt{5}$, de modo que

$$\text{sen}(\alpha) = \frac{2}{\sqrt{5}} \quad \text{e} \quad \cos(\alpha) = \frac{1}{\sqrt{5}}.$$

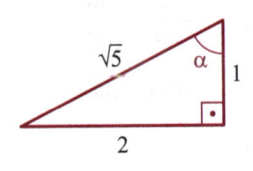

FIGURA 6.104

Observe que, mesmo que x fosse negativo, teríamos sen(β) = $\sqrt{1-x^2}$.

Por sua vez, o triângulo no qual cos(β) = x é aquele mostrado na Figura 6.105. Nele, o cateto adjacente a β mede x e a hipotenusa mede 1, de modo que o cateto oposto tem comprimento $\sqrt{1-x^2}$, que vem a ser o mesmo valor de sen(β). Sendo assim,

$$\begin{aligned}
\text{sen}(\text{arctan}(2) + \arccos(x)) &= \text{sen}(\alpha + \beta) \\
&= \text{sen}(\alpha)\cos(\beta) + \text{sen}(\beta)\cos(\alpha) \\
&= \frac{2}{\sqrt{5}} \cdot x + \sqrt{1-x^2} \cdot \frac{1}{\sqrt{5}} \\
&= \frac{2x + \sqrt{1-x^2}}{\sqrt{5}}.
\end{aligned}$$

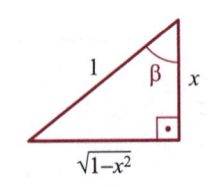

FIGURA 6.105

Agora, tente o Exercício 9.

Nos próximos problemas, discutiremos como resolver equações que podem ser convertidas à forma $a\,\text{sen}(x) + b\cos(x) = c$, em que a, b e c são constantes reais, com $a > 0$.

Problema 6. Simplificação de expressão na forma $a\,\text{sen}(x) + b\cos(x)$

Reescreva a expressão $a\,\text{sen}(x) + b\cos(x)$ na forma $k\,\text{sen}(x + \theta)$, supondo que $a > 0$.

Solução

Expandido $k\,\text{sen}(x + \theta)$, obtemos

$$k\,\text{sen}(x+\theta) = k[\text{sen}(x)\cos(\theta) + \text{sen}(\theta)\cos(x)]$$
$$= [k\cos(\theta)]\text{sen}(x) + [k\,\text{sen}(\theta)]\cos(x).$$

Observando essa identidade, concluímos que a conversão da expressão $a\,\text{sen}(x) + b\cos(x)$ à forma desejada pode ser obtida desde que consigamos encontrar θ e k tais que

$$k\cos(\theta) = a \quad \text{e} \quad k\,\text{sen}(\theta) = b,$$

ou seja, $\cos(\theta) = a/k$ e sen(θ) = b/k. Esse objetivo pode ser facilmente alcançado se considerarmos o triângulo retângulo com catetos a e b mostrado na Figura 6.106, no qual a hipotenusa e o ângulo interno destacado medem, respectivamente,

$$k = \sqrt{a^2 + b^2} \quad \text{e} \quad \theta = \arcsin(b/k).$$

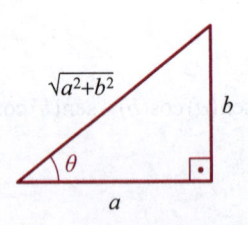

FIGURA 6.106

Usando esses valores e supondo que $a > 0$, obtemos

$$a\,\text{sen}(x) + b\cos(x) = k\,\text{sen}(x+\theta).$$

Um resultado interessante dessa fórmula é que ela vale mesmo quando $b < 0$, o que o leitor pode confirmar montando um triângulo com cateto de medida $-b$ (que é um valor positivo) e usando as identidades $\text{sen}(x - \theta) = \text{sen}(x)\cos(\theta) - \text{sen}(\theta)\cos(x)$ e $\text{sen}(-b/k) = -\text{sen}(b/k)$.

Embora pareça ser possível definir $\theta = \arccos(a/k)$, essa opção não deve ser usada, pois não forneceria o resultado correto no caso em que $b < 0$.

Expressão na forma $a\,\text{sen}(x) + b\cos(x)$

Dadas as constantes reais a e b, com $a > 0$, temos

$$a\,\text{sen}(x) + b\cos(x) = k\,\text{sen}(x+\theta),$$

em que $k = \sqrt{a^2 + b^2}$ e $\theta = \text{arcsen}(b/k)$.

Problema 7. Equação na forma $a\,\text{sen}(x) + b\cos(x) = c$

Resolva $2\,\text{sen}(x) - 3\cos(x) = 1$ para $-\pi \le x \le \pi$.

Solução

A equação tem a forma $a\,\text{sen}(x) + b\cos(x) = c$, em que a, b e c são constantes reais, com $a > 0$. Para resolver esse tipo de problema, vamos usar a conversão apresentada no quadro acima, definindo inicialmente

$$k = \sqrt{2^2 + (-3)^2} = \sqrt{13} \quad \text{e} \quad \theta = \text{arcsen}\left(\frac{-3}{\sqrt{13}}\right) \approx -0{,}9828.$$

Calculados esses valores, adotamos os seguintes passos para obter a solução no intervalo $[-\pi/2, \pi/2]$:

$2\,\text{sen}(x) - 3\cos(x) = 1$	Equação original.
$\sqrt{13}\cdot\text{sen}(x - 0{,}9828) = 1$	Equação na forma $k\,\text{sen}(x+\theta) = c$.
$\text{sen}(x - 0{,}9828) = \dfrac{1}{\sqrt{3}}$	Divisão por $\sqrt{13}$.
$x - 0{,}9828 = \text{arcsen}\left(\dfrac{1}{\sqrt{3}}\right)$	Aplicação do arco seno.
$x - 0{,}9828 = 0{,}2810$	Cálculo do arco seno.
$x = 1{,}2638$	Simplificação do resultado.

Como sabemos que o seno também é positivo no segundo quadrante, uma segunda solução pode ser definida tomando-se

$$x - 0{,}9828 \approx \pi - \text{arcsen}\left(\frac{1}{\sqrt{13}}\right)$$

$$x - 0{,}9828 \approx \pi - 0{,}2810$$

$$x \approx \pi - 0{,}2810 + 0{,}9828 \approx 3{,}8434.$$

Uma vez que obtivemos $x > \pi$, transpomos a solução para o intervalo $[-\pi, \pi]$ subtraindo 2π do resultado, ou seja, fazendo $x \approx 3{,}8434 - 2\pi \approx -2{,}4398$. Dessa forma, as soluções do problema são

$$x \approx 1{,}2638 \quad \text{e} \quad x \approx -2{,}4398.$$

Agora, tente o Exercício 10.

Problema 8. Equação com soma e subtração de arcos

Resolva $2\operatorname{sen}(x-\pi) - \cos\left(x + \dfrac{5\pi}{6}\right) = -\dfrac{3}{2}$, para $-\pi \leq x \leq \pi$.

Solução

Aplicando as fórmulas de adição e subtração de arcos, temos

$$2\operatorname{sen}(x-\pi) - \cos\left(x + \frac{5\pi}{6}\right) = -\frac{3}{2}$$

$$2[\operatorname{sen}(x)\cos(\pi) - \operatorname{sen}(\pi)\cos(x)] - \left[\cos(x)\cos\left(\frac{5\pi}{6}\right) - \operatorname{sen}(x)\operatorname{sen}\left(\frac{5\pi}{6}\right)\right] = -\frac{3}{2}$$

$$2\operatorname{sen}(x)\cos(\pi) - 2\operatorname{sen}(\pi)\cos(x) - \cos(x)\cos\left(\frac{5\pi}{6}\right) + \operatorname{sen}(x)\operatorname{sen}\left(\frac{5\pi}{6}\right) = -\frac{3}{2}$$

$$2\operatorname{sen}(x)\cdot(-1) - 2\cdot 0 \cdot \cos(x) - \cos(x)\cdot\left(-\frac{\sqrt{3}}{2}\right) + \operatorname{sen}(x)\cdot\left(\frac{1}{2}\right) = -\frac{3}{2}$$

$$-\frac{3}{2}\operatorname{sen}(x) + \frac{\sqrt{3}}{2}\cos(x) = -\frac{3}{2}.$$

Embora essa equação tenha a forma $a\operatorname{sen}(x) + b\cos(x) = c$, notamos que $a < 0$, o que não nos permite aplicar a fórmula de simplificação do quadro acima. Entretanto, multiplicando todos os termos por -2, obtemos

$$3\operatorname{sen}(x) - \sqrt{3}\cos(x) = 3,$$

que satisfaz a condição $a > 0$. Sendo assim, tomando

$$k = \sqrt{3^2 + (-\sqrt{3})^2} = \sqrt{12} = 2\sqrt{3} \quad \text{e} \quad \theta = \operatorname{arcsen}\left(\frac{-\sqrt{3}}{2\sqrt{3}}\right) = \operatorname{arcsen}\left(-\frac{1}{2}\right) = -\frac{\pi}{6},$$

obtemos a equação simplificada

$$2\sqrt{3}\operatorname{sen}\left(x - \frac{\pi}{6}\right) = 3,$$

cuja solução no intervalo $[-\pi/2, \pi/2]$ é dada por

$$2\sqrt{3}\operatorname{sen}\left(x - \frac{\pi}{6}\right) = 3$$

$$\operatorname{sen}\left(x - \frac{\pi}{6}\right) = \frac{3}{2\sqrt{3}} = \frac{\sqrt{3}}{2}$$

$$x - \frac{\pi}{6} = \operatorname{arcsen}\left(\frac{\sqrt{3}}{2}\right)$$

$$x - \frac{\pi}{6} = \frac{\pi}{3}$$

$$x = \frac{\pi}{2}$$

Como o arco seno forneceu uma solução no primeiro quadrante e sabemos que o seno também vale $\sqrt{3}/2$ no segundo quadrante, admitimos a solução alternativa

$$x - \frac{\pi}{6} = \pi - \operatorname{arcsen}\left(\frac{\sqrt{3}}{2}\right) \quad \Rightarrow \quad x - \frac{\pi}{6} = \pi - \frac{\pi}{3} \quad \Rightarrow \quad x = \frac{5\pi}{6}.$$

Logo, as soluções do problema são

$$x = \frac{\pi}{2} \quad \text{e} \quad x = \frac{5\pi}{6}.$$

Agora, tente o Exercício 12.

■ Fórmulas de arco duplo e de arco metade

As fórmulas de adição vistas no início desta seção podem ser especializadas para tratar de arcos que equivalem a $2a$ ou $a/2$, casos que recebem os sugestivos nomes de *arco duplo* e *arco metade*, respectivamente.

Para encontrar as fórmulas de arcos duplos, usamos as identidades da soma, atribuindo a medida a aos dois arcos, como mostrado abaixo para o seno.

$$\text{sen}(2a) = \text{sen}(a+a) = \text{sen}(a)\cos(a) + \text{sen}(a)\cos(a) = 2\,\text{sen}(a)\cos(a).$$

As identidades que envolvem o cosseno e a tangente são obtidas de forma análoga (vide Exercício 30). Um resumo das fórmulas é mostrado no quadro a seguir.

Fórmulas de arco duplo

Seno: $\quad \text{sen}(2a) = 2\,\text{sen}(a)\cos(a)$

Cosseno: $\quad \cos(2a) = \cos^2(a) - \text{sen}^2(a)$
$\qquad\qquad\quad = 1 - 2\,\text{sen}^2(a)$
$\qquad\qquad\quad = 2\cos^2(a) - 1$

Tangente: $\quad \tan(2a) = \dfrac{2\tan(a)}{1 - \tan^2(a)}$

Note que há três fórmulas para $\cos(2a)$. Para obter as duas últimas, combine a primeira fórmula com a identidade $\text{sen}^2(x) + \cos^2(x) = 1$.

A decisão de qual forma usar para substituir $\cos(2a)$ deve ser tomada com base no problema a ser resolvido.

Problema 9. Cálculo de função trigonométrica

Sabendo que $\cos(\theta) = \frac{12}{13}$ e que $0 \leq \theta \leq \frac{\pi}{2}$, calcule $\text{sen}(2\theta)$ e $\cos(2\theta)$.

Solução

Usando a identidade pitagórica $\text{sen}^2(\theta) + \cos^2(\theta) = 1$, escrevemos

$$\text{sen}^2(\theta) = 1 - \cos^2(\theta) = 1 - \left(\frac{12}{13}\right)^2 = 1 - \frac{144}{169} = \frac{25}{169}.$$

Agora, lembrando que $\text{sen}(\theta) > 0$ para θ no primeiro quadrante, deduzimos que

$$\text{sen}(\theta) = \sqrt{\frac{25}{169}} = \frac{5}{13}.$$

Logo,

$$\text{sen}(2\theta) = 2\,\text{sen}(\theta)\cos(\theta) \qquad \cos(2\theta) = \cos^2(\theta) - \text{sen}^2(\theta)$$

$$= 2 \cdot \frac{5}{13} \cdot \frac{12}{13} = \frac{120}{169} \qquad = \left(\frac{12}{13}\right)^2 - \left(\frac{5}{13}\right)^2 = \frac{144 - 25}{169} = \frac{119}{169}.$$

Agora, tente o Exercício 11.

Problema 10. Dedução de fórmula

Deduza uma fórmula para $\cos(3a)$.

Solução

$$\begin{aligned}
\cos(3a) &= \cos(2a+a) & \text{Substituição } 3a = 2a+a. \\
&= \cos(2a)\cos(a) - \text{sen}(2a)\text{sen}(a) & \text{Fórmula de adição.} \\
&= [2\cos^2(a)-1]\cos(a) - [2\,\text{sen}(a)\cos(a)]\,\text{sen}(a) & \text{Fórmulas do arco duplo.} \\
&= 2\cos^3(a) - \cos(a) - 2\,\text{sen}^2(a)\cos(a) & \text{Propriedade distributiva.} \\
&= 2\cos^3(a) - \cos(a) - 2[1-\cos^2(a)]\cos(a) & \text{Identidade pitagórica.} \\
&= 2\cos^3(a) - \cos(a) - 2\cos(a) + 2\cos^3(a) & \text{Propriedade distributiva.} \\
&= 4\cos^3(a) - 3\cos(a) & \text{Simplificação da expressão.}
\end{aligned}$$

Agora, tente o Exercício 14.

Problema 11. Equação com arco duplo

Supondo que $0 \le x \le \pi/2$, resolva a equação $\text{sen}(2x) - \cos(x) = 0$.

Solução

Vamos usar a fórmula do seno do arco duplo para manipular a equação:

$$\text{sen}(2x) - \cos(x) = 0 \quad \text{Equação original.}$$
$$2\,\text{sen}(x)\cos(x) - \cos(x) = 0 \quad \text{Fórmula do arco duplo.}$$
$$\cos(x)[2\,\text{sen}(x) - 1] = 0 \quad \text{Pondo } \cos(x) \text{ em evidência.}$$

Deduzimos, portanto, que $\cos(x) = 0$ ou $2\,\text{sen}(x) - 1 = 0$. Analisando cada caso em separado, obtemos

$$\cos(x) = 0 \qquad\qquad 2\,\text{sen}(x) - 1 = 0$$
$$x = \arccos(0) \qquad\qquad \text{sen}(x) = \frac{1}{2}$$
$$x = \frac{\pi}{2} \qquad\qquad x = \text{arcsen}\left(\frac{1}{2}\right) = \frac{\pi}{6}$$

Como $0 \le x \le \pi/2$, não é necessário investigar soluções em outros quadrantes, sendo suficiente considerar as soluções fornecidas pelo arco seno e pelo arco cosseno. Assim, temos

$$x = \frac{\pi}{2} \quad \text{ou} \quad x = \frac{\pi}{6}.$$

Agora, tente o Exercício 13.

A obtenção das fórmulas de arco duplo foi feita de maneira direta. Por sua vez, as fórmulas de arco metade exigem um passo intermediário, que envolve a redução de potências de funções trigonométricas. Essa redução é feita com o emprego das fórmulas alternativas de $\cos(2a)$, como ilustrado no problema a seguir.

Problema 12. Redução de potência

Reescreva $\cos^2(a)$ como uma expressão que não envolva o quadrado.

Solução

Usando a fórmula de arco duplo $\cos(2a) = 2\cos^2(a) - 1$, obtemos

$$2\cos^2(a) = \cos(2a) + 1 \quad \Rightarrow \quad \cos^2(a) = \frac{\cos(2a) + 1}{2}.$$

As fórmulas de redução de potências são úteis quando se estuda cálculo integral. Sendo assim, vamos reuni-las em um quadro.

Fórmulas de redução de potência

$$\operatorname{sen}^2(a) = \frac{1 - \cos(2a)}{2} \qquad \cos^2(a) = \frac{1 + \cos(2a)}{2} \qquad \tan^2(a) = \frac{1 - \cos(2a)}{1 + \cos(2a)}$$

Problema 13. Redução de potência

Reescreva $\operatorname{sen}^4(x)$ como uma expressão que não envolva potências.

Solução

Nesse caso, temos que aplicar a fórmula de redução de potências mais de uma vez, como mostrado a seguir.

$$\operatorname{sen}^4(x) = [\operatorname{sen}^2(x)]^2 \qquad \text{Substituição } a^4 = (a^2)^2.$$

$$= \left[\frac{1 - \cos(2x)}{2}\right]^2 \qquad \text{Redução de potência.}$$

$$= \frac{1}{4}[1 - 2\cos(2x) + \cos^2(2x)] \qquad \text{Produto notável.}$$

$$= \frac{1}{4}\left[1 - 2\cos(2x) + \frac{1 + \cos(4x)}{2}\right] \qquad \text{Redução de potência usando } 4x = 2(2x).$$

$$= \frac{1}{4}\left[\frac{3 - 4\cos(2x) + \cos(4x)}{2}\right] \qquad \text{Soma dos termos entre colchetes.}$$

$$= \frac{1}{8}[3 - 4\cos(2x) + \cos(4x)] \qquad \text{Produto de frações.}$$

Agora, tente o Exercício 15.

Finalmente, substituindo a por $a/2$ nas fórmulas de redução de potência e extraindo a raiz quadrada dos dois lados da equação, obtemos as fórmulas de arco metade exibidas no quadro a seguir.

Fórmulas de arco metade

Observe que há duas expressões para $\tan\left(\frac{a}{2}\right)$. A demonstração dessas fórmulas será objeto do Exercício 31.

Seno: $\quad \operatorname{sen}\left(\dfrac{a}{2}\right) = \pm\sqrt{\dfrac{1 - \cos(a)}{2}}$

Cosseno: $\quad \cos\left(\dfrac{a}{2}\right) = \pm\sqrt{\dfrac{1 + \cos(a)}{2}}$

Tangente: $\quad \tan\left(\dfrac{a}{2}\right) = \dfrac{1 - \cos(a)}{\operatorname{sen}(a)} = \dfrac{\operatorname{sen}(a)}{1 + \cos(a)}$

O sinal das fórmulas do seno e do cosseno depende do quadrante de $a/2$.

Problema 14. Cálculo de função trigonométrica

Sabendo que $\cos(135°) = -\dfrac{\sqrt{2}}{2}$ e que $\operatorname{sen}(135°) = \dfrac{\sqrt{2}}{2}$, calcule $\operatorname{sen}(67,5°)$ e $\tan(67,5°)$.

Solução

Primeiro, devemos notar que $67,5° = 135°/2$ e que $0 \leq 67,5° < 90°$, de modo que $\operatorname{sen}(67,5°) > 0$ e $\tan(67,5°) > 0$. Sendo assim, temos

$$\operatorname{sen}\left(\frac{135°}{2}\right) = \sqrt{\frac{1-\cos(135°)}{2}}$$
$$= \sqrt{\frac{1-(-\sqrt{2}/2)}{2}}$$
$$= \sqrt{\frac{(2+\sqrt{2})/2}{2}}$$
$$= \sqrt{\frac{2+\sqrt{2}}{4}}$$
$$= \frac{\sqrt{2+\sqrt{2}}}{2}$$

$$\tan\left(\frac{135°}{2}\right) = \frac{1-\cos(135°)}{\operatorname{sen}(135°)}$$
$$= \frac{1-(-\sqrt{2}/2)}{\sqrt{2}/2}$$
$$= \frac{(2+\sqrt{2})/2}{\sqrt{2}/2}$$
$$= \frac{2+\sqrt{2}}{\sqrt{2}}$$
$$= \frac{2\sqrt{2}+2}{2} = \sqrt{2}+1$$

Note que $\dfrac{(2+\sqrt{2})}{\sqrt{2}} \cdot \dfrac{\sqrt{2}}{\sqrt{2}} = \dfrac{2\sqrt{2}+2}{2}$.

Agora, tente os Exercícios 16 e 17.

Problema 15. Equação com arco metade

Resolva a equação $12\cos^2\left(\dfrac{x}{2}\right) - 4\cos(x) - 7 = 0$ para $x \in \left[0, \dfrac{\pi}{2}\right]$.

Solução

$$12\cos^2\left(\frac{x}{2}\right) - 4\cos(x) - 7 = 0 \quad \text{Equação original.}$$

$$12\left(\pm\sqrt{\frac{1+\cos(x)}{2}}\right)^2 - 4\cos(x) - 7 = 0 \quad \text{Fórmula do arco metade.}$$

$$12\left(\frac{1+\cos(x)}{2}\right) - 4\cos(x) - 7 = 0 \quad \text{Simplificação da expressão.}$$

$$6 + 6\cos(x) - 4\cos(x) - 7 = 0 \quad \text{Propriedade distributiva.}$$

$$2\cos(x) - 1 = 0 \quad \text{Simplificação.}$$

$$\cos(x) = \frac{1}{2} \quad \text{Isolamento do cosseno.}$$

Como consideramos que $0 \leq x \leq \frac{\pi}{2}$, a única solução do problema é

$$x = \arccos\left(\frac{1}{2}\right) = \frac{\pi}{3}.$$

Agora, tente os Exercícios 18.

■ Transformação em soma e transformação em produto

Os livros de cálculo costumam apresentar aplicações que envolvem a integral de um produto de funções trigonométricas de arcos diferentes. Para resolver esse tipo de integral, é preciso converter o produto em uma soma ou diferença de funções, o que pode ser feito com o auxílio das transformações apresentadas no quadro a seguir.

Transformação em soma

$$\operatorname{sen}(a)\operatorname{sen}(b) = \tfrac{1}{2}\left[\cos(a-b) - \cos(a+b)\right]$$

$$\cos(a)\cos(b) = \tfrac{1}{2}\left[\cos(a-b) + \cos(a+b)\right]$$

$$\operatorname{sen}(a)\cos(b) = \tfrac{1}{2}\left[\operatorname{sen}(a+b) + \operatorname{sen}(a-b)\right]$$

As identidades acima podem ser facilmente obtidas a partir das fórmulas de adição e subtração fornecidas na página 537. Para a conversão de expressões, essas identidades devem ser combinadas com as identidades de paridade $\operatorname{sen}(-x) = -\operatorname{sen}(x)$ e $\cos(-x) = \cos(x)$, como mostrado no exemplo a seguir.

Problema 16. Conversão de produto em soma

Reescreva o produto $\operatorname{sen}(3x)\cos(5x)$.

Solução

$\operatorname{sen}(3x)\cos(5x) = \tfrac{1}{2}[\operatorname{sen}(3x+5x) + \operatorname{sen}(3x-5x)]$ Transformação em soma.

$= \tfrac{1}{2}\operatorname{sen}(8x) + \tfrac{1}{2}\operatorname{sen}(-2x)$ Simplificação da expressão.

$= \tfrac{1}{2}\operatorname{sen}(8x) - \tfrac{1}{2}\operatorname{sen}(2x)$ $\operatorname{sen}(-2x) = \operatorname{sen}-(2x)$.

Agora, tente o Exercício 19.

As fórmulas de transformação de produto em soma podem ser revertidas de modo a permitir a conversão de expressões que envolvem somas em outras que contêm o produto de funções trigonométricas. O Exemplo 1 mostra como essa estratégia é usada na transformação da soma de senos.

Exemplo 1. Transformação da soma de senos em um produto

Para converter a soma $\operatorname{sen}(x) + \operatorname{sen}(y)$ em um produto na forma $k\operatorname{sen}(a)\cos(b)$, multiplicamos por 2 a terceira fórmula do quadro Transformação em soma e invertemos de lado os seus termos, obtendo

$$\operatorname{sen}(a+b) + \operatorname{sen}(a-b) = 2\operatorname{sen}(a)\cos(b).$$

Note que a soma que aparece no lado esquerdo dessa identidade pode ser escrita na forma $\operatorname{sen}(x) + \operatorname{sen}(y)$, desde que adotemos

$$x = a+b \quad \text{e} \quad y = a-b.$$

Para determinar o valor de a que fornece a transformação desejada, somamos as duas novas variáveis:

$$x+y = (a+b)+(a-b) \quad \Rightarrow \quad x+y = 2a \quad \Rightarrow \quad a = \frac{x+y}{2}.$$

O valor de b é obtido de forma análoga, através da subtração das variáveis:

$$x-y = (a+b)-(a-b) \quad \Rightarrow \quad x-y = 2b \quad \Rightarrow \quad b = \frac{x-y}{2}.$$

Finalmente, aplicando as fórmulas de x, y, a e b à primeira equação, obtemos a identidade almejada:

$$\operatorname{sen}(x)+\operatorname{sen}(y)=2\operatorname{sen}\left(\frac{x+y}{2}\right)\cos\left(\frac{x-y}{2}\right).$$

O quadro a seguir fornece as principais fórmulas de conversão de soma em produto.

Transformação em produto

$$\operatorname{sen}(a)+\operatorname{sen}(b)=2\operatorname{sen}\left(\frac{a+b}{2}\right)\cos\left(\frac{a-b}{2}\right)$$

$$\operatorname{sen}(a)-\operatorname{sen}(b)=2\cos\left(\frac{a+b}{2}\right)\operatorname{sen}\left(\frac{a-b}{2}\right)$$

$$\cos(a)+\cos(b)=2\cos\left(\frac{a+b}{2}\right)\cos\left(\frac{a-b}{2}\right)$$

$$\cos(a)-\cos(b)=-2\operatorname{sen}\left(\frac{a+b}{2}\right)\operatorname{sen}\left(\frac{a-b}{2}\right)$$

Problema 17. Transformação de uma expressão

Transforme em produto cada uma das expressões abaixo.

a) $\cos(5x)-\cos(3x)$

b) $\operatorname{sen}(2x)+1$

Solução

a)

$$\cos(5x)-\cos(3x)=-2\operatorname{sen}\left(\frac{5x+3x}{2}\right)\operatorname{sen}\left(\frac{5x-3x}{2}\right) \quad \text{Transformação em produto.}$$

$$=-2\operatorname{sen}(4x)\operatorname{sen}(x) \quad \text{Simplificação da expressão.}$$

b)

$$\operatorname{sen}(2x)+1=\operatorname{sen}(2x)+\operatorname{sen}\left(\frac{\pi}{2}\right) \quad \operatorname{sen}(\pi/2)=1.$$

$$=2\operatorname{sen}\left(\frac{2x+\pi/2}{2}\right)\cos\left(\frac{2x-\pi/2}{2}\right) \quad \text{Transformação em produto.}$$

$$=2\operatorname{sen}\left(x+\frac{\pi}{4}\right)\cos\left(x-\frac{\pi}{4}\right) \quad \text{Simplificação da expressão.}$$

Agora, tente o Exercício 20.

Problema 18. Equação envolvendo soma

Resolva a equação $\operatorname{sen}(3x)-\operatorname{sen}(x)=0$.

Solução

Fazendo a conversão da diferença em um produto, obtemos

$$\operatorname{sen}(3x)-\operatorname{sen}(x)=0 \quad \text{Equação original.}$$

$$2\cos\left(\frac{3x+x}{2}\right)\sen\left(\frac{3x-x}{2}\right) = 0 \quad \text{Transformação em produto.}$$

$$2\cos(2x)\sen(x) = 0 \quad \text{Simplificação da expressão.}$$

Para que esta última equação seja satisfeita, é preciso que

$$\cos(2x) = 0 \quad \text{ou} \quad \sen(x) = 0.$$

No primeiro caso, temos

$$2x = \frac{\pi}{2} + n\pi \quad \Rightarrow \quad x = \frac{\pi}{4} + n\frac{\pi}{2}.$$

Por sua vez, a equação $\sen(x) = 0$ fornece $x = n\pi$. Assim, a solução do problema é

$$x = \frac{\pi}{4} + n\frac{\pi}{2} \quad \text{ou} \quad x = n\pi,$$

em que n é um número inteiro.

Agora, tente o Exercício 21.

Problema 19. Demonstração de identidade

Mostre que $\dfrac{\sen(x)+\sen(y)}{\cos(x)+\cos(y)} = \tan\left(\dfrac{x+y}{2}\right)$.

Solução

Aplicando as fórmulas da soma do seno e do cosseno ao lado esquerdo da equação, obtemos

$$\frac{\sen(x)+\sen(y)}{\cos(x)+\cos(y)} = \frac{2\sen\left(\dfrac{x+y}{2}\right)\cos\left(\dfrac{x-y}{2}\right)}{2\cos\left(\dfrac{x+y}{2}\right)\cos\left(\dfrac{x-y}{2}\right)}$$

$$= \frac{\sen\left(\dfrac{x+y}{2}\right)}{\cos\left(\dfrac{x+y}{2}\right)} = \tan\left(\dfrac{x+y}{2}\right).$$

Agora, tente o Exercício 22.

Exercícios 6.10

1. Sem usar calculadora, mas apenas as fórmulas de adição e subtração de ângulos, determine o seno, o cosseno e a tangente dos ângulos abaixo.
   a) 120° b) 135° c) 225° d) 240° e) 315°

2. Sem usar calculadora, mas apenas as fórmulas de adição e subtração de ângulos, bem como os valores obtidos no Exercício 1, determine:

   a) $\sen(105°)$
   b) $\tan(165°)$
   c) $\cos(255°)$
   d) $\sen(285°)$
   e) $\cos(-15°)$
   f) $\tan\left(\frac{7\pi}{6}\right)$
   g) $\cos\left(\frac{5\pi}{12}\right)$
   h) $\sen\left(-\frac{3\pi}{4}\right)$
   i) $\cos\left(\frac{5\pi}{3}\right)$
   j) $\tan\left(\frac{13\pi}{12}\right)$

3. Usando as fórmulas de adição e subtração de ângulos, verifique as identidades abaixo.

   a) $\operatorname{sen}\left(\dfrac{\pi}{2}-x\right)=\cos(x)$

   b) $\cos(2\pi+x)=\cos(x)$

   c) $\tan(\pi+x)=\tan(x)$

   d) $\operatorname{sen}(x-\pi)=\operatorname{sen}-(x)$

   e) $\cos\left(x+\dfrac{3\pi}{2}\right)=\operatorname{sen}(x)$

   f) $\cos\left(x+\dfrac{\pi}{4}\right)=\dfrac{\sqrt{2}}{2}[\cos(x)-\operatorname{sen}(x)]$

   g) $\tan\left(x-\dfrac{\pi}{4}\right)=\dfrac{\tan(x)-1}{\tan(x)+1}$

   h) $\tan(\pi-x)=\tan(-x)$

   i) $\operatorname{sen}\left(x+\dfrac{\pi}{4}\right)=\cos\left(x-\dfrac{\pi}{4}\right)$

   j) $\operatorname{sen}\left(x-\dfrac{\pi}{2}\right)=\cos(\pi-x)$

   k) $\tan(x)\cos(-x)=\cos\left(\dfrac{\pi}{2}-x\right)$

   l) $\tan\left(x-\dfrac{\pi}{4}\right)=\dfrac{\operatorname{sen}(x)-\cos(x)}{\operatorname{sen}(x)+\cos(x)}$

4. Determine $\operatorname{sen}(x+y)$, $\cos(x+y)$ e $\tan(x+y)$, sabendo que $\operatorname{sen}(x)=\dfrac{4}{5}$, $\cos(y)=\dfrac{\sqrt{5}}{5}$, $0\le x\le\dfrac{\pi}{2}$ e $0\le y\le\dfrac{\pi}{2}$.

5. Determine $\operatorname{sen}(x-y)$, $\cos(x-y)$ e $\tan(x-y)$, sabendo que $\operatorname{sen}(x)=\dfrac{12}{13}$, $\operatorname{sen}(y)=\dfrac{15}{17}$, $0\le x\le\dfrac{\pi}{2}$ e $0\le y\le\dfrac{\pi}{2}$.

6. Sabendo que $\operatorname{sen}(\theta)=\dfrac{\sqrt{2}}{\sqrt{3}}$ e $\theta\in[0°,90°]$, determine os valores de $\operatorname{sen}(\theta-30°)$ e $\cos(\theta-30°)$.

7. Sabendo que $\operatorname{sen}(x)=\dfrac{2}{\sqrt{5}}$ e $0\le x\le\dfrac{\pi}{2}$, determine o valor de $\tan\left(x+\dfrac{\pi}{4}\right)$.

8. Sabendo que $\cos(x)=\dfrac{1}{\sqrt{10}}$ e $0\le x\le\dfrac{\pi}{2}$, determine o valor de $\tan\left(x+\dfrac{\pi}{3}\right)$.

9. Reescreva as expressões trigonométricas abaixo como expressões algébricas.

   a) $\operatorname{sen}\left(\arctan(x)+\arccos\left(\dfrac{1}{\sqrt{5}}\right)\right)$

   b) $\operatorname{sen}\left(\operatorname{arcsen}(x)+\arccos\left(\dfrac{1}{\sqrt{2}}\right)\right)$

   c) $\cos\left(\operatorname{arcsen}(x)-\arccos\left(\dfrac{2}{\sqrt{5}}\right)\right)$

   d) $\cos\left(\operatorname{arcsen}(x)+\arctan\left(\dfrac{1}{\sqrt{3}}\right)\right)$

   e) $\tan\left(\arccos(x)+\operatorname{arcsen}\left(\dfrac{1}{\sqrt{2}}\right)\right)$

   f) $\tan\left(\arctan(x)+\arccos\left(\dfrac{1}{\sqrt{2}}\right)\right)$

   g) $\tan(\operatorname{arcsen}(x)-\arctan(2))$

10. Resolva as equações abaixo supondo que $-\pi<x\le\pi$.

    a) $\sqrt{3}\operatorname{sen}(x)-\cos(x)=1$

    b) $\operatorname{sen}(x)+\cos(x)=-1$

    c) $3\operatorname{sen}(x)+\cos(x)=\sqrt{2}$

    d) $4\operatorname{sen}(x)-3\cos(x)=4$

    e) $2\cos(x)-\sqrt{5}\operatorname{sen}(x)=1$

    f) $\operatorname{sen}(x)+\sqrt{2}\cos(x)=\sqrt{3}$

11. Determine $\operatorname{sen}(2x)$, $\cos(2x)$ e $\tan(2x)$ em cada caso a seguir, sabendo que $0\le x\le\dfrac{\pi}{2}$.

    a) $\tan(x)=\dfrac{3}{4}$

    b) $\cos(x)=\dfrac{3}{5}$

    c) $\operatorname{sen}(x)=\dfrac{3}{4}$

    d) $\tan(x)=\dfrac{6}{5}$

    e) $\tan(x)=2$

    f) $\operatorname{sen}(x)=\dfrac{\sqrt{5}}{3}$

    g) $\cos(x)=\dfrac{1}{3}$

    h) $\operatorname{sen}(x)=\dfrac{\sqrt{2}}{4}$

    i) $\cos(x)=\dfrac{\sqrt{6}}{3}$

12. Resolva as equações abaixo, supondo que $0\le x\le\dfrac{\pi}{2}$.

    a) $\operatorname{sen}\left(x+\dfrac{\pi}{4}\right)+\operatorname{sen}\left(x-\dfrac{\pi}{4}\right)=\dfrac{\sqrt{6}}{2}$

    b) $2\cos\left(\dfrac{\pi}{3}+x\right)+2\cos\left(\dfrac{\pi}{3}-x\right)=\sqrt{3}$

    c) $\cos\left(x+\dfrac{\pi}{2}\right)-4\operatorname{sen}(\pi-x)=-\sqrt{3}$

    d) $\dfrac{\operatorname{sen}\left(x+\dfrac{\pi}{3}\right)}{\cos(x)}=\sqrt{3}$

    e) $2\operatorname{sen}\left(x-\dfrac{\pi}{4}\right)-\cos(x)=-\sqrt{2}$

    f) $5\operatorname{sen}(x)+4\cos\left(x-\dfrac{\pi}{6}\right)=6$

    g) $\operatorname{sen}(x)-\operatorname{sen}\left(x+\dfrac{\pi}{3}\right)=-\dfrac{1}{2}$

13. Resolva as equações abaixo, supondo que $0\le x\le\dfrac{\pi}{2}$.

    a) $\operatorname{sen}(2x)-\cos(x)=0$

    b) $\operatorname{sen}(2x)-\sqrt{3}\operatorname{sen}(x)=0$

    c) $\cos(2x)-\cos^2(x)=0$

    d) $3\operatorname{sen}(2x)-4\operatorname{sen}(x)=0$

    e) $2\operatorname{sen}(2x)-\tan(x)=0$

    f) $\cos(2x)+3\cos(x)=1$

    g) $2\cos(2x)-5\cos(x)=-3$

    h) $2\operatorname{sen}(2x)\cos(x)-3\operatorname{sen}(x)=0$

    i) $5\operatorname{sen}(x)+\dfrac{3}{2}\operatorname{sen}(2x)\tan(x)-2=0$

    j) $\dfrac{4\cos(2x)}{\cos^2(x)}-19\tan(x)=16$

    k) $\dfrac{2\operatorname{sen}(2x)}{\cos(x)}+4\tan(x)\cos(x)=9\operatorname{sen}^2(x)$

    l) $\dfrac{\operatorname{sen}(2x)}{\tan(x)}+\operatorname{sen}^2(x)=\dfrac{9}{5}$

m) $\operatorname{sen}(2x)\sec(x) - \sqrt{3}\tan(x) = 0$

n) $\operatorname{sen}\left(x - \dfrac{\pi}{2}\right) + \dfrac{\operatorname{sen}(x)}{\operatorname{sen}(2x)} = 0$

o) $\tan(2x) - \cos(x) = 0$

14. Prove as identidades usando as fórmulas de arco duplo.

a) $\dfrac{2\tan(x)}{1 + \tan^2(x)} = \operatorname{sen}(2x)$

b) $\dfrac{\operatorname{sen}(4x)}{\operatorname{sen}(x)} = 4\cos(x)\cos(2x)$

c) $\dfrac{\operatorname{sen}(2x)}{\cos(2x) + 1} = \tan(x)$

d) $\cos(2x) = \cos^4(x) - \operatorname{sen}^4(x)$

e) $\operatorname{sen}\left(\dfrac{x}{2}\right)\cos\left(\dfrac{x}{2}\right) = \dfrac{\operatorname{sen}(x)}{2}$

15. Reescreva as expressões abaixo usando as fórmulas de redução de potência.

a) $\cos^4(x)$
b) $\tan^4(x)$
c) $\operatorname{sen}^2(x)\cos^2(x)$
d) $\operatorname{sen}^4(2x)\cos^2(2x)$
e) $\operatorname{sen}^4(x)\cos^4(x)$
f) $\operatorname{sen}^6(3x)$
g) $\tan^2(2x)\cos^4(2x)$
h) $\tan^2(x)\operatorname{sen}^2(2x)$

16. Sem usar calculadora, mas apenas as fórmulas de arco metade, determine o seno, o cosseno e a tangente dos ângulos abaixo.

a) 15°
b) $\dfrac{\pi}{8}$
c) 105°
d) $\dfrac{5\pi}{12}$
e) 112,5°
f) $\dfrac{11\pi}{12}$

17. Determine $\operatorname{sen}\left(\dfrac{x}{2}\right)$, $\cos\left(\dfrac{x}{2}\right)$ e $\tan\left(\dfrac{x}{2}\right)$, em cada caso abaixo, sabendo que $0 \le x \le \dfrac{\pi}{2}$.

a) $\operatorname{sen}(x) = \dfrac{12}{13}$
b) $\tan(x) = \dfrac{3}{4}$
c) $\cos(x) = \dfrac{3}{5}$
d) $\operatorname{sen}(x) = \dfrac{\sqrt{5}}{3}$
e) $\cos(x) = \dfrac{1}{3}$
f) $\tan(x) = \dfrac{2\sqrt{10}}{3}$

18. Resolva as equações a seguir, supondo que $0 \le x \le \dfrac{\pi}{2}$.

a) $\operatorname{sen}(x) - \cos\left(\dfrac{x}{2}\right) = 0$
b) $\operatorname{sen}\left(\dfrac{x}{2}\right) + \cos(x) = 1$
c) $\cos\left(\dfrac{x}{2}\right) + \cos(x) = \dfrac{\sqrt{2}}{2}$
d) $3\operatorname{sen}\left(\dfrac{x}{2}\right) + 2\cos(x) = 2$
e) $2\operatorname{sen}^2\left(\dfrac{x}{2}\right) + 3\operatorname{sen}^2(x) = 2$
f) $8\cos^2(x) - 4\cos^2\left(\dfrac{x}{2}\right) = 1$
g) $\tan\left(\dfrac{x}{2}\right) - \dfrac{3}{4}\operatorname{sen}(x) = 0$

19. Escreva os produtos abaixo como somas ou diferenças.

a) $\operatorname{sen}(2x)\cos(4x)$
b) $\cos(x)\cos(5x)$
c) $\operatorname{sen}(-5x)\operatorname{sen}(3x)$
d) $\cos\left(\dfrac{x}{2}\right)\cos\left(\dfrac{x}{4}\right)$
e) $\operatorname{sen}(4x)\cos(-3x)$
f) $\operatorname{sen}\left(\dfrac{2x}{3}\right)\operatorname{sen}(x)$

20. Transforme em produto cada expressão abaixo.

a) $\operatorname{sen}(4x) + \operatorname{sen}(2x)$
b) $\operatorname{sen}(3x) - \operatorname{sen}(x)$
c) $\cos(8x) + \cos(5x)$
d) $\cos\left(x + \dfrac{\pi}{2}\right) - \cos\left(x - \dfrac{\pi}{2}\right)$
e) $\operatorname{sen}(3x) + \operatorname{sen}\left(\dfrac{7x}{3}\right)$
f) $\cos(2x) - \cos(6x)$
g) $\operatorname{sen}(x) - \operatorname{sen}(9x)$
h) $\cos\left(\dfrac{5x}{2}\right) + \cos\left(\dfrac{x}{2}\right)$

21. Resolva as equações abaixo após transformá-las em produto.

a) $\operatorname{sen}(5x) - \operatorname{sen}(3x) = 0$
b) $\cos(3x) - \cos(7x) = 0$
c) $\cos(x) + \cos(3x) = \cos(2x)$
d) $\operatorname{sen}\left(\dfrac{x}{2}\right) + \operatorname{sen}\left(\dfrac{3x}{2}\right) = \sqrt{2}\operatorname{sen}(x)$

22. Prove as identidades abaixo usando as fórmulas de transformação em produto.

a) $\dfrac{\operatorname{sen}(3x) + \operatorname{sen}(x)}{\operatorname{sen}(3x) - \operatorname{sen}(x)} = \sec(2x) + 1$

b) $\dfrac{\operatorname{sen}(5x) + \operatorname{sen}(7x)}{\cos(5x) - \cos(7x)} = \cot(x)$

c) $\dfrac{\cos(2x) + \cos(4x)}{\cos(3x)} = 2\cos(x)$

d) $\dfrac{\cos(4x) - \cos(6x)}{\operatorname{sen}(2x)} = \operatorname{sen}(5x)\sec(x)$

e) $\dfrac{\operatorname{sen}(x) + \operatorname{sen}(y)}{\cos(x) + \cos(y)} = \tan\left(\dfrac{x + y}{2}\right)$

23. Um golfista bate em uma bola com velocidade v_0 e ângulo θ (com o plano horizontal), fazendo-a descrever uma trajetória parabólica. A cada instante t (em segundos) decorrido desde a tacada, as coordenadas (x, y) da bola são dadas por

$$x(t) = v_0 \cos(\theta)t \quad \text{e} \quad y(t) = v_0 \operatorname{sen}(\theta)t - \dfrac{gt^2}{2},$$

em que $g = 9,8 \; m/s^2$ é a aceleração da gravidade.

a) Usando seus conhecimentos sobre funções quadráticas, determine o instante, $t_{máx}$, no qual a altura da bola é máxima.

b) Chamamos de *alcance* da tacada a distância horizontal que a bola percorre até tocar novamente no solo. Sabendo que o alcance é igual a $x(2t_{máx})$, escreva uma função na forma $a(\theta) = k\operatorname{sen}(2\theta)$ que forneça o alcance da bola em relação ao ângulo θ.

c) Determine o ângulo com que o taco de golfe deve bater na bola para que esta atinja um buraco que está a 142 m de distância. Considere $v_0 = 37{,}8 \; m/s$.

24. Dois triângulos retângulos T_1 e T_2 têm hipotenusa com 1 cm de comprimento. Sabendo que um ângulo agudo de T_1 mede α e que a medida de um dos ângulos agudos de T_2 é 2α, determine para que valor de α os dois triângulos têm a mesma área.

25. Usando alguma fórmula de arco duplo, determine para que valor de $x \in [0, \pi]$, a função $f(x) = \text{sen}(x)\cos(x)$ é máxima. Qual o valor de f nesse ponto?

26. Para conectar as faixas centrais de dois trechos de uma estrada, cujos eixos distam d metros, um engenheiro planeja usar um segmento de reta de comprimento x e dois arcos de circunferência de raio r e ângulo α.

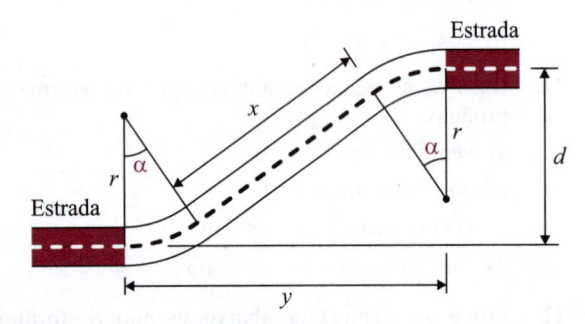

a) Mostre que $y = 2r\,\text{sen}(\alpha) + x\cos(\alpha)$.
b) Mostre que $d = 2r - 2r\cos(\alpha) + x\,\text{sen}(\alpha)$.
c) Mostre que $y\,\text{sen}(\alpha) + [2r - d]\cos(\alpha) = 2r + d$.
d) Supondo que $d = 90$ m, $y = 120$ m e $r = 50$ m, determine α e x.

27. A partir da fórmula de $\cos(a-b)$, demonstre a fórmula de $\cos(a+b)$. *Dica*: use o fato de que $a + b = a - (-b)$, bem como as identidades associadas à paridade $\text{sen}(-b) = -\text{sen}(b)$ e $\cos(-b) = \cos(b)$.

28. A partir da fórmula de $\cos(a-b)$, demonstre a fórmula de $\text{sen}(a+b)$. *Dica*: use o fato de que $\frac{\pi}{2} - (a+b) = \left(\frac{\pi}{2} - a\right) - b$, bem como as identidades de arcos complementares $\text{sen}(x) = \cos\left(\frac{\pi}{2} - x\right)$ e $\cos(x) = \text{sen}\left(\frac{\pi}{2} - x\right)$.

29. A partir da identidade de quociente $\tan(x) = \text{sen}(x)/\cos(x)$ e das fórmulas de $\text{sen}(a+b)$ e $\cos(a+b)$, demonstre a fórmula de $\tan(a+b)$. *Dica*: use o fato de que, se $\cos(a) \ne 0$ e $\cos(b) \ne 0$, então

$$\frac{x}{y} = \frac{\dfrac{x}{\cos(a)\cos(b)}}{\dfrac{y}{\cos(a)\cos(b)}}.$$

30. Usando as identidades da soma de arcos e a identidade pitagórica, mostre que

a) $\cos(2a) = 1 - 2\,\text{sen}^2(a)$
b) $\tan(2a) = \dfrac{2\tan(a)}{1 - \tan^2(a)}$

31. A partir da fórmula de redução de potência da tangente, obtenha a fórmula

$$\tan\left(\frac{a}{2}\right) = \frac{1 - \cos(a)}{\text{sen}(a)}.$$

Dica: Note que $\text{sen}(a)$ e $\tan(a/2)$ têm o mesmo sinal e que $1 - \cos(a)$ e $1 + \cos(a)$ são maiores ou iguais a zero.

* * *